Maria-Elisabeth Krautwald-Junghanns · Michael Pees · Sven Reese · Thomas Tully

Atlas der bildgebenden Diagnostik bei Heimtieren

Maria-Elisabeth Krautwald-Junghanns · Michael Pees ·
Sven Reese · Thomas Tully

Atlas der bildgebenden Diagnostik bei Heimtieren

Unter Mitarbeit von

Thomas Bartels, Michael Fehr, Michaela Gumpenberger, Jutta Hein,
Ingo Hoffmann, Ingmar Kiefer, Veit Kostka, Eberhard Ludewig,
Cordula Poulsen Nautrup, Susanne Schlieter, Volker Schmidt,
Sandra Schroff, Jochen Spennes

schlütersche

Bibliografische Information der Deutschen Nationalbibliothek

Die Deutsche Nationalbibliothek verzeichnet diese Publikation in der Deutschen Nationalbibliografie; detaillierte bibliografische Daten sind im Internet über http://dnb.ddb.de/ abrufbar.

ISBN 978-3-89993-040-5

Eine Markenbezeichnung kann warenzeichenrechtlich geschützt sein, ohne dass diese gesondert gekennzeichnet wurde. Die beschriebenen Eigenschaften und Wirkungsweisen der genannten pharmakologischen Präparate basieren auf den Erfahrungen der Autoren, die größte Sorgfalt darauf verwendet haben, dass alle therapeutischen Angaben dem derzeitigen Wissens- und Forschungsstand entsprechen. Darüber hinaus sind die den Produkten beigefügten Informationen in jedem Fall zu beachten.

Der Verlag und die Autoren übernehmen keine Haftung für Produkteigenschaften, Lieferhindernisse, fehlerhafte Anwendung oder bei eventuell auftretenden Unfällen und Schadensfällen. Jeder Benutzer ist zur sorgfältigen Prüfung der durchzuführenden Medikation verpflichtet. Jede Dosierung oder Applikation erfolgt auf eigene Gefahr.

Satz: Dörlemann Satz, Lemförde
Druck: Werbedruck Aug. Lönneker GmbH & Co. KG, Stadtoldendorf

Inhalt

2 Kleinsäuger

Allgemeiner Teil

Spezielle Diagnostik, pathologische Befunde

3 Reptilien

Allgemeiner Teil

Spezielle Diagnostik, pathologische Befunde

Autoren

Thomas Bartels, PD, Dr. rer. nat.
Klinik für Vögel und Reptilien, Universität Leipzig
An den Tierkliniken 17
04103 Leipzig

Michael Fehr, Prof. Dr. med. vet. Dipl ECZM (small mammal),
FTA für Kleintiere
Klinik für Heimtiere, Reptilien, Zier- und Wildvögel
Stiftung Tierärztliche Hochschule Hannover
Bischofsholer Damm 15
30173 Hannover

Michaela Gumpenberger, Ass. Prof. Dr. med. vet.
Klinik für bildgebende Diagnostik
Veterinärmedizinische Universität Wien
Veterinärplatz 1
A–1210 Wien

Jutta Hein, Dr. med. vet.
Oberärztin Gesundheitsvorsorge und kleine Heimtiere
Medizinische Kleintierklinik, Tierärztliche Fakultät,
Ludwig-Maximilians-Universität München
Veterinärstr. 13
80539 München

Ingo Hoffmann, Dr. med. vet.
Zusatzbezeichnung Augenheilkunde
Tierärztliche Praxis für Augenheilkunde
Breslauer Str. 366
90471 Nürnberg

Ingmar Kiefer, Dr. med. vet.
FTA für Klein- und Heimtiere, FTA für Radiologie
Klinik für Kleintiere; Universität Leipzig
An den Tierkliniken 23
04103 Leipzig

Veit Kostka, Dr. med. vet.
FTA für Wirtschafts-, Wild- und Ziergeflügel,
FTA für Mikrobiologie
Zusatzbezeichnung Reptilien
Leegmoor 30
22417 Hamburg

Maria-Elisabeth Krautwald-Junghanns,
Prof. Dr. med. vet., Dipl ECZM (avian)
FTA für Geflügel, Zusatzbezeichnung Zier-, Zoo- und Wildvögel, Zusatzbezeichnung Reptilien
Klinik für Vögel und Reptilien, Universität Leipzig
An den Tierkliniken 17
04103 Leipzig

Jan-Gerd Kresken, Dr. med. vet.
FTA für Kleintiere, Zusatzbezeichnung Kardiologie
Tierärztliche Klinik für Kleintiere am Kaiserberg
Wintgensstraße 81–83
47058 Duisburg

Eberhard Ludewig, Dr. med. vet., Dipl ECVDI
FTA für Klein- und Heimtiere, FTA für Radiologie
Klinik für Kleintiere, Universität Leipzig
An den Tierkliniken 23
04103 Leipzig

Michael Pees, Dr. med. vet., Dipl ECZM (avian)
FTA für Geflügel, Zusatzbezeichnung Zier-, Zoo- und Wildvögel, Zusatzbezeichnung Reptilien
Klinik für Vögel und Reptilien, Universität Leipzig
An den Tierkliniken 17
04103 Leipzig

Cordula Poulsen Nautrup, Prof. Dr. med. vet.
FTA für Anatomie, Zusatzbezeichnung Kardiologie
Institut für Tieranatomie, Tierärztliche Fakultät,
Ludwig-Maximilians-Universität München
Veterinärstr. 13
80539 München

Sven Reese, Priv. Doz., Dr. med. vet.
FTA für Anatomie, FTA für Informationstechnologie
Institut für Tieranatomie, Tierärztliche Fakultät,
Ludwig-Maximilians-Universität München
Veterinärstr. 13
80539 München

Susanne Schlieter, Dr. med. vet.
Praktische Tierärztin
Praxis für Kardiologie und Ultraschalldiagnostik
Glümerstr. 17
79102 Freiburg im Breisgau

Volker Schmidt, Dr. med. vet., Dipl ECZM (avian)
Klinik für Vögel und Reptilien, Universität Leipzig
An den Tierkliniken 17
04103 Leipzig

Sandra Schroff, Tierärztin
Klinik für Vögel und Reptilien, Universität Leipzig
An den Tierkliniken 17
04103 Leipzig

Jochen Spennes
Praktischer Tierarzt
Tierärztliche Klinik für Kleintiere am Kaiserberg
Wintgensstraße 81–83
47058 Duisburg

Thomas Tully, DVM, Dipl ABCP, Dipl ECZM (avian)
Professor of Zoological Medicine
Louisiana State University
Veterinary Teaching Hospital and Clinics
Baton Rouge
Louisiana 70802 – USA

Abkürzungsverzeichnis

µCT	Mikro-Computertomographie
µm	Mikrometer
2DE	zweidimensionale Echokardiographie
A	Ampere
A.	Arteria
Aa.	Arteriae
Abb.	Abbildung
AO	Aorta
ASD	Atriumseptumdefekt
AV-Klappe	Atrioventrikular-Klappe
A-Welle	spätdiastolischer Einstrom während der Vorhofkontraktion
$BaSO_4$	Bariumsulfat
CaCr	kaudo-kranial
CFM	*colour flow mode*
cm	Zentimeter
CrCa	kranio-kaudal
CT	Computertomographie
CW	*continuous wave*
d	diastolisch
DCM	Dilatative Kardiomyopathie
dext.	dexter, dextra, dextrum
DP	dorso-palmar
DV	dorso-ventral
EA-Welle	fusionierte E- und A-Welle
E. coli	*Escherichia coli*
EF	Ejektionsfraktion
EKG	Elektrokardiogramm, Elektrokardiographie
EPSS	*E-point to septal separation*
ET	Eindringtiefe
E-Welle	frühdiastolischer passiver Einstrom in den Ventrikel
ext.	externus, externa, externum
f.	forma
FS	*fractional shortening* (systolische Verkürzungsfraktion)
FSH	follikelstimulierendes Hormon
G	gauge
g	Gramm
GnRH	Gonadotropin Releasing Hormon
h	Stunde
HCM	Hypertrophe Kardiomyopathie
HE	Hounsfield-Einheit
Hz	Hertz
I	Stromstärke
i. v.	intravenös
ICR	Interkostalraum
IVS	systolische Dicke des Septum interventriculare
k. A.	keine Angaben
Kap.	Kapitel
kg	Kilogramm
KM	Körpermasse
kV	Kilovolt
kW	Kilowatt
L	*level* (CT)
LA	Atrium sinistrum
LH	luteinisierendes Hormon
Lig.	Ligamentum
LL	latero-lateral
LVD	Durchmesser des Ventriculus sinister
LVM	linksventrikuläres Myokardium
LVV	linksventrikuläres Volumen
LW	Lebenswoche
m	Meter
M.	Musculus
mA	Milliampere
mAs	Milliamperesekunde
MBD	*Metabolic Bone Disease*
mg	Milligramm
MHz	Megahertz
min	Minute
ml	Millilter
mm	Millimeter
mmHg	Millimeter Hydrargyrum (Millimeter Quecksilbersäule)
MRT	Magnetresonanztomographie
n. b.	nicht bekannt
o. b. B.	ohne besonderen Befund
PDW	protonendichtegewichtete Bilder
Proc.	Processus
PW	*pulsed wave*
ROI	*region of interest*
s	Sekunde
s	systolisch
s. c.	subkutan
SD	Schichtdicke
sin.	sinister, sinistra, sinistrum
sp./spp.	Spezies
U	Spannung
V	Volt
V.	Vena
Vao	Valva aortae
VD	ventro-dorsal
VHS	*vertebral heart score*
VM	Valva mitralis
V_{max}	Maximalgeschwindigkeit
VP	Valva trunci pulmonalis
VSD	Ventrikelseptumdefekt
VT	Valva tricuspidalis
W	*width* (CT)
ZNS	Zentralnervensystem

Vorwort

Die Idee, einen übergeordneten Atlas für bildgebende Verfahren bei Vögeln, kleinen Heimtieren und Reptilien zu verfassen, entstand aufgrund regelmäßiger Nachfragen von Kollegen aus dem In- und Ausland nach einem Buch, welches die Diagnostik eben dieser Gruppen umfasst und damit eine Lücke schließt. Das Buch sollte die neben Hunden und Katzen regelmäßig in der Praxis vorgestellten Spezies umfassen, und der Inhalt sich so an häufig wiederkehrenden Fragestellungen in der Praxis orientieren.

Kaum eine andere Sparte hat sich in der Tiermedizin in den letzten Jahren so verändert und weiterentwickelt wie das Gebiet der „Heimtiere". Viele diagnostische Möglichkeiten, die vor kurzem noch undenkbar waren, stehen nun zur Verfügung und werden routinemäßig genutzt. Nicht zuletzt den bildgebenden Verfahren kommt dabei eine entscheidende Bedeutung zu.

Trotz der Vorzüge in der Diagnostik und vorhandener Technik werden bildgebende Verfahren bei kleinen Heimtieren und Exoten in vielen Praxen noch immer nicht oder nur unzureichend angewandt. Die Gründe liegen unter anderem in Unsicherheiten beim Umgang mit den Tieren (beginnend beim Fangen und geeigneten Fixieren). Gerade kleine Vögel, aber auch Nager und Reptilien erscheinen oft sehr fragil, auch wenn die Gefahr eines durch Stress bedingten möglichen Schocktodes meist überbewertet wird. Daneben entstehen Unsicherheiten bei der Durchführung der Untersuchung und der Interpretation der Ergebnisse.

Mit dem vorliegenden Atlas sollen nun dem praktizierenden Tierarzt die wichtigsten Untersuchungsmethoden und Interpretationshilfen an die Hand gegeben werden, um diese wertvollen diagnostischen Maßnahmen in der tagtäglichen Routine nutzen zu können. Darüber hinaus werden auch die Techniken beschrieben, die in der Regel spezialisierten Einrichtungen vorbehalten sind (CT und MRT). Hier werden die entsprechenden Indikationen unter anderem auch deshalb erläutert, um dem Praktiker eine Entscheidungshilfe zu geben, in welchem Fall eine Überweisung zur weiteren Diagnostik sinnvoll ist.

Die Erstellung eines so umfangreichen Werkes zur bildgebenden Diagnostik bei Heimtieren innerhalb weniger Jahre wäre ohne die kompetente Unterstützung durch Mitautorinnen und Mitautoren nicht möglich gewesen. Unser herzlicher Dank für die gute Zusammenarbeit geht an die Kolleginnen und Kollegen Th. Bartels (Leipzig), M. Fehr (Hannover), M. Gumpenberger (Wien), J. Hein (München), I. Hoffmann (Nürnberg). I. Kiefer (Leipzig), V. Kostka (Hamburg), J. G. Kresken (Duisburg), E. Ludewig (Leipzig), C. Poulsen Nautrup (München), S. Schlieter (Freiburg i. Breisgau), V. Schmidt (Leipzig), S. Schroff (Leipzig) und J. Spennes (Duisburg). Zudem sei all jenen Kolleginnen und Kollegen gedankt, die uns Bildmaterial für diesen Atlas zur Verfügung gestellt haben.

Die deutsch-amerikanische Kooperation bei der Zusammenstellung des Bildmaterials und der Ausarbeitung der Kapitel ermöglichte eine breite Abbildung der Spezies, die sowohl im amerikanischen als auch europäischen Gebiet eine besondere Rolle spielen. Auch die Verbreitung sowohl in deutscher als auch englischer Sprache ist aus Sicht der Herausgeber sehr begrüßenswert und ermöglicht weiterhin den Austausch mit Kollegen weltweit.

Alle Autoren haben sich nach Kräften bemüht, Text, Bilder und Skizzen fachlich korrekt und didaktisch geschickt vorzustellen. Für wertvolle Hilfe bei der Erstellung der Lagerungsfotos im Röntgenteil des Vogels gilt der Dank in besonderem Maße Frau Festerra aus dem Institut für Veterinäranatomie, Leipzig, sowie Frau Merseburger aus der Klinik für Kleintiere, Leipzig, für die Unterstützung bei der Durchführung der CT- und MRT-Untersuchungen. Viele ehemalige und jetzige Doktoranden und angestellte Tierärzte am Institut für Tieranatomie in München sowie den Kliniken in Leipzig und München haben an der Erstellung der Aufnahmen mitgewirkt. Des Weiteren haben während der zeitraubenden und oft mühsamen Arbeiten an Text und Bildmaterial viele nicht genannte Helferinnen und Helfer die Autoren durch freiwillige Übernahme zusätzlicher Aufgaben entlastet. All denen sei ebenfalls an dieser Stelle herzlich gedankt. Stellvertretend für alle möchten wir hier in besonderem Maße allen Mitarbeitern der Klinik für Vögel und Reptilien in Leipzig und allen Mitarbeitern der Abteilung für Kleine Heimtiere der Medizinischen Kleintierklinik in München danken.

Die Arbeit an einem solch umfassenden Buch bedarf mehrerer Jahre der Planung und Koordination und stellt sowohl an den Verlag als auch an die Autoren besondere Herausforderungen. Bedingt durch die Möglichkeit, dieses Buch zeitgleich auch im englischsprachigen Raum zu publizieren, standen erfreulicherweise die notwendigen Ressourcen zur Verfügung. An dieser Stelle sei dem Verlag und hier insbesondere Frau Dr. Oslage und Frau Sodemann für ihr persönliches Engagement und die fachliche Betreuung in der Planungs- wie auch der Durchführungsphase dieses Buches gedankt.

Alle Nutzer möchten die Autoren an dieser Stelle um die Mitteilung von Anregungen, Korrekturwünschen und Verbesserungsvorschlägen bitten.

Leipzig, München und Baton Rouge

Sommer 2009

Maria-Elisabeth Krautwald-Junghanns
Michael Pees
Sven Reese
Thomas Tully

1 Vögel

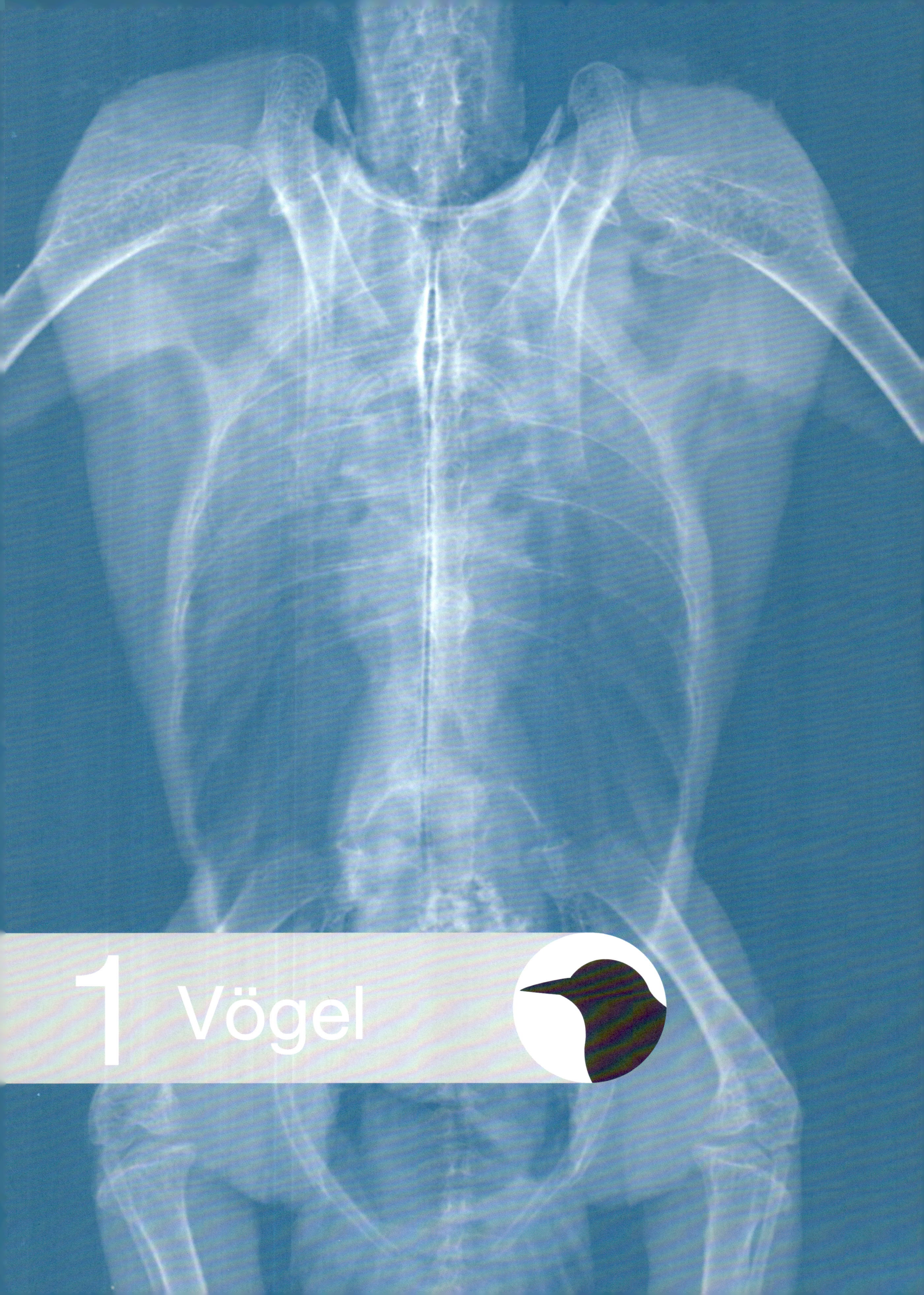

Einleitung

Maria-Elisabeth Krautwald-Junghanns

Bildgebende Verfahren nehmen in der Zier-, Zoo- und Wildvogelmedizin eine zunehmend größere Rolle ein. Während dabei die konventionelle Röntgentechnik seit langem eine in der Vogelpraxis etablierte wichtige diagnostische Maßnahme ist, stehen in den letzten 10 Jahren auch vermehrt wissenschaftliche Studien zum Einsatz sonographischer und tomographischer Verfahren zur Verfügung, so dass insbesondere die Ultraschalluntersuchung ihren Platz in der Praxis gefunden hat. Hierbei steht, bei in der Wohnung gehaltenen Ziervögeln, die internistische Diagnostik im Vordergrund; bei Wildvögeln und freifliegenden Ziervögeln findet die bildgebende Diagnostik ihren Einsatz häufig im chirurgisch-orthopädischen Bereich.

Bei der Behandlung des Vogelpatienten wird dabei die Röntgenologie zur Diagnosestellung wesentlich häufiger als beim Säugetier eingesetzt, da zum einen viele Untersuchungsmöglichkeiten beim Vogelpatienten limitiert sind (z. B. Perkussion, Temperaturmessung, Entnahme ausreichender Blutmengen beim Vogel unter 40 g Körpermasse usw.). Zum anderen verbergen Vögel ihre Krankheitsanzeichen sehr lange und werden dem Tierarzt erst vorgestellt, wenn sie bereits schwer erkrankt sind und eine schnelle (Verdachts-)Diagnosestellung nötig ist. Dies ermöglichen die bildgebenden Verfahren.

Während die Kleinheit verschiedener Vogelpatienten unter 40 g Körpermasse manchmal einen limitierenden Faktor darstellen kann (insbesondere auch bei digitalen Röntgensystemen aufgrund der zurzeit noch begrenzten Detailwiedergabe dieses Verfahrens), ist der Kostenfaktor gegenüber dem Nutzen der Untersuchung auch bei kleinen »billig zu erwerbenden« Vögeln zurückgetreten. Die Durchführung einer Untersuchung ist andererseits gerade durch die kleine »Objektgröße« oftmals einfach; der ganze Körper kann meist mit einer Untersuchung abgebildet werden. Außerdem ist die Strahlenbelastung durch konventionelles Röntgen bzw. CT bei vorschriftsmäßigem Vorgehen für das durchführende Personal beim Verwenden einer Plexiglasplatte zur Fixation nicht vorhanden. Für einen geübten Röntgenologen ist das Röntgenbild eines Vogels darüber hinaus einfach zu interpretieren, da das Luftsacksystem des Vogels eine negative Kontrastierung im Röntgenbild zu den Organen bildet. Dieses Luftsacksystem erschwert andererseits die sonographische Untersuchung. Die Ultraschalluntersuchung ist aber nichtsdestotrotz am unsedierten Vogel insbesondere für die Befundung des Herzens, der Leber und des Urogenitaltraktes ein schnelles, problemlos anzuwendendes nichtinvasives Diagnostikum, welches oftmals im Anschluss an einen unklaren Röntgenbefund wichtige weiterführende Hinweise auf die Erkrankung liefert. Tomographische Verfahren werden zunehmend zur Präzisierung der Befundung bei größeren wertvollen Vogelpatienten eingesetzt, wobei zurzeit u. a. aufgrund der Kürze der Untersuchungszeit der Computertomographie der Vorzug gegeben wird.

Allgemeiner Teil

1.1 Röntgenuntersuchung

Maria-Elisabeth Krautwald-Junghanns, Sandra Schroff, Thomas Bartels

1.1.1 Technische Voraussetzungen

1.1.1.1 Röntgenanlage

Grundvoraussetzung für eine erfolgreiche Röntgendiagnostik am Vogel sind Röntgenaufnahmen, die ein hohes Maß an Detailerkennbarkeit bieten. Nur so können aufgrund der anatomischen Besonderheiten des Vogels und der häufig vergleichsweise geringen Patientengröße pathologische Veränderungen sicher erkannt und fachgerecht interpretiert werden. Um allerdings qualitativ hochwertige Aufnahmen erzeugen zu können, bedarf es nicht nur einer entsprechenden technischen Ausstattung mit geeigneten Röntgengeräten, Film-Folien-Kombinationen und Filmentwicklungssystemen, sondern auch hinreichender Kenntnisse und Fähigkeiten des Untersuchungspersonals. Eine ausführliche Darstellung des notwendigen technischen Hintergrundwissens sowie Ausführungen zum Strahlenschutz würden den Umfang des Buches sprengen. Im Folgenden sollen daher nur einige technische Aspekte erwähnt werden, die insbesondere für die Röntgenuntersuchung von Vögeln von Bedeutung sind.

Grundsätzlich erfordert die Röntgenuntersuchung eines Vogels eine ähnliche Ausrüstung, wie sie auch im Bereich der Kleintierradiologie Verwendung findet. Obwohl bzw. gerade weil es sich oft um vergleichsweise kleine Patienten handelt, ist der Einsatz leistungsstarker Röntgengeräte von großem Nutzen. Neben anatomischen Besonderheiten können Bewegungsunschärfen infolge der hohen Atemfrequenz selbst bei sedierten Vögeln die Bildqualität beeinflussen. Daher muss mit sehr kurzen Belichtungszeiten (maximal 0,015–0,05 s, nach Möglichkeit darunter) gearbeitet werden. Um Aufnahmen mit hohem Kontrast und breiter Graustufendarstellung zu erhalten, sollte die Röhrenspannung so niedrig wie möglich gewählt werden (45–55 kV). Durch Erhöhung der Röntgenspannung kann zwar die Belichtungszeit reduziert werden, jedoch führt dies zu einer erheblichen Verminderung des Bildkontrastes.

Digitale Röntgensysteme bieten kurze Belichtungszeiten, sind aber von der Detailwiedergabe insbesondere bei kleinen Vögeln zurzeit noch begrenzt. Hier werden die nächsten Jahre sicher sprunghaft Weiterentwicklungen bringen, die auch den Einsatz dieser Systeme zur Routinediagnostik am Vogelpatienten möglich machen.

Zur Senkung der Röntgendosis kann unter der Voraussetzung, dass der Patient möglichst filmnah gelagert wird, auch der Film-Fokus-Abstand verringert werden. Die auf eine bestimmte Fläche auftreffende Strahlendosis wird auf 25 % reduziert, wenn der Abstand zwischen Strahlenquelle und Objekt verdoppelt wird (Abstandsquadratgesetz). Dementsprechend kann bei einer Halbierung des Film-Fokus-Abstandes die benötigte Strahlendosis auf ein Viertel reduziert werden. In der Praxis sind hier jedoch bestimmte Mindestabstände zu beachten, bei deren Unterschreitung es zu einer Verschlechterung der Bildqualität kommt, da insbesondere die filmfernen Bereiche des Patienten vergrößert und unscharf abgebildet werden. Hinzu kommt, dass leistungsschwache Geräte einen größeren Brennfleck (ca. 2 mm × 2 mm) besitzen als leistungsstärkere Apparate (Brennfleckgröße 0,6 mm × 0,6 mm bis 1,2 mm × 1,2 mm), wodurch die Bildschärfe verringert wird. Dieser Effekt wird durch eine Verringerung des Film-Fokus-Abstandes noch verstärkt. Allgemein wird daher ein Film-Fokus-Abstand von 100 cm empfohlen. Eine Abstandsverringerung auf 60–70 cm kann als vertretbar angesehen werden, sofern feinstzeichnende Film-Folien-Kombinationen eingesetzt werden.

1.1.1.2 Folien und Film

Um diagnosetaugliche Röntgenaufnahmen von Vögeln zu erhalten, sollten feinstzeichnende Film-Folien-Kombinationen eingesetzt werden, wobei der verwendete Film hinsichtlich seiner Empfindlichkeit und seines Feinzeichnungsgrades mit der genutzten Folie korrespondiert. Die Nutzung höher verstärkender Folien scheitert daran, dass mit zunehmender Verstärkerwirkung ein Verlust an Aufnahmeschärfe und damit an Detailerkennbarkeit verknüpft ist. Seltene-Erden-Folien stellen in Kombination mit entsprechendem Filmmaterial ein optimales System für die Röntgenuntersuchung der inneren Organe von Vögeln dar. Mammographie-Folien werden zur Röntgenuntersuchung des

Skelettsystems eingesetzt. Hierbei ist die notwendige Erhöhung der Belichtungszeit zu vernachlässigen. Die im vorliegenden Kapitel gezeigten Röntgenaufnahmen wurden größtenteils mit folgender technischer Ausstattung angefertigt:

Folie
- Kodak Lanex Medium Screens, Kodak X-OMAT Kassette (Weichteilaufnahmen)
- Kodak MIN-R 2000 Screen/Windowless, Kodak MIN-R 2 Kassette (Skelettaufnahmen)

Film
- Kodak T-MAT PLUS DG Film (Weichteilaufnahmen)
- Kodak MIN-R L Film (Skelettaufnahmen)

1.1.1.3 Strahlenschutz

Die aviäre Röntgendiagnostik umfasst häufig den Umgang mit kleinen, insbesondere mit Strahlenschutzkleidung schlecht handhabbaren Patienten. Dieser Aspekt darf jedoch nicht dazu verleiten, grundlegende Prinzipien des Strahlenschutzes zu vernachlässigen **(Abb. 1-1)**. Das Tragen von Schutzkleidung dient allerdings ausschließlich dem Zweck, das Untersuchungspersonal gegen die beim Röntgen auftretende Streustrahlung abzuschirmen. Vom Primärstrahl wird das entsprechende Material, etwa Bleihandschuhe, hingegen durchdrungen. Nicht zuletzt aus Strahlenschutzgründen sollten Vogelpatienten daher nach Möglichkeit so fixiert werden, dass sie während der Aufnahme nicht von Hand gehalten werden müssen, indem sie sediert und/oder durch entsprechende Hilfseinrichtungen, wie Fixationsplatten (vgl. Kap. 1.1.2), immobilisiert werden. Auch sollte das Aufnahmeformat der Körpergröße des Patienten bzw. der zu untersuchenden Körperregion angepasst werden, indem entsprechende Kassettenformate Verwendung finden oder alternativ adäquat ausgeleuchtet wird. Sollte es aufgrund äußerer Umstände einmal notwendig sein, einen Vogelpatienten manuell zu fixieren, sind die Hände auf jeden Fall außerhalb des Primärstrahles zu halten und zusätzlich durch Abdeckung mit strahlendichtem Material (Bleihandschuhe usw.) vor Streustrahlung abzuschirmen.

1.1.2 Lagerung und Ebenen

1.1.2.1 Einführung

Die Röntgenanatomie gesunder Vögel weist durchaus eine gewisse physiologische Variabilität auf und kann sich sowohl in Abhängigkeit von Alter, Geschlecht und Reproduktionsstatus des Probanden als auch umweltbedingt abweichend vom Normalbild darstellen. Um ein Röntgenbild daher korrekt beurteilen zu können, sind grundsätzlich fundierte Kenntnisse der aviären Anatomie und Physiologie erforderlich.

Im Rahmen einer fachgerechten Röntgenuntersuchung sollten grundsätzlich Aufnahmen in mindestens zwei verschiedenen Ebenen gemacht werden **(Abb. 1-2)**.

In der Regel werden dabei für die Darstellung des Körpers Aufnahmen im ventro-dorsalen und latero-lateralen Strahlengang angefertigt, wobei die Seitenaufnahme immer in der gleichen Position – standardmäßig in der rechten Seitenlage – belichtet werden sollte. Eine korrekte Lagerung ist unabdingbar für eine Auswertbarkeit der Röntgenbefunde; dies wird häufig in der Praxis aufgrund von bestehenden Unsicherheiten bei der Fixation des Vogelpatienten nicht beachtet (s. auch **Abb. 1-1**).

Besondere Vorsicht ist bei der Lagerung in Seitenlage bei Patienten mit bestehender Atemdepression geboten, da durch das hierfür notwendige Überstrecken der Flügel über den Körper die Atmung beeinträchtigt wird.

Aufgrund der zumeist relativ geringen Größe der Patienten kann in vielen Fällen eine Ganzkörperaufnahme des Vogels angefertigt werden, anhand derer auch die proximalen Bereiche von Schulter- und Beckengliedmaßen beurteilt werden können.

Unter physiologischen Bedingungen lassen sich im latero-lateralen Strahlengang folgende Strukturen gut beurteilen:
- Wirbelsäule
- Herz/große Herzgefäße
- Trachea
- Lungenstruktur/Hauptbronchus
- kaudale Luftsackwände (wenn pathologisch verändert)
- Milz
- Nieren/Gonaden
- Kropf/kaudaler Ösophagus, Drüsenmagen, Muskelmagen
- Darm und Kloake

Aufnahmen im ventro-dorsalen Strahlengang eignen sich hingegen besonders zur Darstellung von:
- Abweichungen in der Symmetrie von Lagebeziehungen
- Schultergürtel/Becken
- Hüftgelenk und Femur
- Herz und Leberschatten
- axillaren Divertikeln/kaudalen Luftsäcken

Da die Flügel sowohl bei ventro-dorsaler als auch bei latero-lateraler Lagerung in der medio-lateralen Ebene dargestellt werden, sollten zur Darstellung der Schultergliedmaßen auch Röntgenaufnahmen in kaudo-kranialer Lagerung (= zweite Ebene; s. **Abb. 1-2** und **1-18**) angefertigt werden.

Bei geschwächten oder sehr unruhigen Vögeln kann versucht werden, zunächst eine orientierende Aufnahme des unfixierten Tieres anzufertigen. Beispielsweise bei Verdacht auf Aufnahme von Schwermetallpartikeln lässt sich so umgehend eine Therapie einleiten. Hierzu wird der Vogel entweder in einem strahlendurchlässigen Behältnis auf die Röntgenkassette gesetzt (dorsoventraler Strahlengang) oder auf dem Röntgentisch möglichst nahe vor der Kassette stehend horizontal (latero-lateraler Strahlengang) geröntgt **(Abb. 1-3)**.

Auch für die Diagnose eines Aszites lässt sich diese Aufnahmeposition nutzen, da so der Flüssigkeitsspiegel am stehenden Tier dargestellt werden kann.

In der Regel wird der Patient jedoch für die Anfertigung einer beurteilbaren Röntgenaufnahme fixiert werden müssen. Dabei können verschiedene Verfahren angewendet werden. Als Methode der Wahl ist die Plattenfixation anzusehen. Der Vogel wird hierzu auf einer Plexiglasplatte befestigt **(Abb. 1-4A, B, 1-5, 1-6)**. Eine Sedation ist nicht notwendig. Die verwendete Platte sollte nicht dicker als 5 mm sein, da die Schärfe der Röntgenaufnahme mit zunehmender Plattendicke negativ beeinflusst wird. Zur sicheren Fixation des Kopfes werden auswechselbare Kopfstücke unterschiedlicher, an den Patienten angepasster Größe benötigt. Für das Ausbinden der Hintergliedmaßen werden Schnüre oder Lederriemen von 3–5 mm Breite verwendet, da es bei Verwendung schmalerer Bänder zu einschneidenden Verletzungen kommen kann. Zwar können bei der Plattenfixation eher Lageveränderungen und hieraus resultierende Bewegungsunschärfen auftreten als bei manuell fixierten Patienten, für das Untersuchungspersonal entsteht dabei jedoch keine Strahlenbelastung und auch für den Patienten hat dieses Verfahren bei sachgerechter Durchführung keine Nachteile. Zur Beruhigung des eingespannten Vogels hat es sich insbesondere bei Papageienvögeln bewährt, ein Holzstöckchen als Beißmöglichkeit anzubieten bzw. den Kopf mit einem Tuch leicht abzudecken.

Kontraindiziert ist die Plattenfixation allerdings bei kreislauf- und atemdepressiven bzw. anderweitig schwer erkrankten Vögeln. Da das Untersuchungspersonal keinen unmittelbaren Kontakt zum Patienten mehr hat, kann eine Zustandsverschlechterung während der Röntgenuntersuchung eher übersehen werden. Zudem kann der Vogel bei Bedarf bei manueller Fixation eher in eine aufrechte Position gebracht werden, da andernfalls zunächst die Befestigungen zur Platte gelöst werden müssen. Risikopatienten sollten daher für eine Röntgenuntersuchung manuell fixiert werden. Auch für Greifvögel sowie Vögel mit einer Körpermasse von mehr als 1000 g bietet sich eine manuelle Fixation an, da eine Handhabung von Patienten dieser Größenordnung auch mit Bleihandschuhen problemlos möglich ist.

Kleinvögel mit einer Körpermasse von weniger als 40 g lassen sich hingegen mit Bleihandschuhen in der Regel nicht mehr zufriedenstellend in einer exakten Position halten. Ist auf Grund der gegebenen Voraussetzungen nur eine manuelle Fixation möglich, wird der Vogel zunächst von der Untersuchungsperson mit ungeschützten Händen in die vorgesehene Lage gebracht. Eine Hilfsperson muss anschließend die Hände vollständig mit Bleihandschuhen oder Bleilamellen abdecken **(Abb. 1-7** und **1-8)**.

Eine Klebefixation bietet sich bei Kleinvögeln nur in wenigen Ausnahmefällen an. Der Vogel muss hierzu sediert bzw. narkotisiert werden. Nur dadurch kann der Patient möglichst straff anliegend auf der Röntgenkassette befestigt werden, wodurch sich Bewegungsunschärfen im Röntgenbild vermeiden lassen. Die Klebefixation eignet sich auch für die Darstellung des Kopfes oder einzelner Zehen **(Abb. 1-9A–C, 1-13, 1-14)**. Als Klebematerialien kommen spezielle Klebebänder, aber auch Filmklebebänder oder einfache Kreppklebebänder in Frage. Der Einfluss des Klebebandes auf die Aufnahmequalität ist im Allgemeinen vernachlässigbar. Wichtig ist jedoch, dass das gewählte Produkt nicht zu stark klebt, damit beim Entfernen des Klebebandes keine großflächigen Schäden an Haut und Gefieder verursacht werden. Daher eignen sich für die Klebefixation befiederter Körperregionen am besten Kreppklebebänder, während sich für die Fixation stark verhornter Bezirke (Schnabel, Läufe, Fuß, **Abb. 1-9A–C, 1-13, 1-14**) Produkte mit stärkerer Haftkraft bewährt haben. Die Hornteile können vor dem Ankleben zusätzlich mit Seifenwasser entfettet werden, um eine bessere Haftwirkung des Klebebandes zu erzielen.

1.1.2.2 Lagerungen zur Darstellung des Körpers

Aufnahmen im ventro-dorsalen Strahlengang

Soll der Patient für die Aufnahme manuell fixiert werden, wird der Kopf des Vogels von hinten umfasst und mit Daumen und Zeigefinger einer Hand an den Kiefergelenken sicher gehalten. Mit der anderen Hand werden die Läufe des Vogels vom Körper weggestreckt. In dieser Haltung wird der Vogel in Rückenlage auf den Röntgentisch verbracht. Dabei ist auf eine korrekte Lagerung zu achten, d. h., der Vogel ist so zu positionieren, dass sich Brustbeinkamm und Wirbelsäule auf der Röntgenaufnahme überlagern. Die Flügel werden ausgestreckt nach außen gezogen und in dieser Stellung mit Gewichten o. Ä. fixiert, um Überlagerungen im Bereich der Schultergelenke zu vermeiden **(Abb. 1-5** und **1-7A)**.

Während größere Vögel bei manueller Fixation mit Bleihandschuhen in der exakten Position gehalten werden können, scheidet diese Möglichkeit bei Vögeln mit einer Körpermasse von unter 40 g aus. Sollen solche Kleinvögel manuell fixiert werden, muss dies zunächst in der oben beschriebenen Weise mit ungeschützten Händen geschehen. Die Hand, mit der der Kopf fixiert wird, sollte etwas abgewinkelt werden, um eine ausreichende Luftzufuhr für den Patienten zu gewährleisten. Nach dem exakten Ausblenden werden die Hände der haltenden Person dann von einer Hilfskraft mit strahlendichten Materialien abgedeckt. In jedem Fall müssen sich die Hände aber außerhalb des Primärstrahls befinden **(Abb. 1-7)**!

In wenigen Ausnahmenfällen können Kleinvögel nach Sedation alternativ auch mit Klebestreifen auf dem Röntgentisch fixiert werden. Hierzu werden der Hals und die Flügel in Höhe der Handschwingen und die Läufe im Bereich der Intertarsalgelenke mit Klebestreifen fixiert. Bei Bedarf kann ein zusätzlicher Klebestreifen im Bereich der Brust helfen, Bewegungsunschärfen zu minimieren. Ein Federverlust entsprechender Regionen ist dabei nicht zu vermeiden.

Steht eine Fixationsplatte zur Verfügung, wird der Vogel zunächst in der genannten Weise gehalten und auf der Platte gelagert. Der Kopf wird sodann mit einem auf die Größe des Vogels abgestimmten Kopfstück fixiert. Die Beine werden vom Körper weggestreckt und mittels geeigneter Schnüre oder Riemen an der Platte befestigt. Eine Hilfsperson zieht die Flügel des Patienten ausgestreckt nach außen und befestigt sie in dieser Position mit Gewichten, wie Bleilamellen u. Ä. **(Abb. 1-5)**.

Bei Patienten mit langen Schwanzfedern (Aras, Fasanen usw.) sollte beachtet werden, dass der Schwanz gerade, in Verlängerung der Wirbelsäule fixiert wird, damit eine symmetrische Abbildung erzielt werden kann.

Für die ventro-dorsale Aufnahme wird der Zentralstrahl senkrecht zur Röntgenkassette ausgerichtet. Er sollte den Vogel median etwa in Höhe des letzten Rippenbogens treffen.

Aufnahmen im latero-lateralen Strahlengang

Für Aufnahmen im latero-lateralen Strahlengang muss der Patient in die rechte Seitenlage verbracht werden. Bei einer manuellen Fixation werden der Kopf des Vogels mit Daumen und Zeigefinger einer Hand im Bereich der Kiefergelenke fixiert und mit der anderen Hand die Füße maximal vom Körper weg nach kaudal gestreckt – dies ist wichtig, um Überlagerungen im Röntgenbild, die die Interpretation unmöglich machen, zu vermeiden **(Abb. 1-10)**. Die Flügel werden vorzugsweise von der haltenden Person über den Rücken des Vogels gezogen und müssen dann mit dem Unterarm in dieser Position gehalten werden **(Abb. 1-8)**. Dabei sollte zur weitestgehenden Vermeidung von Überlagerungen der unten befindliche rechte Flügel etwas vor den linken Flügel und das rechte Bein leicht vor das linke Bein verbracht werden. Um ein Verdrehen des Vogelkörpers zu vermeiden, sollte zwischen beiden Flügeln ein strahlendurchlässiger Abstandshalter (z. B. Zellstofflagen, Kissen) passender Breite gelegt werden, der auch bei manueller Fixation des Vogels eine torsionsfreie Röntgenaufnahme des Patienten ermöglicht **(Abb. 1-6)**.

Kann auf Grund der Größe des Vogels (Körpermasse unter 40 g) die Lagerung des Patienten nicht mit Bleihandschuhen durchgeführt werden, wird der Vogel zunächst mit ungeschützten Händen in Position gebracht und anschließend werden die Hände der Untersuchungsperson von einer Hilfskraft mit röntgendichten Materialien abgedeckt **(Abb. 1-8)**.

Kleinvögel mit Körpermassen von weniger als 40 g können in Ausnahmefällen nur nach Sedation auch mittels Klebestreifenfixation im latero-lateralen Strahlengang geröntgt werden. Dazu wird der Vogel in rechter Seitenlage auf den Röntgentisch gelegt und mit Klebestreifen, die über den Hals, nach dorsal gestreckten Flügeln und nach kaudal gestreckten Hintergliedmaßen gelegt werden, fixiert. Ein zusätzlich über den Brustbereich gelegter Klebestreifen hilft bei der Röntgenuntersuchung von unruhigen Vögeln, Bewegungsunschärfen zu vermeiden.

Mittel der Wahl ist die Fixationsplatte; hier wird der Vogel in der beschriebenen Körperhaltung auf der Platte gelagert. Nachdem der Kopf in einem der Größe des Vogels angepassten Kopfstück fixiert wurde **(Abb. 1-4a, b, 1-6)**, werden die Flügel fixiert. Zur torsionsfreien Lagerung sollten strahlendurchlässige Abstandshalter passender Breite zwischen die Flügel gelegt werden. Die Hintergliedmaßen werden in maximal gestreckter Position mittels an den Füßen angebrachter Schnüre bzw. Riemen ausgebunden **(Abb. 1-6)**. Die Lage des Vogels kann mit über die Füße gelegten Gewichten zusätzlich stabilisiert werden. Eine Umlagerung von der Lagerung in Rückenlage zur Seitenlage ist dabei ohne Ausspannen des Vogels aus der Platte möglich – das jeweilige Kopfstück bietet zur Drehung des Kopfes in der Regel genügend Raum.

Der Zentralstrahl wird senkrecht zur Tischebene ausgerichtet und sollte die Körperlängsachse etwa in Höhe des letzten Rippenbogens treffen. Im latero-lateralen Strahlengang überlagern sich bei korrekter Ausführung auf der Röntgenaufnahme beide Hüftgelenke.

1.1.2.3 Lagerungen zur Darstellung des Kopfes

Für radiologische Untersuchungen des Kopfes sind Aufnahmen im dorso-ventralen, ventro-dorsalen und latero-lateralen Strahlengang als Standardprojektionen anzusehen, mit denen sich radiographisch darstellbare Veränderungen mit hinreichender Genauigkeit diagnostizieren lassen. Ergänzend können zusätzlich auch Aufnahmen im rostro-kaudalen und im um 30° bzw. 75° gewinkelten Strahlengang angefertigt werden **(Abb. 1-9)**.

Prinzipiell lassen sich Röntgenaufnahmen des Kopfes sowohl von manuell fixierten Patienten als auch unter Verwendung einer Fixationsplatte anfertigen. Die exakte Lagerung ist hier eine maßgebliche Voraussetzung für die Diagnostik. Daher ist eine Sedation des Vogels in jedem Fall erforderlich. Ohne Plattenfixation wird es allerdings in den meisten Fällen nötig sein, den Patienten in Narkose zu legen, um bewegungsbedingte Unschärfen zu vermeiden. Steht hingegen eine Fixationsplatte zur Verfügung, genügt in der Regel eine leichte Sedation des Vogels. Als nachteilig ist jedoch eine Bildbeeinträchtigung durch das strahlenschwächende Kopfstück zu werten, dessen Röntgenschatten das Hinterhaupt und/oder die kranialen Halswirbel des Vogels überlagert **(Abb. 1-17)**. Insofern ist abzuwägen, ob der im Rahmen einer manuellen Fixation erzielbare Erkenntnisgewinn das mit einer Narkose bzw. tiefen Sedation verbundene Risiko rechtfertigt.

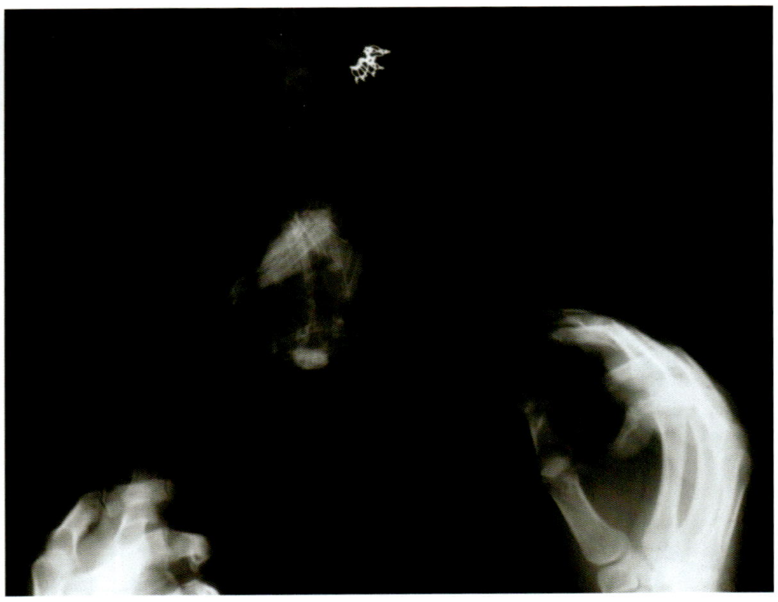

Abb. 1-1: Nicht auswertbare Röntgenaufnahme eines kleinen Sittichs, die zur Beurteilung einer Schnabelfraktur (und der Versorgung mit einer Cerclage) eingesandt wurde. Insbesondere der Strahlenschutz, aber auch Qualität, Einblenden des Zentralstrahls und exakte Lagerung wurden in diesem Fall vollkommen vernachlässigt. Gerade bei kleinen Vogelpatienten werden die o. g. Maßnahmen häufig missachtet.

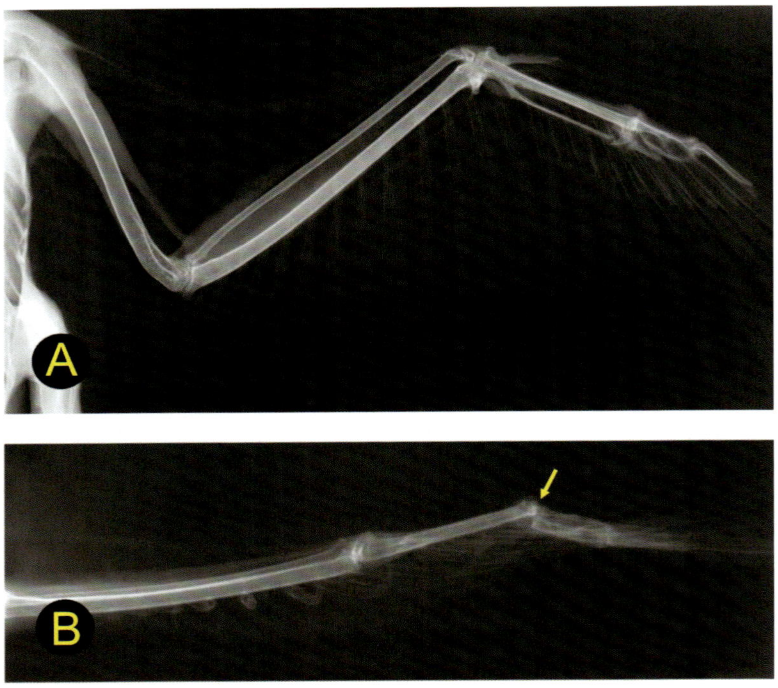

Abb. 1-2: Röntgenuntersuchung, Flügel, ventro-dorsale (A) und kaudo-kraniale (B) Projektion, Schleiereule (*Tyto alba*): anhand der unterschiedlichen Darstellung der Strukturen in beiden Projektionen (nur in der kaudo-kranialen Projektion wird eine Luxation im Metakarpalgelenk sichtbar, s. Pfeil) wird deutlich, dass immer Aufnahmen in zwei Ebenen durchgeführt werden sollten.

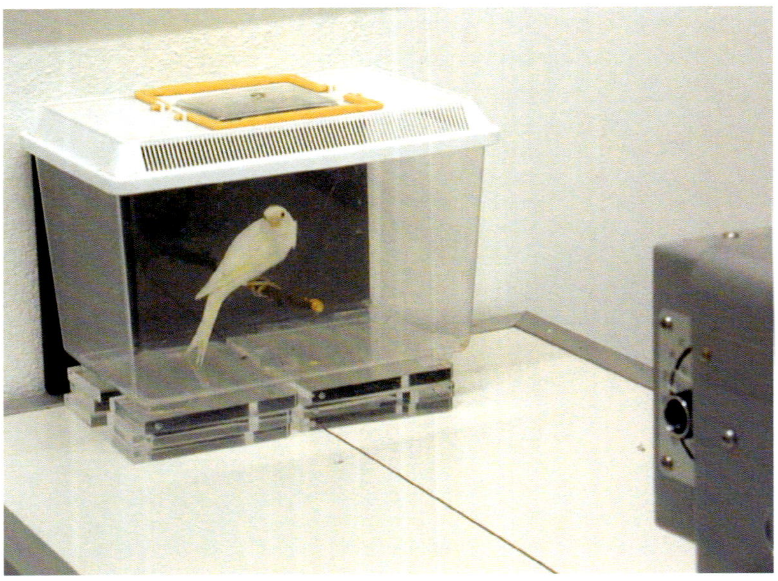

Abb. 1-3: Röntgenuntersuchung eines Kanarienvogels in einem strahlendurchlässigen Behältnis (dahinter Röntgenkassette) zur Untersuchung auf Schwermetallpartikel, Röntgenröhre rechts im Bild.

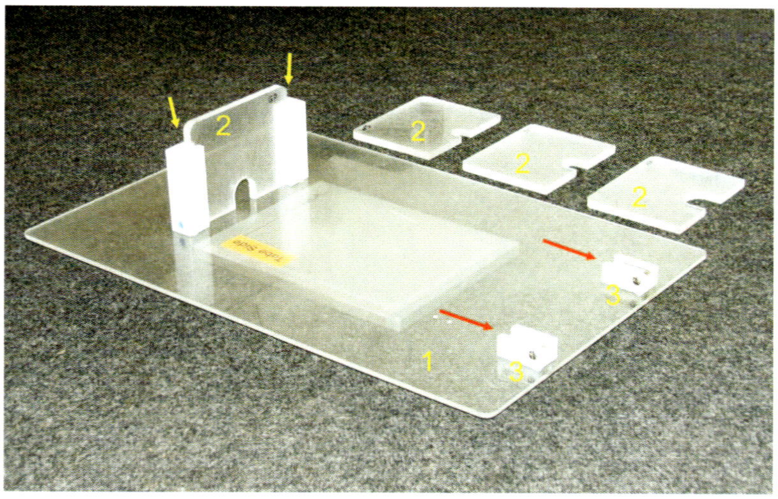

Abb. 1-4A: Plexiglasplatte (1) zur Fixation von Vögeln mit verschiedenen Kopfstücken (2), welche in der Halterung arretiert werden müssen (gelbe Pfeile), zusätzlich Vorrichtung (3) zur Fixation der Hintergliedmaßen mit Schuhbändern oder Ähnlichem (Einzugsrichtung rote Pfeile); Röntgenkassette unter der Platte liegend.

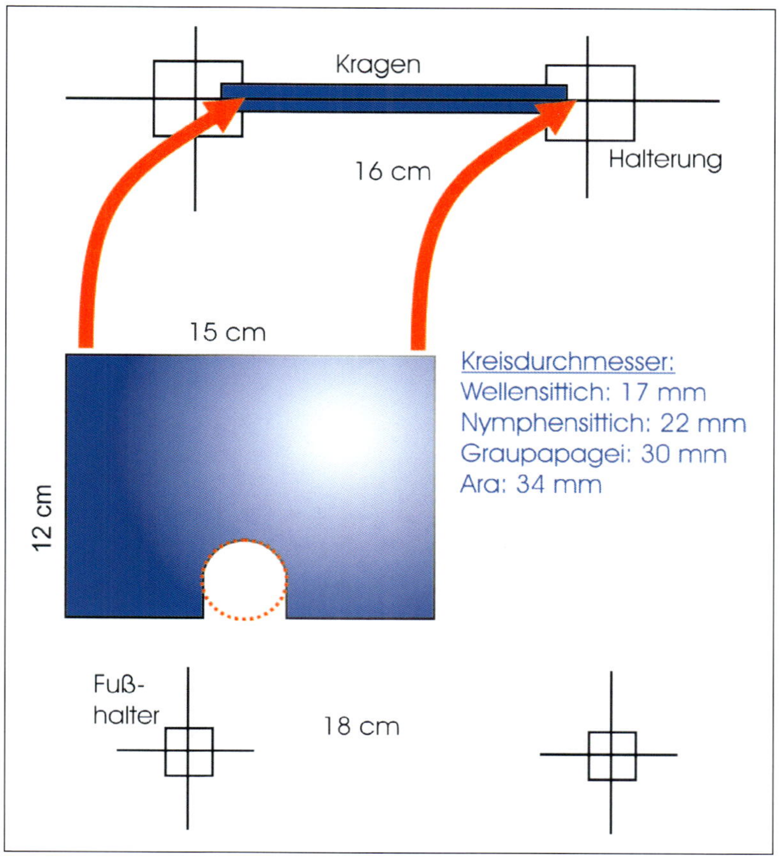

Abb. 1-4B: Schemazeichnung und Maße der Plexiglasplatte zu Abb. 1-4A.

Abb. 1-5: Graupapagei (*Psittacus erithacus*): Plattenfixation für Aufnahme in ventro-dorsalem Strahlengang.

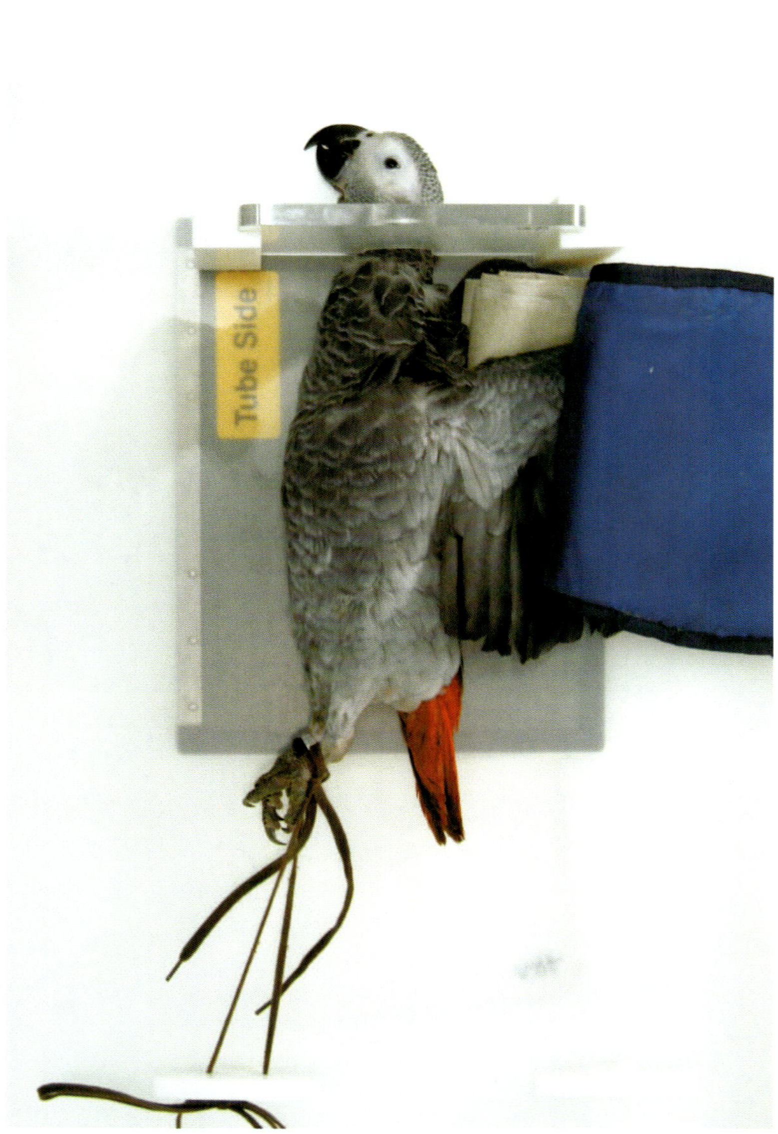

Abb. 1-6: Graupapagei (*Psittacus erithacus*): Plattenfixation für latero-lateralen Strahlengang.

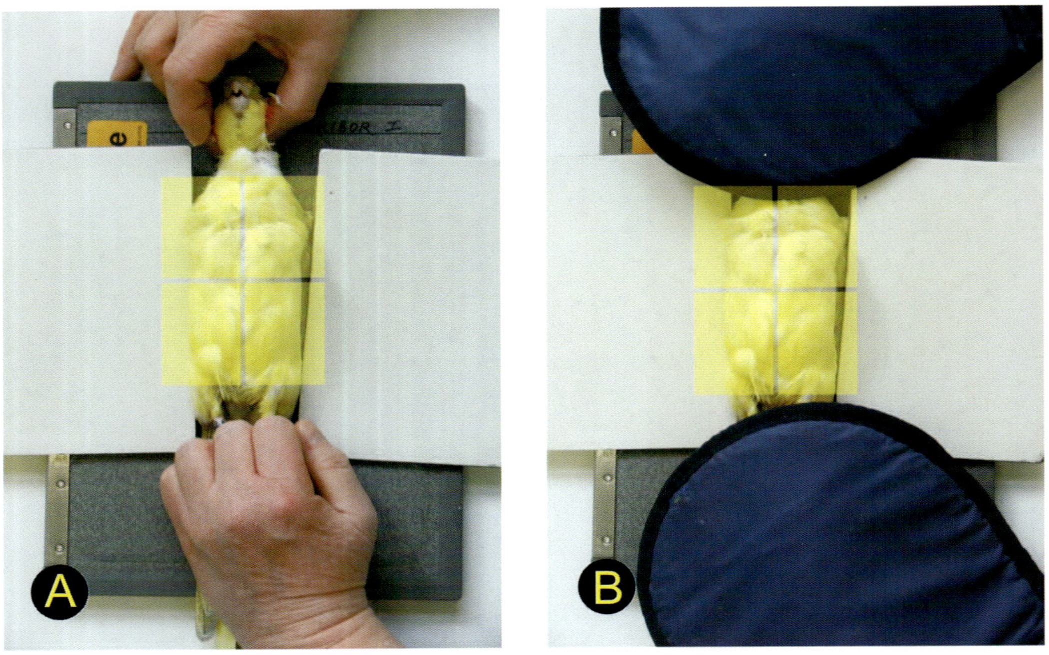

Abb. 1-7: Nymphensittich (*Nymphicus hollandicus*): manuelle Fixation für ventro-dorsalen Strahlengang. Es ist darauf zu achten, dass sich die Hände in jedem Fall außerhalb des Primärstrahls befinden.

A: Ohne Abdeckung.

B: Mit strahlendichter Abdeckung der Hände.

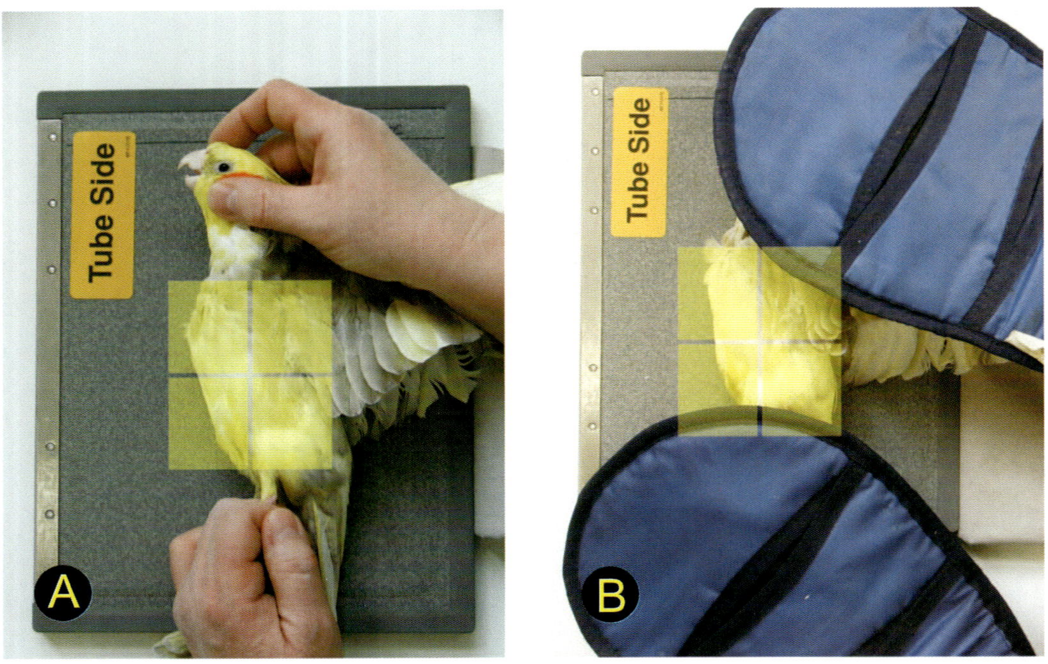

Abb. 1-8: Nymphensittich (*Nymphicus hollandicus*): manuelle Fixation für latero-lateralen Strahlengang.

A: Ohne Abdeckung.

B: Mit strahlendichter Abdeckung der Hände.

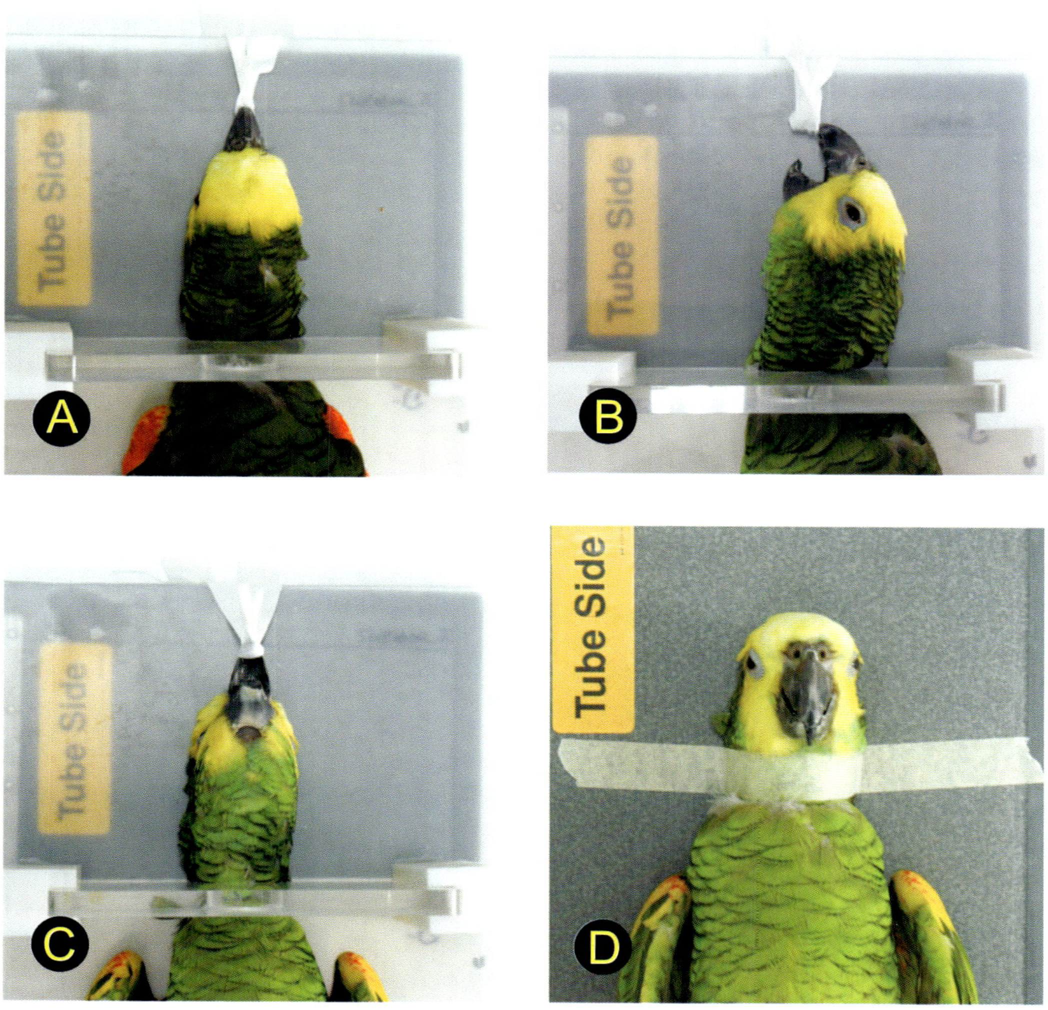

Abb. 1-9: Blaustirnamazone (*Amazona aestiva*): Lagerung des Kopfes für dorso-ventralen (A), latero-lateralen (B), ventro-dorsalen (C) und rostro-kaudalen (D) Strahlengang nach Sedation durch kurzzeitige Isofluran-Anflutung.

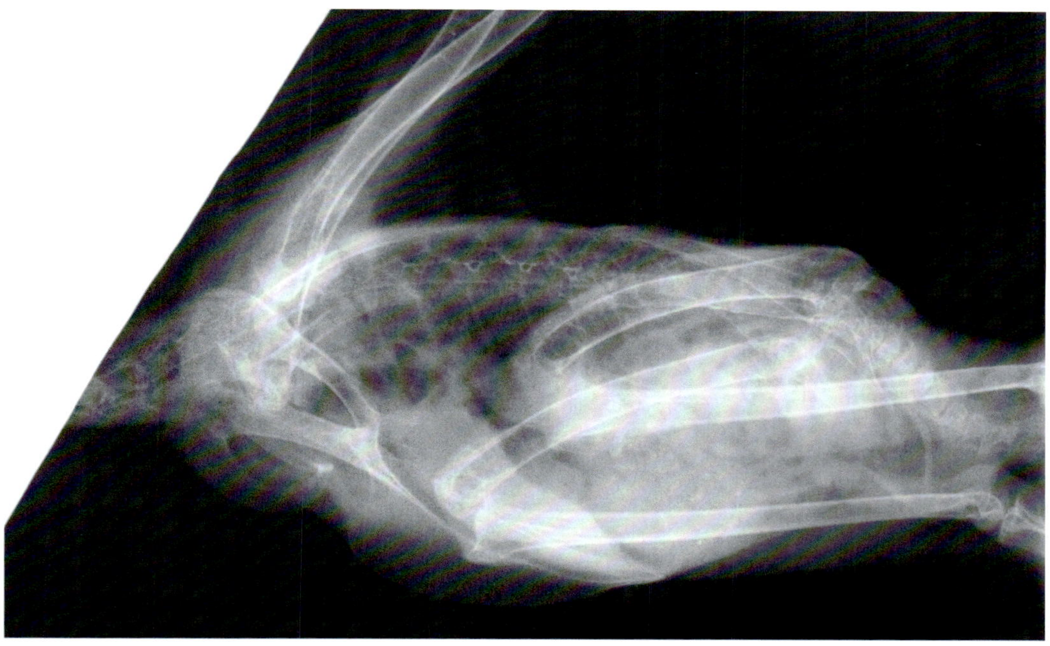

Abb. 1-10: Röntgenuntersuchung, Körper, latero-laterale Projektion, Mäusebussard (*Buteo buteo*): durch nicht maximal nach kaudal gezogene Hintergliedmaßen sind die inneren Organe nicht beurteilbar.

Dorso-ventraler Strahlengang

Für eine Aufnahme im dorso-ventralen Strahlengang wird der sedierte Vogel in Bauchlage verbracht. Die Oberschnabelspitze wird entfettet und mit einem gut haftenden Klebefilm umwickelt. Körper und Extremitäten des Patienten werden dann entweder manuell oder bei Plattenfixation mittels Klebestreifen und Schnüren fixiert. Der Hals des Vogels wird gestreckt und in dieser Position mit dem am Schnabel angebrachten Klebestreifen fixiert. Bei fachgerechter Vorgehensweise liegt der Kopf nun symmetrisch mit beiden Unterkieferästen eben auf dem Röntgentisch bzw. der Fixationsplatte auf **(Abb. 1-9A)**.

Ventro-dorsaler Strahlengang

In ähnlicher Weise kann bei der Anfertigung einer Aufnahme im ventro-dorsalen Strahlengang vorgegangen werden. Der sedierte Patient wird dazu in Rückenlage verbracht und fixiert. Wichtig ist auch hier eine symmetrische Lagerung. Durch Zug an einem am Oberschnabel angebrachten Klebestreifen wird der Hals gestreckt und torsionsfrei fixiert. Bei exakter Lagerung liegen beide Unterkieferäste in einer Höhe parallel zur Kassettenebene **(Abb. 1-9C)**.

Latero-lateraler Strahlengang

Soll der Kopf in seitlicher Lage geröntgt werden, wird der sedierte Patient in die rechte Seitenlage verbracht und manuell oder auf einer entsprechenden Platte fixiert. Der Hals des Vogels wird maximal gestreckt und in dieser Position mit einem am Oberschnabel angebrachten Klebestreifen fixiert. Relevant für die Interpretation der Röntgenaufnahme ist dabei eine streng symmetrische Lagerung, da insbesondere bei dieser Projektion die Auswertbarkeit durch Asymmetrien erheblich beeinträchtigt werden kann **(Abb. 1-9B)**.

Rostro-kaudaler, kaudo-rostraler und schräger Strahlengang

Für Aufnahmen im rostro-kaudalen Strahlengang wird der Vogel auf dem Rücken liegend an Körper und Gliedmaßen fixiert. Der Kopf des Vogels wird mit geschlossenem oder leicht geöffnetem Schnabel im rechten Winkel zur Filmkassette gelagert und durch einen am Halsansatz angebrachten Klebestreifen in dieser Position gehalten. Für dieses Aufnahmeverfahren wird der Zentralstrahl senkrecht zur Kassettenebene auf die Schnabelspitze ausgerichtet **(Abb. 1-9D)**.

Soll der Kopf im kaudo-rostralen Strahlengang geröntgt werden, wird der Vogel entsprechend in analoger Weise in Bauchlage gelagert und fixiert.

Für Aufnahmen mit schrägem Strahlengang wird im Einzelfall die Röntgenröhre im entsprechenden Winkel (zumeist 30° oder 75°) gekippt und der Zentralstrahl wird median auf das Os parietale (Hinterkopf) ausgerichtet.

1.1.2.4 Lagerungen zur Darstellung des Flügels

Bei einer Lagerung zur Darstellung des Körpers in Rücken- oder Seitenlage werden die Flügel immer in der medio-lateralen Ebene abgebildet. Für eine Röntgenaufnahme der Schultergliedmaßen kann der Patient daher in der bereits oben beschriebenen Weise (meist in Rückenlage) gelagert und fixiert werden. Der Flügel wird dabei in maximal ausgestreckter Position befestigt **(Abb. 1-11)**.

Zur Aufnahme des Flügels in der zweiten Ebene (kaudo-kranialer Strahlengang) muss der Vogel mit dem Kopf nach unten an der Tischkante (Röntgenkassette an Tischkante liegend) gehalten werden. Dabei werden Füße und Schwanz mit einer Hand gehalten und der Kopf im Bereich der Kiefergelenke mit Daumen und Zeigefinger der anderen Hand fixiert. Von einer zweiten Person wird der zu untersuchende Flügel vom Körper weggezogen und in maximal gestreckter Haltung mit der Flügelfront parallel zum Kassettenrand auf der Röntgenkassette gelagert **(Abb. 1-12)**. Der Zentralstrahl wird im rechten Winkel zur Kassettenebene auf das Ellbogengelenk ausgerichtet.

1.1.2.5 Lagerungen zur Darstellung der Hintergliedmaßen

Zur Darstellung der Hintergliedmaßen im dorso-plantaren Strahlengang wird der Vogel in der bereits beschriebenen Weise (ventro-dorsale Röntgenaufnahme des Körpers) in Rückenlage verbracht **(Abb. 1-13)**.

Für Aufnahmen im medio-lateralen Strahlengang wird der Patient in Seitenlage geröntgt. Je nach Indikation wird eine rechte bzw. linke Seitenlage gewählt, da die zu röntgende Extremität jeweils filmnah auf der Röntgenkassette gelagert werden sollte. Der Zentralstrahl ist senkrecht zur Röntgenkassette auf das Intertarsalgelenk auszurichten. Sollen speziell die Zehen röntgenologisch dargestellt werden, empfiehlt es sich, sie einzeln mit Klebestreifen auf der Unterlage zu fixieren **(Abb. 1-14)**.

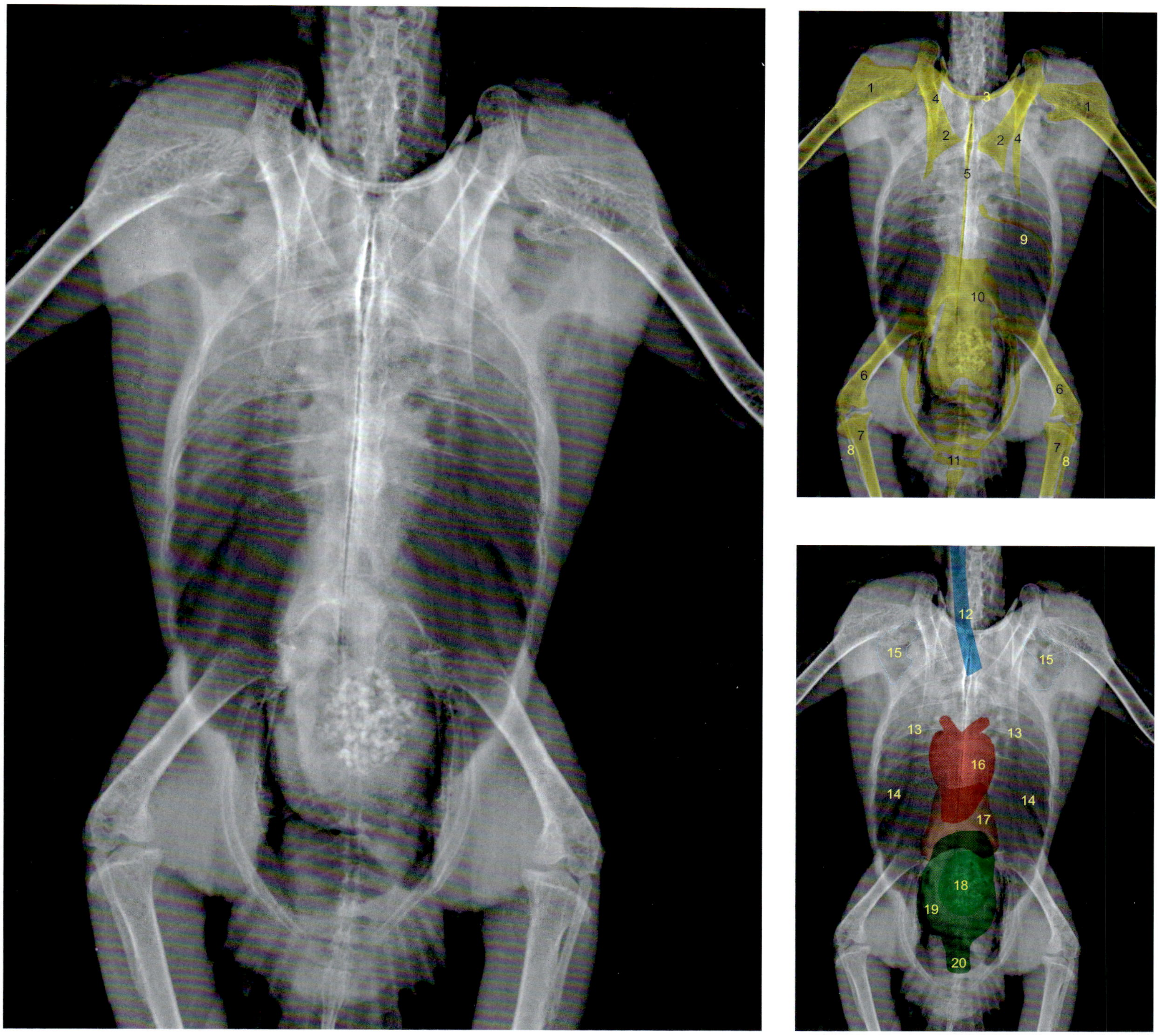

Abb. 1-23: Röntgenuntersuchung, Körper, ventro-dorsale Projektion, Gelbbrustara (*Ara ararauna*).

1: Humerus
2: Coracoid
3: Clavicula
4: Scapula
5: Carina sterni, überlagert von Wirbelsäule
6: Femur
7: Tibiotarsus
8: Fibula
9: Rippe
10: Becken
11: Schwanzwirbelsäule, Pygostyl
12: Trachea mit Syrinx
13: Lungen
14: Brust- und Bauchluftsäcke
15: Axillarblindsäcke
16: Herz mit großen Gefäßen
17: Leber
18: Muskelmagen mit Gritsteinchen
19: Darmkonvolut
20: Kloake

1.1.3.2 Herz und Gefäßsystem

Das Herz befindet sich in der ventro-dorsalen Aufnahme ungefähr auf der Höhe zwischen 2. und 5. bis 6. Rippe. Seine Basis ist nach kranio-dorsal orientiert, während die Herzspitze in der Nähe des Brustbeines im Röntgenschatten der Leber liegt. Typisch für Körnerfresser ist im ventro-dorsalen Strahlengang ein sanduhrförmiger, von Herz und Leber gebildeter Röntgenschatten **(Abb. 1-23** und **1-25)**. Die Herzspitze kann physiologisch im latero-lateralen Strahlengang oft nur bei Kakadus aufgrund der Lage der Luftsäcke bei diesen Tieren differenziert werden.

Röntgenologisch fällt bei verschiedenen Vogelarten eine leichte, nach dorsal ausgerichtete Abknickung der linken Vorkammer auf. Für Aras ist ein ausgeprägter, ventral verlaufender Knick zwischen Herz und Leberschatten im latero-lateralen Strahlengang charakteristisch. Sowohl im dorso-ventralen als auch im latero-lateralen Strahlengang lassen sich die großen Gefäßstämme als rundliche bzw. strangförmige Röntgenstrukturen insbesondere bei älteren Tieren aufgrund von Gefäßwandverkalkungen identifizieren **(Abb. 1-22** bis **1-24, 1-37)**.

Indikationen

- Erkrankungen, die durch Lage-, Größen- oder Formveränderung des Herzens charakterisiert sind
- infektiöse Prozesse, die sekundär Herzveränderungen zur Folge haben können (z. B. Perikarditis nach Allgemeininfektionen)
- nichtinfektiöse Ursachen (z. B. durch raumfordernde Prozesse, selten genetische Defekte, Neoplasien)

Mögliche Symptome

- vielfältige Symptomatik möglich, da im Röntgenbild sichtbare Herzveränderungen oft sekundär bedingt sind und durch die primäre Erkrankung beeinflusst werden
- Kreislaufinsuffizienz, blaue Verfärbungen der Haut (insbesondere der Augenregion) und der Schleimhäute, Inkoordination, Gleichgewichtsstörungen, Schockneigung usw.
- Apathie
- Atemnot
- eingeschränktes Flugvermögen
- epileptiforme Anfälle

Physiologische Varianten

Die großen Gefäße älterer Vögel können sich mitunter aufgrund von Gefäßverkalkungen röntgenologisch besonders deutlich darstellen. Es ist dabei nicht immer möglich, eine klare Grenze zwischen physiologischer und pathologischer Ausprägung (Arteriosklerose) zu definieren **(Abb. 1-37)**.

1.1.3.3 Respirationstrakt

Der Respirationstrakt der Vögel weist einige Besonderheiten auf. Die Trachea lässt sich dank ihrer knorpeligen und/oder knöchernen Stützringe im Röntgenbild deutlich sichtbar machen. Die Syrinx als eigentliches Lauterzeugungsorgan der Vögel befindet sich im Bereich der Verzweigung der Trachea in die beiden Hauptbronchienstämme. Er ist röntgenologisch aufgrund von Überlagerungen nur undeutlich und besser im latero-lateralen Strahlengang darstellbar. Die Lungen finden sich als starre Strukturen in die Rippen eingebettet und sind anhand ihres an Bienenwaben erinnernden Röntgenschattens im latero-lateralen Bild gut differenzierbar. Sie sind bei Vögeln, im Gegensatz zu denen der Säugetiere, weitestgehend volumenkonstant. Daher fehlt dem Vogel auch ein Zwerchfell. Eine Aufnahme in maximaler Inspiration ist aufgrund der hohen Atemfrequenz von Vögeln zumeist nicht möglich. Charakteristisch für alle Vögel ist ein ausgedehntes, röntgenologisch unterschiedlich gut darstellbares Luftsacksystem aus meist insgesamt neun Luftsäcken, deren Divertikel teilweise bis in einzelne Knochen hineinziehen. Unveränderte Luftsackwände lassen sich am gesunden Tier röntgenologisch nicht darstellen. Hinsichtlich der Ausbildung des Luftsacksystems und der Abmessungen der verschiedenen Luftsäcke bestehen gruppenspezifische Unterschiede **(Abb. 1-22** bis **1-25, 1-28, 1-29)**. So besitzen beispielsweise Greifvögel (Accipitriformes, Falconiformes) ausgeprägte Klavikularluftsäcke.

Indikationen

- Verdacht auf Infektionen, insbesondere mykotische Infektionen (z. B. Aspergillose), bakterielle Infektionen
- Luftsackrisse, chronische Luftsacküberdehnung
- Verdacht auf Fremdkörper in den oberen Atemwegen, sonstige Stenosen
- Verdacht auf Aspirationspneumonie

Mögliche Symptome

- Atemgeräusche
- Kreislaufinsuffizienz, epileptiforme Krämpfe, Ataxien
- »Backenblasen«
- Schwanzwippen
- Stimmverlust
- Nasenausfluss, Konjunktivitis, Beläge im Rachenraum
- Apathie, vermehrtes »Gähnen«
- eingeschränktes Flugvermögen, mangelnde Ausdauer
- chronische Unterhautemphyseme
- unspezifische Symptome, wie Diarrhoe, Abmagerung, Anorexie, Würgen, Erbrechen (insbesondere im Zuge von Mykosen)

Physiologische Varianten

Die Trachealringe sind beim Jungvogel zunächst noch knorpelig angelegt und verknöchern erst mit zunehmendem Alter. Die Länge der Trachea ist artspezifisch sehr variabel. Die Luftröhre kann beispielsweise bei Kranichen, Schwänen und Flamingos mehr als körperlang werden. Sie liegt bei einigen Spezies in Schlingen unterhalb des Brustbeines **(Abb. 1-30)**, bei anderen Arten hingegen in speziellen Aussparungen des Corpus sterni. Beos weisen eine typische Trachealkrümmung vor der Brustapertur auf. Bei Pinguinen fällt die infolge einer in den Halsbereich

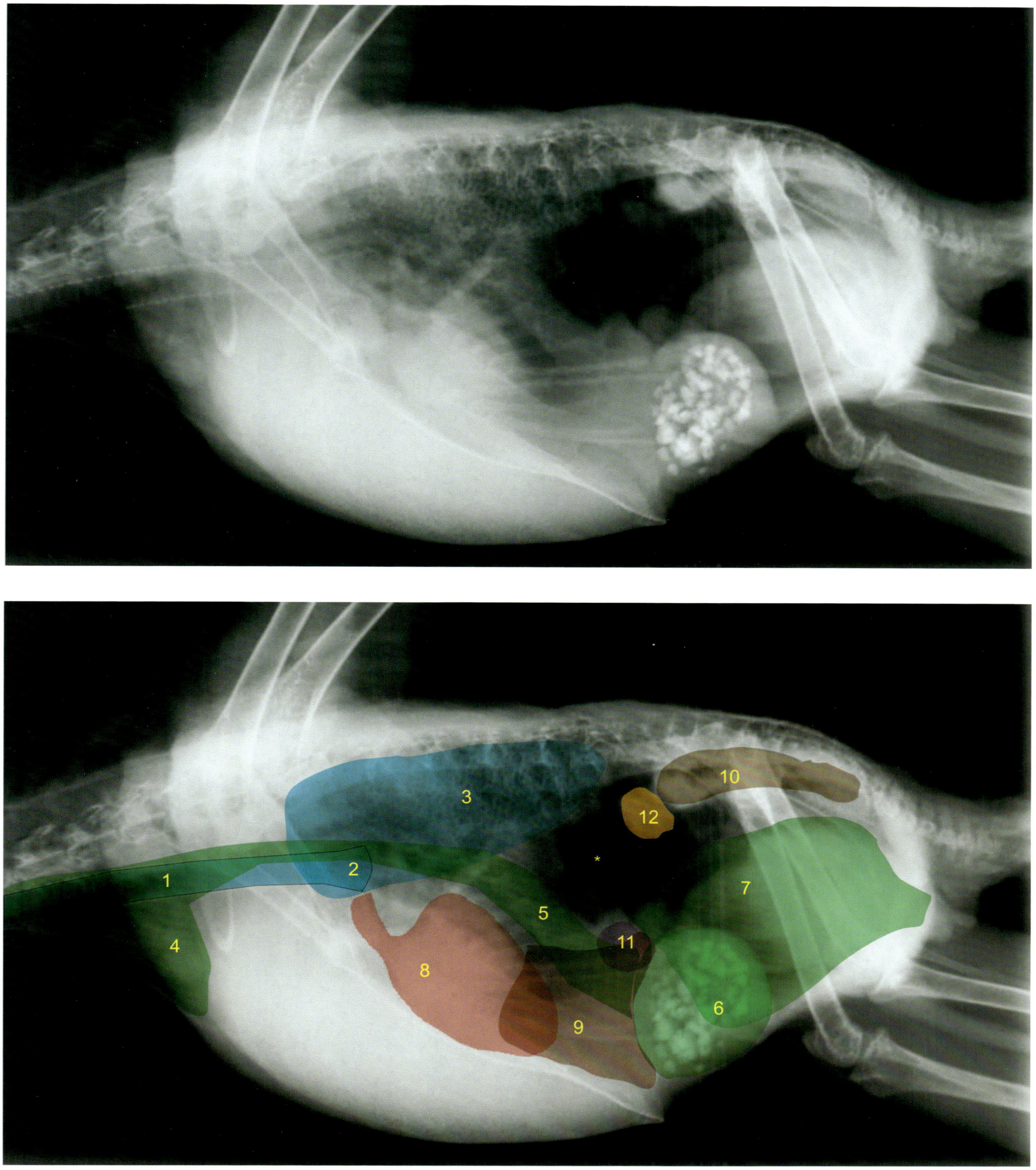

Abb. 1-24: Röntgenuntersuchung, Körper, latero-laterale Projektion, Venezuelaamazone (*Amazona amazonica*).

1: Trachea
2: Syrinx
3: Lunge mit anschließenden Brust- und Bauchluftsäcken (*)
4: Kropf
5: Drüsenmagen
6: Muskelmagen mit Gritsteinchen
7: Darmkonvolut
8: Herz
9: Leber
10: Nieren
11: Milz
12: Gonaden

vorverlagerten Bronchienverzweigung zweigeteilt erscheinende Luftröhre auf. Die Bronchialstämme von Haubentauchern sind insbesondere bei alten Männchen stark verknöchert **(Abb. 1-31)**. Typisch für männliche Entenvögel ist eine als Bulla syringis (tympani) bezeichnete verknöcherte Auftreibung der Trachea in der Nähe der Syrinx **(Abb. 1-27)**.

Die in den Humerus einstrahlenden Divertikel des Schlüsselbeinluftsackes (Axillarblindsäcke) sind zunächst klein und erreichen erst mit zunehmendem Alter des Vogels ihre endgültige Größe **(Abb. 1-23)**.

1.1.3.4 Leber

Der Röntgenschatten der Leber kann in Form und Größe beträchtlich variieren. Die Unterschiede sind zum Teil artspezifisch, hängen allerdings auch in erheblichem Maße vom Ernährungszustand der Vögel ab (vgl. **Abb. 1-22** und **1-23** mit **Abb. 1-26**). Unter physiologischen Bedingungen sollten die Umrisse der Leber im ventro-dorsalen Röntgenbild eine zwischen Coracoid und Acetabulum projizierte Linie nicht überschreiten. Bei Papageienvögeln und anderen Körnerfressern wird die Form des für diese Vögel typischen sanduhrförmigen, von Herz und Leber gebildeten Weichteilschattens linksseitig vom Füllungsgrad des Proventriculus beeinflusst **(Abb. 1-23** und **1-25)**. Im latero-lateralen Strahlengang ist die Leber ohne Kontrastmittel nicht vom Röntgenschatten des Gastrointestinaltraktes abzugrenzen.

Die Gallenblase ist röntgenologisch nicht abgrenzbar; sie ist andererseits auch häufig nicht angelegt und fehlt beispielsweise bei vielen Tauben- und Papageienspezies.

Indikationen

- □ Neoplasien (insbesondere beim Wellensittich)
- □ Stoffwechselstörungen (z. B. Hämosiderose beim Beo, fettige Leberdegeneration bei adipösen Vögeln usw.)
- □ infektiöse Prozesse (Leberschwellung bei vielen Virusinfektionen, z. B. Pacheco'sche Krankheit, Leukose, PMV-1-Infektion; bei Psittakose oft in Zusammenhang mit Milzschwellung)

Mögliche Symptome

- □ abdominale Anschwellung
- □ Ikterus (selten)
- □ Diarrhoe mit gelblicher Verfärbung der Harnsäure
- □ Befiederungsstörungen mit Federverfärbungen (chronische Hepatitis) und Juckreiz
- □ unspezifische Symptome, wie Abmagerung, Anorexie, Apathie, gestörtes Allgemeinbefinden
- □ Erbrechen
- □ Adipositas, Atemnot (z. B. bei Fettleber)
- □ Lähmungserscheinungen der Hintergliedmaßen (z. B. Lebertumor bei Wellensittichen)

Physiologische Varianten

Größe und Form der Leber können artspezifisch beträchtlich variieren. Die Lebergröße wird darüber hinaus auch vom Ernährungszustand des Vogels geprägt. So fallen insbesondere bei adipösen Vögeln Lebervergrößerungen **(Abb. 1-26)** bzw. Fettlebern auf.

1.1.3.5 Milz

Eine unveränderte Milz ist in der latero-lateralen Bildebene als kugeliger, bisweilen auch ei- bis bohnenförmiger Weichteilschatten dorsal des Proventriculus erkennbar **(Abb. 1-22** und **1-24)**. Im ventro-dorsalen Strahlengang hingegen hebt sich bei Vögeln der Milzschatten nicht vom übrigen Gewebe ab. Die Größe der Milz beträgt bei Wellensittichen ca. 1 mm und bei größeren Papageien, wie Graupapageien oder Amazonen, ca. 6 mm. Ein Milzschatten wird jedoch beispielsweise bei Großpapageien physiologischerweise nur in ca. 30 % der Röntgenaufnahmen in befriedigender Form abgebildet. Auch bei Tauben lässt sich die Milz auf Grund ihrer Einbettung in Fettgewebe röntgenologisch nicht sicher abgrenzen.

Indikationen

- □ infektiöse Prozesse (Milzschwellung, z. B. Tuberkulose, Psittakose: bei massiver Schwellung der Milz ist in Zusammenhang mit dem klinischen Bild eine schnelle Verdachtsdiagnose möglich)
- □ Neoplasien (insbesondere beim Wellensittich, bei anderen Arten eher selten)

Mögliche Symptome

- □ unspezifische Symptome, wie Abmagerung, Anorexie, Apathie usw.
- □ Kotveränderungen (Diarrhoe, schwarz-grüner »Hungerkot« usw.)
- □ Konjunktivitis, Rhinitis (Psittakose)
- □ selten Lähmungserscheinungen an den Hintergliedmaßen (Milztumor)

Physiologische Varianten

Größe und Form der Milz können artspezifisch beträchtlich variieren.

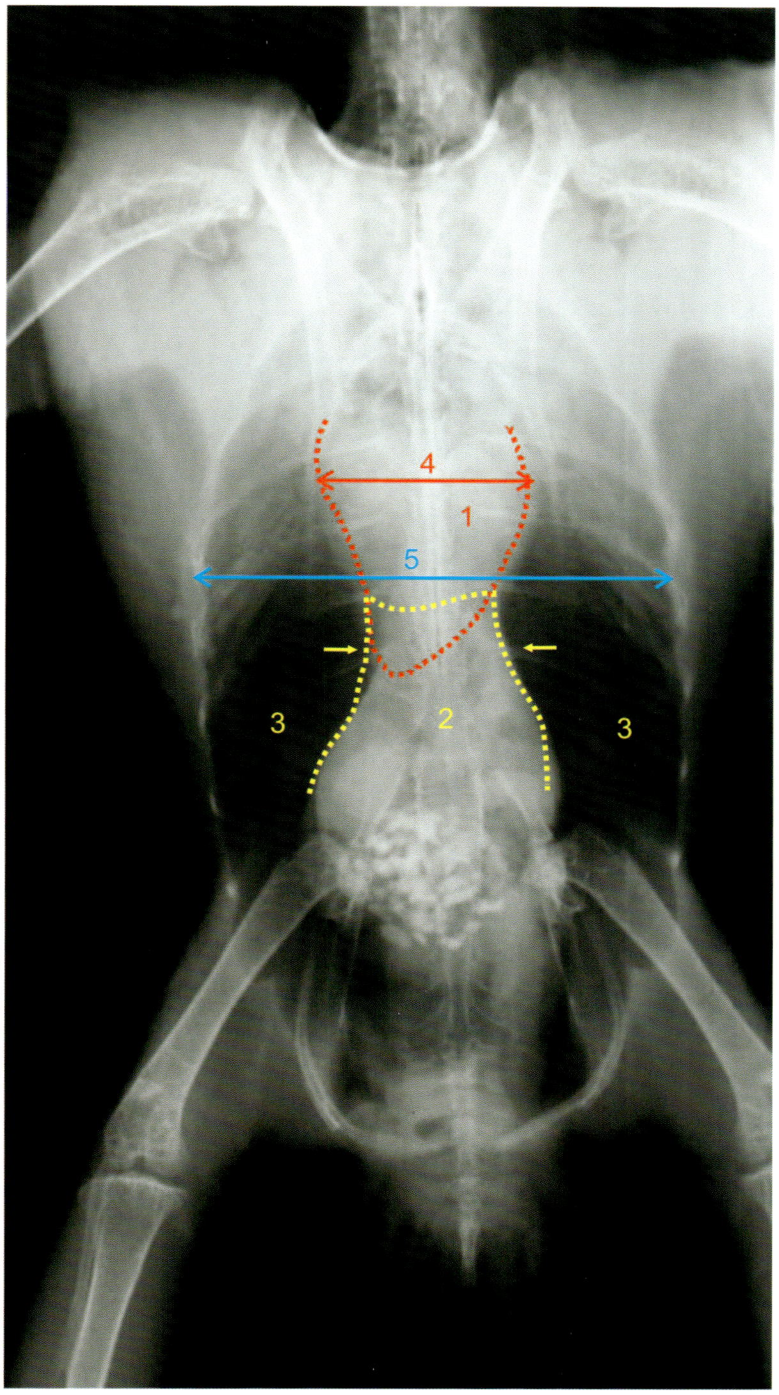

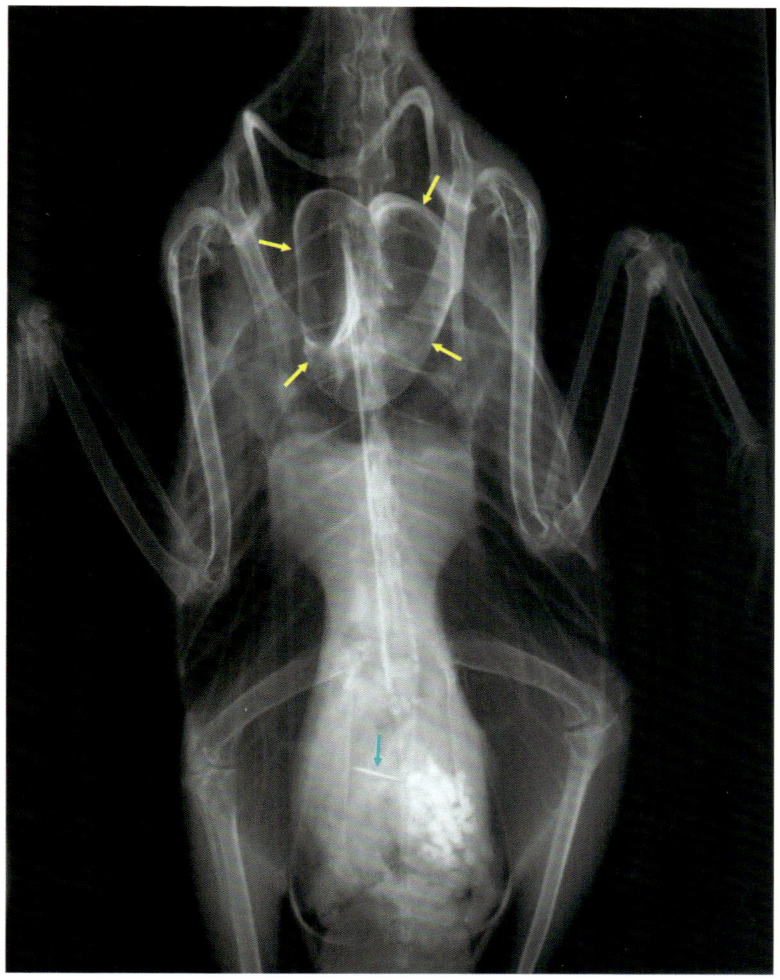

Abb. 1-27: Röntgenuntersuchung, Körper, ventro-dorsale Projektion, Mittelsäger (*Mergus serrator*), Darstellung der Bulla tympani.

◀ 1: Herz
2: Leber
3: Brust- und Bauchluftsäcke
4: Messungen der Breite des Herzschattens

Abb. 1-25: Röntgenuntersuchung, Körper, ventro-dorsale Projektion, Venezuelaamazone (*Amazona amazonica*). Gleiches Tier wie Abb. 1-24. Darstellung der unveränderten Silhouette von Herz (1) und Leber (2). Messungen der Breite des Herzschattens (4) sollten im ventro-dorsalen Röntgenbild bei exakter symmetrischer Lagerung durchgeführt und im Vergleich zur maximalen Breite des Thorax (5) beurteilt werden. Bei mittelgroßen Papageien (200–500 g KM) sollte so die Herzbreite im Röntgenbild ca. 51–61 % der maximalen Breite des Thorax sein.

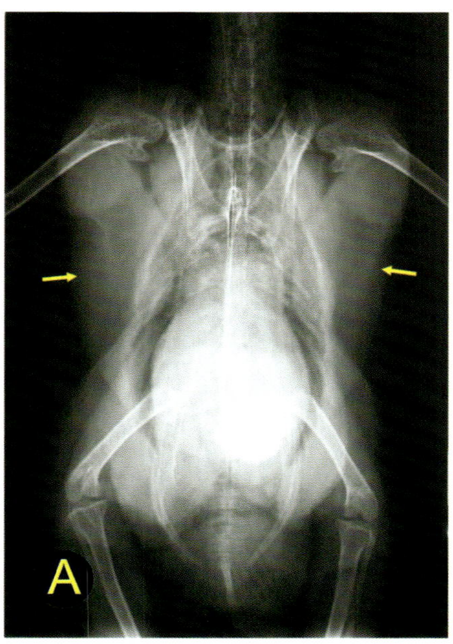

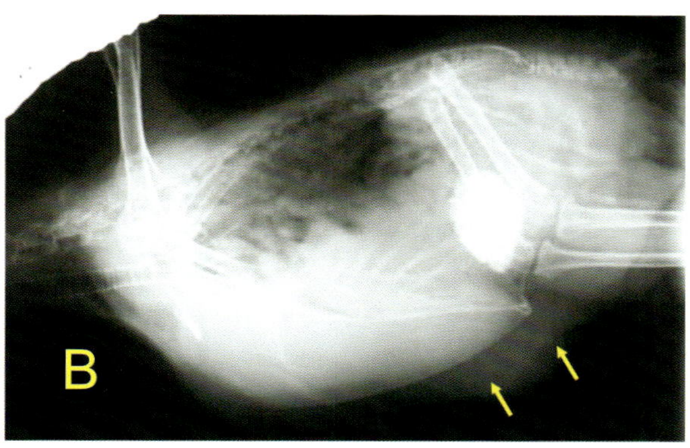

Abb. 1-26: Röntgenuntersuchung, Körper, ventro-dorsale (A) und latero-laterale (B) Projektion, Blaustirnamazone (*Amazona aestiva*): Adipositas (Pfeile: Fetteinlagerungen), Herz-Leber-Silhouette vergrößert.

1.1.3.6 Gastrointestinaltrakt

Bei vielen Vögeln ist der Halsabschnitt des Ösophagus zu einem Kropf erweitert. Besonders voluminöse Kröpfe bzw. Aussackungen des Ösophagus finden sich bei körnerfressenden und fleisch- bzw. aasfressenden Vogelarten **(Abb. 1-17)**. Für Tauben ist eine paarige Aufteilung in zwei seitliche Kropfsäcke typisch. Bei Körnerfressern lassen sich im latero-lateralen Strahlengang außerdem die kaudalen Ösophagusabschnitte sowie Drüsenmagen und Muskelmagen röntgenologisch gut abgrenzen. Im Muskelmagen befinden sich unter physiologischen Bedingungen außerdem röntgendichte Partikel, der sogenannte Magengrit. Bei frucht-, nektar- und fleischfressenden Arten können Drüsenmagen und Muskelmagen, vor allem nach ausgiebiger Nahrungsaufnahme, auf Röntgenaufnahmen oftmals nur unzureichend voneinander differenziert werden, da der Muskelmagen bei Vögeln dieser Ernährungsweisen sehr viel dehnbarer ist als bei körnerfressenden Spezies. Bei Greifvögeln, Eulen und anderen karnivoren, piscivoren bzw. molluscivoren Vogelarten können sich kalzifizierte Nahrungsbestandteile, beispielsweise Knochen bzw. komplette Beutetiere, Muschelschalen oder Schneckenhäuser strahlendicht im Gastrointestinaltrakt abbilden **(Abb. 1-17, 1-29)**. Der eigentliche Darmtrakt lässt sich in der Regel nur durch Eingabe von geeigneten Kontrastmitteln in befriedigender Form darstellen **(Abb. 1-36)**. Lediglich eine rechtsseitige Duodenalschleife sowie die Kloakenregion können häufig auch ohne Applikation von Kontrastmitteln differenziert werden. Die Blinddärme werden in der Regel paarig angelegt und können bei Hühnervögeln (Raufußhühner), Enten und Gänsen sowie Eulenvögeln beträchtliche Ausmaße annehmen. Bei einigen Arten (Reiher, Seetaucher) kommt es zur Reduktion eines Blinddarms. Bei vielen als Ziervögel gehaltenen Arten (Papageien, Tauben, Beos) werden beide Blinddärme nur noch rudimentär angelegt oder fehlen komplett **(Abb. 1-22** und **1-23)**.

Indikationen

- Fremdkörperverdacht (insbesondere Schwermetalle, nur röntgenologisch zu diagnostizieren)
- mechanischer oder paralytischer Ileus (z. B. Neoplasien, Futteranschoppung usw.)
- Abdominalhernien
- Kloakenprolaps
- infektiöse Magen-Darm-Erkrankungen (z. B. parasitäre Infektionen: Verdachtsdiagnose in der Präpatenzzeit möglich; virale Infektionen: z. B. Neuropathische Drüsenmagendilatation – wichtige Möglichkeit der Verdachtsdiagnose am lebenden Tier)

Zur genauen Abgrenzung des Gastrointestinaltraktes ist nach Anfertigung einer Leeraufnahme oft eine Gastrographie mit Kontrastmittelgabe angezeigt (vgl. **Abb. 1-36**).

Mögliche Symptome

- Erbrechen, Würgen
- Abmagerung, Anorexie
- Anschwellung des Abdomens
- Kloakenprolaps
- verklebte Kloakenregion, veränderte Kloakenschleimhaut
- kein Kotabsatz oder Kotabsatzbeschwerden, Kotveränderungen (z. B. unverdaute Körner bei Candida-Infektion, Neuropathischer Drüsenmagendilatation usw.; Blutbeimengung bei Schwermetallvergiftungen)
- Polydipsie, Polyurie
- Verfärbung von Kot und/oder Harnsäure
- Mengenveränderungen (z. B. bei Pankreasinsuffizienz)
- zentralnervöse Störungen mit Abmagerung bei negativem parasitologischen Befund

Physiologische Varianten

Der Gastrointestinaltrakt kann sich röntgenologisch je nach Ernährungspräferenz des Vogels, Beschaffenheit der aufgenommenen Nahrung und Füllungszustand unterschiedlich darstellen. Bei körnerfressenden Vögeln sind strahlendichte Partikel (»Grit«) im Muskelmagen physiologisch. Bei Taubenküken oder den Nestlingen körnerfressender Arten erscheint der Gastrointestinaltrakt in den ersten Lebenswochen auf Grund der Konsistenz der von den Altvögeln verabreichten Nahrung (Kropfmilch bzw. Futterbrei) sehr voluminös. Bei karnivoren Vögeln (z. B. Greifvögel, Eulen) können Skelettanteile aufgenommener Beutetiere (Knochen, Molluskenschalen) im Röntgenbild abgebildet werden **(Abb. 1-17)**.

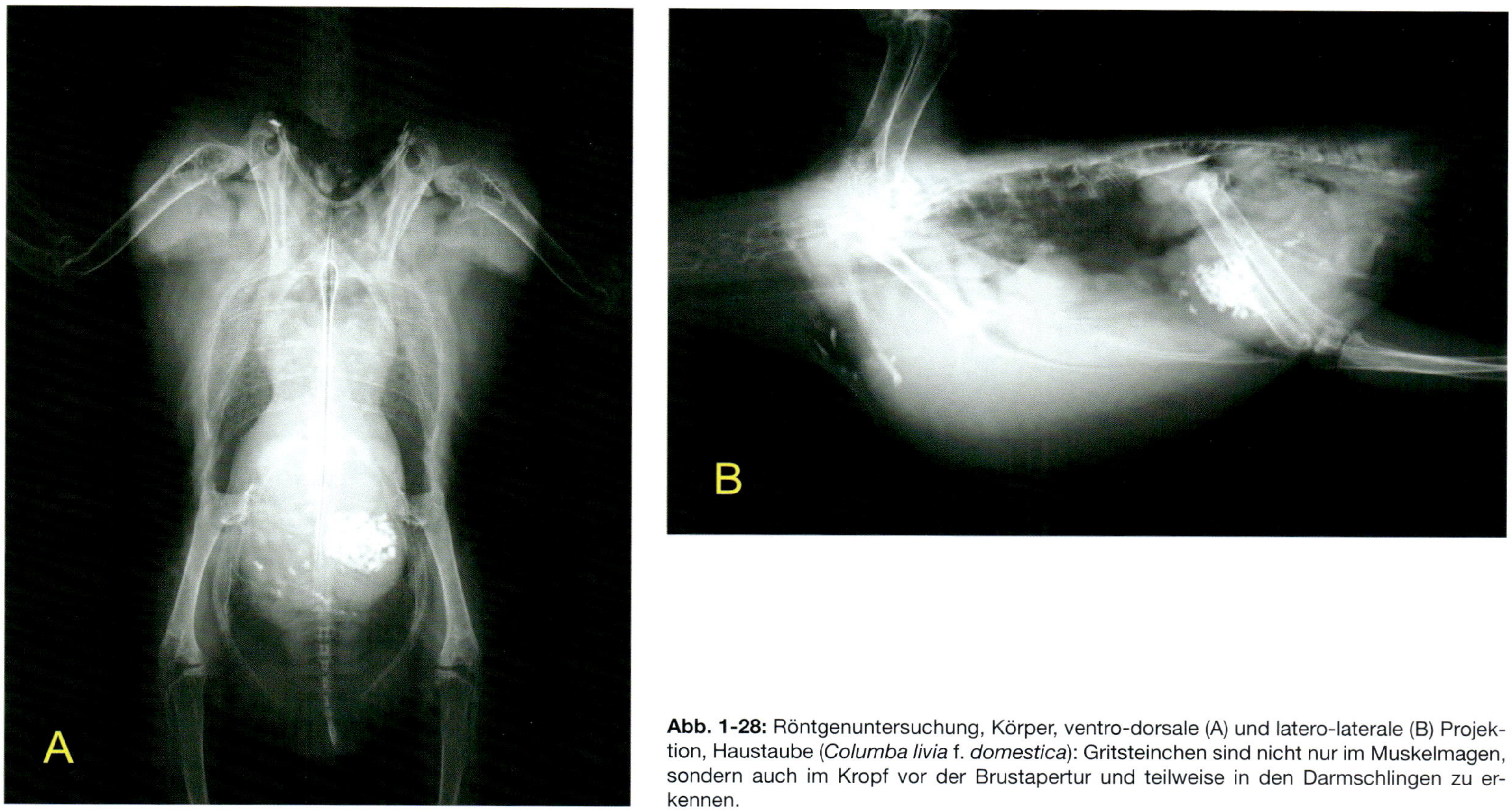

Abb. 1-28: Röntgenuntersuchung, Körper, ventro-dorsale (A) und latero-laterale (B) Projektion, Haustaube (*Columba livia* f. *domestica*): Gritsteinchen sind nicht nur im Muskelmagen, sondern auch im Kropf vor der Brustapertur und teilweise in den Darmschlingen zu erkennen.

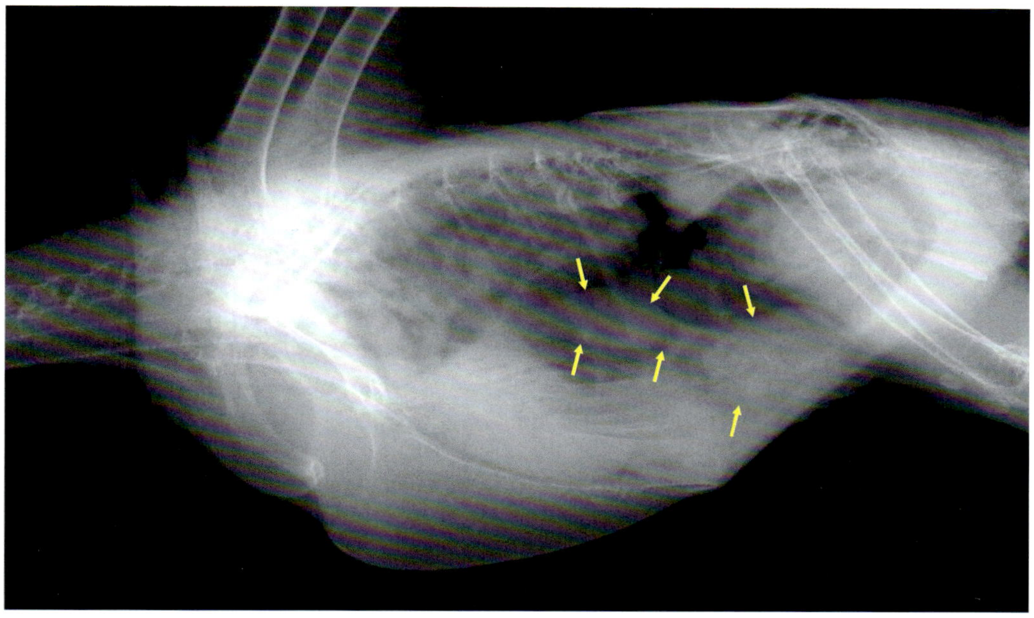

Abb. 1-29: Röntgenuntersuchung, Körper, latero-laterale Projektion, Gerfalke (*Falco rusticolus*): schlauchförmiger Drüsen- und Muskelmagen (Pfeile), teilweise mit Knochen im Muskelmagen.

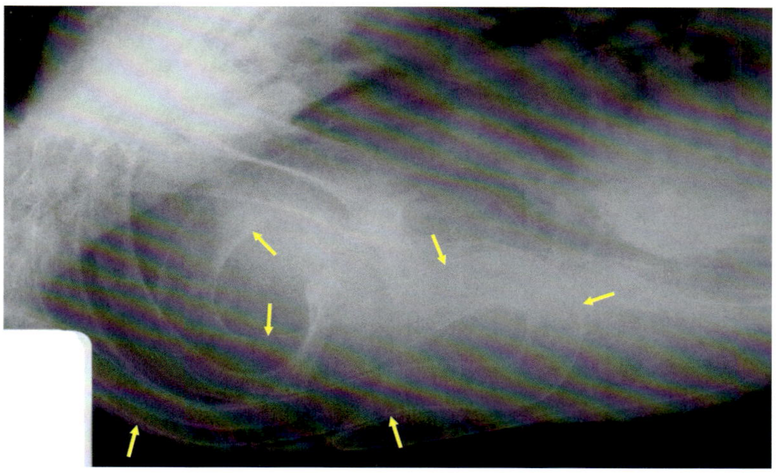

Abb. 1-30: Röntgenuntersuchung, Körper, latero-laterale Projektion, Höckerschwan (*Cygnus olor*): Darstellung der schlingenförmigen Trachea (Pfeile).

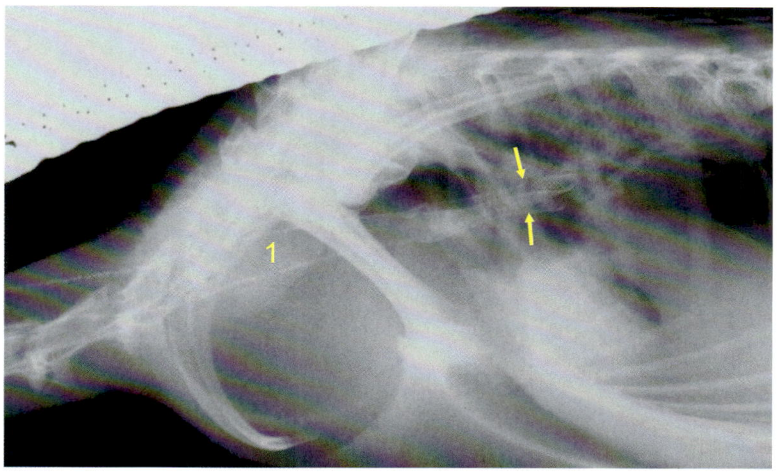

Abb. 1-31: Röntgenuntersuchung, Körper, latero-laterale Projektion, Haubentaucher (*Podiceps cristatus*): Darstellung der verknöcherten Hauptbronchien (Pfeile).

1: Trachea

Pfeile: Hauptbronchien

1.1.3.7 Harnorgane

Die Nieren sind bei Vögeln paarig angelegt und finden sich als dreiteilige Strukturen retroperitoneal beiderseits der Wirbelsäule in Vertiefungen der Ventralflächen des Synsacrums und der Hüftbeine eingebettet. Im latero-lateralen Strahlengang wird das kopfseitige Ende der Nieren von den Keimdrüsen überlagert, wobei der Grad der Überlagerung vom Reproduktionsstatus des Vogels abhängt, da sich die Geschlechtsorgane in der Fortpflanzungszeit beträchtlich vergrößern können **(Abb. 1-22, 1-24, 1-32, 1-33A** bis **1-33B)**. In der ventro-dorsalen Aufnahme stellen sich die Nieren in der Regel nicht oder nur undeutlich dar. Die Niere des Haushuhnes ist ca. 7–9 cm lang. Beim Graupapagei beträgt ihre Länge ca. 3 cm. Die für die Säugetierniere typische strukturelle und funktionelle Gliederung in äußere Nierenrinde und inneres Nierenmark fehlt der Vogelniere ebenso wie ein Nierenbecken. Röntgenologisch von Bedeutung ist das Nierenpfortadersystem, da es im Rahmen urographischer Untersuchungen die rasche Ausscheidung applizierter Kontrastmittel gewährleistet. Eine Harnblase wird ebenso wie eine Harnröhre bei Vögeln nicht ausgebildet. Die Exkrete gelangen über die Harnleiter direkt in die Kloake. Beide Strukturen können sich unter bestimmten Umständen (Harnsäurekongestion, Nephrolithiasis, s. Kap. 1.10.1) röntgendicht abzeichnen.

Indikationen

- infektiöse Prozesse (Nierenschwellung z. B. bei Psittakose usw., Nephrokalzinose häufig bei bakteriell bedingten Nephritiden)
- Verdacht auf Nierenzysten
- Neoplasien (vor allem beim Wellensittich)
- Stoffwechselstörungen (z. B. Vitamin-A-Hypovitaminose, Nephrokalzinose)
- andere nichtinfektiöse Prozesse, die unter Beteiligung der Nieren ablaufen (z. B. chronische Bleivergiftung – im Hinblick auf Prognose, starke Dehydration)

Mögliche Symptome

- Polydipsie
- Polyurie, farblich veränderter Harnsäureanteil
- Erbrechen
- Dehydration
- gekrümmte Sitzhaltung, stark gestörtes Allgemeinbefinden
- Lähmungserscheinungen an den Hintergliedmaßen
- Federwachstumsstörungen und Hautveränderungen ohne Juckreiz, Hyperkeratose
- veränderte Blutwerte, z. B. erhöhter Harnsäurewert

1.1.3.8 Geschlechtsorgane

Die paarigen Hoden liegen kranio-ventral dem vorderen Nierenabschnitt an. Ihre Größe hängt vom Reproduktionsstatus des Vogels ab. Die Hoden sexuell aktiver Männchen sind beispielsweise bei Sperlingsvögeln (Passeriformes) um bis zu 500-mal größer als außerhalb der Paarungszeit und dürfen röntgendiagnostisch daher nicht mit Nierentumoren verwechselt werden **(Abb. 1-32** und **1-33A)**. Beim Vogelweibchen ist in der Regel nur der linke Eierstock funktionsfähig ausgebildet. Der rechte Eierstock wird zwar embryonal angelegt, bleibt jedoch im Wachstum zurück und verkümmert zumeist. Bei Greifvögeln, wie Habicht und Sperber, können jedoch auch rechte Ovarien ausgebildet werden, die in seltenen Fällen voll funktionsfähig sind. Das Ovar stellt sich im geschlechtsaktiven Zustand kranial der Niere als strukturierter Weichteilschatten unterschiedlicher Strahlendichte dar **(Abb. 1-33B)**. Der Eileiter (Legedarm) hebt sich in der Bauchregion lediglich als diffuser Weichteilschatten ab.

Indikationen

- Legenot
- Bildung von Eikonkrementen (»Schichteier«), Ablage formund/oder oberflächenveränderter Eier
- Verdacht auf Eierstockzysten
- Abdominalhernien (oft bei weiblichen Tieren in Zusammenhang mit erhöhter Knochendichte)
- Neoplasien (Hodentumoren, besonders beim Wellensittich)
- infektiöse Prozesse (z. B. Salpingitis)

Mögliche Symptome

- Kotabsatzbeschwerden
- Harnsäureanteil in den Fäzes erhöht
- breitbeinige Sitzstellung, Pressen auf Kloake
- weiche oder harte palpierbare Masse im Abdominalbereich mit Anschwellung des Abdomens
- Infertilität
- Abmagerung, Nasenwachshautumfärbung, wechselnde Lähmung der Hintergliedmaßen (Neoplasien, Wellensittich)

Physiologische Varianten

Der beim Vogelweibchen in der Regel nur linksseitig funktionsfähig ausgebildete Eierstock stellt sich in der Fortpflanzungszeit als ungleichmäßig röntgendichter, gefurchter Weichteilschatten am kranialen Pol der Nieren dar **(Abb. 1-33B)**.

Der Eileiter darf auf Grund seiner Lage zwischen Leber, Nieren und Darmschlingen nicht als Leberschwellung fehlinterpretiert werden. Legereife Eier lassen sich, sofern sie physiologisch ausgebildet sind, anhand ihrer strahlendichten Kalkschale einwandfrei identifizieren und führen zu einer Verlagerung des Gastrointestinaltraktes **(Abb. 1-21)**.

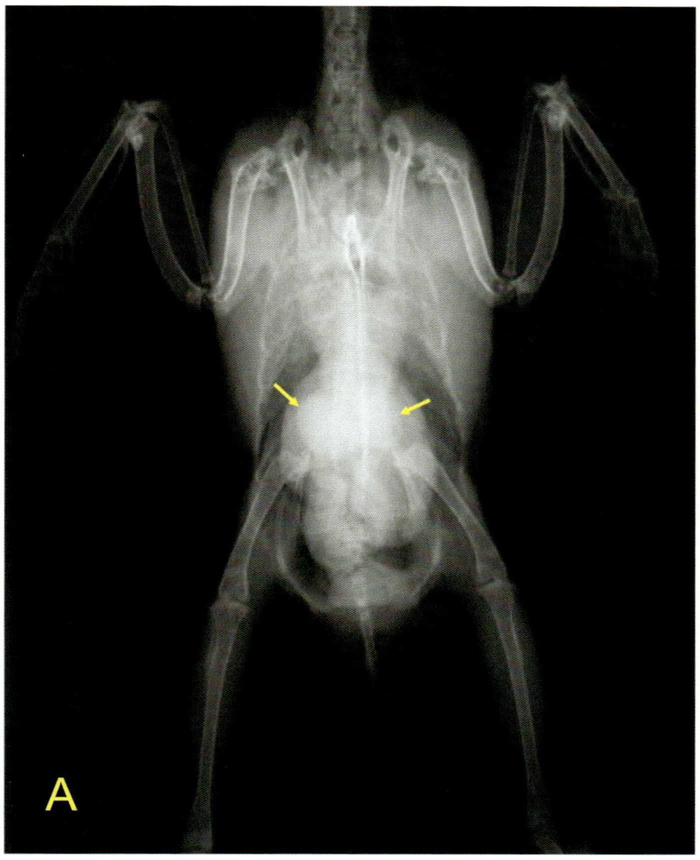

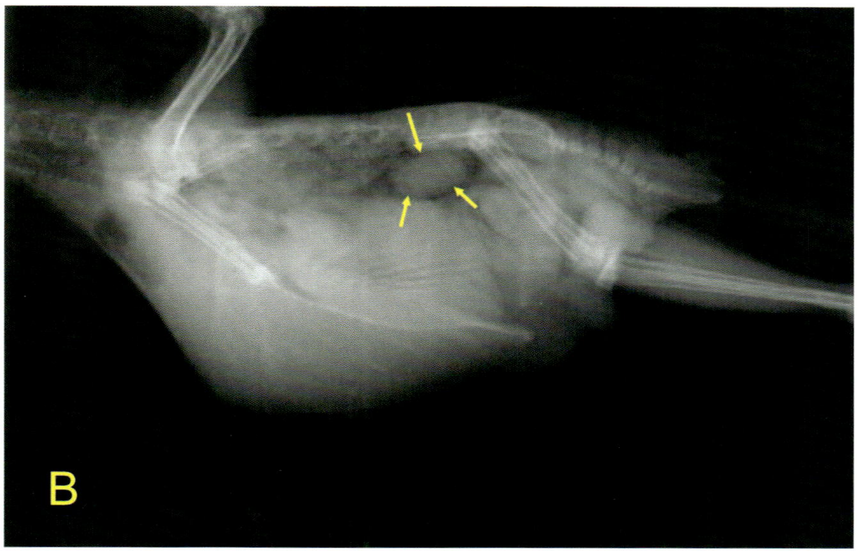

Abb. 1-32: Röntgenuntersuchung, Körper, ventro-dorsale (A) und latero-laterale (B) Projektion, Wellensittich (*Melopsittacus undulatus*): Darstellung der aktiven Hoden (Pfeile).

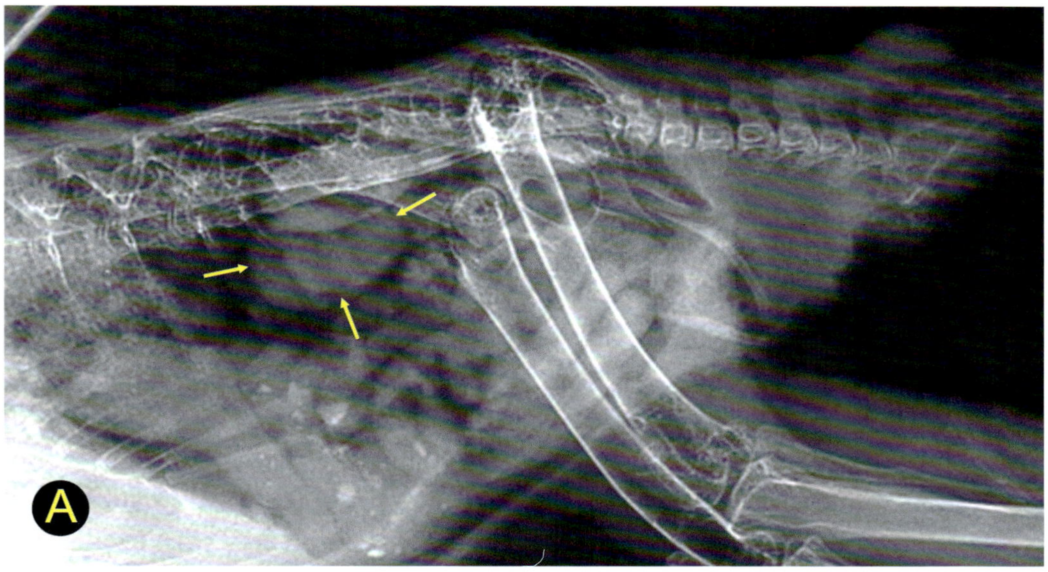

Abb. 1-33A: Röntgenuntersuchung, Körper, latero-laterale Projektion, Roter Milan (*Milvus milvus*): Darstellung der aktiven Hoden (Pfeile).

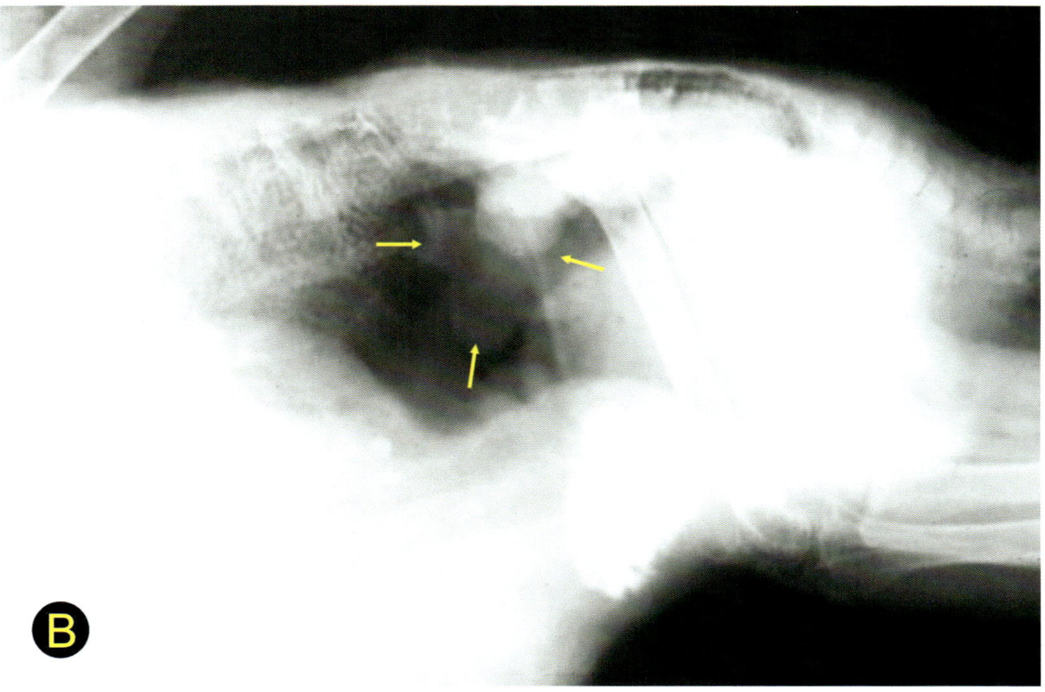

Abb. 1-33B: Röntgenuntersuchung, kaudaler Körper (Ausschnitt), latero-laterale Projektion, Blaustirnamazone (*Amazona aestiva*): Darstellung des aktiven Ovars (Pfeile).

1.1.4 Kontrastmitteluntersuchungen

1.1.4.1 Einführung

Prinzipiell wird zwischen positiven und negativen Kontrastmitteln unterschieden, wobei Letztere allerdings in der aviären Röntgendiagnostik nur eine untergeordnete Rolle spielen. Klinisch weitaus relevanter sind Kontrastmittel, die die Röntgendichte von Organen oder Gefäßen erhöhen. Zu diesem Zweck werden Substanzen verwendet, deren Opazität durch ihren Gehalt an Elementen mit hohen Ordnungszahlen, insbesondere Barium und Jod, erhöht wird.

Der Einsatz von Bariumsulfat ist auf Untersuchungen des Gastrointestinaltraktes beschränkt. Mit der Synthese trijodierter Benzoesäuren gelang es jedoch auch, radioopake Materialien für eine intravasale Anwendung zu konzipieren. In der Regel werden hierzu wasserlösliche Jodverbindungen eingesetzt. Generell wird für radiographische Untersuchungen zwischen ionischen und nichtionischen Jodverbindungen unterschieden, wobei nichtionischen Kontrastmitteln, wie Iodixanol und Iotrolan, aufgrund der besseren Verträglichkeit der Vorzug gegeben werden sollte. Organische Jodverbindungen können intravenös, seltener auch oral oder, beispielsweise in der Sinographie, direkt lokal appliziert werden. Allerdings sind jodhaltige Kontrastmittel hyperton und sollten daher bei exsikkotischen Patienten nur nach ausreichender Rehydrierung intravenös verabreicht werden.

1.1.4.2 Kontrastmitteluntersuchung des Gastrointestinaltraktes

Die Indikationen für eine Kontrastmitteldarstellung des Gastrointestinaltraktes sind vielfältig. Sie betreffen alle pathologischen Zustände, die durch morphologische oder topographische Veränderungen des Gastrointestinaltraktes (beispielsweise Erweiterung des Drüsenmagens bei Neuropathischer Drüsenmagendilatation oder Verlagerung von Darmschlingen bei Abdominalhernien) bzw. seiner Wandung (Verdickungen bei Vitamin-A-Mangel, chronischer Hefepilz-Infektion) gekennzeichnet sind. Außerdem kann eine Kontrastmittelgabe genutzt werden, um den Gastrointestinaltrakt von benachbarten, auf Grund tumoröser Entartungen **(Abb. 1-34)** oder infolge entzündlicher Prozesse pathologisch veränderten Organen, wie Leber, Milz, Gonaden und Nieren, abzugrenzen. Durch Gabe eines Kontrastmittelbreies lässt sich zudem die Funktionstüchtigkeit des Gastrointestinaltraktes beurteilen, da der Transit von Darminhalt bei Ileus stark verlangsamt abläuft oder sogar stagniert, bei akuten Infektionen hingegen nicht selten eine beschleunigte Darmpassage zu beobachten ist. Bei Verdacht auf Fremdkörperaufnahme ermöglicht eine Kontrastmitteluntersuchung eine Lagebestimmung, sofern eine Leeraufnahme auf Grund einer geringen Strahlendichte des Fremdkörpers keine diagnosetauglichen Resultate erbracht hat. Eine Leeraufnahme sollte vorab generell angefertigt werden, da bei Verdacht auf eine Perforation von Drüsenmagen, Muskelmagen oder eines Darmabschnittes ausschließlich Kontrastmittel eingesetzt werden dürfen, die nicht zu Gewebeschädigungen führen und anders als bariumsulfathaltige Präparate vom Körper resorbiert werden.

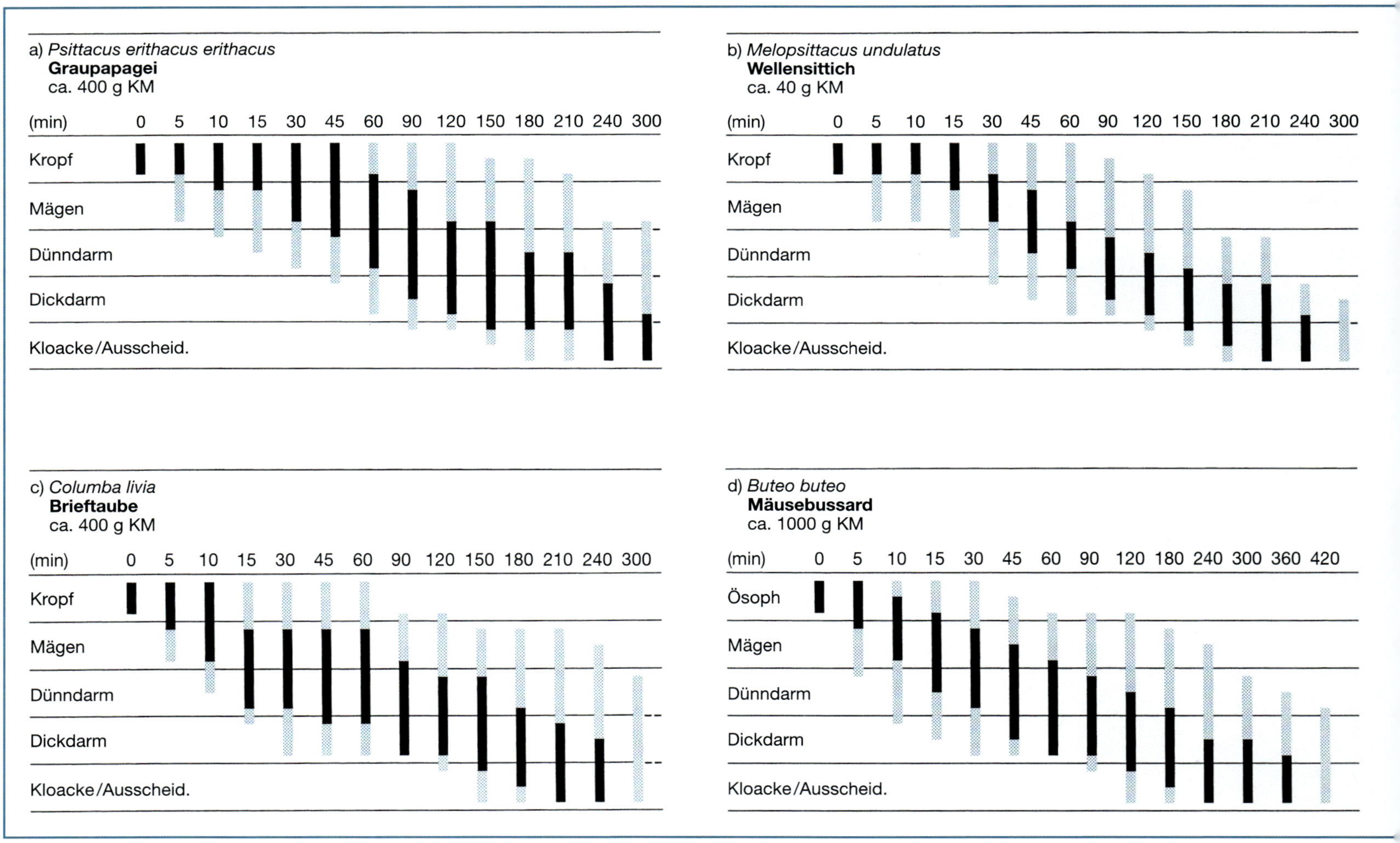

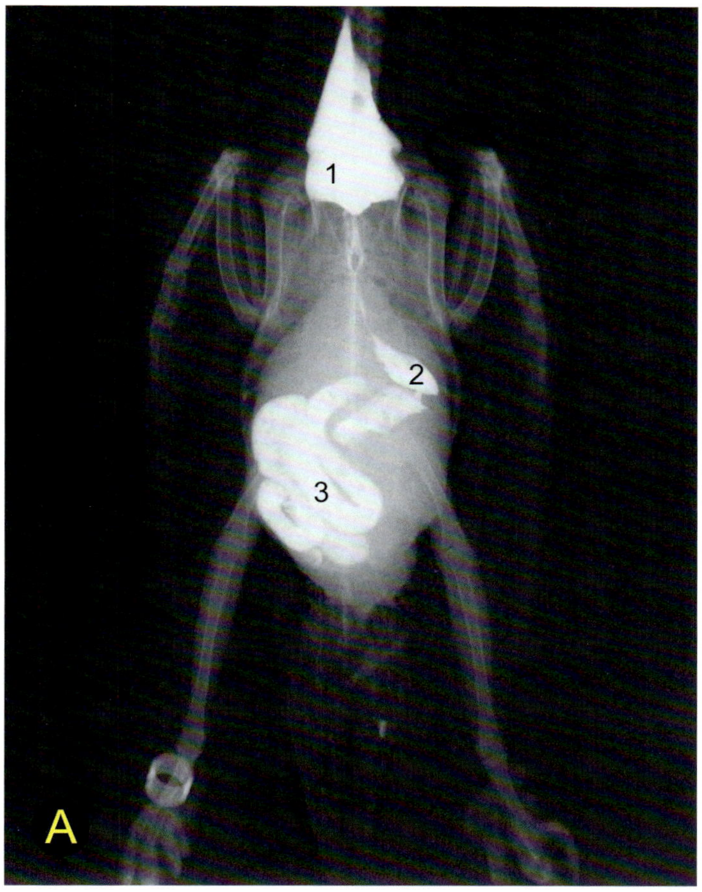

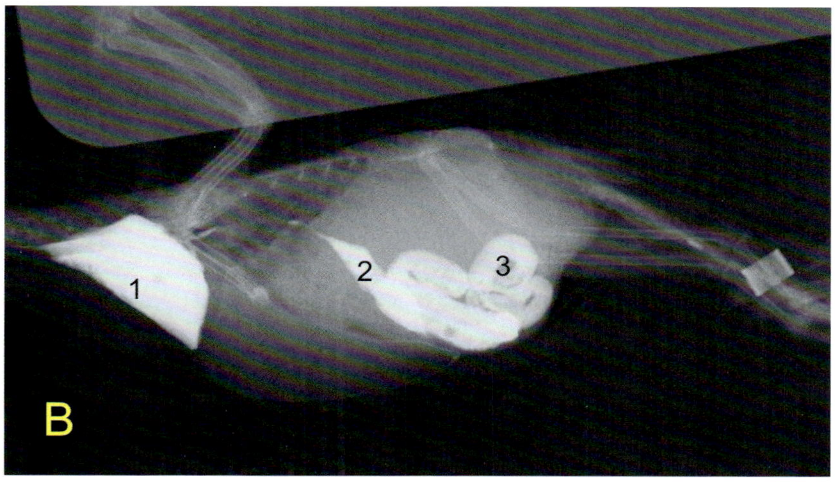

1: Kropf
2: Drüsenmagen
3: Darmkonvolut

Abb. 1-34: Röngenuntersuchung, Körper, ventro-dorsale (A) und latero-laterale (B) Projektion, 45 min nach Eingabe von 1 ml Bariumsulfat in den Kropf, Wellensittich (*Melopsittacus undulatus*): Nierentumor, Verdrängung des Darmkonvoluts nach ventral.

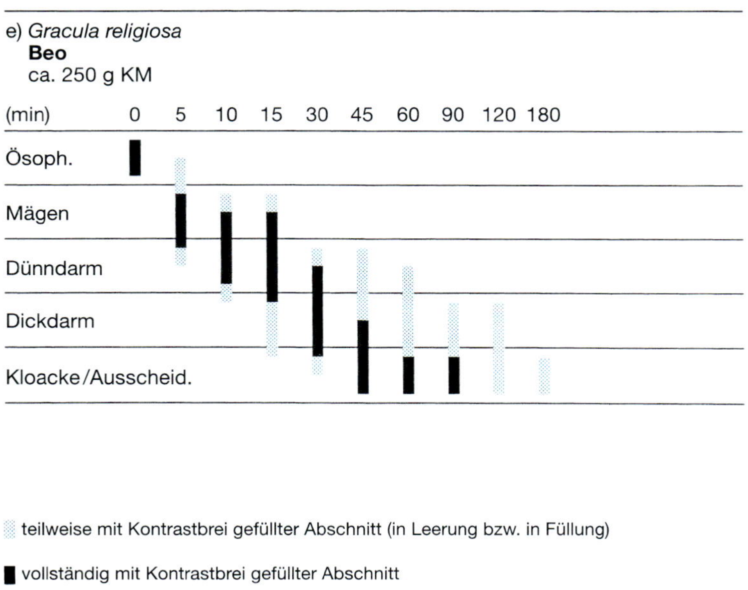

Abb. 1-35a–e: Zeitlicher Verlauf einer Bariumsulfatkontrastbrei-Passage bei leerem Kropf und Eingabe von 20 ml/kg KM einer 25 %igen Suspension.
Aufnahme mit freundlicher Genehmigung aus Krautwald-Junghanns, et al. 1992.

Als Kontrastmittel werden gewöhnlich Bariumsulfatsuspensionen verwendet. Organische Jodverbindungen werden nur in Ausnahmefällen für eine Gastrographie verwendet, aufgrund einer meist schlechteren Darstellung und deutlich schnellerer Magen-Darm-Passage.

Bariumhaltige Kontrastmittel werden grundsätzlich als Suspension mittels eines Schlauches oder einer Knopfkanüle verabreicht. Als Dosis wird eine 25–45 %ige Bariumsulfatsuspension (ca. 20 ml/kg Körpermasse) verabreicht. Der Bariumsulfatgehalt des Breies sollte auf die Indikation abgestimmt werden.

Während zur Abgrenzung des Gastrointestinaltraktes vom umliegenden Gewebe eine eher dünnflüssige Suspension appliziert werden kann, eignen sich viskösere Suspensionen besser für eine Diagnose von Veränderungen des Gastrointestinaltraktes selbst. Alternativ eignen sich bei Verdacht auf Perforation nichtionische jodhaltige Kontrastmittel. Diese werden in einer Dosierung von 10 ml/kg Körpermasse (Jodgehalt der Suspension: 250 mg Jod/ml) ebenfalls oral verabreicht. Um ein Hochwürgen von Kontrastmittelbrei und damit die Gefahr einer Aspirationspneumonie zu vermeiden, sollte der Vogel nach der Eingabe zunächst für eine kurze Zeit in der aufrechten Position gehalten werden. Gastrographische Untersuchungen sollten nicht an narkotisierten oder sedierten Vögeln durchgeführt werden, da die Darmmotorik durch entsprechende Narkotika bzw. Sedativa eingeschränkt werden kann.

Hinsichtlich der Transitdauer des Kontrastmittels lassen sich nur Näherungswerte angeben, da sich der zeitliche Verlauf sowohl interspezifisch als auch individuell sehr variabel gestaltet **(Abb. 1-34** bis **1-36)**. Neben Ernährungstypus (Körnerfresser, Weichfresser, Fleischfresser usw.) und damit einhergehender Darmlänge haben auch Größe, Ernährungszustand und Alter des Vogels sowie die Konsistenz der Suspension Einfluss auf die Geschwindigkeit der Kontrastmittelpassage. Bei Weichfressern sowie bei abgemagerten oder unter Stresseinfluss stehenden Vögeln kann ein vergleichsweise schneller Durchgang von Kontrastmittelbrei beobachtet werden, während das Kontrastmittel bei großen Körnerfressern deutlich länger im Gastrointestinaltrakt verweilt. Auch bei Jungtieren und verfetteten bzw. zuvor reichhaltig gefütterten Vögeln sowie bei narkotisierten oder sedierten Patienten ist die Darmpassagedauer verlangsamt. Bei längerer Fastenzeit vor der Kontrastmitteleingabe wird der Bariumsulfatbrei zunächst zügig bis in den Muskelmagen transportiert, jedoch erst mit zeitlicher Verzögerung wieder ausgeschieden. Grundsätzlich besteht bei der ingluvialen Eingabe von Kontrastmittelbrei die Gefahr, dass sich der Vogel erbricht und dabei das Kontrastmittel aspiriert. Aus diesem Grund empfiehlt es sich, das Tier vor der Kontrastmittelgabe nicht mehr zu füttern. Ist der Kropf noch stark mit Futter gefüllt, sollte zunächst abgewartet und der Kontrastmittelbrei erst nach der Kropfentleerung eingegeben werden, da andernfalls ein Erbrechen bzw. Hervorwürgen kaum vermieden werden kann. Eine orale bzw. kloakale Applikation von Paraffinöl zur Beschleunigung der Darmentleerung sollte nur in Ausnahmefällen vorgenommen werden. Kommt es zum Erbrechen des Kontrastmittels, sollte der Patient umgehend mit dem Kopf nach unten gehalten werden. Anschließend sollte der Vogel zur Stressvermeidung wieder in sein gewohntes Umfeld verbracht werden. Erfolgt die Aspiration einer größeren Menge von Bariumbrei, können in seltenen Fällen Atemprobleme aufgrund von Schädigungen des Lungenparenchyms auftreten. Vögel scheinen hierfür allerdings aufgrund der Besonderheiten der Anatomie des Respirationstraktes (keine blind endenden Alveolen wie beim Säugetier) weniger empfindlich zu sein.

Insbesondere bei dehydrierten Vögeln ist nach Kontrastbreieingabe die Gefahr eines Ileus infolge übermäßiger Eindickung des Kontrastmittels gegeben. Daher ist vor der Eingabe sowie ggf. auch während der Darmpassage für eine adäquate Versorgung des Patienten mit Flüssigkeit (20 ml/kg Körpermasse s. c.) zu sorgen. Auf die Verabreichung ionischer jodhaltiger Kontrastmittel, z. B. Gastrographin®, sollte auf Grund der hygroskopischen Wirkungen dieser Substanzen gänzlich verzichtet werden. Ihre Verwendung kann den Austritt von Körperflüssigkeit in das Darmlumen und damit eine Verdünnung der Kontrastmittelsuspension zur Folge haben, wodurch der diagnostische Wert der Gastrographie erheblich vermindert werden kann. Neuere nichtionische Substanzen (z. B. Omnipaque®) sind hier wesentlich besser geeignet, da sie nicht hygroskopisch wirken. Die Passagezeit ist hier in der Regel doppelt so schnell wie bei einer Bariumsulfatpassage **(Abb. 1-37)**.

Ein in der Vogelmedizin vergleichsweise selten durchgeführtes gastrographisches Verfahren ist die Doppelkontrastmethode mit gleichzeitiger Anwendung eines positiven und negativen Kontrastmittels, in der Regel einer Bariumsulfatsuspension und Luft **(Abb. 1-38)**. Dabei kommt es zur Bildung eines feinen Kontrastmittelbelages auf der Wandung des Gastrointestinaltraktes, wodurch Läsionen oder anderweitige Veränderungen der Darmwand (Neoplasien, papillomartige Veränderungen im Enddarm usw.) erfasst werden können. Zu beachten ist, dass der Gastrointestinaltrakt keine Inhaltsstoffe enthält, die die Aufnahmequalität verschlechtern, was zuvor mittels einer Leeraufnahme abzuklären ist. Für die Untersuchung wird der Patient daher in der üblichen Weise (s. o.) vorbereitet.

Für die Doppelkontrastdarstellung werden dem Vogel zunächst oral oder kloakal 10 ml/kg Körpermasse einer 25 %igen Bariumsulfatsuspension verabreicht. Direkt im Anschluss erfolgt die orale oder kloakale Applikation von Luft als Negativkontrastmittel. Das eingesetzte Luftvolumen sollte etwa doppelt so groß sein wie die Menge des positiven Kontrastmittels, also ca. 20 ml/kg Körpermasse betragen. Durch mehrfaches vorsichtiges (!) Hin- und Herbewegen des Vogels kann die adäquate Verteilung der Kontrastmittel unterstützt werden.

Weiterführende Literatur

KRAUTWALD-JUNGHANNS, M.-E., TELLHELM, B., HUMMEL, G., KOSTKA, V., KALETA, E. F.: Atlas zur Röntgenanatomie und Röntgendiagnostik des Ziervogels. Paul Parey Verlag, Berlin 1992.

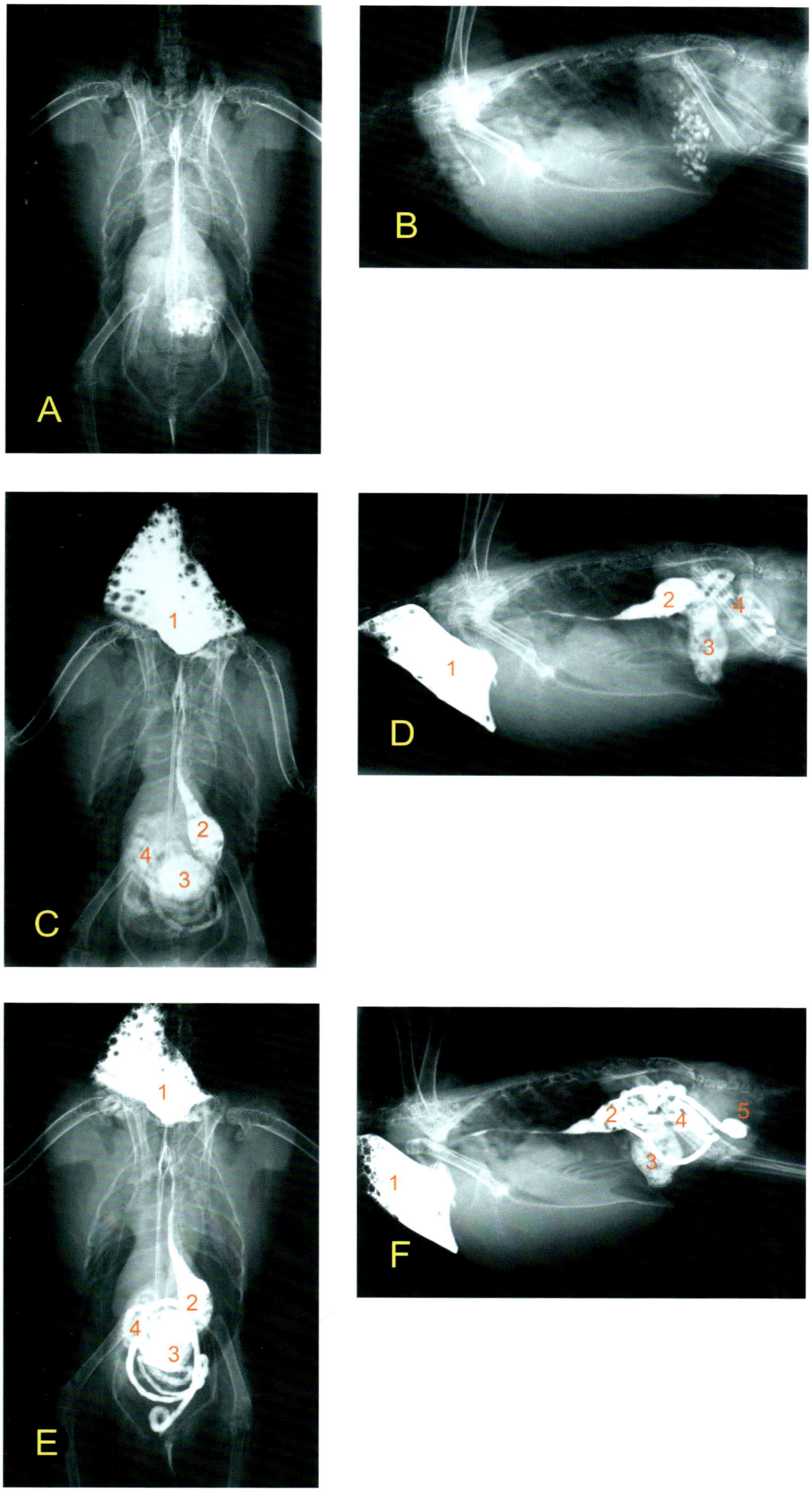

1: Kropf
2: Drüsenmagen
3: Muskelmagen
4: Darmkonvolut
5: Kloake

Abb. 1-36: Röntgenuntersuchung, Körper, ventro-dorsale und latero-laterale Projektion, vor (A und B), 30 min (C und D) und 120 min (E und F) nach Eingabe von 2 ml Bariumsulfat in den Kropf, Nymphensittich (*Nymphicus hollandicus*).

Zu beachten ist, dass sich die Passagezeiten durch einen gefüllten Kropf verlängern (vgl. Abb. 1-35a–e, Kontrastpassagezeiten bei leerem Kropf).

1.1.4.3 Kontrastmitteluntersuchung der Exkretionsorgane (Urographie)

Auf Grund morphologischer und funktioneller Besonderheiten des Exkretionssystems der Vögel (Fehlen einer deutlichen Gliederung in Nierenrinde und Nierenmark sowie eines Nierenbeckens, Verlust von Harnblase und Harnröhre) sind urographische Untersuchungen beim Vogel in der Regel nur eingeschränkt von diagnostischem Aussagewert.

Indikationen für eine Urographie können insbesondere Funktionsstörungen der Harnorgane (Polyurie, Polydipsie) sowie Größen- und Formveränderungen der Nieren (beispielsweise bei akuter Nephritis) sein, bei denen Leeraufnahmen oder Ultraschalluntersuchungen keine eindeutige Diagnosestellung erlauben. Eine Gabe von Kontrastmittel ist weiterhin angezeigt, um die Nieren eindeutig vom umgebenden Gewebe bzw. Organen abzugrenzen, etwa bei Ovarialzysten oder Tumoren der Keimdrüsen, sofern dies auf Leeraufnahmen nicht möglich ist. Stellen sich Nieren und/oder Harnleiter nach Gabe von Kontrastmittel nicht oder nur undeutlich dar, deutet dies auf eine mögliche Präsenz von Tumoren oder Zysten im Bereich der Harnorgane hin. Unter physiologischen Bedingungen ist auf Grund des Nierenpfortadersystems der Vögel eine rasche, bei Niereninsuffizienz hingegen eine verzögerte renale Ausscheidung des Kontrastmittels zu beobachten. Eine Urographie eignet sich damit auch für die Kontrolle der Ureterfunktion, beispielsweise nach chirurgischer Entfernung von Harnsteinen. In speziellen Fällen ist eine Urographie auch angezeigt, um Erkrankungen anderer parenchymatöser Organe zu verdeutlichen, da sich das Kontrastmittel auch in diesen Strukturen anreichern kann.

Für die Urographie muss das Kontrastmittel zunächst auf Körpertemperatur erwärmt werden und kann anschließend dem sedierten bzw. narkotisierten Patienten in einer Dosierung von 2 ml/kg Körpermasse einer organischen Jodverbindungen mit einem Jodgehalt von 300–400 mg Jod/ml langsam i. v. (in der Regel über die Vena ulnaris) injiziert werden. Es ist wichtig, nur hochkonzentrierte Verbindungen, welche auch für die Urographie ausgewiesen sind, zu verwenden, da sonst kein ausreichender Kontrast erzielt wird **(Abb. 1-39)**.

Die Qualität der Kontrastdarstellung wird vom Jodgehalt des verwendeten Kontrastmittels sowie von der Fähigkeit der Nieren, das verwendete Präparat zu konzentrieren, beeinflusst. Herz, Aorten und Lungenarterien werden bereits 10 s nach der Injektion dargestellt. Nach 30–60 s hat das Kontrastmittel Nieren und Harnleiter und nach 2–5 min Enddarm und Kloake erreicht. Bei dehydrierten Patienten ist eine urographische Untersuchung allerdings kontraindiziert bzw. es muss für eine ausreichende Rehydrierung vor der Kontrastmittelapplikation gesorgt werden.

1.1.4.4 Kontrastmitteluntersuchung der Nasen- und Nasennebenhöhlen (Sinographie, Rhinosinographie)

Zur Darstellung der Nasen- und Nasennebenhöhlen können resorbierbare Kontrastmittel (nichtionische Jodverbindungen) direkt in die darzustellende Kopfregion eingegeben werden. Allerdings wird die Interpretation sinographischer Aufnahmen auf Grund der Ausdehnung und infolge von Überlappungen der Sinus nasales (infraorbitales) erschwert. In den meisten Fällen wird sich durch eine computertomographische Untersuchung ein höherer Erkenntnisgewinn erzielen lassen (teilweise ebenfalls mit Kontrastmittelapplikation). Sofern jedoch eine Computertomographie mangels Verfügbarkeit oder aus Kostengründen ausscheidet, kann auch mittels einer konventionellen Röntgenuntersuchung eine Diagnosestellung versucht werden. Eine Sinographie bzw. Rhinosinographie kann eine Blockade der Luftwege, insbesondere bei chronischer Rhinitis und/oder Sinusitis, bei Verdacht auf intranasale Zubildungen und Kopftraumata sichtbar machen.

Zur Darstellung der Nasennebenhöhlen können 0,1–1 ml (je nach Vogelgröße) eines jodhaltigen Präparates mit einem Jodgehalt von 200–250 mg Jod/ml direkt in die Sinus paranasales eingegeben werden. Eine speziell für die Anwendung bei Vögeln standardisierte Methodik existiert bislang nicht. Das Kontrastmedium sollte möglichst unmittelbar nach erfolgter Radiographie mit steriler Kochsalzlösung ausgespült werden, um die Gefahr von lokalen Gewebereizungen, Ödemen und periorbitalen Schwellungen zu minimieren **(Abb. 1-40)**.

1.1.4.5 Kontrastmitteluntersuchung des Herz-Kreislauf-Systems (Angiokardiographie)

In bestimmten Fällen, wie kongenitalen Erkrankungen des Gefäßsystems oder morphologischen Veränderungen des Herzens, die sich im Rahmen von Ultraschalluntersuchungen nicht zufriedenstellend diagnostizieren lassen, ist eine Angiographie für die Untersuchung des Herz-Kreislauf-Systems, insbesondere zur Beurteilung von Herzgröße und Herzfunktion die Methode der Wahl. Auch Aneurysmen der rechten aviären Koronararterie können angiographisch dargestellt werden. Angiographische Untersuchungen sind zwar kein Ersatz für eine Echokardiographie, können jedoch, insbesondere wenn sich Details im B-Modus-Echokardiogramm nur unbefriedigend erkennen lassen, durchaus zusätzlichen diagnostischen Wert haben. Andererseits können diese aus praktischen Gründen aufgrund unbefriedigender Ankopplungsmöglichkeit für den Ultraschallkopf indiziert sein, beispielsweise bei Wasservögeln, bei denen es schwierig ist, eine genügende Anzahl Federn im Ankopplungsbereich zu rupfen.

Eine Angiographie sollte stets unter Inhalationsnarkose durchgeführt werden. Über einen Venenkatheter wird über die Vena jugularis oder alternativ die Vena basilica ein jodhaltiges Kontrastmittel (z. B. Iopamidol, Jodgehalt 380 mg Jod/ml) langsam appliziert. Als Dosierung werden beim Vogel 2–4 ml/kg Körper-

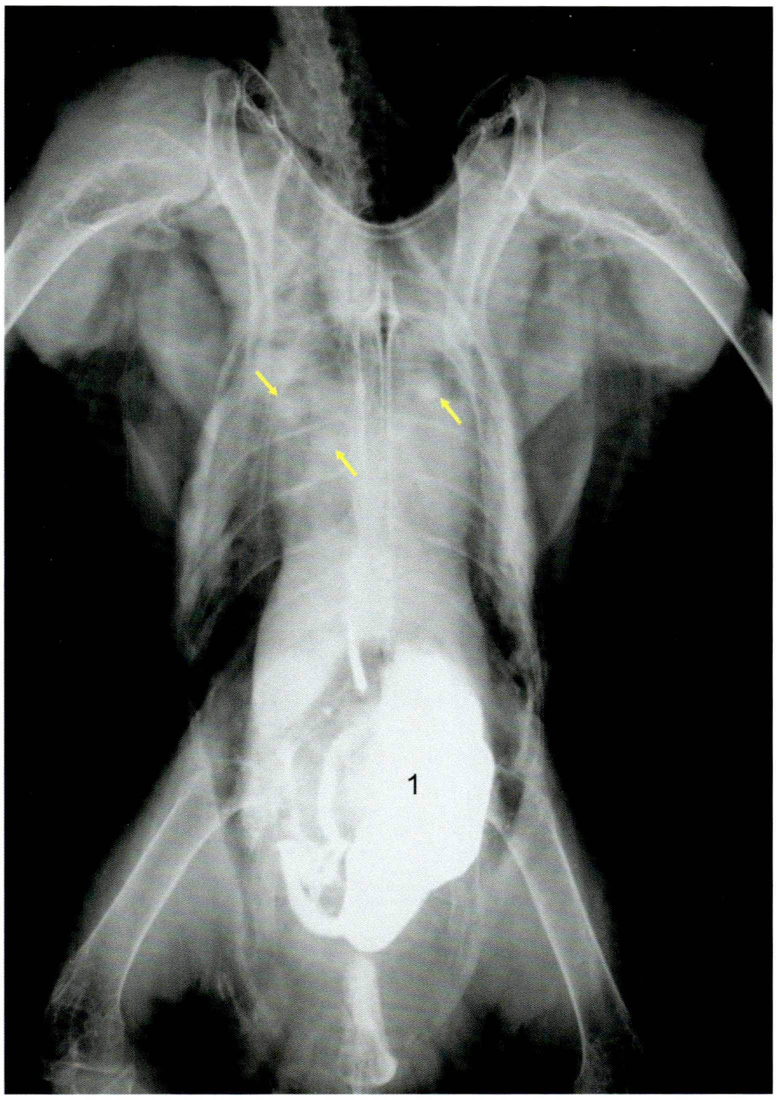

Abb. 1-37: Röntgenuntersuchung, Körper, ventro-dorsale Projektion, 30 min nach oraler Eingabe von 10 ml/kg KM Iohexol (250 mg Jod/ml Lösung), Wanderfalke (*Falco peregrinus*), Gastrographie: Drüsenmagen schlauchförmig (1), deutlich stellen sich zudem die quergetroffenen großen Herzgefäße dar (Pfeile).

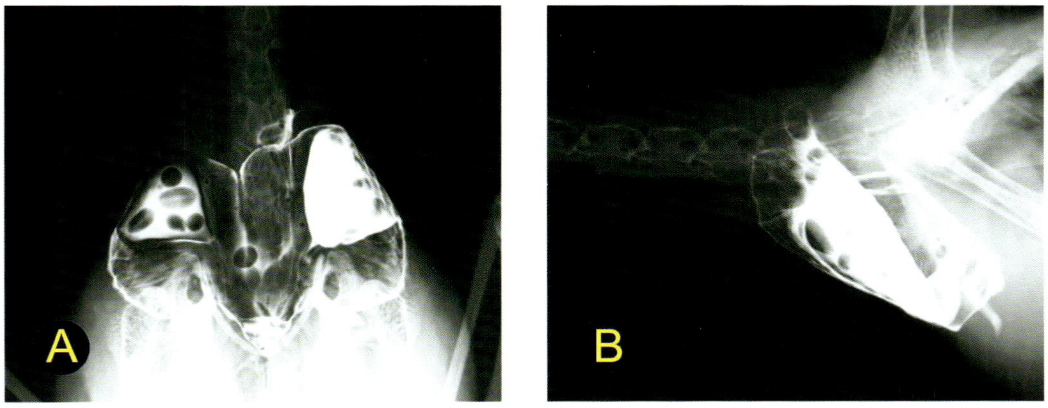

Abb. 1-38: Röntgenuntersuchung, Kropfregion, ventro-dorsale (A) und latero-laterale (B) Projektion, nach Eingabe von 10 ml/kg KM Bariumsulfat und 20 ml/kg KM Luft in den Kropf, Haustaube (*Columba livia* f. *domestica*): durch Doppelkontrast Darstellung der Kropfschleimhaut sowie im Kropf befindlicher Futterkörner.

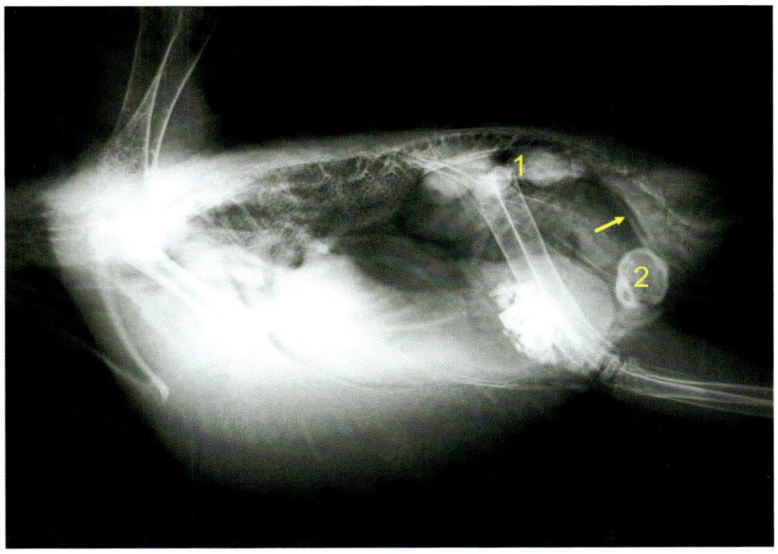

1: Niere
2: Kloake

Pfeil: Ureteren

Abb. 1-39: Röntgenuntersuchung, Körper, latero-laterale Projektion, ca. 1 min nach intravenöser Injektion von 2 ml/kg KM Iomeprol (300 mg Jod/ml Lösung), Haustaube (*Columba livia* f. *domestica*): Urographie.

masse eingesetzt. Diese Menge ist damit etwa doppelt so hoch wie die beim Säugetier für angiographische Zwecke verwendete Dosis. Im Anschluss sollte eine Aufnahmeserie von mehreren Bildern pro Sekunde im ventro-dorsalen bzw. im latero-lateralen Strahlengang angefertigt werden. Auf Grund der schnellen Herzschlagfrequenz ist eine Abschätzung der Kontraktilität schwierig, jedoch können Hypertrophien (Ventrikel), Dilatationen (Ventrikel, Vorhöfe), Stenosen (Gefäße, Herzklappen) und Aneurysmen (Gefäße) nachgewiesen werden **(Abb. 1-41)**.

1.1.4.6 Myelographie

Myelographische Untersuchungen können prinzipiell indiziert sein, wenn der Verdacht auf Wirbelkörperfehlbildungen oder Wirbelsäulenverletzungen mit Einengung des Rückenmarkkanals besteht. Bisher gibt es allerdings beim Vogel hierzu nur zwei wissenschaftliche Studien bei Hühnern und Tauben (HARR et al. 1997, NAEINI et al. 2006). In der Praxis werden myelographische Untersuchungen nur selten durchgeführt, da sie ein hohes Risiko für den Vogelpatienten in sich bergen und mittlerweile mit der Magnetresonanztomographie ein tauglicheres Diagnoseverfahren zur Verfügung steht. Zusätzlich lässt sich bei vielen Vogelarten das Rückenmark kaudal des Lumbalwulstes myelographisch nicht mehr gut darstellen, da der Subarachnoidalraum durch den Glykogenkörper eingeengt und dadurch der Kontrastmittelfluss beeinträchtigt wird. Eigene Erfahrungen zeigen, dass daher die Myelographie bei Greifvögeln und Tauben aufgrund der günstigeren anatomischen Situation (Injektion kranial des Synsacrums möglich) aussagekräftiger ist als bei Spechten und Wasservögeln.

Das benötigte Volumen des Kontrastmittels beträgt 0,5–1 ml/kg KM, welches langsam mit einer möglichst kleinen Kanüle (23–26 gauge) injiziert werden muss. Es sollten dazu beim narkotisierten Patienten gering konzentrierte (200–250 mg Jod/ml) Jodverbindungen verwendet werden. Unmittelbar nach der Injektion soll der Patient für fünf Minuten in eine aufrechte Position gebracht werden; anschließend können die Myelogramme angefertigt werden.

Prinzipiell gibt es zwei bisher bekannte Injektionsstellen: die Injektion in die Thoracolumbarregion in Höhe der ersten palpierbaren Einsenkung kranial des Synsacrums bzw. die Injektion in den Atlanto-Occipitalraum, der die zerebellomedulläre Zisterne überlagert. Die letztgenannte Injektion in die Zisterne ist allerdings riskant, da diese sehr klein ist und von einem großen Venenplexus überlagert wird. Weiter können Drucknekrosen durch zu große Injektionsmengen entstehen und zu einem myelographieinduzierten Trauma führen. Ein weiteres Risiko besteht darin, dass bei kleinen Vogelpatienten die Injektion in das Rückenmark und nicht in den Subarachnoidalraum erfolgt, was zu Herzstillstand bzw. ZNS-Störungen führt **(Abb. 1-42)**.

Weiterführende Literatur

HARR, K., KOLLIAS, V., RENDANO, V., DELAHUNTA, A. (1997): A Myelographic Technique for Avian Species. Vet. Radiol. Ultrasound **38**: 187–192.

NAEINI, A., DADRAS, H., NAEINI, B. (2006): Myelography in the Pigeon (*Columba livia*). J. Avian Med. Surg. **20**: 27–30.

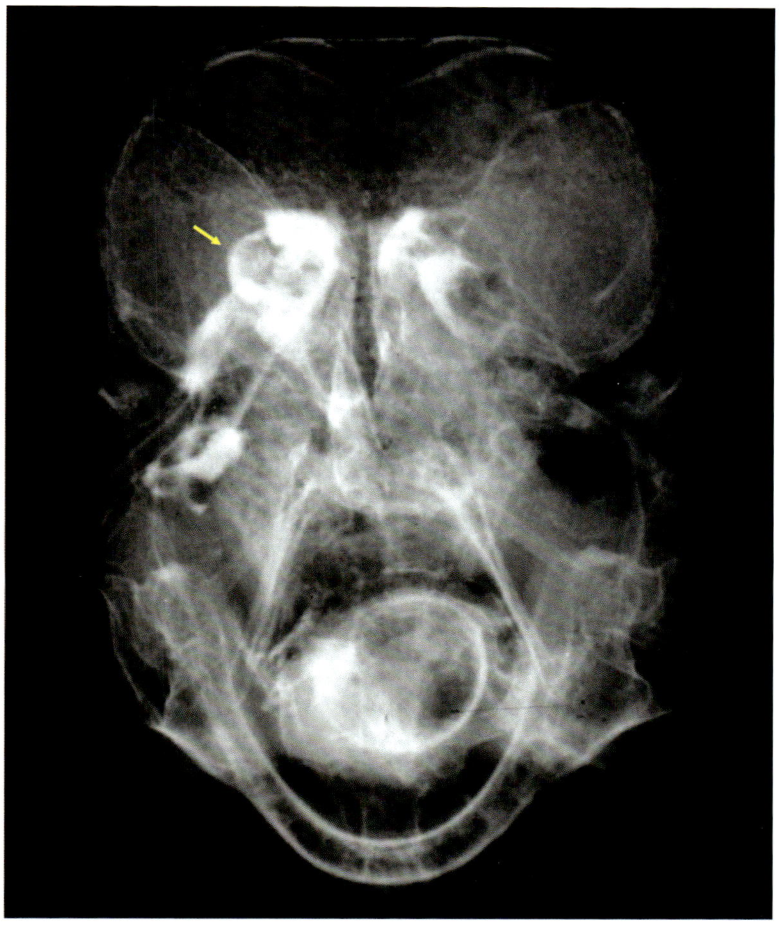

Abb. 1-40: Röntgenuntersuchung, Kopf, rostro-kaudale Projektion, ca. 1 min nach Injektion von 0,5 ml Iopamidol (250 mg Jod/ml Lösung) in den rechten Sinus infraorbitalis, Blaustirnamazone (*Amazona aestiva*): Sinographie, Pfeil: Nasenöffnung, partielle Darstellung des Sinus infraorbitalis, Kontrastierung der kontralateralen Seite durch Kommunikation der beiden Sinus.

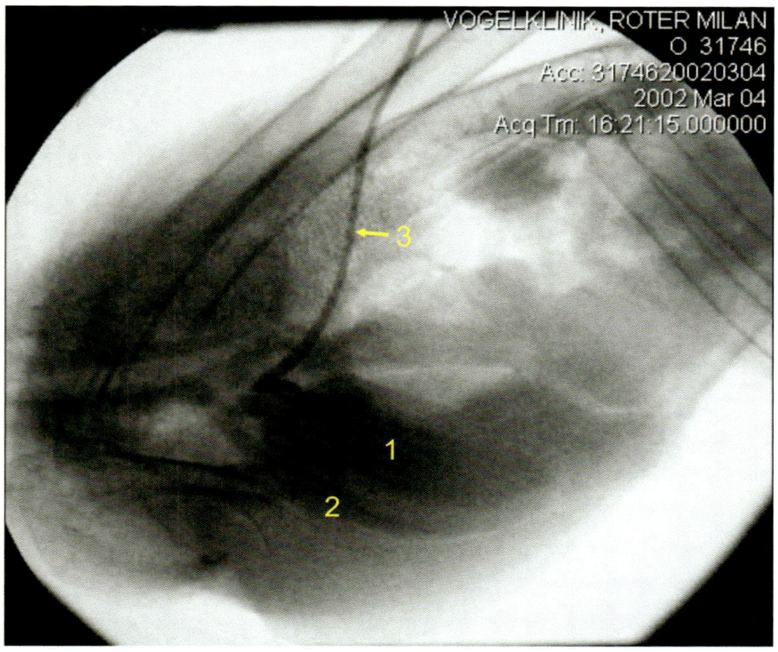

1: linker Ventrikel
2: rechter Ventrikel
3: V. ulnaris

Abb. 1-41: Röntgenuntersuchung, Körper, latero-laterale Projektion, unmittelbar nach intravenöser Injektion von 2 ml/kg KM Iopamidol (250 mg Jod/ml Lösung) in die V. ulnaris, Roter Milan (*Milvus milvus*): Angiokardiographie.

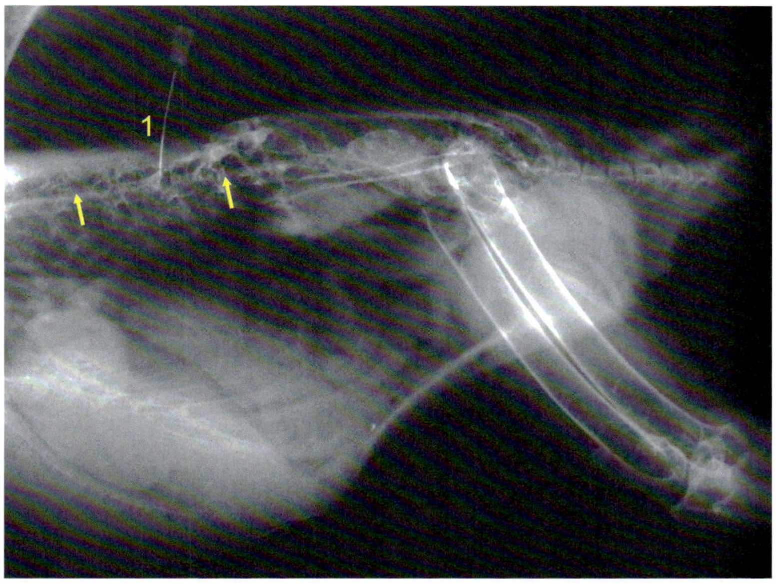

Abb. 1-42: Röntgenuntersuchung, Körper, latero-laterale Projektion, unmittelbar nach subarachnoidaler Injektion kranial des Synsacrums von 1 ml/kg KM Iopamidol (200 mg Jod/ml Lösung), Mäusebussard (*Buteo buteo*): Myelographie, Darstellung der Injektionskanüle (1) und des mit Kontrastmittel angefärbten Rückenmarks (Pfeile).

1.2 Ultraschalluntersuchung

Maria-Elisabeth Krautwald-Junghanns, Michael Pees

Obwohl es Einschränkungen für die Verwendung von Ultraschall bei Vögeln gibt (bedingt z. B. durch die geringe Größe der meisten Vogelpatienten, die begrenzten Ankopplungsmöglichkeiten und einige anatomische Besonderheiten, insbesondere die Luftsäcke), zählt die sonographische Untersuchung inzwischen dank des technischen Fortschritts in den letzten Jahren auch bei Vögeln zu einer wichtigen und hilfreichen diagnostischen Maßnahme. Oftmals wird sie im Anschluss an die Röntgenuntersuchung genutzt, um beispielsweise die Art eines Weichteilschattens bzw. die innere Struktur eines Organs zu beurteilen. Die Ultraschalluntersuchung ist hierbei vor allem für die Untersuchung des kardiovaskulären und urogenitalen Systems sowie bei der Untersuchung des Leberparenchyms von großer Bedeutung. Typische Indikationen sind die Unterscheidung zwischen einem Hydroperikard und einer Herzvergrößerung, die Beurteilung von Parenchymveränderungen (Abgrenzung zwischen Neoplasien, Zysten oder entzündlichen Veränderungen) und auch die Beurteilung nicht röntgendichter Zubildungen im Genitaltrakt, wie beispielsweise der Schichteibildung. Weiter ist dieses bildgebende Verfahren für einige Krankheitsprozesse (z. B. den Perikarderguss) die einzige eindeutige Möglichkeit, eine Intra-vitam-Diagnose zu stellen. Ultraschallgeführte Biopsien haben darüber hinaus auch in der Vogelmedizin eine zunehmende Bedeutung.

Während sich die sonographische Darstellung der inneren Organe bei gesunden Vögeln manchmal schwierig gestaltet, ist die Situation bei erkrankten Vögeln oft eine ganz andere. So erleichtern Organvergrößerungen, Verdrängung der Luftsäcke und Flüssigkeitsansammlungen die Ankopplung des Schallkopfes und verbessern die Bildqualität.

1.2.1 Technische Voraussetzungen

Prinzipiell können als Ultraschallgeräte alle für die Kleintierpraxis gebräuchlichen Geräte benutzt werden. Die geringe Größe der Organe und – im Hinblick auf die Echokardiographie – die hohen Herzfrequenzen beim Vogelpatienten stellen allerdings besondere Anforderungen an die technische Ausrüstung und schränken die Verwendung von älteren Ultraschallgeräten in der Vogelmedizin ein.

Die folgenden Anforderungen sind dabei für eine Ultraschalluntersuchung eines Vogelpatienten bis ca. 2 kg Körpermasse wesentlich:

- □ elektronische Sonden mit kleinen Ankopplungsoberflächen (Mikrokonvexe Schallköpfe **(Abb. 1-43)** sind vorzuziehen, weniger geeignet sind Phased-Array-Schallköpfe.)
- □ Sonden mit Untersuchungsfrequenzen zwischen 7 MHz und 12 MHz
- □ interne Festplatte für die Speicherung von Bildern und Bewegungssequenzen oder die Möglichkeit der Videoaufzeichnung

Die Größe der Sonde ist insbesondere bei kleinen Vögeln von entscheidender Bedeutung. Die besten Ergebnisse werden mit Scannern erzielt, welche für die pädiatrische Medizin sowie für operative oder gynäkologische Einsätze entwickelt wurden. Für kleine Vögel ist teilweise eine Vorlaufstrecke für die Untersuchung nützlich.

Für Vögel bis 2000 g Körpermasse wird eine Scannerfrequenz von wenigstens 7,5 MHz empfohlen, um die entsprechenden Strukturen einwandfrei darzustellen. Höhere Frequenzen können nutzbringend sein, führen aber zu einem Rückgang der Bildfrequenz und der maximalen Untersuchungstiefe. Die Aufnahme von digitalen Bewegungsschleifen oder Videosequenzen ist empfehlenswert, da die Bewertung und morphometrische Auswertung nach der Untersuchung und damit ohne Stress für den Vogel durchgeführt werden kann.

Für echokardiographische Untersuchungen sind die folgenden Punkte wichtig:

- □ Bildwiederholfrequenz von mindestens 100 Bildern pro Sekunde
- □ Doppler-Funktion (Farb- und Spektral-Doppler, Power-Doppler nützlich)
- □ Elektrokardiographie-(EKG-)Ableitungs- und Triggerfunktion

Die hohe Bildfrequenz (Framerate) ist notwendig, um Bilder von bestimmten Herzphasen, wie Systole und Diastole, zu erhalten. Bei Vögeln mit Herzfrequenzen bis zu 600 Schlägen pro Minute, d. h. 10 Schlägen pro Sekunde, bietet eine Bildfrequenz von 100 Bildern pro Sekunde 10 Bilder pro Herzzyklus. Obwohl es nur begrenzte Erfahrungen mit dem Einsatz von Dopplern bei Vögeln gibt, sollten Ultraschallgeräte für die Kardiologie sowohl eine Spektral- als auch eine Farb-Doppler-Funktion bieten. Die Trigger-Funktion ist in diesem Zusammenhang hilfreich, um Herzbilder und Messungen mit bestimmten Phasen des EKGs zueinander in Beziehung zu setzen (es also zu ermöglichen, die entsprechenden Herzphasen – enddiastolisch und endsystolisch – zu identifizieren).

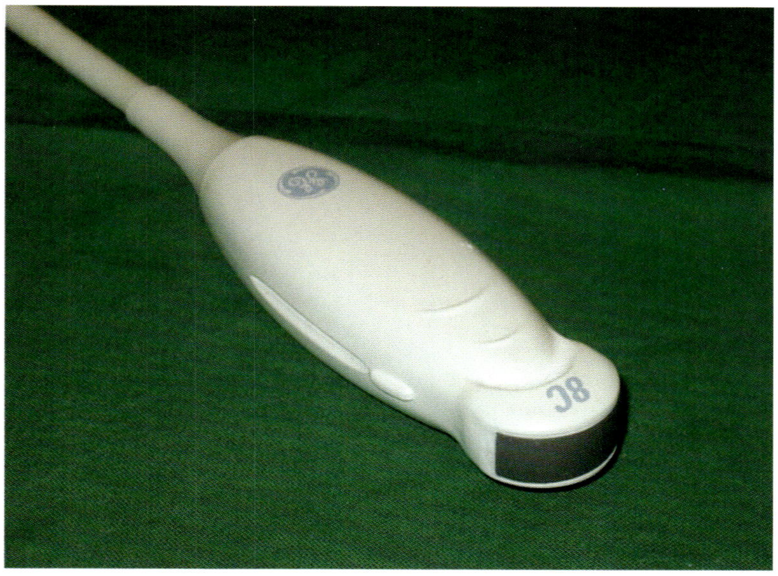

Abb. 1-43: Schallköpfe für Ultraschalluntersuchungen bei Vögeln sollten kleine Ankopplungsoberflächen besitzen. Diese Micro-curved-Sonde mit einer Frequenz von 7,5 MHz ist ideal für die Untersuchung von Vögeln bis zu einem Körpergewicht von 2000 g.

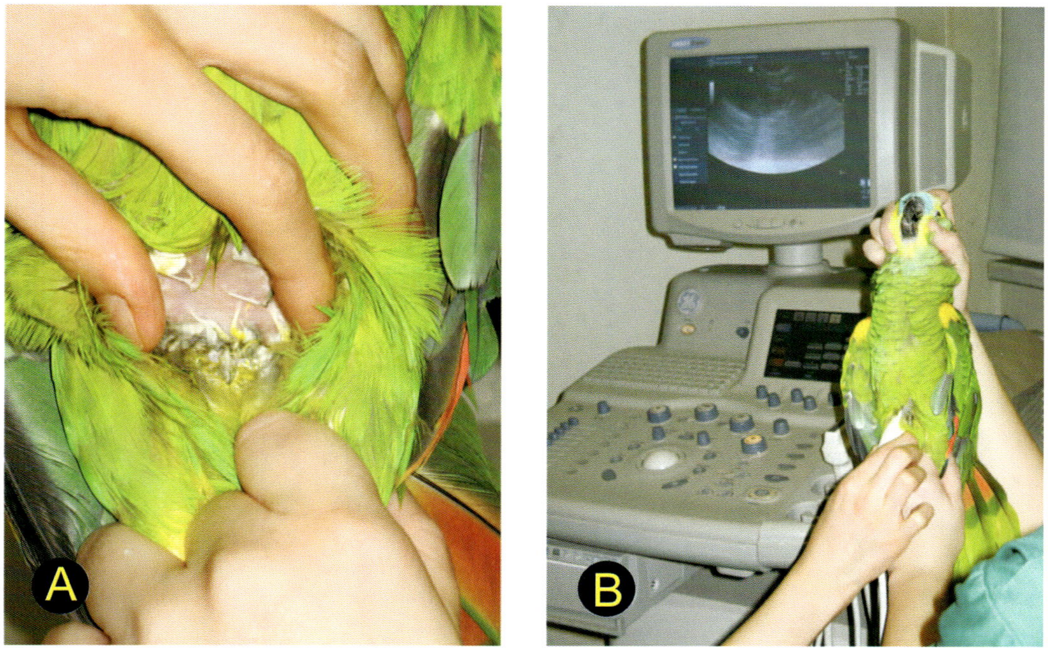

Abb. 1-44: Ventro-medianer Zugang, Blaustirnamazone (*Amazona aestiva*). Der Schallkopf wird in der Medianen hinter dem Sternum angesetzt. Eine natürlicherweise bei Papageienvögeln federlose Stelle, der Brutfleck, erspart das Ziehen von Federn.

1.2.2 Patientenvorbereitung, Ankopplungsmöglichkeiten

Da der gefüllte Gastrointestinaltrakt das Eindringen der Ultraschallwellen und damit die Darstellung von Organen jenseits des Darms stören kann (vor allem bei ventro-medianem Zugang, s. u.), sollten Vögel im Idealfall vor der Untersuchung nüchtern sein. Beim erkrankten Vogel, der bereits über einen längeren Zeitraum wenig frisst, ist dies allerdings oft nicht nötig bzw. auch nicht möglich.

Für Psittaziden werden im Allgemeinen vor der Untersuchung ein bis zwei Fastenstunden empfohlen; Tauben müssen bei stark gefülltem Gastrointestinaltrakt unter Umständen bis zu 12 Stunden fasten und Greifvögel bis zu 48 Stunden. In der Regel ist für die Ultraschalluntersuchung keine Narkose erforderlich. Für die Untersuchung des Herz-Kreislauf-Systems kann der mit dem Handling verbundene Stress allerdings problematisch bei der Interpretation der Ergebnisse am wachen Vogel sein. Andererseits kann eine Anästhesie auch Auswirkungen auf die Herzfrequenz und Kontraktilität haben. Aufgrund der Erfahrung bei der Darstellung pathologischer Veränderungen am Herz empfehlen die Autoren für B-Mode-Untersuchungen eine Narkose nur für sehr stressempfindliche Vögel, während Spektral-Doppler-Untersuchungen unter Vollnarkose durchgeführt werden sollten, um den Einfluss des Handlings und der Fixation auf die Blutflussgeschwindigkeit zu verringern.

Der Patient kann durch einen Assistenten oder den Halter entweder in einer dorsalen oder seitlichen Lage oder in einer nahezu aufrechten Position gehalten werden **(Abb. 1-44** und **1-49)**. Bei Patienten mit klinischen Anzeichen einer Herzerkrankung oder einer Atemdepression kann die Rückenlage zu Kreislaufproblemen führen und sollte daher vermieden werden. Generell ist es ratsam, die Vögel so aufrecht wie möglich zu halten.

Aufgrund der Anatomie der Vogelpatienten sind die Möglichkeiten begrenzt, den Schallkopf in Hautkontakt zu bringen. Da ein enger Kontakt zwischen dem Schallkopf und der Haut für eine optimale Bildqualität aber notwendig ist, sind hauptsächlich zwei Ansatzstellen geeignet: der ventro-mediane Zugang (kranial bzw. kaudal) hinter dem Sternum und der parasternale Zugang hinter der letzten Rippe (Tabelle 1-1). Der ventro-mediane Zugang wird dabei üblicherweise zur Ankopplung verwendet. Der Schallkopf wird in der Medianen direkt hinter dem kaudalen Ende des Brustbeins angesetzt **(Abb. 1-44)**. Der parasternale Zugang kann besonders bei Vögeln mit ausreichend Platz zwischen der letzten Rippe und den Beckenknochen verwendet werden, z. B. bei Tauben und einigen Greifvogelarten. Der Schallkopf wird meist auf der rechten Seite des Vogels angesetzt, da auf der linken Seite der Muskelmagen das Eindringen der Ultraschallwellen stören könnte. Das Bein wird entweder nach vorne oder nach hinten gezogen und die Sonde wird leicht auf die Körperwand gedrückt, um die darunterliegenden Luftsäcke zu komprimieren **(Abb. 1-49)**.

Federn behindern den Kontakt zwischen Schallkopf und der Haut und somit die Bildqualität. Ob sie gerupft werden müssen oder ob es ausreicht, sie zu scheiteln, ist abhängig von der Spezies. Bei Tauben, Hühnern und Greifvögeln müssen in der Regel einige Federn gerupft werden. Dagegen ist bei den meisten Psittaziden ein Scheiteln der Federn ausreichend. Für den ventromedianen Zugang kann bei Psittaziden ein federloser Bereich hinter dem Brustbein (Brutfleck, **Abb. 1-44**) verwendet werden kann. Bei Wasservögeln ist die Ankopplung erschwert; hier sollte das Rupfen der Federn sehr sparsam erfolgen, weil die Tiere unter Umständen durch zu massives Rupfen einen Wärmeverlust erleiden und auch ihre Schwimmfähigkeit verlieren könnten.

Schließlich sollte eine ausreichende Menge eines kommerziell erhältlichen wasserlöslichen Ultraschallgels angewendet werden, um einen guten Kontakt zwischen Sonde und Haut zu sichern. Die auf dem Markt befindlichen wasserlöslichen Gele sind gut verträglich und können nach der Untersuchung leicht von den Federn und der Haut entfernt werden.

Tabelle 1-1: Ankopplungsmöglichkeiten zur Ultraschalluntersuchung

Ordnung	Gewichtsgruppe	ventromedian kranial	ventromedian kaudal	parasternal
Psittaciformes	150–1500 g	ja	ja	nein
Accipitriformes	100–1500 g	ja	ja	ja/nein
Falconiformes	100–1000 g	ja	ja	ja/nein
Strigiformes	100–2000 g	ja	ja	ja
Galliformes	75–250 g	ja	nein	ja
Galliformes	250–2000 g	ja	ja	ja
Columbiformes	150–500 g	ja	ja	ja
Passeriformes	< 75 g	ja	nein	nein
Passeriformes	> 150 g	ja	ja	nein

1.2.3 Untersuchungsgang

In der Ultraschalldiagnostik ist die Bewertung der Ergebnisse viel subjektiver und stärker abhängig von persönlichen Erfahrungen und individueller Untersuchungstechnik als in der Röntgendiagnostik. Deshalb sollte für die routinemäßige ultrasonographische Beurteilung ein festes Untersuchungsschema verwendet werden. Die Autoren empfehlen bei der Ultraschalluntersuchung von Vögeln die folgende Reihenfolge:

- Leber **(Abb. 1-45)**
- Herz **(Abb. 1-46)**
- Gastrointestinaltrakt (s. teilweise **Abb. 1-47**)
- Urogenitalsystem **(Abb. 1-47)**.

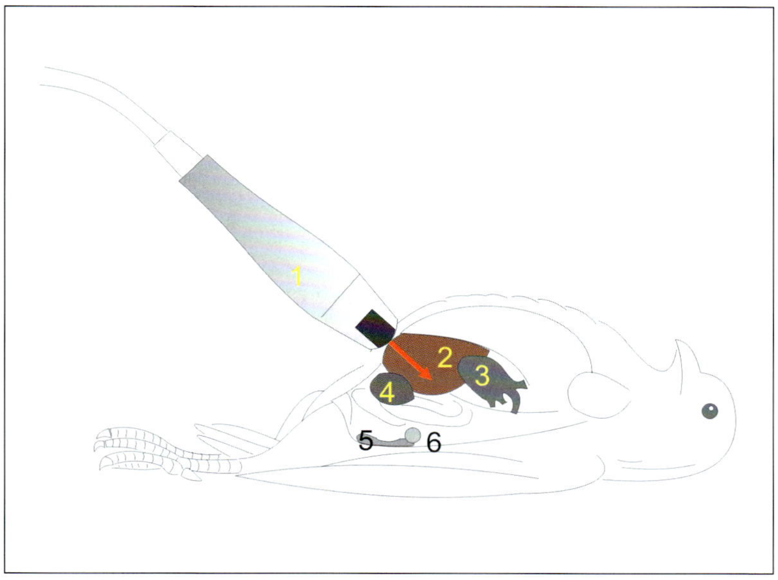

1: Schallkopf
2: Leber
3: Herz
4: Muskelmagen
5: Nieren
6: Gonaden

Abb. 1-45: Schematische Darstellung der Untersuchung der Leber nach ventro-medianer Ankopplung.

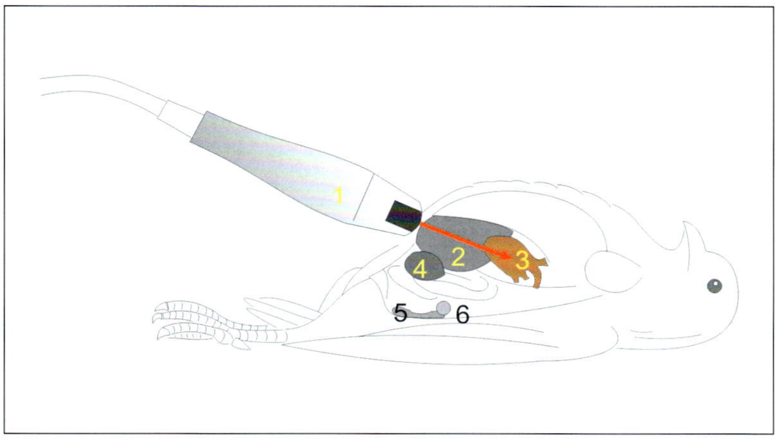

1: Schallkopf
2: Leber
3: Herz
4: Muskelmagen
5: Nieren
6: Gonaden

Abb. 1-46: Schematische Darstellung der Untersuchung des Herzens nach ventro-medianer Ankopplung.

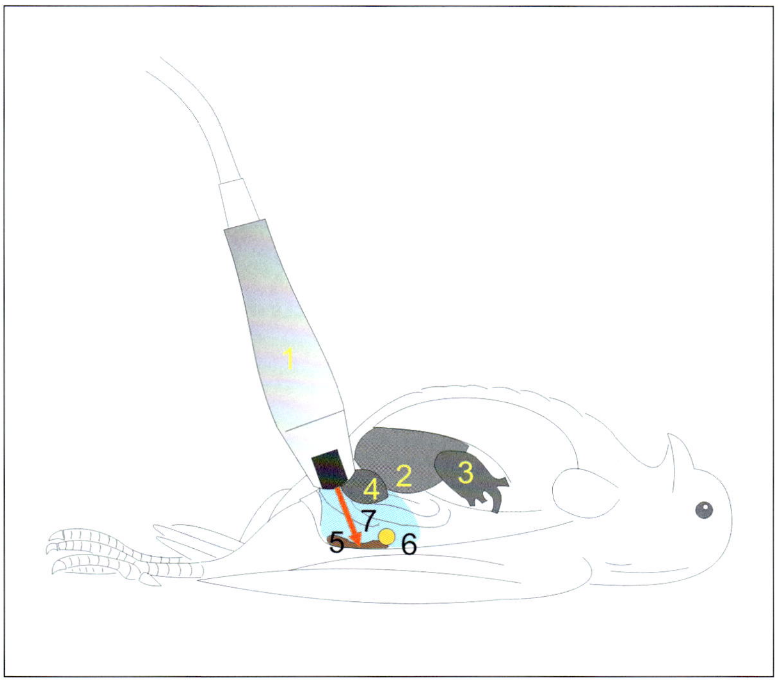

1: Schallkopf
2: Leber
3: Herz
4: Muskelmagen
5: Nieren
6: Gonaden
7: Luftsäcke

Abb. 1-47: Schematische Darstellung der Untersuchung der Nieren, der Gonaden und des Gastrointestinaltraktes nach ventro-medianer Ankopplung.

Beim ventro-medianem Zugang wird der Schallkopf zur Darstellung der Leber nach kranial gerichtet **(Abb. 1-45)**. Nach Identifizierung der Leber wird die Sonde von lateral nach medial geschwenkt, bis die gesamte Leber dargestellt wurde. Falls indiziert, können ultraschallkontrollierte Leberbiopsien entnommen werden (s.u.).

Für die Untersuchung des Herzens wird der Schallkopf nach kranio-dorsal gerichtet, bis das Herz identifiiziert werden kann – die Leber wirkt dabei aufgrund ihrer homogenen Struktur und dem fehlenden Zwerchfell als akustisches Fenster **(Abb. 1-46)**. Wenn das Herz dargestellt worden ist, wird der Schallkopf nach lateral geschwenkt, um das Herz abschnittsweise zu untersuchen. Zunächst wird die vertikale Ebene (senkrecht zum Brustbein) untersucht, dabei können der linke Ventrikel und der Vorhof dargestellt werden. Diese Ebene entspricht in etwa dem Zweikammerblick beim Säuger. Anschließend wird die Sonde um 90° gedreht, um die zweite, horizontale Ebene einzustellen. Hierbei sind dann beide Kammern, die Vorhöfe und die Aorta darstellbar (s. **Abb. 1-52**). Bevor Messungen vorgenommen werden, muss die Sonde so ausgerichtet werden, dass sich die maximale Ausdehnung der Kammern zeigt. Mit dem parasternalen Zugang können zusätzlich transversale Schnittebenen des Herzens erhalten werden **(Abb. 1-48)**.

Der Schallkopf wird nach links geschwenkt, um mit der Untersuchung des Gastrointestinaltraktes zu beginnen. Der Muskelmagen ist aufgrund seiner starken Muskulatur und seines umfangreichen Inhalts an Gritsteinchen bei kranivoren Vögeln leicht zu identifizieren. Bei ausreichender Frequenz (> 12 MHz) lässt sich auch die Koilinschicht darstellen. Der Drüsenmagen kann gelegentlich auf der linken Seite liegend gesehen werden. Der Dünndarm kann besser mit hohen Untersuchungsfrequenzen (ab 10 MHz) dargestellt und in den Schichten der Darmwand beurteilt werden. Weiterhin kann die Peristaltik des Dünndarms erkannt werden; die Kloake ist in der kaudalen Leibeshöhle zu sehen.

Schließlich beginnt die Untersuchung des Urogenitalsystems, welches hinter den Darmschlingen liegt, mit der Darstellung der Nieren. Diese sind durch die umgebenden Luftsäcke im physiologischen Zustand häufig nicht darstellbar. Erst bei Größenzunahme und Verdrängung der Luftsackbereiche wird dies möglich. Um das Gewebe zu identifizieren, sollten die Nieren im Querschnitt durchgemustert werden (s.u.). Nach seiner Identifikation kann die ganze Ausdehnung des Organs durch einen Längsschnitt dargestellt werden. Die Darstellbarkeit der Hoden und des Ovars hängt von dem Status der sexuellen Aktivität ab; juvenile und inaktive Gonaden sind normalerweise bei transkutaner Ankopplung im Ultraschallbild ebenfalls aufgrund der umgebenden Luftsäcke nicht sichtbar. Leichter Anpressdruck kann die Darstellung des Urogenitalsystems erleichtern, weil dieses die Luftsäcke komprimiert.

1.2.4 Sonstige Ankopplungsmöglichkeiten

Eine weitere Ankopplungsstelle, insbesondere zur Darstellung des Kropfes, besteht rechts und links vor der Brustapertur. Dieser sollte – wenn überhaupt – zuletzt untersucht werden, da hier ein Rupfen der in diesem Bereich zum Teil fest sitzenden Federn erforderlich ist. Viele Vögel zeigen hierdurch Stresssymptome und deutliche Abwehrbewegungen, daher ist es ratsam, die Untersuchung in Narkose vorzunehmen. Eine Vorlaufstrecke ist meist notwendig, da der Kropf unmittelbar unter der Haut liegt.

Des Weiteren kann eine Ultraschalluntersuchung bei größeren Vögeln ab 2 kg Körpermasse intrakloakal vorgenommen werden. Hierbei stellen sich durch andere Untersuchungsverhältnisse im Körper bereits unveränderte Nieren und Gonaden gut dar **(Abb. 1-66** und **1-67)**. Diese Art der Ankopplung wurde bis heute aber hauptsächlich experimentell eingesetzt, da eine Narkose erforderlich ist und entsprechend große Vögel und damit verbundene Indikationen selten sind. Bei Straußenvögeln kommen im Allgemeinen ebenso transkutane Ankopplungen mit entsprechenden Schallköpfen (Linearschallkopf, 3,5 MHz) ohne Sedation des Tieres zur Anwendung.

1.2.5 Biopsie

Um eine definitive ätiologische Diagnose zu stellen, kann es notwendig sein, eine Organbiopsie zur histologischen und/oder mikrobiologischen Untersuchung zu entnehmen.

Die häufigsten Indikationen für eine ultraschallgeführte Biopsie sind Veränderungen des Leberparenchyms. Des Weiteren können Zubildungen unbekannter Genese in der Leibeshöhle bioptiert werden. Biopsien der Nieren sind dagegen mit einem hohen Blutungsrisiko des Vogels verbunden und werden von den Autoren nicht empfohlen. Ultraschallgeführte Punktionen sind zur therapeutischen Anwendung (Ablassen von Flüssigkeiten) bei Aszites- und Zystenbildung bzw. Perikarderguss einfach durchführbar **(Abb. 1-50)**.

Die Vorbereitung der Kontaktfläche sowie des Zugangs und die sonographische Darstellung sind wie oben beschrieben durchzuführen. Anstelle von Kontaktgel kann die Ankopplung auch durch die Verwendung eines milden Schleimhautdesinfiziens (z. B. Octenisept®) erfolgen. Das Organ (häufig die Leber) wird auf dem Bildschirm dargestellt; anschließend sollten größere Blutgefäße und benachbarte Organe lokalisiert und beurteilt werden. Hierbei ist die Farb- bzw. Power-Doppler-Funktion von großem Nutzen. Bei einer stark erhöhten Durchblutung des zu bioptierenden Organs ist das Risiko sorgfältig gegen den Nutzen abzuwägen. Bei Leberbiopsien sollte nach Penetration der Haut die Biopsienadel zügig in die Leber vorgeschoben werden, um den Schäden an der Leberkapsel zu minimieren. Sobald die gewünschte Position in der Leber erreicht ist, wird die die Biopsie mit dem Biopsiebesteck entnommen. Der Innendurchmesser der True-cut-Nadeln (COOK Company, Queensland, Australia),

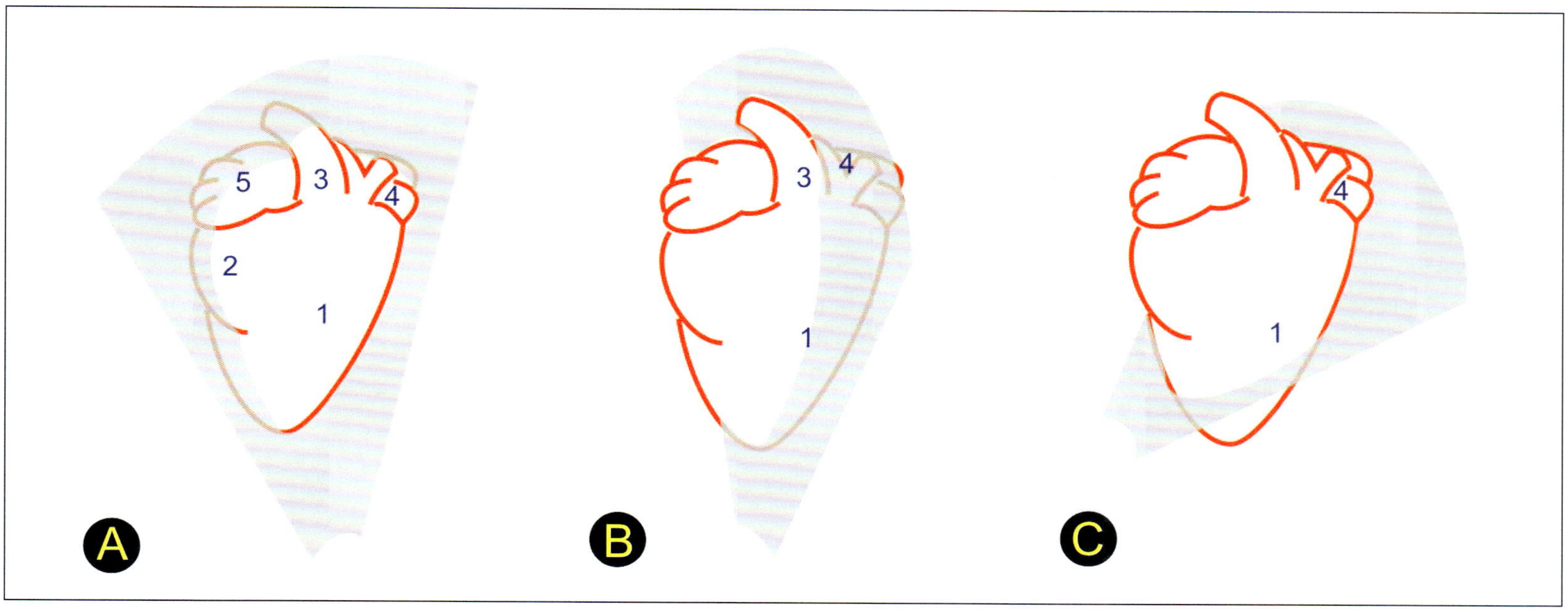

Abb. 1-48: Schematische Darstellung der Schnittebenen durch das Herz nach ventro-medianer Ankopplung (A, B: Längsschnitte, A: horizontaler Vierkammerblick, B: vertikaler Zweikammerblick) und nach parasternaler Ankopplung (C: transversaler Kurzachsenschnitt).

1: linker Ventrikel
2: rechter Ventrikel
3: Aorta
4: linker Vorhof
5: rechter Vorhof

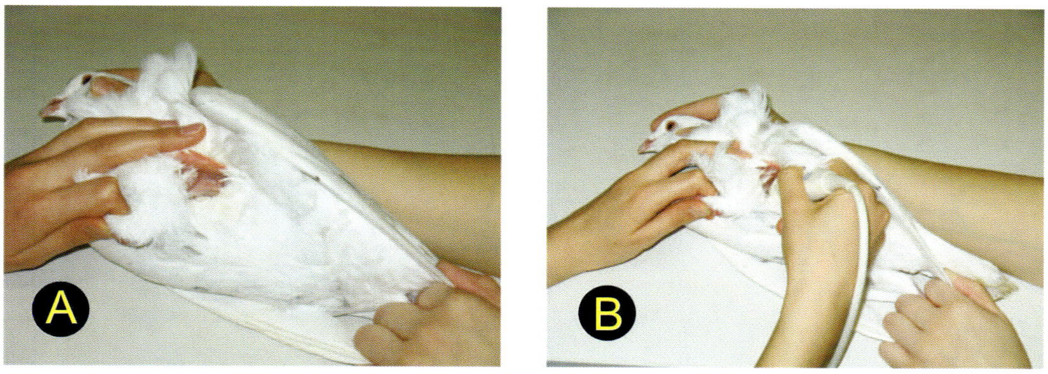

Abb. 1-49: Parasternaler Zugang, Brieftaube (*Columba livia* f. *domestica*). Für diesen Zugang wird das Bein entweder nach hinten oder nach vorne gezogen. Er ist nur bei Vögeln möglich, die ausreichend Platz zwischen letzter Rippe und Beckenknochen haben (s. Tabelle 1-1).

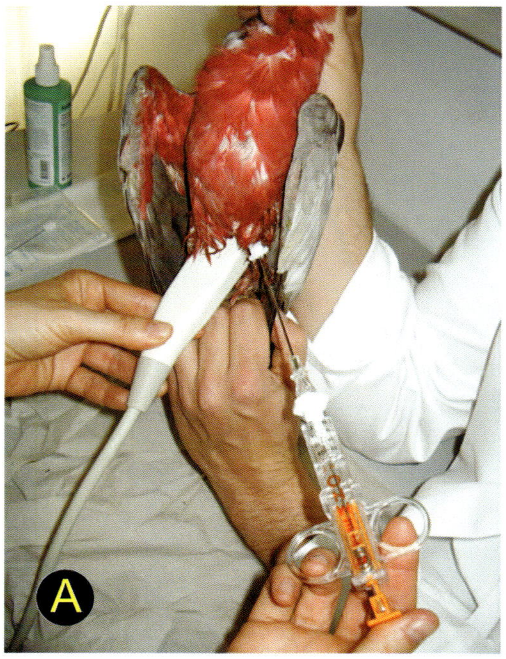

Abb. 1-50: Leberbiopsie bei einem Rosakakadu (*Eolophus roseicapilla*). Die Biopsienadel wird unter Ultraschallkontrolle in das unmittelbar unter der Haut liegende Lebergewebe vorgeschoben.

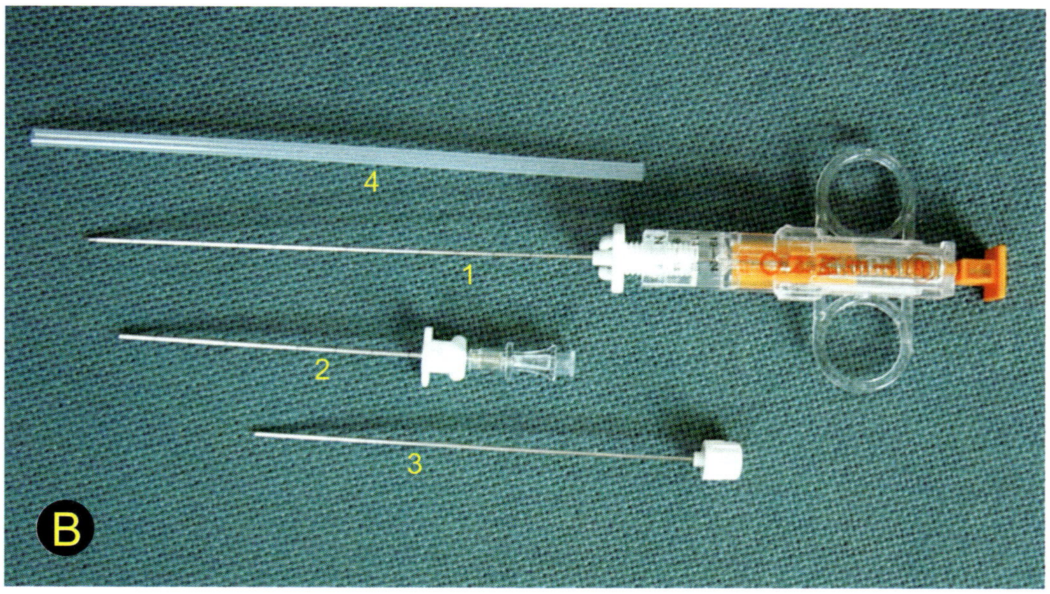

Abb. 1-51: Biopsiebesteck, Fa. COOK.

1: Biopsiekanüle
2: Trokar
3: Führungshülse
4: Schutzhülse

welche die Autoren verwenden, beträgt 20 G, die Länge 15 cm. Mit dieser Nadel wird eine Biopsieprobe mit einer Länge von 10 mm angefertigt **(Abb. 1-51)**.

Komplikationen und Verträglichkeit

Der Einsatz ultraschallkontrollierter Feinnadelbiopsien sollte generell bei Patienten mit Herz-Kreislauf-Erkrankung, verlängerter Gerinnungszeit oder genereller Blutungsneigung sorgfältig abgewogen werden.

Obwohl die einschlägige wissenschaftliche Literatur es nicht für zwingend erforderlich hält, kann es angezeigt sein, bei erkrankten Tieren 24 bis 48 Stunden vor dem Eingriff als Prophylaxe gegen Blutungsneigungen Vitamin K über das Trinkwasser zu verabreichen. Die Thrombozytenzahl kann zur Überprüfung des Gerinnungsstatus bestimmt werden. Eine Überprüfung der Gerinnungszeit ist nicht praxisrelevant, da für Vögel derzeit keine geeigneten Testmethoden zur Verfügung stehen. Das Problem einer gefüllten Gallenblase, wie es in der Säugetiermedizin auftritt, ist von geringerer Bedeutung, da die meisten Papageienartigen keine Gallenblase besitzen. Bei Vogelarten mit Gallenblase, welche sich im Ultraschallbild als mögliche Komplikation darstellt, kann eine vorhergehende Eingabe von Speiseöl, wie es in der Kleintiermedizin durchgeführt wird, versucht werden, um eine Entleerung der Gallenblase zu fördern.

Um Abwehrreaktionen zu vermeiden, ist eine Anästhesie des Patienten während des Eingriffes zu empfehlen.

Hämorrhagien in der Leber können entstehen, haben aber nach Erfahrungen der Autoren keine klinische Relevanz. Die Methode zeigte in entsprechenden Studien ein hohes Maß an Sicherheit, selbst bei Patienten mit Koagulationsstörungen. Wenn die Leibeshöhle geschlossen bleibt, sorgt der in den einzelnen Abschnitten existierende Druck für einen schnellen Stillstand möglicher Blutungen. Entsprechende Berichte aus der Human- und Kleintiermedizin zeigen, dass Komplikationen seit der Einführung von Ultraschall bei diesem Eingriff signifikant abgenommen haben; dies konnte grundsätzlich auch für Vögel bestätigt werden.

1.2.6 Kontrastmitteldarstellung

Kontrastmitteluntersuchungen kommen vor allem bei der Darstellung des Gastrointestinaltraktes zur Anwendung. Nach Instillation von Wasser bzw. einem Ultraschallkontrastmittel in den Kropf bzw. Ösophagus (bis zu 20 ml/kg Körpermasse oral) wird dies durch wenige Kontraktionen innerhalb kürzester Zeit – abhängig von der Vogelspezies – weitergeleitet und eine Darstellung des Gastrointestinaltraktes wird deutlich verbessert. Eine intrakloakale Instillation ist ebenfalls problemlos möglich und erleichtert die Untersuchung **(Abb. 1-62** und **1-65A, B)**.

Prinzipiell sind neben körperwarmem Wasser in der Ultraschalluntersuchung Kontrastmittel einsetzbar, welche luftgefüllte Mikropartikel in Suspensionen erzeugen. Solche Suspensionen (z. B. Levovist, Schering) erzeugen ein starkes Ultraschallstreu-Muster, das sich als »schneegestöberartiges« Bild im Gastrointestinaltrakt nach oraler Applikation zeigt.

Die Verwendung solcher gasblasenhaltiger Kontrastmittel führt dabei im Vergleich zu Wasser als Kontrastmittel zu einer verbesserten Darstellung der Peristaltik des Gastrointestinaltraktes. Da sich die Wände sonographisch relativ echodicht darstellen, können diese aber meist wegen des »Schneegestöbereffektes« in den Lumina nicht deutlich abgegrenzt werden. Daher wird in der Regel der Applikation von angewärmtem Wasser der Vorzug gegeben.

1.2.7 Sonographische Darstellung unveränderter Strukturen

1.2.7.1 Skelettsystem

Bisher sind keine Indikationen bekannt.

1.2.7.2 Herz und Gefäßsystem

Bei Psittaziden, Greif- und Rabenvögeln lässt deren Brustbeinform eine Darstellung des Herzens nur bei Ankopplung des Schallkopfes kaudal des Brustbeins (ventro-median) zu. Daher beschränken sich bei diesen Spezies die darstellbaren Schnittebenen des Herzens auf den horizontalen Zwei- und Vierkammerblick **(Abb. 1-48, 1-52** und **1-53)**.

Bei anderen Vogelarten, z. B. Tauben und Hühnern, besteht zusätzlich ein parasternales Schallfenster im Fenestra medialis bzw. den Trabeculae laterales des Brustbeines (Tabelle 1-1). Für die Untersuchungen wird nur das rechte Schallfenster genutzt, da der linksseitig gelegene Muskelmagen (als sehr reflexreiches Gebilde) das dahinterliegende Herz verdeckt. Bei diesen Vögeln ist das Herz zusätzlich in jeweils vier verschiedenen Ebenen zu sehen (rechtsparasternale Längs- und Kurzachsenschnitte, **Abb. 1-48** und **1-55**).

Der große Vorteil des Ultraschalls bei der Untersuchung des Vogelherzens ist die Darstellung der inneren Organe und daher die Möglichkeit, sowohl den morphologischen als auch den funktionellen Status zu beurteilen. Jedoch kann aufgrund der anatomischen Eigentümlichkeiten des Vogelherzens das für die Echokardiographie bei Säugern empfohlene Untersuchungsprotokoll (standardisierte Schnittebenen) bei Vögeln nicht verwendet werden. M-Mode, ein nützliches Hilfsmittel zur Beurteilung der Wanddicke und Kontraktilität bei Säugern, ist bei Vögeln kaum brauchbar, da das Vogelherz nur im longitudinalen und semitransversalen Schnitt dargestellt wird. Aktuell stellt das B-Mode-Verfahren (2-D-Echokardiographie) bei Vögeln eine etablierte Untersuchungsmethode dar, hier gibt es bereits Referenzwerte für verschiedene Spezies (Tabelle 1-2). Auch die Doppler-Echokar-

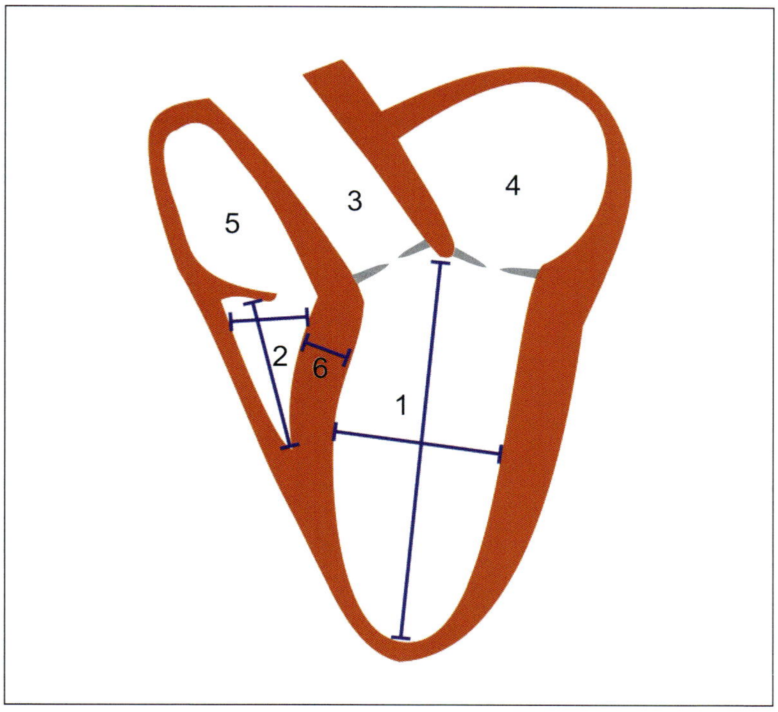

1: linker Ventrikel, in Länge und Breite
2: rechter Ventrikel, in Länge und Breite
3: Aorta, im Durchmesser
4: linker Vorhof, keine Vermessung sinnvoll
5: rechter Vorhof, keine Vermessung sinnvoll
6: Interventrikularseptum, in der Dicke

Abb. 1-55: Schematische Darstellung der Messpunkte im Herzen, Vierkammerblick (Längsachsenschnitt).

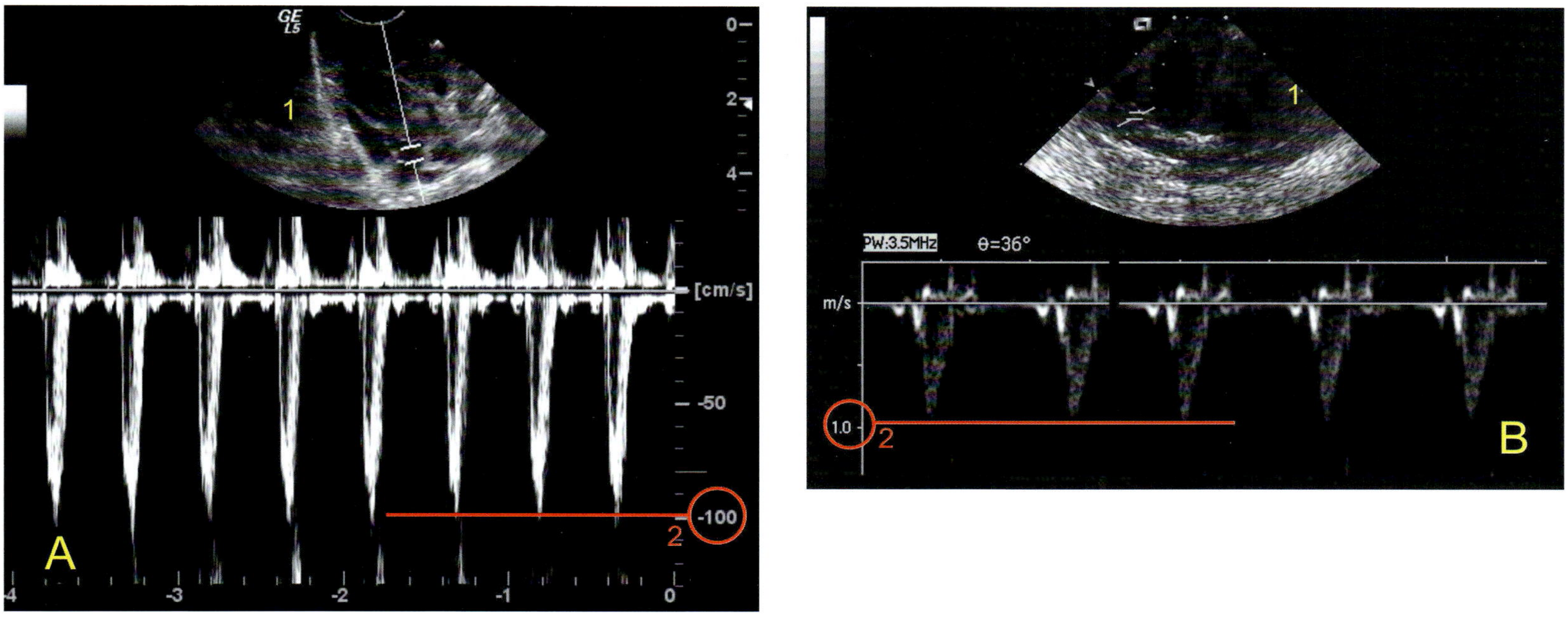

Abb. 1-56: Spektral-Doppler-Ultraschalluntersuchung, Herz, ventro-mediane Ankopplung.

A: 10 MHz, 4,5 cm ET, Uhu (*Bubo bubo*).

B: 7 MHz, 4,5 cm ET, Rabenkrähe (*Corvus corone*): Darstellung des Blutstroms durch die Aorta (1: Doppler-Gate) während der Systole. Der Maximalwert (2) liegt jeweils bei ca. 100 cm/s.

Tabelle 1-3: Intrakardiale Blutflussgeschwindigkeiten bei einigen Vogelarten (anästhesiert, n. b.: nicht bekannt)

Parameter	*Amazona* spp. (PEES et al. 2005)	*Ara* spp. (CARRANI et al. 2003)	*Cacatua galerita* (CARRANI et al. 2003)	*Psittacus erithacus* (CARRANI et al. 2003)	*Falco* spp. (STRAUB et al. 2001)	*Buteo buteo* (STRAUB et al. 2001)
Diastolischer Einstrom linker Ventrikel [m/s]	0,18 ± 0,03	0,54 ± 0,07	0,32 ± 0,15	0,39 ± 0,06	0,21 ± 0,03	0,14 ± 0,01
Diastolischer Einstrom rechter Ventrikel [m/s]	0,22 ± 0,05	n. b.	n. b.	n. b.	0,21 ± 0,04	0,14 ± 0,02
Systolischer Ausstrom Aortenwurzel [m/s]	0,83 ± 0,08	0,81 ± 0,16	0,78 ± 0,19	0,89 ± 0,13	0,95 ± 0,07	1,18 ± 0,05

B-Mode (2-D-Echokardiographie)

Bei Verwendung der 2-D-Echokardiographie können die inneren Herzstrukturen subjektiv oder durch Messungen beurteilt werden **(Abb. 1-52)**. Die Ventrikelgröße, die Wanddicke des interventrikulären Septums und die Kontraktilität der Ventrikel sind wichtige Parameter, um die Herzmorphologie und -funktion zu beurteilen. Zusätzlich können die linken Atrioventrikular-(AV-) Klappen, die Aortenklappen und die rechte, muskuläre AV-Klappe, abhängig von der Bildqualität, beurteilt werden. Messungen an 2-D-Bildern werden nach der *inner edge method* vorgenommen. Neben der Größe ist die Kontraktilität der Ventrikel (*fractional shortening*, FS) von besonderer Wichtigkeit. Sie wird berechnet unter Verwendung folgender Formel:

$$\text{FS [\%]} = \frac{(\text{diastolischer Wert} - \text{systolischer Wert}) \times 100}{\text{diastolischer Wert}}$$

Aufgrund der Mondsichelform des rechten Ventrikels beim Vogelherz ist die Kontraktilität dieser Kammer im Vergleich zur linken weitaus höher.

Doppler-Sonographie

Der Spektral-Doppler wird auch beim Vogel für die Ermittlung der Blutflussgeschwindigkeit (Einstrom, Ausstrom) verwendet, welche in einer 2-D-Kurve gegen die Zeit angezeigt wird **(Abb. 1-56)**. Referenzwerte sind für den diastolischen Einstrom in den rechten und linken Ventrikel sowie den systolischen Ausstrom in die Aorta verfügbar (Tabelle 1-3). Farb-Doppler-Darstellungen am Herz kommen in erster Linie zur Anwendung, um ein Gate für die Spektral-Doppler-Echokardiographie zu setzen, außerdem ist er bei der Diagnose von Klappeninsuffizienzen und Aneurysmen angezeigt. Da die Bildfrequenz deutlich abnimmt, wenn die Farb-Doppler-Option verwendet wird, ist sein Nutzen in der Vogelechokardiographie bisher aber begrenzt.

1.2.7.3 Respirationstrakt

Bisher sind keine Indikationen bekannt.

1.2.7.4 Leber

Die Leber des Vogels ist der sonographischen Untersuchung im Allgemeinen gut zugänglich, jedoch sollte der Patient in jedem Fall einen nahezu leeren Gastrointestinaltrakt aufweisen (der überlagernde Gastrointestinaltrakt kann sonst die Darstellbarkeit der Leber erschweren bzw. sie unmöglich machen). Bei hochgradig veränderten (vergrößerten) umliegenden Organen kann es ebenfalls zu Schwierigkeiten bei der Leberdarstellung kommen.

Zur Untersuchung der Leber wird der Schallkopf median kaudal des Xiphoids in kranio-dorsaler Richtung aufgesetzt und das Lebergewebe wird in Längs- und Querschnitten durchgemustert (s. **Abb. 1-46**). Die physiologische Echotextur der Leber ist homogen-feingranuliert und von mittlerer Reflexstärke (Echogenität); die Binnenstruktur ist unterbrochen von quer bzw. längs geschnittenen Lebergefäßen **(Abb. 1-57** und **1-58)**. Die Ränder der Leber erscheinen scharf; da jedoch nur Teile der Leber zur gleichen Zeit bewertet werden können, sind Messungen der Lebergröße schwierig.

Um die Gallenblase zur Darstellung zu bringen, sind je nach Spezies in der Regel ein bis zwei Fastentage nötig. Bei Tieren, die eine Gallenblase besitzen, kann diese in gefülltem Zustand als ein der Leber aufliegendes Organ gut abgegrenzt werden. Sie stellt sich als reflexlose oval bis rundliche Struktur mit einem schmalen reflexreichen Saum dar und befindet sich kaudal des rechten Leberlappens **(Abb. 1-59)**. Der Gallenblase aufliegend können teilweise große Gefäße dargestellt werden.

Indikationen

- häufig: klinische (s. Kap. 1.1.4.4), blutchemische und röntgenologische Hinweise auf das Vorliegen einer Lebererkrankung, wie Vergrößerung (selten Verkleinerung, Formveränderung) der Lebersilhouette in der Röntgenuntersuchung, insbesondere Differenzierung zwischen Neoplasie, Entzündung und Verfettung durch Leberparenchymbeurteilung
- bei Aszitesverdacht in der Palpation

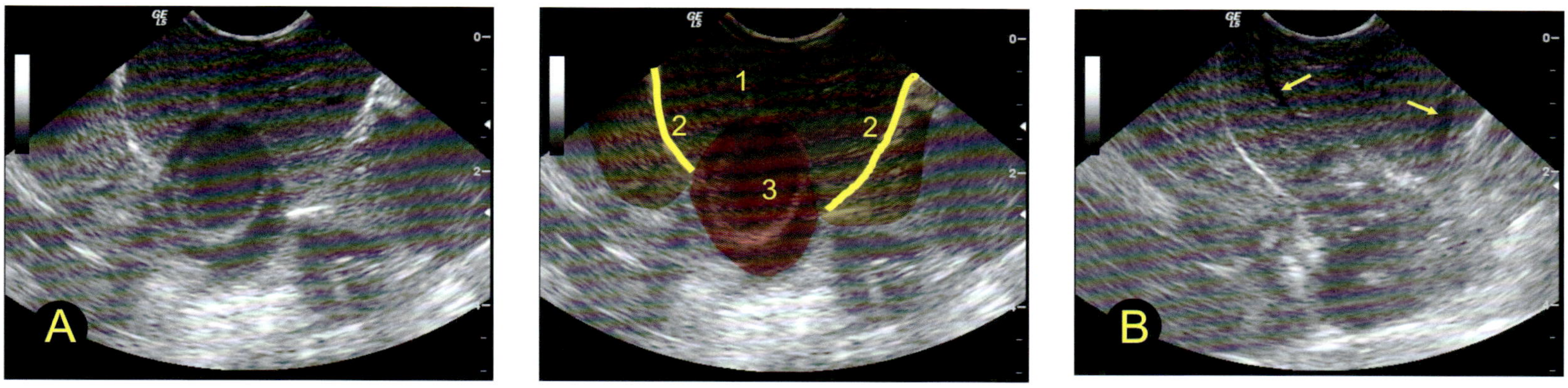

Abb. 1-57: Ultraschalluntersuchung, Leber und Herz, ventro-mediane Ankopplung, 10 MHz, 4,5 cm ET, Uhu (*Bubo bubo*): Darstellung der Leber (1), welche um die Herzspitze (3) liegt. Die Grenzen zwischen den Leberlappen (2) sind als echogene Zonen sichtbar. Einzelne Gefäße sind als echoarme Areale zu differenzieren (Pfeile).

1: Leber
2: Grenzen zwischen den Leberlappen
3: Herz

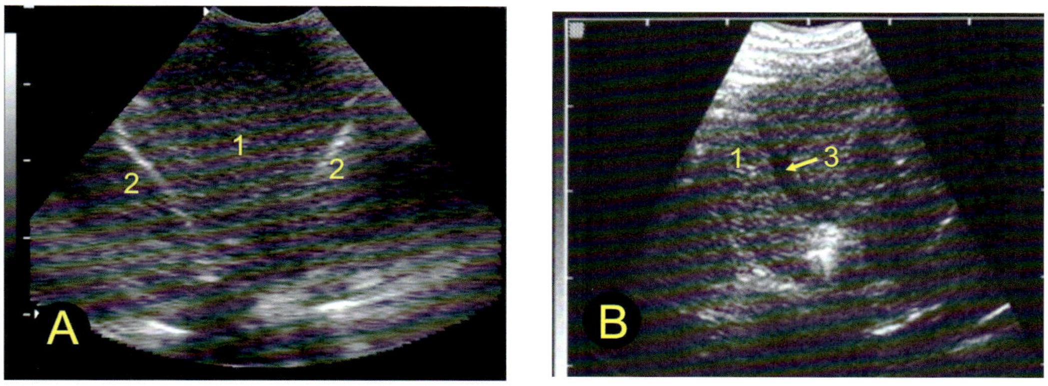

1: Leber
2: Grenze zwischen den Leberlappen
3: V. cava caudalis

Abb. 1-58: Ultraschalluntersuchung, Leber, ventro-mediane Ankopplung.

A: 7,5 MHz, 4,5 cm ET, Graupapagei (*Psittacus erithacus*).

B: 7,5 MHz, 6 cm ET, Mäusebussard (*Buteo buteo*).

Das Lebergewebe (1) stellt sich bis auf die Grenzen zwischen den Leberlappen (2) homogen dar. Gefäße (3) können durch entsprechende Einstellung der Schnittebene in ihrem Verlauf verfolgt werden.

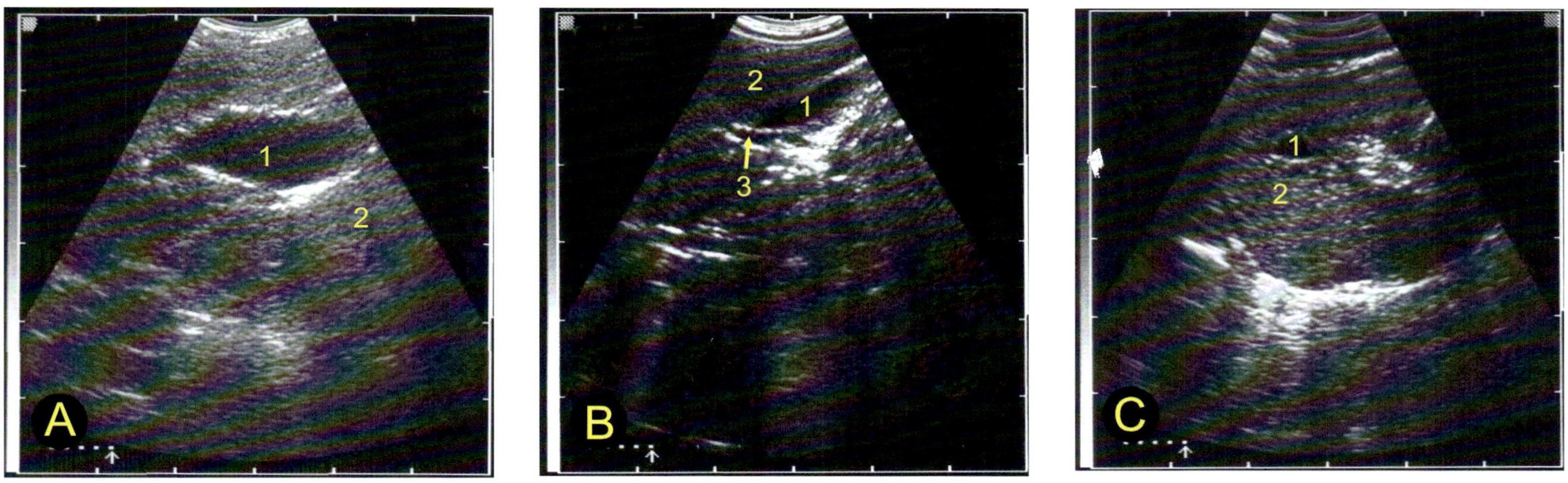

Abb. 1-59: Ultraschalluntersuchung, Leber, Gallenblase, ventro-mediane Ankopplung, 7,5 MHz, 6 cm ET.

A: Sakerfalke (*Falco cherug*).

B: Rabenkrähe (*Corvus corone*).

C: Beo (*Gracula religiosa*).

Darstellung der Gallenblase (1) als echoarme flüssigkeitsgefüllte Strukur und des Leberparenchyms (2), zusätzlich V. cava caudalis (3), dargestellt bei 1-58 B.

1: Gallenblase
2: Leberparenchym
3: V. cava caudalis

1.2.7.5 Milz

Die Milz erscheint im Ultraschallbild geringgradig echogener als die Leber. Ihre Form ist speziesabhängig unterschiedlich. Zur Untersuchung der unveränderten Milz muss der seitliche Zugang gewählt werden. Oft ist das Organ aber nur schlecht oder überhaupt nicht darzustellen, da es bei Normalgröße von Muskelmagen und Duodenum verdeckt wird.

Bei Vögeln mit Splenomegalie (s. Kap. 1.9.4) kann sie eventuell als runde oder ovale Struktur mittlerer Echogenität identifiziert werden. Eine Differenzierung zwischen entzündlichen und neoplastischen Veränderungen ist aber oftmals schwierig.

Indikationen

- selten: Vergrößerung der Milz in der Röntgenuntersuchung, insbesondere Differenzierung zwischen Neoplasie und Entzündung

1.2.7.6 Gastrointestinaltrakt und Pankreas

Zur Beurteilung sollte der Gastrointestinaltrakt weitestgehend leer sein oder im Idealfall Flüssigkeit enthalten. Nahrungsstoffe, wie feste Futterpartikel oder Knochen (bei karnivoren Spezies), sowie Gase sind aufgrund von Reflexion und Absorption für Schallwellen undurchdringbar. Während sich eine Darstellung von Kropf und Ösophagus in den meisten Fällen aufgrund des erschwerten Zugangs (s. Kap. 1.2.4) nicht anbietet, lässt sich der Muskelmagen insbesondere bei Körnerfressern sonographisch sowohl vom medianen als auch vom lateralen Zugang darstellen und aufgrund seines Gritinhaltes leicht identifizieren. Die Gritsteinchen sind als stark reflexreiche Partikel mit distalem Schallschatten zu sehen. Sie sind meist von einem echoärmeren Bereich (abhängig vom Futterinhalt) umgeben. Die Muskelschicht stellt sich als rundovale, reflexarme Zone dar. Aufgrund der Totalreflexion kann hinter dem Muskelmagen ein typischer Schallschatten gesehen werden (s. **Abb. 1-60**). Mit Schallkopffrequenzen ab 12 MHz kann auch die Koilinschicht dargestellt und beurteilt werden. Der vorgelagerte Drüsenmagen kann vom Muskelmagen ausgehend durch Winkelung des Schallkopfes nach kranial gefunden werden. Er stellt sich im Querschnitt meist kreisrund dar, weist mittlere Echogenität auf und zeigt echoreichen Inhalt (Futterpartikel) mit teilweise distalem Schallschatten **(Abb. 1-61** und **1-62)**. Der Drüsenmagen kann allerdings bei kleineren Körnerfressern oft nur dargestellt werden, wenn er vergrößert ist, während die Erkennung des normalgroßen Organs schwierig ist. Der Darm kann aufgrund seiner Peristaltik sowie der Ingestabewegungen erkannt werden, wobei quer- bzw. längsgetroffene Darmschlingen sichtbar sind **(Abb. 1-63** und **1-64)**. Eine Wandschichtung ist feststellbar, jedoch lassen sich in der Routineuntersuchung die vom Säuger bekannten klassischen fünf Schichten nur bedingt abgrenzen. Die Darmschlingen sind bei Vögeln bis 1 kg Körpermasse nur mit Sonden bewertbar, die eine Frequenz von mindestens 10 MHz besitzen. Mit solchen Sonden können die Wandschichten und der Inhalt dargestellt werden **(Abb. 1-64)**. Die Peristaltik kann, wie bereits erwähnt, auch mit niedrigeren Frequenzen erkannt werden. Die Duodenalschleife ist aufgrund ihres U-förmigen Verlaufs im Querschnitt leicht erkennbar **(Abb. 1-63)**.

Zur Darstellung des zwischen den Duodenalschenkeln sehr oberflächlich liegenden Pankreas ist eine Vorlaufstrecke von Nutzen. Allerdings bleibt man auch damit in vielen Fällen erfolglos. Das Pankreas liegt als reflexreiche Struktur zwischen den Schenkeln der Duodenalschleife **(Abb. 1-63)** und besitzt ein zentral verlaufendes Blutgefäß. Die Kloake lässt sich bei ventro-kaudaler Ankopplung nach Abkippen des Schallkopfes nach kaudal darstellen und weist, abhängig von der Kotbeschaffenheit, Inhalt unterschiedlicher Echogenität auf. Ihre Wand kann durch retrograde Flüssigkeitseingabe nach vorheriger Spülung beurteilt werden. Sie stellt sich als schmaler, reflexarmer, regelmäßig verlaufender Saum ovaler Form dar (s. **Abb. 1-65**).

Indikationen

- Beurteilung der Darmperistaltik
- Beurteilung vorhandener Darmschlingen in einer Abdominalhernie, -aussackung
- Verdacht auf Zubildungen der Darmwand (Kontrastmitteleingabe erforderlich)
- Verdacht auf nicht röntgendichte Fremdkörper

1.2.7.7 Harnorgane

Die unveränderten Nieren sind bei transkutaner Ankopplung nicht sichtbar. Sie werden bei ventraler Ankopplung vom Darmkonvolut überlagert, lateral verhindern die Abdominalluftsäcke durch Totalreflexion eine Organdarstellung. Bei Vergrößerung der Organe können sie aber deutlich sonographisch abgegrenzt werden. Sowohl die Größe als auch das Parenchym können dann gut beurteilt werden. Dies ist nicht nur bei größeren Vögeln, sondern auch bei kleineren (z. B. Wellensittichen) ohne Probleme möglich (s. Kap. 1.10.1).

Indikationen

- klinische (s. Kap. 1.1.4.7), blutchemische und röntgenologische Hinweise auf das Vorliegen einer Nierenerkrankung, wie Vergrößerung (selten Formveränderung) der Nierensilhouette in der Röntgenuntersuchung, insbesondere Differenzierung zwischen Neoplasie, Entzündung und Zysten durch Nierenparenchymbeurteilung

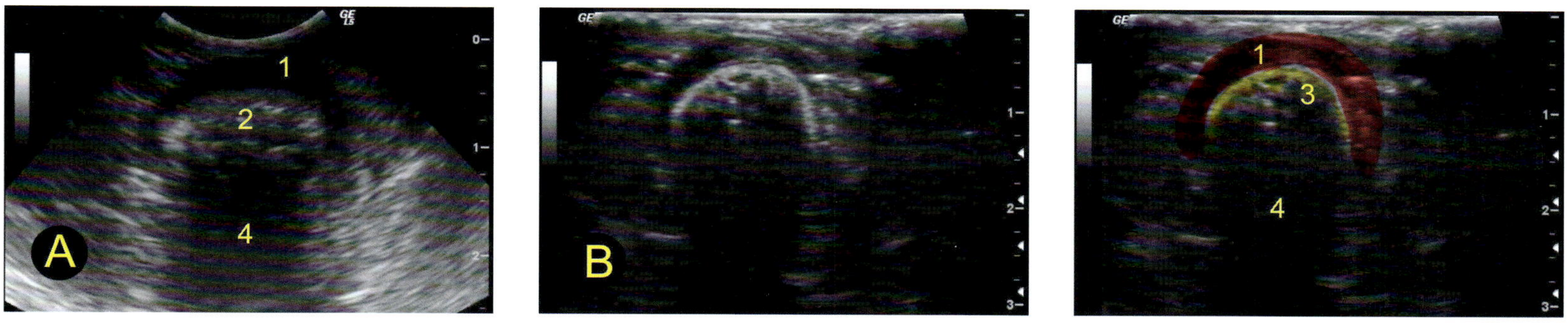

Abb. 1-60: Ultraschalluntersuchung, Muskelmagen, ventro-mediane Ankopplung.

A: 10 MHz, 3 cm ET.

B: 12 MHz, 4 cm ET, Graupapagei (*Psittacus erithacus*): Der Muskelmagen ist durch eine wenig echogene Muskelschicht (1) und einen stark echogenen Inhalt (2) gekennzeichnet. Höhere Frequenzen erlauben auch die Darstellung und Beurteilung der Koilinschicht (3). Der Inhalt des Muskelmagens verursacht durch die Schallauslöschung einen Schallschatten (4).

1: Muskelmagen: Muskelschicht
2: Muskelmagen: Inhalt
3: Muskelmagen: Koilinschicht
4: Schallschatten

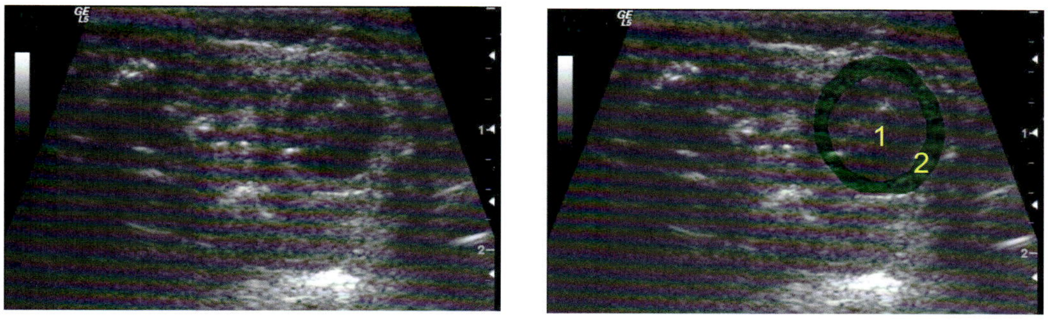

Abb. 1-61: Ultraschalluntersuchung, Drüsenmagen, ventro-mediane Ankopplung, 10 MHz, 3 cm ET, Gelbhaubenkakadu (*Cacatua galerita*): Der Inhalt des Drüsenmagens (1) kann sowohl flüssig als auch fest sein, die Echogenität ist sehr unterschiedlich. Die Wand (2) lässt sich, da sie meist sehr dünn ist, oft kaum differenzieren, wodurch die Identifikation dieses Organs erschwert wird.

1: Drüsenmagen: Inhalt
2: Drüsenmagen: Wand

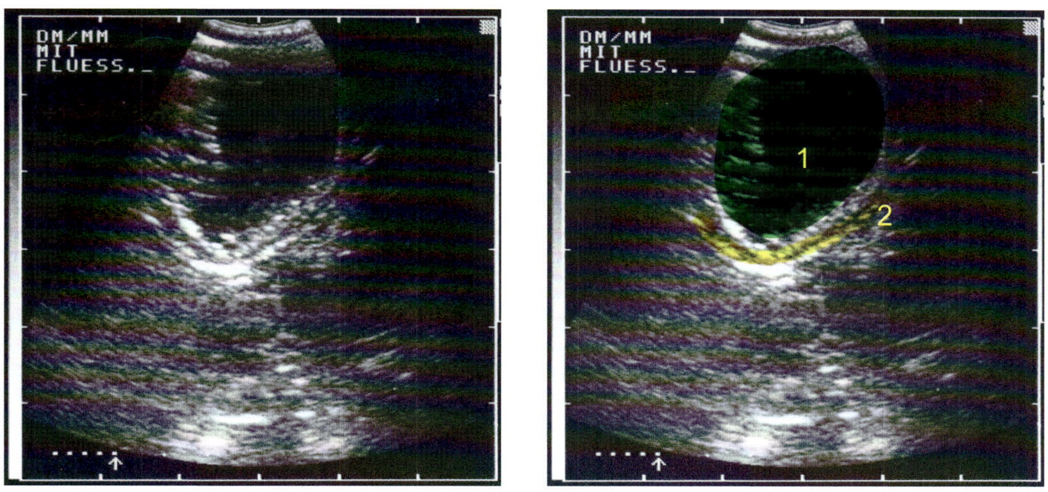

Abb. 1-62: Ultraschalluntersuchung, Drüsenmagen und Muskelmagen 10 min nach Eingabe von 20 ml/kg KM Wasser in den Kropf, ventro-mediane Ankopplung, 7,5 MHz, 6 cm ET, Mäusebussard (*Buteo buteo*).

1: Mageninhalt
2: Magenwand

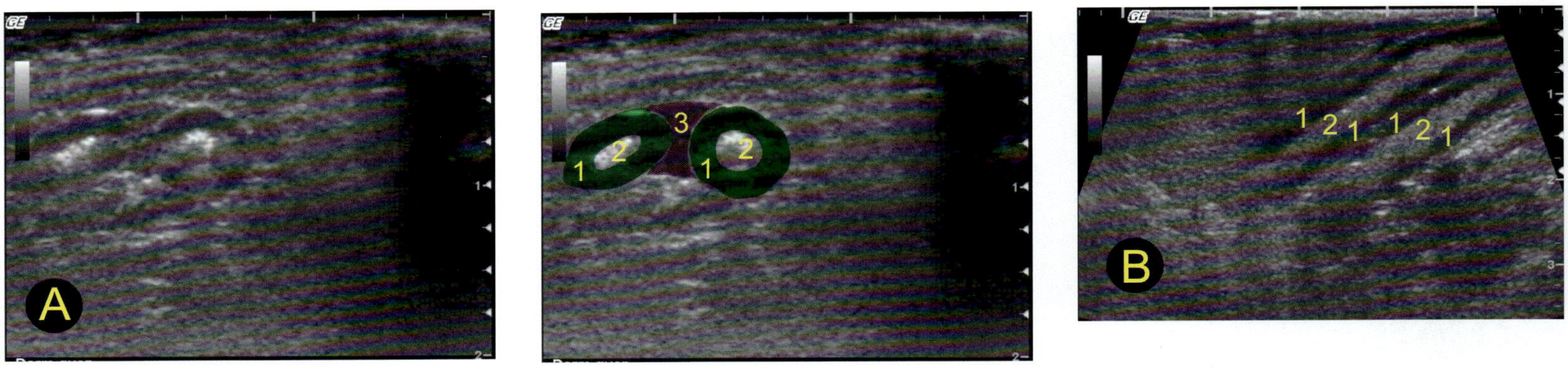

Abb. 1-63: Ultraschalluntersuchung, Duodenum, ventro-mediane Ankopplung.

A: 12 MHz, 4 cm ET, Taube (*Columba livia* f. domestica): Darstellung beider Duodenalschenkel mit Inhalt (1) und Wand (2) sowie des eingebetteten Pankreas (3).

B: 14 MHz, 2 cm ET, Dottertukan (*Ramphastos vittelinus*): Längsdarstellung der Duodenalschleife.

1: Duodenum: Inhalt
2: Duodenum: Wand
3: Pankreas

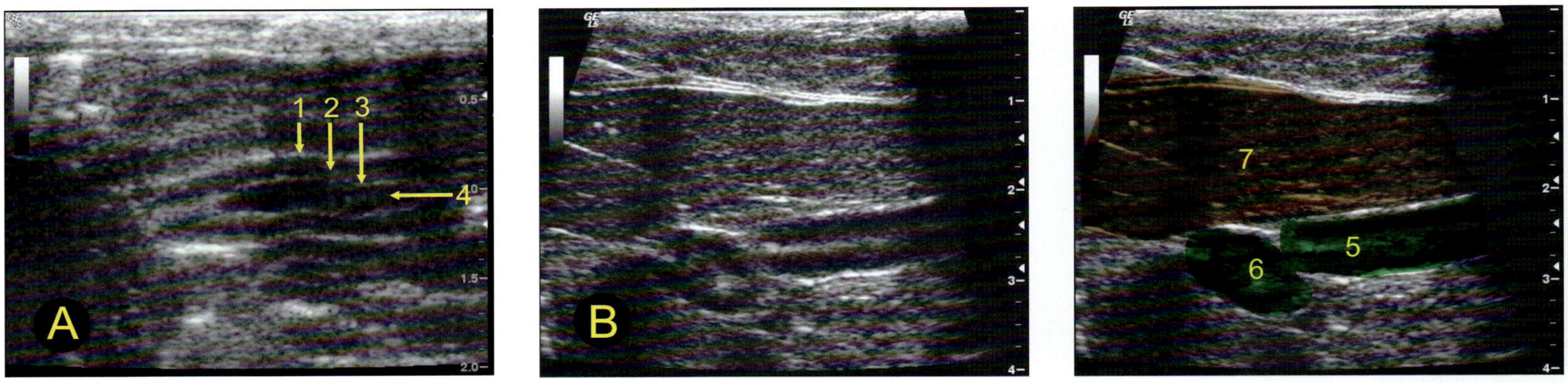

Abb. 1-64: Ultraschalluntersuchung, Darm, ventro-mediane Ankopplung.

A: 12 MHz, 2 cm ET, Graupapagei (*Psittacus erithacus*): hier ist die Darmwandschichtung gut zu erkennen

B: 12 MHz, 4 cm ET, Steinadler (*Aquila chrysaetos*): Darstellung von Darmschlingen im Längs- (5) und Querschnitt (6).

1: Serosa
2: Tunica muscularis
3: Tunica mucosa
4: Darminhalt
5: Darmschlingen im Längsschnitt
6: Darmschlingen im Querschnitt
7: Fettgewebe

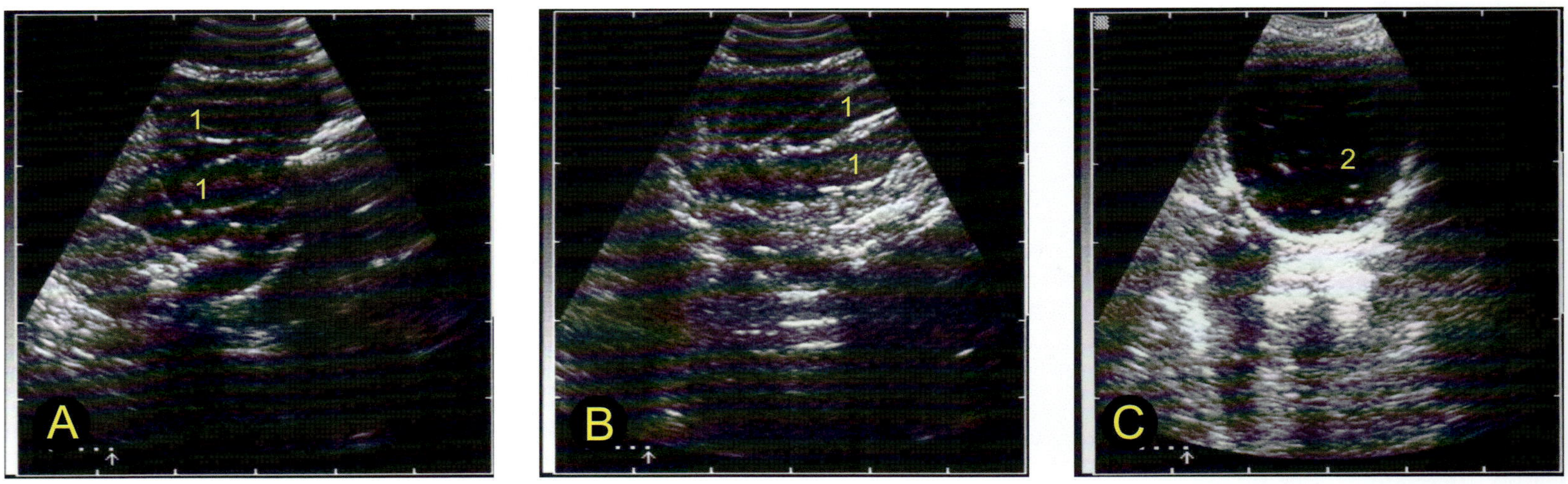

Abb. 1-65: Ultraschalluntersuchung, Darm, Kloake, ventro-mediane Ankopplung, 7,5 MHz, 4,5 cm ET, Wanderfalke (*Falco peregrinus*).

A und B: Darstellung der Darmschlingen (1) nach oraler Instillation von 20 ml/kg KM Wasser als Kontrastmittel.

C: Darstellung der Kloake (2) nach retrograder Instillation von lauwarmem Wasser in die Kloake.

1: Darmschlingen
2: Kloake

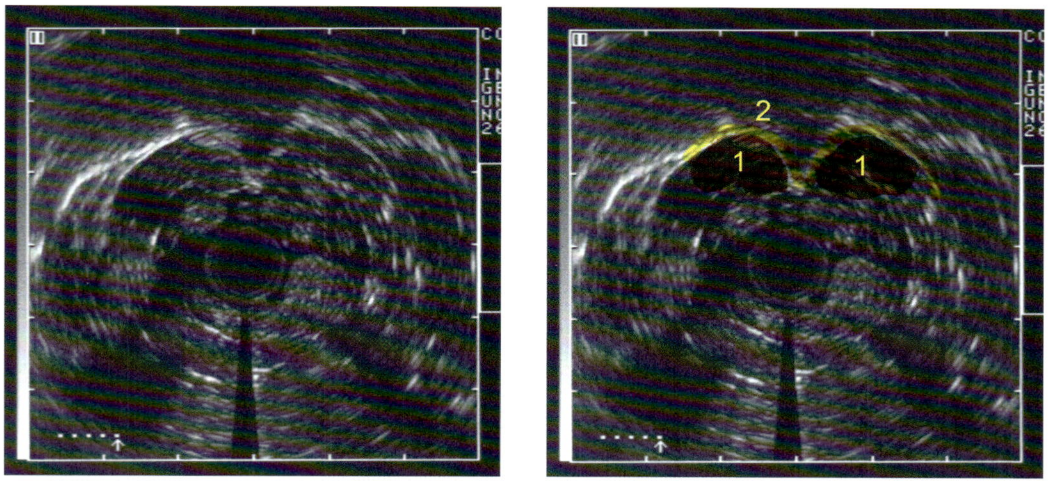

1: Nieren
2: Wirbelsäule

Abb. 1-66: Intrakloakale Ankopplung, Nonnengans (*Branta leucopsis*): 6 cm ET, Darstellung der Nieren (1) und der Wirbelsäule (2).

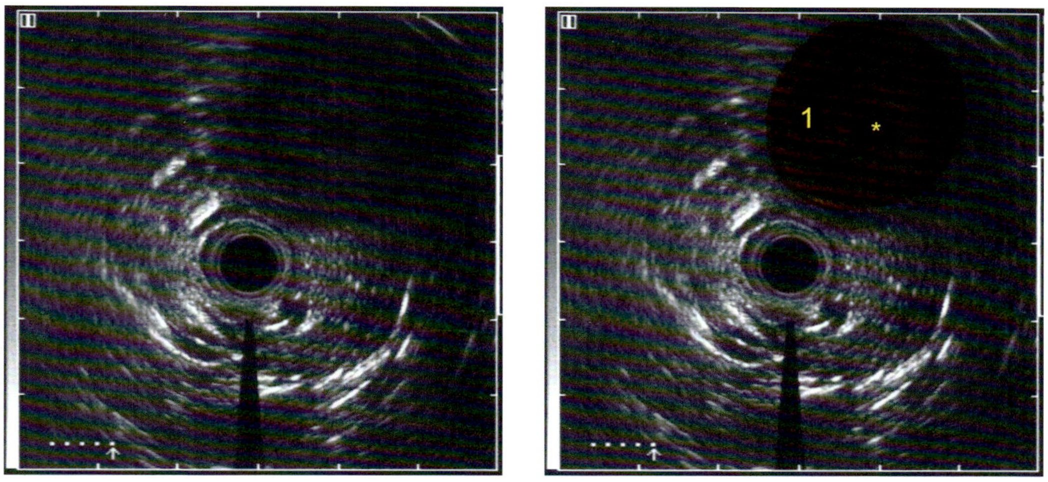

1: Follikel
*: echogenes Follikelzentrum

Abb. 1-67: Intrakloakale Ankopplung, Dunkelroter Ara (*Ara chloroptera*): 10 MHz, 6 cm ET, Darstellung eines Follikels (1) mit einem zentralen echogenen Bereich (*).

1.2.7.8 Geschlechtsorgane

Aufgrund seiner Anatomie ist der Reproduktionstrakt bei Vögeln nicht so unproblematisch darstellbar wie bei Säugern. Im Moment sind Geschlechtsbestimmungen per Ultraschall nur bei weiblichen Vögeln mit großen Follikeln oder Eiern oder auch bei großen Vögeln, wie Laufvögeln, unter Verwendung intrakloakaler Sonden möglich **(Abb. 1-67)**.

Die inaktiven Hoden und Ovarien sind bei transkutaner Ankopplung nicht sichtbar. Sie werden bei ventraler Ankopplung vom Darmkonvolut überlagert, lateral verhindern die Abdominalluftsäcke durch Totalreflexion eine Organdarstellung **(Abb. 1-47)**.

Bei Vergrößerung der Organe können diese aber meist sonographisch abgegrenzt werden. Die sonographische Darstellung des aktiven Ovars ist bei den meisten Hennen mit einem Körpergewicht von mehr als 70 g, teilweise aber auch bei deutlich kleineren Tieren, wie Kanarienvögeln, erfolgreich **(Abb. 1-68B)**. Die Ankopplung kann je nach Spezies sowohl von ventral als auch von lateral erfolgen. Das Bild des aktiven Ovars ist durch die Anwesenheit unterschiedlich großer Follikel charakterisiert, welche verschiedene Entwicklungsstadien repräsentieren. Sich entwickelnde Follikel stellen sich zunächst als runde Bereiche mit echofreier oder echoarmer Innenstruktur dar **(Abb. 1-68)**. Im fortgeschrittenen Stadium der Follikelentwicklung weisen diese den echoreicheren Dotterinhalt auf. Weiter distal im Ovidukt, im Magnum, zeigt das Ei eine deutliche Trennung in echoreichen Dotter und den umgebenden echoarmen Umkreis aus Eiklar **(Abb. 1-69A)**. Die später im Uterus gebildete Kalkschale ist aufgrund ihrer hochgradigen Echogenität leicht abzugrenzen, die Darstellung der Dotterkugel im Inneren ist nun allerdings aufgrund der an der Kalkschale auftretenden Schallwellenabsorption bzw. -reflexion nur noch bedingt möglich **(Abb. 1-69B)**.

Der unveränderte Legedarm kann sonographisch ebenfalls nicht klar abgegrenzt werden. Er ist unabhängig vom Funktionsstatus oft nicht von den abdominalen Strukturen (Darmschlingen) zu unterscheiden. Der aktive Legedarm kann aber aufgrund des Vorhandenseins von Eiern und dem Fehlen von Kontraktionen (im Vergleich zu den Darmschlingen) unterschieden werden.

Die sonographische Darstellung der Hoden ist nur im Fall von sexuell hochaktiven Vögeln erfolgreich. Das Parenchym dieses Organs zeigt eine feingranulierte Struktur von mittlerer Echogenität.

Indikationen

- häufig: klinische (s. Kap. 1.1.4.8), anamnestische und röntgenologische Hinweise auf das Vorliegen einer Genitaltrakterkrankung wie Weichteilschwellung im Abdomen in der Röntgenuntersuchung mit oder ohne Ausbildung eines medullären Knochens, insbesondere Differenzierung zwischen Neoplasie, Zysten und Legenot durch Schicht- oder Windeier
- Verdacht auf Salpingitis

1.2.7.9 Auge

Die Anwendung von Ultraschall am Vogelauge ist hilfreich bei der Diagnose von Augenveränderungen; vor allem, wenn eine direkte Betrachtung des inneren Auges nicht möglich ist, z. B. in Fällen einer Linsentrübung. A-Mode-Ultrasonographie wird hauptsächlich verwendet für die Biometrie des Augapfels. Zweidimensionale B-Mode-Ultrasonographie liefert mehr Informationen über okuläre Strukturen und pathologische Veränderungen des Auges. Nach Applikation lokaler Anästhetika kann der Schallkopf direkt auf der Kornea platziert werden. Ultraschallgele sind nur nötig, wenn der Schallkopf auf den geschlossenen Augenlidern angesetzt wird. Die vordere Augenkammer und der Glaskörper sind physiologischerweise frei von echogenen Strukturen **(Abb. 1-70)**. Für detaillierte Informationen über die Ultraschalluntersuchung des Vogelauges, s. weiterführende Literatur (z. B. GUMPENBERGER, KORBEL 2001).

Weiterführende Literatur

BOSKOVIC, M., KRAUTWALD-JUNGHANNS, M.-E., FAILING, K. (1999): Möglichkeiten und Grenzen echokardiographischer Untersuchungen bei Tag- und Nachtgreifvögeln (Accipitriformes, Falconiformes, Strigiformes). Tierärztl. Prax. **27:** 334–341.

GUMPENBERGER, M., KORBEL, R. T. (2001): Comparative aspects of diagnostic imaging in avian ophthalmology using ultrasonography and computed tomography. Europ. Assoc. Avian Vet., Proc., München 2001, 99–102.

PEES, M., STRAUB, J., KRAUTWALD-JUNGHANNS, M.-E. (2004): Echocardiographic examinations of 60 African grey parrots and 30 other psittacine birds. Vet. Rec. **155:** 73–76.

SCHULZ, M. (1995): Morphologische und funktionelle Messungen am Herzen von Brieftauben (*Columba livia* forma domestica) mit Hilfe der Schnittbildechokardiographie. Diss. med. vet., Gießen.

CARRANI, F., GELLI, D., SALVADORI, M. (2003): A preliminary echocardiographic initial approach to diastolic and systolic function in medium and large parrots. Europ. Assoc. Avian Vet., Proc., 145–149.

PEES, M., STRAUB, J., SCHUMACHER, J., GOMPF, R., KRAUTWALD-JUNGHANNS, M.-E. (2005): Pilotstudie zu echokardiographischen Untersuchungen mittels Farb- und pulsed-wave-Spektraldoppler an Blaukronenamazonen (*Amazona ventralis*) und Blaustirnamazonen (*Amazona a. aestiva*). Dtsch. Tierärztl. Wochenschr. **112:** 39–43.

STRAUB, J., PEES, M., SCHUMACHER, J., KRAUTWALD-JUNGHANNS, M.-E. (2001): Doppler-echocardiography in birds. Europ. Assoc. Avian Vet., Proc., München 2001, 92–94.

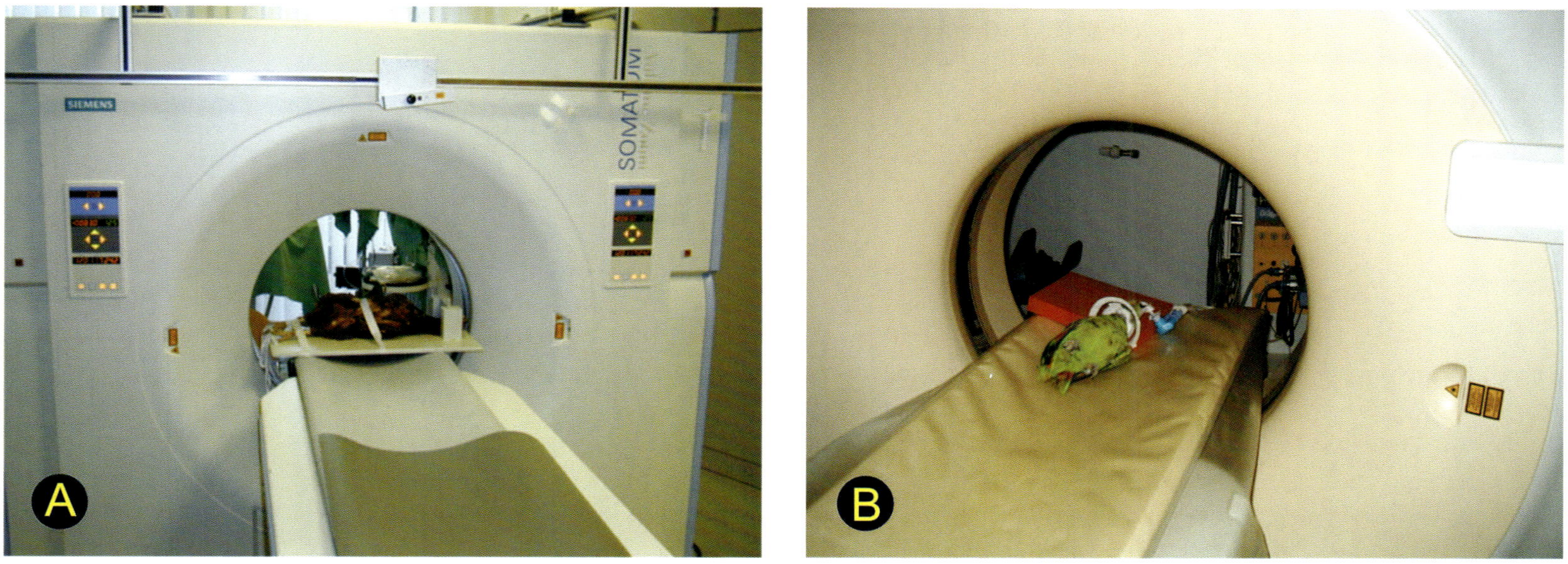

Abb. 1-71:

A: Lagerung eines Huhns (*Gallus gallus*) auf einer Plexiglasplatte für die CT-Untersuchung in sagittaler Schnittführung. Diese Schnittebene ist beim Vogel sehr aussagekräftig, sie kann bei transversaler Schnittführung auch durch Datenreformation erzeugt werden.

B: Lagerung einer Blaustirnamazone (*Amazona aestiva*) für die CT-Untersuchung in Schräglage nach Intubation und Anästhesie mit Isofluran. Die Lagerungsebenen können den Erfordernissen entsprechend gewählt werden, auf eine freie Beweglichkeit des Brustbeins ist aber zu achten.

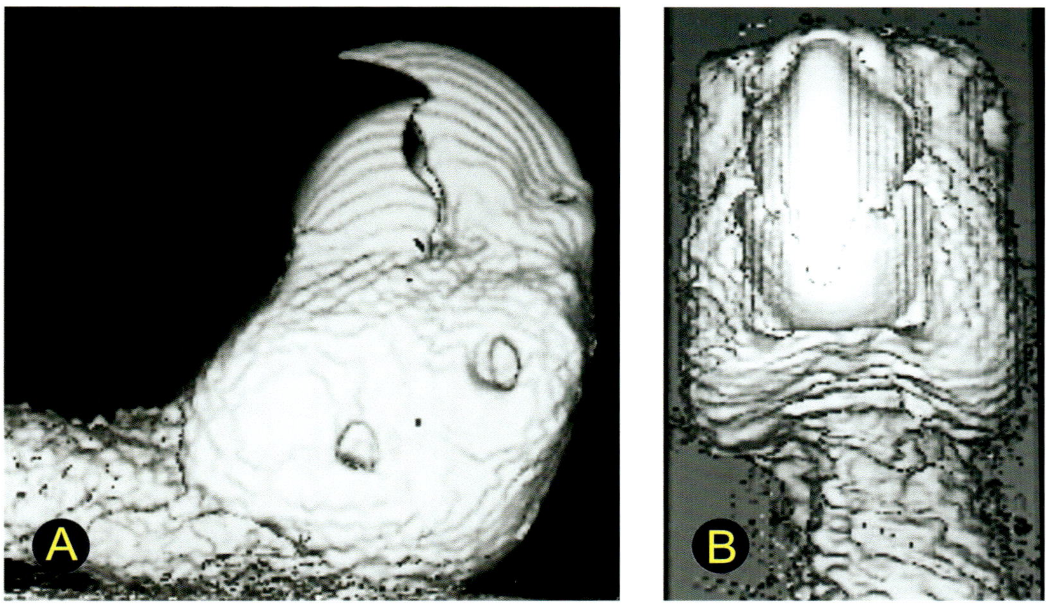

Abb. 1-72: CT-Untersuchung, Kopf, dreidimensionale Rekonstruktion der Oberfläche (120 kV, 165 mA), Blaustirnamazone (*Amazona aestiva*).

Die Hauptindikationen für eine computertomographische Untersuchung des Vogels liegen zurzeit in der Diagnostik von Veränderungen des Skelettsystems (Schädel, Wirbelsäule) und des Respirationstraktes (Sinus, Lungen); s. auch Kap. 1.5, 1.7.

1.3.3.1 Skelettsystem

Zur Untersuchung des Skelettsystems stellt die Computertomographie eine wertvolle Hilfe dar. In den meisten in der täglichen Routine vorgestellten Fällen (insbesondere von Frakturen) reicht zwar eine konventionelle Röntgenaufnahme als alleiniges bildgebendes Verfahren aus, andere Veränderungen, insbesondere der umliegenden Weichteile, sind aber damit häufig nicht sicher darstellbar. Hier nimmt die CT einen zunehmend größeren Stellenwert ein; die Beurteilung kann dabei in mehreren Ebenen und in dreidimensionalen Rekonstruktionen **(Abb. 1-72** und **1-85)** erfolgen.

Hauptindikationen für die CT sind vor allem bei Problemen im Bereich des Kopfes **(Abb. 1-73** und **1-74)** und der Wirbelsäule **(Abb. 1-75, 1-76, 1-78)** gegeben. Hier sind Veränderungen, die infolge vielfältiger Überlagerungen im konventionellen Röntgenbild oft nur schwer erkannt werden können, im Computertomogramm nicht nur über ihr Ausmaß zu erfassen, sondern es kann auch durch Dichtemessung die Art der Veränderung eingegrenzt werden. Darüber hinaus kann durch das sogenannte Highlighting (Vermessung lufthaltiger Räume nach vorheriger Bestimmung der *region of interest*, ROI) das Volumen der pneumatisierten Räume des Schädels bestimmt werden **(Abb. 1-73)**. Für Amazonen und Graupapageien beträgt dieser Wert 5–6% des Schädelvolumens (KRAUTWALD-JUNGHANNS et al. 1998).

Die Vermessung lufthaltiger Räume des Schädels spielt dabei häufig bei der Verlaufsuntersuchung zur Kontrolle des Behandlungserfolges einer Sinusitis eine Rolle. Sowohl konventionelle als auch rekonstruktive radiologische Verfahren können mit Kontrastmitteldarstellung kombiniert werden. Hierdurch kann z. B. der Fluss des Kontrastmittels durch Nase und Sinus infraorbitalis beurteilt werden.

Der Knochen lässt sich ähnlich wie beim Säuger hinsichtlich der Röntgendichte wie auch der Dicke der Kortikalis beurteilen (STREUBEL et al. 2005). Die Gelenke des Vogels sind anatomisch deutlich einfacher aufgebaut, bei ihrer Darstellung wird insbesondere auf Kongruenz und Zubildungen geachtet, wobei die Berurteilbarkeit sehr von der Größe des Vogels abhängt. Es lassen sich Luxationen und Knochenveränderungen (Infektionen, Lysen) darstellen und hinsichtlich ihres Ausmaßes beurteilen. Bei der Beurteilung der Wirbelsäule **(Abb. 1-75, 1-76, 1-78)** können Wirbelfissuren bzw. -frakturen, Luxationen der Wirbelkörper und Einengungen des Wirbelkanals mittels CT dargestellt werden.

Indikationen

- klinische und röntgenologische Hinweise auf das Vorliegen einer Wirbelsäulenfraktur, bzw. sonstiger Veränderungen in diesem Bereich
- unklare Umfangsvermehrungen am Bewegungsapparat
- Verdacht auf Frakturen im Bereich des Schädels, insbesondere des Zungenbeins und des Schnabelapparates
- unklare Weichteilveränderungen im Bereich des Kopfes; insbesondere Einschätzung des Ausmaßes einer Sinusitis bzw. des Behandlungsverlaufes einer solchen

1.3.3.2 Respirationstrakt

Die CT ist zurzeit das aussagekräftigste und sensitivste Verfahren zur Diagnostik von aviären Lungenveränderungen. Neben der Darstellung von Veränderungen des Lungenparenchyms, der großen Lungengefäße und der Primär- und Sekundärbronchien in den einzelnen Schnittebenen **(Abb. 1-76, 1-77, 1-79, 1-80)** können über Vermessung des Lungenfeldes **(Abb. 1-81)** und anschließende Bestimmung der Lungendichte Lungenveränderungen bereits in einem sehr frühen Krankheitsstadium diagnostiziert werden. Des Weiteren bieten sich Verlaufsuntersuchungen mittels CT als patientenschonende schnelle und aussagekräftige Methode unter der Behandlung an (KRAUTWALD-JUNGHANNS 1997).

Die Lungen stellen sich als homogen »wabenstrukturartige« röntgendichte Strukturen dar, welche von kranial nach kaudal von je einem Zentralgefäß sowie mehreren Sekundärbronchien durchzogen werden **(Abb. 1-76, 1-77, 1-79, 1-80, 1-82)**. Physiologische Lungendichtewerte zeigen – im Gegensatz zum Menschen mit einem Dichtemittelwert zwischen –300 HE und –800 HE – nur sehr geringe Schwankungen und liegen beispielsweise bei Amazonen und Graupapageien (Gesamtdichtewert der Lungen) zwischen –600 HE und –650 HE. Zur Formulierung der Diagnose »gesunde Lunge« genügt dieser Wert allein jedoch nicht; andere Kriterien wie eine Darstellung des unveränderten Lungengewebes, der großen Bronchien und Lungengefäße in allen Schnittebenen sowie die Dichtemessungen einzelner, evtl. verdächtiger Lungenareale müssen ebenfalls mit in die Lungenbeurteilung einbezogen werden (KRAUTWALD-JUNGHANNS 1997).

Im Gegensatz hierzu hat die Bestimmung des Lungenvolumens **(Abb. 1-81A)** keine diagnostische Relevanz, da dieses durch die physiologischen Besonderheiten der Vogellunge kaum Schwankungen unterworfen ist. Daher spielt auch die Bestimmung von Exspirations- und Inspirationsphase keine Rolle beim Vogel.

Prinzipiell sind die Luftsäcke mit der CT aufgrund oben beschriebener Problematik (Auflösung abhängig von der Dichtedifferenz zwischen Objekt und umliegenden Strukturen und von der Größe des dargestellten Objektes) unbefriedigender in ihrem Verlauf darstellbar als die Lungen. Eine durchgängige Darstellung der einzelnen Luftsackwände ist sowohl mit sagittaler als auch mit transversaler Schnittführung nicht möglich. Für die oberen Luftsäcke im Kopf-Hals-Bereich hat dies keine große diagnostische Bedeutung, da sie keine wesentliche Rolle im Gasaustausch haben. Die bedeutenderen Luftsäcke der Körperhöhle (Brust- und

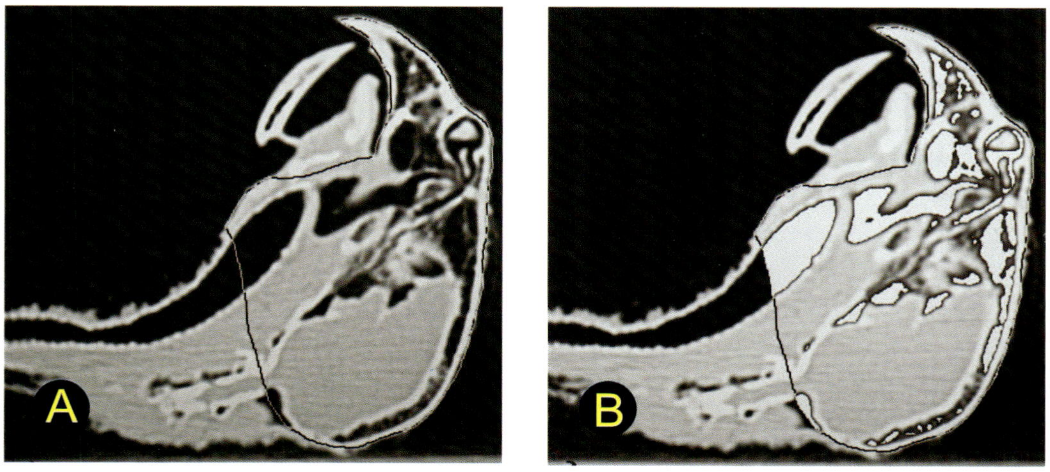

Abb. 1-73: CT-Untersuchung, Kopf, sagittale Schnittebene (120 kV, 165 mA, 1 mm SD, W: 2000, L: –800), Venezuelaamazone *(Amazona amazonica).*

A: Darstellung der Schädelstrukturen und des oberen Respirationstraktes. Durch Umfahren des Schädels kann zunächst die Fläche vermessen und bei Gesamtbearbeitung jedes Schnittes kann dann das Volumen der umfahrenen Region (ROI) bestimmt werden. Die Ermittlung des Schädelvolumens hat als Bezugsgröße eine Bedeutung für die Relation zum Anteil luftführender Regionen (siehe B).

B: In einem anschließenden Schritt kann dann durch Highlighting das Volumen aller lufthaltigen Strukturen (da die Dichte von Luft bekannt ist) der in A vermessenen ROI bestimmt werden. So können z. B. Verlaufsuntersuchungen bzw. eine Einschätzung der Prognose bei chronischen Sinusitiden gegeben werden. Für Amazonen und Graupapageien beträgt dieser Wert ca. 5–6 % des Schädelvolumens.

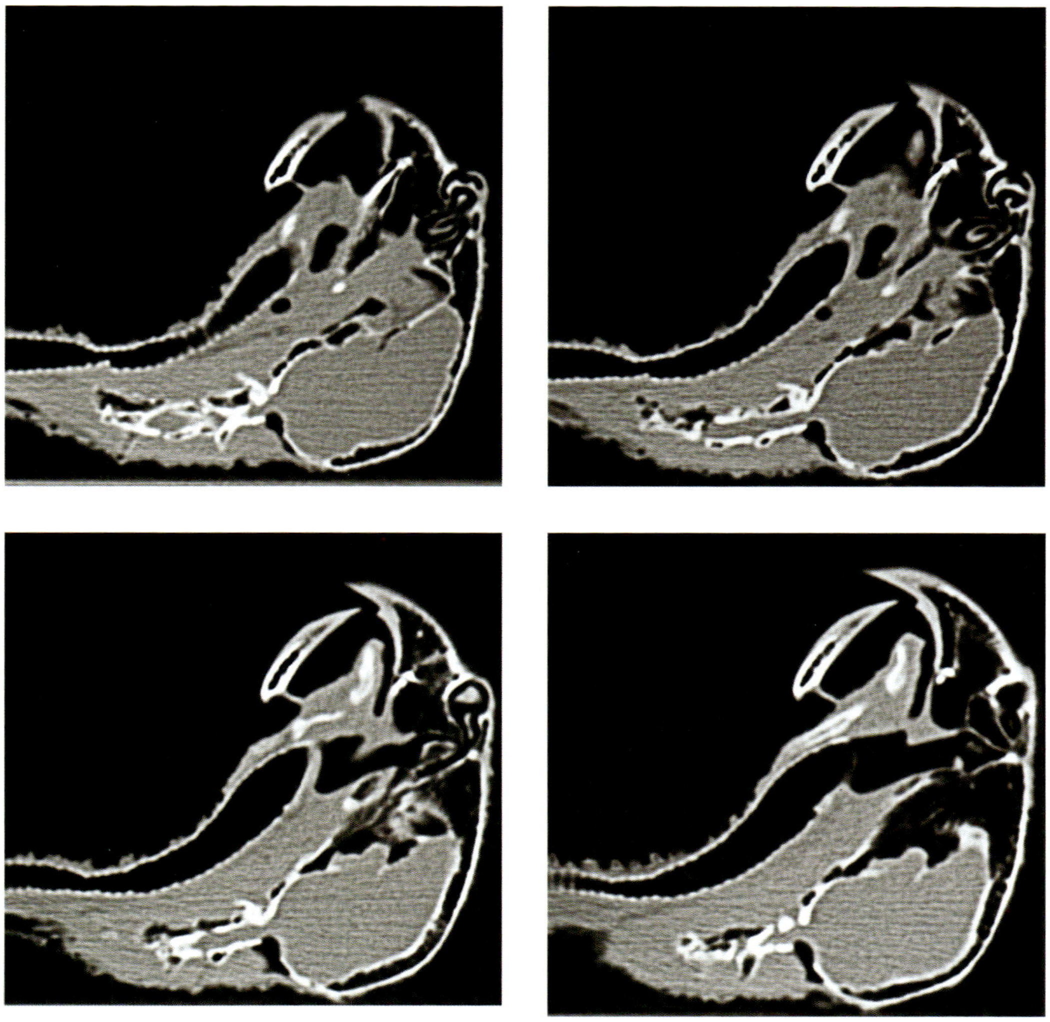

Abb. 1-74: CT-Untersuchung, Kopf, verschiedene sagittale Schnittebenen (120 kV, 165 mA, 2 mm SD, W: 2000, L: –800), Blaustirnamazone (*Amazona aestiva*): Darstellung der Schädelstrukturen und des oberen Respirationstraktes. Hinter dem lufthaltigen Oberschnabel sind die Conchae nasales und Anteile des Sinus infraorbitalis (schwarze lufthaltige Bereiche) zu erkennen.

Bauchluftsäcke) stellen sich bei schräg angeschnittenen Luftsackgrenzen als dünne röntgendichte Linien dar **(Abb. 1-79** und **1-80)**, soweit sie nicht eng an Organe oder andere Strukturen mit ähnlicher Dichte angelagert sind (besonders im Bereich des Gastrointestinaltraktes). Die Grenzen der Darstellung sind dabei auch von der räumlichen Darstellung des Gerätes abhängig.

Mit dem Prinzip des Highlightings (Vermessung lufthaltiger Räume nach vorheriger Bestimmung der ROI) können grob die gesamten Luftsackvolumina der Körperhöhle bestimmt werden **(Abb. 1-81)**. Da das Luftsackvolumen allerdings auch physiologischerweise großen Schwankungen unterliegt (z. B. Eianbildung) sollten die Ergebnisse vorsichtig bewertet werden.

Für die Darstellung von Trachea und Syrinx ist die CT in den meisten Fällen nicht nötig. Da sich beide Strukturen aber deutlich im CT in einzelnen Schnittebenen darstellen **(Abb. 1-78)**, sollten sie grundsätzlich mitbeurteilt werden, um eventuelle subklinische Veränderungen zu erkennen. Eine atmungsabhängige Erweiterung der Trachea ist beim Vogel aufgrund der knöchernen Trachealringe nicht möglich, so dass sich Vermessungen in diesem Bereich nicht anbieten.

Weiter können in einzelnen Schnitten das Septum horizontale und das Septum obliquum gesehen werden, bei älteren Tieren können hier auch physiologischerweise Kalzifizierungen gefunden werden (erhöhte Röntgendichte).

Indikationen

- alle klinischen und röntgenologischen Hinweise auf eine Lungenveränderung, Erstellung der Prognose, Diagnose früher Stadien von Erkrankungen mit unklaren bzw. negativen Röntgenbefunden

1.3.3.3 Sonstige Organe

Spezielle Indikationen zur CT-Darstellung des **Gastrointestinaltraktes** sind selten. Allerdings kann dieses Organsystem aber in seinem Verlauf sehr gut beurteilt werden **(Abb. 1-75, 1-77, 1-78, 1-82, 1-83)**. Bei Anwendung von Kontrastmitteln (analog zur Röntgendiagnostik, s. Kap. 1.2) ist eine deutliche Abgrenzung der Wandstrukturen vom umliegenden Weichteilgewebe möglich. Durch die Lagerung des Vogels in Rückenlage können sich allerdings insbesondere bei der Lage des Gastrointestinaltraktes veränderte Verhältnisse ergeben.

Auch das **Herz** und die herznahen Gefäße lassen sich in ihrer Ausdehnung und Struktur darstellen **(Abb. 1-77** und **1-78)**. Da die Echokardiographie beim Vogel aber einen größeren diagnostischen Nutzen hat und einfacher durchzuführen ist, sind Indikationen zur Darstellung des Herzens mittels CT selten. Zur Beurteilung der Gefäßwände in Bezug auf arteriosklerotische Veränderungen liegen zurzeit noch zu wenige Erfahrungswerte vor. Angiokardiographische Untersuchungen mit jodhaltigen Kontrastmitteln sind auch in Kombination mit CT möglich und führen zu aussagekräftigen diagnostischen Erkenntnissen **(Abb.1-84** und **1-85)**.

Die **Leber** lässt sich – insbesondere durch Kontrastmitteldarstellungen – sehr gut beurteilen **(Abb. 1-77, 1-82, 1-84)**. Die Röntgendichte der Leber entspricht der des Säugers, sie sollte homogen und scharfrandig begrenzt sein. Die Gallenblase, sofern vorhanden, findet sich an der kaudalen Leberoberfläche.

Im Bereich des **Urogenitaltraktes (Abb. 1-77** und **1-83)** können röntgenologisch und sonographisch erhobene (Verdachts-)Diagnosen verifiziert und optimal lokalisiert bzw. in ihrem Ausmaß beurteilt werden. Auch hier sind Kontrastmittelstudien zur Darstellung der Nierenfunktion hilfreich **(Abb. 1-84** und **1-85)**.

Verschiedene weitere Indikationen ergeben sich analog zur Säugermedizin im Einzelfall, beispielsweise nach Traumata oder bei unklaren Umfangsvermehrungen.

Weiterführende Literatur

GUMPENBERGER, M., HENNINGER, W. (2001): The use of computed tomography in avian and reptile medicine. Sem. Avian Exot. Pet. Med. **10**: 174–180.

KRAUTWALD-JUNGHANNS, M.-E.: Computertomographie des aviären Respirationstraktes. Reihe: Akademisches Forum, Blackwell Wissenschafts-Verlag, Berlin 1997.

KRAUTWALD-JUNGHANNS, M.-E., KOSTKA, V., DÖRSCH, B. (1998): Comparative studies on the diagnostic value of conventional radiography and computed tomography in evaluating the heads of psittacine and raptorial birds. J. Avian Med. Surg. **12**: 149–157.

STREUBEL, R., BARTELS, T., KRAUTWALD-JUNGHANNS, M.-E. (2005): Computertomographische, chemische und biomechanische Untersuchungen zur Knochendichte und Knochenbruchfestigkeit von Legehennen. Arch. Geflügelk. **69**: 206–212.

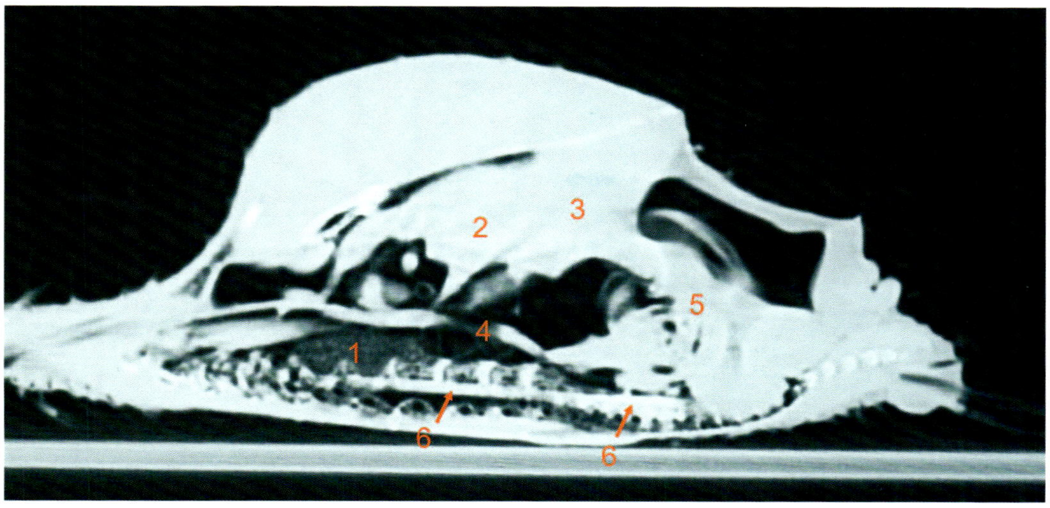

1: Lunge
2: Herz
3: Leber
4: Drüsenmagen, nur teilweise angeschnitten
5: Darmtrakt
6: Rückenmark

Abb. 1-75: CT-Untersuchung, Körper, sagittale Schnittebene in Körpermitte (120 kV, 165 mA, 2 mm SD, W: 2802, L: –300), Graupapagei (*Psittacus erithacus*): Darstellung des Rückenmarks (6). Im Bereich des Synsacrums ist dieses deutlich dicker, unmittelbar vor dem Synsacrum liegt die Prädilektionsstelle für Wirbelsäulenfrakturen.

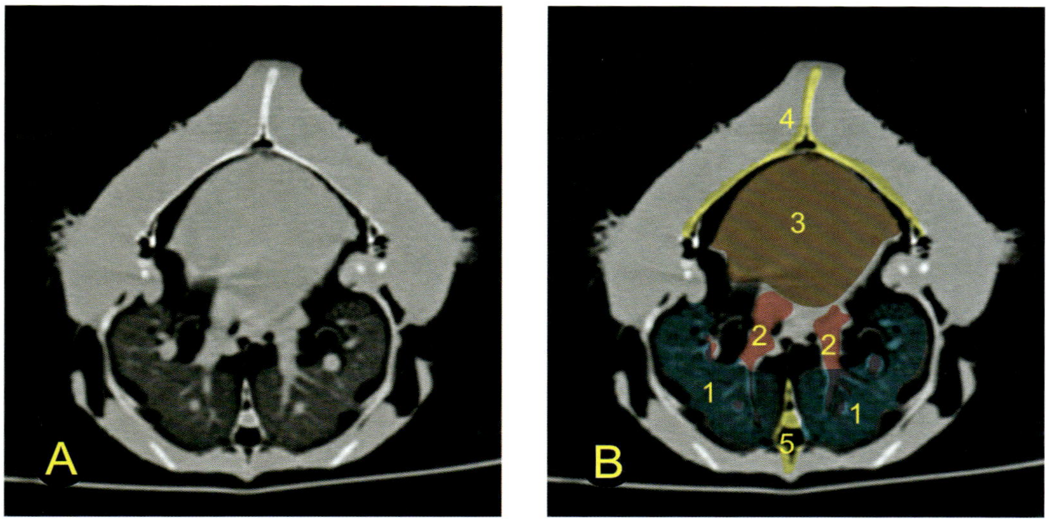

1: Lungen
2: große Gefäße
3: Leber
4: Brustmuskulatur
5: Wirbelkanal mit Rückenmark

Abb. 1-76: CT-Untersuchung, Körper, transversale Schnittebene (120 kV, 120 mA, 1,0 mm SD, W: 1977, L: 38), Gerfalke (*Falco rusticolus*): Darstellung der Lungen (1) und der großen Gefäße (2). Der Gefäßbaum kann in seinen Aufzweigungen beurteilt werden. Das Lungengewebe stellt sich homogen dar, zwischen Lunge und Körperwand liegt ein schmaler Luftsaum.

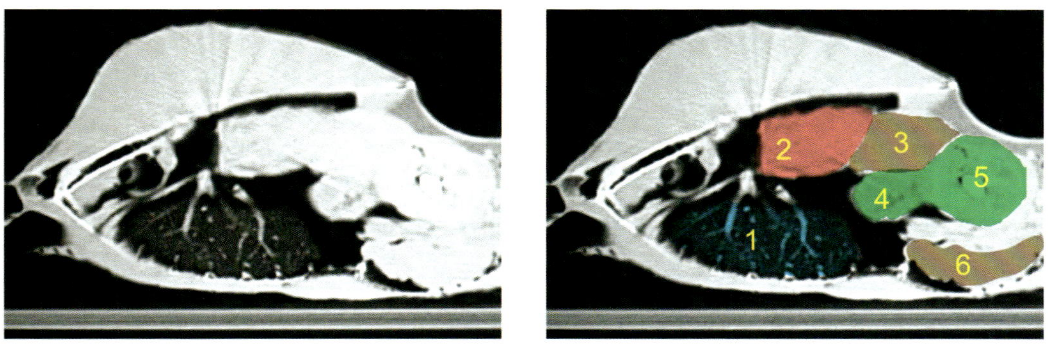

1: linke Lunge
2: Herz
3: Leber
4: Drüsenmagen
5: Muskelmagen
6: Niere

Abb. 1-77: CT-Untersuchung, Körper, sagittale Schnittebene (120 kV, 165 mA, 2 mm SD, W: 2000, L: –200), Blaustirnamazone (*Amazona aestiva*): Darstellung der Schnittebene auf Höhe der linken Lunge (1) und des Muskelmagens (5). In dieser Ebene lassen sich die Lunge und die Gefäße im Längsschnitt beurteilen.

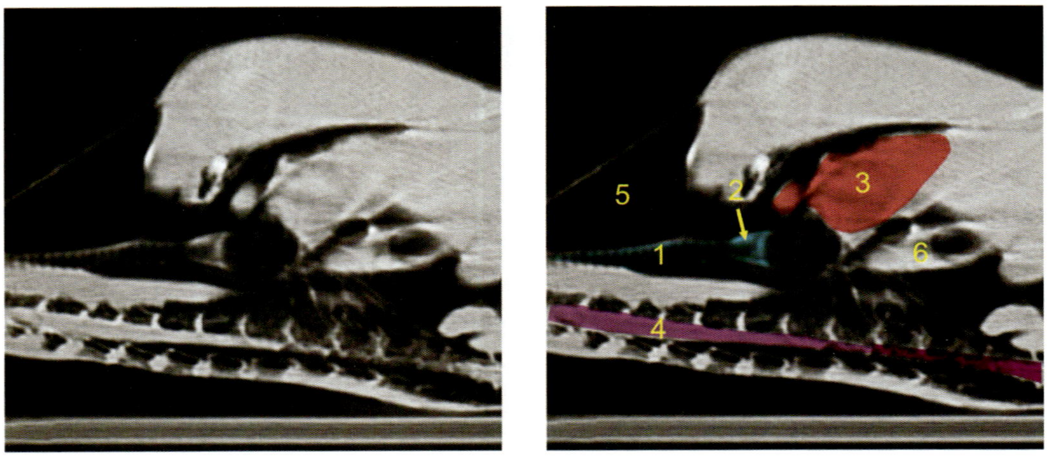

1: Trachea
2: Syrinx
3: Herz
4: Rückenmark
5: Kropf
6: Drüsenmagen

Abb. 1-78: CT-Untersuchung, Körper, sagittale Ebene (120 kV, 165 mA, 2 mm SD, W: 2800, L: –200), Graupapagei (*Psittacus erithacus*): Darstellung einer mittleren Schnittebene auf Höhe von Trachea (1) und Syrinx (2).

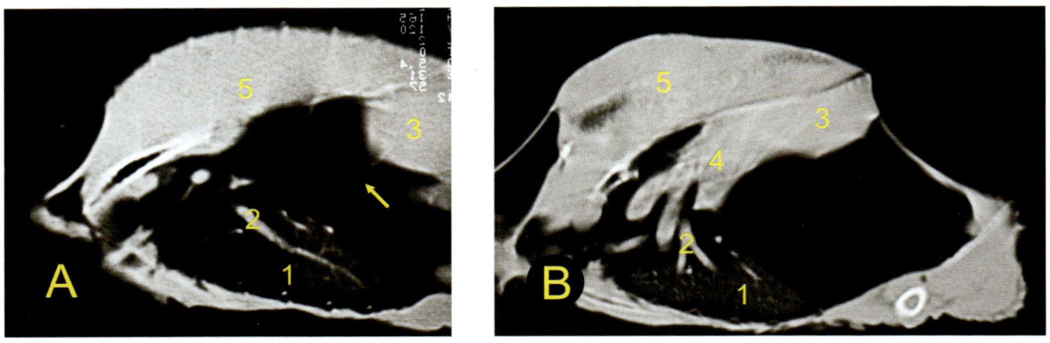

1: Lunge
2: Gefäße
3: Leber
4: Herz
5: Brustmuskulatur
*: Sekundärbronchien

Pfeil: Luftsackwände der Brustluftsäcke

Abb. 1-79: CT-Untersuchung, Körper, sagittale Schnittebene.

A: (120 kV, 165 mA, 2 mm SD, W: 2800, L: 80) Blaustirnamazone (*Amazona aestiva*): Darstellung der Lunge (1) und der Gefäßversorgung (2) sowie der Sekundärbronchien (*). Die Luftsackwände der Brustluftsäcke sind erkennbar (Pfeil).

B: (120 kV, 165 mA, 2 mm SD, W: 2800, L: 80) Blaustirnamazone (*Amazona aestiva*): Darstellung der Lunge (1) mit Sekundärbronchien (*). Das Herz (4) stellt sich mit den abgehenden Gefäßstämmen (Aorta, Truncus brachiocephalicus, Lungengefäße) dar.

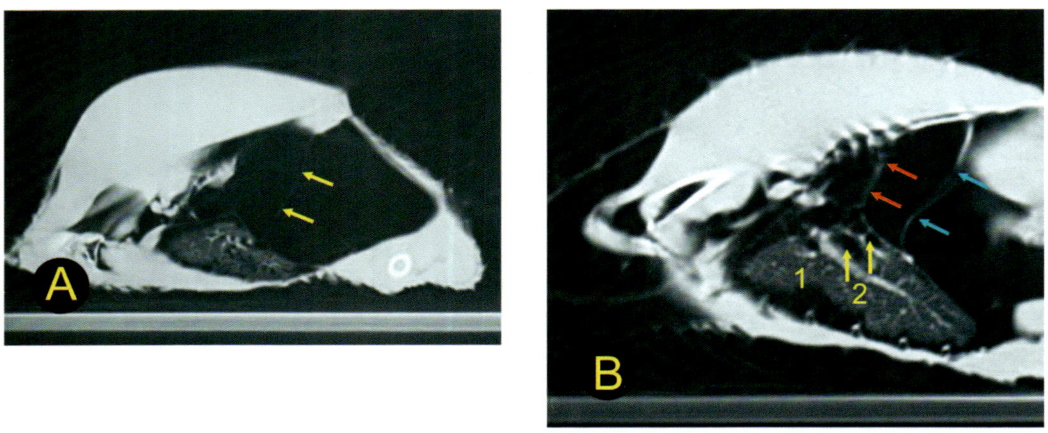

1: Lunge
2: Gefäße

gelbe Pfeile: Sekundärbronchien
rote und blaue Pfeile: Luftsackwände

Abb. 1-80: CT-Untersuchung, Körper, sagittale Schnittebene.

A: (120 kV, 165 mA, 2 mm SD, W: 2802, L: –300) Blaustirnamazone (*Amazona aestiva*): Darstellung der Luftsackwand zwischen kaudalem Brustluftsack und Bauchluftsack (gelbe Pfeile).

B: (120 kV, 165 mA, 2 mm SD, W: 2800, L: 80) Blaustirnamazone (*Amazona aestiva*). Darstellung der Lunge mit Sekundärbronchien (gelbe Pfeile) und großen Gefäßen, Brustluftsackwände (rote und blaue Pfeile).

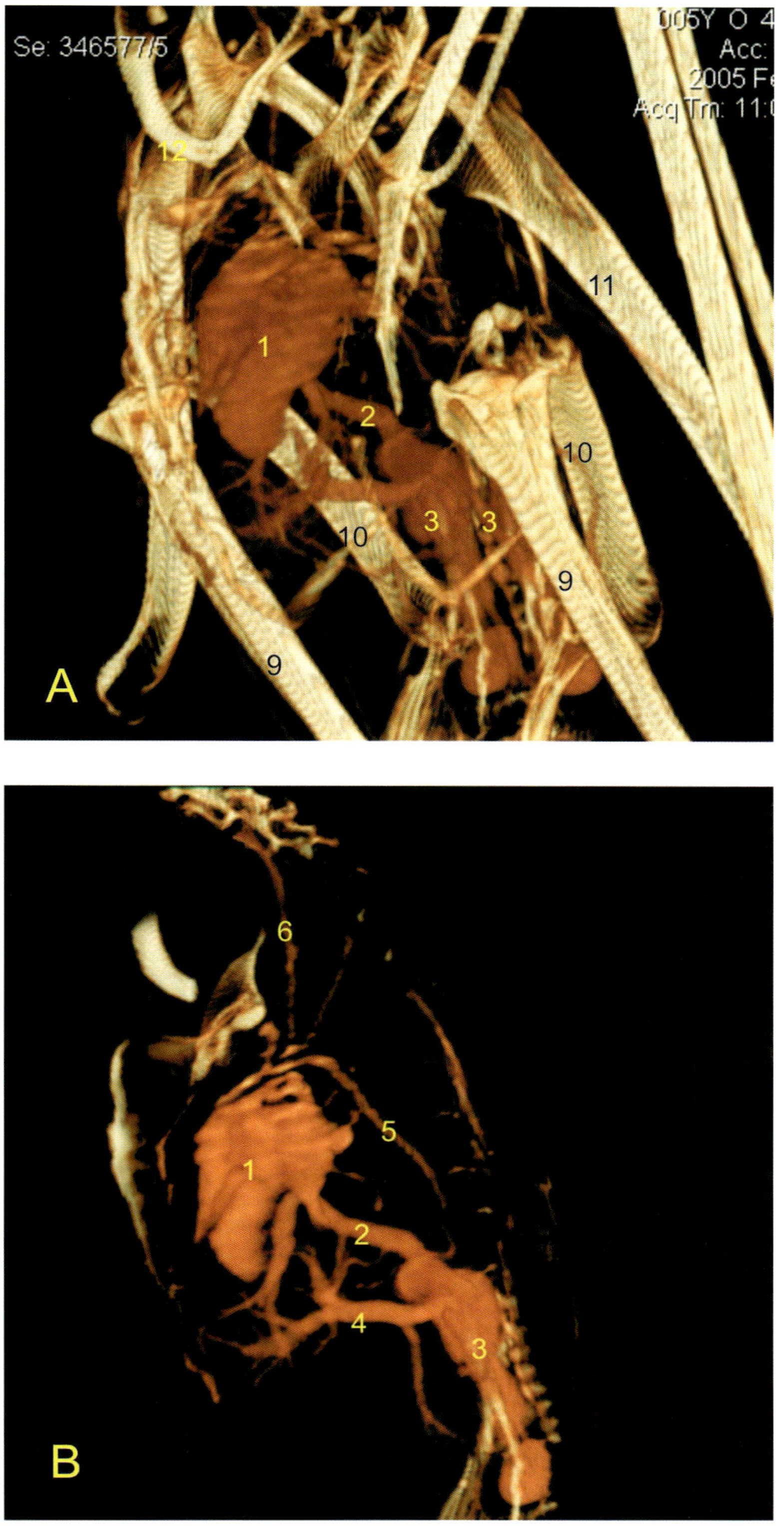

1: Herz
2: V. cava caudalis
3: Nieren
4: Mesenterialgefäße
5: Aorta
6: A. carotis

Abb. 1-85: CT-Untersuchung, Körper, dreidimensionale Rekonstruktionen (120 kV, 151 mA, 1,0 mm SD, W: 649, L: 45), Steppenadler (*Aquila nipalensis*): Darstellung des Blutgefäßsystems ca. 1 min nach intravenöser Applikation von jodhaltigem Kontrastmittel (Iomeprol 300 mg/ml, 3 ml/kg KM) mit (A) und ohne (B) Darstellung des Skelettsystems.

1.4 Magnetresonanztomographie (MRT)

Eberhard Ludewig, Maria-Elisabeth Krautwald-Junghanns

1.4.1 Technische Voraussetzungen und Anwendungsgebiete

Die Magnetresonanztomographie wird zum gegenwärtigen Zeitpunkt in der Vogelmedizin selten eingesetzt. Die Hauptgründe hierfür sind zum einen relativ lange Untersuchungszeiten, die gerade für den auf dem Rücken gelagerten Vogel aus anästhesiologischer Sicht eine Belastung darstellen **(Abb. 1-86)**. Ein Narkosemonitoring ist nur eingeschränkt durchführbar. Zum anderen ist es aufgrund der geringen Größe der Objektstrukturen und der hohen Atem- und Herzfrequenzen schwierig, eine den diagnostischen Erfordernissen entsprechende Abbildungsqualität zu erreichen. Insbesondere Niederfeldgeräte (Feldstärken < 0,5 Tesla) stoßen bei der Untersuchung kleiner Vögel an Grenzen. Es ist davon auszugehen, dass mit der Zunahme der Zahl von Hochfeldsystemen (> 1,5 Tesla) in veterinärmedizinischen Einrichtungen auch die Zahl der Untersuchungen bei Vögeln zunimmt. Hochfeldgeräte erlauben eine wesentlich höhere örtliche und zeitliche Auflösung.

Bei der MRT beruht die Signalgebung auf Wechselwirkungen, die Protonen (Atomkerne des Wasserstoffs) mit einem starken Magnetfeld und Hochfrequenzimpulsen eingehen.

In der Magnetresonanztomographie gibt der Bildkontrast Auskunft über den Wasserstoffgehalt der Gewebe (»Protonenimaging«). Durch Änderung der Geräteparameter, (Pulswiederholzeit, Echozeit) kann man zudem unterschiedliche Gewebewichtungen, also Kontraständerungen, erzielen. Auf diese Weise wird schrittweise die Zusammensetzung der Gewebe ergründet.

Es werden unterschieden:
- T1-gewichtete Bilder (T1)
- T2-gewichtete Bilder (T2)
- protonendichtegewichtete Bilder (PDW)

Mit Hilfe weiterer spezieller zusätzlicher Sequenzen kann das Signal bestimmter Gewebe (Fett, Liquor) selektiv unterdrückt werden. Intravenös applizierte paramagnetische Kontrastmittel (Gadolinium) verändern im aufnehmenden Gewebe (z. B. Tumor) das lokale Magnetfeld und erlauben deshalb eine Abgrenzung vom umgebenden Gewebe: Gadoliniumatome verfügen über ein eigenes Magnetfeld, das die Protonen in der unmittelbaren Umgebung zur Abgabe eines größeren Signals veranlasst (»Positivkontrastmittel«). Erfahrungen zum Einsatz beim erkrankten Vogelpatienten existieren bisher nicht.

Aufgrund dieser Abbildungseigenschaften besitzt die MRT prinzipiell sehr vorteilhafte Voraussetzungen bei der Diagnostik von Weichteilveränderungen. Die daraus ableitbaren Indikationsgebiete betreffen in der Vogelmedizin vorwiegend neurologische Erkrankungen (ZNS, Auge) und internistische Fragestellungen (Weichteilveränderungen, s. Kap. pathologischer Teil).

Die Indikationsgebiete leiten sich schlüssig aus der Analyse der Vor- und Nachteile der MRT ab.

Vorteile:
- überragender Weichteilkontrast (s. **Abb. 1-88** bis **1-91**), insbesondere bei (pathologischen) Veränderungen der Gewebezusammensetzung
- multiplanares Primärschnittbildverfahren ohne Positionsänderung des Patienten
- keine Artefakte durch Knochen
- keine Strahlenbelastung

Nachteile:
- kompakter Knochen, Mineralisationen und Gase nur sehr eingeschränkt darstellbar
- geringere Ortsauflösung (im Vergleich zur Computertomographie)
- lange Untersuchungszeiten
- schwierige Patientenüberwachung
- hoher apparatetechnischer Aufwand
- hohes Artefaktpotenzial (Patientenbewegungen, Metalle **[Abb. 1-87]**, Bildrekonstruktion)

1.4.2 Vorbereitung der Untersuchung

Zu Beginn der Untersuchung ist zu beachten, dass metallische Implantate (u. a. durch Mikrochips) zu einer großflächigen Signalauslöschung und damit Nichtauswertbarkeit der Region führen **(Abb. 1-87)**.

Die Untersuchung erfordert in jedem Falle eine Allgemeinanästhesie. Um die Atmung zu unterstützen, sind Lagerungen in halbaufrechter Position des Vogels zu bevorzugen. Zur Positionierung werden Lagerungshilfen aus MRT-kompatiblen Materialien (Kissen, Sandsäcke, spezielle Vorrichtungen) verwendet **(Abb. 1-86A, C)**.

Entscheidend für die Abbildungsqualität ist auch die Auswahl der Spulen. Spulen dienen dazu, lokale Änderungen des Magnetfelds zu induzieren und das daraus resultierende Signal zu messen. Geeignet für die Untersuchung von Vögeln sind Oberflächenspulen. Wichtig ist, die Spule so klein wie möglich zu wählen **(Abb. 1-86)**.

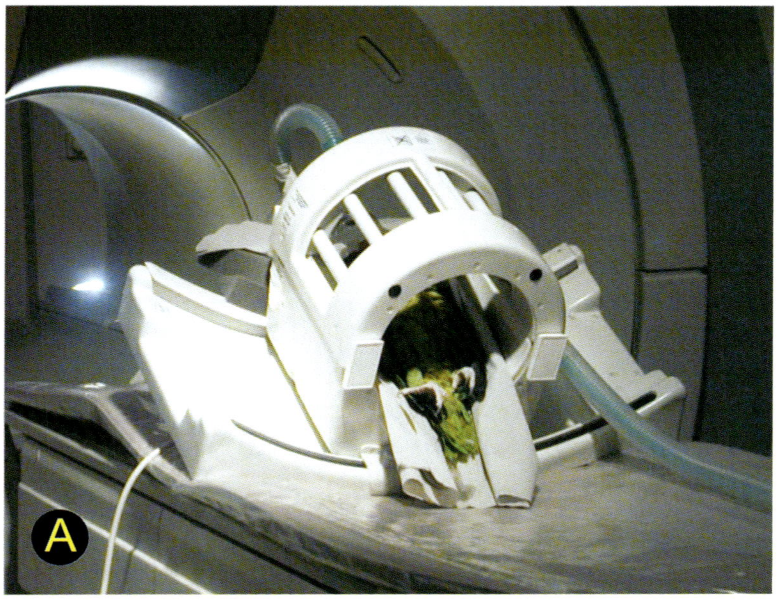

Abb. 1-86:

A: Untersuchung einer Blaustirnamazone (*Amazona aestiva*) in Isofluran-Anästhesie mittels MRT in einer Quadratur-Kniespule. Zur Erleichterung der Atemtätigkeit halbaufrechte Lagerung.

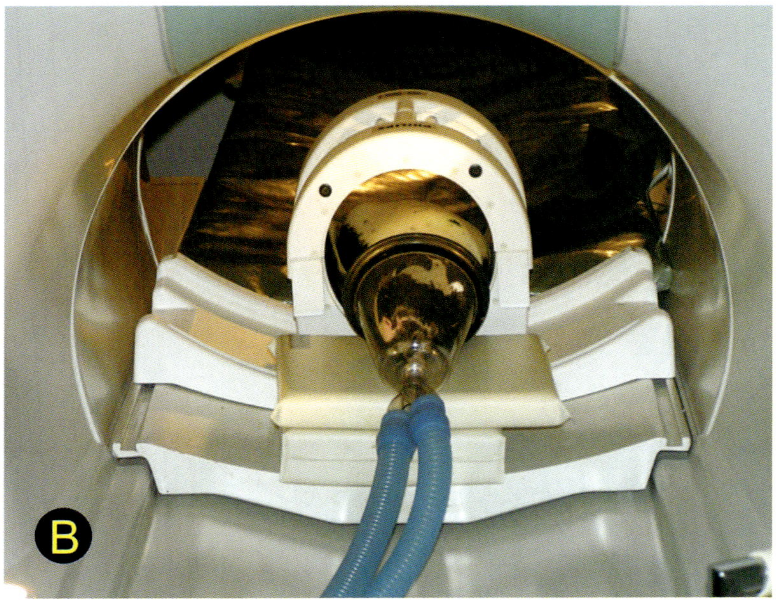

B: Untersuchung eines Humboldtpinguins (*Spheniscus humboldti*) in Rückenlage und unter Isofluran-Anästhesie mittels MRT in einer Quadratur-Kniespule.

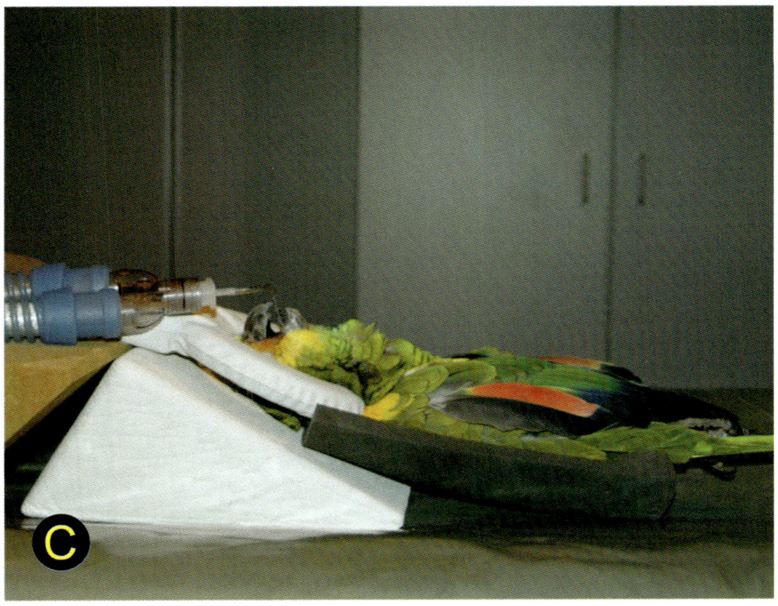

C: Untersuchung einer Blaustirnamazone in Isofluran-Anästhesie mittels MRT mit einer flexiblen ringförmigen Oberflächenspule. Zur Erleichterung der Atemtätigkeit halbaufrechte Lagerung.

Um eine der klinischen Fragestellung entsprechende Qualität der Darstellung zu erzielen, sind vorab Untersuchungsprotokolle – eine Art »Drehbuch« – zu entwerfen. Die darin festgelegten Geräteeinstellungen berücksichtigen die Abbildungsmerkmale der Region (Größe, Bewegungsmerkmale) und die Leistungsmerkmale des Gerätes (Feldstärke, Gradienten, Slew-Rate).

1.4.3 Durchführung der Untersuchung

Die eigentliche MRT-Untersuchung besteht aus der Aneinanderreihung von geeigneten Sequenzen (Impulsfolgen). Diese dienen der Identifikation von verändertem Gewebe und der Charakterisierung des Gewebes (Blutung, Entzündung, Neoplasie usw.).

Prinzipiell ist es möglich, die Orientierung der Schnittebenen willkürlich und ohne Positionsänderung des Patienten vorzunehmen. Für die Identifikation pathologischer Veränderungen ist es notwendig, ein Bild mit einer vertrauten Art der Darstellung mit einem ebenso orientieren Engramm des Normalbildes abzugleichen. Aus diesem Grunde orientiert sich die Ausrichtung der Schnittebenen an Standards für die MRT-Untersuchung von Säugetieren – also der transversalen, dorsalen und sagittalen Schnittführung. Befundbezogen können weitere Ebenen ergänzt werden. Um ein brauchbares Signal-Rausch-Verhältnis zu erzielen, ist es insbesondere mit Geräten niedriger Feldstärken schwierig, Schichtdicken von weniger als 1–3 mm zu wählen. Insbesondere beim Einsatz von Niederfeldsystemen müssen die erforderlichen Sequenzen in der verschiedenen Ausrichtung zeitaufwendig nacheinander angefertigt werden. Eine nachträgliche und damit zeitsparende Rekonstruktion weiterer Ebenen aus dem Primärdatensatz ist nur dann möglich, wenn alle Kanten des Voxels gleich klein (< 1 mm) gewählt wurden. Die Messzeit pro Sequenz beträgt durchschnittlich zwei bis fünf Minuten. Daraus können sich Untersuchungszeiten von bis zu 45 Minuten ergeben.

1.4.4 Darstellung der Organe

Die Darstellbarkeit der Organe entspricht im Wesentlichen der des Säugetieres **(Abb. 1-88** bis **1-91)**. Bisher wurde die MRT für die anatomische Darstellung verschiedener Organsysteme im Zusammenhang mit der Bearbeitung wissenschaftlicher Fragendarstellungen bei Nutzgeflügel (z. B. JANZEN et al. 1989), Tauben (z. B. ROMAGNANO et al. 1996) und Ziervögeln genutzt. Der Einsatz am klinisch kranken Patienten ist zurzeit noch selten (z. B. ENDERS et al. 2001, FLEMING et al. 2003, STAUBER et al. 2007). Erfahrungen existieren hier v. a. bei größeren Vögeln zur Diagnose von Veränderungen am Gehirn und Rückenmark (s. auch Kap. 1.11; **Abb. 1-114, 1-201**).

Die bisherigen Untersuchungen illustrieren den Wert der MRT bei der Abbildung der Strukturen der Leber (Fettanteil, intrahepatische Blutgefäße und soweit vorhanden der Gallenblase), des Gastrointestinaltraktes (Wandung und Inhalt) sowie des Urogenitaltraktes (v. a. Nieren). Zudem wurde die MRT genutzt, um Wachstumsvorgänge bei Jungvögeln zu analysieren und um die Produktqualität durch Ermittlung des abdominalen Körperfettanteils beim Nutzgeflügel zu untersuchen. Untersuchungen am Gehirn von Passeriformes verfolgten das Ziel, topographische Beziehungen zwischen Gehirnstrukturen und dem Gesangsvermögen herzustellen (u. a. DE GROOF et al. 2006, VAN MEIR et al. 2006).

Weiterführende Literatur

DE GROOF, G., VERHOYE, M., VAN MEIR, V., TINDEMANS, I., LEEMANS, A., VAN DER LINDEN, A. (2006): In vivo diffusion tensor imaging (DTI) of brain subdivisions and vocal pathways in songbirds. Neuroimage **29**: 754–763.

ENDERS, F., JURINA, K., STRAUB, J., KRAUTWALD-JUNGHANNS, M.-E. (2001): Magnetic Resonance Imaging in Birds. Europ. Assoc. Avian Vet., Proc., München 2001, S. 7–91.

FLEMING, G. J., LESTER, N. V., STEVENSON, R., SILVER, X. S. (2003): High field strength (4.7 T) magnetic resonance imaging of hydrocephalus in an African Grey parrot (*Psittacus erithacus*). Vet. Radiol. Ultrasound **44**: 542–545.

JANZEN, E. G., LEESON, S., PARTLOW, G. D., OEHLER, U. M., TOWNER, R. A. (1989): Cross-Sectional Anatomy of the Chicken: An Atlas for Magnetic Resonance Imaging. University of Guelph.

ROMAGNANO, A., SHIROMA, J. T., HEARD, D. J., JOHNSON, R. D., SCHIERING, M. R., MLADINICH, C. R. J. (1996): Magnetic Resonance Imaging of the Brain and Coelomic Cavity of the Domestic Pigeon (*Columba livia* f. domestica). Vet. Radiol. Ultrasound **37**: 431–440.

STAUBER, E., HOLMES, S., DEGHETTO, D. L., FINCH, N. (2007): Magnetic resonance imaging is superior to radiography in evaluating spinal cord trauma in three bald eagles (*Haliaeetus leucocephalus*). J. Avian Med. Surg. **21**: 196–200.

VAN MEIR, V., PAVLOVA, D., VERHOYE, M., PINXTEN, R., BALTHAZART, J., EENS, M., VAN DER LINDEN, A. (2006): In vivo MR imaging of the seasonal volumetric and functional plasticity of song control nuclei in relation to song output in a female songbird. Neuroimage **31**: 981–992.

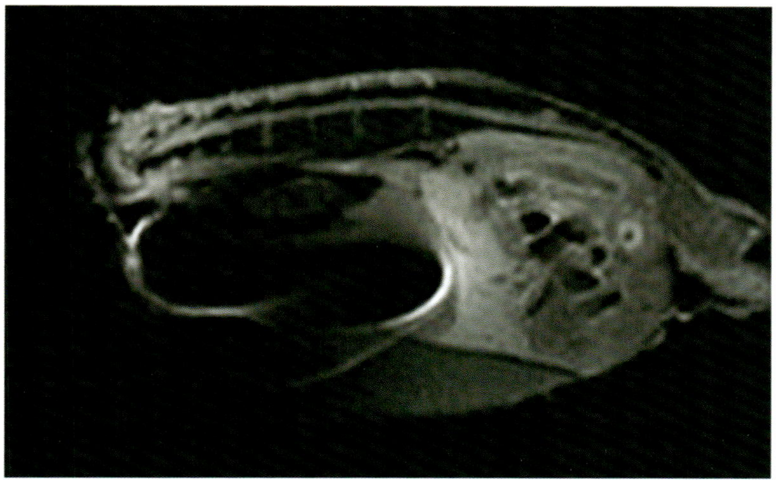

Abb. 1-87: MRT-Untersuchung, Körperstamm, sagittale Schnittebene, Blaustirnamazone (*Amazona aestiva*): aufgrund eines in der Brustmuskulatur befindlichen Mikrochips Artefaktbildung in der vorderen Leibeshöhle durch Störung des Magnetfeldes und dadurch Nichtauswertbarkeit der Untersuchung.

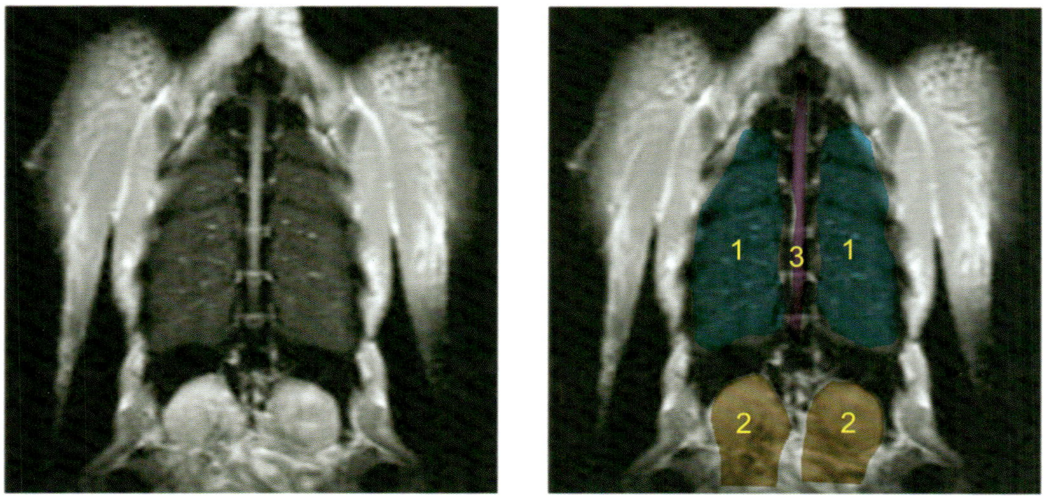

1: Lungen
2: Niere (teilweise)
3: Rückenmark

Abb. 1-88: MRT-Untersuchung, Körperstamm, dorsale Schnittebene, T1-Wichtung, Seeadler (*Haliaeetus albicilla*).

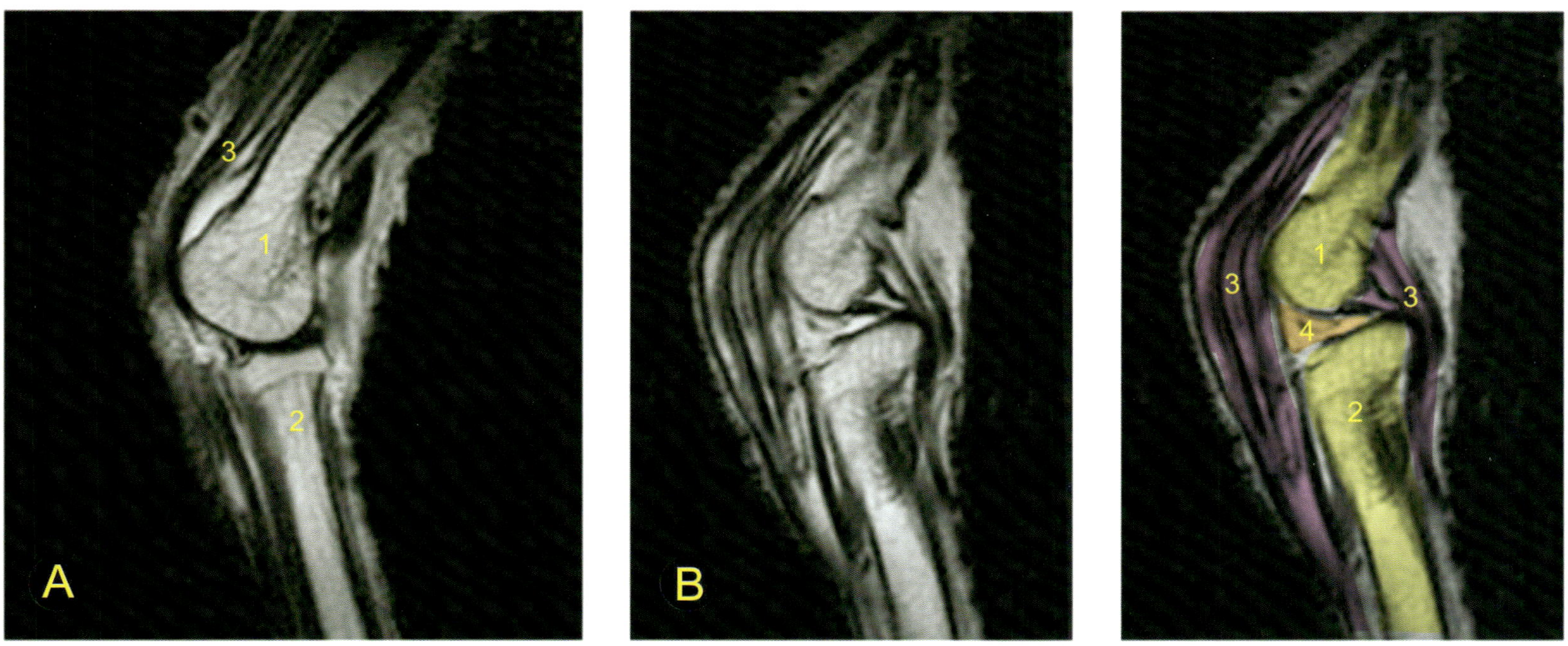

Abb. 1-89: MRT-Untersuchung, Kniegelenk, verschiedene sagittale Schnittebenen, T2-Wichtung, Pute (*Melleagris gallopavo*).

1: distaler Femur
2: proximaler Tibiotarsus
3: Sehnen
4: Patella

1: Herz
2: Aorta
3: Leber
4: Gastrointestinaltrakt
5: Nieren
6: Rückenmark
7: Gonaden
8: Lungengefäße

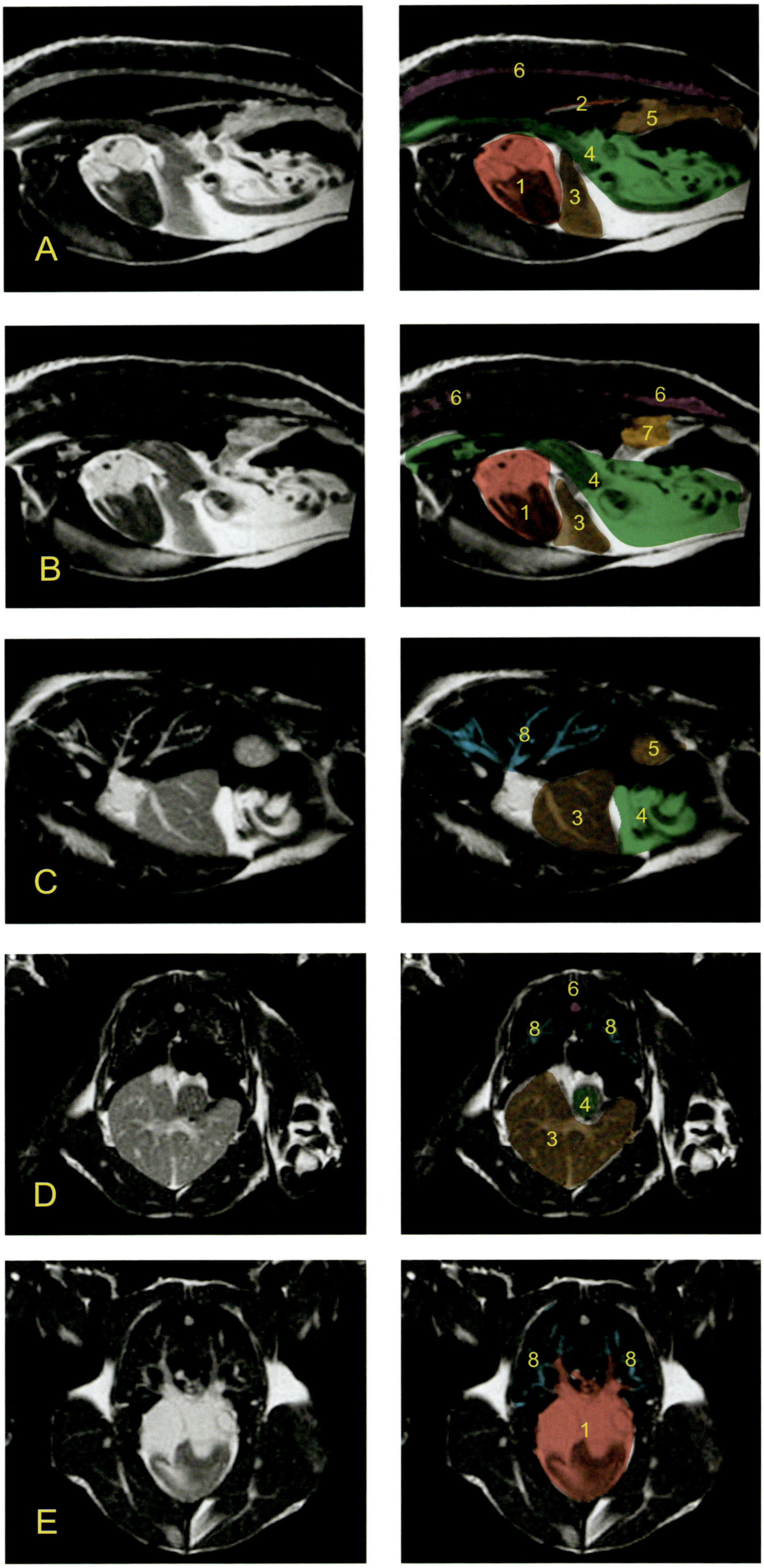

Abb. 1-90: MRT-Untersuchung, Körperstamm.

A, B, C: Verschiedene sagittale Schnittebenen.

D, E: Verschiedene transversale Schnittebenen. T2-Wichtung, Habicht (*Accipter gentilis*).

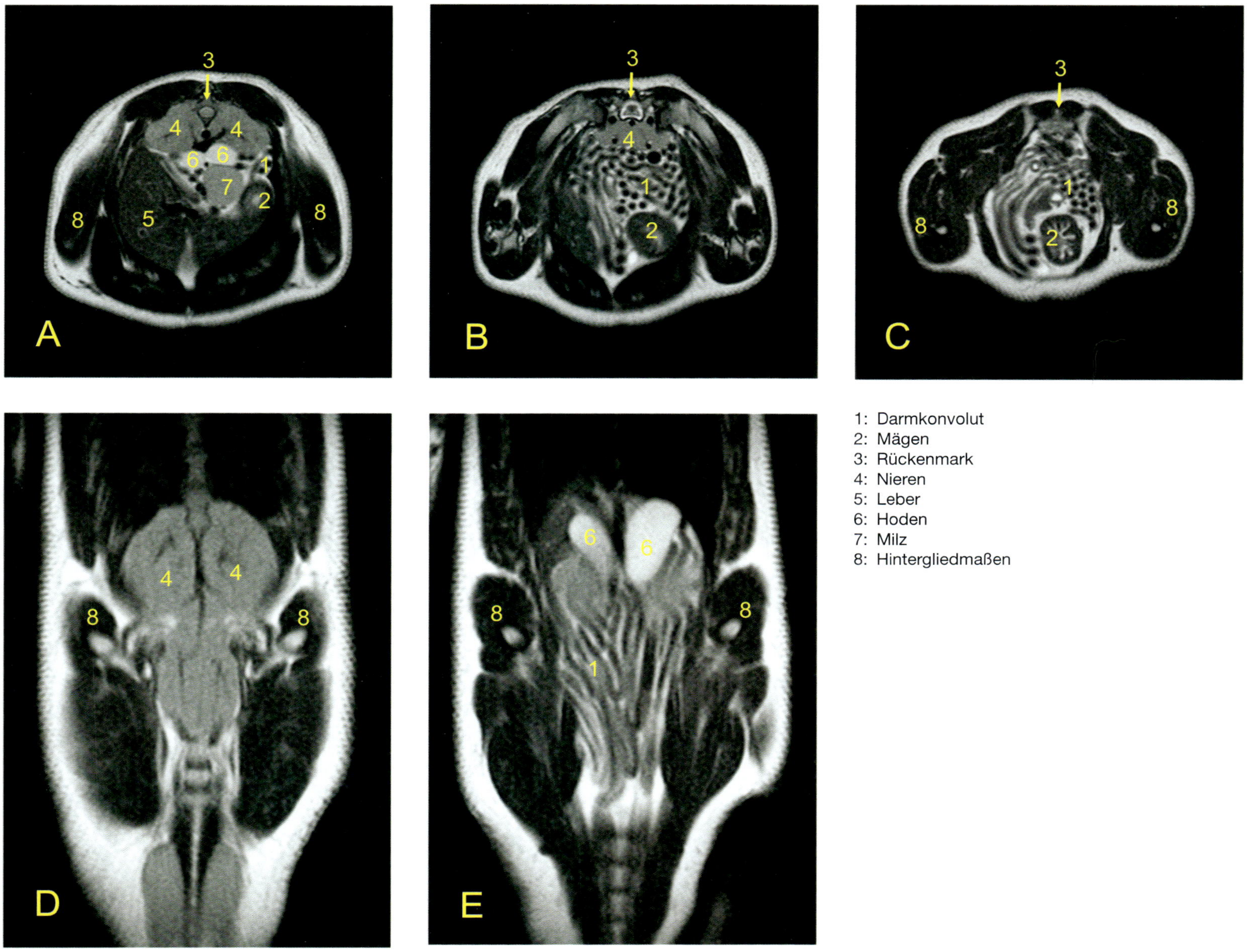

1: Darmkonvolut
2: Mägen
3: Rückenmark
4: Nieren
5: Leber
6: Hoden
7: Milz
8: Hintergliedmaßen

Abb. 1-91: MRT-Untersuchung, Körperstamm.

A, B, C: Verschiedene transversale Schnittebenen.

D, E: Verschiedene dorsale Schnittebenen. T2-Wichtung, Humboldtpinguin (*Spheniscus humboldti*).

Spezielle Diagnostik, pathologische Befunde

1.5 Skelettsystem

Maria-Elisabeth Krautwald-Junghanns, Volker Schmidt

In den meisten Fällen von Frakturen reicht eine konventionelle Röntgenaufnahme als alleiniges bildgebendes Verfahren aus. Andere Veränderungen insbesondere der umliegenden Weichteile sind nach konventioneller röntgenologischer Untersuchung grundsätzlich im Kontext mit den im Rahmen der klinischen Untersuchung des Patienten sowie durch Labordiagnostik erhobenen Befunden zu interpretieren. Über den Einsatz einer sonographischen Untersuchung im Bereich pathologischer Veränderungen des aviären Skelettsystems ist bisher wenig bekannt. Auch jodhaltige Kontrastmittel werden außer bei der Rhinosinographie bisher auf diesem Gebiet wenig eingesetzt. Einen zunehmend größeren Stellenwert nimmt die Computertomographie ein, welche in der Lage ist, exaktere überlagerungsfreie, den anatomischen Verhältnissen entsprechende Aussagen zu liefern.

Zur Beurteilung des Alters einer **Fraktur** (**Abb. 1-92** bis **1-94**) und der Frakturheilung (**Abb. 1-95**) sollte das Ausmaß der endostalen Kallusbildung herangezogen werden, da Vogelknochen in weitaus geringerem Maße als Säugetierknochen zu periostalen Knochenneubildungen neigen. Dennoch sollten Röntgenkontrollaufnahmen zum Ausschluss von Osteomyelitiden (**Abb. 1-96**) und anderweitigen Komplikationen des Heilungsverlaufs in regelmäßigen Abständen durchgeführt werden. Die Dauer der Frakturheilung hat sich als sehr variabel erwiesen und ist unter anderem von der Größe des Vogels und der Art der Fraktur abhängig. Die Bildung einer belastbaren Verwachsung kann 7–21 Tage, aber auch mehrere Monate, etwa bei Humerusfrakturen, in Anspruch nehmen. Neben Frakturen werden seltener Luxationen beobachtet; die Diagnose in zwei Ebenen ist hier, wie auch bei der Fraktureinschätzung, notwendig (**Abb. 1-97**).

Primäre maligne **Knochentumoren** sind bei Vögeln durch extreme Osteolyse, Frakturen und ausgeprägte Weichteilschwellungen charakterisiert. Gleichzeitig kommt es nicht zu periostalen und sklerosierenden Prozessen. Eine Ausnahme bilde Osteome (**Abb. 1-98**). Andere Neoplasien, wie z. B. Plattenepithelkarzinome und Fibrosarkome, können zwar ebenfalls durch massive Weichteilschwellungen und teilweise pathologische Frakturen auffallen, zeigen hingegen nur geringe osteolytische Reaktion (**Abb. 1-99**). Die Ausprägung periostaler Reaktionen wird häufig als kennzeichnend für einen malignen Knochentumor interpretiert, insbesondere wenn sich im Röntgenbild Periostreaktionen mit nichtneoplastischen Knochenneubildungen darstellen. Meistens handelt es sich dabei beim Vogel allerdings um infektiöse Veränderungen (**Abb. 1-100** und **1-101**). Ausgeprägte periostale Reaktionen (**Abb. 1-102**) finden sich bei Knochenmarkentzündungen seltener als beim Säugetier. Außerdem sind die für die Abgrenzung der Läsionen sonst charakteristischen Gewebeverhärtungen wenig ausgeprägt.

Von **generalisierten Infektionen**, beispielsweise mit Salmonellen, können sowohl einzelne Knochen als auch große Teile des Skeletts betroffen werden (**Abb. 1-101** und **1-102**). Generell muss bei Vögeln als Eintrittspforte für Infektionserreger neben dem Eindringen über die Blutbahn auch eine Infektion über das Luftsacksystem in Erwägung gezogen werden. Infektionen mit Mykobakterien sind zwar durch Granulombildung in verschiedenen parenchymatösen Organen (Lunge, Leber) charakterisiert, betreffen jedoch teilweise auch das Skelett (**Abb. 1-100**). Kennzeichnend sind dabei multiple, fokale osteolytische und sklerosierende Läsionen in den Markhöhlen der langen Röhrenknochen. Lytische Prozesse im Bereich der Gelenke deuten ebenso zumeist auf das Vorliegen einer septischen Arthritis hin (**Abb. 1-103**).

Verengungen der Gelenkspalten, subchondrale Sklerosierungen, periostale Veränderungen sowie massive Schwellungen der Weichteilauflagen können als charakteristische Röntgenzeichen einer **primären Arthritis** angesehen werden. Bei Tauben treten arthritische Veränderungen an den Flügel- und Beingelenken (»Flügellähme«, »Beinlähme«) oft im Rahmen einer *Salmonella-typhimurium*-Infektion auf (**Abb. 1-101**).

Mangelsituationen während der Aufzuchtphase manifestieren sich häufig in **stoffwechselbedingten Skelettveränderungen**. Unzureichende Vitamin- und Mineralstoffversorgung sowie Defizite im Proteingehalt des Futterangebots äußern sich bei Jungvögeln in Knochenverkrümmungen, insbesondere der langen Röhrenknochen, und Biegungsfrakturen im Bereich der Metaphysen. Radius, Ulna und Tibiotarsus sind besonders häufig betroffen (**Abb. 1-104** und **1-105**). Auch Deformationen des Brustbeinkammes können beobachtet werden. Bei älteren Vögeln können sekundärer Hyperparathyreoidismus (**Abb. 1-106**) und Osteomalazie als Folge von Fütterungsdefiziten auftreten. Während eine übermäßige Kalzifizierung einfach zu diagnostizieren ist, reicht eine sich im Röntgenbild verringert darstellende Knochendichte allein nicht für eine Diagnosestellung aus, da hierbei u. a. auch die Aufnahme- und Entwicklungsqualität des Röntgenbildes Einfluss nimmt. Eindeutige Zeichen metabolisch bedingter Skelettveränderungen sind neben einer verringerten Knochendichte jedoch die charakteristischen Verbiegungen im Bereich der Röhrenknochen und/oder Frakturen im Bereich der Metaphysen **(Abb. 1-104** und **1-105)**.

Polyostotische Hyperostosen **(Abb. 1-107)** sind nicht mit der Bildung medullären Knochens als physiologischem Kalziumspeicher zu verwechseln. Im Gegensatz zum medullären Knochen finden sich polyostotische Hyperostosen nicht nur im Bereich der langen Röhrenknochen, sondern betreffen auch das Achsenskelett sowie den Brustkorb. Solche pathologischen Kalzifizierungen des Skelettes lassen sich nicht selten bei Wellensittichen beobachten und werden häufig in Kombination mit Veränderungen der Gonaden (Ovarialtumoren, Eierstockzysten) oder bei Abdominalhernien diagnostiziert. Mitunter präsentieren sich polyostotische Hyperostosen aufgrund von Kalzifizierungsunterschieden im Röntgenbild als inhomogen und ähneln dann Granulombildungen. Allerdings entspricht die Röntgendichte der übermäßig kalzifizierten Skelettelemente, anders als bei Granulomen, der Dichte der Kortikalis, was eine Diagnosestellung erleichtert.

1.5.1 Schädel

Im Bereich des Kopfes können sowohl der Schädel selbst als auch seine Hohlraumsysteme (Nasen- und Nasennebenhöhlen, Divertikel des Luftsacksystems) und seine Weichteilauflage von röntgenologisch diagnostizierbaren Veränderungen betroffen werden. **Frakturen** der Schädelkapsel sind verhältnismäßig leicht zu identifizieren **(Abb. 1-108)**, während Brüche im Bereich des Schnabelapparates **(Abb. 1-109)** sowie des Zungenbeines infolge vielfältiger Überlagerungen oft nur schwer erkannt werden können. Besonderes Augenmerk ist daher auf eine symmetrische Lagerung des Patienten zu legen. Außerdem sollten Aufnahmen in mindestens zwei Ebenen angefertigt werden. Insbesondere bei Jungvögeln weisen **Schädeldeformierungen** auf Störungen der Knochenbildung und/oder des Mineralstoffwechsels, beispielsweise Osteomalazie oder Osteoporose, hin **(Abb. 1-110** und **1-111)**. **Erhöhte Röntgendichte** der Schädelknochen **(Abb. 1-106)** wird seltener infolge gestörter Kalziumaufnahme und -einlagerung (z. B. sekundärer Hyperparathyreoidismus) gesehen. Infolge starker Sekretbildung oder Granulombildung (bei Pilzbefall) stellen sich Infektionen der oberen Atemwege, wie Rhinitis oder Sinusitis, im Röntgenbild als Verdichtungen im Bereich der betroffenen Hohlraumsysteme dar (s. Kap. 1.7). In chronischen Fällen kann auch das umgebende Knochengewebe infiziert werden **(Abb. 1-112A, B)**. Weichteilveränderungen lassen sich häufig nur schwer röntgenologisch erfassen (**Abb. 1-204;** s. auch Kap. 1.7 und Kap. 1.11). Ausnahmen bilden Tumoren unterschiedlicher Histogenese (z. B. retrobulbäre Tumoren beim Wellensittich, Osteome, Karzinome usw.), die auf Grund der mit ihnen einhergehenden Umfangsvermehrungen sowie ihrer erhöhten Röntgendichte in der Regel gut zu identifizieren sind.

1.5.2 Achsenskelett

Als eine für **Frakturen** der Wirbelsäule disponierte Region hat sich der Bereich der kaudalen Brustwirbel und des Synsacrums erwiesen **(Abb. 1-113)**. Oftmals ist dieser Bereich im ventro-dorsalen Strahlengang durch Überlagerung nur schwer zu diagnostizieren, so dass eine Myelographie wünschenswert wäre, um zu einer Diagnose zu kommen. Aufgrund einiger anatomischer Besonderheiten des Vogelpatienten (s. Kap. 1.1.4.6) ist diese aber zurzeit mit großen Risiken für den Patienten behaftet. Eine CT- oder MRT-Untersuchung liefert eindeutigere Ergebnisse und ist das Mittel der Wahl zur Diagnose von Wirbelsäulenfrakturen **(Abb. 1-114)**. **Deformationen** der Wirbelsäule (Kyphosen, **Abb. 1-115**), seltener auch Skoliosen **(Abb. 1-116)** können Folgen von Mangelernährung und Rachitis, von Osteoporose oder Verletzung bzw. Gewalteinwirkung sein und sind röntgenologisch gut darstellbar.

1.5.3 Schultergliedmaßen

Frakturen des Schultergürtels werden häufig bei freilebenden Wildvögeln diagnostiziert. Die Diagnose von **Frakturen** des Schultergürtels gestaltet sich infolge der nahezu kompletten Überlagerung von Scapula und Coracoid im ventro-dorsalen Strahlengang schwierig **(Abb. 1-92** und **1-93)**. Auch im latero-lateralen Strahlengang lässt sich die Schulterregion nur unzulänglich darstellen. Daher werden Brüche von Schulterblatt und Coracoid sowie des Gabelbeines oft übersehen.

1.5.4 Beckengliedmaßen

Sowohl **stoffwechselbedingte** als auch **infektiös** verursachte **Skelettveränderungen** betreffen in der Regel als gewichtstragende Strukturen am stärksten die Skelettelemente der Hintergliedmaßen. Am häufigsten werden daher Zehengelenke und Tarsometatarsus, gefolgt von Intertarsalgelenk, Tibiotarsus, Kniegelenk und Femur in Mitleidenschaft gezogen. Pathologische Veränderungen in Form arthritischer bis osteolytischer Prozesse **(Abb. 1-117)** variabler Ausprägung an den Phalangen sowie am Tarsometatarsus sind häufig auf eine septische **Pododermatitis** (*Bumblefoot*) zurückzuführen. Verantwortlich hierfür sind in der Regel Haltungsdefizite, vor allem ungeeignete Sitzgelegenheiten, unzureichende Hygienemaßnahmen und insbesondere bei Greifvögeln auch Bewegungsmangel. Relevant für die Prognose ist hier insbesondere das Ausmaß der periostalen Veränderungen. Je stärker die Diaphysen betroffen sind, desto ungünstiger sind die Heilungschancen einzustufen.

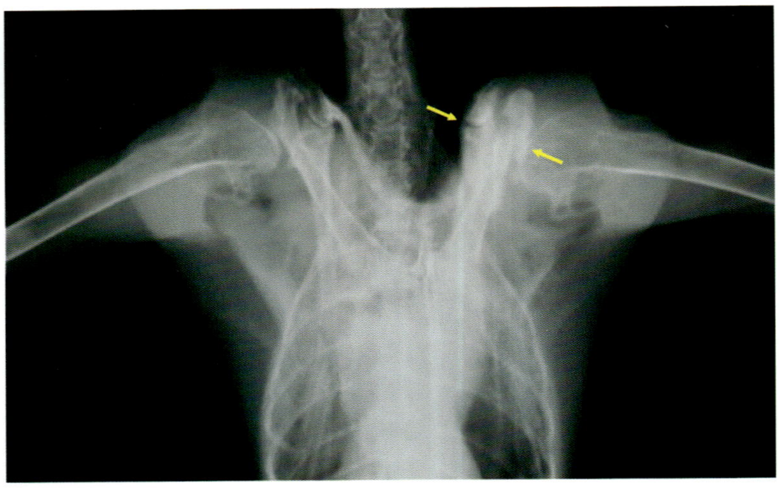

Abb. 1-92: Röntgenuntersuchung, kranialer Körperabschnitt, ventro-dorsale Projektion, Buntspecht (*Dendrocopos major*): alte Coracoidfraktur (Pfeil) mit deutlicher Kallusbildung und Abrundung der Frakturenden.

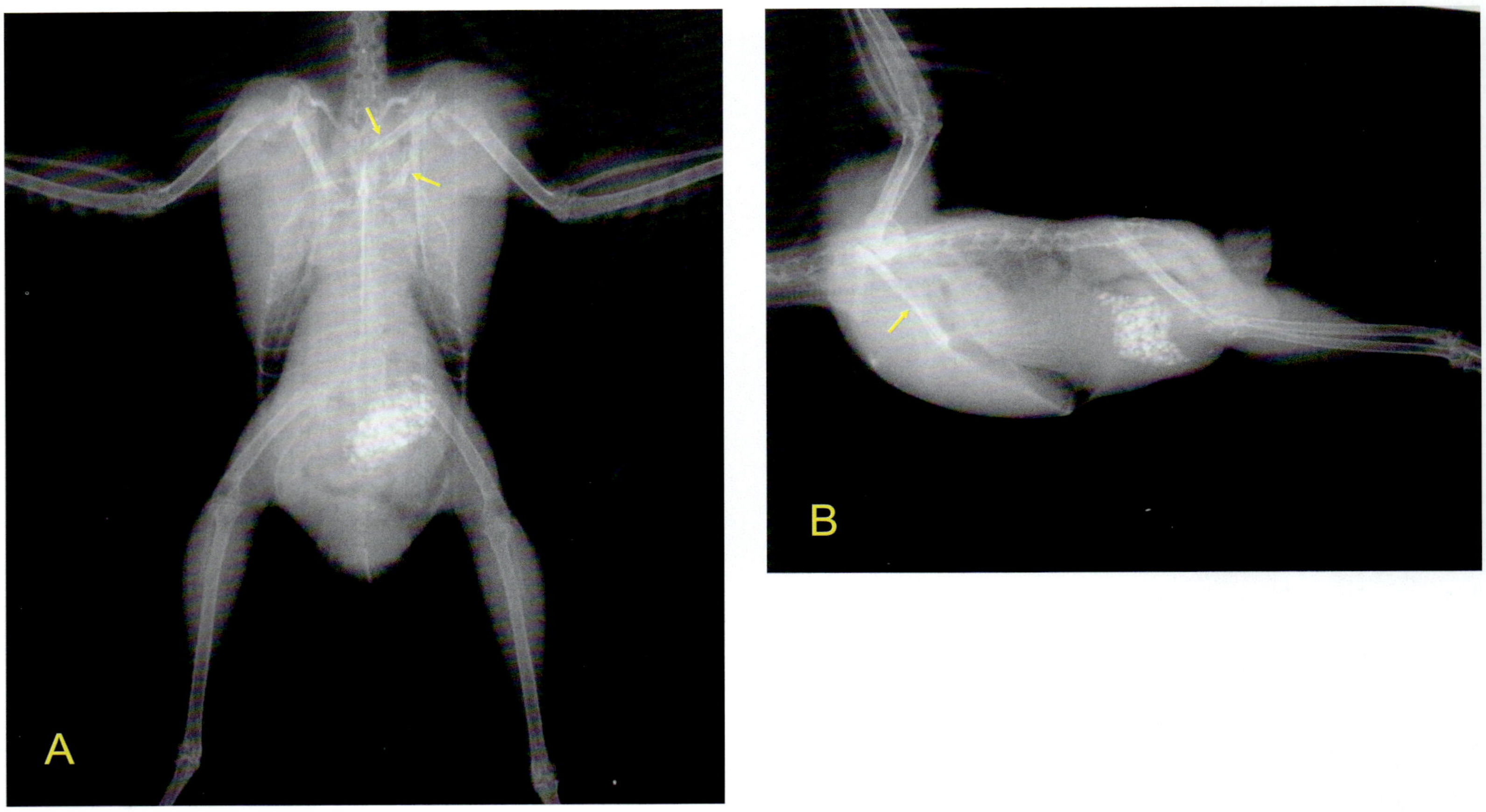

Abb. 1-93: Röntgenuntersuchung, Körper, ventro-dorsale (A) und latero-laterale (B) Projektion, Haussperling (*Passer domesticus*): frische dislozierte Coracoidfraktur mit scharfkantigen Frakturenden. In der latero-lateralen Projektion ist diese durch Überlagerung kaum zu erkennen (Pfeile).

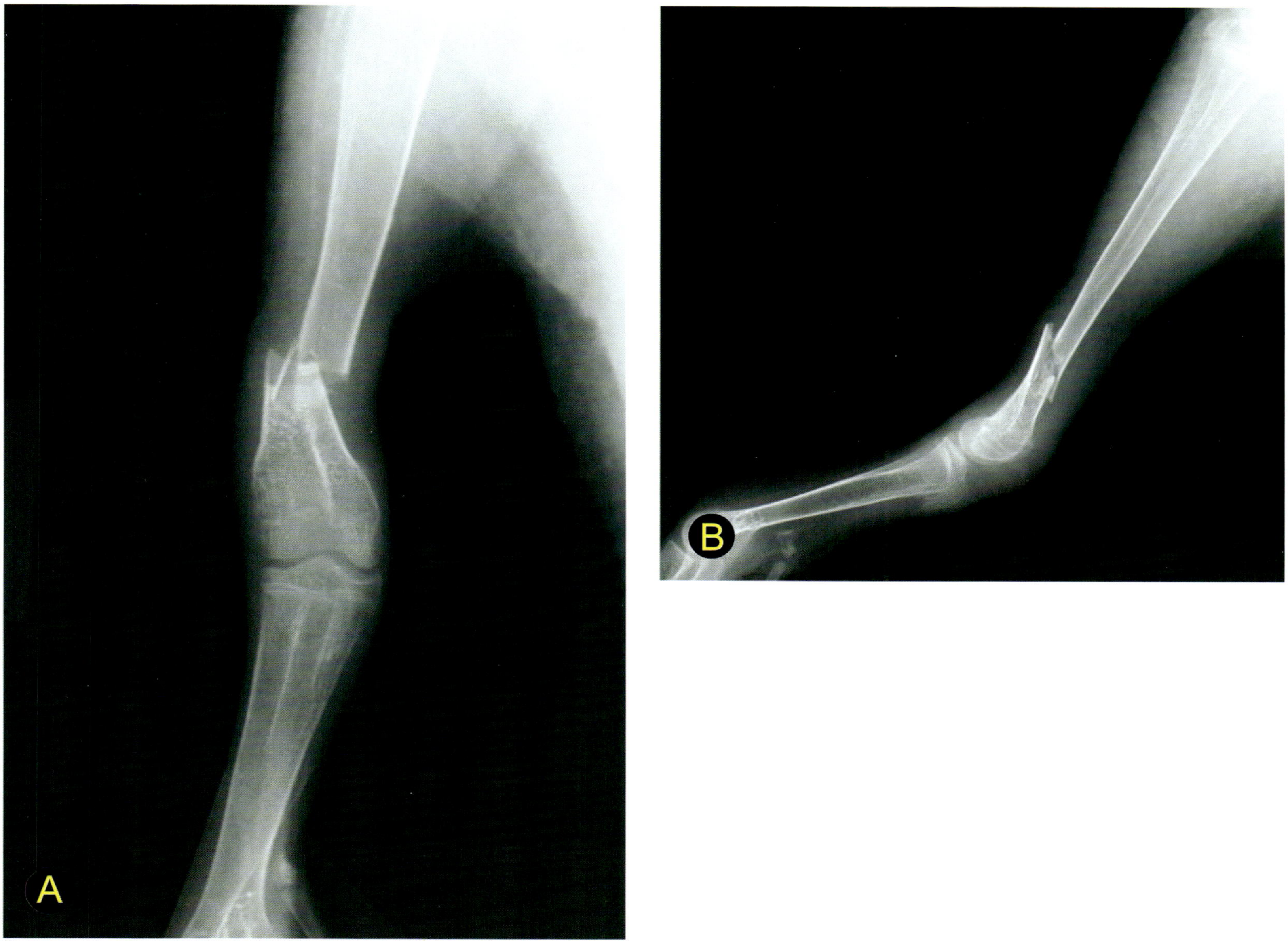

Abb. 1-94: Röntgenuntersuchung, Hintergliedmaße, anterior-posteriore (A) und medio-laterale (B) Projektion, Hausente (*Anas platyrhynchos* f. *domestica*): Tarsometatarsalfraktur. Die Frakturränder sind bei dieser frischen Fraktur scharf abgegrenzt zu erkennen. Aufgrund ihrer Sprödigkeit neigen Vogelknochen wie hier dargestellt eher zu Splitterfrakturen.

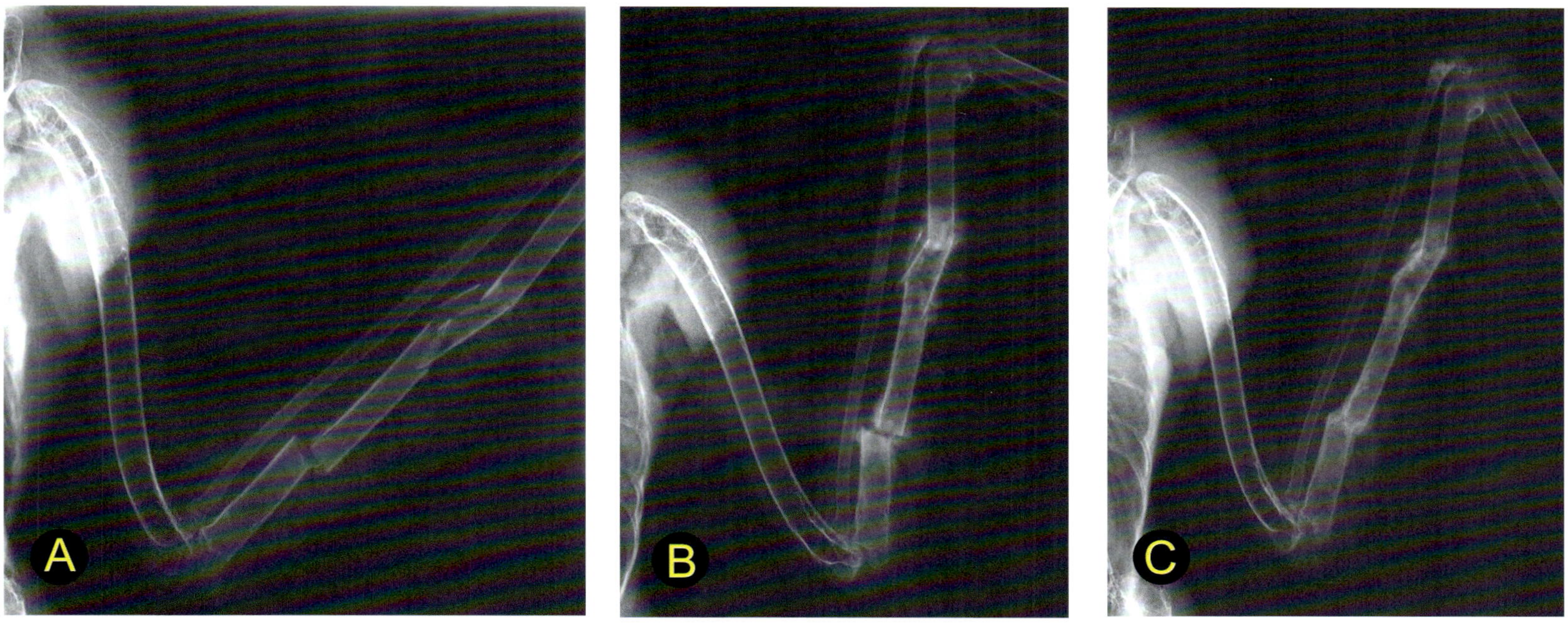

Abb. 1-95: Röntgenuntersuchung, Flügel, medio-laterale Projektion, Mäusebussard (*Buteo buteo*): Ulna-Splitterfraktur. Komplikationslose Frakturheilung bei konservativer Therapie.

A: Tag 0 (Einlieferung)

B: Tag 10

C: Tag 21

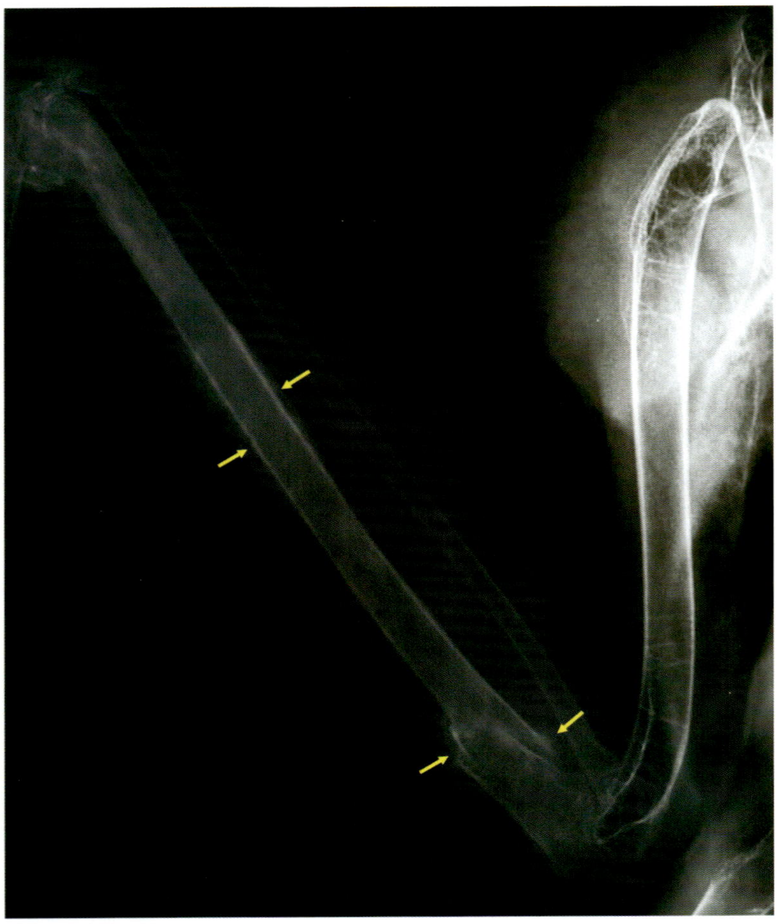

Abb. 1-96: Röntgenuntersuchung, Flügel, medio-laterale Projektion, Mäusebussard (*Buteo buteo*): Ausbildung einer Osteomyelitis nach gelenknaher Ulnafraktur. Kennzeichnend sind unscharfe Kortikaliskonturen und wolkige Verdichtungen im Knochen.

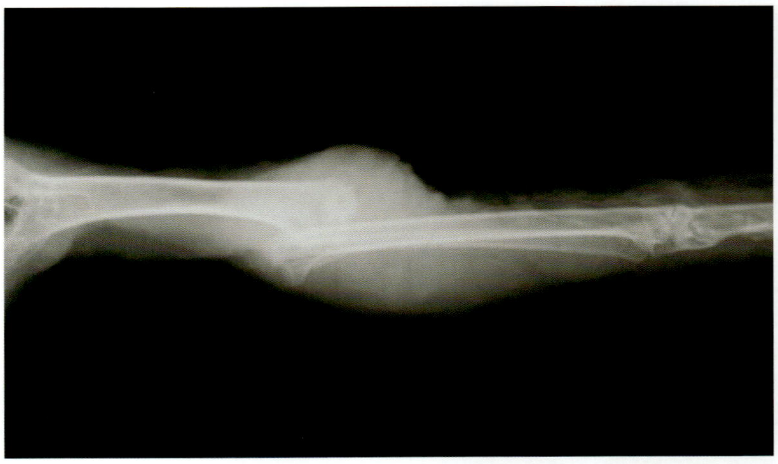

Abb. 1-97: Röntgenuntersuchung, Flügel, kaudo-kraniale Projektion, Pfeifente (*Anas penelope*): Luxation im Ellbogengelenk.

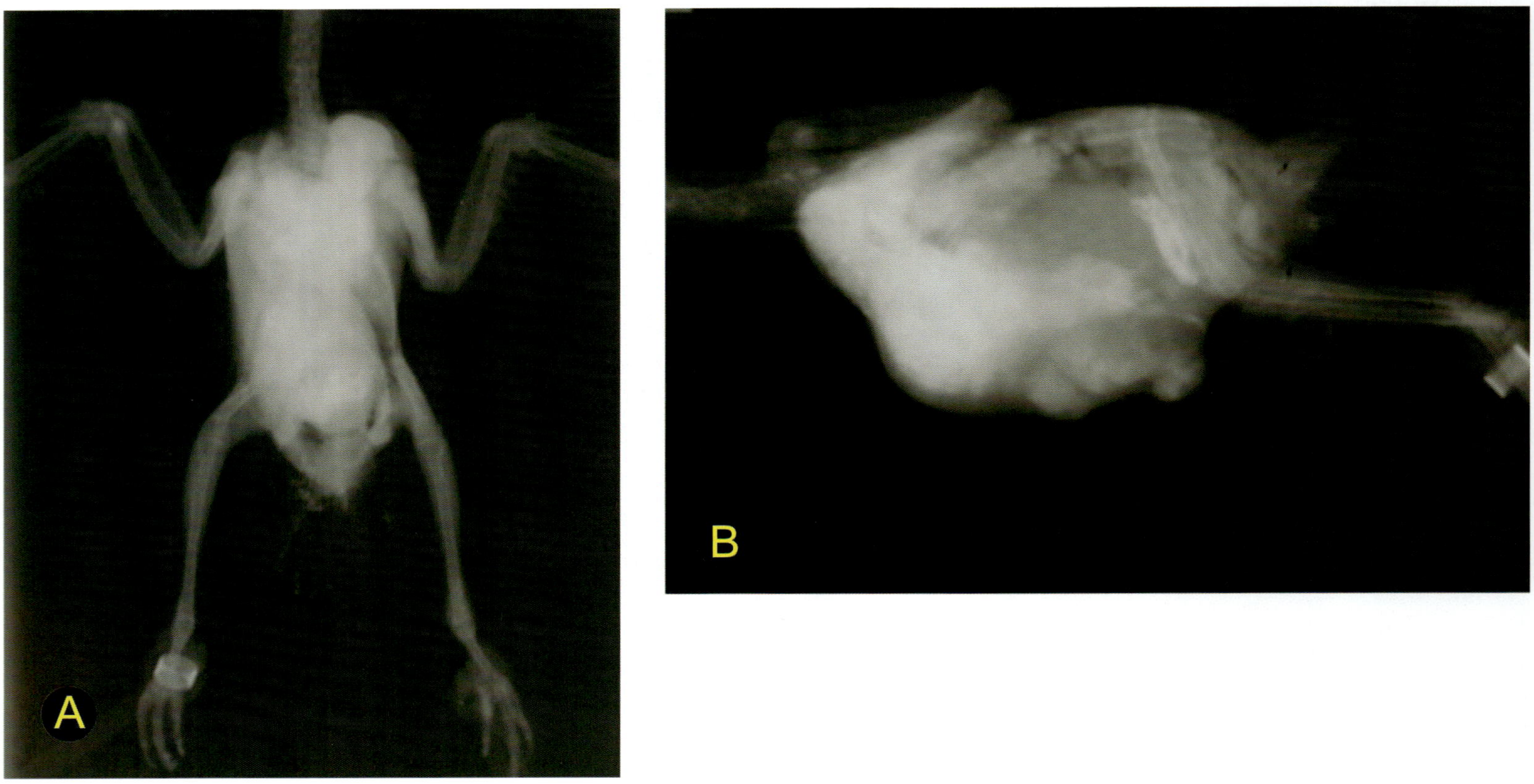

Abb. 1-98: Röntgenuntersuchung, Körper, ventro-dorsale (A) und latero-laterale (B) Projektion, Singsittich (*Psephotus haematonotus*): Osteom.

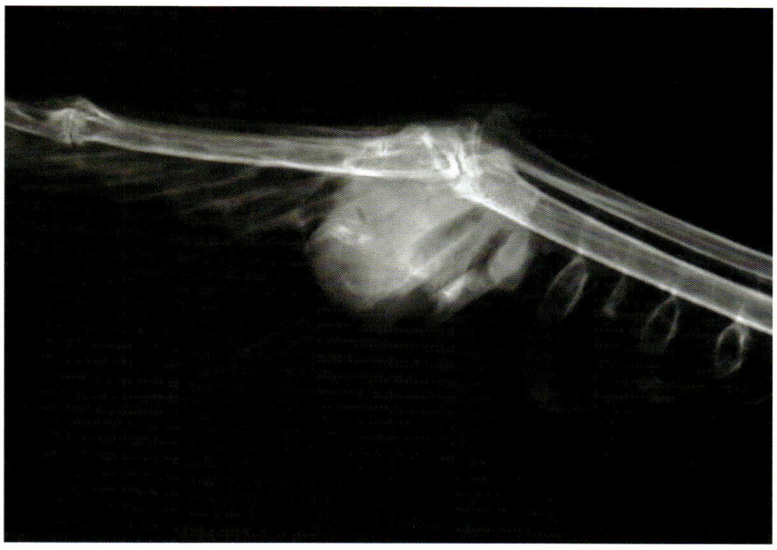

Abb. 1-99: Röntgenuntersuchung, Flügel, kaudo-kraniale Projektion, Uhu (*Bubo bubo*): Plattenepithelkarzinom unter Einbeziehung von Knochen und Gelenk.

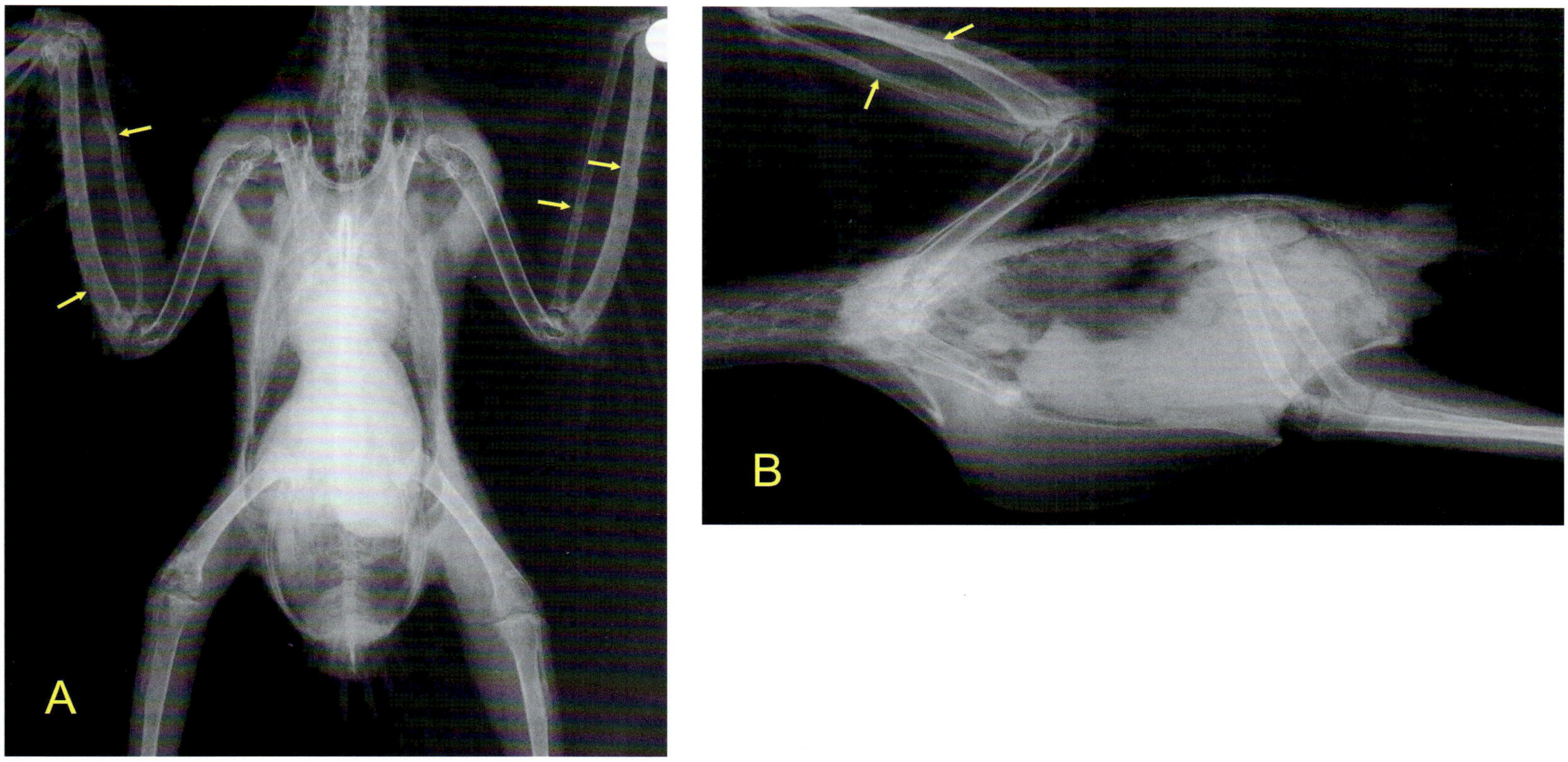

Abb. 1-100: Röntgenuntersuchung, Körper, ventro-dorsale (A) und latero-laterale (B) Projektion, Graupapagei (*Psittacus erithacus*): Tuberkulose. Eine geringgradige Osteolyse im Bereich von Radius und Ulna ist erkennbar. Zusätzlich sind in der ventro-dorsalen Projektion eine Überdehnung der Axillarluftsäcke, Verlust der Sanduhrform zwischen Herz und Leber (Leberschwellung) sowie in der latero-lateralen Projektion ein vergrößertes Magen-Darm-Konvolut zu sehen.

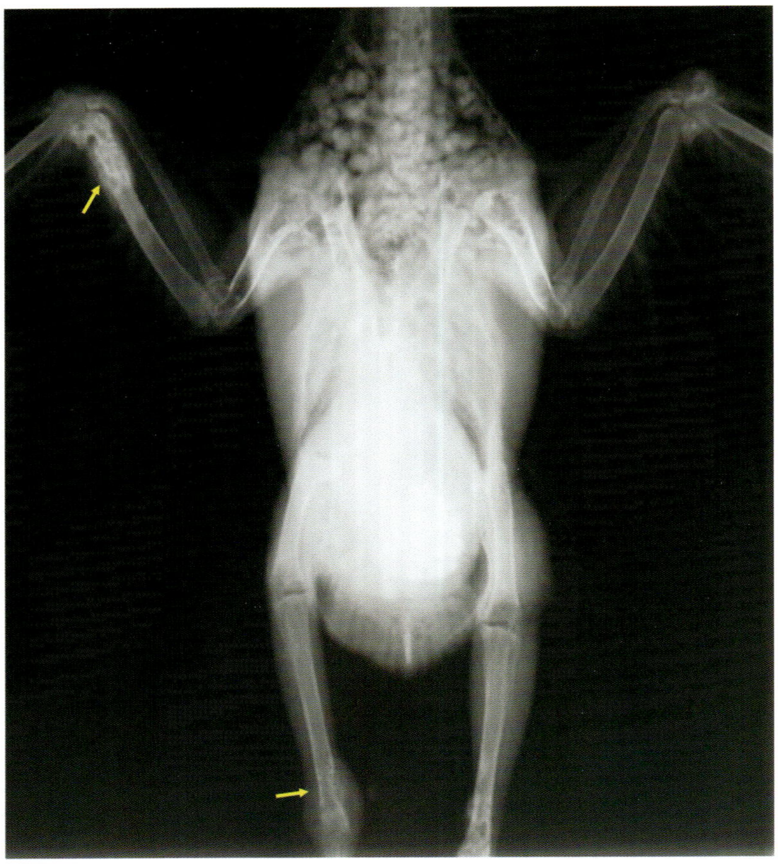

Abb. 1-101: Röntgenuntersuchung, Körper, ventro-dorsale Projektion, Haustaube (*Columba livia* f. *domestica*): Salmonellose. Umfangreiche Osteolyse im Bereich der distalen Tibiotarsi und der rechten distalen Ulna sind dargestellt.

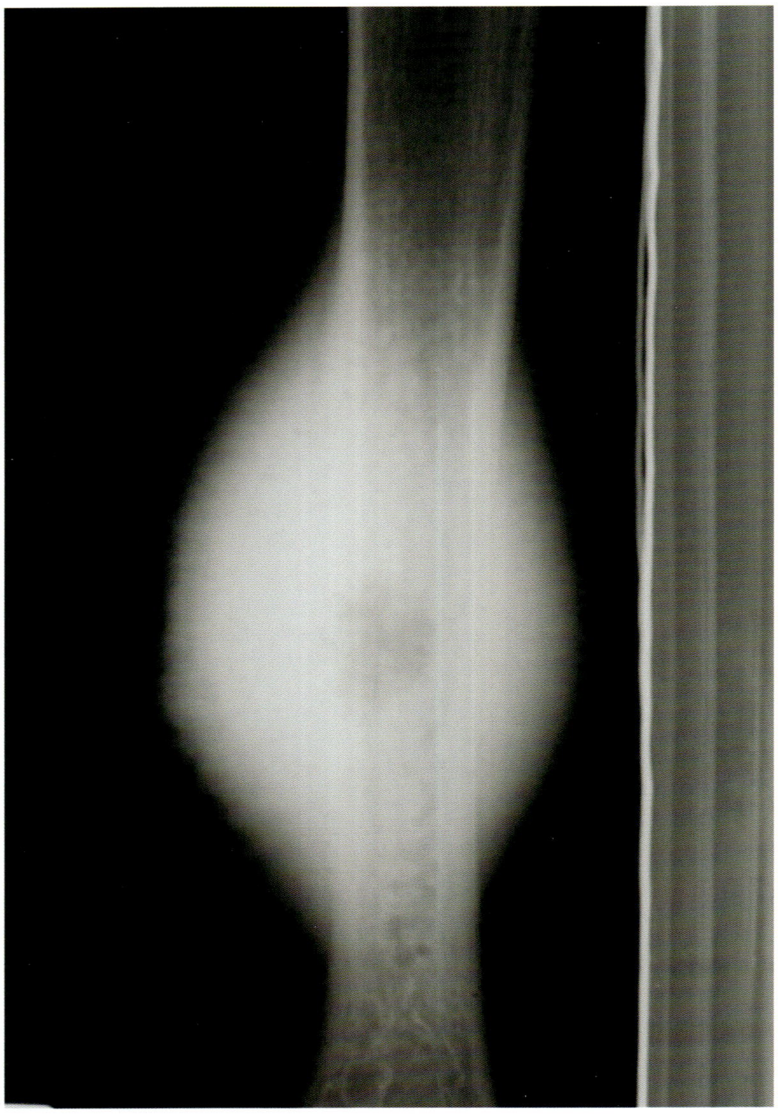

Abb. 1-102: Röntgenuntersuchung, Ausschnitt Hintergliedmaße, Tibiotarsus, anterior-posteriore Projektion, Emu (*Dromaius novaehollandiae*): Salmonellose. Eine umfangreiche Weichteilschwellung mit Osteolyse ist deutlich sichtbar.

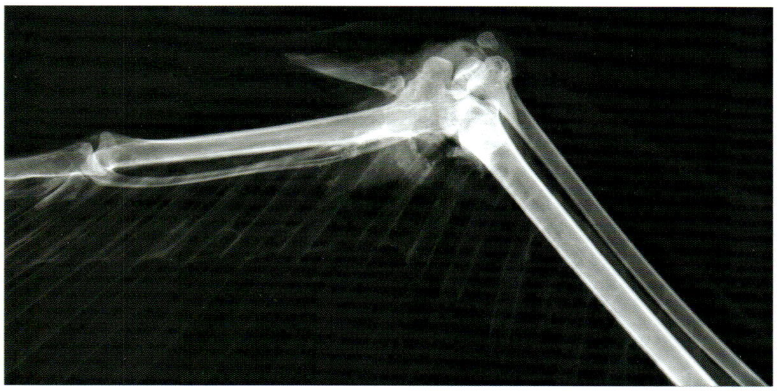

Abb. 1-103: Röntgenuntersuchung, Flügel, medio-laterale Projektion, Seeadler (*Haliaeetus albicilla*): Ausbildung einer Arthritis mit Verengung des Gelenkspaltes im Karpometakarpalgelenk.

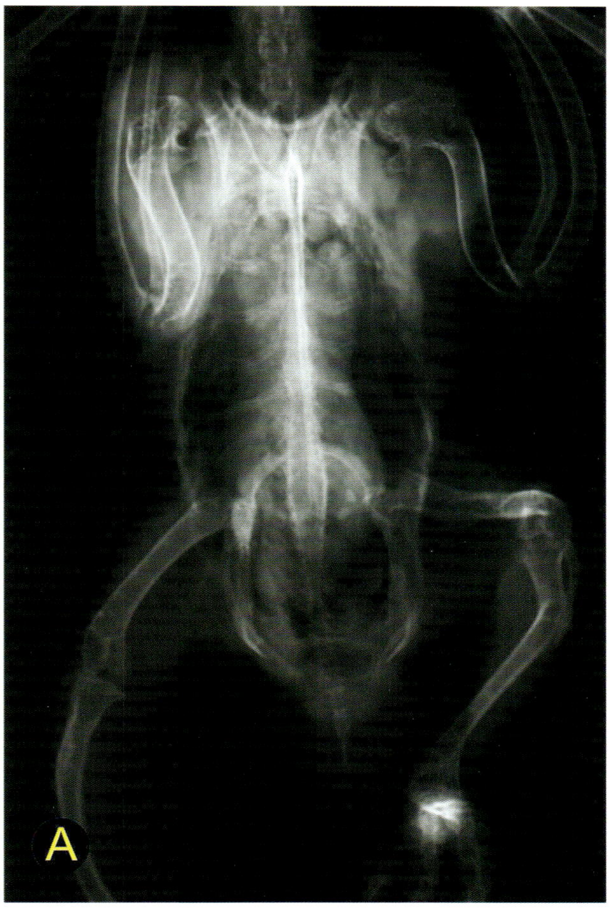

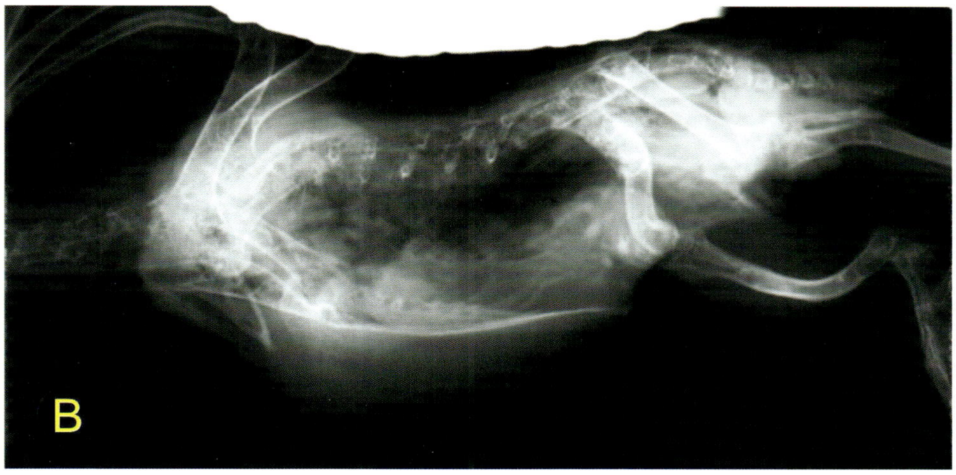

Abb. 1-104: Röntgenuntersuchung, Körper, ventro-dorsale (A) und latero-laterale (B) Projektion, Graupapagei (*Psittacus erithacus*) (Alter 1,5 Jahre): hochgradige metabolische Stoffwechselstörung des Skeletts (Rachitis). Verbiegungen und Deformationen der langen Röhrenknochen, der Wirbelsäule, der Rippen und des Beckens sind häufige Befunde bei einer Rachitis.

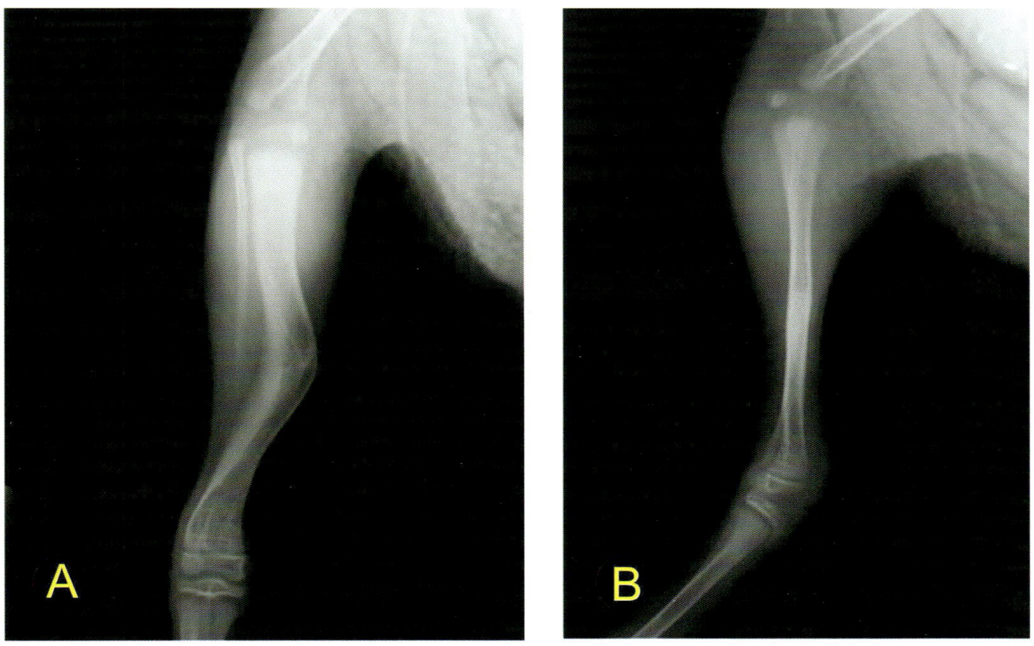

Abb. 1-105: Röntgenuntersuchung, Hintergliedmaße, anterior-posteriore (A) und latero-laterale (B) Projektion, Hausgans (*Anser anser*), Jungtier: geringgradige metabolische Stoffwechselstörung. Verbiegungen des Tibiotarsus sind Hinweise auf das Vorliegen von metabolischen Stoffwechselstörungen.

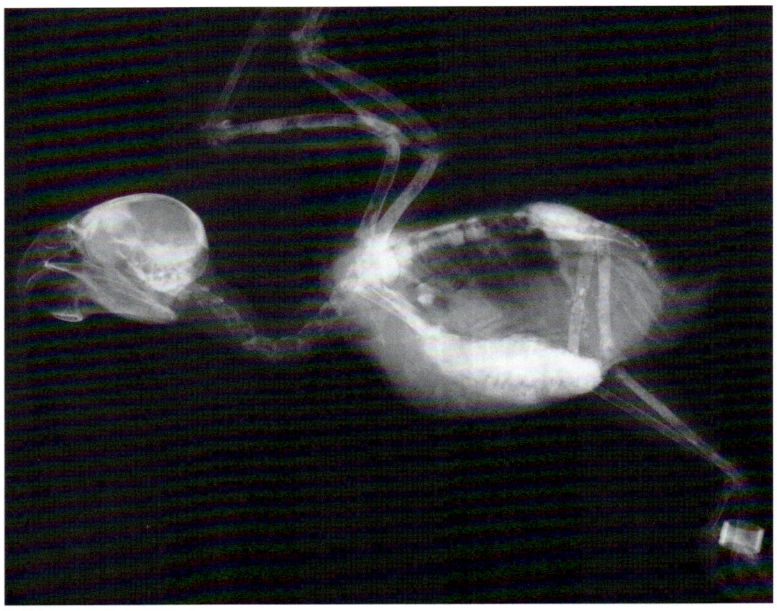

Abb. 1-106: Röntgenuntersuchung, Körper, latero-laterale Projektion, Pflaumenkopfsittich (*Psittacula cyanocephala*): sekundärer Hyperparathyreoidismus mit Hyperkalzifikation der Knochen.

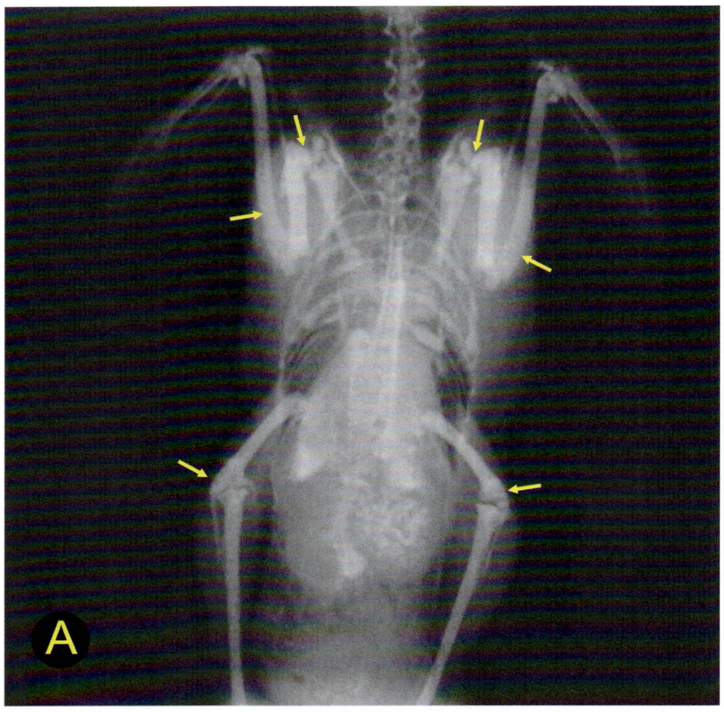

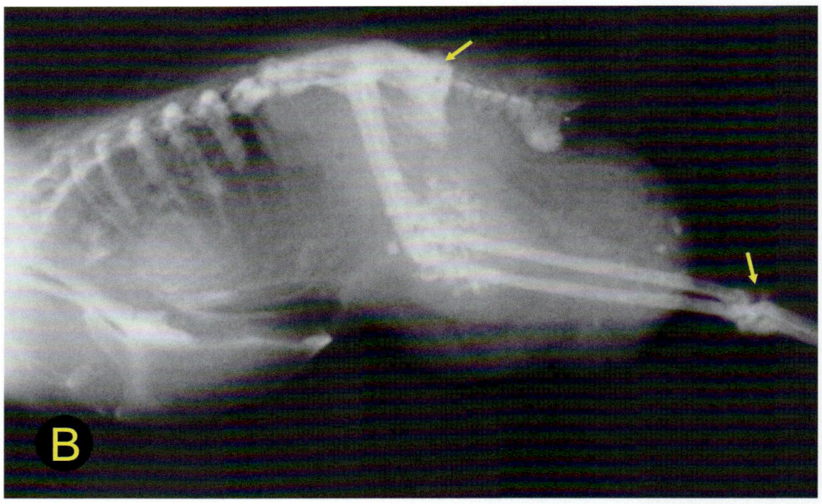

Abb. 1-107: Röntgenuntersuchung, Körper, ventro-dorsale (A) und latero-laterale (B) Projektion, Kanarienvogel (*Serinus canaria* f. *domestica*): polyostotische Hyperostose (Pfeile). Deutlich sind die Ausbildung von medullären Knochen sowie das Vorliegen einer Hernia abdominalis zu erkennen.

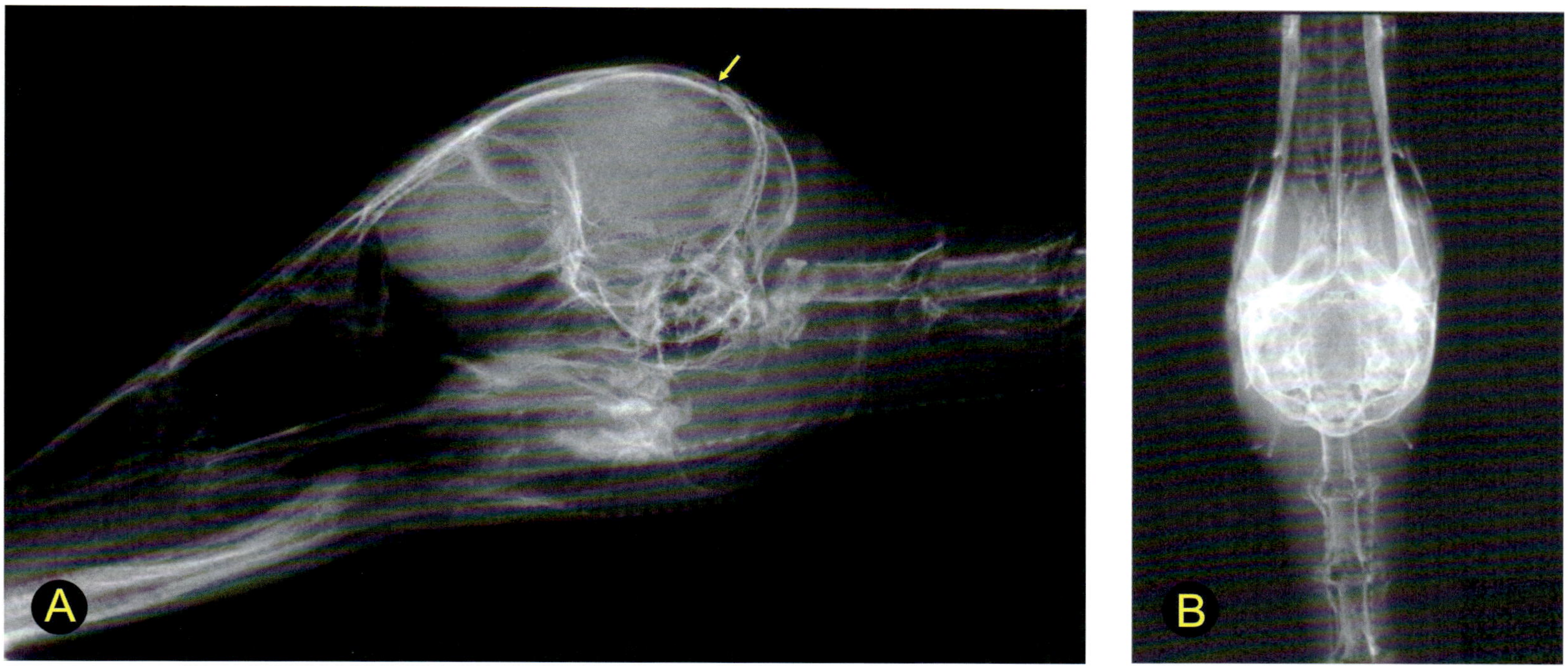

Abb. 1-108: Röntgenuntersuchung, Kopf, latero-laterale (A) und ventro-dorsale (B) Projektion, Stockente (*Anas platyrhynchos*): Schädelfissur. In der latero-lateralen Ebene ist die Fissur im Neurocranium (Pfeil) im Gegensatz zur ventro-dorsalen Projektion deutlich zu erkennen.

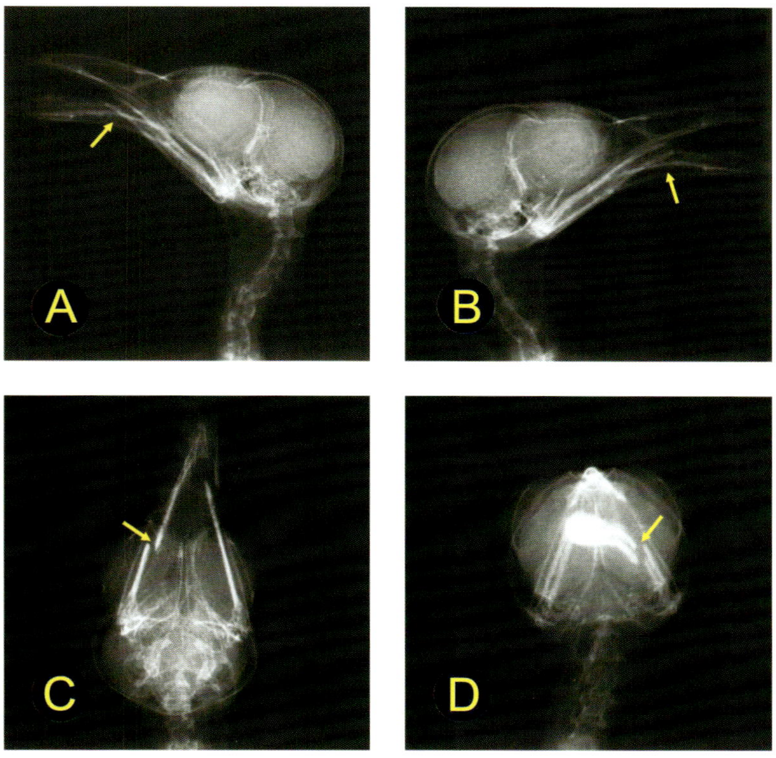

Abb. 1-109: Röntgenuntersuchung, Kopf, rechts-laterale (A), links-laterale (B), ventro-dorsale (C) und rostro-kaudale (D) Projektion, Chinanachtigall (*Leiothrix lutea*): Unterkieferfraktur. Die Frakturen des Unterkiefers stellen sich in den einzelnen Ebenen unterschiedlich dar (Pfeil).

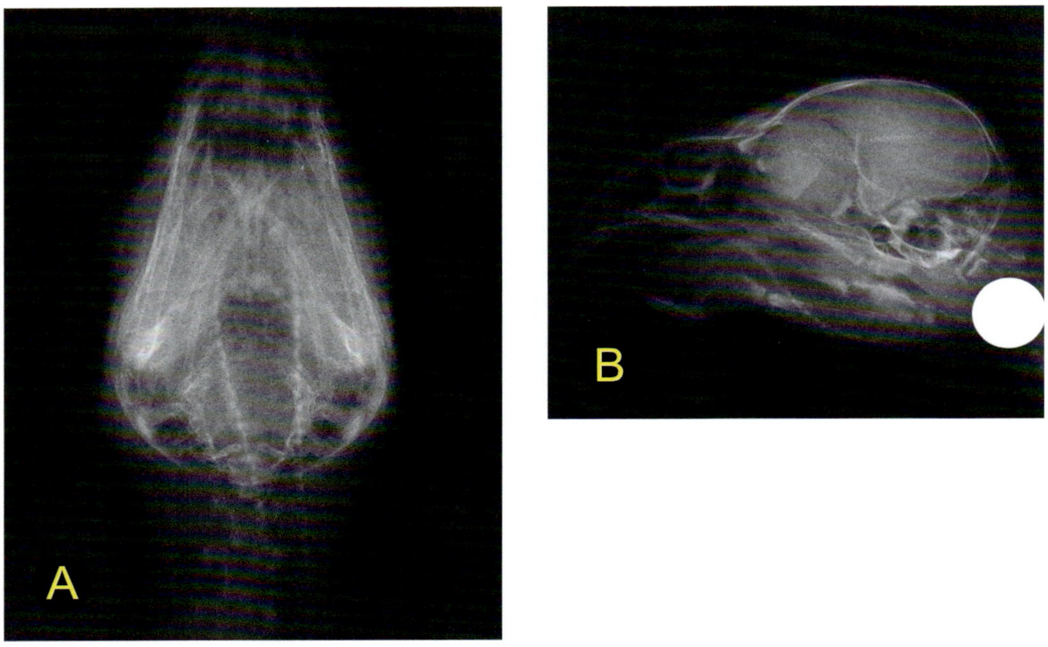

Abb. 1-110: Röntgenuntersuchung, Kopf, ventro-dorsale (A) und latero-laterale (B) Projektion, Graupapagei (*Psittacus erithacus*), Nestling: Rachitis. Die Kopfknochen fallen durch eine metabolische Stoffwechselstörung mit Verbiegung, Auftreibung und mangelnder Kalzifikation auf.

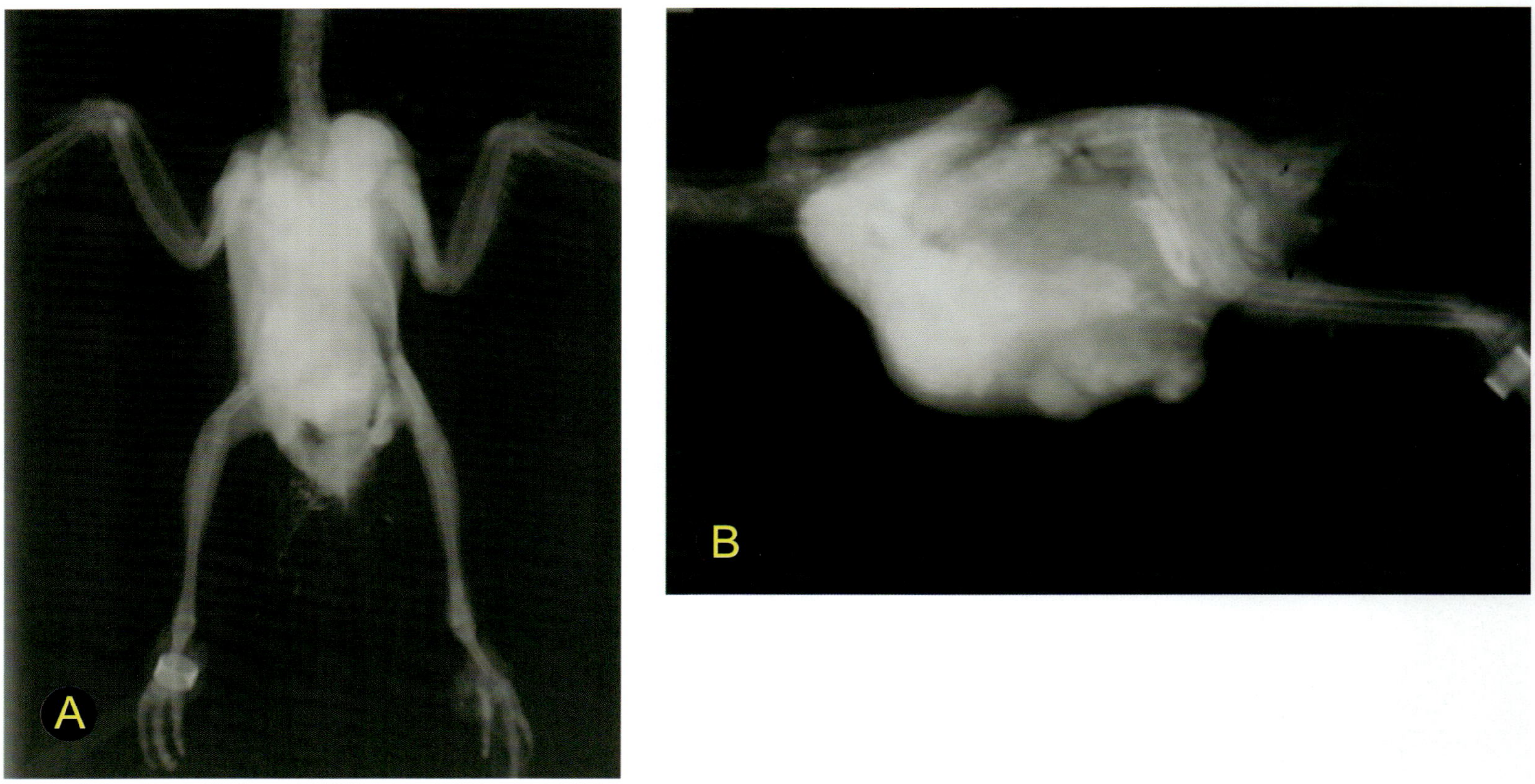

Abb. 1-111: Röntgenuntersuchung, Kopf, latero-laterale Projektion, Hyazinthara (*Anodorhynchus hyacinthinus*): Osteomalazie. Deformation und osteolytische Veränderungen des Oberschnabels (Tier in Narkose, Tubus mit abgebildet) sind sichtbar.

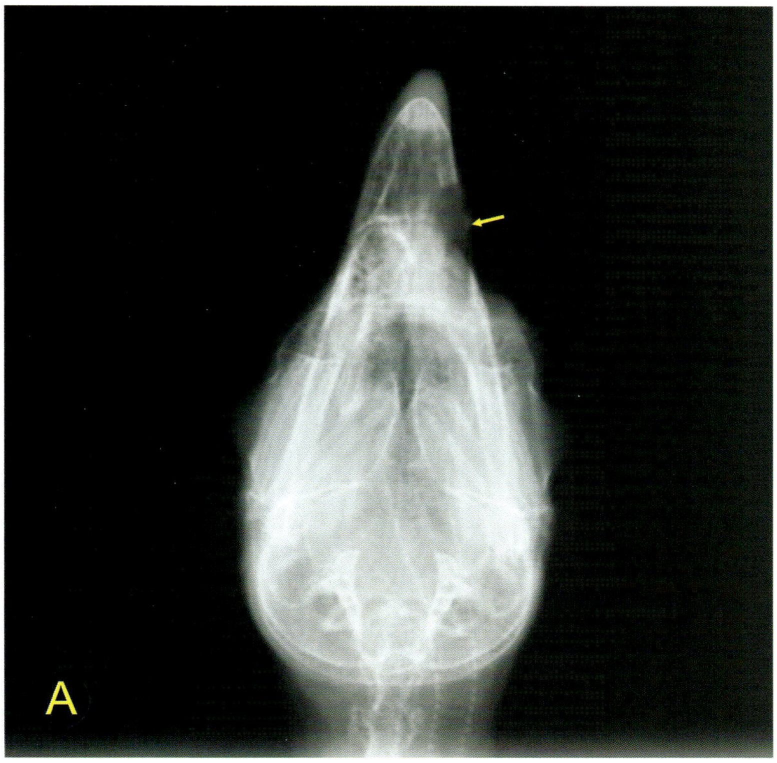

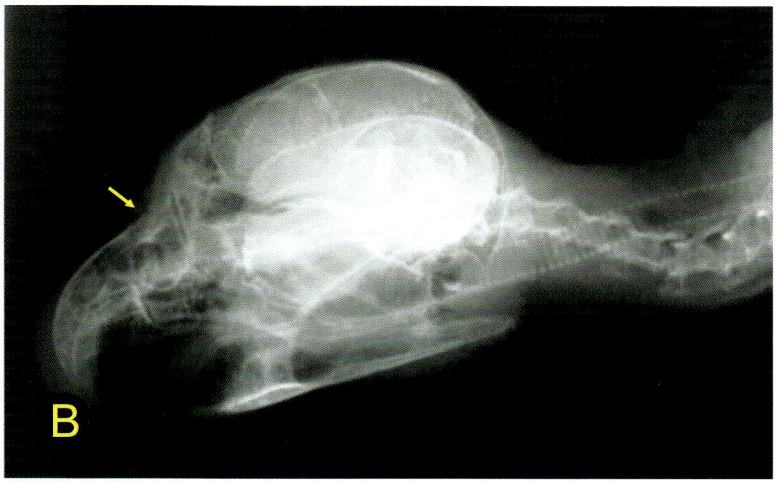

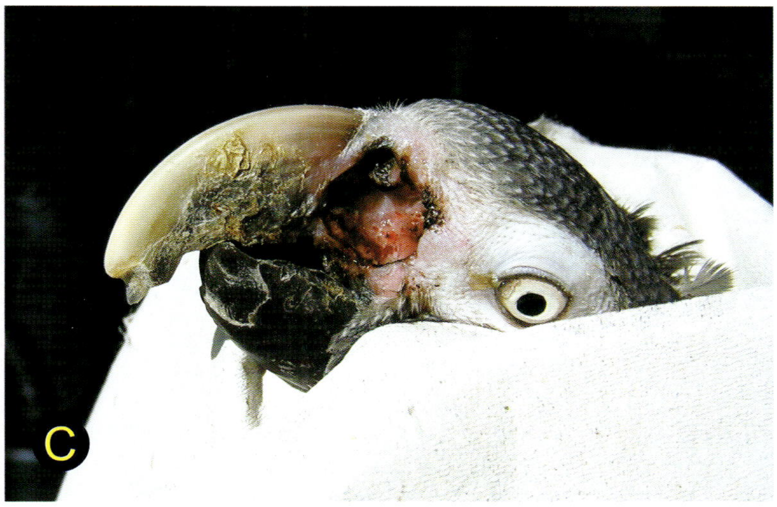

Abb. 1-112:

A, B: Röntgenuntersuchung, Kopf, ventro-dorsale (A) und latero-laterale (B) Projektion, Timneh-Graupapagei (*Psitticus erithacus timneh*): Rhinolith mit partieller Destruktion des Schädelknochens im umgebenden Gebiet.

C: Klinisches Bild nach Entfernen des Rhinoliths.

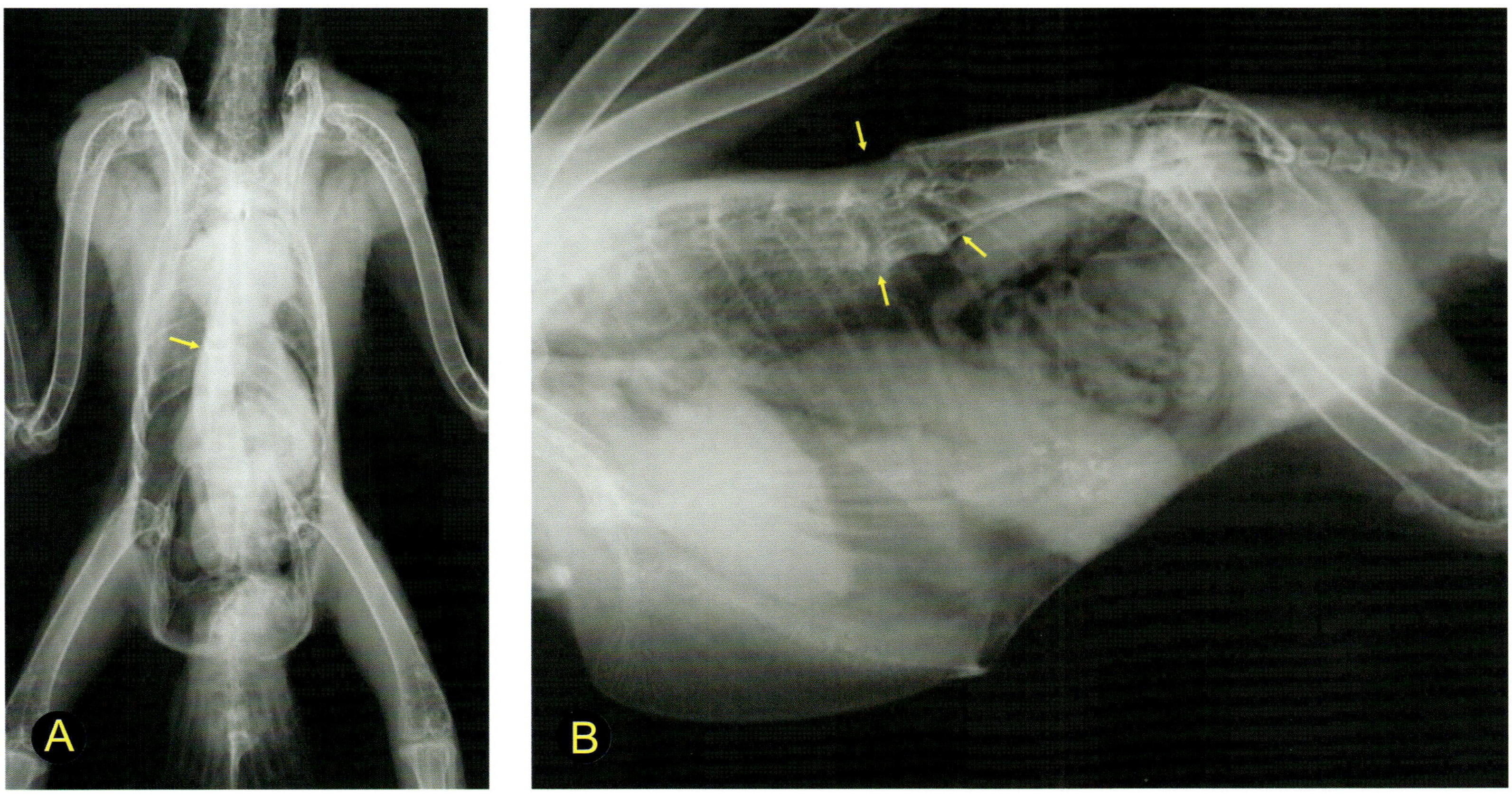

Abb. 1-113: Röntgenuntersuchung, Körper, ventro-dorsale (A) und latero-laterale (B) Projektion, Turmfalke (*Falco tinnunculus*): Wirbelsäulenfraktur (Pfeil). Zusätzlich latero-laterale Projektion: aufgegaste Darmschlingen, Herz deutlich abgehoben aufgrund eines Luftsackrisses nach Trauma.

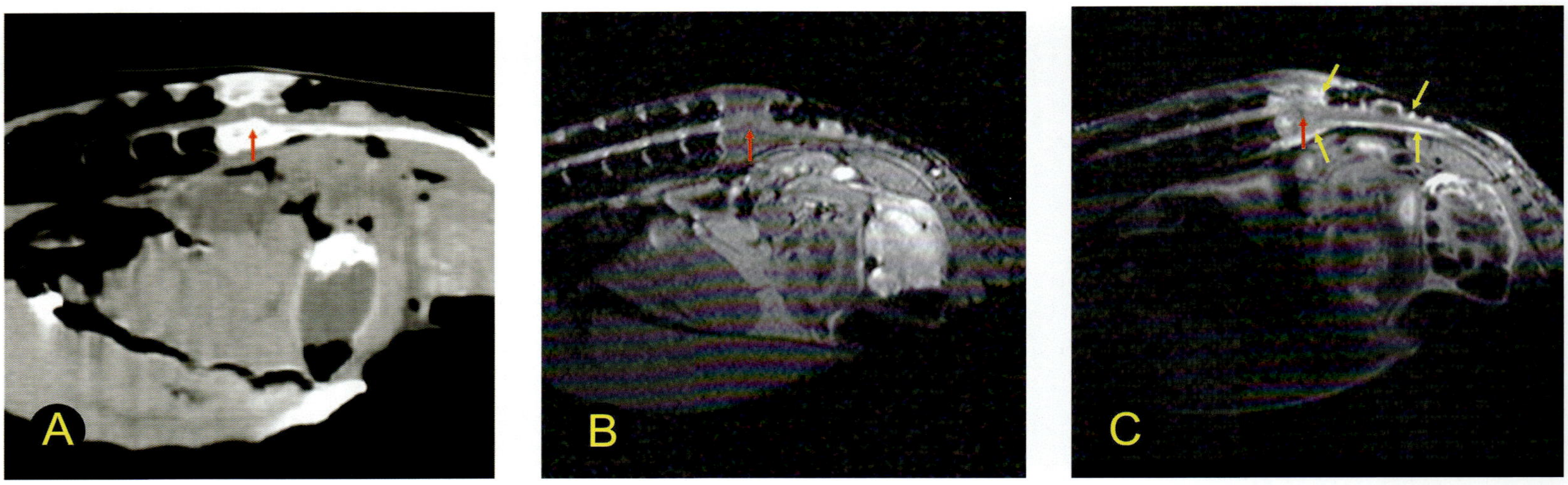

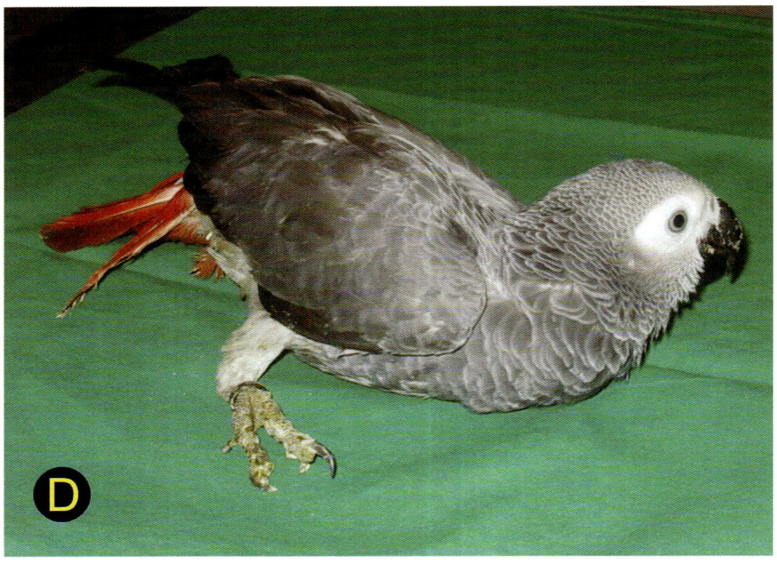

Abb. 1-114:

A: CT-Untersuchung, Körper, sagittale Reformation (120 kV, 222 mA, 1,0 mm SD, W: 529, L: 9), Graupapagei (*Psittacus erithacus*): Wirbelsäulentrauma. Die CT zeigt die Einengung des Wirbelkanals durch das verschobene Knochengewebe (roter Pfeil). Dies war im konventionellen Röntgenbild nicht zu erkennen.

B, C: MRT-Untersuchung, Körper, sagittale Ebene, T1-Wichtung (B) und T2-Wichtung (C), gleiches Tier: in der MRT lässt sich das Rückenmark selbst beurteilen, hier ist das durch die Verengung des Wirbelkanals komprimierte Gewebe zu sehen (roter Pfeil). In der T2-Wichtung stellt sich das traumatisch bedingte Ödem (gelbe Pfeile) im Wirbelkanal dar.

D: Foto, klinisches Bild des Graupapageis aus A bis C.

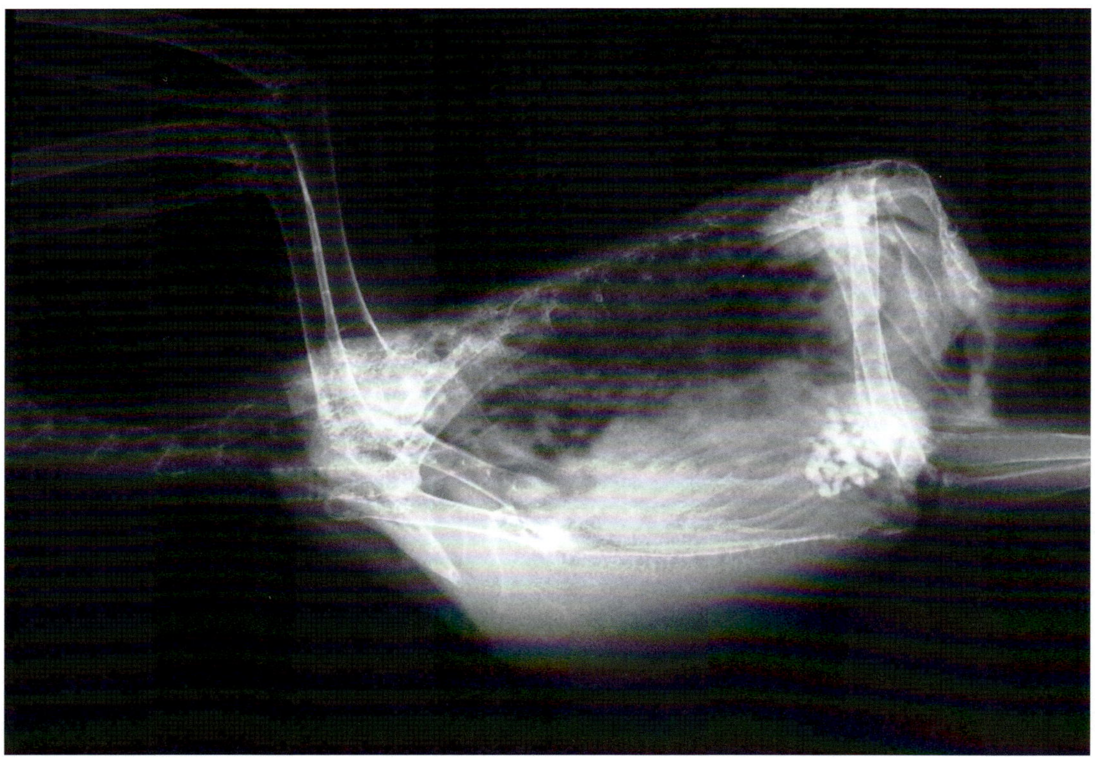

Abb. 1-115: Röntgenuntersuchung, Körper, latero-laterale Projektion, Kubaamazone (*Amazona leucocephala*): Rachitis. Bei der abgebildeten ca. 4 Jahre alten Amazone ist eine Kyphose (Pfeil) der kaudalen Wirbelsäule infolge früherer metabolischer Stoffwechselstörung als Nestling (Rachitis) zu erkennen. Eine Beeinträchtigung der Tiere findet oftmals erst statt, wenn weibliche Tiere Eier legen und es durch die Deformation der Wirbelsäule zur Legenot kommen kann. Die in der latero-lateralen Projektion deutlich zu erkennende Kyphose (Pfeil) der kaudalen Wirbelsäule war in der ventro-dorsalen Projektion nur durch eine relativ kurz erscheinende Körpersilhouette zu sehen.

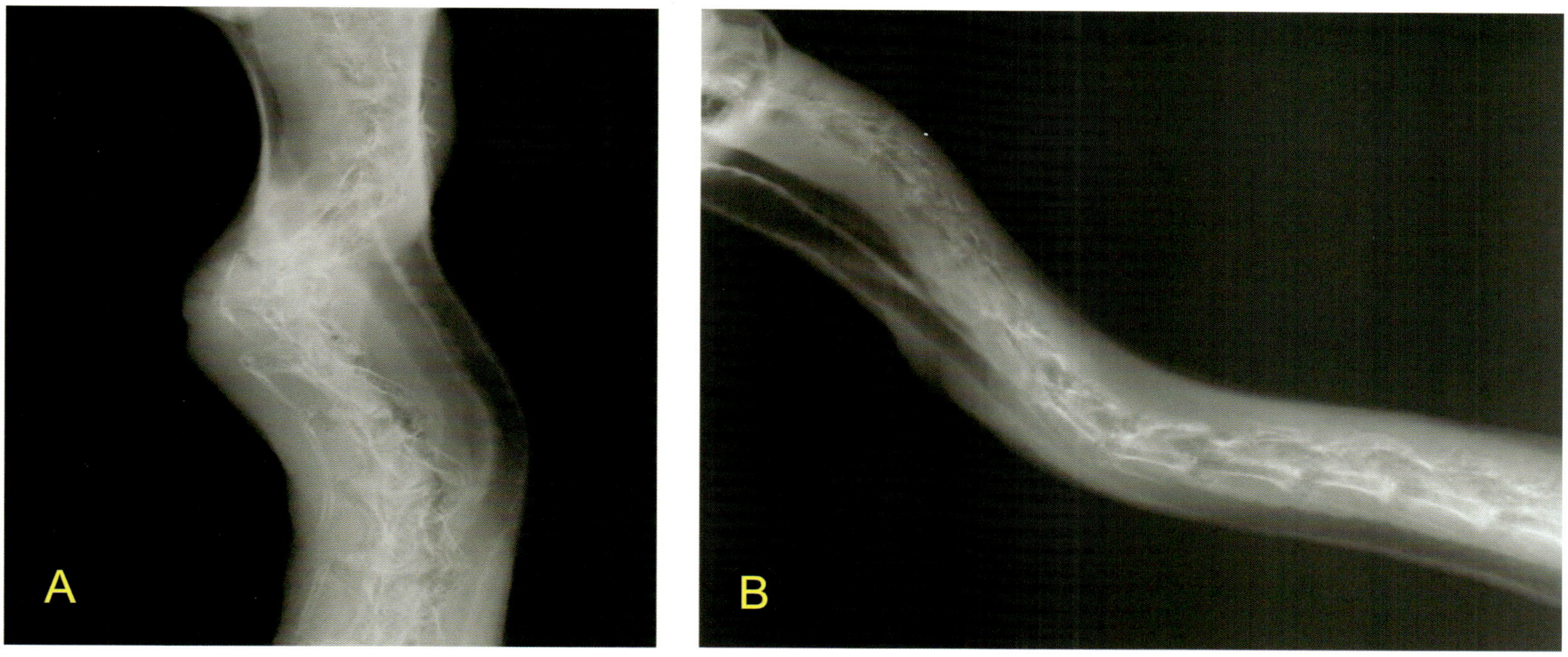

Abb. 1-116: Röntgenuntersuchung, Hals, ventro-dorsale (A) und latero-laterale (B) Projektion, Emu (*Dromaius novaehollandiae*): Skoliose im vorderen und mittleren Halswirbelbereich nach unsachgemäßem Fangen und Fixation des Kopfes.

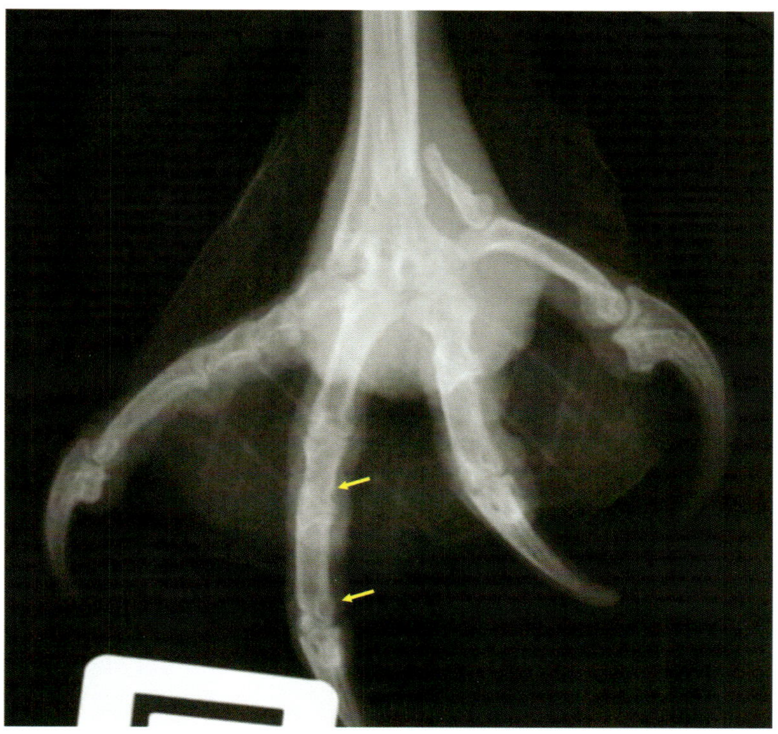

Abb. 1-117: Röntgenuntersuchung, Fuß, Situation mit Polsterverband, dorsoplantare Projektion, Gerfalke (*Falco rusticolus*): Pododermatitis (*Bumblefoot*). Eine Weichteilschwellung sowie teilweise Osteolyse der Phalangen (Pfeile) sind zu erkennen.

1.6 Herz-Kreislauf-System

Maria-Elisabeth Krautwald-Junghanns, Michael Pees, Sandra Schroff

Zur Darstellung von Befunden am Herz ist die Sonographie der Röntgenuntersuchung deutlich überlegen. Im Allgemeinen sind die Symptome für eine Herz-Kreislauf-Insuffizienz beim Vogel jedoch unspezifisch, so dass oft erst nach Erstellen einer Röntgenaufnahme der Verdacht auf das Vorliegen einer Herzerkrankung erhoben und eine echokardiographische Untersuchung angeschlossen wird. Die Echokardiographie ermöglicht es dann, die einzelnen Herzstrukturen in Aktion sichtbar zu machen und Aussagen über morphologische und funktionelle Herzveränderungen zu treffen. Der CT- und MRT-Untersuchung kommt heute noch eine untergeordnete Rolle zu, insbesondere, da die MRT-Untersuchung durch die notwendige Zeit und Lagerung nicht ohne Risiken ist und bei beiden rekonstruktiven Verfahren zu diesem Gebiet bisher kaum Erfahrungswerte vorliegen. Grundsätzlich ist zu beachten, dass Vögel mit Verdacht auf eine Herz-Kreislauf-Störung vorsichtig und möglichst aufrecht untersucht werden sollten, vor allem, wenn das klinische Bild eine Kreislaufschwäche vermuten lässt. Dies ist ein weiterer Vorteil der Echokardiographie im Vergleich zu den anderen bildgebenden Verfahren. Bei bisherigen Beschreibungen der intravitalen Diagnose von Herzerkrankungen handelt es sich um Fallbeschreibungen; systematische Studien liegen noch nicht vor.

1.6.1 Herz

Eine deutliche röntgenologische Darstellung der Herzspitze ist bei manchen Vogelarten, wie z. B. Kakadus, physiologisch **(Abb. 1-118)**; bei anderen lässt dies oft nach vorangegangenem **Trauma** auf einen Luftsackriss schließen. Die das Herz dann umgebende Luft wirkt als Kontrastmittel **(Abb. 1-119**; s. auch **Abb. 1-113** und **1-141, 1-147)**. In solchen Fällen ist eine echokardiographische Darstellung nur eingeschränkt möglich. In der konventionellen Röntgenuntersuchung sind weiter asymmetrische Formveränderungen des Herzschattens als Folge von **Neoplasien, angeborenen Fehlbildungen des Herzens oder Weichteilzubildungen** bei Vögeln eher seltene röntgenologische Veränderungen. Die morphologischen Veränderungen am Herz müssen in der Regel bereits erheblich sein, um dargestellt zu werden **(Abb. 1-120)**. Eine erhöhte Röntgendichte wird teilweise bei entzündlichen Veränderungen gesehen, oft ist dies allerdings schwer zu differenzieren. Häufig lassen sich hingegen im Röntgenbild Vergrößerungen des Herzschattens feststellen **(Abb. 1-121** bis **1-122)**, die möglicherweise als Ausdruck einer **Hypertrophie** bzw. **Dilatation** des Herzens zu werten sind. Solche Herzhypertrophien treten nicht selten als Folge chronischer Erkrankungen der Atemwege auf, sind also eher sekundär bedingt. **Perikarderguss, Perikarditis** und **Epikarditis**, aber auch umfangreiche Fetteinlagerungen können ebenfalls für eine Vergrößerung des Herzschattens und/oder eine erhöhte Strahlendichte des Herzens verantwortlich sein. Eine Abgrenzung zwischen Hypertrophien, Dilatationen und Herzbeutelergüssen ist röntgenologisch nicht möglich, eine echokardiographische Untersuchung sollte daher angeschlossen werden. Hier können morphologische Veränderungen an Epi-, Myo- und Endo- sowie Perikard dargestellt werden. Des Weiteren können auch **Dysfunktionen im Klappenbereich** diagnostiziert werden. Zur Beurteilung der Größe und Kontraktilität liegen entsprechende Referenzwerte für einige Spezies vor (Tabelle 1-2). Die häufigsten echokardiographisch erhobenen pathologischen Befunde sind das Hydroperikard und eine Hypertrophie bzw. Dilatation des rechten Ventrikels. Beide Veränderungen werden oft durch eine **Rechtsherzinsuffizienz** verursacht **(Abb. 1-123B, C)**. In diesen Fällen kann sich der rechte Ventrikel beinahe so groß wie der linke darstellen; die Wände sind meist signifikant verdickt. Bei einer Hypertrophie des rechten Ventrikels kommt es meist auch zu einer Hypertrophie der rechten muskulären AV-Klappe. **Veränderungen des linken Ventrikels** werden im Vergleich seltener gesehen. Sie gehen normalerweise mit Rechtsherzveränderungen und dadurch bedingter Stauung in den kleinen Kreislauf einher. Nicht selten sind hier auch Klappeninsuffizienzen die Ursache. Die Klappen lassen sich dann deutlich und echogen abgrenzen. Der Einsatz von Doppler-Verfahren zur Beurteilung des Blutstroms im Klappenbereich ist möglich, die Beurteilbarkeit ist aber stark von der Erfahrung des Untersuchers abhängig. Eine **Mikrokardie (Abb. 1-118)** steht meist im Zusammenhang mit hochgradigen Flüssigkeitsdefiziten. Das Herz stellt sich stark verkleinert und nicht selten abgehoben vom Brustbein dar. Im Falle einer **Perikarditis** (infektiös, Gicht) kann der Herzbeutel durch eine erhöhte Echogenität auffallen, die Beurteilung ist jedoch schwierig. Bei Vögeln mit **Hydroperikard** ist sonographisch deutlich ein anechogener Bereich um das Herz zu sehen. Meist ist auch der Herzbeutel selbst als äußere Abgrenzung sichtbar, insbesondere bei vorliegendem Aszites **(Abb. 1-122C, D, 1-123A, B, 1-124C)**. Die Herzspitze ist durch die sie umgebende Flüssigkeit beweglich, auch dies kann in der Untersuchung beurteilt werden. In Einzelfällen können dann falls erforderlich unter sonographischer Kontrolle Perikardpunktionen durchgeführt werden. Des Weiteren eignet sich die Echokardiographie gut zur Verlaufskontrolle des Behandlungserfolges eines Hydroperikards wie auch zur Kontrolle der Kontraktilität der Ventrikel nach medikamenteller Einstellung.

1.6.2 Gefäße

Infolge von **Kalzifizierungen der Gefäßwandungen** heben sich große Gefäße auf Röntgenaufnahmen älterer Vögel nicht selten deutlich als röntgendichte Strukturen ab (s. **Abb. 1-130B, 1-142, 1-144**). Der Übergang zur Arteriosklerose ist fließend. Typisch für das Vorliegen einer **Arteriosklerose** ist, neben einer Verdichtung des Herzschattens, eine erhöhte Röntgendichte der kaudalen Lungenbezirke als Folge von Blutstauungen. Nur im Endstadium kann bei einer deutlich erhöhten Röntgendichte teilweise das kalzifizierte Gefäß – meist die Aorta oder die A. pulmonalis – dargestellt werden **(Abb. 1-125)**. Des Weiteren können gestaute große Herzgefäße insbesondere in der latero-lateralen Aufnahme differenziert werden; dies ist oft die Folge einer Stauung im kleinen oder großen Blutkreislauf (vgl. **Abb. 1-134**). Das Fehlen solcher Verdichtungen bedeutet nicht, dass eine Arteriosklerose ausgeschlossen werden kann. Der Nutzen der Echokardiographie zur Darstellung von Gefäßwandveränderungen ist noch nicht geklärt. Bisherige Erfahren zeigen, dass die Beurteilung der herznahen Aorta ascendens möglich ist und eine vermehrte Echogenität der Wand auf eine Gefäßkalzifizierung hinweist. Allerdings ist die Beurteilung sehr subjektiv und erfordert eine entsprechende Erfahrung des Untersuchers. Von größerer Bedeutung ist die Beurteilung von **Stauungserscheinungen** im Bereich der Gefäße. Diese werden besonders deutlich im Bereich der Leber **(Abb. 1-126)**. Hier können sie auch doppler-sonographisch dargestellt werden **(Abb. 1-122**; s. auch **Abb. 1-167B, C** und **1-174A, B)**. Dilatierte Gefäße können auch im CT gefunden werden (vgl. **Abb. 1-134**).

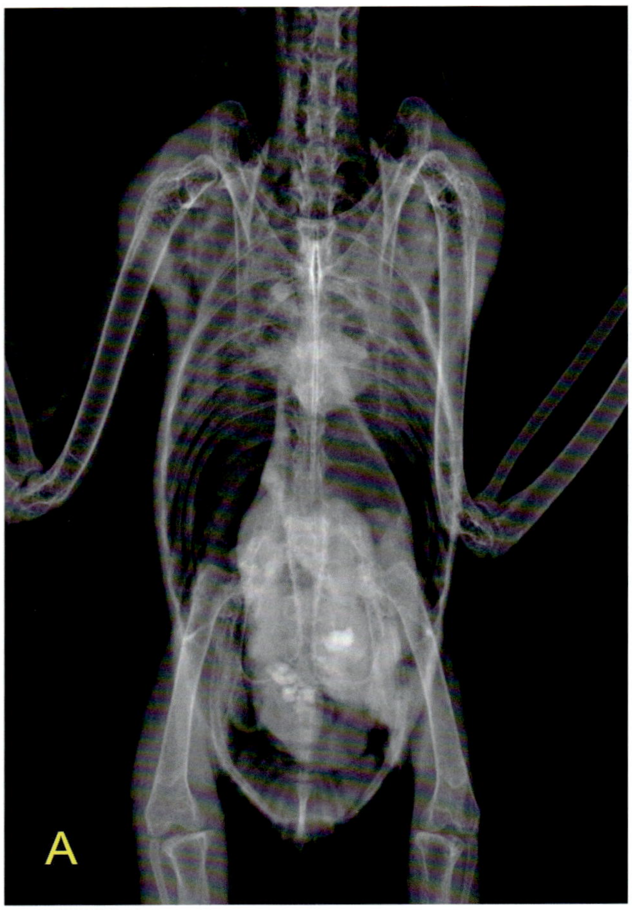

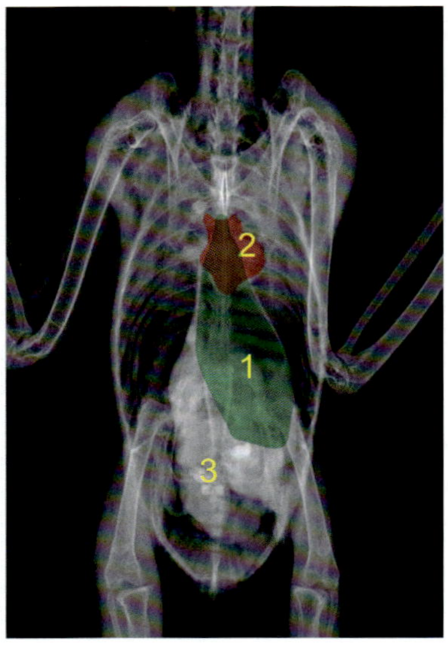

1: Drüsenmagen
2: Herz
3: Darmkonvolut
4: Leber

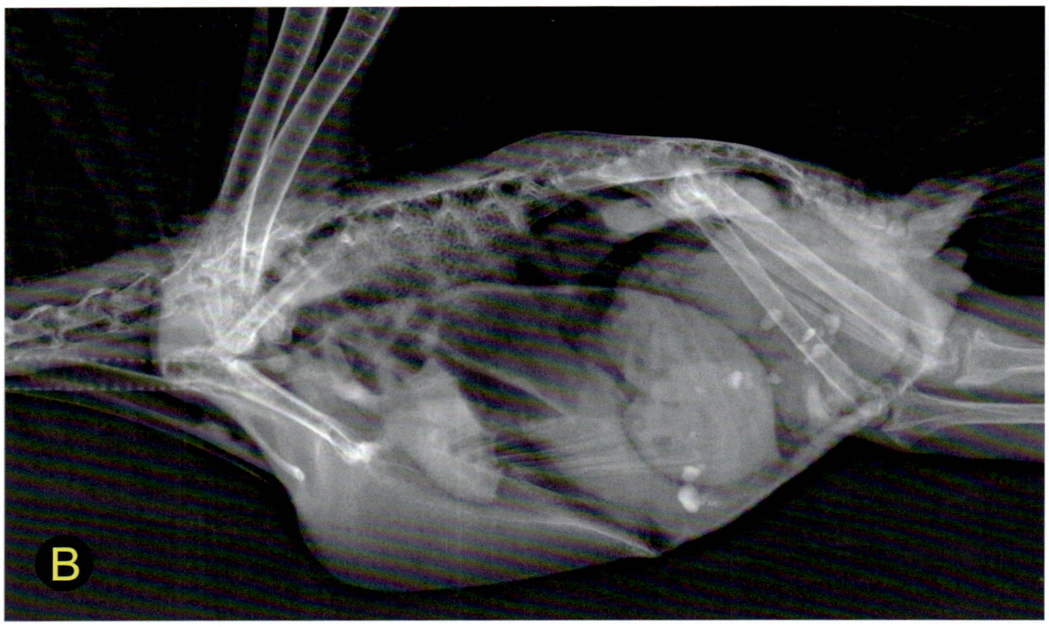

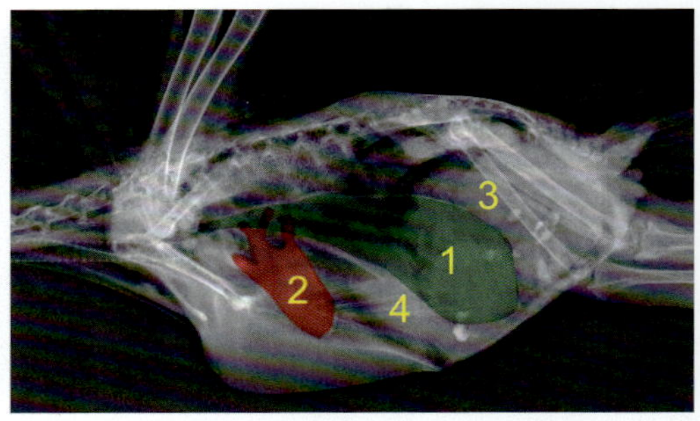

1: Drüsenmagen
2: Herz
3: Darmkonvolut
4: Leber

Abb. 1-118: Röntgenuntersuchung, Körper, ventro-dorsale (A) und latero-laterale (B) Projektion, Weißhaubenkakadu (*Cacatua alba*): Mikrokardie infolge Flüssigkeitsverlusts über den Gastrointestinaltrakt. Der Drüsenmagen (1) ist hochgradig vergrößert (Neuropathische Drüsenmagendilatation).

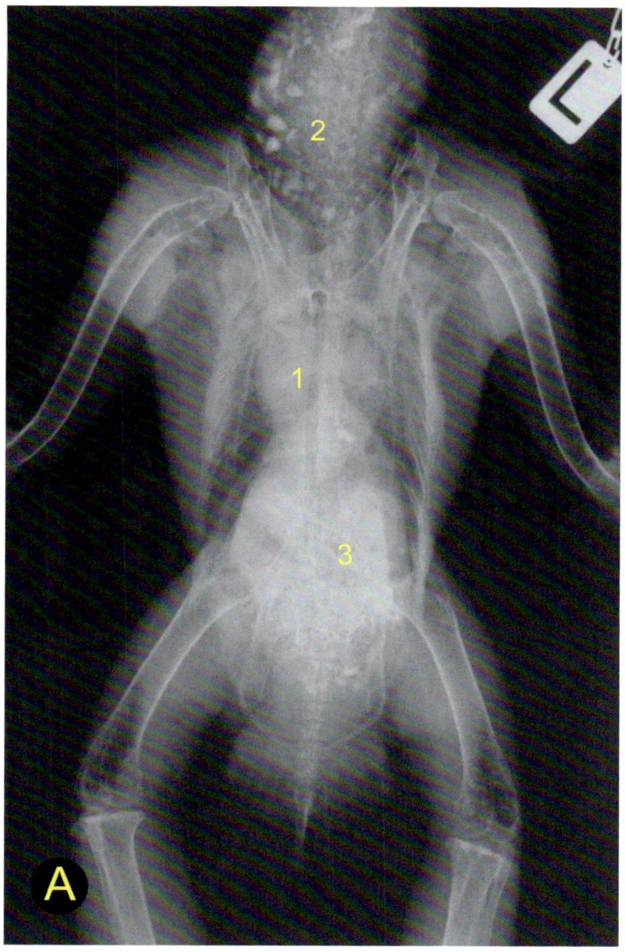

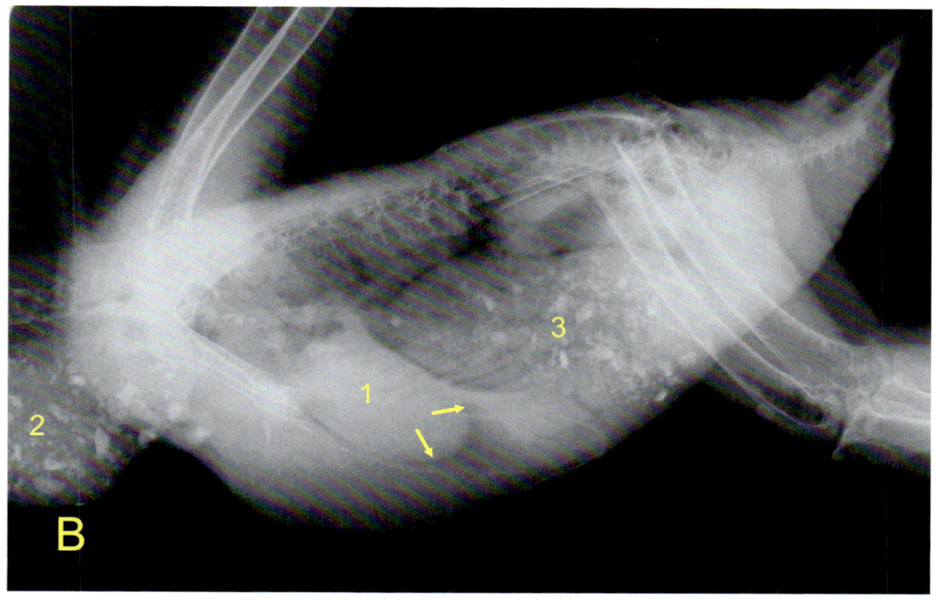

1: Herz
2: kropfähnliche Erweiterung
3: Magen

Abb. 1-119: Röntgenuntersuchung, Körper, ventro-dorsale (A) und latero-laterale (B) Projektion, Mäusebussard (*Buteo buteo*): Anflugtrauma, Luftsackruptur. Infolge der Luftsackruptur hat sich ein Luftsaum um die Herzspitze (Pfeile) gebildet, welche sich dadurch deutlich abgrenzen lässt.

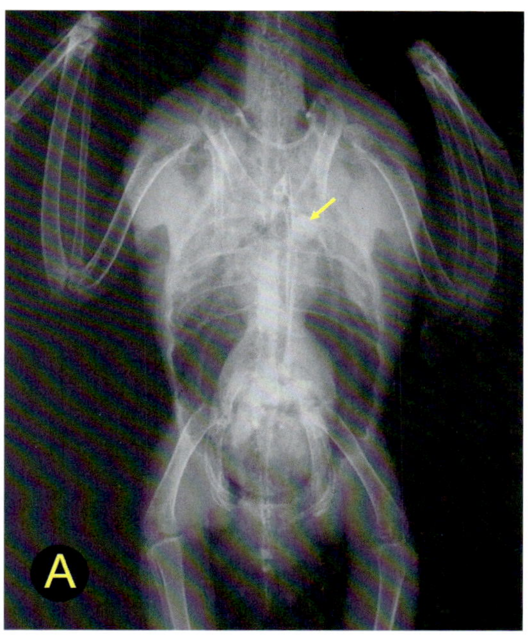

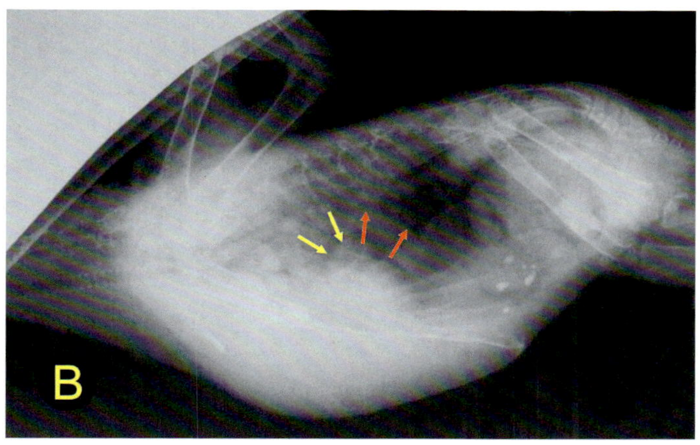

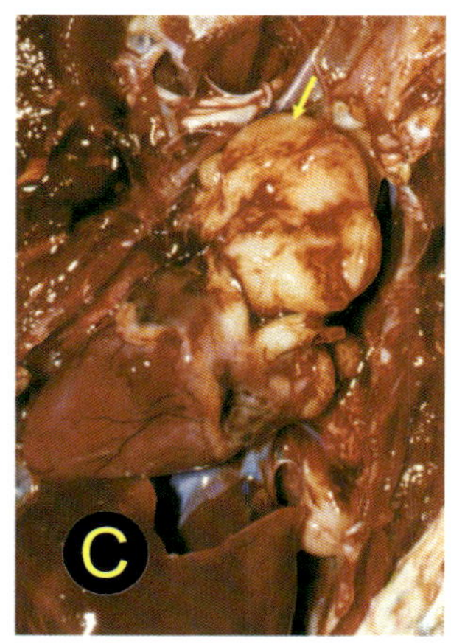

Abb. 1-120: Röntgenuntersuchung, Körper, ventro-dorsale (A) und latero-laterale (B) Projektion, Graupapagei (*Psittacus erithacus*): mykotisches Granulom an der Herzbasis. An der Herzbasis liegt eine herdförmige röntgendichte Zubildung (gelbe Pfeile). In der latero-lateralen Projektion ist erkennbar, dass durch die Zubildung der kaudale Ösophagus nach dorsal verlagert ist (rote Pfeile).

C: Sektionssitus, gleiches Tier: Granulom an der Herzbasis (Pfeil).

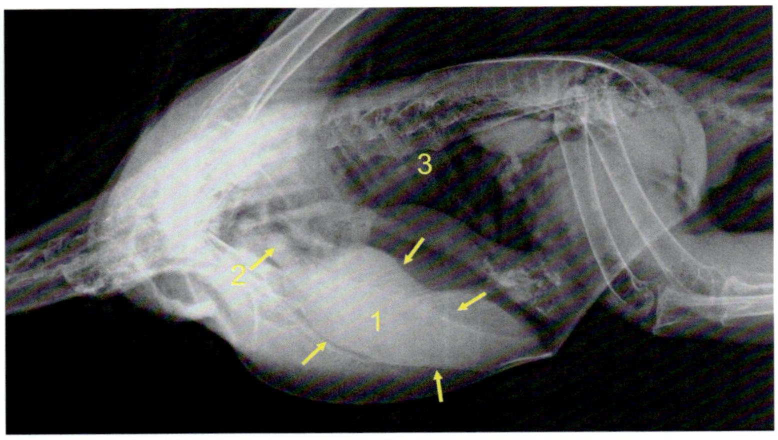

1, Pfeile: Herz
2: Truncus brachiocephalicus
3: Aorta

Abb. 1-121: Röntgenuntersuchung, Körper, latero-laterale Projektion, Seeadler (*Haliaeetus albicilla*): Herzvergrößerung unklarer Genese. Das Herz (1, Pfeile) stellt sich insgesamt vergrößert und röntgendicht dar. Die Gefäße sind unauffällig.

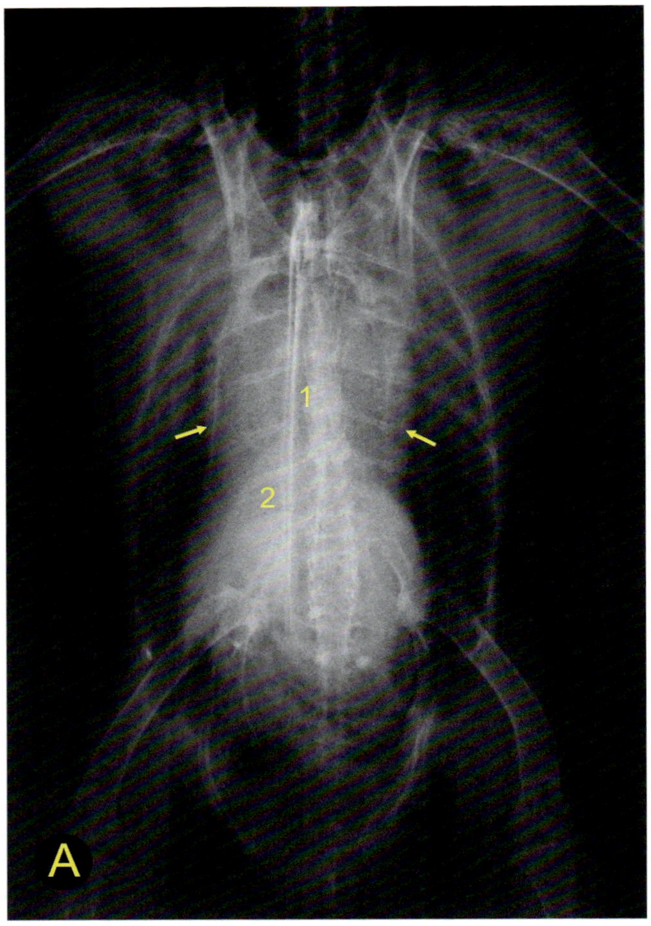

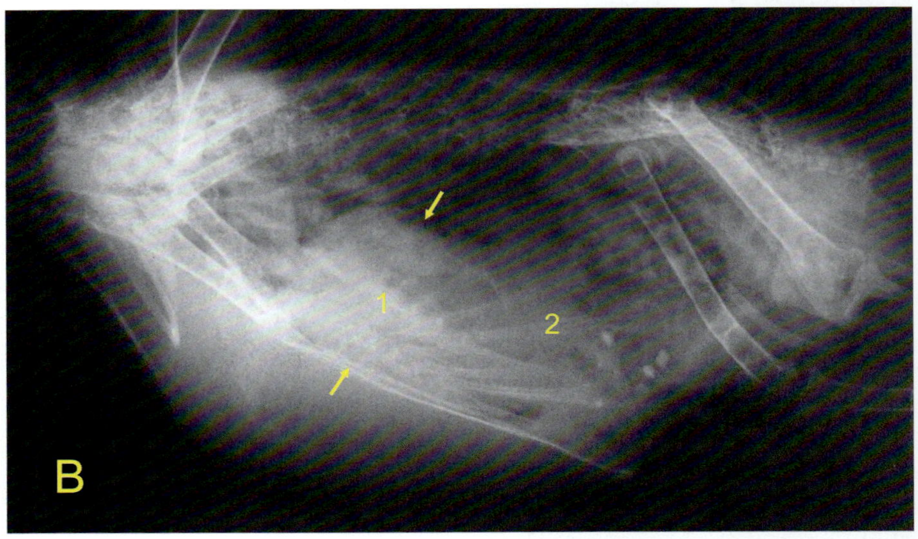

1, Pfeile: Herz
2: Leber
3: linker Ventrikel
4: linker Vorhof
5: rechter Ventrikel
6: Aszites
7: Leber
8: Perikard

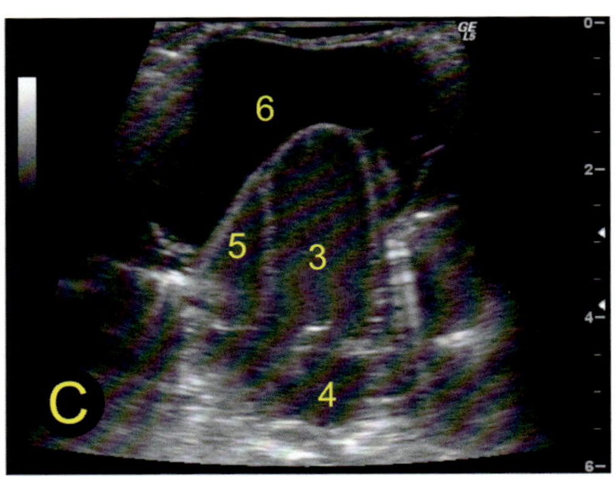

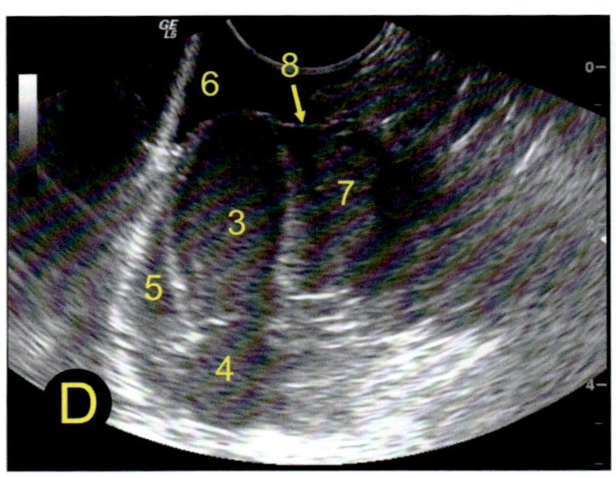

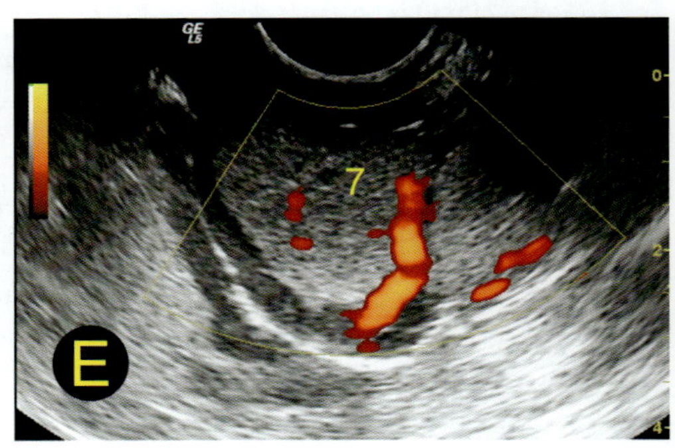

Abb. 1-122:

A, B: Röntgenuntersuchung, Körper, ventro-dorsale (A) und latero-laterale (B) Projektion, Graupapagei (*Psittacus erithacus*): Herzinsuffizienz. Das Herz (1, Pfeile) ist deutlich vergrößert. Der Leberschatten (2) ist schlecht abgrenzbar und insgesamt vergrößert, die Sanduhrform ist nicht erhalten.

C–E: Ultraschalluntersuchung, ventro-mediane Ankopplung, 7 MHz (C) bzw. 10 MHz (D, E), 6 cm ET (C) bzw. 4 cm ET (D, E), Farb-Doppler-Darstellung, gleiches Tier wie A und B. C, D: Darstellung der vergrößerten Herzkammern (3, 4, 5) sowie der Flüssigkeitsansammlung in der Leibeshöhle (6). D, E: Die Leber stellt sich gestaut dar (7), das Perikard (8) ist vom Herz abgehoben.

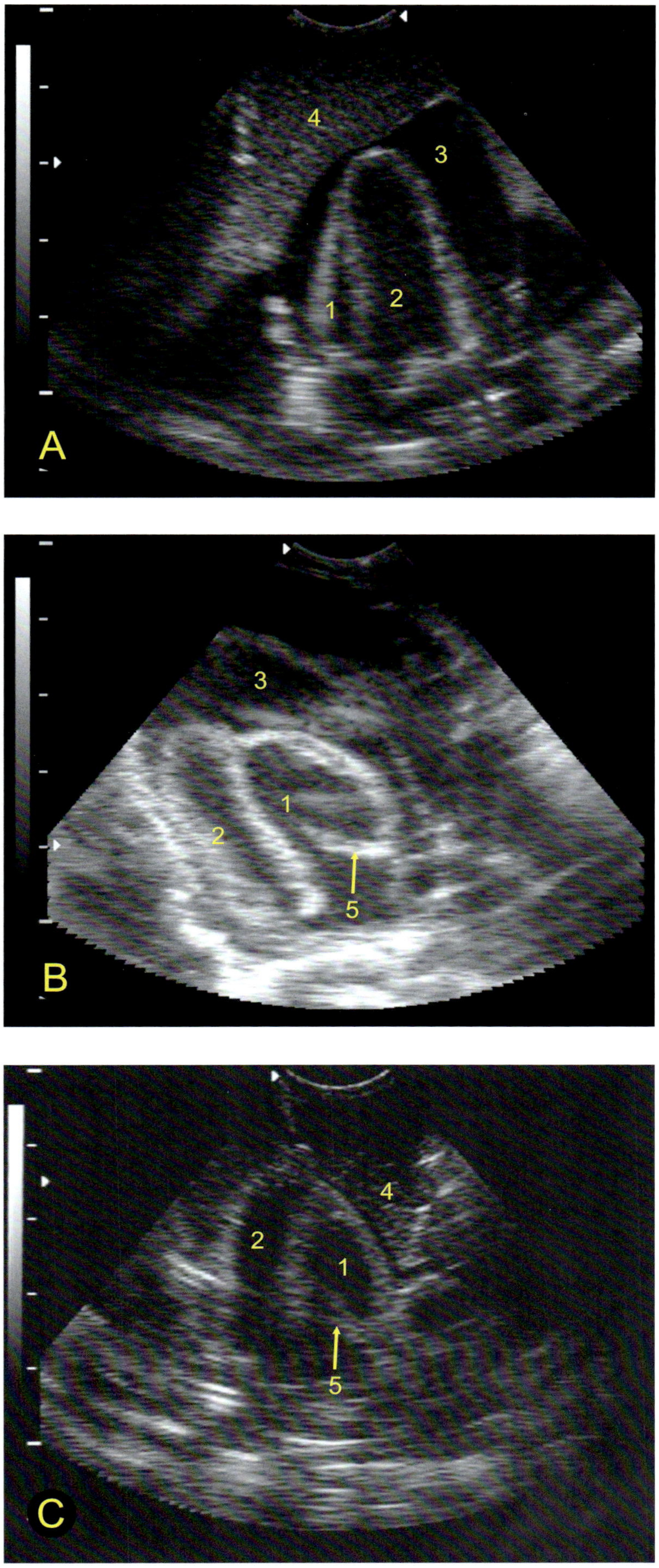

1: rechter Ventrikel
2: linker Ventrikel
3: Aszites
4: Leber
5: muskuläre AV-Klappe

Abb. 1-123:

A: Ultraschalluntersuchung, ventro-mediane Ankopplung, 7,5 MHz, 6 cm ET, Graupapagei (*Psittacus erithacus*): Psittakose, Hydroperikard. Das Herz an sich ist hier in seinem Abmessungen und seiner Funktion unauffällig.

B: Ultraschalluntersuchung, ventro-mediane Ankopplung, 7,5 MHz, 6 cm ET, Graupapagei (*Psittacus erithacus*): Rechtsherzinsuffizienz, -hypertrophie und -dilatation. Der rechte Ventrikel (1) stellt sich nahezu so groß wie der linke (2) dar, die muskuläre AV-Klappe (5) ist hochgradig hypertrophiert.

C: Ultraschalluntersuchung, ventro-mediane Ankopplung, 7,5 MHz, 6 cm ET, Blaustirnamazone (*Amazona aestiva*): Rechtsherzinsuffizienz, -hypertrophie und -dilatation. Dieser Befund gehört neben dem Hydroperikard zu den häufigsten mittels Ultraschalluntersuchung diagnostizierten Herzveränderungen.

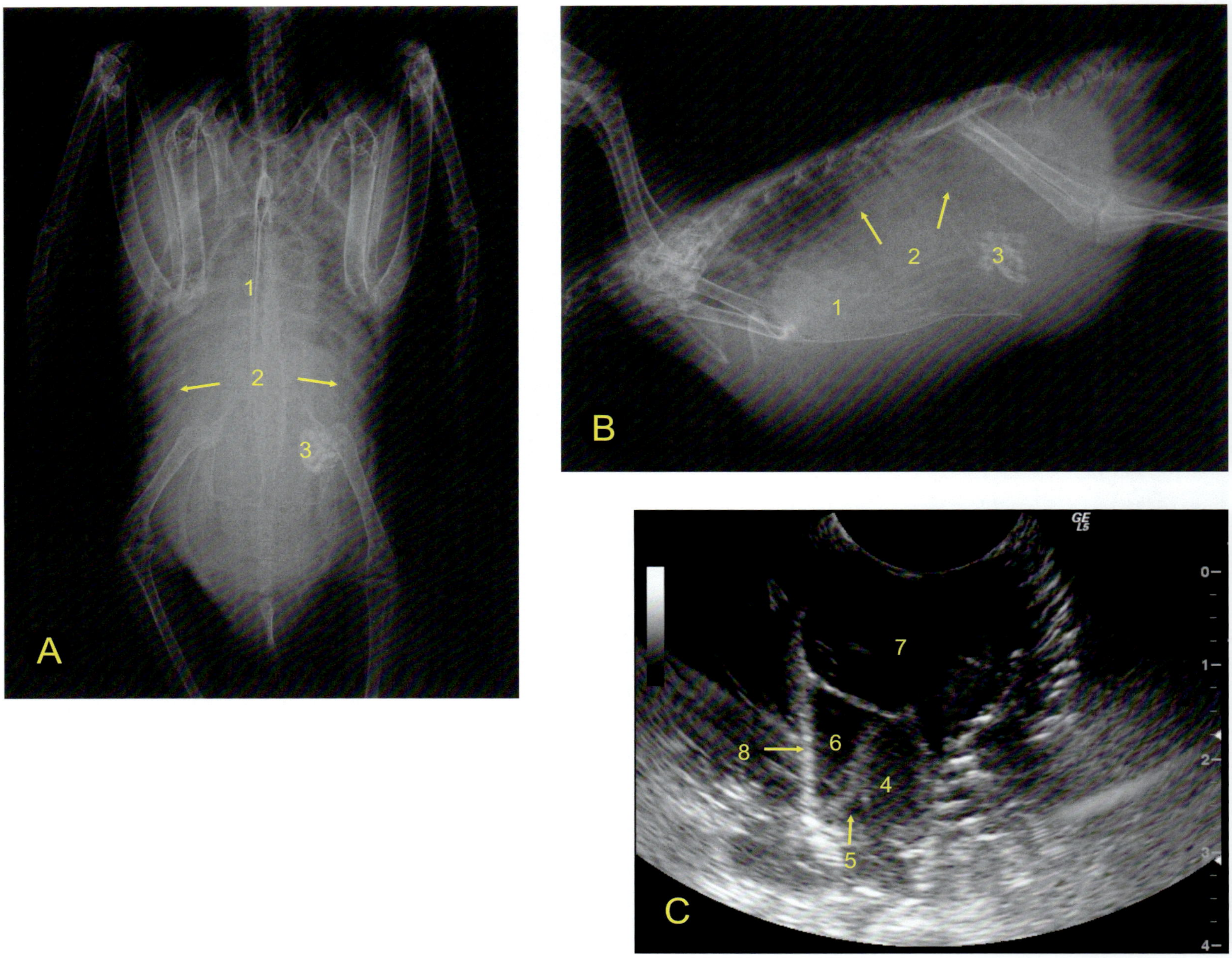

Abb. 1-124:

A, B: Röntgenuntersuchung, Körper, ventro-dorsale (A) und latero-laterale (B) Projektion, Nymphensittich (*Nymphicus hollandicus*): Herzvergrößerung, Leberstauung und Aszites. Sowohl der Herz- (1) als auch der Leberschatten (2) sind deutlich vergrößert, der Muskelmagen (3) ist nach kaudal verlagert.

C: Ultraschalluntersuchung, 10 MHz, 4 cm ET, gleiches Tier: das Herz (4: linker Ventrikel, 5: rechter Ventrikel) stellt sich umgeben von Flüssigkeit im Herzbeutel (6) dar.

1: Herz
2: Leber
3: Muskelmagen
4: linker Ventrikel
5: rechter Ventrikel
6: Herzbeutel
7: Aszites
8: Sternum

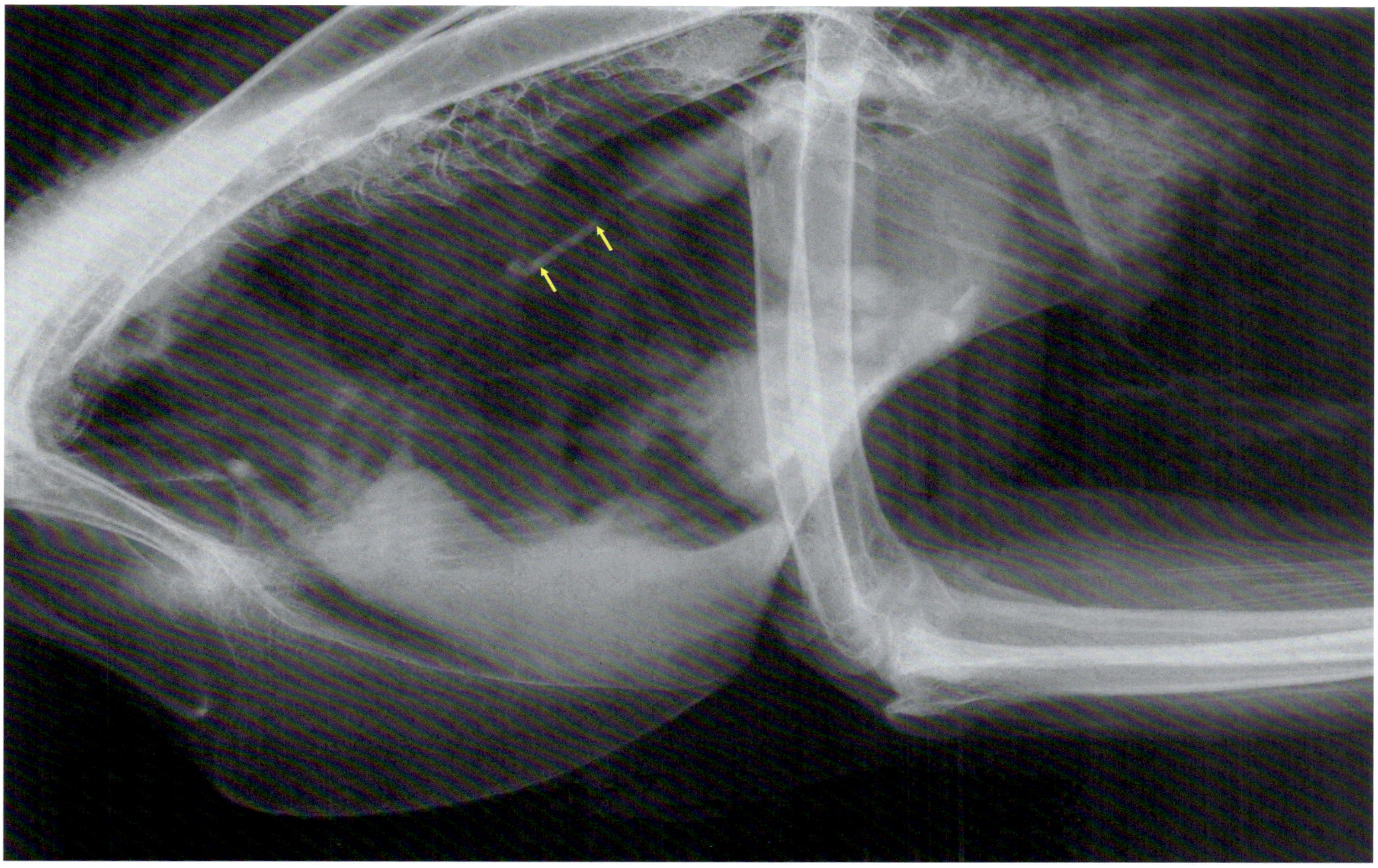

Abb. 1-125: Röntgenuntersuchung, Körper, latero-laterale Projektion, Uhu (*Bubo bubo*): Arteriosklerose und Aortenverkalkung. Deutlich ist die röntgendichte abdominale Aorta zu erkennen (Pfeile). Im ventro-dorsalen Bild war dieser Befund nicht sichtbar.

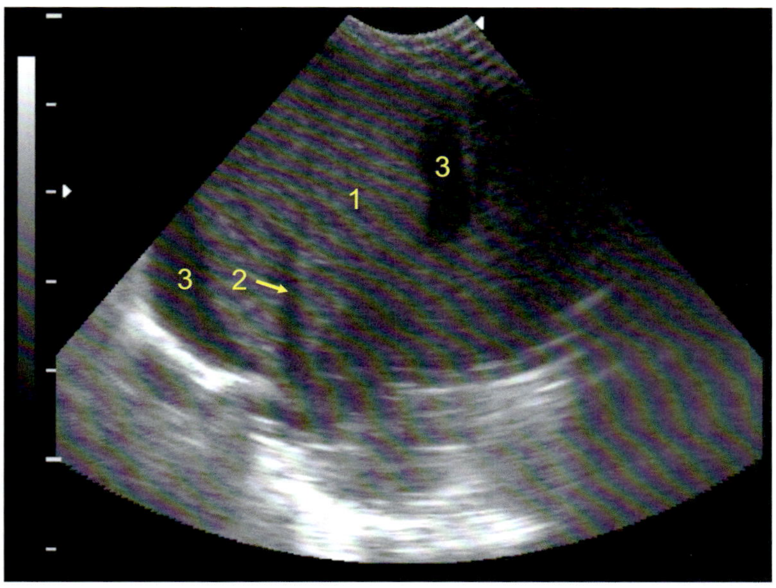

1: Leber
2: Gefäß
3: Aszites

Abb. 1-126: Ultraschalluntersuchung, ventro-mediane Ankopplung, 7,5 MHz, 6 cm ET, Graupapagei (*Psittacus erithacus*): Aszites und Leberstauung infolge Herzinsuffizienz.

1.7 Respirationstrakt

Maria-Elisabeth Krautwald-Junghanns

Erkrankungen des Lungen-Luftsack-Systems sind bei Vögeln sehr häufig und damit sind auch Indikationen für eine bildgebende Diagnostik oft gegeben. In- und Exspiration spielt für die Beurteilung von Lungenbildern aufgrund der Besonderheiten der Vogellunge keine Rolle, das Lungenvolumen ist weitestgehend konstant und daher für die Diagnostik unerheblich. Die konventionelle Röntgendiagnostik stellt die wichtigste diagnostische Maßnahme dar, allerdings können vornehmlich fortgeschrittene oder schwere Veränderungen gesehen werden, während geringgradige Veränderungen oder Veränderungen in einem frühen Krankheitsstadium den rekonstruktiven Verfahren, insbesondere der Computertomographie, vorbehalten bleiben. Da viele Vogelpatienten aber erst in einem fortgeschrittenen Krankheitsstadium vom Besitzer als krank erkannt werden, liefert die Röntgenuntersuchung häufig deutliche Zeichen am Respirationstrakt. Zurzeit gibt es keine Erkenntnisse über den Einsatz der Sonographie auf diesem Gebiet. Eine röntgenologische Untersuchung des Vogels ist speziell bei Verdacht auf eine Atemwegsmykose angezeigt, die insbesondere bei Vögeln tropischer Herkunft, wie Papageien und Beos, aber auch bei Greif- und Wasservögeln, zu den häufigsten Erkrankungsursachen zählt **(Abb. 1-127** bis **1-130)**. Die Röntgenaufnahme ist hier neben Laboruntersuchungen (Trachealabstrich, serologischer Nachweis von Antikörpern) nach wie vor ein wichtiges Instrument für die Diagnose- und Prognosestellung. Voraussetzung für die röntgenologische Diagnose von pathologischen Veränderungen des Lungen-Luftsack-Systems ist eine symmetrische Lagerung des Vogels. Bei falscher Lagerung des Patienten kann u. a. die Symmetrie der Veränderungen nicht hinreichend genau beurteilt werden. Außerdem können Muskelpartien Anteile des Respirationstraktes überlagern, was als Verschattung bzw. Verdichtung fehlinterpretiert werden kann **(Abb. 1-131B)**. Mit der Computertomographie gelingt es, Veränderungen des Respirationstraktes – und hier insbesondere solche der Lungen – in den einzelnen Schnittbildern aufgrund des Fehlens von Überlagerungen früher und wesentlich genauer zu erkennen **(Abb. 1-132** bis **1-135)**. Mit verschiedenen Post-processing-Methoden (Dichtemessung **Abb. 1-133A**, Highlighting **Abb. 1-133B**, Volumenermittlung **Abb. 1-133B**, s. auch Kap. 1.3) können pathologische Veränderungen definiert werden und Wiederholungsuntersuchungen Aussagen über den Krankheits- bzw. Heilungsverlauf geben. Insbesondere die Lungendichtemessung erweist sich in diesem Zusammenhang als wichtiger Parameter. Die CT wird daher vornehmlich bei Ankaufsuntersuchungen wertvoller Vögel und bei unklaren klinischen oder röntgenologischen Lungenbefunden bzw. zur Verlaufskontrolle eingesetzt.

1.7.1 Nasen- und Nasennebenhöhlen

Infolge starker Sekretbildung oder Granulombildung (bei Pilzbefall) stellen sich Infektionen der oberen Atemwege wie Rhinitis oder **Sinusitis** im Röntgenbild als Verdichtungen im Bereich der betroffenen Hohlraumsysteme dar **(Abb. 1-136** bis **1-140)**. In chronischen Fällen kann auch das umgebende Knochengewebe infiziert werden (s. **Abb. 1-112A, B**). In vielen Fällen von Weichteilschwellungen liefert eine Kontrastmitteldarstellung bzw. eine computertomographische Untersuchung eindeutigere Ergebnisse. Im Computertomogramm kann nicht nur das Ausmaß der Veränderungen erfasst werden, sondern durch Dichtemessung kann auch die Art der Veränderung bestimmt werden. Darüber hinaus kann durch Highlighting das Volumen der pneumatisierten Räume des Schädels bestimmt werden (s. **Abb. 1-137** und **1-138** und Kap. 1.3). So können z. B. die Prognose einer Sinusitis sowie der Behandlungserfolg bei Verlaufsuntersuchungen genauer ermessen werden. Sowohl konventionelle als auch rekonstruktive radiologische Verfahren können mit einer Kontrastmitteldarstellung kombiniert werden **(Abb. 1-140)**. Hierdurch kann z. B. der Fluss des Kontrastmittels durch Nasen und Sinus infraorbitalis Auskunft über Passagebehinderung z. B. bei chronischen Sinusitiden geben bzw. im Fall einer **Choanenatresie** zur Diagnostik derselben beitragen.

1.7.2 Trachea und Syrinx

Die Trachea ist der Palpation und/oder der endoskopischen Adspektion zugänglich, so dass röntgenologische Untersuchungen nur in Einzelfällen, etwa bei Fremdkörperverdacht oder bei traumatischen Verletzungen angezeigt sind. Die Syrinx stellt sich zudem röntgenologisch oft nur unbefriedigend dar **(Abb. 1-130, 1-131B, 1-141, 1-142B)**, da sie durch Coracoid, kraniale Herzgefäße und Flugmuskulatur überlagert wird. **Syrinxstenosen** können aber oft im Röntgenbild auch indirekt durch Überdehnung der abdominalen Luftsäcke (*air trapping*) vermutet werden **(Abb. 1-127, 1-143** und **1-144B)**. Aufgrund der Ventilwirkung der Syrinxverengung wird hier die Ausatmung behindert, so dass es zu einem Luftstau kommt. Computertomographisch stellen sich Trachea und Syrinx gut dar und können auch vermessen werden, Indikationen für den Einsatz der CT sind allerdings in diesem Bereich selten gegeben.

1.7.3 Lungen

Die röntgenologische Darstellung von Lungenveränderungen gelingt am besten im latero-lateralen Strahlengang (vgl. **Abb. 1-128** und **1-131**). Hierbei zeigt sich im Normalbild auch das für unveränderte Lungen typische bienenwabenartige Muster am deutlichsten. Im ventro-dorsalen Bild kann dagegen eher eine Aussage über die Symmetrie der Veränderungen getroffen werden **(Abb. 1-130)**. Zur Beurteilung eines **homogen verdichteten Lungenschattens (Abb. 1-142)** kann mitunter der Vergleich der Röntgenaufnahme mit einer Normaldarstellung der entsprechenden Vogelart hilfreich sein. Bei auf den ersten Blick wenig auffälligen Veränderungen der Lunge sollte insbesondere bei kleineren Vögeln eine genauere Betrachtung unter Lupenvergrößerung vorgenommen werden. Mit der Computertomographie gelingt es, anhand von Lungendichtemessungen die Veränderungen der Lunge gezielt anzusprechen. Eine **Dilatation der großen Bronchien (Abb. 1-128)** sowie eine **Abrundung der kaudalen Lungengrenze (Abb. 1-129)** sind weitere unspezifische Röntgenzeichen für das Vorliegen einer Lungenerkrankung, welche ebenfalls im CT besser erkannt werden können. Eine diffuse Verdichtung oder Verdickung der Bronchienwandung findet sich häufig nach Infiltrationsvorgängen oder infolge von Exsudationen. Mykosen äußern sich im konventionellen Röntgenbild auf Grund von Granulombildungen häufig als **ungleichmäßig verteilte Flecken im Lungenfeld (Abb. 1-127** bis **1-130)** unterschiedlichen Ausmaßes. Bakteriell bedingte Erkrankungen der Lunge stellen sich hingegen mit Ausnahme der Tuberkulose, bei der sich ebenfalls herdförmige Verdichtungen zeigen **(Abb. 1-145)**, meistens als homogen verdichtetes Lungenfeld dar **(Abb. 1-142)**. Im Gegensatz zu den Säugetieren spielt die Abgrenzung von Lungentumoren beim Vogel keine Rolle, da solche extrem selten sind und herdförmige Zubildungen **(Abb. 1-145)** im Allgemeinen auf infektiöse Ursachen (Mykosen, seltener bakterielle Erkrankungen) zurückzuführen sind. Im CT können darüber hinaus Veränderungen der Lungengefäße und der Sekundärbronchien dargestellt werden. Eine **erhöhte Lungendichte** geht dabei morphologisch häufig mit einer verminderten Darstellung der Bronchien bzw. der Gefäße einher. Eine fehlende oder unzureichende Darstellung des Hauptbronchus kann manchmal im Zuge schwerer Mykosen gefunden werden und dann kompensatorisch zu einer Erweiterung der Sekundärbronchien führen **(Abb. 1-133)**. Die Darstellung von erweiterten Lungengefäßen im Röntgenbild geht dagegen oft mit einer erhöhten Röntgendichte der Gefäßwand einher (arteriosklerotische Prozesse, **Abb. 1-130, 1-142**) bzw. kommt durch Stauungserscheinungen im Lungenkreislauf **(Abb. 1-134)** zustande. Kalzifizierungen einzelner Lungenareale als unspezifisches Zeichen chronischer, meist infektiöser Erkrankungen werden mit beiden röntgenologischen Methoden dargestellt.

1.7.4 Luftsäcke

Die morphologische Beurteilung der Luftsäcke ist mit beiden Röntgenmethoden schwer; auch in der CT-Untersuchung gelingt es aufgrund der dünnen Luftsackwand nicht immer, diese vom umliegenden Weichteilgewebe abzugrenzen. In der Regel können aber die in der konventionellen Röntgenuntersuchung gefundenen Zeichen (s. u.: Verdickung, Verkalkung) besser und überlagerungsfreier mit der CT dargestellt werden **(Abb. 1-132)**. **Veränderungen im Luftsackvolumen** (meist Einengung) werden häufig im herkömmlichen Röntgenbild gesehen, deren Ausmaß kann aber nur durch Volumenmessung im CT bestimmt werden **(Abb. 1-133B)**. Diagnostisch und prognostisch ist dies im Gegensatz zum Parameter »Lungendichte« aber nicht von großer Relevanz, da das Luftsackvolumen auch physiologischerweise beim Vogel großen Schwankungen unterworfen ist (z. B. Eianbildung). Bei der konventionellen Röntgenuntersuchung sollte eine Befundung der Luftsäcke sowohl im ventro-dorsalen als auch im latero-lateralen Strahlengang vorgenommen werden. Während sich in der ventro-dorsalen Aufnahme insbesondere die Symmetrie von Luftsackveränderungen beurteilen lässt **(Abb. 1-127A, 1-130A, 1-145A)**, können **Verdickungen der Luftsackwandungen** (»Kavernenbildungen«) besser im latero-lateralen Röntgenbild erkannt werden **(Abb. 1-127B, 1-129)**. Nur bei hochgradigen Veränderungen werden die verdickten Luftsackwände auch im ventro-dorsalen Bild gesehen **(Abb. 1-127A)**. Stenosen im vorderen Respirationstrakt lassen sich an einer Überdehnung der abdominalen Luftsäcke (*air trapping*, **Abb. 1-143** und **1-144**) sowohl ventro-dorsal als auch latero-lateral diagnostizieren. Bei schwerwiegenden, die Atmung beeinträchtigenden Prozessen, seltener auch nach Überanstrengung, kann auch eine **Dilatation der Axillardivertikel** in der ventro-dorsalen Aufnahme beobachtet werden **(Abb. 1-131)**. Überdehnungen der zervikalen Luftsäcke **(Abb. 1-146)** können besonders bei Brieftauben nach anstrengenden Preisflügen festgestellt werden. Verletzungen der zervikalen Luftsäcke resultieren häufig in der Bildung umfangreicher Unterhautemphyseme. Erweisen sich derartige Emphyseme als therapieresistent, sollten die möglichen Ursachen für die **Luftsackverletzungen** (Fremdkörper usw.) gegebenenfalls auch im Rahmen einer Röntgenuntersuchung abgeklärt werden. Nach Trauma, z. B. Gegenfliegen, kann es zur Ruptur von kranialen Luftsackwänden in der Leibeshöhle kommen; röntgenologisch ist dies häufig durch eine verbesserte Darstellung insbesondere von Herz und Leber gekennzeichnet **(Abb. 1-141** und **1-147)**. Die die Organe nun umgebende Luft wirkt dabei als negatives Kontrastmittel. Mit fortschreitender Resorption und Erholung des traumatisierten Vogelpatienten verringert sich auch die Darstellung der inneren Organe wieder. Bei infektiös bedingten Erkrankungen der Lunge sind häufig auch die Luftsäcke betroffen. Bei bakteriell bedingten **Luftsackentzündungen** kommt es dabei eher zu beidseitig gleichermaßen veränderten Luftsackbezirken **(Abb. 1-142A)**, während asymmetrische Veränderungen zusammen mit deutlich verdickten Luftsackwandungen im latero-lateralen Bild bzw. **Kavernenbildungen**) **(Abb. 1-129)** und, im fortgeschrittenen Stadium, herdförmigen Verschattungen **(Abb. 1-127B)** oft kennzeichnend für mykotische Aerosacculitiden sind. Bei adipösen Tieren wird im ventro-dorsalen Röntgenbild vermeintlich ebenfalls eine homogene Verschattung der Luftsäcke gesehen (da der Röntgenstrahl auch Fett durchdringen muss, kommt dies durch Überlagerung zustande, **Abb. 1-148**); in der Seitenaufnahme sind jedoch keine verdickten Luftsackwände zu finden. **Kalzifizierungen** der Luftsackwände können deutlich erkannt werden und sind wiederum ein unspezifisches Zeichen für eine chronische infektiöse Erkrankung.

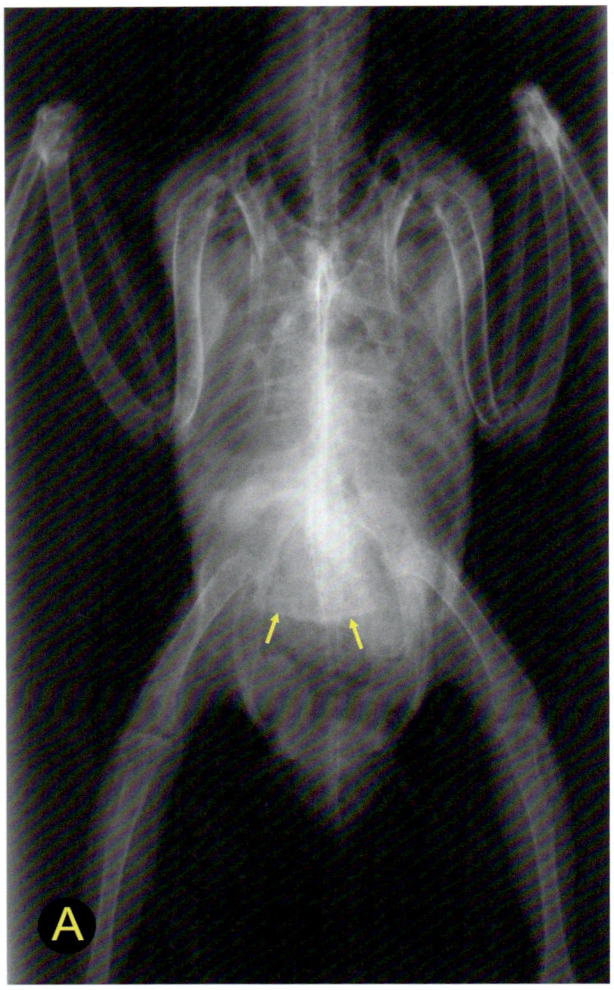

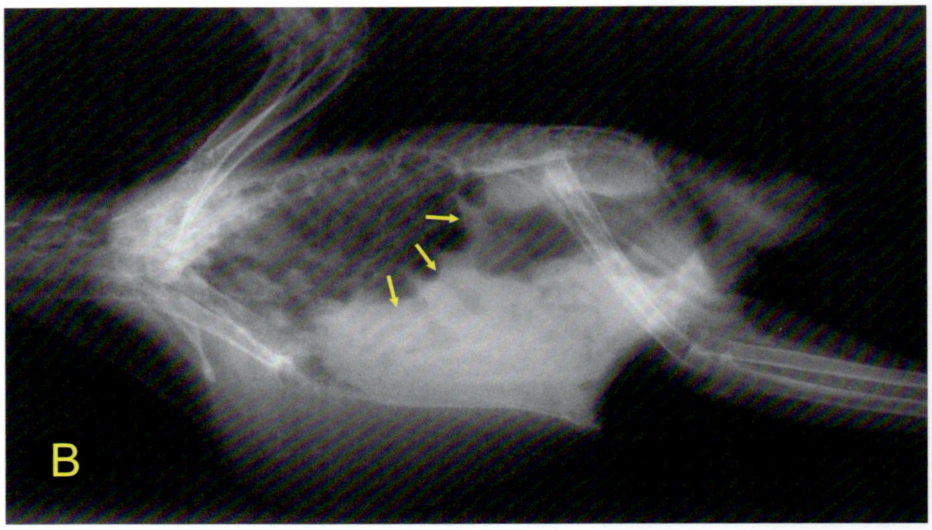

Abb. 1-127: Röntgenuntersuchung, Körper, ventro-dorsale (A) und latero-laterale (B) Projektion, Grüner Kongopapagei (*Poicephalus gulielmi*): hochgradige fortgeschrittene Mykose des Respirationstraktes.

A: Keine Differenzierung innerer Organe möglich aufgrund inhomogener Verdichtungen in der gesamten Leibeshöhle, teilweise verdickte Luftsackgrenzen (Pfeile) erkennbar.

B: Inhomogen verdichtetes Lungenfeld, Kavernenbildung (Pfeile), dadurch fast keine Differenzierung innerer Organe möglich. *Air trapping* (Luftstau) im Abdominalluftsack.

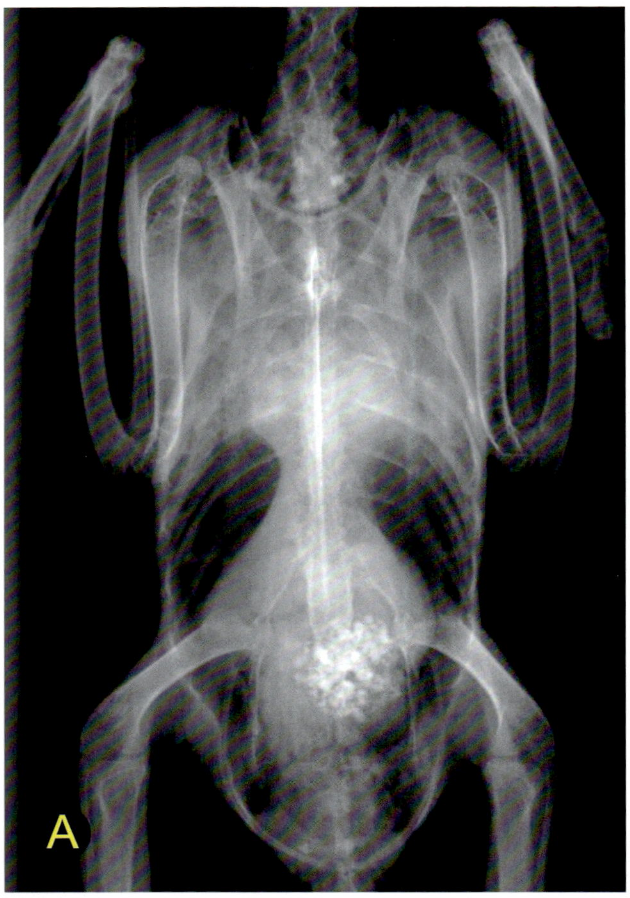

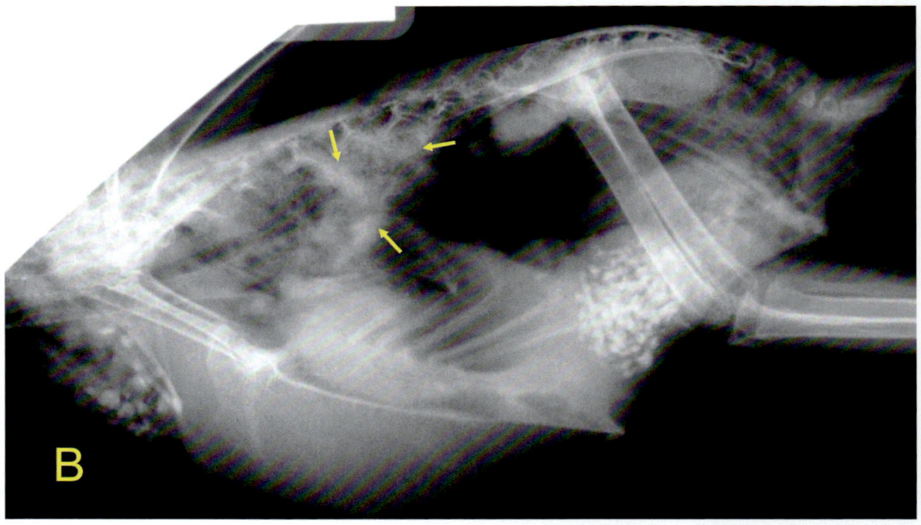

Abb. 1-128: Röntgenuntersuchung, Körper, ventro-dorsale (A) und latero-laterale (B) Projektion, Blaustirnamazone (*Amazona aestiva*): Lungenmykose.

A: Im Vergleich zur latero-lateralen Aufnahme (B) sind die Veränderungen der Lunge durch Überlagerungen kaum zu sehen, insbesondere da die Flügel zu nahe am Körper gelagert wurden.

B: Röntgendichte inhomogene Verdichtungen im kaudo-ventralen Lungenbereich (Pfeile). Es ist ein dilatierter Bronchus über der Trachea zu erkennen.

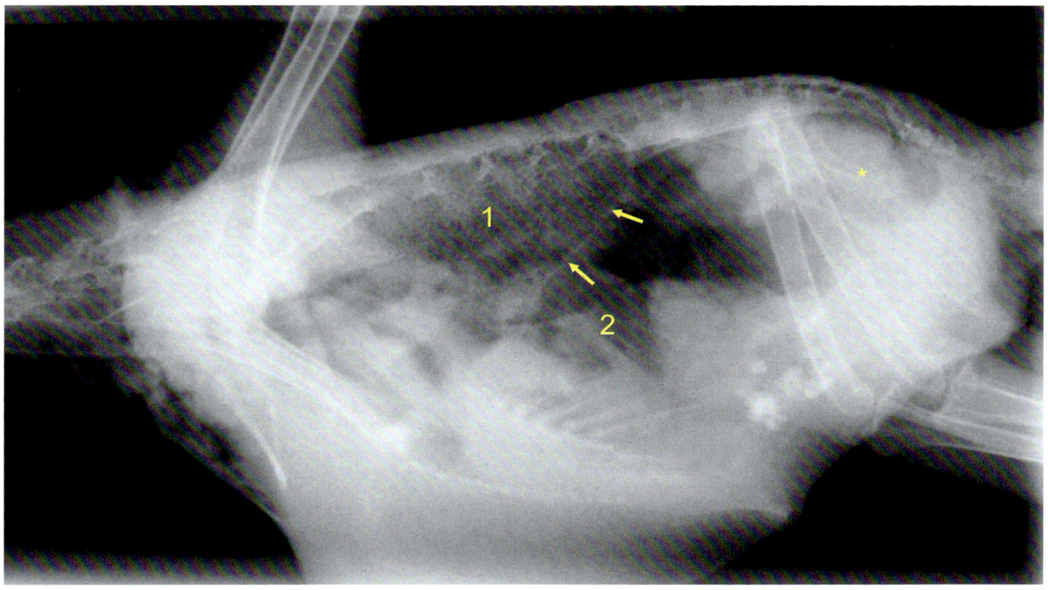

1: Lunge
2: Kavernen
*: *air trapping*

Abb. 1-129: Röntgenuntersuchung, Körper, latero-laterale Projektion, Graupapagei (*Psittacus erithacus*): fortgeschrittene Mykose des Respirationstraktes. Abrundung der kaudalen Lungengrenze (Pfeile), Verdichtung im ventralen Lungenbereich, Kavernenbildung (2), *air trapping* (*).

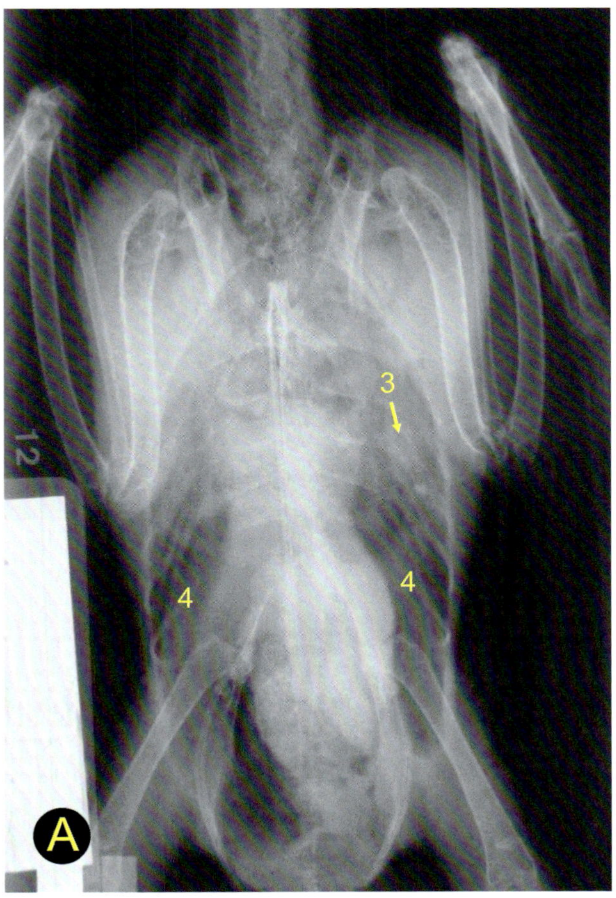

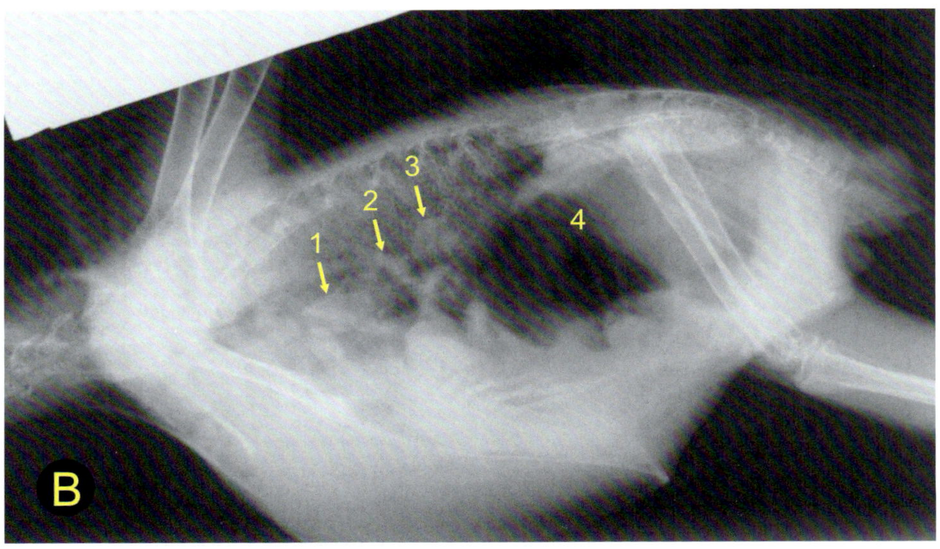

1: Syrinx
2: große Herzgefäße
3: Lunge
4: Luftsäcke

Abb. 1-130: Röntgenuntersuchung, Körper, ventro-dorsale (A) und latero-laterale (B) Projektion, Graupapagei (*Psittacus erithacus*): Mykose des Respirationstraktes.

A: Inhomogen verdichtetes Lungen- und Luftsackfeld (4), Granulom im linken Lungenfeld (3) im Vergleich zur latero-lateralen Ebene schwer zu erkennen.

B: Syrinxbereich (1) verdichtet, röntgendichte große Herzgefäße (2), herdförmige Verdichtung im ventralen Lungenbereich (3), verdichtete kaudale Luftsäcke (4).

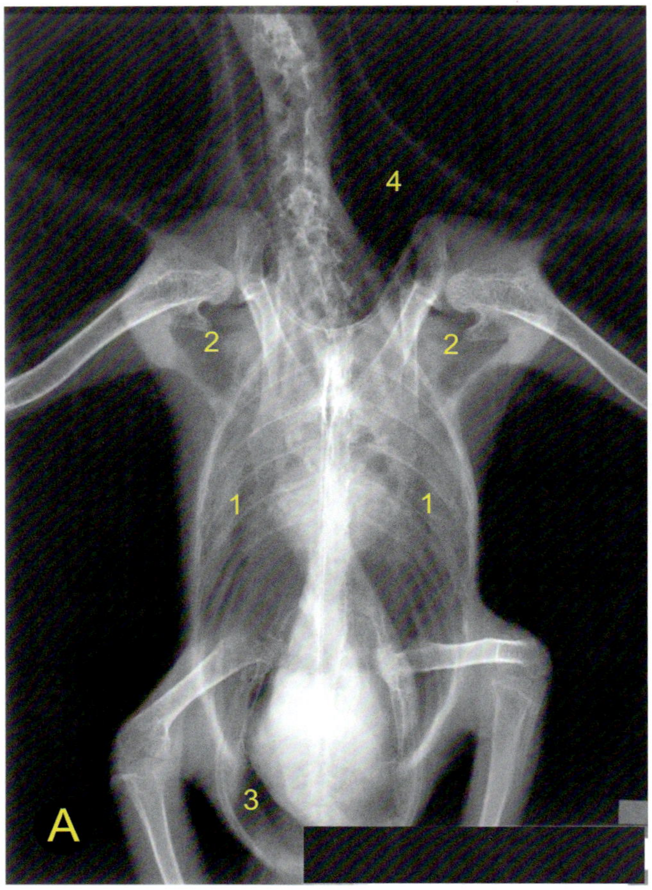

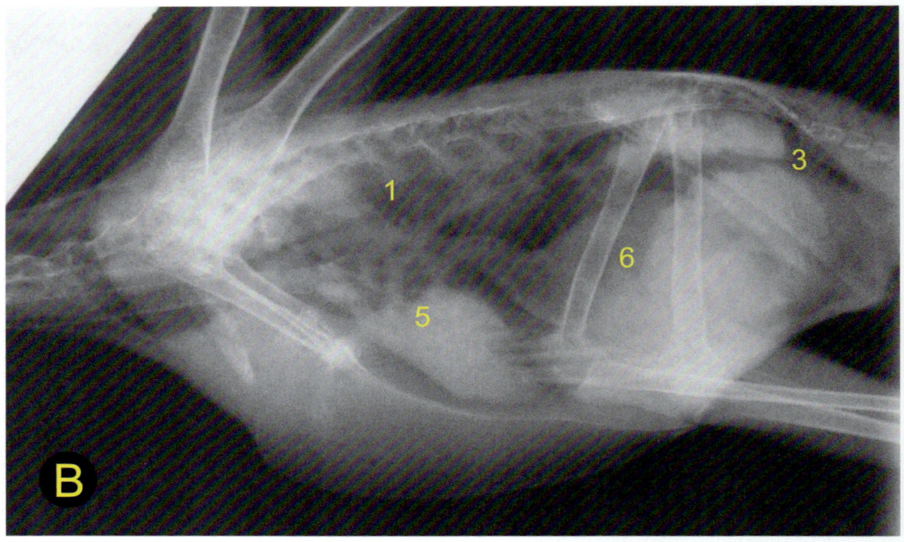

1: Lunge
2: Axillarluftsäcke
3: Abdominalluftsack
4: Unterhautemphysem
5: Herz
6: Drüsenmagen

Abb. 1-131: Röntgenuntersuchung, Körper, ventro-dorsale (A) und latero-laterale (B) Projektion, Dunkelroter Ara (*Ara chloroptera*): Überanstrengung nach Entfliegen.

A: Homogene Verdichtung der Brust- und Bauchluftsäcke und Lungen (1), Überdehnung der Axillarluftsäcke (2) und des Abdominalluftsackes (3), Unterhautemphysem nach Überanstrengung (4).

B: Durch Überdehnung der vorderen Luftsäcke stellen sich Herz, Gefäße und Syrinxbereich deutlich dar (5), die hinteren Luftsackwände sind auf dieser Aufnahme aufgrund der zu wenig nach kaudal gezogenen Hintergliedmaßen und dadurch entstehender Überlagerung mit denselben nicht zu erkennen. Die Beurteilung des vergrößerten Drüsenmagens (6) muss infolge der nicht korrekten Lagerung des Tieres ebenfalls vorsichtig beurteilt werden.

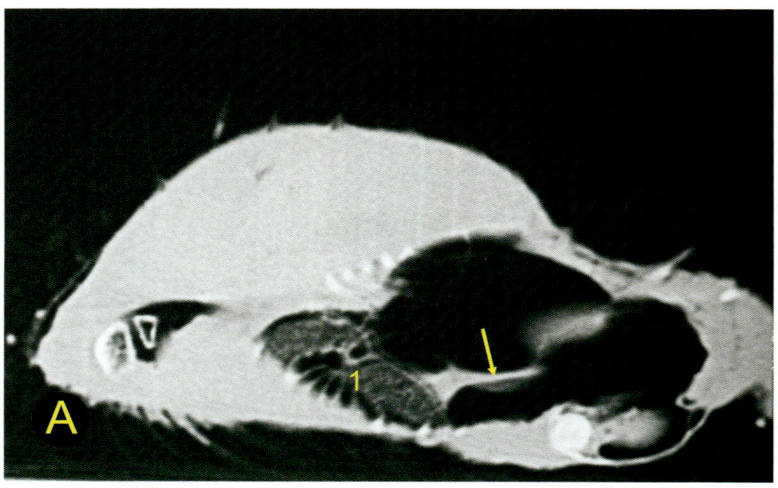

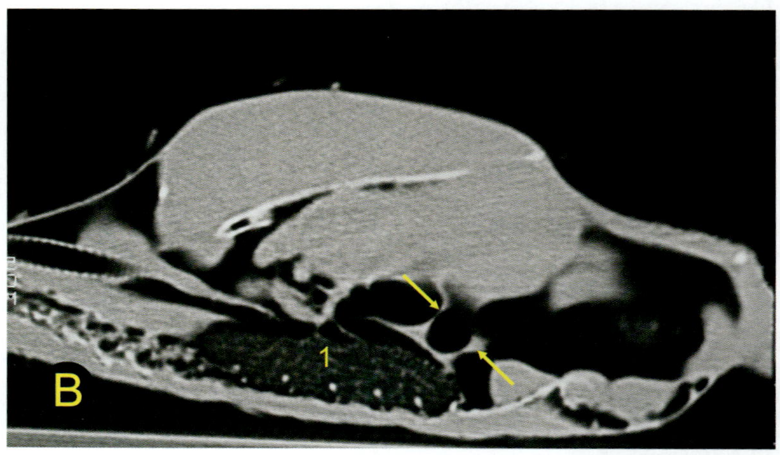

Abb. 1-132: CT-Untersuchung, Körper, sagittale Schnittebene, lateraler Schnitt rechte Körperhälfte (A), paramedianer Schnitt rechts nahe Körpermitte (B) (120 kV, 85 mA, SD 2 mm, W: 2800, L: –300), Blaustirnamazone (*Amazona aestiva*): Mykose des Respirationstraktes.

A: Kaudale Brustluftsackwand verdickt (Pfeil).

B: Kraniale und kaudale Brustluftsackwand verdickt (Pfeile).

1: Lunge

Pfeile: Brustluftsackwand

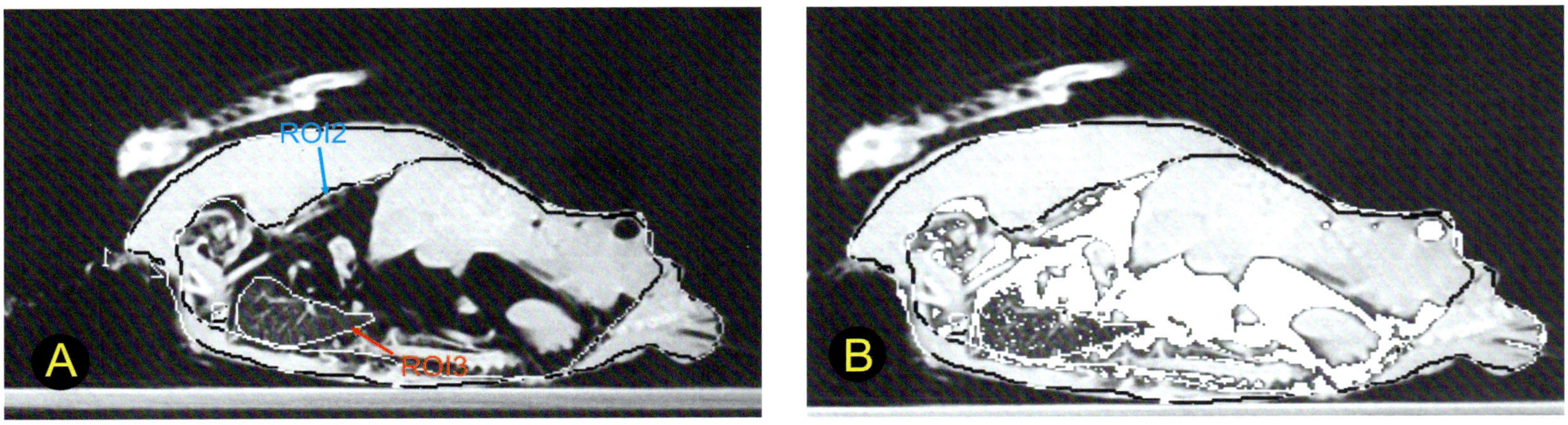

Abb. 1-133: CT-Untersuchung, Körper, sagittale Schnittebene (120 kV, 165 mA, SD 2 mm, W: 2800, L: –300), Graupapagei (*Psittacus erithacus*): überdehnte Sekundärbronchien aufgrund Verlegung des Hauptbronchus.

A: Vermessung verschiedener Areale: ROI 3: Lunge, ROI 2: Körperhöhle; dadurch Vorbereitung für B und Bestimmung der Lungendichte.

B: Highlighting mit Darstellung pneumatisierter Räume der in A vermessenen Lungen (ROI 3) und der Körperhöhle (ROI 2); dadurch Sichtbarmachung der überdehnten Sekundärbronchien bzw. Bestimmung des Luftsackareals dieses Schnittes.

Eine Gesamtbewertung wird dann durch Vermessen, Dichtebestimmung bzw. Highlighting in jeder Schnittebene möglich.

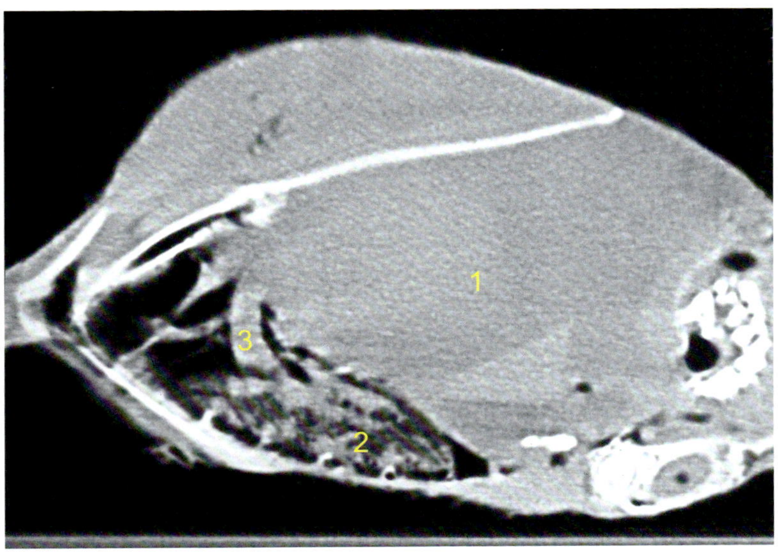

1: Aszites (unbekannter Ursache)
2: Schaumzellgranulome der Lunge
3: dilatierte Gefäße

Abb. 1-134: CT-Untersuchung, Körper, sagittale Schnittebene (120 kV, 165 mA, SD 2 mm, W: 2800, L: –300), Venezuelaamazone (*Amazona amazonica*).

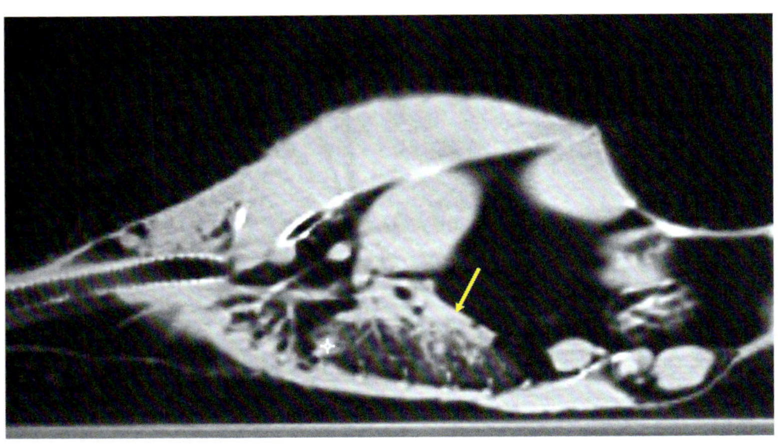

Abb. 1-135: CT-Untersuchung, Körper, sagittale Schnittebene, rechts paramedian (120 kV, 85 mA, 2 mm SD, W: 1552, L: –67), Graupapagei (*Psittacus erithacus*): Lungenmykose. Ventrale Lungenbereiche verdichtet (*, Pfeil), die Lungendichtemessung der rechten Lunge ergab einen deutlich erhöhten Dichtewert im rechten Lungenbereich.

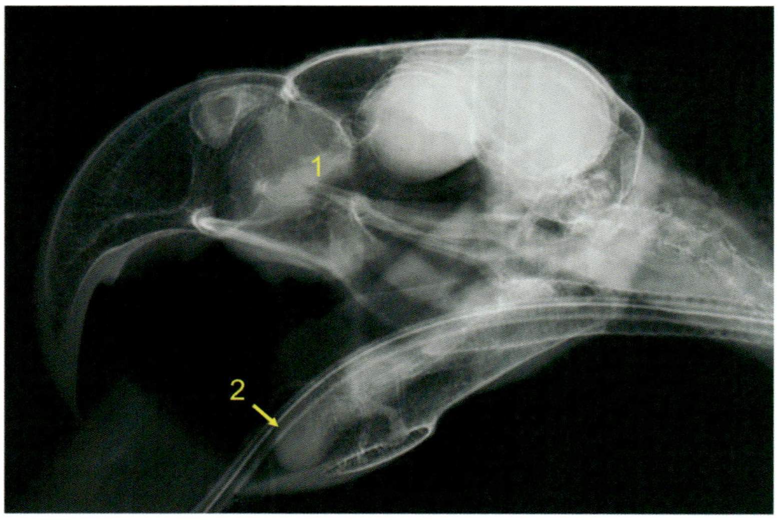

1: Weichteilschwellung
2: Tubus

Abb. 1-136: Röntgenuntersuchung, Kopf, latero-laterale Projektion, Hyazinthara (*Anodorhynchus hyacinthinus*): Mykotisch bedingte chronische Sinusitis. Röntgendichte Weichteilschwellung (1) im Bereich des Sinus infraorbitalis, Röntgenuntersuchung in Narkose.

Abb. 1-137: Gelbwangenamazone (*Amazona autumnalis*): chronische Sinusitis. Klinisches Bild zu den Abbildungen 1-138 bis 1-140 (Patient zu Abb. 1-139 und 1-140).

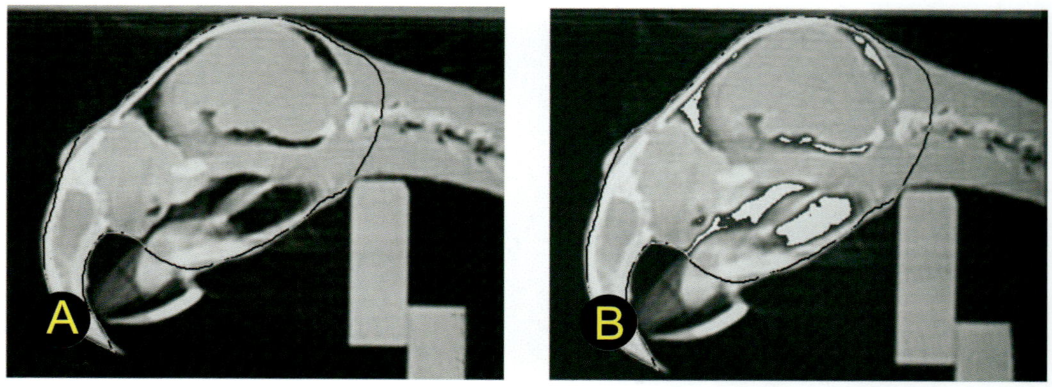

Abb. 1-138: CT-Untersuchung, Kopf, sagittale Schnittebene (165 kV, 120 mA, SD 2 mm W: 2800, L: –300), Graupapagei (*Psittacus erithacus*): chronische Sinusitis.

A: In diesen Schnitten kann das Ausmaß der entzündlichen Veränderungen erkannt werden. Zusätzlich zur Vorbereitung des Highlightings Vermessung eines definierten Kopfareals.

B: Highlighting mit Darstellung pneumatisierter Räume des in A vermessenen Areals; dadurch Sichtbarmachung der Ausdehnung der Sinusitis und Reduzierung lufthaltiger Räume in diesem Schnitt.

Eine Gesamtbewertung wird dann durch Vermessen bzw. Highlighting in jeder Schnittebene möglich. Aufgrund der jeweils erhaltenen Messwerte (s. Kap. 1.3.3.2) kann im Weiteren auch eine objektive Beurteilung des Behandlungsverlaufs erfolgen.

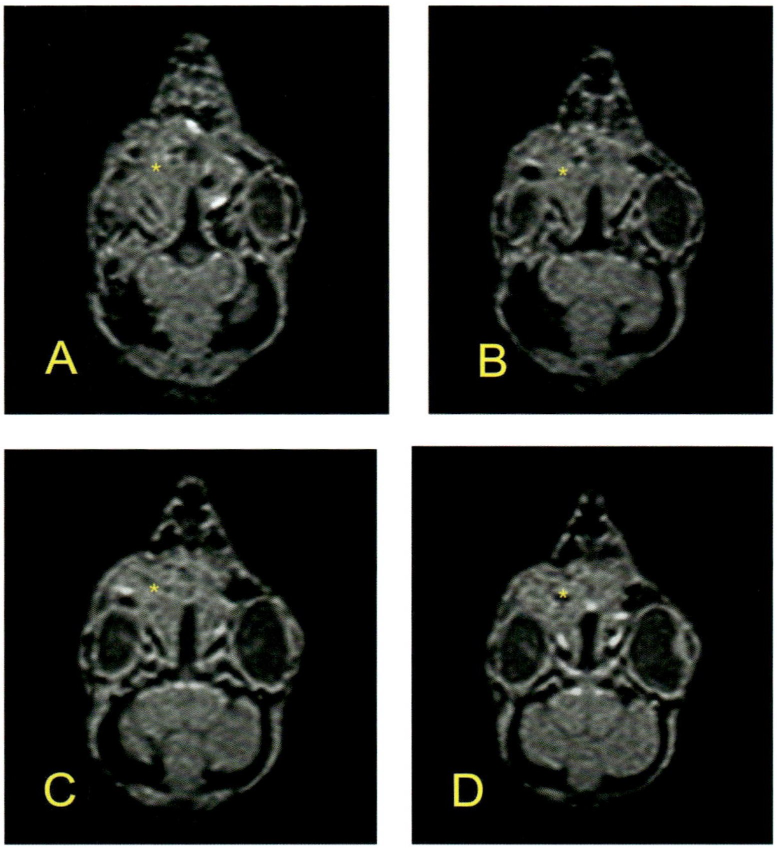

Abb. 1-139: MRT-Untersuchung, Kopf, transversale Ebene, Oberflächenspule, T1-Wichtung, Gelbwangenamazone (*Amazona autumnalis*): chronische Sinusitis. In diesen Schnitten kann auch unter Vergleich der Symmetrie beider Seiten das Ausmaß der entzündlichen Veränderungen (*) verfolgt werden.

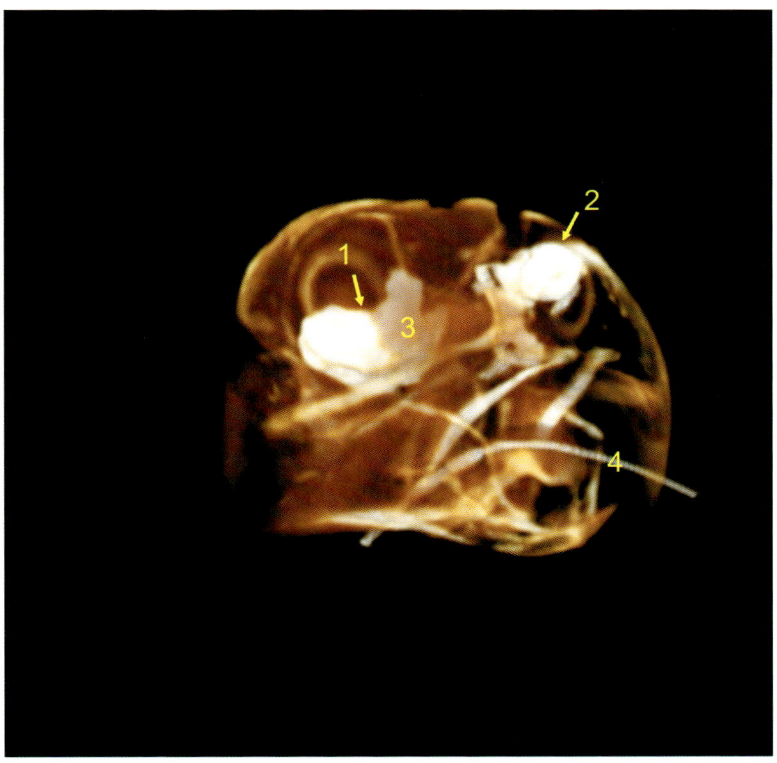

1: Sinus
2: Nasenöffnungen
3: Kontrastmittelstau
4: Tubus

Abb. 1-140: CT-Untersuchung, dreidimensionale Rekonstruktion, nach Instillation von Iopamidol (250 mg Jod/ml, 1 ml, in den Sinus) (140 kV, 150 mA), Gelbwangenamazone (*Amazona autumnalis*): chronische Sinusitis. Rhinosinographie. Mittels Gabe eines nichtionischen jodhaltigen Kontrastmittels in den Sinus (1) bzw. in die Nasenöffnungen (2) können Hindernisse im Kontrastmittelfluss (3) dargestellt werden, Untersuchung in Narkose.

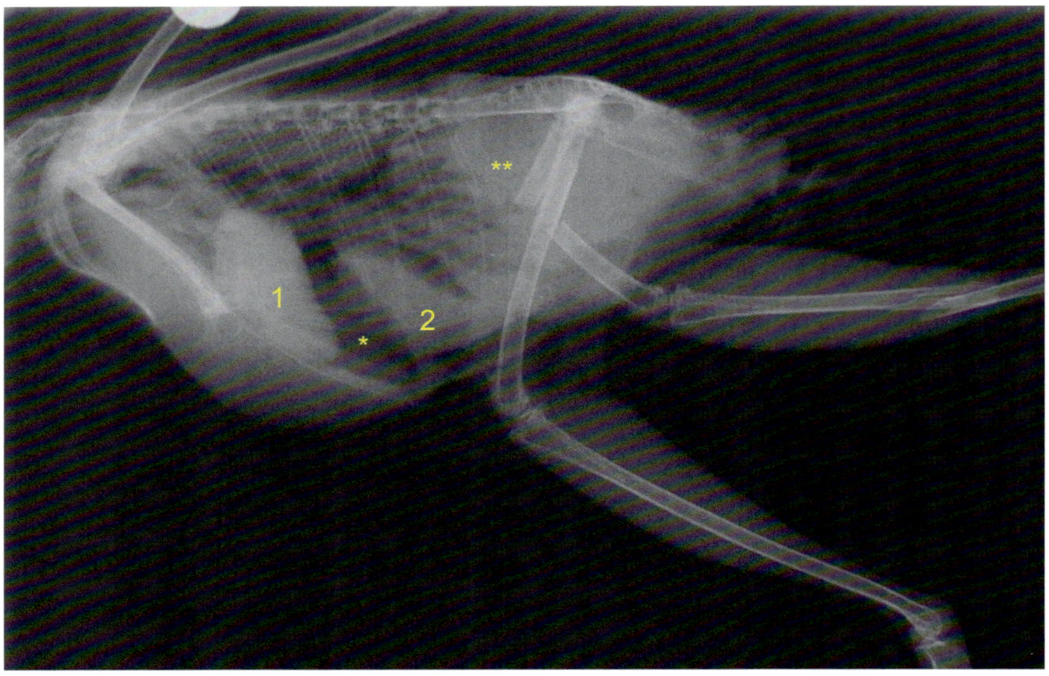

1: Herz
2: Leber

*: pathologische Luftansammlung zwischen Leber und Herz
**: Blutansammlung in kaudaler Leibeshöhle

Abb. 1-141: Röntgenuntersuchung, Körper, latero-laterale Projektion, Rohrdommel (*Botaurus stellaris*): Trauma. Durch Luftsackriss und dadurch entweichende Luft ist der Herzschatten (1) deutlich abgehoben, Luft zwischen Anteilen des kranialen Gastrointestinaltraktes und zwischen Leber (2) und Herz (*) (zusätzlich multiple Frakturen der Hintergliedmaße), Einblutung in die kaudale Leibeshöhle, dadurch Reduktion der Detailerkennbarkeit (**). Bei diesem Vogel ist die gut ausgebildete Syrinx physiologischerweise deutlich zu erkennen.

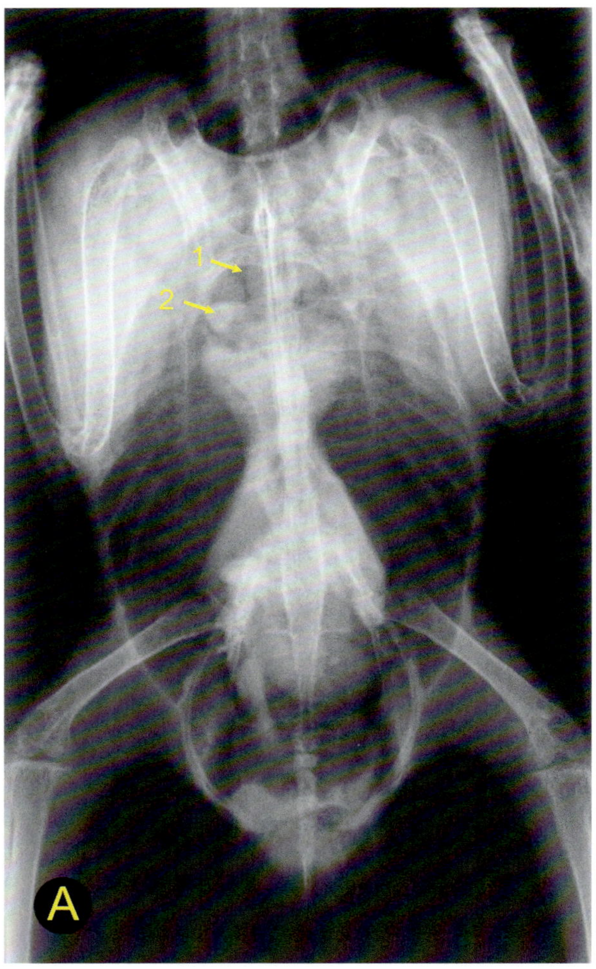

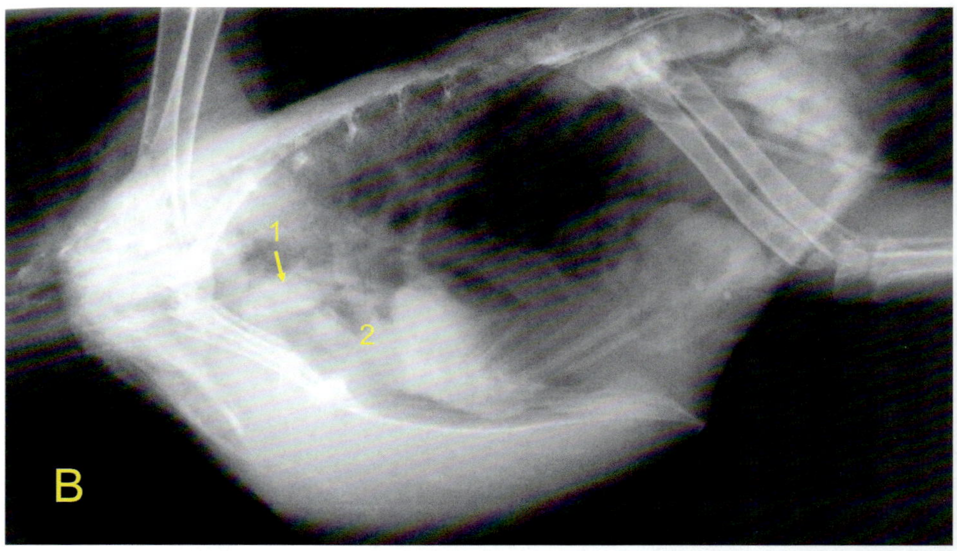

1: Syrinxbereich
2: große Herzgefäße

Abb. 1-142: Röntgenuntersuchung, Körper, ventro-dorsale (A) und latero-laterale (B) Projektion, Graupapagei (*Psittacus erithacus*): Mykose und bakterielle Sekundärinfektion des Respirationstraktes.

A: Homogene Lungen- und Luftsackverschattung; verdichteter Syrinxbereich (1), röntgendichte große Herzgefäße (2, älteres Tier, physiologischer Befund), Gritmangel.

B: Verdichteter Syrinxbereich (1), röntgendichte große Herzgefäße (2), Gritmangel.

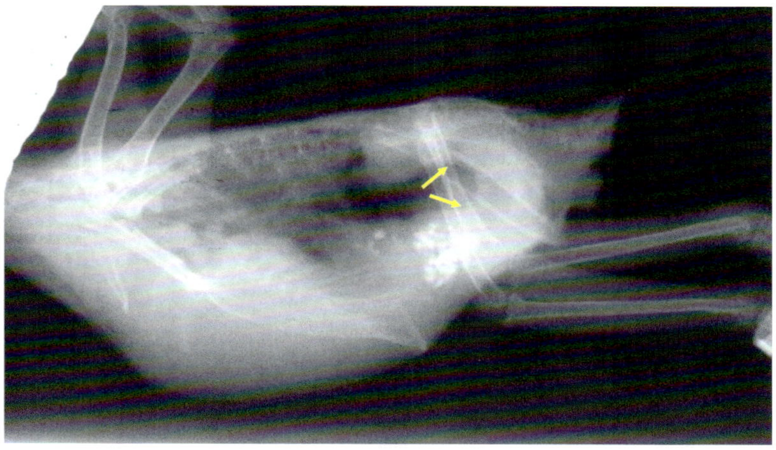

Abb. 1-143: Röntgenuntersuchung, Körper, latero-laterale Projektion, Wellensittich (*Melopsittacus undulatus*): bakterielle Infektion des vorderen Respirationstraktes. *Air trapping* (Pfeile) aufgrund Stenose im vorderen Bereich des Respirationstraktes.

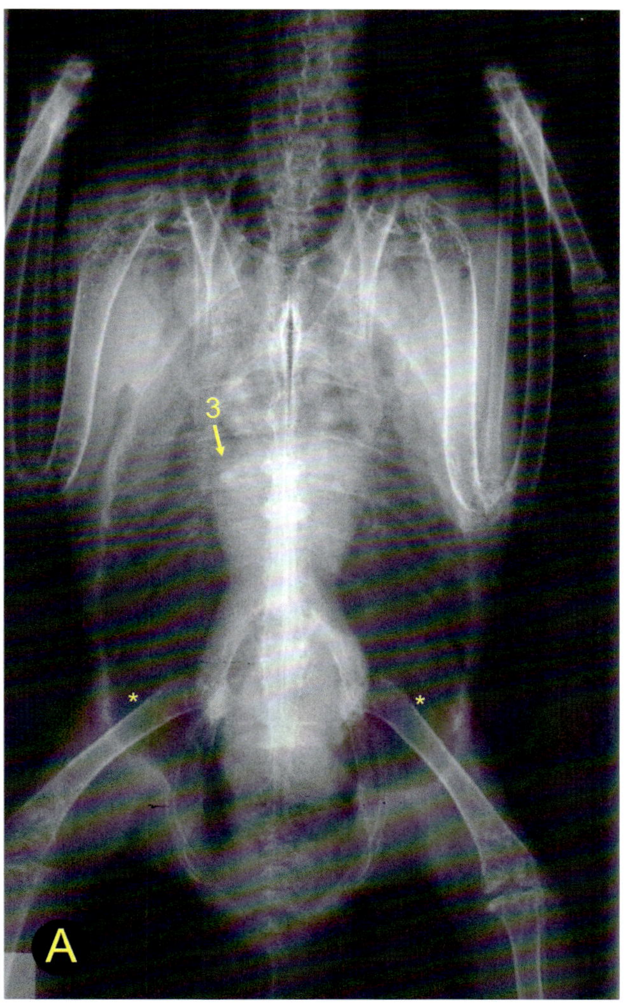

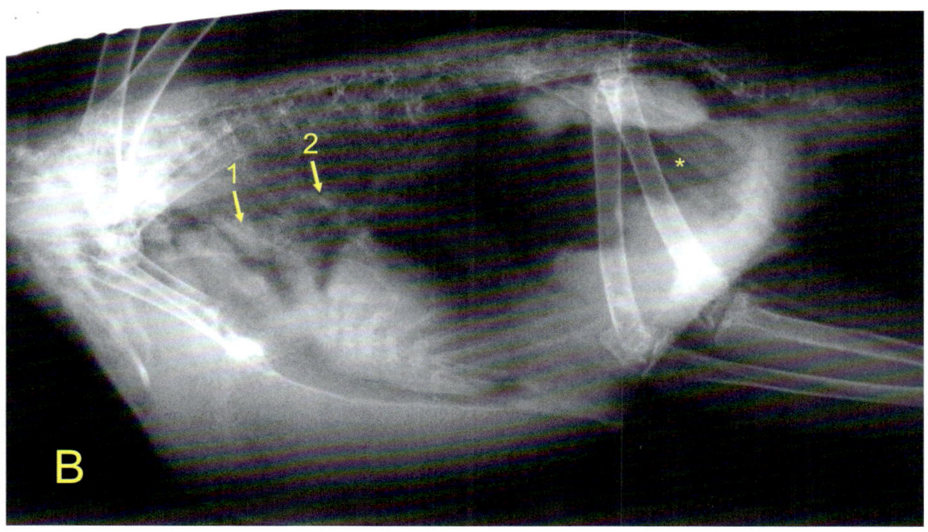

1: Syrinxbereich
2: Verkalkungen im ventralen Lungenbereich
3: verkalkende Gefäße

*: *air trapping*

Abb. 1-144: Röntgenuntersuchung, Körper, ventro-dorsale (A) und latero-laterale (B) Projektion, Edelpapagei (*Eclectus roratus*): mykotisches Granulom im oberen Respirationstrakt.

A: Vermeintlich als »Inspirationsphase« interpretierte vergrößert erscheinende Luftsackbezirke infolge Überdehnung der kaudalen Luftsäcke nach Stenose im kranialen Bereich (*); Abrundung der kaudalen Luftsäcke, punktförmig röntgendichte Zubildungen im Bereich der Herzbasis, der Herzschatten erscheint vergrößert.

B: Syrinxbereich verdichtet (1) mit punktförmigen röntgendichten Arealen im ventralen Lungenbereich.

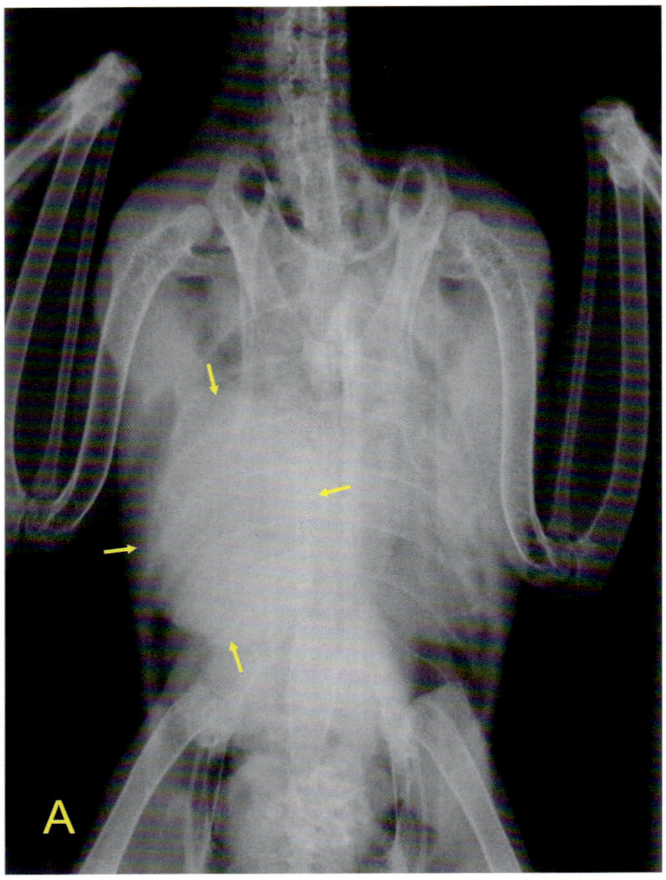

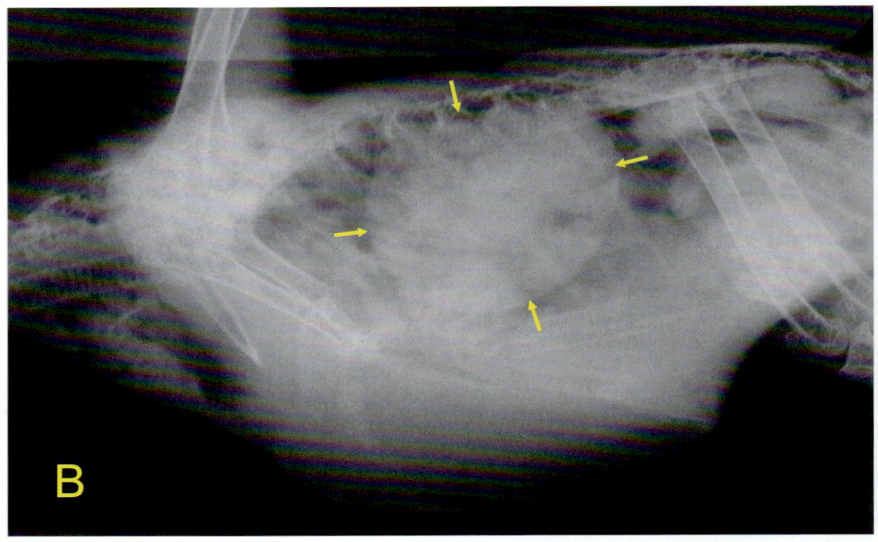

Abb. 1-145: Röntgenuntersuchung, Körper, ventro-dorsale (A) und latero-laterale (B) Projektion, Blaustirnamazone (*Amazona aestiva*): Tuberkulose. Röntgendichte kugelige inhomogene Weichteilschwellungen in der vorderen Leibeshöhle mit Verdrängung der kaudalen Luftsäcke und Überlagerung des Lungenfeldes.

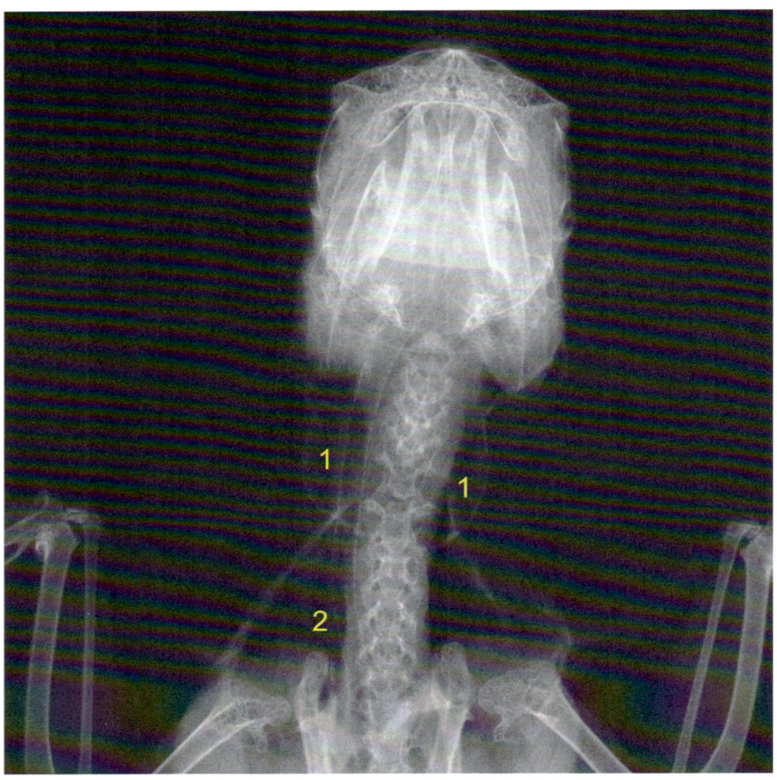

1: Zervikalluftsäcke
2: Kropf

Abb. 1-146: Röntgenuntersuchung, Kopf-Nacken-Bereich, rostro-kaudale Projektion, Edwards Feigenpapagei (*Psittaculirostris edwardsii*): Überdehnung der Zervikalluftsäcke (1) nach Überanstrengung, zusätzlich luftgefüllter Kropf (2).

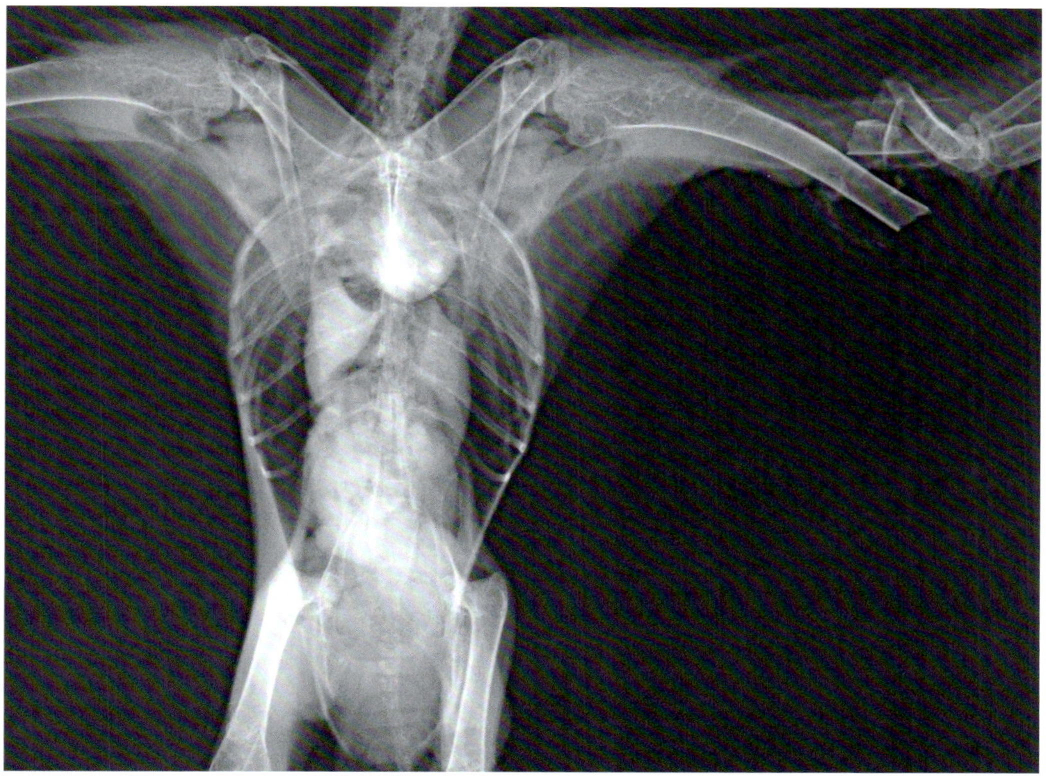

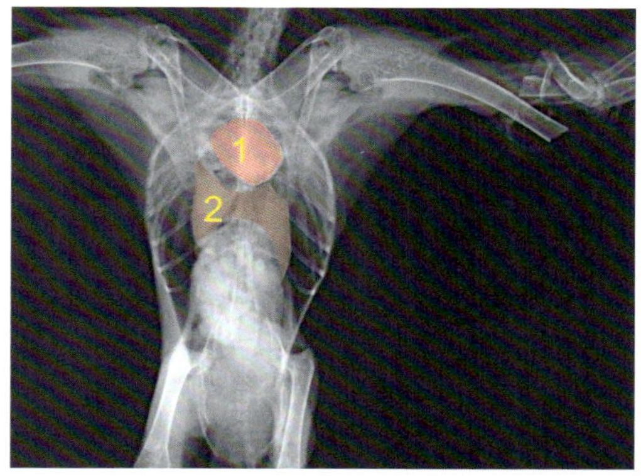

1: Herz
2: Kropf

Abb. 1-147: Röntgenuntersuchung, Körper, ventro-dorsale Projektion, Waldohreule (*Asio otus*): Luftsackriss nach Trauma. Dadurch sind Herz (1) und Leberränder (2) deutlich zu sehen (Luft als negatives Kontrastmittel), Humerussplitterfraktur.

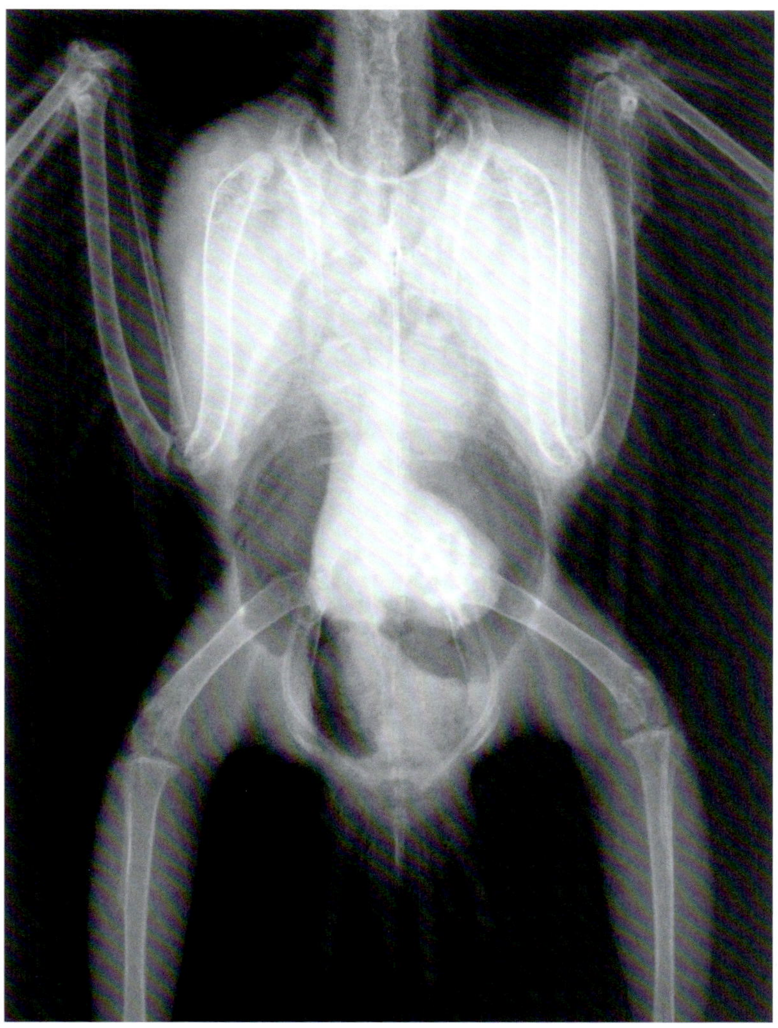

Abb. 1-148: Röntgenuntersuchung, Körper, ventro-dorsale Projektion, Doppelgelbkopfamazone (*Amazona ochrocephala oratix*): Adipositas. Symmetrisch homogen verschattet erscheinende Lungen und kaudale Luftsackbereiche aufgrund Überlagerung mit Fett. Wegen einer Überlagerung rechts mit den überdehnten Luftsäcken stellt sich keine Sanduhrform zwischen Herz und Leber dar.

1.8 Gastrointestinaltrakt

Maria-Elisabeth Krautwald-Junghanns, Michael Pees

In den meisten Fällen von Veränderungen des Gastrointestinaltraktes bietet eine konventionelle Röntgenaufnahme bzw. daran anschließend eine Kontrastmitteldarstellung desselben ausreichende diagnostische Hinweise; andere bildgebende Verfahren kommen daher hier seltener zum Einsatz. Da Untersuchungen über die Verwendung von Ultraschalluntersuchungen des Gastrointestinaltraktes bei erkrankten Vögeln selten sind, gründet die Beurteilung auf den subjektiven Erfahrungen des Untersuchers. Daher ist zurzeit der Nutzen von Ultraschall in der Untersuchung des aviären Gastrointestinaltraktes im Vergleich mit anderen bildgebenden Verfahren begrenzt. Oftmals werden aber pathologische Befunde am Gastrointestinaltrakt in der Routine-Ultraschalluntersuchung zufällig gesehen. Häufige Veränderungen umfassen dabei eine vermehrte oder verringerte Peristaltik, vergrößerte oder verringerte Organgröße bzw. eine vermehrte Wanddicke, z. B. durch Entzündung. Insbesonders Letztere kann durch orale oder kloakale Eingabe von Flüssigkeit gut dargestellt werden. Weitere Indikationen betreffen z. B. die Diagnostik vorhandener Darmschlingen in einer Hernia abdominalis *prae operationem*.

Häufige diagnostizierte Veränderungen am Gastrointestinaltrakt sind abnormer Inhalt (Fremdkörper, Gas, Grit, Futteranschoppung usw., z. B. **Abb. 1-149** bis **1-154**), Verlagerung einzelner Teile des Gastrointestinaltraktes bzw. Form- und Größenveränderungen (z. B. **Abb. 1-154** bis **1-159**) und verlangsamte bzw. zu schnelle Peristaltik. Eine Röntgenleeraufnahme erlaubt bei Verdacht auf einen metallhaltigen **Fremdkörper** im Gastrointestinaltrakt eine zuverlässige Diagnosestellung **(Abb. 1-149** und **1-150)**. Insbesondere Papageien und Straußenvögel nehmen häufig solche schwermetallhaltigen Fremdkörper **(Abb. 1-149** und **1-150)** bzw. andere Substanzen **(Abb. 1-151** und **1-152)** aus ihrer Haltungsumgebung auf. Bei Wasservögeln werden nicht selten Angelhaken oder beim Gründeln aufgenommene Schrotkugeln vorgefunden. Freilebende Vögel, Vögel mit Gelegenheit zum Freiflug (Haustauben) sowie importierte Wildvögel können Geschosse bzw. Geschossteile unterschiedlicher Form und Größe enthalten. Mit dem Ultraschall können Fremdkörper vor allem bei größeren Vögeln ebenfalls dargestellt werden **(Abb. 1-160B)**, insbesondere wenn der Gastrointestinaltrakt vorher mit Flüssigkeit gefüllt wurde. Durch leichtes Schwenken des Patienten zur Seite kann in einigen Fällen dann auch eine Aussage darüber gewonnen werden, ob der Fremdkörper beweglich ist oder in der Wand feststeckt. **Aufgasungen** des Gastrointestinaltraktes sind beim Vogel selten und werden röntgenologisch zumeist in Zusammenhang mit bakteriellen, bereits fortgeschrittenen Entzündungen der Magen-Darm-Schleimhaut bzw. der Neuropathischen Drüsenmagendilatation beobachtet **(Abb. 1-153, 1-154, 1-158)**. Ebenso wie Futteranschoppung oder übermäßiger Gritgehalt sind sie im Rötngenbild gut darzustellen. Röntgenkontrastaufnahmen nach Gabe von Bariumsulfatbrei, in besonderen Fällen auch als Doppelkontrastdarstellungen durch Gabe von Bariumsulfatsuspension und Luft, sind ein wesentliches Element für die röntgenologische Beurteilung und Abgrenzung des Gastrointestinaltraktes vom umliegenden Gewebe. Grundsätzlich sollte jedoch vor jeder gastrographischen Untersuchung eine Leeraufnahme angefertigt werden, um Futteranschoppung und hochgradige Aufgasung zu erkennen. Solche Befunde machen eine Kontrastmittelapplikation dann oft unnötig; gegebenenfalls können auch Perforationen der Wand des Gastrointestinaltraktes in der Leeraufnahme, beispielsweise durch Fremdkörper erkannt werden. Gas und Bariumsulfat im Gastrointestinaltrakt verhindern eine sonographische Darstellung desselben. Abnormer Inhalt, wie Futteranschoppung bzw. Harnsäureanschoppung in der Kloake **(Abb. 1-161)**, sind aber sonographisch darstellbar.

Mittels Feststellung der Passagedauer des Kontrastmittelbreies **(Abb. 1-35)** erlaubt die gastrographische Darstellung des Gastrointestinaltraktes nicht nur Aussagen über Größe, Form und Lage des Verdauungstraktes, sondern auch über seinen funktionellen Zustand. Dilatationen von Magen-Darm-Abschnitten führen beispielsweise oft zu einer Verlangsamung der Kontrastmittelpassage **(Abb. 1-150C, D** und **1-151)**.

1.8.1 Ösophagus und Kropf

Bei Haustauben führt ein massiver chronischer Trichomonadenbefall häufig zu Verdickung und **Ulzeration** der Kropfwand. Nach Kontrastmitteleingabe heben sich die ulzerierten Wandabschnitte auf Grund von Bariumsulfatablagerungen deutlich ab. **Verdickungen** der Ösophaguswandung werden auch bei chronischen Kropfentzündungen (z. B. bei Candida-Infektionen) oder, im Zusammenhang mit Nierenschwellungen, bei Vitamin-A-Hypovitaminosen beobachtet. Pathologische Erweiterungen von Ösophagus und/oder Kropf lassen sich im Röntgenbild deutlich darstellen, da sie auch zu einer verzögerten Kontrastbreipassage führen **(Abb. 1-150C, D** und **1-151)**. Die Ursachen von Ösophagus- bzw. Kropfdilatationen und Verlangsamung der Darmpassage sind vielfältig. Neben neurogenen Infektionen, wie der Neuropathischen Drüsenmagendilatation und Vergiftungen mit Neurotoxinen, können auch Futteranschoppungen oder Ileus kaudaler Darmabschnitte, beispielsweise bei Parasitenbefall, eine Rolle spielen. Die Ultraschalluntersuchung von Kropf und Ösophagus wird aufgrund schwieriger Ankopplung (Federn sind in dieser Region nur unter Narkose zu rupfen) selten durchgeführt. Sie wird erleichtert durch Flüssigkeitsapplikation, eine Vorlaufstrecke ist hier immer nötig, weil die Organe direkt unter der Haut liegen.

1.8.2 Drüsenmagen

Röntgenologische Kennzeichen der besonders bei Großpapageien auftretenden Neuropathischen Drüsenmagendilatation sind neben einer massiven **Erweiterung** des Drüsenmagens **(Abb. 1-154)** auch die Atrophie und Verformung des Muskelmagens. Pathologische Erweiterungen des Drüsenmagens können außerdem bei der *Macrorhabdus-ornithogaster*-Infektion des Wellensittichs, bei ausgeprägtem Helminthenbefall, nach Futteranschoppung infolge Darmpassagestörungen und, wenn auch weniger häufig, bei bakteriell oder mykotisch **(Abb. 1-155)** bedingten Entzündungen der Magen-Darm-Schleimhaut auftreten. Eine **Verdickung** der Drüsenmagenwandung kann bei Vitamin-A-Mangelerkrankung beobachtet werden. **Lageveränderungen** sind beim Drüsenmagen seltener als beim Muskelmagen und gehen zumeist auf Umfangsvergrößerung benachbarter Organe, insbesondere der Leber zurück (s. Kap. 1.9). Der Drüsenmagen kann **abnormale Inhaltsstoffe**, wie Fremdkörper bzw. übermäßig hohen Gritinhalt **(Abb. 1-159)**, enthalten. Gasbildung im Drüsenmagen lässt sich bei der Neuropathischen Drüsenmagendilatation **(Abb. 1-154)**, bakteriellen Infektionen (insbesondere mit Streptokokken oder *Escherichia coli*) und hierdurch bedingten Gastroenteritiden beobachten. Die sonographische Untersuchung des vergrößerten Drüsenmagens ist eingeschränkt möglich, **Dilatationen (Abb. 1-161A)** und Wandveränderungen des Drüsenmagens können jedoch bei größeren Vögeln dargestellt werden, wenn keine zusätzliche Gasbildung vorliegt.

1.8.3 Muskelmagen

Bei körnerfressenden Vogelarten werden Größen- und Formveränderungen des Muskelmagens relativ selten beobachtet **(Abb. 1-159)**, da der Muskelmagen dank seiner bei Körnerfressern ausgeprägten Muskulatur sehr formstabil ist. **Muskelmagenatrophien und -dilatationen** treten allerdings in Zusammenhang mit der Neuropathischen Drüsenmagendilatation auf. Auch Gritmangel kann langfristig zu einer Atrophie der Muskelmagenwand führen. Ein **hoher Gritanteil** im Muskelmagen ist bei zahlreichen Vogelarten als Reaktion auf eine ungenügende Nährstoffaufnahme, etwa bei Erkrankungen des Gastrointestinaltraktes zu werten **(Abb. 1-156** und **1-157)**. Bei einigen Spezies, etwa den Edelpapageien, sind große Gritmengen im Muskelmagen allerdings physiologisch. In Ermangelung geeigneter Magensteine werden nicht selten Fremdkörper entsprechender Größe aufgenommen, die sich im Muskelmagen ansammeln **(Abb. 1-149** und **1-150)**. **Verlagerungen** des Muskelmagens weisen auf Volumenzunahmen benachbarter Organe hin. Sie lassen sich besonders bei körnerfressenden Spezies gut erkennen, da die Position des Muskelmagens auf Grund seines Gehalts an strahlendichten Gritpartikeln problemlos festgestellt werden kann. Bei Leberschwellungen wird der Muskelmagen nach dorso-kranial oder dorso-kaudal verlagert (s. Kap. 1.9), bei Nieren- oder Milzvergrößerung hingegen nach ventro-kranial oder ventro-kaudal (s. **Abb. 1-34**). Auch bei einer Drüsenmagenerweiterung wird der Muskelmagen ventro-kaudal verdrängt, während dilatierte Darmschlingen oder ein vergrößerter Eileiter (physiologisch während der Fortpflanzungsperiode) zur ventro-kranialen Verschiebung des Muskelmagens führen. Die sonographische Untersuchung des Muskelmagens von Körnerfressern gestaltet sich aufgrund der dicken Muskelschicht und des Gritinhaltes unbefriedigend. Abnormer Inhalt kann insbesondere bei Fleisch- und Weichfressern dargestellt werden, kommt aber selten vor.

1.8.4 Darmtrakt

Das Darmkonvolut ist in Leeraufnahmen in der Regel nur undeutlich abgrenzbar **(Abb. 1-157)** und lässt sich nur vereinzelt **(Abb. 1-156)** ohne Kontrastmittelgabe in befriedigender Weise darstellen. **Dilatationen (Abb. 1-153** und **1-156)** des Darmkonvoluts können unter anderem bei massivem Helminthenbefall sowie bei Anschoppung von Futter bzw. Kot, etwa bei Ileus, Vergiftung mit Neurotoxinen oder Infektionen und Enteritiden unterschiedlicher Ätiologie, diagnostiziert werden. **Verdickungen** der Darmwand können auf eine chronische Infektion oder eine Helminthose hindeuten. Papillomähnliche **Zubildungen** finden sich häufig in der Kloakenschleimhaut von Großpapageien **(Abb. 1-161)**. In der Kloake lassen sich mitunter auch **Konkremente** in Form unregelmäßiger röntgendichter Ablagerungen nachweisen, die ebenso wie Aufgasung zu einer Kloakenerweiterung führen können **(Abb. 1-158, 1-159, 1-161B)**. **Verlagerungen** des Darmkonvoluts sind ursächlich auf entsprechende Lageveränderungen des Muskelmagens zurückzuführen bzw. durch Nieren- oder Genitaltraktvergrößerung bedingt (s. Kap. 1.10). Im Röntgenbild stellen sich Darmwandveränderungen meist als unspezifische vergrößerte Darmschatten dar. Für eine Darstellung der Darmwand, beispielsweise zur Feststellung der Ausbreitung von papillomähnlichen Veränderungen des Enddarms nach Kloakenprolaps eignet sich dann besonders eine Doppelkontrastdarstellung. Bei chronischen Entzündungen liefert der Grad der Darmwandveränderungen wichtige Hinweise für eine Prognosestellung. Eine Wandverdickung spricht für eine massive Wurmerkrankung, eine chronische infektiös bedingte Erkrankung **(Abb. 1-160C)** bzw. für ein tumoröses Geschehen. Andere granulomatöse Veränderungen der Darmwand, wie z. B. im Zuge von Tuberkulose oder Leukose **(Abb. 1-160A)** zu finden, sind nur schwer abgrenzbar. Sonographisch können die Veränderungen nach oraler oder kloakaler Flüssigkeitsapplikation bei größeren Vögeln dargestellt werden **(Abb. 1-160** und **1-161)**. Eine **Invagination** von Darmschlingen wird bei Vögeln selten diagnostiziert, ist aber sonographisch darstellbar. Bei vollständigem Ileus sistiert der Transport des Darminhaltes. Verengungen des Darmvolumens bzw. Lähmungen der Darmmotorik oder Dilatationen von Magen-Darm-Abschnitten führen zu einer Verlangsamung der **Kontrastmittelpassage (Abb. 1-150C, D** und **1-151)**. Bei akuten Entzündungen der Magen-Darm-Schleimhaut lässt sich hingegen nicht selten eine beschleunigte Passage des Kontrastmittels beobachten. Sonographisch können die **Peristaltik** des Darmtraktes und der Transit der Futterpartikel gut (wenn auch subjektiv, d. h. abhängig von der Erfahrung des Untersuchers) beurteilt werden.

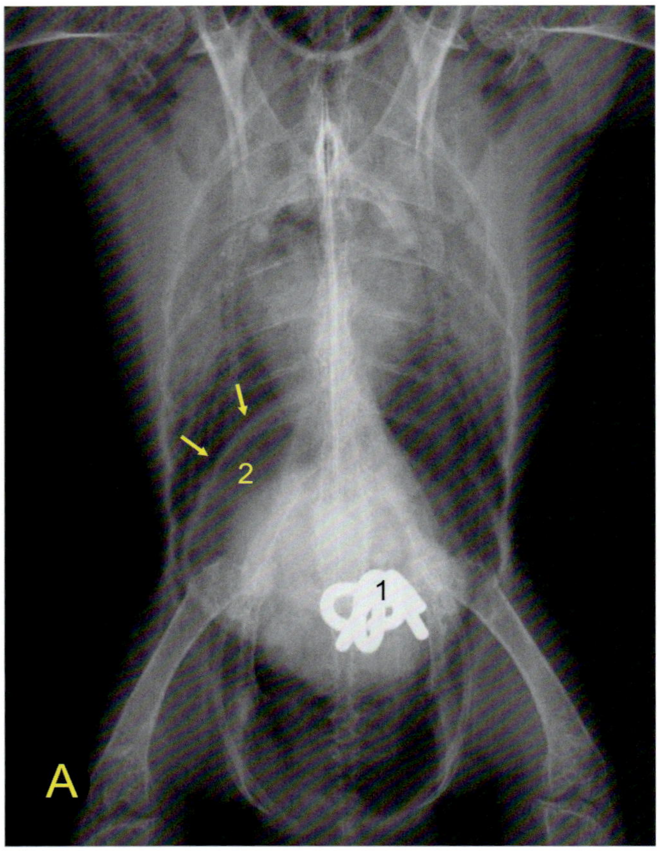

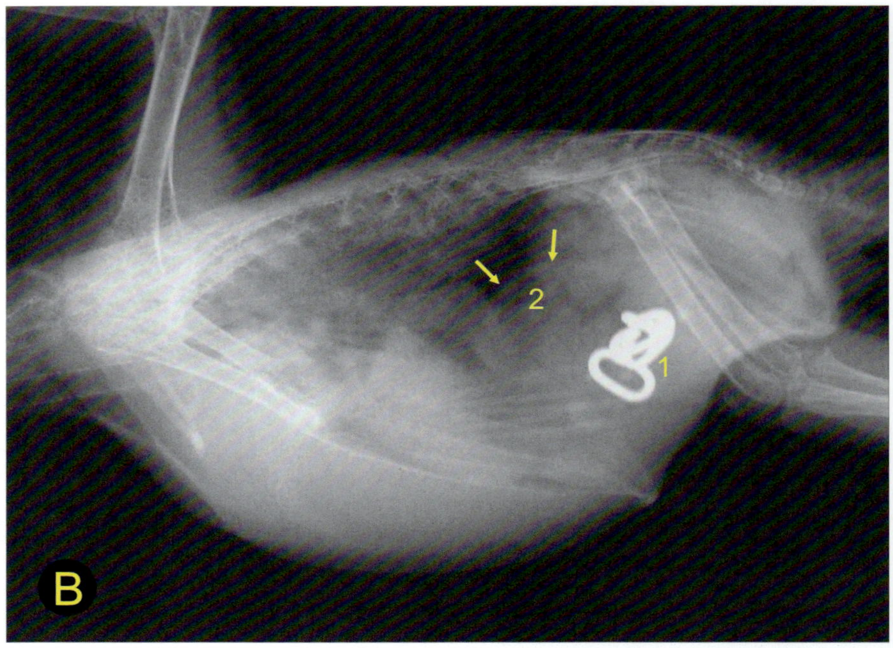

1: Muskelmagen
2: Drüsenmagen

Abb. 1-149: Röntgenuntersuchung, Körper, ventro-dorsale (A) und latero-laterale (B) Projektion, Graupapagei (*Psittacus erithacus*): Fremdkörper. Der Drüsenmagen (2) ist aufgrund gestörter Magen-Darm-Motorik gasgefüllt und dilatiert. Er ist untypischerweise nach rechts verlagert. Im Muskelmagen (1) sind Kettenglieder zu sehen, die Anzahl der Teile ist durch Überlagerung nicht sicher zu bestimmen.

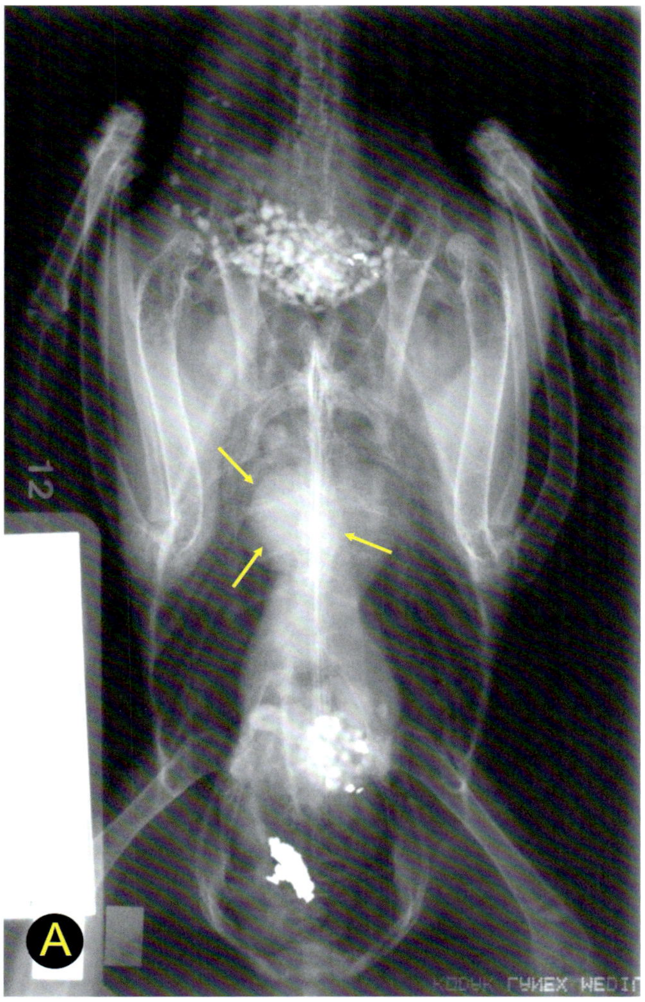

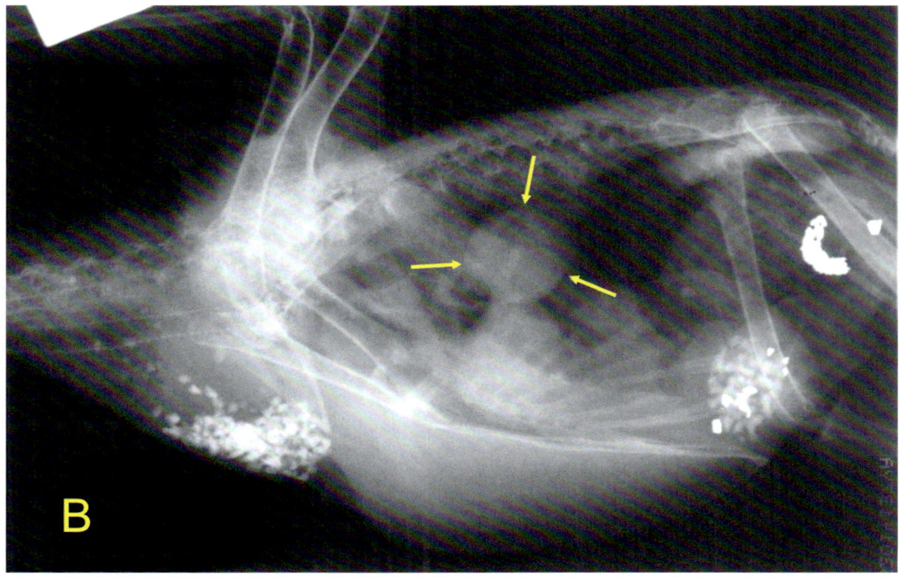

Abb. 1-150:

A, B: Röntgenuntersuchung, Körper, ventro-dorsale (A) und latero-laterale (B) Projektion, Graupapagei (*Psittacus erithacus*): Schwermetallvergiftung. Im Kropf, im Muskelmagen und im kaudalen Darmtrakt sind röntgendichte Partikel zu sehen, die sich auch gut gegenüber dem Grit abgrenzen lassen. Es liegt ein übermäßiger Gritgehalt im Kropf vor. In der latero-lateralen Projektion ist eine Weichteilschwellung (Pfeile) zu sehen, bei der es sich um ein Pilzgranulom handelte. Diese Zubildung ist im Vergleich in der dorso-ventralen Projektion kaum zu erkennen.

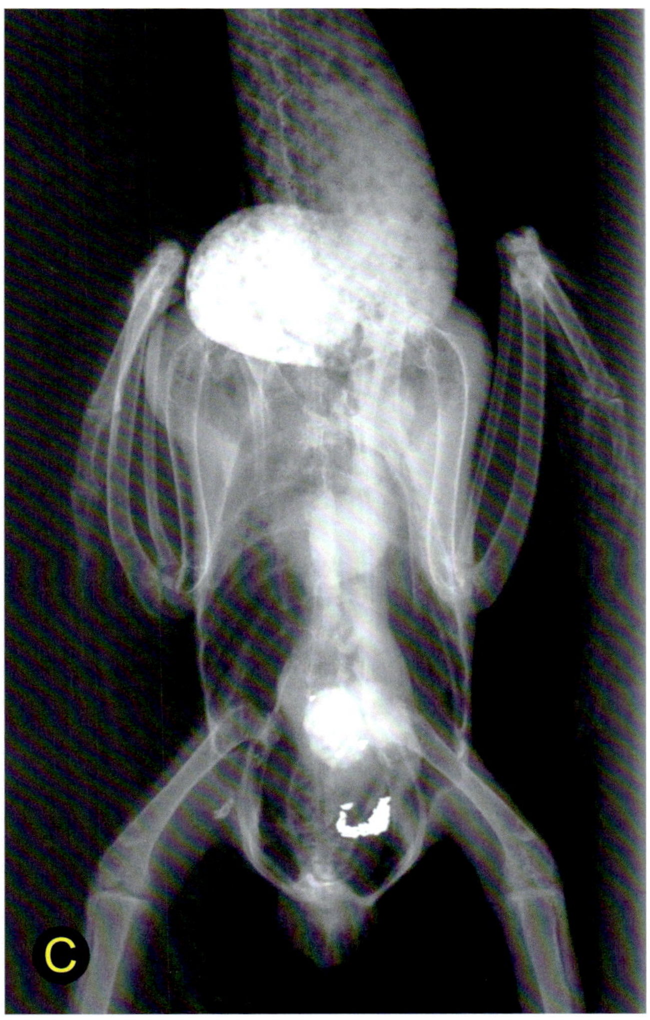

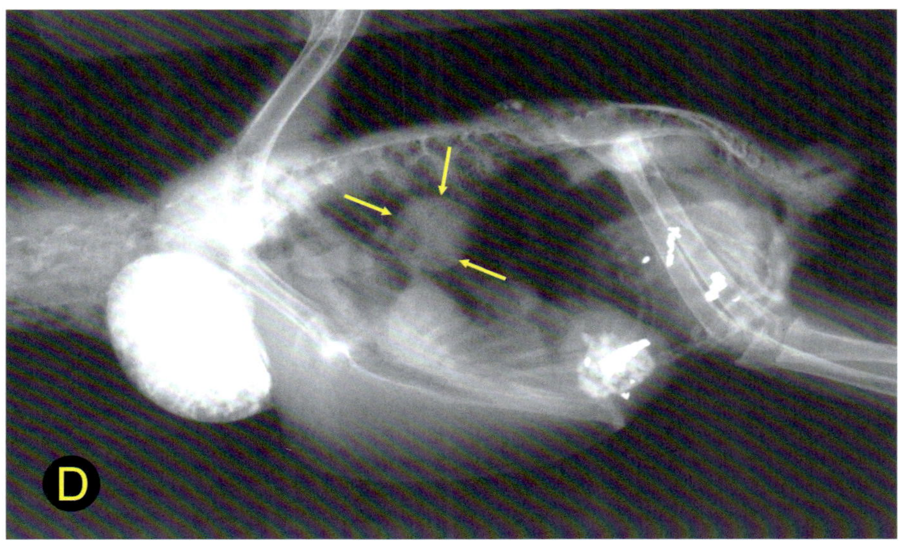

C, D: Röntgenuntersuchung, Körper, ventro-dorsale (C) und latero-laterale (D) Projektion, 30 min nach Eingabe von $BaSO_4$ (350 mg/ml, 20 ml/kg KM, in den Kropf), gleiches Tier: hier zeigt sich die verzögerte Passagezeit aufgrund der intestinalen Störung. Kranialer Ösophagus und Kropf sind noch hochgradig mit Futterbrei und Kontrastmittel gefüllt und dilatiert.

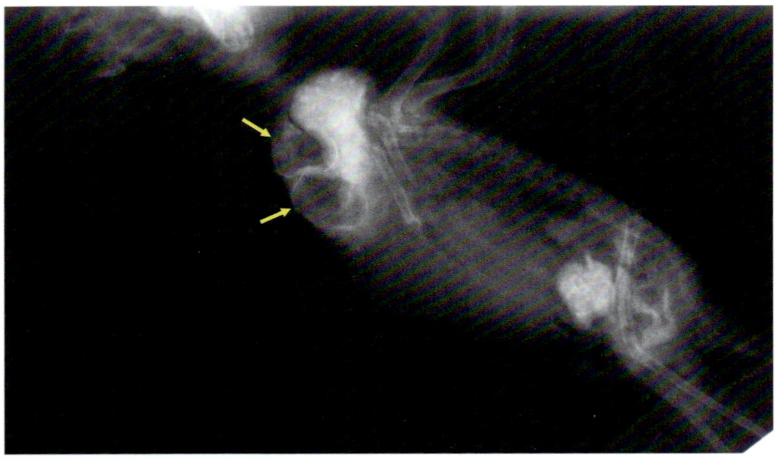

Abb. 1-151: Röntgenuntersuchung, Körper, latero-laterale Projektion, 45 min nach Eingabe von $BaSO_4$ (350 mg/ml, 20 ml/kg KM, in den Kropf), Wellensittich (*Melopsittacus undulatus*): Bezoar (Pfeile) im Kropf. Durch den Fremdkörper ist die Kontrastmittel-Passage verlangsamt.

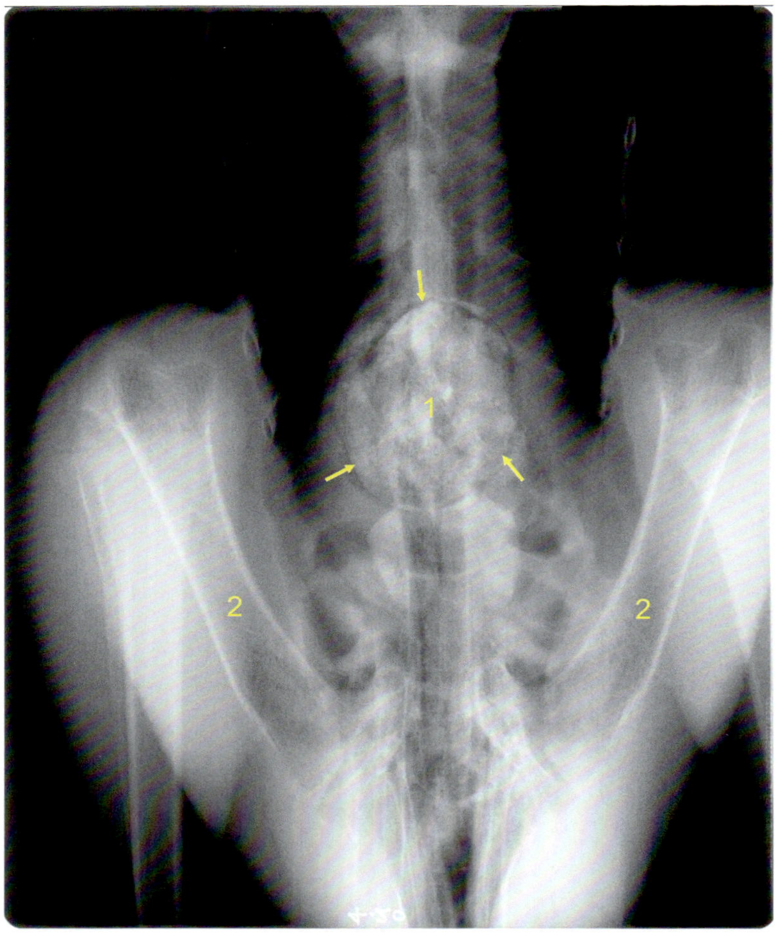

1, Pfeile: Bezoar
2: Femur

Abb. 1-152: Röntgenuntersuchung, kaudaler Körperabschnitt, ventro-dorsale Projektion, Emu (*Dromaius novaehollandiae*): Bezoar (1, Pfeile) im Gastrointestinaltrakt.

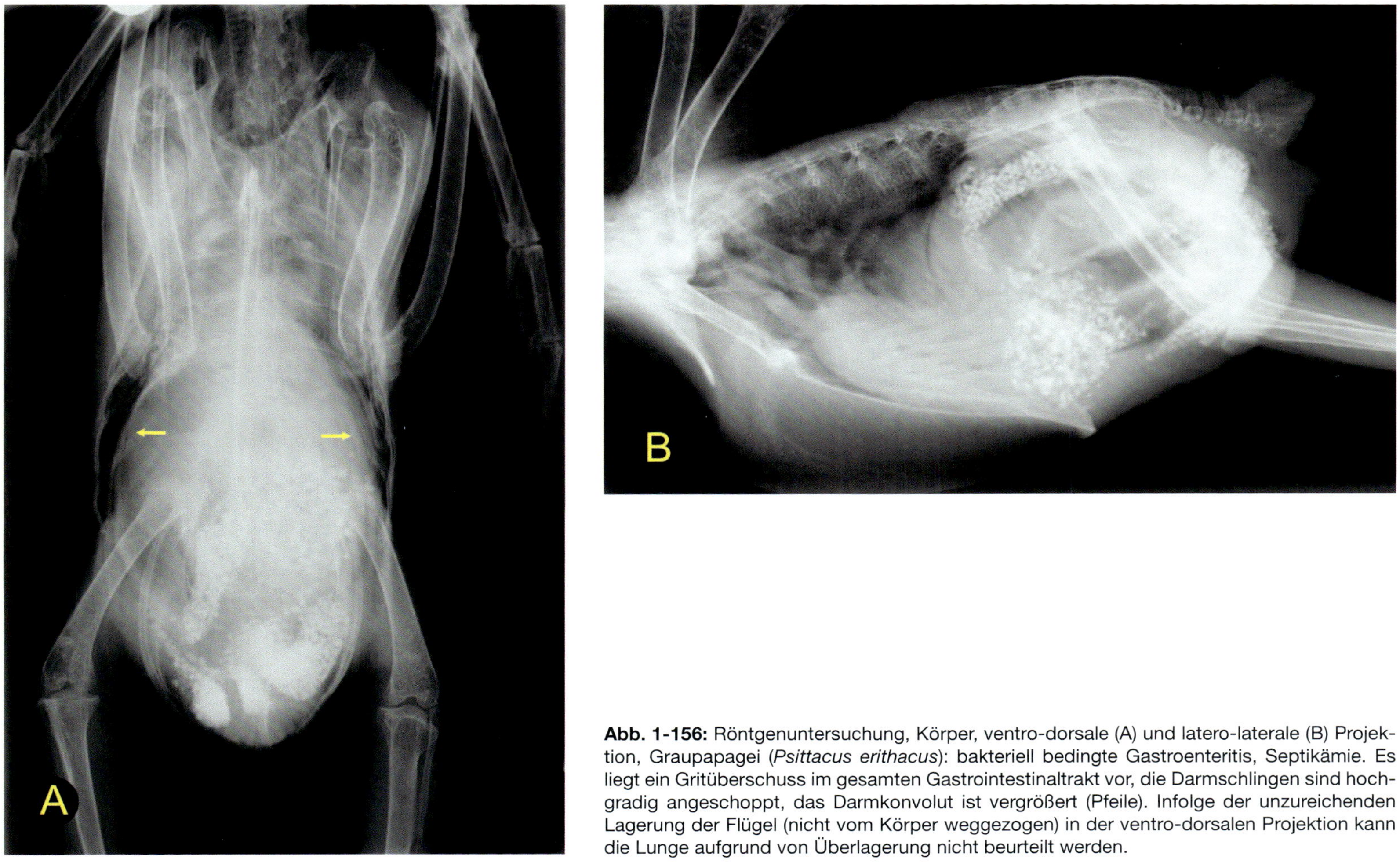

Abb. 1-156: Röntgenuntersuchung, Körper, ventro-dorsale (A) und latero-laterale (B) Projektion, Graupapagei (*Psittacus erithacus*): bakteriell bedingte Gastroenteritis, Septikämie. Es liegt ein Gritüberschuss im gesamten Gastrointestinaltrakt vor, die Darmschlingen sind hochgradig angeschoppt, das Darmkonvolut ist vergrößert (Pfeile). Infolge der unzureichenden Lagerung der Flügel (nicht vom Körper weggezogen) in der ventro-dorsalen Projektion kann die Lunge aufgrund von Überlagerung nicht beurteilt werden.

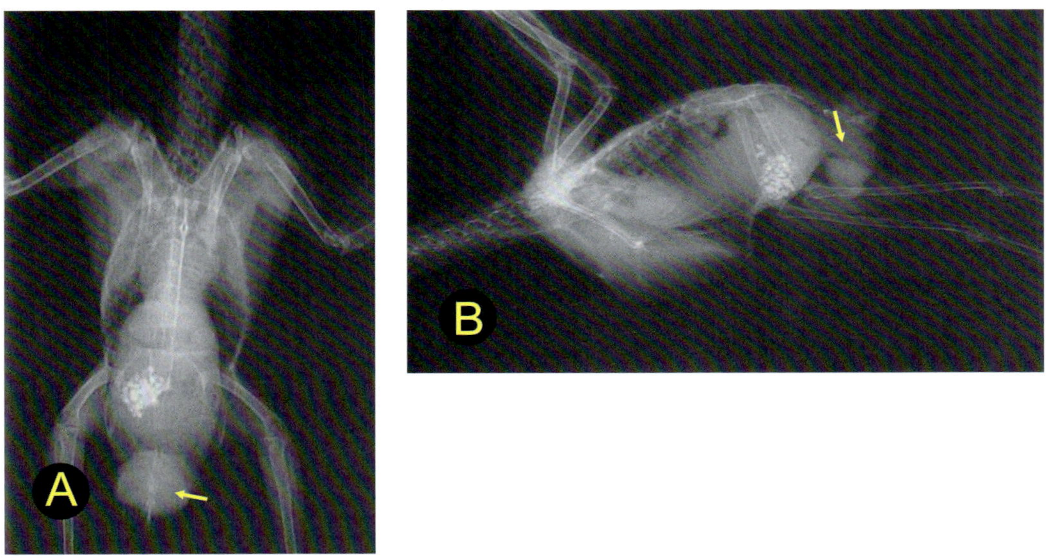

Abb. 1-157: Röntgenuntersuchung, Körper, ventro-dorsale (A) und latero-laterale (B) Projektion, Kanarienvogel (*Serinus canaria* f. *domestica*): Kokkzidiose. Die Kloake ist mit Kot angeschoppt und prolabiert (Pfeil), durch den vergrößerten Gastrointestinaltrakt ist die Sanduhrform nicht mehr erhalten, es finden sich röntgendichte Weichteilschwellungen im Abdomen, zusätzlich liegt ein Gritüberschuss im Muskelmagen vor.

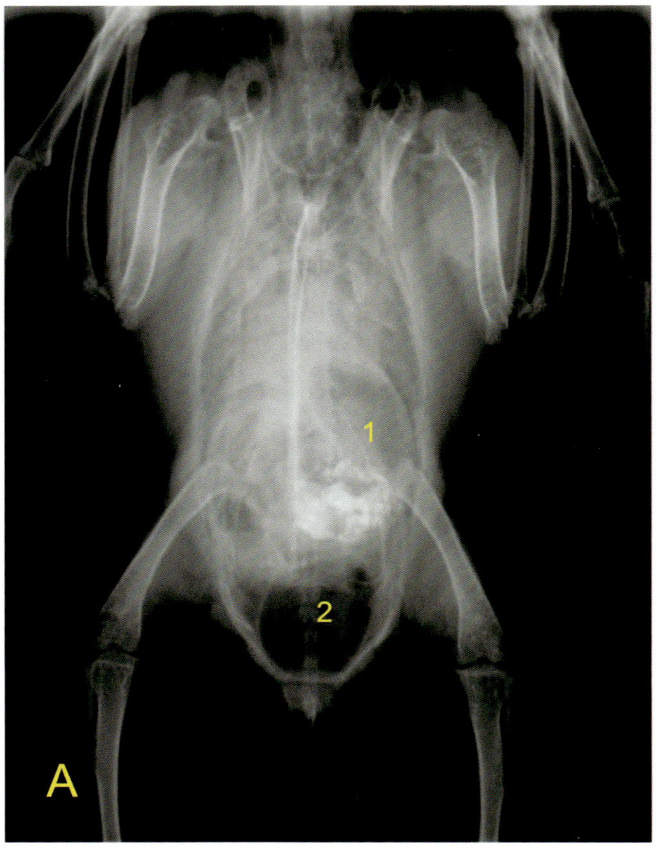

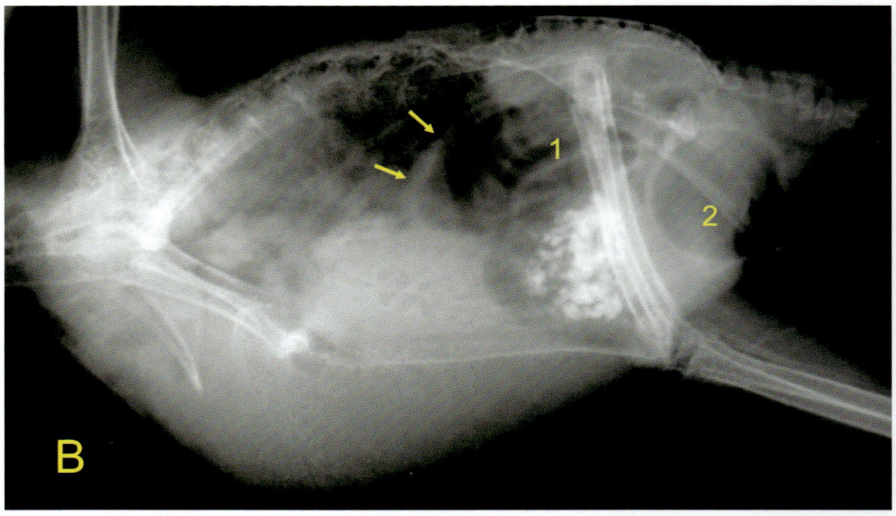

1: Gastrointestinaltrakt
2: Kloake

Pfeile: kaudale Brustluftsackwand

Abb. 1-158: Röntgenuntersuchung, Körper, ventro-dorsale (A) und latero-laterale (B) Projektion, Grüner Kongopapagei (*Poicephalus gulielmi*): Hefepilzinfektion, Aspergillose. Der Gastrointestinaltrakt (1) ist mit Gas gefüllt, die Sanduhrform ist nicht erhalten. Auch die Kloake (2) stellt sich deutlich gasgefüllt dar. Außerdem sind die Luftsäcke verschattet, die kaudale Brustluftsackwand ist verdickt (Pfeile).

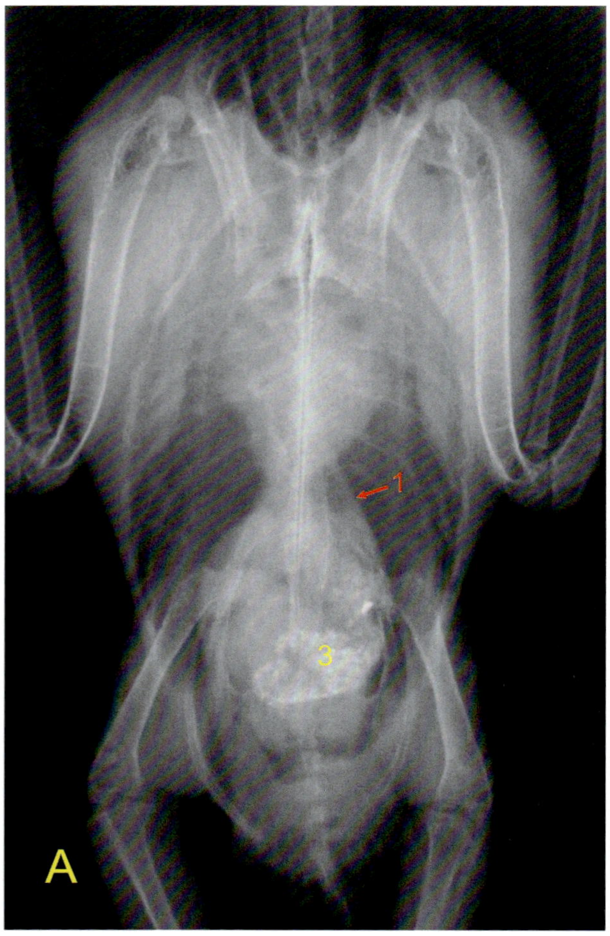

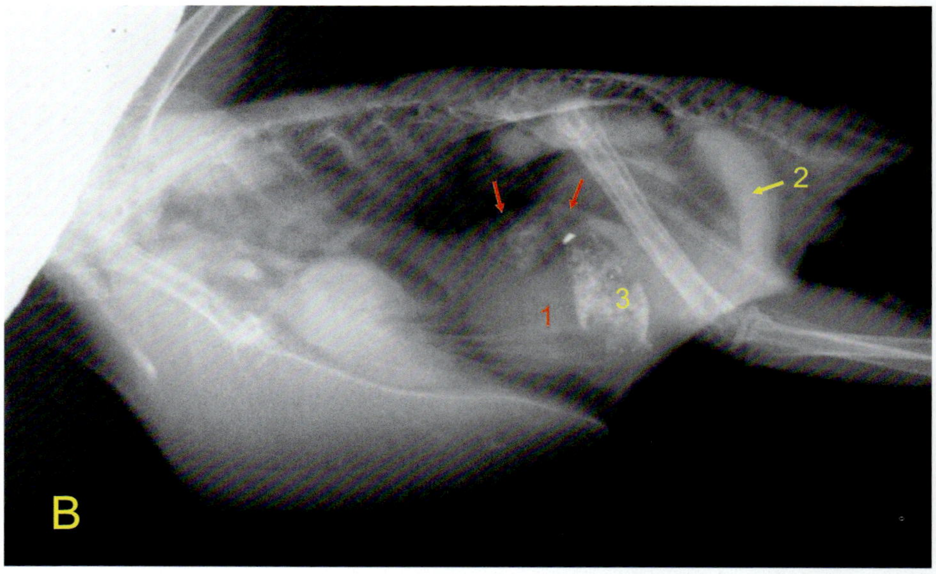

1, rote Pfeile: Drüsenmagen
2: Kloake
3: Muskelmagen mit Grit

Abb. 1-159: Röntgenuntersuchung, Körper, ventro-dorsale (A) und latero-laterale (B) Projektion, Rosakakadu (*Eolophus roseicapilla*): Parasitose. Der Drüsenmagen (1, Pfeile) ist dilatiert und übermäßig mit Gritsteinen gefüllt. Auch im Muskelmagen liegt viel Grit vor und er ist formverändert (3), die Kloakenregion ist röntgendicht (Kloazitis mit Kotanschoppung, 2). In der ventro-dorsalen Projektion ist die Herzspitze durch den gasgefüllten Drüsenmagen, der als Kontrast wirkt, sichtbar.

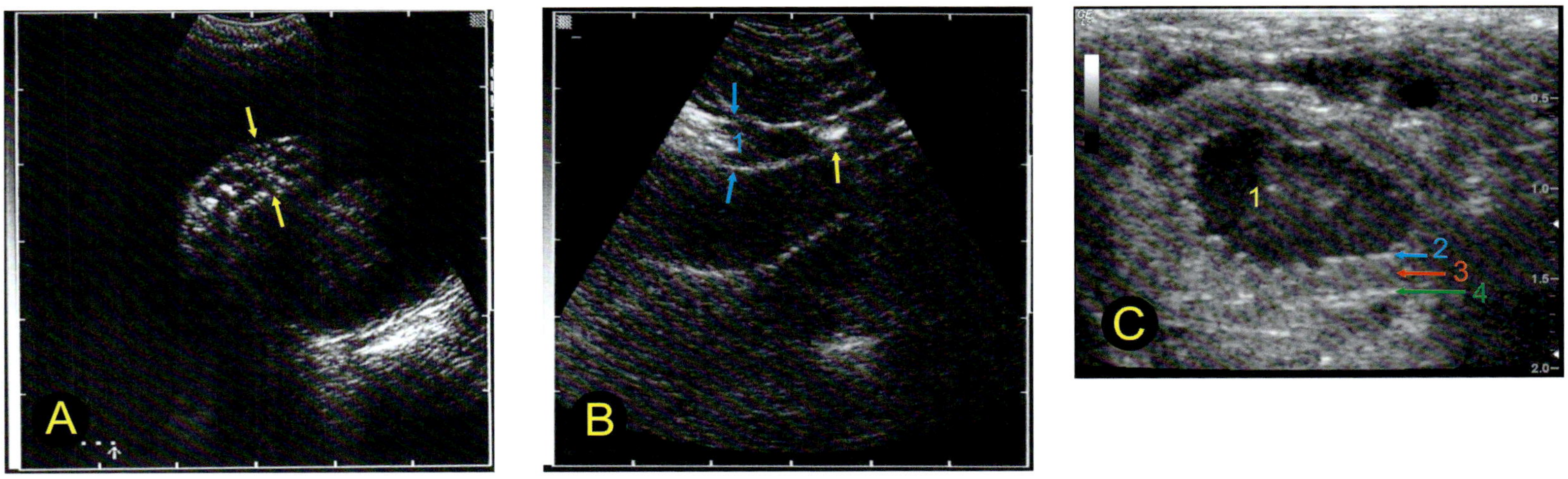

Abb. 1-160:

A: Ultraschalluntersuchung, ventro-mediane Ankopplung quer, 7,5 MHz, 6 cm ET, Huhn (*Gallus gallus*): Leukose. Es stellt sich eine Darmschlinge mit Zubildungen an der Darmwand dar (Pfeile).

B: Ultraschalluntersuchung, ventro-mediane Ankopplung, 7,5 MHz, 6 cm ET, Wespenbussard (*Pernis apivorus*): Fremdkörper. Darstellung eines echoreichen rundlichen Fremdkörpers (gelber Pfeil) in der längsgetroffenen Dünndarmschlinge (1, blaue Pfeile).

C: Ultraschalluntersuchung, ventro-mediane Ankopplung quer, 12 MHz, 2,0 cm ET, Gebirgslori (*Trichoglossus haematodus*): bakteriell bedingte Enteritis. Darmlumen (1) nach Flüssigkeitsapplikation, die Darmwand ist verdickt.

1: Dünndarm
2: Tunica mucosa
3: Tunica muscularis
4: Serosa

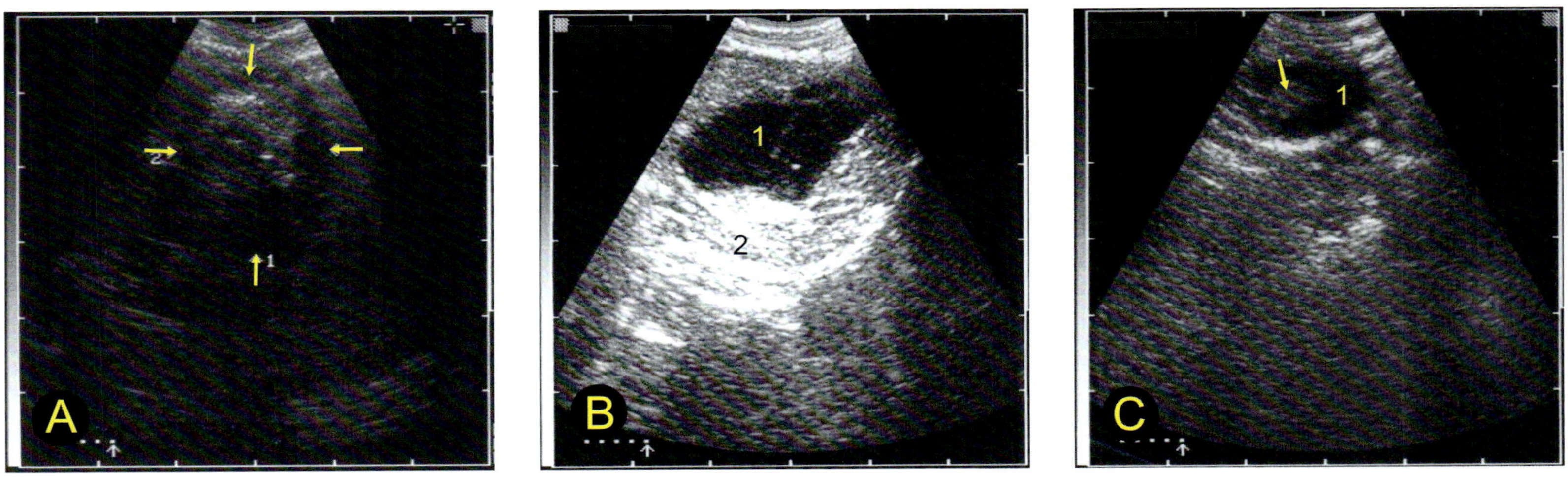

Abb. 1-161:

A: Ultraschalluntersuchung, ventro-mediane Ankopplung quer, 7,5 MHz, 2 cm ET, Soldatenara (*Ara militaris*): Drüsenmagendilatation und -anschoppung. Darstellung des dilatierten dünnwandigen quergetroffenen Drüsenmagens (Pfeile), im Lumen ist Futter angeschoppt.

B: Ultraschalluntersuchung, ventro-mediane Ankopplung längs, 7,5 MHz, 2 cm ET, Roter Milan (*Milvus milvus*): Kloakendilatation (1) mit echoreich dargestellter Harnsäureanschoppung (2).

C: Ultraschalluntersuchung, ventro-mediane Ankopplung quer, 7,5 MHz, 2 cm ET, Blaustirnamazone (*Amazona aestiva*): intrakloakale »Papillomatose«. Im Lumen der quer gezeigten Kloake (1) finden sich die typischen blumenkohlartigen Wucherungen als echogene Wandzubildung (Pfeil).

1: Kloake
2: Harnsäureanschoppung

Pfeile: Zubildung der Kloakenwand

1.9 Leber und Milz

Maria-Elisabeth Krautwald-Junghanns, Michael Pees

Zur Beurteilung der Leber mit bildgebenden Verfahren kommen insbesondere die konventionelle Röntgendiagnostik, die einen ersten Verdacht auf eine Leberveränderung liefert, und anschließend zur Beurteilung des Leberparenchyms die Sonographie infrage. Obwohl die Echogenitäten von Entzündungen, Neoplasien, Kalzifizierungen und Granulomen verschieden sind, ist es nur bedingt möglich, aus dem sonographischen Erscheinungsbild Rückschlüsse auf die Ursache der Läsion zu ziehen. Für eine endgültige Diagnose sind Biopsien erforderlich. Ultraschallkontrollierte Biopsien können dabei leicht von festgelegten Stellen des Parenchyms entnommen werden, entsprechend dem Vorgehen bei Säugern (s. Kap. 1.2.5). Da viele Ziervögel keine Gallenblase besitzen und zudem wenig pathologische Gallenblasenveränderungen in der Literatur beschrieben sind, spielt die Diagnostik an der Gallenblase nur eine untergeordnete Rolle. Milzvergrößerungen werden röntgenologisch oft in Kombination mit vergrößerter Leber und/oder Niere diagnostiziert und sind meist als Hinweis auf infektiöse Erkrankungen anzusehen. Sonographisch ist die Milz nur in Einzelfällen differenzierbar.

1.9.1 Leber

Die häufigste Veränderung im Röntgenbild ist eine Vergrößerung des Leberschattens. Die Lebergröße ist allerdings innerhalb der einzelnen Vogelspezies und auch der einzelnen Individuen sehr variabel, so dass zur Größenbestimmung starre Normwerte unrealistisch sind. Aufgrund der nur teilweisen Einsehbarkeit des Organs und der Überlagerungseffekte durch den Gastrointestinaltrakt ist die genaue Größenbestimmung sonographisch kaum möglich. Ist aber Lebergewebe noch weit kaudal des Xiphoids einsehbar, so kann von einer **Hepatomegalie** ausgegangen werden **(Abb. 1-162C)**. Im Gegensatz hierzu ist im Röntgenbild die Lebergröße wesentlich genauer bestimmbar, da hier Verhältniswerte (in der Regel bezogen auf den Abstand einzelner Wirbel) angegeben werden können **(Abb. 1-162A)**. Für eine solche Hepatomegalie können Infektionen mit Herpesviren und anderen viralen Erregern ebenso wie Infektionen sonstiger Ätiologie (Psittakose, Tuberkulose usw.), Neoplasien, Stoffwechselstörungen (Hämochromatose bei Beos!) und eine Adipositas zugrunde liegen. Bei körnerfressenden Vögeln, wie Papageien, verliert dabei der Weichteilschatten von Herz und Leber im ventro-dorsalen Strahlengang seine typische sanduhrförmige Kontur **(Abb. 1-162C** bis **1-163A)**. Liegt eine *Chlamydophila-psittaci*-Infektion vor, sind häufig auch Schwellungen anderer Organe, insbesondere der Milz, der Leber **(Abb. 1-162, 1-163)** und der Nieren zu beobachten. Wird eine Leberschwellung vermutet, kann zusätzlich eine Aufnahme nach Verabreichung von Bariumsulfatkontrastbrei durchgeführt werden, um eine Lebervergrößerung von einer Vergrößerung anderer Organe abgrenzen zu können. Die insbesondere beim Wellensittich häufigen Lebertumoren sind im Röntgenbild ebenfalls durch einen vergrößerten Leberschatten gekennzeichnet und führen zu einer Verlagerung des Drüsenmagens nach dorsal. Zur genauen Abgrenzung ist auch hier eine gastrographische Darstellung notwendig **(Abb. 1-164)**. Allerdings bringt eine Ultraschalluntersuchung meist wesentlichere Informationen, so dass dann auf eine röntgenologische Kontrastmitteluntersuchung verzichtet werden kann. Eine der häufigsten Indikationen für eine Ultraschalluntersuchung des Vogels ist dabei die Vergrößerung der Lebersilhouette in der Röntgenuntersuchung. So kann sonographisch daraufhin die **Veränderung des Leberparenchyms** angesprochen werden und zwischen Neoplasien **(Abb. 1-164, 1-166B, C)**, Zysten, Entzündungen **(Abb. 1-167B)**, Stauungserscheinungen **(Abb. 1-174)** bzw. einer Verfettung **(Abb. 1-168)** unterschieden werden. Grundsätzlich können weiterhin sonographisch neben den Veränderungen des Leberparenchyms (diffus und herdförmig) und der Lebergröße, **Veränderungen der Leberform (Abb. 1-168A** bis **1-169)** und solche an den **Lebergefäßen (Abb. 1-174)** unterschieden werden. Wie beim Säugetier zeichnet sich auch beim Vogel das sonographische Bild einer bestehenden **Fettleber** durch stärkere pathologische Echogenität (diffuse Leberparenchymveränderung) und Hepatomegalie aus **(Abb. 1-168, 1-169)**. Eine Störung der Gefäßarchitektur wird nicht gesehen. Die häufigste Ursache für herdförmige Leberparenchymveränderungen sind **Neoplasien (Abb. 1-164, 1-165, 1-166)**. Im Ultraschallbild zeichnen sich diese Lebertumoren durch eine deutliche Inhomogenität des Lebergewebes aus. Neben den Lebertumoren der Wellensittiche kommt es im Zuge der sogenannten Papillomatose der Psittaziden häufig zu Gallengangskarzinomen, welche sich ebenfalls als herdförmige Leberparenchymveränderungen äußern können **(Abb. 1-171)**. Die Veränderungen können dabei auch diffus im Lebergewebe verteilt sein. **Akute** und **chronische Hepatitiden** zeigen ein eher unspezifisches sonographisches Erscheinungsbild **(Abb. 1-167)**. Eine Ausnahme bei den infektiös bedingten Hepatitiden bilden **granulomatöse Prozesse**, wie sie z. B. bei der Leukose **(Abb. 1-172)**, der Tuberkulose bzw. der *E.-coli*-Granulomatose gesehen werden. Im Ultraschallbild werden einzelne Leberabszesse, Granulome und Nekrosen **(Abb. 1-170)** als meist deutlich vom übrigen Lebergewebe abgegrenzte Areale gefunden. Je nach Inhalt sind diese Areale echoarm mit korpuskulären Bestandteilen bzw. echoreich, zum Teil auch mehrkammerig. Diffuse **Lebernekrosen** weisen dagegen typischerweise ein fleckig-inhomogenes Strukturmuster im Ultraschallbild auf **(Abb. 1-174A)**. Bei chronischen Veränderungen können die Veränderungen kalzifizieren. Die Größe zirrhotischer Lebern variiert stark. Die meisten Vögel werden allerdings in einem fortgeschrittenen Stadium vorgestellt, in der oft eine nur geringgradige Hepatomegalie besteht **(Abb. 1-173)**. Die Sonomorphologie ist hier ebenfalls nicht einheitlich, eine verstärkte interne Echogenität spricht für das Vorliegen einer **Zirrhose der Leber**. Zusätzlich kommt es nach längerem Fasten insbesondere bei Greifvögeln zu einer Verkleinerung des Leberschattens, der nicht als pathologische Zustandsveränderung fehlinterpretiert werden darf. Die akute und chronische **Stauungsleber**, welche im Verlauf von

Kreislaufinsuffizienzen (Schockgeschehen) entstehen kann, geht ebenfalls mit dem sonographischen Bild einer Hepatomegalie und einer erhöhten Echostruktur einher (s Kap. 1.3, **Abb. 1-126**). **Leberzysten** sind durch die echoreiche Zystenwand und anechogenen Zysteninhalt gekennzeichnete Gebilde, die zumeist durch das Artefakt der distalen Schallverstärkung charakterisiert sind; d. h., der distale Bereich unter dem zystischen Gebilde erscheint durch geringere Abschwächung der Schallwellen in der Zystenflüssigkeit echoreicher als das Nachbargewebe. **Leberhämatome** stellen sich als echoarmer Leberbezirk dar. Durch Verlaufskontrollen weisen sie eine Tendenz zur Organisation auf, die in Form einer schollenartigen Zunahme der Echogenität des Bezirkes charakterisiert ist. **Verlagerungen der Leber** finden sich selten lediglich in Fällen von voluminösen Weichteilneoplasien im Bauchraum. Die **Leberform** ist beim Vogel aufgrund der inkompletten Einsehbarkeit des Organs sonographisch nur bedingt zu beurteilen. Teilbereiche des Leberrandes sind allerdings – besonders gut bei Aszitesbildung – konkret abgrenzbar **(Abb. 1-174B)**. Beim kleinen Vogel kann eine teilweise Abgrenzung der Leber, insbesondere die Beurteilung des schallkopfnahen kaudalen Leberrandes, unter Zuhilfenahme einer Vorlaufstrecke erfolgen.

1.9.2 Gallenblase

Röntgenologisch ist die Gallenblase nicht differenzierbar. Sonographisch kann **Gallenblasenkonkrement** selten in der Gallenblase als deutlich echogener Inhalt zu sehen sein. Im Gallenblasenlumen sind so neben reflexloser Gallenflüssigkeit teilweise reflexreiche Partikel zu sehen, welche sich im Gegensatz zu bindegewebigen Auflagerungen aufwirbeln lassen. Auch Vergrößerungen der Gallenblase lassen sich darstellen **(Abb. 1-167A)**.

1.9.3 Aszites

Diffuse Weichteilverschattungen des Bauchraumes mit Ausnahme der Lungenfelder deuten auf eine Ansammlung von Flüssigkeit in der freien Bauchhöhle hin (s. Kap. 1.3, **Abb. 1-122, 1-123, 1-124, 1-126**). Ein solcher Aszites findet sich häufig bei hochgradigen Leberentzündungen sowie bei Lebertumoren. Eine im Rahmen von Hepatopathien auftretende Aszitesbildung wird besonders oft bei der Hämochromatose des Beos gesehen **(Abb. 1-175)**. Durch die Flüssigkeitsansammlung lässt der Röntgenbefund, abgesehen von der lufthaltigen Lunge, keine Differenzierung der inneren Organe zu. Für die Ultraschalluntersuchung ist freie Flüssigkeit jedoch ein gutes Kontrastmittel; die Leber kann hierdurch ohne Probleme dargestellt und pathologische Veränderungen können angesprochen werden (**Abb. 1-167B, C** und **1-174B**). Des Weiteren können relativ problemlos sonographisch unter der Therapie Verlaufsuntersuchungen zur Erfolgskontrolle erfolgen.

1.9.4 Milz

Milzvergrößerungen sind meist als Hinweis auf infektiöse Erkrankungen anzusehen **(Abb. 1-162** bis **1-163)**; in Abhängigkeit vom klinischen Bild können sie ein recht spezifischer Hinweis für eine Chlamydophila- oder Mykobakterien-Infektion sein. Besteht der Verdacht auf eine Psittakose und kann röntgenologisch eine hochgradige Milzschwellung diagnostiziert werden, erscheint nach Entnahme des für eine Labordiagnostik benötigten Probenmaterials eine frühzeitige Einleitung therapeutischer Maßnahmen bereits vor Erhalt eines positiven Laborbefundes gerechtfertigt. Milztumoren, die röntgenologisch zu einer dorsokranialen Verlagerung des Gastrointestinaltraktes führen können, sind selten und dann meist bei Wellensittichen zu finden. Bei Vögeln mit Splenomegalie kann die Milz eventuell auch sonographisch als runde oder ovale Struktur mittlerer Echogenität identifiziert werden. Eine Differenzierung zwischen entzündlichen und neoplastischen Veränderungen ist jedoch bei diesem Organ schwierig, teilweise können aber Blutungen aufgrund der unterschiedlichen Echogenität differenziert werden **(Abb. 1-176A)**. Erreicht die Milz eine Größe, die um ein Mehrfaches über der Normalgröße liegt, so lässt sie sich auch bei der Ultraschallankopplung in der Medianebene darstellen. Neben homogenen **Veränderungen des Parenchyms**, wie sie in Zusammenhang mit infektiösen **(Abb. 1-176B)** oder traumatischen Ursachen **(Abb. 1-176A)** gesehen werden, sind dann v. a. tumoröse Veränderungen (z. B. Leukose) sonographisch als fokale inhomogene Milzveränderungen darstellbar.

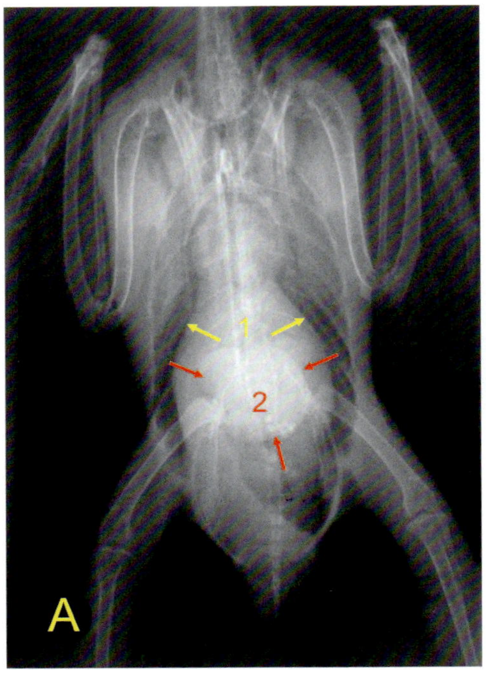

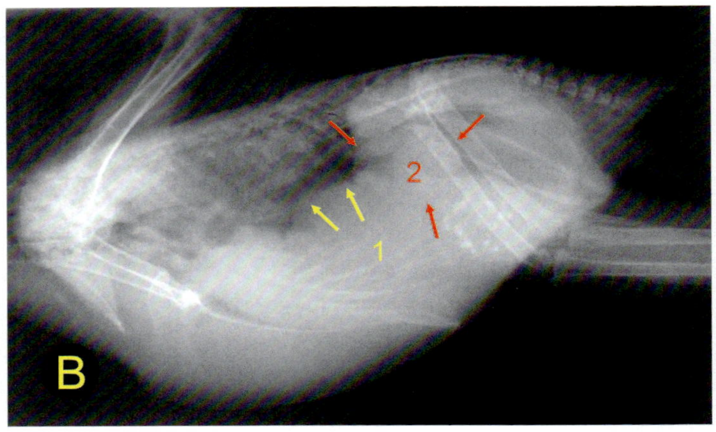

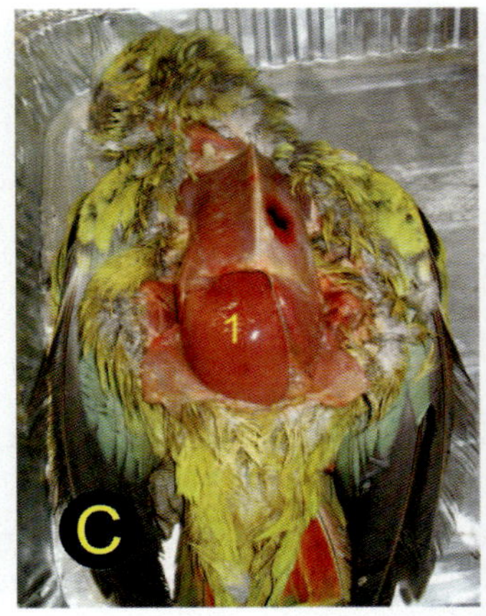

1, gelbe Pfeile: Leber
2, rote Pfeile: Milz

Abb. 1-162:

A, B: Röntgenaufnahme, Körper, dorso-ventrale (A) und latero-laterale (B) Projektion, Blaustirnamazone (*Amazona aestiva*): Psittakose. Die Leber (1, gelbe Pfeile) ist deutlich vergrößert, die typische »Sanduhrform« ist nicht erhalten. Auch die Milz (2, rote Pfeile) ist in beiden Ebenen zu sehen und ebenfalls stark vergrößert.

C: Sektionsbefund einer Blaustirnamazone (*Amazona aestiva*) mit klinisch manifester Psittakose. Die Leber (1) schiebt sich hier weit über den kaudalen Rand des Sternums, die Ränder sind abgerundet. Im Bereich der Brustmuskulatur ist eine blutige Stelle zu sehen, wo intramuskulär appliziert wurde.

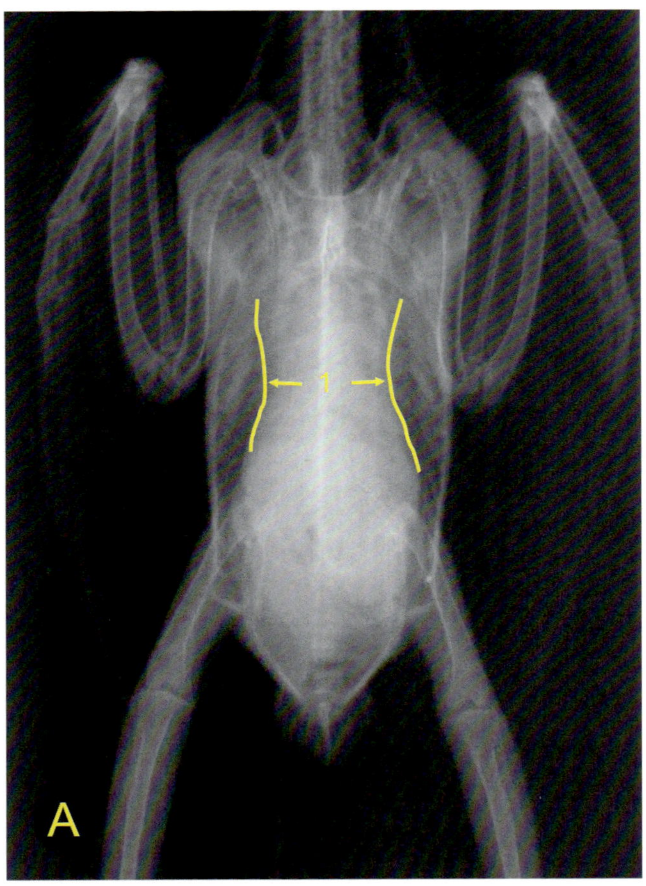

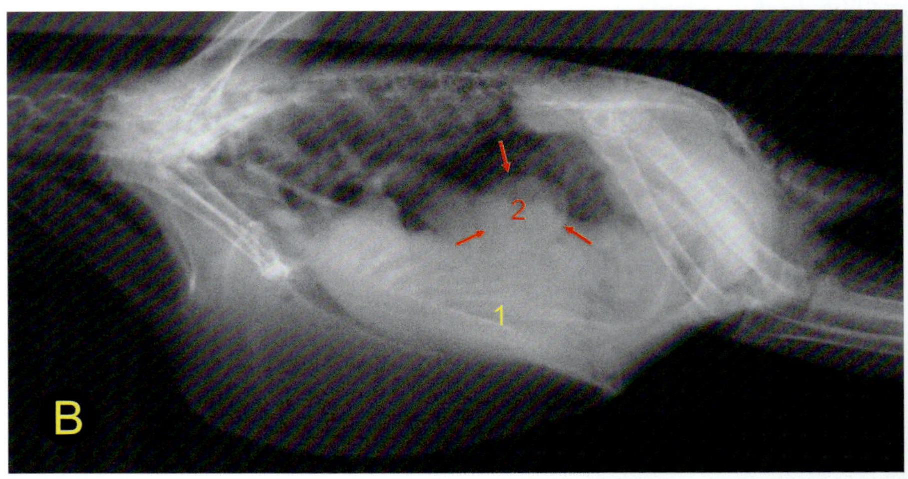

1: Leber
2: Milz

Pfeile: Leberschwellung

Abb. 1-163: Röntgenaufnahme, Körper, dorso-ventrale (A) und latero-laterale (B) Projektion, Weißstirnamazone (*Amazona albifrons*): Psittakose. Durch die Leberschwellung (1, Pfeile) ist die »Sanduhrform« weitgehend verloren gegangen (gelbe Linien). Auch die Milz (2) ist deutlich zu erkennen. Der Darm stellt sich in der latero-lateralen Projektion angeschoppt dar. Es liegt des Weiteren ein Gritmangel vor.

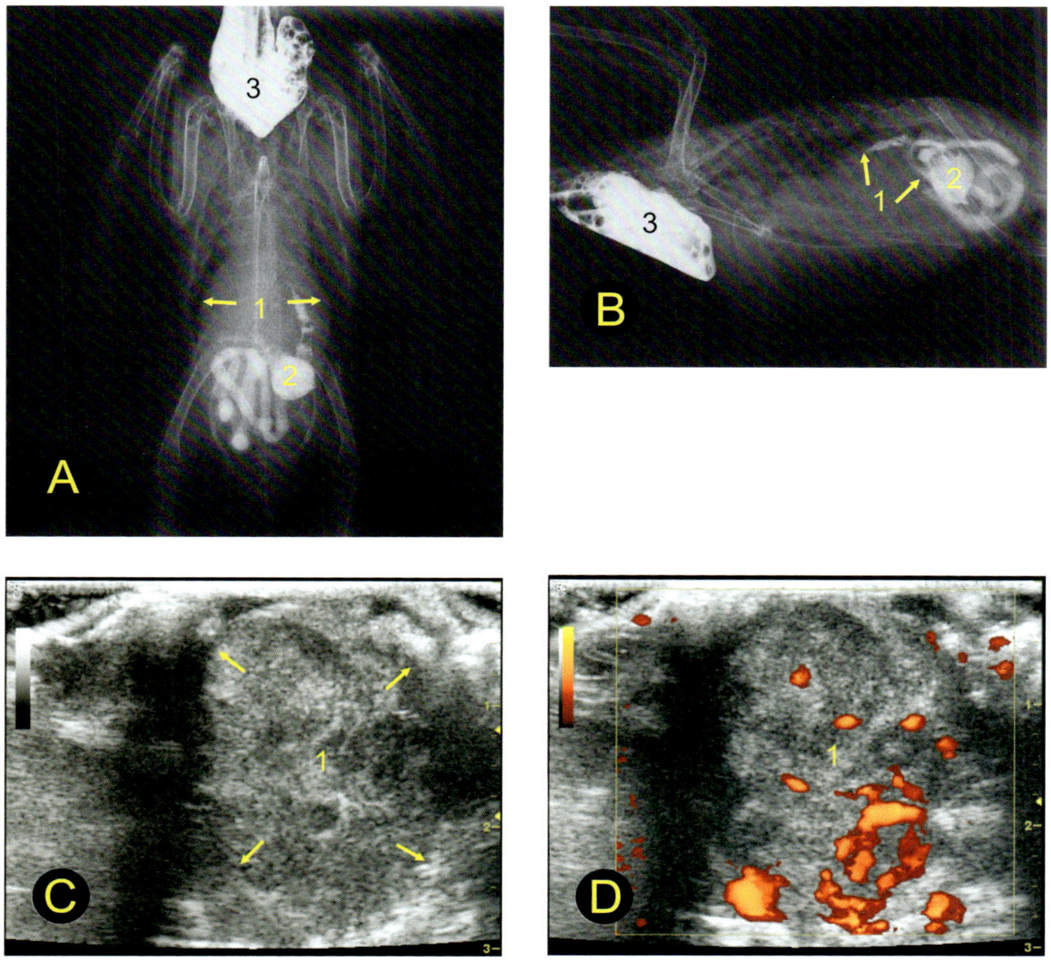

1: Leber
2: Magen
3: Kropf

Abb. 1-164:

A, B: Röntgenuntersuchung, Körper, dorso-ventrale (A) und latero-laterale (B) Projektion, 1 h nach Eingabe von $BaSO_4$ (350 mg/ml, 20 ml/kg KM, in den Kropf), Wellensittich (*Melopsittacus undulatus*): Lebertumor. Röntgenologisch stellen sich die vergrößerte Leber (1) und der nach kaudo-dorsal verschobene Gastrointestinaltrakt (2) dar. Eine weitere Differenzierung ist nicht möglich.

C, D: Ultraschalluntersuchung, ventro-mediane Ankopplung quer, 12 MHz, 3 cm ET, Power-Doppler-Verfahren, gleiches Tier: Sonographisch stellt sich in der Leber eine stark echogene und gleichzeitig inhomogene Umfangsvermehrung (1) dar (C). Die Durchblutung ist diffus (D).

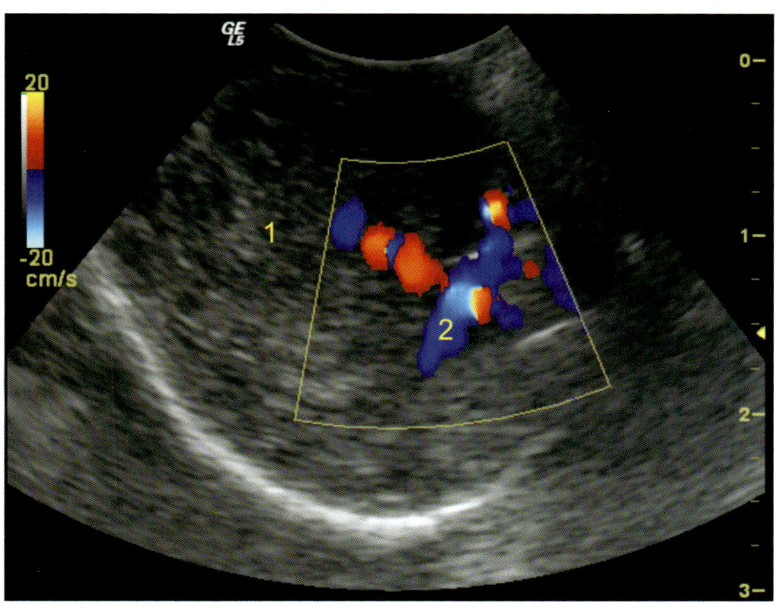

1: Leber
2: Leberdurchblutung

Abb. 1-165: Ultraschalluntersuchung, ventro-mediane Ankopplung längs, 10 MHz, 3 cm ET, Farb-Doppler-Verfahren, Wellensittich (*Melopsittacus undulatus*): Lebertumor. Hier ist das Lebergewebe (1) eher homogen vergrößert, wobei sich fokal eine verstärkte Durchblutung (2) zeigt.

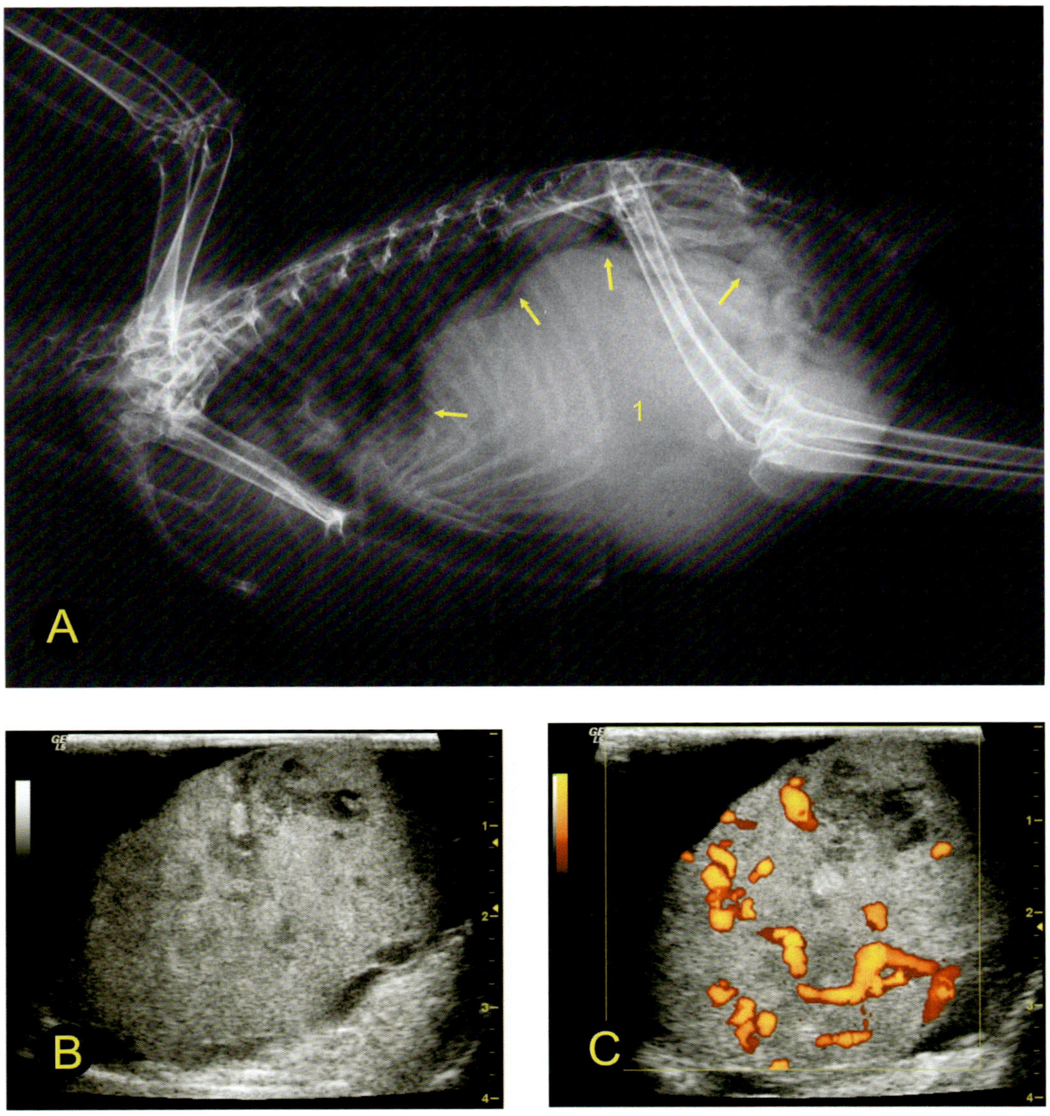

1: Leber

Abb. 1-166:

Beo (*Gracula religiosa*): Lymphosarkom.

A: Röntgenuntersuchung, Körper, latero-laterale Projektion. Die Luftsäcke sind durch die Leber (1) weitgehend verdrängt, Details können in der Leibeshöhle kaum mehr differenziert werden. Das röntgenologische Bild gleicht dabei dem der bei Beos häufiger auftretenden Hämochromatose (s. Abb. 1-175).

B: Ultraschalluntersuchung, ventro-mediane Ankopplung quer, 12 MHz, 4 cm ET, gleiches Tier

C: Power-Doppler-Verfahren: Hier stellt sich die Leber stark echogen und heterogen dar, die Durchblutung ist diffus und es liegen fokale Nekrosen vor.

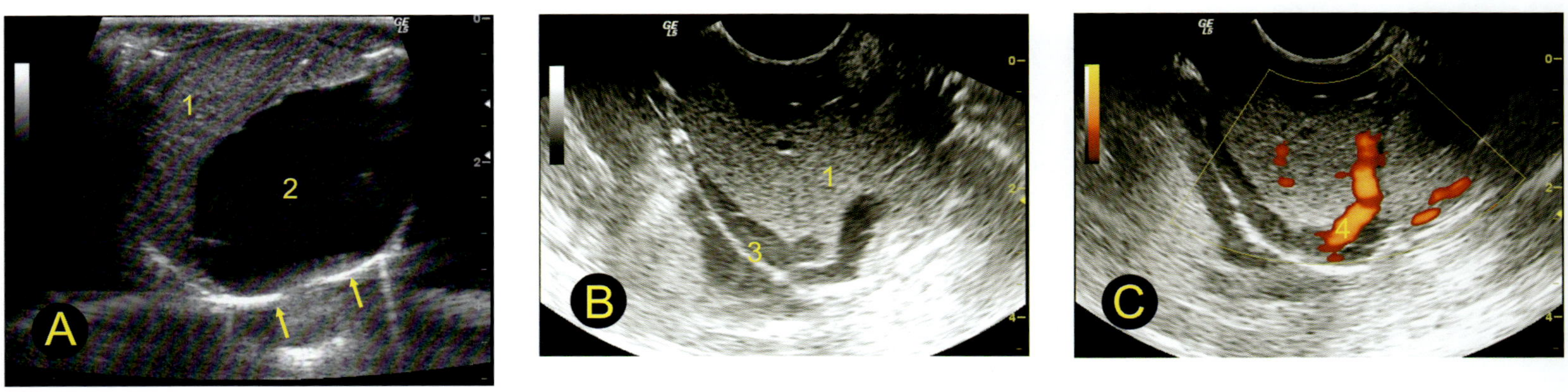

Abb. 1-167:

A: Ultraschalluntersuchung, ventro-mediane Ankopplung längs, 12 MHz, 5 cm ET, Molukkenkakadu (*Cacatua mollucensis*): Angestaute Gallenblase. Die Gallenblase stellt sich als echoloser Bereich (2) mit distaler Schallverstärkung (Pfeile) im unauffälligen Lebergewebe (1) dar. Da bei vielen Kakaduspezies Gallenblasen vorkommen, sind diese von zystischen Veränderungen der Leber durch Lage, Form und Größe zu differenzieren.

B, C: Ultraschalluntersuchung, ventro-mediane Ankopplung längs, 10 MHz, 5 cm ET, Power-Doppler-Verfahren, Graupapagei (*Psittacus erithacus*): bakteriell bedingte Hepatitis. Die Leber (1) ist vergrößert, die Lebergefäße (4) sind erweitert, teilweise befindet sich freie Flüssigkeit um das Lebergewebe (3).

1: Leber
2: Gallenblase
3: Flüssigkeit
4: Lebergefäße

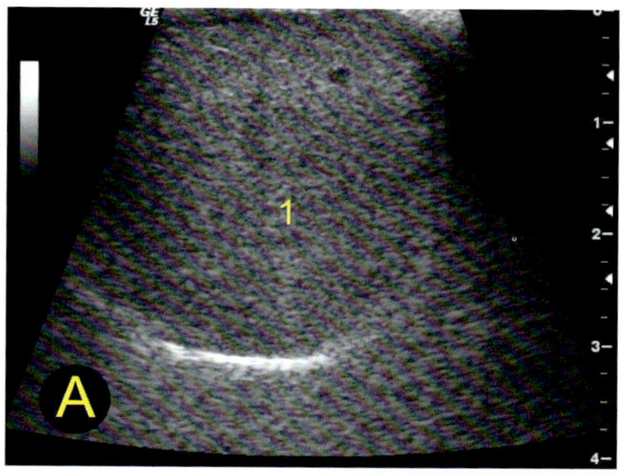

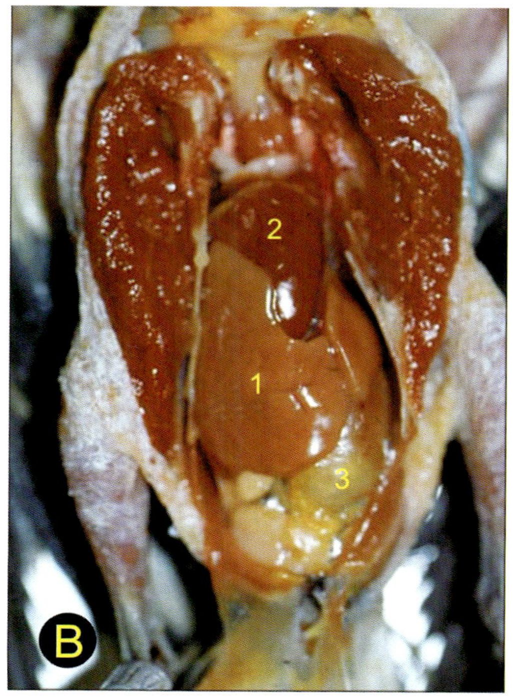

1: Leber
2: Herz
3: Muskelmagen

Abb. 1-168:

A: Ultraschalluntersuchung, ventro-mediane Ankopplung quer, 10 MHz, 4 cm ET, Rosakakadu (*Eolophus roseicapillus*): Fettleber. Die Leber (1) stellt sich stark vergrößert, homogen und verstärkt echogen dar. Die Organgrenzen sind kaum auszumachen. Intrahepatische Gefäße sind nicht darstellbar.

B: Sektionsbild: Deutlich sind die geschwollenen Ränder und die gelbliche Verfärbung der Leber durch die Verfettung zu sehen.

1: Leber
Pfeile: Leberklappengrenzen

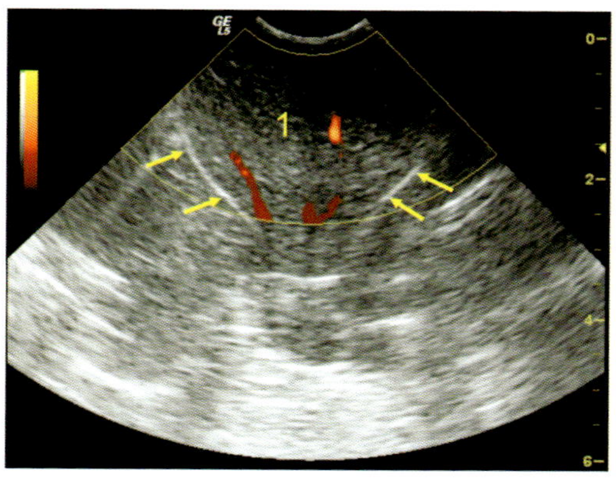

Abb. 1-169: Ultraschalluntersuchung, ventro-mediane Ankopplung quer, 10 MHz, 6 cm ET, Power-Doppler-Verfahren, Graupapagei (*Psittacus erithacus*): Lebervergrößerung unklarer Genese. Die Größe der Leber (1) kann sonographisch unter anderem anhand der echoreichen Grenzen zwischen den Lappen (Pfeile) eingeschätzt werden, diese weichen bei einer Vergrößerung des Mittellappens deutlich auseinander.

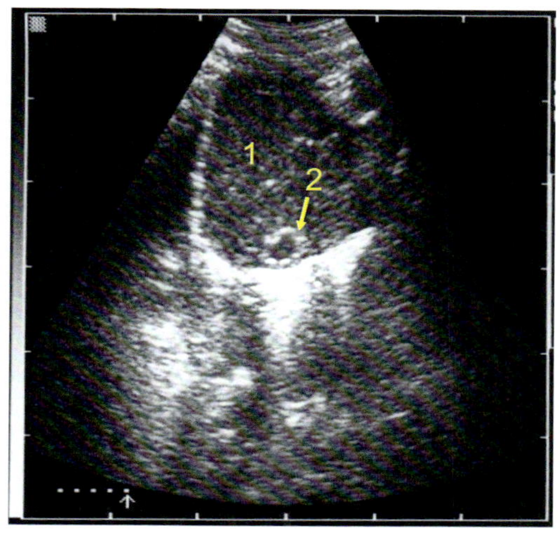

1: Leber
2: Entzündungsherd

Abb. 1-170: Ultraschalluntersuchung, ventro-mediane Ankopplung längs, 7,5 MHz, 6 cm ET, Wellensittich (*Melopsittacus undulatus*): chronische Hepatitis mit herdförmiger Kalzifizierung. Im Lebergewebe (1) findet sich eine echogen begrenzte Struktur (2), bei der es sich um einen sekundär verkalkten Entzündungsherd handelt.

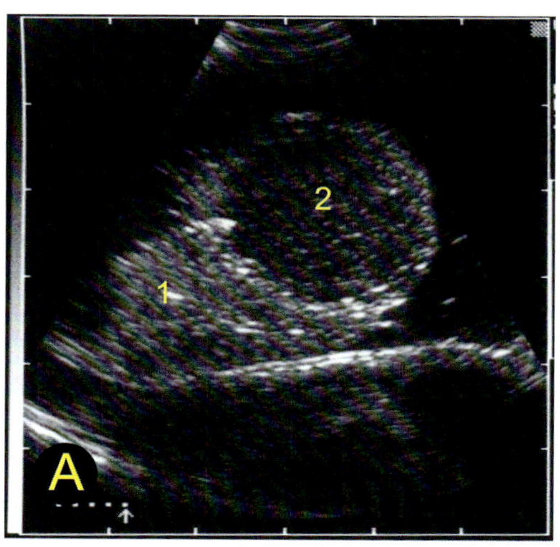

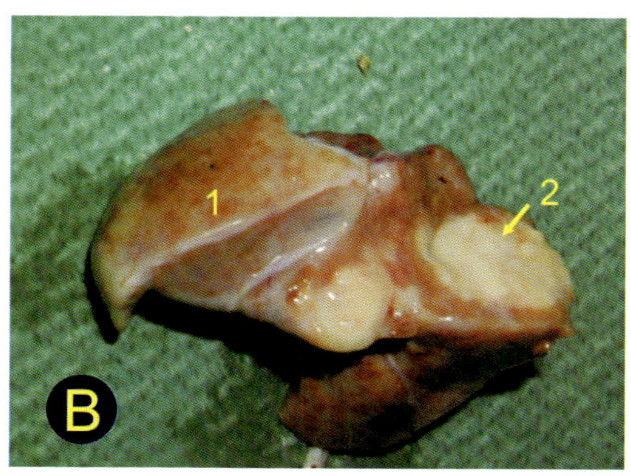

1: Leber
2: Tumor

Abb. 1-171:

A: Ultraschalluntersuchung, ventro-mediane Ankopplung längs, 7,5 MHz, 6 cm ET, Doppelgelbkopfamazone (*Amazona ochrocephala*): Gallengangskarzinom. Bei der abgegrenzten Struktur (2) im Lebergewebe (1) handelt es sich um ein Gallengangskarzinom, eine häufige Spätkomplikation der sogenannten »Papillomatose«.

B: Sektionsbild: Der Tumor (2) liegt im Lebergewebe (1).

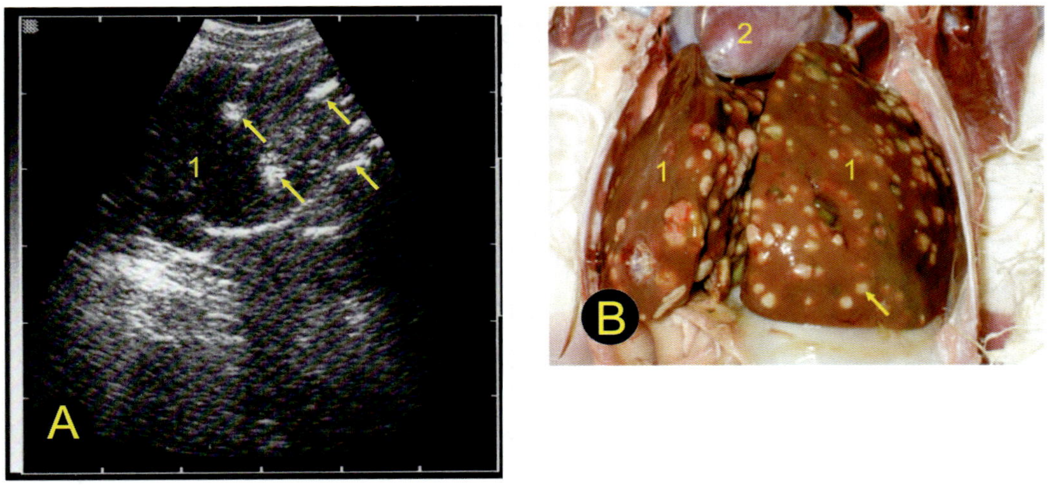

1: Leber
2: Herz

Pfeile: leukotische Veränderungen

Abb. 1-172:

A: Ultraschalluntersuchung, ventro-mediane Ankopplung längs, 7,5 MHz, 6 cm ET, Ziegensittich (*Cyanoramphus novaezelandiae*): Leukose. Die leukotischen Veränderungen (Pfeile) zeigen sich als hyperechogene Areale in der Leber (1).

B: Sektionsbild: Auch hier sind die multifokalen Veränderungen (Pfeile) im Lebergewebe (1) zu sehen.

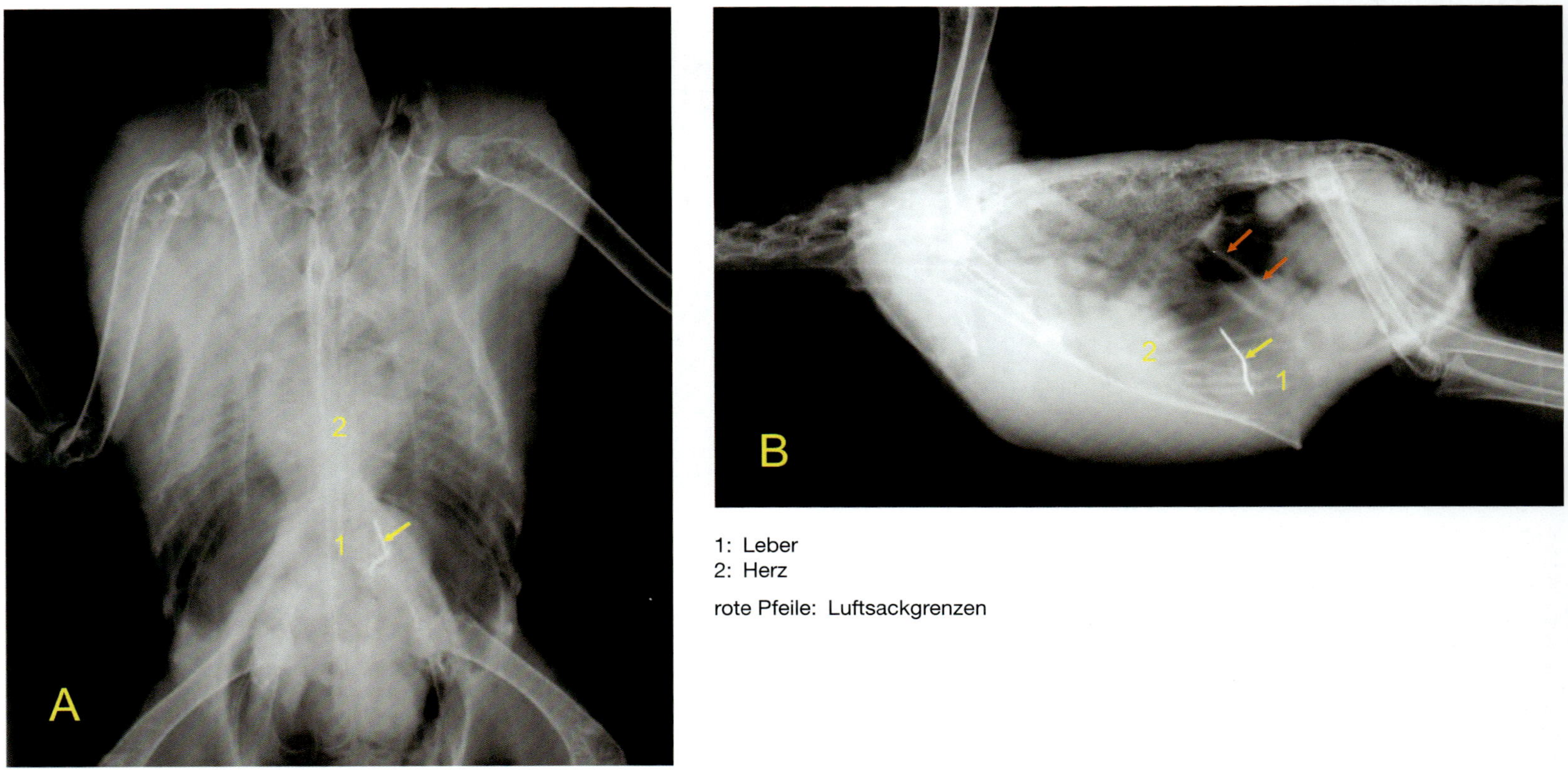

1: Leber
2: Herz

rote Pfeile: Luftsackgrenzen

Abb. 1-173: Röntgenuntersuchung, ventro-dorsale (A) und latero-laterale (B) Projektion, Graupapagei (*Psittacus erithacus*): Leberzirrhose, Bauchhöhlenentzündung, Fremdkörper in der Leber. Die Beurteilung von zirrhotischen Leberveränderungen ist nicht einfach. Hier hat sich ein Draht durch die Kapsel der Leber (1) gebohrt und eine chronische Entzündung ausgelöst. Auch die Leibeshöhle ist entzündet, die Luftsackgrenzen sind verdickt (rote Pfeile).

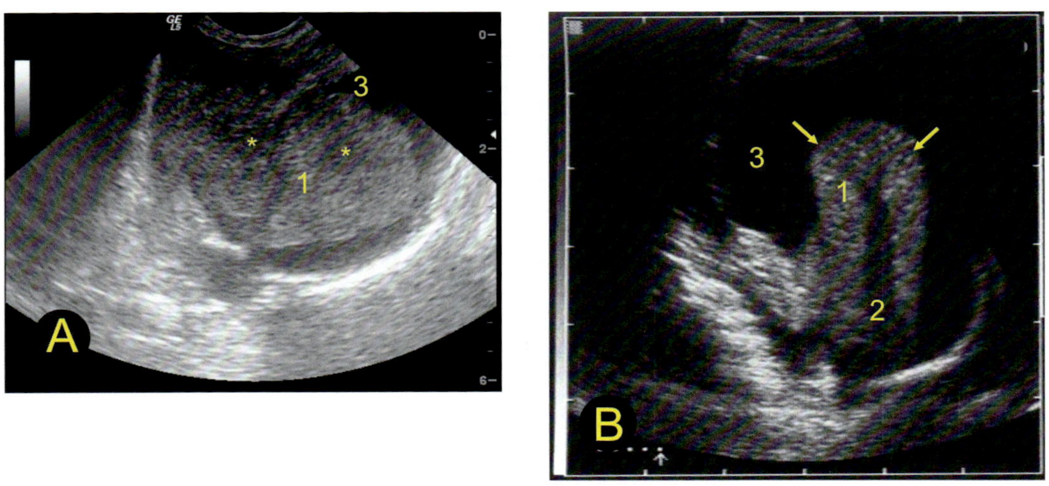

1: Leber
2: Lebergefäße
3: Aszites

*: fokale Nekrosen

Abb. 1-174:

A: Ultraschalluntersuchung, ventro-mediane Ankopplung längs, 10 MHz, 6 cm ET, Blaustirnamazone (*Amazona aestiva*): Lebernekrosen. Das Lebergewebe (1) erscheint inhomogen mit fokalen hypoechogenen nekrotischen Bereichen (*). Die Gefäße (2) erscheinen gestaut.

B: Ultraschalluntersuchung, ventro-mediane Ankopplung quer, 7,5 MHz, 6 cm ET, Graupapagei (*Psittacus erithacus*): Leberstauung und Aszites. In diesem Fall ist die Leber (1) gestaut, die Gefäße (2) sind deutlich sichtbar, der Leberrand (Pfeile) ist abgerundet.

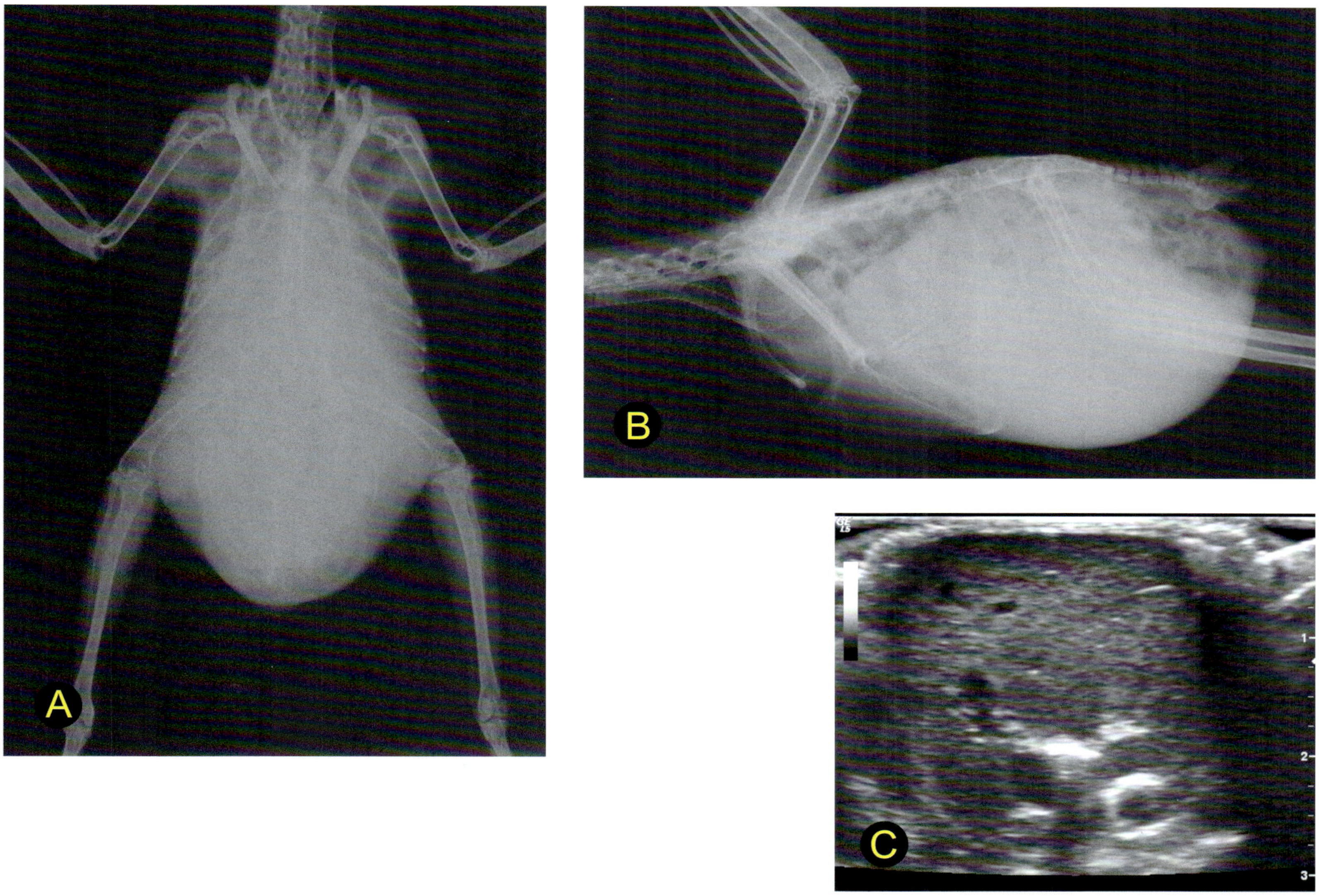

Abb. 1-175: Röntgenaufnahme, Körper, ventro-dorsale (A) und latero-laterale (B) Projektion, Beo (*Gracula religiosa*): Hämochromatose (Eisenspeicherkrankheit). Die Leber ist stark vergrößert und verdrängt dieübrigen Organe der Leibeshöhle. Durch Flüssigkeitsansammlungen ist die Detailerkennbarkeit reduziert. (Anmerkung: Die Abknickung in der Luftröhre ist bei dieser Spezies physiologisch.)

C: Ultraschalluntersuchung, ventro-mediane Ankopplung quer, 12 MHz, 3,0 cm ET: Die Leber stellt sich auch sonographisch vergrößert, vermehrt echogen und unregelmäßig dar.

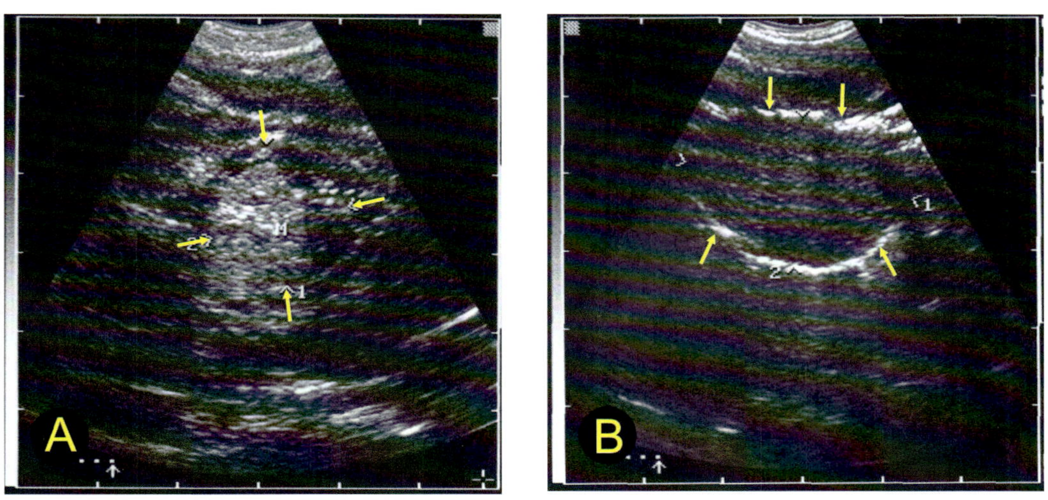

Abb. 1-176:

A: Ultraschalluntersuchung, ventro-mediane Ankopplung quer, 7,5 MHz, 6 cm ET, Gelbbrustara (*Ara ararauna*): Milzruptur. Durch die Einblutungen stellt sich das Organ sehr inhomogen dar.

B: Ultraschalluntersuchung, ventro-mediane Ankopplung quer, 7,5 MHz, 6 cm ET, Mäusebussard (*Buteo buteo*): Milzschwellung, Tuberkulose. So deutlich wie in diesem Fall ist die Milz vergleichsweise selten zu identifizieren.

1.10 Urogenitaltrakt

Maria-Elisabeth Krautwald-Junghanns, Michael Pees

Erkrankungen der Nieren treten oft im Zusammenhang mit systemischen Allgemeininfektionen auf. Bildgebende Verfahren, die zur Darstellung der Nieren eingesetzt werden, beschränken sich dabei häufig auf konventionelle röntgenologische und – teilweise – sonographische Verfahren, während CT und MRT eher selten eingesetzt werden müssen. So geben röntgenologisch darstellbare Schwellungen der Nieren hier zunächst unspezifische Hinweise auf infektiöse Prozesse **(Abb. 1-177)**, Hypovitaminosen A, Zystenbildung oder, insbesondere bei Wellensittichen, auf Neoplasien **(Abb. 1-178)**. Eine Kontrastmitteldarstellung der Nieren und Harnleiter mit organischen Jodverbindungen (s. **Abb. 1-39**) kann eine zusätzliche Aussage über die Funktionsfähigkeit und Form der Nieren geben **(Abb. 1-179)**. In diesem Zusammenhang kann bei Nierenfunktionsstörungen oder Ureterverstopfung bzw. -verlegung die renale Kontrastmittelausscheidung beeinträchtigt sein und sich in verlängerten Passagezeiten äußern. Eine sonographische Diagnostik ist nur in Fällen von Nierenvergrößerung sinnvoll, da die Luftsäcke verdrängt werden (vgl. **Abb. 1-178**) und so eine sonographische Darstellung der Nieren möglich ist. Sowohl die Größe als auch das Parenchym können beurteilt werden. Dies ist nicht nur bei größeren Vögeln, sondern auch bei kleineren (z. B. Wellensittichen) ohne Probleme möglich. Im Querschnitt (Schallebene senkrecht zur Wirbelsäule) werden die Nieren in einer durch die Becken- und Wirbelknochen erzeugten W-förmigen Totalreflexion liegend dargestellt **(Abb. 1-177** und **1-180A)**. In dieser Ansicht können beide Nieren miteinander verglichen werden. Im Schnittbild der Nieren stellen sie sich rund bis oval dar und es können Größenmessungen vorgenommen werden. Durch Drehen des Schallkopfes um 90° können die Nieren in ihrer Längsachse (längs der Wirbelsäule) untersucht werden.

Erkrankungen der Genitalorgane stehen bei weiblichen Vögeln häufig im Zusammenhang mit Eibildungs- und/oder Eiablagestörungen. Männliche Tiere sind dagegen vorwiegend von Neoplasien der Gonaden betroffen. Hierbei besteht eine eindeutige Speziesprädisposition für Wellensittiche mittleren Alters (4 bis 6 Jahre). Pathologische Veränderungen der Gonaden dürfen allerdings grundsätzlich nicht mit den erheblichen, aber physiologischen Größenzunahmen der Hoden bzw. Ovarien und Eileiter verwechselt werden. Bildgebende Verfahren, die zur Darstellung des Genitaltraktes eingesetzt werden, beschränken sich dabei wiederum in erster Linie auf konventionelle röntgenologische und sonographische Verfahren, wobei eine sonographische Diagnostik – analog zur Situation in der Nierendiagnostik (s. o.) – nur in Fällen von Vergrößerung des Genitaltraktes und damit einhergehender Verdrängung der Luftsäcke möglich ist.

1.10.1 Nieren

Röntgenologisch können sich **Entzündungen der Nieren** als vergrößerter Nierenschatten darstellen. Sonographisch ist die Echotextur der vergrößerten, entzündeten Niere eher echoarm mit reduzierter Darstellbarkeit der Binnenstruktur **(Abb. 1-177** und **1-180A)**. **Neoplasien** bilden sich röntgenologisch im laterolateralen Strahlengang ebenfalls als meist deutlich vergrößerter Nierenschatten oder als diffuse Weichteilschwellungen im kaudodorsalen Abdominalbereich ab **(Abb. 1-178)**, durch die es zu Einengungen besonders der kaudalen Luftsäcke und zur ventralen Verlagerung des Darmtraktes kommt. Hierbei dürfen die in der Fortpflanzungszeit bei Vögeln beider Geschlechter um ein Vielfaches vergrößerten Keimdrüsen (s. Kap. 1.1) nicht als Neoplasien der Nieren interpretiert werden. Zur Verifizierung der Diagnose können Kontrastmitteluntersuchungen **(Abb. 1-178C, D** und **1-179)** zur genauen Lokalisation der veränderten Organe sinnvoll sein. Bei der Kontrastdarstellung des Gastrointestinaltraktes kann das nach kaudal verdrängte Darmkonvolut Aufschluss über das Ausmaß und die Lage der Nierenvergrößerung geben **(Abb. 1-178C, D)**. Neoplasien können zudem in der Urographie zu einer verminderten Darstellbarkeit von Nieren und Harnleitern führen bzw. erlauben keinen Kontrastmitteldurchfluss mehr **(Abb. 1-179)**. Sonographisch stellen sich Tumoren im Gegensatz zur entzündlich veränderten Niere durch ein teilweise homogen echoreiches, teilweise aber auch inhomogenes Parenchym mit fokalen Nekrosen dar **(Abb. 1-180B)**. Mithilfe der Doppler-Technik kann nicht nur die zwischen den beiden Nieren liegende Aorta abdominalis, sondern auch die Nierendurchblutung dargestellt werden **(Abb. 1-181)**. Hier können Rückschlüsse auf Art und Bösartigkeit der Neoplasie gezogen werden. Zur endgültigen Diagnose ist eine diagnostische Laparatomie nötig. Nierenbiopsien sind – sowohl unter Ultraschallkontrolle als auch unter endoskopischer Kontrolle – beim Vogel mit dem Risiko massiver Blutungen verbunden. **Zysten** bilden sich im konventionellen Röntgenbild ebenfalls lediglich als diffuse Vergrößerungen des Nierenschattens ab (analog zu **Abb. 1-178**). Sonographisch zeigen die Nierenzysten aber ein typisches Erscheinungsbild und sind vom Nierenparenchym leicht als Strukturen mit echoreicheren, glatt begrenzten Wandungen, echoarmem Inhalt **(Abb. 1-182)** und dem Phänomen der distalen Schallverstärkung abzugrenzen. Falls eine Unterscheidung zwischen Nieren- und Ovarzyste nicht möglich ist, kann eine ultraschallkontrollierte Punktion der flüssigkeitsgefüllten Hohlräume durchgeführt werden, um die Flüssigkeit zu untersuchen. Neben einer Vergrößerung des Nierenschattens kann röntgenologisch im Einzelfall eine **erhöhte Röntgendichte** desselben infolge Dehydration des Patienten, Vitamin-A-Mangel oder entzündlichen Prozessen diagnostiziert werden. Dies ist allerdings auf Grund von Überlagerungen durch den Beckengürtel in diesem Bereich oftmals nur schwer beurteilbar. Unspezifisches Zeichen einer Nierenfunktionsstörung sind weiter röntgendichte Partikel innerhalb des Nierenschattens, die sich in beiden Standardröntgenebenen identifizieren lassen **(Abb. 1-183** und **1-184)**. Sie entstehen durch **Hyperkalzifizierung**, weshalb häufig parallel ein erhöhter Kalziumspiegel im Blut festgestellt werden kann. Auch längerer Wassermangel kann in den Nieren zur Auskristallisation von Harnsäure führen. Diese Auskristallisationen bzw. Gicht sind jedoch röntgenologisch nicht sichtbar. Harnsäureablagerungen und/oder Kalzifizierungen verursachen im Ultraschallbild teilweise Reflexionen (erhöhte Echogenität) und das Nierengewebe erscheint inhomogener. Sonographisch sind die Veränderungen aber, wenn die Niere nicht vergrößert ist, nicht zu erkennen. Eine **Nierengicht** muss daher mit anderen Methoden (Endoskopie, Blutchemie) diagnostiziert werden.

1.10.2 Gonaden

Röntgenologisch bilden sich **Neoplasien** als diffuse Weichteilschwellungen im Abdominalbereich mit Einengung besonders der kaudalen Luftsäcke und Verlagerung des Gastrointestinaltraktes ab **(Abb. 1-185** und **1-186)**. Letztere wird durch Kontrastdarstellung des Gastrointestinaltraktes mit Bariumsulfat deutlich; im latero-lateralen Strahlengang ist dann eine Verlagerung insbesondere des kranialen Gastrointestinaltraktes nach kranio- und teilweise kaudo-ventral zu sehen **(Abb. 1-187)**. Sonographisch können urogenitale Tumoren in der Regel sicher angesprochen werden; sie stellen sich als zumeist vergrößerte Organe mit inhomogener, komplexer Echostruktur dar; häufig verbunden mit echoarmen Einschmelzungszonen. Da die Patienten im Allgemeinen in fortgeschrittenen Stadien mit massiver Größenzunahme des Organs vorgestellt werden, ist aber eine Zuordnung des Tumors zum Ursprungsorgan sonographisch nur schwer möglich **(Abb. 1-187** bis **1-189)**. Zur endgültigen Diagnose sind eine Biopsie (cave: Gefahr innerer Blutungen) und eine anschließende histologische Untersuchung nötig. Größen- und Formveränderungen der Gonaden sind differentialdiagnostisch z. B. auch bei Ovarialzysten zu finden **(Abb. 1-190)**, können aber eindeutig sonographisch voneinander differenziert werden. **Ovarialzysten** können durch die enorme Größe des Organs zu hochgradigen Schwellungen des Abdomens sowie einer weitgehenden Verdrängung der Luftsäcke und sonstigen Organe in der Leibeshöhle führen. Es besteht eine Speziesprädisposition für Sittiche und Kanarienvögel, aber auch alle anderen Vögel können betroffen sein. Röntgenologisch lässt sich ein stark vergrößerter Weichteilschatten in der Leibeshöhle feststellen. Zusätzlich ist oft ein **medullärer Knochen** ausbildet, der sich röntgenologisch als homogene oder inhomogene Röntgenverdichtung (Kalziumeinlagerung) der langen Röhrenknochen darstellt **(Abb. 1-190A, B)**. Zysten sind sonographisch einfach darstellbar **(Abb. 1-190C)**. Sie sind durch echogene, glatt begrenzte Wandungen mit echoarmem Inhalt und dem Phänomen der distalen Schallverstärkung gekennzeichnet. Seltener als am Ovar können auch am Eileiter Zysten vorliegen.

1.10.3 Eileiter

Das Vorhandensein eines Eies lässt sich, sofern die Eischale bereits kalzifiziert ist und es nicht zu tief in der Leibeshöhle liegt, bereits palpatorisch feststellen. Röntgenaufnahmen sind angezeigt, um die Diagnose »**Legenot**« zu sichern, insbesondere um Erkenntnisse über Anzahl, Form und Größe oder Lage des Eies bzw. der Eier sowie die Beschaffenheit der Eischale zu bekommen und so über eine konservative bzw. operative Vorgehensweise für die Beseitigung der Legenot entscheiden zu können **(Abb. 1-191** bis **1-193)**. Schichteier, Eier mit sehr dünner Schale oder mumifizierte Eier stellen sich allerdings röntgenologisch (wie auch Tumoren, Entzündungen und Zysten in diesem Bereich) lediglich als diffuse Weichteilschwellungen im Abdominalbereich mit Einengung besondes der kaudalen Luftsäcke und Verlagerung des Gastrointestinaltraktes dar **(Abb. 1-194** und **1-196)**. Ein zusätzlicher auf einen erhöhten Östrogenspiegel hinweisender röntgenologischer Befund kann die Ausbildung medullären Knochens (s. o.) sein. Sonographisch ist eine Differenzierung zwischen Tumor, Zyste und Legenot möglich. In der Ultraschalluntersuchung können zwar auch Eier mit ausgebildeter Kalkschale gesehen werden (vgl. Kap. 1.2 und **Abb. 1-69B**). Dabei werden aber aufgrund der starken Reflexionen im Gegensatz zur Röntgendiagnostik nur selten Schalenveränderungen, wie Rauigkeiten (vgl. **Abb. 1-193**) oder Deformationen (vgl. **Abb. 1-192**), dargestellt. Domäne der Ultraschalluntersuchung ist die Diagnose einer Legenot, welche durch Eier mit nicht oder wenig verkalkter Eischale (»Windeier«) **(Abb. 1-197)** oder Eikonkremente (sogenannte »Schichteier«, aus fibrinös veränderten Eibestandteilen bestehende, häufig vielschichtig strukturierte Entzündungsprodukte im Eileiter bzw. der Bauchhöhle) hervorgerufen wird **(Abb. 1-194, 1-198)**. Im Ovidukt befindliche Schichteier zeigen sich als zwiebelschalenartig geschichtete, runde bis rundovale Gebilde unterschiedlicher Echogenität, die von einem echoarmen Flüssigkeitssaum umgeben sind.

Grundsätzlich dient die Beurteilung der Eier auch der Entscheidung über eine chirurgische Therapie, dabei sind folgende Kriterien bei der röntgenologischen bzw. sonographischen Diagnostik von Bedeutung:

- **Anzahl:** Da die Eipassage nach der Ovulation etwa 24 Stunden benötigt und z. B. die meisten Papageienvögel und Sittiche Ovulationen im zweitägigen Abstand haben, ist bei diesen Vögeln nur ein kalzifiziertes Ei zu erwarten. Dennoch kann es speziesabhängig auch vorkommen, dass sich zwei unauffällige, gleichförmige Eier darstellen, die in den meisten Fällen nicht chirurgisch entwickelt werden müssen (vgl. **Abb. 1-191**).
- **Form:** Deformierungen und kollabierte Eier sind häufige Ursachen einer Legenot und meist eine Indikation für einen operativen Eingriff (vgl. **Abb. 1-192**).
- **Schale:** Eine Legenot, welche mit Schalenveränderungen (nicht kalzifizierte Eier, Schichteier, Eier mit hyperkalzifizierter Schale, zerbrochene Eischale) einhergeht, muss in der Regel chirurgisch versorgt werden (vgl. **Abb. 1-192** bis **1-194, 1-198**).
- **Eigröße:** Aufgrund des fehlenden knöchernen Beckenbodens ist die Eigröße nur sehr selten ein Problem für die Legetätigkeit (vgl. **Abb. 1-191**).

Mit einer Legenot im Zusammenhang stehende **Veränderungen am Ovidukt (Abb. 1-195)**, wie z. B. Entzündungen des Eileiters, können röntgenologisch nur in seltenen, schweren Fällen durch unspezifische Befunde, wie diffuse Weichteilschwellung im Abdominalbereich, vermutet werden. Häufig finden sich zudem bei einer Salpingitis Eier mit veränderten Kalkschalen. Bei Abdominalhernien **(Abb. 1-107)** mit Verlagerung des Gastrointestinaltraktes und Erhöhung der Röntgendichte im Bereich der langen Röhrenknochen liegt ein Verdacht auf eine Bildung von Eikonkrementen nahe, die sich als umfangreicher Weichteilschatten im Abdominalbereich darstellen. Sonographisch zeichnet sich die entzündlich veränderte Salpinx im fortgeschrittenen Stadium durch eine verstärkte Wanddicke deutlich ab. Im Lumen liegende Entzündungsprodukte stellen sich je nach Art unterschiedlich echogen dar **(Abb. 1-195C** und **1-197)**. Im Gegensatz zu im Darm liegenden Ingesta, deren aktiver Transport sonographisch gut zu verfolgen ist, können im Legedarm liegende Entzündungsprodukte durch leichten Druck von außen oder Bewegungen des Patienten manchmal passiv verschoben werden.

Eine **eiinduzierte Peritonitis** zeigt sich röntgenologisch als diffuse Verschattung in der Bauchhöhle. Bei ausgeprägtem Aszites ist typischerweise keine Differenzierung der inneren Organe außer den lufthaltigen Lungen möglich. Sonographisch stellt sich ein eventuell vorhandener Aszites deutlich dar, die Flüssigkeit bildet hier das ideale Kontrastmittel. Teilweise sind Flocken oder fibrinöse Auflagerungen auf den Organen zu erkennen **(Abb. 1-199)**. Allerdings ist eine fortgeschrittene Peritonitis auch sonographisch nicht sicher anzusprechen. Bei der Abdominozentese wird oft eine exsudative gelbliche Flüssigkeit gewonnen, die teilweise mit Dotter- und Eiweißflocken durchsetzt sein kann.

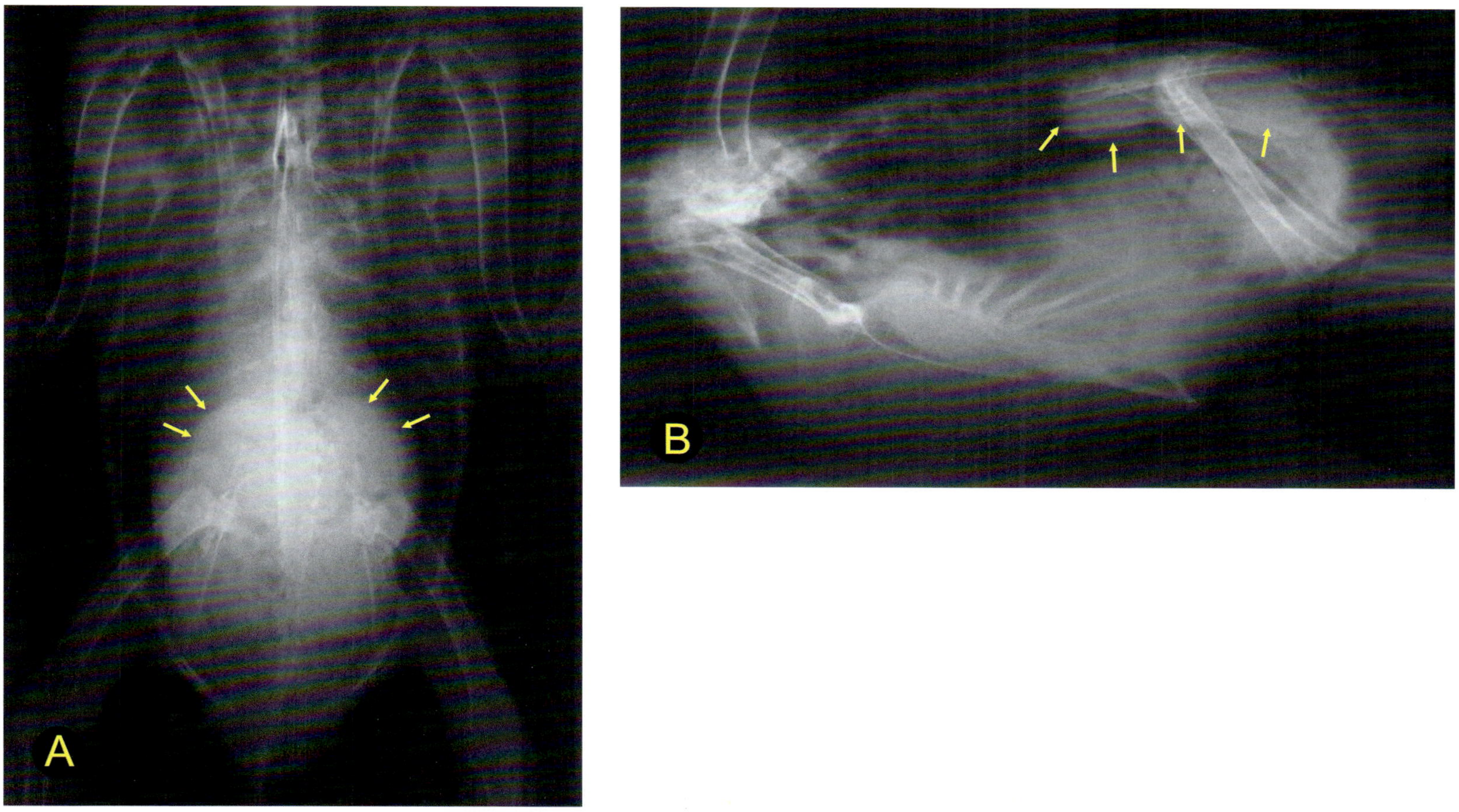

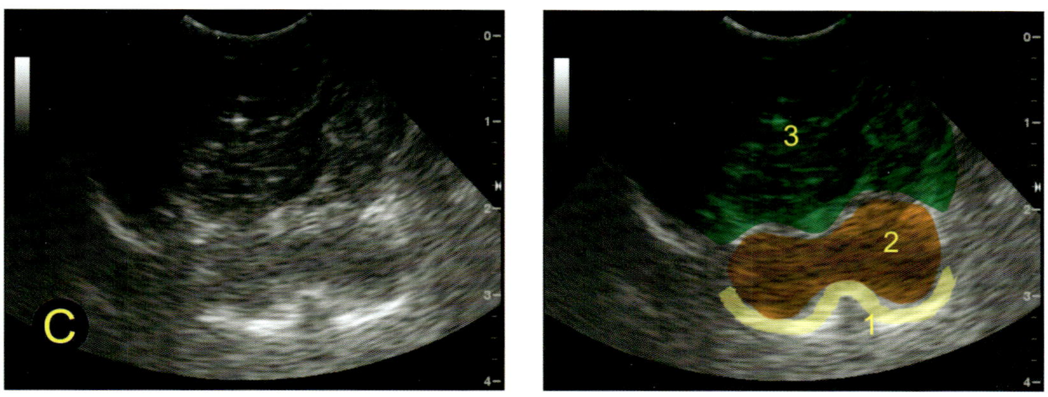

1: Fossa renalis
2: Niere
3: Darmkonvolut

Abb. 1-177:

A, B: Röntgenuntersuchung, Körper, ventro-dorsale (A) und latero-laterale (B) Projektion, Venezuelaamazone (*Amazona amazonica*): bakteriell bedingte Nephritis. Hier ist die Sanduhrform (ventro-dorsale Projektion) durch die Nierenschwellung (Pfeile) verloren gegangen, zusätzlich ist der Gastrointestinaltrakt angeschoppt und teilweise aufgegast.

C: Ultraschalluntersuchung, Nieren, transversal, ventro-mediane Ankopplung, 7,5 MHz, 4 cm ET, gleiches Tier: Nierenschwellung (2), homogenes Parenchym, die W-förmige Fossa renalis (1) ist zu erkennen.

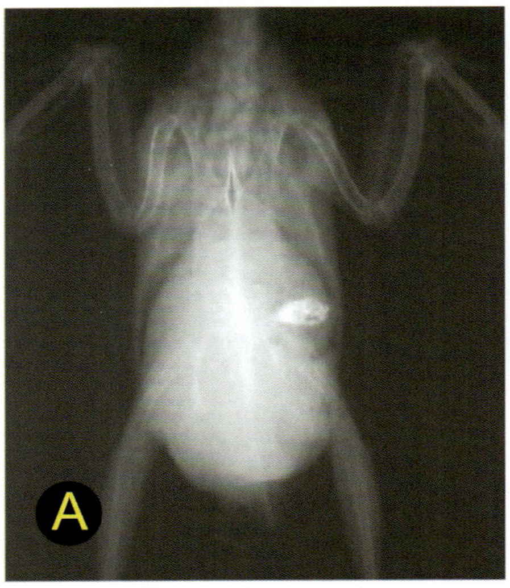

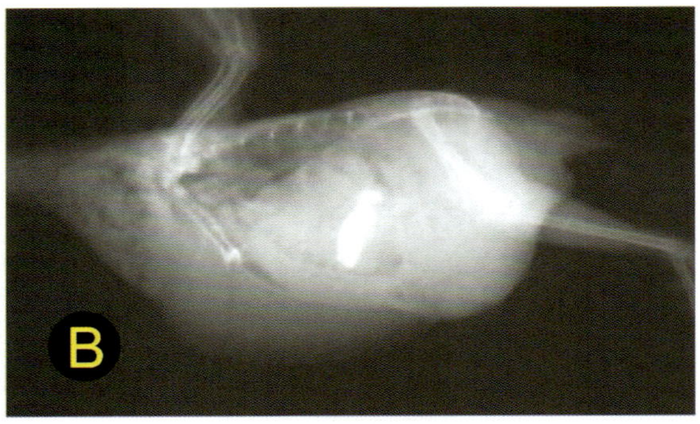

Abb. 1-178: A, B: Röntgenuntersuchung, Körper, ventro-dorsale (A) und latero-laterale (B) Projektion, Wellensittich (*Melopsittacus undulatus*): Nierentumor.

A: Verlust der Sanduhrform, Verlagerung des Muskelmagens, röntgendichte Weichteilschwellung mit Einengung der kaudalen Luftsäcke.

B: Röntgendichte Weichteilschwellung mit Einengung der kaudalen Luftsäcke und Verdrängung des Muskelmagens nach kranial.

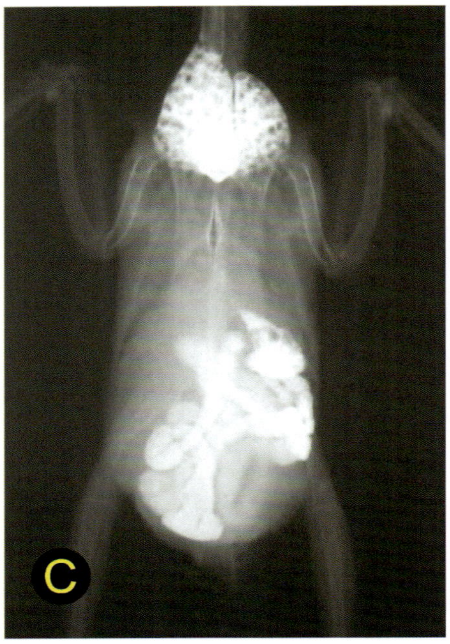

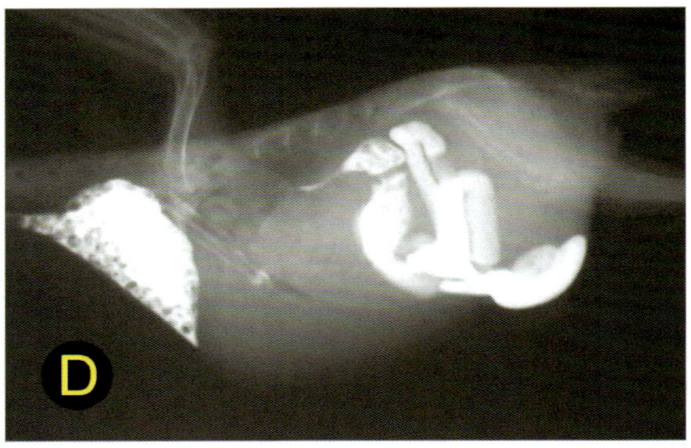

C, D: Röntgenuntersuchung, Körper, ventro-dorsale (C) und latero-laterale (D) Projektion, 1 h nach Eingabe von $BaSO_4$ (350 mg/ml, 20 ml/kg KM in den Kropf), gleiches Tier: insbesondere in der latero-lateralen Projektion wird die Verdrängung der Mägen und des Dünndarms durch die Weichteilzubildung nach kranial und auch die Verdrängung des kaudalen Darmkonvoluts nach ventral deutlich. Der Kropf ist mit Körnern gefüllt.

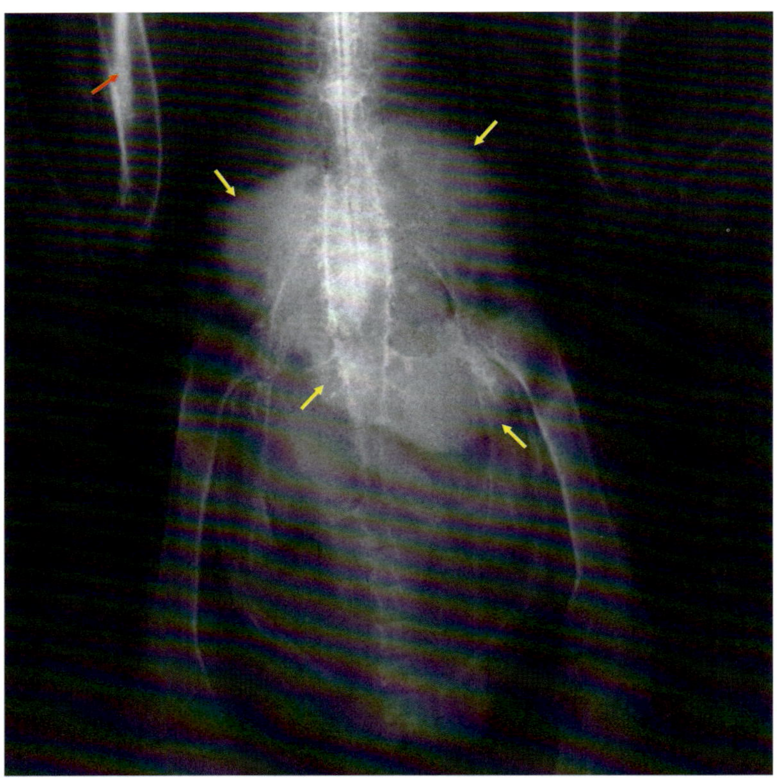

gelbe Pfeile: Nieren
roter Pfeil: intravenöser Zugang an der Flügelvene

Abb. 1-179: Röntgenuntersuchung, kaudaler Körperabschnitt, ventro-dorsale Projektion, 1 min nach Gabe von Iomeprol (Imeron, 300 mg Jod/ml, 2 ml/kg KM, i. v.), Wellensittich (*Melopsittacus undulatus*): Nierentumor. Die Nieren sind röntgendicht angefärbt und stellen sich vergrößert und formverändert dar (gelbe Pfeile), die Ausscheidung des Kontrastmittels ist verzögert, die Ureter stellen sich nicht röntgendicht dar.

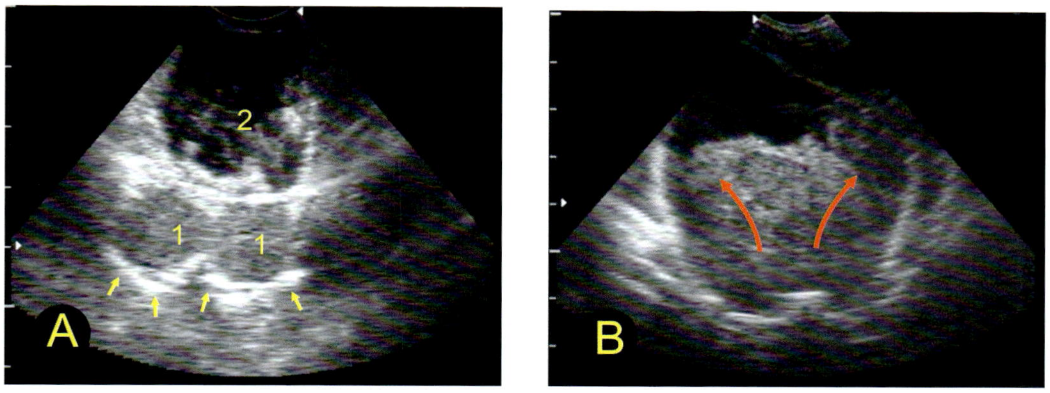

1: Nieren
2: Darmkonvolut

gelbe Pfeile: Fossa renalis
rote Pfeile: Umfangsvermehrung

Abb. 1-180:

A: Ultraschalluntersuchung, ventro-mediane Ankopplung quer, 7,5 MHz, 6 cm ET, Graupapagei (*Psittacus erithacus*): Vergiftung nach Aufnahme von Zigarettenresten. Schwellung und erhöhte Dichte der Nieren (1) in der Fossa renalis (Pfeile).

B: Ultraschalluntersuchung, ventro-mediane Ankopplung quer, 7,5 MHz, 6 cm ET, Doppelgelbkopfamazone (*Amazona ochrocephala*): Nierentumor. Deutlich ist die aus der Fossa renalis kommende unregelmäßig echogene Umfangsvermehrung zu sehen, welche sich in die Leibeshöhle erstreckt (Pfeile).

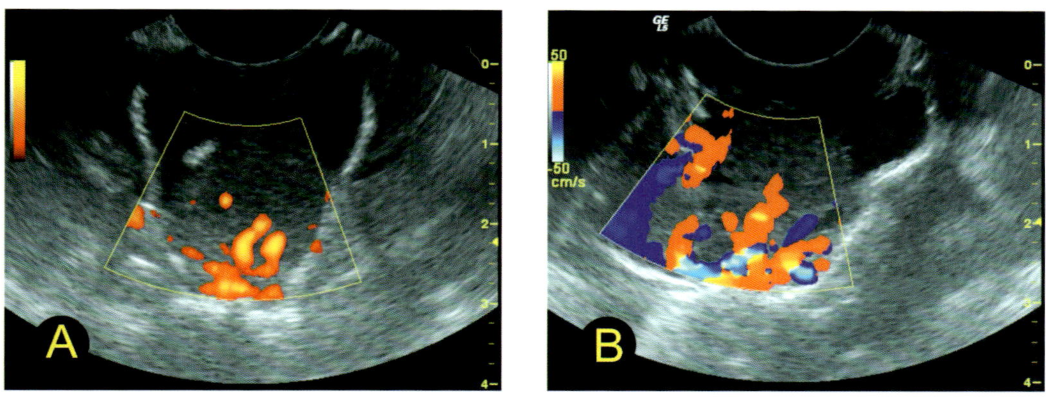

Abb. 1-181: A, B: Ultraschalluntersuchung, ventro-mediane Ankopplung quer, Farb-Doppler-Verfahren, 10 MHz, 4 cm ET, Wellensittich (*Melopsittacus undulatus*): Nierentumor. Darstellung der Durchblutung des Nierentumors mit Power-Doppler-Verfahren (A) und Color-Doppler-Verfahren (B).

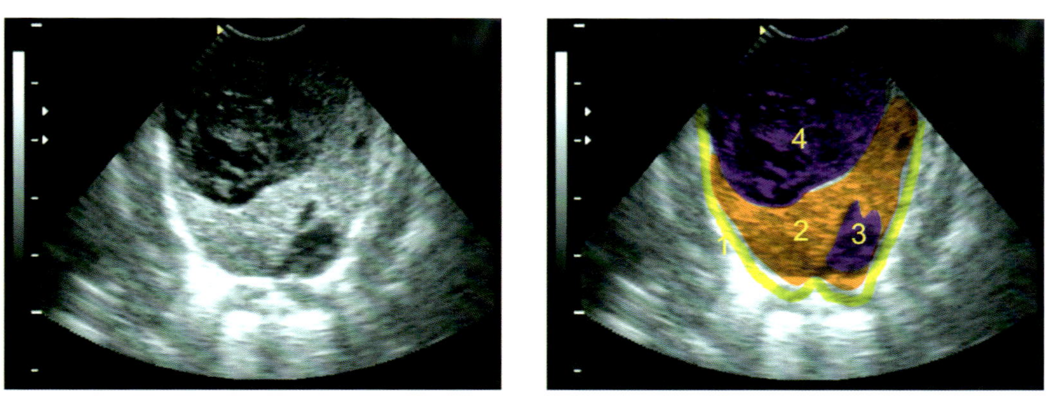

1: Körperwand bzw. Fossa renalis
2: Nierenschwellung
3: Nierenzysten
4: Einblutung

Abb. 1-182: Ultraschalluntersuchung, ventro-mediane Ankopplung quer, 7,5 MHz, 6 cm ET, Gelbhaubenkakadu (*Cacatua galerita*): Nierenschwellung (2), Einblutung (4) und Nierenzysten (3) unbekannter Ursache.

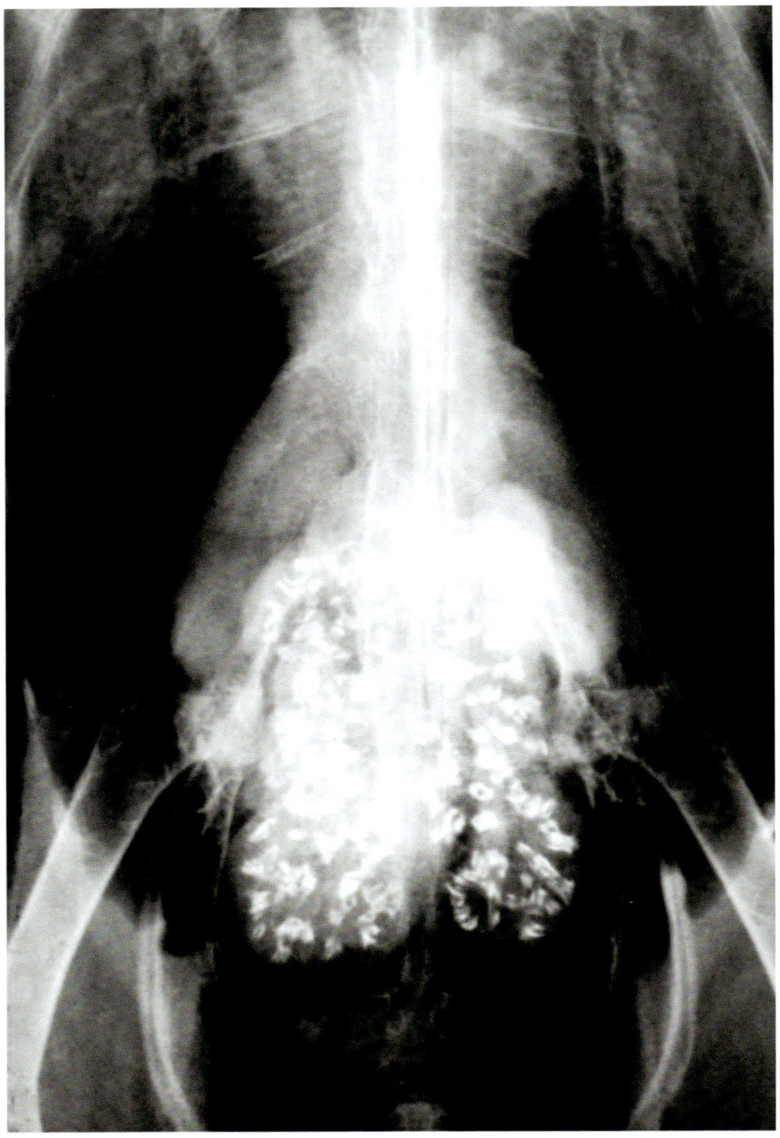

Abb. 1-183: Röntgenuntersuchung, Körperausschnitt, ventro-dorsale Projektion, Graupapagei (*Psittacus erithacus*): Hyperkalzifizierungen in den Nieren. Die fokalen Hyperkalzifizierungen stellen sich röntgendicht dar.

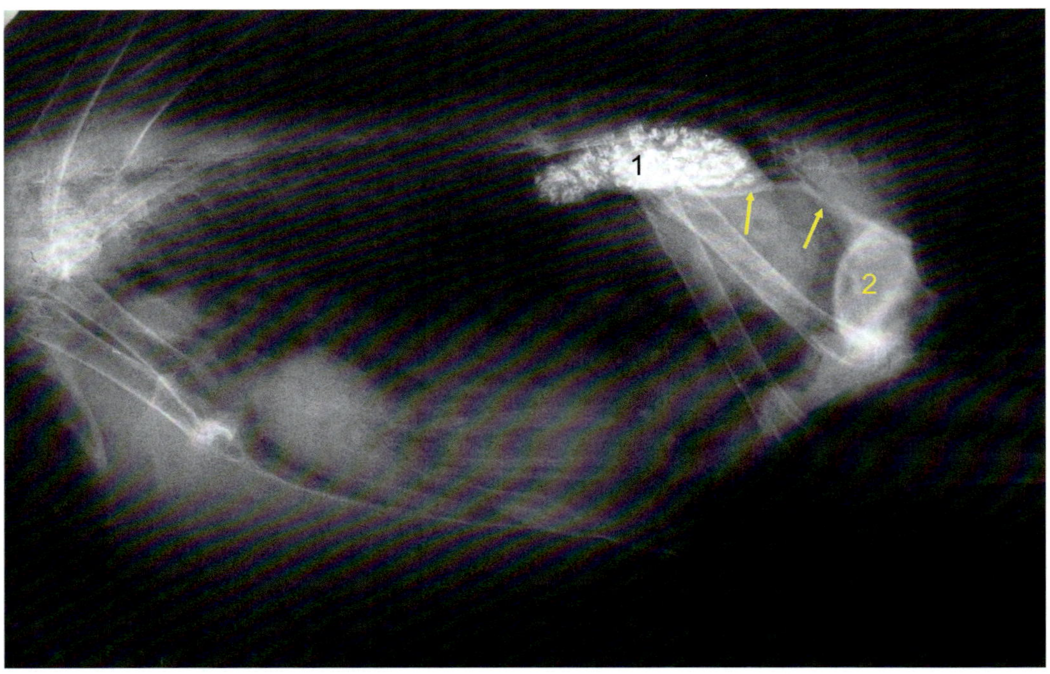

1: Niere
2: Kloake

Pfeile: Ureter

Abb. 1-184: Röntgenuntersuchung, Körper, latero-laterale Projektion, 30 s nach Gabe von Amidotrizoat (370 mg Jod/ml Lösung, 2 ml/kg KM, i. v.), gleiches Tier wie Abb. 1-183: röntgendichte homogen verteilte Hyperkalzifizierungen in den Nieren. Die Urographie ergab eine unveränderte Ausscheidung des Kontrastmittels.

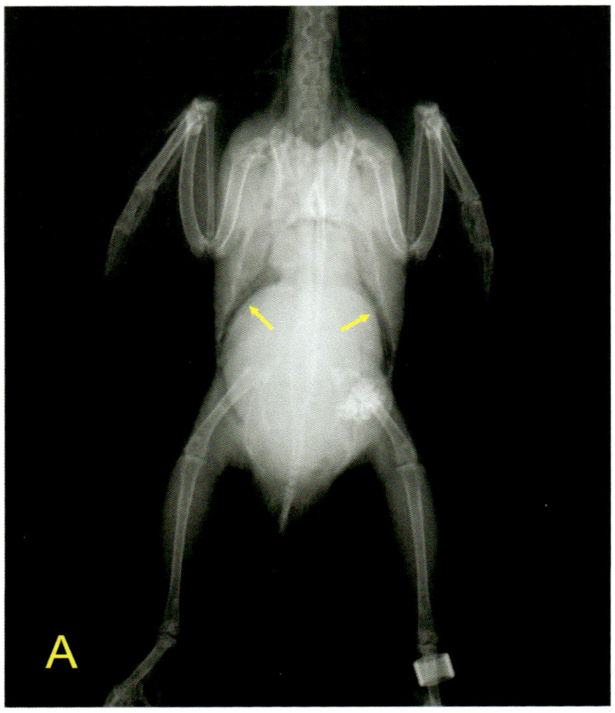

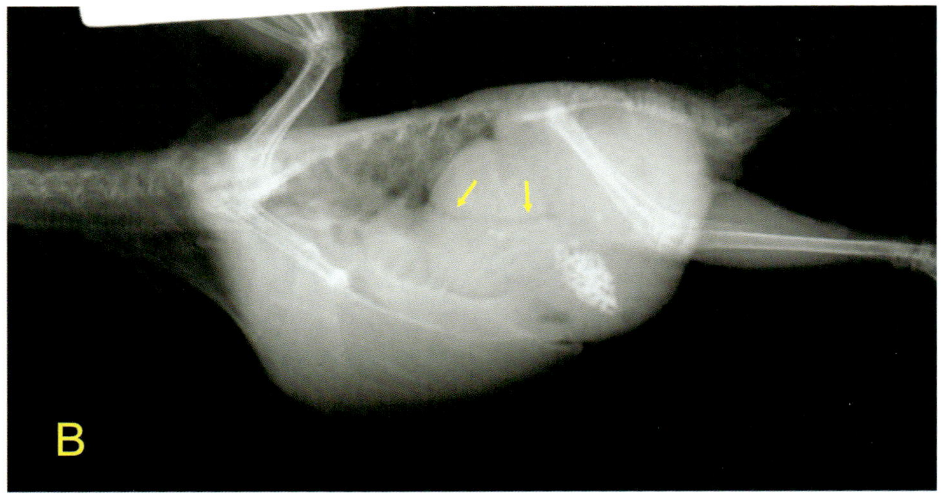

Abb. 1-185: Röntgenuntersuchung, Körper, ventro-dorsale (A) und latero-laterale (B) Projektion, Wellensittich (*Melopsittacus undulatus*): Hodentumor.

A: Verlust der Sanduhrform durch Weichteilschwellung (Pfeile) mit Verdrängung der Luftsäcke und Verlagerung des Muskelmagens.

B: Röntgendichte Weichteilschwellung ventral der Nierengegend (Pfeile) mit Einengung der Luftsäcke und Verdrängung des Muskelmagens.

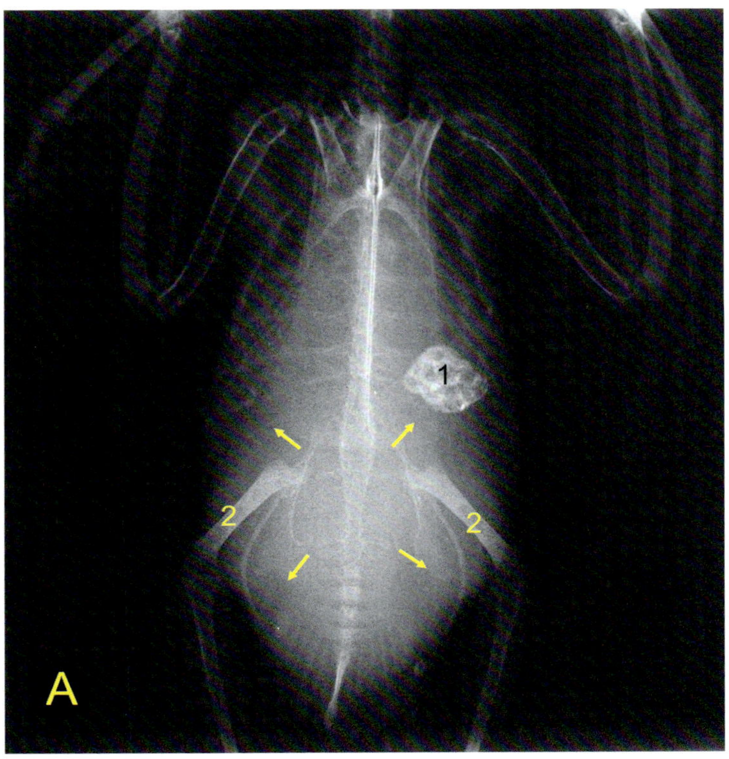

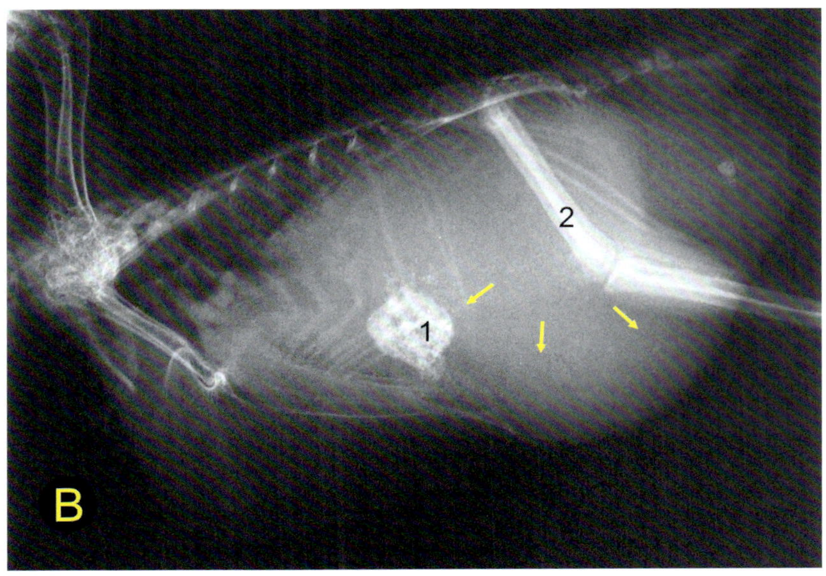

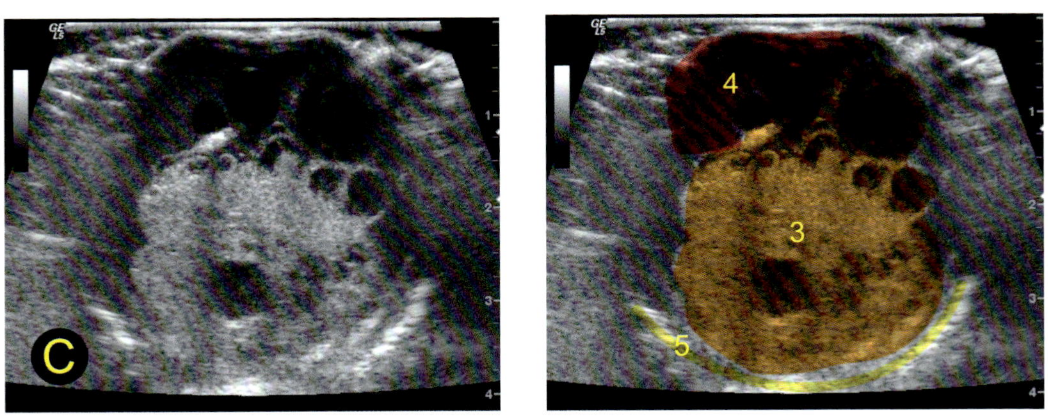

1: Muskelmagen
2: Femur
3: Ovar
4: Einblutungen
5: Körperwand

Abb. 1-186:

A, B: Röntgenuntersuchung, Körper, ventro-dorsale (A) und latero-laterale (B) Projektion, Nymphensittich (*Nymphicus hollandicus*): Ovarialtumor. Es ist insbesondere im Femur medullärer Knochen ausgebildet (2). Insgesamt liegt eine hochgradige Weichteilschwellung in der Leibeshöhle vor (Pfeile), der Muskelmagen (1) ist nach kranio-lateral verdrängt.

C: Ultraschalluntersuchung, Abdomen transversal, ventro-mediane Ankopplung, 12 MHz, 4 cm ET, gleiches Tier: das Ovar (3) zeigt sich hyperechogen, vergrößert und zystisch verändert. Es ist bereits zu Einblutungen (4) in die Leibeshöhle gekommen.

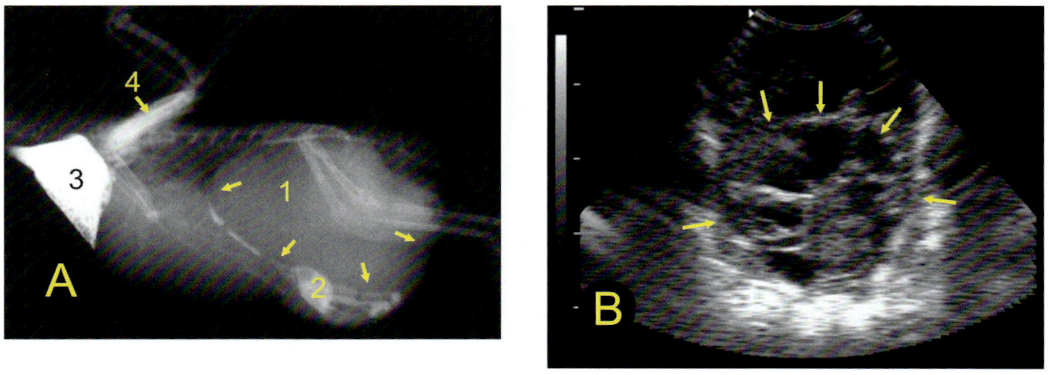

1, Pfeile: Weichteilschwellung
2: Muskelmagen
3: Kropf (mit Barium gefüllt)
4: Humerus, medullärer Knochen

Abb. 1-187:

A: Röntgenuntersuchung, Körper, latero-laterale Projektion, 30 min nach Eingabe von $BaSO_4$ (350 mg/ml, 20 ml/kg KM, in den Kropf), Wellensittich (*Melopsittacus undulatus*): Ovarialtumor. Durch die Kontrastmitteleingabe wird die Verdrängung des kaudalen Darmkonvolutes durch eine röntgendichte Weichteilschwellung (1) nach ventral deutlich (Pfeile); medullärer Knochen v. a. in der Ulna erkennbar, im Humerus durch Überlagerung beider Flügel (4) in dieser Ebene nicht sicher differenzierbar.

B: Ultraschalluntersuchung, Ovar, transversal, ventro-mediane Ankopplung, 7,5 MHz, 4,5 cm ET, gleiches Tier: hier ist das vergrößerte und deutlich inhomogen echoreiche Ovar dargestellt.

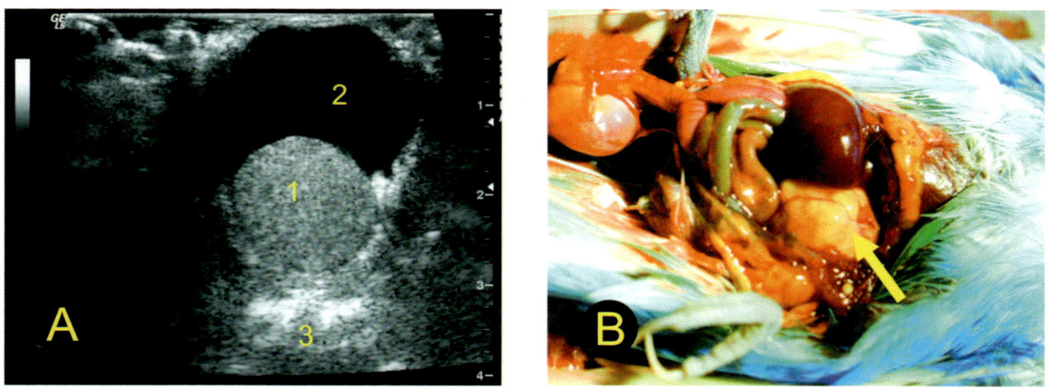

1, Pfeil: Hodentumor
2: Aszites
3: Wirbelsäule

Abb. 1-188:

A: Ultraschalluntersuchung, ventro-mediane Ankopplung quer, 12 MHz, 4 cm ET, Wellensittich (*Melopsittacus undulatus*): Hodentumor. Der Tumor (1) ist deutlich gegen das umliegende Gewebe abgegrenzt. Es liegt ein Aszites (2) vor.

B: Sektionsbild, Darstellung des Hodentumors (Pfeil).

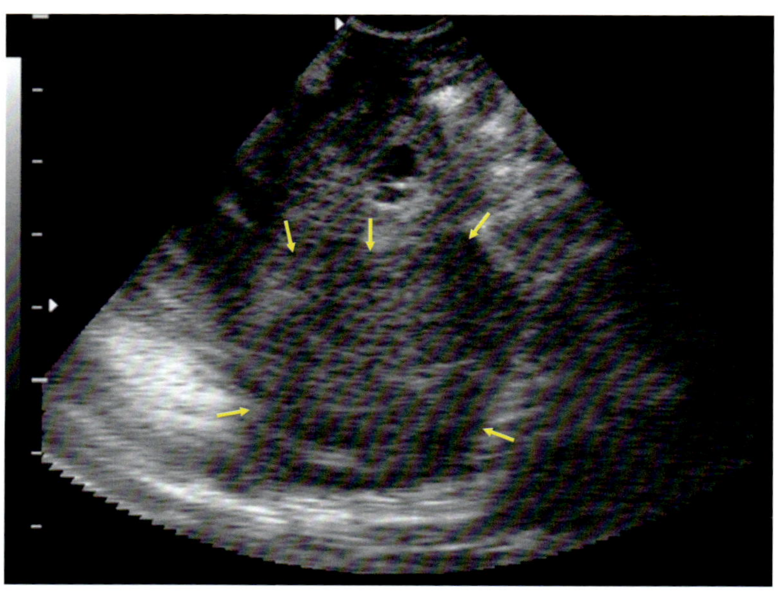

Abb. 1-189: Ultraschalluntersuchung, ventro-mediane Ankopplung längs, 7,5 MHz, 6 cm ET, Hyazinthara (*Anodorhynchus hyacinthinus*): Ovarialtumor. Der Tumor ist gut abgrenzbar (Pfeile), etwas inhomogen und füllt den größten Teil der mittleren Leibeshöhle aus.

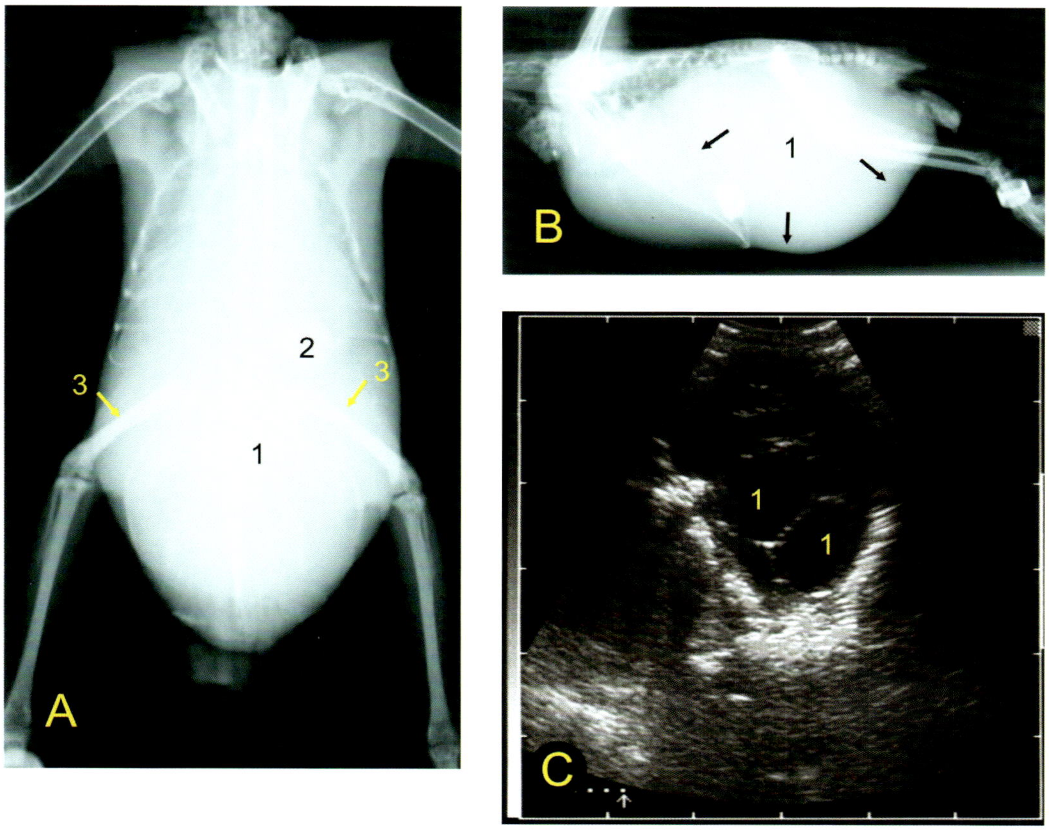

1: Ovarialzysten
2: Muskelmagen
3: Femur

Abb. 1-190:
A, B: Röntgenuntersuchung, Körper, ventro-dorsale (A) und latero-laterale (B) Projektion, Nymphensittich (*Nymphicus hollandicus*): Ovarialzysten. Umfangsvermehrung (1), Verlust der Sanduhrform, Verdrängung der Luftsäcke, Verlagerung des Muskelmagens (2); inhomogener medullärer Knochen in Femur (3) und Tibiotarsus.

C: Ultraschalluntersuchung, ventro-mediane Ankopplung quer, 7,5 MHz, 6 cm ET: Darstellung der echolosen Zysten (1).

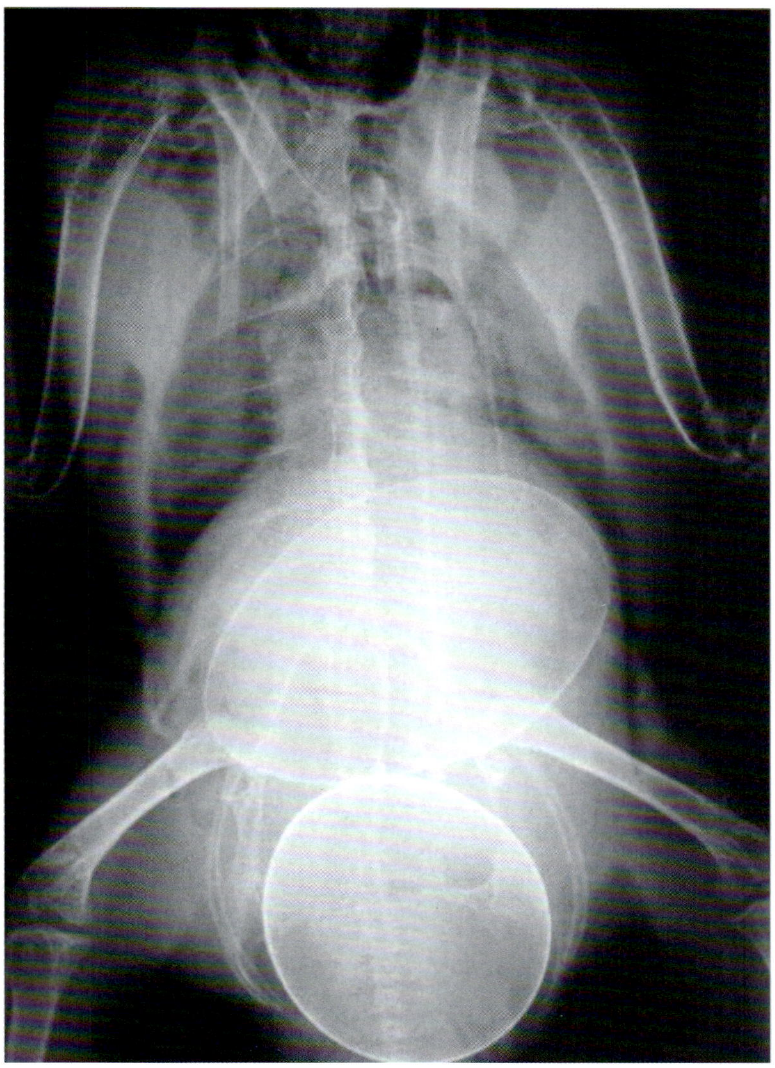

Abb. 1-191: Röntgenuntersuchung, Körper, ventro-dorsale Projektion, Edelpapagei (*Eclectus roratus*): Legenot. Zwei ausgebildete Eier in der Leibeshöhle. Aufgrund des Legeintervalls bei Psittaziden ist gewöhnlich nur ein Ei zu sehen. Größe und Lage der Eier sind aber unproblematisch, ein konservatives therapeutisches Vorgehen ist zur Behebung der Legenot hier in der Regel erfolgreich.

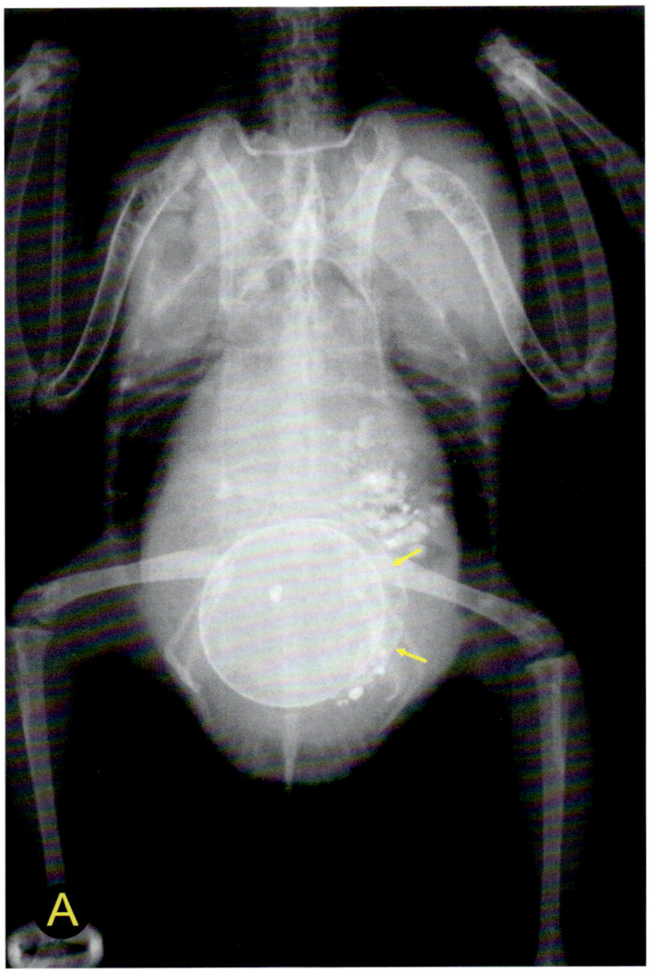

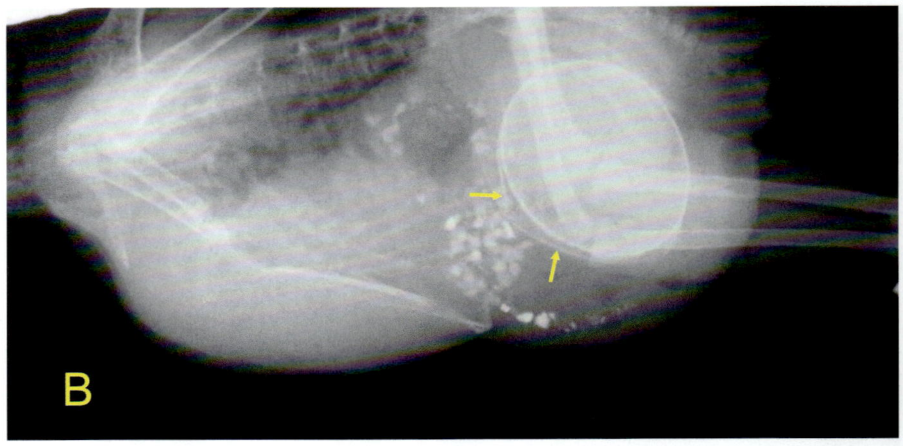

Abb. 1-192: Röntgenuntersuchung, Körper, ventro-dorsale (A) und latero-laterale (B) Projektion, Nandaysittich (*Nandayus nenday*): Legenot. Zwei teilweise überlagernde Eier, davon eines deformiert, mit dünner Kalkschale (Pfeile), Anschoppung des Gastrointestinaltraktes mit Gritüberschuss im Drüsenmagen, Ausbildung medullären Knochens in Femur und Tibiotarsus; aufgrund des deformierten Windeies besteht eine Indikation für einen chirurgischen Eingriff.

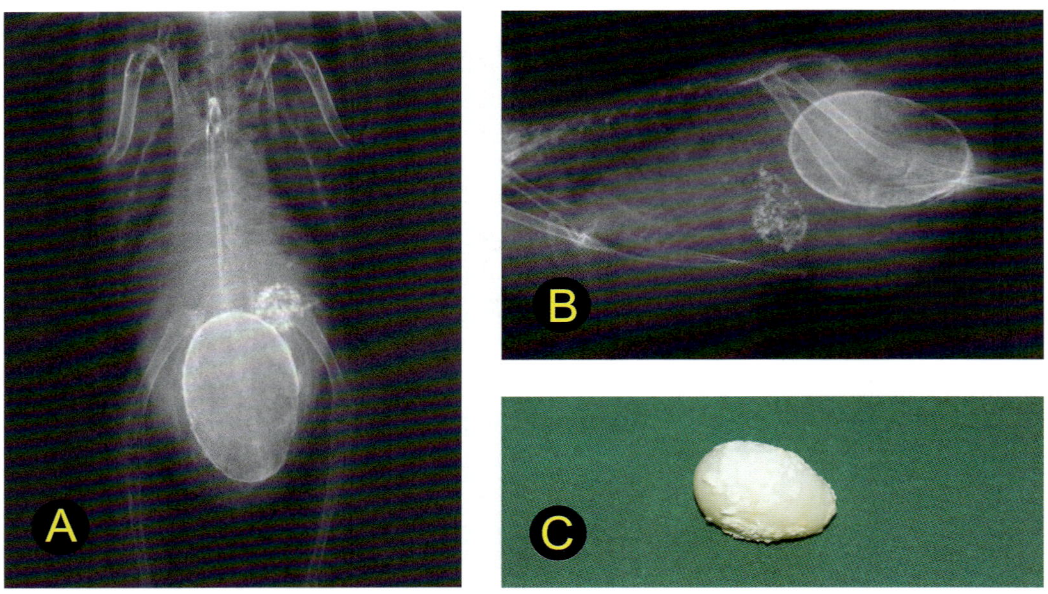

Abb. 1-193: Röntgenuntersuchung, Körper, ventro-dorsale (A) und latero-laterale (B) Projektion, Nymphensittich (*Nymphicus hollandicus*): Legenot. Ein Ei mit übermäßig kalzifizierter Eischale ist ein Hinweis auf eine bereits längere Verweildauer im Legedarm mit oftmals anschließender Verklebung mit der Salpinx infolge entzündlicher Veränderungen (Salpingitis), daher meist Indikation für eine chirurgische Intervention.

C: Darstellung des unregelmäßig kalzifizierten Eies nach operativer Entfernung.

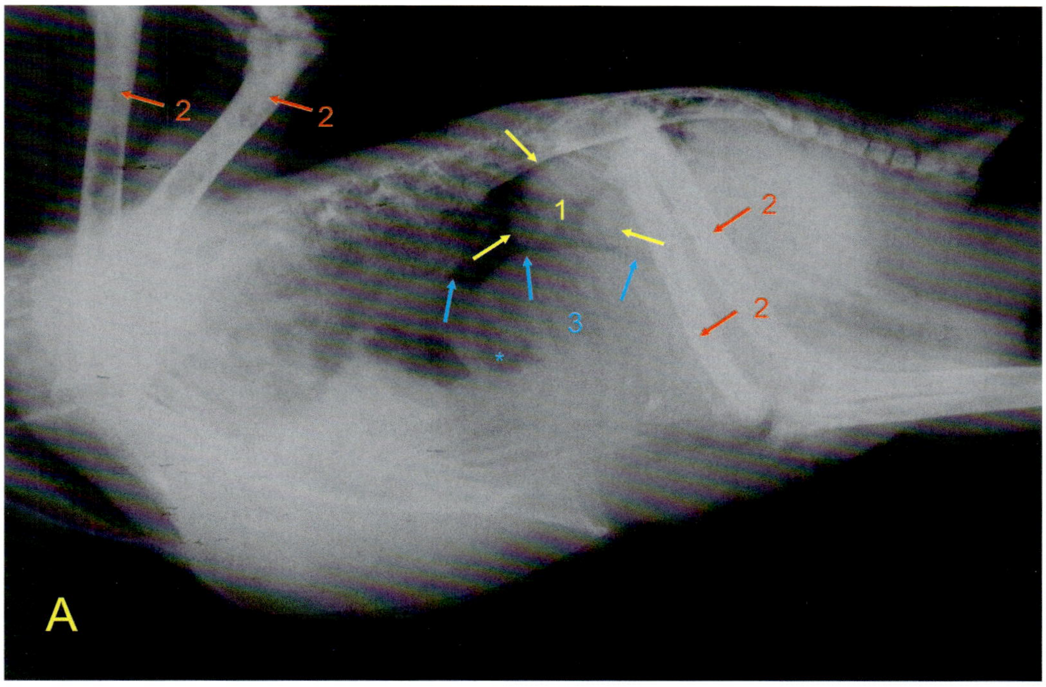

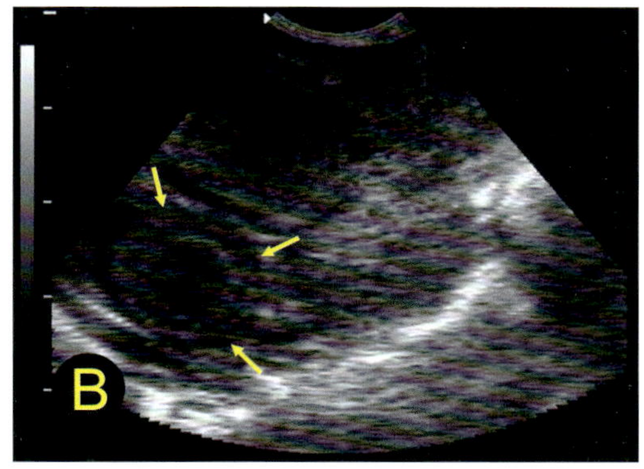

1, gelbe Pfeile: Ovar
2, rote Pfeile: medullärer Knochen
3, blaue Pfeile: Drüsenmagen

Abb. 1-194:

A: Röntgenuntersuchung, Körper, latero-laterale Projektion, Edelpapagei (*Eclectus roratus*): Schichtei. Es ist eine Weichteilschwellung in der kaudalen Leibeshöhle zu sehen, der Drüsenmagen (3) ist angeschoppt und aufgegast (*) infolge Passagebehinderung durch die Legenot. Der aktive Eierstock (1) ist sichtbar. Ein medullärer Knochen ist teilweise inhomogen ausgebildet im Humerus, Femur und Tibiotarsus (2).

B: Ultraschalluntersuchung, ventro-mediane Ankopplung quer, 7,5 MHz, 4,5 cm ET, Edelpapagei (*Eclectus roratus*), gleiches Tier: hier ist das Schichtei gut zu identifizieren.

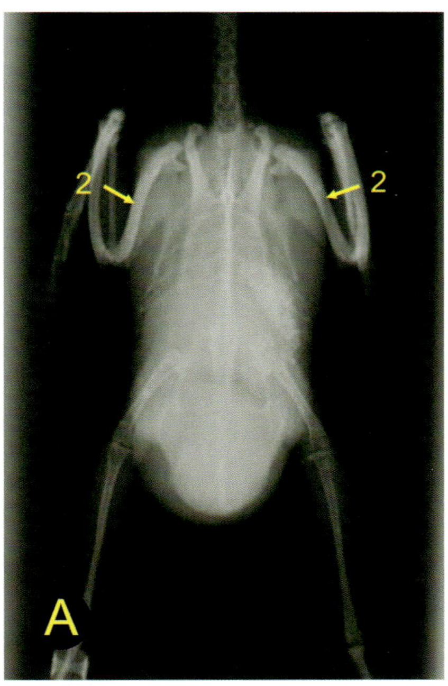

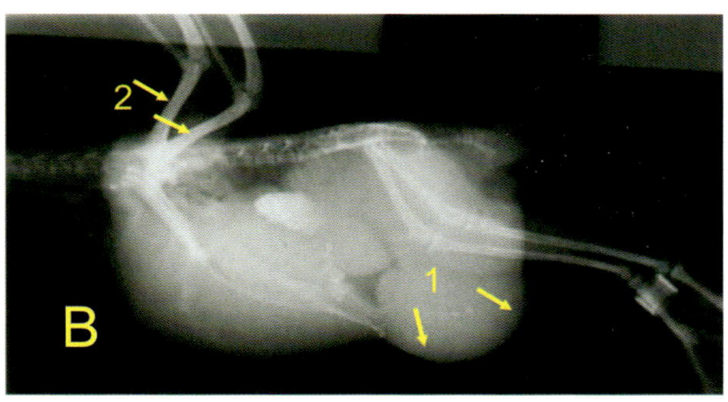

1: Hernia abdominalis
2: medullärer Knochen (Humerus)

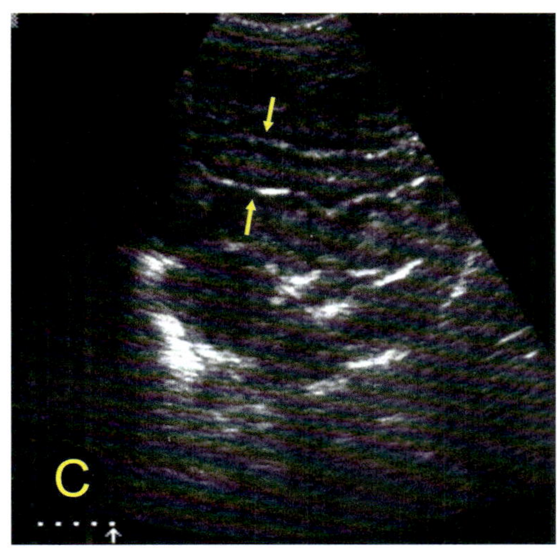

Abb. 1-195:

A, B: Röntgenuntersuchung, Körper, ventro-dorsale (A) und latero-laterale (B) Projektion, Wellensittich (*Melopsittacus undulatus*): Salpingitis. Röntgendichte Weichteilschwellung mit Verdrängung des gritgefüllten Drüsen- und Muskelmagens und Einengung der Luftsäcke, Hernia abdominalis (1 und Pfeile), Ausbildung medullären Knochens in Humerus (2) und Ulna.

C: Ultraschalluntersuchung, ventro-mediane Ankopplung quer, 7,5 MHz, 6 cm ET, Wellensittich (*Melopsittacus undulatus*), gleiches Tier: Salpingitis. Darstellung des mit Entzündungsprodukten gefüllten Legedarms in Längs- und Querschnitten und dessen echogener verdickter Wand (Pfeile).

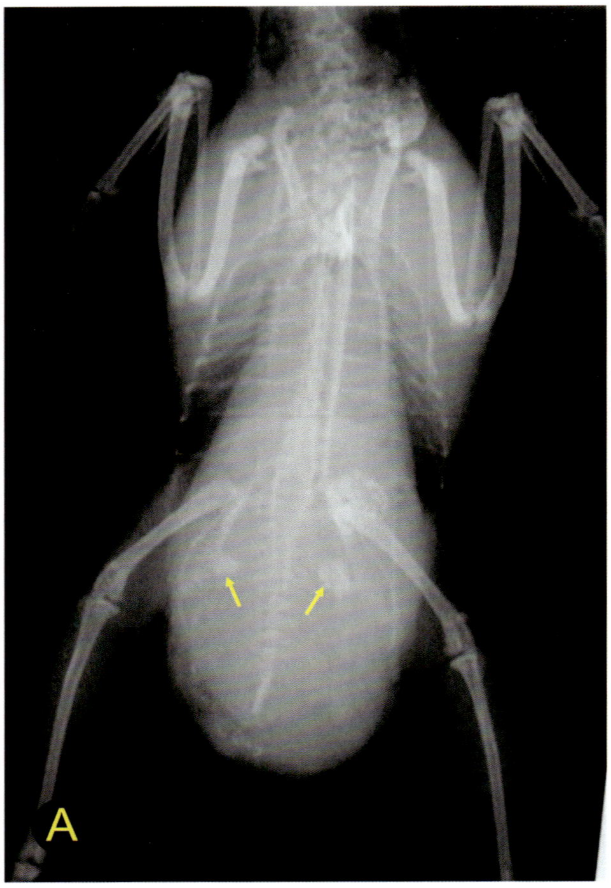

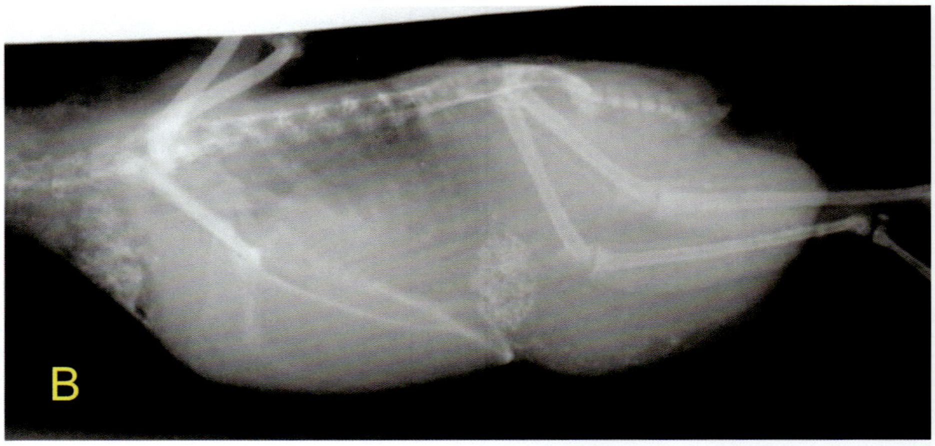

Abb. 1-196: Röntgenuntersuchung, Körper, ventro-dorsale (A) und latero-laterale (B) Projektion, Wellensittich (*Melopsittacus undulatus*): Legenot. In den langen Röhrenknochen ist medullärer Knochen ausgebildet, in der kaudalen Leibeshöhle findet sich eine Weichteilschwellung mit Verlust der Sanduhrform und Verdrängung der Luftsäcke, des Weiteren sind zwei kleine mumifizierte Eier unterhalb des Muskelmagens zu sehen (Pfeil). Im Kropf ist Futter angeschoppt (B).

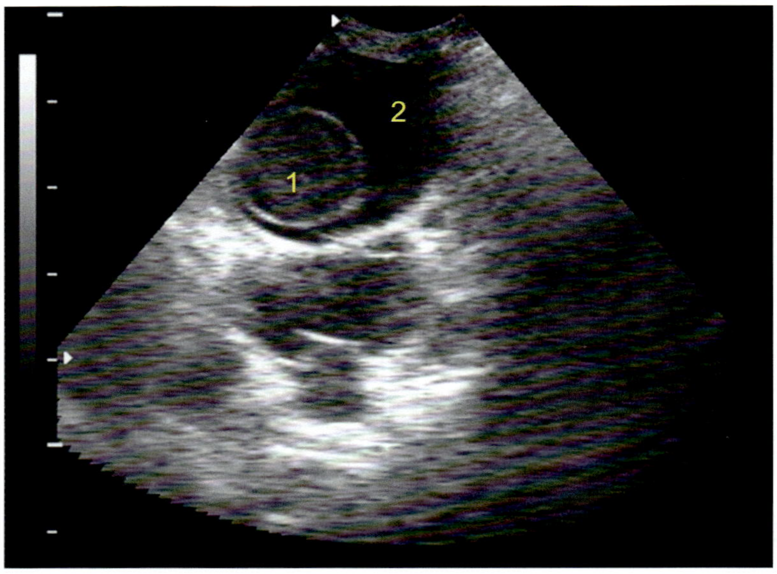

1: Ei
2: Legedarm

Abb. 1-197: Ultraschalluntersuchung, ventro-mediane Ankopplung quer, 7,5 MHz, 6 cm ET, Wellensittich (*Melopsittacus undulatus*): altes Ei. Das Ei (1) liegt im flüssigkeitsgefüllten Legedarm (2). Es ist nach Progesteronapplikation während der Legetätigkeit mumifiziert.

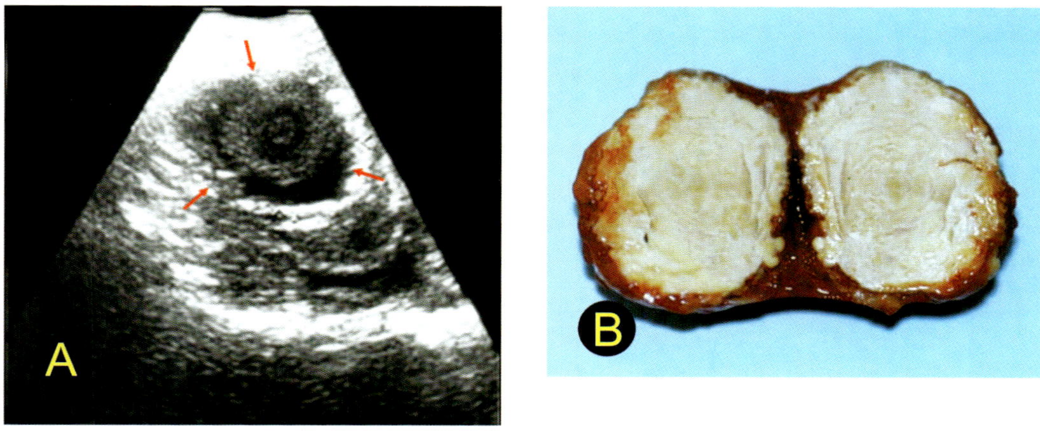

Abb. 1-198:

A: Ultraschalluntersuchung, ventro-mediane Ankopplung quer, 7,5 MHz, 6 cm ET, Graupapagei (*Psittacus erithacus*): Schichtei. Das Schichtei stellt sich mit typischer konzentrischer Schichtung unterschiedlicher Echogenität dar.

B: Foto eines Schichteies im aufgeschnittenen Legedarm. Die konzentrische Schichtung der pastösen Konkremente ist auch hier zu erkennen.

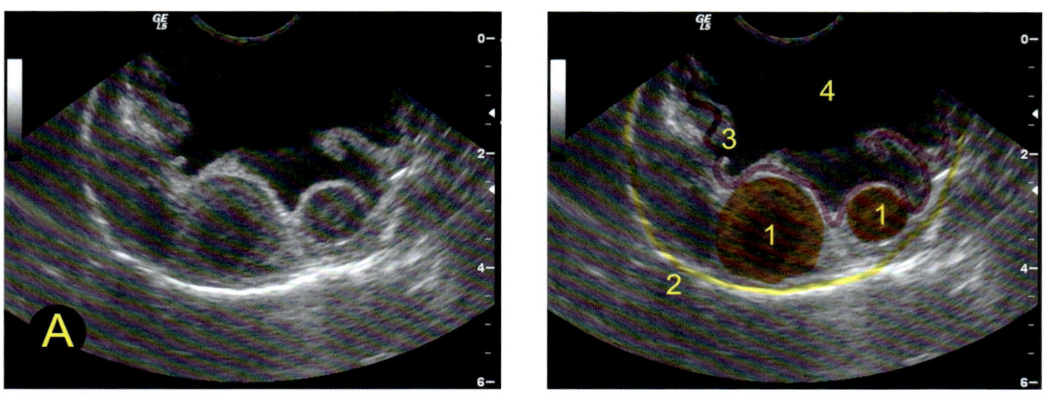

1: Follikel
2: Körperwand
3: Fibrin
4: Aszites

Abb. 1-199: Ultraschalluntersuchung, ventro-mediane Ankopplung quer, 8 MHz, 6 cm ET, Graupapagei (*Psittacus erithacus*): Eidotterperitonitis. Die Follikel (1) sind mit fibrinösem Material (3) überzogen, es liegt freie Flüssigkeit in der Bauchhöhle vor (4).

1.11 Sonstiges

Maria-Elisabeth Krautwald-Junghanns, Michaela Gumpenberger

Affektionen der Haut und Unterhaut können Auswirkungen auf die röntgenologische Darstellung haben, so z. B. nach subkutaner Injektion großer Mengen Flüssigkeit bzw. nach Aufbringen von Salben auf Wunden (**Abb. 1-200** und **1-201**). Durch Überlagerung im Röntgenbild mit anderen Strukturen kann dies teilweise zu Fehldiagnosen führen. Neoplasien und andere Umfangsvermehrungen unterschiedlichen Ursprungs können ebenfalls zu massiven Weichteilschwellungen im betroffenen Gebiet führen und Muskulatur, Haut und Unterhaut in den Prozess mit einbeziehen (**Abb. 1-202** und **1-203**). Über die sonographische Diagnostik ist hier noch wenig bekannt. Jedenfalls ist es mit einer Ultraschalluntersuchung möglich, zwischen soliden und zystischen Prozessen zu unterscheiden.

Weichteilveränderungen des Kopfes lassen sich häufig nur schwer röntgenologisch erfassen (**Abb. 1-204**). Ausnahmen bilden Tumoren unterschiedlicher Histogenese (z. B. retrobulbäre Tumoren beim Wellensittich, Osteome, Karzinome usw.), die auf Grund der mit ihnen einhergehenden Umfangsvermehrungen sowie ihrer erhöhten Röntgendichte in der Regel gut zu identifizieren sind.

In vielen Fällen von Weichteilschwellungen liefert eine Kontrastmitteldarstellung bzw. eine computertomographische Untersuchung eindeutigere Ergebnisse. Im Computertomogramm kann nicht nur das Ausmaß der Veränderungen erfasst werden, sondern durch Dichtemessung und Kontrastmittelapplikation kann auch die Art der Veränderung bestimmt werden (s. auch **Abb. 1-137, 1-138, 1-140**). Magnetresonanztomographische Untersuchungen eignen sich ebenfalls für die Diagnostik von Weichteilgewebe (**Abb. 1-139**) insbesondere von **Veränderungen des Gehirns** (**Abb. 1-205C**). Hierbei muss allerdings der Nachteil der für den Vogelpatienten belastenden langen Untersuchungszeit gegenüber den Vorteilen für die Diagnostik erwogen werden.

Die sonographische Diagnose von **Augenveränderungen** ist vor allem dann hilfreich, wenn eine direkte Betrachtung des inneren Auges durch z. B. Linsentrübung oder Blutungen in der vorderen Augenkammer nicht möglich ist. Während früher für die Biometrie des Augapfels hauptsächlich die A-Mode-Ultrasonographie verwendet wurde, erfolgen heute sowohl Distanzmessungen als auch die Darstellung der okulären Strukturen und ihrer möglichen pathologischen Veränderungen mittels zweidimensionaler B-Mode-Ultrasonographie.

Die am häufigsten sonographisch darzustellenden Veränderungen sind Katarakt (als echoreiche Verdichtung und Verdickung der Linsenkapsel, **Abb. 1-207**), Glaskörperblutungen (Teilchen unterschiedlicher Echogenität im sonst echofreien Glaskörper, **Abb. 1-206**), Retinaablösungen (lineare, V- oder bogenförmige Echos, die dem Augenhintergrund anhaften, **Abb. 1-207**) oder in seltenen Fällen auch Linsenluxationen. Weiter können Verletzungen des Augenfächers identifiziert werden. Auch Entzündungen innerhalb des Auges können als echogene Veränderungen dargestellt werden (**Abb. 1-208**).

Mit einer CT können die knöchernen Augenringe und auch der Linsenkern deutlich dargestellt werden, während sich der Augenfächer nicht vom übrigen Glaskörper differenzieren lässt. Vor allem die Linsenposition und somit fragliche Linsenluxationen können verifiziert werden (**Abb. 1-209**).

Bei vermeintlichen **Rückenmarkaffektionen**, welche oftmals mit einer Fraktur der Wirbelsäule einhergehen (s. **Abb. 1-113**) wäre eine Diagnose mittels Myelographie wünschenswert. Aufgrund einiger anatomischer Besonderheiten des Vogelpatienten (s. Kap. 1.1.3.6) ist diese aber zurzeit mit großen Risiken für den Patienten behaftet. Eine CT- oder MRT-Untersuchung liefert eindeutigere Ergebnisse und ist das Mittel der Wahl zur Diagnose von Wirbelsäulenfrakturen (s. **Abb. 1-114**).

Eine Diagnosestellung bei **Pankreasveränderungen** mit bildgebenden Verfahren bleibt in vielen Fällen erfolglos. Nur in Einzelfällen kann meist bei deutlicher Vergrößerung dieser Drüse, welche oberflächlich zwischen den Duodenalschlingen liegt, im Falle einer hochgradigen Entzündung bzw. einer Neoplasie eine sonographische Diagnostik erfolgreich sein.

Weiterführende Literatur

GUMPENBERGER, M., KOLM, G. (2006): Ultrasonographic and Computed Tomographic Examinations of the Avian Eye: physiological appearance, pathological findings and comparative biometric measurement. Vet. Radiol. Ultrasound **47**: 492–502.

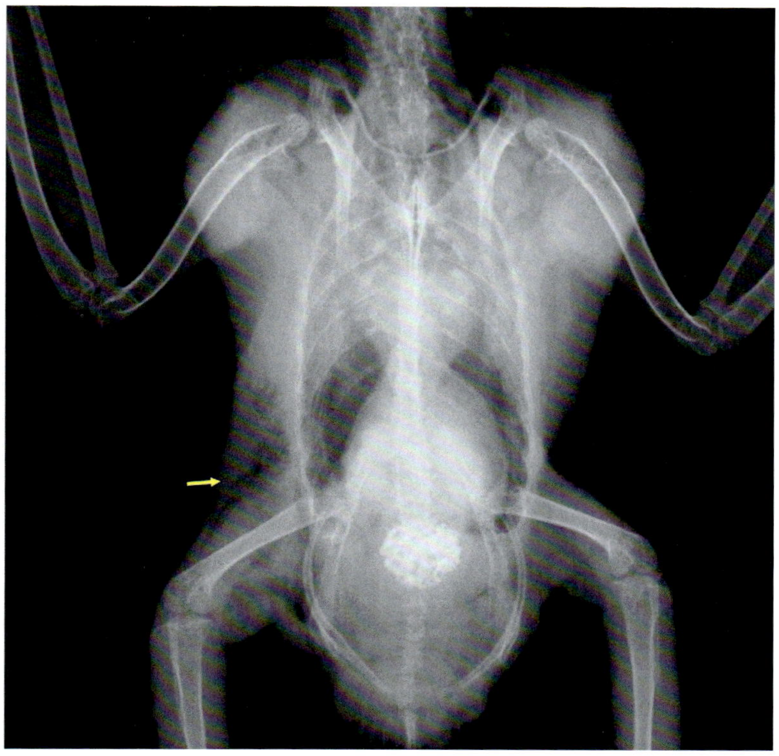

Abb. 1-200: Röntgenuntersuchung, ventro-dorsale Projektion, Edelpapagei (*Eclectus roratus*): Situation nach subkutaner Injektion in die Kniefalte (Pfeil).

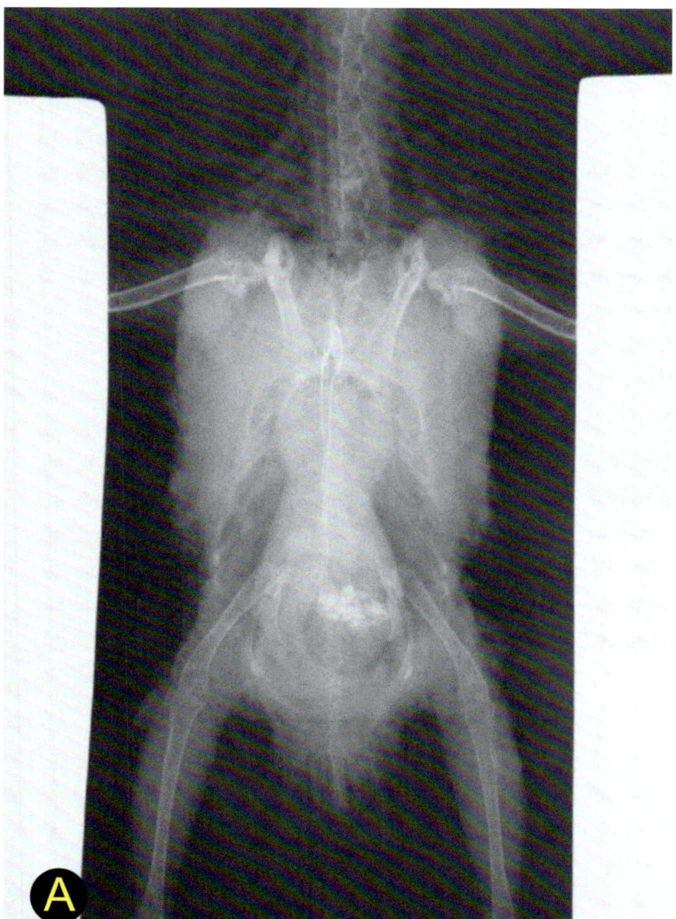

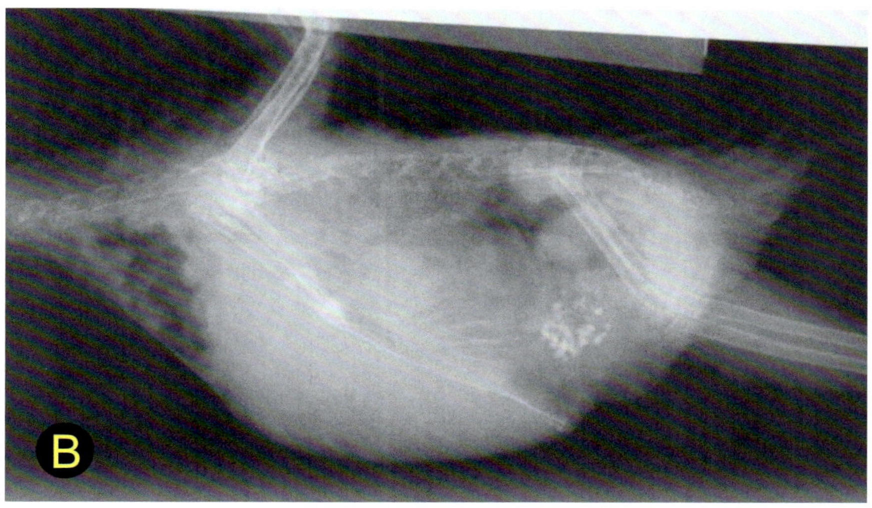

Abb. 1-201: Röntgenuntersuchung, ventro-dorsale (A) und latero-laterale (B) Projektion, Wellensittich (*Melopsittacus undulatus*): Adipositas, Hautekzeme teilweise mit Verkrustung. Situation nach dem Auftragen von Salben.

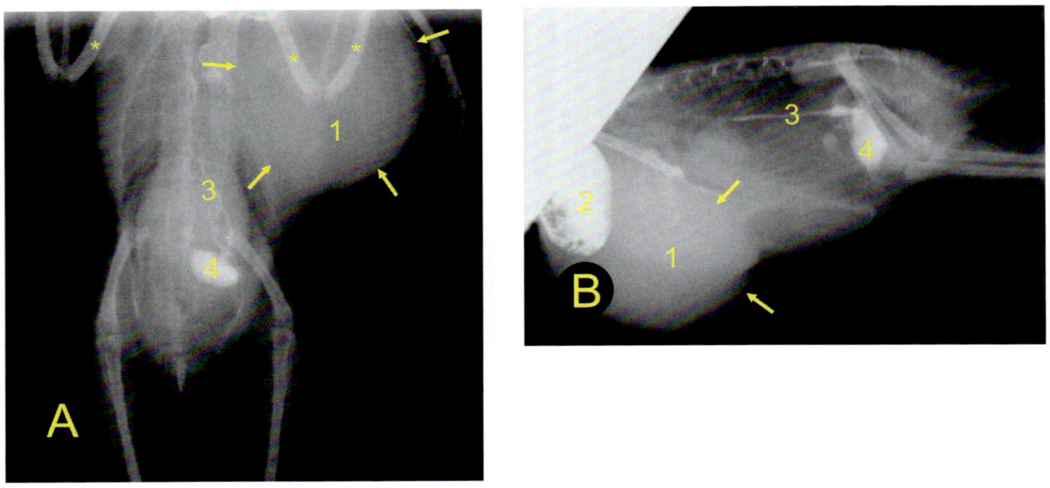

1, Pfeile: Abszess
2: Kropf
3: Drüsenmagen
4: Muskelmagen

*: medullärer Knochen

Abb. 1-202: Röntgenuntersuchung, Körper, ventro-dorsale (A) und latero-laterale (B) Projektion, 45 min nach Eingabe von $BaSO_4$ (350 mg/ml, 20 ml/kg KM, in den Kropf), Wellensittich (*Melopsittacus undulatus*): Abszess am Brusteingang (1, Pfeile). Zusätzlich Ausbildung medullären Knochens in den langen Röhrenknochen (*).

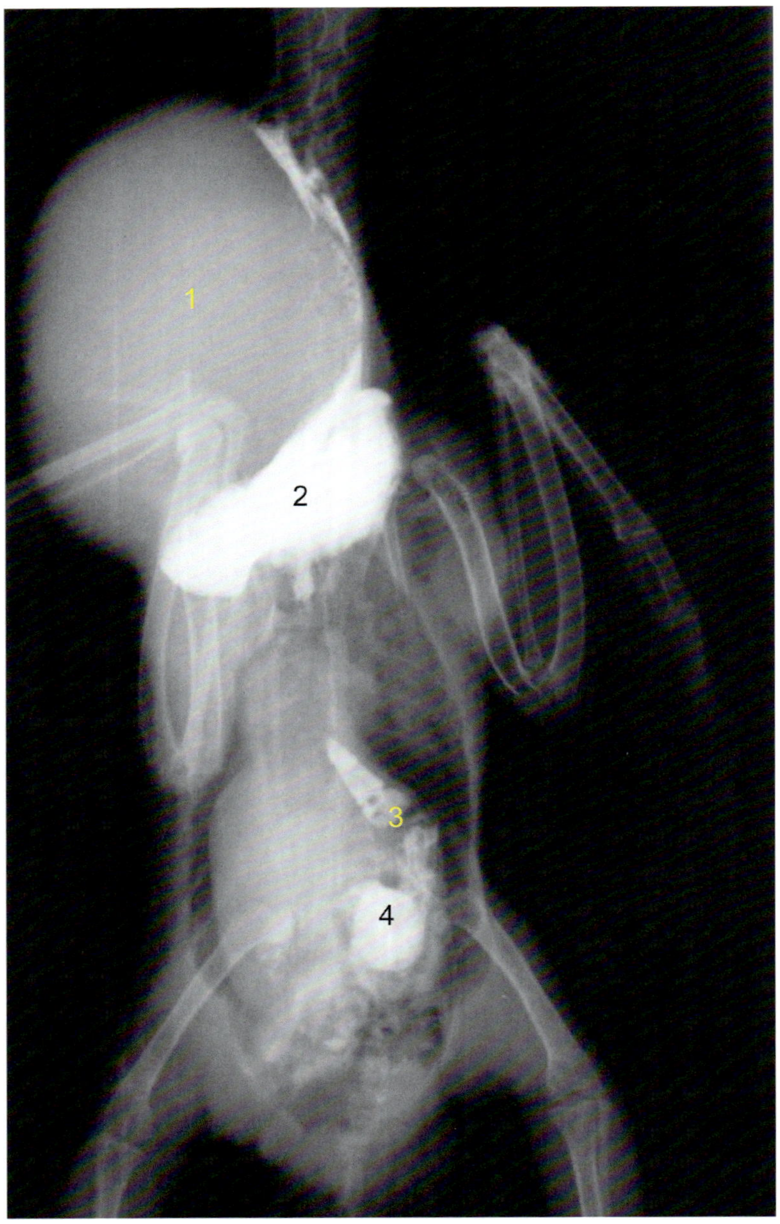

1: Umfangsvermehrung
2: Kropf
3: Drüsenmagen
4: Muskelmagen

Abb. 1-203: Röntgenuntersuchung, Halsregion, ventro-dorsale Projektion, 1,5 h nach Eingabe von $BaSO_4$ (350 mg/ml, 20 ml/kg KM, in den Kropf), Pennantsittich (*Platycercus elegans*): Fibrosarkom der Ösophaguswand. Eine massive Umfangsvermehrung (1) drückt den Kropf (2) ab, eine Futterpassage ist nur noch eingeschränkt möglich.

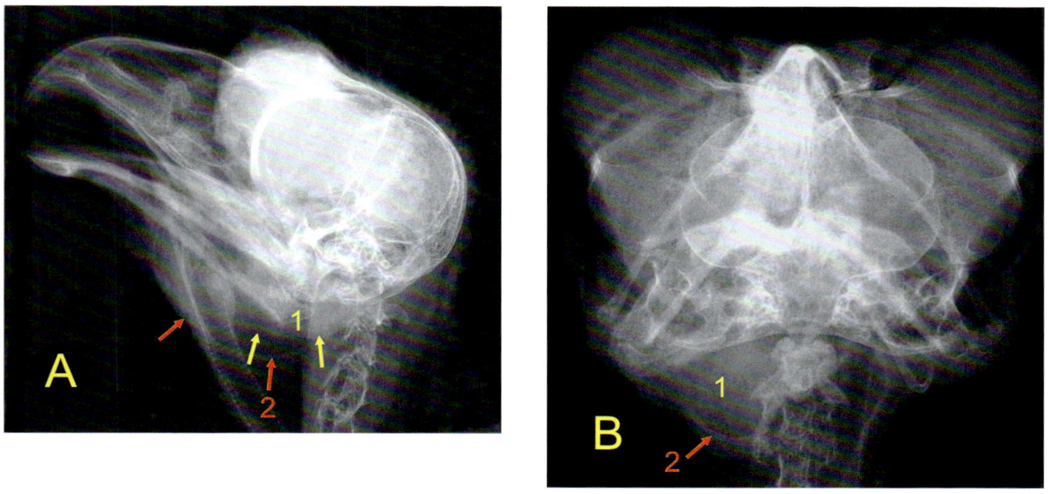

1: Weichteilschwellung
2: Zungenbein

Abb. 1-204: Röntgenuntersuchung, Kopf, latero-laterale (A) und rostro-kaudale (B) Projektion, Uhu (*Bubo bubo*): Trichomonadenbefall. Weichteilschwellung (1) des oberen Gastrointestinaltraktes aufgrund massiven Trichomonadenbefalls. Überlagerung dieser Region mit dem Bereich des Os frontale (nur in der latero-lateralen Projektion erkennbar) und des Unterschnabels. Durch leicht schräge Lagerung erscheint die Augenregion im latero-lateralen Bild asymmetrisch. Das Zungenbein (2) ist durch die Umfangsvermehrung nach ventral verlagert.

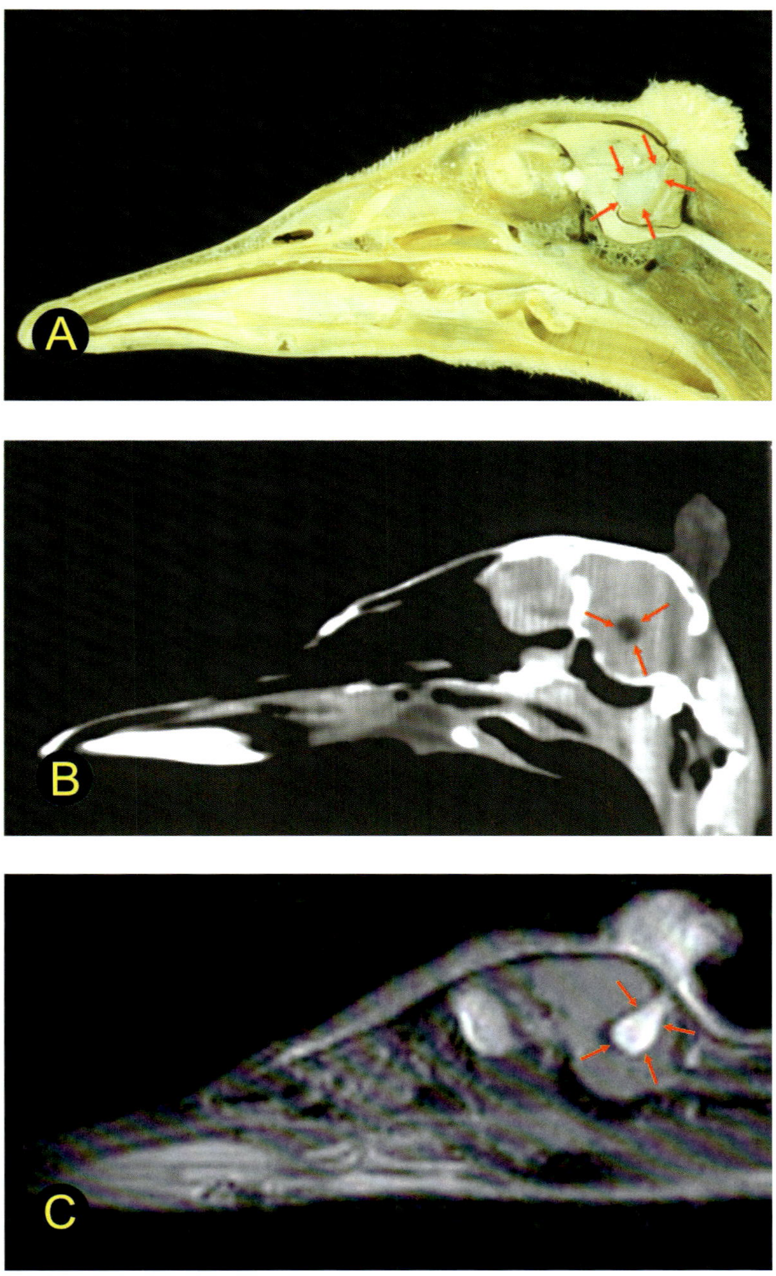

Abb. 1-205:

Kopf, Haubenente (*Anas platyrhynchos* f. *domestica*): Lipom im Tentorium cerebelli (Pfeile).

A: Schnittbild längs durch den Schädel.

B: CT-Untersuchung, sagittale Schnittebene (120 kV, 170 mA, SD 1 mm, W: 250, L: 70). In der CT-Untersuchung kann die fettreiche Zusammensetzung der Zubildung über Dichtebestimmung (HE) ermittelt werden.

C: MRT-Untersuchung, Kopf, sagittale Ebene, T1-Wichtung.

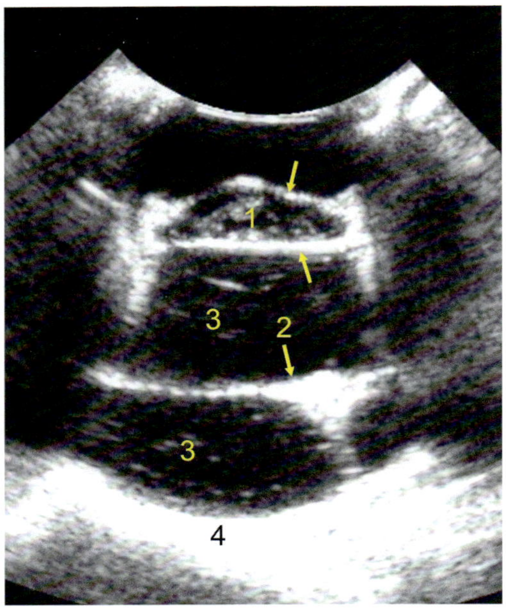

1: Linse, Pfeile: Linsenkapsel
2: Glaskörper: Retinaablösung
3: Glaskörper: echoreiche Partikel
4: Augenhintergrund

Abb. 1-206: Ultraschalluntersuchung, transkorneale Ankopplung, 7,5 MHz, 4 cm ET, Uhu (*Bubo bubo*): hochgradiger Katarakt. Retinaablösung. Die Linsenkapseln (Pfeile) sind verdickt, die Linse (1) insgesamt eingefallen. Im Glaskörper ist eine echoreiche Linie zu sehen (2), die T-förmig zu den hinteren Augenhüllen verläuft (Retinaablösung). Einzelne echoreiche Partikel im Glaskörper (3) wurden als Fibrinteilchen oder Blutungen diagnostiziert.

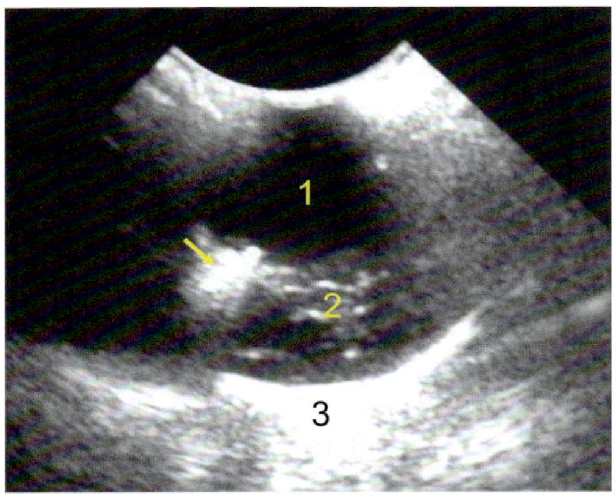

1: Glaskörper
2: Pfeile: Glaskörper: echoreiche Strukturen
3: Augenhintergrund

Abb. 1-207: Ultraschalluntersuchung, transkorneale Ankopplung, 7,5 MHz, 4 cm ET, Waldkauz (*Strix aluco*): Die Linse fehlt. Im Glaskörper (1) sind mehrere echoreiche Teilchen zu sehen (2), die sich teilweise zusammenklumpen (Pfeil): Reste der aufgelösten Linse und Blutungen.

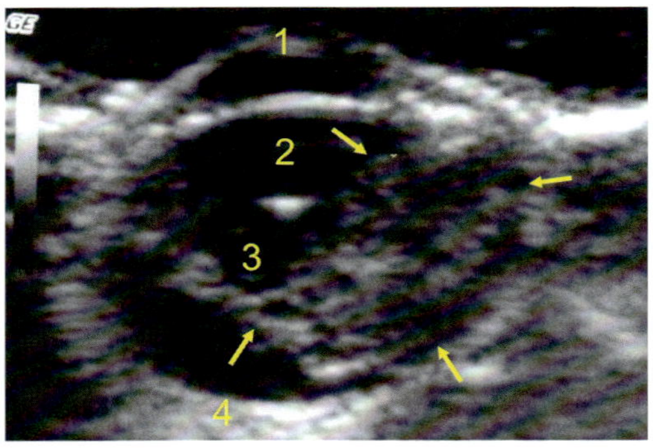

1: Kornea
2: Linse
3: Glaskörper
4: Augenhintergrund

Abb. 1-208: Ultraschalluntersuchung, transkorneale Ankopplung, 10 MHz, 1,5 cm ET, Blaustirnamazone (*Amazona aestiva*): Endophthalmitis. Es findet sich eine echogene Veränderung (Pfeile) im Glaskörperbereich.

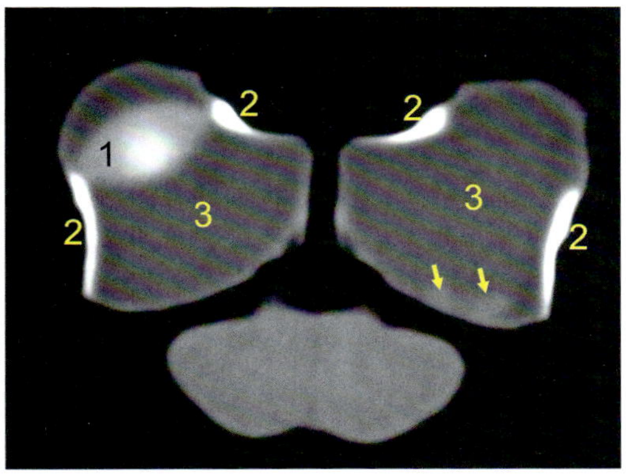

1: Linsenzentrum
2: knöcherner Augenring
3: Glaskörper

Pfeile: Linsenfragmente

Abb. 1-209: CT-Untersuchung, koronare Schnittebene (120 kV, 80 mA, SD 2 mm, W: 350, L: 40), Waldkauz (*Strix aluco*): die rechte Linse fehlt. Linsenfragmente sind auf Höhe des Augenhintergrundes zu erkennen (Pfeile). Typisch für das CT des Vogelauges ist die Darstellung des hyperdensen Linsenzentrums (1), während der Augenfächer nicht dargestellt werden kann.

2 Klein-säuger

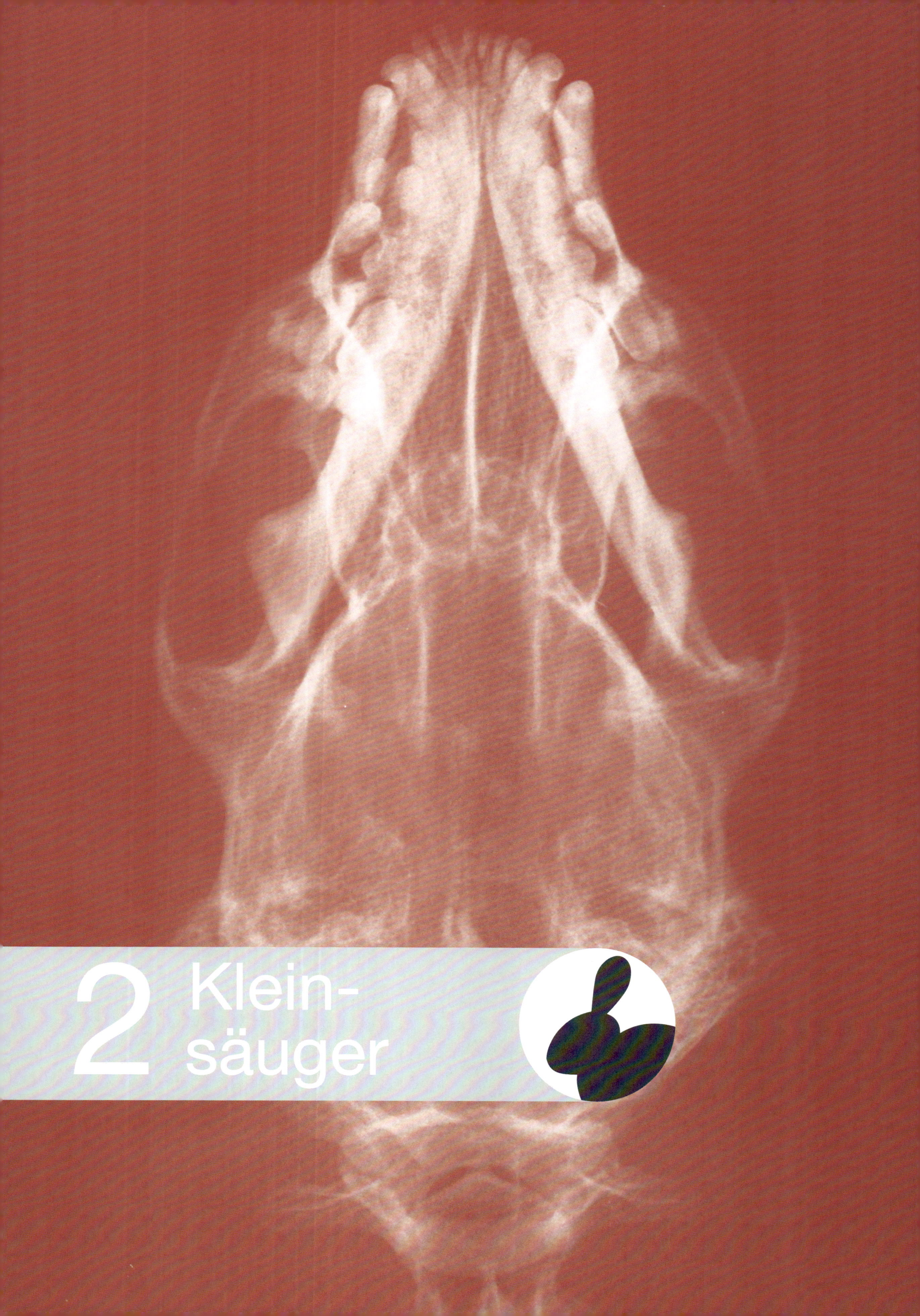

Einleitung

Sven Reese

Die Bedeutung der Kleinsäuger als Patienten ist in den letzten Jahren stetig gestiegen und sie nehmen in einigen Praxen schon einen erheblichen Anteil an der Klientel ein. Gleichzeitig hat sich das Wissen um die anatomischen, physiologischen und pathophysiologischen Besonderheiten dieser Tierarten rasant vermehrt. Auch der Anspruch vieler Tierhalter an die medizinische Versorgung ihrer Schützlinge hat deutlich zugenommen. So wird ganz gezielt auch die Möglichkeit einer weiterführenden röntgenologischen und sonographischen Diagnostik nachgefragt. Die gerätetechnischen Fortschritte der letzten Jahre ermöglichen es nun, diese bildgebenden Verfahren auch bei Kleinsäugern routinemäßig einsetzen zu können.

Die **Röntgenuntersuchung** ist gerade bei den sehr häufig vorgestellten Kaninchen und Meerschweinchen sowie den Frettchen unkompliziert einzusetzen. Sie liefert nicht nur im Bereich der vielfältigen Zahnkrankheiten und des Skelettsystems dieser Tiere, sondern auch zur Abklärung von Krankheiten des Respirations-, Gastrointestinal- und Harntraktes wertvolle Befunde, die die Entscheidung über die weitere Therapie und Prognose entscheidend beeinflussen können. Die in der Kleintierpraxis für die **Sonographie** bei Hund und Katze eingesetzten Geräte sind mittlerweile so hoch auflösend, dass sie auch für den Einsatz bei den meisten Kleinsäugern geeignet sind. Insbesondere zur Abklärung von Krankheiten des Urogenitaltraktes hat sich die Sonographie inzwischen zum bildgebenden Verfahren der ersten Wahl entwickelt und liefert häufig erst die wesentlichen Befunde, um Aussagen zur Prognose und die Entscheidung über die weitere Therapie treffen zu können. Auch auf anderen Feldern, wie der Darstellung von Nebennierenadenomen bei Frettchen oder zur Abklärung von Herzinsuffizienzen, sind Sonographie und Echokardiographie in der Kleinsäugermedizin inzwischen anerkannte und etablierte Verfahren.

Das Spektrum an Kleinsäugerspezies, die als Heimtier gehalten werden, nimmt stetig zu. Viele dieser Spezies werden aber nur selten in der Kleintiersprechstunde vorgestellt. In diesem Buch liegt der Schwerpunkt auf neun Tierarten, die am häufigsten in der Kleintierpraxis gesehen werden (Tabelle 2-1).

Die anatomischen und physiologischen Ähnlichkeiten von zoologisch verwandten Spezies erlauben jedoch, sich an den vorliegenden Daten zu orientieren, sollte eine Tierart zur bildgebenden Diagnostik vorgestellt werden, die hier nicht besprochen wird, aber einer dieser Gruppen zuzuordnen ist.

Außer kurzen einführenden Kapiteln in den Standardwerken der Heimtiermedizin gibt es – mit Ausnahme der Echokardiographie – nur sehr wenig Literatur zur klinisch-diagnostischen Anwendung bildgebender Verfahren bei Kleinsäugern. Im Gegensatz dazu finden sich in der speziellen tierexperimentellen Literatur viele Einzelangaben zum Einsatz bildgebender Verfahren bei Kleinsäugern. Diese sind aber meist nur sehr bedingt auf die Gegebenheiten in der Praxis übertragbar, weshalb auf Angaben zur weiterführenden Literatur weitgehend verzichtet wurde.

Tabelle 2-1: Als Heimtiere gehaltene Kleinsäuger

Zoologische Einordnung	Tierart
Marderartige (Mustelidae)	Frettchen (*Mustela putorius* f. *furo*)
Hasenartige (Lagomorpha)	Kaninchen (*Oryctolagus cuniculus* f. *domestica*)
Meerschweinchenverwandte (Caviomorpha)	Meerschweinchen (*Cavia aperea* f. *porcellus*) Chinchilla (*Chinchilla lanigera*) Degu (*Octogon degu*)
Wühler (Cricetidae) (Mäuseverwandte [Myomorpha])	Syrischer Goldhamster (*Mesocricetus auratus*) Mongolische Rennmaus (*Meriones unguiculatus*)
Mäuseartige (Muridae) (Mäuseverwandte [Myomorpha])	*Ratte* (*Rattus norvegicus* f. *domestica*) Maus (*Mus musculus* f. *domestica*)

Allgemeiner Teil

2.1 Röntgenuntersuchung

Sven Reese, Jutta Hein

2.1.1 Technische Voraussetzungen

2.1.1.1 Röntgenanlage

Die in der Kleintierpraxis als Patienten vorgestellten Kleinsäuger stellen aufgrund ihrer teilweise sehr geringen Körpergröße äußerst hohe Anforderungen an die Röntgentechnik, um diagnostisch auswertbare Bilder zu erhalten. Dies betrifft nicht nur die Leistungsfähigkeit der Röntgenanlage selbst, sondern auch die gewählte Film-Folien-Kombination, das Entwicklungssystem und nicht zuletzt auch die technischen Fertigkeiten sowie die Erfahrung der Untersucher.

Die in der Kleintierpraxis üblicherweise verwendeten Röntgenanlagen sind in der Regel auch für die röntgenologische Diagnostik bei Kleinsäugern geeignet **(Abb. 2-1A)**. Dies gilt insbesondere für die größeren Heimtiere, wie Kaninchen, Frettchen und Meerschweinchen, die in ihren Anforderungen an die Qualität der Röntgentechnik vergleichbar mit den Verhältnissen bei Katzen und Zwerghunden sind. Bei den kleineren Nagern mit einer Körpermasse unter 1000 g bis zu extrem kleinen Tieren, wie Mäusen, mit 30 g sind leistungsstärkere Anlagen deutlich im Vorteil. Wesentlicher Parameter für die Leistungsfähigkeit eines Röntgengenerators ist die **Nennleistung**, das Produkt aus Stromstärke [A] und Spannung [V]. Je höher die Nennleistung, umso höher ist die Stromstärke bei gleicher Spannung und umso niedriger ist die verwendete Belichtungszeit. In der Kleinradiologie übliche stationäre Röntgenanlagen besitzen eine Nennleistung zwischen 16 kW und 32 kW.

Die Atemfrequenz der Kleinsäuger ist deutlich höher als die von Hund und Katze. Um Bewegungsunschärfen zu reduzieren, sollte die minimal einstellbare **Belichtungszeit** 0,02 s oder besser noch weniger betragen.

Die geringe Masse an durchstrahltem Gewebe bedingt einen geringen Kontrast der Bilder. Zum Ausgleich muss mit relativ geringen **Spannungen** gearbeitet werden. Werte zwischen 40 kV und 60 kV haben sich hier bewährt und sollten an der Röntgenanlage in kleinen Stufen einstellbar sein, um den sehr unterschiedlichen Tiergrößen gerecht zu werden.

Die Detailerkennbarkeit, also die Auflösung, die mit der verwendeten Röntgenanlage erreicht werden kann, ist wesentlich abhängig von der Größe des **Brennflecks**. Je kleiner der Brennfleck, umso geringer ist die geometrische Unschärfe (= größere Auflösung). Problematisch ist allerdings, dass ein kleinerer Brennfleck auch einen geringeren Energiedurchsatz bedeutet. Ausgeglichen werden muss dies durch eine längere Belichtungszeit. Die Wahl der Größe des Brennflecks ist also bei herkömmlichen Röntgengeneratoren immer ein Kompromiss zwischen gewünschter Auflösung und maximal möglicher Belichtungszeit. Nur mit speziellen höchstauflösenden Röntgenanlagen mit sehr kleinem Brennfleck (Mikrofokustechnik) sind auch mit kurzen Belichtungszeiten extrem fein aufgelöste und scharfe Röntgenaufnahmen möglich. Der relativ geringe diagnostische Zugewinn, der durch die extrem hohe Auflösung der Aufnahmen, die mit dieser Technik erstellt werden, erreicht wird, steht aber in keinem vernünftigen Verhältnis zu den hohen Anschaffungskosten. Die Technik konnte sich daher in der Medizin nicht durchsetzen und wird fast ausschließlich in der Materialprüfung eingesetzt. Um dem breiten Spektrum an Spezies unterschiedlicher Größe in der Kleintierpraxis gerecht zu werden, ist leistungsstarken Röntgenanlagen, bei denen die Größe des Brennflecks entsprechend der Patientengröße gewechselt werden kann, bei der Anschaffung der Vorzug zu geben. Übliche Brennfleckgrößen sind 0,6 mm × 0,6 mm, mit denen sehr hohe Auflösungen erreicht werden können, bis zu 2 mm × 2 mm, die wegen ihrer geringen Auflösung für den Einsatz in der Kleinsäugermedizin weniger geeignet sind.

Die zur Belichtung notwendige Menge an Röntgenstrahlen sinkt mit der Verringerung des Film-Fokus-Abstandes. Dieses Phänomen kann im Prinzip zum Ausgleich einer zu geringen Leistungsfähigkeit einer Röntgenanlage ausgenutzt werden. Da die geometrische Unschärfe und der Anteil der Streustrahlung mit Verringerung des Film-Fokus-Abstandes steigen, sind hier aber deutliche Grenzen gesetzt. In der Regel sollte ein Abstand von 70 cm nicht unterschritten werden.

2.1.1.2 Röntgenkassetten und Streustrahlenraster

Die **Röntgenkassetten** sollten entsprechend der Tiergröße gewählt werden. Für die Untersuchung von Frettchen hat sich auch der Einsatz von in der Kleintierpraxis wenig üblichen Formaten wie 18 cm × 43 cm bewährt. Die geringe Körpermasse der Kleinsäuger erfordert kein **Streustrahlenraster.** Es ist daher üblich, die Kleinsäugerpatienten direkt auf der Röntgenkassette zu lagern. Dies hat zudem den Vorteil, dass der geringere Objekt-Film-Abstand ein schärferes Bild erzeugt. Zudem ist es möglich, gerade bei kleineren Tieren durch Abdeckung des jeweils ungenutzten Kassettenbereichs einen Film für mehrere Aufnahmen zu nutzen. Bei Verschmutzungen der Röntgenkassetten durch die Patienten sollte die Kassette vor der nächsten Nutzung gereinigt werden, um Artefaktbildungen, z. B. durch Haare, die bei der Neubeschickung der Kassette auf den Röntgenfilm gelangen können, zu vermeiden. Eine gute Möglichkeit, um Verschmutzungen und Beschädigungen der Röntgenkassette zu vermeiden, ist ein flacher Rahmen mit Plexiglasabdeckung, der über die Kassette gelegt wird **(Abb. 2-1B)**.

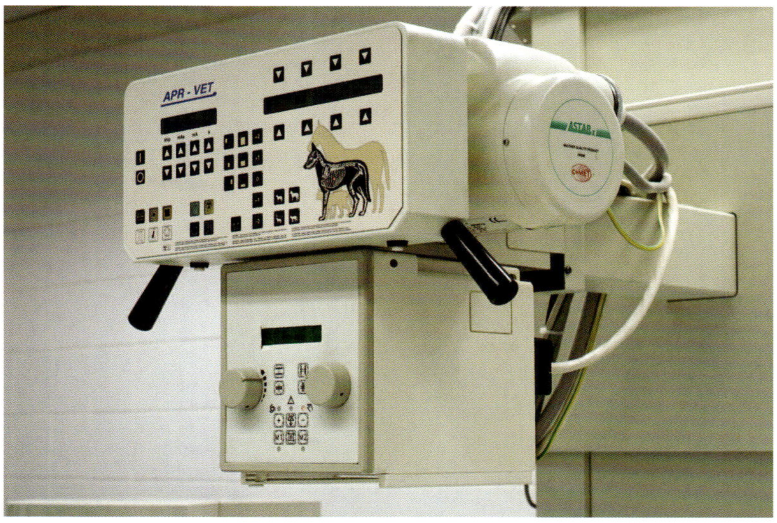

Abb. 2-1A: Für die Anforderungen der Kleintierpraxis ausgelegte Röntgenröhren sind in der Regel auch für die Röntgendiagnostik beim Kleinsäuger geeignet.

2.1.1.3 Film-Folien-Kombination, Speicherfoliensysteme und direkte digitale Radiographie

Die Detailzeichnung von Röntgenbildern wird ganz wesentlich von der verwendeten **Film-Folien-Kombination** bestimmt. Gerade bei den Kleinnagern ist der Einsatz feinstzeichnender Film-Folien-Kombinationen angezeigt. Hierbei ist zu beachten, dass Verstärkerfolien gleichzeitig einen Verlust an Auflösung bewirken. Seltene-Erden-Folien haben sich für Kleinsäuger als geeigneter Kompromiss zwischen Verstärkerwirkung und Erhalt der Detailerkennbarkeit erwiesen. Für detailreiche Aufnahmen insbesondere des Skelettsystems sollten bei Kleinnagern vorzugsweise Mammographiefilme zur Anwendung kommen. Ideal für die Darstellung einzelner Zähne sind in die Maulhöhle einlegbare Dentalfilme.

Abb. 2-1B: Plexiglasabdeckung zum Schutz von Röntgenplatten vor Verschmutzung.

Als Ersatz für die konventionellen Film-Folien-Kombinationen finden **Speicherfoliensysteme** eine immer weitere Verbreitung. Bei diesen wird eine Lumineszenzfolie belichtet, digital ausgelesen und danach wieder gelöscht. Vorteil dieser Systeme ist, dass sie eine ca. 1/3 geringere Röntgendosis zur Belichtung benötigen und einen höheren Dynamikumfang besitzen, der es ermöglicht, Fehlbelichtungen im Nachhinein zu korrigieren. Nachteil ist eine zurzeit noch etwas geringere örtliche Auflösung gegenüber den konventionellen Film-Folien-Kombinationen.

In der **direkten digitalen Radiographie** werden die Röntgenstrahlen von einem im Tisch eingebauten Sensor detektiert und ohne nennenswerten Zeitverzug auf einem Monitor dargestellt. Die direkte digitale Röntgentechnik erzeugt Bilder von sehr hoher Qualität. Ihr entscheidender Nachteil liegt in den hohen Anschaffungskosten, da die Röntgenanlage mit dem elektronischen Sensor eine technische Einheit bildet und somit im Gegensatz zu den Speicherfoliensystemen auch die Röntgenanlage selbst erneuert werden muss.

2.1.1.4 Belichtung und Entwicklung

Die volle Leistungsfähigkeit konventioneller Film-Folien-Kombinationen kann nur ausgenutzt werden, wenn die Belichtungswerte optimal gewählt werden. Das Aufstellen einer **Belichtungstabelle** für die einzelnen Tiergrößen und -spezies, die für die jeweilige Röntgenanlage und Film-Folien-Kombination spezifisch ist, ist für eine gleichbleibend gute Qualität der Röntgenbilder unerlässlich. Zu beachten ist, dass für die Bildqualität nicht nur die Gesamtdosis, sondern auch das Verhältnis der Hochspannung (kV) zum Strom-Zeit-Produkt (mAs) entscheidend ist:

- höhere kV + niedrigeres mAs = flaueres Bild
- niedrigere kV + höheres mAs = kontrastreicheres Bild

Die korrekte Verwendung von Belichtungstabellen führt nicht zu reproduzierbar guten Röntgenbildern, wenn der anschließende **Entwicklungsprozess** nicht sorgfältig durchgeführt wird. Die Maschinenentwicklung ist hier gegenüber der Handentwicklung deutlich im Vorteil. Beide Systeme sind aber von einer regelmäßigen Regeneration und dem regelmäßigen Wechsel verbrauchter Lösungen abhängig.

2.1.1.5 Strahlenschutzaspekte

Die scheinbar geringeren Röntgendosen und die schwierigere Lagerung und Fixation der Kleinsäugerpatienten sollte einen nicht dazu verleiten, die generellen Aspekte des Strahlenschutzes zu vernachlässigen. Neben dem selbstverständlichen Tragen von Schutzkleidung (Schürze, Schilddrüsenschutz, Handschuhe) sollte man sich immer vor Augen halten, dass das Abstand-Quadrat-Gesetz gilt. Gerade bei den kleinen Patienten ist man aber geneigt, sehr nahe mit den Händen an den Primärstrahl zu kommen, was eine deutlich höhere Strahlendosis an der Hand gegenüber dem Körper bedeutet. Grundsätzlich gilt daher:

- nie (auch nicht mit Bleihandschuhen) in den Primärstrahl greifen
- Körper möglichst weit vom Primärstrahl entfernt halten (zurücklehnen)
- die Lagerung in Sedation oder Narkose der manuellen Fixation vorziehen
- bei manueller Fixation die Hände zusätzlich mit Bleihandschuhen (von oben und unten) vor der Streustrahlung schützen

Schutzkleidung schützt nur vor Streustrahlung, nicht vor Primärstrahlung. Knicke in der Schutzkleidung durch unachtsamen Umgang und unsachgemäße Lagerung (Schürzen glatt aufhängen!) führen zur Durchlässigkeit des Materials.

2.1.2 Lagerung

2.1.2.1 Allgemeine Vorbemerkungen

Eine Röntgenaufnahme stellt ein zweidimensionales Summationsbild des dreidimensionalen Körpers dar. Die zweifelsfreie Beurteilung und insbesondere die topographische Zuordnung der sich im Röntgenbild darstellenden Strukturen ist daher auch beim Kleinsäuger nur möglich, wenn die Röntgenuntersuchung in mindestens zwei Ebenen durchgeführt wird.

Die Lagerungsarten und die Untersuchungsebenen bei Kleinsäugern entsprechen dabei im Prinzip denen aus der Kleintierradiologie für Hund und Katze. Wegen der Körperproportionen und insbesondere der geringeren Körpergröße lassen sich Kleinsäuger aber deutlich schlechter fachgerecht lagern als Hund und Katze.

Mit Ausnahme von Kaninchen und Meerschweinchen tolerieren selbst handzahme Kleinsäuger eine exakte Positionierung und Lagerung zur röntgenologischen Untersuchung in den seltensten Fällen. Abwehrbewegungen führen zu schlecht gelagerten und durch Bewegungsartefakte unscharfen Aufnahmen, wodurch deren Aussagekraft reduziert wird oder die Bilder sogar wertlos werden. Es ist daher bei diesen Tierarten immer eine Sedation oder Kurznarkose zu empfehlen. Bewährt hat sich hierfür insbesondere die gut steuerbare Inhalationsnarkose mit Iso- oder Sevofluran über eine Kopfmaske **(Abb. 2-2)**. Bei Kleinnagern (Goldhamster, Mongolische Rennmaus, Maus) kann die Narkoseeinleitung auch in einer mit Narkosegas vorgefluteten Narkosebox erfolgen. Die Vorteile einer Sedation oder Narkose überwiegen dabei bei Weitem die Nachteile:

- geringerer Stress für den Patienten
- exakt gelagerte, gut beurteilbare Röntgenaufnahmen
- weniger Wiederholungsaufnahmen sind notwendig (Zeit- und Geldersparnis, Strahlenschutz!)
- keine manuelle Fixation notwendig (Strahlenschutz!)

Der Allgemeinzustand des Patienten ist natürlich immer ausschlaggebend für die Narkosefähigkeit. Bei Patienten mit kritischem Allgemeinzustand kann evtl. auch eine schlecht gelagerte Einzelaufnahme genügend Informationen für eine Erstversorgung geben. Diese ist röntgentechnisch perfekten Bildern vorzuziehen, wenn durch dessen Anfertigung Notfallpatienten nicht in eine lebensbedrohliche Lage geraten.

Die Standarduntersuchungen von Kopf, Thorax, Abdomen und Becken erfolgen rechtsseitig gelagert im latero-lateralen Strahlengang sowie als zweite Untersuchungsebene im ventrodorsalen bzw. dorso-ventralen Strahlengang. Trotz der geringen Größe der Tiere sind Ganzkörperaufnahmen generell nicht zu empfehlen. Gerade bei den größeren Kleinsäugern (Frettchen, Kaninchen, Meerschweinchen, Chinchilla) sollten Thorax- und Abdomenaufnahmen immer separat erfolgen.

Hierfür sprechen mehrere Gründe:
- Die exakte Lagerung ist einfacher, wenn man sich nur auf einen Körperabschnitt konzentrieren kann.
- Die Bildqualität ist besser, wenn der Zentralstrahl im Zentrum der zu untersuchenden Region liegt.
- Abdomenaufnahmen sollten etwas härter (niedrigere kV) als Thoraxaufnahmen geschossen werden.
- Die korrekte Beurteilung des Thorax ist bei Übersichtsaufnahmen nur sehr eingeschränkt möglich.
- Gute Kopfaufnahmen, die insbesondere eine exakte Beurteilung der Zähne ermöglichen, gelingen selten bei einer Ganzkörperaufnahme.

Zur Beurteilung der Lunge (z. B. bei Metastasensuche) sollten immer rechts- und linksanliegende Aufnahmen angefertigt werden, da jeweils nur der plattenferne Lungenflügel beurteilt werden kann. Zusätzliche Schrägprojektionen und Aufnahmen im horizontalen Strahlengang sollten im Einzelfall ergänzend angefertigt werden. Schrägprojektionen des Thorax können z. B. zur Darstellung von proximalen Rippenfrakturen von Vorteil sein. Der horizontale Strahlengang erleichtert z. B. die Diagnose eines geringgradigen Pneumothorax. Beidseitige Schrägprojektionen bei geöffnetem Maul sind mittlerweile Standard zur Beurteilung einzelner Zahnreihen.

Die manuelle Fixation der Tiere ist nur bei größeren und ruhig liegenden Tieren, wie Kaninchen und Meerschweinchen zu empfehlen. Auf jeden Fall ist das Primärstrahlenbündel so weit einzublenden, dass nur der zu untersuchende Bereich im Strahlengang liegt und nicht die Finger. Tiere, die in Narkose liegen, lassen sich mit kleinen Sandsäcken, Stoffbändern oder einfacher mit Kreppklebeband auf der Röntgenplatte fixieren **(Abb. 2-3)**. Während der Aufnahme kann das Untersuchungspersonal dann entsprechend weit vom Patienten zurücktreten (z. B. hinter eine Schutzwand) oder in einen Nebenraum gehen und ist so vor der Strahlenexposition geschützt.

Die Symptome, mit denen Kleinsäuger in der tierärztlichen Praxis vorgestellt werden, sind meist sehr unspezifisch. Aus den in der klinischen Allgemeinuntersuchung erhobenen Befunden ergeben sich dann die Indikationen für die weiterführende röntgenologische Untersuchung des Schädels bzw. der Zähne, des Thorax, des Abdomens, der Wirbelsäule oder der Gliedmaßen.

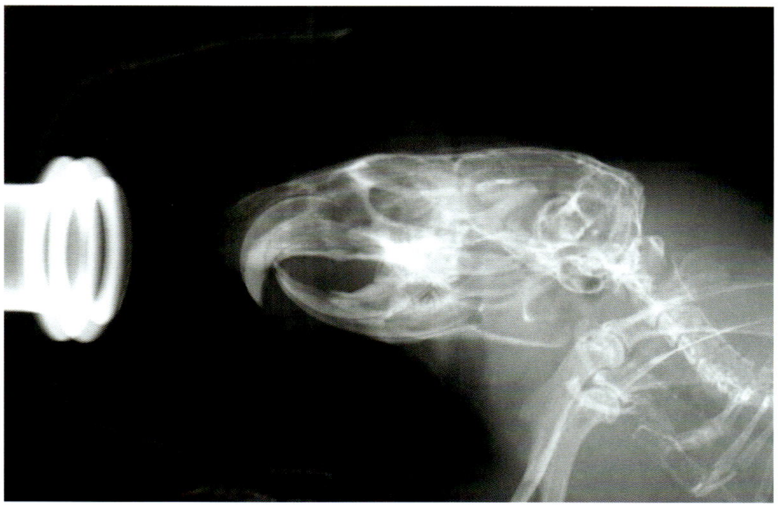

Abb. 2-2: Inhalationsnarkose eines Meerschweinchens über eine Kopfmaske, um die exakte Positionierung bei der Röntgenlagerung zu erleichtern.

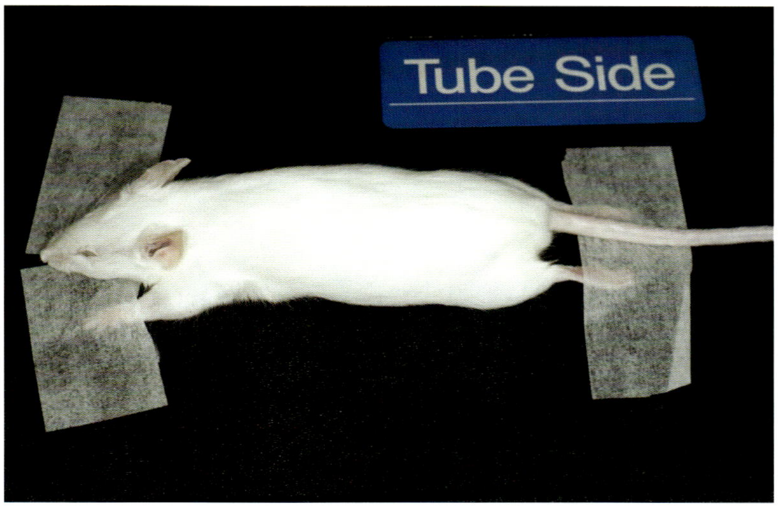

Abb. 2-3: Fixation einer narkotisierten Maus mit Klebestreifen auf der Röntgenplatte zur Anfertigung einer Röntgenaufnahme in dorso-ventraler Projektion.

Indikationen für die röntgenologische Untersuchung des Schädels

- Anorexie ohne gastrointestinale Ursache
- Probleme beim Nagen, Kauen, Schlucken
- nicht verschiebliche Umfangsvermehrungen
- Auftreibungen an den Kiefern
- Zahnfehlstellungen, Überwuchs einzelner Zähne, unterschiedliches Zahnwachstum
- lockere Zähne
- Eiter in der Maulhöhle
- Epiphora und/oder Verschluss des Tränen-Nasen-Kanals
- Exophthalmus
- einseitiger Nasen- und/oder Augenausfluss
- chronischer Schnupfen
- Blutungen aus Maul und/oder Nase
- Kopfschiefhaltung
- hochgradige eitrige Otitis externa (Verdacht auf Otitis media/interna)
- vorgewölbtes Trommelfell

Indikationen für die röntgenologische Untersuchung des Thorax

- Dyspnoe (Maulatmung, Flankenatmung)
- exspiratorisch verschärfte Atmung
- paradoxe Atembewegungen
- blutig-schaumiger Nasenausfluss
- hochgradiger seröser oder eitriger Nasenausfluss (beidseitig)
- geringgradiger Nasenausfluss bei hochgradig gestörtem Allgemeinbefinden
- gedämpfte Herztöne oder Atemgeräusche
- Herzgeräusche
- Verdacht auf Thoraxerguss
- Darmgeräusche im Thorax
- Reflux, Regurgitieren
- beidseitiger Exophthalmus (Kaninchen)
- Verdacht auf Metastasen

Indikationen für die röntgenologische Untersuchung des Abdomens

- aufgetriebenes Abdomen
- schmerzhaftes Abdomen
- Erbrechen (Frettchen)
- tastbare Umfangsvermehrung im Abdomen
- tastbare Hepato- und/oder Splenomegalie
- prall gefüllte evtl. schmerzhafte Harnblase
- Verdacht auf Steinbildung im Harntrakt
- Dysurie, Hämaturie und Polyurie
- vaginaler Ausfluss
- urinverklebtes Fell im Perineum und am Innenschenkel
- Schwellung und/oder Zyanose des Präputiums mit Dysurie
- Schwellung und/oder Zyanose der Vulva mit Dysurie
- Trächtigkeitsdiagnostik (Meerschweinchen, Chinchilla)
- Geburtsstörungen

Indikationen für die röntgenologische Untersuchung der Wirbelsäule

- Ataxien
- Paresen
- Paralysen
- unsicherer Gang
- Muskelatrophie an den Beckengliedmaßen

Indikationen für die röntgenologische Untersuchung der Gliedmaßen

- Lahmheit einer Gliedmaße
- wechselnde Lahmheiten
- Verdacht auf Fraktur oder Fissur
- druckdolente Umfangsvermehrungen an den Gliedmaßen
- Gelenkschwellungen
- ulzerierende Pododermatitis

2.1.2.2 Lagerung zur Darstellung des Körpers

Aufnahmen im latero-lateralen Strahlengang

Der latero-laterale Strahlengang kann in rechter oder linker Seitenlage erfolgen. Sinnvoll ist es in einer Praxis oder Klinik, immer die gleiche Seitenlage zu wählen (üblicherweise rechtsanliegend), um die Lagerung und Fixation besser zu standardisieren und so gleichmäßig reproduzierbare Röntgenaufnahmen zu gewährleisten. Nur zur optimalen Darstellung der Lunge (z. B. bei Tumorsuche) muss von diesem Schema abgewichen werden, da der plattennahe Lungenflügel durch den Druck kollabiert und so nicht beurteilbar ist. Zur Untersuchung der rechten Lunge sollte somit die linke Seitenlage und zur Untersuchung der linken Lunge die rechte Seitenlage gewählt werden.

Für die Aufnahme wird der Patient unter leichtem Zug an Schulter- und Beckengliedmaßen auf die Seite gelegt, ohne dabei den Rumpf zu verdrehen, so dass das Brustbein in einer Horizontalebene mit der Wirbelsäule liegt. Mit kleinen röntgendurchlässigen Schaumstoffkeilen kann das Tier in dieser Position gestützt werden. Gerade bei Thoraxaufnahmen sollten die Vordergliedmaßen möglichst weit vorgezogen werden, da es sonst zu Überlagerungen mit dem kranialen Lungenfeld kommt. Bei Aufnahmen des Thorax ist darauf zu achten, dass kranial nicht zu stark eingeblendet wird. Es müssen das erste Rippenpaar und möglichst auch das kaudale Viertel des Halses in den Bildausschnitt einbezogen sein, um den Verlauf der Luftröhre gut beurteilen zu können. Kaudal muss die Zwerchfellkontur vollständig abgebildet sein. Der sehr kurze Brustkorb bei Kaninchen und Nagern führt häufig dazu, dass Abdomenaufnahmen kranial zu knapp eingeblendet sind. Die Zwerchfellkuppel sollte aber auch bei den Abdomenaufnahmen vollständig abgebildet sein und den kranialen Abschluss der Aufnahme bilden **(Abb. 2-4A)**.

Zu beachten ist, dass der Grad der Streckung insbesondere der Beckengliedmaßen einen Einfluss auf die Lage der inneren Organe hat. Gerade bei herbivoren Spezies mit physiologisch großem Magen kann dieser bei vermehrter Streckung aus dem Thorax verdrängt werden und so kann z. B. eine Überladung vertäuscht werden. Dies ist bei der Beurteilung der Röntgenaufnahmen zu berücksichtigen. Sehr wichtig ist, dass bei Abdomenaufnahmen kaudal das komplette Becken und insbesondere das Perineum in die Abdomenaufnahme mit eingeschlossen werden. Wird dies nicht berücksichtigt, besteht die Gefahr, dass Harnröhrensteine übersehen werden, die insbesondere bei Kaninchen, Meerschweinchen und Chinchilla relativ häufig auftreten.

Aufnahmen im dorso-ventralen und ventro-dorsalen Strahlengang

In beiden Strahlengängen hat die Positionierung des Patienten zum Ziel, das Brustbein exakt über die Wirbelsäule zu projizieren. Nur in diesem Fall ist z. B. die Herzsilhouette zu beurteilen. Dies gelingt am besten, wenn die Wirbelsäule über leichten Zug an Schulter- und Beckengliedmaßen gestreckt wird. Die Beckengliedmaßen sollten dabei parallel in Rumpfbreite gehalten werden. In Rückenlage (ventro-dorsaler Strahlengang) gelingt die exakte Positionierung in der Regel deutlich einfacher **(Abb. 2-4B)** als in Bauchlage (dorso-ventraler Strahlengang). Der dorso-ventrale Strahlengang bringt primär Vorteile bei der Röntgenuntersuchung des Thorax. Die knöchernen Rippen projizieren sich weniger deutlich über die Lungen und das Herz kippt nicht im gleichen Umfang zur Seite. Bezüglich der kranialen und kaudalen Einblendung gelten die für den latero-lateralen Strahlengang genannten Prämissen.

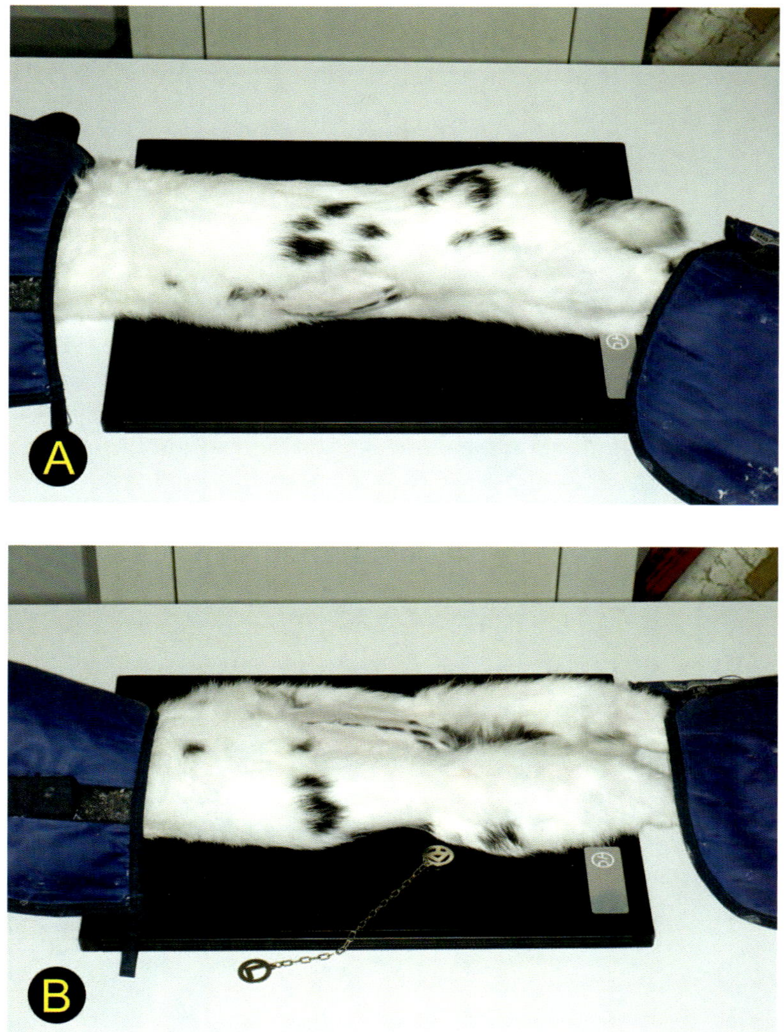

Abb. 2-4: Lagerung eines Kaninchens zur Anfertigung einer Röntgenaufnahme des Abdomens in latero-lateraler (A) und ventro-dorsaler (B) Projektion. Bei manueller Fixation müssen die Hände von oben und unten vor der Röntgenstrahlung geschützt werden.

2.1.2.3 Lagerung zur Darstellung von Kopf und Zähnen

Michael Fehr

Bei Kaninchen und Kleinnagern gelten Röntgaufnahmen im latero-lateralen (Vordergliedmaßen nach hinten ziehen) und dorsoventralen (Lagerung unproblematisch) Strahlengang **(Abb. 2-5A)** zur Diagnose von Erkrankungen des Kopfes bzw. der Zähne als üblich. Einige Autoren empfehlen zur Darstellung von Zahnerkrankungen bzw. zur Diagnose einer Otitis media/interna zusätzliche Lateralaufnahmen in leicht gekippter Position bzw. im rostro-kaudalen Strahlengang **(Abb. 2-5B)**. Analog zur Situation bei Hund und Katze ist auch bei Hasenartigen und Nagern eine möglichst symmetrische Lagerung wichtig.

Die für eine exakte Lateralaufnahme wichtige Unterstützung im rostralen Bereich ist vor allem bei Patienten mit einem physiologisch breiten Schädel oder mit dort vorhandenen Umfangsvermehrungen von Bedeutung, da andernfalls eine Kippung nach rostral mit leichter Rotation des Kopfes eintritt. Dies führt v. a. bei Meerschweinchen zur Fehlprojektion des Processus zygomaticus, was dann fälschlicherweise ein retrogrades Zahnwachstum vortäuscht. Die exakte Lagerung gelingt durch Anheben mit einem Polster oder durch Zug an einer Ohrmuschel.

Die Positionierung anästhesierter Tiere kann z. B. mittels einer aufgeschnittenen Papprolle oder Ähnlichem erleichtert werden. Falls keine Narkose durchgeführt werden kann, wird die Lagerung möglich, wenn der Kleinsäuger in einen der Körpergröße entsprechenden Schlauchverband (Socke usw.) verbracht und durch entsprechendes Halten an beiden Enden positioniert wird.

Für zusätzliche Informationen durch Schrägaufnahmen wird in gekippter Lagerung zur Darstellung z. B. des Zahnwurzelbereichs (v. a. Kaninchen Oberkieferinzisivi, rostrale Backenzähne) eine Schräglagerung des Kopfes in einem Winkel von 25°, verdächtiger Bereich filmnah, und zur Darstellung des Kiefergelenkbereichs bzw. zur Kauflächenbeurteilung ein Winkel von 45° angeraten. Schaumgummipolster mit entsprechend gewinkelten Flächen sowie am Oberkiefer angebrachte Klebe- oder Haltebänder erleichtern die Positionierung.

2.1.2.4 Lagerung zur Darstellung der Schultergliedmaßen

Michael Fehr

Die röntgenologische Darstellung der Schultergliedmaßen erfolgt analog zur Vorgehensweise bei Hund und Katze. Als Standardprojektionen gelten der medio-laterale (Scapula: latero-laterale) und die kranio-kaudale (Scapula: kaudo-kraniale) Strahlengang. Zur medio-lateralen Abbildung einzelner Gliedmaßenabschnitte liegt der Kleinsäuger in Seitenlage mit der zu röntgenden Gliedmaße untenliegend. Das Gliedmaßenende wird mit einem Haltefaden oder Tesa-Klebestreifen fixiert und die Gliedmaße wird möglichst weit nach kranio-distal gezogen (das Schultergelenk sollte sich ventral des Tracheaverlaufs befinden), die obenliegende kontralaterale Schultergliedmaße wird nach kaudal gehalten **(Abb. 2-6A)**. Für die kranio-kaudale Projektion liegt das Tier in Brustlage, die zu untersuchende Gliedmaße zeigt nach kranial (für die kaudo-kraniale in Rückenlage und die zu untersuchende Gliedmaße wird nach kaudal gehalten). Zur Darstellung von Zehenerkrankungen kann es ratsam sein, einzelne, erkrankungsverdächtige Zehen mit Klebestreifen zu fixieren und diese nach kranial gezogen radiologisch darzustellen.

2.1.2.5 Lagerung zur Darstellung der Beckengliedmaßen

Michael Fehr

Zur röntgenologischen Darstellung der Beckengliedmaßen wird ähnlich wie bei Hund oder Katze vorgegangen. Als Standardprojektionen gelten der medio-laterale (Femur bzw. Becken: laterolaterale) und der kranio-kaudale Strahlengang. Für den mediolateralen Strahlengang bestimmter Gliedmaßenabschnitte liegt der Kleinsäuger in Seitenlage mit der zu röntgenden Gliedmaße untenliegend. Das Gliedmaßenende wird mit einem Haltefaden oder Tesa-Klebestreifen fixiert und die Gliedmaße wird möglichst weit nach distal gezogen, die obenliegende kontralaterale Beckengliedmaße wird nach kranial gehalten **(Abb. 2-6B)**. Für die kranio-kaudale Projektion liegt das Tier in Rückenlage, die zu untersuchende Gliedmaße zeigt nach kranial (kaudo-kraniale Projektion ebenfalls in Rückenlage, die zu untersuchende Gliedmaße wird nach kaudal gehalten).

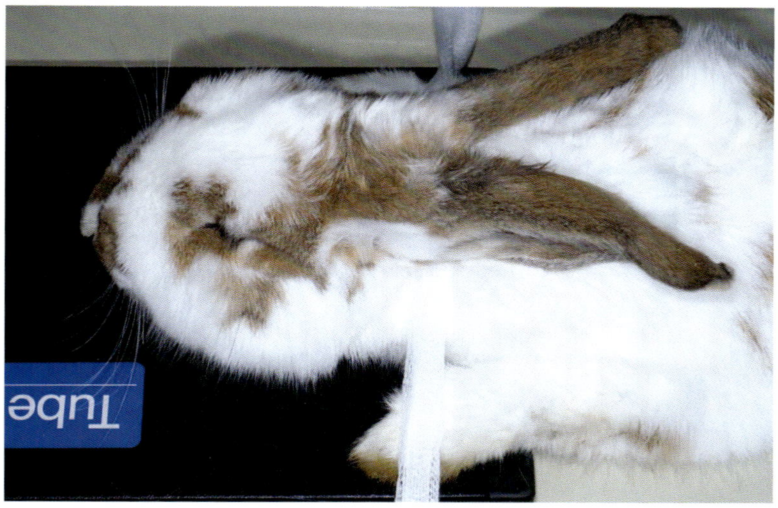

Abb. 2-5A: Lagerung eines Kaninchens zur Röntgenuntersuchung des Kopfes in dorso-ventraler Projektion. Der Kopf des Tieres wird mit einer über den Nacken gespannten Mullbinde in Position gehalten.

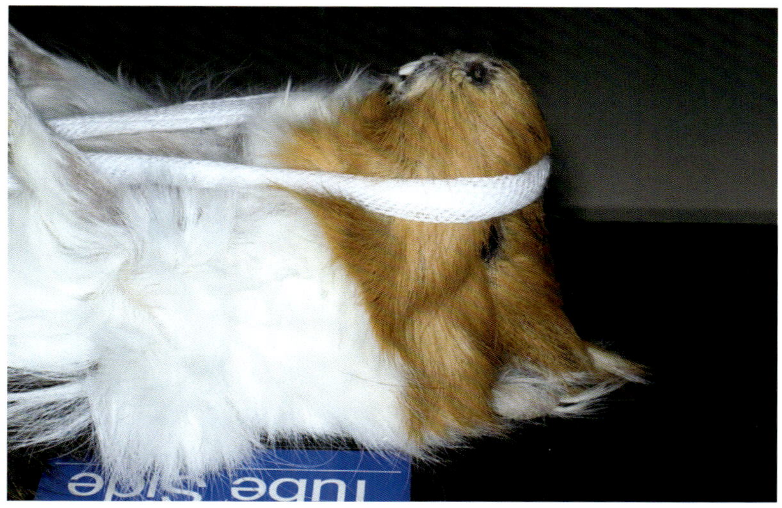

Abb. 2-5B: Lagerung eines Meerschweinchens zur Röntgenuntersuchung des Kopfes in rostro-kaudaler Projektion.

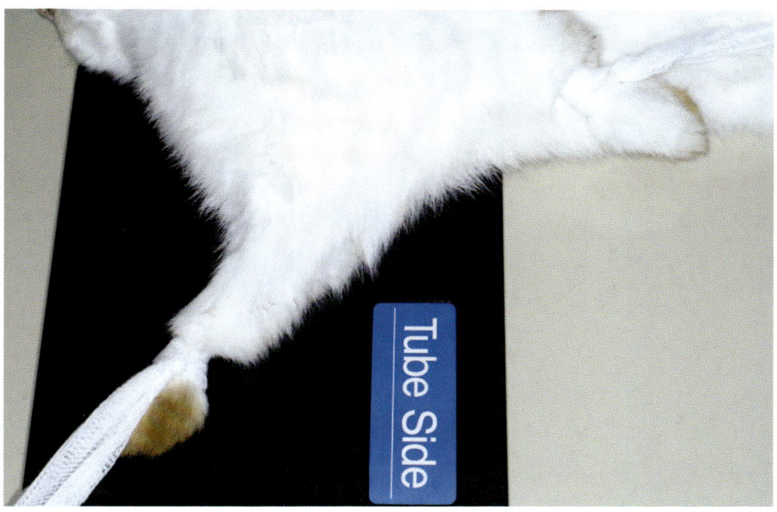

Abb. 2-6A: Röntgenuntersuchung der rechten Schultergliedmaße eines Kaninchens in medio-lateraler Projektion. Die Gliedmaße wird mit einer Mullbinde kranio-distal gezogen und die kontralaterale Seite wird nach kaudal aus dem Strahlengang gezogen.

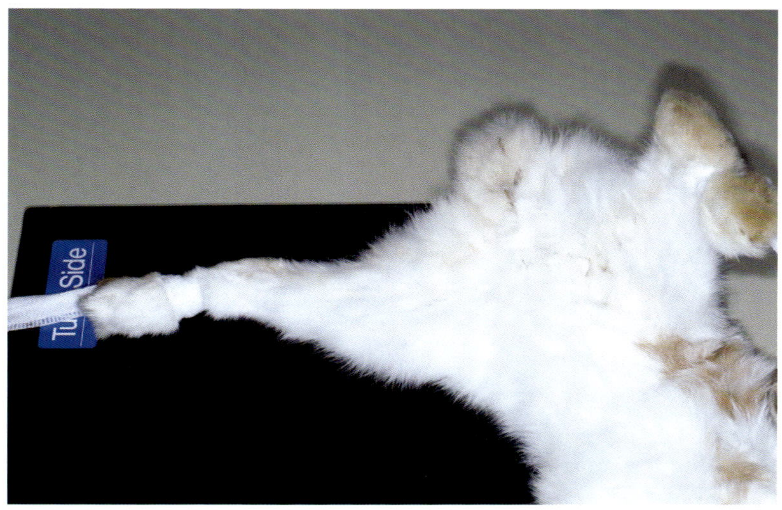

Abb. 2-6B: Röntgenuntersuchung der linken Beckengliedmaße eines Kaninchens in medio-lateraler Projektion. Die kontralaterale Gliedmaße wird kranio-dorsal aus dem Strahlengang gezogen.

2.1.3 Kontrastmitteluntersuchungen

2.1.3.1 Einführung

Anatomische Strukturen lassen sich röntgenologisch nur voneinander abgrenzen, wenn sie sich in ihrer Röntgendichte unterscheiden. Gerade bei den Weichgeweben ist dies häufig nur unzureichend der Fall. Physiologischerweise ermöglicht nur die intraabdominale Fetteinlagerung als natürliches Negativkontrastmittel überhaupt eine Differenzierung der einzelnen Organe. Jungtieren oder kachektischen Tieren fehlt dieses Fett, wodurch oft keine klare röntgenologische Differenzierung abdominaler Organe möglich ist. Die Verbesserung des Weichteilkontrastes kann durch Gabe von Kontrastmitteln geringer (Negativkontrast) oder hoher (Positivkontrast) Röntgendichte in die verschiedenen Hohlraumsysteme des Körpers erfolgen. Ein klassisches Negativkontrastmittel ist Luft, die z. B. in den Magen oder die Harnblase evtl. in Kombination mit einem Positivkontrastmittel (Doppelkontrastdarstellung) gegeben wird. Nur selten wird Luft zur Steigerung des Kontrastes in die Bauchfellhöhle injiziert (artefizielles Pneumoperitoneum). Zur Erzeugung eines Positivkontrastes in einzelnen Organen werden primär Jod- und Bariumverbindungen verwendet.

Bariumsulfat wird nicht über die Darmschleimhaut resorbiert und ist daher, trotz seiner Toxizität, das hauptsächlich verwendete Positivkontrastmittel zur Darstellung des Gastrointestinaltraktes. Wasserlösliche Jodverbindungen sind nicht toxisch und stehen für ein breites Anwendungsspektrum zur Verfügung. Die meisten dieser – auch in der Tiermedizin – etablierten Verfahren, wie Angiographie, Lymphoangiographie **(Abb. 2-7)**, Portographie und Cholezystographie, werden in der Kleinsäugermedizin bisher aus verschiedenen Gründen (technischer Aufwand, Kosten, fehlende Indikation) klinisch-diagnostisch kaum eingesetzt. Prinzipiell ist ihre Anwendung aber möglich und die Techniken wurden für Kleinsäuger in der Versuchstierkunde etabliert. Kontrastdarstellungen des Harntraktes (Urographie) und des Rückenmarks (Myelographie) finden dagegen insbesondere beim Kaninchen und Frettchen häufiger ihren Einsatz.

2.1.3.2 Kontrastmitteluntersuchung des Gastrointestinaltraktes

Negativkontrastmittel (Luft) werden im Vergleich zu Positivkontrastmitteln (meist Bariumsulfat) zur Darstellung des Gastrointestinaltraktes eher selten verwendet. Eine der häufigsten Indikationen zur Durchführung einer Negativkontrastdarstellung ist der Bezoarverdacht beim Kaninchen. Durch Zuführung von Luft über eine Schlundsonde direkt in den Magen (5–10 ml/kg KM) unmittelbar vor Anfertigung der Röntgenaufnahme kann die Magenwand leicht vom Mageninhalt abgehoben werden, so dass sich Bezoare meist deutlich abgrenzen lassen.

Durch die orale Gabe eines Positivkontrastmittels lässt sich der Verdauungskanal gut über seine gesamte Länge in Bezug auf die Lage, Weite, Durchgängigkeit, Passagezeiten, aber auch auf Inhalt und Wandveränderungen untersuchen. Eine wichtige Indikation einer Positivkontrastdarstellung ist die Darstellung von Bezoaren, die aber nicht in jedem Fall sicher gelingt. Weitere häufige Indikationen sind der Verdacht auf nicht röntgendichte Fremdkörper (insbesondere beim Frettchen) und einen Ileus (oft bei Kaninchen, Meerschweinchen, Chinchilla). Da bei diesen Spezies der Weitertransport der Nahrung aus dem Magen vorwiegend durch neu aufgenommenes Futter erfolgt, ist es gerade bei Magenobstipationen oder -tympanien vor einer Zwangsfütterung extrem wichtig zu wissen, ob eine Passage ins Duodenum möglich ist, da ansonsten die Gefahr einer Magenruptur besteht. Ob die Magenpassage möglich ist, muss daher zunächst radiologisch nach Eingabe einer kleinen Menge Bariumsulfat (1–2 ml/kg KM) überprüft werden.

Weitere Indikationen sind die Darstellung von Lageveränderungen des Ösophagus oder des Darmkonvolutes durch intrathorakale oder intraabdominale Raumforderungen, aber auch infolge einer Zwerchfellruptur. Die bei Kleinsäugern nur selten (am häufigsten beim Frettchen) gesehene Erweiterung der Speiseröhre (Megaösophagus) kann ebenfalls am sichersten durch eine Kontrastmitteluntersuchung nachgewiesen werden. Eine Kontrastmitteluntersuchung zur Darstellung von Magen- oder Darmwandveränderungen durch neoplastische oder chronisch-entzündliche Prozesse ist, wie bei Hund und Katze, auch bei Kleinsäugern möglich, zeigt aber gegenüber der sonographischen Untersuchung der verdächtigen Abschnitte keinen Vorteil.

Die Positivkontrastmitteldarstellung des Verdauungstraktes wird primär mit Bariumsulfatsuspensionen durchgeführt. Jodhaltige Kontrastmittel kleiden die Schleimhäute schlechter aus und sind prinzipiell nur bei Verdacht auf eine Perforation indiziert. Ihre Bedeutung ist daher beim Kleinsäuger sehr gering.

Zur Darstellung des Ösophagus wird die Bariumsulfatsuspension mit einer Spritze oder Sonde in die Maulhöhle gegeben und das Tier wird zum Abschlucken animiert. Ein Überstrecken des Kopfes mit der Gefahr einer Aspiration des Kontrastmittels ist unbedingt zu vermeiden. Bei einem gesunden Tier sollte der Kontrastmittelbolus innerhalb von Sekunden nach dem Abschlucken im Magen nachweisbar sein, während der Ösophagus nur durch eine feine Kontrastmittelspur markiert ist **(Abb. 2-8)**. Liegt die Indikation in einer Erkrankung des Gastrointestinaltraktes begründet, ist es vorteilhaft, die Bariumsulfatsuspension direkt über eine Schlundsonde in den Magen zu geben **(Abb. 2-9)**. In welcher Länge die Schlundsonde vorgeschoben werden muss, kann abgeschätzt werden, indem der Abstand zwischen Maul und Rippenbogen gemessen wird. Die in der Literatur angegebene Menge reicht bis zu 20 ml/kg KM Bariumsulfatsuspension. Nach eigener Erfahrung ist zur kompletten Darstellung des Darmtraktes die Gabe von 10–15 ml/kg KM ausreichend. Die Dosierung sollte aber an den Füllungszustand des Darmtraktes angepasst werden. Bei Kaninchen oder Nagern mit einer ausgeprägten Magenüberladung oder -tympanie sollte zunächst nur 1–5 ml/kg KM eingegeben werden, um eine weitere Volumenbelastung mit der Gefahr einer Magenruptur zu vermeiden. Erst wenn die kleine Menge den Magen passiert hat und die Passage somit sichergestellt ist, dürfen größere Mengen eingegeben werden.

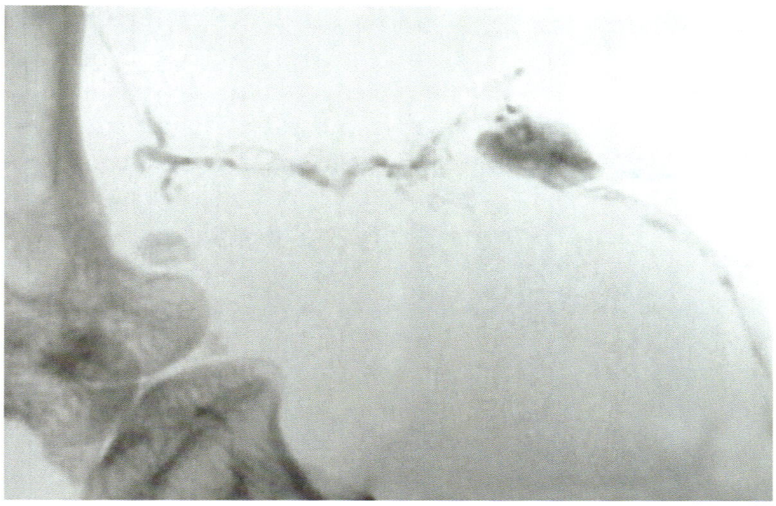

Abb. 2-7: Mikrofokus-Röntgenuntersuchung, Ratte. Kontrastmitteldarstellung (Lymphangiographie) des Ln. popliteus mit afferenten und efferenten Lymphgefäßen.

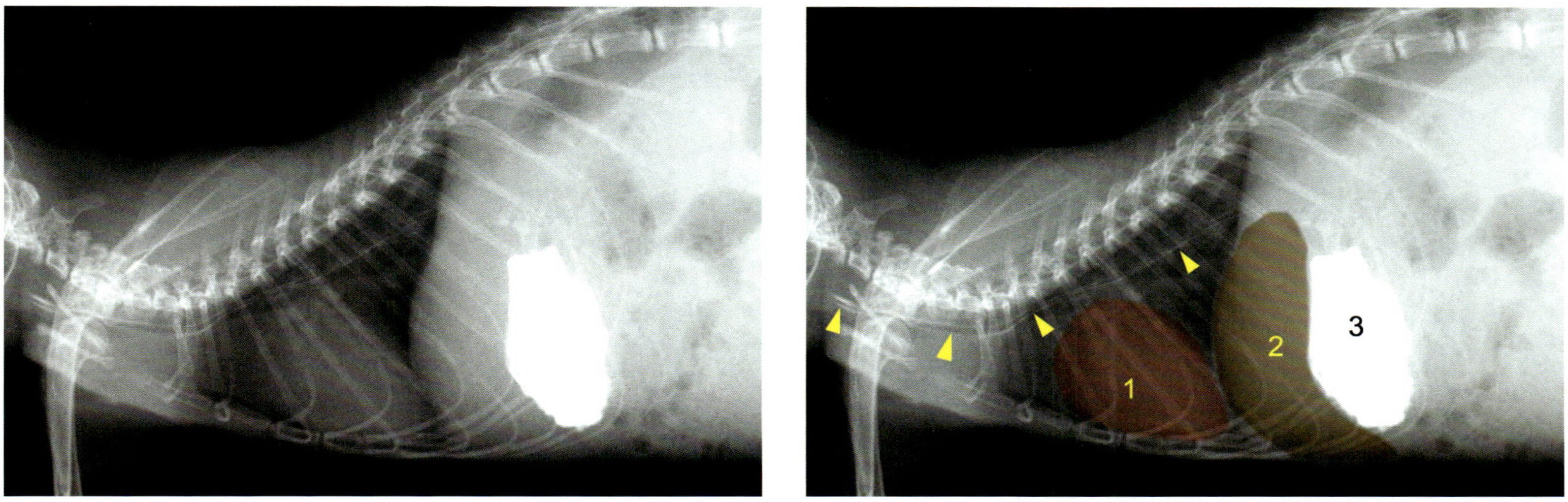

Abb. 2-8: Röntgenuntersuchung, Thorax, latero-laterale Projektion, 30 s nach Abschlucken von 1 ml Bariumsulfatsuspension, Chinchilla. In den Schleimhautfalten des Ösophagus stellen sich feine Kontrastmittelspuren dar (Pfeilköpfe).

Aufnahme mit freundlicher Genehmigung aus: Jopp, I. P., Stengel, C., Kraft, W. (2004): Megaösophagus bei einem Chinchilla. Tierärztl. Prax. **32**(K): 96–100.

1: Herz
2: Leber
3: Magen

Pfeilköpfe: Kontrastmittelspuren

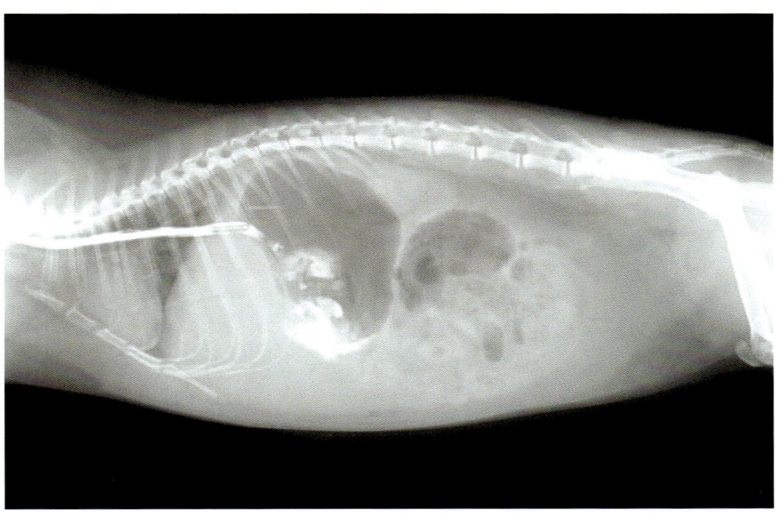

Abb. 2-9: Röntgenuntersuchung, Thorax, latero-laterale Projektion, Meerschweinchen. Demonstration der Lage einer Schlundsonde zur Eingabe von Kontrastmittelsuspension in den Magen.

Die Kontrastmitteluntersuchung gibt neben den oben genannten Punkten auch eine Aussage über die Passagezeit durch den Gastrointestinaltrakt. Von klinischem Interesse ist hierbei insbesondere die Verzögerung oder gar das Sistieren des Transportes. Was bei herbivoren Kleinsäugern of zu Verwirrung führt, ist das scheinbare Sistieren des Kontrastmittels im Magen trotz vollständiger Passage und Ausscheidung mit dem Kot. Die Ursache hierfür ist die Koprophagie, die zur erneuten Aufnahme des Kontrastmittels und Darstellung im Magen führt. Eine ungenügende Hydrierung des Patienten kann ebenfalls der Grund für eine verlangsamte Passage sein und birgt die Gefahr einer Verfestigung der Bariumsulfatsuspension (»Vergipsung«). Es sollte daher auf eine evtl. bestehende Dehydration geachtet und gegebenenfalls eine Substitution mit Infusionen eingeleitet werden. Bei Durchfallerkrankungen, die nur selten eine Indikation für eine Kontrastmittelpassage darstellen, kann die Passagezeit verkürzt sein.

Bei der Beurteilung der Passage sind anatomische und physiologische Besonderheiten der verschiedenen Kleinsäugerspezies zu beachten.

Frettchen haben einen sehr kurzen Verdauungstrakt mit einem fließenden Übergang vom Dünndarm in den Dickdarm. Ein Blinddarm ist nicht ausgebildet. Die Kontrastpassage ist mit den Verhältnissen bei der Katze vergleichbar. Schon nach einer halben Stunde ist Kontrastmittel im Rektum darstellbar. Nach drei Stunden ist die Passage erfahrungsgemäß abgeschlossen **(Abb. 2-10)**.

Bei **Kaninchen**, **Meerschweinchen** und **Chinchillas** sind dagegen einige Besonderheiten bei der Kontrastpassage zu beachten. Die physiologischerweise im Magen vorhandenen Futtermassen binden einen Teil des Kontrastmittels **(Abb. 2-11A)**. Dieses Futter-Kontrastmittel-Gemisch ist weniger kontrastgebend als der primäre Kontrastmittelbolus und kann 24 Stunden und teilweise auch deutlich länger nachgewiesen werden. Das übrige Kontrastmittel durchläuft dagegen den Magen zwischen Schleimhaut und Futterbolus relativ schnell, verlässt den Magen nach 30 bis 60 Minuten und führt nach ein bis vier Stunden zur zunehmenden Füllung und Darstellung des Dünndarmkonvolutes. Bereits nach ein bis spätestens zwei Stunden, beginnt sich der Blinddarm darzustellen **(Abb. 2-11B)** und nach weiteren ein bis zwei Stunden wird das Kolon erreicht. Ein großer Teil des Kontrastmittels sammelt sich jedoch im Blinddarm **(Abb. 2-11C)**, dessen beste Füllung und Darstellung häufig erst nach fünf bis sechs Stunden gelingt. In diesem Zeitraum sind Magen und Blinddarm meist gut mit Kontrastmittel dargestellt, während der Dünndarm bereits nicht mehr und das Kolon bisher nur wenig gefüllt ist, auch wenn erstes Kontrastmittel schon nach fünf Stunden im Rektum nachgewiesen werden kann **(Abb. 2-11D)**. Eine gute Füllung und Darstellung des Kolons ist im Allgemeinen nach acht bis zwölf Stunden nach Kontrastmitteleingabe zu erwarten. Zu beachten ist, dass die Futterzusammensetzung auch beim gesunden Tier die Passagezeiten beeinflusst. Faserarmes Kraftfutter ist eher mit schnelleren Passagen (8–10 Stunden) und faserreiches Futter geringer Energiedichte mit langen Passagezeiten (bis 30 Stunden) assoziiert. Da die Tiere über die Zäkotrophe ausgeschiedenes Kontrastmittel erneut aufnehmen, ist es möglich, dass bis zu drei Tage nach der Applikation noch Kontrastmittelspuren im Gastrointestinaltrakt nachgewiesen werden können.

Daten zum **Degu** liegen im zugänglichen Schrifttum bisher nicht vor. Aufgrund der vergleichbaren Verdauungsphysiologie sind aber ähnliche Verhältnisse wie bei Meerschweinchen und Chinchillas zu erwarten.

Bei Kleinnagern (**Goldhamster, Mongolische Rennmaus, Ratte, Maus**) ist die Kontrastuntersuchung klinisch nur selten indiziert, jedoch ebenfalls möglich. Die Verweilzeiten im Magen und Blinddarm sind aber im Gegensatz zu denen an karge Nahrung angepassten Meerschweinchen und Chinchillas kürzer und das Kontrastmittel sollte nach 24 Stunden komplett ausgeschieden sein.

Die klassische Indikation für eine **Doppelkontraststudie** mit Bariumsulfat und Luft ist der Verdacht auf pathologische Veränderungen der Magenschleimhaut beim Frettchen. Die Tiere sollten für diese Untersuchung nüchtern vorgestellt werden. Bei Kaninchen kann die Doppelkontrastdarstellung versucht werden, wenn sich bereits Bariumsulfat im Magen befindet, die Diagnose eines Trichobezoars auch nach Kontrastpassage aber noch unsicher ist. Bei Nagetieren gibt es dagegen eher keine Indikationen für die Durchführung einer Doppelkontraststudie.

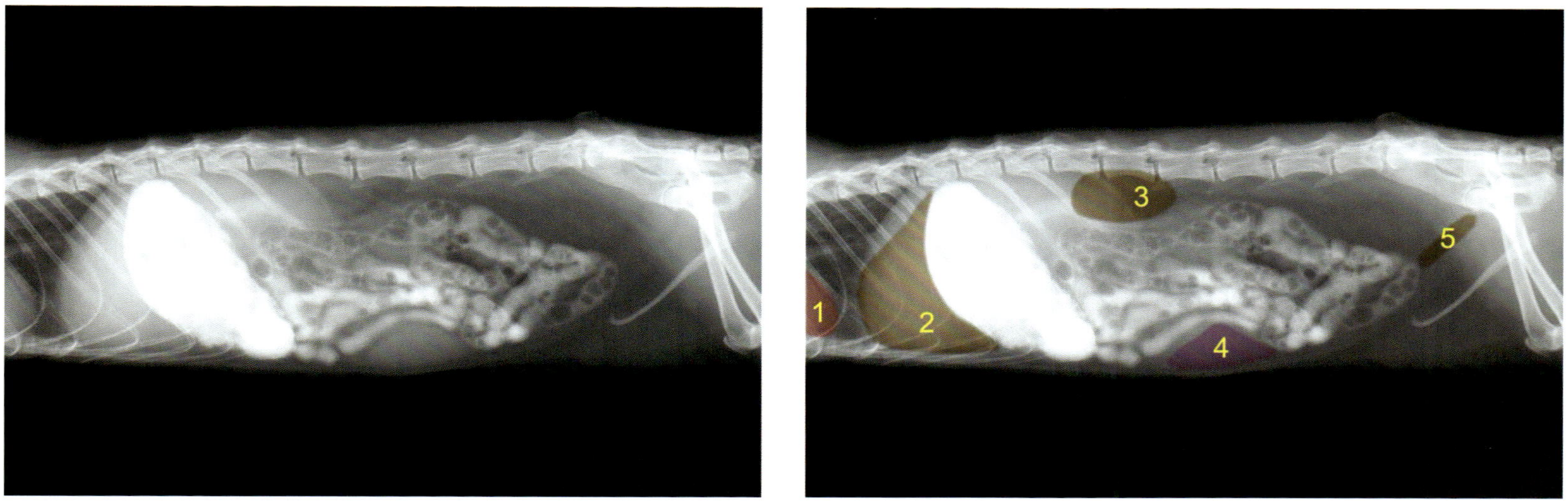

Abb. 2-10: Röntgenuntersuchung, Abdomen, latero-laterale Projektion, 20 min nach Eingabe von Bariumsulfatsuspension, Frettchen. Die kurze Passagezeit beim Frettchen ermöglicht eine komplette Kontrastdarstellung des Darmtraktes innerhalb von 30 min.

1: Herz
2: Leber
3: Niere
4: Milz
5: Harnblase

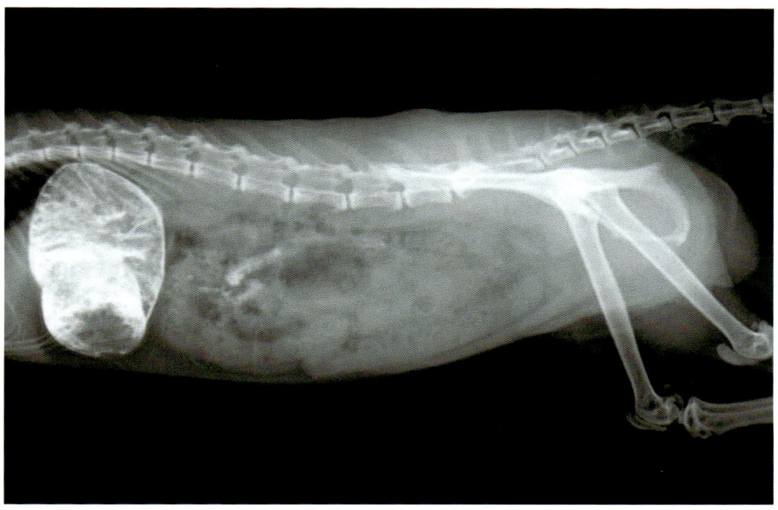

Abb. 2-11A: Röntgenuntersuchung, Abdomen, latero-laterale Projektion, 30 min nach Eingabe von Bariumsulfatsuspension, Meerschweinchen. Das Futter im Magen bindet das Kontrastmittel und verzögert die Kontrastmittelpassage in den Darm um ca. 30 min. Erste Kontrastmittelspuren sind im Dünndarm erkennbar.

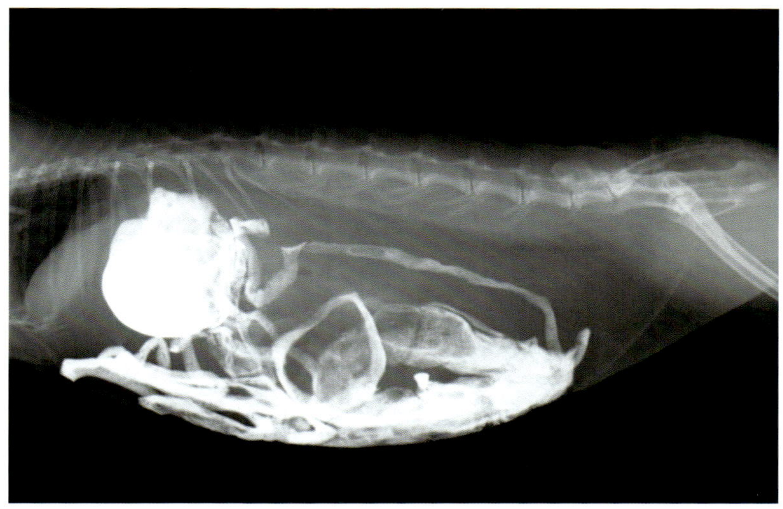

Abb. 2-11B: Röntgenuntersuchung, Abdomen, latero-laterale Projektion, 60 min nach Eingabe von Bariumsulfatsuspension, Kaninchen. Das Kontrastmittel stellt den Dünndarm komplett dar und beginnt, den Blinddarm zu füllen. Ein erheblicher Teil des Kontrastmittels verweilt noch im Magen.

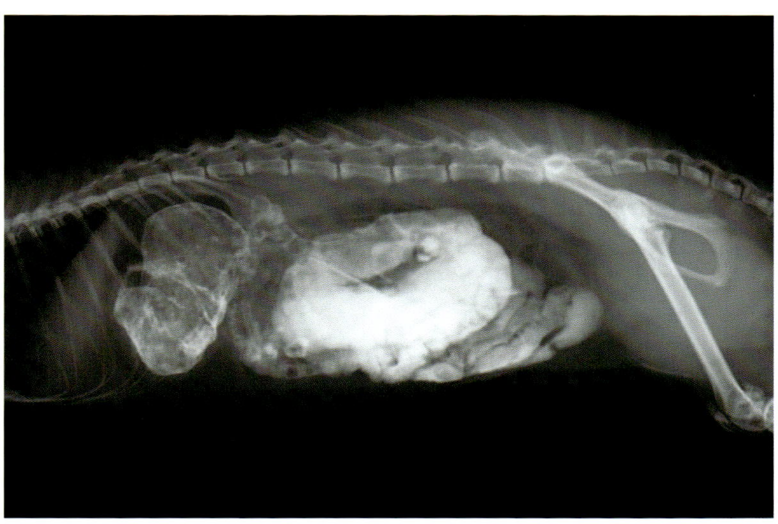

Abb. 2-11C: Röntgenuntersuchung, Abdomen, latero-laterale Projektion, 3 h nach Eingabe von Bariumsulfatsuspension, Meerschweinchen. Kontrastdarstellung des Blinddarms und beginnend des Kolons, während sich der Dünndarm nicht mehr darstellt. Am Futter haftendes Kontrastmittel stellt abgeschwächt auch weiterhin den Magen dar.

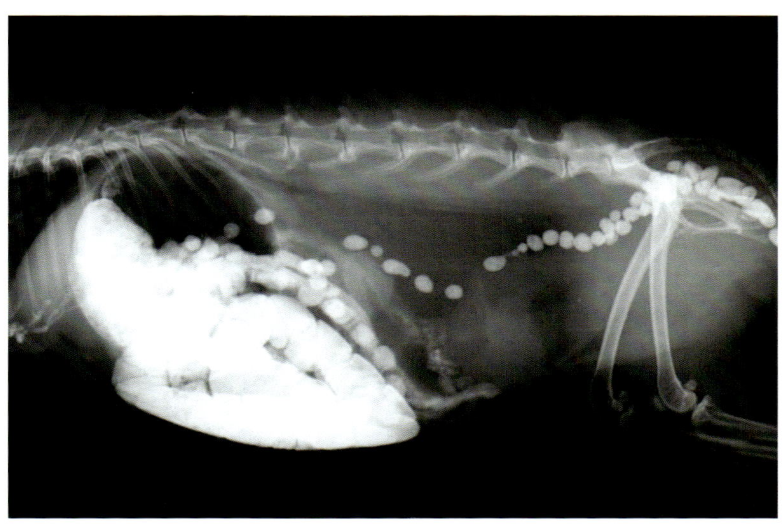

Abb. 2-11D: Röntgenuntersuchung, Abdomen, latero-laterale Projektion, 6 h nach Eingabe von Bariumsulfatsuspension, Kaninchen. Nach 5 h werden primär Blind- und Dickdarm dargestellt und die Ausscheidung des Kontrastmittels über das Rektum beginnt.

2.1.3.3 Kontrastmitteluntersuchung des Harntraktes (Urographie)

Die einzelnen Abschnitte des Harntraktes können im Röntgenbild nicht oder nur unsicher abgegrenzt werden. Die Ausscheidungsurographie verbessert nicht nur die Nierendarstellung selbst, sondern ermöglicht auch eine Darstellung der harnableitenden Wege (Sammelrohre, Nierenbecken, Ureter, Harnblase, Urethra). Gleichzeitig wird eine Aussage über die Funktionsfähigkeit der einzelnen Nieren möglich. Alternativ kann eine retrograde Urographie durchgeführt werden, wenn pathologische Prozesse in Harnblase oder Urethra abgeklärt werden sollen. In vielen klassischen Indikationen der Urographie ist die Sonographie in den letzten Jahren zum diagnostischen Verfahren der ersten Wahl geworden. Urographien werden daher bei Kleinsäugern nur selten durchgeführt. Ihre Berechtigung hat die Urographie aber nicht verloren. Rupturen von Ureter und Harnblase oder Perforationen der Urethra lassen sich nur mit Hilfe der Urographie sicher erkennen und lokalisieren. Auch die Darstellung eines ektopischen Ureters gelingt am sichersten mit Hilfe der Urographie.

Zur Durchführung einer **Ausscheidungsurographie** sollte ein intravenöser Zugang über eine Venenverweilkanüle bestehen. Über diesen wird ein jodhaltiges ionisches oder nichtionisches Kontrastmittel in einer Dosis von 600–850 mg Jod/kg KM injiziert. Das Kontrastmittel verteilt sich im Blutkreislauf und führt zu einer kontrastreicheren Darstellung aller gut durchbluteten Organe, wie z. B. der Nieren (**vaskuläre Phase, Parenchymphase** oder **Nephrographie**). Zur Darstellung dieser Phase sollten die ersten Röntgenaufnahmen innerhalb der ersten zehn Sekunden nach der Injektion erfolgen. Das Kontrastmittel wird über die Nieren ausgeschieden, aber nicht mehr über die Tubuli rückresorbiert, so dass es zur Anreicherung des Kontrastmittels im Harn und zur Kontrastdarstellung der harnableitenden Wege kommt. Die Darstellung des Nierenbeckens (**Pyelographiephase**) gelingt am besten in den ersten Minuten nach der Kontrastmittelgabe **(Abb. 2-12)**. Nur wenige Minuten nach der Kontrastmittelinjektion kommt es zur Darstellung der Ureteren als zwei feine Linien parallel zur Wirbelsäule, die dorsal in den Harnblasenhals münden und schließlich zur Anreicherung in der Harnblase **(Abb. 2-13)**. Eine Verzögerung des Abflusses in die Harnblase und damit eine bessere Kontrastdarstellung des Nierenbeckens und der Ureteren kann durch Kompression des kaudalen Abdomens mit Bandagen erreicht werden. Angesichts der nichtinvasiven alternativen sonographischen Untersuchungsmethoden ist diese sehr belastende Maßnahme für den Einsatz am Patienten aber heute kaum noch zu rechtfertigen. Bei den kleinen Nagern kann das Kontrastmittel alternativ auch subkutan injiziert werden. In diesen Fällen erfolgt die Ausscheidung verzögert, so dass die Röntgenaufnahmen erst fünf und zehn Minuten nach der Kontrastmittelapplikation angefertigt werden sollten.

2.1.3.4 Kontrastmitteluntersuchung des Rückenmarks (Myelographie)

Sven Reese, Michael Fehr

Geben die Befunde einer neurologischen Untersuchung Hinweise darauf, dass eine Obstruktion oder Einengung des Rückenmarks besteht, ist – wenn im nativen Röntgenbild keine eindeutigen Befunde erhoben werden können – die Kontrastdarstellung der Kontur des Rückenmarks (Myelographie) indiziert.

Die Techniken zur Durchführung einer Myelographie beim Kleinsäuger entsprechen den etablierten Verfahren bei Hund und Katze. Die geringere Größe der Patienten macht die Myelographie aber technisch deutlich anspruchsvoller und ist bei Frettchen, Kaninchen sowie Meerschweinchen gut durchführbar.

Die Myelographie erfolgt unter Narkose – vorzugsweise eine Inhalationsnarkose – des Patienten. Als Kontrastmittel werden wasserlösliche nichtionische Jodverbindungen mit einer Konzentration von 180–250 mg Jod/ml verwendet, die vor der Injektion auf Körpertemperatur erwärmt werden sollten. Der Zugang für die Injektion kann über das Spatium atlantooccipitale (Punktion der Cisterna cerebellomedullaris) oder zwischen dem 5. und 6. Lendenwirbel erfolgen. Beim Kaninchen haben sich Spinalkanülen mit Mandrin in der Größe 22 G (0,73 mm × 40 mm) bewährt sind.

Punktion der Cisterna cerebellomedullaris

Der Kopf des Patienten wird maximal gebeugt gehalten und in der Medianen kaudal der Protuberantia occipitalis auf dem Kreuzungspunkt mit einer Verbindungslinie zwischen den Atlasflügeln eingestochen. Die Kanüle wird senkrecht zum Wirbelkanal vorgeschoben bis – bei korrekter Lage – eine kleine Menge Liquor cerebrospinalis abfließt. Ist der korrekte Sitz der Kanüle gesichert, wird langsam Kontrastmittel in einem maximalen Volumen von 0,3 ml/kg KM injiziert. Der Kopf muss dabei hochgehalten werden, um sicherzustellen, dass das Kontrastmittel kaudal in den Subarachnoidalraum des Rückenmarks fließt und nicht kranial in die Ventrikel.

Lumbalpunktion

Für die Lumbalpunktion wird der Patient mit maximal im Hüftgelenk gebeugten, nach vorne gezogenen Hintergliedmaßen gelagert. Die Kanüle wird in der Medianen mittig in dem relativ gut tastbaren Spatium intervertebrale zwischen L5 und L6 senkrecht eingestochen und in den Rückenmarkkanal vorgeschoben. Das Volumen an injiziertem Kontrastmittel sollte 0,5 ml/kg KM nicht übersteigen **(Abb. 2-14)**.

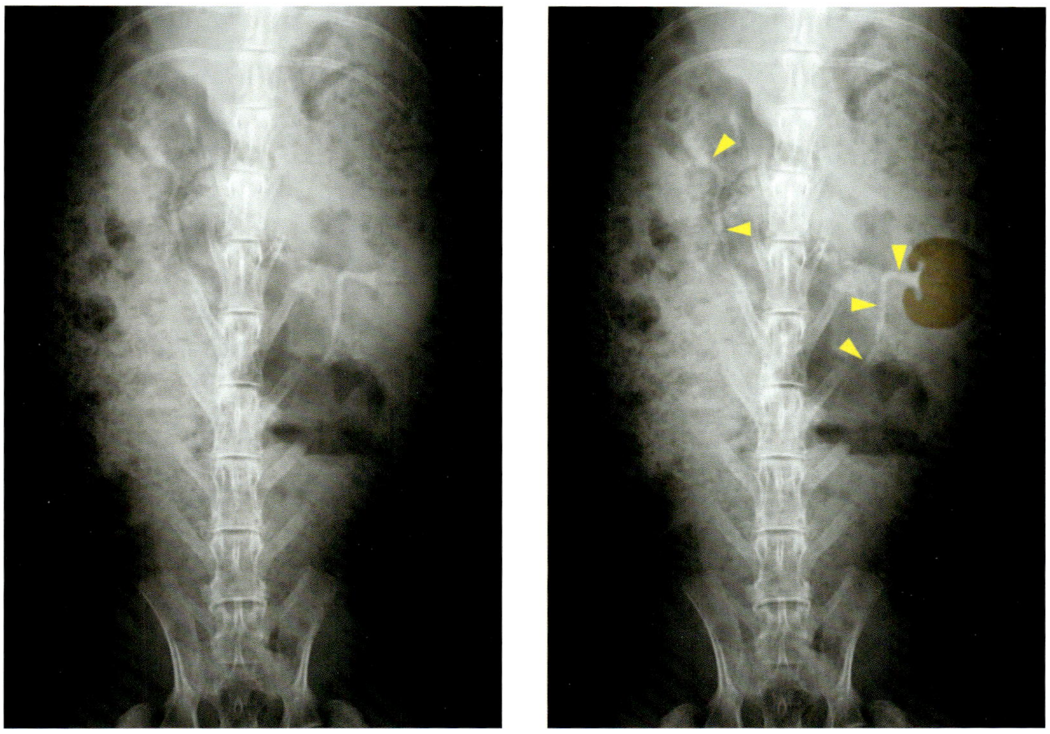

Abb. 2-12: Röntgenuntersuchung, Abdomen, ventro-dorsale Projektion, 2 min nach intravenöser Injektion eines jodhaltigen Kontrastmittels, Kaninchen. Darstellung der Nierenbecken (Pyelographie) und der Anfangsabschnitte der Ureter (Pfeilköpfe).

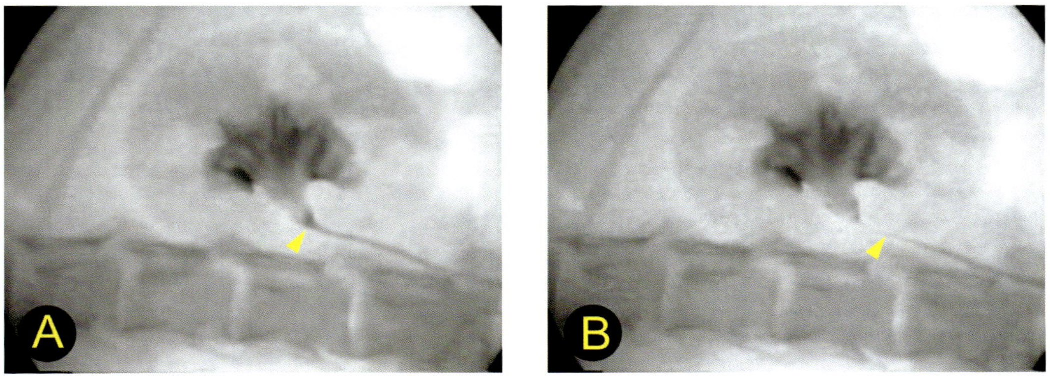

Abb. 2-13: Mikrofokus-Röntgenuntersuchung, Niere (Einzelbilder aus Durchleuchtung), ventro-dorsale Projektion, Ratte. Der Ureter wird von peristaltischen Wellen durchlaufen, die den kontrastmittelhaltigen Harn portionsweise transportieren.

A: Harnansammlung vor dem Eintritt in den Ureter (Pfeilkopf).

B: Eine Kontraktionswelle (Pfeilkopf) schiebt den Harn durch den Ureter.

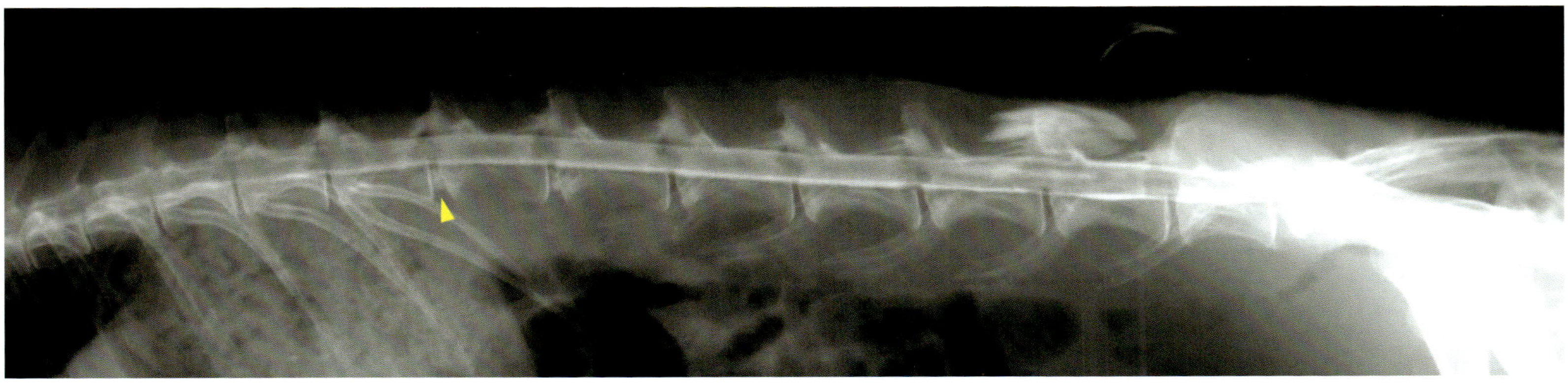

Abb. 2-14: Röntgenuntersuchung, Wirbelsäule, latero-laterale Projektion. Myelographie nach Punktion zwischen L5 und L6, Kaninchen. Verkalkung der Bandscheibe zwischen T13 und L1 (Pfeilkopf).

2.2 Röntgenanatomie

2.2.1 Skelettsystem

Sven Reese, Michael Fehr

Von den als Heimtier gehaltenen Kleinsäugern haben **Kaninchen** das fragilste Skelett. Im Laufe der Domestikation und Zucht ist bei dieser Spezies der Anteil der Muskulatur an der Körpermasse deutlich gesteigert worden. Das Skelett nimmt daher nur noch 6 % bei großwüchsigen Kaninchenrassen und 7–8 % bei Zwergkaninchen der Gesamtkörpermasse ein. Wildkaninchen haben mit einem relativen Skelettanteil von ungefähr 9 % dagegen ein deutlich ausgewogeneres Verhältnis von Knochen zu Muskelmasse.

Im Folgenden werden nur die für die einzelnen Kleinsäugerspezies charakteristischen Merkmale sowie klinisch und röntgenologisch relevante Strukturen des Skelettsystems besprochen. Für detaillierte anatomische Darstellungen sei auf die entsprechende anatomische Spezialliteratur verwiesen.

2.2.1.1 Schädel mit Zähnen

Der Schädel der **Frettchen** ist langgezogen und flach. Charakteristisch ist die in der dorso-ventralen Ansicht gut erkennbare Einziehung des Oberschädels am Übergang vom Gesichts- zum Hirnschädel. Die sehr kompakten Schädelknochen sind knöchern miteinander verbunden, so dass keine Schädelnähte ausgebildet sind **(Abb. 2-15)**.

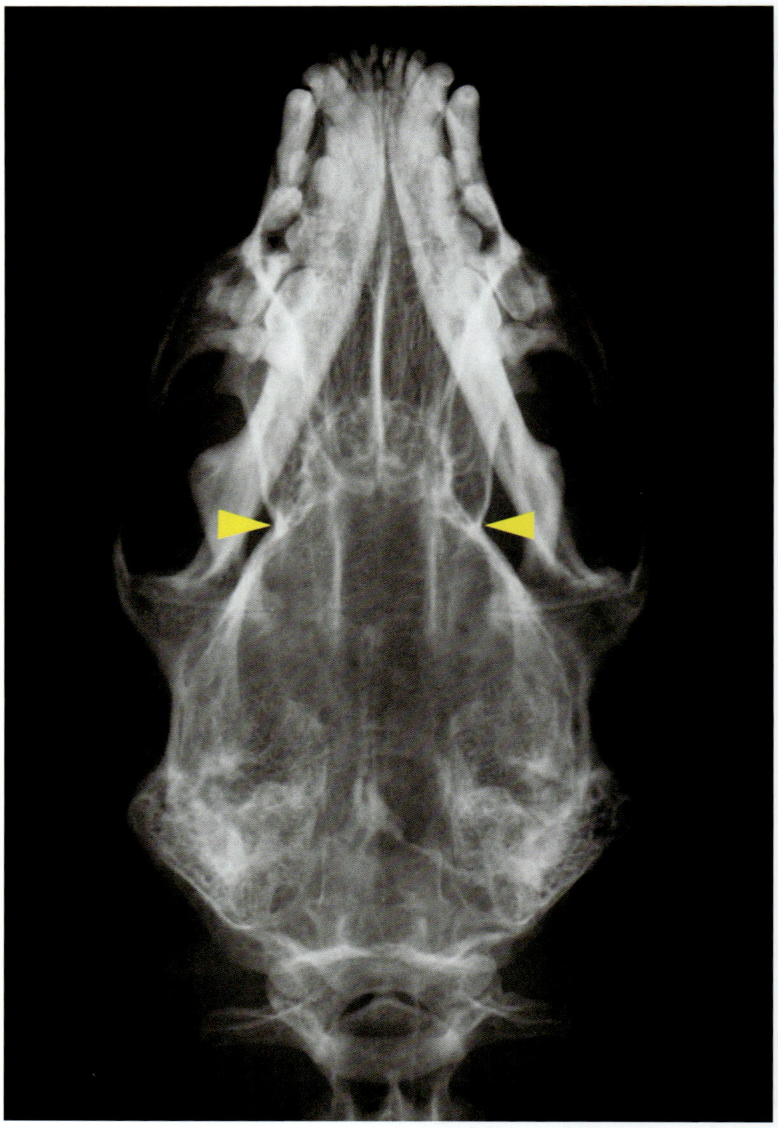

Abb. 2-15: Röntgenuntersuchung, Kopf, dorso-ventrale Projektion, Frettchen. Charakteristisch für den Schädel des Frettchens ist die enge Einziehung zwischen Gesichts- und Hirnschädel (Pfeilköpfe).

Frettchen besitzen ein typisches secodontes (schneidendes) Fleischfressergebiss mit langen Eckzähnen, die zu zwei Dritteln ihrer Länge im Kiefer verankert sind, und kräftigen Reißzähnen. Das Milchgebiss bricht im Alter von drei bis vier Wochen durch und besteht aus 30 Zähnen. Der Wechsel zum permanenten Gebiss, das aus 34 Zähnen besteht, beginnt in der 7. Lebenswoche und wird in der 10. Woche abgeschlossen.

Zahnformel des Milchgebisses der Frettchen:

$$2 \times \frac{4dI\ 1dC\ 3dP\ 0M}{3dI\ 1dC\ 3dP\ 0M} = 30 \text{ Milchzähne}$$

Zahnformel des Dauergebisses der Frettchen:

$$2 \times \frac{3I\ 1C\ 3P\ 1M}{3I\ 1C\ 3P\ 2M} = 34 \text{ Zähne}$$

Die Schädelknochen des **Kaninchens** sind im Vergleich zum Frettchen sehr dünn, im anatomischen Präparat teilweise durchscheinend und damit auch von geringer Röntgendichte. Typisch ist das großflächige, aber sehr dünne Corpus mandibulae, das die Ansatzfläche für den kräftigen M. masseter bildet. Die Nasenhöhle ist lateral nicht vollständig knöchern begrenzt, da die Maxilla hier siebartig durchbrochen ist. Die im Vergleich zu Nagetieren flacheren und breiteren Kiefergelenke lassen sich am einfachsten röntgenologisch in der rostro-kaudalen Projektion darstellen **(Abb. 2-16A** bis **2-16C)**.

Charakteristisches Merkmal des Gebisses der **Lagomorpha**, deren einziger Vertreter unter den Haustieren das Kaninchen ist, sind im Oberkiefer zwei in zweiter Reihe hinter den Nagezähnen stehende kleine rudimentäre Schneidezähne, die als Stiftzähne

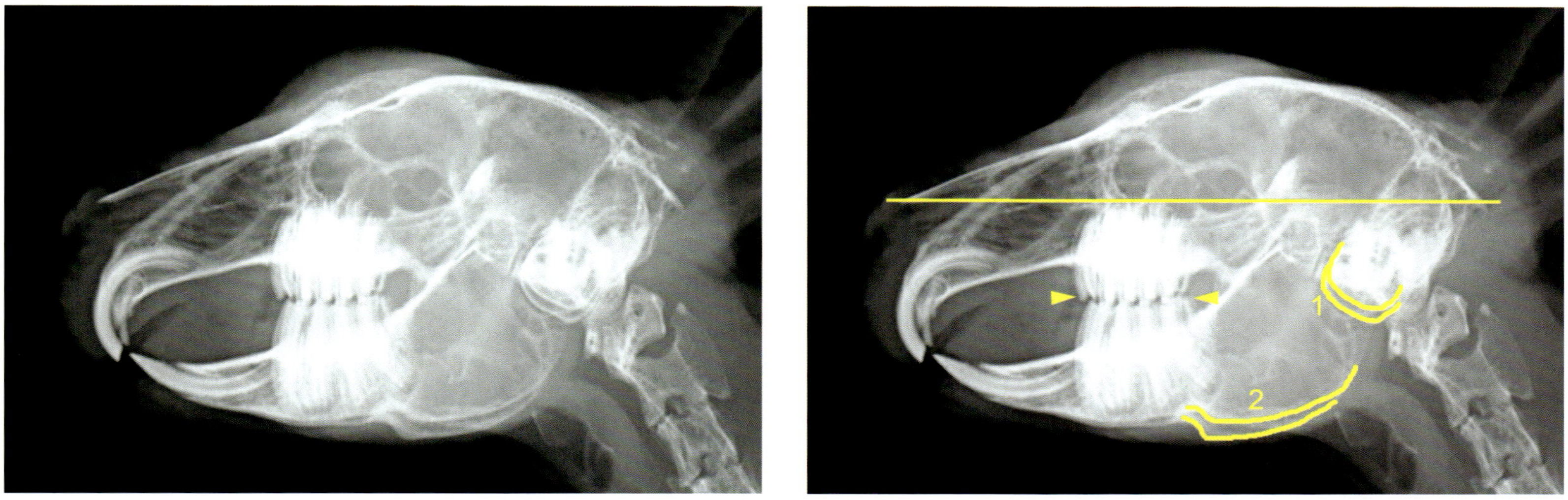

Abb. 2-16A: Röntgenuntersuchung, Kopf, latero-laterale Projektion, Kaninchen. Bei optimaler Lagerung sind die ventralen Konturen der beiden Bullae tympanicae (1) und der Hemimandibulae (2) deckungsgleich. Die Okklusionsflächen der Backenzähne sind bei Kaninchen gezackt (Pfeilköpfe). Zur Beurteilung der Länge der Oberkieferbackenzähne wird eine Hilfslinie vom rostralen Ende des Os nasale bis zur Protuberantia occipitalis gezogen.

1: Kontur der Bullae tympanicae
2: Kontur der Hemimandibulae

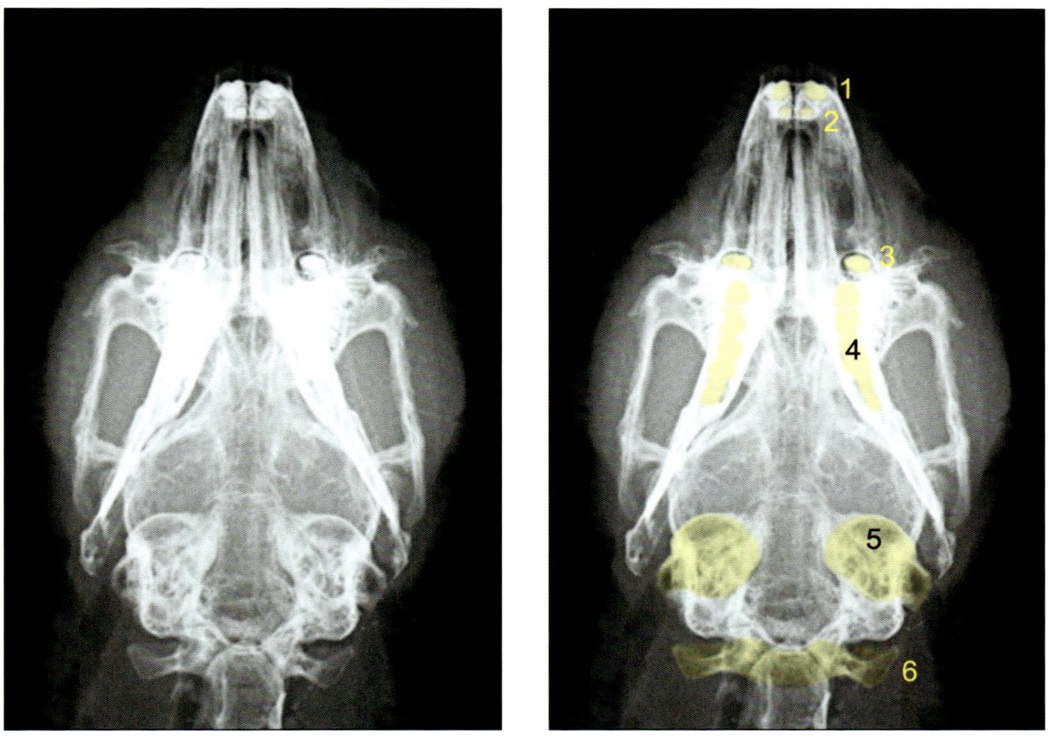

1: Oberkieferschneidezähne (I1)
2: Stiftzähne (I2)
3: 1. Prämolar im Oberkiefer (einziger in dieser Projektion überlagerungsfrei dargestellter Backenzahn)
4: übereinander projizierte Backenzahnreihen des Ober- und Unterkiefers
5: Bulla tympanica
6: Atlas

Abb. 2-16B: Röntgenuntersuchung, Kopf, dorsoventrale Projektion, Kaninchen.

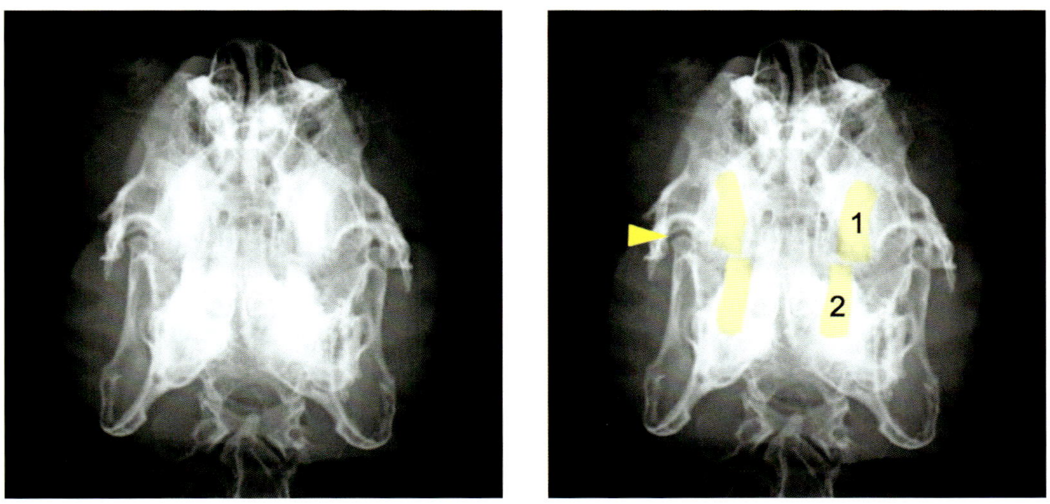

1: Oberkieferbackenzahnreihe
2: Unterkieferbackenzahnreihe

Pfeilkopf: Kiefergelenk

Abb. 2-16C: Röntgenuntersuchung, Kopf, rostrokaudale Projektion, Kaninchen. Die Projektion verdeutlicht den weiteren Abstand der Oberkieferbackenzahnreihen (1) zueinander im Vergleich zu den Unterkieferbackenzahnreihen (2) und erlaubt eine überlagerungsfreie Darstellung des Kiefergelenks (Pfeilkopf).

bezeichnet werden. Eckzähne sind nicht ausgebildet. Auf das lange Diastema folgen in der Tiefe der Mundhöhle die Zahnbögen mit den quer gestellten Backenzähnen. Insgesamt besteht das permanente Gebiss beim Kaninchen aus 28 Zähnen, die ab der 4. Lebenswoche vollzählig vorhanden sind. Die kaudalen Molaren können allerdings so schwach ausgebildet sein, dass sie sich röntgenologisch nicht eindeutig darstellen. Im Gegensatz zu den meisten Nagetierspezies ist bei Kaninchen ein, wenn auch funktionell bedeutungsloses, Milchgebiss angelegt, dass sich aus 12 Zähnen zusammensetzt.

In Anpassung an die faserreiche, stark abrasiv wirkende Nahrung der Kaninchen wachsen sowohl die Schneide- als auch die Backenzähne lebenslang kontinuierlich nach. Charakteristisches anatomisches Merkmal dieser Zähne ist, dass sich die Pulpahöhle apikal nicht verengt, sondern weit offen bleibt. Das periapikale germinative Gewebe stellt sich röntgenologisch an den Schneidezähnen als Hof geringerer Röntgendichte dar. An den Backenzähnen ist die periapikale Aufhellung dagegen nur dezent. Durchschnittlich wachsen die Zähne 2 mm pro Woche. Wahrscheinlich wird die Wachstumsrate in einem gewissen Rahmen von der Belastung gesteuert und ermöglicht so in der Natur eine gewisse Anpassung an die jahreszeitlich bedingt unterschiedlich zusammengesetzte Nahrung. Von pathogenetischer Bedeutung ist, dass auch eine Malokklusion zu einer Mehrbelastung von Zähnen führen kann, wodurch ihr Längenwachstum noch gesteigert und das Problem weiter verschärft wird.

Die Inzisivi bestehen, im Gegensatz zu denen der Nagetiere, an ihren Außenflächen komplett aus Zahnschmelz und stellen sich daher im Röntgenbild bis weit in Alveole gleichmäßig röntgendicht dar. In ihrem Verlauf, der in der latero-lateralen Projektion gut zu beurteilen ist, beschreiben die Inzisivi im Oberkiefer einen Bogen mit starker Krümmung, während die Inzisivi im Unterkiefer nur einen schwachen Bogen beschreiben und hinter den oberen Inzisivi, evtl. den Stiftzähnen aufliegend, enden. Die Schneidezähne reichen weit in die Kieferknochen hinein und enden im Unterkiefer erst kurz vor dem ersten Prämolaren. Im Oberkiefer liegt das apikale Ende der Schneidezähne dagegen ungefähr auf der halben Länge des Diastemas.

Die Backenzähne liegen in Zahnbögen, die im Unterkiefer deutlich enger stehen als im Oberkiefer. In der latero-lateralen Projektion weisen sie eine Längszeichnung auf, die Ausdruck ihrer schmelzfaltigen Struktur ist. Die Mahlbewegung wird von den Kaninchen primär in lateraler Richtung ausgeführt, während eine rostro-kaudale Bewegung des Unterkiefers nur sehr eingeschränkt möglich ist. Diese Mahlbewegung führt zu gleichmäßig gezackten Kauflächen der Backenzahnbögen im Ober- und Unterkiefer. Da sich die Zahnbögen in Ruheposition des Kiefers beim Kaninchen nicht berühren, ist bei optimaler Lagerung im latero-lateralen Strahlengang die Kontur der horizontal verlaufenden Okklusionsflächen darstellbar. Die Backenzähne ragen tief in die Kieferknochen hinein und reichen im Unterkiefer bis an die ventrale Kortikalis. Im Oberkiefer sollten die apikalen Enden unterhalb einer Verbindungslinie zwischen dem rostralen Ende des Nasenbeins mit der Protuberantia occipitalis liegen.

Der Schädel der **Caviomorpha**, zu denen **Meerschweinchen**, **Chinchillas** und **Degus** gerechnet werden, ist langgezogen mit einer in der latero-lateralen Ansicht fast geraden Oberlinie. Typische Merkmale sind ein kräftiger breiter Jochbogen und ein sehr langer, bis auf die Höhe des Atlantooccipitalgelenks reichender, Proc. angularis mandibulae **(Abb. 2-17)**. Artspezifisch für die **Chinchillas** sind die riesigen Bullae tympanicae, die in der laterolateralen Projektion als schneckenartige Struktur den Hirnschädel kaudal bis zum Schädeldach überlagern **(Abb. 2-18)**.

Das Gebiss der Caviomorpha ist wie beim Kaninchen an die Aufnahme karger, faserreicher Nahrung mit hoher abrasiver Wirkung angepasst. Ihre Schneide- und Backenzähne sind ebenfalls vom elodonten Typ und wachsen lebenslang. Die Zahl der permanenten Zähne, die zur Geburt vollständig angelegt sind, ist aber mit 20 Zähnen deutlich geringer. Für das **Chinchilla** ist nachgewiesen, dass der Wechsel vom Milch- zum Dauergebiss schon pränatal beim Fetus stattfindet. Bei **Meerschweinchen** scheint dagegen fetal kein vollständiges Milchgebiss mehr angelegt zu werden. Nachgewiesen wurde bisher nur je ein Milchbackenzahn pro Quadrant, der sich zwischen dem 43. und 46. Trächtigkeitstag entwickelt und bis zum 55. Tag wieder resorbiert wird.

Die meißelartigen Inzisivi berühren sich in Ruhestellung nicht. Das untere Schneidezahnpaar liegt deutlich weiter kaudal als die oberen Inzisivi. Die hohe Beweglichkeit des Kiefergelenks in rostro-kaudaler Richtung und ein besonderer Verlauf eines Teils der Fasern des M. masseter ermöglichen aber ein Vorschieben des Unterkiefers, so dass die Schneidezähne in eine zum Nagen geeignete Okklusionsstellung kommen. Das apikale Ende des Schneidezahns im Oberkiefer reicht über die Hälfte des Diastemas hinweg und erreicht beim Meerschweinchen fast die mesiale Fläche des ersten Molaren.

Zahnformel des Milchgebisses des Kaninchens:

$$2 \times \frac{1dI\ 0C\ 3dP\ 0M}{0I\ \ 0C\ 2dP\ 0M} = 12 \text{ Milchzähne}$$

Zahnformel des Dauergebisses des Kaninchens:

$$2 \times \frac{2I\ 0C\ 3P\ 3M}{1I\ 0C\ 2P\ 3M} = 28 \text{ Zähne}$$

Zahnformel der Caviomorpha:

$$2 \times \frac{1I\ 0C\ 1P\ 3M}{1I\ 0C\ 1P\ 3M} = 20 \text{ Zähne}$$

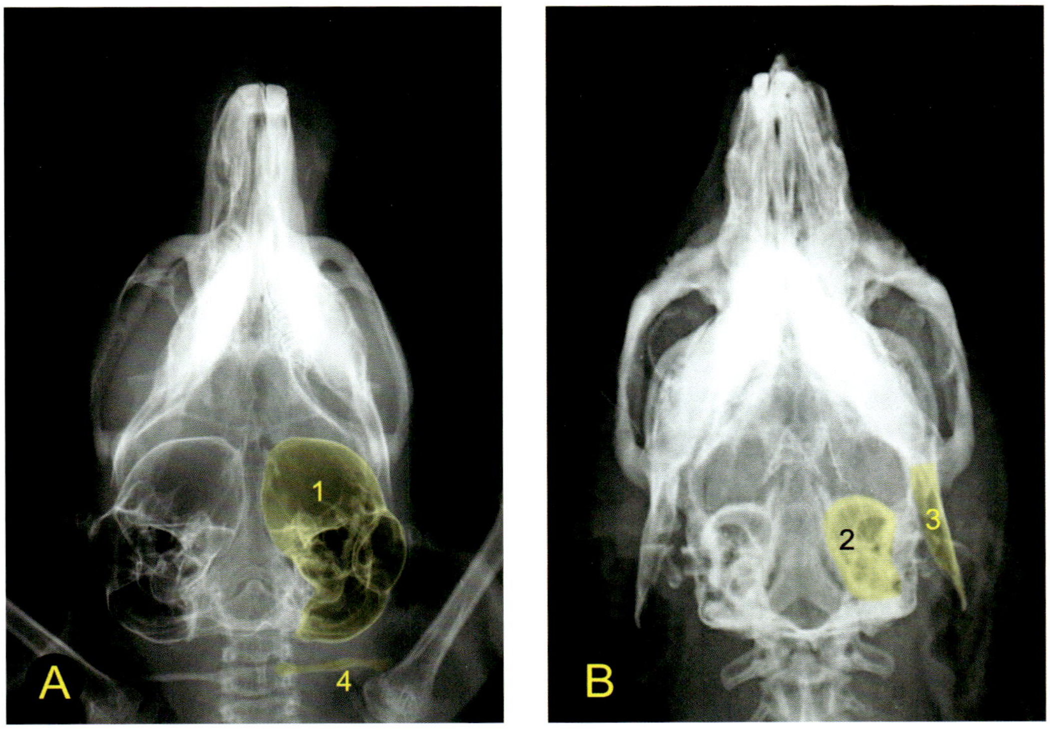

1, 2: Bulla tympanica
3: Proc. angularis mandibulae
4: Clavicula

Abb. 2-17: Röntgenuntersuchung, Kopf, dorso-ventrale Projektion. A: Chinchilla. B: Meerschweinchen. Charakteristisch für den Schädel von Chinchillas ist die sehr große Bulla tympanica (1). Meerschweinchen haben unter den Caviomorpha dagegen eine vergleichsweise kleine Bulla tympanica (2). Für den Meerschweinchenschädel ist der sehr weit kaudal ragende Proc. angularis mandibulae (3) typisch.

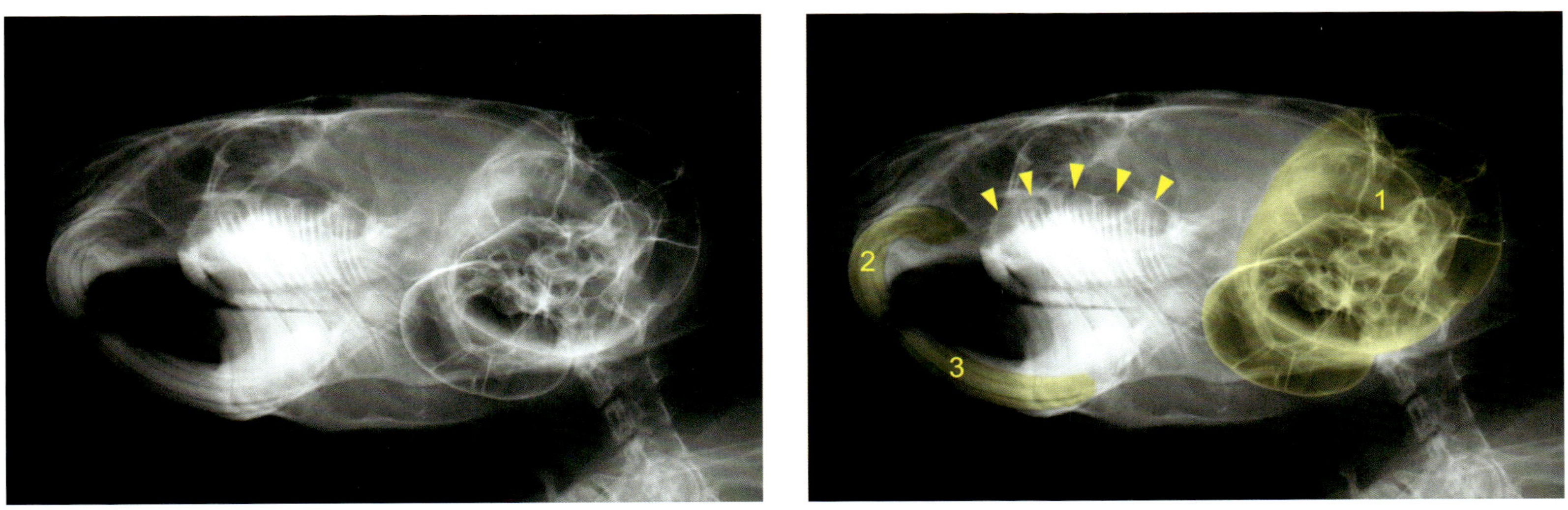

Abb. 2-18: Röntgenuntersuchung, Kopf, latero-laterale Schrägprojektion, ca. 10°, Chinchilla. Die Schrägprojektion ermöglicht eine überlagerungsfreie Beurteilung der Wurzeln der obenliegenden Oberkieferbackenzähne. Die Pfeilköpfe markieren die periapikalen Höfe geringerer Röntgendichte.

1: Bulla tympanica
2: Oberkieferinzisivi
3: Unterkieferinzisivi

Pfeilköpfe: periapikale Höfe

Die Molaren gehören zum Typ der schmelzfaltigen Zähne, wobei sie beim Degu relativ einfach aufgebaut sind und nur eine Schmelzfalte besitzen. Der Verlauf der Schmelzfalte erinnert an eine Acht, woraus sich der zoologische Name des **Degus**, *Octogon degu*, ableitet.

Die Backenzahnbögen stehen im Unterkiefer weiter auseinander als im Oberkiefer und weisen beim **Meerschweinchen** 45° nach innen geneigte Okklusionsflächen auf. Dies liegt darin begründet, dass die Molaren im Oberkiefer leicht bukkal und im Unterkiefer lingual gekrümmt verlaufen, was in der rostrokaudalen Projektion dargestellt werden kann. Im Gegensatz dazu sind die Kauflächen der Backenzahnreihen von **Chinchilla** und **Degu** horizontal ausgerichtet und lassen sich bei diesen Tierarten auch in der latero-lateralen Projektion als feine schwarze Linie darstellen. Um auch beim **Meerschweinchen** im latero-lateralen Strahlengang die ungefähre Lage der Kaufläche abschätzen zu können, kann man eine Linie vom Kiefergelenk bis zu den Spitzen der Inzisivi ziehen. Die Mahlbewegung wird bei den Caviomorpha primär rostro-kaudal ausgeführt. Diese Bewegungsrichtung bewirkt eine gleichmäßige Abnutzung, so dass die Okklusionsflächen der Backenzähne, anders als beim Kaninchen, glatt sind. In der dorso-ventralen Projektion wird deutlich, dass die Backenzahnreihen der Caviomorpha in rostrokaudaler Richtung divergieren. Zur Beurteilung der peri- und retroorbitalen Knochengrenzen, die scharf sein sollten, ist diese Projektion nur beim **Chinchilla** und **Degu** geeignet, während der gekrümmte Verlauf der Backenzähne beim Meerschweinchen zu starken Überlagerungen führt. Die Bewertung der Lage der apikalen Enden der Oberkieferbackenzähne ist beim **Chinchilla** von besonders großer klinischer Bedeutung. Diese erfolgt an Aufnahmen, die im latero-lateralen Strahlengang angefertigt wurden. Die Wurzelenden der Zähne dürfen bei normaler Okklusion nicht dorsal über eine Linie reichen, die von der Mitte der Bullae tympanicae bis zur dorsalen Kontur der Schneidezähne zieht.

Der Schädel der **Myomorpha**, zu denen **Goldhamster**, **Mongolische Rennmaus**, **Ratte** und **Maus** gerechnet werden, ist kürzer und kompakter als bei den Caviomorpha. Seine Oberlinie ist dorsal leicht konvex. Der lang ausgezogene Jochbogen ist nur sehr dünn und wird medial vom Proc. coronoideus mandibulae, der sich röntgenologisch besonders beim **Goldhamster** gut darstellt, überragt. Der kräftige Proc. angularis mandibulae ist wesentlich kürzer als bei den Caviomorpha und endet auf Höhe der rostralen Hälfte der Bulla tympanica **(Abb. 2-19)**.

Das Gebiss der Myomorpha ist an weichere, weniger abrasive Nahrung angepasst. Bei diesen Spezies gehören nur die beim Nagen einer starken Abnutzung unterliegenden Schneidezähne zum lebenslang wachsenden elodonten Typ. Die Molaren sind dagegen schmelzhöckrige Zähne vom brachyodonten Typ – Prämolaren sind bei Myomorpha nicht ausgebildet. Auch wenn sich die Gebisse der Myomorpha grundsätzlich sehr ähnlich sind, lassen sich die **Wühler** (**Cricetidae**), zu denen **Goldhamster** und **Mongolische Rennmaus** gezählt werden, von den **Mäuseartigen** (**Muridae**), denen **Ratte** und **Maus** zugerechnet werden, anhand der Höckerreihen auf den Backenzähnen unterschieden. Bei den Cricetidae sind es zwei und bei den Muridae drei Reihen. Myomorpha haben in der Regel im Dauergebiss 16 Zähne. Goldhamster können allerdings im Einzelfall auch nur 12 Zähne ausgebildet haben, was bei Ratte und Maus in selteneren Fällen ebenfalls vorkommen kann.

Die kurze Tragzeit bei den Myomorpha bedingt, dass die Zähne erst *post partum* durchbrechen. Beim **Goldhamster** erfolgt dies zwischen dem 3. und 21. Lebenstag. Junge **Ratten** beginnen ihre Nagezähne am 8.–10. Lebenstag zu schieben und die drei Molaren brechen in rostro-kaudaler Reihenfolge am 18., 21. und 35. Tag durch.

Der extraalveoläre Teil der Schneidezähne ist im Unterkiefer um das Zwei- bis Dreifache länger als im Oberkiefer. Dieses scheinbare Missverhältnis darf auf keinen Fall zum Anlass genommen werden, die Inzisivi im Unterkiefer zu kürzen. Die unteren Inzisivi sind zudem bei den Myomorpha besonders tief im Kiefer verankert. Bei **Hamster** und **Maus** reicht der Inzisivus bis auf Höhe des dritten Molars und zieht bei **Ratten** sogar noch darüber hinaus. Im Oberkiefer liegt das apikale Ende des Inzisivus ungefähr auf zwei Drittel der Länge des Diastemas. Im Gegensatz zu den Kaninchen liegt der Zahnschmelz an den Inzisivi nur auf der Vorderseite. Aus diesem Grunde ist die Röntgendichte der Inzisivi im latero-lateralen Strahlengang nicht homogen, sondern lingual geringer als labial. Wie bei den Caviomorpha berühren sich die Inzisivi in Ruhestellung nicht. Bei den brachyodonten Backenzähnen ist nur die Krone mit Schmelz überzogen. Ihre Wurzeln bestehen dagegen, wie beim Frettchen, nur aus weniger röntgendichtem Dentin und Zement. Im dorso-ventralen Strahlengang ist die Stellung der Backenzahnreihen zueinander gut darzustellen. Die Zahnbögen vom Ober- und Unterkiefer sollten parallel verlaufen, wobei der Unterkiefer etwas breiter als der Oberkiefer ist. Linke und rechte Zahnbögen divergieren leicht in rostro-kaudaler Richtung.

Zahnformel der Myomorpha:

$$2 \times \frac{1I\ 0C\ 0P\ 3M}{1I\ 0C\ 0P\ 3M} = 16 \text{ Zähne}$$

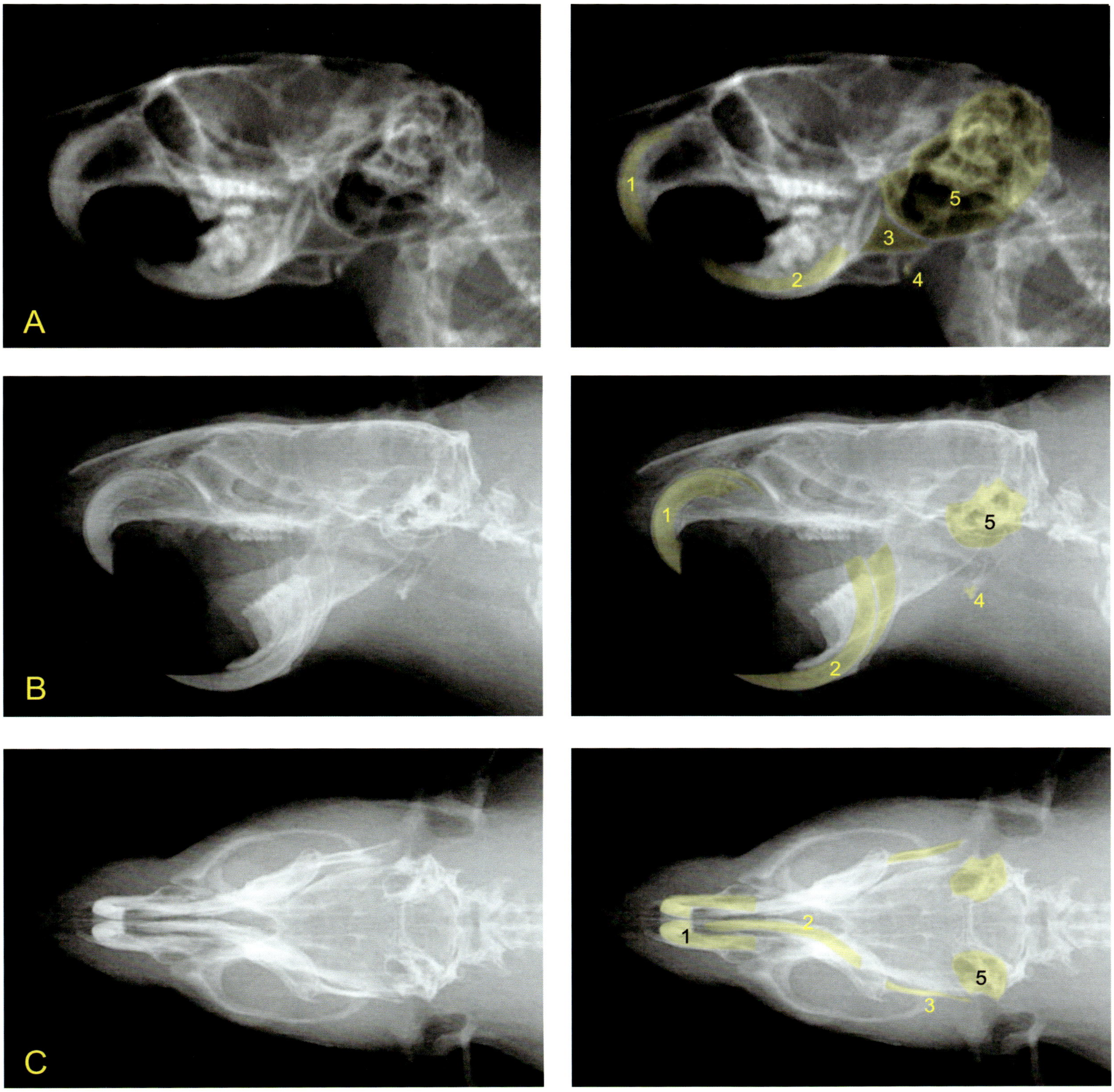

Abb. 2-19: Röntgenuntersuchung, Kopf.

A: Latero-laterale Projektion, Mongolische Rennmaus (Aufnahme: Tierklinik Oberhaching).

B: Latero-laterale Projektion, Ratte.

C: Dorso-ventrale Projektion, Ratte. Bei diesen Spezies wachsen nur die Schneidezähne lebenslang und sind tief in den Kieferknochen verankert. Besonders eindrucksvoll ist dies bei der Ratte im Unterkiefer.

1: Oberkieferinzisivi
2: Unterkieferinzisivi
3: Proc. angularis mandibulae
4: Zungenbein
5: Bulla tympanica

2.2.1.2 Wirbelsäule, Thorax

Der Aufbau der Wirbelsäule bei den Kleinsäugern entspricht prinzipiell den bekannten Verhältnissen bei Hund und Katze. Auffällig sind die bei **Kaninchen** im Vergleich zu Hund und Katze besonders langen und breiten Querfortsätze an den kaudalen Lendenwirbeln **(Abb. 2-20)**. Einen Überblick über die Zahl der Wirbel gibt Tabelle 2-2.

Der Brustkorb ist bei **Frettchen** lang ausgezogen, wobei das erste Rippenpaar sehr kurz ist. Die Apertura thoracis cranialis ist daher beim Frettchen sehr eng, weshalb raumfordernde Prozesse in diesem Bereich sehr schnell durch Einengung der durchtretenden Strukturen zu Komplikationen führen **(Abb. 2-21)**.

Bei der **Ratte** ist zu beachten, dass die Rippen nicht wie gewohnt aus einem Os costale und einem Rippenknorpel zusammengesetzt, sondern komplett knöchern durchbaut sind. Bei älteren **Meerschweinchen** führt die Mineralisation der Rippenknorpel zu röntgenologisch sehr prominenten, diffus wolkigen Verschattungen, die nicht mit pathologischen Prozessen in der Lunge verwechselt werden dürfen **(Abb. 2-22)**.

2.2.1.3 Gliedmaßen

Schultergürtel

Von den Knochen des Schultergürtels ist bei allen Kleinsäugern neben dem Schulterblatt (Scapula) auch ein Schlüsselbein (Clavicula) ausgebildet **(Abb. 2-23)**, dass meist, wie beim **Frettchen**, sehr klein und unscheinbar ausgebildet ist und röntgenologisch nicht bei jedem Tier identifiziert werden kann. Bei **Meerschweinchen** liegt das Schlüsselbeinrudiment kranial relativ eng am Schultergelenk und darf nicht mit pathologischen Gelenkveränderungen verwechselt werden. Die Clavicula von **Ratten** und **Mäusen** hat noch eine gewisse funktionelle Bedeutung und artikuliert sowohl mit der Scapula als auch dem Brustbein (Sternum). Bei diesen Spezies ist das Schlüsselbein in den ventro-dorsalen Projektionen überlagerungsfrei dargestellt und immer sehr gut zu erkennen. Charakteristisch für das Schulterblatt der **Kaninchen** und **Nager** ist, dass das Acromion distal in einem deutlich ausgebildeten Proc. hamatus ausläuft, der beim Meerschweinchen sehr lang ausgezogen ist und bis auf Höhe des Schultergelenks zieht. Eine Besonderheit beim **Kaninchen** ist der zusätzliche weit kaudo-ventral ragende Proc. suprahamatus.

Ober- und Unterarm

Das Oberarmbein (Humerus) wie auch Speiche (Radius) und Elle (Ulna) sind bei den **Kaninchen** im Vergleich zu den anderen Kleinsäugern besonders dünn und lang ausgezogen. Feine lineare Verschattungen im Bereich der Epipyhsen markieren den Epipyhsenfugenschluss bzw. den Übergang von der Epiphyse zur Metaphyse. Der Fugenschluss am distalen Humerusende beginnt etwa ab der 9. und endet mit der 14.–15. LW. Am Humeruskopf dagegen setzt der Epiphysenschluss erst in der 16. LW ein und der vollständige Schluss erfolgt etwa in der 40. LW. Das Unterarmskelett ist mit Radius und Ulna bei allen Kleinsäugern voll ausgebildet und ermöglicht insbesondere den Kleinnagern eine ausgeprägte Supination, die diesen Tieren das Greifen und Festhalten von Futter mit den Vorderpfoten ermöglicht.

Vorderpfote

Das Skelett der Vorderpfoten weist bei allen Kleinsäugern den klassischen fünfstrahligen Bau auf. Nur bei **Meerschweinchen** und **Maus** ist die erste Zehe nicht und beim **Chinchilla** nur rudimentär ausgebildet.

Beckengürtel

Die beiden Hüftbeine (Ossa coxarum) des Beckengürtels bestehen aus dem Darmbein (Os ilium), Sitzbein (Os ischii) und Schambein (Os pubis) sowie zusätzlich aus dem bei fetalen **Kaninchen** und **Ratten** gut nachweisbaren, kleinen Os acetabulare. Verbunden sind die Hüftbeine ventral in der Symphysis pelvina. Diese weitet sich bei **Meerschweinchen** in den letzten ein bis zwei Wochen der Trächtigkeit unter Relaxineinfluss auf ca. 2 cm Breite, um einen weiten Geburtskanal zu gewährleisten **(Abb. 2-24)**. Unterstützt wird das Auseinanderweichen der beiden Hüftbeine durch eine vermehrte Beweglichkeit in den Kreuzdarmbeingelenken. Wenn Meerschweinchen innerhalb des ersten Lebensjahres nicht tragend waren, beginnt die Symphysis pelvina zu verknöchern. Ältere erstgebärende Meerschweinchen können den Geburtskanal daher nicht vollständig weiten und neigen zu Schwergeburten.

Ober- und Unterschenkel

Das Oberschenkelbein (Os femoris) und das Schienbein (Tibia) sind bei **Kaninchen**, aber auch bei **Chinchillas**, besonders lang und schlank. Das Wadenbein (Fibula) ist ebenfalls bei allen Kleinsäugern ausgebildet, fusioniert aber z. B. bei Kaninchen schon in der proximalen Hälfte des Unterschenkels mit der Tibia **(Abb. 2-25)**. Bei den **Meerschweinchenverwandten** (Caviomorpha) ist die Fibula in voller Länge ausgebildet, aber nur sehr dünn und liegt der Tibia lateral eng an. Im Gegensatz dazu beschreibt die Fibula bei den **Mäuseverwandten** (Myomorpha) einen gebogenen Verlauf mit weitem Abstand zur Tibia. Distal liegt die Fibula der Tibia eng an oder kann mit ihr, wie meist bei der **Ratte**, verschmolzen sein. Der Epiphysenfugenschluss am proximalen Os femoris beginnt etwa ab der 12. und endet mit der 20. LW, am distalen Os femoris beginnt er dagegen erst mit der 18. LW und der vollständige Schluss tritt etwa mit der 36. LW ein. Der Tibiafugenschluss beginnt an der proximalen Epiphyse mit der 41. und endet mit der 101. LW, an der distalen beginnt er mit der 14. LW und endet mit der 30. LW. Als tierartliche Besonderheit muss bei der Röntgendiagnostik des Kniegelenks das Auftreten von bis zu fünf fakultativen Sesambeinen (Lunulae) beim **Meerschweinchen** beachtet werden, die kranial im rechten und linken Meniskus vorkommen können.

Hinterpfote

Da die Hinterpfoten bei den hier besprochenen Kleinsäugerspezies nicht zum Greifen, sondern nur für die Fußung verwendet werden, liegt bei einzelnen Arten eine teilweise Reduktion des Fußskelettes vor. So sind bei Kaninchen, Chinchilla sowie der Ratte nur vier Zehen ausgebildet **(Abb. 2-25A)** und bei Meerschweinchen hat eine Reduktion auf drei Zehen stattgefunden.

Tabelle 2-2: Zahl der Wirbel bei Kleinsäugern

Tierart	Halswirbel	Brustwirbel	Lendenwirbel	Kreuzwirbel	Schwanzwirbel
Frettchen	7	15	5 (6)	3	18
Kaninchen	7	12 (13)	7	4	15 (16)
Meerschweinchen	7	13 (14)	6	3 (4)	4–7
Chinchilla	7	14	6	4	21
Goldhamster	7	13	6	4	13 (14)
Ratte	7	13	6	4	27
Maus	7	13	6	4	23–29

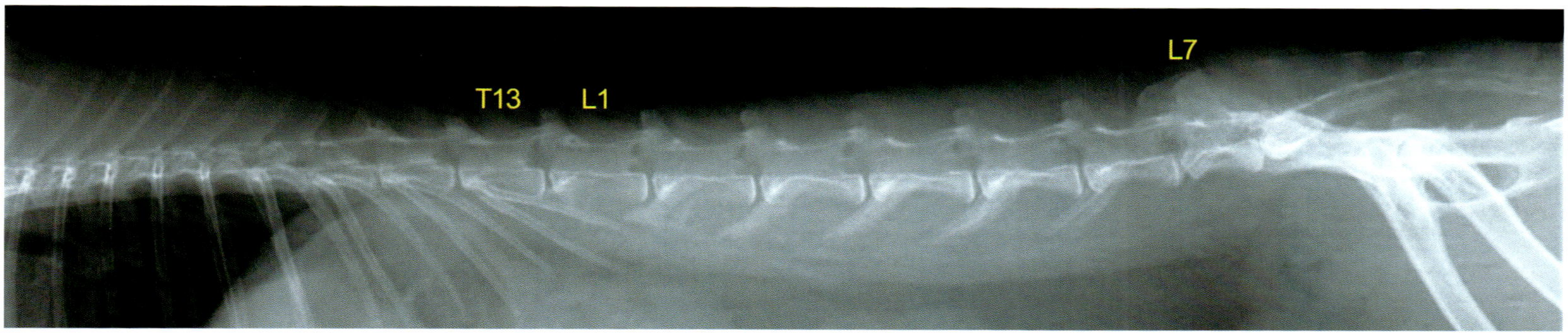

Abb. 2-20: Röntgenuntersuchung, Wirbelsäule, latero-laterale Projektion, Kaninchen. Charakteristisch für die Wirbelsäule der Kaninchen sind die langen, weit kranio-ventral ziehenden Lendenwirbelquerfortsätze.

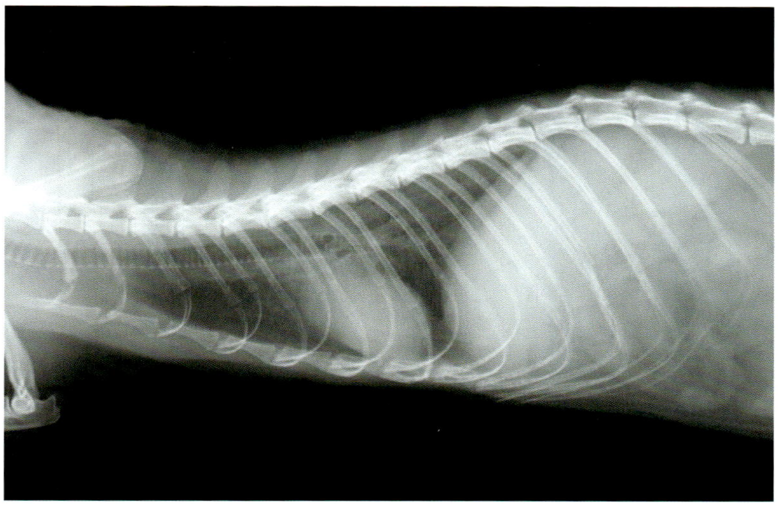

Abb. 2-21: Röntgenuntersuchung, Thorax, latero-laterale Projektion, Frettchen. Der Thorax der Frettchen ist vergleichsweise lang mit einer engen Apertura thoracis cranialis.

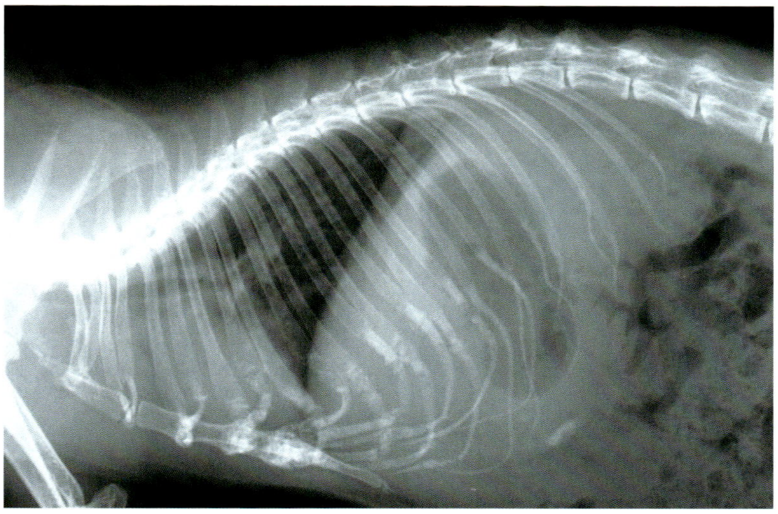

Abb. 2-22: Röntgenuntersuchung, Thorax, latero-laterale Projektion, Meerschweinchen. Bei älteren Meerschweinchen kommt es zu ausgeprägten wolkenartigen Mineralisationen in den Rippenknorpeln, die nicht mit pathologischen Veränderungen in der Lunge verwechselt werden dürfen.

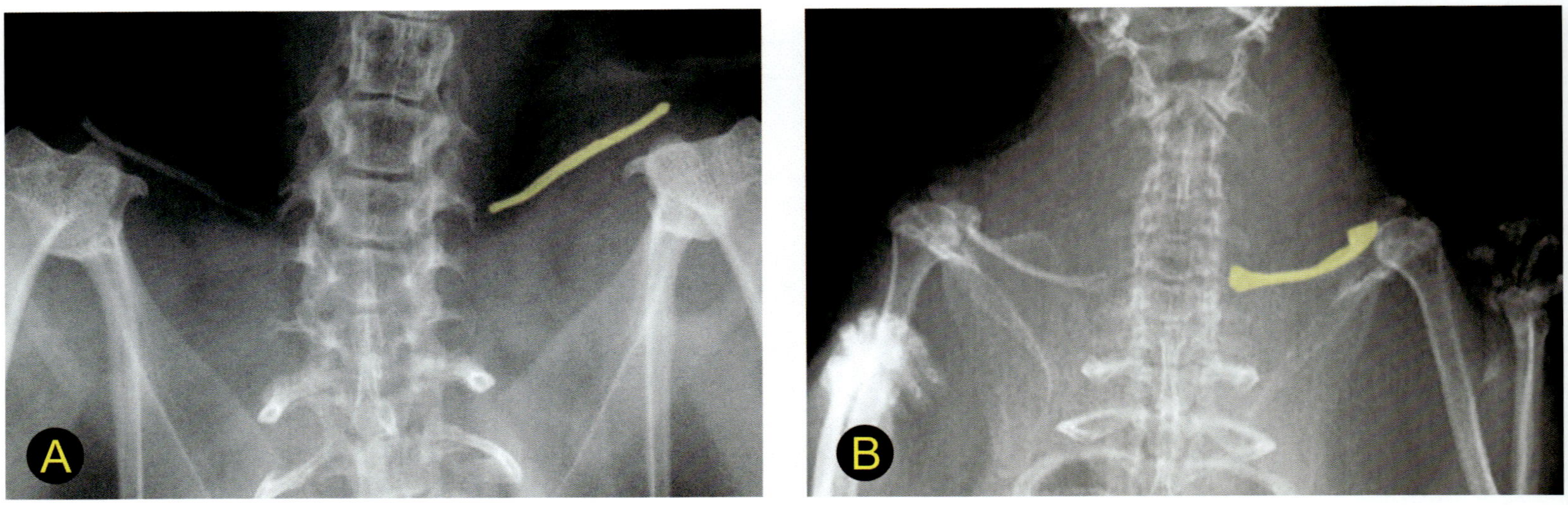

Abb. 2-23: Röntgenuntersuchung, Clavicula, ventro-dorsale Projektion.

A: Kaninchen

B: Ratte

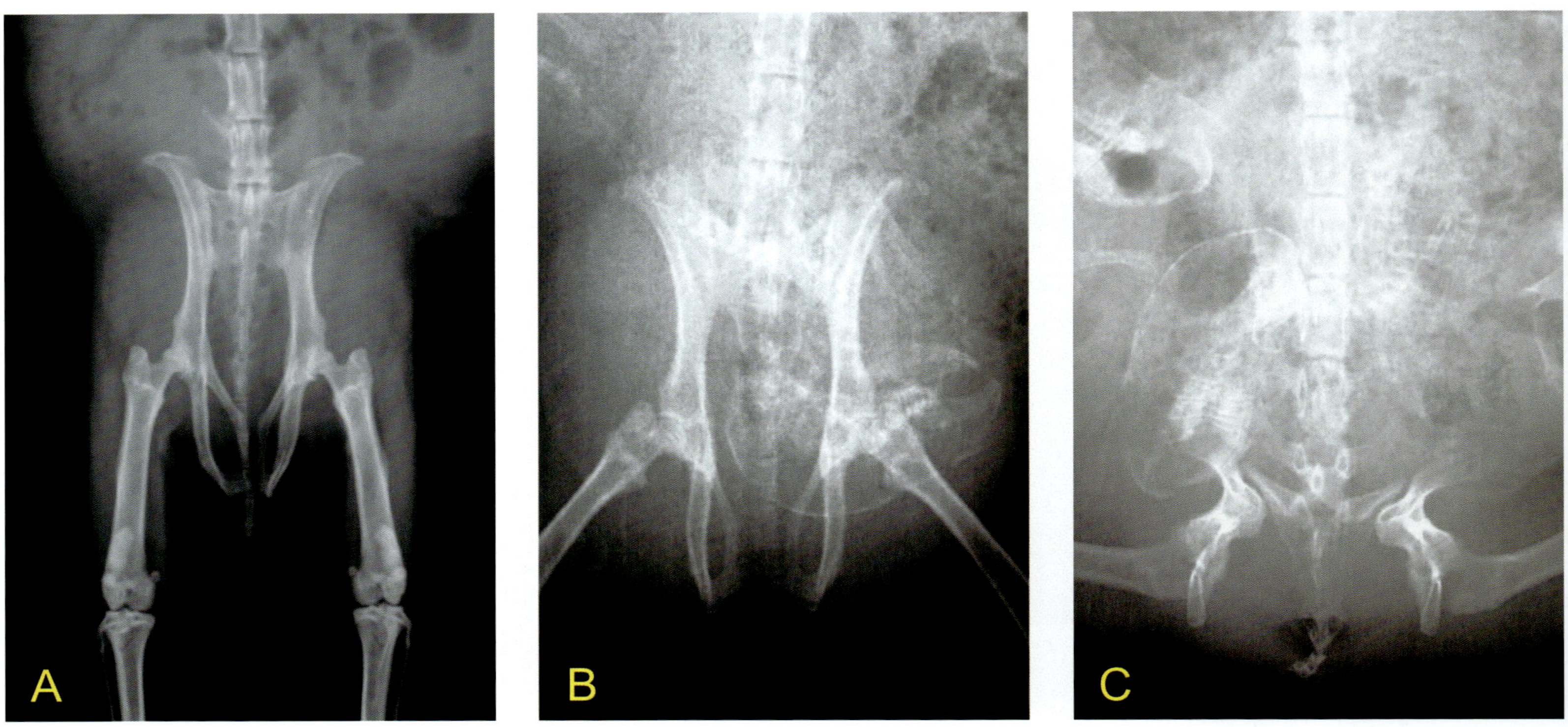

Abb. 2-24: Röntgenuntersuchung, Becken, ventro-dorsale Projektion, Meerschweinchen.

A: Nicht tragend mit enger Symphysis pelvis (Aufnahme mit freundlicher Genehmigung: Tierklinik Oberhaching).

B: 50. Tag der Trächtigkeit, leichte Weitung der Symphysis pelvis.

C: Letzter Trächtigkeitstag mit extremer Öffnung der Symphysis pelvis.

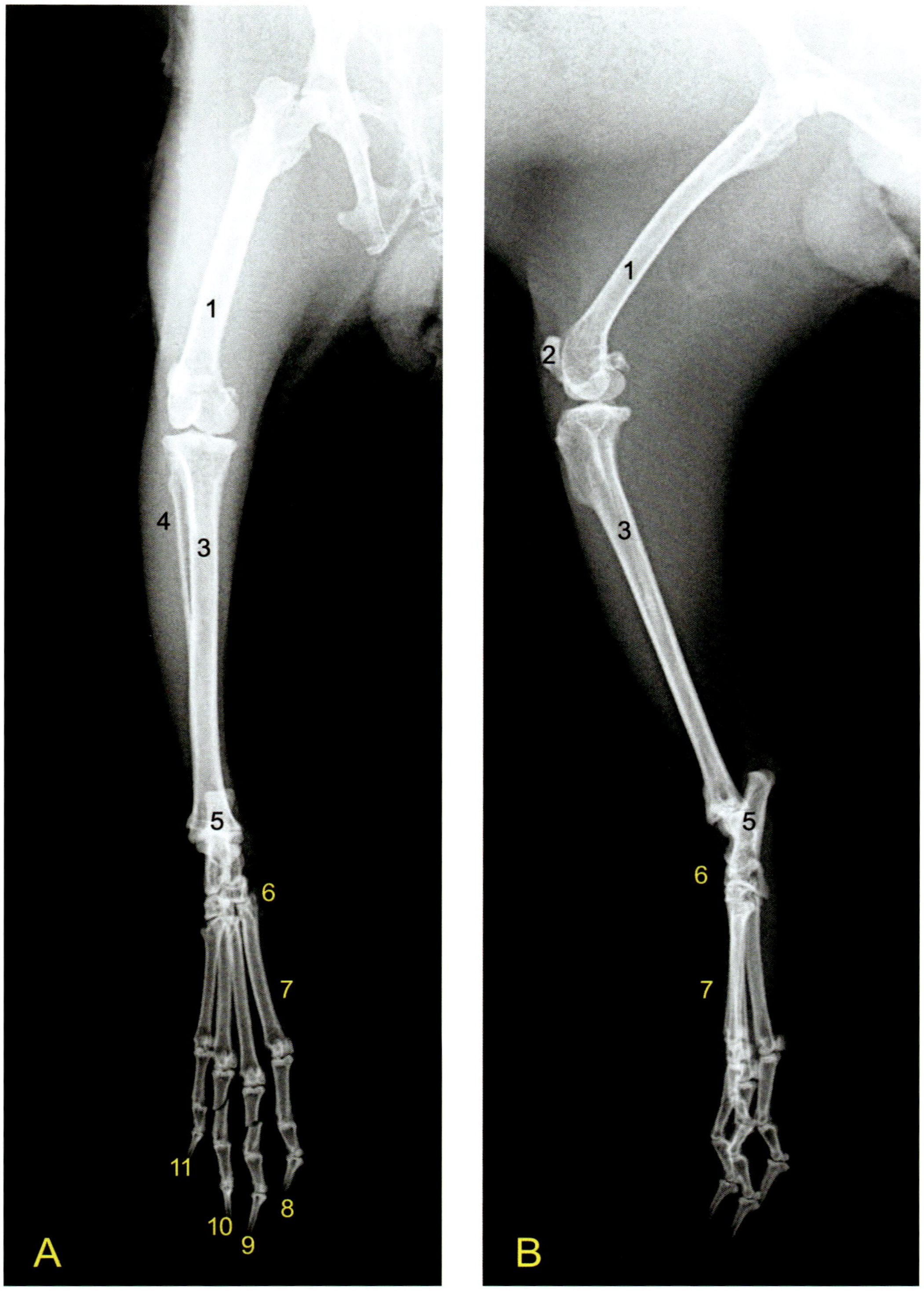

1: Os femoris
2: Patella
3: Tibia
4: Fibula (distal mit Tibia verwachsen)
5: Calcaneus
6: Ossa tarsalia
7: Ossa metatarsalia
8–11: 2. bis 5. Zehe (die Phalanges prox. der 3. und 4. Zehe sind frakturiert)

Abb. 2-25: Röntgenuntersuchung, Beckengliedmaße, dorso-ventrale (A) und medio-laterale (B) Projektion, Kaninchen.

2.2.2 Weichgewebe am Hals

SVEN REESE, JUTTA HEIN

Der größte Teil der Halseingeweide wie **Speiseröhre, Schilddrüse, Speicheldrüsen** und **zervikale Milchdrüsenkomplexe** bei Ratte und Maus sind röntgenologisch nicht von der umgebenden Muskulatur abgrenzbar. Es ist allerdings möglich, die Speiseröhre über eine Positivkontrastdarstellung sichtbar zu machen, um Lage, Verlauf, Weite und Durchgängigkeit zu untersuchen. **Kehlkopf** und **Luftröhre** grenzen sich dagegen als wenig röntgendichte Struktur deutlich bis – bei den Kleinnagern – schemenhaft ab. Die Trachea nimmt einen geraden Verlauf durch den Hals, wobei sie sich Richtung Brusteingang in einem spitzen Winkel der Halswirbelsäule nähert. Während die Trachealspangen und Kehlkopfknorpel beim Frettchen recht gut zu erkennen sind **(Abb. 2-26)**, ist ihre Darstellung beim Kaninchen nur schemenhaft möglich und gelingt bei den Kleinnagern nur selten.

2.2.3 Thorax

SVEN REESE, JUTTA HEIN

Der Thorax ist bei **Frettchen** ausgesprochen langgestreckt. Im Gegensatz dazu ist der Brustraum bei **Kaninchen** und **Nagetieren** sehr kurz. Dies hat insbesondere Auswirkungen auf den präkardialen Bereich, der sich bei Frettchen über die ersten fünf bis sechs Zwischenrippenräume erstreckt **(Abb. 2-21)** und die langgestreckten kranialen Lungenlappen aufnimmt. Bei Kaninchen und Nagetieren ist der präkardiale Abschnitt der Brusthöhle dagegen nur ein bis drei Zwischenrippenräume breit **(Abb. 2-27)**.

Bei der Evaluation von Röntgenaufnahmen des Thorax sind das Mediastinum mit den enthaltenen Organen (Thymus, Herz) und den Leitungsstrukturen (Speiseröhre, Trachea, Aorta, Vena cava caudalis) sowie die Lungen mit dem umgebenden Pleuraraum zu beachten.

2.2.3.1 Speiseröhre

Der intrathorakale Abschnitt der Speiseröhre ist physiologischerweise nicht abgrenzbar, kann aber mittels Kontrastdarstellung identifiziert werden (s. Kap. 2.1.3.2).

2.2.3.2 Trachea

Die Trachea verläuft beim **Frettchen** parallel zur Brustwirbelsäule und geht auf Höhe des 6. Zwischenrippenraums in den Bronchialbaum über **(Abb. 2-21)**. Bei **Kaninchen** verläuft die Trachea dagegen im kaudal leicht offenen Winkel zur Brustwirbelsäule und endet im 4. Interkostalraum **(Abb. 2-27)**. Einen entsprechenden Verlauf nimmt die Trachea bei **Nagetieren**, um im 3. Zwischenrippenraum (Kleinnager) oder auf Höhe der 4. Rippe (**Meerschweinchen, Chinchilla**) in die Stammbronchien überzugehen **(Abb. 2-8, 2-22)**.

2.2.3.3 Thymus

Der Thymus bleibt bei **Kaninchen** und **Nagetieren** lebenslang bestehen. Nur bei **Meerschweinchen** wird er zu einem großen Teil durch Fett ersetzt. Er ist röntgenologisch nicht abgrenzbar, aber aufgrund seiner Lage im kranialen Mediastinum mit für die höhere Röntgendichte im präkardialen Lungenfeld dieser Spezies verantwortlich **(Abb. 2-8, 2-22, 2-27)**.

2.2.3.4 Lunge

Die Lunge ermöglicht aufgrund ihrer Füllung mit Luft auch eine Darstellung ihrer inneren Struktur mit den röntgendichteren Lungengefäßen und den Wänden der Bronchien. Zu beachten ist, dass die Röntgendichte der Lunge sich damit deutlich zwischen in- und exspiratorischen Aufnahmen unterscheiden kann. Vorzugsweise sollten zur Untersuchung der Lunge Aufnahmen herangezogen werden, die in tiefer Inspiration angefertigt wurden. Insbesondere bei den Nagetieren mit ihrer hohen Atemfrequenz ist es häufig nicht möglich, Aufnahmen gezielt in einem bestimmten Atemstand anzufertigen.

Neben dem von der Herzbasis ausgehenden Gefäßbaum und dem Bronchialbaum sollte die Lunge in einer korrekt belichteten Aufnahme eine leichte Zeichnung aufweisen. Bei kompletter Schwärzung sind die Röntgenaufnahmen kritisch darauf zu überprüfen, ob wirklich eine herabgesetzte Röntgendichte der Lunge besteht (Hinweis z. B. auf Lungenemphysem, Hypovolämie, Rechts-Links-Shunt) oder die Aufnahme überbelichtet ist.

Nur die **Frettchen** haben ein großes kraniales Lungenfeld, das in seiner Röntgendichte dem kaudalen Lungenfeld entspricht **(Abb. 2-21)**. Bei **Kaninchen (Abb. 2-27)**, **Meerschweinchen (Abb. 2-22)** und **Chinchillas (Abb. 2-8)** ist das kleine präkardiale Lungenfeld immer etwas röntgendichter als das kaudale Lungenfeld. Bei den Kleinnagern mit ihren kleinen kranialen Lungenlappen stellt sich in der latero-lateralen Aufnahme präkardial keine belüftete Lunge dar. In der ventro-dorsalen Projektion ist insbesondere bei **Maus** und **Ratte** ein deutlicher Seitenunterschied erkennbar. Der rechte Lungenflügel reicht kranial bis in den 2. Interkostalraum, während die Lunge links häufig schon im 3. Interkostalraum endet **(Abb. 2-28)**.

Bei älteren **Meerschweinchen** kommt es physiologischerweise zu Verkalkungen der Rippenknorpel, die sich insbesondere in dorsoventralen Aufnahmen als wolkige Verschattungen über das kaudale Lungenfeld legen und nicht mit pathologischen Veränderungen in der Lunge verwechselt werden dürfen (s. Kap. 2.2.1.2).

Aortenbogen und Vena cava caudalis lassen sich bei allen Kleinsäugerspezies in den latero-lateralen Aufnahmen als röntgendichtere Strukturen gut abgrenzen. Bei **Kaninchen** ist eine gewisse Verjüngung der Vena cava caudalis in Richtung auf das Zwerchfell physiologisch.

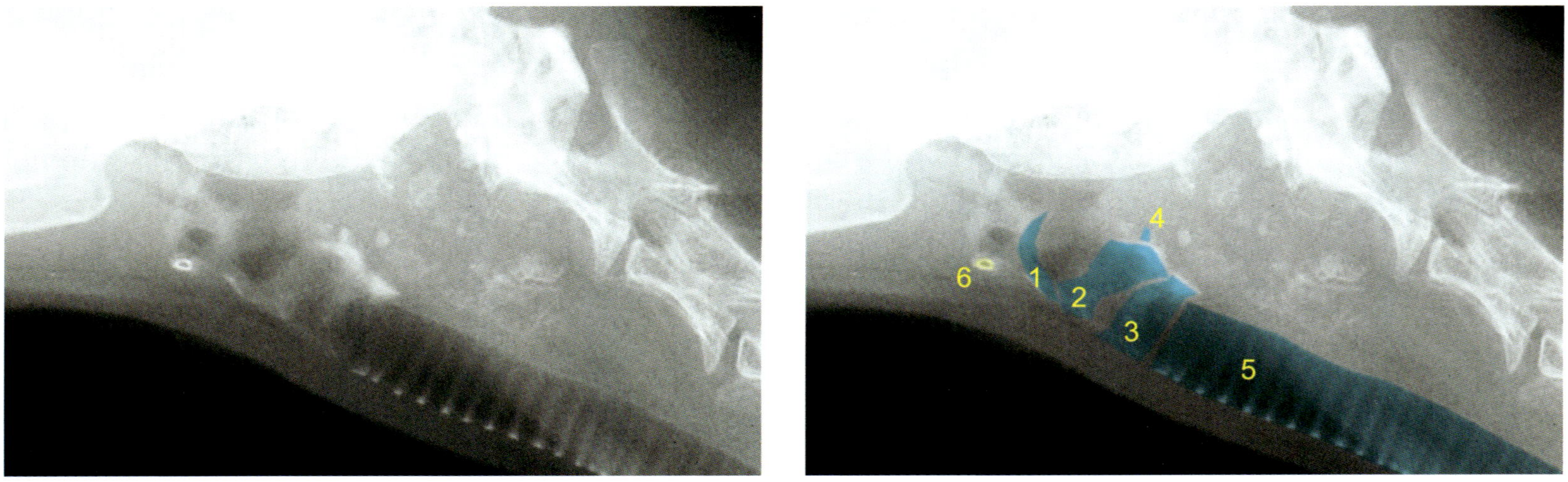

Abb. 2-26: Röntgenuntersuchung, Kehlkopf, latero-laterale Projektion, Frettchen.

1: Epiglottis
2: Cartilago thyreoidea
3: Cartilago cricoidea
4: Cartilago arytaenoidea
5: Trachea
6: Basihyoideum

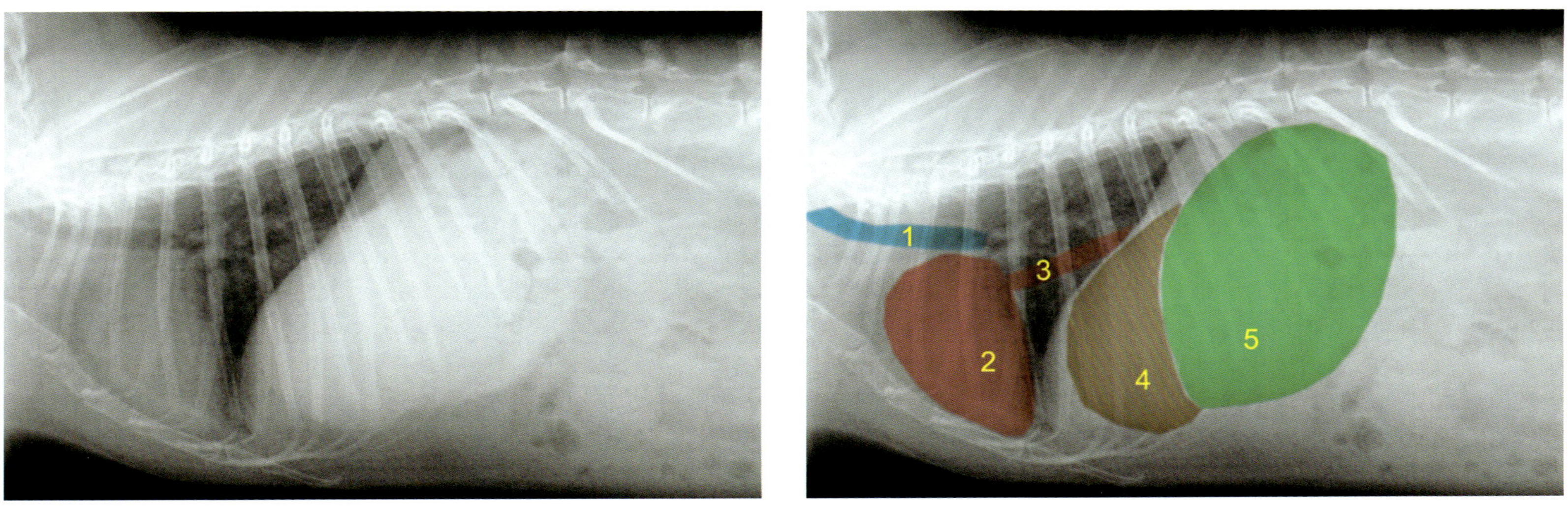

Abb. 2-27: Röntgenuntersuchung, Thorax, latero-laterale Projektion, Kaninchen.

1: Trachea
2: Herz
3: V. cava caudalis
4: Leber
5: Magen

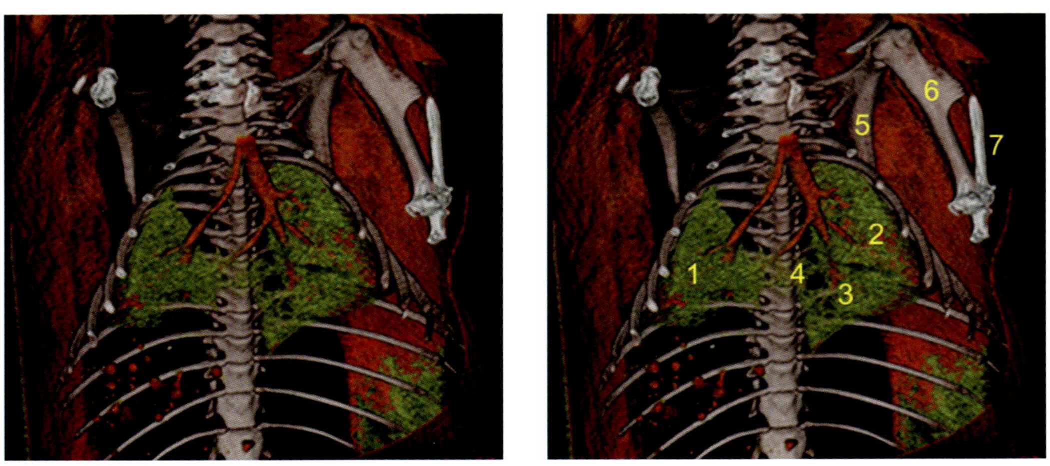

1: linker Lungenflügel
2: kranialer rechter Lungenlappen
3: kaudaler rechter Lungenlappen
4: Lobus accessorius
5: Scapula
6: Humerus
7: Ulna

Abb. 2-28: In-vivo-Mikro-CT-Untersuchung, Thorax, 3-D-Rekonstruktion, Maus. Der ungeteilte linke Lungenflügel (1) ist bei der Maus wesentlich kleiner als die rechte Lunge.

Aufnahme mit freundlicher Genehmigung von S. J. Schambach und M. A. Brockmann, Abteilung für Neuroradiologie, Medizinische Fakultät Mannheim, Universität Heidelberg.

2.2.3.5 Herz

CORDULA POULSEN NAUTRUP

Die Röntgenaufnahme ist in der Kardiologie ein unverzichtbares diagnostisches Hilfsmittel. Es werden nicht nur Herzgröße und Größenveränderungen von Herzkammern, -vorhöfen und großen Gefäßen sichtbar gemacht, sondern es gelingt auch die Beurteilung der Luftröhre, des Lungenparenchyms, der Bronchien und der pulmonalen Gefäße. Diese Darstellung der lufthaltigen Gewebe bildet die Domäne der Röntgenuntersuchung, während die Ultraschalluntersuchung derzeit die klinische Methode der Wahl zur Bewertung der kardialen Strukturen und ihrer Größe ist.

Indikationen, geforderte Aufnahmequalität und die Interpretation der Röntgenaufnahmen des Thorax der Heimtiere entsprechen annähernd denjenigen bei Hund und Katze.

Indikationen

Wichtige Indikationen für eine Röntgenaufnahme sind Dyspnoe oder Husten bei den vorgestellten Patienten. Die röntgenologischen Befunde können bei diesen Tieren erste Hinweise zur Differenzierung zwischen einer respiratorischen und einer kardialen Erkrankung geben. Weiterhin lassen sich Aussagen über das Ausmaß sekundärer, kardial bedingter Minderperfusionen oder Kongestionen machen. Zum Beispiel findet sich eine Minderdurchblutung der Lunge bei schwerer Pulmonalstenose bzw. ein Lungenödem bei fortgeschrittener Linksherzinsuffizienz. Mit Hilfe von Röntgenaufnahmen kann eine entsprechend umfassende, aber trotzdem angepasste Therapie eingeleitet und anhand von Kontrollaufnahmen ihr Erfolg überwacht werden.

Aufnahmequalität

Für die Beurteilung der thorakalen Röntgenaufnahmen ist eine ausreichende Bildqualität unbedingte Voraussetzung.

Kontrastarme Röntgenaufnahmen ohne Bewegungsunschärfe

Auf guten Röntgenaufnahmen sind die Herzränder klar und scharf abgebildet. Die Aorta, zumindest ihr Anfangsabschnitt, sowie die Vena cava caudalis wirken in den seitlichen Aufnahmen verschattet. Die Lungengefäßzeichnung ist vom Hilus bis in die Peripherie erkennbar **(Abb. 2-29)**. Um insbesondere Letzteres zu gewährleisten, müssen die Röntgenaufnahmen kontrastarm, d. h. mit relativ hoher Spannung [kV] bei niedrigem Strom-Zeit-Produkt [mAs] angefertigt werden. Alle hier genannten Prämissen für gute Thoraxaufnahmen, die ursprünglich für den Hund aufgestellt wurden, gelten idealerweise auch für die Heimtiere. Bei den kleinen Heimtieren, wie Goldhamster, Mongolische Rennmaus, Maus und Ratte, erscheint der Kontrast häufig zu gering oder es kommt insbesondere beim Einsatz von digitalen Röntgentechniken zu deutlichem Bildrauschen. Zudem ist bei normalen Röntgenaufnahmen die räumliche Auflösung so gering, dass bei einer notwendigen Nachvergrößerung zur Verbesserung der Detailerkennbarkeit die Bildpixel störend in Erscheinung treten **(Abb. 2-30)**. Hier können Spezialverfahren, wie z. B. die direkt vergrößernde Mammographie, die Mikrofokus-Röntgentechnik oder die Mikro-Computertomographie, Abhilfe schaffen **(Abb. 2-31)**. Die Minimierung der Bewegungsunschärfen erfolgt durch kurze Belichtungszeiten von unter 0,02 s. Allerdings ist die Fixierung von wachen Heimtieren mit möglichst vollständiger Immobilisierung und gleichzeitiger Berücksichtigung der Strahlenschutzrichtlinien schwierig, so dass trotz Einhaltung kurzer Belichtungszeiten manchmal Bewegungsunschärfen auftreten. Ausschließlich das Kaninchen lässt sich auch im wachen Zustand ausreichend gut lagern.

Weitere Faktoren, die entscheidende Einflüsse auf die Auswertung und Qualität der Röntgenaufnahmen haben, sind die Projektion, die Positionierung des Tieres und der Aufnahmezeitpunkt im Atemzyklus.

Projektionen

Gebräuchliche thorakale Aufnahmen werden im latero-lateralen Strahlengang, entweder rechts oder links anliegend, sowie im dorso-ventralen oder ventro-dorsalen Strahlengang erstellt **(Abb. 2-32** und **2-33)**.

Positionierung

Die Lagerung der Tiere und die Ausleuchtung des Films erfolgen entsprechend nachstehender Kriterien:

- Abbildung des gesamten Thorax inklusive Zwerchfell und möglichst auch des kaudalen Halsbereichs. Der Zwerchfellscheitel muss klar und deutlich abgegrenzt sein.
- Weites Vorziehen der Schultergliedmaßen bis das Schulterblatt die Lunge nicht mehr überlagert; diese Vorgabe ist insbesondere bei seitlichen Aufnahmen und bei einigen Heimtieren im wachen Zustand schwer zu erfüllen.
- Detaillierte Abbildung der knöchernen Strukturen, wie Rippen, Wirbel und Brustbein unter Beachtung folgender Prämissen:
  - Latero-laterale Projektionen: exakte Überlagerung der dorsalen Rippenanteile beider Seiten; Verkippungen lassen das Herz größer erscheinen und täuschen eine breite Auflagerung auf dem Brustbein vor.
  - Dorso-ventrale und ventro-dorsale Projektionen: Überlagerung der thorakalen Dornfortsätze mittig auf die Wirbelkörper und das Brustbein, das selbst zentral unter den Wirbelkörpern liegt; z. B. Verkippungen des Brustbeins nach rechts täuschen eine Rechtsherzvergrößerung vor.

Die bereits erwähnte Schwierigkeit, wache Heimtiere zu fixieren und exakt zu lagern, führt häufig zu verkippten, nur eingeschränkt auswertbaren, thorakalen Röntgenaufnahmen. Daher ist, insbesondere unter Berücksichtigung des Strahlenschutzes, die Narkose bei Heimtieren, außer beim Kaninchen, im Rahmen der Röntgenuntersuchung eine empfehlenswerte Maßnahme. Narkotisierte Tiere können problemlos gelagert und ausgebunden werden.

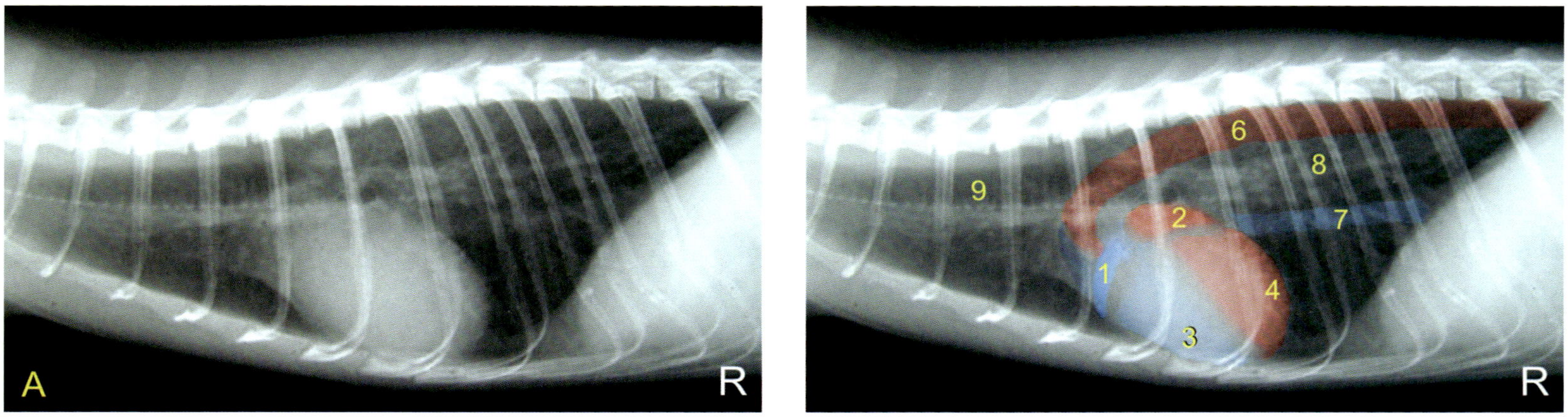

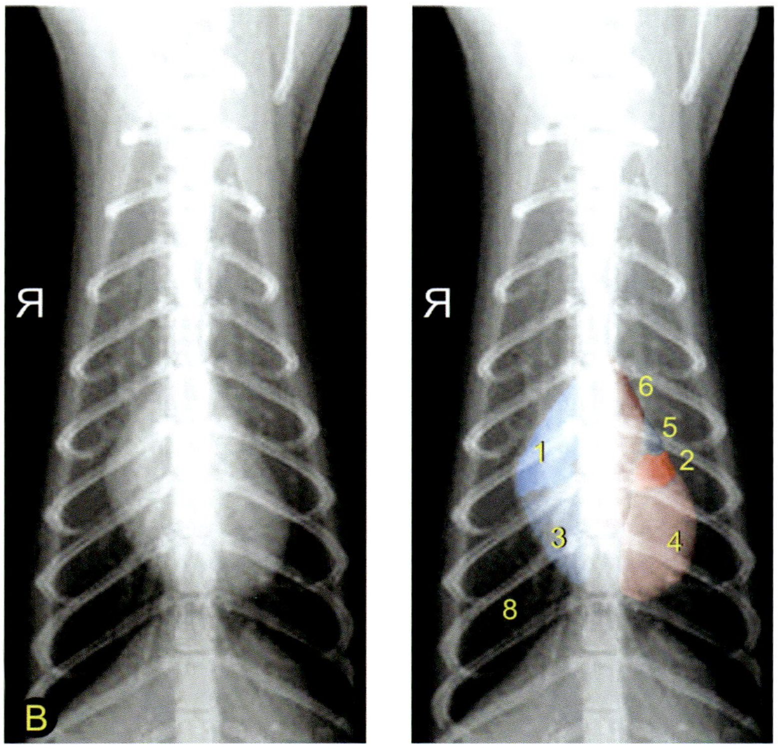

1: Atrium dextrum
2: Atrium sinistrum
3: Ventriculus dexter
4: Ventriculus sinister
5: Truncus pulmonalis
6: Aorta thoracica
7: V. cava caudalis
8: Lunge mit Gefäßen
9: Luftröhre

Abb. 2-29: Röntgenuntersuchung, Thorax, latero-laterale Projektion, rechts anliegend (A) und dorso-ventrale (B) Projektion, Frettchen.

Aufnahmen mit freundlicher Genehmigung von C. Boonyapakorn, M. Skrodzki, E. Trautvetter, Berlin.

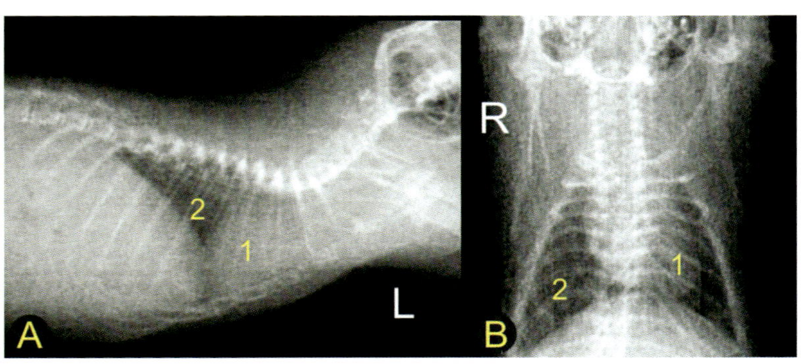

1: Herz
2: Lunge mit Gefäßen

Abb. 2-30: Röntgenuntersuchung, Thorax, latero-laterale Projektion, links anliegend (A) und ventro-dorsale Projektion (B), Mongolische Rennmaus. Die digitale Röntgenaufnahme zeigt aufgrund der geringen Tiergröße und der dadurch bedingten, notwendigen Reduzierung des mAs-Produktes erhebliches Rauschen und große Pixel. Dieses Phänomen ist deutlich geringer ausgeprägt bei konventionellen analogen Röntgenaufnahmen auf hochauflösenden Folien-Film-Systemen.

Aufnahmezeitpunkt

Bestenfalls sollten Thoraxaufnahmen während tiefer Inspiration angefertigt werden. Allerdings lässt sich diese Bedingung sogar bei Hund und Katze nicht immer einhalten. Bei den Heimtieren mit ihren hohen Atemfrequenzen ist die Atemphase zum Zeitpunkt der Aufnahme zufällig. Es ist also zu berücksichtigen, dass ein kleines Lungenfeld während der Exspiration eine Herzvergrößerung vortäuschen kann.

Interpretation der Röntgenaufnahmen

Aufgrund der extremen Speziesvielfalt der Heimtiere sowie des großen Variantenreichtums innerhalb einer Tierart lassen sich allgemeine Angaben über röntgenologische Normalbefunde nur äußerst eingeschränkt geben. Dies gilt insbesondere, weil Publikationen über die Röntgenuntersuchung des Thorax bei verschiedenen Heimtierspezies kaum oder gar nicht vorhanden sind. Untersuchungen zu altersabhängigen, radiologisch erkennbaren Veränderungen fehlen gänzlich. In vielen Fällen ist die Anfertigung einer Vergleichsröntgenaufnahme hilfreich. Das Kontrolltier sollte möglichst dasselbe Geschlecht sowie ähnliches Gewicht und Alter haben.

Normalbefunde in latero-lateralen Projektionen

Bei allen adulten Heimtieren, exklusive Kaninchen, ist der Winkel zwischen Herzlängsachse und Brustbein deutlich kleiner als beim Hund, bei dem dieser im Mittel 45° beträgt. Dadurch erscheint das Herz meist großflächig dem Sternum anliegend. Die Herzform ist äußerst variabel. Bei Frettchen, Meerschweinchen und den kleineren Heimtieren wirkt das Herz verhältnismäßig groß.

Für gesunde Frettchen wird die Herzform von schlank bis kugelig angegeben. In seltenen Einzelfällen fehlt auch bei gesunden Tieren ein Brustbeinkontakt. Das beim Frettchen ausschließlich vorhandene Ligamentum phrenopericardiacum kann beträchtliche Mengen Fett einlagern und auf Röntgenaufnahmen ähnlich verschattet wie die Herzsilhouette erscheinen **(Abb. 2-34)**.

Der kraniale Bereich der Herzsilhouette wird durch das rechte Herz (dorsal: Atrium dextrum, ventral: Ventriculus dexter), der kaudale Abschnitt durch das linke Herz (dorsal: Atrium sinistrum, ventral: Ventriculus sinister) gebildet. Die Aorta ascendens ist dorsal des Atrium dextrum angedeutet.

Die Breiten von Aorta thoracica und Vena cava caudalis sind vergleichbar.

Die Luftröhre weist bei gesunden, gut gelagerten Frettchen, Kaninchen und Meerschweinchen einen kaudal offenen, spitzen Winkel zur Wirbelsäule auf. Jedoch kann bei einigen Individuen dieser Tierarten ebenso wie bei den meisten anderen Heimtierspezies der Winkel deutlich kleiner sein oder die Trachea verläuft annähernd parallel zu den Wirbelkörpern **(Abb. 2-35** und **Abb. 2-36)**.

Normalbefunde in dorso-ventralen (DV) und ventro-dorsalen (VD) Projektionen

Auf allen DV- und VD-Aufnahmen liegt die Herzspitze auf der linken Seite des Tieres und rechts im Bild. Das bedeutet, dass üblicherweise, ebenso wie bei Hund und Katze, die DV-Aufnahme von der Filmrückseite aus, gegen den Verlauf des Strahlenganges betrachtet wird. Entsprechend ist das mehr rechts im Thorax liegende rechte Herz auf der linken Bildseite und das überwiegend links befindliche linke Herz auf der rechten Bildseite konturgebend **(Abb. 2-29B, 2-30B** und **Abb. 2-32C, D)**.

Kardiale Größenbestimmung

Die sicherlich am häufigsten vorgenommene Form der Größeneinschätzung des Herzens erfolgt subjektiv in den seitlichen Aufnahmen. Dabei wird die Herzausdehnung anhand der überdeckten Zwischenrippenräume eingeschätzt. Die normale Herzbreite wird beim gesunden Frettchen mit 2,28 ± 0,3 Interkostalräumen (Bereich: 2–3 ICR) angegeben (BOONYAPAKORN 2007).

Objektiver ist die Beurteilung der Herzgröße mit dem sogenannten *vertebral heart score* (VHS) üblicherweise in den seitlichen Ansichten. Der VHS hat sich insbesondere zur kardialen Größeneinschätzung bei Hunden bewährt.

Eine modifizierte Form dieser Messung findet sich in der Literatur bisher nur für das Frettchen. Dabei wird in den Lateralansichten die Herzhöhe vom Ventralrand des linken Stammbronchus bis zum entferntesten Punkt der Herzspitze gemessen. Die Herzbreite ist als Senkrechte an der breitesten Stelle, im mittleren Drittel auf der Herzlängsausdehnung, etwa in Höhe der Vena cava caudalis definiert. Die so gemessene Herzlänge und -breite werden beginnend am Kranialrand des 5. Brustwirbelkörpers auf der Wirbelsäule abgetragen und die Summe (VHS) als Anzahl der Wirbelkörper angegeben. Die Messung sollte auf ein Viertel Wirbelkörperlänge genau erfolgen. Der VHS bei gesunden Frettchen variiert geringfügig in Abhängigkeit von Geschlecht und Lagerung (Rechts- oder Linksseitenlage). Die Mittelwerte des VHS liegen beim gesunden Frettchen zwiscshen 5,25 ± 0,25 [3] und 5,57 ± 0,57 (Bereich: 4,75–6,75). Allerdings sind die Unterschiede zu herzkranken Frettchen nicht immer deutlich (Mittelwert: 5,79 ± 0,37, Bereich: 5,25–6,5) (BOONYAPAKORN 2007).

Weiterführende Literatur

BOONYAPAKORN, C. (2007): Cardiologic examinations in ferrets with and without heart disease. Diss. med. vet. Berlin.

SCHWARZ, T., JOHNSON, V. (Eds.): BSAVA Manual of canine and feline thoracic imaging. British Small Animal Veterinary Association, Gloucester 2008.

STEPIEN, R. L., BENSON, K. G., FORREST, L. J. (1999): Radiographic measurement of cardiac size in normal ferrets. Vet. Radiol. Ultrasound, 40: 606–610.

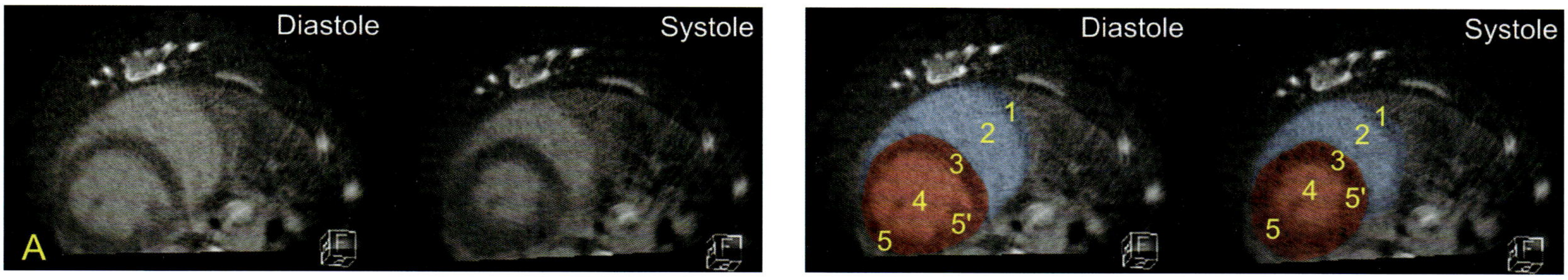

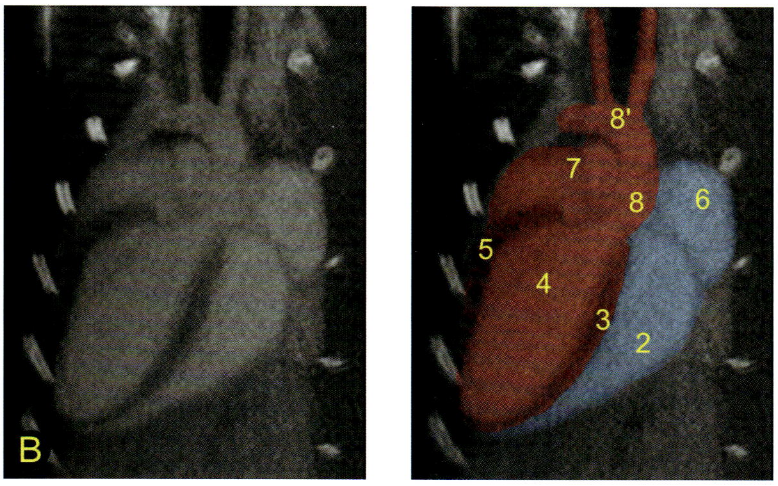

1: Myocardium dextrum
2: Ventriculus dexter
3: Septum interventriculare
4: Ventriculus sinister
5: Myocardium sinistrum
5': Musculus papillaris
6: Atrium dextrum
7: Atrium sinistrum
8: Aorta ascendens
8': Arcus aortae

Abb. 2-31: Dreidimensionale Mikro-CT-Untersuchung, Thorax, enddiastolische und endsystolische Kurzachsenansicht in Höhe der Ventriculi (A) und enddiastolische Längsachsen-Vierkammeransicht (B), Maus.

Aufnahmen mit freundlicher Genehmigung von S. J. Schambach, M. A. Brockmann, Abteilung für Neuroradiologie, Medizinische Fakultät Mannheim, Universität Heidelberg.

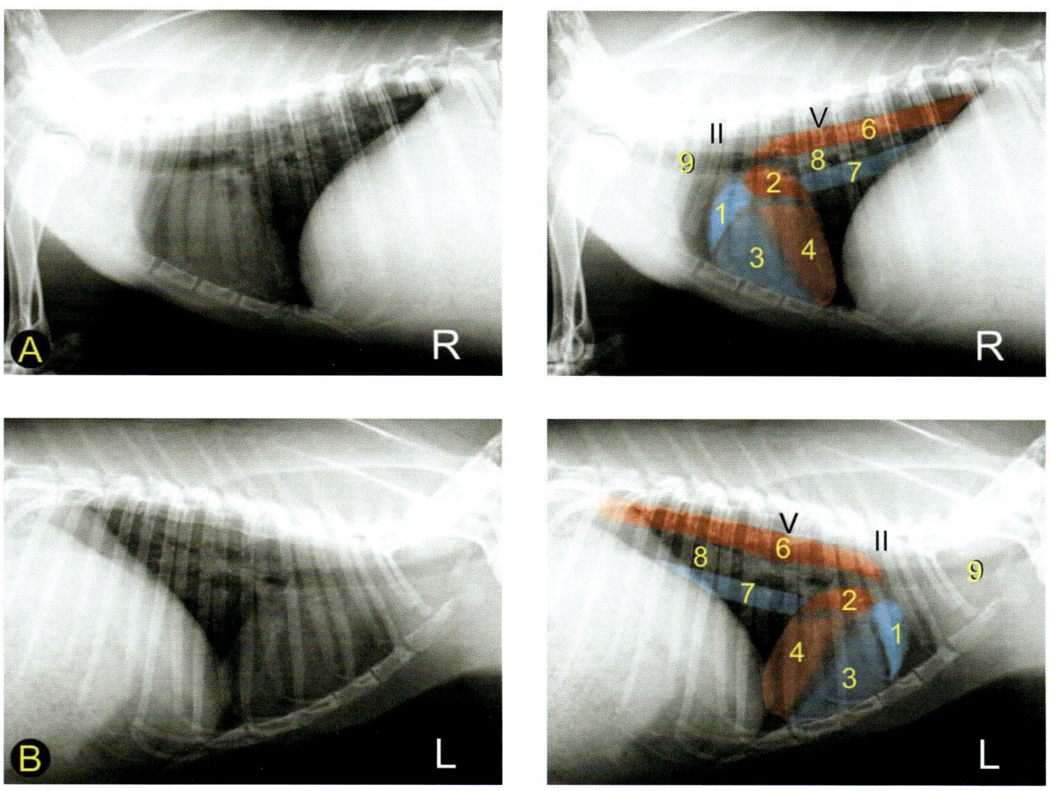

1: Atrium dextrum
2: Atrium sinistrum
3: Ventriculus dexter
4: Ventriculus sinister
5: Truncus pulmonalis
6: Aorta thoracica
7: V. cava caudalis
8: Lunge mit Gefäßen
9: Luftröhre

Abb. 2-32: Röntgenuntersuchung, Thorax, latero-laterale Projektion, rechts anliegend (A), latero-laterale Projektion, links anliegend (B), dorso-ventrale (C) und ventro-dorsale Projektion (D), Kaninchen.

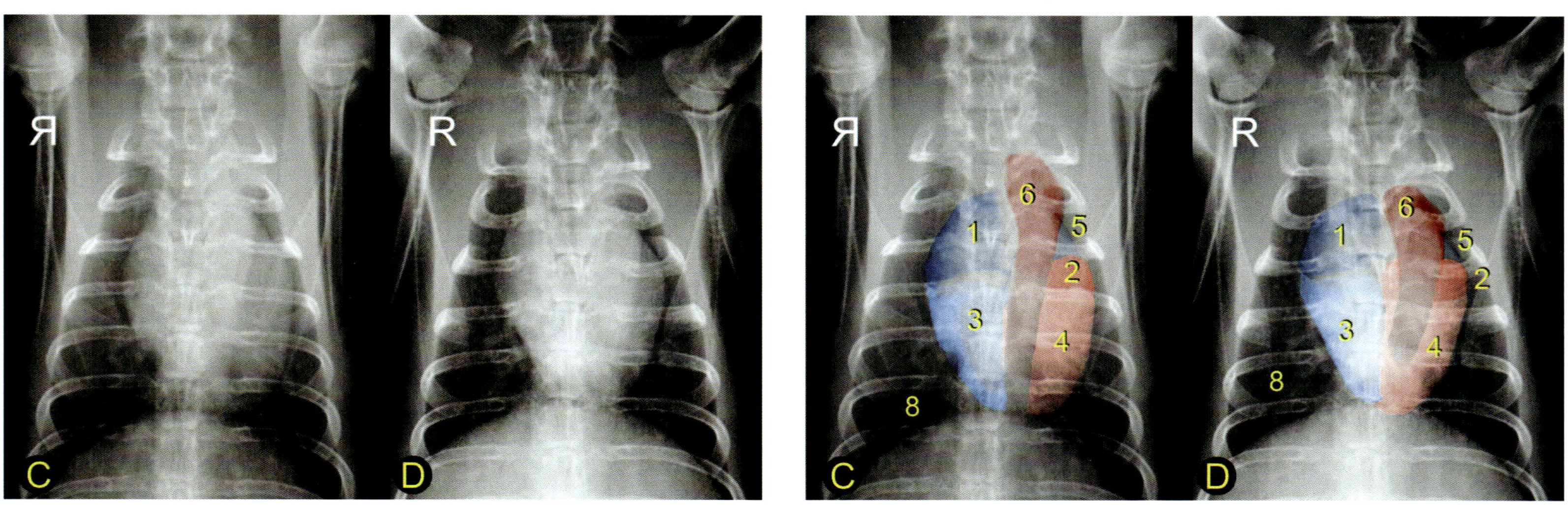

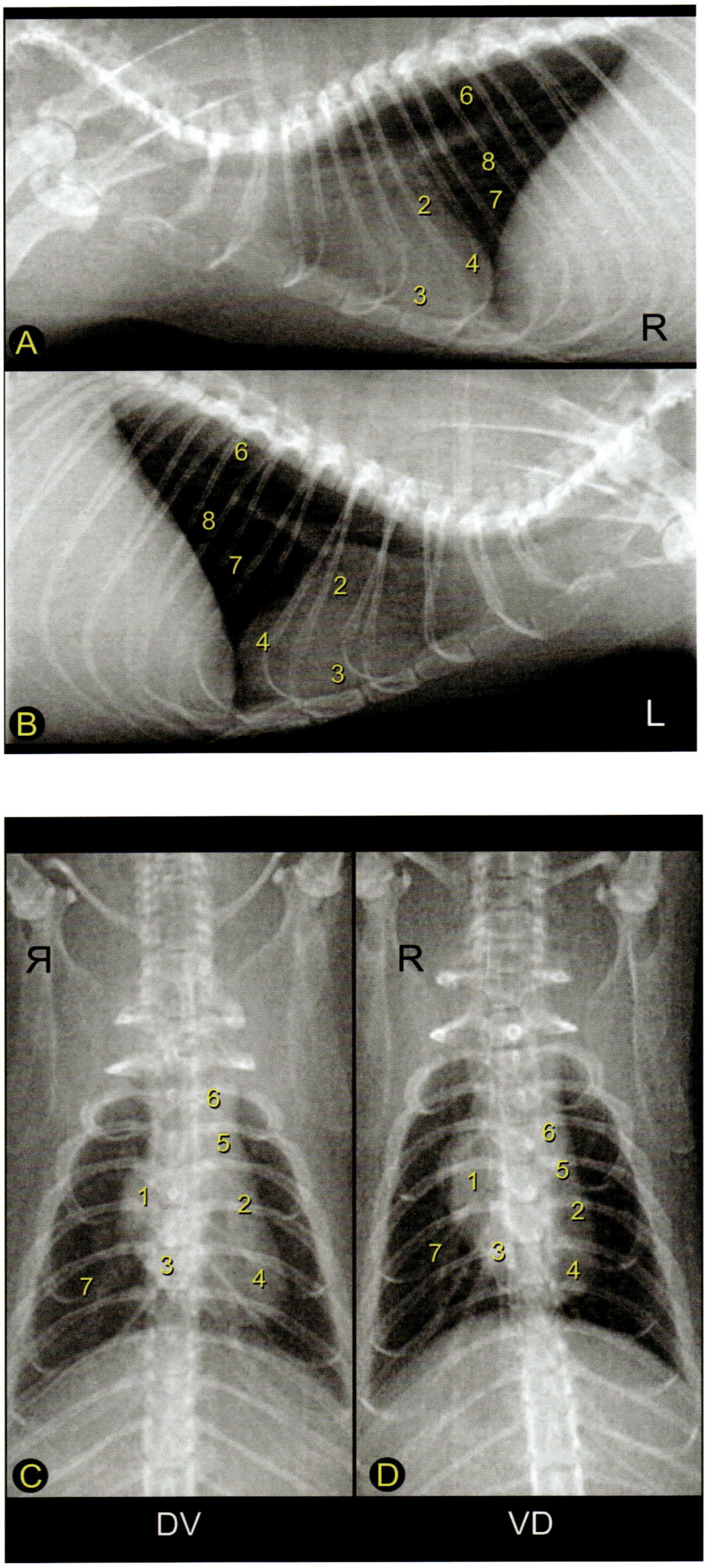

1: Atrium dextrum
2: Atrium sinistrum
3: Ventriculus dexter
4: Ventriculus sinister
5: Truncus pulmonalis
6: Aorta thoracica
7: V. cava caudalis
8: Lunge mit Gefäßen
9: Luftröhre

Abb. 2-33: Röntgenuntersuchung, Thorax, latero-laterale Projektion, rechts anliegend (A), latero-laterale Projektion, links anliegend (B), dorso-ventrale (C) und ventro-dorsale Projektion (D), Ratte.

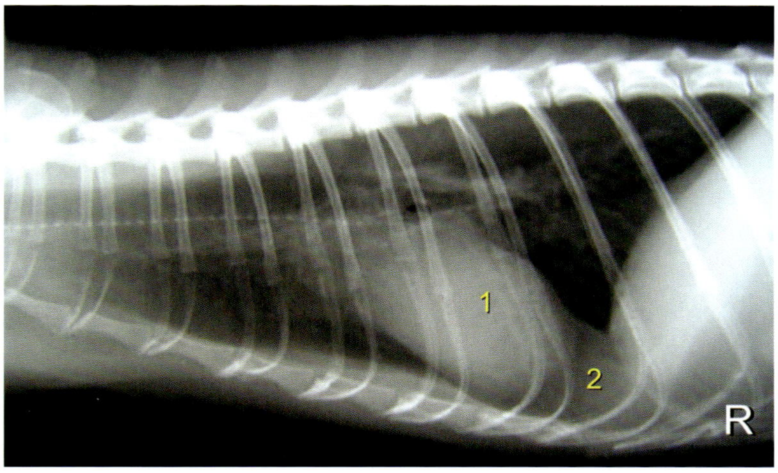

1: Herz
2: Fett im Ligamentum phrenopericardiacum

Abb. 2-34: Röntgenuntersuchung, Thorax, latero-laterale Projektion, rechts anliegend, Frettchen. Die Herzgröße ist mit 2,5 Interkostalräumen im Normbereich. Das Fett im Ligamentum phrenopericardiacum erscheint deutlich verschattet, besitzt allerdings, zumindest in diesem Fall, eine andere Strahlendichte als das Herz.

Aufnahme mit freundlicher Genehmigung von C. Boonyapakorn, M. Skrodzki, E. Trautvetter, Berlin.

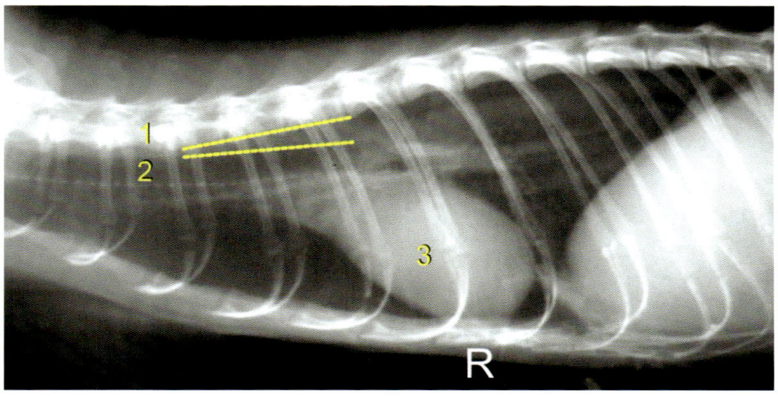

1: Wirbelsäule
2: Luftröhre
3: Herz

Abb. 2-35: Röntgenuntersuchung, Thorax, latero-laterale Projektionen, rechts anliegend, Frettchen. Die Luftröhre weist einen kaudal offenen, spitzen Winkel von nur etwa 10° zur Wirbelsäule auf.

Aufnahme mit freundlicher Genehmigung von C. Boonyapakorn, M. Skrodzki, E. Trautvetter, Berlin.

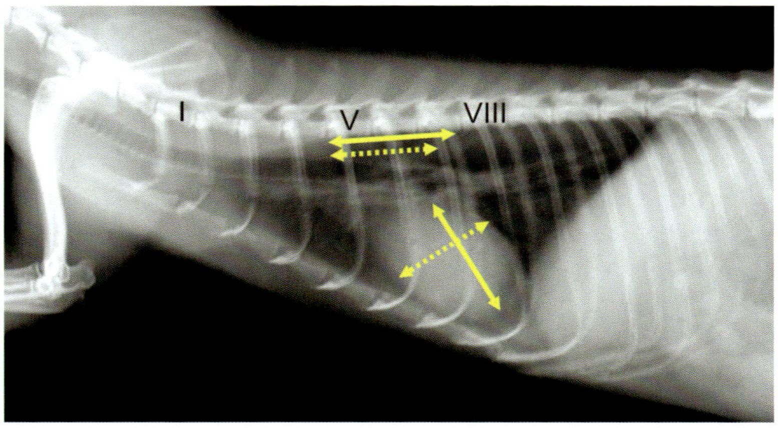

I: 1. Brustwirbel
V: 5. Brustwirbel
VIII: 8. Brustwirbel

Abb. 2-36: Röntgenuntersuchung, Thorax, latero-laterale Projektion, rechts anliegend, Frettchen. Modifizierte Bestimmung des VHS (*vertebral heart score*) nach STEPIEN et al. 1999.

Aufnahme mit freundlicher Genehmigung von J.-G. Kresken, J. Spennes, Duisburg.

2.2.4 Abdomen

Sven Reese, Jutta Hein

Die abdominalen Organe weisen eine weitgehend gleiche Röntgendichte auf. Dennoch ist eine Abgrenzung der verschiedenen Organe durch Fetteinlagerungen in den Gekrösen und im Retroperitonealraum möglich, da das Fett eine geringere Röntgendichte besitzt als die Parenchyme. Bei Jungtieren, die kaum intraabdominales Fett besitzen, und bei kachektischen Tieren sind Röntgenaufnahmen des Abdomens entsprechend kontrastarm. Eine sichere Abgrenzung und Beurteilung der einzelnen Organe ist in diesen Fällen kaum möglich. Kaninchen aus Heimtierhaltung sind häufig sehr adipös. Hier finden sich ausgedehnte sublumbale Fettkörper, die im Extremfall einen großen Teil der Bauchhöhle ausfüllen können und die Organe kranio-ventral drängen **(Abb. 2-37)**.

Die Bauchhöhle lässt sich grob in drei Abschnitte unterteilen, denen jeweils bestimmte Organe zugeordnet werden können. Im kranialen Abdomen liegen Leber und Magen. Dem mittleren Bereich sind Pankreas, Nieren, Nebennieren, Ovarien, Dünn- und Dickdarm sowie der Blinddarm zuzuordnen und kaudal finden sich Harnblase und Gebärmutter beim weiblichen sowie Prostata und Samenblasendrüsen beim männlichen Tier.

2.2.4.1 Gastrointestinaltrakt

Die Darstellbarkeit des Gastrointestinaltraktes mit seinen einzelnen Abschnitten im Röntgenbild ist wesentlich von seinem Inhalt abhängig. Bei **Frettchen** ist der Inhalt häufig homogen bei mittlerer Röntgendichte mit nur wenigen Gasansammlungen **(Abb. 2-38A)**, weshalb die Abgrenzung der einzelnen Abschnitte schwierig sein kann. Relativ homogen ist der Inhalt auch bei den Kleinnagern, allerdings mit kleinen Lufteinschlüssen durchsetzt. Der Gastrointestinaltrakt bei **Kaninchen**, **Meerschweinchen**, **Chinchillas** und **Degus** sollte gleichmäßig gefüllt sein. Sein Inhalt besitzt, insbesondere bei Kaninchen, eine eher inhomogene Textur (»Futterstruktur« im Magen) und ist mit kleinen Gaseinschlüssen durchsetzt **(Abb. 2-38B** und **2-38C)**. Diese sind bei Meerschweinchen im Blinddarm besonders ausgeprägt. Die bei **Kaninchen** kugeligen und bei den **Nagern** bohnenförmigen Kotballen im Colon descendens setzen sich im latero-lateralen Strahlengang gut von den sublumbalen Fettkörpern ab, deren Röntgendichte geringer ist. Diese sublumbalen Fettkörper sind bei vielen Kaninchen, Meerschweinchen, Chinchillas und Degus aus Heimtierhaltung relativ voluminös, kommen dagegen bei den Kleinnagern nicht vor.

Magen

Der Magen liegt beim **Frettchen** und den **Nagetieren** links im intrathorakalen Teil der Bauchhöhle und ragt mit seinem Pylorus nur wenig über die Mittellinie auf die rechte Körperseite **(Abb. 2-39A)**. Bei **Kaninchen** zieht der Magen dagegen weit über die Mittellinie und erreicht mit seinem Pylorus fast die rechte Bauchwand. Seine Kontur ist bei **Kaninchen** und den **Nagetieren** in der latero-lateralen wie in der ventro-dorsalen Projektion oval bis birnenförmig **(Abb. 2-38B)**. Nur beim **Frettchen** zeigt er in der ventro-dorsalen Aufnahme eine U-Form mit einer tief eingezogenen kranial gerichteten kleinen Kurvatur. Wie weit der Magen mit seiner kaudalen Kontur über den Rippenbogen reicht, ist primär von seinem Füllungszustand, aber auch von der Lagerungstechnik, abhängig. Werden die Beckengliedmaßen während der Aufnahme weit kaudal gezogen, kommt es bei **Kaninchen** zur Streckung des Magens. Der Magen scheint dann mit mehr als zwei Dritteln über den Rippenbogen zu reichen, füllt aber nur ein Drittel der Thoraxhöhe aus und ist somit weit von der ventralen Bauchwand entfernt. Bei Kaninchen ist es als physiologisch zu betrachten, wenn ungefähr ein Drittel des Magens extrathorakal liegt und sich über zwei Drittel der Throraxhöhe erstreckt. Bei **Meerschweinchen** dagegen liegen Magen- und Darmkonvolut teilweise nebeneinander. Der Magen liegt links neben der mehr rechts liegenden Leber und zieht nach rechts **(Abb. 2-39B)**.

Dünndarm

Der Dünndarm kann bei **Kaninchen** und **Nagetieren** röntgenologisch nicht sicher identifiziert werden. Zur Beurteilung pathologischer Zustände ist es aber hilfreich, seine speziesspezifische physiologische Lage zu kennen. Bei **Kaninchen** liegt das Dünndarmkonvolut überwiegend links kaudal des Magens, während es bei **Meerschweinchen** und **Chinchillas** primär im rechten kranialen Abdomen zu finden ist. Auch bei **Kleinnagern** liegt der Dünndarm vorwiegend im rechten Teil der Bauchhöhle. Der Dünndarm nimmt bei **Frettchen** den größten Teil der Länge des Darmrohres ein und liegt zu ca. zwei Dritteln in der rechten Bauchhöhlenhälfte und zu einem Drittel im linken kaudalen Abdomen hinter dem Magen.

Blinddarm

Der Blinddarm nimmt bei **Kaninchen, Meerschweinchen, Chinchillas** und **Degus** einen großen Teil (ca. 1/3) der Bauchhöhle ein. Auch hier sind speziesspezifische Unterschiede zu beachten. Der Blinddarm liegt beim **Kaninchen** überwiegend rechts der ventralen Bauchwand an und dehnt sich nur kaudal bis auf die linke Seite aus. Im latero-lateralen Strahlengang befindet er sich typischerweise im mittleren ventralen Abdomen. Gerade beim Kaninchen kommt es häufig zur deutlichen Verlagerung des Zäkums nach kranial. Ursache hierfür ist intraabdominales Fett, dass sich als kompakte homogene Masse von kaudo-dorsal nach kranio-ventral erstreckt und auch sonographisch häufig mit einer Umfangsvermehrung verwechselt wird. Im Unterschied zu einer Umfangsvermehrung führt eine massive Adipositas aber auch zur ventralen Verlagerung von Nieren und Kolon um teilweise mehrere Zentimeter **(Abb. 2-37)**. Die Fetteinlagerungen schieben den gesamten Gastrointestinaltrakt kranial und engen ihn entsprechend ein. Seine Füllung ist bei adipösen Kaninchen entsprechend im geringeren Grad möglich. Dies sollte bei einer Zwangsfütterung berücksichtigt werden. Bei **Meerschweinchen, Chinchillas** und **Degus** dehnt sich der Blinddarm gleichmäßig in beide Bauchhöhlenhälften aus und reicht weiter dorsal. Der Zäkuminhalt ist in der Textur der des Magens vergleichbar, wobei er besonders bei Meerschweinchen etwas stärker mit Gas durchsetzt ist **(Abb. 2-39B)**. Trotz seiner Größe ist der Blinddarm in Röntgenbildern ohne Zugabe von Kontrastmitteln meist schlecht abzugrenzen. Der Blinddarm der Kleinnager **Goldhamster** und **Mongolische Rennmaus** sowie insbesondere von **Ratte**

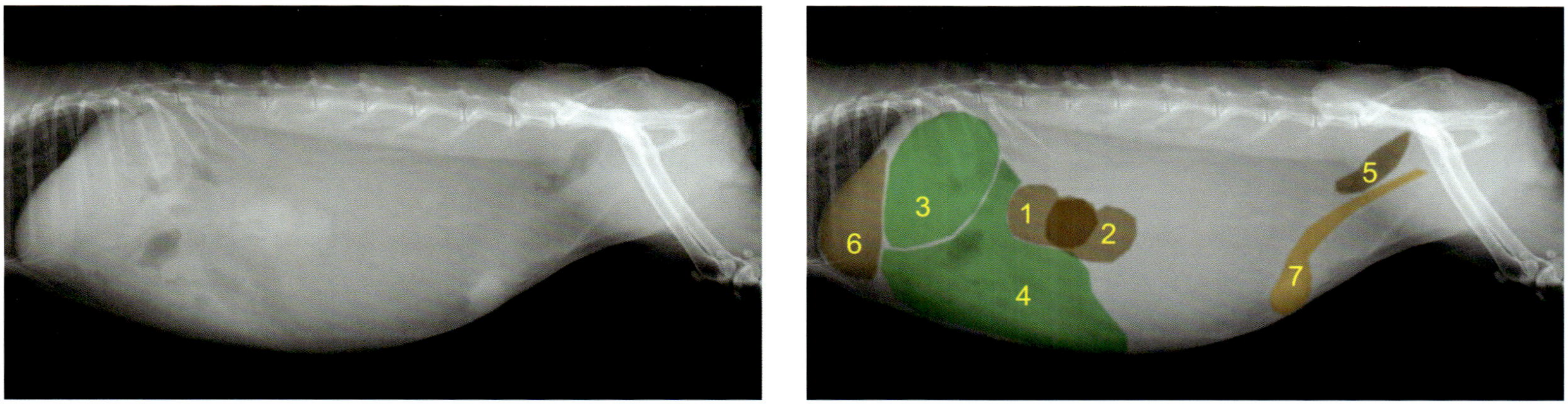

Abb. 2-37: Röntgenuntersuchung, Abdomen, latero-laterale Projektion, Kaninchen. Ausgedehnter sublumbaler Fettkörper, der den Gastrointestinaltrakt in die kraniale Bauchhöhlenhälfte drängt und zur Beeinträchtigung seiner Funktion führen kann.

1: rechte Niere
2: linke Niere
3: Magen
4: Blinddarm und Darmkonvolut
5: Rektum
6: Leber
7: Gebärmutter

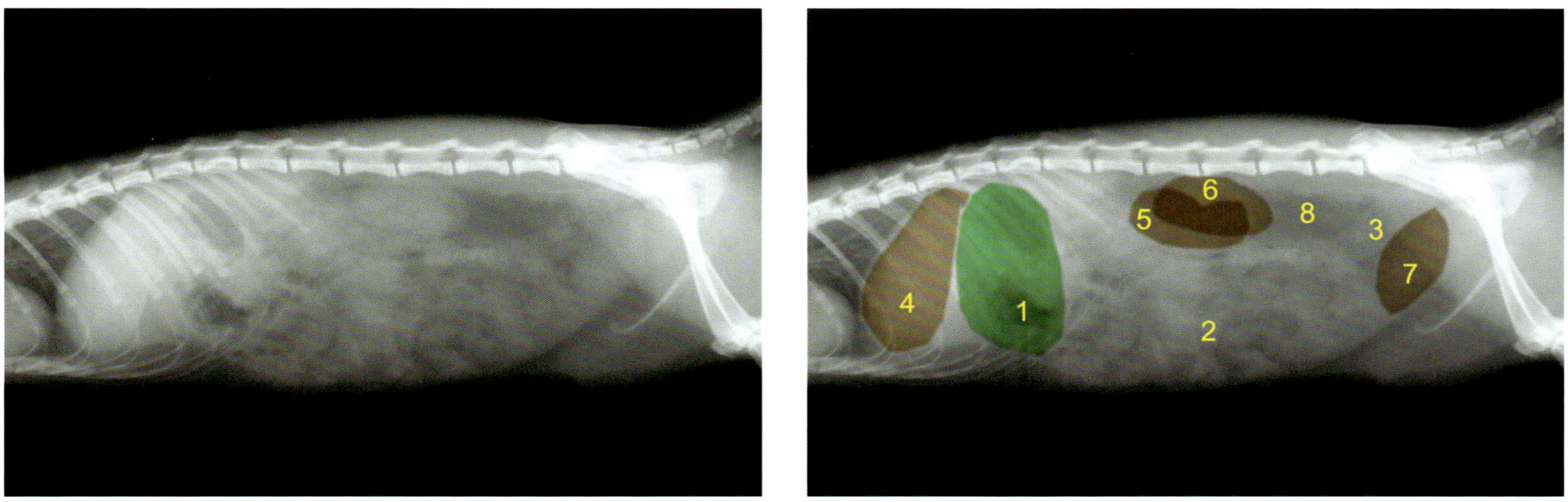

Abb. 2-38A: Röntgenuntersuchung, Abdomen, latero-laterale Projektion, Frettchen. Die verschiedenen Abschnitte des Gastrointestinaltraktes lassen sich beim Frettchen röntgenologisch schlecht voneinander abgrenzen.

1: Magen
2: Darmkonvolut
3: Rektum
4: Leber
5: rechte Niere
6: linke Niere
7: Harnblase
8: sublumbales Fett

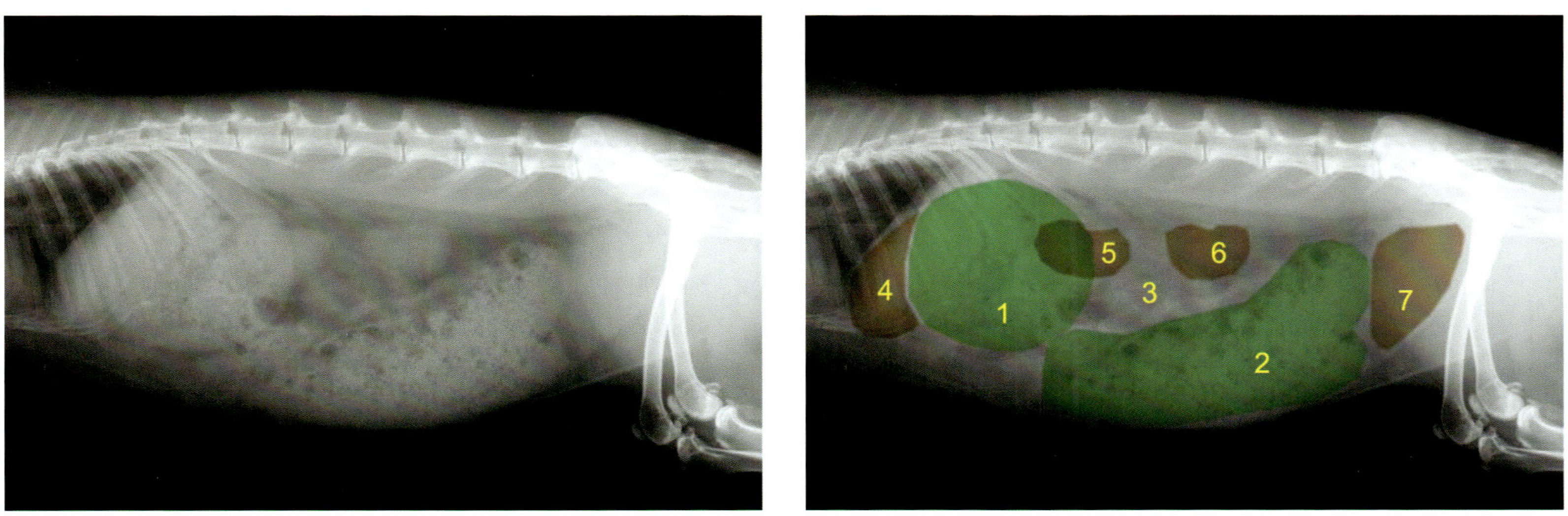

Abb. 2-38B: Röntgenuntersuchung, Abdomen, latero-laterale Projektion, Kaninchen. Magen (1) und Blinddarm (2) mit ihrem inhomogen von Gasbläschen durchsetzten Inhalt lassen sich bei Kaninchen röntgenologisch meistens relativ gut ansprechen.

1: Magen
2: Blinddarm
3: Darmkonvolut
4: Leber
5: rechte Niere
6: linke Niere
7: Harnblase

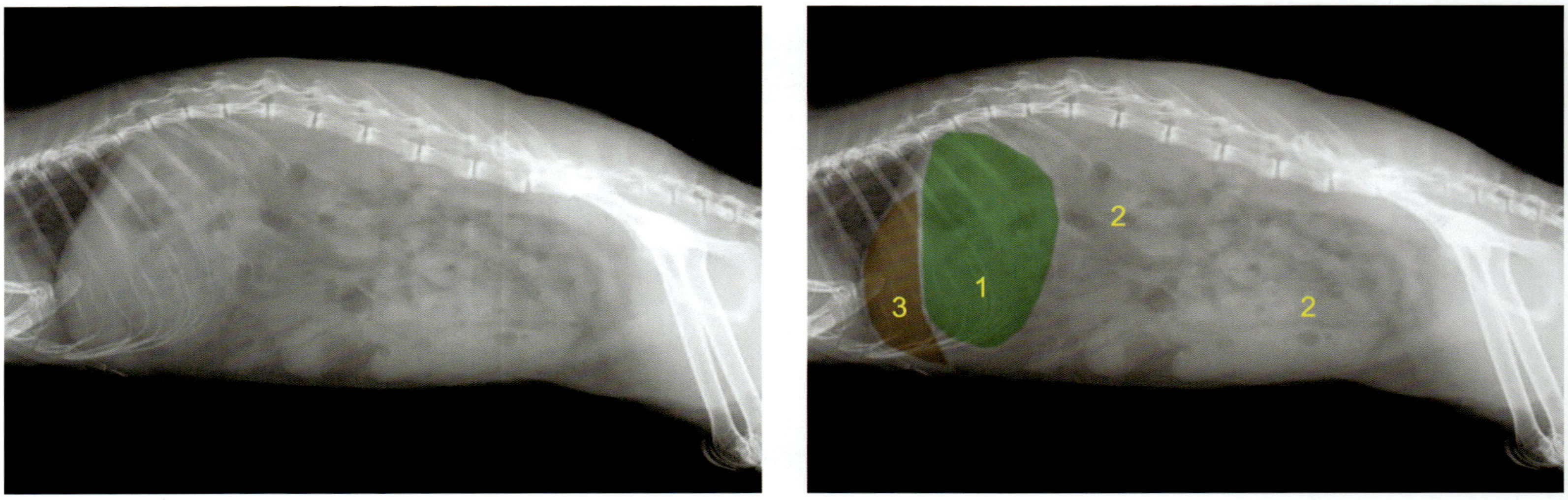

Abb. 2-38C: Röntgenuntersuchung, Abdomen, latero-laterale Projektion, Chinchilla. Der voluminöse Blinddarm ist bei den Caviomorpha meist nicht von dem anliegenden Darmkonvolut zu unterscheiden und der Magen wird z. T. von rechts liegenden Darmschlingen verdeckt und ist nur unsicher abgrenzbar.

1: Magen
2: Darmkonvolut
3: Leber

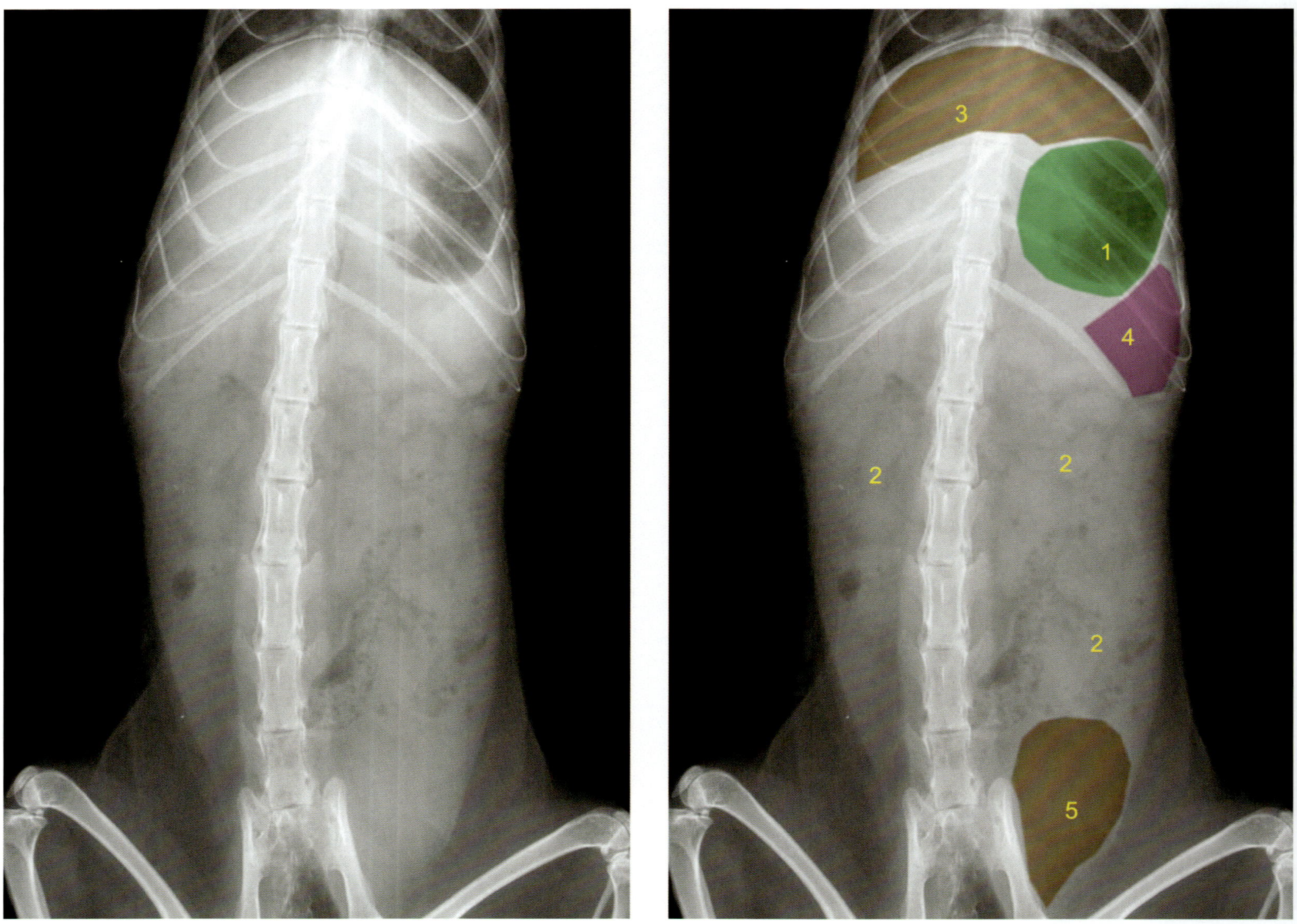

Abb. 2-39A: Röntgenuntersuchung, Abdomen, ventro-dorsale Projektion, Frettchen. Der Magen (1) liegt immer links der Medianen im intrathorakalen Teil der Bauchhöhle und ist an der Gasblase im Fundus meist gut zu identifizieren.

1: Magen
2: Darmkonvolut
3: Leber
4: Milz
5: Harnblase

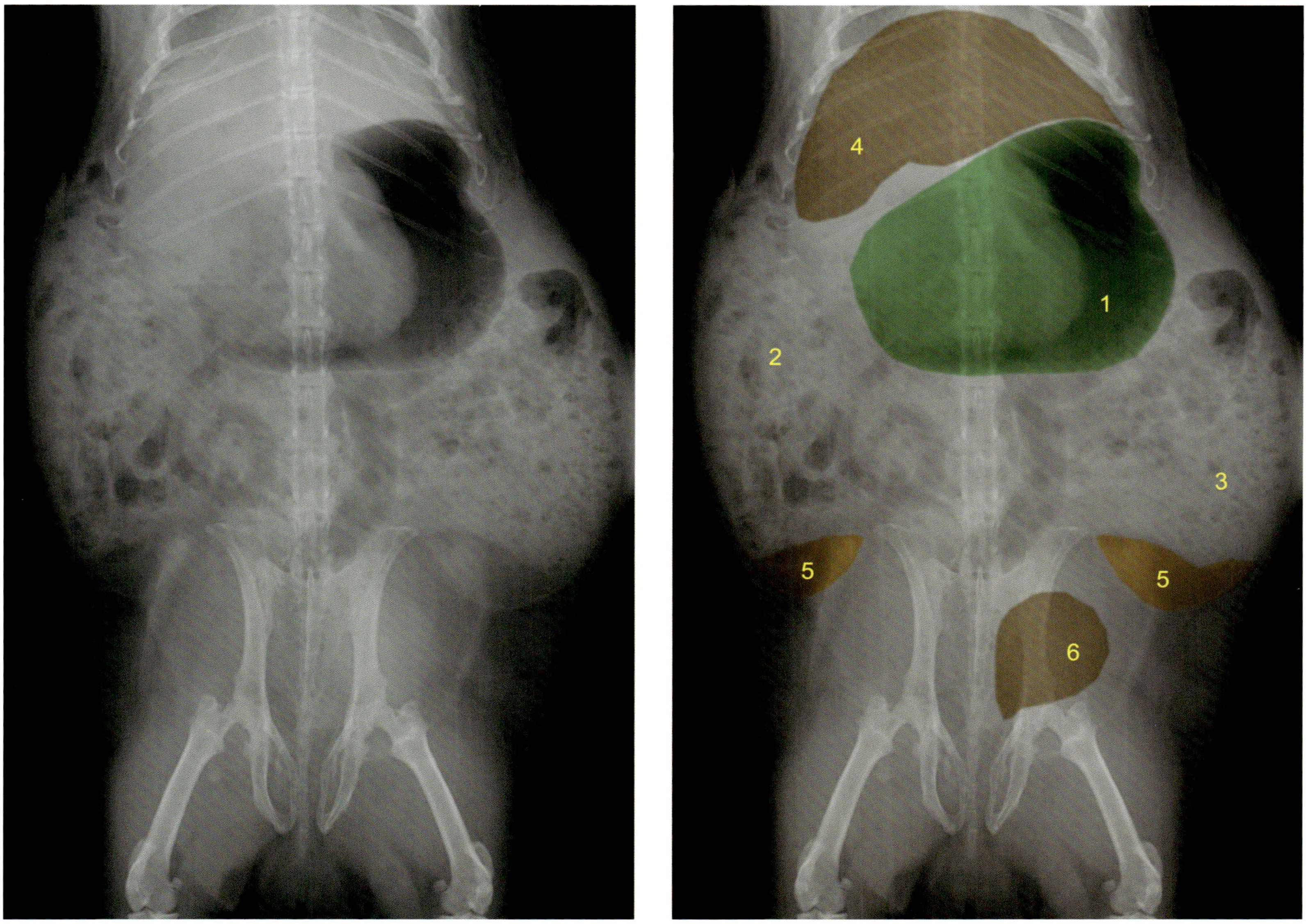

Abb. 2-39B: Röntgenuntersuchung, Abdomen, ventro-dorsale Projektion, Meerschweinchen. Typisch für Meerschweinchen ist die asymmetrisch mehr rechts liegende Leber (4), während der Magen (1) überwiegend links liegt und sich das Dünndarmkonvolut (2) fast ausschließlich in der rechten Bauchhöhlenhälfte befindet. Die voluminösen, fast vollständig vom Gastrointestinaltrakt überlagerten Eierstockzysten (5) buchten die linke und rechte Bauchwand deutlich aus.

1: Magen
2: Dünndarm
3: Blinddarm
4: Leber
5: Eierstockzysten
6: Harnblase

und **Maus** ist deutlich kleiner und einfacher strukturiert. Er zieht in einem speziesspezifisch verschieden ausgeprägten bogen- oder hakenförmigen Verlauf von der rechten auf die linke Körperseite. Lediglich bei der Ratte ist der Blinddarm auch ohne Kontrastdarstellung als röntgendichtere Struktur relativ gut abgrenzbar **(Abb. 2-40** und **2-42)**. Bei **Frettchen** ist kein Blinddarm ausgebildet.

Dickdarm

Der Dickdarm ist beim **Frettchen** sehr kurz und in seinem Verlauf den Verhältnissen bei der Katze vergleichbar. Röntgenologisch ist er, mit Ausnahme des kotgefüllten Enddarms, nur selten abgrenzbar. Ähnlich verhält es sich bei den Kleinnagern. Bei Kaninchen, Meerschweinchen, Chinchillas und Degus hingegen ist das Colon ascendens lang ausgezogen. Zusätzlich rollt es sich bei **Kaninchen** und **Meerschweinchen** sowie individuell unterschiedlich ausgeprägt auch beim **Degu** zu einer Ansa spiralis ein. Beim **Chinchilla** zieht es dagegen in weiten Bögen durch die Bauchhöhle. Die Überlagerung mit dem Blinddarm macht eine röntgenologische Abgrenzung ohne Kontrastpassage meist unmöglich. Nur beim Kaninchen kann das Colon ascendens im ventro-dorsalen Strahlengang dargestellt werden, wenn sich Gas in den Poschen befindet. Das Colon descendens ist sowohl bei Kaninchen als auch bei Meerschweinchen teilweise gut zu erkennen. Besonders bei adipösen Kaninchen ist es durch sublumbale Fettmassen oft bis zu mehrere Zentimeter kaudo-ventral verlagert und setzt sich dann als kaudal ziehende Struktur vom homogenen Fett geringerer Röntgendichte ab.

2.2.4.2 Leber

Die Leber bildet sich als homogener Weichteilschatten im intrathorakalen Teil der Bauchhöhle ab und sollte mit ihrer kaudoventralen Kontur nicht über den Rippenbogen hinausreichen **(Abb. 2-27** und **Abb. 2-38A-C)**. Eine Ausnahme stellt die **Ratte** dar, deren Leber auch physiologisch deutlich über den Rippenbogen hinausragt **(Abb. 2-40** und **2-42)**. Gelegentlich kann dies auch bei klinisch gesunden **Meerschweinchen** vor allem auf der rechten Seite beobachtet werden. Es kann ein Hinweis auf eine Fettleber sein, die bei Meerschweinchen aus Heimtierhaltung häufig vorliegt.

2.2.4.3 Pankreas

Das Pankreas ist röntgenologisch nicht darstellbar.

2.2.4.4 Milz

Die Milz der **Kaninchen** und **Nagetiere** ist relativ klein und physiologischerweise röntgenologisch nicht darstellbar. **Frettchen** haben dagegen eine relativ große Milz, die bei adulten Tieren häufig noch vergrößert ist **(Abb. 2-41)**, ohne dass dies mit einem spezifischen Krankheitsgeschehen in Verbindung gebracht werden kann. Bei dieser Spezies stellt sich die Milz daher sowohl in der latero-lateralen als auch der ventro-dorsalen Projektion röntgenologisch sehr gut dar. In einer latero-lateralen Aufnahme kann man die Milz als homogenen weichteildichten ovalen bis dreieckigen Bezirk, der kaudal der Leber der ventralen Bauchwand aufliegt, erkennen. In der ventro-dorsalen Projektion bildet sich die Milz ebenfalls als dreieckiger bis ovaler Weichteilschatten ab, der kaudal des Magens an der linken Bauchwand liegt.

2.2.4.5 Harntrakt

Nieren

Die Nieren liegen retroperitoneal an der dorsalen Bauchwand. Die linke Niere liegt in der Regel weiter kaudal als die rechte Niere. Die genaue Lage der Nieren ist speziesspezifisch (Tabelle 2-3).

Alle in diesem Buch besprochenen Kleinsäugerspezies besitzen eine bohnenförmige Niere, die vergleichend anatomisch betrachtet vom glatten einwarzigen Typ ist. Röntgenologisch lassen sich die Nierenje nach Ausmaß der retroperitonealen Fettdepots individuell und speziesspezifisch sehr gut oder überhaupt nicht abgrenzen. Bei **Frettchen** im guten Ernährungszustand sind die Nieren meist gut zu identifizieren **(Abb. 2-38A)**. Gleiches gilt für die häufig recht adipösen **Zwergkaninchen** aus Heimtierhaltung, bei denen die Nieren in dicken Fettpolstern eingelagert sind und besonders die linke Niere durch die Fettpolster relativ weit ventral in die Bauchhöhle gedrängt sein kann **(Abb. 2-37)**. Der voluminöse Blinddarm der **Meerschweinchen, Chinchillas** und **Degus** überlagert meistens die Nieren, so dass diese nicht abgrenzbar sind. Auch bei den **Kleinnagern** verhindert eine Überlagerung durch den Gastrointestinaltrakt meistens eine sichere Abgrenzung der Nieren. Am ehesten gelingt eine Identifizierung der Nieren bei sehr adipösen **Ratten (Abb. 2-42)**.

Ureter

Die Ureteren lassen sich ohne Kontrastdarstellung im Röntgenbild nicht abgrenzen. Teilweise werden sie aber durch Einlagerung von Konkrementen sichtbar (s. Kap. 2.9.7.2).

Harnblase

Die Harnblase stellt sich als länglich birnenförmige bis kugelige Struktur dar, die der ventralen Bauchwand anliegt. Besonders bei **Kaninchen** ist die längliche, oft gut gefüllte und bis zum Nabel reichende Harnblase gut zu erkennen **(Abb. 2-38b)**. Bei **Meerschweinchen, Chinchillas** und **Degus** liegt die kleine Harnblase vor dem Beckeneingang und wird in vielen Fällen kranial vom Blinddarm überlagert. In kontrastreichen Röntgenaufnahmen von **Kleinsäugern** ist die Harnblase zumindest in der latero-lateralen Projektion ebenfalls gut abzugrenzen **(Abb. 2-42)**.

Urethra

Die Urethra stellt sich physiologischerweise in ihrem Verlauf durch die Beckenhöhle und den Penis nicht dar.

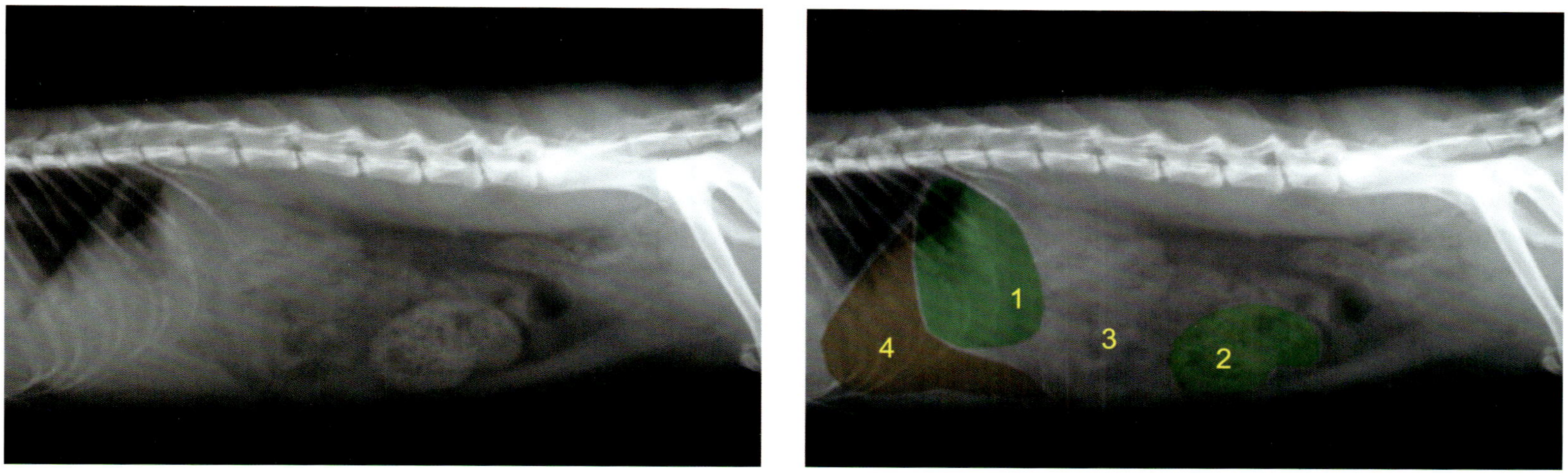

Abb. 2-40: Röntgenuntersuchung, Abdomen, latero-laterale Projektion, Ratte. Die Leber (4) reicht bei Ratten physiologischerweise deutlich über den Rippenbogen.

1: Magen
2: Blinddarm
3: Darmkonvolut
4: Leber

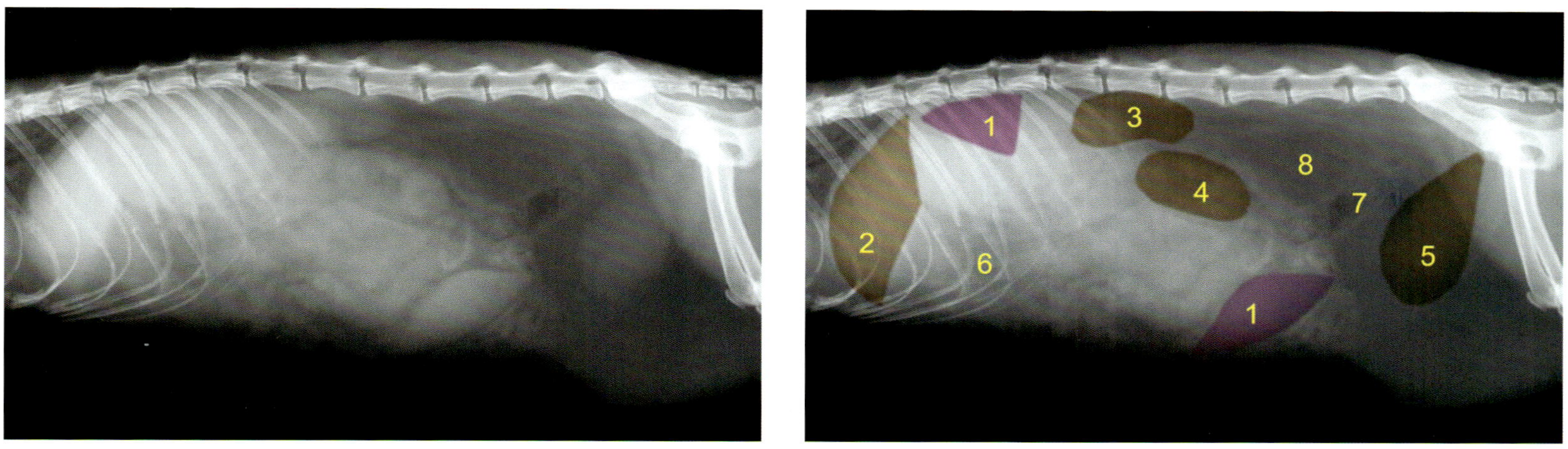

Abb. 2-41: Röntgenuntersuchung, Abdomen, latero-laterale Projektion, Frettchen. Die Milz (1) ist bei Frettchen meist sehr prominent. Die Abgrenzung von einer klinisch relevanten Splenomegalie ist nicht sicher möglich.

1: Milz
2: Leber
3: rechte Niere
4: linke Niere
5: Harnblase
6: Magen
7: Rektum
8: sublumbaler Fettkörper

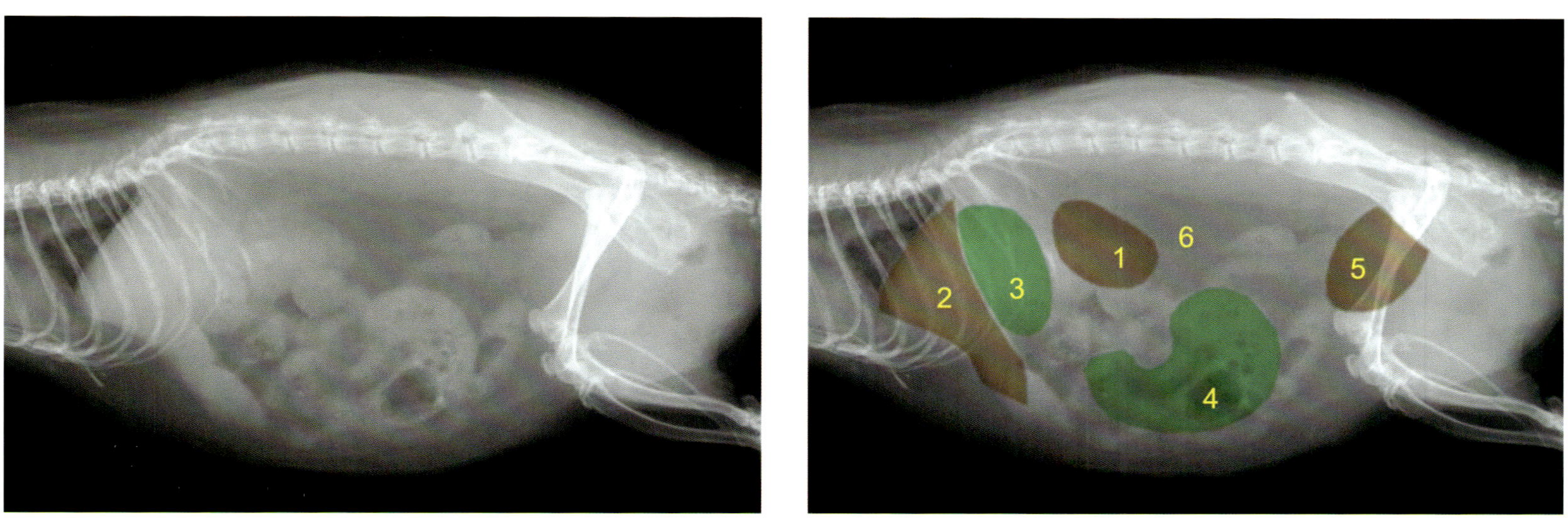

Abb. 2-42: Röntgenuntersuchung, Abdomen, latero-laterale Projektion, Ratte. Die Nieren (1) lassen sich nur bei adipösen Ratten mit sublumbalem Fettkörper (6) abgrenzen.

1: Nieren
2: Leber
3: Magen
4: Blinddarm
5: Harnblase
6: sublumbaler Fettkörper

2.2.4.6 Geschlechtsapparat

Die meisten intraabdominalen Abschnitte des unveränderten Geschlechtsapparates (Uterus, Ovarien, Prostata, Samenblasendrüsen) sind auf einem Röntgenbild nicht abzugrenzen. Nur bei sehr adipösen **Kaninchen** kann sich die Gebärmutter im laterolateralen Strahlengang als röntgendichterer Strang vom umgebenden Fett absetzen, der dorsal über die Harnblase hinweg bis zur ventralen Bauchwand zieht **(Abb. 2-37)**. In der Regel erweisen sich diese Uteri in der sonographischen Untersuchung aber als endometrial hyperplastisch verdickt (s. Kap. 2.9.8.3). Ovarien können bei **Meerschweinchen** bis zu mehrere Zentimeter groß werden und sind dann im Röntgenbild als röntgendichtere rundliche Strukturen latero-kaudal der Nieren zu erkennen (s. Kap. 2.9.8.4)

Eine **röntgenologische Trächtigkeitsuntersuchung** ist nur bei **Meerschweinchen** und **Chinchillas** sinnvoll, da sich nur bei diesen Spezies die Feten im letzten Drittel der Trächtigkeit aufgrund der Mineralisation des Skeletts röntgenologisch gut darstellen lassen **(Abb. 2-43A)**. Die schwache Mineralisation des Skelettes von Kaninchenfeten lässt ihre röntgenologische Darstellung dagegen nur in den letzten Tagen der Trächtigkeit zu **(Abb. 2-43B)**. Ein typisches Phänomen beim **Meerschweinchen** ist, dass die Symphysis pelvis zwei Wochen vor Ende der Trächtigkeit beginnt, sich röntgenologisch deutlich erkennbar weit zu öffnen und so einen ausreichend weiten Geburtskanal für die sehr großen Feten schafft (s. **Abb. 2-24**). *Post partum* schließt sich die Symphyse innerhalb eines Tages wieder.

2.2.4.7 Nebennieren

Die Nebennieren sind röntgenologisch nicht darstellbar.

Tabelle 2-3: Speziesspezifische Lage der Nieren

Tierart	rechte Niere	linke Niere
Frettchen	L2–L3	L3–L4
Kaninchen	Th13–L1	L3–L5
Meerschweinchen/Chinchilla	Th12/13–L1	Th13/14–L2
Ratte	Th12/Th13–L1	Th13–L2
Goldhamster/Mongolische Rennmaus/Maus	L2–L4	L3–L5

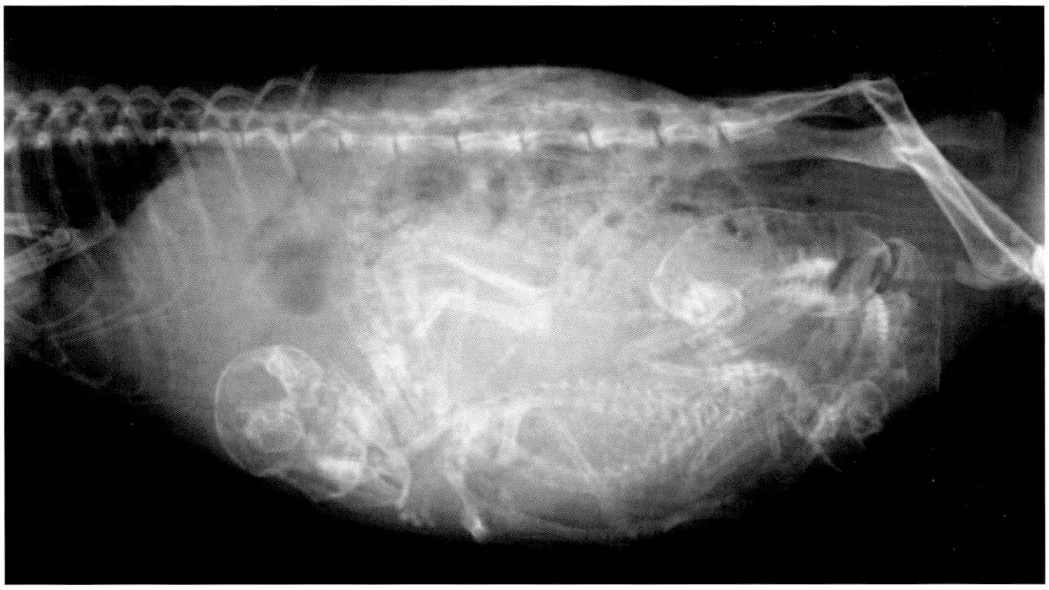

Abb. 2-43A: Röntgenuntersuchung, Abdomen, latero-laterale Projektion, Meerschweinchen. Feten lassen sich bei den Caviomorpha mit ihrer langen Tragzeit im letzten Drittel der Trächtigkeit röntgenologisch gut nachweisen.

Aufnahme mit freundlicher Genehmigung: Tierklinik Oberhaching.

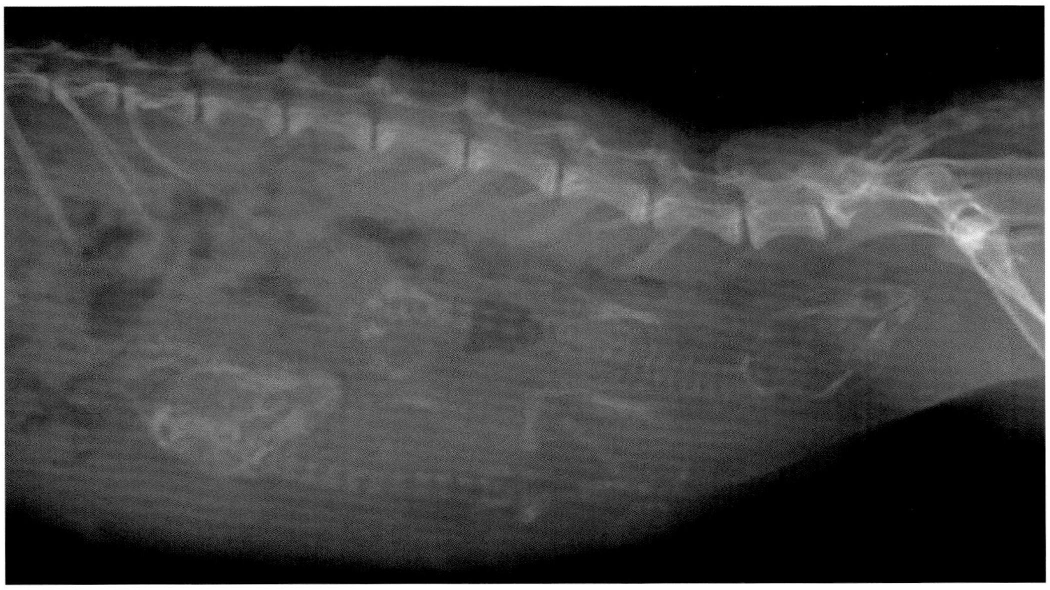

Abb. 2-43B: Röntgenuntersuchung, Abdomen, latero-laterale Projektion, Kaninchen. Bei den Kaninchen mit ihrer kurzen Tragzeit lassen sich die Feten nur zum Ende der Trächtigkeit röntgenologisch darstellen.

Aufnahme mit freundlicher Genehmigung: Tierklinik Oberhaching.

2.3 Ultraschalluntersuchung

SVEN REESE

2.3.1 Technische Voraussetzungen

Die sonographische Untersuchung von Kleinsäugern stellt wegen der geringen Körpergröße der Patienten besonders hohe Anforderungen an das Auflösungsvermögen der Geräte. Die technische Entwicklung der Ultraschallsysteme hat in den letzten Jahren so rasante Fortschritte gemacht, dass Systeme, die mit guter Bildqualität bei der Katze Verwendung finden, auch für den Einsatz beim Kleinsäuger als geeignet angesehen werden können. Limitierender Faktor ist eher der zur Verfügung stehende Schallkopf. Für die abdominale Sonographie sollte unbedingt eine hochauflösende Linearsonde vorhanden sein. Selbst hochauflösende Mikrokonvexsonden sind wegen ihres schmalen Gesichtsfeldes im Nahfeld weniger geeignet. Nur die Darstellung der Leber im Sagittalschnitt gelingt mit diesen im Vergleich zur Linearsonde teilweise leichter. Ansonsten bleibt deren Einsatz nur speziellen Fragestellungen, wie der Darstellung des kranialen Mediastinums durch die Apertura thoracis cranialis, vorbehalten.

Bei Linearsonden handelt es sich üblicherweise um sogenannte T-Sonden. Daneben gibt es als Sonderformen auch intraoperative Sonden oder Fingertipsonden. Die T-Sonden ermöglichen meist eine höhere Bildqualität. Aber gerade bei den Kleinnagern sind die kleinen intraoperativen Sonden mit ihrer seitlichen Kabelführung deutlich handlicher und flexibler anzuwenden. Die Breite einer Linearsonde sollte auf jeden Fall 4 cm nicht überschreiten. Dies ist nicht nur darin begründet, dass die Ankopplung bei kleinen Patienten nicht mehr in allen Ebenen möglich ist, sondern auch darin, dass die meisten Ultraschallsysteme bei breiten Linearsonden keine geringere Eindringtiefe als 4 cm zulassen. Gerade bei kleineren Spezies sind aber häufig nur Eindringtiefen von maximal 2 cm notwendig.

Die benötigten Schallfrequenzen hängen stark von der Größe der zu untersuchenden Tierart ab. Bei größeren Spezies wie Kaninchen, Frettchen, Meerschweinchen und Chinchillas sind gut auflösende Systeme bei einer Frequenz von 7,5 MHz durchaus schon zur Diagnosefindung geeignet. Empfehlenswert ist es aber, auch bei diesen Spezies bei Mittenfrequenzen von 10–12 MHz zu arbeiten, die sich ebenfalls bei Ratten eignen. Selbst 12-MHz-Sonden kommen im Einsatz bei kleineren Nagern wie Goldhamstern, Mongolischen Rennmäusen und Mäusen schnell an ihre Grenzen. Hochauflösende Systeme mit 15–20 MHz sind hier deutlich überlegen.

Auf die speziellen Anforderungen an die Ultraschallsysteme und die Sonden für den Einsatz in der Echokardiographie und Ophthalmosonographie wird in den jeweiligen Kapiteln eingegangen (s. Kap. 2.4.2.1 und 2.4.4.1 ff.).

Neben der konventionellen Sonographie im B-Mode ist die Anwendung von Doppler-Techniken auch bei Kleinsäugern möglich. Ihr Einsatz ist insbesondere in der Echokardiographie von besonderer Bedeutung und wird dort ausführlich beschrieben (s. Kap. 2.4.2.6).

In der abdominalen Sonographie werden klinisch-diagnostisch bisher nur der Farb-Doppler und der sensitivere richtungsunabhängige Power-Doppler verwendet, z. B. um die Vaskularisation von Geweben und Organen darzustellen. Die geringen Durchmesser der Gefäße erfordern eine hohe Sensitivität der verwendeten Systeme. Gleichzeitig gibt es das Problem, dass die relativ hochfrequenten Atembewegungen zusätzlich zu Artefakten führen, die sich häufig auch über den Einsatz von Wandfiltern nicht vermeiden lassen oder den Einsatz der Doppler-Techniken im kranialen Abdomen sogar unmöglich machen.

Der Einsatz der Sonographie sollte nicht in Konkurrenz zur Röntgenuntersuchung stehen, sondern je nach Fragestellung können sich die beiden bildgebenden Verfahren ergänzen oder jeweils das eine oder andere Untersuchungsverfahren sollte als Methode der ersten Wahl herangezogen werden.

Indikationen

- tastbare Umfangsvermehrungen im Abdomen
- tastbare Vergrößerung von Leber, Niere und Milz
- Schmerzen beim Abtasten der Niere
- prall gefüllte, evtl. schmerzhafte Harnblase
- Dysurie und Hämaturie
- vaginaler Ausfluss
- urinverklebtes Fell im Perineum und am Innenschenkel
- Trächtigkeitsdiagnostik

2.3.2 Lagerung und Fixation

Die meisten Kleinsäuger aus der Heimtierhaltung sind heutzutage ausgesprochen handzahm und lassen sich mit wenigen Ausnahmen ohne Sedation untersuchen, wenn mit den Tieren ruhig und im Handling sicher umgegangen wird. Werden Kleinnager in einem Käfig vorgestellt, der mit vielen Versteckmöglichkeiten ausgestattet ist, sollten diese vor der Entnahme des Patienten aus dem Käfig entfernt werden. Eine »Treibjagd« des Tieres von Versteck zu Versteck durch den Käfig ist für die folgende Untersuchung meist kontraproduktiv und macht vor dem Patientenbesitzer einen schlechten Eindruck.

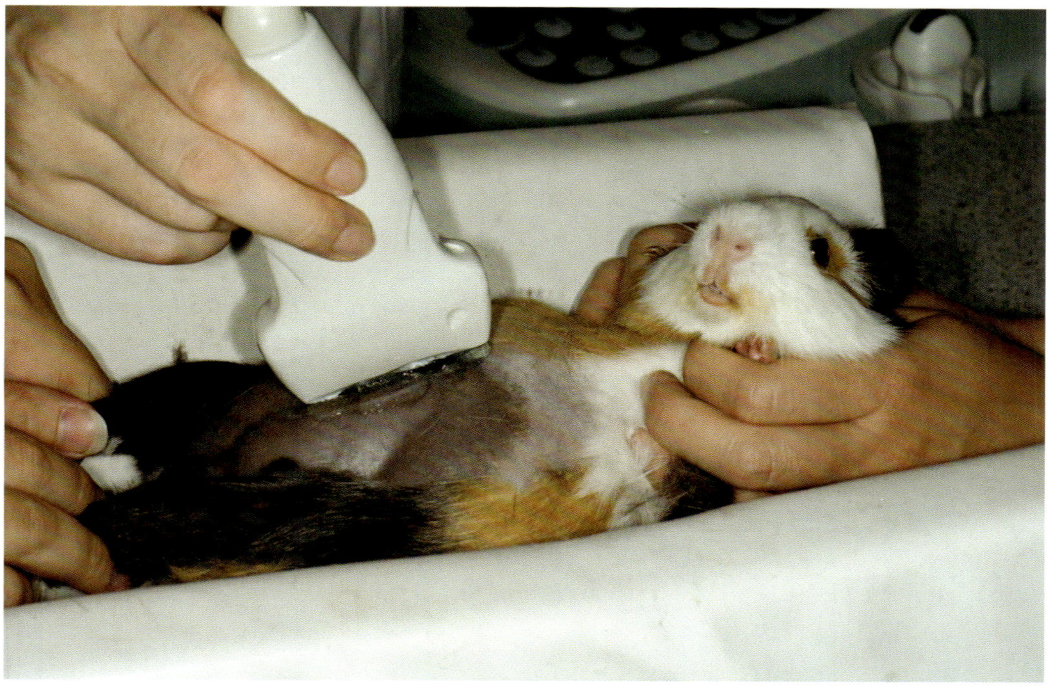

Abb. 2-44A: Manuelle Lagerung und Fixation eines Meerschweinchens für die abdominale Sonographie.

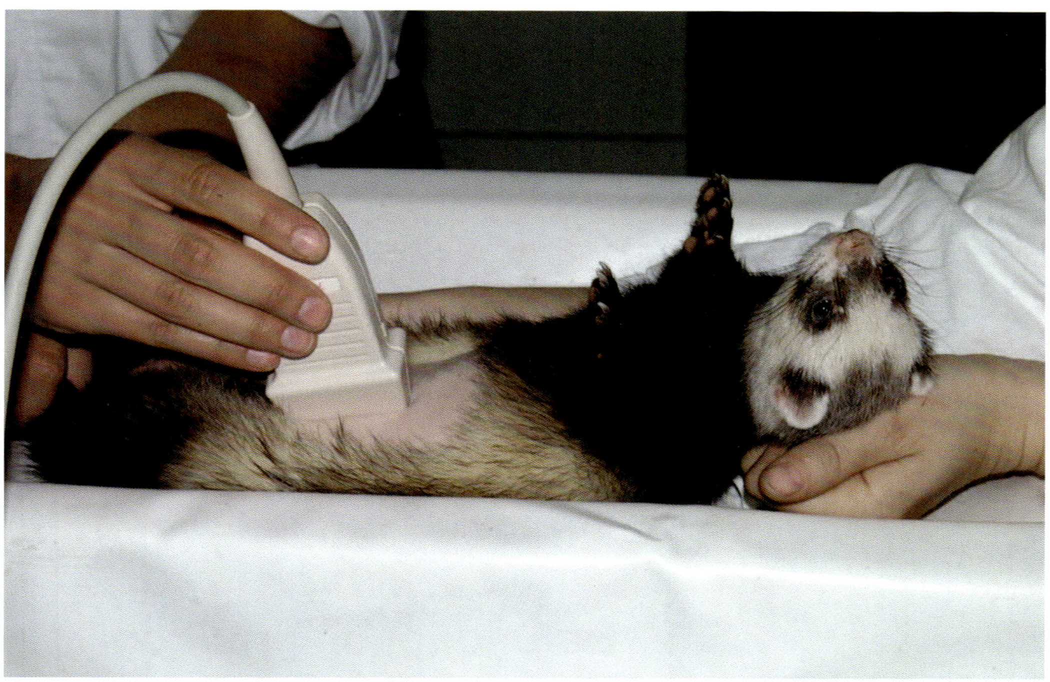

Abb. 2-44B: Die Fixation eines Frettchens im Nackengriff während der sonographischen Untersuchung ist nur selten, bei sehr unruhigen und aggressiven Tieren notwendig.

Aufnahme mit freundlicher Genehmigung aus: Reese, S., Frings, B. (2004): Die abdominale Ultraschalluntersuchung beim Frettchen. Tierärztl. Prax. **32**(K): 182–189.

Frettchen, Kaninchen, Meerschweinchen und **Chinchillas** lassen sich sehr gut in Rückenlage untersuchen. Als Unterlage haben sich Lagerungschalen aus Schaumstoff bewährt. Zur Fixation sollten die Tiere von ein oder zwei Hilfspersonen am Schultergürtel und an den Beckengliedmaßen gehalten werden **(Abb. 2-44A)**. Bei sehr unruhigen oder bissigen **Frettchen** kann auch ein fester Nackengriff notwendig sein **(Abb. 2-44B)**. Werden **Kaninchen** symmetrisch in Rückenlage positioniert und haben keine Möglichkeit, den Kopf zur Seite zu drehen, verharren sie in einer Schreckstarre, bei der die Hintergliedmaßen leicht angezogen sind und evtl. ein leichtes Zittern zeigen. In dieser Position ist eine Fixation der Beckengliedmaßen nicht unbedingt notwendig. Kaninchen, die während der Untersuchung versuchen sich umzudrehen, sollte man gewähren lassen und nach einer kurzen Pause zur weiteren Untersuchung wieder in Rückenlage verbringen. Auf keinen Fall sollten Kaninchen mit Gewalt in Rückenlage gehalten werden, da die Verletzungsgefahr für die Tiere bei heftigen Abwehrbewegungen zu groß ist. Für die Echokardiographie (s. Kap. 2.4.2.2) werden die Tiere auf einem auch bei Hund und Katze üblichen Lochtisch in Seitenlage gehalten. Alternativ ist die Untersuchung bei allen genannten Arten auch auf dem Schoß einer Hilfsperson oder des Untersuchers möglich. Hier sind die Tiere meist weniger beunruhigt. Bei Frettchen hat sich zudem die Ablenkung mit Vitaminpaste hervorragend bewährt **(Abb. 2-51C)**.

Kleinnager tolerieren die Rückenlage nur sehr schlecht. **Ratten** und **Degus** werden, je nachdem wie handzahm das Tier ist, im Schulter-, Scheren- oder Nackengriff fixiert und aufrecht gestellt **(Abb. 2-45A)**. Wichtig ist dabei, dass die Tiere mit den Hinterpfoten auf einer Unterlage stehen können. **Goldhamster, Mongolische Rennmäuse** und **Mäuse** werden mit der nicht den Schallkopf führenden Hand großzügig im Nackengriff genommen und in der Hohlhand gelagert. Mäusen wird zusätzlich der kleine Finger über die Schwanzwurzel gelegt. Bei handzahmen Mongolischen Rennmäusen ist es häufig ausreichend, Kopf und Rumpf zwischen Fingern und Daumen zu fixieren **(Abb. 2-45B)**. Im Gegensatz zu Goldhamstern und Mäusen fallen die Mongolischen Rennmäuse in dieser Position in eine Starre. Bei Goldhamstern und Degus ist es zum Teil erfolgreich, die Tiere mit angebotenem Futter abzulenken **(Abb. 2-45A)**.

2.3.3 Vorbereitung des Patienten

Im Gegensatz zu den Verhältnissen bei Hund und Katze dürfen **Kaninchen** und **Nagetiere** auf keinen Fall als Vorbereitung auf die Untersuchung nüchtern gehalten werden. Die Magenentleerung ist bei **Kaninchen, Meerschweinchen** und **Chinchillas** von einer kontinuierlichen Futteraufnahme abhängig, so dass eine Nüchternphase nicht den gewünschten Erfolg hätte, aber die große Gefahr der Entwicklung einer Tympanie birgt. Auch **Frettchen** sollten maximal vier bis fünf Stunden nüchtern gehalten werden, da sie sonst in einen hypoglykämischen Zustand abrutschen können.

Eine gute Bildqualität ist von einer guten Ankopplung an die Haut abhängig. Hierzu ist es mit Ausnahme des **Goldhamsters** unabdingbar, die Tiere großzügig zu scheren. Der Einsatz von leisen Akkuschermaschinen hat sich hier bewährt, da er die Tiere weniger beunruhigt. Ein häufiger Fehler bei der Vorbereitung für die abdominale Sonographie ist die kranial zu kurze Schur bei Kaninchen, wodurch die Untersuchung der Leber erschwert oder unmöglich gemacht wird. Zur Kontrolle sollte der Rippenbogen ertastet werden. Seitlich muss die Schur mindestens bis zur Höhe der Kniefalten erfolgen. Eine seitlich zu knappe Schur kann bei den Spezies mit einem voluminösen Blinddarm die Darstellung der Nieren wesentlich erschweren.

Als Ankopplungsmedium sollte großzügig Ultraschallgel verwendet werden, das bei den Kleinnagern, um eine Auskühlung der Patienten zu verhindern, angewärmt werden sollte. Zu diesem Zweck hat sich der Einsatz von Babyflaschenwärmern bewährt. Aus dem gleichen Grunde ist der großzügige Einsatz von Alkohol insbesondere bei den Kleinnagern nicht zu empfehlen, da er beim großflächigen Verdunsten auf der Bauchhaut zu starkem Wärmeverlust führen kann. Nur beim Goldhamster sollte das Fell in der zu untersuchenden Region mit Alkohol befeuchtet werden.

2.3.4 Untersuchungsgang

Für die abdominale Sonographie kann der gleiche Untersuchungsgang verwendet werden, wie er auch bei Hund und Katze üblich ist. Eine der gängigen Verfahren ist der Beginn im kaudalen Abdomen mit der Darstellung der Harnblase und der Nachjustierung der gesamt- und tiefenabhängigen Verstärkung an die individuellen Ankopplungsbedingungen bei dem jeweiligen Patienten. Im Folgenden wird gegen den Uhrzeigersinn durch das Abdomen gegangen und systematisch jedes Organsystem untersucht. Die Darstellung und Dokumentation sollte möglichst in Standardschnittebenen erfolgen, wodurch z. B. der Vergleich mit Untersuchungsergebnissen aus Folgeuntersuchungen deutlich erleichtert wird.

2.3.5 Befunddokumentation

Die gebräuchlichste Form der Befunddokumentation stellt der Videoprint dar. Aktuelle Ultraschallsysteme bieten mittlerweile fast alle auch die Möglichkeit der digitalen Aufzeichnung einzelner Bilder oder Untersuchungssequenzen und die Archivierung auf CD-ROM oder über USB auf externe Festplatten. Optimal sind die Einbindung in ein klinikinternes DICOM-Netzwerk und die Verknüpfung der Daten mit einem Patientenverwaltungssystem, so dass die Bilddaten jederzeit zusammen mit der digitalen Karteikarte zur Verfügung stehen.

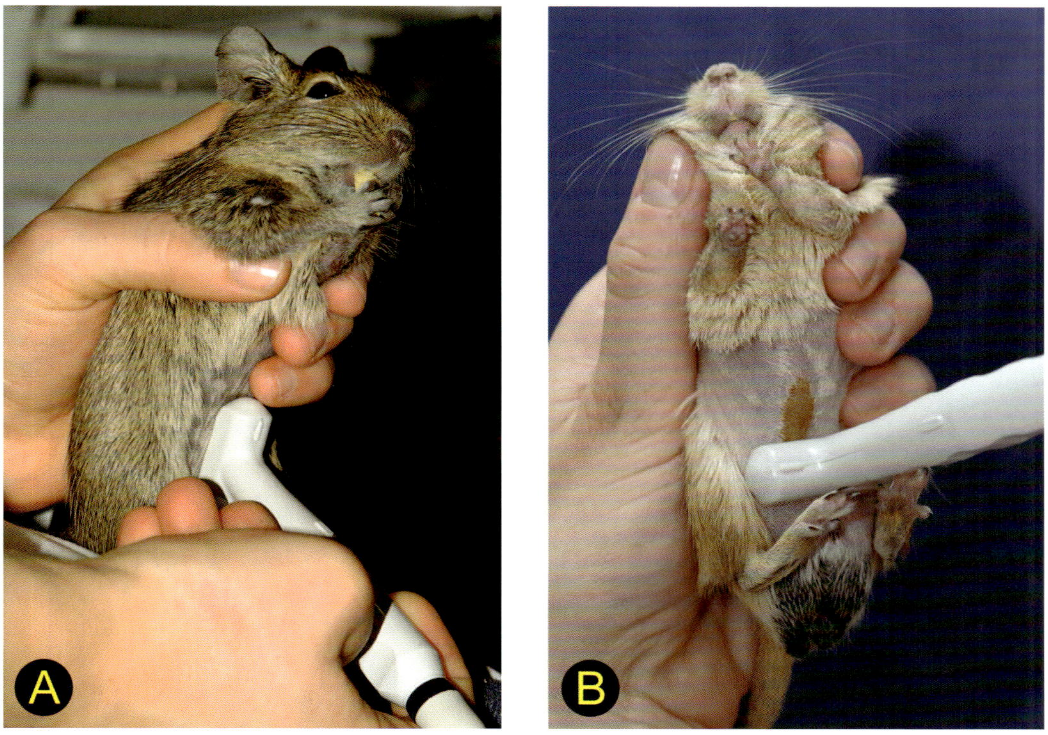

Abb. 2-45: Degus (A) lassen sich sonographisch am einfachsten in aufrechter Position bei sicherem Stand auf den Hinterpfoten untersuchen und lassen sich gut mit Futter ablenken. Mongolische Rennmäuse (B) halten dagegen am besten ruhig, wenn sie in der Hohlhand gelagert werden.

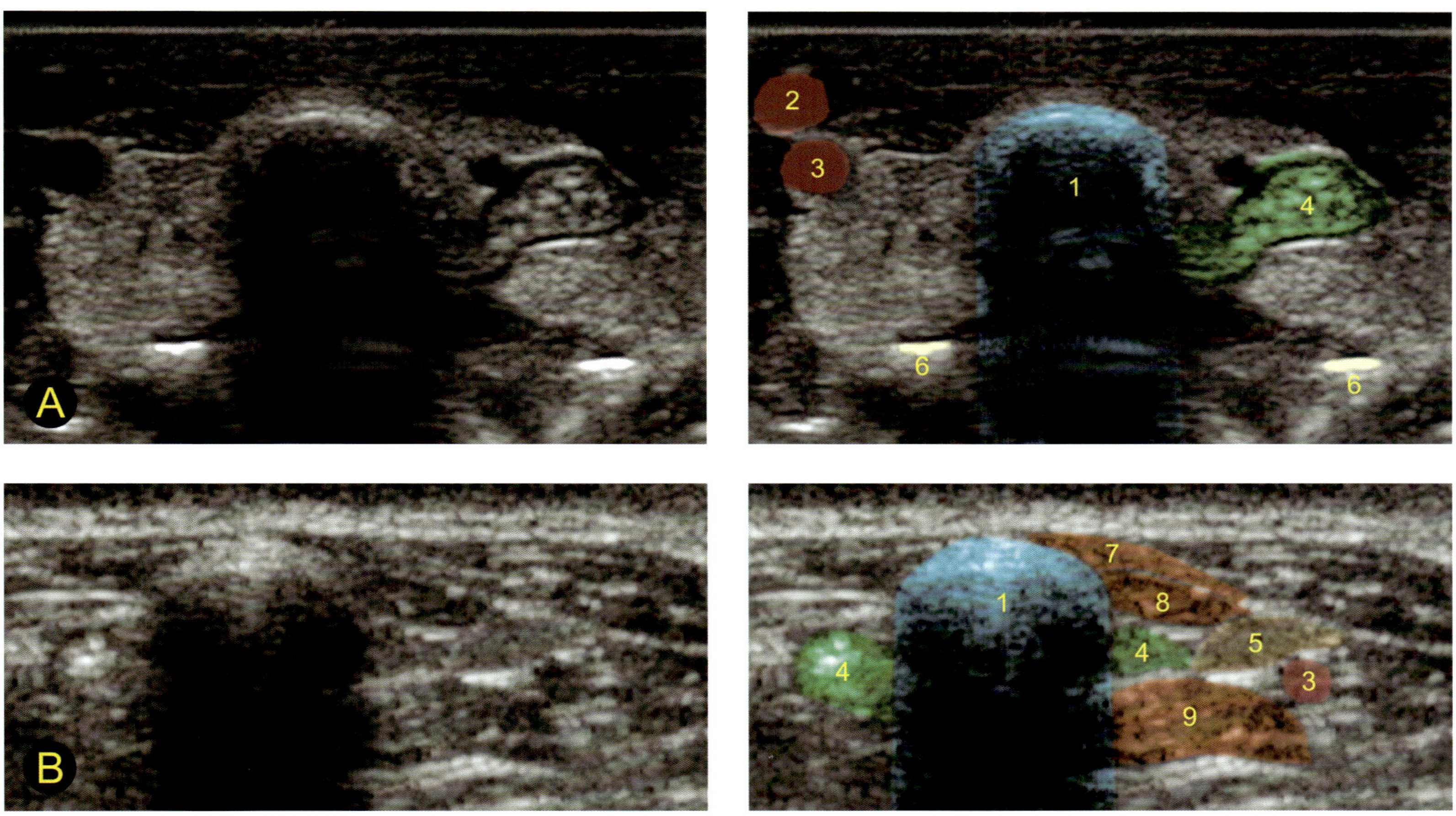

Abb. 2-46: Ultraschalluntersuchung, Hals im Transversalschnitt, 13 MHz.

A: ET 1,5 cm, Kaninchen.

B: ET 1 cm, Frettchen.

1: Trachea
2: V. jugularis dextra
3: A. carotis communis
4: Ösophagus
5: linker Schilddrüsenlappen
6: Querfortsätze der Halswirbel
7: M. sternohyoideus
8: M. sternothyreoideus
9: M. logus colli

2.4 Sonographische Anatomie

2.4.1 Weichteile am Hals

Sven Reese

Die sonographische Untersuchung der Halseingeweide ist bei Hund und Katze mittlerweile ein etabliertes Verfahren. Bei den Kleinsäugern limitieren die geringen Dimensionen den Einsatz hier noch erheblich. Mit hochauflösenden Systemen (12–15 MHz) ist es bei **Frettchen, Kaninchen** und **Meerschweinchen** möglich, Trachea, Ösophagus und die Halsschlagadern sicher abzugrenzen **(Abb. 2-46A, B)**. Die Darstellung der gesunden Schilddrüse **(Abb. 2-46B)** gelingt dagegen nicht immer.

2.4.2 Thorax: Echokardiographie

Cordula Poulsen Nautrup

Die luftgefüllten Lungen bilden ein absolutes Hindernis für die Schallwellen. Die sonographische Untersuchung intrathorakaler Organe ist also nur möglich, wenn sie der Brustwand direkt anliegen. Dieses Kriterium ist für das Herz in hervorragender Weise erfüllt, während die übrigen Organe nur sehr eingeschränkt für die sonographische Diagnostik zugänglich sind. So kann versucht werden, über die Apertura thoracis cranialis mit einer Mikrokonvexsonde das kraniale Mediastinum sonographisch zu evaluieren.

Die Echokardiographie, d. h. die sonographische Darstellung des Herzens, ist heute fester Bestandteil jeder klinischen kardialen Untersuchung, auch beim Heimtier. Allerdings sind die Ergebnisse aus der Ultraschalluntersuchung niemals isoliert zu betrachten, sondern nur im klinischen Kontext, d. h. im Zusammenhang mit der Anamnese und weiteren Befunden aus Auskultation, Elektrokardiographie (EKG) und Röntgenuntersuchung.

2.4.2.1 Technische Voraussetzungen

Die technische Ausstattung, die für die Echokardiographie der Heimtiere geeignet ist, entspricht insbesondere hinsichtlich der erforderlichen, relativ hohen **Sendefrequenzen** den in Kapitel 2.3.1 gemachten Vorgaben. In manchen Fällen können allerdings aussagekräftige, gut beurteilbare Sonographien vom Herz auch mit niedrigeren Sendefrequenzen als bei der abdominalen Ultraschalluntersuchung erzielt werden.

Einige andere gerätetechnische Bedingungen, die bei der abdominalen Ultraschalluntersuchung keine Rolle spielen, sind für eine erfolgreiche transkutane Echokardiographie jedoch unbedingt zu berücksichtigen. Ausschließlich mit mechanischen Sektor- oder elektronischen Phased-Array-**Schallköpfen** mit kleiner Auflagefläche ist es möglich, den Schallkopf in den schmalen Zwischenrippenräumen der Heimtiere zu platzieren. Eine Sonderstellung hinsichtlich der Wahl des Schallkopftyps nehmen Degu, Goldhamster, Mongolische Rennmaus und Maus ein. Bei diesen Tieren gelingt eine transthorakale Echokardiographie auch mit kleinen Linearsonden **(Abb. 2-55** und **Abb. 2-59)**. Obwohl der Lineartransducer quer auf den Rippen aufgesetzt werden muss, um das Herz in den rechts parasternalen Kurz- und Längsachsenansichten darzustellen, treten wegen der sehr dünnen knöchernen Strukturen keine störenden Artefakte in Form von Schallauslöschungen auf. Aufgrund der sehr guten schallkopfnahen Auflösung einer Linearsonde werden die sehr oberflächlich gelegenen, kleinen kardialen Strukturen von Goldhamster, Mongolischer Rennmaus und Maus detaillierter abgebildet als mit einem Sektor- oder Phased-Array-Schallkopf.

Zudem ist aufgrund der hohen Herzfrequenzen der Heimtiere eine **hohe Bildrate** (Anzahl der Aufnahmen pro Sekunde in Hertz [Hz]) erforderlich. Nur Bildraten von über 60 Hz, besser um 100 Hz, erlauben die Beurteilung und Vermessung der kardialen Strukturen bei der zweidimensionalen Echokardiographie[1] zu definierten Zeiten, z. B. enddiastolisch, endsystolisch, während der stärksten Kammerkontraktion oder zum Zeitpunkt der größten Vorhoffüllung. Die meisten modernen Ultraschallsysteme, die für die Echokardiographie nutzbar sind, besitzen die geforderte hohe zeitliche Auflösung im zweidimensionalen B-Bild-Mode. Beim Farbduplexverfahren[2] sinkt die Bildrate dramatisch **(Abb. 2-48A)**. Effektive Maßnahmen zur Erhöhung der Bildrate sind Verkleinerung der Schallfeldbreite, Verringerung der Eindringtiefe oder Wahl einer niedrigeren Sendefrequenz. In allen Fällen, in denen die Bildrate ungenügend bleibt, führen das konventionelle und das farbkodierte M-Mode-Verfahren zu besseren Ergebnissen mit deutlich höherer Auflösung von etwa 2000 Linien pro Sekunde. Neben dem zu besseren Ergebnissen mit deutlich höherer zeitlicher Auflösung von etwa 2000 Linien pro Sekunde. Neben dem

1 Zweidimensionale Echokardiographie = 2DE = Schnittbildechokardiographie = zweidimensionale Graustufen-Echokardiographie = zweidimensionale B-Bild-Echokardiographie: weitgehend »anatomische« Abbildung der Herzstrukturen, d. h. der kardialen akustischen Grenzflächen, als verschiedene Graustufen in einem Schnittbild.

2 Farbduplexverfahren = Farbduplex = zweidimensionale farbkodierte Doppler-Echokardiographie = Farbdoppler: Kombination aus zweidimensionalen B-Bild und flächenhaft farbkodierter Darstellung des Blutflusses. Relative Blutflussrichtungen im Bezug auf den Schallkopf sind eindeutig zu erkennen, Geschwindigkeiten können grob eingeschätzt und laminare Blutströmungen von turbulenten unterschieden werden. Ein laminarer Blutfluss auf den Schallkopf zu wird in Rottönen, ein laminarer Blutstrom vom Schallkopf weg in Blauvarianten kodiert. Turbulenzen können in einer dritten Farbe, oft grün, abgebildet werden. Langsame Blutflüsse erscheinen in dunklen, schnelle in hellen Farben. Sehr schnelle Blutströmungen weisen einen Farbumschlag (*aliasing*) auf.

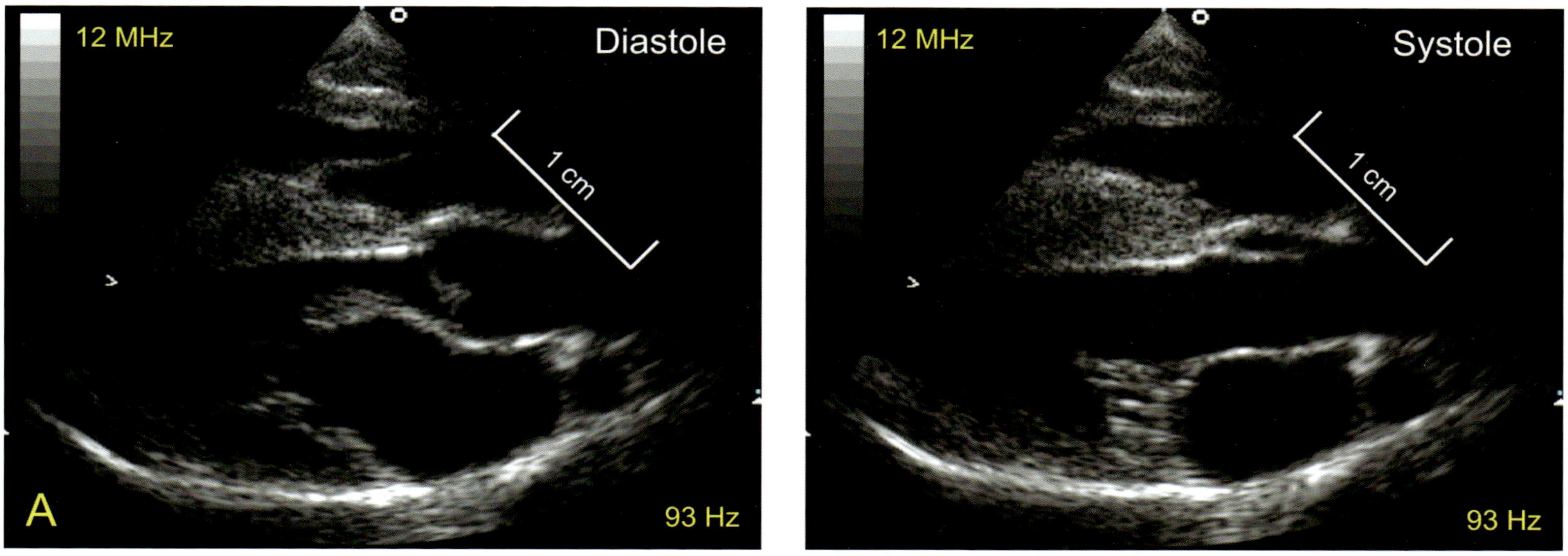

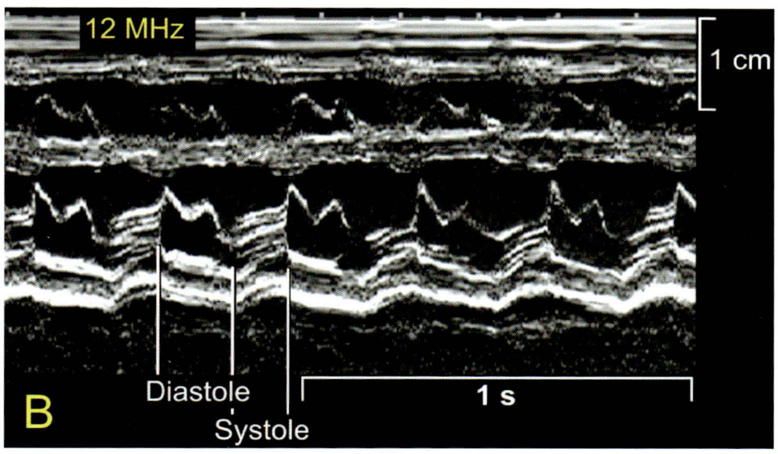

Abb. 2-47: B-Mode-Echokardiographie, B-Mode-Sendefrequenz: 12 MHz, Frettchen.

A: Zweidimensionale Echokardiographie, mittdiastolisch und frühsystolisch, rechts parasternale Längsachsenansicht, Bildrate 93 Hz.

B: M-Mode-Echokardiographie der Bewegungen der Valva tricuspidalis und Valva mitralis.

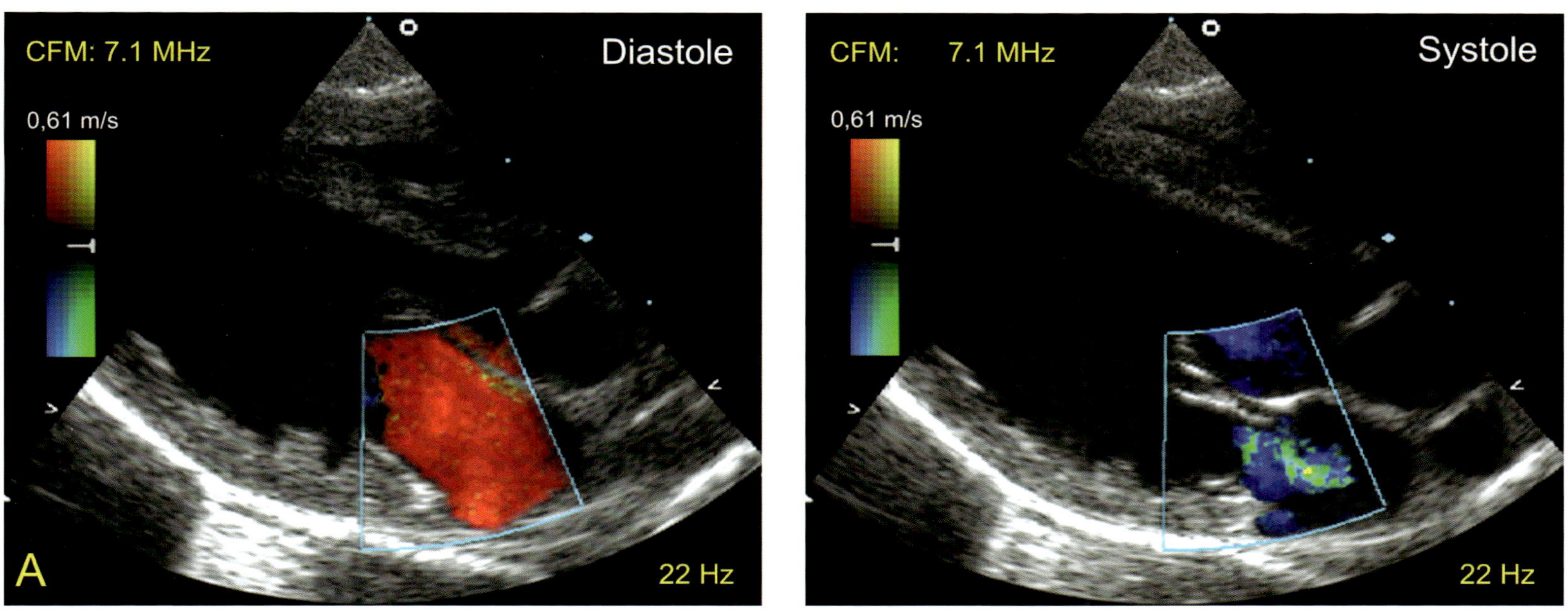

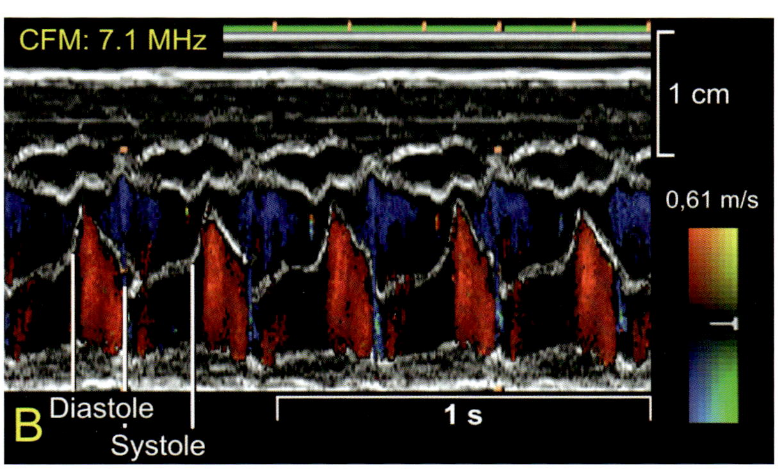

Abb. 2-48: Farbkodierte Doppler-Echokardiographie, CFM-(*colour flow mode*)-Sendefrequenz: 7,1 MHz, Kaninchen.

A: Zweidimensionale farbkodierte Doppler-Echokardiographien, rechts parasternale Längsachsenansichten, frühdiastolischer linksventrikulärer Bluteinstrom und frühsystolische Regurgitation in das Atrium sinistrum, Bildrate 22 Hz.

B: Farbkodierte M-Mode-Echokardiographie des Blutflusses durch die Valva mitralis.

allgemein gebräuchlichen Graustufen-M-Mode[3] besitzt insbesondere das farbkodierte M-Mode-Verfahren[4] große Bedeutung bei der Echokardiographie der hochfrequenten Heimtiere **(Abb. 2-48B)**. Ein weiterer Vorteil beider M-Mode-Verfahren ist die zeitgleiche Abbildung verschiedener Herzphasen. So können Morphologie, Funktion und Blutfluss in ihrer Dynamik besser erfasst, verglichen und beurteilt werden.

Um die hohe zeitliche Auflösung der M-Modes tatsächlich sichtbar zu machen, ist die **Durchlaufgeschwindigkeit (Vorschub)**, mit der die jeweiligen Kurven registriert werden, ausreichend schnell zu wählen **(Abb. 2-49)**. Entsprechendes gilt auch für die Aufzeichnung der Blutflussmuster mit den gepulsten (PW-)[5] und kontinuierlichen (CW-)Doppler-Verfahren[6] **(Abb. 2-50)**. Bei Heimtieren kommen Durchlaufgeschwindigkeiten von 100 cm/s und 200 cm/s zum Einsatz[2], während bei der Echokardiographie von Hunden und Katzen langsamere Vorschubgeschwindigkeiten von 25 cm/s oder 50 cm/s gebräuchlich sind.

Wie allgemein üblich, sollte während der echokardiographischen Untersuchung ein EKG als Zeitgeber zur Definition der einzelnen Herzphasen synchron mitgeschrieben werden. Alle Ultraschallsysteme, die für die Herzuntersuchung geeignet sind, besitzen diese Funktion. Allerdings gelingt dies nur bei narkotisierten Heimtieren. Bei wachen Patienten muss in den meisten Fällen auf die zeitgleiche EKG-Registrierung verzichtet werden, da das Anlegen der Elektroden die Tiere erheblich beeinträchtigt, meist zu großer Unruhe führt und so die Untersuchung erschwert oder nach kurzer Zeit sogar unmöglich macht.

3 Graustufen-M-Mode = B-Bild-M-Mode = M-Mode (engl. *motion mode*) = TM-Mode (engl. *time motion mode*) = eindimensionale Echokardiographie: Darstellung der Bewegung oder Veränderung hintereinander, auf einer Linie liegender Herzstrukturen. Die akustischen Grenzflächen werden als Punkte auf der Y-Achse aufgetragen, die X-Achse ist die Zeitachse.

4 Farbkodiertes M-Mode-Verfahren = farbkodiertes M-Mode: Kombination aus B-Bild-M-Mode und farbkodierter Darstellung des Blutflusses entlang der Schalllinie. Die Bewegungen der Strukturen und die Änderung des Blutflusses werden dargestellt.

5 Gepulstes Doppler-Verfahren = gepulste Doppler-Echokardiographie = gepulster Doppler = PW-Doppler (PW, engl.: *pulsed wave*): Darstellung der langsamen und mittleren Blutflussgeschwindigkeiten, die in einem definierten Bereich gemessen werden. Die Geschwindigkeiten werden auf der Y-Achse, ihre zeitlichen Änderungen auf der X-Achse aufgezeichnet.

6 Kontinuierliches Doppler-Verfahren = kontinuierliche Doppler-Echokardiographie = kontinuierlicher Doppler = CW-Doppler (CW, engl.: *continuous wave*): Darstellung der mittleren und schnellen Blutflussgeschwindigkeiten, allerdings ohne exakte örtliche Zuordnung. Die Darstellung der Kurven entspricht derjenigen beim PW-Doppler.

2.4.2.2 Vorbereitung und Lagerung

Die **Vorbereitung der Tiere** beinhaltet eine gründliche, relativ großflächige parasternale Rasur an der rechten und linken Brustwand im Bereich des Herzspitzenstoßes, bei Kaninchen und Meerschweinchen generell weiter kranial als bei Frettchen.

Die Positionierung der Heimtiere kann in Seitenlage auf einem Tisch mit Aussparung in Herzhöhe oder hockend, auf dem Schoß des Untersuchers, erfolgen. Der Schallkopf wird am liegenden Tier von unten und am sitzenden von der Seite angesetzt **(Abb. 2-51A, B)**. Auch die Bauchlagerung in speziellen Hängevorrichtungen mit seitlicher Ankopplung des Schallkopfes hat sich bei Kaninchen und Meerschweinchen bewährt. Um die Kooperation von wachen Patienten bei den relativ langwierigen Untersuchungen zu steigern, ist die Gabe von Belohnungen zumindest kurzfristig erfolgreich **(Abb. 2-51C)**. Untersuchungen sollten möglichst in den bekannten Ruhephasen der Tiere und nicht während ihrer Spielzeiten erfolgen. Generell ist die Echokardiographie bei sedierten und narkotisierten Heimtieren erheblich einfacher und oft nicht nur für den Untersucher, sondern auch für den Patienten stressärmer als bei wachen Tieren. Jedoch führt jede Narkose und Sedation zu Änderungen der Herzfunktion und Hämodynamik, die bei der Beurteilung der echokardiographischen Untersuchungen und Messungen berücksichtigt werden müssen. Art und Ausmaß der Einflüsse auf die kardiale Dynamik hängen vom eingesetzten Wirkstoff, seiner Dosierung und vom Individuum selbst ab. Der Vergleich der in der Literatur angegebenen Standardwerte (s. Tabellen 2-4 bis 2-17) mit den bei der eigenen Untersuchung durchgeführten Messungen ist nur dann sinnvoll, wenn die Voraussetzungen vergleichbar sind. Die Diagnose von angeborenen kardialen Vitien, wie beispielsweise eines Ventrikelseptum-, Vorhofseptumdefektes oder eines persisitierenden Ductus arteriosus, gelingt generell besser in Narkose oder unter Sedation.

2.4.2.3 Standardschnittebenen

Die Ultraschalldarstellung des Herzens erfolgt fast ausschließlich transkutan von rechts parasternal, links apikal und parasternal sowie bei bestimmten Fragestellungen, wie beispielsweise der Einschätzung von Aortenstenosen, auch von subkostal. Die üblicherweise gewählten Standardschnittebenen lehnen sich an die Publikation über die Echokardiographie beim Hund von Thomas et al. (1993) und an die Vorgaben der *American Society of Echocardiography* für den Menschen an. Auf ungewöhnliche echokardiographische Schnittebenen muss insbesondere bei der Suche nach Tumoren oder zu ihrer Größeneinschätzung zurückgegriffen werden.

Da die Standardschnittebenen und die sich daraus ergebenen M-Mode-Kurven bei allen Heimtieren vergleichbar sind und zudem den Aufnahmen von Hunden und Katzen ähneln, werden hier überwiegend Echokardiographien von gesunden Frettchen, Kaninchen und Meerschweinchen gezeigt. Diese drei Spezies stellen derzeit die häufigsten kardiologischen Patienten in einer Heimtiersprechstunde dar.

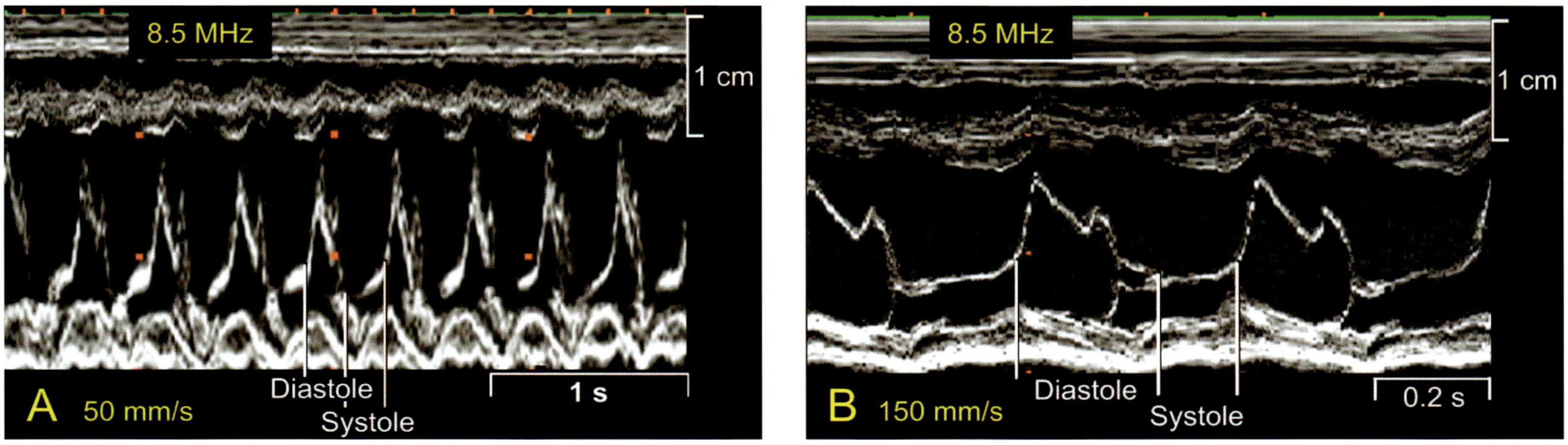

Abb. 2-49: M-Modes von der Bewegung der Valva mitralis, B-Mode-Sendefrequenz: 8,5 MHz, Kaninchen.

A: Zu geringer Vorschub (Bilddurchlauf) von 50 mm/s.

B: Empfehlenswerter Vorschub (Bilddurchlauf) von 150 mm/s.

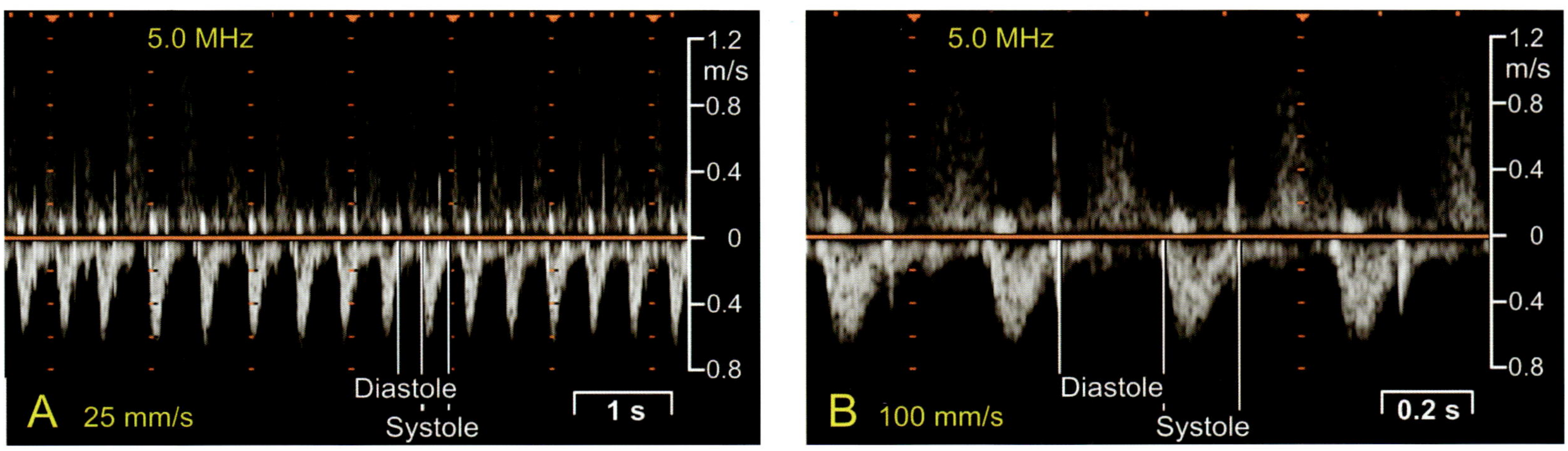

Abb. 2-50: PW-Doppler-Echokardiographie des normalen systolischen Blutflusses eines des diastolischen Rückflusses durch die Valva pulmonalis, Doppler-Sendefrequenz: 5 MHz. Kaninchen.

A: Zu geringer Vorschub (Bilddurchlauf) von 25 mm/s.

B: Empfehlenswerter Vorschub (Bilddurchlauf) von 100 mm/s.

Abb. 2-51:

A: Lagerung eines Frettchens auf einem Tisch für die kanine Echokardiographie; der Schallkopf wird in den unten liegenden Interkostalräumen aufgesetzt.

B: Ultraschalluntersuchung eines auf dem Schoß des Untersuchers sitzenden Frettchens. Ein Nachteil dieser Fixierung besteht darin, dass der Untersucher das Ultraschallgerät nicht selbst bedienen kann.

C: Futter beschäftigt und beruhigt nervöse Tiere kurzfristig.

2.4.2.4 Zweidimensionale Echokardiographie

Rechts parasternale Längsachsenansichten

(Abb. 2-47B, 2-52, 2-53, 2-54, 2-55)

Der Schallkopf wird rechts parasternal positioniert. Die Schallkopfmarkierung, die die rechte Seite im Monitorbild angibt, zeigt in Richtung auf die Herzbasis. Das Herz liegt in seiner Längsausdehnung in der Sektorebene. Die Herzspitze befindet sich links, die Herzbasis rechts im Bild. Auf diese Weise können insbesondere die Morphologie und die Funktion des linken Herzens beurteilt werden. Von oben, schallkopfnah, nach unten, schallkopffern, werden folgende kardialen Strukturen sichtbar:

- Ventriculus dexter (meist nicht beurteilbar, da die rechte Herzseite zu schallkopfnah liegt)
  - Einstrombahn mit Valva tricuspidalis und Atrium dextrum
- Septum interventriculare, inklusive Endocardium
- Ventriculus sinister
  - Ausstrombahn mit Valva aortae und Aorta ascendens
  - Einstrombahn mit Valva mitralis und Atrium sinistrum
- Myocardium sinistrum, inklusive Endocardium
- Pericardium

Bei Hunden und Katzen werden gewöhnlich drei verschiedene Ansichten in der Längsachse einzeln eingestellt: 1. ausschließlich die linksventrikuläre Ausstrombahn mit Valva aortae und Aorta ascendens, 2. ausschließlich die linksventrikuläre Einstrombahn mit Valva mitralis und größter Ausdehnung des Atrium sinistrum und 3. die gleichzeitige Abbildung von Aus- und Einstrombahn mit Valva aortae, angedeuteter Valva mitralis und Auricula sinistra des Atrium sinistrum. Bei den Heimtieren ist die separate Darstellung von Ein- und Ausstrombahn schwierig, d. h., es sollte hier wie in der Humanmedizin primär die gleichzeitige Darstellung aller Anteile des linken Herzens angestrebt werden.

In dieser Ansicht erfolgt die Beurteilung der oben genannten Strukturen im Hinblick auf ihre Morphologie, wie Größe, Größenverhältnis von Atrium sinistrum zu Aorta, Echogenität und Integrität. Auch die Bewertung der Funktionen der linksventrikulären Strukturen, wie systolische Dickenzunahme von Septum interventriculare und Myocardium sinistrum, systolische Verkleinerung oder diastolische Erweiterung des Ventriculus sinister, wird in diesem Standardschnitt vorgenommen.

Rechts parasternale Kurzachsenansichten

Der Schallkopf bleibt rechts parasternal aufgesetzt, jedoch zeigt die Schallkopfmarkierung nach Drehung des Schallkopfes um etwa 90° gegen den Uhrzeigersinn in Richtung auf den rechten Ellbogenhöcker. Aussagekräftige, symmetrische, rechts parasternale Kurzachsenschnitte sind bei den Heimtieren viel einfacher zu erzielen als entsprechend gute Längsachsenschnitte, so dass in manchen Fällen Beurteilung und Messung der kardialen Strukturen nur anhand der folgenden Kurzachsenansichten in verschiedenen Höhen möglich sind.

1. Kurzachsenansicht in Höhe der Musculi papillares
(Abb. 2-56, 2-57, 2-58, 2-59)

- Ventriculus dexter (meist nicht beurteilbar, da die rechte Herzseite zu schallkopfnah liegt)
- Septum interventriculare, inklusive Endocardium
- Ventriculus sinister
- Myocardium sinistrum mit den Musculi papillares, inklusive Endocardium
- Pericardium

In dieser Ansicht wird außer der systolischen und diastolischen Größe des Ventriculus sinister die Wandmorphologie bewertet.

2. Kurzachsenansicht in Höhe der Valva mitralis
(Abb. 2-60)

- Ventriculus dexter (meist nicht beurteilbar, da die rechte Herzseite zu schallkopfnah liegt)
- Septum interventriculare, inklusive Endocardium
- Ventriculus sinister
  - Ausstrombahn
  - Einstrombahn mit Valva mitralis
- Myocardium sinistrum inklusive Endocardium
- Pericardium

In dieser Ebene wird ausschließlich die Öffnung der Valva mitralis bewertet. Bei unbeeinträchtigter Bewegung der beiden Mitralsegel und endsystolisch normalgroßem Ventriculus sinister öffnet die Valva mitralis frühdiastolisch so weit, dass die Cuspis septalis annähernd bis an das Septum interventriculare schlägt. Insbesondere für die Bewertung der Klappenöffnung ist eine hohe Bildrate unbedingte Voraussetzung. Verdickungen der Valva mitralis sind in dieser Ansicht kaum, ein ungenügender systolischer Klappenschluss gar nicht zu erkennen.

3. Kurzachsenansicht in Höhe der Valva aortae und der Valva trunci pulmonalis
(Abb. 2-61)

- Ventriculus dexter
  - Einstrombahn mit Valva tricuspidalis und Atrium dextrum (selten, da diese Strukturen meist in einer geringfügig anderen Ebene liegen)
  - Conus arteriosus mit Valva trunci pulmonalis
- Valva aortae
- Atrium sinistrum (wird nur gut abgebildet, wenn die rechtsventrikuläre Einstrombahn nicht deutlich dargestellt ist)

In dieser Ansicht können das Größenverhältnis von Aorta und Truncus pulmonalis in Höhe ihrer Klappen, die Relation von Atrium sinistrum zu Aorta bestimmt sowie die Morphologie der Gefäßklappen beurteilt werden. Dieser Standardschnitt eignet sich zudem für alle Doppler-Untersuchungen im Conus arteriosus, an der Valva trunci pulmonalis und im Truncus pulmonalis.

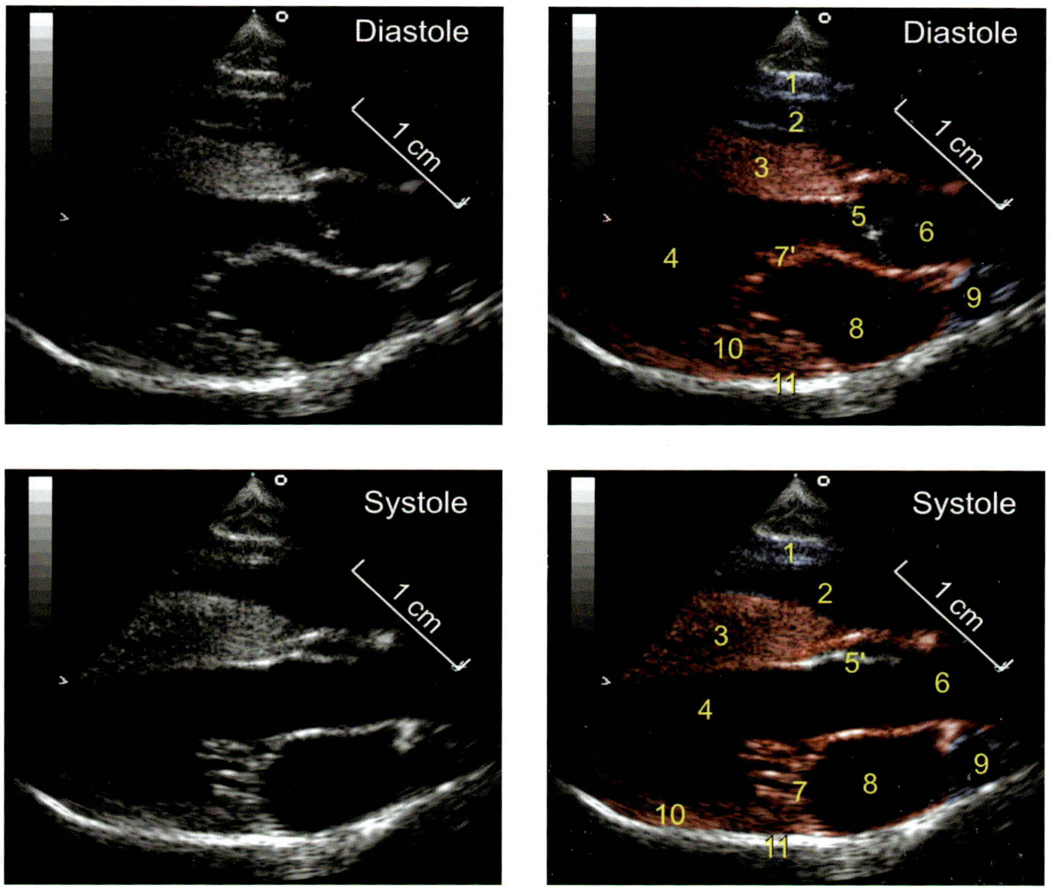

1: Myocardium dextrum
2: Ventriculus dexter
3: Septum interventriculare
4: Ventriculus sinister
5: geschlossene Valva aortae
5': geöffnete Valva aortae
6: Aorta ascendens
7: geschlossene Valva mitralis mit Chordae tendineae
7': geöffnete Valva mitralis mit Chordae tendineae
8: Atrium sinistrum
9: Arteria pulmonalis dextra
10: Myocardium sinistrum
11: Pericardium

Abb. 2-52: Zweidimensionale Echokardiographie, 12 MHz, enddiastolische und mittsystolische, rechts parasternale Längsachsenansicht, linksventrikuläre Ein- und Ausstrombahn, Frettchen.

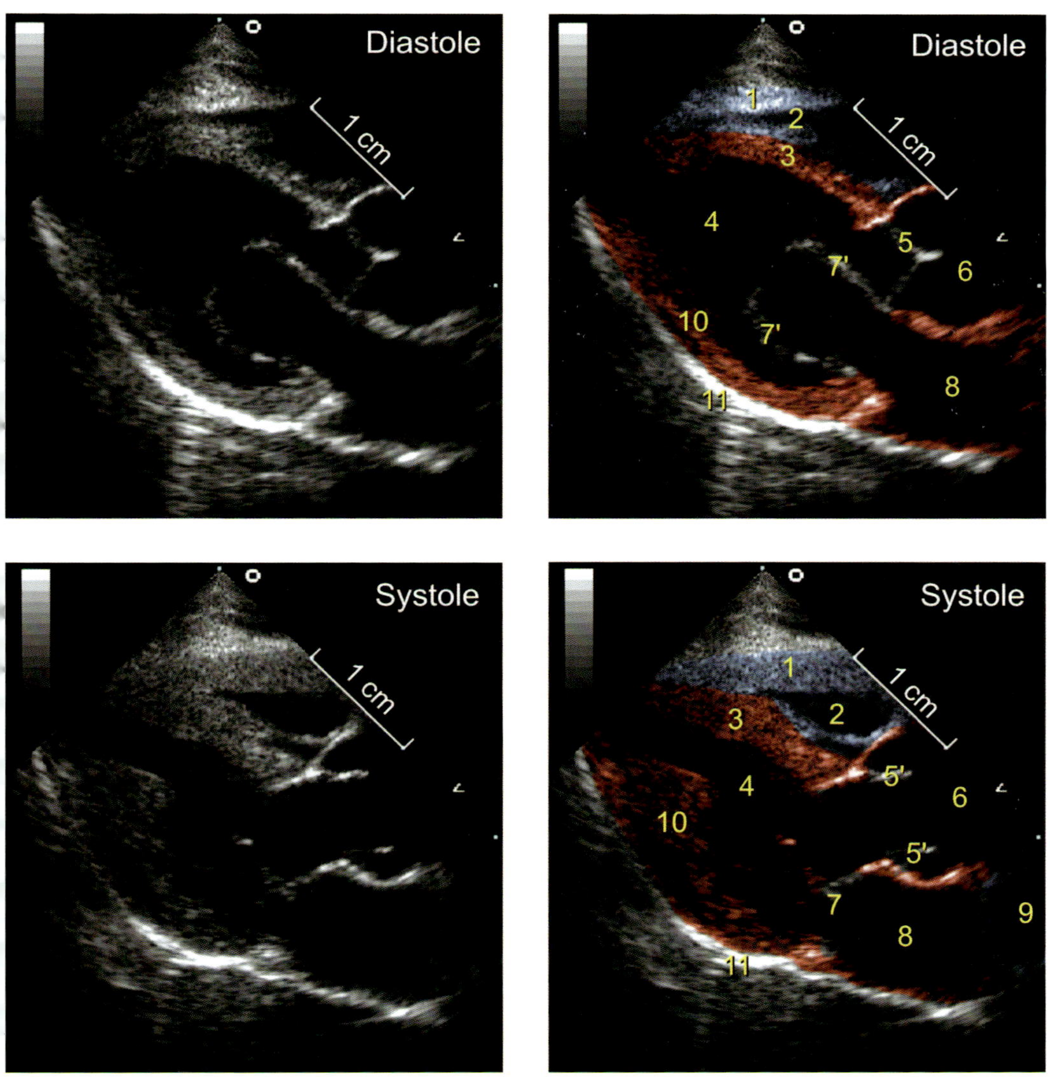

1: Myocardium dextrum
2: Ventriculus dexter
3: Septum interventriculare
4: Ventriculus sinister
5: geschlossene Valva aortae
5': geöffnete Valva aortae
6: Aorta ascendens
7: geschlossene Valva mitralis
7': geöffnete Valva mitralis
8: Atrium sinistrum
9: Arteria pulmonalis dextra
10: Myocardium sinistrum
11: Pericardium

Abb. 2-53: Zweidimensionale Echokardiographie, 12 MHz, enddiastolische und endsystolische, rechts parasternale Längsachsenansicht, linksventrikuläre Ein- und Ausstrombahn, Kaninchen. Die Segel der Valva mitralis (7, 7') sind beim Kaninchen lang, schlackernd und unterscheiden sich dadurch deutlich von denen des Frettchens.

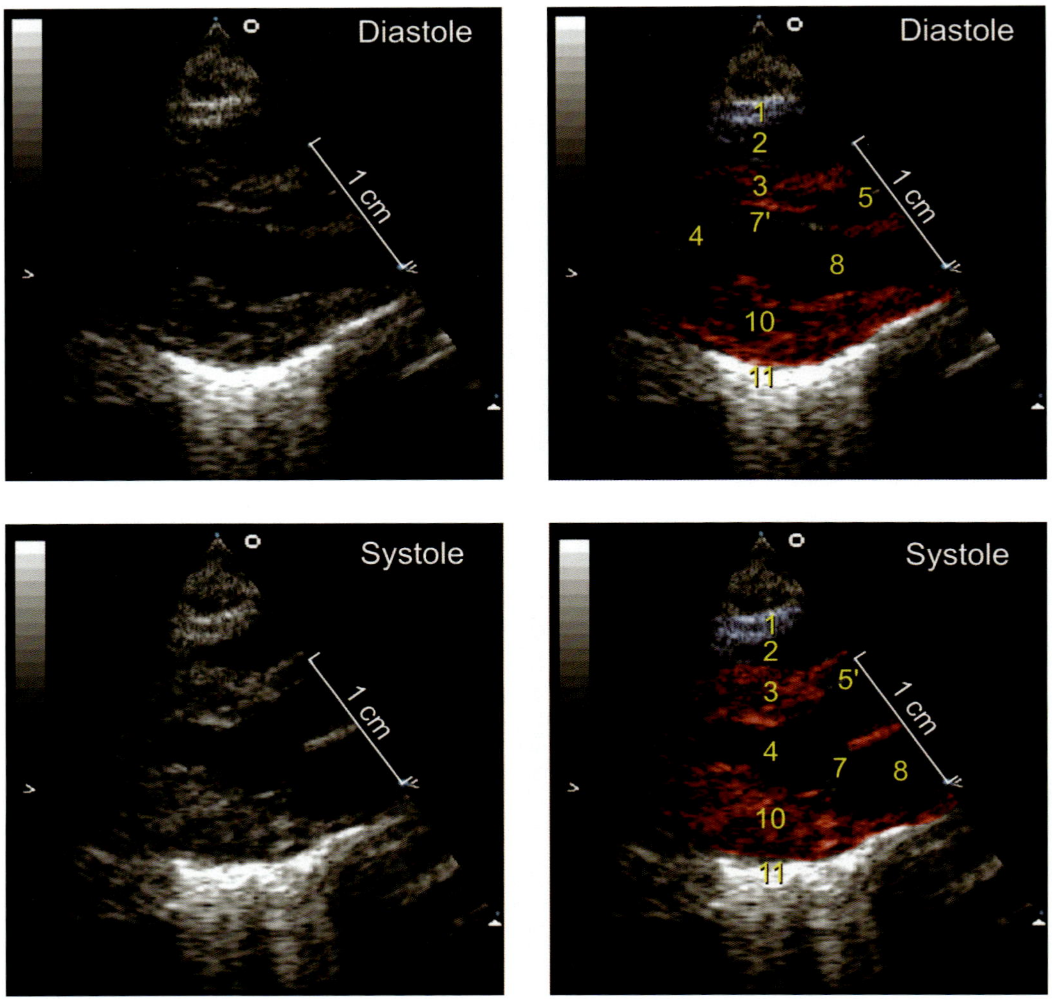

1: Myocardium dextrum
2: Ventriculus dexter
3: Septum interventriculare
4: Ventriculus sinister
5: geschlossene Valva aortae
5': geöffnete Valva aortae
7: geschlossene Valva mitralis
7': geöffnete Valva mitralis
8: Atrium sinistrum
10: Myocardium sinistrum
11: Pericardium mit anschließenden Reverberationen

Abb. 2-54: Zweidimensionale Echokardiographie, 12 MHz, enddiastolische und endsystolische, rechts parasternale Längsachsenansicht, linksventrikuläre Ein- und Ausstrombahn, Meerschweinchen. Die Segel der Valva mitralis (7, 7') sind beim Meerschweinchen lang, das Myocardium (1, 10) wirkt relativ dick. Häufig befinden sich im Anschluss an das Pericardium (11) deutliche Reverberationen in Form von sogenannten Kometenschweifartefakten.

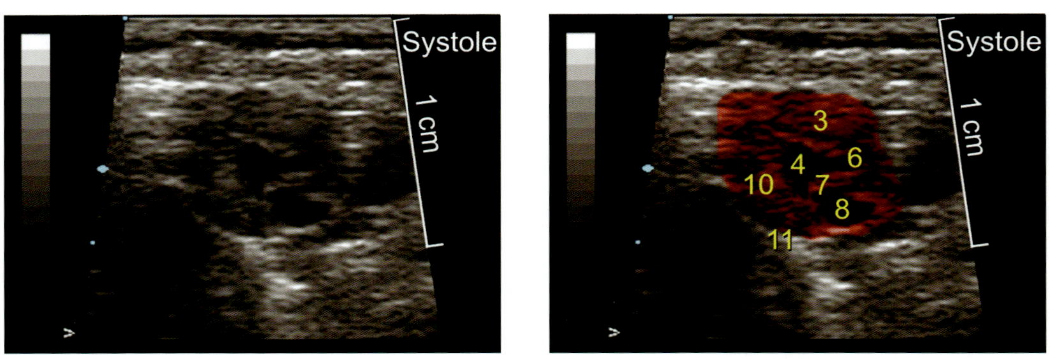

3: Septum interventriculare
4: Ventriculus sinister
6: Aorta ascendens
7: geschlossene Valva mitralis
8: Atrium sinistrum
10: Myocardium sinistrum
11: Pericardium

Abb. 2-55: Zweidimensionale Echokardiographie mit einem Linearschallkopf, 15 MHz, endsystolische, rechts parasternale Längsachsenansicht, linksventrikuläre Ein- und Ausstrombahn, Mongolische Rennmaus. Septum interventriculare (3) und Myocardium sinistrum (10) wirken relativ dick. Reverberationen in Form von Kometenschweifartefakten im Anschluss an das Pericardium (11) sind deutlich; das rechte Herz ist nicht erkennbar.

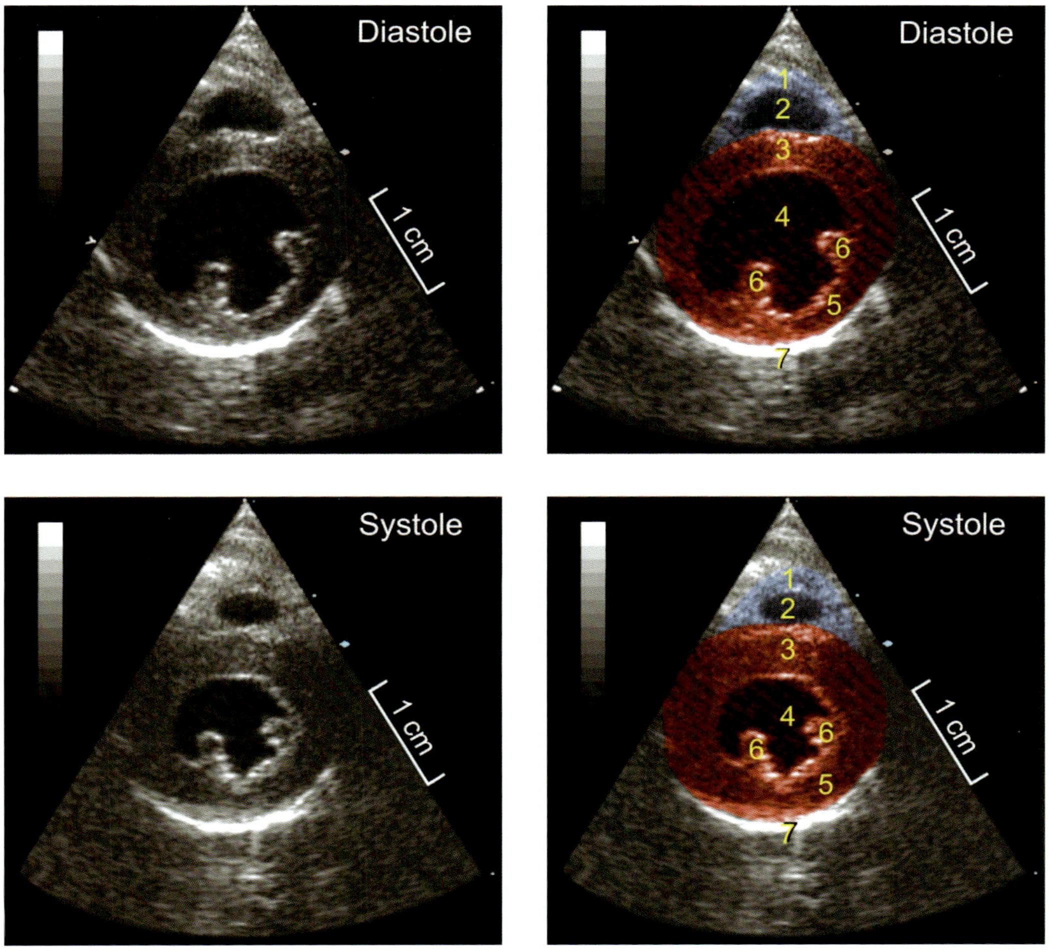

1: Myocardium dextrum
2: Ventriculus dexter
3: Septum interventriculare
4: Ventriculus sinister
5: Myocardium sinistrum
6: Musculi papillares
7: Pericardium

Abb. 2-56: Zweidimensionale Echokardiographie, 12 MHz, enddiastolische und endsystolische, rechts parasternale Kurzachsenansicht in Höhe der Musculi papillares, Frettchen.

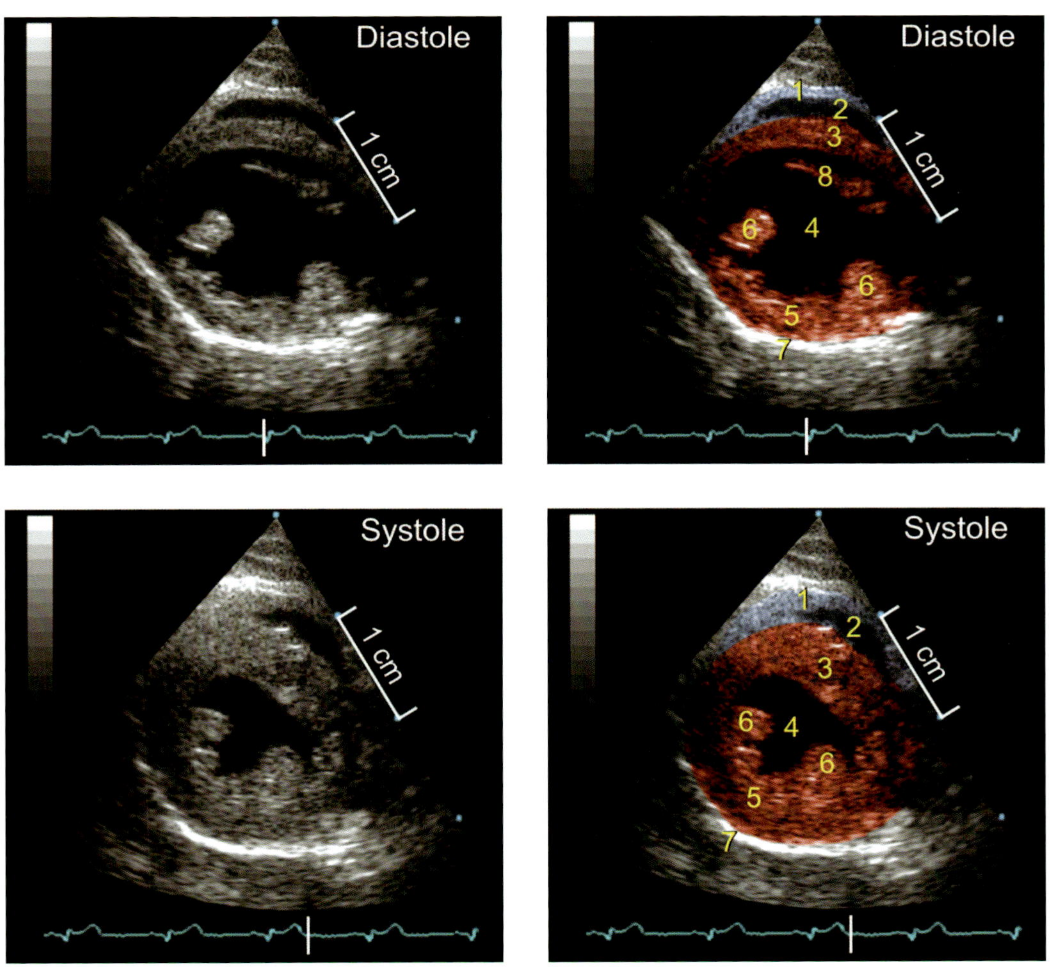

1: Myocardium dextrum
2: Ventriculus dexter
3: Septum interventriculare
4: Ventriculus sinister
5: Myocardium sinistrum
6: Musculi papillares
7: Pericardium
8: Chordae tendineae

Abb. 2-57: Zweidimensionale Echokardiographie, 12 MHz, enddiastolische und endsystolische, rechts parasternale Kurzachsenansicht in Höhe der Musculi papillares, Kaninchen. Besonders in der Diastole erscheinen die Musculi papillares (6) schlanker und ragen weiter in den Ventriculus sinister (4) hinein als beim Frettchen.

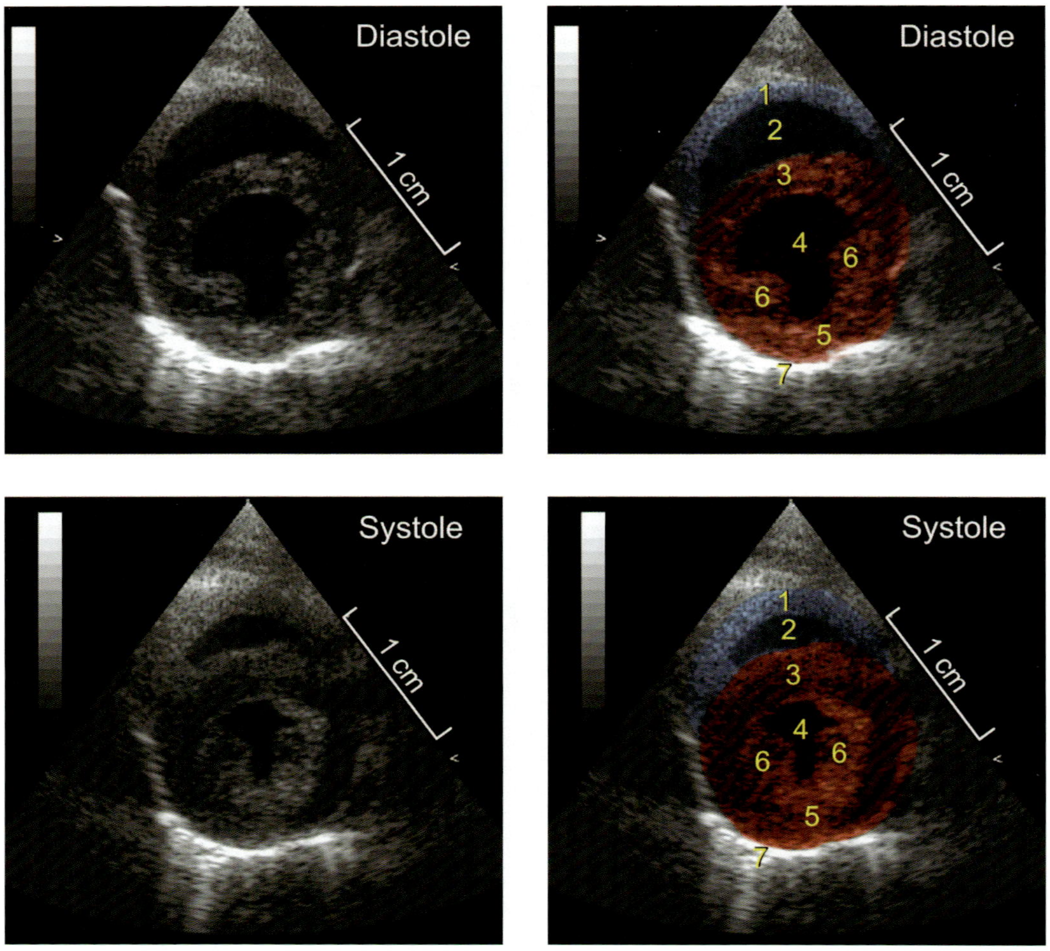

1: Myocardium dextrum
2: Ventriculus dexter
3: Septum interventriculare
4: Ventriculus sinister
5: Myocardium sinistrum
6: Musculi papillares
7: Pericardium mit anschließenden deutlichen Reverberationen in Form von Kometenschweifartefakten

Abb. 2-58: Zweidimensionale Echokardiographie, 12 MHz, enddiastolische und endsystolische, rechts parasternale Kurzachsenansicht in Höhe der Musculi papillares, Meerschweinchen.

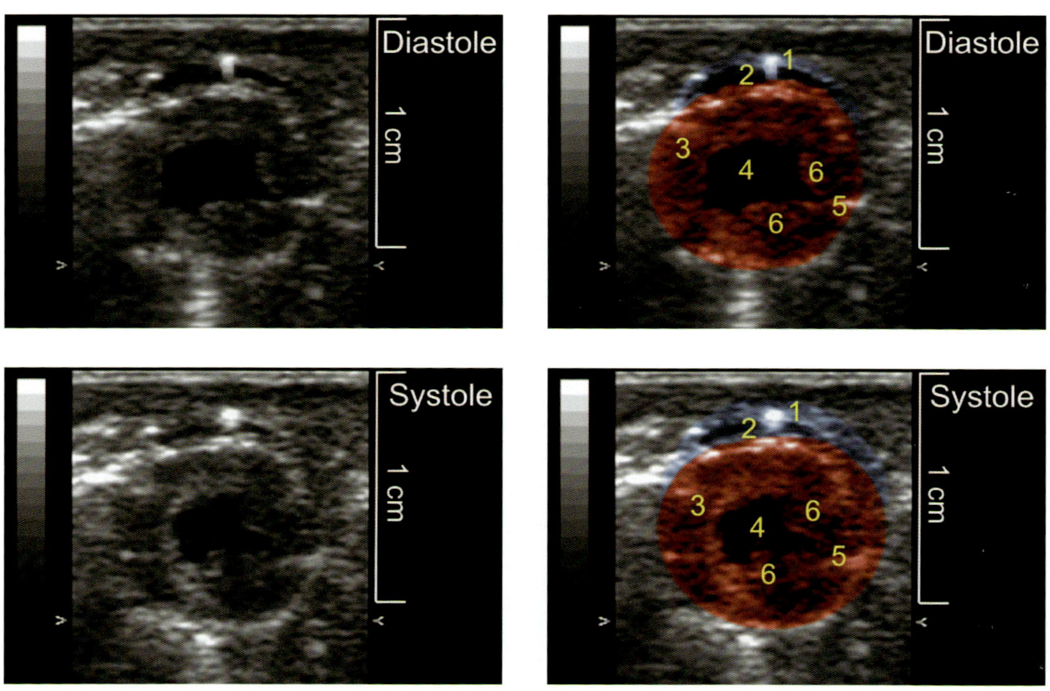

1: Myocardium dextrum
2: Ventriculus dexter
3: Septum interventriculare
4: Ventriculus sinister
5: Myocardium sinistrum
6: Musculi papillares

Abb. 2-59: Zweidimensionale Echokardiographie mit einem Linearschallkopf, 15 MHz, diastolische und systolische, rechts parasternale Kurzachsenansicht in Höhe der Papillarmuskeln, Degu.

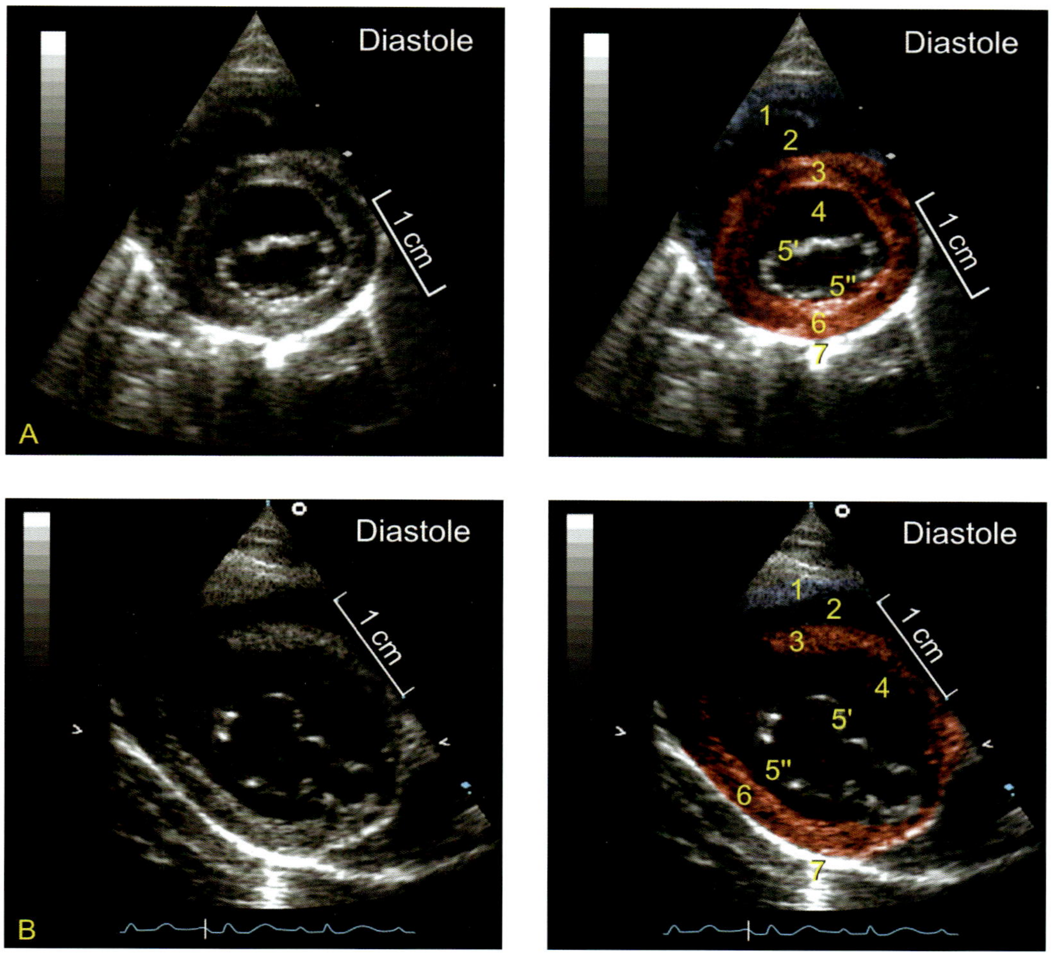

1: Myocardium dextrum
2: Ventriculus dexter
3: Septum interventriculare
4: Ventriculus sinister
5': Cuspis septalis der Valva mitralis
5": Cuspis parietalis der Valva mitralis
6: Myocardium sinistrum
7: Pericardium

Abb. 2-60: Zweidimensionale Echokardiographie, 12 MHz, mittdiastolische, rechts parasternale Kurzachsenansichten in Höhe der halb geöffneten Valva mitralis, Frettchen (A), Kaninchen (B). Während die Ultraschallaufnahmen der glatten Cuspes der Valva mitralis des Frettchens (A: 5', 5") denen des Hundes ähneln, stellen sich die Segel der Valva mitralis des Kaninchens (B: 5', 5") lang und »gewellt« dar.

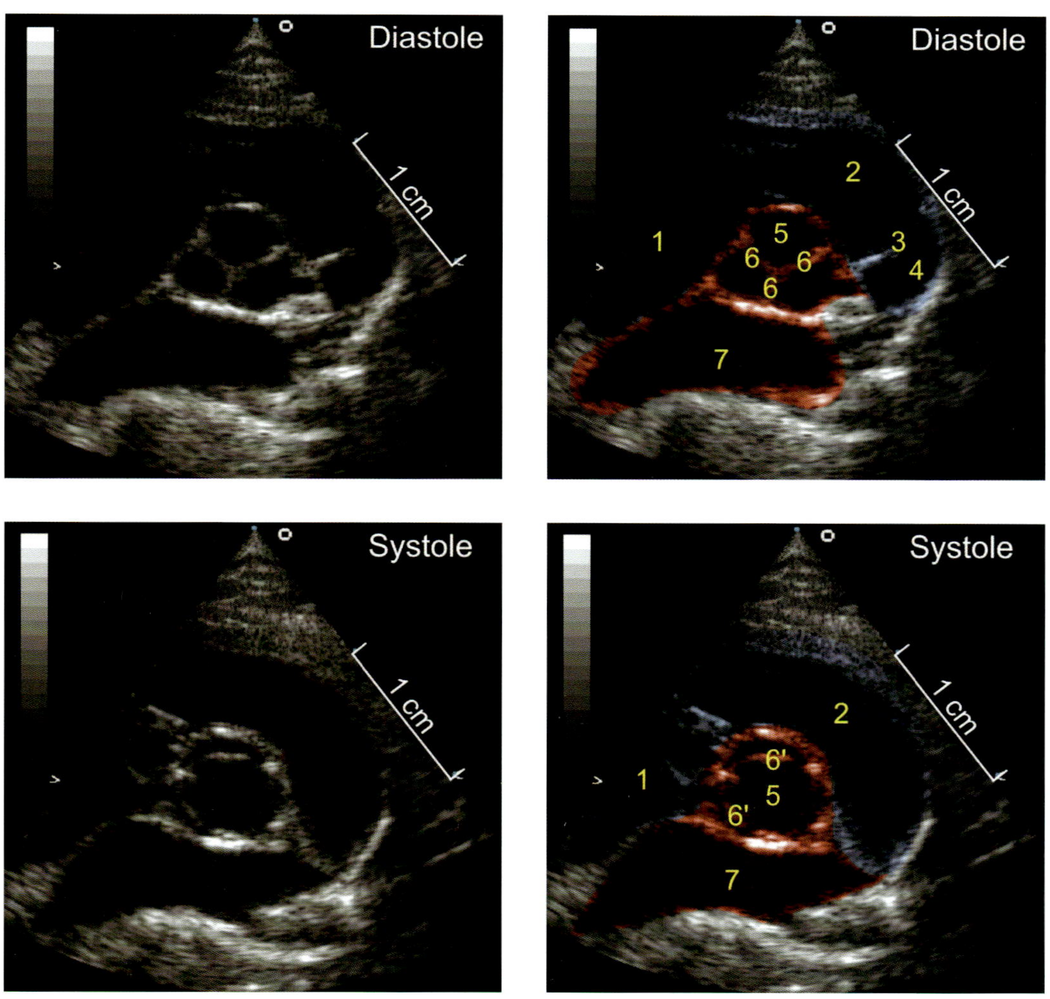

1: Atrium dextrum
2: Ventriculus dexter
3: geschlossene Valva trunci pulmonalis
4: Truncus pulmonalis
5: Aorta
6: geschlossene Valva aortae
6': halb geöffnete Valva aortae
7: Atrium sinistrum

Abb. 2-61: Zweidimensionale Echokardiographie, 12 MHz, enddiastolische und frühsystolische, rechts parasternale Kurzachsenansichten in Höhe der Valva aortae und Valva trunci pulmonalis, Frettchen.

Links apikale Ansichten

Die Schallkopfpositionen für die apikalen Ansichten sind links parasternal, etwa in Höhe des Herzspitzenstoßes. Die Abbildung des Herzens erfolgt »auf dem Kopf stehend«, d. h. in Längsansichten von der Herzspitze oben bis zur Herzbasis unten in der Aufnahme. Es werden Vierkammer-, links- und rechtsventrikuläre Zweikammer- sowie Fünf- und Dreikammeransichten unterschieden. Gute apikale Ultraschalldarstellungen vom Herz gelingen regelmäßig nur bei Frettchen und Kaninchen, bei denen diese Ansichten auch zur echokardiographischen Routineuntersuchung gehören. Allerdings lassen sich die gewünschten apikalen Standardschnitte nicht immer mittig platzieren und werden dann an den rechten oder linken Bildrand verschoben. Beim Meerschweinchen sind die apikalen Ansichten von links oft nur mit großem Zeitaufwand zu erstellen. Zudem fallen Qualität und Aussagekraft der apikalen Ultraschalldarstellungen von links unterschiedlich gut aus. Das bedeutet, dass beim Meerschweinchen ebenso wie bei den anderen Heimtieren, außer Frettchen und Kaninchen, häufig auf die Untersuchung von links verzichtet wird. In diesen Fällen muss die doppler-echokardiographische Beurteilung der Blutflüsse in Ultraschallansichten von rechts vorgenommen werden.

1. Apikale Vierkammeransicht (Abb. 2-62)

Linke Bildhälfte	Bildmitte	Rechte Bildhälfte
□ Ventriculus dexter	□ Septum interventriculare	□ Ventriculus sinister
□ Valva tricuspidalis		□ Valva mitralis
□ Atrium dextrum	□ Septum interatriale	□ Atrium sinistrum

Nach dem Aufsetzen des Schallkopfes links parasternal in Höhe des Herzspitzenstoßes wird für die apikale Vierkammeransicht die Schallkopfmarkierung dorsal gedreht und das Schallaustrittsfenster wird mehr oder weniger kranial gekippt. Diese Standardschnittebene ist zur Einschätzung der Größenverhältnisse der Strukturen des rechten und linken Herzens geeignet. Zudem bildet diese Ansicht die Grundlage für die Doppler-Untersuchungen des rechts- und linksventrikulären Bluteinstroms durch die Valva tricuspidalis bzw. mitralis. Zudem kann in dieser Vier- oder der Zweikammeransicht (siehe 4.) der linken Kammer die Volumenbestimmung des Ventriculus sinister mit Hilfe der monoplanen Scheibchensummationsmethode in Anlehnung an SIMPSON erfolgen.

2. Apikale Fünfkammeransicht

Linke Bildhälfte	Bildmitte	Rechte Bildhälfte
□ Ventriculus dexter	□ Septum interventriculare	□ Ventriculus sinister
□ Valva tricuspidalis	□ Valva aortae	□ Valva mitralis
□ Atrium dextrum	□ Aorta ascendens	□ Atrium sinistrum

Auf diese Darstellung, die entweder qualitativ ungenügend oder recht zeitaufwendig ist, kann in den meisten Fällen verzichtet werden.

3. Apikale rechtsventrikuläre Zweikammeransicht

- □ Ventriculus dexter
- □ Valva tricuspidalis
- □ Atrium dextrum

4. Apikale linksventrikuläre Zweikammeransichten

- □ Ventriculus sinister
- □ Valva mitralis
- □ Atrium sinistrum

Die apikale linksventrikuläre Zweikammeransicht kann mit geringfügig weiter kaudal gerichtetem Schallsektor direkt, d. h. ohne Sondendrehung, aus der Vierkammeransicht entwickelt werden. Meist ist der Ven triculus dexter gerade noch erkennbar.

Alle apikalen Zweikammeransichten vom rechten und linken Herz eignen sich hervorragend für die zwei- und eindimensionale Farbduplexdarstellung des rechts- und linksventrikulären Bluteinstroms sowie für die Messung der entsprechenden Blutflussgeschwindigkeiten mit den PW- und CW-Doppler-Verfahren. Auf den annähernd parallelen Verlauf von Schallausbreitung und Bluteinstrom ist unbedingt zu achten.

5. Apikale Dreikammeransicht (Abb. 2-63)

Linke Bildhälfte	Rechte Bildhälfte
□ Ventriculus sinister, Ausstrombahn	□ Ventriculus sinister, Einstrombahn
□ Valva aortae	□ Valva mitralis
□ Aorta ascendens	□ Atrium sinistrum

Diese Standardschnittebene wird aus der apikalen Vierkammeransicht entweder durch leichtes Kippen des Schallkopfes oder durch Drehung des Schallkopfes um 90° gegen den Uhrzeigersinn erstellt. Im ersten Fall zeigt die Schallkopfmarkierung dorsokaudal, im zweiten Fall kaudal. Die apikale Dreikammeransicht dient überwiegend zur farbkodierten und konventionellen Doppler-Darstellung des Blutflusses im linksventrikulären Ausstromtrakt und durch die Valva aortae in die Aorta ascendens. Häufig gelingt die parallele Anlotung des Blutaustroms nur, wenn die Aorta direkt an den linken Bildrand gelegt wird.

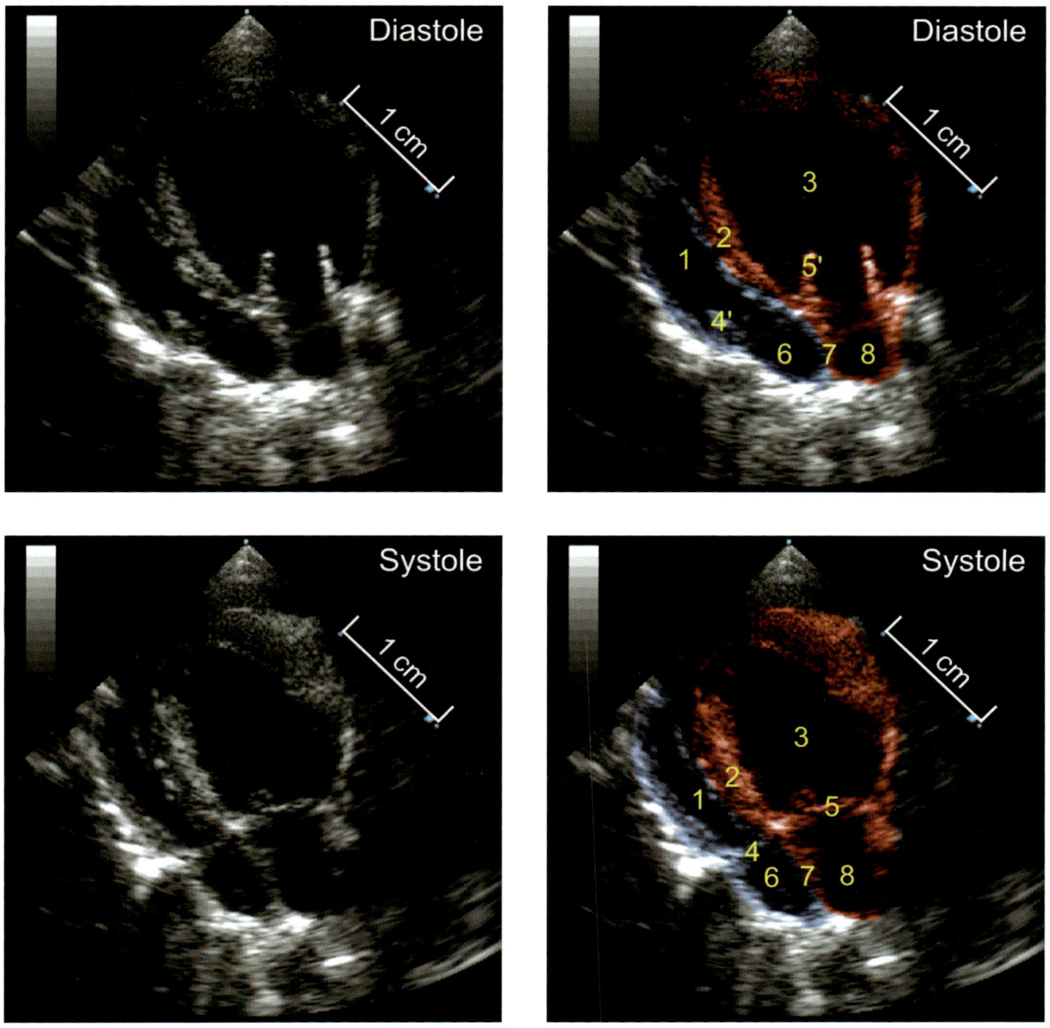

1: Ventriculus dexter
2: Septum interventriculare
3: Ventriculus sinister
4: geschlossene Valva tricuspidalis
4': geöffnete Valva tricuspidalis
5: geschlossene Valva mitralis
5': geöffnete Valva mitralis
6: Atrium dextrum
7: Septum interatriale
8: Atrium sinistrum

Abb. 2-62: Zweidimensionale Echokardiographie, 5 MHz, enddiastolische und mittsystolische apikale Vierkammeransicht von links, Frettchen.

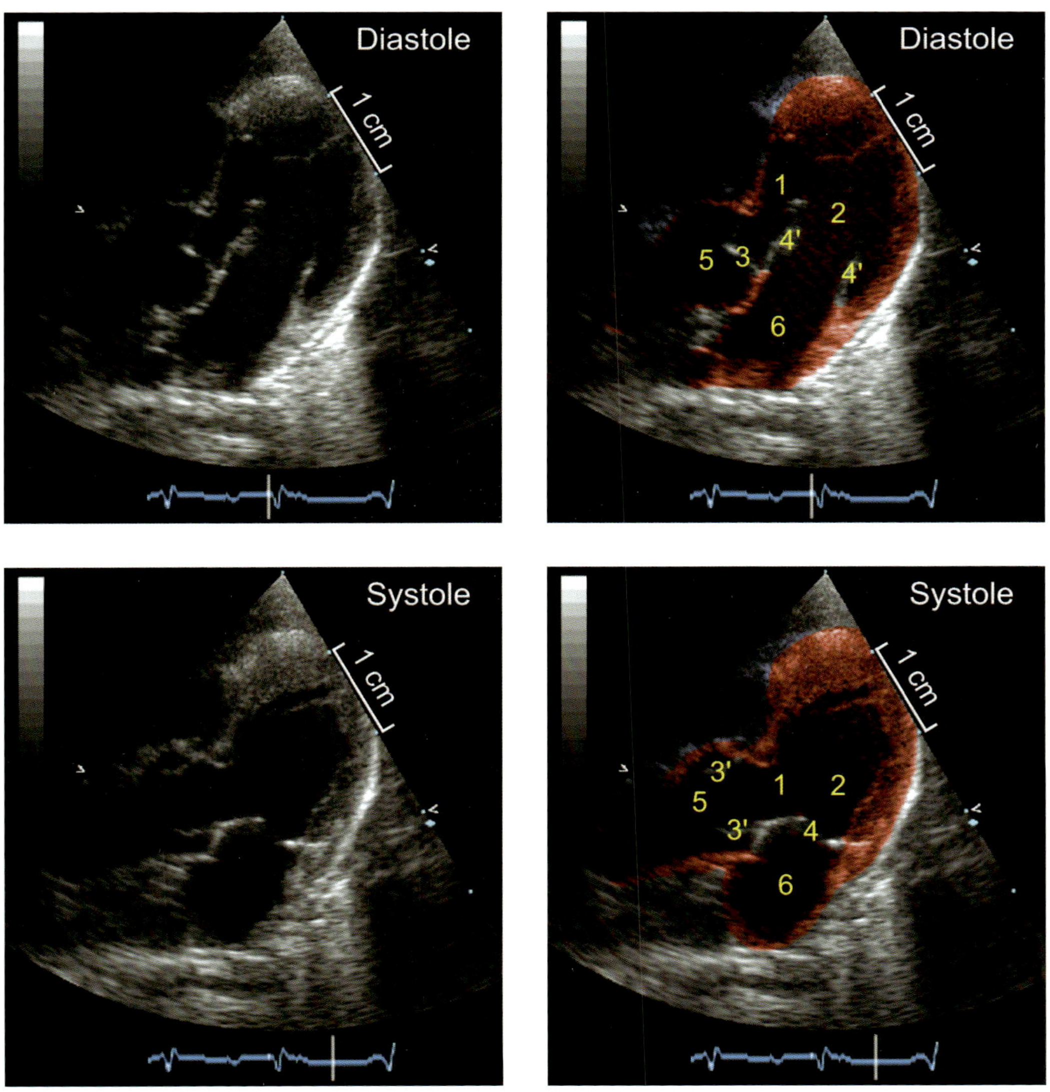

1: Ventriculus sinister, Ausstrombahn
2: Ventriculus sinister, Einstrombahn
3: geschlossene Valva aortae
3': geöffnete Valva aortae
4: geschlossene Valva mitralis
4': geöffnete Valva mitralis
5: Sinus aortae
6: Atrium sinistrum

Abb. 2-63: Zweidimensionale Echokardiographie, 10 MHz, enddiastolische und frühsystolische apikale Dreikammeransicht von links, Kaninchen.

Links parasternale, kraniale Ansicht

Zur Darstellung des rechtsventrikulären Conus arteriosus, der Valva trunci pulmonalis und des Truncus pulmonalis wird der Schallkopf links parasternal, relativ weit kranial aufgesetzt. Die Schallkopfmarkierung zeigt dorsal. In dieser, auch bei Frettchen und Kaninchen oft nur zeitaufwendig zu erstellenden Ebene kann der rechtsventrikuläre Blutausstrom durch die Valva trunci pulmonalis in den Truncus pulmonalis im Farbduplex beurteilt und mit dem PW- oder CW-Doppler vermessen werden. Meist kann auf diese Ansicht von links verzichtet werden, da der Blutfluss durch die Valva trunci pulmonalis in der dritten parasternalen Kurzachsenansicht von rechts einfacher und schneller zu bewerten ist.

Subkostale Ansicht

Der Schallkopf wird kaudal des Rippenbogens, direkt rechts, selten auch links vom Cartilago xiphoideus aufgesetzt. Der Schallkegel ist flach kranial gerichtet. Durch Leber und Zwerchfell wird das Herz von apikal aus dargestellt. Insbesondere der Blutstrom im linksventrikulären Ausstromtrakt, durch die Valva aortae und in die Aorta ascendens kann mit dieser Methode gut beurteilt werden. Entsprechend dient diese Standardschnittebene bei Hunden zur Einschätzung des Schweregrads einer subvalvulären Aortenstenose. Obwohl Heimtiere deutlich kleiner sind und der Abstand zwischen subkostal aufgesetztem Schallkopf und Herzspitze kürzer ist, lässt sich diese Ansicht auch bei Frettchen und Kaninchen nur mit erheblichem Zeitaufwand oder gar nicht einstellen, da der mit Gas gefüllte Magen zwischen Schallkopf und Herz liegt. Im Allgemeinen genügt es, den Blutfluss durch die Valva aortae in der apikalen Dreikammeransicht zu beurteilen.

2.4.2.5 Eindimensionale Echokardiographie – M-Mode

Wie bereits erwähnt, liefert die eindimensionale Echokardiographie bei den hochfrequenten Heimtieren aufgrund der höheren zeitlichen Auflösung oft schneller und besser beurteilbare Ergebnisse als die zweidimensionale Echokardiographie. Allerdings sollte der M-Mode direkt geschrieben und nicht nachträglich, d. h. offline, aus den zweidimensionalen B-Bild-Daten errechnet werden. Die M-Modes des Ventriculus sinister, der Valva mitralis und aortae sowie des Atrium sinistrum im Vergleich zum Aortenursprung werden aus den entsprechenden zweidimensionalen parasternalen Ansichten von rechts entwickelt, d. h., die Schalllinie wird exakt im zweidimensionalen B-Bild platziert. Ursprünglich wurden eindimensionale Echokardiographien ausschließlich aus der rechts parasternalen Längsachsenansicht erstellt. Da jedoch die M-Modes aus parasternalen Längs- und Kurzachsenansichten vergleichbar sind und ähnliche Messwerte liefern, ist die Erstellung der eindimensionalen Echokardiographien beim Heimtier auch aus den manchmal einfacher und besser zu erzielenden Kurzachsenschnitten statthaft. Referenzwerte in der Literatur werden meist nicht nach Längs- und Kurzachsen-M-Modes unterschieden. Die beiden Mindestanforderungen an die Qualität eines M-Modes beinhalten das senkrechte Auftreffen der M-Mode-Linie auf die darzustellenden Strukturen und die Identifizierbarkeit klarer Grenzflächen. Es muss das weiße echogene Endokard des Septum interventriculare und des Myocardium ebenso gut erkennbar sein wie die Klappenreflexionen.

M-Mode des Ventriculus sinister
(Abb. 2-64)

Aus dem rechts parasternalen Längsachsenschnitt, direkt kranial des Musculus papillaris, oder aus dem rechts parasternalen Kurzachsenschnitt in Höhe der Papillarmuskeln wird dieses eindimensionale Echokardiogramm registriert. Es dient der diastolischen und systolischen Beurteilung und Vermessung von Septum interventriculare, Ventriculus sinister und Myocardium. Die M-Mode-Linie muss in der Längsachsenansicht unbedingt kranial der Papillarmuskeln und in der Kurzachsenansicht zwischen den etwa bei fünf und sieben Uhr befindlichen Musculi papillares liegen.

M-Mode der Valva mitralis
(Abb. 2-65)

Im rechts parasternalen Längsachsenschnitt, in Höhe der Cuspis septalis der Mitralklappe oder im rechts parasternalen Kurzachsenschnitt in Höhe der Valva mitralis wird der typische Mitralklappen-M-Mode aufgezeichnet. In den meisten Fällen gelingt die Aufzeichnung sowohl einer E-Zacke während der frühdiastolischen Öffnung und zusätzlich einer A-Zacke als Ausdruck der enddiastolischen Klappenöffnung während der Vorhofkontraktion.

M-Mode von Valva aortae und Atrium sinistrum
(Abb. 2-66)

Die gemeinsame Darstellung von Aortenklappe und linkem Vorhof gelingt bei den Heimtieren im rechts parasternalen Längsachsenschnitt verhältnismäßig problemlos, oft einfacher als bei manchen Hunden. Entsprechend gut lässt sich auch der M-Mode erstellen, der den Größenvergleich zwischen Aortenwurzel (enddiastolisch) und linkem Vorhof (endsystolisch) ermöglicht.

2.4.2.6 Doppler-Echokardiographie

Der Einsatz der farbkodierten und konventionellen Doppler-Techniken ist zur Beurteilung der kardialen Hämodynamik und somit zur Verbesserung der Diagnose, Prognose und Therapiekontrolle auch bei Heimtieren unverzichtbar.

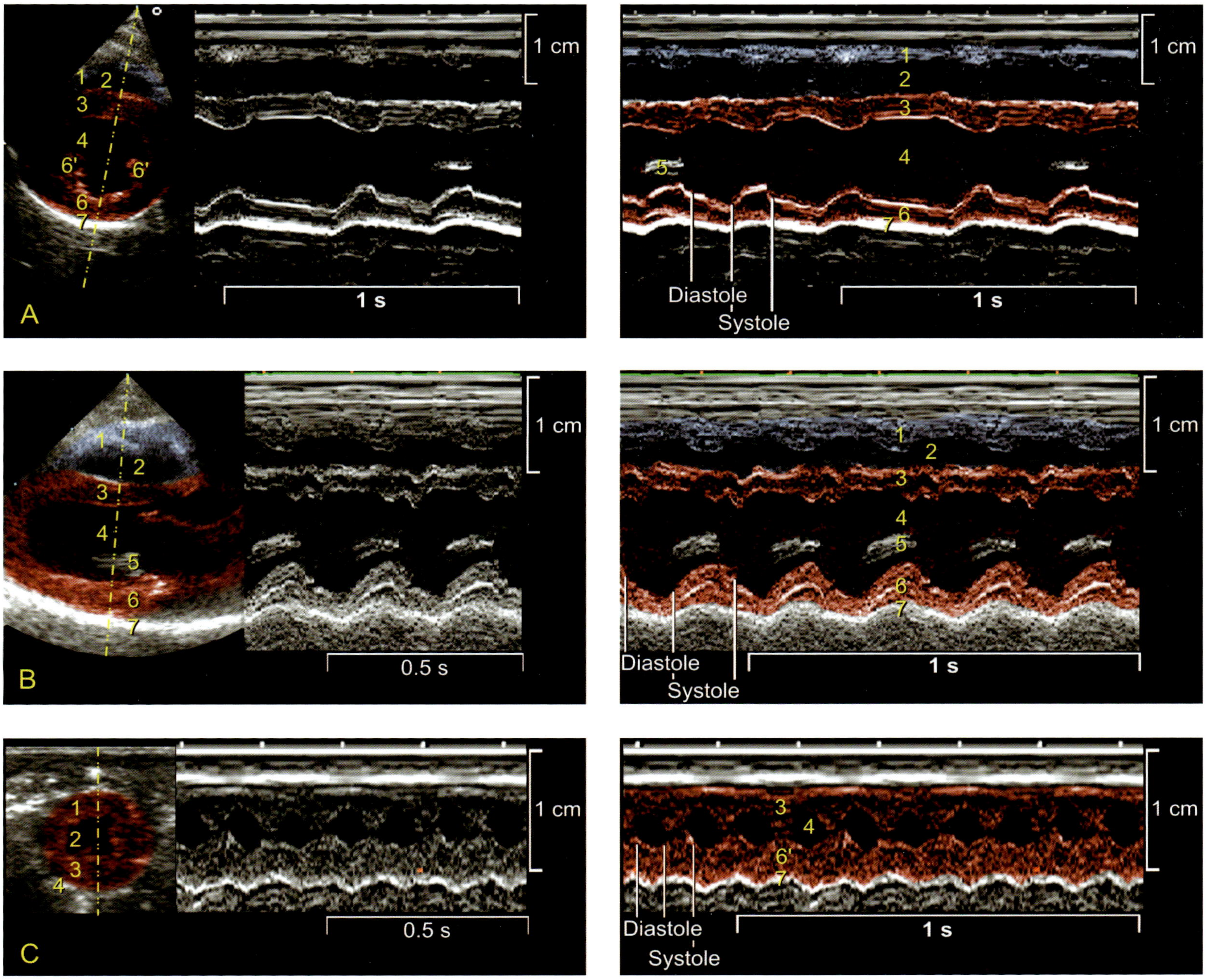

Abb. 2-64: M-Modes des Ventriculus sinister in Höhe der Musculi papillares, 12–15 MHz.

A: 12 MHz, Frettchen. M-Mode aus dem rechts parasternalen Kurzachsenschnitt, die Sehnenfäden (5) sind im M-Mode nur ausnahmsweise zu erkennen.

B: 12 MHz, Kaninchen. M-Mode aus dem rechts parasternalen Längsachsenschnitt.

C: 15 MHz, Degu. M-Mode mit einem Linearschallkopf aus dem rechts parasternalen Kurzachsenschnitt. Da die M-Mode-Linie durch einen Musculus papillaris (6') geht, wird mit letztgenannter Technik die Dicke und Kontraktilität des Myocardium sinistrum überschätzt.

1: Myocardium dextrum
2: Ventriculus dexter
3: Septum interventriculare
4: Ventriculus sinister
5: Chordae tendineae
6: Myocardium sinistrum
6': M. papillaris
7: Pericardium

Gelbe unterbrochene Linie: M-Mode-Linie = Bereich, in dem der M-Mode aufgezeichnet wurde.

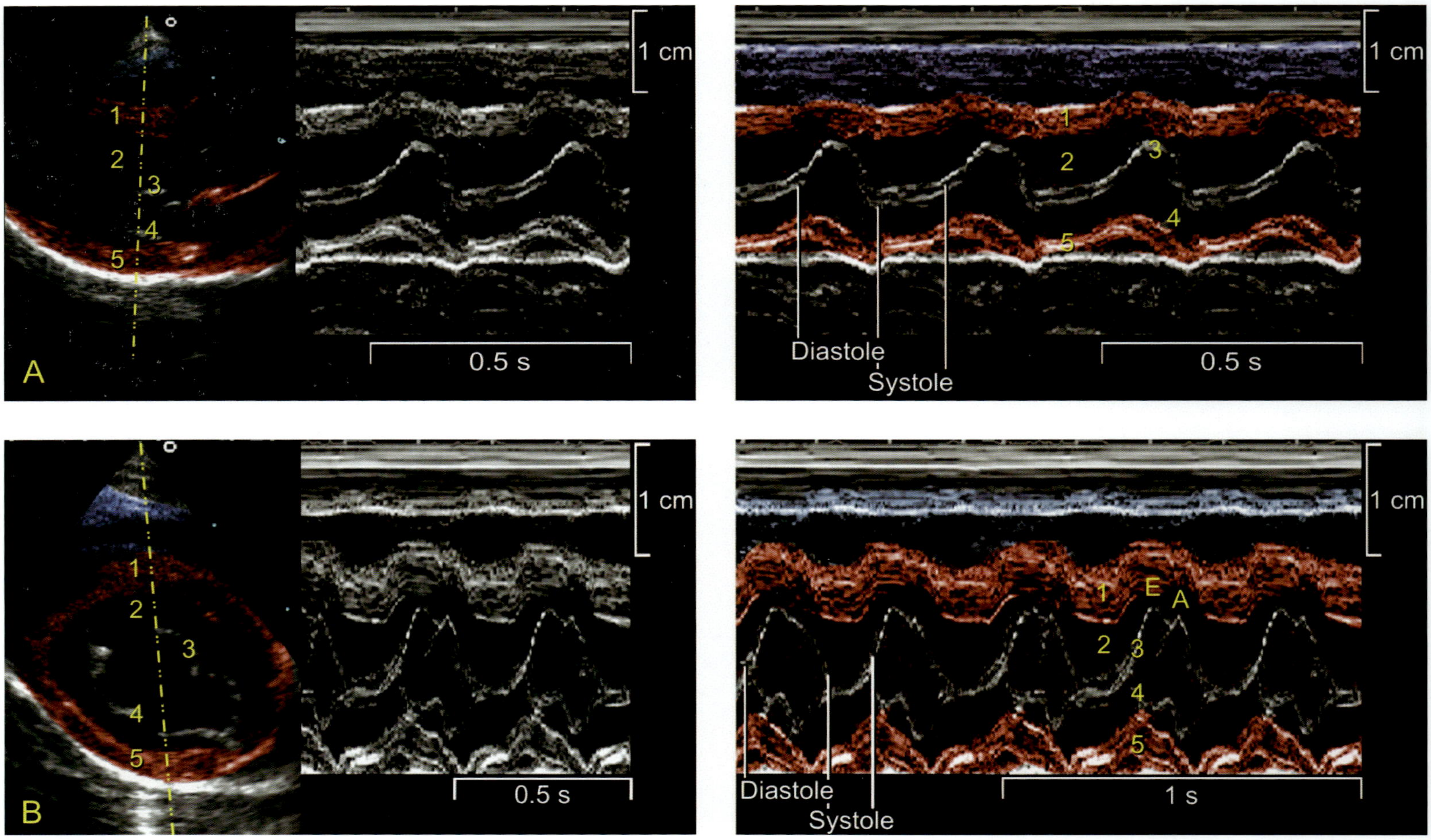

Abb. 2-65: M-Modes in Höhe der Valva mitralis, 12 MHz, Kaninchen.

A: M-Mode aus dem rechts parasternalen Längsachsenschnitt.

B: M-Mode aus dem rechts parasternalen Kurzsachsenschnitt. Während in Abb. A die E- und die A-Welle fast verschmelzen, sind die beiden Wellen in Abb. B deutlich voneinander getrennt.

1: Septum interventriculare
2: Ventriculus sinister
3: Cuspis septalis der Valva mitralis
4: Cuspis parietalis der Valva mitralis
5: Myocardium sinistrum

E: E-Welle = frühdiastolische Öffnung der Valva mitralis
A: A-Welle = spätdiastolische Öffnung der Valva mitralis während der Vorhofkontraktion

Gelbe unterbrochene Linie: M-Mode-Linie = Bereich, in dem der M-Mode aufgezeichnet wurde

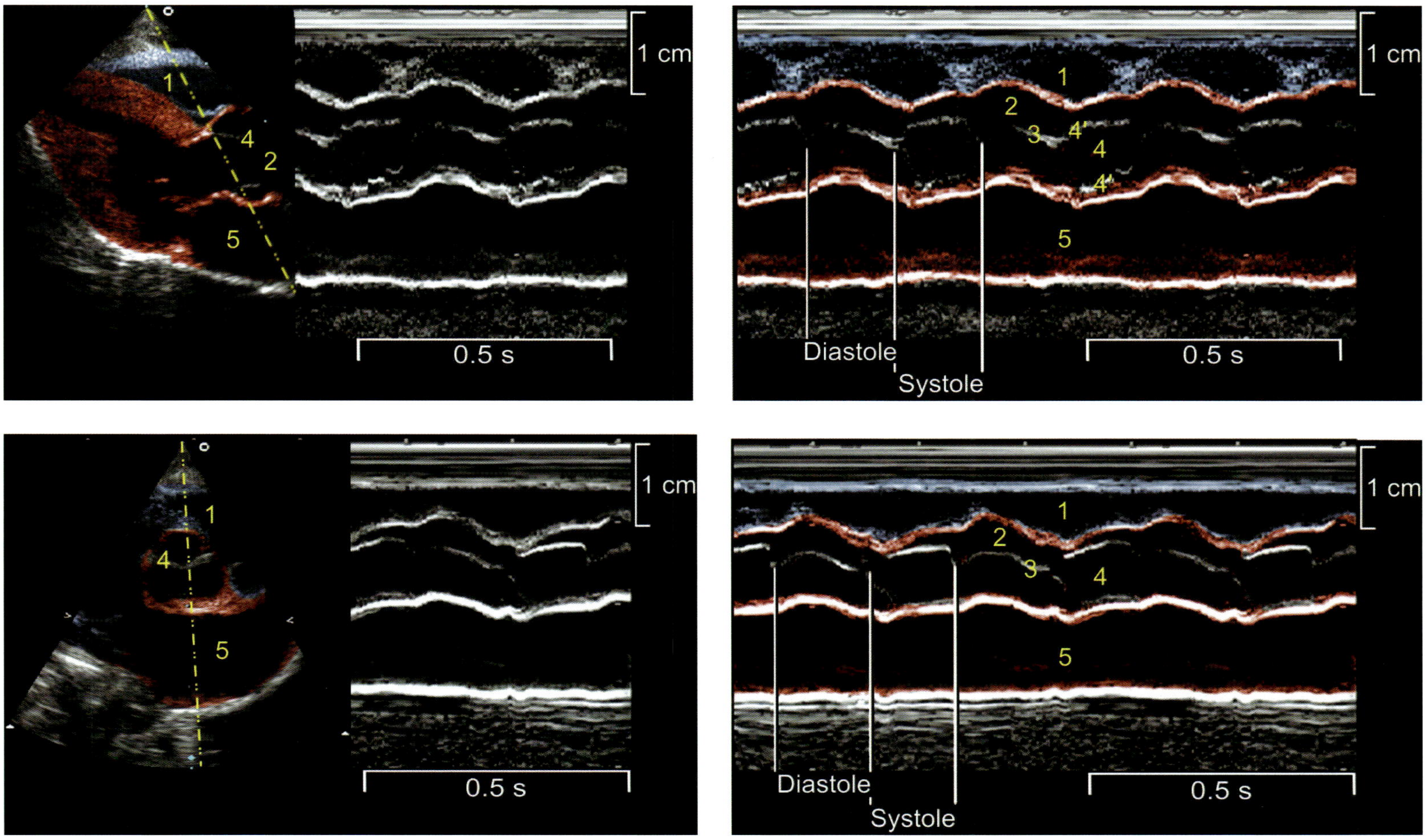

Abb. 2-66: M-Modes in Höhe von Atrium sinistrum, Valva aortae und Valva pulmonalis, Kaninchen.

A: 12 MHz, M-Mode aus dem rechts parasternalen Längsachsenschnitt. Die geöffneten Valvulae semilunares aortae (4') zeigen in dieser Ansicht eine Flatterbewegung.

B: 8,5 MHz, M-Mode aus dem rechts parasternalen Kurzsachsenschnitt. Bei Frettchen und Kaninchen gelingt die M-Mode-Darstellung sowohl aus der Längs- als auch aus der Kurzachsenansicht. In beiden Fällen ist das Verhältnis zwischen endsystolischer Vorhofgröße (5) und enddiastolischem Aorteninnendurchmesser (2) vergleichbar.

1: Ventriculus dexter
2: Sinus aortae
3: geschlossene Valva aortae
4: geöffnete Valva aortae
4': Valvula semilunaris mit Flatterbewegung
5: Atrium sinistrum

Gelbe unterbrochene Linie: M-Mode-Linie = Bereich, in dem der M-Mode aufgezeichnet wurde

Es hat sich klinisch bewährt, primär mit dem zweidimensionalen Farbduplex und beim Heimtier zusätzlich mit dem farbkodierten M-Mode zu arbeiten. Dadurch können relativ schnell Informationen über Blutströmungsrichtung, ungefähre Blutflussgeschwindigkeiten und Lokalisationen von Turbulenzen erhalten werden. Im nächsten Schritt werden im Farbduplexbild die Schalllinie für den PW- und CW-Doppler platziert und die entsprechenden Kurven zur Quantifizierung der Blutflüsse aufgezeichnet. Generell gilt, dass nur dann die Blutflussgeschwindigkeiten ausreichend genau bestimmt werden, wenn Blutflussrichtung und Schallausbreitung annähernd parallel verlaufen. Eine Winkelkorrektur, die bei der konventionellen Doppler-Sonographie in anderen Körperbereichen meist empfohlen und durchgeführt wird, ist bei der Doppler-Untersuchung des Herzens nicht statthaft. Die Darstellung der verschiedenen kardialen Blutflüsse erfolgt in bestimmten, oben beschriebenen Standardschnittebenen. Links- und rechtsventrikuläre Bluteinströme durch die Valva mitralis bzw. Valva tricuspidalis werden am besten in der jeweiligen apikalen Zweikammeransicht registriert. Der linksventrikuläre Blutausstrom durch die Valva aortae lässt sich in der apikalen linksventrikulären Dreikammeransicht und der Blutfluss durch die Valva trunci pulmonalis im parasternalen Kurzachsenschnitt von rechts in Höhe Aorten- und Pulmonalklappe doppler-echographisch aufzeichnen.

Zweidimensionale farbkodierte Doppler-Echokardiographie
(Abb. 2-67, 2-68)

Aufgrund der geringen Größe der kardialen Strukturen und der gleichzeitig hohen Herzfrequenzen beim Heimtier sind die Farbduplexaufnahmen häufig wenig ästhetisch bzw. mehrere Herzphasen werden in einem Bild gleichzeitig und andere gar nicht dargestellt. So kann ein frühsystolischer Rückfluss durch die Atrioventrikularklappen im Farbduplex häufig übersehen werden. Trotzdem sollten alle Doppler-Echokardiographien mit dem zweidimensionalen Farbduplex beginnen.

Farbkodierter M-Mode
(Abb. 2-69A–D)

Da die zeitliche Auflösung der farbkodierten eindimensionalen (M-Mode-)Echokardiographie deutlich besser ist als die des Farbduplex, gelingt hiermit die Beurteilung von kurzen Blutflüssen zuverlässig. Es kann die Dauer von physiologischen und pathologischen Blutströmen einfach und augenfällig bestimmt werden. Außerdem lassen sich Geschwindigkeitsänderungen des Blutflusses entlang der M-Mode-Linie, d. h. von der Herzspitze zur Herzbasis und innerhalb des Vorhofs, einschätzen. Aufgrund der Informationen, die die ästhetischen eindimensionalen Echokardiographien enthalten, und wegen ihrer problemlosen Erstellung, sind farbkodierte M-Moden bei Heimtieren sehr empfehlenswert.

PW- und CW-Doppler-Echokardiographie
(Abb. 2-70A–D)

Die Registrierung der Doppler-Kurven gelingt bei allen Heimtieren meist problemlos. Hier sind die relativ oberflächliche Lage und die geringe Größe der Bereiche, in denen der Blutfluss aufgezeichnet werden soll, von Vorteil. Ein schneller Vorschub von 100 cm/s oder 200 cm/s verbessert die Auswertbarkeit der Kurven. Beim PW-Doppler ist das Messvolumen der geringen Herzgröße der Heimtiere anzupassen und möglichst klein zu wählen.

Physiologische, relativ langsame Blutströme werden am besten mit dem gepulsten Doppler-Verfahren erfasst, während schnelle Blutströme, z. B. bei Stenosen, mit dem kontinuierlichen Doppler gemessen werden. Auch die gleichzeitige Registrierung des normalen Vorwärtsflusses und einer Regurgitation erfolgt mit dem CW-Doppler-Verfahren **(Abb. 2-71)**. Die Flussmuster und Blutflussgeschwindigkeiten der Heimtiere durch die Atrioventrikular- und den Gefäßklappen gleichen bzw. ähneln denen von Hund und Katze.

2.4.2.7 Messungen und Referenzwerte

Unbedingte Voraussetzung, um aussagekräftige Messwerte zu erhalten, ist die Erstellung von qualitativ hochwertigen ein- und/oder zweidimensionalen B-Bildern sowie von möglichst artefaktfreien, konventionellen Doppler-Echokardiographien. Gelingt dies nicht, ist die sogenannte »Eyeball-Methode« eine echte Alternative. Hierbei handelt es sich um die rein visuelle Beurteilung der Morphologie und die Einschätzung der linksventrikulären Funktion. Klinisch bedeutsame kardiale Veränderungen sind meist ohne Messungen, mit Hilfe der vorgestellten Ultraschallmethoden eindeutig zu diagnostizieren und ihr Schweregrad ist anhand fehlender oder bestehender Sekundärveränderungen einzuschätzen. Dies gilt insbesondere, da die Echokardiographie nur ein Teilgebiet der klinischen Untersuchung des Herzens darstellt.

Da die meisten Heimtierspezies im Rahmen von tierexperimentellen Studien in der humanmedizinischen Kardiologie eingesetzt werden, existieren zahlreiche, zum Teil auch unterschiedliche Referenzwerte. Ihre Übertragbarkeit auf den Patienten einer Heimtiersprechstunde ist allerdings oft nur eingeschränkt möglich, da wichtige Parameter, wie Rasse, Größe, Alter, Konstitution und Untersuchungsbedingungen, nicht vergleichbar sind. So sollte jeder Untersucher selbst sorgfältig abwägen, welche Aussagekraft den eigenen Messwerten im Vergleich zu den Referenzwerten zukommt.

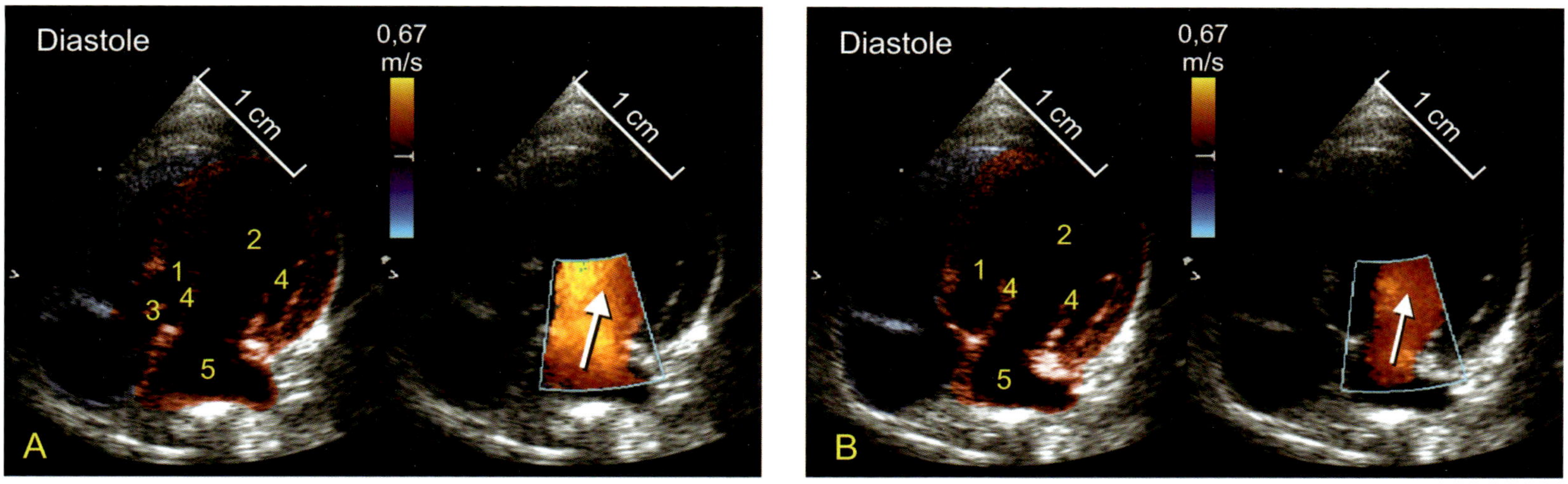

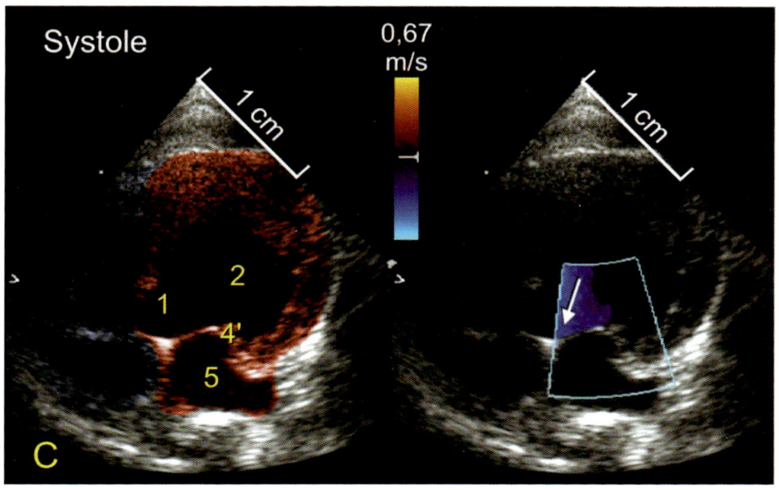

1: Ventriculus sinister, Ausstrombahn
2: Ventriculus sinister, Einstrombahn
3: Valva aortae
4: geöffnete Valva mitralis
4': geschlossene Valva mitralis
5: Atrium sinistrum

Abb. 2-67: Farbkodierte Doppler-Echokardiographie vom linksventrikulären Blutfluss, links apikale Dreikammeransicht, Frettchen.

A: Frühdiastolischer, passiver, hellrot kodierter, breiter, linksventrikulärer Bluteinstrom bei weit geöffneter Valva mitralis.

B: Spätdiastolischer, dunkelrot kodierter, schmaler, linksventrikulärer Bluteinstrom während der Vorhofkontraktion.

C: Frühsystolischer, blau kodierter Blutfluss in der linksventrikulären Ausstrombahn. Das Blut fließt nicht durch die vollständig geschlossene Valva mitralis zurück in das Atrium sinistrum.

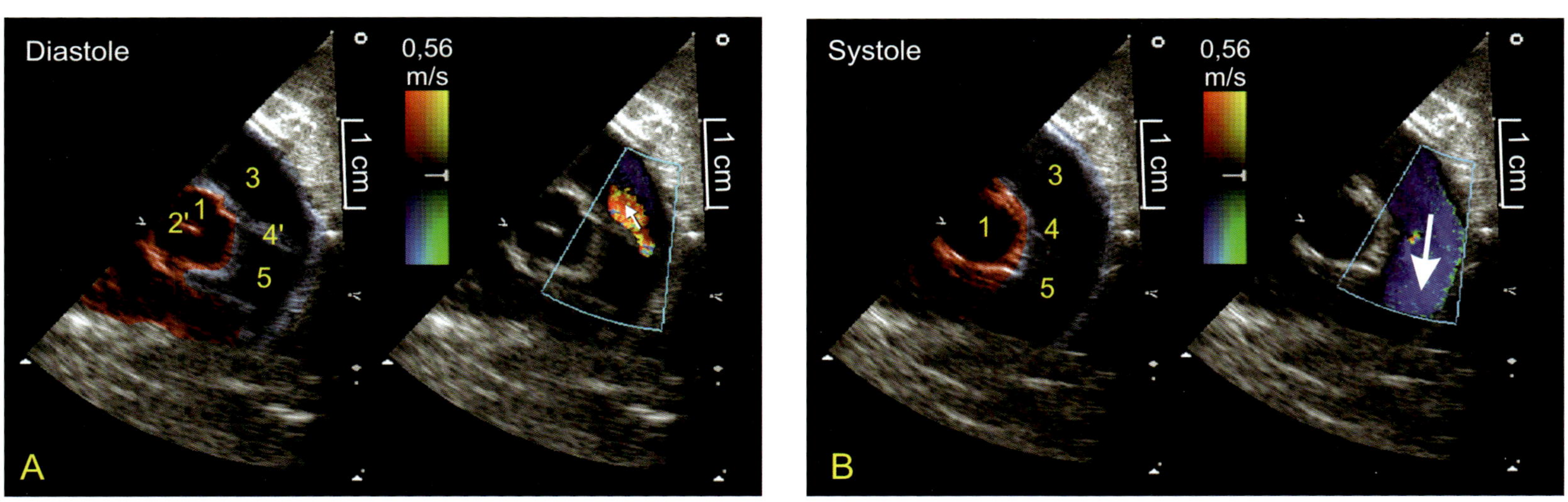

Abb. 2-68: Farbkodierte Doppler-Echokardiographie vom rechtsventrikulären Blutfluss im Conus arteriosus des Ventriculus dexter und im Truncus pulmonalis, links parasternale, kraniale Schallposition, Kaninchen.

A: Diastolischer, rotbunt kodierter Blutrückfluss durch die geschlossene Valva trunci pulmonalis, hämodynamisch unbedeutende Pulmonalklappeninsuffizienz.

B: Systolischer, normaler, blau kodierter, rechtsventrikulärer Blutausstrom.

1: Aorta
2': geschlossene Valva aortae, Mittelecho
3: Ventriculus dexter, Conus arteriosus
4: geöffnete Valva trunci pulmonalis
4': geschlossene Valva trunci pulmonalis
5: Truncus pulmonalis

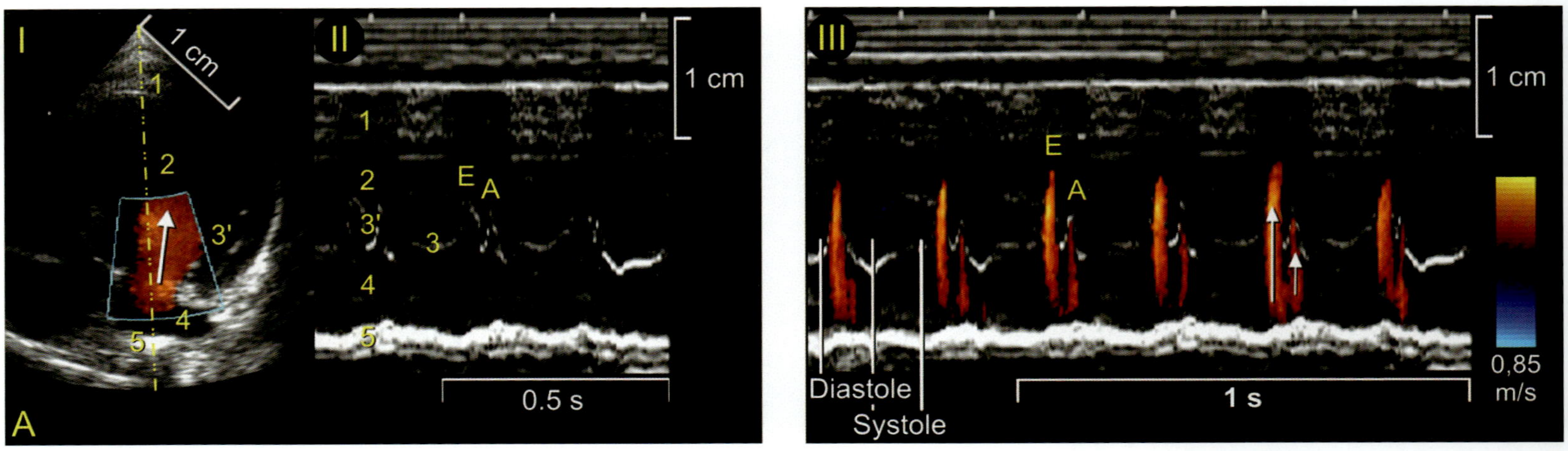

Abb. 2-69A: Farbkodierter M-Mode, apikale Dreikammeransicht von links, Frettchen.

I: Farbkodiertes zweidimensionales Echokardiogramm
II: M-Mode: geschlossene und geöffnete Valva mitralis
III: Farbkodierter M-Mode, linksventrikulärer Blutfluss durch die Valva mitralis

1: Myocardium, Apex
2: Ventriculus sinister
3: geschlossene Valva mitralis
3': geöffnete Valva mitralis
4: Atrium sinistrum
5: Pericardium

E: E-Welle = frühdiastolische Klappenöffnung (II) oder breiter, hellrot kodierter, frühdiastolischer, passiver Bluteinstrom (III)
A: A-Welle = spätdiastolische Klappenöffnung (II) oder schmaler dunkelrot kodierter, spätdiastolischer Bluteinstrom während der Vorhofkontraktion (III). Unterbrochene gelbe Linie (I): Bereich, in dem die beiden M-Modes aufgezeichnet wurden.

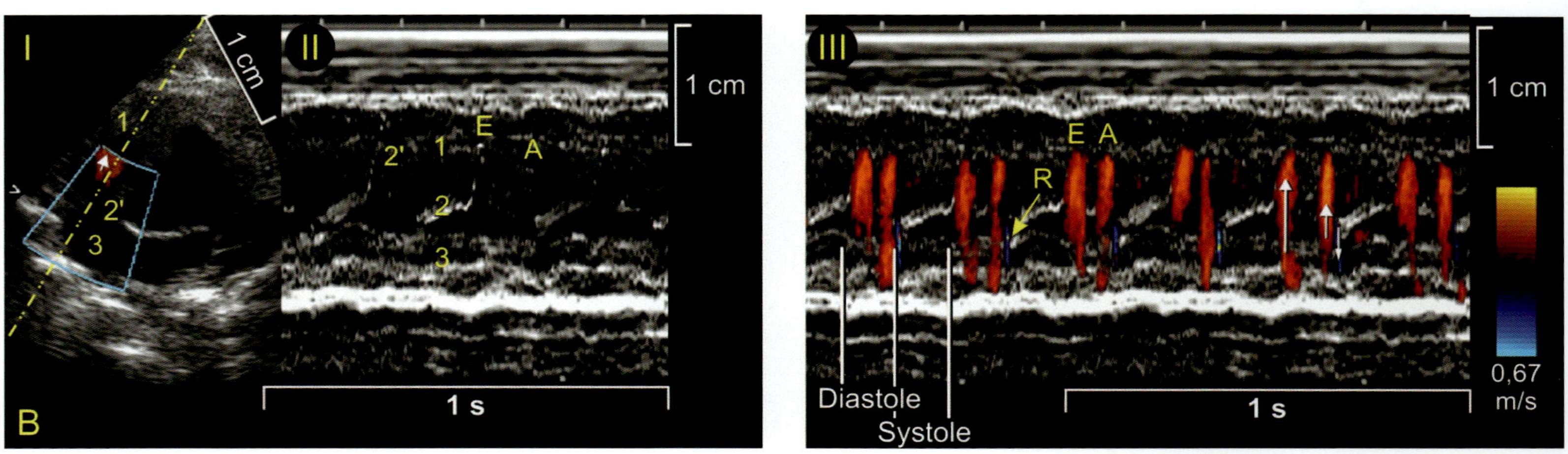

Abb. 2-69B: Farbkodierter M-Mode, apikale Vierkammeransicht von links, Frettchen.

I: Farbkodiertes zweidimensionales Echokardiogramm
II: M-Mode: geschlossene und geöffnete Valva tricuspidalis
III: Farbkodierter M-Mode, rechtsventrikulärer Blutfluss durch die Valva tricuspidalis

1: Ventriculus dexter
2: geschlossene Valva tricuspidalis
2': geöffnete Valva tricuspidalis
3: Atrium dextrum

E: E-Welle = frühdiastolische Klappenöffnung (II) oder rot kodierter, frühdiastolischer, passiver Bluteinstrom (III)
A: A-Welle = spätdiastolische Klappenöffnung (II) oder rot kodierter, spätdiastolischer Bluteinstrom während der Vorhofkontraktion (III)
R: frühsystolischer, hämodynamisch unbedeutender Rückfluss. Unterbrochene gelbe Linie (I) = Bereich, in dem die beiden M-Moden aufgezeichnet wurden.

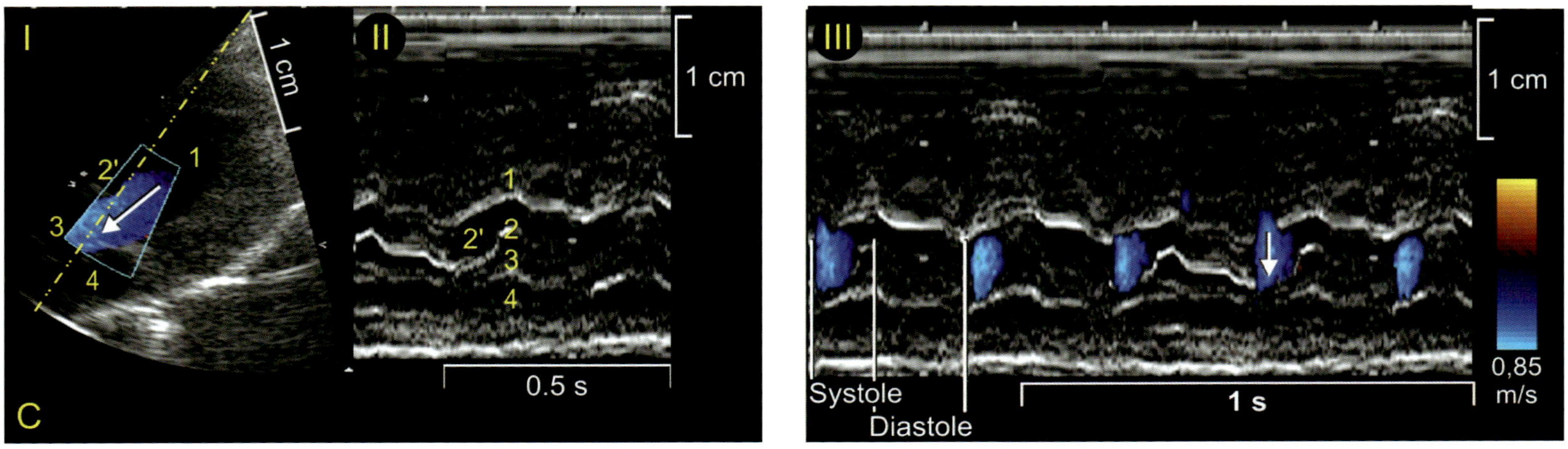

Abb. 2-69C: Farbkodierter M-Mode, Frettchen. Apikale Zweikammeransicht von links.

I: Farbkodiertes zweidimensionales Echokardiogramm
II: M-Mode: geschlossene und geöffnete Valva aortae
III: Farbkodierter M-Mode, blau kodierter, linksventrikulärer Blutfluss durch die Valva aortae.

1: Ventriculus sinister
2: geschlossene Valva aortae
2': geöffnete Valva aortae
3: Sinus aortae
4: Atrium sinistrum

Unterbrochene gelbe Linie (I): Bereich, in dem die beiden M-Modes aufgezeichnet wurden.

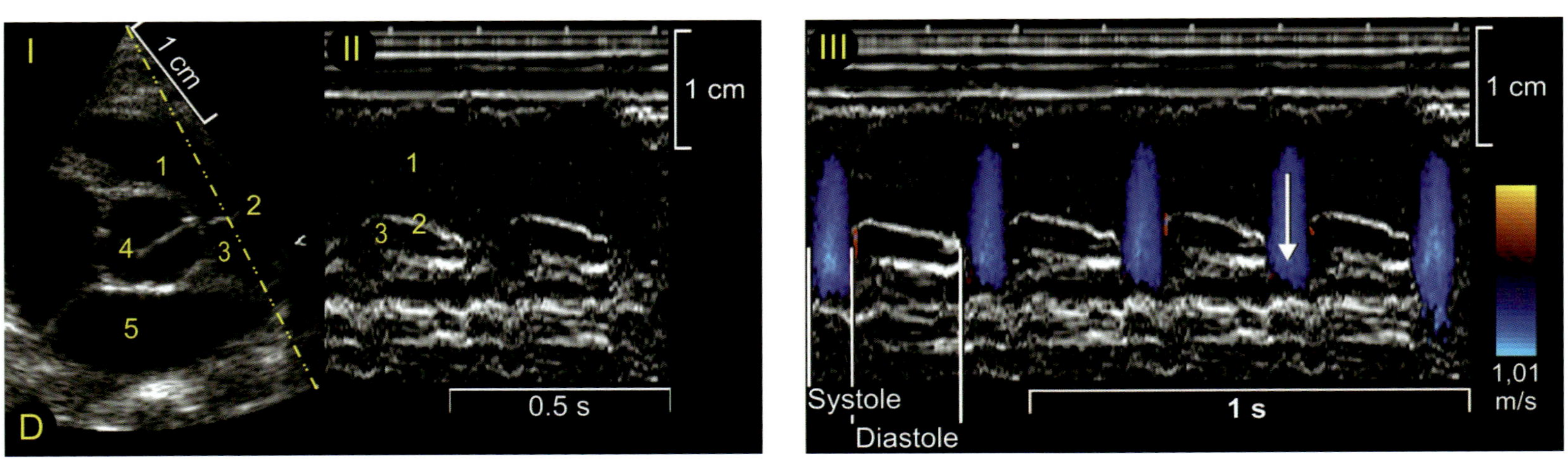

Abb. 2-69D: Farbkodierter M-Mode, Frettchen. Rechts parasternale Kurzachsenansicht in Höhe der Valva trunci pulmonalis.

I: Zweidimensionales Echokardiogramm
II: M-Mode: geschlossene und geöffnete Valva trunci pulmonalis
III: Farbkodierter M-Mode: blau kodierter, rechtsventrikulärer Blutfluss durch die Valva trunci pulmonalisa.

1: Ventriculus dexter, Conus arteriosus
2: geschlossene Valva trunci pulmonalis
3: Truncus pulmonalis
4: geschlossene Valva aortae
5: Atrium sinistrum

Unterbrochene gelbe Linie (I): Bereich, in dem die beiden M-Modes aufgezeichnet wurden.

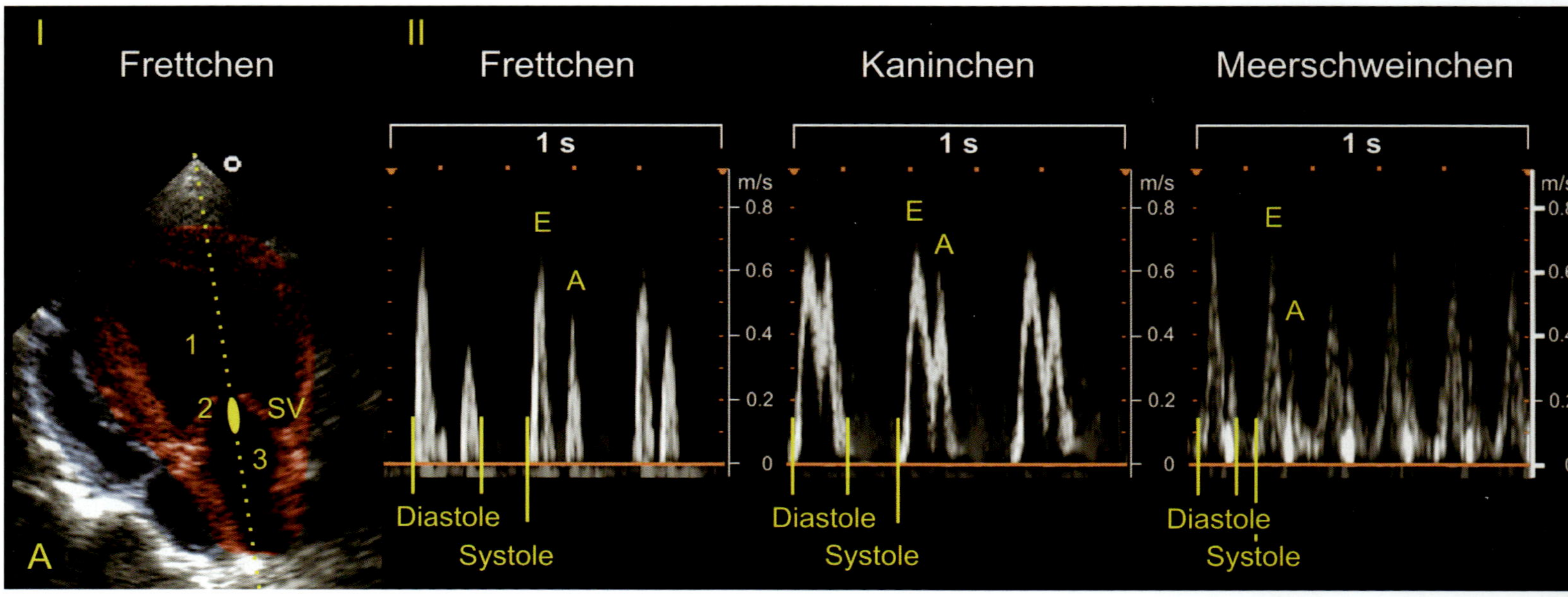

Abb. 2-70A: Aufzeichnung des Blutflusses durch die Valva mitralis mit der PW-Doppler-Echokardiographie. Die Flussmuster und Blutfließgeschwindigkeiten ähneln sich bei allen Kleinsäugern.

I: Zweidimensionale Echokardiographie, apikale Vierkammeransicht von links.
II: PW-Doppler-Echokardiographien des Blutflusses durch die Valva mitralis. Der frühdiastolische passive Bluteinstrom (E) ist meist schneller als der Blutfluss während der Vorhofkontraktion (A).

1: Ventriculus sinister
2: halb geöffnete Valva mitralis
3: Atrium sinistrum

SV: gelbes Messvolumen (*sample volume*) = Bereich, in dem die PW-Doppler-Kurven aufgezeichnet wurden

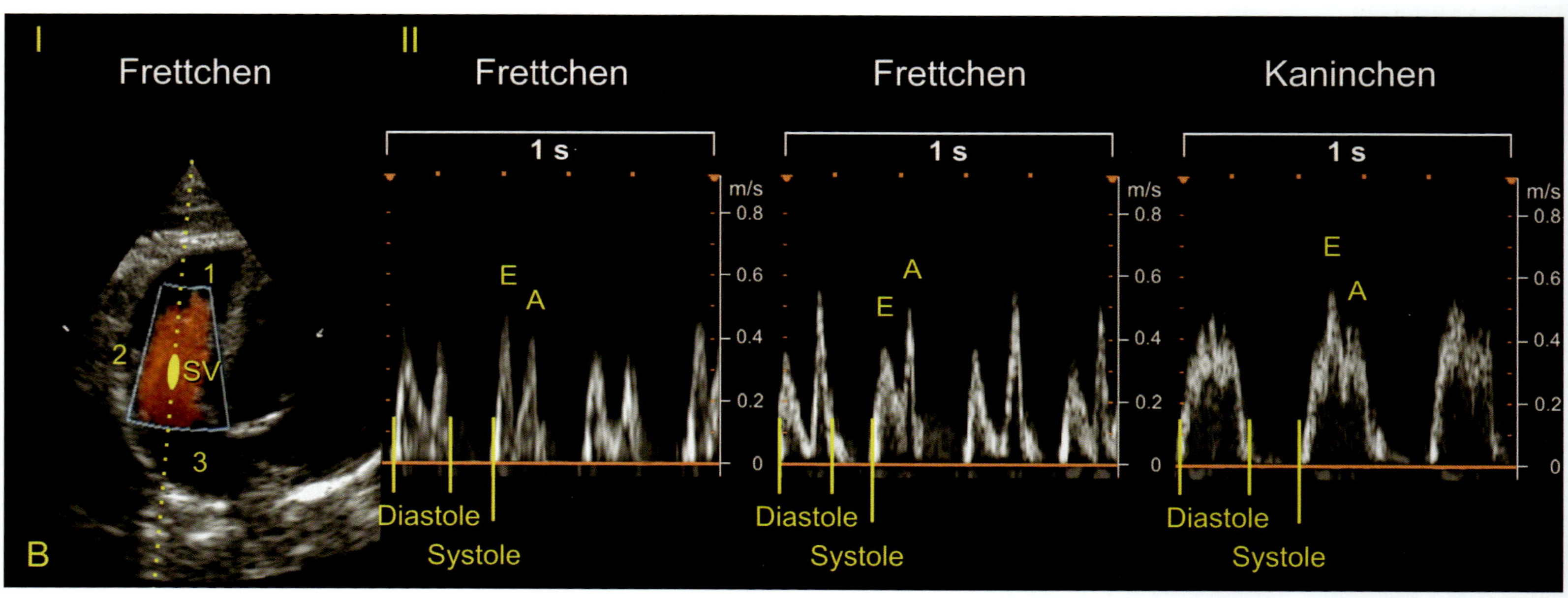

Abb. 2-70B: Aufzeichnung des Blutflusses durch die Valva tricuspidalis mit der PW-Doppler-Echokardiographie. Die Flussmuster und Blutfließgeschwindigkeiten ähneln sich bei allen Kleinsäugern.

I: Farbkodierte zweidimensionale Dopplerechokardiographie, apikale Zweikammeransicht von links und rot kodierter Bluteinstrom durch die Valva tricuspidalis.
II: PW-Doppler-Echokardiographien des Blutflusses durch die Valva tricuspidalis. Die normalen Flussmuster des rechtsventrikulären Bluteinstroms sind individuell unterschiedlich. Bei Frettchen, Kaninchen und Meerschweinchen können alle drei Flussmuster vorkommen. Auch innerhalb eines Tieres können die Geschwindigkeiten und die Relation von E zu A variieren.

1: Ventriculus dexter
2: geöffnete Valva tricuspidalis
3: Atrium dextrum

SV: gelbes Messvolumen (*sample volume*) = Bereich, in dem die PW-Doppler-Kurven aufgezeichnet wurden

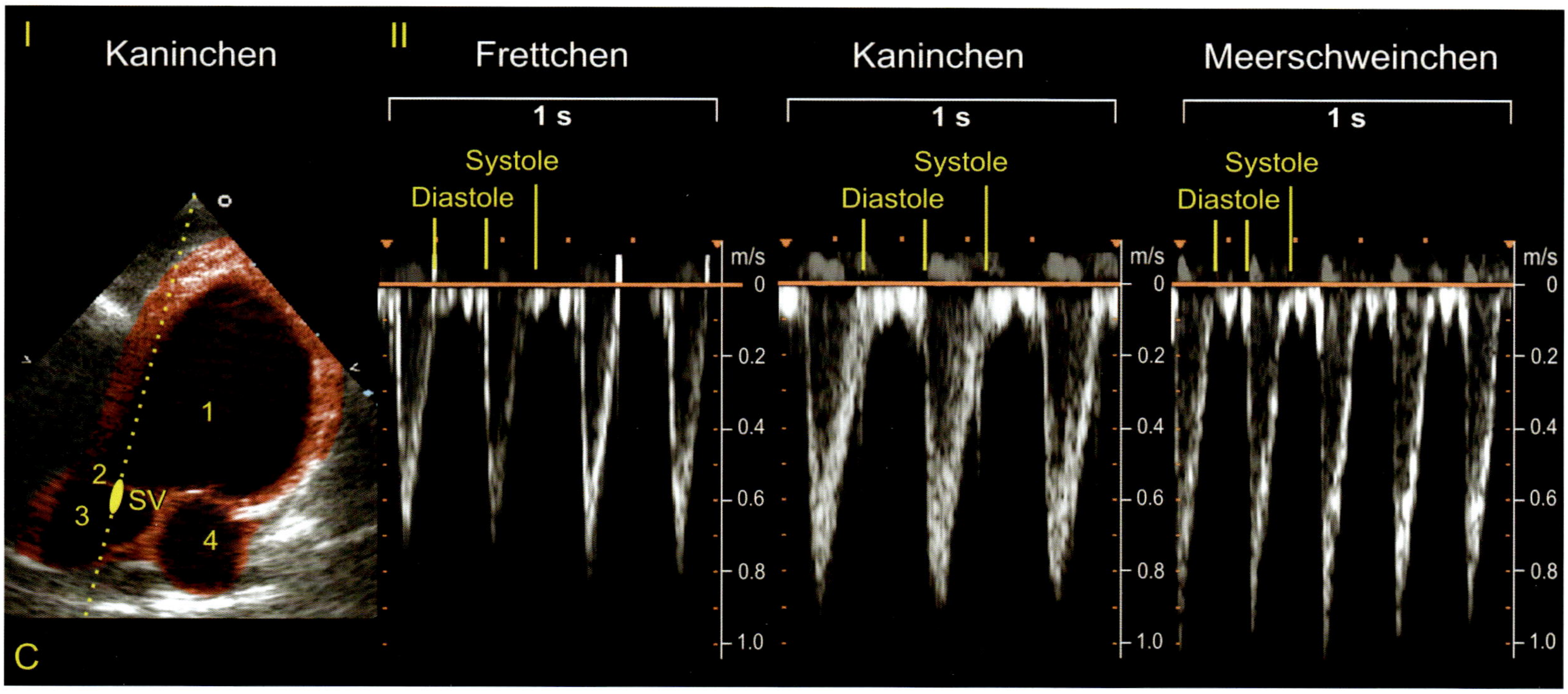

Abb. 2-70C: Aufzeichnung des Blutflusses durch die Valva aortae mit der PW-Doppler-Echokardiographie. Die Flussmuster und Blutfließgeschwindigkeiten ähneln sich bei allen Kleinsäugern.

I: Zweidimensionale Echokardiographie, apikale Dreikammeransicht von links.
II: PW-Doppler-Echokardiographien des Blutflusses durch die Valva aortae. Im Vergleich zum normalen rechtsventrikulären Blutausstrom ist der Geschwindigkeitsanstieg des linksventrikulären Blutausstroms schneller,
das Flussmuster erscheint wie ein rechtwinkeliges Dreieck.

1: Ventriculus sinister
2: geschlossene Valva aortae
3: Sinus aortae
4: Atrium sinistrum

SV: gelbes Messvolumen (*sample volume*) = Bereich, in dem die PW-Doppler-Kurven aufgezeichnet wurden.

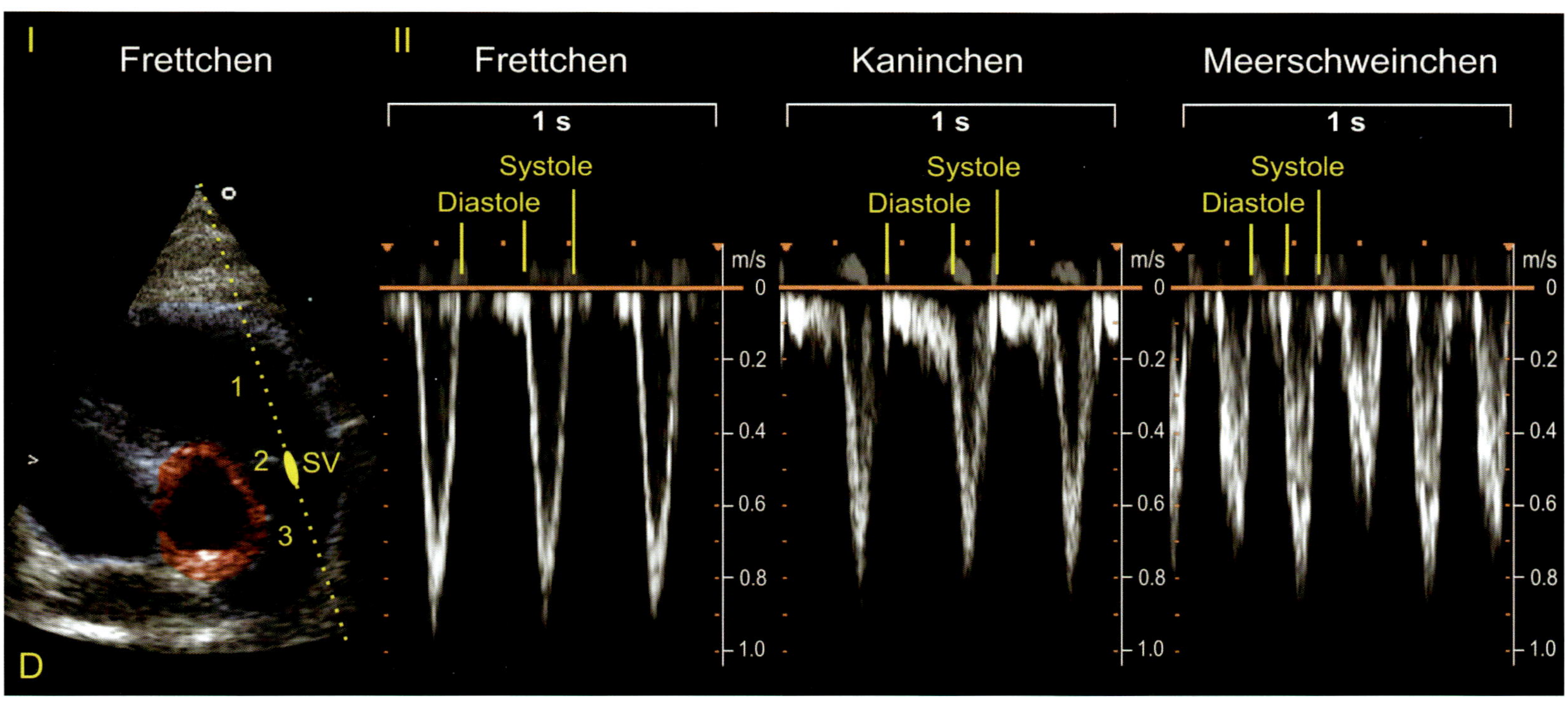

Abb. 2-70D: Aufzeichnung des Blutflusses durch die Valva trunci pulmonalis mit der PW-Doppler-Echokardiographie. Die Flussmuster und Blutfließgeschwindigkeiten ähneln sich bei allen Kleinsäugern.

I: Zweidimensionale Echokardiographie, kraniale, links parasternale Ansicht
II: PW-Doppler-Echokardiographien des Blutflusses durch die Valva trunci pulmonalis. Im Vergleich zum normalen linksventrikulären Blutausstrom ist der Geschwindigkeitsanstieg des rechtsventrikulären Blutausstroms langsamer, das Flussmuster erscheint wie ein spitzwinkliges gleichschenkeliges Dreieck.

1: Ventriculus dexter, Conus arteriosus
2: geschlossene Valva trunci pulmonalis
3: Truncus pulmonalis

SV: gelbes Messvolumen (*sample volume*) = Bereich, in dem die PW-Doppler-Kurven aufgezeichnet wurden

2.4.2.8 Messungen im M-Mode und in der zweidimensionalen Echokardiographie

Messungen im M-Mode werden üblicherweise nach der Leading-Edge-Methode durchgeführt, d. h., es wird von der schallkopfnahen Seite eines Echos zur Vorderkante der folgenden Reflexion gemessen. Bei der zweidimensionalen Echokardiographie kann das Messkreuz auch direkt auf das Echo beispielsweise vom Endocardium gesetzt werden.

Die linksventrikuläre Morphologie wird routinemäßig nach TEICHHOLZ bestimmt **(Abb. 2-72A)**. Hinweise über die systolische Funktion der linken Kammer gibt die prozentuale systolische Durchmesserverkürzung des Ventriculus sinister (systolische Verkürzungsfraktion = *fractional shortening* = FS [%]) und die Ejektionsfraktion (EF [%]).

$$FS\,[\%] = \frac{LVDd - LVDs}{LVDd} \times 100$$

$$EF\,[\%] = \frac{LVVd - LVVs}{LVVd} \times 100$$

(LVD = linksventrikulärer Durchmesser, LVV = linksventrikuläres Volumen, d = diastolisch, s = systolisch)

Die systolische Verkürzungsfraktion wird sowohl durch die Kontraktilität als auch unter anderem durch Vor- und Nachlast sowie die Herzfrequenz erheblich beeinflusst. Die Ejektionsfraktion, die aus dem M-Mode berechnet wird, ist sehr ungenau, da die Volumenbestimmung aus der eindimensionalen Echokardiographie große Fehler beinhaltet. Sinnvoller sind die Messungen und Berechnungen der linksventrikulären Volumina bzw. der Ejektionsfraktionen nach der monoplanen Scheibchensummationsmethode in Anlehnung an SIMPSON, zumindest bei Frettchen und Kaninchen **(Abb. 2-73A)**. Die Messung erfolgt üblicherweise in der apikalen Vier- oder Zweikammeransicht von links. Der Abstand zwischen Septum interventriculare und E-Zacke der Cuspis septalis der Valva mitralis (EPSS = *E-point to septal seperation*) wird im M-Mode bestimmt, das üblicherweise im parasternalen Längsachsenschnitt von rechts, seltener in der Kurzachsenansicht in Höhe der Valva mitralis aufgenommen wird **(Abb. 2-72B)**. Eine vergrößerte EPSS zeigt eine endsystolische Volumenüberladung des Ventriculus sinister an.

Die Messungen und die Einschätzung des Atrium sinistrum erfolgen uneinheitlich. Meist dient der M-Mode in der Höhe Valva aortae, aufgezeichnet in der parasternalen Längsachsenansicht, als Grundlage zur Bestimmung der Relation von Atrium sinistrum zu Aortenursprung **(Abb. 2-74A)**. Vorhof- und Aortendurchmesser können zudem in der parasternalen Kurzachsenansicht in Höhe von Valva aortae und Atrium sinistrum entweder in der zweidimensionalen Echokardiographie **(Abb. 2-74B)** oder seltener auch im M-Mode gemessen werden.

2.4.2.9 Messungen im PW- und CW-Doppler

Beim links- und rechtsventrikulären Bluteinstrom durch die Valva mitralis bzw. die Valva tricuspidalis werden die Maximalgeschwindigkeiten des frühdiastolischen Einstroms (E-Welle) und des Blutflusses während der Vorhofkontraktion (A-Welle) separat gemessen und bewertet **(Abb. 2-75A)**. Normalerweise ist der frühdiastolische Blutfluss schneller als der spätdiastolische. Veränderungen des normalen Verhältnisses zwischen E- und A-Welle können auf einen erschwerten Bluteinstrom hinweisen (diastolische Dysfunktion) **(Abb. 2-75B)**. Bei Erhöhung der Herzfrequenz, zu langsam gewähltem Vorschub oder veränderter Lage des Messvolumens kann es zur Fusion der beiden Wellen kommen, die dann als EA-Welle zu kennzeichnen ist. Auch vom aortalen und pulmonalen Blutstrom werden die Maximalgeschwindigkeiten bestimmt **(Abb. 2-75C)**. Die Größe einer AV-Klappeninsuffizienz kann unter anderem anhand der farbkodierten Regurgitationsjets eingeschätzt werden **(Abb. 2-75D)**.

2.4.2.10 Spezielle Messungen und Untersuchungen

Neben den hier aufgeführten, üblichen Messungen, gibt es noch unzählige andere objektive echokardiographische Beurteilungsmöglichkeiten. Sie dienen alle zur Einschätzung der Morphologie der kardialen Strukturen sowie zur Bewertung der systolischen, diastolischen und globalen Funktion oder Dysfunktion des Herzens. Für die meisten Heimtierspezies, die gleichzeitig Versuchstiere in der kardiologischen Forschung sind, existieren auch Referenzwerte aus seltenen Messungen und Untersuchungen mit modernen echokardiographischen Verfahren wie beispielsweise die dreidimensionale Echokardiographie **(Abb. 2-73)** und den Gewebe-Doppler, die Verformung und Verformungsrate. Allerdings genügen unter Berücksichtigung der Befunde aus anderen klinisch-kardiologischen Untersuchungsverfahren die hier vorgestellten echokardiographischen Methoden und einfachen Messungen in den meisten Fällen, um eine fundierte Diagnose und Prognose zu erstellen und eine sinnvolle Therapie einzuleiten.

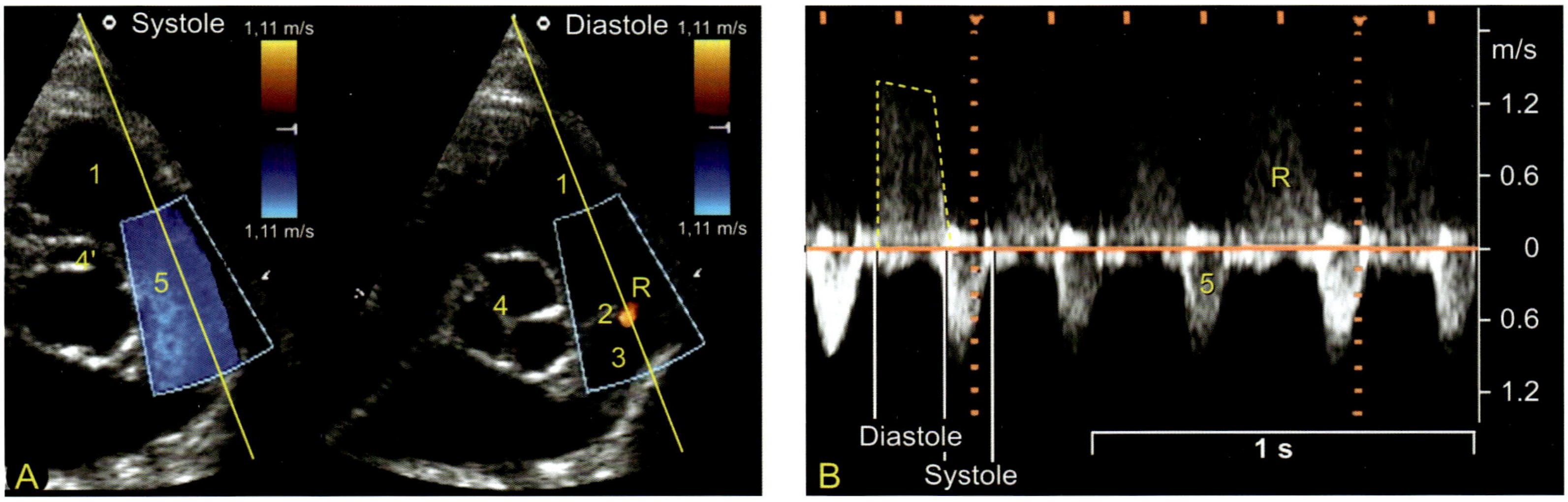

Abb. 2-71: Blutfluss im Conus arteriosus des Ventriculus dexter, durch die Valva trunci pulmonalis und im Truncus pulmonalis, Kaninchen.

A: Farbkodierte zweidimensionale Doppler-Echokardiographien. Es besteht ein hämodynamisch unbedeutender, kleiner, rot kodierter Rückfluss durch die geschlossene Valva trunci pulmonalis.

B: CW-Doppler-Echokardiographie. Der Rückfluss oberhalb der Nulllinie ist holodiastolisch von annähernd gleicher Geschwindigkeit während der Diastole (große Druckhalbwertzeit – PHT = *pressure half time*). Die hämodynamische Bedeutung einer Klappeninsuffizienz wird anhand des Flussmusters der Regurgitation, durch die Größe des Insuffizienzjets im Farbduplex und im farbkodierten M-Mode sowie aufgrund des Fehlens oder Vorhandenseins von Sekundärveränderungen eingeschätzt.

1: Ventriculus dexter, Conus arteriosus
2: geschlossene Valva trunci pulmonalis
3: Truncus pulmonalis
4: geschlossene Valva aortae
4': geöffnete Valva aortae
5: normaler systolischer Blutfluss durch die Valva trunci pulmonalis

R: diastolischer Rückfluss

Gelbe Linie: gesamter Bereich, in dem die CW-Doppler-Kurve aufgezeichnet wurde

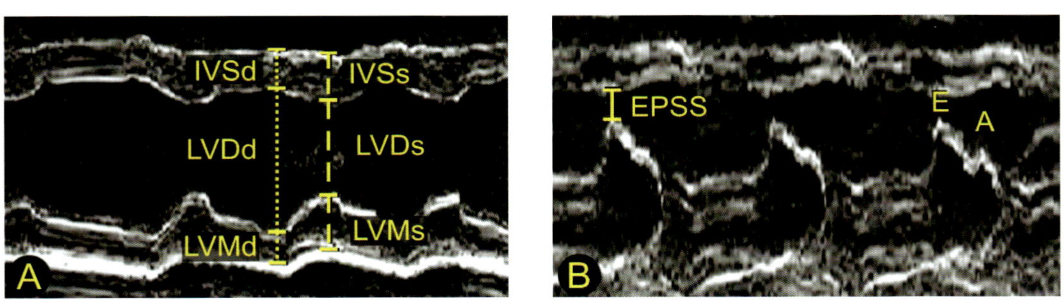

Abb. 2-72: M-Mode-Messungen, Frettchen.

A: Streckenmessungen nach TEICHHOLZ zur Beurteilung der linksventrikulären Morphologie und Funktion.

B: Messung der EPSS (*E-point to septal separation*) zur Einschätzung des endsystolischen linksventrikulären Volumens, Frettchen.

IVSd: diastolischer Durchmesser des Septum interventricularis
LVDd: diastolischer Durchmesser des Ventriculus sinister
LVMd: diastolischer Durchmesser des Myocardium sinistrum
IVSs: systolischer Durchmesser des Septum interventricularis
LVDs: systolischer Durchmesser des Ventriculus sinister
LVMs: systolischer Durchmesser des Myocardium sinistrum
EPSS: Abstand zwischen Septum interventriculare und frühdiastolischer Mitralklappenöffnung.
E: E-Welle = frühdiastolische maximale Öffnung der Cuspis septalis der Valva mitralis
A: A-Welle = spätdiastolische Öffnung der Cuspis septalis der Valva mitralis

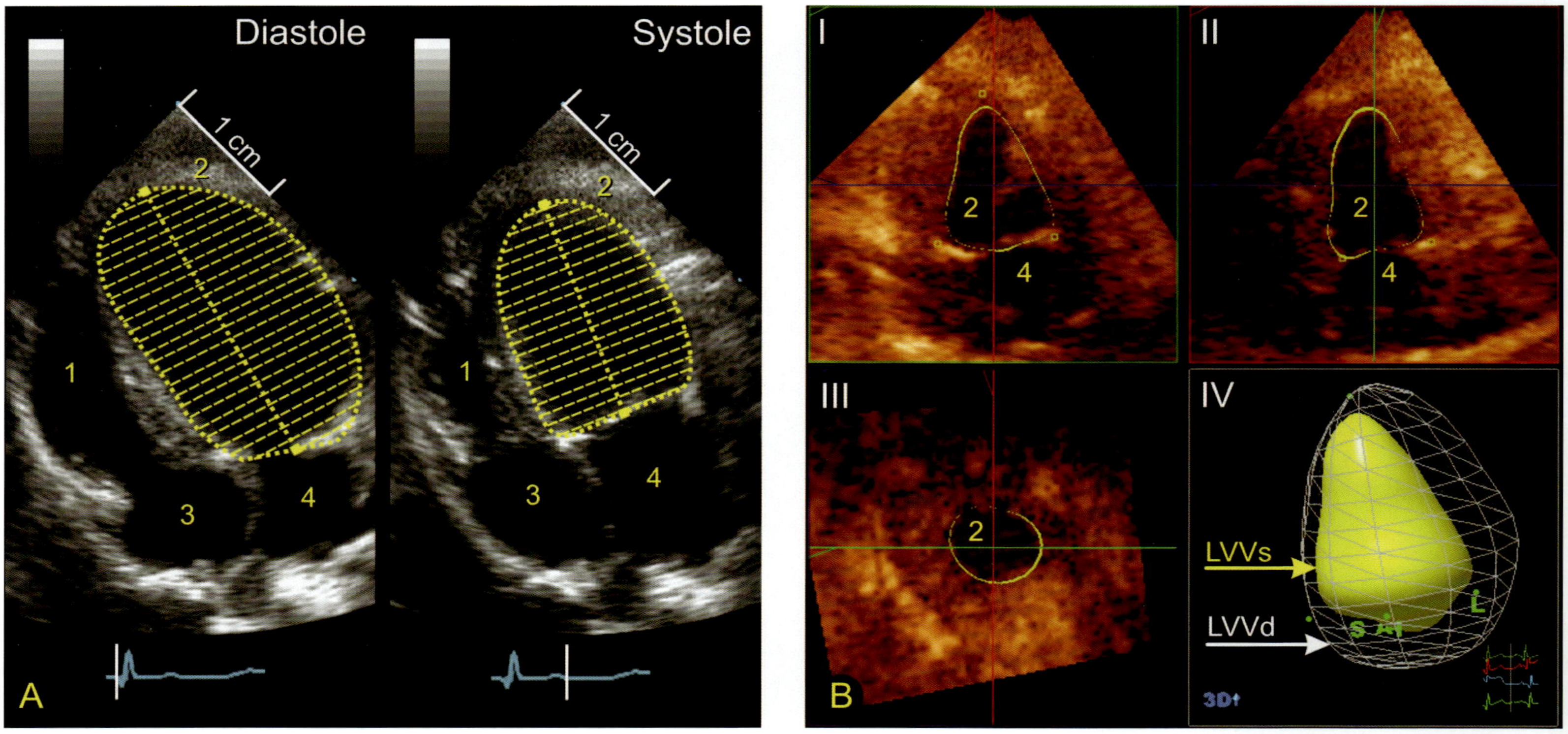

Abb. 2-73: Zweidimensionale (A) und dreidimensionale (B) Echokardiographie zur Bestimmung des diastolischen und systolischen linksventrikulären Volumens sowie der Ejektionsfraktion, Kaninchen.

A: 2D-Echokardiographie. Volumenbestimmung mit der monoplanen Scheibchen-Summationsmethode nach SIMPSON. Hierfür werden die enddiastolische (I) und die endsystolische Fläche (II) des Ventriculus sinister unter Vernachlässigung der Musculi papillares umfahren und die Strecke zwischen Valva mitralis und Herzspitze eingezeichnet. Die meisten Ultraschallsysteme berechnen automatisch daraus das Volumen.

B: 3D-Echokardiographie. Die drei orthogonalen Bilder zeigen eine apikale Zweikammeransicht (I), eine zweite orthogonale apikale Zweikammeransicht (II) sowie eine Kurzachsenansicht (III). Im Bild unten rechts (IV) wird das systolische linksventrikuläre Volumen (LVVs = gelber Kegel) im Verhältnis zum diastolischen Volumen (LVVd = weißes Gitter) dargestellt.

1: Ventriculus dexter
2: Ventriculus sinister
3: Atrium dextrum
4: Atrium sinistrum

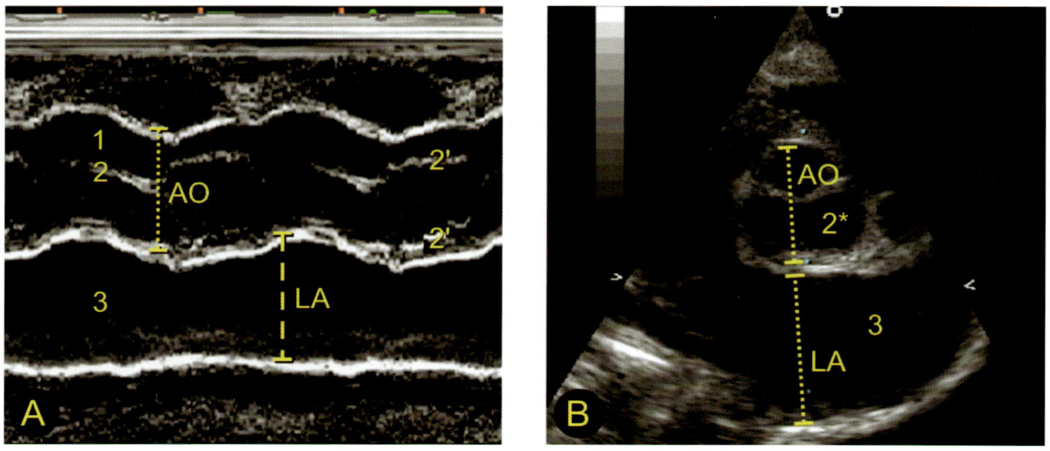

1: Sinus aortae
2: geschlossene Valva aortae
2': geöffnete Valva aortae
2* vorhofnahe Aortenkommissur
3: Atrium sinistrum

AO: Durchmesser des Sinus aortae
LA: Durchmesser des Atrium sinistrum

Abb. 2-74: Größeneinschätzung des Atrium sinistrum im M-Mode und im zweidimensionalen B-Bild.

A: M-Mode zur Bestimmung der Größe des Atrium sinistrum im Verhältnis zur Aorta in Höhe der Valvae aortae, Kaninchen. Messung des enddiastolischen Durchmessers des Sinus aortae und des endsystolischen Durchmessers des Atrium sinistrum nach der Leading-Edge-Methode.

B: Zweidimensionale Echokardiographie, rechts parasternale Kurzachsenansicht, Messung des frühsystolischen Durchmessers des Sinus aortae entlang der vorhofnahen Aortenkommissur (2*) und des frühdiastolischen Durchmessers des Atrium sinistrum in Verlängerung der Aortenkommissur nach der Inner-Edge-Methode.

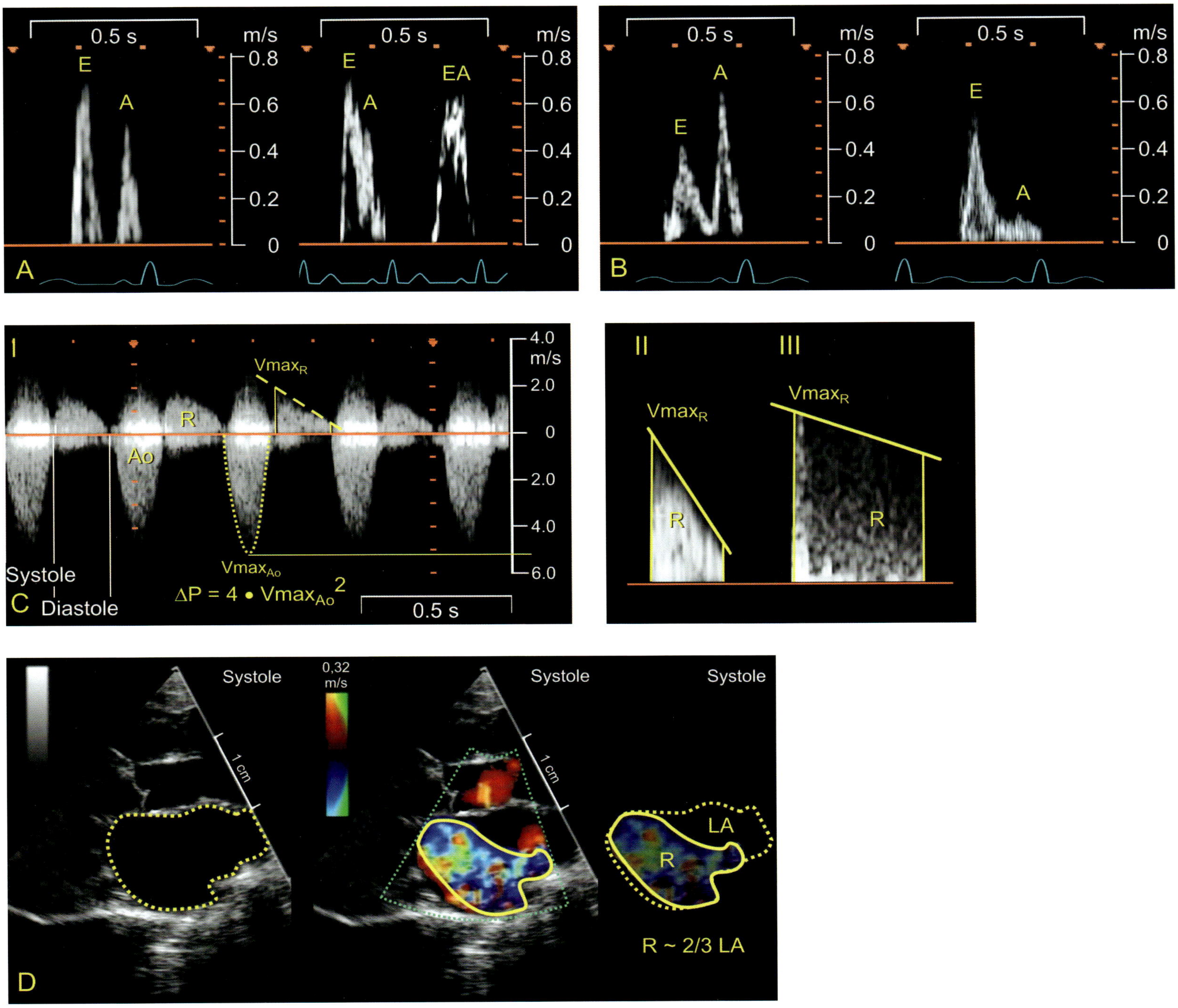

Abb. 2-75: Gepulste (A, B), kontinuierliche (C) und farbkodierte Doppler-Echokardiographien (D) zur Geschwindigkeitsbestimmung normaler Blutflüsse sowie zur Einschätzung von Stenosen und Insuffizienzen, Frettchen.

A, B: PW-Doppler-Darstellung mit Messung des früh- (E) und spätdiastolischen (A) Bluteinstroms in die Herzkammer zur Bestimmung des E/A-Verhältnisses als Hinweis auf einen normalen (A) oder erschwerten Bluteinstrom (B) im Sinne einer diastolischen Dysfunktion. Die Original-EKG's wurden durch schematische EKG-Kurven ersetzt.

C: I: CW-Doppler-Darstellungen zur Messung der maximalen Geschwindigkeit (V_{max}) und Berechnung des Druckgradienten (ΔP) bei Aorten- oder Pulmonalstenosen. II, III: CW-Doppler-Darstellungen zur Einschätzung des Schweregrads einer Aorten- oder Pulmonalklappeninsuffizienz. Die hellen Rückflussmuster links und in der Mitte (I und II: R), die einen schnellen Geschwindigkeitsabfall aufweisen, deuten auf hämodynamisch bedeutsamere Regurgitationen als das rechte Flussmuster (III: R) mit gleich bleibenden Geschwindigkeiten.

D: Farbkodierte Doppler-Darstellung zur Bestimmung der Größe der Fläche des Insuffizienzjets im Verhältnis zur sichtbaren Areal vom Atrium sinistrum bei AV-Klappeninsuffizienz. Um aussagekräftige farbkodierte Doppler-Echokardiographien zu erhalten, muss die Nyquistgrenze dem Winkel zwischen Schallausbreitung und Rückfluss angepasst werden. Da in diesem Fall fast ein 90°-Winkel besteht, wurde eine niedrige Maximalgeschwindigkeit von 0,32 m/s gewählt. Zu hohe Nyquistgrenzen führen zur Unterschätzung, zu niedrige zur Überschätzung der Rückflüsse.

Die Tabellen 2-4 bis 2-17 zeigen Referenzwerte von einer Auswahl der gebräuchlichsten echokardiographischen Messungen von verschiedenen Heimtierspezies ohne Anspruch auf Vollständigkeit. Alle Publikationen enthalten noch andere, in diesen Tabellen nicht berücksichtigte Messungen und Berechnungen. Außerdem gibt es zahlreiche weitere, hier nicht genannte Literaturstellen, die entweder nur Einzelwerte angeben oder sich auf spezielle echokardiographische Methoden beziehen.

Frettchen

M-Mode und zweidimensionale Echokardiographie (2DE)

Siehe Tabelle 2-4.

PW-Doppler-Echokardiographie

Siehe Tabelle 2-5.

Kaninchen

M-Mode und zweidimensionale Echokardiographie (2DE)

Siehe Tabelle 2-6.

PW- und CW-Doppler-Echokardiographie

Siehe Tabelle 2-7.

Meerschweinchen

M-Mode und zweidimensionale Echokardiographie (2DE)

Siehe Tabelle 2-8.

CW-Doppler-Echokardiographie

Siehe Tabelle 2-9.

Chinchilla

M-Mode und zweidimensionale Echokardiographie (2DE)

Siehe Tabelle 2-10.

Konventionelle Doppler-Echokardiographie

Siehe Tabelle 2-11.

Syrischer Goldhamster

M-Mode und zweidimensionale Echokardiographie (2DE)

Siehe Tabelle 2-12.

PW-Doppler-Echokardiographie

Siehe Tabelle 2-13.

Maus

M-Mode und zweidimensionale Echokardiographie (2DE)

Siehe Tabelle 2-14.

CW-Doppler-Echokardiographie

Siehe Tabelle 2-15.

Ratte

M-Mode und zweidimensionale Echokardiographie (2DE)

Siehe Tabelle 2-16.

CW-Doppler-Echokardiographie

Siehe Tabelle 2-17.

Abkürzungen für die Tabellen 2-4 bis 2-17:

AO = Aorta
A-Welle = spätdiastolischer Einstrom während der Vorhofkontraktion
CW = CW-Doppler
d = diastolisch
EA-Welle = fusionierte E- und A-Welle
EF = Ejektionsfraktion
EPSS = *E-point to septal seperation*
E-Welle = frühdiastolischer passiver Einstrom in den Ventrikel
FS = systolische Verkürzungsfraktion
IVS = Dicke des Septum interventriculare
k. A. = keine Angaben
LA = Atrium sinistrum
LVD = Durchmesser des Ventriculus sinister
LVM = linksventrikuläres Myocardium
LVV = linksventrikuläres Volumen
PW = PW-Doppler
s = systolisch
Vao = Valva aortae
VM = Valva mitralis
Vmax = Maximalgeschwindigkeit
VP = Valva trunci pulmonalis
VT = Valva tricuspidalis

Tabelle 2-4: M-Mode und zweidimensionale Echokardiographie (2DE) bei **Frettchen**

Autor	**Stepien et al. 2000**	**Vastenburg et al. 2004**	**Boonyapakorn 2004**
Geschlecht der Tiere	weiblich kastriert (14) männlich kastriert (13) männlich (3)	weiblich (18) männlich (11)	k. A.
Alter der Tiere [Jahre]	2,3 ± 1,0	2,2–4,3	adult
Gewicht der Tiere [g]	1117 ± 360	512–1150	k. A.
Zahl der Tiere	30	29	10
Narkose oder Sedation	Ketamin und Midazolam	Isofluran	keine
Herzfrequenz [Schläge pro Minute]	273 ± 31	238 ± 20	260 ± 52
Standardschnittebene für Teichholzmessung	k. A.	rechts parasternaler Kurzachsenschnitt	rechts parasternaler Längsachsenschnitt
IVSd [cm]	0,36 ± 0,07	0,34 ± 0,04	0,35 ± 0,13
LVDd [cm]	0,88 ± 0,15	0,98 ± 0,14	1,05 ± 0,24
LVMd [cm]	0,42 ± 0,11	0,27 ± 0,05	0,35 ± 0,12
IVSs [cm]	0,48 ± 0,11	0,44 ± 0,06	0,49 ± 0,16
LVDs [cm]	0,59 ± 0,15	0,69 ± 0,13	0,61 ± 0,14
LVMs [cm]	0,58 ± 0,09	0,38 ± 0,08	0,48 ± 0,11
FS [%]	33 ± 14	29,5 ± 7,9	41,4 ± 2,7
EF aus M-Mode [%]	69 ± 19	–	–
Standardschnittebene für EPSS-Bestimmung	–	rechts parasternaler Kurzachsenschnitt	–
EPSS [cm]	–	0,12 ± 0,06	–
Schnittebenen zur Messung und Einschätzung des LA	rechts parasternaler Längsachsenschnitt (M-Mode)	rechts parasternaler Kurzachsenschnitt (M-Mode)	rechts parasternaler Längsachsenschnitt (M-Mode)
LA [cm]	0,71 ± 0,18	0,58 ± 0,09	0,74 ± 0,15
AO [cm]	0,53 ± 0,10	0,44 ± 0,06	0,56 ± 0,07
LA/AO	1,33 ± 0,27	1,3 ± 0,2	1,34 ± 0,18

Tabelle 2-5: PW-Doppler-Echokardiographie bei **Frettchen**

Autor	Stepien et al. 2000
Geschlecht der Tiere	weiblich kastriert (14) männlich kastriert (13) männlich (3)
Alter der Tiere [Jahre]	2,3 ± 1,0
Gewicht der Tiere [g]	1117 ± 360
Zahl der Tiere	30
Narkose oder Sedation	Ketamin und Midazolam
Herzfrequenz [Schläge pro Minute]	280 ± 32
Zahl der Tiere mit E-Welle und A-Welle	15 von 30
VM: Vmax E-Welle [m/s]	0,70 ± 0,10 (PW)
VM: Vmax A-Welle [m/s]	0,52 ± 0,11 (PW)
VM: E/A	1,38 ± 0,32
Vao: Vmax [m/s]	0,89 ± 0,20 (PW)
VP: Vmax [m/s]	1,10 ± 0,14 (PW)

Abkürzungen: siehe S. 212

Tabelle 2-6: M-Mode und zweidimensionale Echokardiographie (2DE) bei **Kaninchen**

Autor	Breithardt 2001 und Stypmann et al. 2007	Breithardt 2001 und Stypmann et al. 2007	Kattinger et al. 1999	Klawitter 2005
Geschlecht	weiblich (10) männlich (10)	weiblich (10) männlich (10)	weiblich (3) männlich (10)	weiblich (15) männlich (6) männlich kastriert (9)
Rasse	Weiße Neuseeländer Kaninchen	Weiße Neuseeländer Kaninchen	diverse Rassen	Zwergrassen
Alter der Tiere [Jahre]	k. A.	k. A.	0,8–6	1–8
Gewicht der Tiere [g]	2450–3350	2450–3350	1300–3500	1167–3300
Zahl der Tiere	20	20	13	30
Narkose oder Sedation	Ketamin und Xylazin	keine	keine	keine
Herzfrequenz [Schläge pro Minute]	198 ± 37	234 ± 26	190–330	238 ± 35
Standardschnittebene für Teichholzmessung	rechts parasternaler Längsachsenschnitt	rechts parasternaler Längsachsenschnitt	rechts parasternaler Längsachsenschnitt	rechts parasternaler Kurzachsenschnitt
IVSd [cm]	0,20 ± 0,03	0,22 ± 0,06	0,23 ± 0,04	0,24 ± 0,05
LVDd [cm]	1,48 ± 0,08	1,54 ± 0,11	1,25 ± 0,16	1,27 ± 0,18
LVMd [cm]	0,27 ± 0,05	0,27 ± 0,04	0,23 ± 0,05	0,22 ± 0,07
IVSs [cm]	0,34 ± 0,07	0,36 ± 0,04	0,38 ± 0,04	0,36 ± 0,08
LVDs [cm]	1,07 ± 0,09	1,01 ± 0,09	0,75 ± 0,15	0,81 ± 0,12
LVMs [cm]	0,47 ± 0,06	0,50 ± 0,05	0,41 ± 0,08	0,41 ± 0,09
FS [%]	28,5 ± 3,8	34,5 ± 497	41,2 ± 6,2	36,2 ± 5,29
EF aus M-Mode [%]	–	–	–	65,6 ± 9,26
Schnittebenen zur Messung und Einschätzung des LA	–	–	rechts parasternaler Längsachsenschnitt (M-Mode)	rechts parasternaler Längsachsenschnitt (M-Mode)
LA [cm]	–	–	0,98 ± 0,11	0,62 ± 0,08
AO [cm]	–	–	0,65 ± 0,07	0,53 ± 0,07
LA/AO	–	–	1,51 ± 0,20	1,19 ± 0,12
Messung und Berechnung von LVV	apikale Vierkammeransicht (monoplan)	apikale Vierkammeransicht (monoplan)	–	–
EF aus 2DE	53 ± 9	54 ± 8	–	–

Abkürzungen: siehe S. 212

Tabelle 2-7: PW- und CW-Doppler-Echokardiographie bei **Kaninchen**

Autor	**Breithardt 2001 und Stypmann et al. 2007**	**Breithardt 2001 und Stypmann et al. 2007**	**Kattinger et al. 1999**	**Klawitter 2005**
Geschlecht	weiblich (10) männlich (10)	weiblich (10) männlich (10)	weiblich (3) männlich (10)	weiblich (15) männlich (6) männlich kastriert (9)
Rasse	Weiße Neuseeländer Kaninchen	Weiße Neuseeländer Kaninchen	diverse Rassen	Zwergrassen
Alter der Tiere [Jahre]	k. A.	k. A.	0,8–6	1–8
Gewicht der Tiere [g]	2450–3350	2450–3350	1300–3500	1167–3300
Zahl der Tiere	20	20	13	30
Narkose oder Sedation	Ketamin und Xylazin	keine	keine	keine
Herzfrequenz [Schläge pro Minute]	198 ± 37	234 ± 26	190–330	238 ± 35
Zahl der Tiere mit E-Welle und A-Welle	11 von 20 (PW) 10 von 20 (CW)	14 von 20 (PW) 5 von 20 (CW)	–	30 von 30
VM: Vmax E-Welle [m/s]	0,56 ± 0,10 (PW) 0,67 ± 0,06 (CW)	0,70 ± 0,12 (PW) 0,75 ± 0,12 (CW)	–	0,86 ± 0,13 (CW)
VM: Vmax A-Welle [m/s]	0,39 ± 0,09 (PW) 0,40 ± 0,07 (CW)	0,52 ± 0,13 (PW) 0,53 ± 0,14 (CW)	–	0,56 ± 0,09 (CW)
Zahl der Tiere mit EA-Welle	9 von 20 (PW) 10 von 20 (CW)	6 von 20 (PW) 15 von 20 (CW)	–	–
VM: EA-Welle [m/s]	0,59 ± 0,13 (PW) 0,66 ± 0,20 (CW)	0,77 ± 0,17 (PW) 0,80 ± 0,17 (CW)	–	–
VT: Vmax E-Welle [m/s]	0,45 ± 0,14 (PW) 0,51 ± 0,07 (CW)	0,47 ± 0,08 (PW)	–	0,80 ± 0,08 (CW)
VT: Vmax A-Welle [m/s]	0,22 ± 0,04 (PW) 0,29 ± 0,07 (CW)	0,29 ± 0,03 (PW)	–	0,51 ± 0,09 (CW)
VT: EA-Welle [m/s]	0,50 ± 0,13 (PW) 0,59 ± 0,27 (CW)	0,59 ± 0,16 (PW) 0,71 ± 0,29 (CW)	–	–
Vao: Vmax [m/s]	0,73 ± 0,17 (PW) 0,80 ± 0,16 (CW)	0,75 ± 0,20 (PW) 0,92 ± 0,15 (CW)	0,75 ± 0,08 (PW)	0,90 ± 0,15 (CW)
VP: Vmax [m/s]	0,61 ± 0,17 (PW) 0,67 ± 0,17 (CW)	0,71 ± 0,17 (PW) 0,73 ± 0,12 (CW)	0,74 ± 0,11 (PW)	0,84 ± 0,10 (CW)

Abkürzungen: siehe S. 212

Tabelle 2-8: M-Mode und zweidimensionale Echokardiographie (2DE) bei **Meerschweinchen**

Autor	**Klawitter 2005**
Geschlecht der Tiere	weiblich (27) männlich (39)
Rasse	diverse Rassen
Alter der Tiere [Jahre]	1–5
Gewicht der Tiere [g]	544–1416
Zahl der Tiere	30
Narkose oder Sedation	keine
Herzfrequenz [Schläge pro Minute]	222 ± 21
Standardschnittebene für Teichholzmessung	rechts parasternaler Kurzachsenschnitt
IVSd [cm]	0,25 ± 0,06
LVDd [cm]	1,09 ± 0,13
LVMd [cm]	0,23 ± 0,07
IVSs [cm]	0,32 ± 0,06
LVDs [cm]	0,69 ± 0,09
LVMs [cm]	0,43 ± 0,08
FS [%]	35,5 ± 4,43
EF aus M-Mode [%]	64,5 ± 14,09
Schnittebenen zur Messung und Einschätzung des LA	rechts parasternaler Längsachsenschnitt (M-Mode)
LA [cm]	0,57 ± 0,08
AO [cm]	0,47 ± 0,07
LA/AO	1,23 ± 0,15

Abkürzungen: siehe S. 212

Tabelle 2-9: CW-Doppler-Echokardiographie bei **Meerschweinchen**

Autor	**Klawitter 2005**
Geschlecht der Tiere	weiblich (27) männlich (39)
Rasse	diverse Rassen
Alter der Tiere [Jahre]	1–5
Gewicht der Tiere [g]	544–1416
Zahl der Tiere	30
Narkose oder Sedation	keine
Herzfrequenz [Schläge pro Minute]	280 ± 32
Zahl der Tiere mit E-Welle und A-Welle	30 von 30
VM: Vmax E-Welle [m/s]	0,85 ± 0,14 (CW)
VM: Vmax A-Welle [m/s]	0,55 ± 0,10 (CW)
VT: Vmax E-Welle [m/s]	0,81 ± 0,08 (CW)
VT: Vmax A-Welle [m/s]	0,57 ± 0,09 (CW)
Vao: Vmax [m/s]	1,02 ± 0,12 (CW)
VP: Vmax [m/s]	0,88 ± 0,08 (CW)

Abkürzungen: siehe S. 212

Tabelle 2-10: M-Mode und zweidimensionale Echokardiographie (2DE) bei **Chinchillas**

Autor	Linde et al. 2004	Linde et al. 2004
Geschlecht der Tiere	weiblich (8) männlich (9)	weiblich (8) männlich (9)
Alter der Tiere [Jahre]	adult	adult
Gewicht der Tiere [g]	681 ± 145 (♀) 615 ± 119 (♂)	681 ± 145 (♀) 615 ± 119 (♂)
Zahl der Tiere	17	17
Narkose oder Sedation	Isofluran	keine
Herzfrequenz [Schläge pro Minute]	170 ± 22	169 ± 32
Standardschnittebene für Teichholzmessung	k. A.	k. A.
IVSd [cm]	0,18 ± 0,03	0,20 ± 0,03
LVDd [cm]	0,64 ± 0,05	0,59 ± 0,08
LVMd [cm]	0,26 ± 0,02	0,24 ± 0,04
IVSs [cm]	–	–
LVDs [cm]	0,38 ± 0,05	0,29 ± 0,06
LVMs [cm]	–	–
FS [%]	40 ± 5	50 ± 8
EPSS [cm]	0,03 ± 0,02	0,04 ± 0,03
Schnittebenen zur Messung und Einschätzung des LA	k. A.	k. A.
LA [cm]	0,49 ± 0,06	0,53 ± 0,06
AO [cm]	0,36 ± 0,05	0,41 ± 0,04
LA/AO	1,38 ± 0,20	1,28 ± 0,13

Abkürzungen: siehe S. 212

Tabelle 2-11: Konventionelle Doppler-Echokardiographie bei **Chinchillas**

Autor	Linde et al. 2004	Linde et al. 2004
Geschlecht der Tiere	weiblich (8) männlich (9)	weiblich (8) männlich (9)
Alter der Tiere [Jahre]	adult	adult
Gewicht der Tiere [g]	681 ± 145 (♀) 615 ± 119 (♂)	681 ± 145 (♀) 615 ± 119 (♂)
Zahl der Tiere	17	17
Narkose oder Sedation	Isofluran	keine
Herzfrequenz [Schläge pro Minute]	170 ± 22	169 ± 32
Zahl der Tiere mit E-Welle und A-Welle	17 von 17	–
VM: Vmax E-Welle [m/s]	0,48 ± 0,08	–
VM: Vmax A-Welle [m/s]	0,29 ± 0,07	–
Zahl der Tiere mit EA-Welle	–	17 von 17
VM: EA-Welle [m/s]	–	0,74 ± 0,1
Vao: Vmax [m/s]	0,46 ± 0,1	0,81 ± 0,26
VP: Vmax [m/s]	0,61 ± 0,16	0,97 ± 0,32

Abkürzungen: siehe S. 212

Tabelle 2-12: M-Mode und zweidimensionale Echokardiographie (2DE) bei **Syrischen Goldhamstern**

Autor	**Salemi et al. 2005**
Geschlecht der Tiere	weiblich
Alter der Tiere [Wochen]	10
Gewicht der Tiere [g]	73–133
Zahl der Tiere	118
Narkose oder Sedation	Pentobarbital
Herzfrequenz [Schläge pro Minute]	368
Standardschnittebene für Teichholzmessung	rechts parasternaler Kurzachsenschnitt
IVSd [cm]	0,10 ± 0,01
LVDd [cm]	0,41 ± 0,04
LVMd [cm]	0,10 ± 0,01
IVSs [cm]	0,23 ± 0,04
FS [%]	44,7 ± 6,6

Abkürzungen: siehe S. 212

Tabelle 2-13: PW-Doppler-Echokardiographie bei **Syrischen Goldhamstern**

Autor	**Salemi et al. 2005**
Alter der Tiere [Jahre]	10
Gewicht der Tiere [g]	73–133
Zahl der Tiere	118
Narkose oder Sedation	Pentobarbital
Herzfrequenz [Schläge pro Minute]	368
Zahl der Tiere mit E-Welle und A-Welle	6 von 118
VM: Vmax E-Welle [m/s]	0,77 ± 0,13 (PW)
VM: Vmax A-Welle [m/s]	0,40 ± 0,12 (PW)
VM: E/A	1,92 ± 0,47

Abkürzungen: siehe S. 212

Tabelle 2-14: M-Mode und zweidimensionale Echokardiographie (2DE) bei **Mäusen**

Autor	Hart et al. 2001	Rottmann et al. 2003
Geschlecht	männlich	weiblich (29) männlich (25)
Rasse	Harlan Sprague Dawley	C57BL/6
Alter der Tiere [Wochen]	10–23	12–24,5
Gewicht der Tiere [g]	28–44	19,6–44,3
Zahl der Tiere	7	54
Narkose oder Sedation	Ketamin und Xylazin	keine
Herzfrequenz [Schläge pro Minute]	250 ± 14	683 ± 63
Standardschnittebene für Teichholzmessung	rechts parasternaler Kurzachsenschnitt	k. A.
IVSd [cm]	0,10 ± 0,03	0,09 ± 0,01
LVDd [cm]	0,41 ± 0,08	0,30 ± 0,03
LVMd [cm]	0,10 ± 0,02	0,09 ± 0,02
IVSs [cm]	0,17 ± 0,05	0,17 ± 0,03
LVDs [cm]	0,23 ± 0,05	0,12 ± 0,02
LVMs [cm]	0,15 ± 0,04	0,14 ± 0,03
FS [%]	45 ± 1,23	59 ± 4,7

Abkürzungen: siehe S. 212

Tabelle 2-15: CW-Doppler-Echokardiographie bei **Mäusen**

Autor	Stypmann 2007	Stypmann 2007
Geschlecht	k. A.	k. A.
Rasse	CD1-Mäuse	CD1-Mäuse
Alter der Tiere [Jahre]	adult	adult
Gewicht der Tiere [g]	k. A.	k. A.
Zahl der Tiere	≤ 10	≤ 10
Narkose oder Sedation	Ketamin und Xylazin	Isofluran
Herzfrequenz [Schläge pro Minute]	320 ± 6	457 ± 17
Zahl der Tiere mit E-Welle und A-Welle	k. A.	k. A.
VM: Vmax E-Welle [m/s]	0,65 ± 0,02 (CW)	0,73 ± 0,04 (CW)
VM: Vmax A-Welle [m/s]	0,26 ± 0,02 (CW)	0,41 ± 0,06 (CW)
VM: E/A	2,7 ± 0,3	1,2 ± 0,1

Abkürzungen: siehe S. 212

Tabelle 2-16: M-Mode und zweidimensionale Echokardiographie (2DE) bei **Ratten**

Autor	**Watson et al. 2004**	**Stein et al. 2007**	**Stein et al. 2007**
Geschlecht	k. A.	k. A.	k. A.
Rasse	Sprague Dawley Ratten	Fischer 344 Ratten	Fischer 344 Ratten
Alter der Tiere [Wochen]	13,6 ± 4,4	9–12	9–12
Gewicht der Tiere [g]	282 ± 47	199–220	199–220
Zahl der Tiere	44	25	25
Narkose oder Sedation	Isofluran, Ketamin und Xylazin	Isofluran	Ketamin und Xylazin
Herzfrequenz [Schläge pro Minute]	294 ± 36	363 ± 5	326 ± 4
Standardschnittebene für Teichholzmessung	rechts parasternaler Längs- und Kurzachsenschnitt	rechts parasternaler Längs- und Kurzachsenschnitt	rechts parasternaler Längs- und Kurzachsenschnitt
IVSd [cm]	0,14 ± 0,01	–	–
LVDd [cm]	0,55 ± 0,08	0,67 ± 0,01	0,62 ± 0,01
LVMd [cm]	0,15 ± 0,01	0,14 ± 0,03	0,14 ± 0,03
IVSs [cm]	–	–	–
LVDs [cm]	0,28 ± 0,08	–	–
LVMs [cm]	–	–	–
FS [%]	49 ± 10	46,7 ± 0,9	47,3 ± 1
Messung und Berechnung von LVV	k. A.	Vierkammeransicht monoplan	Vierkammeransicht monoplan
EF aus 2DE	–	71,5 ± 1,5	72,1 ± 1,4

Abkürzungen: siehe S. 212

Tabelle 2-17: CW-Doppler-Echokardiographie bei **Ratten**

Autor	**Watson et al. 2004**
Geschlecht	männlich
Rasse	Sprague Dawley Ratten
Alter der Tiere [Jahre]	13,6 ± 4,4
Gewicht der Tiere [g]	282 ± 47
Zahl der Tiere	33
Narkose oder Sedation	Isofluran,
Ketamin und Xylazin	
Herzfrequenz [Schläge pro Minute]	294 ± 36
Zahl der Tiere mit E-Welle und A-Welle	k. A.
VM: Vmax E-Welle [m/s]	0,73 ± 0,14 (PW)
VM: Vmax A-Welle [m/s]	0,47 ± 0,15 (PW)

Abkürzungen: siehe S. 212

Weiterführende Literatur

AMERICAN SOCIETY OF ECHOCARDIOGRAPHY: http://www.asecho.org. Guidelines of the American Society of Echocardiography: http://www.asecho.org/guidelines.php.

BOONYAPAKORN, C. (2007): Cardiologic examinations in ferrets with and without heart disease. Diss. med. vet., Berlin.

BREITHARDT, A.-K. (2001): Echokardiographische Untersuchung gesunder Weißer-Neuseeländer-Kaninchen im wachen und narkotisierten Zustand. Diss. med. vet., München.

HART, C. Y. T., BURNETT JR., J. C., REDFIELD, M. M. (2001): Effects of avertin versus xylazine-ketamine anesthesia on cardiac function in normal mice. Am. J. Physiol. Heart Circ. Physiol. **281**: 1938–1945.

KATTINGER, P., EWRINGMANN, A., WEYLAND, J., SKRODZKI, M. (1999): Kardiologische Untersuchungen beim Kaninchen. Kleintierpraxis **44**: 761–772.

KLAWITTER, A. (2005): Echokardiographische Untersuchungen im M-Mode und mit Hilfe des CW-Dopplers von herzgesunden Kaninchen und Meerschweinchen. Diss. med. vet., Hannover.

LINDE, A., SUMMERFIELD, N. J., JOHNSTON, M., MELGAREJO, T., KEFFER, A., IVEY, E. (2004): Echocardiography in the Chinchilla. J. Vet. Intern. Med. **18**: 772–774.

ROTTMAN, J. N., NI, G., KHOO, M., WANG, Z., ZHANG, W. ANDERSON, M. E., MADU, E. (2003): Temporal changes in ventricular function assessed echocardiographically in conscious and anesthetized mice. J. Am. Soc. Echocardiography **16**: 1150–1157.

SALEMI, V. M. C., BILATE, A. M. B., RAMIRES, F. J. A., PICARD, M. H., GREGIO, D. M., KALIL, J., CUNHA NETO, E., MADY, C. (2005): Reference values from M-Mode and Doppler echocardiography for normal Syrian hamsters. Europ. J. Echocardiography **6**: 41–46.

STEIN, A. B., TIWARI, S., THOMAS, P., HUNT, G., LEVENT, C., STODDARD, M. F., TANG, X.-L., BOLLI, R., DAWN, B. (2007): Effects of anesthesia on echocardiographic assessment of left ventricular structure and function in rats. Basic Res. Cardiol. **102**: 28–41.

STEPIEN, R. L., BENSON, K. G., WENHOLZ, L. J. (2000): M-Mode and Doppler echocardiographic findings in normal ferrets sedated with ketamine hydrochloride and midazolam. Vet. Radiol. Ultrasound **41**: 452–456.

STYPMANN, J., ENGELEN, M. A., BREITHARDT, A.-K., MILBERG, P., ROTHENBURGER, M., BREITHARDT, O. A., BREITHARDT, G., ECKARDT, L., POULSEN NAUTRUP, C. (2007): Doppler echocardiography and tissue Doppler imaging in the healthy rabbit, Differences of cardiac function during awake and anaesthetised examination. Int. J. Cardiol. **115**: 164–170.

STYPMANN, J. (2007): Doppler ultrasound in mice. Echocardiography **24**: 97–112.

THOMAS, W. P., GABER, C. E., JACOBS, G. J., KAPLAN, P. M., LOMBARD, C. W., MOISE, N. S., MOSES, B. L. (1993): Recommendations for standards in transthoracic two-dimensional echocardiography in the dog and cat. Echocardiography Committee of the Specialty of Cardiology, American College of Veterinary Internal Medicine. J. Vet. Intern. Med. **7**: 247–252.

VASTENBURG, M. H. A. C., BOROFFKA, S. A. E. B., SCHOEMAKER, N. J. (2004): Echocardiographic measurements in clinically healthy ferrets anesthetized with isoflurane. Vet. Radiol. Ultrasound **45**: 228–232.

WATSON, L. E., SHETH, M., DENYER, R. F., DOSTAL, D. E. (2004): Baseline echocardiographic values for adult male rats. J. Am. Soc. Echocardiography **17**: 161–167.

2.4.3 Abdomen

SVEN REESE

Die Beschreibung der Sonoanatomie des Abdomens erfolgt im Folgenden nicht entsprechend der Reihenfolge im Untersuchungsgang, sondern nach Organsystemen wie im Kapitel Röntgenanatomie (Kap. 2.2.4).

2.4.3.1 Gastrointestinaltrakt

Magen

Der Magen ist kaudal der Leber relativ leicht aufzusuchen. Seine Füllung mit Futter und Gas macht eine komplette Untersuchung der Magenwand insbesondere bei **Kaninchen** und **Nagetieren** unmöglich. In der Regel ist nur ein kleiner Teil der ventralen Magenwand darstellbar **(Abb. 2-76A)**. Die bei Kaninchen, Meerschweinchen und Chinchillas sehr dünne Wand des Magens stellt sich dreischichtig dar:

1. eine echogene Reflexlinie an der Schleimhautoberfläche,
2. eine hypoechogene Schicht, gebildet von der Schleimhaut und der dünnen Muskelschicht sowie
3. eine unscheinbare echogene Linie an der mit Serosa bedeckten Magenoberfläche.

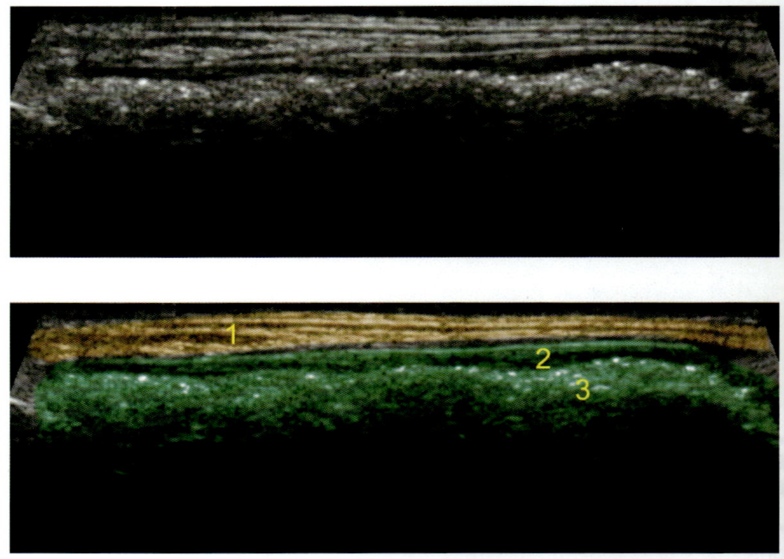

Abb. 2-76A: Ultraschalluntersuchung, Magen im Sagittalschnitt, 12 MHz, ET: 1,5 cm, Kaninchen. Die Magenwand (2) ist nur sehr dünn und hypoechogen ohne abgrenzbare Schichtung. Der mit Gasbläschen durchsetzte Mageninhalt (3) reflektiert die Schallwellen zum großen Teil und schränkt die sonographische Untersuchung des Magens stark ein.

1: Bauchwand
2: Magenwand
3: Mageninhalt

Magenfalten sind bei Kaninchen, Meerschweinchen, Chinchillas und Degus nie zu sehen. Bei den **Kleinnagern** ist dies dagegen zum Teil möglich. Insbesondere bei nüchternen **Ratten** können die Magenfalten im Sagittalschnitt ähnlich wie bei der Katze radiär in das Lumen vorspringen **(Abb. 2-76B)**.

Der Magen des **Frettchens** ist in seinem sonographischen Bild dem der Katze vergleichbar, wobei der Magen bei einem gesunden Frettchen allerdings nie ganz leer ist. Ein ganz leerer Magen mit einer im Sagittalschnitt radspeichenartigen Konfiguration **(Abb. 2-76C)** muss als Hinweis auf eine Inappetenz aufgrund einer Primärerkrankung wie einem Lymphom gewertet werden.

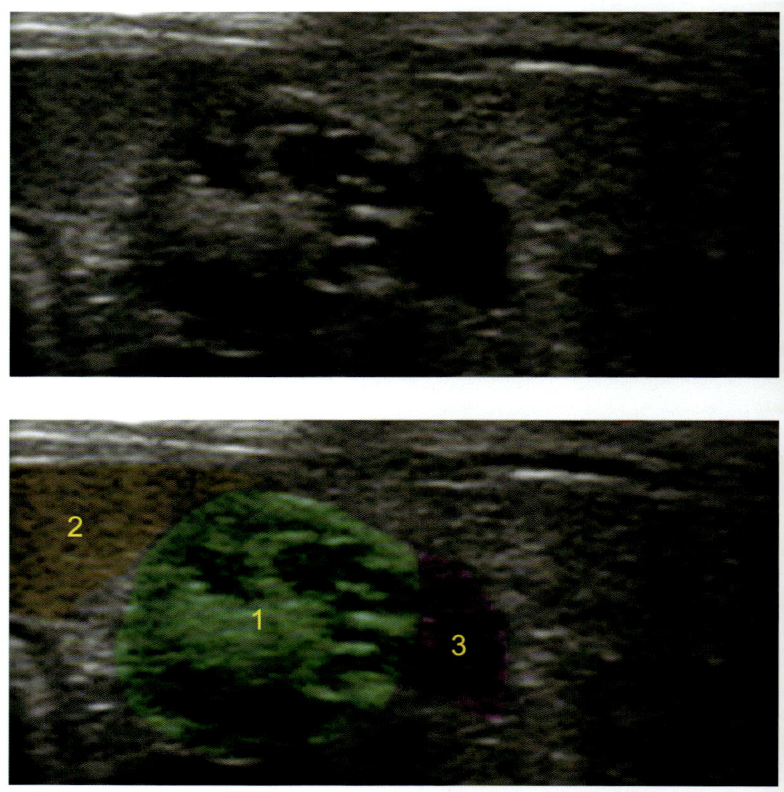

Abb. 2-76B: Ultraschalluntersuchung, Magen im Sagittalschnitt, 15 MHz, ET: 2 cm, Ratte. Radiäre Faltung der Magenschleimhaut bei einer Ratte mit gering gefülltem Magen (1).

Aufnahme aus Lehmann J. (2007): Abdominale Sonographie bei der Ratte (*Rattus norvegicus*). Diss. med. vet., München.

1: Magen
2: Leber
3: Milz

Dünndarm

Der Dünndarm ist selbst bei den größeren Spezies, wie **Kaninchen** und **Frettchen**, nur maximal 3–5 mm dick und entsprechend unauffällig im sonographischen Bild. Die für den Dünndarm von Hund und Katze so charakteristische Fünfschichtung ist nur selten und dann auch nur andeutungsweise zu erkennen. In der Regel stellt sich die Wand dreischichtig dar, mit einem inneren Reflex an der Schleimhautoberfläche, einer äußeren unscheinbaren Reflexlinie und einer mittleren hypoechogenen Schicht, die der Schleimhaut und der Muskelschicht entspricht **(Abb. 2-77)**. Einzig das Duodenum descendens ist als gestreckter Dünndarmabschnitt, der der rechten Bauchwand dorso-lateral anliegt, sonographisch sicher anzusprechen. Mesenteriallymphknoten sind bei gesunden Tieren nur beim Frettchen regelmäßig nachzuweisen. Frettchen besitzen im Bereich der Gekrösewurzel einen sehr prominenten kranialen Mesenteriallymphknoten. Dieser besitzt eine flach bohnenförmige Gestalt mit deutlich eingezogenem Hilus. Charakteristisch für diesen Lymphknoten ist, dass eine deutliche Trennung zwischen echogenem Mark und hypoecho-

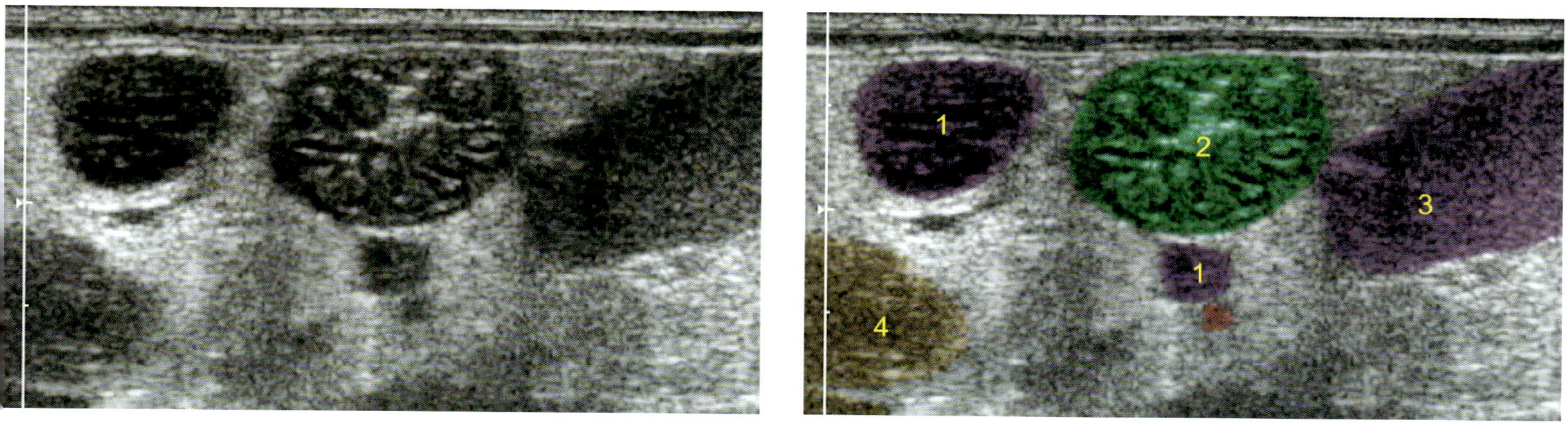

Abb. 2-76C: Ultraschalluntersuchung, Magen im Sagittalschnitt, 12 MHz, ET: 2,5 cm, Frettchen: Lymphom. Ein absolut leerer Magen (2) mit radiärer Schleimhautfaltung ist bei Frettchen unphysiologisch und wird nur bei schwer erkrankten inappetenten Tieren gesehen.

Aufnahme mit freundlicher Genehmigung aus: Reese, S., Frings, B. (2004): Die abdominale Ultraschalluntersuchung beim Frettchen. Tierärztl. Prax. **32**(K): 182–189.

1: vergrößerte Lymphknoten
2: Magen (leer)
3: Milz (verdickt)
4: Leber

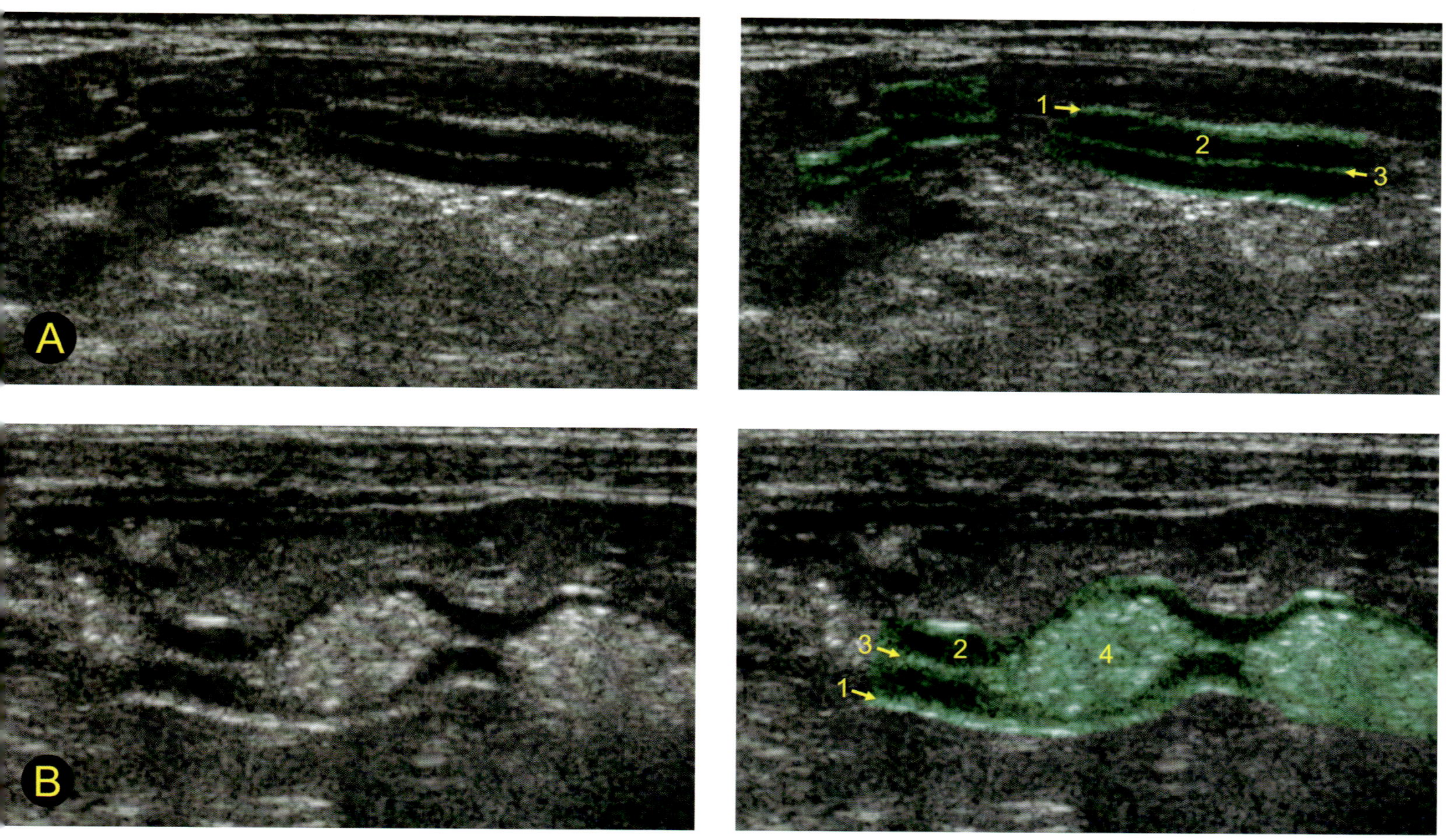

bb. 2-77: Ultraschalluntersuchung, Jejunum im Längsschnitt, 12 MHz, ET: 1,5 cm, Frettchen. Die Dünnarmwand stellt sich in leeren Abschnitten (A) dreischichtig dar, mit Eintrittsecho an der äußeren Oberäche (1), hypoechogener Hauptschicht (2) gebildet von der Tunica muscularis und der Tunica mucosa owie dem Oberflächenreflex (3) der Schleimhaut. Neben dem Wandaufbau sollte auch die Darmmotorik (B) ıit ihren Peristaltikwellen (4) in die Befundung mit einbezogen werden.

1: Jejunum: äußere Oberfläche (Serosa)
2: Jejunum: Tunica muscularis, Tunica mucosa
3: Jejunum: Schleimhaut
4: Peristaltikwelle

gener Rinde besteht **(Abb. 2-78)**, die in der Sonographie von **Frettchen** unerfahrene Untersucher gerne dazu verleitet, den Lymphknoten als vergrößerte Nebenniere anzusprechen.

Blinddarm

Der Blinddarm bildet bei den **Kaninchen** und **Nagetieren** eine große, mit einem Futter-Gas-Gemisch gefüllte Gärkammer. Er ist daher sonographisch nicht systematisch zu untersuchen, da sein Inhalt die Schallwellen stark reflektiert. Es resultiert als Wanddarstellung eine schallkopfzugewandte bogenförmige hyperechogene Linie, von der ein Schallschatten ausgeht. **Frettchen** haben keinen Blinddarm.

Dickdarm

Der Dickdarm ist bei **Kaninchen** und **Nagetieren** ebenfalls nur sehr eingeschränkt der sonographischen Untersuchung zugänglich. Beim Colon ascendens mit seinem Futter-Gas-Gemisch als Inhalt bestehen die gleichen Probleme wie beim Blinddarm. Die übrigen Dickdarmabschnitte und das Rektum stellen sich sonographisch nur dar, wenn sie Kotballen enthalten, die an ihrer schallkopfzugewandten Oberfläche eine hyperechogene Reflexlinie erzeugen und dahinter einen Schallschatten werfen. Im Sagittalschnitt durch das gefüllte Rektum ergibt sich dadurch beim Kaninchen ein typisches treppenstufenartiges Bild **(Abb. 2-79A)**.

Beim **Frettchen** stellen sich Kolon und Rektum vergleichbar den Verhältnissen bei der Katze dar **(Abb. 2-79B)**. Der geringe Durchmesser macht die Darstellung des leeren Kolons aber nur unsicher möglich. Ein typisches Bild des leeren Dickdarms im Querschnitt ist ein rosettenförmiges Bild des Oberflächenreflexes der eingefalteten Schleimhaut, umgeben von der hypoechogenen Wand.

2.4.3.2 Leber

Die sonographische Untersuchung der Leber wird von links nach rechts systematisch im Sagittalschnitt ausgeführt. Unbedingt zu beachten ist, dass die Eindringtiefe so eingestellt ist, dass der Zwerchfellreflex in der Tiefe komplett im Bild dargestellt wird. Als Referenzpunkte für die Höhe, auf der sich die Schnittebene befindet, können – wie bei Hund und Katze – die Aorta abdominalis, die Vena portae hepatis, die Vena cava caudalis, die Gallenblase (nicht bei der **Ratte**) und die rechte Niere verwendet werden **(Abb. 2-80A** bis **2-80E)**. Zu beachten ist, dass die Gallenblase bei **Meerschweinchen** relativ weit medial liegen kann. Zusätzlich sollte die Leber beginnend mit einem Transversalschnitt, der direkt hinter dem Rippenbogen gelegt wird, mit einer fächerförmigen kranio-dorsalen Bewegung durchmustert werden. Die Leber besitzt eine homogene relativ grobe Echotextur bei geringer Echogenität. Im Vergleich zur Echogenität mit der Milz ist die Leber bei **Frettchen, Kaninchen, Meerschweinchen** und **Chinchillas** echoärmer. Bei den kleineren Nagern stellt sich die Milz dagegen homogen echoarm dar und ist in der Echogenität mit der Leber vergleichbar. Viele gesunde Kaninchen und Meerschweinchen sind adipös und weisen als Ausdruck einer Leberverfettung eine leicht erhöhte Echogenität der Leber auf. Bei den größeren Spezies lassen sich die Pfortaderäste mit ihrem deutlichen Randecho und die echolosen Lebervenen gut darstellen. Dies gelingt bei Schallfrequenzen bis 15 MHz bei **Ratten** und **Degus** nur eingeschränkt und bei **Goldhamstern, Mongolischen Rennmäusen** und **Mäusen** nicht.

Mit Ausnahme der Ratte besitzen alle hier besprochenen Kleinsäuger eine Gallenblase, die sich rechts der Medianen sonographisch gut darstellen lässt. Ihre Kontur ist im Längsschnitt birnenförmig und im Querschnitt rund. Für **Kaninchen** sind unregelmäßige Formen der Gallenblase mit Einfaltungen typisch und täuschen im Schnittbild Septierungen oder doppelt angelegte Gallenblasen vor **(Abb. 2-81)**. Die ableitenden Gallenwege sind physiologischerweise bei keiner der Spezies darstellbar.

2.4.3.3 Pankreas

Die Bauchspeicheldrüse ist insbesondere bei den auf Körnerfutter spezialisierten **Kleinnagern** sehr großflächig ausgebildet. Ihre sehr geringe Dicke macht die sonographische Darstellung bei Kaninchen und Nagetieren aber unmöglich. Beim **Frettchen** kann dagegen versucht werden, das Pankreas nach den gleichen Anhaltspunkten wie bei Hund und Katze aufzusuchen, was allerdings auch mit Übung bei Weitem nicht bei jedem Tier gelingt. Der Duodenalschenkel liegt parallel zum gestreckt verlaufenden Duodenum descendens. Meistens stellt er sich etwas homogener und echoärmer als das umgebende Gekröse dar **(Abb. 2-82)**. Der Nachweis der zentral verlaufenden Vena pancreaticoduodenalis sichert die Identifikation des Pankreas. Die Darstellung des Milzschenkels, der zwischen Magen und Colon transversum liegt, ist dagegen nicht sicher möglich.

2.4.3.4 Milz

Die Milz ist bei allen Spezies über das Lig. gastrolienale mit der großen Kurvatur des Magens verbunden. Entsprechend ist die Milz sehr konstant auf der linken Körperseite kaudal des Magens aufzufinden. Sie ist bei allen Spezies zungenförmig und besitzt einen dreieckigen Querschnitt. Die relativ kleinste Milz besitzen die **Kaninchen (Abb. 2-83A)**. Ihre Milz liegt sehr eng dem Magen an und wird bei vielen Tieren von Jejunumschlingen überlagert, so dass ihre Darstellung nicht bei jedem Tier gelingt. Bei den **Nagetieren** liegt die Milz dagegen immer eng der Bauchwand an **(Abb. 2-83B)** und ist ausgehend von einem Dorsalschnitt durch die linke Niere selbst bei der Maus sicher aufzufinden **(Abb. 2-83C)**. **Frettchen** besitzen unter den Kleinsäugern die relativ größte Milz, die aber nur bei wenigen und insbesondere jungen Tieren eine dünne schlanke Form mit scharfen Rändern besitzt. Auch bei klinisch gesunden Frettchen ist die Milz häufig sehr groß, weist abgerundete Ränder auf und ist teilweise höckerig (s. Kap. 2.9.6). Die Ursache für diese Milzhyperplasien bleibt bei den meisten Tieren trotz gründlicher klinischer Untersuchung unklar. Die Echotextur der Milz ist homogen und feinkörnig mit scharfer Begrenzung zur Umgebung. Bei optimal senkrechtem Auftreffen der Schallwellen stellt sich die Milzkapsel als echogene Linie dar. Die Echogenität der Milz ist bei Frettchen und Kaninchen höher als die der Leber. Bei den **Meerschweinchen** und **Chinchillas** ist sie nur von mittlerer Echogenität und bei den Kleinnagern echoarm. Gefäße lassen sich in der Milz von Kaninchen und Nagetieren im B-Bild nicht darstellen. Beim Frettchen können dagegen ausgehend vom Hilus die Milzvenen ein kurzes Stück in das Milzparenchym verfolgt werden.

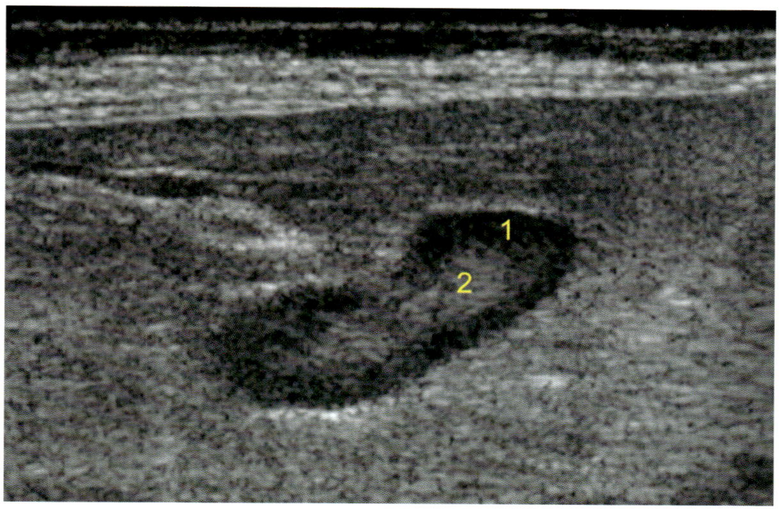

1: Rinde
2: Mark

Abb. 2-78: Ultraschalluntersuchung, Mesenteriallymphknoten, 12 MHz, ET: 2 cm, Frettchen. Frettchen besitzen einen sehr prominenten Mesenteriallymphknoten, bei dem Rinde (1) und Mark (2) deutlich differenziert werden können.

Aufnahme mit freundlicher Genehmigung aus: Reese, S., Frings, B. (2004): Die abdominale Ultraschalluntersuchung beim Frettchen. Tierärztl. Prax. **32**(K): 182–189.

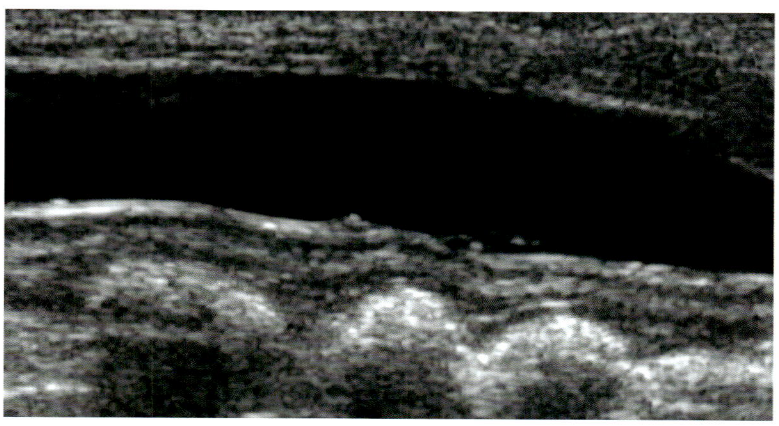

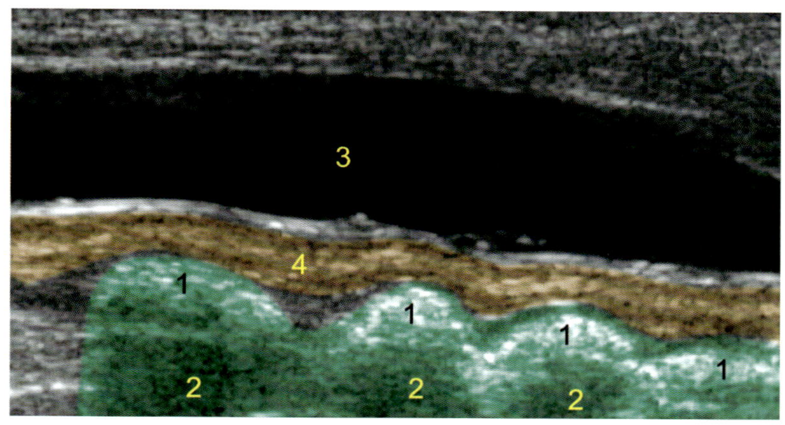

Abb. 2-79A: Ultraschalluntersuchung, Blase und Rektum im Sagittalschnitt, 12 MHz, ET: 2 cm, Kaninchen. Das Rektum ist sonographisch nur sicher darstellbar, wenn es Schallschatten (2) werfende Kotkügelchen (1) enthält.

1: Kotkugeln
2: Schallschatten
3: Harnblase
4: Vagina

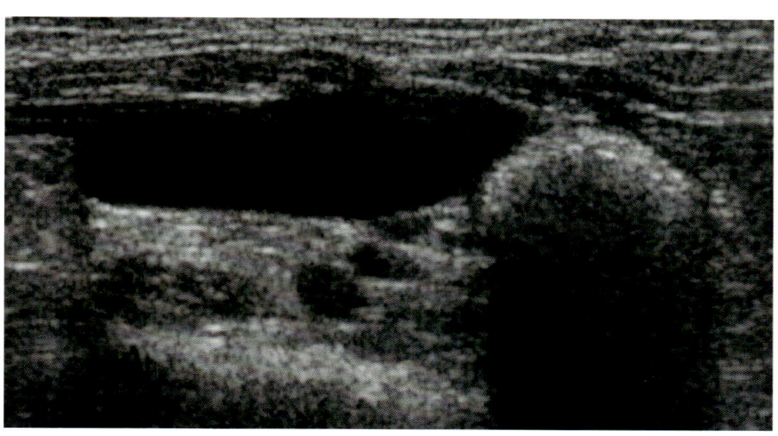

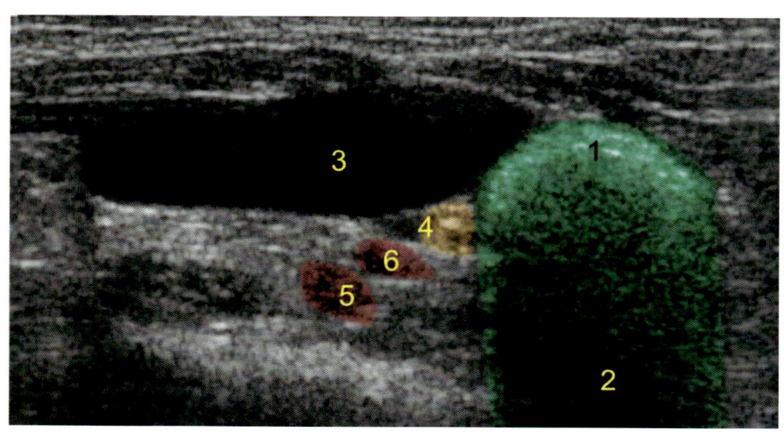

Abb. 2-79B: Ultraschalluntersuchung, Blase und Rektum im Transversalschnitt, 12 MHz, ET: 2 cm, Frettchen. Das gefüllte Rektum (1) ist leicht links verschoben und gibt den Blick auf Aorta (5) und V. cava caudalis (6) frei.

1: Rektum
2: Schallschatten
3: Harnblase
4: Gebärmutter
5: Aorta
6: V. cava caudalis

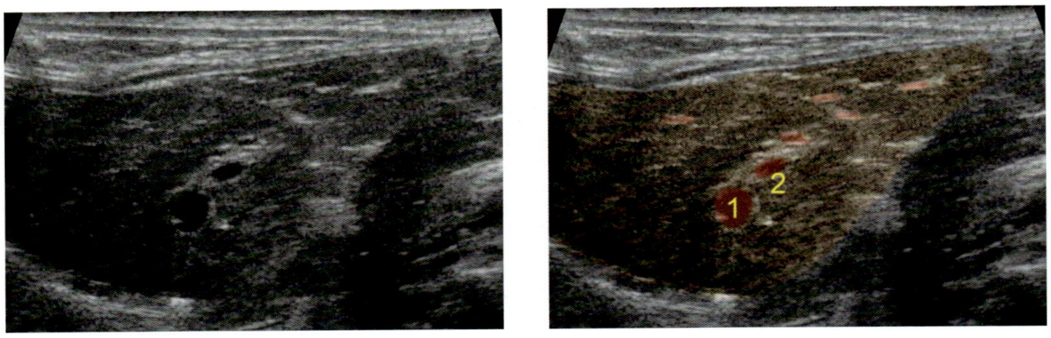

1: Ast der V. hepatica
2: Ast der V. portae

Abb. 2-80A: Ultraschalluntersuchung, Leber im Sagittalschnitt, 12 MHz, ET: 3 cm, Frettchen. Linker Leberlappen mit Anschnitt des linken Hauptastes der V. hepatica (1) und der V. portae (2).

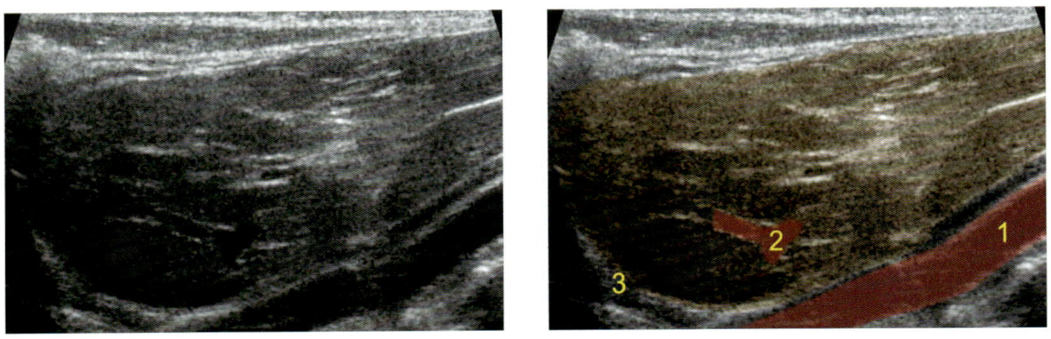

1: Aorta
2: Ast der V. portae
3: Zwerchfellreflex

Abb. 2-80B: Ultraschalluntersuchung, Leber im Sagittalschnitt, 12 MHz, ET: 3 cm, Frettchen. Schnitt auf Höhe der Aorta (1).

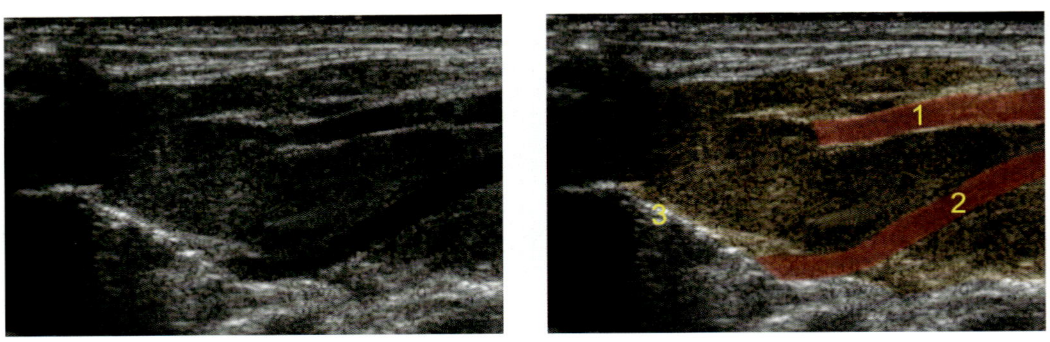

1: V. portae
2: V. cava caudalis

Abb. 2-80C: Ultraschalluntersuchung, Leber im Sagittalschnitt, 12 MHz, ET: 3 cm, Frettchen. Schnitt auf Höhe der V. portae (1) und der V. cava caudalis (2).

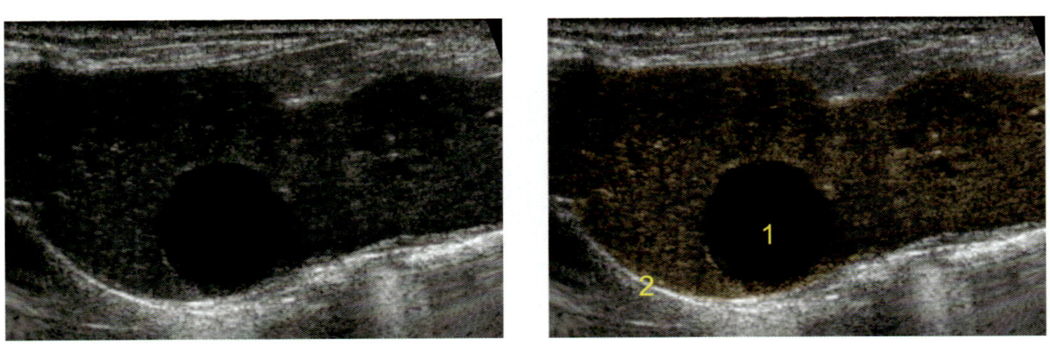

1: Gallenblase
2: Zwerchfellreflex

Abb. 2-80D: Ultraschalluntersuchung, Leber im Sagittalschnitt, 12 MHz, ET: 3 cm, Frettchen. Schnitt auf Höhe der Gallenblase (1).

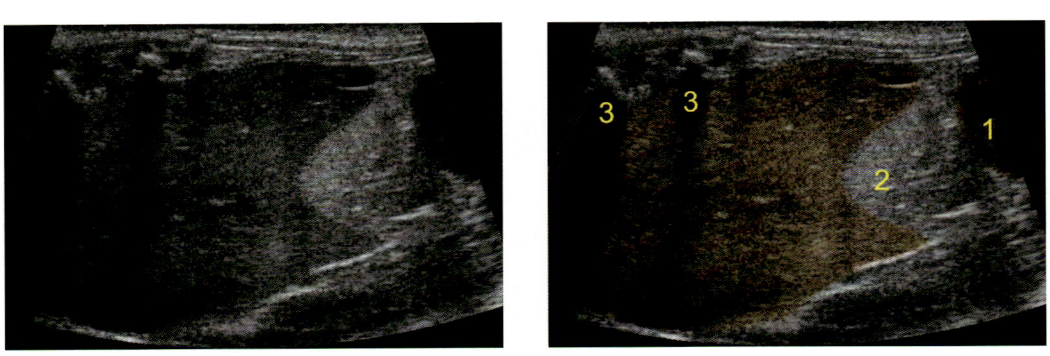

1: rechte Niere
2: Impressio renalis
3: Schallschatten hinter Rippen

Abb. 2-80E: Ultraschalluntersuchung, Leber im Sagittalschnitt, 12 MHz, ET: 3 cm, Frettchen. Rechter Leberlappen mit Impressio renalis (2).

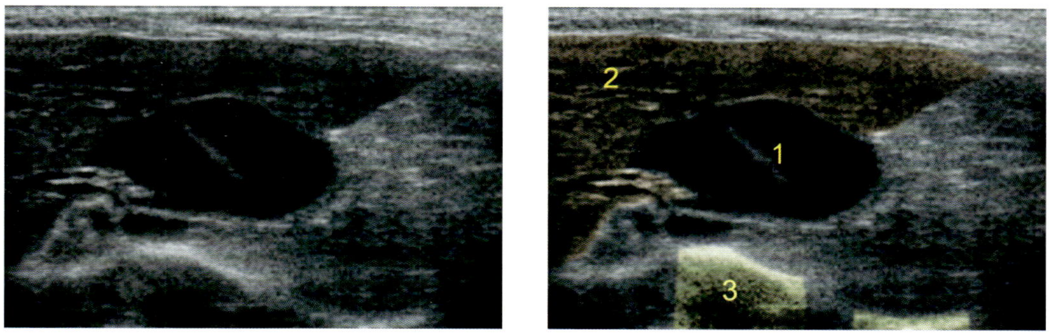

1: Gallenblase mit Einfaltung
2: Leber

Abb. 2-81: Ultraschalluntersuchung, Gallenblase, 12 MHz, ET: 2,5 cm, Kaninchen. Bei Kaninchen ist die Gallenblase sehr vielgestaltig mit Einfaltungen (1), die eine Septierung vortäuschen können.

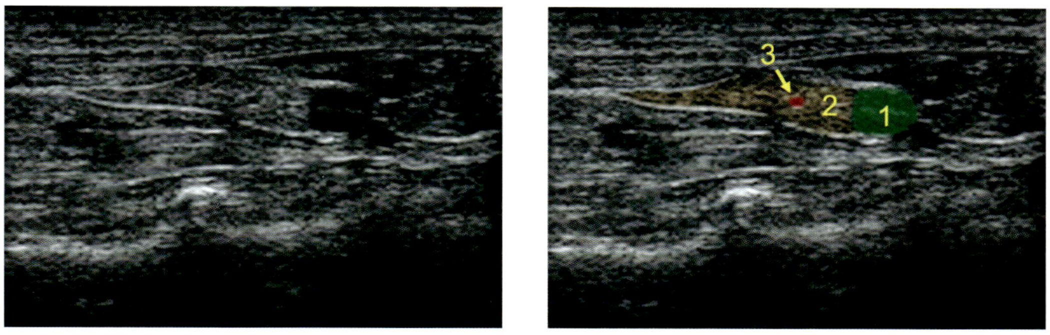

1: Pars cranialis duodeni
2: Pankreas
3: V. pancreaticoduodenalis

Abb. 2-82: Ultraschalluntersuchung, Pankreas im Sagittalschnitt, 12 MHz, ET: 2 cm, Frettchen.

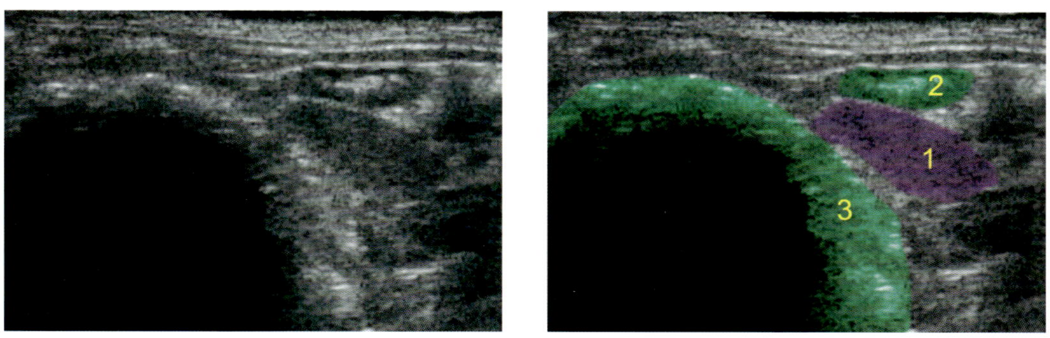

1: Milz
2: Jejunum
3: Magen

Abb. 2-83A: Ultraschalluntersuchung, Milz im Sagittalschnitt, 12 MHz, ET: 2 cm, Kaninchen. Die relativ kleine Milz (1) beim Kaninchen liegt dem Magen (3) eng an und wird häufig von Jejunumschlingen (2) überlagert.

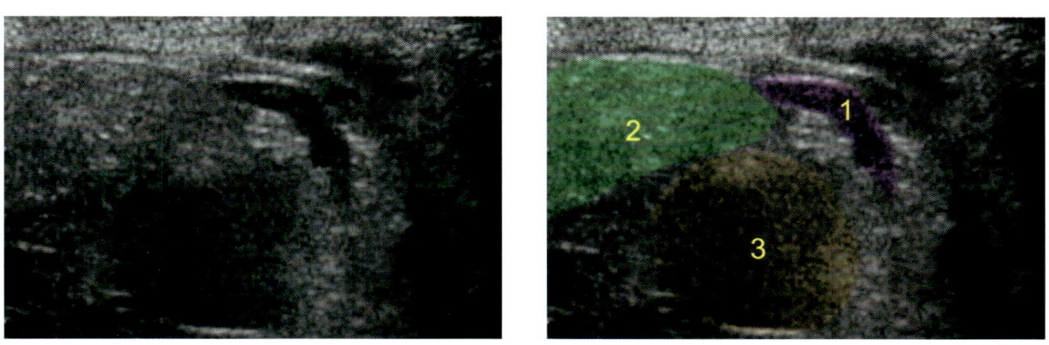

1: Milz
2: Magen
3: linke Niere

Abb. 2-83B: Ultraschalluntersuchung, Milz im Transversalschnitt, 12 MHz, ET: 1,5 cm, Meerschweinchen. Die Milz (1) liegt ventro-lateral von Magen (2) und kranialem Pol der linken Niere (3) und schmiegt sich eng der Bauchwand an.

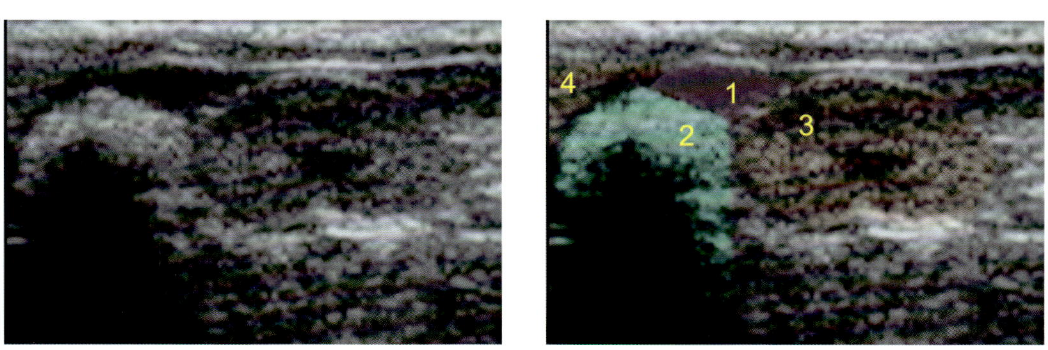

1: Milz
2: Magen
3: linke Niere
4: Leber

Abb. 2-83C: Ultraschalluntersuchung, Milz im Dorsalschnitt, 15 MHz, ET: 1,5 cm, Maus.

Aufnahme mit freundlicher Genehmigung: J. Mörl, München.

2.4.3.5 Harntrakt

Nieren

Die Niere ist vergleichend anatomisch betrachtet vom glatten einwarzigen Typ und entspricht im Aufbau den Verhältnissen bei Hund und Katze. Ihre Darstellung erfolgt im Sagittal-, Horizontal- und Transversalschnitt. Insbesondere bei den **Nagetieren** legt sich der voluminöse Gastrointestinaltrakt allerdings ventral über die Nieren und erschwert das Erstellen eines korrekten Sagittalschnittes. Alternativ kann die Nierendarstellung im Sagittalschnitt sehr einfach von dorsal erfolgen, was aber wegen der notwendigen weit dorso-lateralen Schur nur selten durchgeführt wird.

Im Sagittalschnitt können drei Zonen voneinander unterschieden werden **(Abb. 2-84A)**: die Nierenrinde mit feinkörniger Echotextur mittlerer Echogenität, das hypoechogene Nierenmark und der echogene zentrale Sinus renalis, der mit peripelvinen Fett gefüllt ist und von den Nierengefäßen durchzogen wird. Das Nierenmark ist durch die Columnae renales der Nierenrinde und die interlobaren Nierengefäße in runde Pseudopapillen unterteilt. Im Transversalschnitt umgibt die hufeisenförmige Nierenrinde die hypoechogene spitz auslaufende Nierenpapille **(Abb. 2-84C)**. Ein Charakteristikum der **Kaninchen**niere stellt der auffällig echogene und sehr weite mit Fett gefüllte Sinus renalis dar **(Abb. 2-84C)**. Die aus ariden Klimazonen stammenden **Goldhamster** und **Mongolischen Rennmäuse**, aber auch das **Chinchilla** und der **Degu**, besitzen eine besonders lange Nierenpapille, die über den Hilus hinaus bis in den Ureter ragen kann und eine besonders hohe Konzentrierungsfähigkeit der Niere ermöglicht **(Abb. 2-84D)**. Im Dorsalschnitt ist das Nierenmark bei optimaler Schnittebene dreiteilig, mit einem weit offenen, medial gerichteten Hilus **(Abb. 2-84B)**. Der Echogenitätsunterschied zwischen Rinde und Mark ist bei kleinen Nagern, wie Mäusen, so gering, dass eine sichere Abgrenzung dieser Zonen meist nicht gelingt.

Bei vielen **Frettchen** ist eine verschieden breite echogene Zone am Übergang zwischen Mark und Rinde zu beobachten, die einem *medullary rim sign* der Katze vergleichbar ist **(Abb. 2-85)**. Klinisch und labordiagnostisch zeigen diese Tiere keine Anzeichen einer Niereninsuffizienz. Futteranalyen von als Heimtier gehaltenen Frettchen ergaben, dass dieser echogene Bereich nur bei Tieren auftritt, die mit einem Überangebot an Energie und Proteinen sowie Mineralstoffen versorgt werden. Einen Überblick hinsichtlich der Länge, Breite und Höhe der Niere bei den verschiedenen Spezies gibt Tabelle 2-18.

Die Darstellung des Gefäßbaumes in der Niere ist doppler-sonographisch vorzugsweise im Dorsalschnitt möglich **(Abb. 2-86A)**. Die Bestimmung der Blutflussparameter im PW-Doppler wurde beim unsedierten Kleinsäuger bisher nur beim Frettchen durchgeführt **(Abb. 2-86B)**. Als Resistenzindex für die A. renalis wurde bei neun gesunden Tieren ein Wert von 0,54 ± 0,04 (0,48–0,61) ermittelt. Vergleichbare Werte lagen in den Aa. interlobares vor.

Ureter

Der Ureter kann physiologischerweise nicht sonographisch dargestellt werden.

Tabelle 2-18: Länge, Breite und Höhe der Niere; Angabe des Mittelwertes in mm mit Angabe der Spannweite in Klammern

Tierart	Länge	Breite	Höhe
Frettchenrüde	29,5 (27–32)	12,6 (12–13)	14,6 (11–17)
Frettchenfähe	25,1 (22–27)	11,2 (9–12)	13,0 (12–16)
Zwergkaninchen (< 2 kg)	27,2 (22–36)	13,8 (10,5–17)	16,3 (12–20)
Meerschweinchen	20,3 (14–25)	13,9 (12,8–16,1)	15,0 (13–18)
Chinchilla	19,8 (17,7–22,1)	10,3 (8,3–13,6)	12,7 (10,9–14,3)
Degu	13,9 (11,5–15,2)	9,7 (8,8–11,1)	11,0 (9,3–12,2)
Goldhamster	13,6 (12–14)	7,2 (6,5–7,7)	7,8 (7,0–8,1)
Mongolische Rennmaus	11,8 (9,1–14,5)	6,3 (5,2–7,5)	7,0 (6,1–7,9)
Ratte	18,1 (15,1–20,6)	10,1 (9,1–11,7)	11,1 (10,0–12,8)
Maus	12,1 (9,7–13,6)	5,3 (4,9–5,7)	7,1 (6,2–7,5)

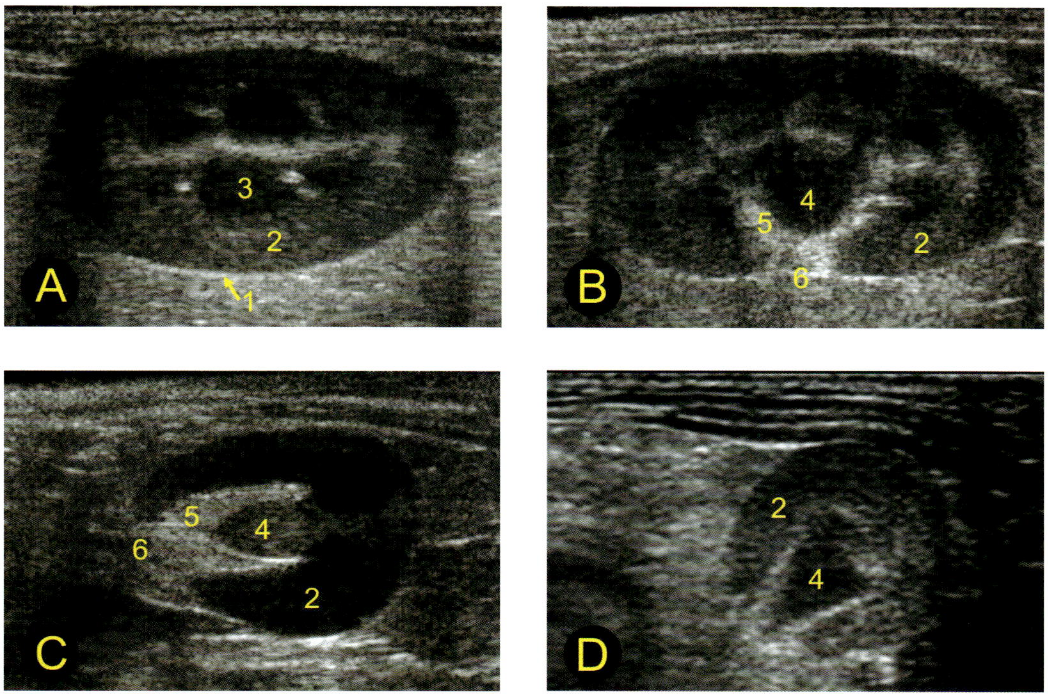

1: Nierenkapsel
2: Nierenrinde
3: Nierenmark
4: Nierenpapille
5: Sinus renalis
6: Hilus renalis

Abb. 2-84: Ultraschalluntersuchung, Niere.

A–C: 12 MHz, ET: 2 cm, Kaninchen.

D: 15 MHz, ET: 1,5 cm, Degu.

Eine korrekte Beurteilung der Niere ist nur bei Einhaltung der Standardschnittebenen Sagittalschnitt (A), Dorsalschnitt (B) und Transversalschnitt (C und D) möglich.

Aufnahme D aus Gneiser, B. (2005): Abdominale Sonographie beim Degu (*Octogon degus*, Molina 1782). Diss. med. vet., München.

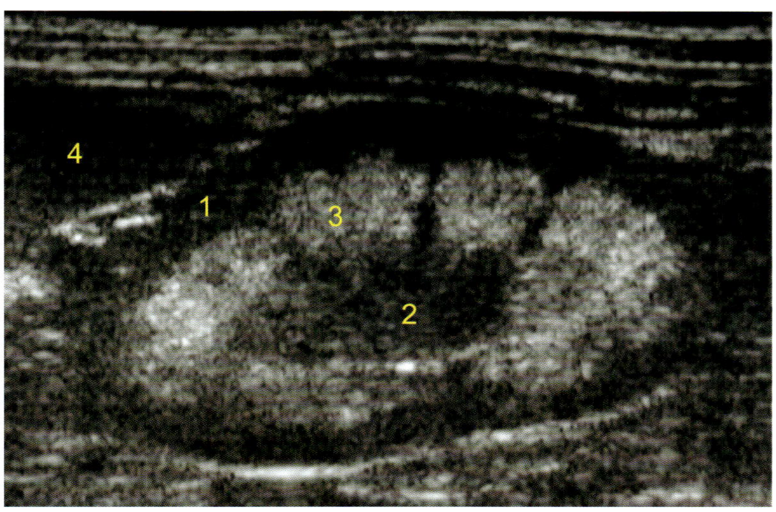

1: Nierenrinde
2: Nierenmark
3: hyperreflektive Bande
4: Milz

Abb. 2-85: Ultraschalluntersuchung, Niere, 12 MHz, ET: 2 cm, Frettchen. Bei gut genährten Frettchen aus Heimtierhaltung sieht man häufig eine breite hyperreflektive Bande (3) zwischen Mark (2) und Rinde (1). Klinisch hat diese Veränderung keine Bedeutung.

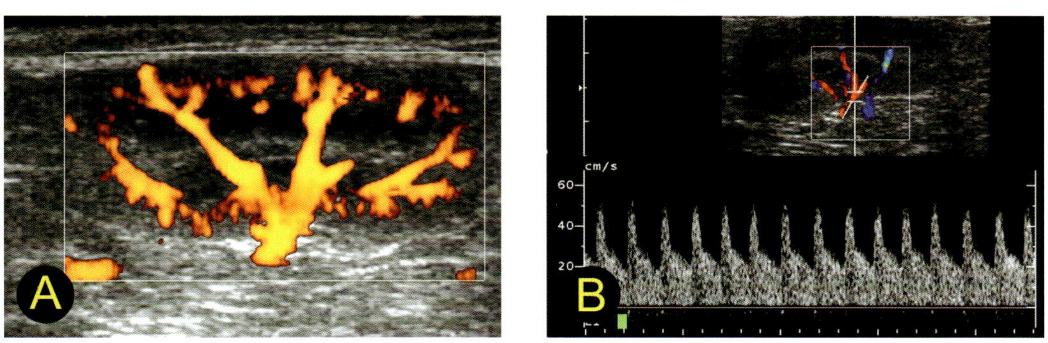

Abb. 2-86: Doppler-Sonographie, Niere im Dorsalschnitt, 12 MHz, ET: 2 cm, Frettchen.

A: Darstellung der Nierengefäße mit dem richtungsunabhängigen Power-Doppler (Angiomode).

B: Darstellung der A. renalis mit dem Farb-Doppler und parallel dem Pulsed-wave-Doppler.

Harnblase

Zur Darstellung der Harnblase wird der Schallkopf unmittelbar vor dem Schambein transversal aufgesetzt und kranial geschoben, bis sie im Bild sichtbar ist. Insbesondere beim **Kaninchen** ist es notwendig, dabei möglichst wenig Druck auszuüben, da eine gering gefüllte Harnblase schon unter wenig Andruck so komprimiert werden kann, dass ihre Darstellung nicht gelingt. Die Wand der gefüllten Harnblase stellt sich nur bei den größeren Spezies **Frettchen, Kaninchen** und **Meerschweinchen** als hypoechogene Bande dar, die außen und innen von einer sehr dünnen echogenen Linie flankiert wird **(Abb. 2-87A)**. Zum Blasenhals hin läuft sie spitz zu und geht in die Urethra über, die nicht darstellbar ist. Der Harn ist physiologischerweise echofrei. Jedoch kommen bei vielen Kaninchen, Meerschweinchen und Chinchillas Kalziumkarbonatkristalle im Harn vor, die sich durch rhythmische Bewegungen des Schallkopfes aufwirbeln lassen und dadurch als echogene Reflexpunkte im Harn sichtbar werden **(Abb. 2-87B)**. In Abhängigkeit vom Kalziumgehalt des Futters enthält der Harn auch von gesunden Kaninchen, Meerschweinchen und Chinchillas unterschiedlich hohe Konzentrationen an Kalziumkarbonat, das in der Harnblase als röntgendichter »Blasenschlamm« sedimentieren kann **(Abb. 2-155B)**. Ab welchem Grad diese Sedimentbildung in der Harnblase schon als pathologisch anzusehen ist oder noch als physiologisch gelten kann, ist umstritten. Bei solchen Patienten sollten auf jeden Fall die Nieren, Ureteren und die Urethra sorgfältig auf weitere Konkremente untersucht werden (s. auch Kap. 2.9.7).

Urethra

Die Urethra kann bei den Kleinsäugern physiologischerweise nicht dargestellt werden.

2.4.3.6 Weiblicher Geschlechtsapparat

Die sonographische Untersuchung des weiblichen Geschlechtsapparates ist klinisch von besonders großer Bedeutung und wird immer von kaudal aus durchgeführt.

Vagina

Die Vagina des **Kaninchens** ist besonders lang und weit. Im Transversalschnitt stellt sie sich zwischen Rektum und Harnblase flach queroval mit dreischichtigem Wandaufbau dar **(Abb. 2-88)**. Dieser wird durch einen kräftigen zentralen Binnenreflex, eine mittlere hypoechogene Bande und eine schwächere periphere Reflexlinie wiedergegeben. Auch beim **Meerschweinchen** und in Einzelfällen beim **Chinchilla** ist kaudal der Cervix uteri, unmittelbar vor dem Beckeneingang, die flach querovale Vagina als hypoechogenes Gebilde darstellbar, jedoch lassen sich sonographisch keine Wandschichten differenzieren. Bei den anderen Kleinsäugerspezies liegt die Vagina großteils in der Beckenhöhle und ist für die Sonographie nicht zugänglich.

Cervix uteri

Die Cervix uteri stellt sich bei **Frettchen** und **Nagern** im Transversalschnitt als runde hypoechogene unscharf begrenzte Struktur zwischen Rektum und Harnblase dar **(Abb. 2-89A)**. Dass die Cervix uteri bei den Nagetieren zumindest in ihrer inneren Struktur paarig angelegt ist, lässt sich sonographisch nicht darstellen. Aber es ist – besonders leicht bei **Meerschweinchen** – möglich, durch langsames kraniales Verschieben des transversal aufgesetzten Schallkopfes zu zeigen, wie die Uterushörner aus der Cervix hervorgehen und nach links und rechts divergieren **(Abb. 2-87)**.

Nur beim **Kaninchen** sind linker und rechter Uterus inklusive der Cervices uteri eindeutig und vollständig getrennt (Uterus duplex). Entsprechend kann man am Kranialende der Vagina links und rechts deutlich getrennt je eine im Transversalschnitt runde hypoechogene und unscharf abgegrenzte linke und rechte Cervix uteri darstellen **(Abb. 2-89B)**.

Cornua uteri

Die Uterushörner der Frettchen bzw. der linke und rechte Uterus bei **Kaninchen** und **Nagetieren** mit Uterus duplex sind unscheinbare, hypoechogene, schlauchartige Gebilde die, wenn man sich an der Lage zwischen Harnblase und Rektum orientiert, im Transversalschnitt aufzufinden sind **(Abb. 2-91)**. Ihre Darstellung im Verlauf bis zu den Ovarien gelingt meist nicht, da sie sehr dünn sind, sich schlecht von den umgebenden Strukturen abgrenzen und bei den meisten Nagern dorsolateral über den Blinddarm ziehen. Eine Ausnahme bildet auch hier das **Kaninchen**, bei dem sich die uteri in der Regel als in Schleifen dorsal weit kranial über die Blase hinwegziehende hypoechogene Gebilde darstellen und von unerfahrenen Untersuchern leicht mit Dünndarmschlingen verwechselt werden.

Ovarien

Die Ovarien liegen bei den meisten Spezies unmittelbar kaudal der Nieren der dorso-lateralen Bauchwand an und sind dort als runde hypoechogene Strukturen darstellbar **(Abb. 2-90A)**. Eine

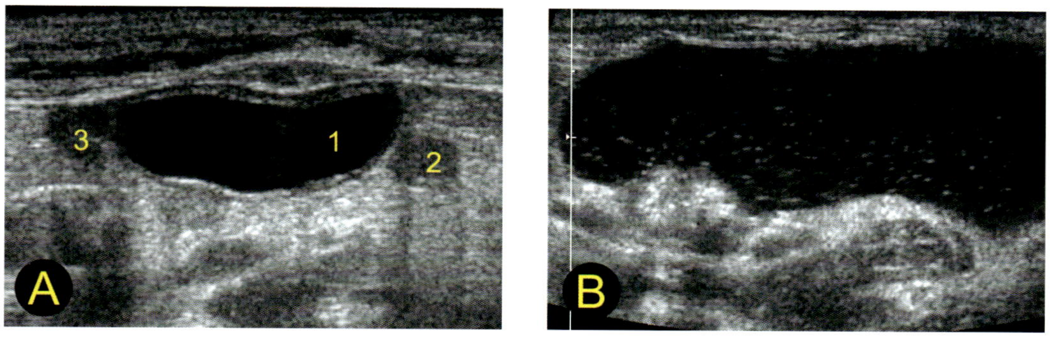

1: Harnblase
2: linkes Uterushorn
3: rechtes Uterushorn

Abb. 2-87: Ultraschalluntersuchung, Harnblase im Transversalschnitt, 12 MHz, ET: 2,5 cm.

A: Meerschweinchen. Bei der mittelgradig gefüllten Harnblase (1) ist deutlich der dreischichtige Wandaufbau zu erkennen.

B: Kaninchen. Gut gefüllte Harnblase mit geringgradig Harngries, der nach dem Aufwirbeln echogene Reflexpunkte im anechogenen Harn erzeugt.

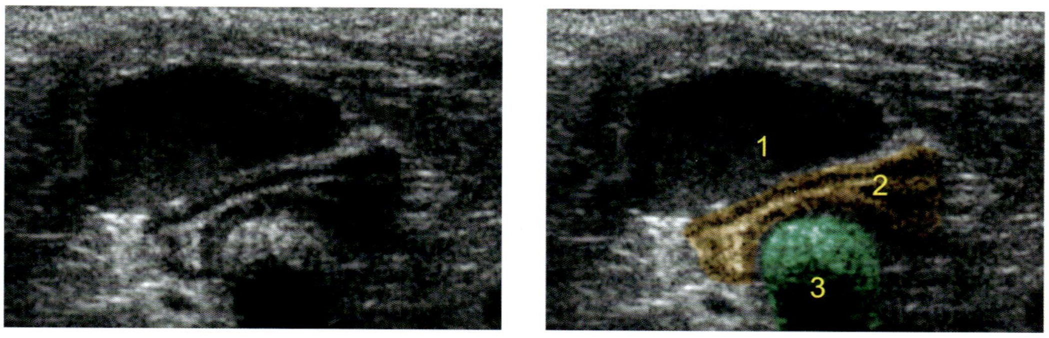

1: Harnblase
2: Vagina
3: Rektum

Abb. 2-88: Ultraschalluntersuchung, Vagina im Transversalschnitt, 12 MHz, ET: 2,5 cm, Kaninchen. Kaninchen besitzen eine weit in die Bauchhöhle ziehende Vagina (2), die zwischen Harnblase (1) und Rektum (3) liegt und an ihrer deutlichen Wandschichtung identifiziert werden kann.

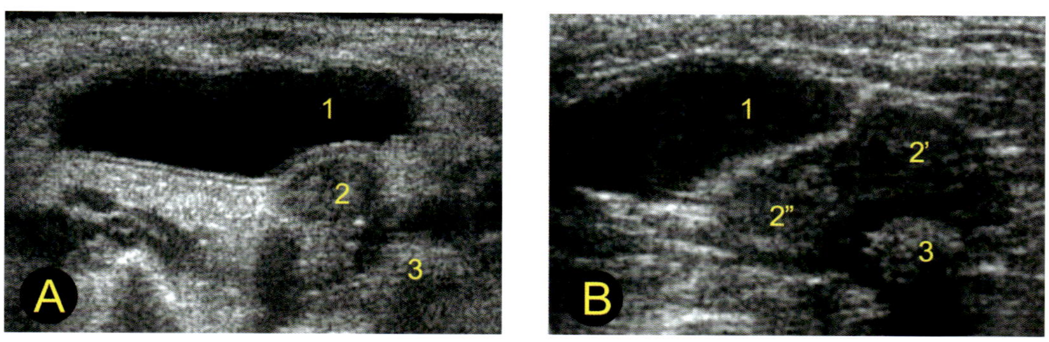

1: Harnblase
2: Cervix (unpaar)
2': linkes Uterushirn
2": rechtes Uterushorn
3: Rektum

Abb. 2-89: Ultraschalluntersuchung, Cervix uteri im Transversalschnitt, 12 MHz, ET: 2 cm.

A: Meerschweinchen.

B: Kaninchen. Die Cervix (2) stellt sich bei Meerschweinchen sonographisch als unpaares Organ dar, während bei Kaninchen ein Uterus duplex mit linker (2') und rechter (2") Cervix uteri ausgebildet ist.

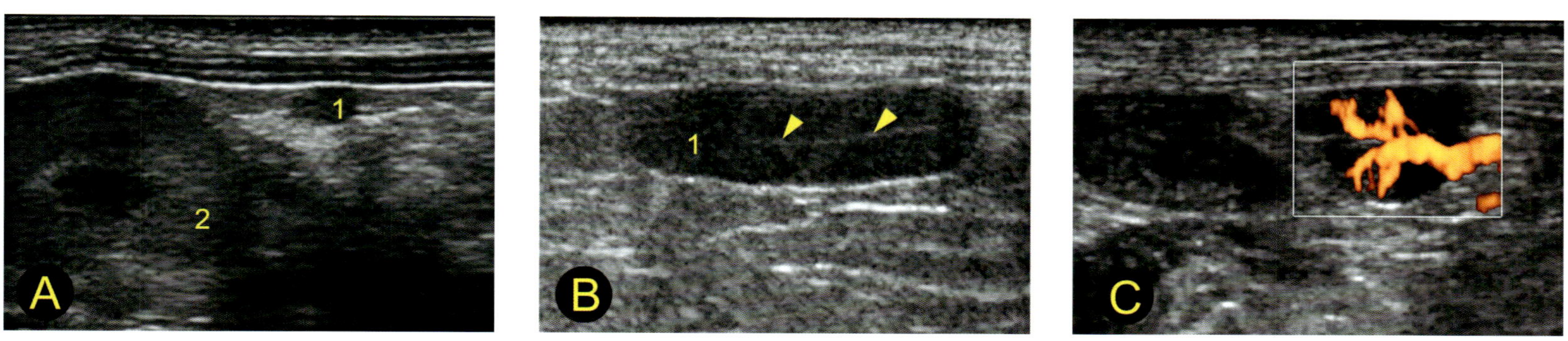

Abb. 2-90: Ultraschalluntersuchung, Ovar.

A: 15 MHz, ET: 1,5 cm, Ratte.

B und C: 12 MHz, ET: 1,5 cm, Kaninchen. Der Eierstock (1) liegt bei den meisten Kleinsäugern wie der Ratte unmittelbar kaudal der Niere (2), während das längliche Ovar der Kaninchen kranial der Kniefalte aufgesucht werden muss. Charakteristisch für das Kaninchenovar ist eine zentrale echogene Linie. Gelbkörper lassen mit den verwendeten Frequenzen nur indirekt über die doppler-sonographische Detektion der vermehrten Vaskularisation nachweisen (C).

Aufnahme A aus Lehmann J. (2007): Abdominale Sonographie bei der Ratte (*Rattus norvegicus*). Diss. med. vet., München.

1: Ovar
2: Niere

Besonderheit ist auch hier wieder für das **Kaninchen** gegeben. Die Ovarien liegen weiter kaudal auf Höhe der Kniefalten der lateralen Bauchwand an und lassen sich als ovoide, deutlich von der Umgebung abgegrenzte hypoechogene Strukturen mit einer Länge von durchschnittlich 1 cm und einem Durchmesser von 4 mm × 6 mm darstellen. Zentral ist meist eine längs verlaufende echogene Linie darstellbar **(Abb. 2-90B)**, die nicht dazu verleiten darf, das Ovar mit einem kryptorchen Hoden zu verwechseln. Aufgrund der geringen Größe gelingt mit den in der klinischen Diagnostik verwendeten Schallfrequenzen zwischen 10 MHz und 15 MHz im B-Bild keine sichere Darstellung von Funktionskörpern. Mit Hilfe der Doppler-Sonographie ist dagegen indirekt ein Nachweis der Gelbkörperbildung beim Kaninchen möglich, die ab dem 2. Tag nach der Ovulation eine im Farb-Doppler sichtbar gesteigerte Vaskularisation zeigen **(Abb. 2-90C)**.

Trächtigkeit

Die Sonographie ist bei den meisten Spezies die Methode der Wahl, um eine Trächtigkeit nachzuweisen **(Abb. 2-92)**. Eine Ausnahme bildet der **Degu**. Bei dieser Spezies birgt selbst bei handzahmen Tieren jeder manuelle Umgang mit trächtigen Tieren die Gefahr, einen Abort auszulösen. Eine weitere Ausnahme stellt der **Goldhamster** dar, bei dem die trächtigen Uteri bis kurz vor dem Werfen dorsal über dem Blinddarm liegen und so nicht für die sonographische Darstellung zugänglich sind.

Grundsätzlich kann man davon ausgehen, dass der sonographische Nachweis einer Trächtigkeit mit der Darstellung der Ampullen nach der Implantation möglich ist. Die Tabelle 2-19 gibt einen Überblick über den Zeitpunkt, ab dem bisher transkutan ein Trächtigkeitsnachweis gelang.

Eine Plazenta ist bei **Kaninchen** ab dem 7. Tag der Trächtigkeit darstellbar. Der Herzschlag des Kaninchenembryos kann mit dem Farb-Doppler ab dem 9. Tag detektiert werden und wird im B-Bild ab dem 12. Tag erkennbar. Im weiteren Trächtigkeitsverlauf kann die Entwicklung der Feten gut verfolgt werden. Neben der Darstellung der Feten zum Trächtigkeitsnachweis liegt die klinische Bedeutung der Sonographie in der Kontrolle, ob alle Feten leben. Die einfachste Methode hierfür ist der Nachweis des Herzschlages.

Bei den Nagetieren ist eine Placenta discoidalis ausgebildet, die in ihrer sonographischen Struktur deutlich von den bei den Fleischfressern gewohnten Verhältnissen abweicht und nicht mit einer pathologischen Struktur verwechselt werden darf **(Abb. 2-93A)**. Im Flachschnitt stellt sie sich als eine große kreisrunde Struktur dar **(Abb. 2-93B)**, in der das maternale Endometrium mit der fetalen Eihaut interdigitiert. Diese Verzahnung stellt sich sonographisch in abwechselnd echoarmen und echoreichen Linien dar.

Tabelle 2-19: Zeitpunkt eines transkutanen Trächtigkeitsnachweises

Tierart	Trächtigkeitsnachweis
Frettchen	12. Tag
Kaninchen	4. bis 6. Tag
Meerschweinchen	10. Tag
Ratte	8. Tag
Mongolische Rennmaus	10. Tag
Maus	7. Tag

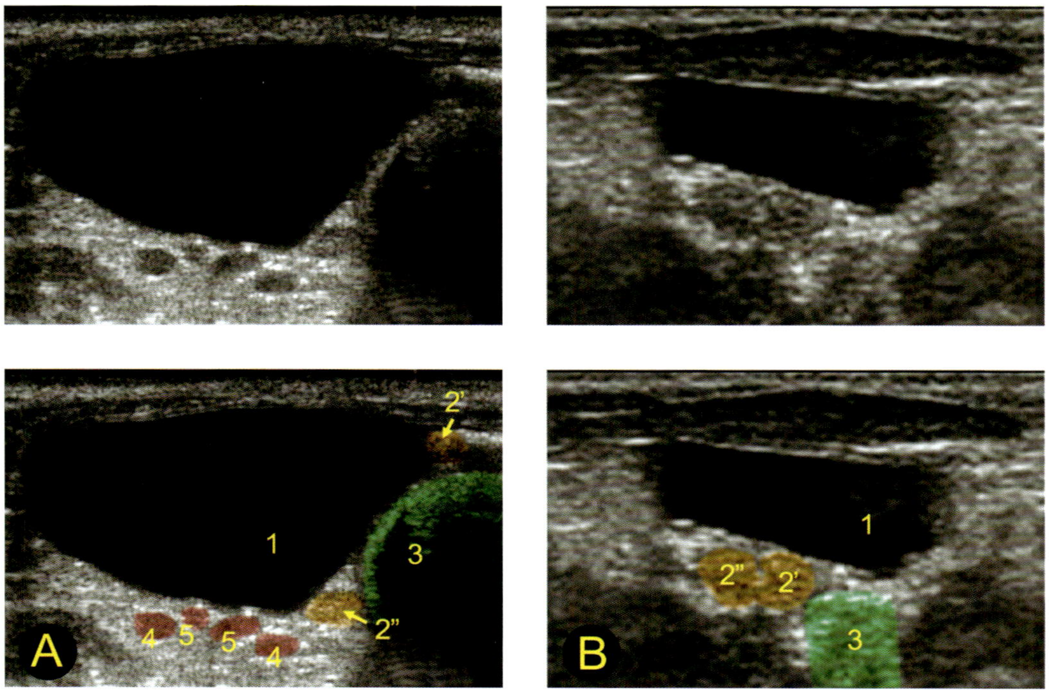

1: Harnblase
2': linkes Uterushorn
2": rechtes Uterushorn
3: Rektum
4: A. iliaca ext. sin. et dext.
5: V. iliaca ext. sin. et dext.

Abb. 2-91: Ultraschalluntersuchung, Cornua uteri im Transversalschnitt.

A: 12 MHz, ET: 2 cm, Frettchen.

B: 15 MHz, ET: 1 cm, Degu

Aufnahme B aus Gneiser, B. (2005): Abdominale Sonographie beim Degu (*Octogon degus*, Molina 1782). Diss. med. vet., München.

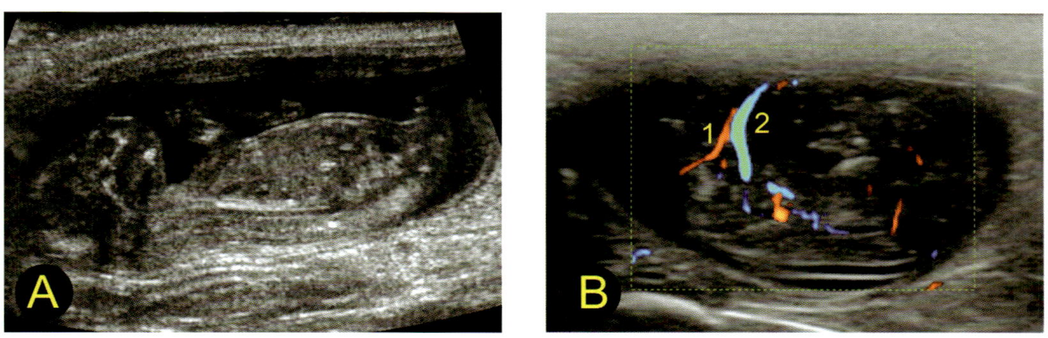

1: A. umbilicalis
2: V. umbilicalis

Abb. 2-92: Ultraschalluntersuchung, Trächtigkeitsnachweis.

A: 12 MHz, ET: 3 cm, Kaninchenfetus. 21. Tag.

B: 12 MHz, ET: 2 cm, Meerschweinchen. Farb-doppler-sonographische Darstellung der Nabelschnur mit A. umbilicalis (1) und V. umbilicalis (2).

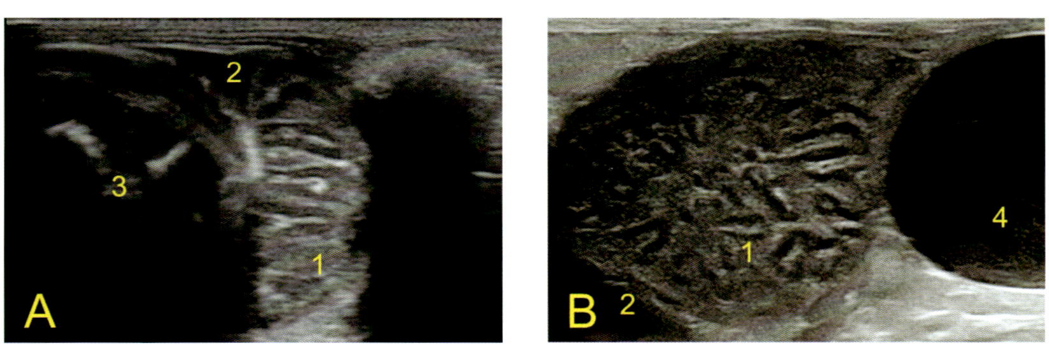

1: Plazenta
2: Allantoishöhle
3: Fetus
4: Harnblase

Abb. 2-93: Ultraschalluntersuchung, Placenta discoidalis, 12 MHz, ET: 2,5 cm, Meerschweinchen.

A: Querschnitt.

B: Flachschnitt.

2.4.3.7 Männlicher Geschlechtsapparat

Krankheiten des männlichen Geschlechtsapparates haben eine wesentlich geringere Bedeutung als die des weiblichen Geschlechtsapparates. Diese Tatsache birgt die Gefahr, dass diesen Organen eine geringere Aufmerksamkeit geschenkt wird und dadurch pathologische Veränderungen, wie z. B. Hodentumoren, die potenziell in die Lunge metastasieren können, übersehen oder zu spät erkannt werden. Deshalb sollte im Rahmen einer abdominalen Sonographie der gesamte männliche Geschlechtsapparat, inklusive der extraabdominalen Hoden, integraler Bestandteil des Untersuchungsganges sein.

Hoden

Die Hoden besitzen über alle Spezies hinweg einheitlich eine homogen feinkörnige Echotextur mittlerer Echogenität. Das Mediastinum testis stellt sich als reflexreiche Linie zentral im Hoden dar **(Abb. 2-94A)**. Allerdings ist es bei den **Kleinnagern** nur sehr unscheinbar und lediglich bei optimalem Anschallwinkel sicher darstellbar. Nebenhodenkopf und Nebenhodenschwanz liegen den jeweiligen Hodenpolen als hypoechogene Strukturen an. Dagegen lässt sich der sehr dünne Nebenhodenkörper nicht sicher darstellen. Kranial liegt dem Hoden bei den Nagern ein mächtiger Hodenfettkörper auf, der den Leistenkanal weit hält und so den jederzeitigen Einzug der Hoden durch den Leistenkanal ermöglicht. Liegt der Hoden extraabdominal, verschließt sein Fettkörper den weiten Leistenkanal und verhindert so den Vorfall von intraabdominalen Organen in den Processus vaginalis peritonei. Der Fettkörper stellt sich sonographisch homogen aber von grobkörnigerer Echotextur als der Hoden dar und besitzt kein Mediastinum, dessen Nachweis für das Vorliegen eines Hodens beweisend ist **(Abb. 2-94B)**.

Akzessorische Geschlechtsdrüsen

Die **Prostata** lässt sich nur beim unkastrierten **Frettchenrüden** gut abgrenzen und stellt sich als unscheinbare homogene Struktur mittlerer bis geringer Echogenität kaudal der Harnblase dar **(Abb. 2-95A)**. Während bei **Kaninchenböcken** keine akzessorischen Geschlechtsdrüsen sonographisch dargestellt werden können, besitzen **Nagetiere** große, weit in die Bauchhöhle reichende **Samenblasendrüsen**. Ihnen liegt parallel die sogenannte Koagulationsdrüse eng an, die einem Prostatalappen entspricht. Eine sonographische Differenzierung zwischen Koagulationsdrüse und eigentlicher Samenblasendrüse ist aber nicht sicher möglich. Insbesondere bei **Meerschweinchenböcken** lassen sich die sehr prominenten Samenblasendrüsen als schlauchartige hypoechogene Gebilde links und rechts der Harnblase gut auffinden **(Abb. 2-95B)**. Am sichersten gelingt die Darstellung der widderhornartig eindrehten Samenblasendrüsen in einer schrägen Ebene durch den Anfangsabschnitt der Urethra mit kraniolateraler Ausrichtung seitlich vorbei an der Harnblase.

2.4.3.8 Nebennieren

Die Lage der Nebenniere ist über alle Spezies hinweg sehr ähnlich. Die linke Nebenniere liegt lateral der Aorta und kranial der Vena renalis sinistra. Die rechte Nebenniere ist etwas weiter kranial dorso-lateral der Vena cava caudalis unmittelbar kaudal der Leber und kranial der Vena renalis dextra zu finden. Die Nebennieren sind bei kleineren Spezies relativ größer als bei größeren Tierarten. Aus diesem Grunde ist es bei den meisten Kleinsäugern deutlich einfacher, die Nebennieren sonographisch darzustellen als bei Hund und Katze. Bei **Frettchen** sind die linke und rechte Nebenniere ovoid bei homogener Echotextur und geringer Echogenität. Eine Unterscheidung von Mark und Rinde ist auch mit hochauflösenden Ultraschallsonden nicht möglich **(Abb. 2-96A)**. Die Nebennieren der **Kaninchen** besitzen eine ovoide Form mit deutlich von der hypoechogenen Rinde unterscheidbarem Mark mittlerer Echogenität **(Abb. 2-96B)**. Die Nebenniere der **Chinchillas** ist bei den meisten Tieren auffällig schlank und langgezogen. Charakteristisch ist für die Nebenniere der Chinchillas ist ein zentraler dünner echogener Markstreifen **(Abb. 2-96C)**. Eine Besonderheit der Nebenniere der Chinchillas ist, dass die rechte Nebenniere ungefähr ein Drittel länger und etwas dicker ist als die linke Nebenniere. Bei **Meerschweinchen** und **Ratte** liegen die Nebennieren eng dem kranialen Nierenpol an und sind im Vergleich zur Nierenrinde hypoechogen **(Abb. 2-96D)**. Eine Unterscheidung von Mark und Rinde ist nicht möglich. Die Darstellung insbesondere der linken Nebenniere gelingt bei diesen Spezies nicht immer zuverlässig, da sich bei gut gefülltem Magen der Fundus ventriculi weit kaudal ausdehnt. **Mongolische Rennmäuse** besitzen von allen Spezies die relativ größten Nebennieren. Ausgehend von der Einstellung der Niere im Dorsalschnitt gelingt ihre sonographische Darstellung am kranio-medialen Nierenpol fast immer.

Daten zu der Länge und dem Durchmesser der Nebenniere bei den verschiedenen Spezies zeigt Tabelle 2-20.

Tabelle 2-20: Durchmesser der Nebenniere bei verschiedenen Spezies

Tierart	Länge [mm]	größter Durchmesser [mm]
Frettchenrüde	6,5 (4,3–10,9)	2,9 (2,1–4,2)
Frettchenfähe	6,2 (4,1–9,7)	2,5 (2,0–4,1)
Zwergkaninchen (< 2 kg)	7,2 (6,1–9,5)	3,7 (3,0–5,2)
Meerschweinchen	15,4 (12,6–17,7)	6,2 (4,3–8,4)
Chinchilla linke Nebenniere	6,9 (5,2–8,7)	2,4 (2–3,1)
Chinchilla rechte Nebenniere	9,9 (7,8–11,9)	2,7 (2,4–3,9)
Degu	5,5 ± 0,5	4,2 ± 0,5
Mongolische Rennmaus	5,3 ± 0,9	2,3 ± 0,4
Ratte	4,5 (4,1–6,5)	2,7 (2,5–3,7)

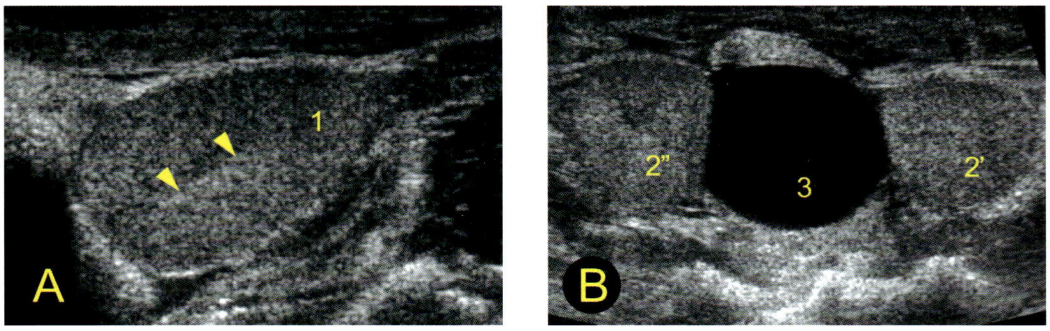

1: Hoden
2': linker Hodenfettkörper
2": rechter Hodenfettkörper
3: Harnblase

Abb. 2-94: Ultraschalluntersuchung, Hoden, 12 MHz, ET: 2 cm, Chinchilla.

A: Hoden (1) im Longitudinalschnitt mit angedeutetem Mediastinum testis (Pfeilköpfe).

B: Transversalschnitt durch den linken (2') und rechten (2") Hodenfettkörper, die die Harnblase (3) flankieren.

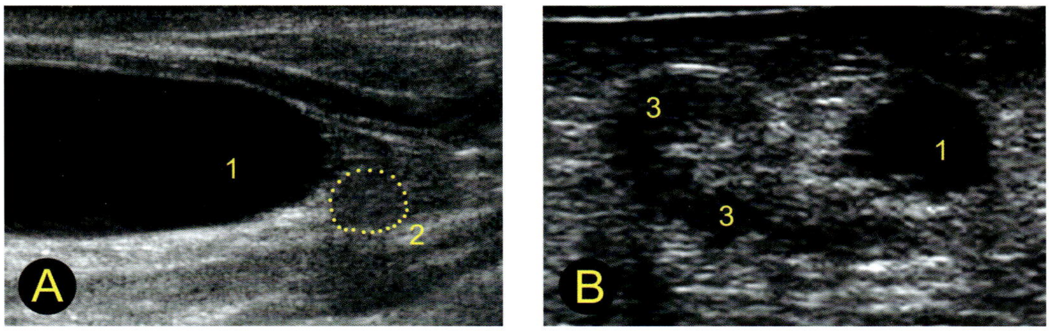

1: Harnblase
2: Prostata
3: Samenblasendrüse

Abb. 2-95: Ultraschalluntersuchung, akzessorische Geschlechtsdrüsen.

A: Frettchen. Harnblase (1) und Prostata (2) im Sagittalschnitt, 12 MHz, ET: 2 cm.

B: Mongolische Rennmaus. Harnblase (1), flankiert von der rechten Samenblasendrüse (3), im Schrägschnitt, 15 MHz, ET: 1 cm.

Aufnahme B aus Grodtmann, E. (2007): Abdominale Sonographie der Mongolischen Rennmaus (*Meriones unguiculatus* Milns-Edwarts, 1867). Diss. med. vet., München.

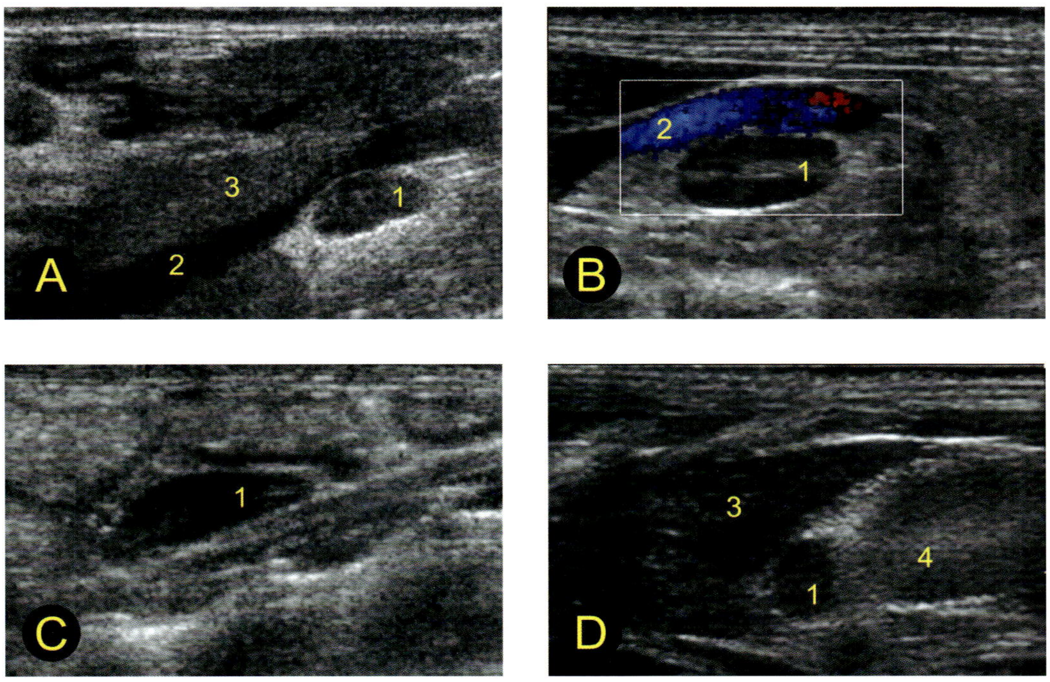

1: Nebenniere
2: V. cava caudalis
3: Leber
4: Niere

Abb. 2-96: Ultraschalluntersuchung, Nebenniere, 12 MHz (A–C), 15 MHz (D), ET 1,5 cm.

A: Frettchen. Rechte Nebenniere (1) dorsal der V. cava caudalis (2).

B: Kaninchen. Rechte Nebenniere (1) mit der durch Farbdoppler sonographisch markierten V. cava caudalis (2).

C: Chinchilla. Flach dreieckige linke Nebenniere.

D: Ratte. Rechte Nebenniere (1) zwischen Leber (3) und Niere (4).

Aufnahme A aus Lehmann J. (2007): Abdominale Sonographie bei der Ratte (*Rattus norvegicus*). Diss. med. vet., München.

2.4.4 Sonstiges

2.4.4.1 Auge

INGO HOFFMANN

Die Augen von **Kaninchen** und **Meerschweinchen** können durch Ultraschall, Magnetresonanz- und Computertomographie dargestellt werden. Konventionelle Röntgentechniken haben wie bei allen anderen Tieren sowie beim Menschen in der ophthalmologischen Diagnostik keine große Bedeutung. Ausnahmen stellen die Abklärung dentaler Ursachen bei Exophthalmus und Dacryozystitis sowie lytische Prozesse an Knochengewebe dar. Es muss jedoch peinlich genau darauf geachtet werden, dass es nicht zu Überlagerungen durch benachbarte Knochenstrukturen kommt.

Die einfachste und kostengünstigste Methode ist die Ophthalmosonographie. Die Ultraschalluntersuchung am Auge oder »Ophthalmosonographie« ist das älteste medizinische Ultraschallverfahren und wurde beim Menschen erstmalig 1956 angewendet. In der Tiermedizin fand die erste Anwendung am Auge in den späten sechziger Jahren des letzten Jahrhunderts statt.

Da die Mittenfrequenz des Schallkopfes Auflösung und Eindringtiefe bestimmt, ist es bei Heimtieren sinnvoll, möglichst hochfrequente Schallköpfe zum Einsatz zu bringen. Dabei muss sich der Anwender im tiermedizinischen Bereich zwischen speziell für das Auge konzipierten, mechanischen Sektorschallköpfen mit einer Mittenfrequenz von 20 MHz oder den somatischen, elektronisch angesteuerten Sonden entscheiden. Mechanische Sektorschallköpfe weisen im Nahfeld meist eine schlechte Bildqualität auf und sind damit für den Einsatz am Heimtierauge nur bedingt bis gar nicht geeignet.

Elektronische Sonden können aufgrund ihrer Breite bei der Ankopplung hinderlich sein. Dieser Nachteil kann durch großzügiges Auftragen von Gel auf den Schallkopf teilweise ausgeglichen werden.

Eine Vergrößerungsfunktion (Zoom) sollte immer vorhanden sein, da die Ophthalmosonographie bei Heimtieren durch die Bulbusgröße limitiert wird. Um eine befriedigende Auflösung der zu untersuchenden Strukturen des Auges zu erreichen, sollten Schallköpfe mit einer Mittenfrequenz von mindestens 10 MHz zur Anwendung kommen.

Die Untersuchung gestaltet sich bei Kaninchen meist problemlos. Meerschweinchen führen bei der Fixation des Kopfes gelegentlich Abwehrbewegungen aus. Die Untersuchung kann je nach Patient unter lokaler Betäubung, in Sedation oder in Narkose durchgeführt werden. Für Kaninchen und Meerschweinchen reicht im Allgemeinen die lokale Betäubung völlig aus.

Die am häufigsten verwendete Ankopplungsmethode ist die direkte Korneaankopplung. Hierbei wird nach Auftragen eines blasenfreien Gels der Schallkopf direkt auf die Hornhaut aufgesetzt. Um die Auflösung schallkopfnah gelegener Strukturen zu verbessern, können zusätzlich Vorlaufstrecken in Form von Gelkissen, wassergefüllten Handschuhen oder Immersionslösungen verwendet werden.

Die Ankopplung kann vertikal, horizontal und auch transversal erfolgen. Diese Schnittebenen ebenso wie Lagebezeichnungen sollten idealerweise im Sonogramm eingetragen werden, um später die Lokalisation von Veränderungen zu erleichtern.

Des Weiteren sollten die Abmessungen der vorderen Augenkammer, der Linse sowie des Bulbusdurchmessers (jeweils von anterior nach posterior) routinemäßig erfasst werden. Hierbei gibt es speziesspezifische Unterschiede. So ist z. B. beim Kaninchen und Meerschweinchen die Linse im Verhältnis zum Bulbusdurchmesser mit 4,4–5 mm zu 10 mm (Meerschweinchen) bzw. 18 mm (Kaninchen) sehr groß. Die vordere Augenkammer ist mit ca. 1 mm sehr flach ausgebildet.

Es sollte immer das kontralaterale Auge mit untersucht und zum Vergleich herangezogen werden.

Indikationen für den Augenultraschall beim Heimtier

- trübe optischen Medien (z. B. Hornhaut oder Linse)
- Beurteilung lichtoptisch nicht zugänglicher Strukturen im Auge
- Abgrenzung intraokularer Umfangsvermehrungen
- Distanzmessungen bzw. Abmessungen im bzw. am Auge
- retrobulbäre Prozesse

Lider und Nickhaut

Die Lider sowie die Nickhaut stellen sich als Strukturen von mittlerer Echogenität dar.

Ihr Anschallen sollte vermieden werden, da es vor allem bei den behaarten Lidern zu Bildqualitätsverlusten der darunterliegenden Gewebestrukturen kommt.

Hornhaut und Sklera

Bei der Kornea lassen sich drei Strukturen differenzieren. Das Korneaepithel mit seiner Basalmembran sowie die Descemet'sche Membran und das Endothel stellen sich als hochreflektive Linien dar. Das dazwischen liegende Stroma ist ein schwach- bis anechogenes Band von homogener Struktur. An die Hornhaut schließt die hyperechogene Sklera an **(Abb. 2-97)**.

Vordere und hintere Augenkammer

Die vordere sowie die hintere Augenkammer sind beim gesunden Auge echofrei. In der Vorderkammer finden sich oft Wiederholungsechos der hyperechogenen Korneastrukturen **(Abb. 2-97)**. Diese werden bei einem zu kräftigen Anpressdruck des Schallkopfes bei der Ankopplung noch verstärkt. Außerdem erscheint die vordere Augenkammer dann abgeflacht.

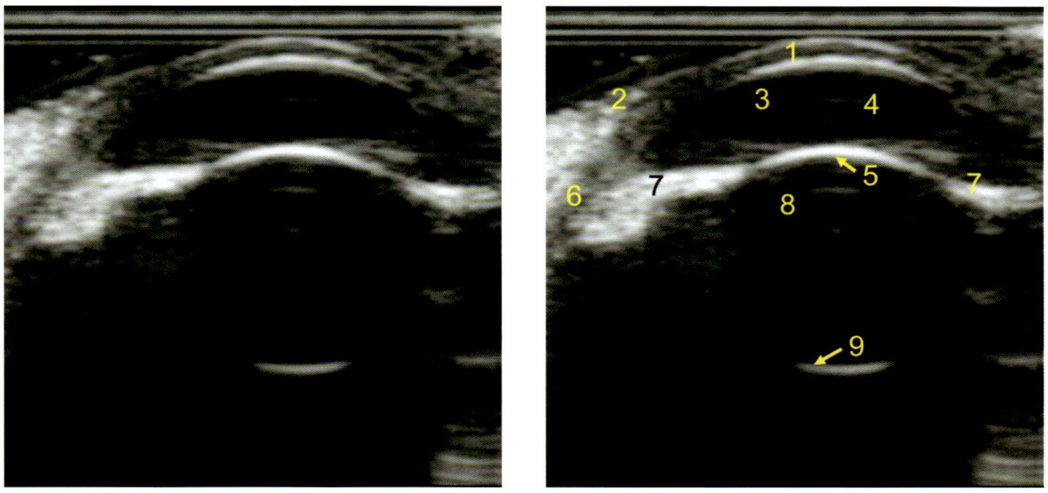

1: Kornea
2: Sklera
3: vordere Augenkammer
4: Wiederholungsechos der Kornea
5: vorderer Linsenreflex
6: Ziliarkluft
7: Iris und Ziliarkörper
8: Wiederholungsechos des vorderen Linsenreflexes
9: hinterer Linsenreflex

Abb. 2-97: Ultraschalluntersuchung, vorderer Augenabschnitt im Horizontalschnitt, korneale Ankopplung, 15 MHz, ET: 1 cm, Kaninchen.

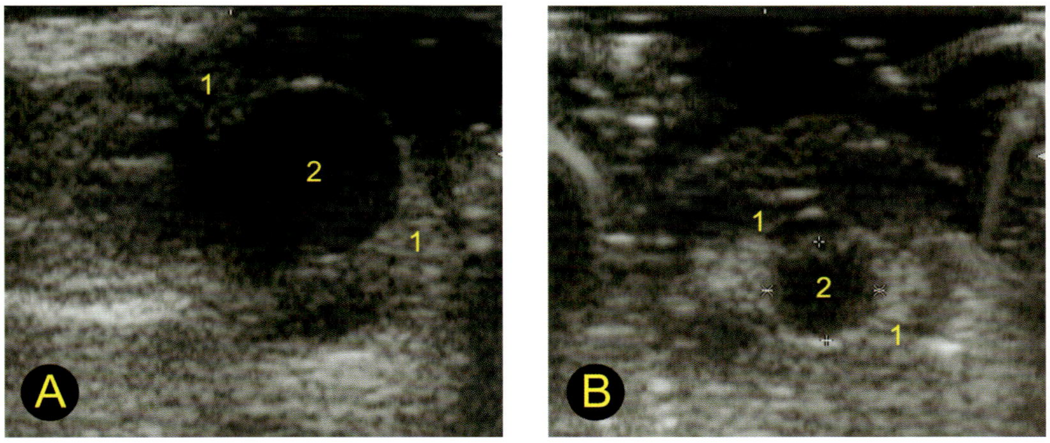

1: Iris
2: weite (A) und enge (B) Pupillaröffnung

Abb. 2-98: Ultraschalluntersuchung, Pupille, korneosklerale, transversale Ankopplung, 11 MHz, ET: 2 cm, Kaninchen.

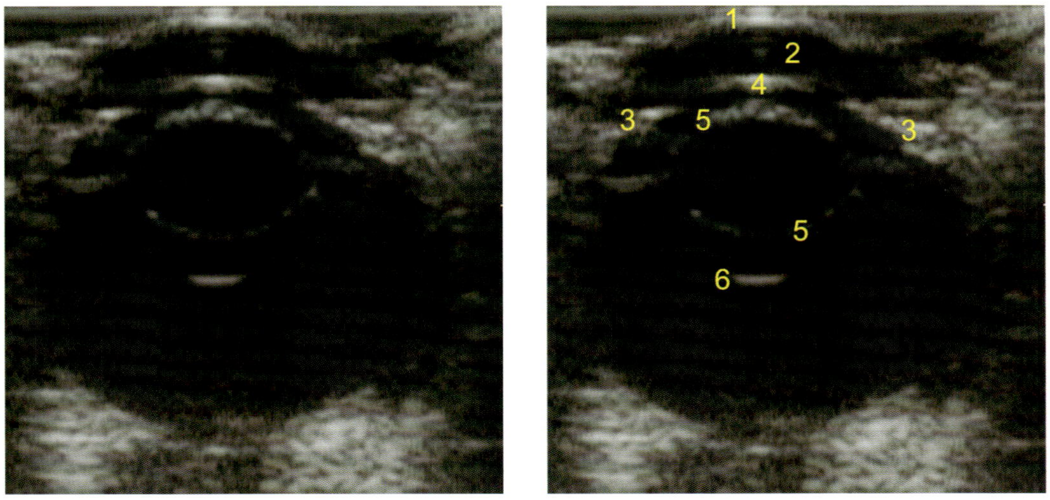

1: Kornea
2: vordere Augenkammer
3: Iris
4: vorderer Linsenreflex
5: hyperechogener Ring einer Nukleosklerose
6: hinterer Linsenreflex

Abb. 2-99: Ultraschalluntersuchung, Bulbus oculi, korneale Ankopplung, 11 MHz, ET: 2 cm, Kaninchen.

Iris und Ziliarkörper

Die Iris weist eine mittelreflektive, geringgradig inhomogene Struktur auf. Sie steht bei horizontaler und vertikaler Schallkopfankopplung mit ihrer Spitze in direktem Kontakt mit einer hochreflektiven Linie, der vorderen Linsenkapsel **(Abb. 2-97)**. Im Transversalschnitt der Regenbogenhaut ist die Pupille als anechogener Kreis zu sehen, dessen Größe abhängig vom Öffnungsgrad des Irisrings ist. Somit kann die Pupillengröße sonographisch bestimmt werden **(Abb. 2-98)**.

Posterior der Iris liegt der Ziliarkörper, der eine ähnliche Echogenität aufweist **(Abb. 2-97)**.

Die Zonulafasern können im physiologischen Zustand nicht dargestellt werden.

Der von Kornea, Sklera und Iris gebildete iridokorneale Winkel (Kammerwinkel) ist echoarm und die Ziliarkluft hebt sich als hypoechogener Bereich vom umliegenden, nieder-mittelreflektiven Gewebe ab **(Abb. 2-97)**. Ihre Darstellung gelingt jedoch nur bei exakter, senkrechter Schnittebene und mit hochfrequenten Schallköpfen.

Linse

Die sonographisch unauffällige Linse ist durch zwei scharf gezeichnete, hyperechogene und leicht gekrümmte Linien gekennzeichnet. Da die Ultraschallwellen von den übrigen Bereichen aufgrund ihrer starken Krümmung nicht zurück zum Schallkopf gelangen (Streuung), entsteht somit kein Bild dieser Bereiche. Aufgrund der starken Grenzflächen kann es an den Linsenlinien zu Wiederholungsechos (Reverberationen) kommen **(Abb. 2-97)**. Bei älteren Tieren ist häufig ein feiner und unregelmäßiger Ring von hyperechogener Echostruktur sichtbar **(Abb. 2-99)**. Es handelt sich hierbei um eine Nukleosklerose.

Folgende Orientierungspunkte sollten beim Ultraschall der Linse beachtet werden: die jeweils zwei hyperechogenen Linien der Kornea und der Linse sowie deren Abstand zueinander und zur Iris.

Glaskörper

Der Glaskörper sollte immer anechogen sein und der Übergang zur Bulbusrückwand seine gewohnte, runde Form haben **(Abb. 2-100A)**. Manchmal ist es hilfreich, bei der Untersuchung des Vitreus die Gesamtverstärkung (Gain) zu erhöhen, um feinste Strukturen, wie Glaskörpertrübungen, besser darstellen zu können.

Netzhaut

Sie ist sonographisch nicht von der darunterliegenden Aderhaut und der Sklera zu trennen. Alle diese Strukturen, die an der Bulbusrückwand liegen, sind hyperechogen **(Abb. 2-100A)**.

Orbita

Retrobulbär ergeben die Augenmuskeln und die sie umgebenden Gewebeschichten eine gemischtechogene Struktur. Der Sehnerv ist als wurmförmige, hypoechogene Struktur sichtbar **(Abb. 2-100B)**.

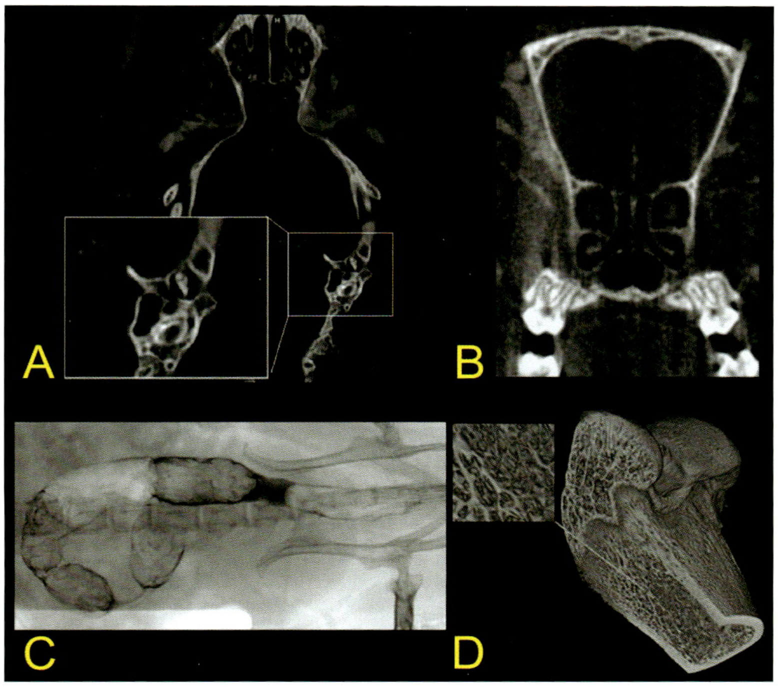

Abb. 2-101: In-vivo-Mikro-CT-Untersuchung bei der Maus, Auflösung 50 µm.

A: Ausschnittvergrößerung der Bulla tympanica im Transversalschnitt mit Anschnitt der Gehörknöchelchen (Caput mallei, Incus).

B: Transversalschnitt auf Höhe des Siebbeines mit detaillierter Darstellung von Krone und Wurzel der Molaren im Oberkiefer.

C: Doppelkontrastdarstellung von Rektum und Kolon.

D: Hochauflösende 3D-Darstellung der trabekulären Knochenstruktur distal am Os femoris.

Aufnahmen mit freundlicher Genehmigung von S. J. Schambach und M. A. Brockmann, Abteilung für Neuroradiologie, Medizinische Fakultät Mannheim der Universität Heidelberg.

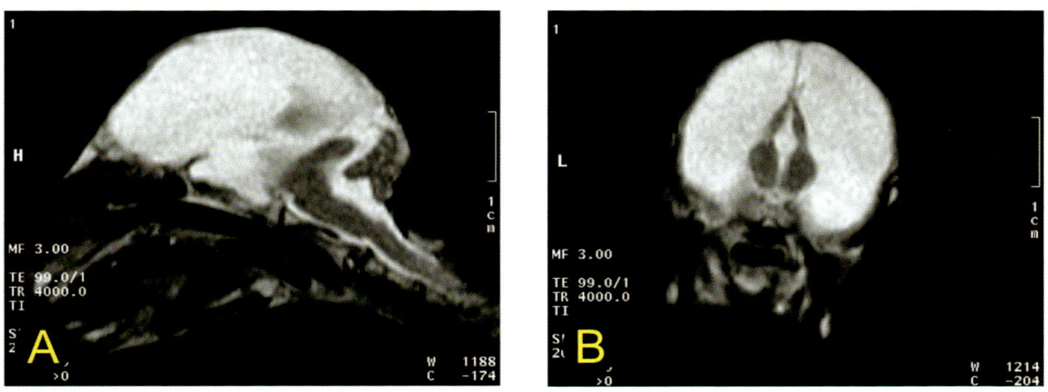

Abb. 2-102: MRT-Untersuchung, T1-Wichtung, Gehirn, Kaninchen (Alter: 2 Monate).

A: Sagittalschnitt.

B: Transversalschnitt, hochgradige Erweiterung der Ventrikel (Hydrocephalus).

Spezielle Diagnostik, pathologische Befunde

2.6 Skelettsystem

Sven Reese, Michael Fehr

Eine der häufigsten und wichtigsten generalisierten Skelettveränderungen ist die **Osteodystrophia fibrosa**. Auffälligstes röntgenologisches Merkmal ist die teilweise dramatisch verringerte Röntgendichte der Knochen. Insbesondere die langen Röhrenknochen bekommen durch die unregelmäßige Demineralisierung ein fleckig mottenfraßähnliches Aussehen. Kompensatorisch kann zudem die Kompakta verdickt sein. Das Skelett betroffener Tiere ist sehr fragil und neigt dazu, pathologische Frakturen auszubilden, was bei Handling, Lagerung und Fixation z. B. für die Röntgenuntersuchung berücksichtigt werden sollte. Ursächlich können mehrere Formen unterschieden werden. Die sekundäre renale Osteodystrophie infolge einer chronischen Niereninsuffizienz tritt vor allem bei älteren Kaninchen auf, die von einer *Encephalitozoon-cuniculi*-Infektion betroffen sind. Fehler im Kalzium-Phosphor-Verhältnis der Futterration, aber auch eine starke Selektion von einzelnen Komponenten einer Mischfutterration können zu einer sekundären alimentären Osteodystrophie führen. Bei Satinmeerschweinchen tritt zudem gehäuft eine schwere Form der Osteodystrophie auf, die wahrscheinlich genetische Ursachen hat **(Abb. 2-103)**.

Meerschweinchen sind als einzige Kleinsäuger auf die externe Versorgung mit Vitamin C (15–25 mg/Tag) angewiesen. Ein **Vitamin-C-Mangel** kann neben den typischen klinischen Symptomen, wie gingivalen Blutungen, schlechter Wundheilung, Schwäche und Diarrhoe, auch zu röntgenologisch darstellbaren Veränderungen am Skelett führen. Die Epiphysen der langen Röhrenknochen sowie die osteochondralen Übergänge an den Rippen sind verbreitert und die Gelenke können eine vermehrte Weichteilzeichnung aufweisen. Außerdem besteht bei diesen Tieren eine Neigung zu Spontanfrakturen.

2.6.1 Schädel und Zähne

Schädelfrakturen werden insbesondere nach Stürzen gesehen, z. B. wenn Kleinsäuger herunterfallen, die in der Hand oder auf dem Arm gehalten wurden und sich aus dem Griff befreit haben. Frakturen der Kieferknochen können mit einer Lockerung, der Fraktur oder auch dem Verlust von Zähnen verbunden sein **(Abb. 2-104)**. Zu beachten ist, dass bei jüngeren Meerschweinchen im kaudalen Bereich der maxillären Knochenplatte röntgenologisch eine fissurähnliche Linie auftreten kann. Diese darf nicht mit einer Fraktur verwechselt werden.

Knochentumoren ausgehend von den Schädelknochen werden selten gesehen. Gelegentlich treten bei älteren Kaninchen und Meerschweinchen Osteosarkome auf **(Abb. 2-105)**, bei denen die Gefahr einer Verwechslung mit einem Kieferabszess besteht.

Typisches röntgenologisches Merkmal einer **Otitis media** und **interna** ist eine röntgendichte Verschattung der Bulla tympanica auf der betroffenen Seite. Diese ist vorzugsweise im dorso-ventralen Strahlengang darzustellen, da es hier nicht zur Überlagerung der beiden Seiten kommt. Häufige Ursache ist eine Infektion der oberen Atemwege z. B. bei Tieren mit Kaninchenschnupfen mit Verschleppung der Keime über die Hörtrompete (Tuba auditiva, eustachische Röhre) in das Mittelohr **(Abb. 2-106)**.

Kiefergelenkluxationen sind relativ selten. Sie können traumatisch bedingt sein oder häufiger iatrogen z. B. durch zu weites Öffnen eines Maulspreizers. Zur röntgenologischen Beurteilung des Kiefergelenks eignet sich insbesondere die rostro-kaudale Projektion **(Abb. 2-16C)**.

Pathologische Veränderungen des Gebisses und der Zähne sind bei den verschiedenen Kleinsäugern in Abhängigkeit von den Zahntypen (brachyodonte oder elodonte Zähne) in Art und Häufigkeit sowie in ihrer klinischen Bedeutung speziesspezifisch.

Frettchen mit ihrem secodonten Fleischfressergebiss sind im Vergleich mit anderen Kleinsäugern selten von pathologischen Zahnveränderungen betroffen. Bei ihnen finden sich insbesondere **Zahnfrakturen**, gelockerte Zähne oder Zahnverluste infolge traumatischer Einwirkungen, die dann auch mit Kieferfrakturen verbunden sein können (**Abb. 2-104**). Des Weiteren sind bei Frettchen **periodontale Krankheiten** mit Entzündung und Abbau des Zahnhalteapparates bis zum Freilegen der Zahnwurzeln und Verlust von Zähnen relativ häufig. Um das Ausmaß der Veränderungen röntgenologisch erfassen zu können, müssen die Zähne möglichst überlagerungsfrei dargestellt werden. Dies gelingt am einfachsten mit in die Maulhöhle eingelegten Dentalfilmen. Alternativ müssen Aufnahmen mit Schrägprojektion bei geöffnetem Fang angefertigt werden.

Die Gebisse der **Lagomorpha** (Kaninchen) und **Caviomorpha** (Meerschweinchen, Chinchilla, Degu) sind mit ihren ständig nachwachsenden elodonten Schneide- und Backenzähnen auf eine regelmäßige physiologische Abnutzung angewiesen. Gerade in Heimtierhaltung ist die Zusammensetzung des Futters häufig zu faserarm bei gleichzeitig zu hohem Energiegehalt. Die Faserarmut bedingt eine unzureichende abrasive Wirkung. Der Energiereichtum verringert zudem die Zeit, die über den Tag zur Futteraufnahme verwendet werden muss, und vermindert so zusätzlich den Zahnabrieb. Hinzu kommen züchterisch bedingte genetische Einflüsse, die diese Spezies in besonderem Maße für Krankheiten der Zähne disponieren. Die vielfältigen Zahnveränderungen bei diesen Tierarten lassen sich im Wesentlichen in drei Kategorien zusammenfassen:

- Traumata
- periodontale Krankheiten
- überlanges Zahnwachstum mit Malokklusion

Frakturen insbesondere der Schneidezähne sind relativ häufig. Sie können infolge eines Unfalls auftreten, aber auch iatrogen bedingt sein. So entstehen Längsfrakturen und Fissuren der Schneidezähne, aber auch von Backenzähnen, häufig als Folge einer Kürzung der Zähne mit Zangen oder Seitenschneidern. Ziel der röntgenologischen Untersuchung ist in diesen Fällen zu klären, wie weit intraalveolär die Fraktur reicht, ob die Pulpahöhle eröffnet ist und ob evtl. das Zahnfach selbst Fissuren aufweist.

Eine **Periodontitis** kann entstehen, wenn sich Futter interdental festsetzt oder Futter in den periodontalen Spalt eingebissen wird. Bei physiologischem Stand der Zähne und regelgerechter Zahnabnutzung ist die Entwicklung einer Periodontitis nur sehr selten. Wesentlicher prädisponierender Faktor ist die Malokklusion mit einer Fehlstellung der Zähne. In diesen Fällen sollten daher bei der Auswertung von Röntgenbildern, die im latero-lateralen Strahlengang angefertigt wurden, der Interdentalbereich und das Periodontium auf Anzeichen einer Entzündung untersucht werden.

Eine ungenügende Abnutzung der Zähne führt zwangsläufig zu ihrer Verlängerung und einer **Malokklusion**, die weitreichende Folgen nach sich zieht. Primär kommt es zur Druckerhöhung auf die Kauflächen. Diesem Druck versuchen die Backenzähne im Unterkiefer durch eine linguale Biegung und im Oberkiefer durch eine bukkale Biegung auszuweichen. In der Folge entstehen im Oberkiefer **bukkale Zahnspitzen** (**Abb. 2-107**) und im Unterkiefer **linguale Zahnspitzen**, die so lang werden können, dass sie eine **Brücke** über die Zunge bilden. Die erhöhte und weiter steigende Druckbelastung der Zähne führt schließlich zu einem **retrograden ektopischen Zahnwachstum** (**Abb. 2-108A, B**), das beim Chinchilla schon sehr früh einsetzt und bei dieser Spezies besonders extreme Ausmaße annehmen kann. Am Unterkiefer führt das retrograde Längenwachstum der Backenzähne zu Auftreibungen des ventralen Mandibularandes (**Abb. 2-108C, D**). Im Oberkiefer kommt es zu **Knochenauftreibungen** und schließlich sogar zum Durchbruch in die Nasenhöhle sowie in die Orbita. Außerdem ist die Verlegung des Ductus nasolacrimalis eine häufige Komplikation. Die Beurteilung, ob im Oberkiefer ein retrogrades Längenwachstum der Backenzähne besteht, erfolgt an exakt gelagerten latero-lateralen Röntgenaufnahmen. Bei Kaninchen wird eine Hilfslinie vom rostralen Ende des Nasenbeins bis zur Protuberantia occipitalis externa gezogen, die von den Backenzähnen nicht überragt werden darf (**Abb. 2-108B**). Eine entsprechende Hilfslinie verläuft beim Chinchilla vom dorsalen Rand der oberen Inzisivi bis zur Mitte der Bulla tympanica (**Abb. 2-108A**).

Bei ausgeprägter Malokklusion ist das hochgradig belastete periapikale germinative Gewebe nicht mehr in der Lage, Zahnsubstanz in gleichmäßiger Qualität zu bilden. Röntgenologisch zeigt sich dies in der verringerten Röntgendichte einzelner Zähne (**Hypokalzifikation, Schmelzhypoplasie**), die auch eine geringe Härte aufweisen. Die Härteunterschiede der Backenzähne bedingen eine unregelmäßige Abnutzung und führen zur Ausbildung eines **Stufengebisses** (**Abb. 2-109**).

Der auf den verlängerten Zähnen lastende Druck führt zur Atrophie und Osteolyse der umliegenden Knochen (**Abb. 2-110A, B**), auf die die Last übertragen wird, und ermöglicht ein seitliches Ausweichen und Verbiegen der Zähne, die in hochgradigen Fällen »chaotisch« im Kiefer stehen (**Abb. 2-109B**). Die schwerwiegendste Komplikation der Malokklusion ist schließlich eine periapikale Infektion mit der Entwicklung von **Wurzelspitzenabszessen**, die je nachdem, welcher Zahn betroffen ist, mandibulär (**Abb. 2-110C, D**), maxillär oder retrobulbär (s. auch Kap. 2.10.1.5) liegen können. Um die genaue Lage und Ausdehnung der Abszesse sowie den Grad osteolytischer Prozesse abschätzen zu können, müssen Röntgenaufnahmen in mindestens zwei Ebenen angefertigt werden.

Führt die **Malokklusion der Schneidezähne** dazu, dass diese in Ruheposition nicht hintereinander liegen, sondern okkludieren, löst der entstehende Gegendruck auch bei diesen Zähnen ein retrogrades Längenwachstum aus. Dies kann z. B. zur Folge haben, dass die knöcherne Gaumenplatte von der Wurzel der Inzisivi im Oberkiefer perforiert wird (**Abb. 2-111A**). Wurzelspitzenabszesse können sich ebenfalls entwickeln, sind aber an den Inzisivi deutlich seltener als an den Backenzähnen (**Abb. 2-111B**). Im Unterkiefer kann der retrograd verlängerte Schneidezahn zur Irritation und Zerstörung der ersten Backenzähne führen (**Abb. 2-111A**) und periapikale Entzündungen sowie Infektionen können auf die Backenzähne übertragen werden.

Bei **Myomorpha** (Goldhamster, Mongolische Rennmaus, Ratte, Maus) wachsen nur die Schneidezähne lebenslang und sind auf eine regelgerechte Abnutzung angewiesen, während dies bei den brachyodonten Backenzähnen nicht der Fall ist. Ein übermäßiges Längenwachstum ist bei diesen Tierarten eher selten in Fehlern bei der Fütterung begründet. Zur ungenügenden oder fehlenden

Abnutzung der Schneidezähne kommt es, wenn keine Okklusion beim Nagen erfolgt. Häufige Ursachen hierfür sind:

- Frakturen einzelner Inzisivi
- Brachygnathia superior
- Fehlstellungen nach Kieferfrakturen
- altersbedingter Verlust von Inzisivi (Mongolische Rennmaus).

Ungehindert wachsende Inzisivi des Oberkiefers biegen sich in die Maulhöhle hinein und können hier zu erheblichen Verletzungen z. B. der Zunge führen. Werden die Unterkieferinzisivi nicht abgenutzt, wachsen sie in den Gaumen hinein. Die Entwicklung periapikaler Entzündungen und Abszesse **(Abb. 2-112)** wird bei den Myomorpha seltener gesehen als bei den Lago- und Caviomorpha.

Krankheiten der Backenzähne sind bei den Myomorpha relativ selten. Die Backenzähne unterliegen aber auch bei ihnen einer Abnutzung, die dazu führt, dass die Zahnkronen bei älteren Tieren sehr weit abgeschliffen sein können und die Zähne sogar verloren gehen. Diese Zahnabnutzung ist physiologisch und nicht mit klinischen Problemen verbunden.

2.6.2 Wirbelsäule, Thorax

Ataxien, Paresen und Paralysen insbesondere der Beckengliedmaßen sind typische Indikationen, um eine röntgenologische Untersuchung der Wirbelsäule durchzuführen. Ursächlich kommen verschiedene pathologische Veränderungen in Frage, die zur Einengung des Rückenmarks oder der Spinalnerven führen können:

- Luxationen
- Frakturen
- Spondylosen
- Knochentumoren
- Abszesse

Luxationen oder **Frakturen** der Wirbelsäule **(Abb. 2-113A)** sind häufig Folge von Unfällen im Haushalt (Stürze, Einklemmen in Türen, versehentliche Tritte etc). Insbesondere beim Kaninchen kann auch ein fehlerhaftes Handling zu Frakturen und Luxationen meist im kaudalen Abschnitt der Lendenwirbelsäule führen. Die Oberschenkelmuskulatur ist so kräftig, dass heftige Abwehrbewegungen bei fehlerhaft fixierten Tieren oder Einfangversuche freilaufender Tiere (Fixation und Zug an den Hinterbeinen) diese Verletzungen auslösen können.

Spondylosen, verengte Zwischenwirbelräume und auch **Diskospondylitiden** treten insbesondere bei älteren Kaninchen auf **(Abb. 2-113B)**. Das von ihnen ausgelöste Symptombild kann sehr verschieden sein und von leichten Hinterhandschwächen bis zu kompletten Paresen reichen. Zu beachten ist, dass insbesondere Spondylosen nicht in jedem Fall mit klinischen Symptomen verbunden oder ursächlich für vorhandene neurologische Ausfälle verantwortlich sein müssen.

Als raumfordernde Prozesse kommen auch **Tumoren** und **Abszesse** in Frage. Neoplasien der Wirbelsäule sind relativ selten und treten eher bei älteren Tieren auf. Meist handelt es sich um Ostosarkome, die gerade im Anfangsstadium röntgenologisch nicht immer einfach von Osteomyelitiden zu unterscheiden sind. Osteolytische Prozesse an einzelnen Wirbeln können auch durch Abszesse ausgelöst sein, die insbesondere bei Tieren mit Kaninchenschnupfen gesehen werden, bei denen durch hämatogene Streuung der bakterielle Erreger in den Rückenmarkkanal gelangt ist.

Verkrümmungen der Wirbelsäule werden insbesondere bei Kaninchen immer wieder gesehen **(Abb. 2-113C)**, ohne dass diese mit neurologischen Symptomen verbunden sein müssen. In den meisten Fällen ist unklar, ob es sich um angeborene Veränderungen handelt, um die Folgen einer schlecht verheilten Fraktur oder einer alimentären Osteodystrophie.

Rippenfrakturen (Abb. 2-113D) können sehr unscheinbar sein und sind je nach Lage in den Standardprojektionen teilweise überhaupt nicht zu erkennen. Ist nach der Anamnese ein stumpfes Thoraxtrauma bekannt, sollten im Zweifelsfall auch schräge Projektionen durchgeführt werden.

2.6.3 Gliedmaßen

Die Anfälligkeit für **Frakturen** der Gliedmaßenknochen nach traumatischer Einwirkung ist speziesspezifisch sehr verschieden. Kaninchen und Chinchillas mit ihren langen dünnen Röhrenknochen sind für Frakturen besonders disponiert. Mäuse mit ihrer geringen Körpermasse überstehen dagegen Stürze auch aus größerer Höhe meist unbeschadet. Typische Ursache für Frakturen an den Gliedmaßen sind neben Stürzen Befreiungsversuche der Tiere, wenn sie mit der Pfote zwischen Gitterstäben hängenbleiben (insbesondere Kleinnager) oder sich mit zu langen Krallen in einem Teppich verhackt haben. In den meisten Fällen handelt es sich um Spiral- oder Splitterfrakturen. Bei Kaninchen treten vor allem Frakturen des Os femoris **(Abb. 2-114A)** und der Tibia **(Abb. 2-114B)** aber auch von Radius und Ulna **(Abb. 2-114C)** auf. Chinchillas sind für Tibiafrakturen disponiert und bei Meerschweinchen ist meist das Os femoris betroffen. Frakturen der Unterarmknochen sind seltener und scheinen beim Meerschweinchen insbesondere das Olecranon zu betreffen. Die Scapula ist so gut wie nie von Frakturen betroffen, während Frakturen im Bereich des Beckengürtels **(Abb. 2-114D)** vorkommen können. Sie sind röntgenologisch je nach Lage der Fraktur nicht immer einfach zu erkennen und erfordern auf jeden Fall eine Röntgenuntersuchung in zwei Ebenen. Im Einzelfall können Lahmheiten ihre Ursache aber auch in Frakturen der Zehenknochen haben. Werden die Frakturen der langen Röhrenknochen nicht stabilisiert, kann es zur Ausbildung einer **Pseudarthrose** kommen **(Abb. 2-114E)**.

Spontane oder **pathologische Frakturen** werden bei Kleinsäugern seltener gesehen. Die häufigste Ursache sind hochgradige Osteodystrophien, aber auch Knochentumoren oder Osteomyelitiden kommen in Frage **(Abb. 2-114F)**.

Osteomyelitiden treten meist infolge von offenen Frakturen, aber auch als Komplikation einer chirurgischen Frakturversorgung auf **(Abb. 2-114G)** und sind prognostisch nur sehr vorsichtig zu bewerten. Tiefgreifende Pododermatitiden, wie sie an den Hinterläufen von Kaninchen oder an den Ballen von adipösen Meerschweinchen sowie seltener bei Chinchilla und Degu auftreten, können auf die Zehenknochen übergreifen und hier als schwerwiegende Komplikation eine Osteomyelitis verursachen **(Abb. 2-114H)**.

Neben Frakturen können Stürze auch **Luxationen** verursachen, was jedoch deutlich seltener vorkommt. Am häufigsten ist bei den Kleinsäugern die Ellbogengelenkluxation beim Kaninchen **(Abb. 2-114I)**. Seltener treten Hüftgelenkluxationen auf **(Abb. 2-114K)**.

Primäre oder metastatische **Knochentumoren** werden an den Gliedmaßenknochen nur relativ selten gesehen. So treten Osteosarkome am Humerus oder Os femoris älterer Meerschweinchen auf. Bei Kaninchen treten fallweise auch Metastasen von Adenokarziomen des Uterus in den Knochen auf.

2.7 Weichgewebe am Hals

Sven Reese

Bei tastbaren Umfangsvermehrungen am **Hals** kommen unterschiedlichste Gewebe in Frage, von denen der Prozess ausgehen kann. Die sonographische Untersuchung ermöglicht die topographische Einordnung und evtl. in Kombination mit einer Feinnadelaspiration die Diagnose. Häufige in Frage kommende Prozesse sind Neoplasien der Schilddrüse, insbesondere bei Meerschweinchen **(Abb. 2-115)**, die eine Hyperthyreose auslösen können. Differentialdiagnostisch sind vergrößerte Lymphknoten und Neoplasien der Unterkieferspeicheldrüsen sowie bei der Ratte auch Mammatumoren in Betracht zu ziehen.

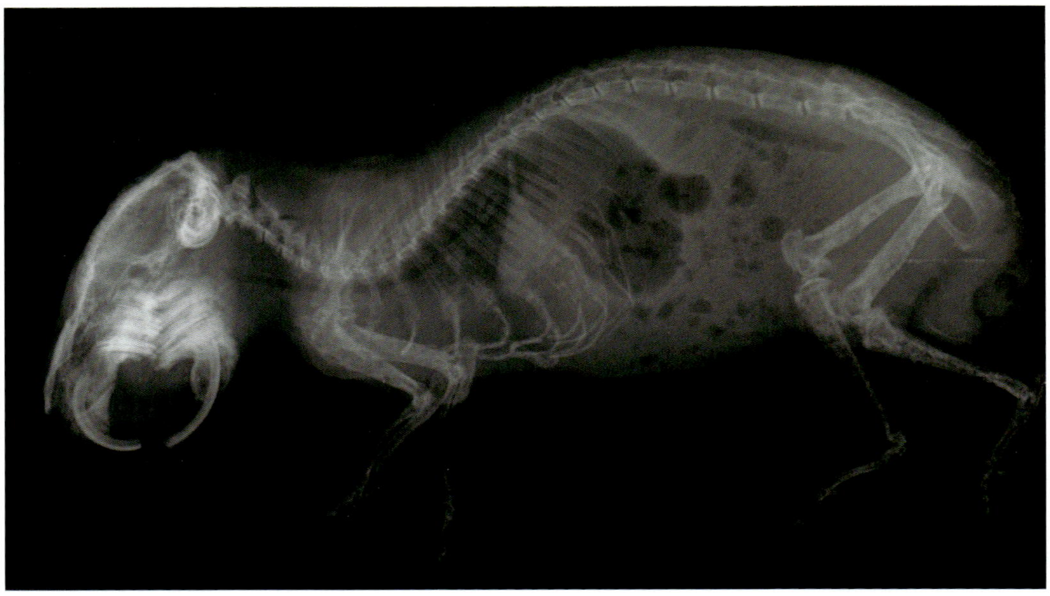

Abb. 2-103: Röntgenuntersuchung, Gesamtskelett, latero-laterale Projektion, Satinmeerschweinchen. Hochgradige Osteodystrophie. Insbesondere die langen Röhrenknochen der Beckengliedmaßen zeigen typische Demineralisationsmuster bei kompensatorischer Verdickung der Kompakta am Os femoris.

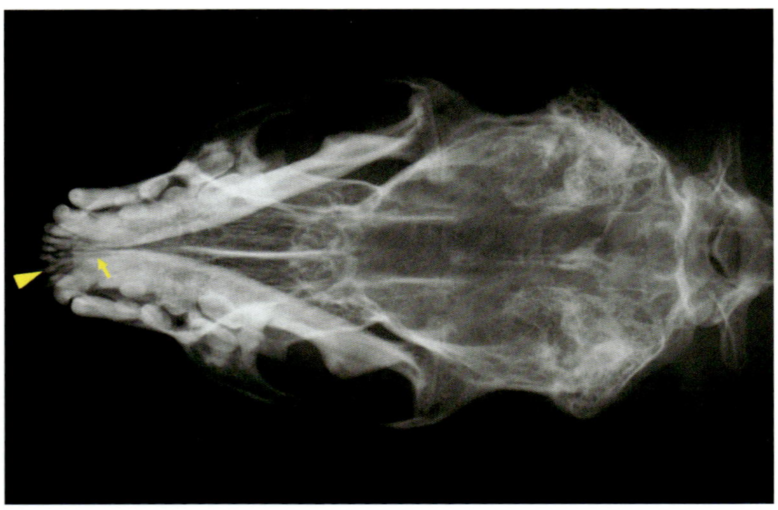

Abb. 2-104: Röntgenuntersuchung, Schädel, dorso-ventrale Projektion, Frettchen. Fissur im Zwischenkieferbein (Pfeil) und Lockerung der Inzisivi (Pfeilkopf) im Oberkiefer.

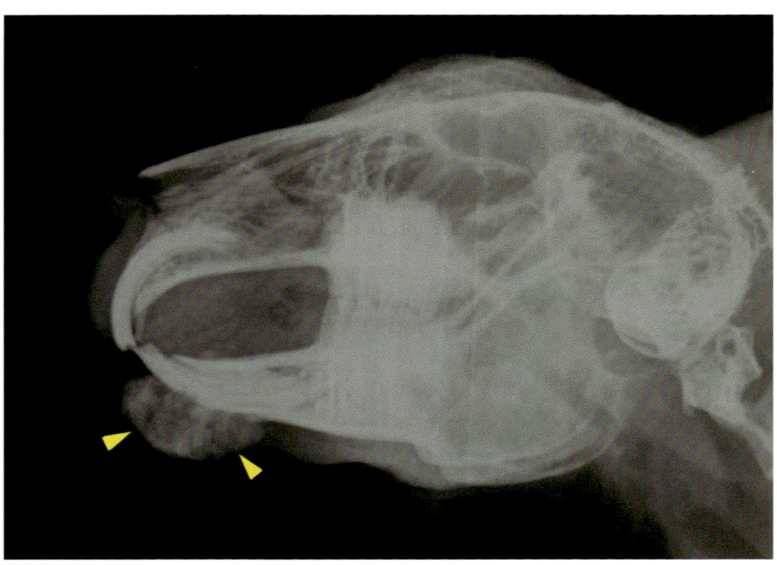

Abb. 2-105: Röntgenuntersuchung, Schädel, latero-laterale Projektion, Kaninchen. Osteosarkom am Unterkiefer (Pfeilköpfe).

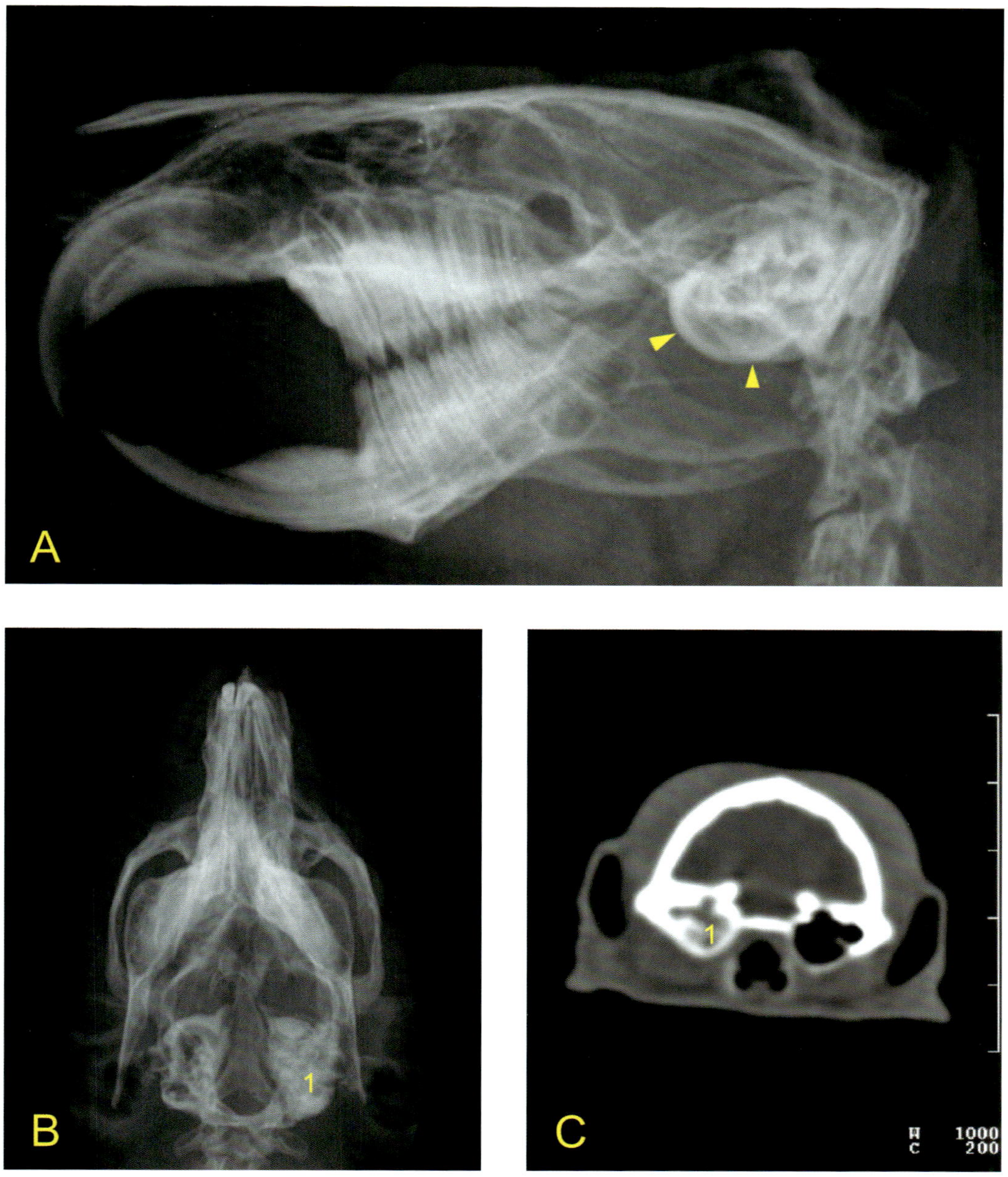

1: Bulla tympanica

Abb. 2-106: Otitis media.

A und B: Röntgenuntersuchung, Schädel, latero-laterale (A) und dorso-ventrale (B) Projektion, Meerschweinchen. Verschattung in der Bulla tympanica (1, Pfeilköpfe), die in der dorso-ventralen Projektion der rechten Seite zugeordnet werden kann.

C: CT-Untersuchung, Knochenfenster, Transversalschnitt Höhe Bulla tympanica, Frettchen. Die linke Bulla tympanica ist hochgradig verschattet und ihre Wand ist im Vergleich zur rechten Seite verdickt.

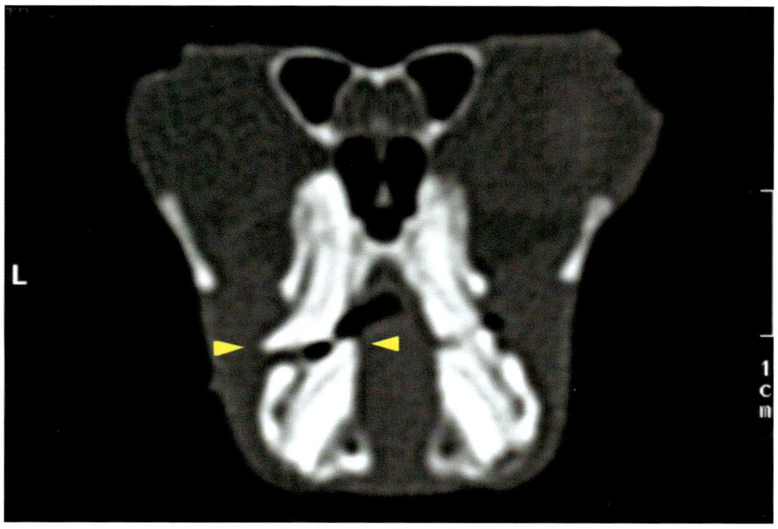

Abb. 2-107: CT-Untersuchung, Knochenfenster, Schädel, Transversalschnitt Höhe 1. Molar, Chinchilla. Bukkale Zahnspitzen am M1 (Pfeilkopf), keine Okklusion mit den Unterkieferbackenzähnen, die lingual gekippt sind und die Zunge einengen (Pfeilkopf).

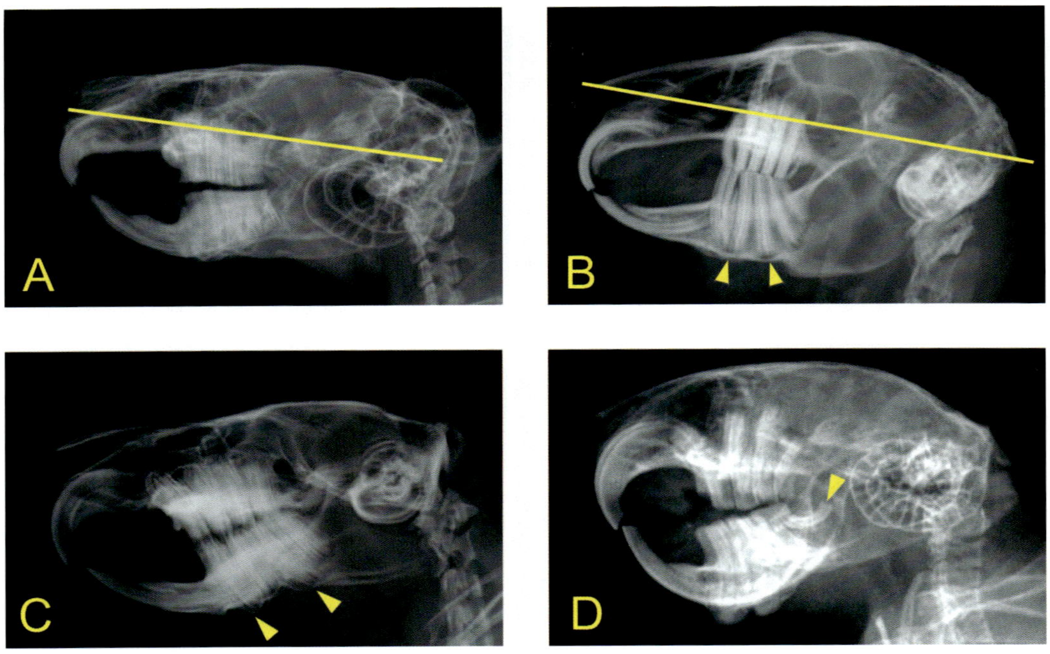

Abb. 2-108: Röntgenuntersuchung, Schädel, latero-laterale Projektion; Chinchilla (A), Kaninchen (B), Meerschweinchen (C), Degu (D). Retrogrades ektopisches Zahnwachstum.

A: Geringgradiges retrogrades Zahnwachstum, die Oberkieferbackenzähne enden apikal geringgradig über der Hilfslinie.

B: Mittelgradiges retrogrades Zahnwachstum, die Oberkieferbackenzähne enden deutlich oberhalb der Hilfslinie, im Unterkiefer liegt eine beginnende Auflösung der Kompakta unter den Wurzeln der Molaren vor (Pfeilspitzen).

C: Mittel- bis hochgradiges retrogrades Zahnwachstum mit Knochenauftreibungen am ventralen Mandibularand (Pfeilköpfe).

D: Hochgradiges retrogrades Zahnwachstum, die Backenzähne weichen dem Druck durch Biegung in alle möglichen Richtungen (Pfeilkopf) aus.

Aufnahmen A, B und C mit freundlicher Genehmigung: Tierklinik Oberhaching.

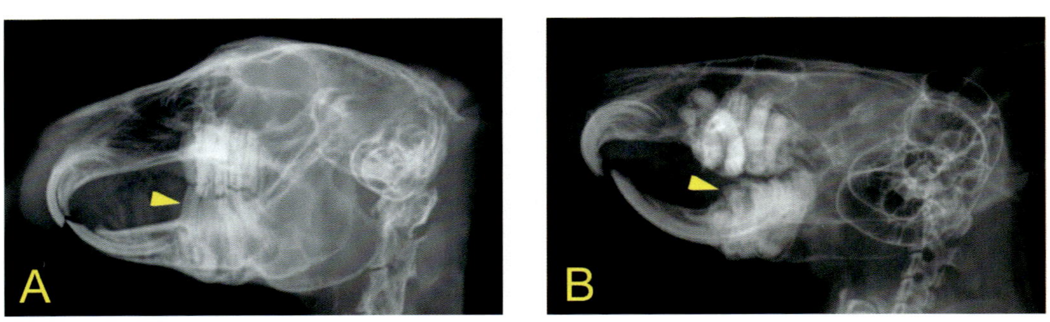

Abb. 2-109: Röntgenuntersuchung, Schädel, latero-laterale Projektion, Kaninchen (A), Chinchilla (B). Stufengebiss. In der Folge einer Malokklusion kommt es zur Schmelzhypoplasie einzelner Zähne (Pfeilköpfe) und zur Stufenbildung in den Okklusionsflächen der Backenzahnreihen.

Aufnahme A mit freundlicher Genehmigung: Tierklinik Oberhaching.

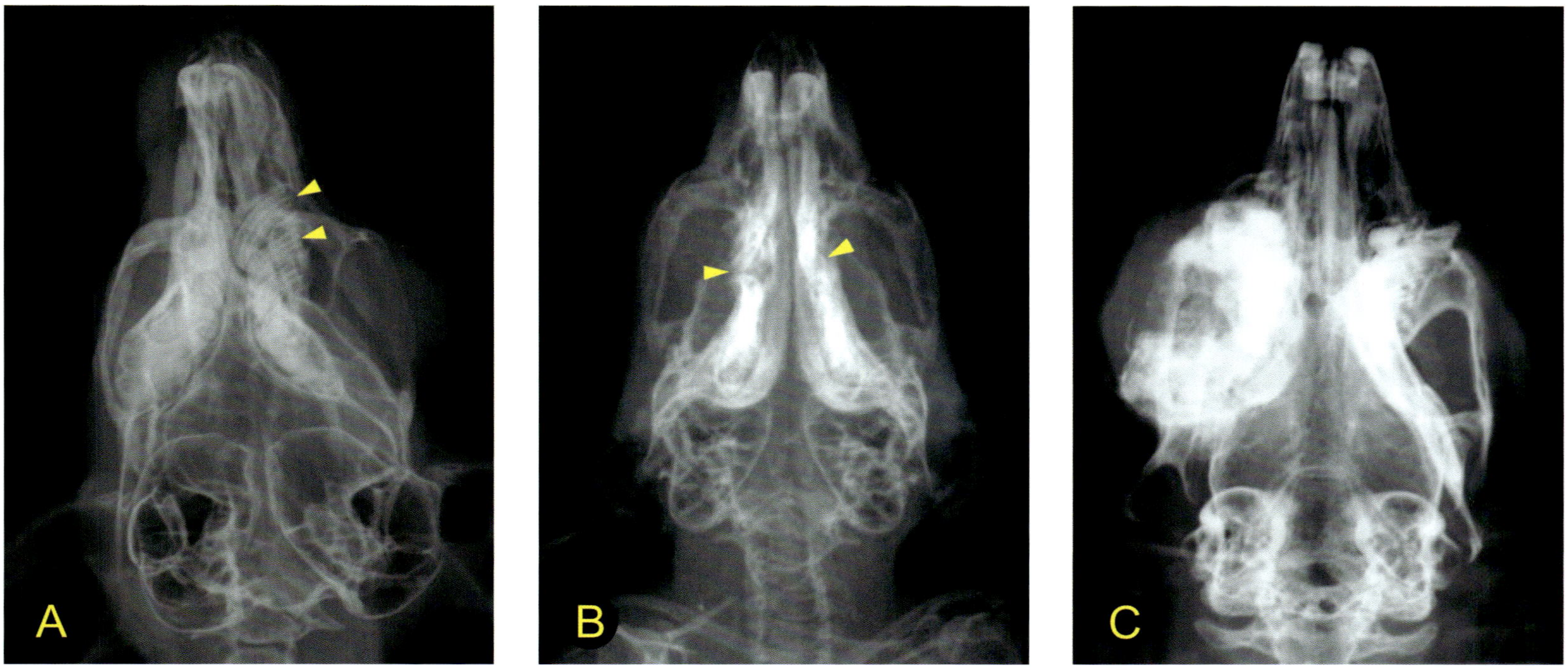

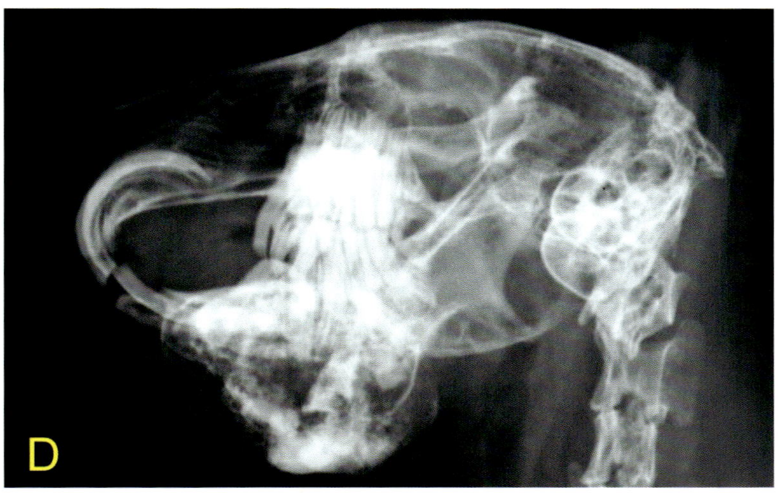

Abb. 2-110: Röntgenuntersuchung, Schädel, dorso-ventrale Projektion, Kaninchen (A, C, D), Degu (B). Osteolyse und Wurzelspitzenabszesse. Die Malokklusion führt zur Überlastung der Kieferknochen, die in einer Knochenatrophie (A, Pfeilkopf) und Osteolyse (B, Pfeilkopf) resultiert. Als Komplikation entwickeln sich Wurzelspitzenabszesse (C und D).

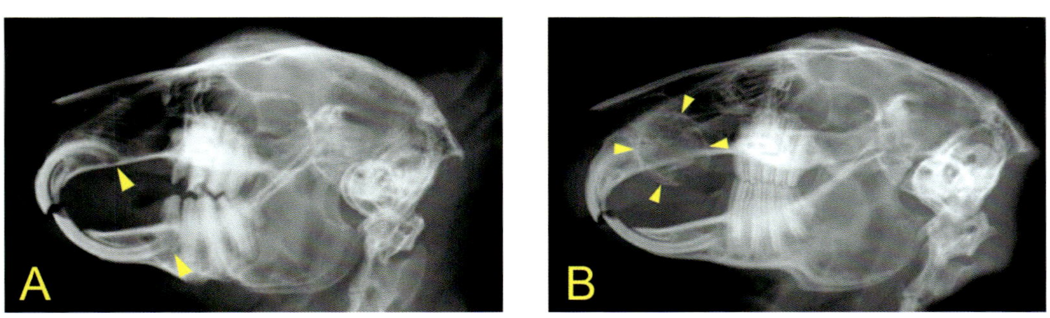

Abb. 2-111: Röntgenuntersuchung, Schädel, latero-laterale Projektion, Kaninchen. Malokklusion der Schneidezähne.

A: Atrophie der knöchernen Gaumenplatte und des ersten Backenzahns im Unterkiefer unter dem Druck der retrograd wachsenden Schneidezähne.

B: Wurzelspitzenabszess (Pfeilköpfe) als seltene Komplikation eines malokkludierenden Schneidezahns.

Aufnahmen mit freundlicher Genehmigung: Tierklinik Oberhaching.

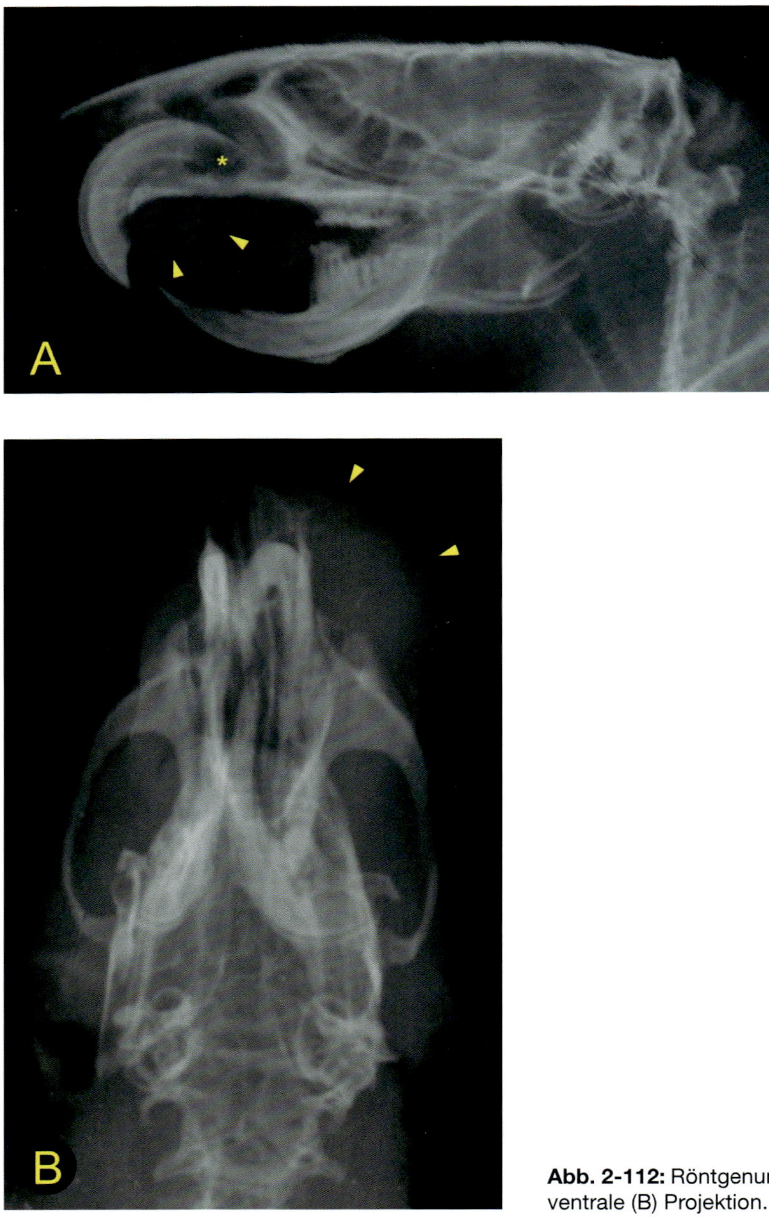

Abb. 2-112: Röntgenuntersuchung, Schädel, Ratte mit Wurzelspitzenabszess, latero-laterale (A) und dorsoventrale (B) Projektion. Prominentester Befund ist die erhebliche Weichteilschwellung (Pfeilköpfe).

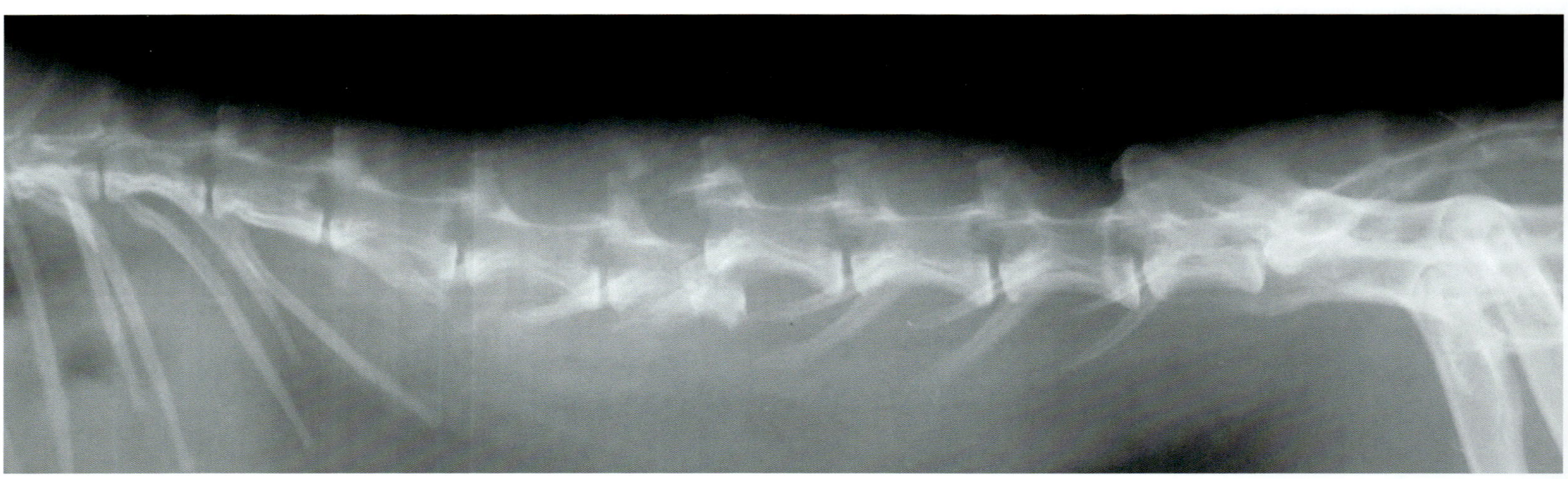

Abb. 2-113A: Röntgenuntersuchung, Wirbelsäule, latero-laterale Projektion, Kaninchen. Luxationsfraktur zwischen L3 und L4.

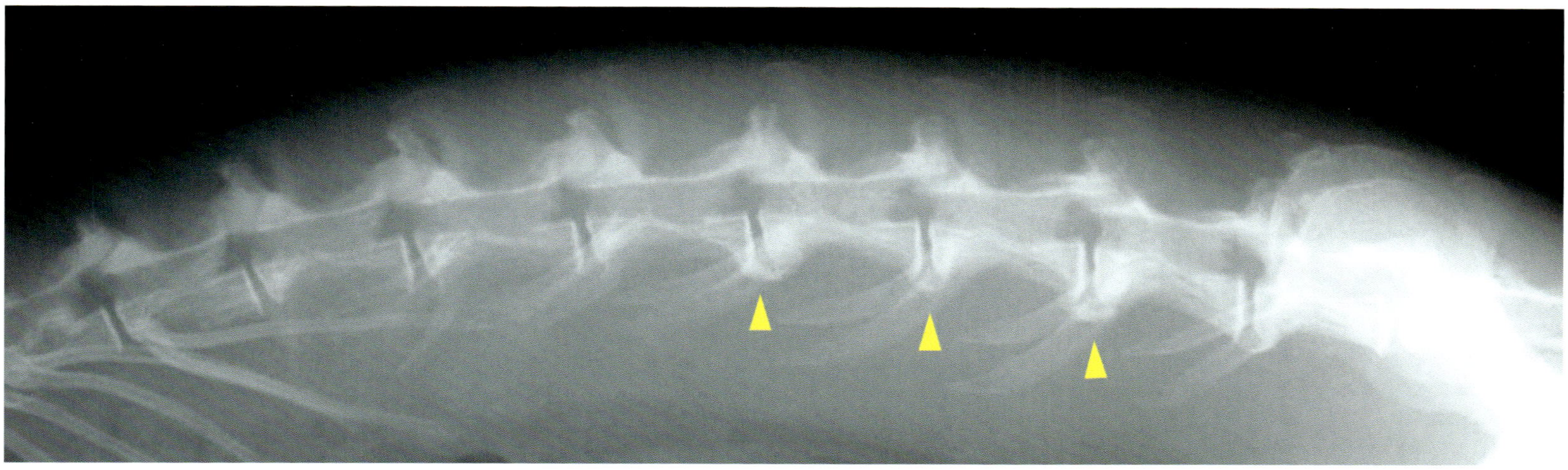

Abb. 2-113B: Röntgenuntersuchung, Wirbelsäule, latero-laterale Projektion, Kaninchen. Spondylosen von L3 bis L6 (Pfeilköpfe).

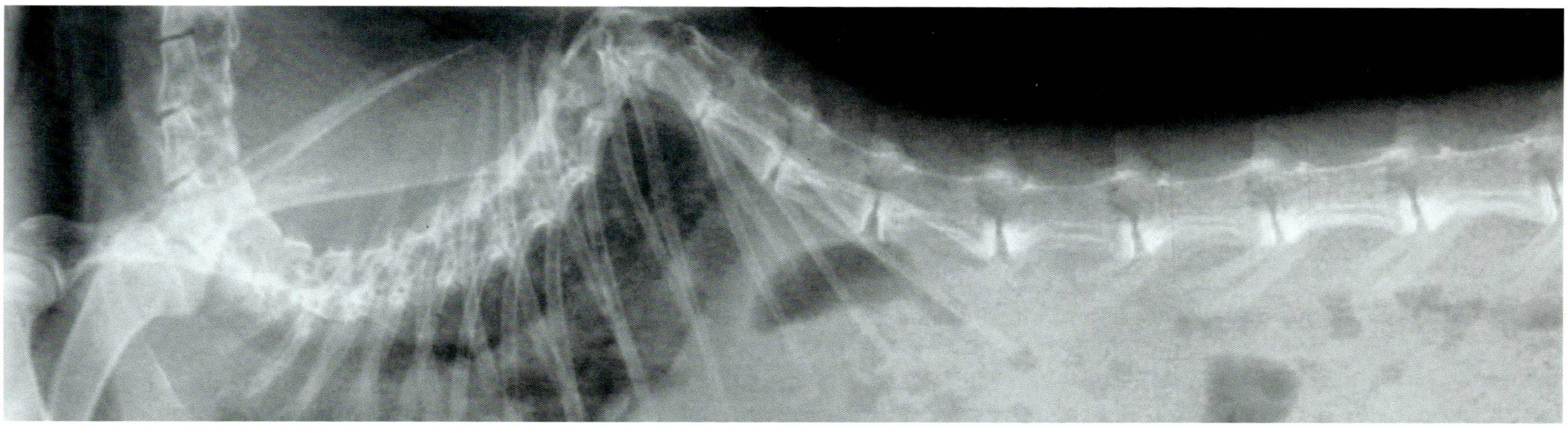

Abb. 2-113C: Röntgenuntersuchung, Wirbelsäule, latero-laterale Projektion, Kaninchen. Verkrümmung der Brustwirbelsäule. Das Tier zeigte keine neurologischen Ausfälle.

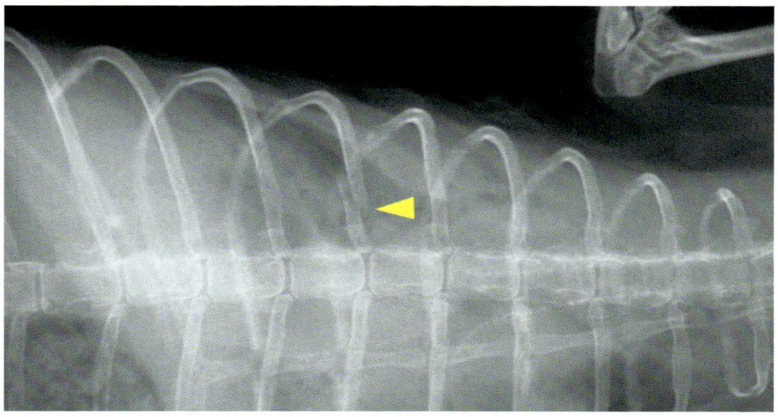

Abb. 2-113D: Röntgenuntersuchung, Thorax, gekippte ventro-dorsale Projektion, Frettchen. Rippenfraktur (Pfeilkopf).

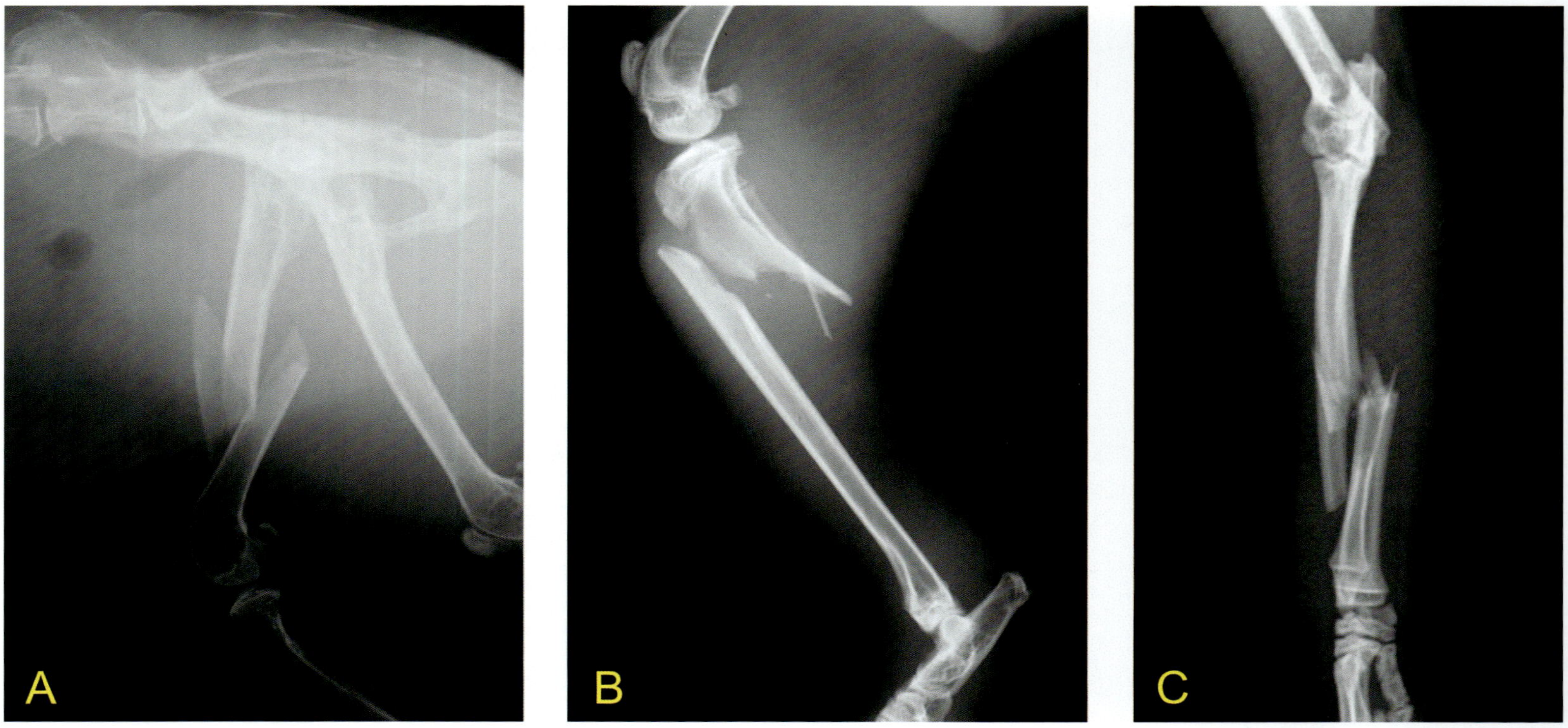

Abb. 2-114A–C: Röntgenuntersuchung, Gliedmaßenskelett, medio-laterale Projektion, Kaninchen.

A: Fraktur des Os femoris

B: Fraktur von Tibia und Fibula

C: Fraktur von Radius und Ulna

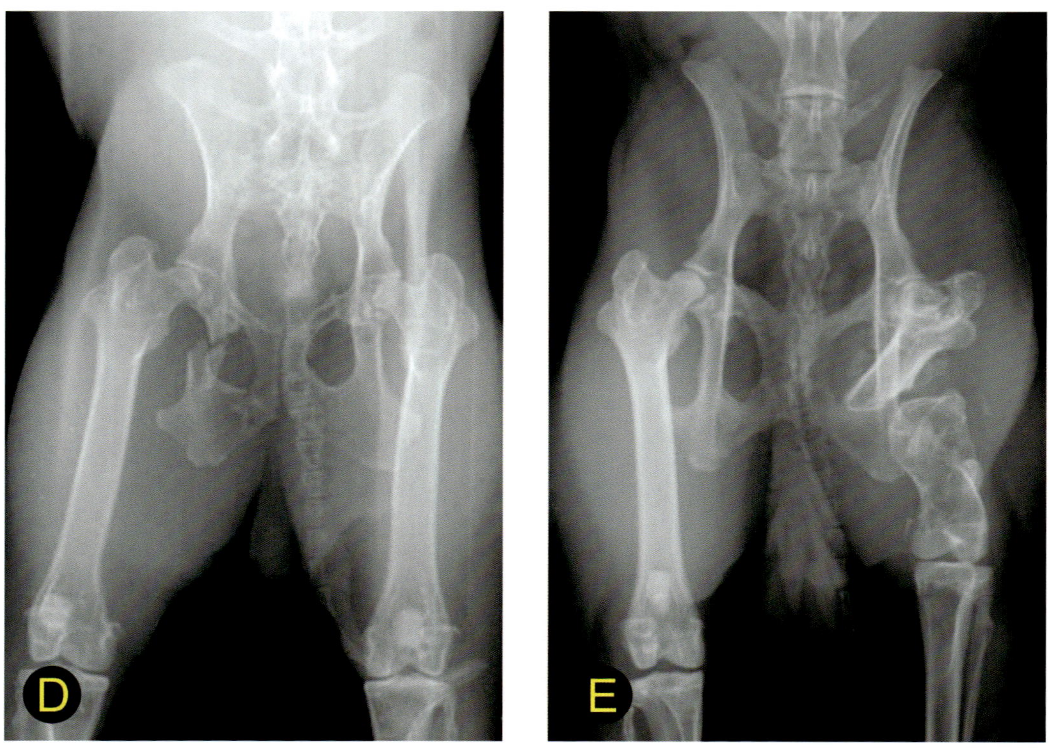

Abb. 2-114D, E: Röntgenuntersuchung, Becken, ventro-dorsale Projektion, Kaninchen.

D: Sitzbeinfraktur

E: Ausbildung einer Pseudarthrose nach Fraktur des Os femoris

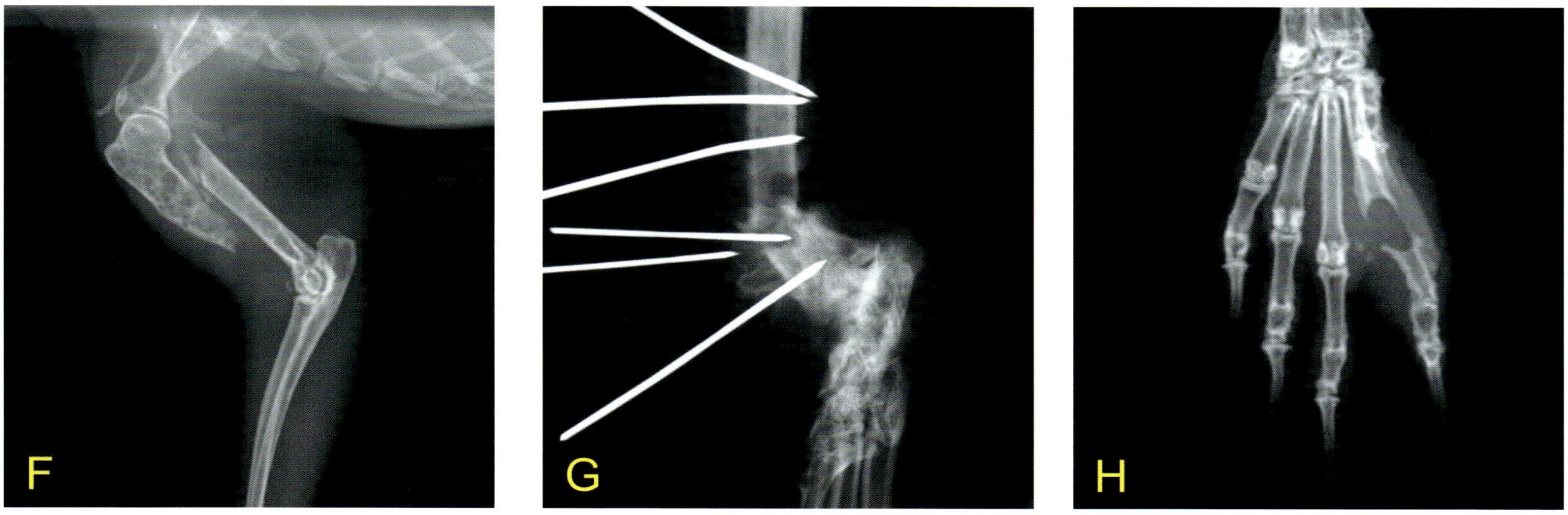

Abb. 2-114F–H: Röntgenuntersuchung, Gliedmaßenskelett, Kaninchen.

F: Medio-laterale Projektion, pathologische Fraktur des Humerus, osteolytische Rundherde.

G: Osteomyelitis als Komplikation einer Frakturversorgung.

H: Osteomyelitis mit vollständiger Auflösung des Zehengrundgelenkes an der 2. Zehe

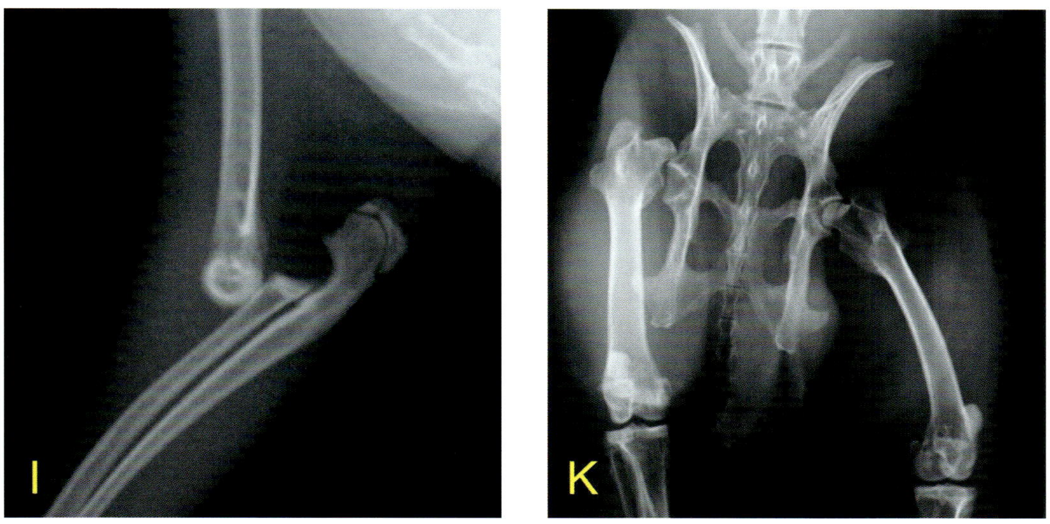

Abb. 2-114I, K: Röntgenuntersuchung, Gliedmaßengelenke, Kaninchen.

I: Medio-laterale Projektion, Ellbogengelenkluxation

K: Ventro-dorsale Projektion, Hüftgelenkluxation

Aufnahme K mit freundlicher Genehmigung: Tierklinik Oberhaching

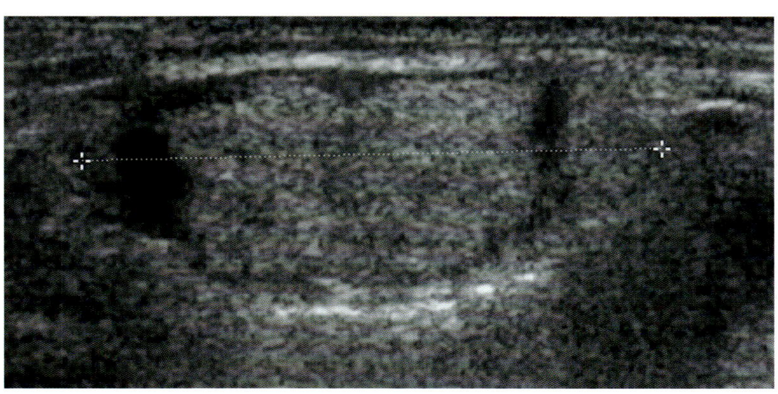

Abb. 2-115: Ultraschalluntersuchung, Hals im Sagittalschnitt, 12 MHz, ET: 1,5 cm, Meerschweinchen. Karzinom des rechten Schilddrüsenlappens (Länge 20,4 mm) bei einem hyperthyreoten Meerschweinchen.

2.8 Thorax

Sven Reese, Jutta Hein

2.8.1 Pleurahöhle

Die Brusthöhle wird von den Pleurahöhlen ausgefüllt, die physiologischerweise nur als kapillärer Spalt vorliegen und röntgenologisch nicht darstellbar sind. Dies ändert sich, wenn vermehrt Flüssigkeit im Pleuraspalt vorhanden ist, der **Pleuraerguss**. Typische Anzeichen eines Pleuraergusses sind eine Abdrängung der Lungenfelder von der Brustwand und eine Darstellung der interlobären Spalten, die sich besonders gut im dorso-ventralen oder ventro-dorsalen Strahlengang nachweisen lassen **(Abb. 2-116A)**. Beim hochgradigen Pleuraerguss sind im latero-lateralen Strahlengang die Herzkontur und die Zwerchfellkontur nicht mehr zu erkennen **(Abb. 2-117)**. Unterschieden werden beim Pleuraerguss je nach Art der Flüssigkeit der Hydrothorax, Pyothorax, Hämothorax und Chylothorax, die mit bildgebender Diagnostik nicht sicher unterschieden werden können. Ein nächster Schritt zur Diagnosefindung wäre die Punktion evtl. unter Ultraschallkontrolle mit anschließender zytologischer Untersuchung des Punktats.

Bei einem **Pneumothorax** ist Luft in den Pleuraspalt eingedrungen **(Abb. 2-116B)**. Die häufigste Ursache hierfür sind Thoraxtraumen, worauf z. B. Rippenfrakturen ein Hinweis sein können (s. Kap. 2.6.2).

2.8.2 Trachea

Lageveränderungen der Trachea nach dorsal, aber auch nach lateral sind Hinweis auf eine Raumforderung im kranialen Mediastinum oder auf eine Herzvergrößerung **(Abb. 2-117)**. In Frage kommen insbesondere Vergrößerungen des Thymus oder der Lymphknoten im kranialen Mediastinum und über der Herzbasis, wie es bei Kleinsäugern insbesondere im Rahmen eines Lymphoms häufiger beobachtet wird. Zur Abklärung einer Umfangsvermehrung im kranialen Mediastinum kann auch eine sonographische Darstellung mit einer Mikrokonvexsonde über die Apertura thoracis cranialis versucht werden.

2.8.3 Ösophagus

Krankheiten des Ösophagus werden bei Kleinsäugern, mit Ausnahme des Frettchens, nur selten gesehen. Die Pathogenese ist in den meisten Fällen unbekannt. In Einzelfällen kann eine Zubildung über der Herzbasis zur Einengung des Ösophagus mit Ausbildung eines präkardialen **Megaösophagus** führen. Für die Maus sind kongenitale Formen des Megaösophagus bekannt. Typisches Symptom eines Megaösophagus ist das Regurgitieren von Futterbrei und in selteneren Fällen chronisches Erbrechen. Als Komplikation kann eine Aspirationspneumonie vorliegen. Der Nachweis eines Megaösophagus erfolgt am einfachsten, indem man dem Patienten Kontrastmittel ins Maul gibt und abschlucken lässt **(Abb. 2-118A, B** und **2-118C,** s. Kap. 2.1.3.2**)**.

2.8.4 Lunge

Bei der röntgenologischen Beurteilung der Lunge ist das erste Kriterium die Röntgendichte, ist sie normal, verringert oder erhöht. Eine generalisiert verringerte Röntgendichte (dunkle Lunge, kaum Gefäßzeichnung) kann durch Hypovolämie und Exsikkose (z. B. beim hypovolämischen Druck oder bei forcierter Diurese) oder beim Lungenemphysem entstehen.

Öfter kommt eine erhöhte Röntgendichte des Lungengewebes vor. Die häufigsten Formen von Lungenzeichnungen sind:

- alveoläre Zeichnung
- interstitielle Zeichnung
- bronchiale Zeichnung
- vaskuläre Zeichnung

Die **alveoläre Zeichnung** entsteht durch Verdrängung der Luft aus den Alveolen durch Flüssigkeit sowie Exsudat oder Kollaps (Atelektase) der Alveolen z. B. aufgrund eines Pneumothorax. Typische röntgenologische Merkmale einer alveolären Zeichnung sind wolkig-fleckige, schlecht begrenzte Verdichtungen im Lungengewebe **(Abb. 2-119A)**: Blutgefäße und Bronchienwände stellen sich nicht mehr dar. Die lufthaltigen Bronchien können als bandförmige Aufhellungen hervortreten (Luftbronchogramme, **Abb. 2-119B**). Sind nur bestimmte Bereiche der Lappen betroffen, grenzen sich die gesunden Bereiche auffallend scharf ab. Häufige Ursachen für eine diffus über das Lungenfeld verteilte alveoläre Zeichnung sind:

- Lungenödeme
- Lungenblutungen, z. B. nach stumpfem Thoraxtrauma
- Bronchopneumonien
- Vaskulitis

Die **interstitielle Zeichnung** entsteht bei Verbreiterung der interstitiellen Räume der Lunge durch Flüssigkeit, Exsudat, Bindegewebe oder Zubildungen. Typische röntgenologische Merkmale einer interstitiellen Zeichnung sind eine diffuse Verdichtung der Lunge mit vermindertem Kontrast und unscharf begrenzten Lungengefäßen oder in ihrer fokalen Form deutlich begrenzte Dichtezunahmen **(Abb. 2-120)**. Der Eindruck einer interstitiellen Zeichnung kann auch bei Aufnahmen in Exspiration, bei Unterbelichtung oder bei adipösen Tieren entstehen. Häufige Ursachen einer fokalen interstitiellen Zeichnung sind:

- Tumormetastasen
- herdförmige Pneumonien
- Lungenabszesse
- Granulomatosen (z. B. Mykose)

Häufige Ursachen einer diffusen interstitiellen Zeichnung sind:
- Lungenödeme
- Blutungen
- Fibrosen

Die **bronchiale Zeichnung** entsteht durch Infiltration der Bronchienwände mit Flüssigkeit (Exsudat, Blut) oder Zellen. Typische röntgenologische Merkmale einer bronchialen Zeichnung sind sogenannte *Doughnuts* (verdickte Bronchien im Querschnitt) oder Eisenbahnschienen (verdickte Bronchien im Längsschnitt, **Abb. 2-121**). Häufige Ursachen einer bronchialen Zeichnung sind:
- Bronchitis (bakteriell, viral, allergisch)
- Bronchiektasie
- Neoplasie

Die **vaskuläre Zeichnung** entsteht durch gestaute Lungengefäße **(Abb. 2-122)**. Typische röntgenologische Merkmale der vaskulären Zeichnung sind die Verbreiterung der pulmonalen Arterien und/oder Venen. Häufige Ursachen für gestaute Pulmonalarterien sind:
- pulmonale Hypertension
- Thrombose, Embolie
- Dirofilariose (Frettchen)

Häufige Ursachen für gestaute Pulmonalvenen sind:
- dekompensierte Linksherzinsuffizienz
- kongestives Herzversagen
- Links-Rechts-Shunt

Häufige Ursachen für gestaute Pulmonalarterien und -venen sind:
- Infusion (Hyperperfusion)
- Pneumonie

Lungenkrankheiten können auch gemischte Formen der Lungenzeichnung **(Abb. 2-121)** aufweisen. Ein typisches Beispiel hierfür ist die Bronchopneumonie.

Bronchopneumonien und **Lungenabszesse** kommen bei allen Kleinsäugerspezies vor, werden aber besonders häufig als Komplikation des Kaninchenschnupfens gesehen oder als Folge einer chronischen durch Mykoplasmen bedingten interstitiellen Pneumonie bei der Ratte.

Lungentumoren sind meist Metastasen eines **Adenokarzinoms** des Uterus (sehr häufig bei Kaninchen, Ratten und Mäusen) oder des Gesäuges (s. **Abb. 2-120**). Bei männlichen Tieren kann der primäre Sitz auch ein Hodentumor sein.

Zubildungen im Thorax sind bei Kleinsäugern zum Zeitpunkt der Vorstellung in der Praxis häufig schon sehr ausgedehnt und können im Extremfall fast die ganze Brusthöhe ausfüllen. In diesen Fällen ist auch eine transthorakale sonographische Darstellung der Veränderungen möglich **(Abb. 2-123)**.

Thoraxergüsse und **Lungenödeme** sind beim Kleinsäuger in der überwiegenden Zahl der Fälle kardial bedingt.

Lungenkontusionen mit **Lungenblutungen** treten insbesondere bei Kleinsäugern, die frei in der Wohnung laufen, auf. Häufige Ursachen sind Einklemmen in Türen oder versehentliche Tritte. Ebenfalls meist traumatisch bedingt sind **Zwerchfellhernien,** die durch den röntgenologischen oder sonographischen Nachweis von Baucheingeweiden (Darmschlingen und/oder Leberlappen) in der Brusthöhle diagnostiziert werden können.

2.8.5 Herz

Cordula Poulsen Nautrup, Susanne Schlieter, Jochen Spennes, Jan-Gerd Kresken

Auch bei Heimtieren sind alle erworbenen und angeborenen Herzerkrankungen denkbar, die bei Mensch, Hund und Katze bekannt und in zahlreichen Lehrbüchern ausführlich beschrieben sind. Bei den Heimtieren jedoch existieren zu diesem Thema, insbesondere über die röntgenologische und echokardiographische Diagnose kardialer Veränderungen nur wenige Publikationen. Meist handelt es sich um einzelne Fallbeschreibungen bei Frettchen, Kaninchen, und Meerschweinchen. Zudem werden seit Jahrzehnten im Rahmen von humanmedizinischen Tierexperimenten bei Kaninchen, Ratte und Maus zahlreiche für den Menschen relevante Herzerkrankungen iatrogen, interventionell bzw. genetisch künstlich hervorgerufen, um Grundlagenforschungen oder pharmakologische Studien durchführen zu können. Kardiale Veränderungen, die in diesen Tierexperimenten teilweise auch echokardiographisch dargestellt werden, sind insbesondere unterschiedliche Formen der Kardiomyopathien, Klappenveränderungen und die überwiegend beim Menschen klinisch bedeutsame, ischämische Herzerkrankung. Allerdings können beim Kaninchen durch eine verminderte Zahl von Kollateralgefäßen und aufgrund einer dadurch eingeschränkten Durchblutung spontan Symptome einer myokardialen Ischämie auftreten.

Die in einer kardiologischen Heimtiersprechstunde vorgestellten und tatsächlich herzkranken Patienten befinden sich meist im Stadium einer fortgeschrittenen Herzinsuffizienz auf der Basis erworbener Herzerkrankungen. Die wichtigsten Ursachen der Herzinsuffizienz bei den Heimtieren sind die **Dilatative Kardiomyopathie** (DCM), **Klappeninsuffizienzen, Myokarditiden,** seltener die **Hypertrophe Kardiomyopathie** (HCM). **Perikard- und Pleuraergüsse,** die vereinzelt beobachtet werden, können idiopathisch sein oder bei Perikard- bzw. Pleuraerkrankungen und Tumoren primär sowie im Rahmen einer fortgeschrittenen Herzinsuffizienz sekundär auftreten. Beim Frettchen sind klinisch manifeste **Dirofilariosen** beschrieben. Angeborene Herzerkrankungen werden sehr selten vorgestellt. So kommen **Aorten-, Pulmonalstenosen, Ventrikelseptum-** (VSD) **und Atriumseptumdefekte** (ASD) kaum vor.

2.8.5.1 Röntgenologische Befunde

Röntgenologisch wird bei den Heimtieren am häufigsten eine **Kardiomegalie,** meist als globale Vergrößerung der Herzsilhouette, diagnostiziert. Dabei erfolgt die Größeneinschätzung des Herzschattens überwiegend subjektiv oder anhand von Kontrollbildern, möglichst von Tieren gleicher Rasse, gleichen Gewichts, Alters und Geschlechts. Nur beim Frettchen, bei dem Standardwerte für den *vertebral heart score* (VHS) und die Herzgröße im Vergleich zu den Zwischenrippenräumen vorliegen, sind objektive Messungen sinnvoll. Allerdings ist zu beachten, dass generell weite Übergangsbereiche und auch Ausnahmen existieren, d. h., große Herzen können auch bei herzgesunden Tieren auftreten und röntgenologisch schlanke Herzsilhouetten finden sich manchmal bei schwerer Dilatativer Kardiomyopathie, wenn extrem hohe Herzfrequenzen zu einer kardialen Hypovolämie führen.

Volumenüberladungen der Herzkammern und Vorhöfe, die röntgenologisch als Kardiomegalie erkennbar sind, können im Stadium einer fortgeschrittenen Herzinsuffizienz, z. B. bei einer Idiopathischen Kardiomyopathie oder einer chronischen Myokarditis, auftreten. Ähnliche Herzvergrößerungen bei chronischen Volumenüberladungen finden sich außerdem bei der primären Dilatativen Kardiomyopathie sowie bei klinisch relevanten, chronischen Atrioventrikular- und Gefäßklappeninsuffizienzen **(Abb. 2-124, 2-125)**. Auch Shunts, beispielsweise Links-Rechts-Shunts bei VSD und ASD, führen zu Volumenüberladungen und können sich röntgenologisch als Herzvergrößerung manifestieren.

Weitere Ursachen für eine Kardiomegalie sind unter anderem Perikardergüsse **(Abb. 2-126A, 2-128)** und perikardiale Zubildungen. Die Differenzierung dieser Veränderungen, die beide zu einer röntgenologisch erkennbaren Herzvergrößerung führen, gelingt nur echokardiographisch **(Abb. 2-126B, 2-127)**. Mit letztgenannter Methode können auch die Auswirkungen eines Perikardergusses auf die kardiale Funktion eingeschätzt werden. Bei Herztamponaden füllen sich die Vorhöfe nicht mehr ausreichend, das Myocardium erscheint im Sinne einer Pseudohypertrophie verdickt und es kommt zur kardinalen Hypovolämie mit erheblicher diastolischer Dysfunktion **(Abb. 2-126B)**.

Ein Herzwurmbefall (Dirofilariose) äußert sich röntgenologisch beim Frettchen erst als Rechtsherzvergrößerung und anschließend als globale Kardiomegalie. Die Veränderungen der Pulmonalarterien sind nicht so ausgeprägt wie beim Hund. Echokardiographisch sind die Makrofilarien oftmals als zwei kurze, parallele Echos in der dilatierten rechten Kammer und im vergrößerten rechten Vorhof nachzuweisen.

Verbreiterte Pulmonalvenen finden sich beispielsweise bei Linksherzinsuffizienz, Kardiomyopathien und Mitralklappeninsuffizienz als Folge eines Blutrückstaus und/oder -rückflusses. Bei Fortschreiten einer kongestiven Linksherzinsuffizienz kommt es zu interstitiellen und alveolären Lungenkongestionen (Lungenödem, **Abb. 2-128**). Für eine **verstärkte Lungenzeichnung** kommen sowohl Herz- als auch Lungenerkrankungen in Frage. Zur Differenzierung kardialer Ursachen von nichtkardialen kann die Bestimmung der Herzgröße nützlich sein **(Abb. 2-129)**. Meist jedoch gelingt die Diagnose oder der Ausschluss einer kardialen Genese nur ausreichend sicher mit Hilfe der Echokardiographie.

Eine **angehobene Luftröhre** spricht für eine Herzvergrößerung. Allerdings besteht nur beim Kaninchen und Meerschweinchen regelmäßig ein kaudal offener, relativ großer spitzer Winkel zwischen Luftröhre und Wirbelsäule. Bei den anderen Heimtieren ist der Winkel deutlich kleiner, d. h., diese Strukturen verlaufen hier physiologischerweise fast parallel. Ein sich als Besonderheit beim Kaninchen nicht zurückbildender Thymus kann in Verbindung mit intrathorakalen Fetteinlagerungen zu Verschattungen kranial des Herzens führen, was eine Abgrenzung zu pathologischen Zubildungen schwierig macht.

Pleura- oder **Thoraxergüsse** können Ausdruck einer kongestiven Rechtsherzinsuffizienz sein. Sie treten sowohl bei dekompensierten Kardiomyopathien **(Abb. 2-130)** als auch bei fortgeschrittener Linksherzinsuffizienz auf. Typische röntgenologische Merkmale der Ergüsse entsprechen denen bei Hund und Katze. Sie beinhalten eine unscharfe bzw. nicht mehr erkennbare Herzsilhouette, lobare Lungenzeichnung, abgerundete Lungenklappen sowie kaudal im Bereich des Diaphragmas einen vergrößerten Abstand zwischen den kaudalen Lungenklappen und der Wirbelsäule. Röntgenologisch und/oder echokardiographisch müssen auch bei Pleura- und Thoraxergüssen kardiale von extrakardialen Ursachen differenziert werden **(Abb. 2-131)**.

2.8.5.2 Echokardiographische Befunde

Ebenso wie die röntgenologischen Befunde beim Heimtier denen von Hund und Katze ähneln, sind auch die Echokardiographien dieser verschiedenen Tierarten vergleichbar.

Mit Hilfe der Ultraschallmethoden können die Morphologie der kardialen Strukturen, eine Volumen- oder Drucküberlastung des Herzens und/oder eine systolische oder diastolische Funktionsstörung beurteilt werden.

Befunde im M-Mode und in der zweidimensionalen Echokardiographie

Neben den Linksherzinsuffizienzen unterschiedlicher Genese ist die am häufigsten bei Heimtieren diagnostizierte Herzveränderung die **Dilatative Kardiomyopathie** (DCM). Aufgrund eines chronischen Myokardschadens kommt es zu einer verminderten Pumpleistung mit vermindertem Blutauswurf (systolische Dysfunktion). Die daraus resultierende hochgradige Volumenüberladung führt zuerst zu einer Dilatation der linken Kammer, und durch Blutrückstau und sekundäre Insuffizienzen erweitert sich kurz darauf auch der linke Vorhof **(Abb. 2-132, 2-133, 2-136)**. Die Folgen sind Vorwärtsversagen mit verminderter Leistungsfähigkeit und Schädigung annähernd aller Organsysteme (Verdauungs- und/oder Nierenprobleme) sowie Rückwärtsversagen mit Lungenödem (Dyspnoe und/oder Husten), Pleuraerguss und Aszites. Es besteht ein sogenanntes kongestives Herzversagen.

Außer der Dilatativen Kardiomyopathie müssen bei den Heimtieren **Idiopathische Kardiomyopathien** sowie **Endo-** und/oder **Myokarditiden** als Ursache einer chronischen Herzinsuffizienz in Betracht gezogen werden. Beim Kaninchen sind beispielsweise

Myo- und Endokarditiden durch *Pasteurella multocida*, Coronavirus oder *Encephalitozoon cuniculi* beschrieben. Die echokardiographischen Veränderungen einer Herzmuskelentzündung sind unspezifisch und reichen je nach Schweregrad von kaum erkennbar bis hochgradig. Als echokardiographische Hinweise auf Endokarditis oder Myokarditits können ein reflexreiches, leuchtendes Endokard bzw. eine neu aufgetretene, inhomogene Echoverteilung im Myokard gewertet werden. Allerdings wirkt das Endokard bei allen Heimtieren im Ultraschallbild häufig heller und echogener als bei Hund und Katze. Deutliche Befunde bei einer fortgeschrittenen Endo- oder Myokarditis sind vergleichbar mit denen einer Dilatativen Kardiomyopathie und/oder eines kongestiven Herzversagens.

Die oben beschriebenen Erkrankungen führen zu systolischen und diastolischen linksventrikulären Volumenzunahmen. Diese werden im M-Mode anhand der Durchmesservergrößerung der linken Kammer erkannt **(Abb. 2-132, 2-133)**. Hinweise auf eine systolische Dysfunktion geben eine verringerte systolische Verkürzungsfraktion (FS = *fractional shortening*) sowie eine verminderte bis fehlende systolische Dickenzunahme der Herzmuskulatur. Ein vergrößerter Abstand zwischen Septum und frühdiastolischer Maximalöffnung des septalen Segels der Mitralklappe (EPSS = *E-point to septal separation*) bedeutet eine endsystolisch dilatierte linke Kammer **(Abb. 2-134)**. Dieser Parameter zeigt also nicht nur eine linksventrikuläre Volumenüberladung an, sondern auch die verminderte Auswurfleistung. Eine verringerte Ejektionsfraktion (EF) als direktes Maß für eine verminderte Pumpfunktion wird am besten bei Frettchen und Kaninchen aus im zweidimensionalen B-Bild bestimmten Volumina berechnet. Die Volumenüberladung des linken Vorhofes mit im M-Mode oder zweidimensionalen Echokardiogramm messbarer Vorhofvergrößerung kommt durch Blutrückstau und -rückfluss zu Stande **(Abb. 2-135, 2-136)**. Die hier aufgeführten echokardiographischen Merkmale bilden einen Hauptteil des Kriterienkatalogs zur sonographischen Diagnose der Dilatativen Kardiomyopathie beim Hund.

Verdickungen der Herzmuskulatur finden sich selten bei Heimtieren und können im Rahmen der primären **Hypertrophen Kardiomyopathie (HCM)** **(Abb. 2-137)** oder sekundär bei ventrikulärer Drucksteigerung, beispielsweise bei **Aorten-** oder **Pulmonalstenosen** auftreten. Die konzentrische Verdickung der Wände führt durch Verkleinerung des ventrikulären Binnenraums sowie durch mangelnde Elastizität und Dehnbarkeit des Myokards (diastolische Dysfunktion) zu einer unzureichenden Füllung der betroffenen Kammer. Der Vorhof dilatiert sekundär durch mangelnde Vorhofentleerung und durch eventuell zusätzlich auftretende Regurgitationen **(Abb. 2-135)**. Allerdings erscheint bei vielen Heimtieren, ähnlich wie bei manchen Katzen, das Myokard subjektiv verdickt, ohne dass objektiv eine Hypertrophie vorliegt.

Linksventrikuläre Volumenüberladungen ohne eingeschränkte systolische Funktion, d. h. mit guter Myokardfunktion, zeigen sich bei **Klappeninsuffizienzen**. Eine hochgradige Mitralklappeninsuffizienz führt zu einem vergrößerten enddiastolischen Durchmesser der linken Kammer, während die endsystolische Ventrikelgröße normal oder geringgradig verringert ist **(Abb. 2-138)**. Die systolische Verkürzungsfraktion ist erhöht. Die Dicke der Herzmuskulatur ist normal oder geringfügig hypertrophiert. Der linke Vorhof ist wegen des Rückflusses vergrößert **(Abb. 2-140)**.

Auch eine schwere Aortenklappeninsuffizienz führt ohne gleichzeitige Druckbelastung zu einer enddiastolischen Volumenüberlastung der linken Kammer. Die morphologischen Ursachen für die Klappenundichtigkeiten, z. B. Klappenverdickungen, können mit der zweidimensionalen Echokardiographie dargestellt werden **(Abb. 2-139)**.

Befunde in der farbkodierten und konventionellen Doppler-Echokardiographie

Während alle bisher aufgeführten Veränderungen fast ausschließlich mit Hilfe von M-Mode und zweidimensionaler Echokardiographie erkannt werden, sind die Größe eines **Insuffizienzjets** im zweidimensionalen Farbduplex **(Abb. 2-140A, 2-141A, 2-142A)** und die Dauer der Regurgitation im farbkodierten M-Mode einzuschätzen. Die Dauer und Geschwindigkeit eines Rückflusses werden mit dem CW-Doppler-Verfahren bestimmt **(Abb. 2-140B, 2-141B, 2-142B)**.

Auch die Größen von **Shunts** sind primär mit Hilfe der farbkodierten Doppler-Verfahren zu beurteilen und das Ausmaß von **Stenosen** ist mit dem CW-Doppler zu kalkulieren. Shunts und Rückflüsse zeigen sich durch entsprechende pathologische Blutflüsse und Turbulenzen. Stenosen werden an der Geschwindigkeitserhöhung des Blutflusses und an Verwirbelungen erkannt **(Abb. 2-75)**. Allerdings erlauben Sekundärveränderungen, wie Vorhofvergrößerungen, Dilatation oder Hypertrophie der Kammern, manchmal Rückschlüsse auf entsprechende pathologische Veränderungen.

Eine erschwerte Füllung der Kammern, d. h. eine gestörte Entleerung der Vorhöfe (diastolische Dysfunktion), z. B. bei **Hypertropher oder fortgeschrittener Dilatativer Kardiomyopathie**, ist nur mit den Dopplerverfahren objektivierbar. Bei der diastolischen Dysfunktion kann es im PW-Doppler zu einer Umkehr der E- und A-Welle des Bluteinstroms durch die Atrioventrikularklappen kommen **(Abb. 2-143B)**. Allerdings zeigen Frettchen, Kaninchen und Meerschweinchen auch ohne erkennbare kardiologische Veränderungen manchmal und vorübergehend eine erhöhte Geschwindigkeit des spätdiastolische ventrikulären Einstroms (erhöhte A-Welle). Im farbkodierten M-Mode ist bei einer erschwerten Kammerfüllung der frühdiastolische, rot kodierte Einstrom im Vergleich zum spätdiastolischen Einstrom dunkler, oder der Einstrom erfolgt länger als gewöhnlich **(Abb. 2-143A)**. Zudem verändert sich bei einer diastolischen Dysfunktion der venöse Bluteinstrom in den Vorhof.

Insgesamt steht bei den Heimtieren die Kardiologie und innerhalb dieser Disziplin besonders die Ultraschalluntersuchung des Herzens noch am Anfang ihrer Verbreitung. Jedoch ist damit zu rechnen, dass in Zukunft die Echokardiographie auch bei Heimtieren den gleichen hohen Stellenwert erreichen wird wie in den letzten 15 Jahren bei Hund und Katze. Dies wird durch die steigende Zahl der kleinen Patienten in den tierärztlichen Praxen, die zunehmende Bereitschaft der Besitzer, in die Gesunderhaltung ihrer Heimtiere zu investieren, sowie durch die ständige Fortentwicklung und Verbesserung der technischen Ausstattung bei gleichzeitiger Preissenkung begünstigt.

Weiterführende Literatur

BOONYAPAKORN, C. (2007): Cardiologic examinations in ferrets with and without heart disease. Diss. med. vet., Berlin.

DUKES-McEVAN, J., BORGARELLI, M., TIDHOLM, A., VOLLMAR, A. C., HÄGGSTRÖM, J. (2003): Guidelines for the diagnosis of canine idiopathic dilated cardiomyopathy. The ESVC Taskforce for canine dilated cardiomyopathy. J. Vet. Cardiol. **5**: 7–19.

DZYBAN, L. A., GARROD, L. A., BESSO, J. G. (2001): Pericardial effusion and pericardiocentesis in a guinea pig (Cavia porcellus). J. Am. Anim. Hosp. Assoc. **37**: 21–26.

ERDMANN, E. (Hrsg.): Klinische Kardiologie. Krankheiten des Herzens, des Kreislaufs und der herznahen Gefäße. 7. Aufl. Springer Verlag, Berlin 2008.

KATTINGER, P., EWRINGMANN, A., WEYLAND, J., SKRODZKI, M. (1999): Kardiologische Untersuchungen beim Kaninchen. Kleintierprax., **44**: 761–772.

KÜNZEL, F., KOLM, U. S., BÖHLER, A., URL, A. (2005): Mitralklappeninsuffizienz infolge einer Papillarmuskeldysfunktion bei einem Kaninchen. Tierärztl. Prax., **33**: 423–430.

LIBBY, P., BONOW, R. O., MANN, D. L., ZIPES, D. P.: Braunwald's Heart Disease: A Textbook of cardiovascular medicine. 8th edition Saunders Elsevier, Philadelphia 2007.

MCCALL, J. W. (1998): Dirofilariasis in the domestic ferret. Clin. Tech. Small Anim. Pract. **13**: 109–112.

SASAI, H., KATO, K., SASAKI, T., KOYAMA, S., KOTANI, T., FUKATA, T. (2000): Echocardiographic diagnosis of dirofilariasis in a ferret. J. Small Anim. Pract. **41**, 172–174.

STEPIEN, R. L., BENSON, K. G., FORREST, L. J. (1999): Radiographic measurement of cardiac size in normal ferrets. Vet. Radiol. Ultrasound **40**: 606–610.

TILLEY, L. T., SMITH JR, F. W. K., OYAMA, M. A., SLEEPER, M. M.: Manual of canine and feline cardiology. 4th edition Saunders Elsevier, St. Louis 2008.

TOBIAS, R., SKRODZKI, M., SCHNEIDER, M.: Kleintierkardiologie kompakt. Schlütersche Verlagsgesellschaft, Hannover 2008.

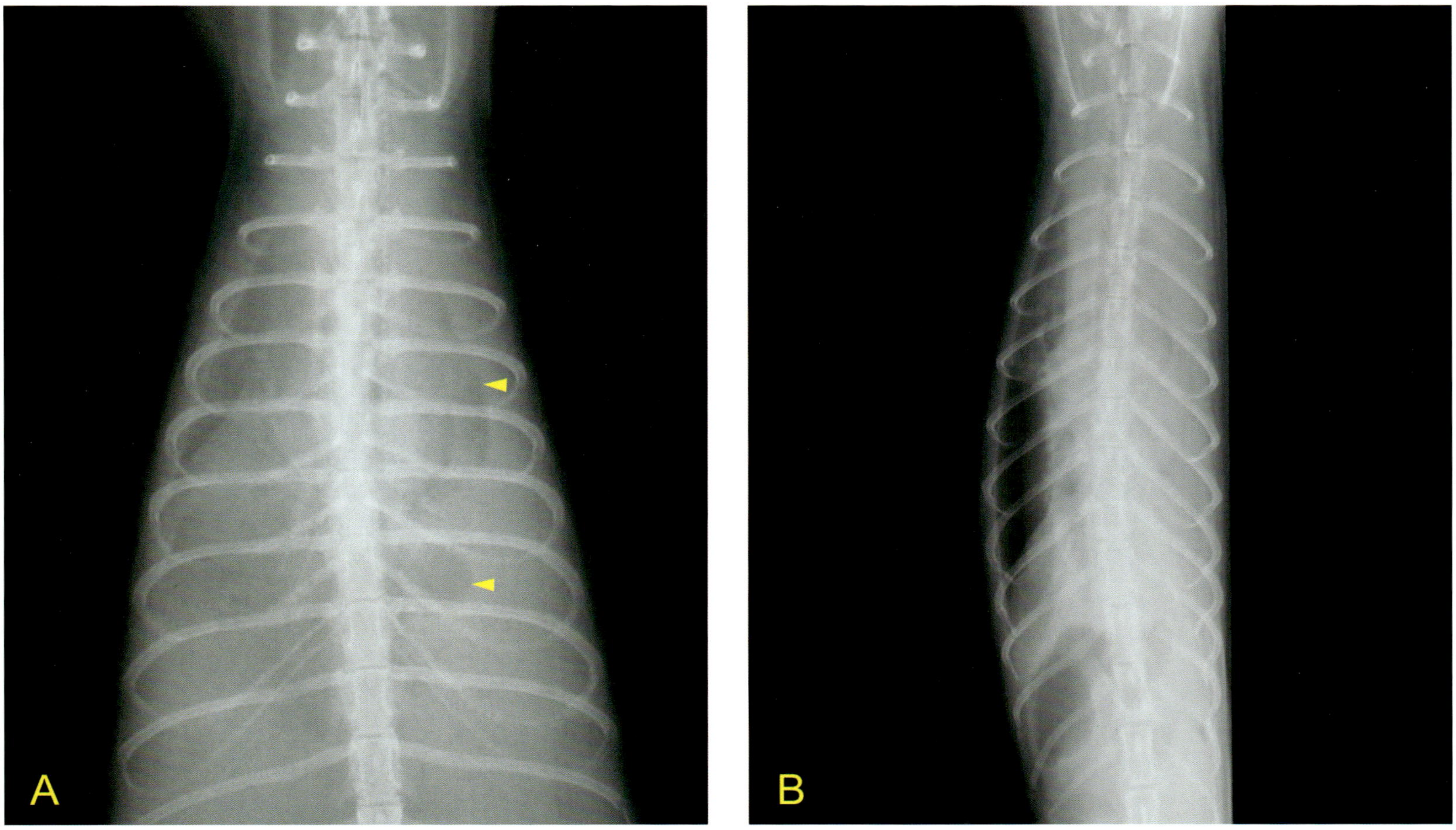

Abb. 2-116: Röntgenuntersuchung, Thorax, ventro-dorsale Projektion, Frettchen.

A: Hochgradiger Hydrothorax mit Abdrängung der Lunge (Pfeilköpfe) von der Brustwand.

B: Geringgradiger Pneumothorax (Aufnahme im horizontalen Strahlengang).

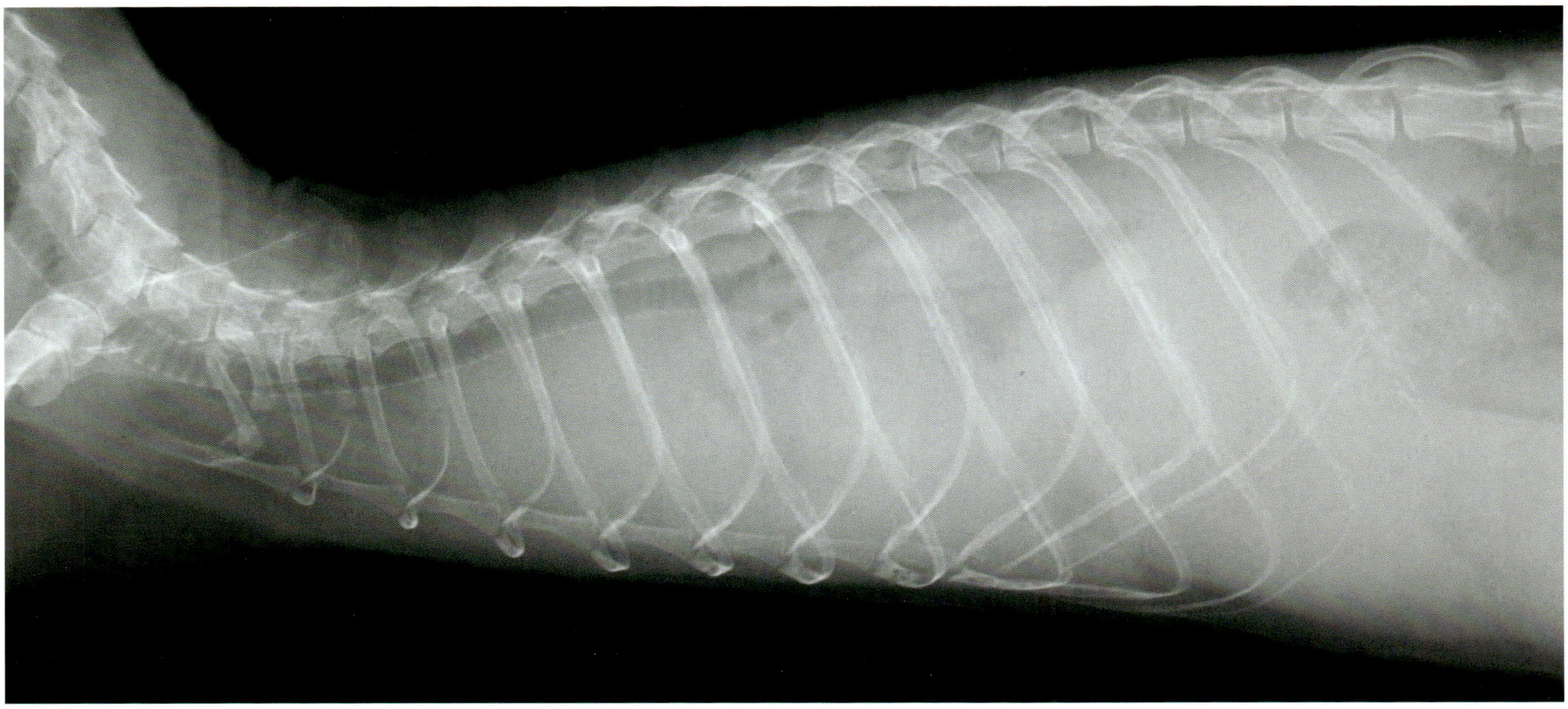

Abb. 2-117: Röntgenuntersuchung, Thorax, latero-laterale Projektion, Frettchen. Die Trachea wird durch eine präkardiale Masse dorsal gedrängt. Zusätzlich liegt eine hochgradige alveoläre Lungenzeichnung vor.

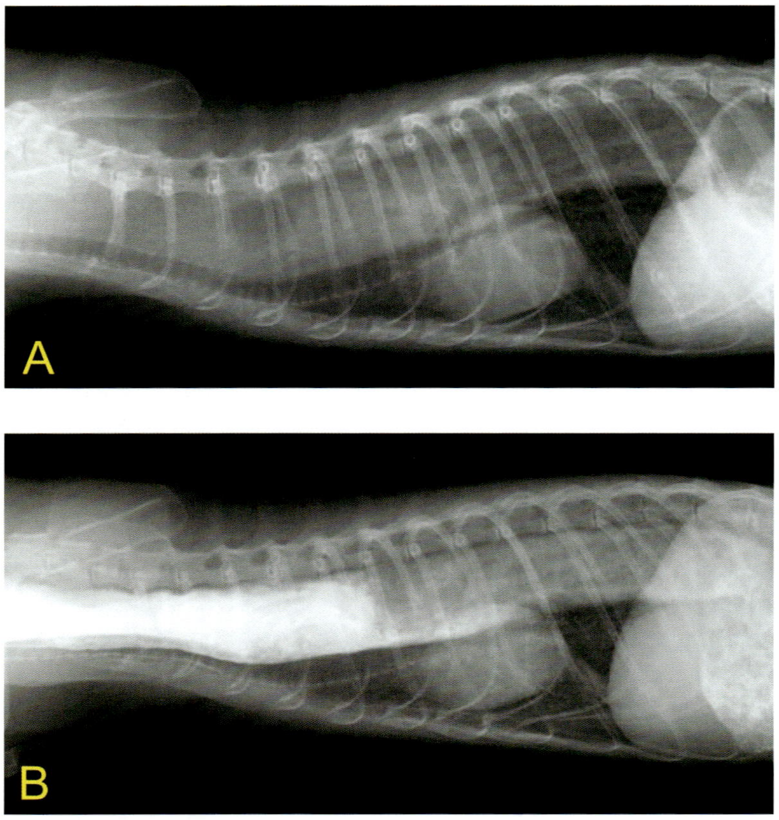

Abb. 2-118A, B: Röntgenuntersuchung, Thorax, latero-laterale Projektion, Frettchen.

A: Eine dorsale Umfangsvermehrung drängt Trachea, Herz und Lunge ventral.

B: Aufnahme 10 min nach oraler Gabe von Bariumsulfat. Hochgradige Dilatation des Ösophagus über seine ganze Länge.

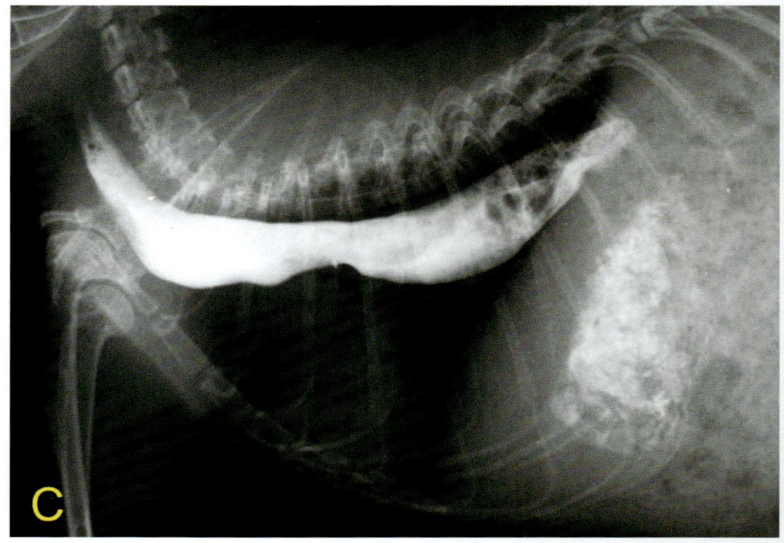

Abb. 2-118C: Röntgenuntersuchung, Thorax, latero-laterale Projektion, Chinchilla. Darstellung eines Megaösophagus 15 min nach oraler Kontrastmittelgabe (Bariumsulfatsuspension).

Aufnahme mit freundlicher Genehmigung aus: Jopp, I. P., Stengel, C., Kraft, W. (2004): Megaösophagus bei einem Chinchilla. Tierärztl. Prax. **32**(K): 96–100.

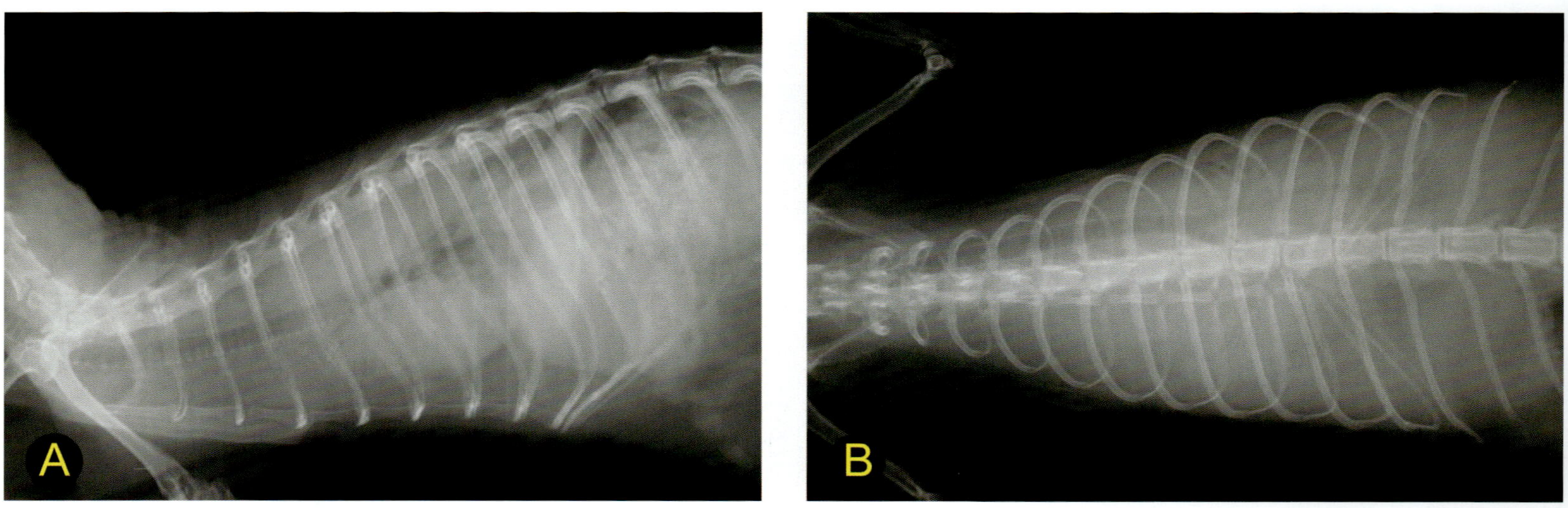

Abb. 2-119: Röntgenuntersuchung, Thorax, latero-laterale (A) und ventro-dorsale (B) Projektion, Frettchen. Alveoläre Lungenzeichnung mit Ausbildung eines Luftbronchogramms, das in der ventro-dorsalen Projektion (B) gut zu erkennen ist.

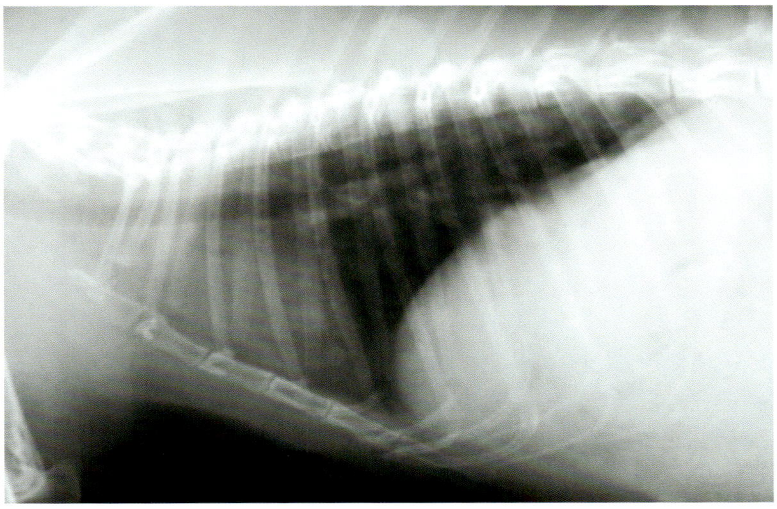

Abb. 2-120: Röntgenuntersuchung, Thorax, latero-laterale Projektion, Kaninchen. Interstitielle Lungenzeichnung, multiple Metastasen eines Mammakarzinoms.

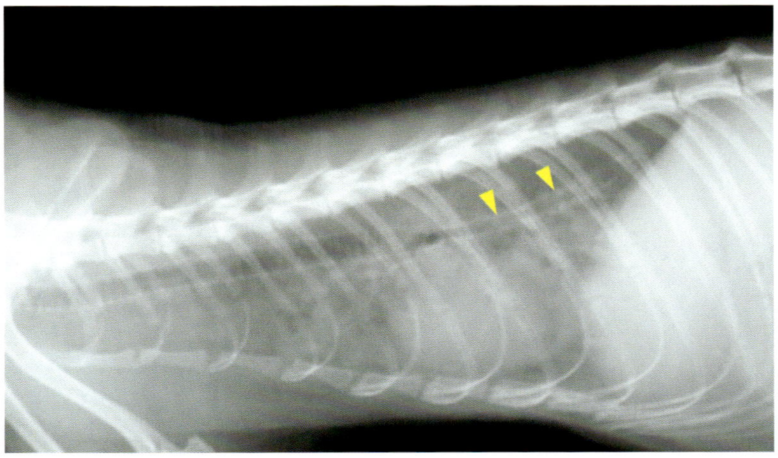

Abb. 2-121: Röntgenuntersuchung, Thorax, latero-laterale Projektion, Frettchen. Bronchiale Lungenzeichnung mit deutlich erkennbar verdickten Bronchialwänden (Pfeilköpfe). Zusätzlich besteht eine alveoläre Lungenzeichnung (kardiales Lungenödem).

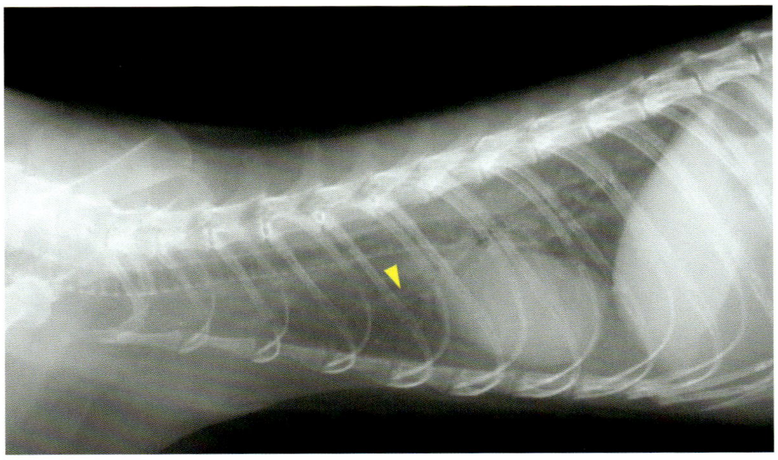

Abb. 2-122: Röntgenuntersuchung, Thorax, latero-laterale Projektion, Frettchen. Vaskuläre Lungenzeichnung mit deutlich erkennbaren Lungengefäßen (Pfeilkopf). Die Herzsilhouette ist abgerundet.

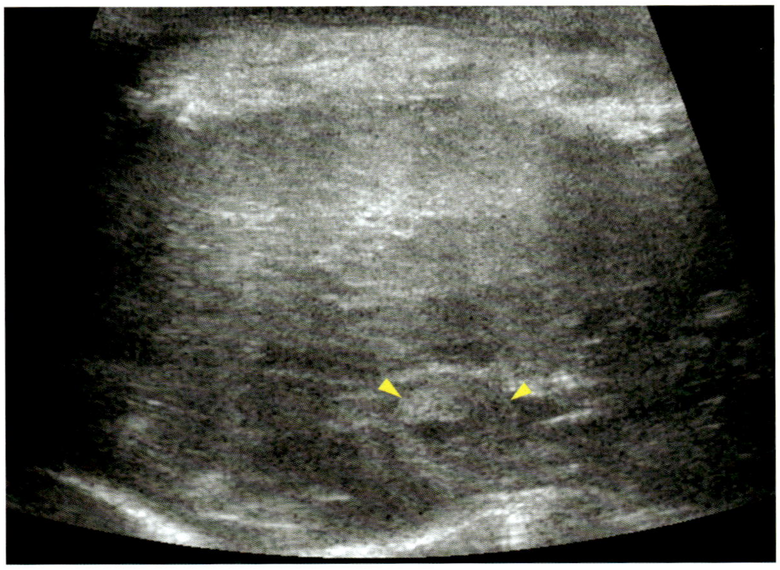

Abb. 2-123: Ultraschalluntersuchung, rechte Thoraxwand, horizontale Ankopplung, 12 MHz, ET: 4 cm, Chinchilla. Eine ausgedehnte intrathorakale Masse drängt das Herz (Pfeilspitzen) an die linke Brustwand.

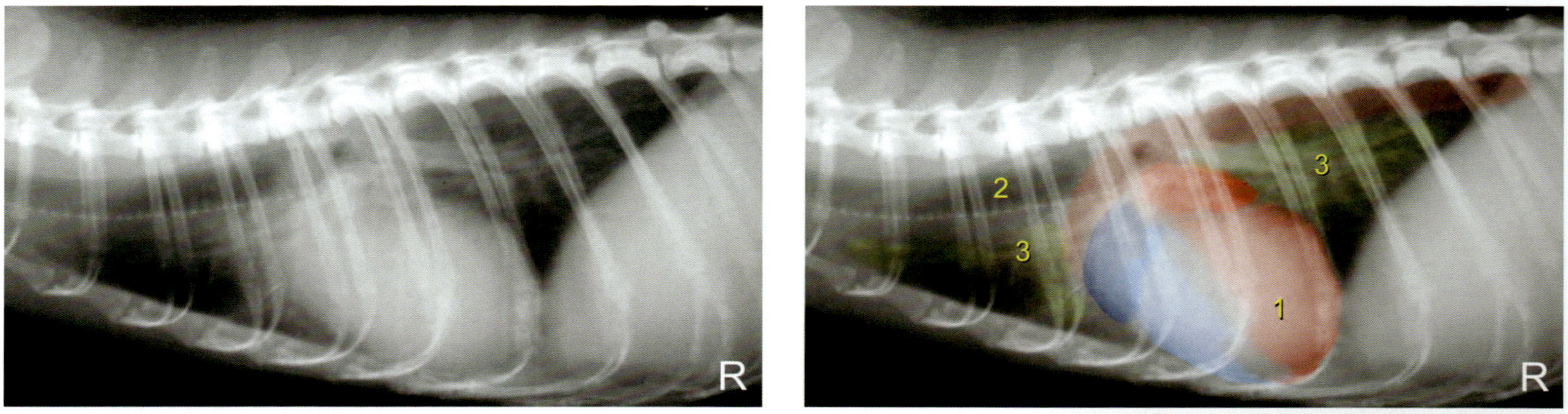

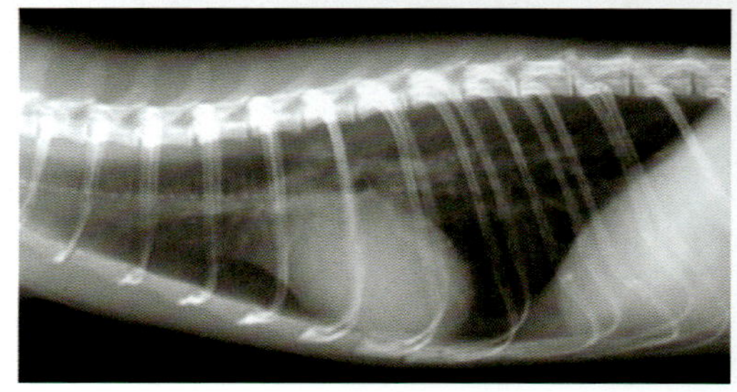

Abb. 2-124: Röntgenuntersuchung, Thorax, latero-laterale Projektion, rechts anliegend, Frettchen. Hochgradige Kardiomegalie (1) bei Dilatativer Kardiomyopathie, dorsal angehobene Luftröhre (2), interstitielle Lungenzeichnung (3) als Ausdruck des kardialen Lungenödems (kleines Vergleichsbild von einem herzgesunden Frettchen).

Aufnahme mit freundlicher Genehmigung von C. Boonyapakorn, M. Skrodzki, E. Trautvetter, Berlin.

1: Herz
2: Luftröhre
3: interstitielle Lungenzeichnung

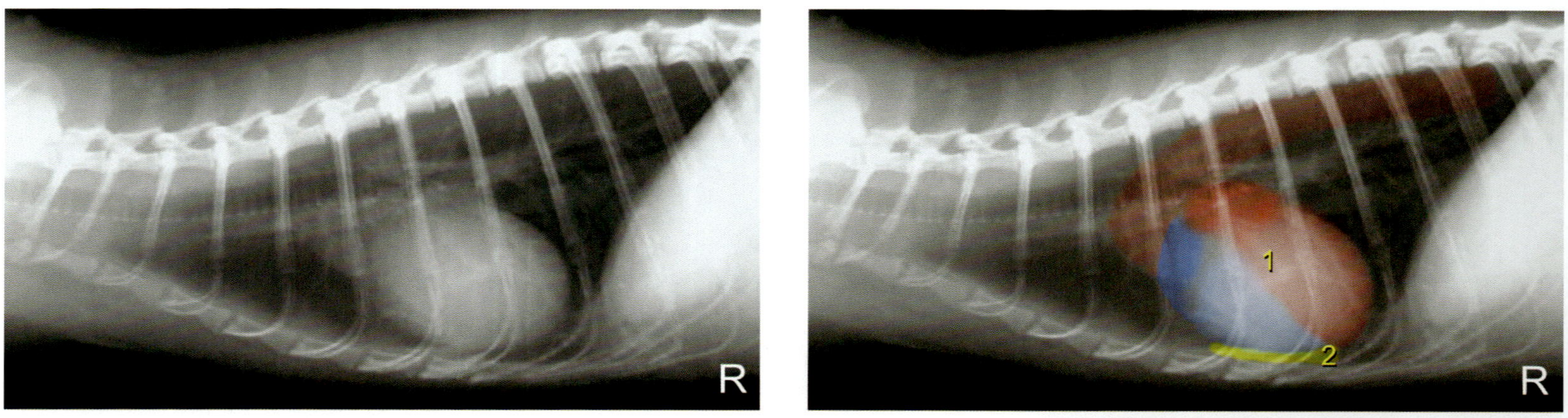

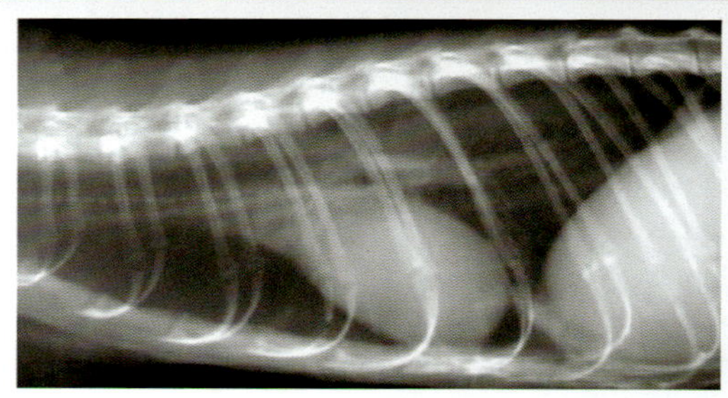

Abb. 2-125: Röntgenuntersuchung, Thorax, latero-laterale Projektion, rechts anliegend, Frettchen. Kardiomegalie (1) bei Dilatativer Kardiomyopathie mit Linksherzinsuffizienz, vom Sternum abgehobenes Herz (2), dorsal angehobene Luftröhre (kleines Vergleichsbild von einem herzgesunden Frettchen).

Aufnahme mit freundlicher Genehmigung von C. Boonyapakorn, M. Skrodzki, E. Trautvetter, Berlin.

1: Herz
2: verbreiterter Raum zwischen Herz und Sternum

Abb. 2-126: (rechte Seite) Röntgenuntersuchung, Thorax, latero-laterale Projektion, rechts anliegend (A) und zweidimensionale Echokardiographie, parasternale Kurzachsenansichten von rechts in Höhe der Musculi papillares (B), Meerschweinchen: Perikarderguss.

A: Kardiomegalie mit global vergrößerter Herzsilhouette (7). Die vermehrte Lungengefäßzeichnung (8) und die verbreiterte V. cava caudalis (9) deuten auf eine Herztamponade. Aufgrund des stark gestörten Allgemeinbefindens mit hochgradiger Dyspnoe konnten das Tier nicht adäquat gelagert und die Schultergliedmaße nicht kranial gezogen werden.

B: Stark vermehrte, echofreie Flüssigkeit in der Herzbeutelhöhle (Cavum pericardii), Pseudohypertrophie des links- und rechtsventrikulären Myocardium sowie Hypovolämie als Hinweis auf Herztamponade

(kleine Vergleichsbilder von einem herzgesunden Meerschweinchen).

1: Flüssigkeit im Cavum pericardii
2: Myocardium dextrum
3: Ventriculus dexter
4: Septum interventriculare
5: Ventriculus sinister
6: Myocardium sinistrum
7: Herzsilhouette
8: vermehrte Lungengefäßzeichnung
9: V. cava caudalis

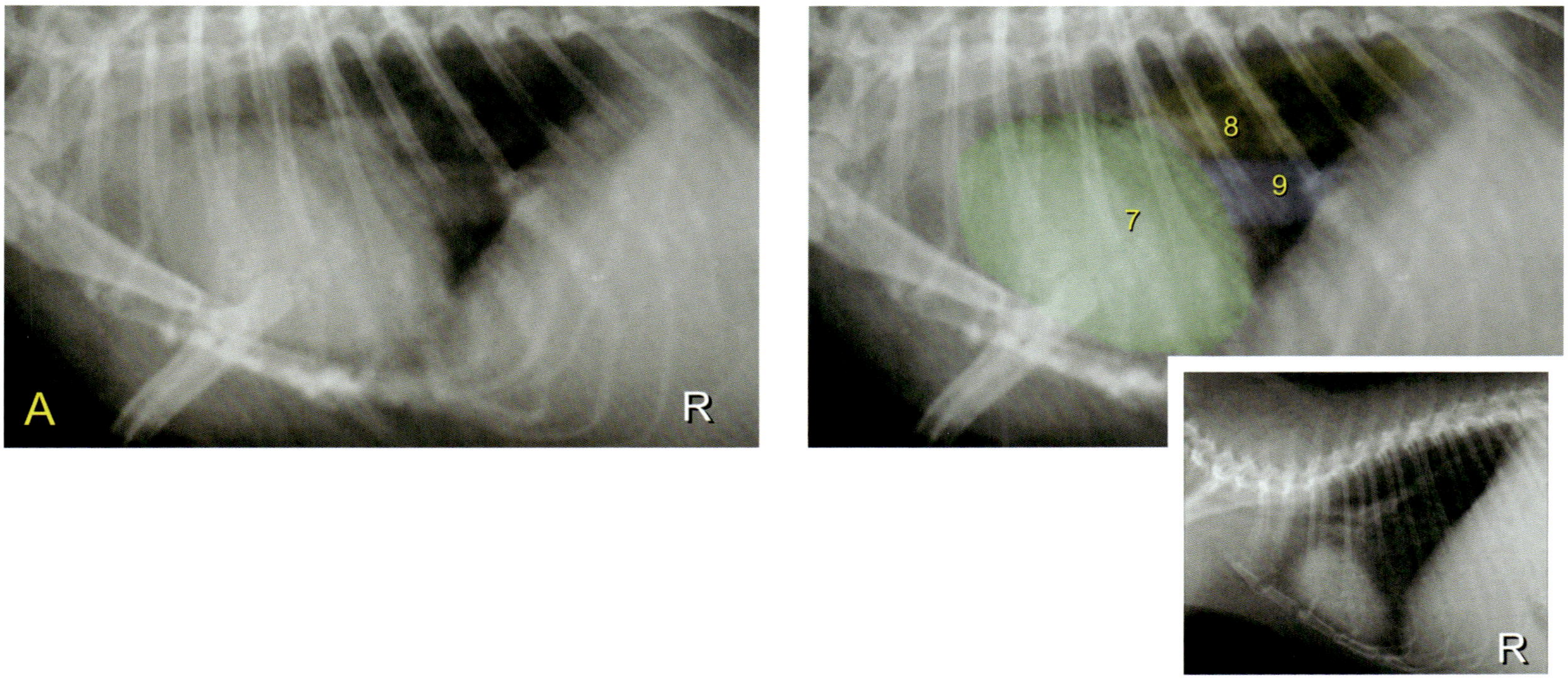
A
R
8
9
7
R

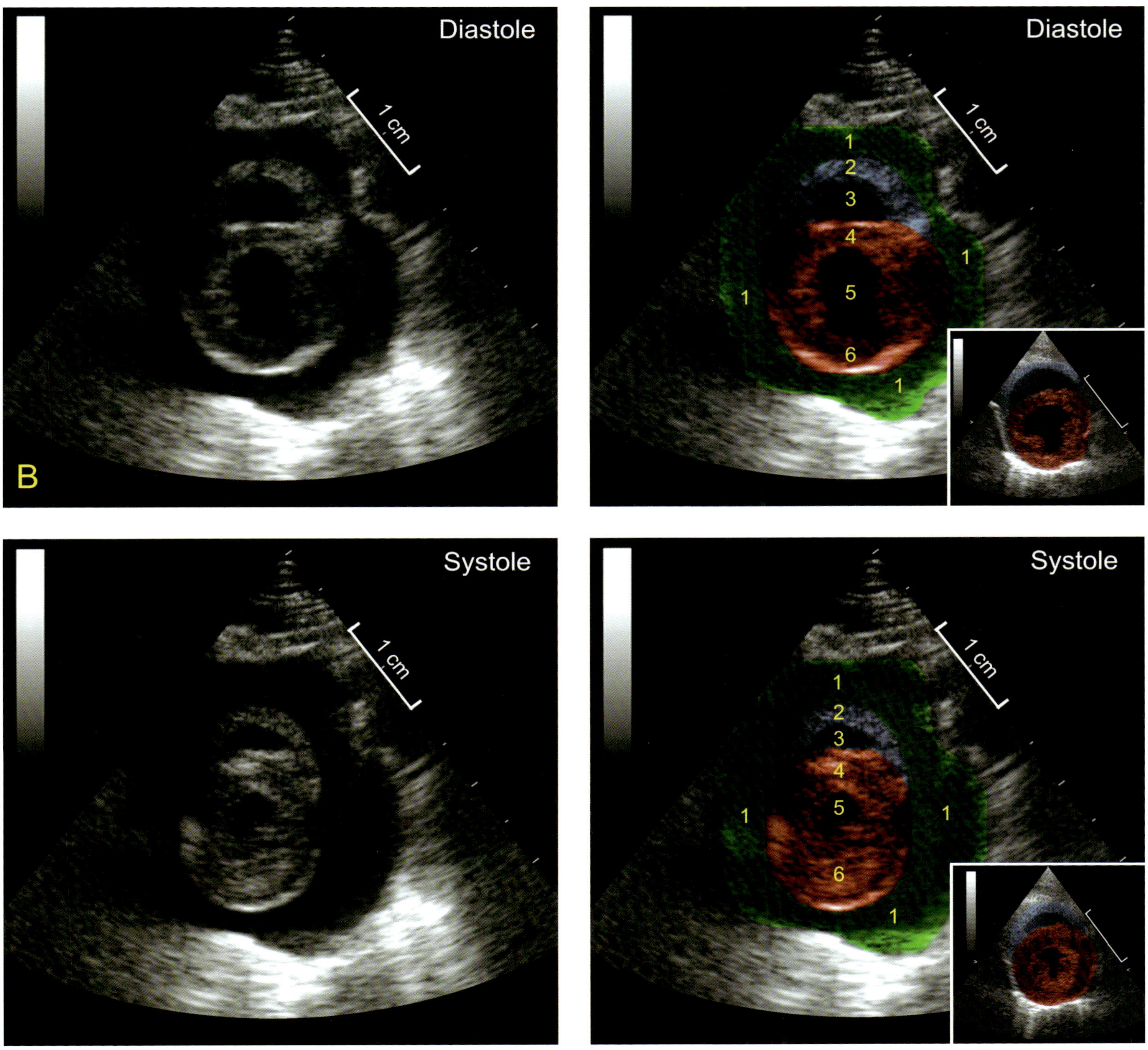
Diastole
1 cm
B
Diastole
1 cm
1
2
3
4
5
6
Systole
1 cm
Systole
1 cm
1
2
3
4
5
6

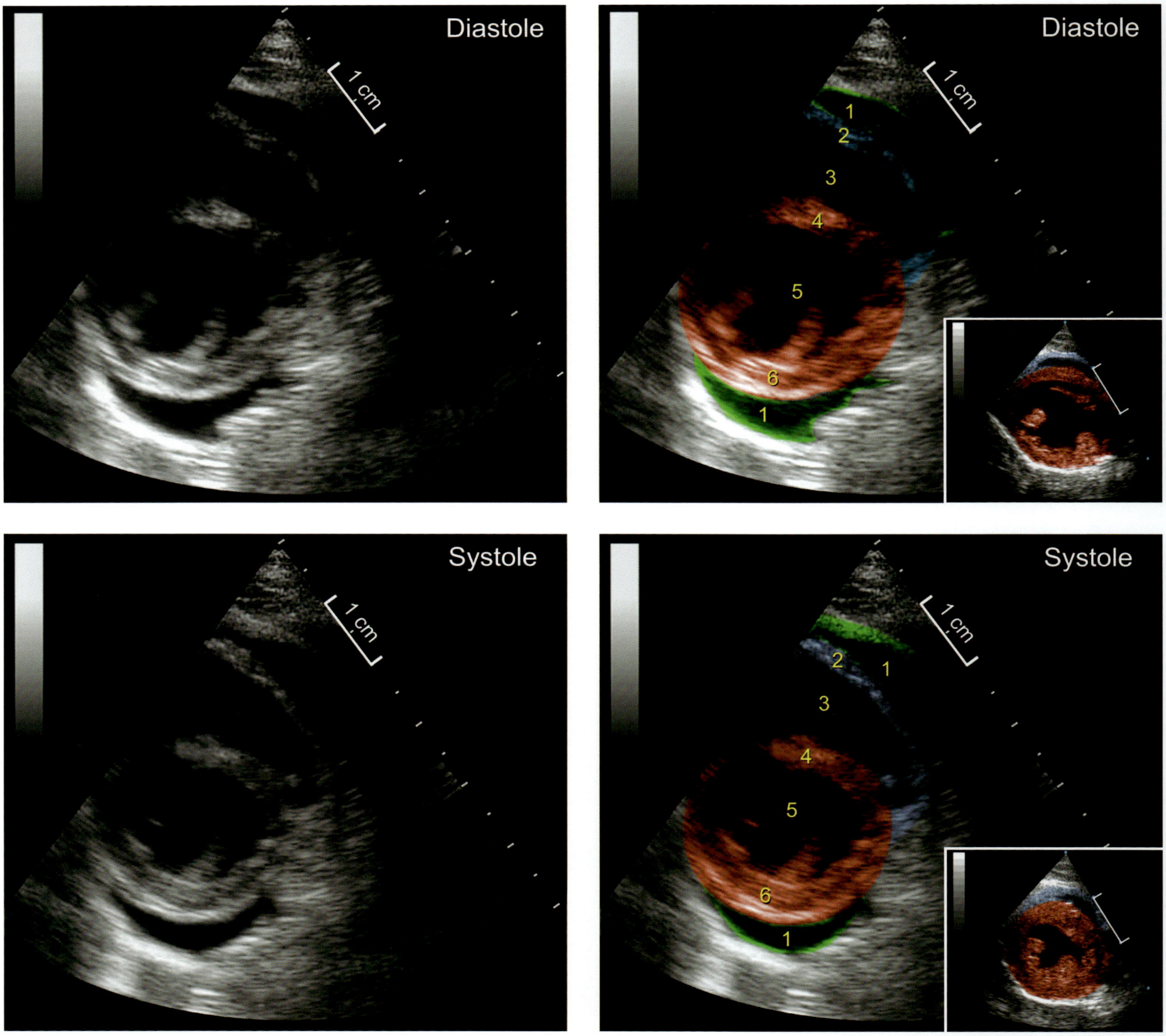

Abb. 2-127: Zweidimensionale Echokardiographie, parasternale Kurzachsenansichten von rechts in Höhe der Musculi papillares, Kaninchen. Perikarderguss. Stark vermehrte, echofreie Flüssigkeit in der Herzbeutelhöhle (Cavum pericardii), systolisch und diastolisch vergrößerter Ventriculus dexter und sinister bei hochgradiger links- und rechtsventrikulärer Herzinsuffizienz infolge Dilatativer Kardiomyopathie (kleine Vergleichsbilder von einem herzgesunden Kaninchen).

1: Flüssigkeit im Cavum pericardii
2: Myocardium dextrum
3: Ventriculus dexter
4: Septum interventriculare
5: Ventriculus sinister
6: Myocardium sinistrum

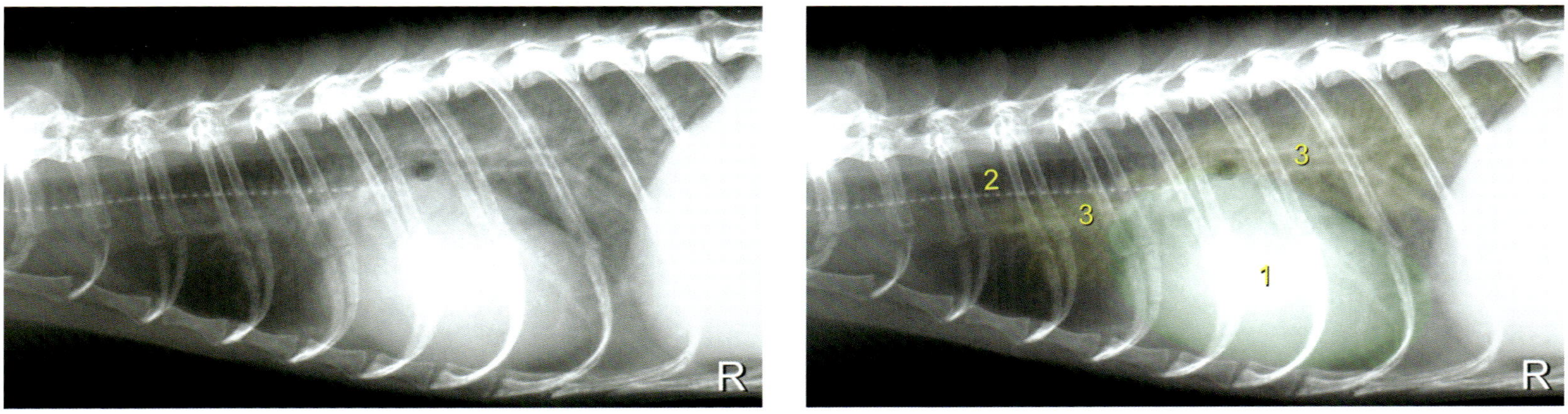

1: Herz
2: Luftröhre
3: interstitielle Lungenzeichnung

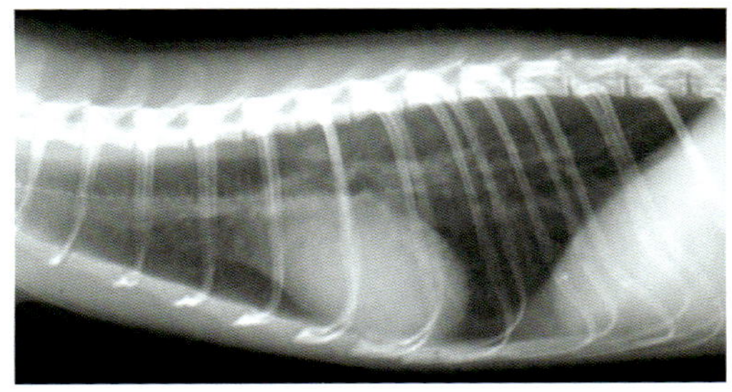

Abb. 2-128: Röntgenuntersuchung, Thorax, latero-laterale Projektion, rechts anliegend, Frettchen. Hochgradige Kardiomegalie bei Perikarderguss (1), dorsal angehobene Luftröhre (2), interstitielle bis alveoläre Lungenzeichnung (3) als Ausdruck des kardialen Lungenödems bei kongestiver Herzinsuffizienz. Echokardiographisch wurden hochgradige AV-Klappeninsuffizienzen als Grunderkrankung diagnostiziert (kleines Vergleichsbild von einem herzgesunden Frettchen).

Aufnahme mit freundlicher Genehmigung von C. Boonyapakorn, M. Skrodzki, E. Trautvetter, Berlin.

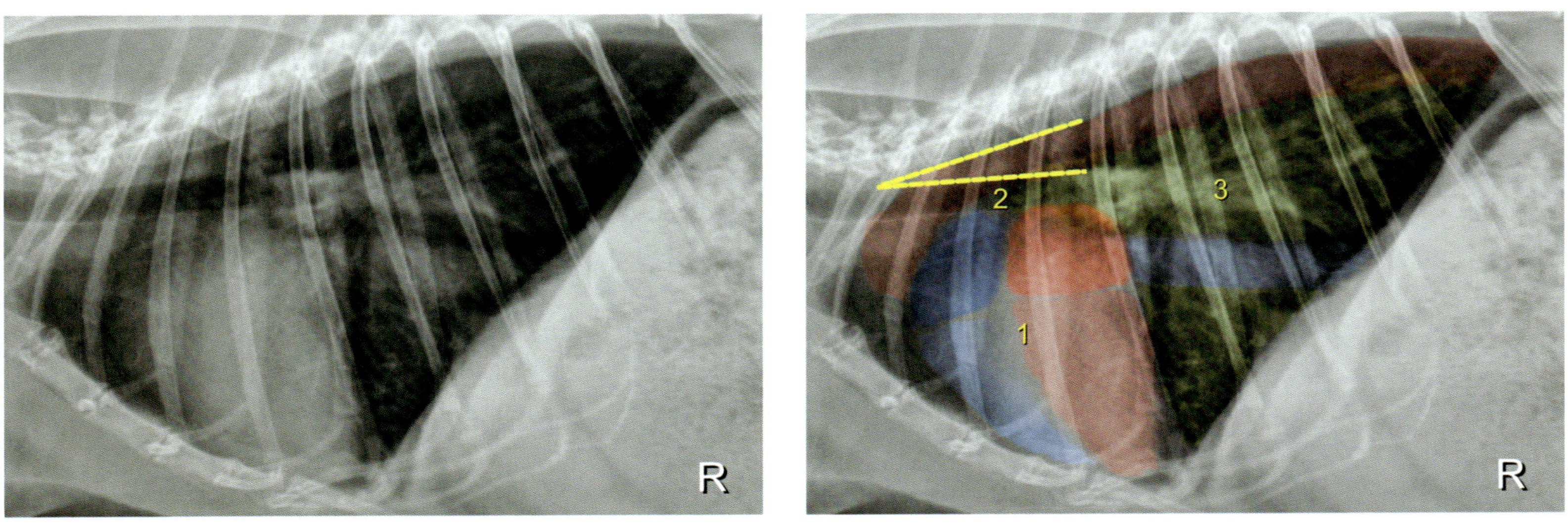

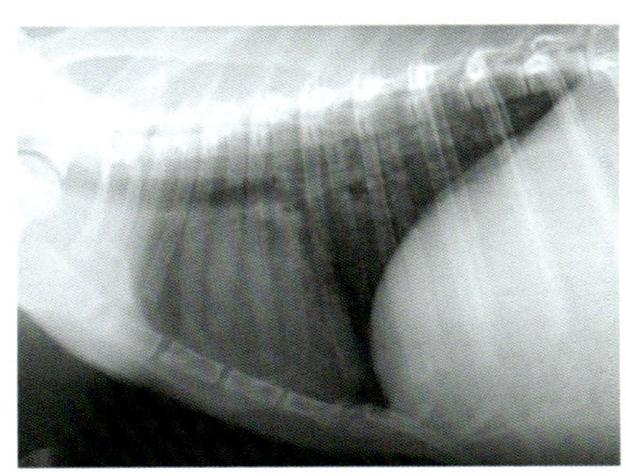

1: Herz
2: Luftröhre
3: interstitielle Lungenzeichnung

Abb. 2-129: Röntgenuntersuchung, Thorax, latero-laterale Projektion, rechts anliegend, Kaninchen. Normal großes Herz (1), normale Lage der Luftröhre (2), bronchiale und interstitielle Lungenzeichnung (3) bei Asthma bronchiale, also kein kardiales Lungenödem (kleines Vergleichsbild von einem herz- und lungengesunden Kaninchen).

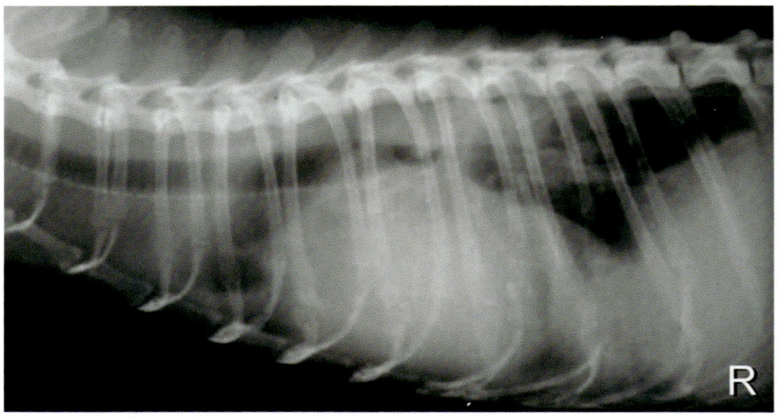

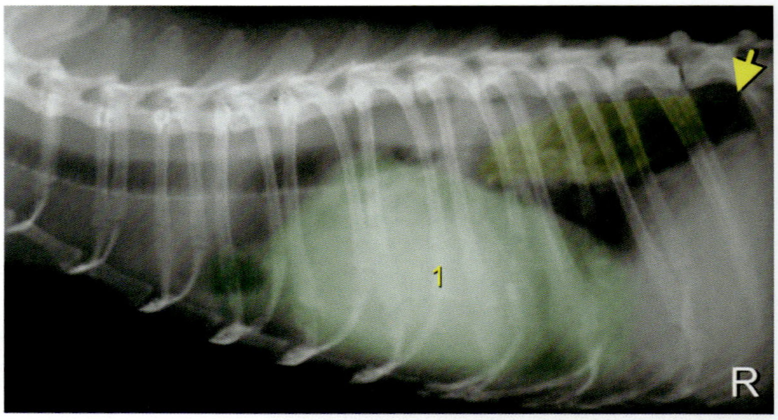

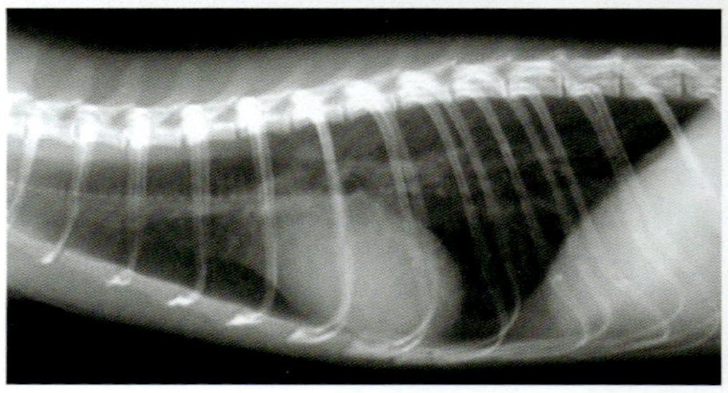

Abb. 2-130: Röntgenuntersuchung, Thorax, latero-laterale Projektion, rechts anliegend, Frettchen. Mittelgradiger Pleuraerguss, abgerundete kaudale Lungenlappen (Pfeilspitze), Kardiomegalie (1) als Hinweis auf kardiale Ursache; echokardiographisch wurde eine hochgradige Dilatative Kardiomyopathie diagnostiziert (kleines Vergleichsbild von einem herzgesunden Frettchen).

Aufnahmen mit freundlicher Genehmigung von C. Boonyapakorn, M. Skrodzki, E. Trautvetter, Berlin.

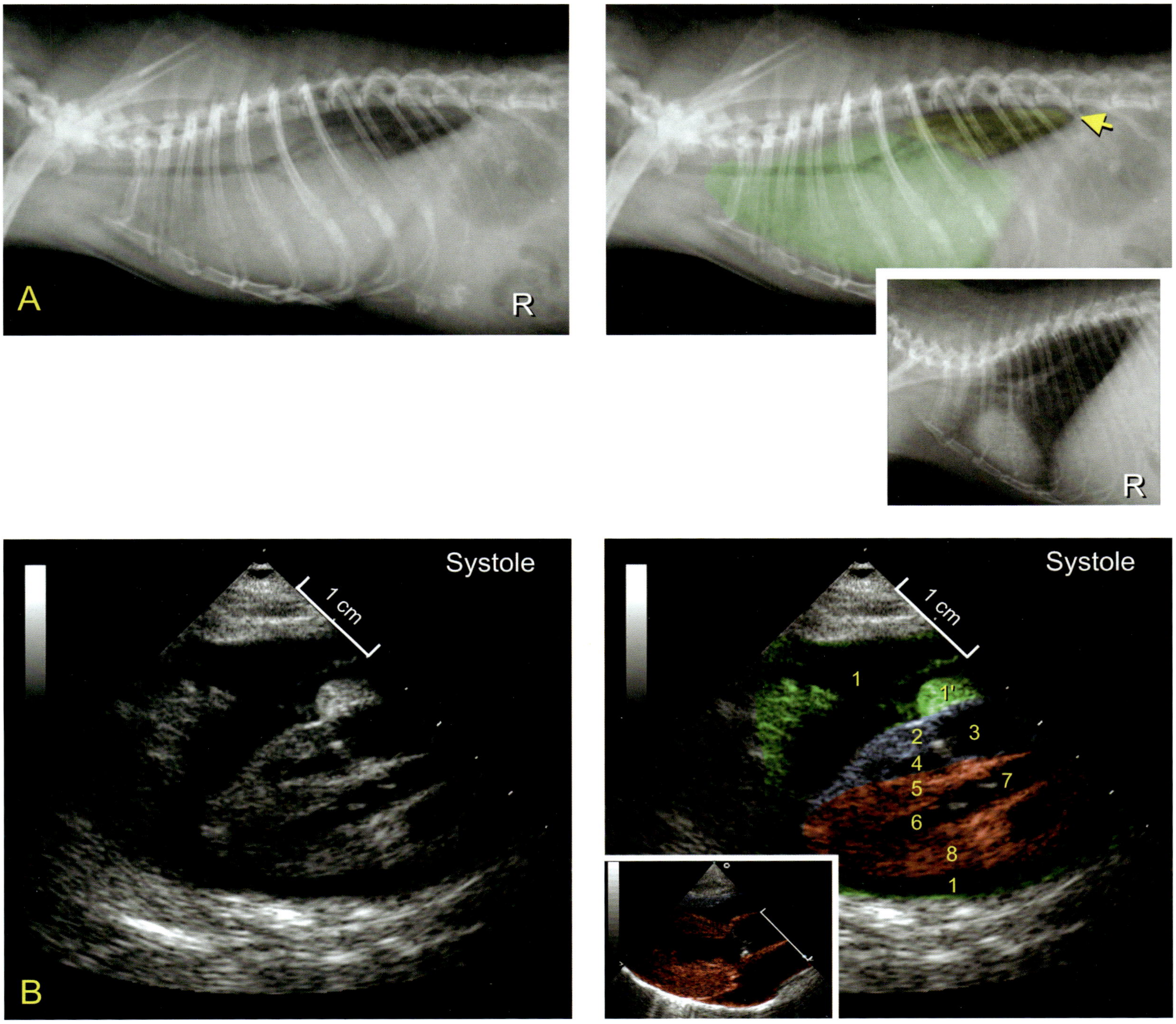

Abb. 2-131: Meerschweinchen: hochgradiger Pleuraerguss.

A: Röntgenuntersuchung, Thorax, latero-laterale Projektion, rechts anliegend, Meerschweinchen.

B: Zweidimensionale Echokardiographie, rechts parasternale Längsachsenansicht in Höhe des linksventrikulären Ausflusstraktes.

Die strahlendichte Flüssigkeit maskiert das Herz; die kaudalen Lungenlappen sind abgerundet (A, Pfeilspitze), rundliche Zubildung im Mediastinum (B, ohne gewebliche Charakterisierung). Das endsytolisch kleine Atrium sinistrum lässt eine Tamponade vermuten.

(Kleine Vergleichsbilder jeweils von herzgesunden Meerschweinchen.)

1: freie Flüssigkeit
1': Zubildung
2: Myocardium dextrum
3: Atrium dextrum
4: Ventriculus dexter
5: Septum interventriculare
6: Ventriculus sinister, Ausflusstrakt
7: Aorta ascendens mit endsystolisch geschlossener Valva aortae
8: Myocardium sinistrum
9: Atrium sinistrum

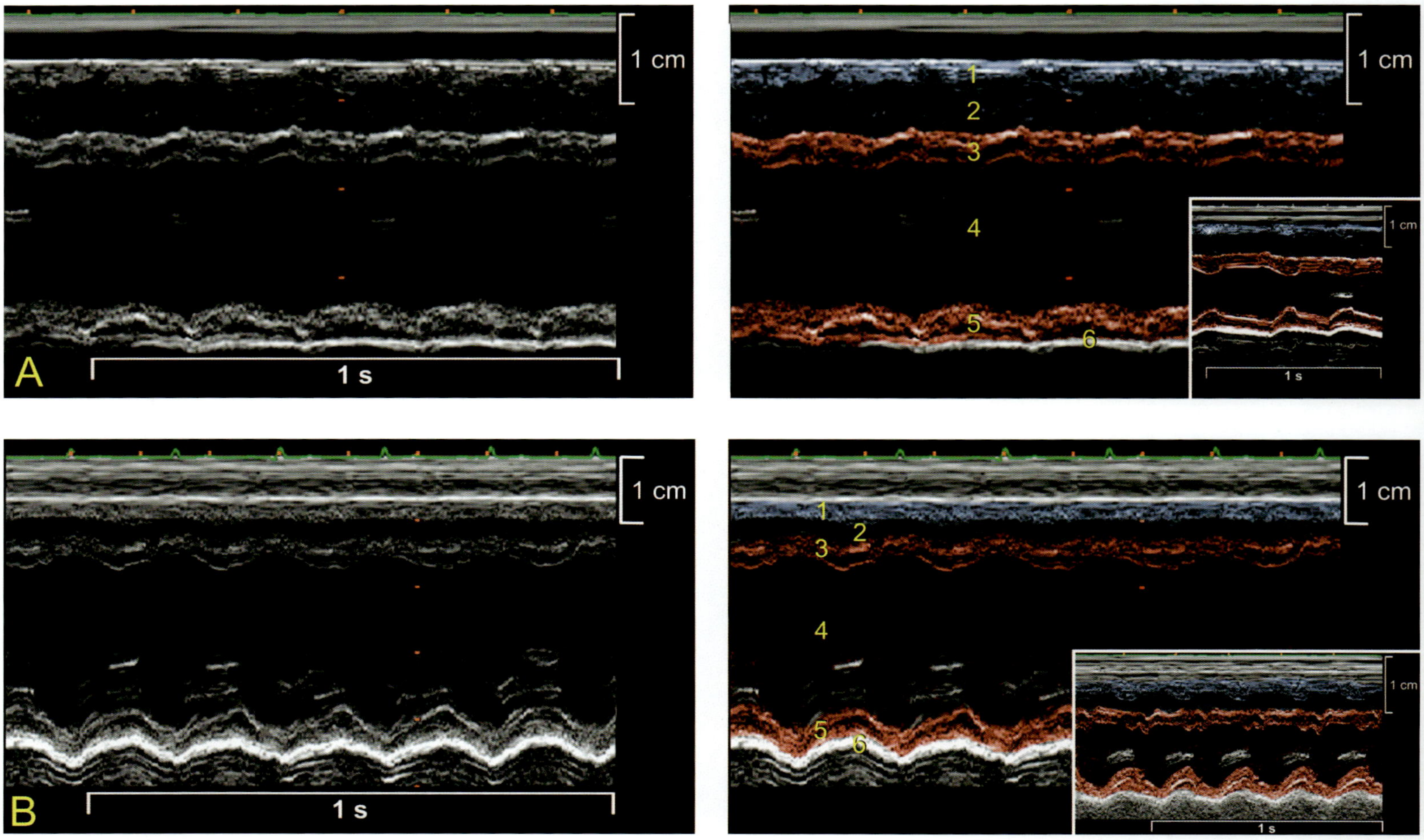

Abb. 2-132:

A: M-Mode aus rechts parasternaler Kurzachsenansicht in Höhe der Musculi papillares, Frettchen.

B: M-Mode aus rechts parasternaler Längsachsenansicht in Höhe der Chordae tendineae, Kaninchen.

A und B: enddiastolisch und endsystolisch vergrößerter Ventriculus sinister, unzureichende systolische Dickenzunahme von Septum interventriculare und Myocardium sinistrum bei Dilatativer Kardiomyopathie

(Kleine Vergleichsbilder von einem herzgesunden Frettchen [A] bzw. Kaninchen [B].)

1: Myocardium dextrum
2: Ventriculus dexter
3: Septum interventriculare
4: Ventriculus sinister
5: Myocardium sinistrum
6: Pericardium

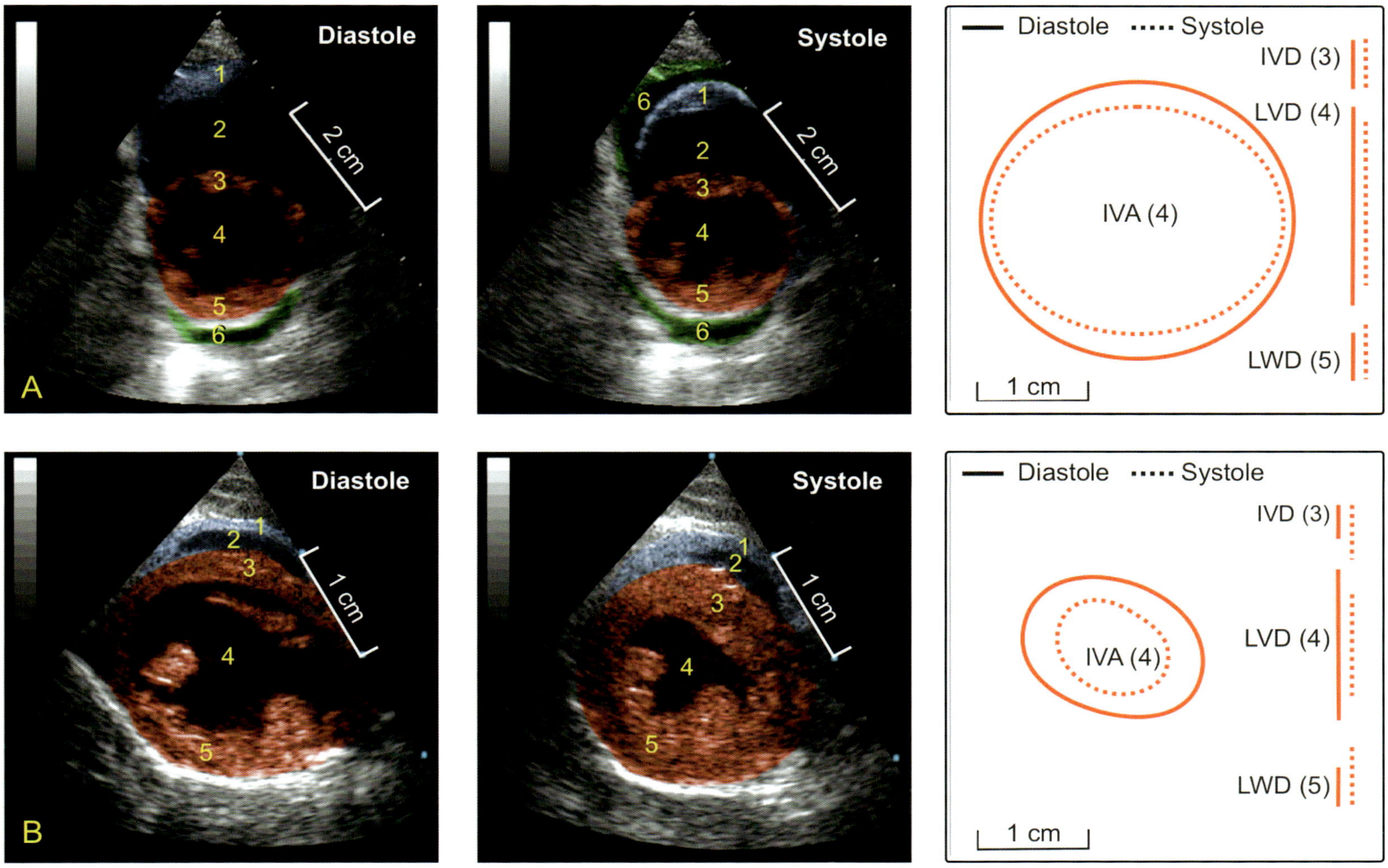

Abb. 2-133: Zweidimensionale Echokardiographien, rechts parasternale Kurzachsenansichten in Höhe der Musculi papillares, Kaninchen.

A: Enddiastolisch und endsystolisch hochgradiger vergrößerter Ventriculus sinister, unzureichende systolische Verdickung von Septum interventriculare und Myocardium sinistrum sowie Perikarderguss bei Dilatativer Kardiomyopathie.

B: Normal großer, gut kontrahierender Ventriculus sinister eines gesunden Herzens.

Die beiden Schemazeichnungen rechts mit einander angeglichenen Maßstäben verdeutlichen die gravierenden Veränderungen bei Dilatativer Kardiomyopathie (A, oben rechts) im Vergleich zum gesunden Herzen (B, unten rechts). Bei Dilatativer Kardiomyopathie sind die Kreisfläche (LVA) und der Durchmesser (LVD) des Ventriculus sinister diastolisch und systolisch erheblich vergrößert, die Durchmesser des Septum interventriculare (IVS) und des Myocardium sinistrum (LVM) überwiegend systolisch verringert.

1: Myocardium dextrum
2: Ventriculus dexter
3: Septum interventriculare
4: Ventriculus sinister
5: Myocardium sinistrum
6: Perikarderguss

LVA: linksventrikuläre Kreisfläche
LVD: linksventrikulärer Durchmesser
IVS: Dicke des Septum interventriculare
LVM: Dicke des Myocardium sinistrum

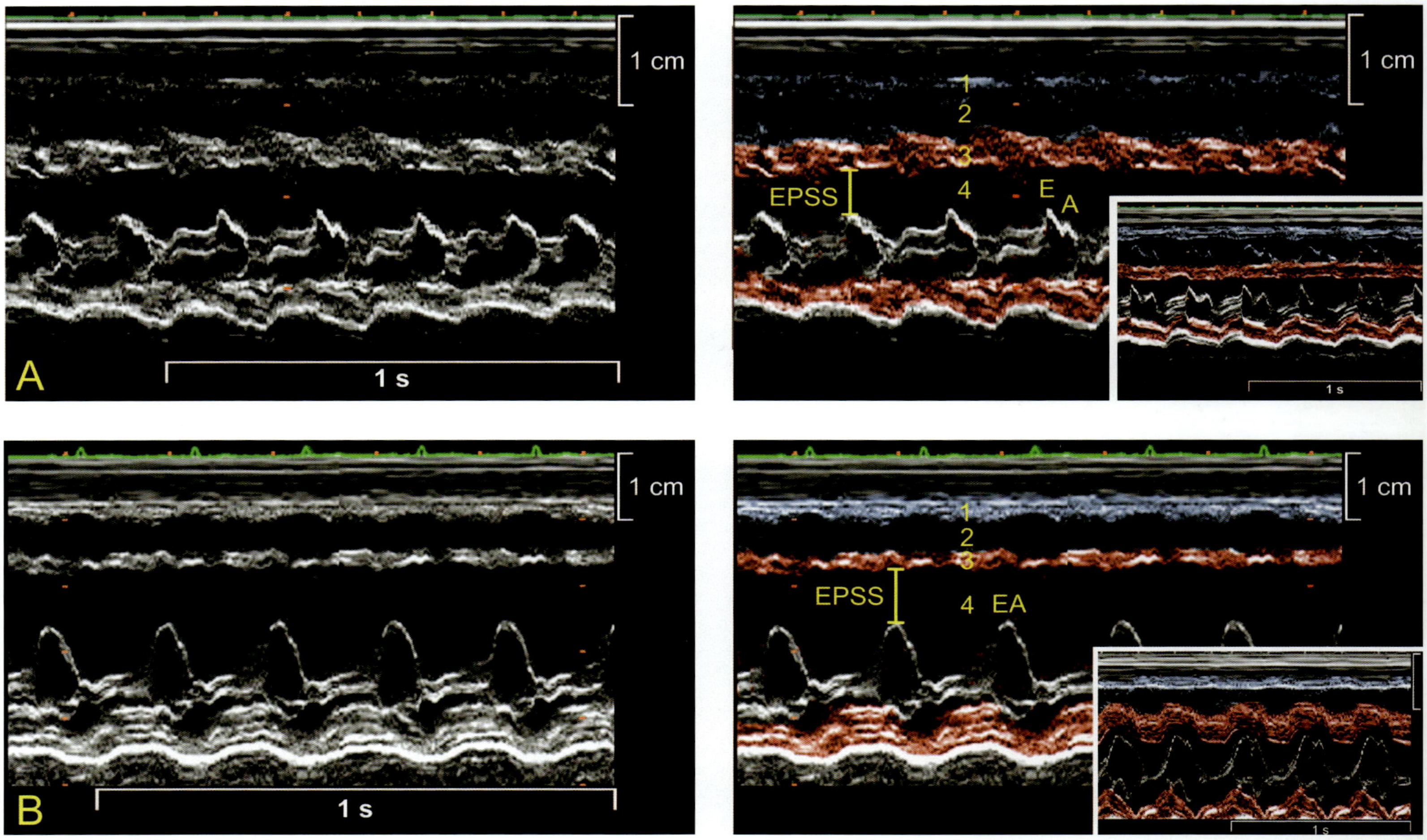

Abb. 2-134: Dilatative Kardiomyopathien mit endsystolisch volumenüberladenem Ventriculus sinister, vergrößerter EPSS und verlängerter frühdiastolischer Schlusszeit der Mitralklappe durch erschwerte frühdiastolische Füllung. Beginnende (A) und vollständige (B) Verschmelzung der E- und A-Welle unter anderem wegen hoher Herzfrequenz.

A: M-Mode aus rechts parasternaler Längsachsenansicht in Höhe der Valva mitralis, Frettchen.

B: M-Mode aus rechts parasternalem Kurzachsenschnitt in Höhe der Valva mitralis, Kaninchen.

(Kleine Vergleichsbilder von einem herzgesunden Frettchen [A] und Kaninchen [B]).

1: Myocardium dextrum
2: Ventriculus dexter
3: Septum interventriculare
4: Ventriculus sinister

EPSS: Abstand zwischen Septum interventriculare und E-Welle
E: E-Welle = frühdiastolische maximale Öffnung des Cuspis septalis der Valva mitralis
A: A-Welle = spätdiastolische Öffnung der Cuspis septalis der Valva mitralis während der Vorhofkontraktion
EA: EA-Verschmelzungswelle

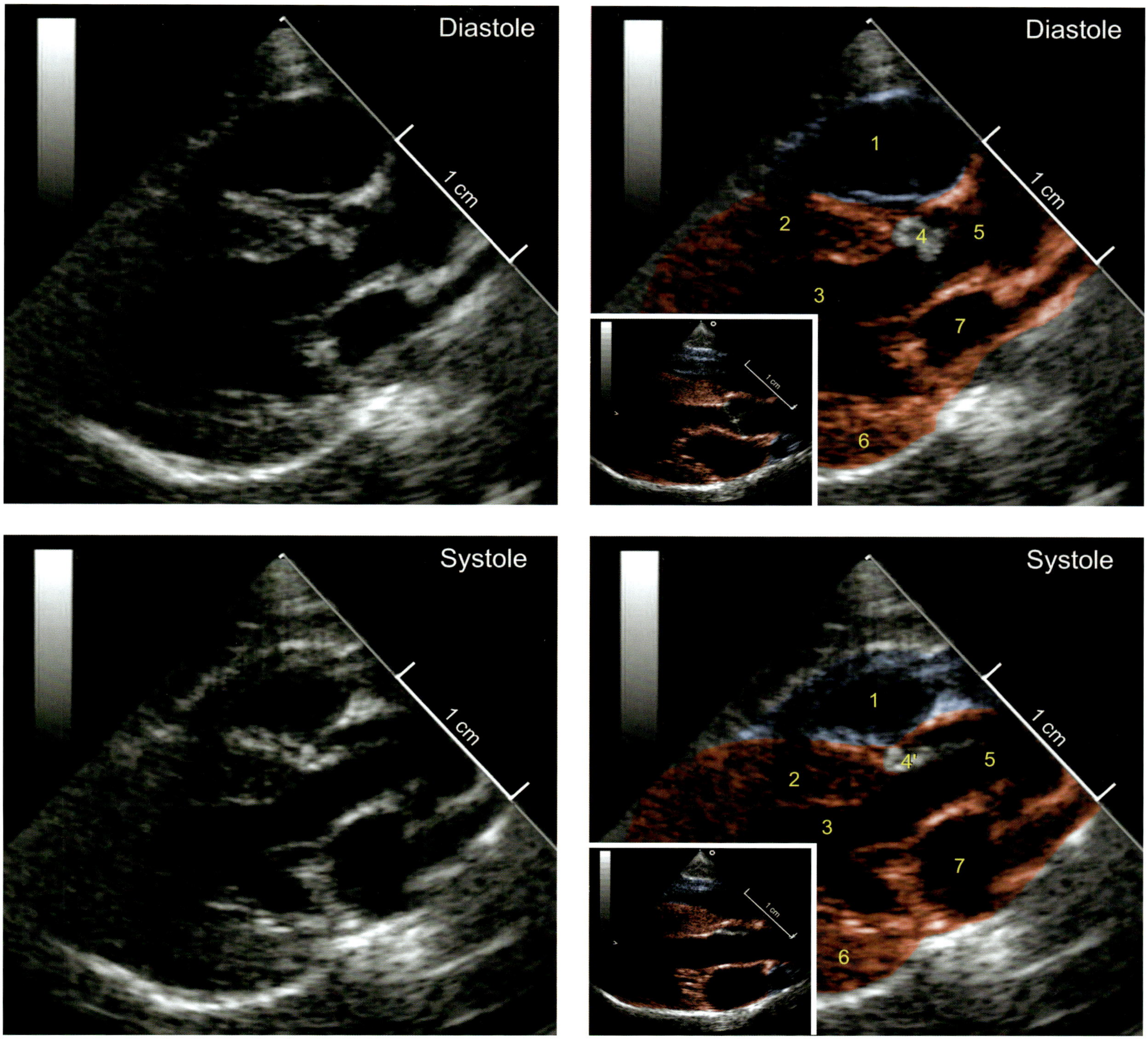

Abb. 2-139: Zweidimensionale Echokardiographie, rechts parasternale Längsansicht der linksventrikulären Ausflussbahn und Valva aortae, Frettchen. Verdickte Valvula semilunaris septalis (4) der Valva aortae bei guter Klappenöffnung; die farbkodierte Doppler-Echokardiographie zeigte eine deutliche Aortenklappeninsuffizienz (kleines Vergleichsbild von einem herzgesunden Frettchen).

1: Ventriculus dexter
2: Septum interventriculare
3: Ventriculus sinister, Ausflussbahn
4: geschlossene, verdickte Valva aortae
4': geöffnete Valva aortae
5: Sinus aortae
6: Myocardium sinistrum
7: Atrium sinistrum

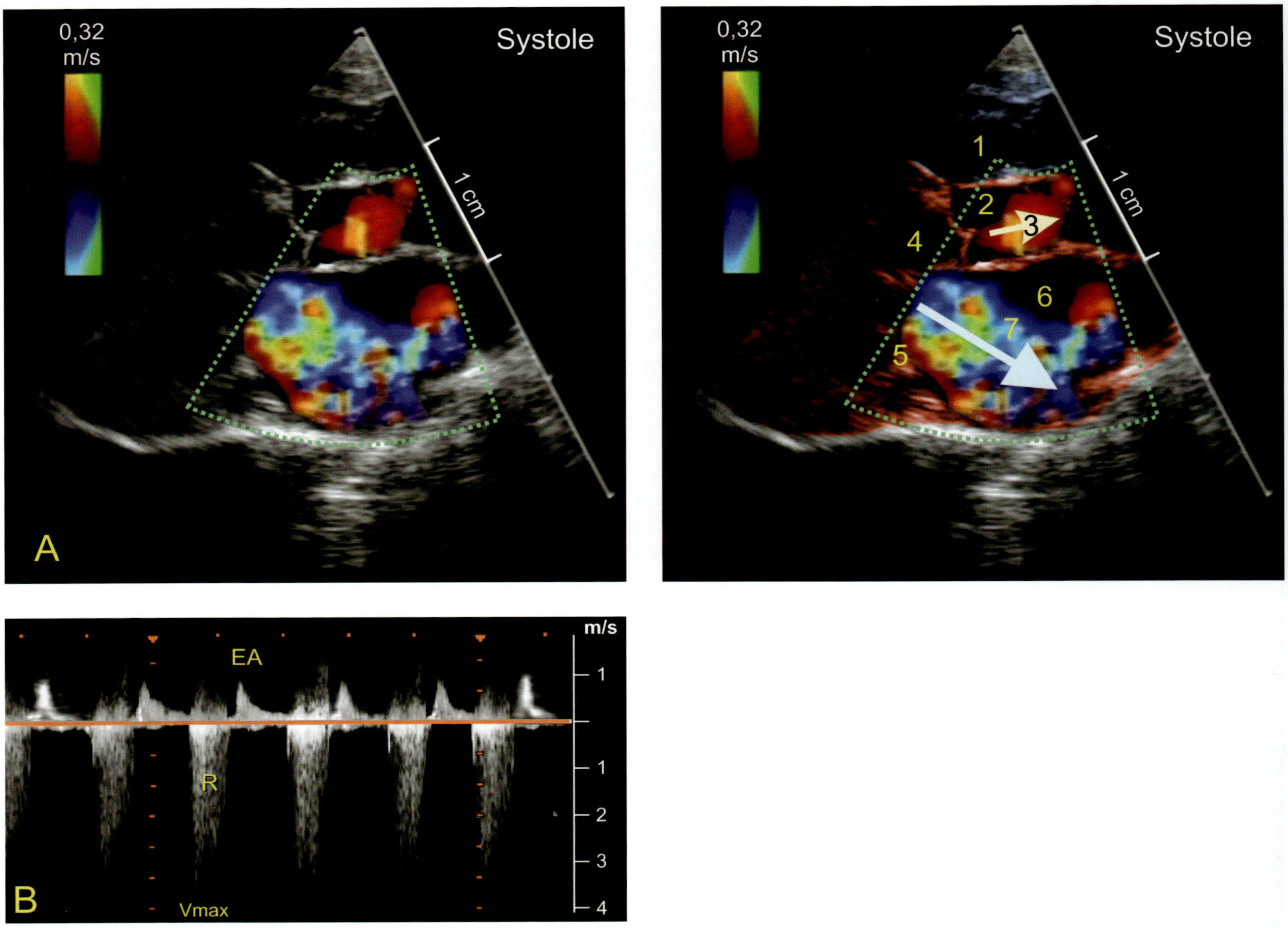

Abb. 2-140: Blutfluss bei Mitralklappeninsuffizienz, Frettchen.

A: Farbkodierte Doppler-Echokardiographie in der rechts parasternalen Längsachsenansicht: Ausgedehnter systolischer Rückfluss (7) in das Atrium sinistrum (6), der einen großen Bereich der sichtbaren Vorhoffläche bedeckt.

B: CW-Doppler-Echokardiographie in der apikalen Vierkammeransicht. Holosystolischer Rückfluss (R) mit »normaler« Regurgitationsgeschwindigkeit (V_{max}), verändertes diastolisches Einflussmuster (EA) aufgrund einer diastolischen Dysfunktion.

1: Ventriculus dexter
2: Sinus aortae mit endsystolisch bereits geschlossener Valva aoretae
3: normaler, endsystolischer Blutfluss im Sinus aortae
4: Ventriculus sinister
5: geschlossene Valva mitralis
6: Atrium sinistrum
7: endsystolischer großer Rückfluss im Atrium sinistrum

EA: EA-Fusionswelle, diastolischer Bluteinstrom in den Ventriculus sinister.
R: holosystolische Regurgitation durch die Valva mitralis.
V_{max}: maximale systolische Regurgitationsgeschwindigkeit.

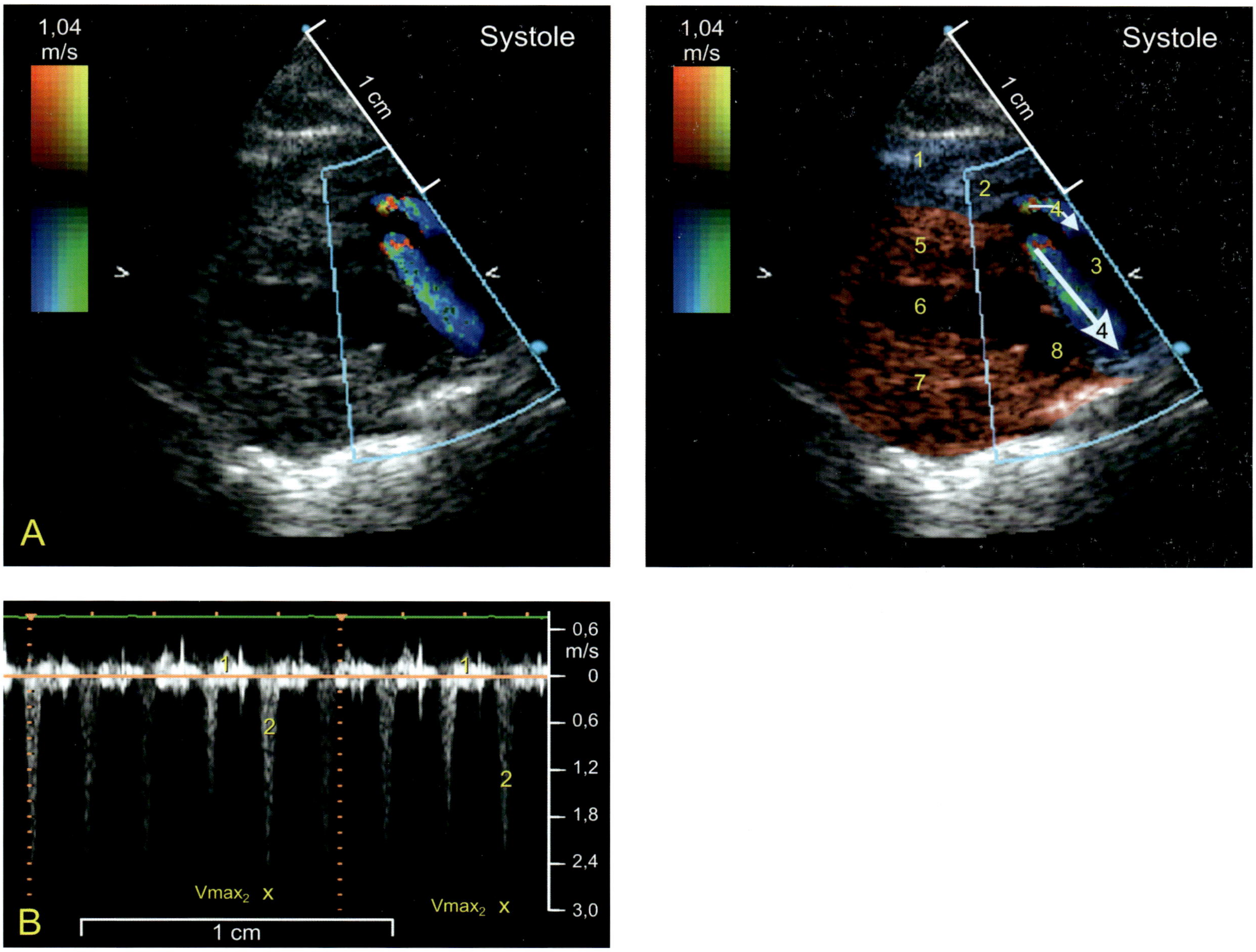

Abb. 2-141: Blutfluss bei Trikuspidalklappeninsuffizienz, Meerschweinchen.

A: Farbkodierte Doppler-Echokardiographie in der rechts parasternalen Längsachsenansicht. Zwei schmale, divergierende Rückflüsse in das Atrium dextrum.

B: CW-Doppler-Echokardiographie, ebenfalls aus der rechts parasternalen Längsachsenansicht. Holosystolischer, relativ schneller Rückfluss in das Atrium dextrum. Die hohe maximale Rückflussgeschwindigkeit (V_{max}) von etwa 3 m/s weist auf eine rechtsventrikuläre Druckerhöhung hin, wahrscheinlich durch eine pulmonale Hypertension. Bei dem Meerschweinchen bestand eine hochgradige chronische Bronchopneumonie.

1: Myocardium dextrum
2: Ventriculus dexter
3: vergrößertes Atrium dextrum
4: zwei Insuffizienzjets
5: Septum interventriculare
6: Ventriculus sinister
7: Myocardium sinistrum
8: Atrium sinistrum

V_{max}: maximale systolische Regurgitationsgeschwindigkeit.

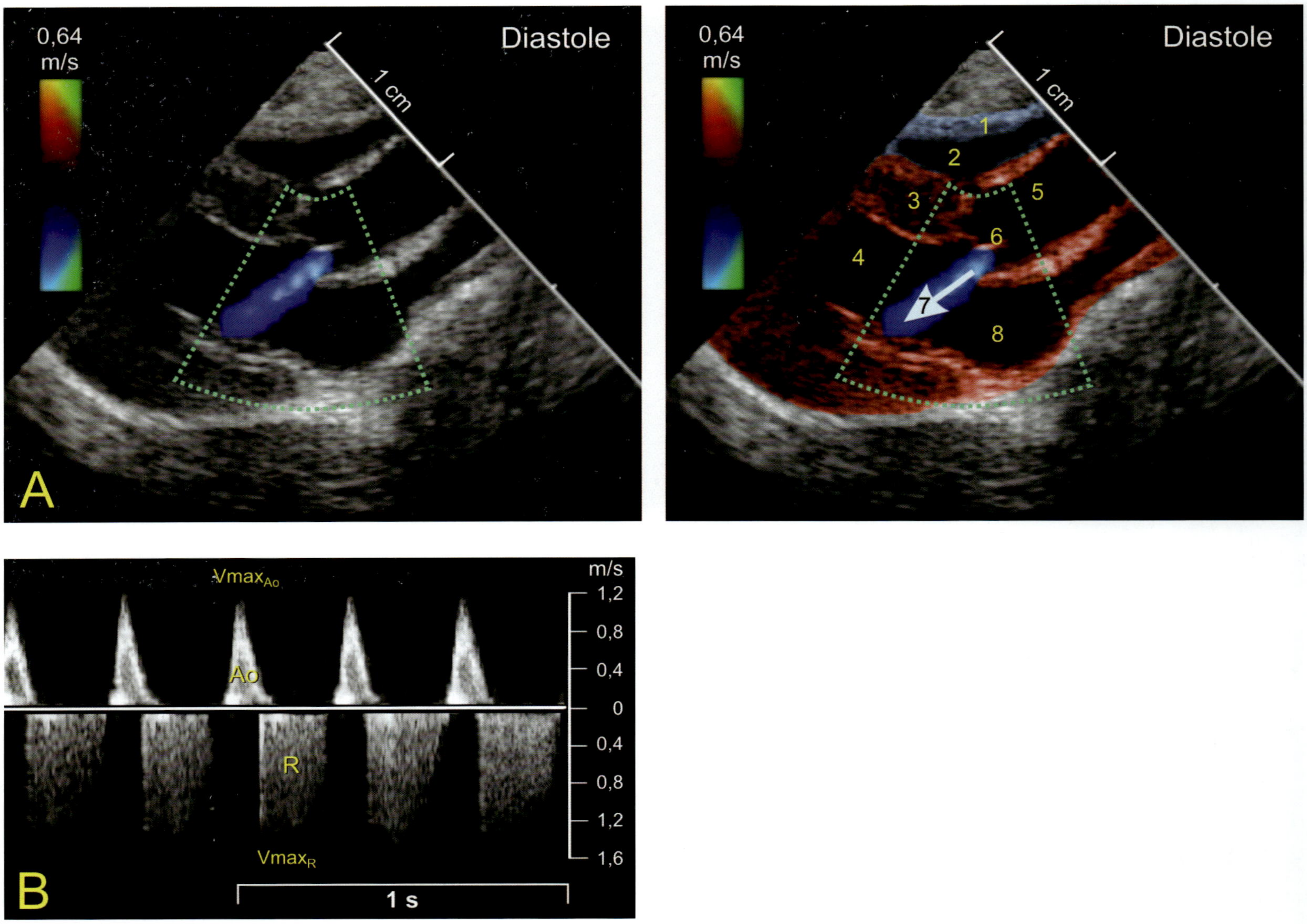

Abb. 2-142: Blutfluss bei Aortenklappeninsuffizienz, Frettchen.

A: Farbkodierte Doppler-Echokardiographie in der rechts parasternalen Längsachsenansicht. Langer schmaler Rückfluss in den Ventriculus sinister.

B: CW-Doppler-Echokardiographie, ebenfalls aus der rechts parasternalen Längsachsenansicht. Holodiastolischer Rückfluss (R) mit annähernd gleichbleibender Geschwindigkeit (V_{maxR}), d. h. einer langen Druckhalbwertzeit. Dies spricht für eine noch mäßige hämodynamische Bedeutung des Rückflusses. Das systolische Flussmuster (A_o) und die Fließgeschwindigkeit (V_{maxAo}) sind normal.

1: Myocardium dextrum
2: Ventriculus dexter
3: Septum interventriculare
4: Ventriculus sinister
5: Aorta ascendens
6: geschlossene Valva aortae
7: langer Rückfluss, der auf die Kammerwand trifft
8: Atrium sinistrum

Ao: Blutfluss in die Aorta mit normalen maximalen Fließgeschwindigkeiten (V_{maxAo})
R: holodiastolische Regurgitation durch die Valva aortae mit gleichbleibenden Fließgeschwindigkeiten (V_{maxR}, annähernd viereckiges Flussmuster)

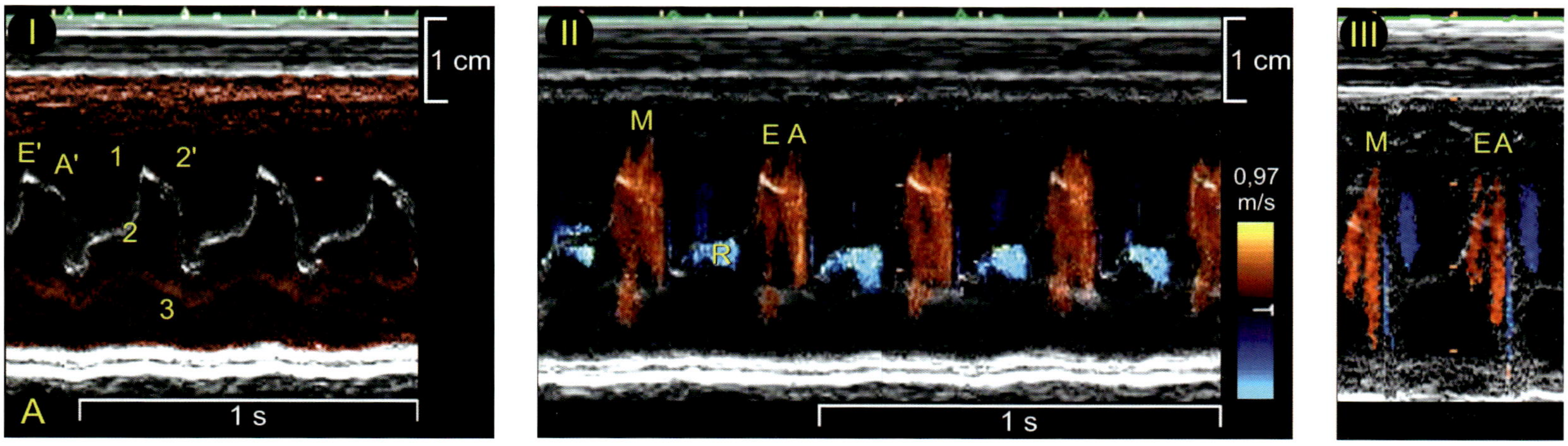

Abb. 2-143A: Blutfluss bei diastolischer Dysfunktion infolge einer hochgradigen Dilatativen Kardiomyopathie mit Mitralklappeninsuffizienz, Kaninchen.

A: Farbkodierter M-Mode aus der apikalen Vierkammeransicht von links.

I: M-Mode zur Orientierung.
II: Farbkodierter M-Mode mit beeinträchtigtem Blutfluss. Der spätdiastolische Blutstrom durch die Valva mitralis während der Vorhofkontraktion ist schneller als der frühdiastolische, erkennbar an der helleren Farbe.
III: Farbkodierter M-Mode mit normalem Blutfluss.

1: Ventriculus sinister
2: geschlossene Valva mitralis
2': geöffnete Valva mitralis
3: Atrium sinistrum

E': frühdiastolische Öffnung der Valva mitralis
A': spätdiastolische Öffnung der Valva mitralis

M: diastolischer Bluteinstrom durch die Valva mitralis
E: frühdiastolischer Einstrom
A: spätdiastolischer Einstrom
R: holosystolischer Rückfluss

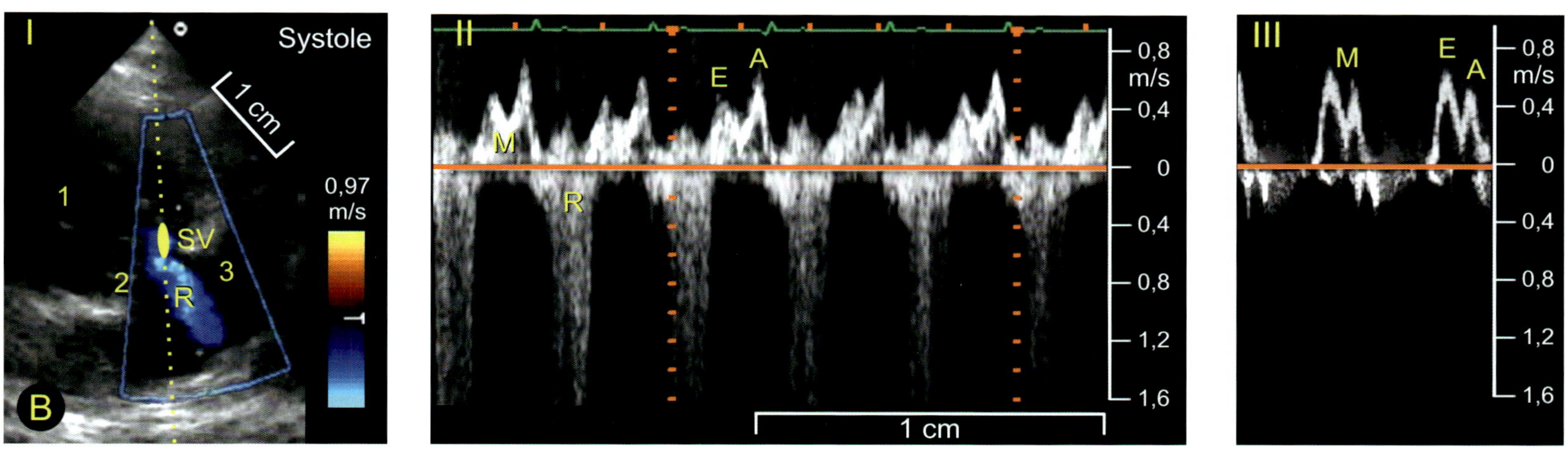

Abb. 2-143B: Blutfluss bei diastolischer Dysfunktion infolge einer hochgradigen Dilatativen Kardiomyopathie mit Mitralklappeninsuffizienz, Kaninchen.

B: PW-Doppler-Echokardiographie, ebenfalls aus der apikalen Vierkammeransicht von links.

I: Farbkodierte Doppler-Echokardiographie zur Orientierung.
II: PW-Doppler-Echokardiographie mit verändertem Blutfluss; der enddiastolische Blutfluss während der Vorhofkontraktion ist schneller als der frühdiastolische passive linksventrikuläre Bluteinstrom, d. h., die A-Welle ist höher als die E-Welle. Dieses Phänomen deutet auf einen erschwerten diastolischen Bluteinstrom in die linke Kammer hin, d. h. auf eine diastolische Dysfunktion.
III: PW-Doppler-Echokardiographie mit normalem Blutfluss.

1: Ventriculus sinister
2: geschlossene Valva mitralis
3: Atrium sinistrum

SV: Messvolumen (*sample volume*)
R: systolischer Rückfluss

M: diastolischer Blutfluss durch die Valva mitralis
E: frühdiastolischer Einstrom
A: spätdiastolischer Einstrom
R: systolischer Rückfluss in das Atrium sinistrum

2.9 Abdomen

Sven Reese, Jutta Hein

Größere Flüssigkeitsansammlungen in der Bauchfellhöhle (Aszites) können zu einem totalen Verlust der Zeichnung im Röntgenbild führen **(Abb. 2-144A)**. Da die Flüssigkeit nur einen sehr geringen akustischen Widerstand hat, stellen sich die Organe im sonographischen Bild bei einem hochgradigen Aszites echogener dar als sonst **(Abb. 2-144B)**. Kleine Volumina freier Flüssigkeit sind röntgenologisch nicht erkennbar, lassen sich aber songraphisch sicher nachweisen **(Abb. 2-144C)**. Bei Kleinsäugern werden Infusionen häufig subkutan appliziert. Die infundierte Flüssigkeit sammelt sich ventral in der Unterhaut der Bauchdecke **(Abb. 2-144D)** und darf nicht mit einem Aszites verwechselt werden.

2.9.1 Magen

Fremdkörper im Magen **(Abb. 2-145A)** wie auch im Darm **(Abb. 2-145B)** finden sich primär bei Frettchen, die aus Neugierde häufig Fremdkörper aufnehmen. Sind diese röntgendicht, ist die Diagnose einfach. Bei röntgenologisch nicht darstellbaren Fremdkörpern ist ergänzend eine Kontrastdarstellung des Magens **(Abb. 2-145A)** oder besser eine Doppelkontrastuntersuchung durchzuführen. Sonographisch gelingt dagegen ein Fremdkörpernachweis im Magen nur selten.

Bei Kaninchen bilden sich oft **Trichobezoare** und **Phytobezoare** im Magen. Ihr Auftreten ist immer ein Hinweis auf zu faserarmes Futter, teilweise ein zu geringes Wasserangebot und Langeweile (Fellfressen, ausgiebiges Belecken von Stallpartnern). Rassen mit langen Haaren sind entsprechend häufiger betroffen. Bezoare können, wenn sie sich vor den Pylorus schieben, eine Futteranschoppung im Magen verursachen und bis zu einem vollständigen Magenverschluss führen. In einem Teil der Fälle gelingt der Nachweis eines Bezoars schon im Nativröntgen **(Abb. 2-146A)**. Ist dies nicht der Fall, kann der Bezoar häufig durch die Eingabe von Bariumsulfatsuspension dargestellt werden, der das Kontrastmittel eine längere Zeit bindet als der übrige Mageninhalt **(Abb. 2-146B)**. Die Qualität der Darstellung ist abhängig von der verwendeten Menge. Zu wenig Kontrastmittel führt zu einer unzureichenden Auskleidung der Magenschleimhaut. Zu große Volumina machen eine Unterscheidung von Umfangsvermehrungen der Magenwand und Bezoaren oft schwierig. Alternativ zum Positivkontrast kann auch zunächst nur Luft als Negativkontrastmittel per Schlundsonde eingegeben werden **(Abb. 2-146C)**. Im Einzelfall kann zum Nachweis eines Bezoars auch Doppelkontrast erforderlich werden (s. auch Kap. 2.1.3.2).

Bei einer **Magenüberladung** dehnt sich der Magen weit über das physiologische Maß ventro-kaudal aus. Ist der Magen überladen oder hochgradig tympanisch (s.u.) stellt er sich auf der laterolateralen Aufnahme kugelrund dar und kann bis zu zwei Drittel extrathorakal liegen und über die gesamte Thoraxhöhe reichen. Bei starker Füllung wird beim Kaninchen das gesamte Darmkonvolut kaudal gedrängt. Stellt sich der Magen zwar rund und groß dar, sind aber noch Darmschlingen hinter dem Magen erkennbar, ist der Füllungszustand noch nicht als extrem kritisch anzusehen. Bei sehr adipösen Kaninchen bleibt dem Gastrointestinaltrakt weniger Platz, um sich bei vermehrter Füllung auszudehnen. In diesen Fällen kommt es entsprechend evtl. auch schon zu Herz-Kreislauf-Problemen, Kollaps und Dyspnoe bei noch nicht so hochgradiger Magenüberladung. Bei Meerschweinchen liegen Magen und Darmkonvolut teilweise nebeneinander. Die Magenabgrenzungen sind daher nicht immer klar erkennbar und damit ist die Magenfüllung schlechter zu beurteilen. Hier sind Positivkontrastmitteldarstellungen oft sehr hilfreich. In akuten Stadien einer Magenüberladung stellt sich der Mageninhalt röntgenologisch noch als Futter-Gas-Gemenge dar **(Abb. 2-147A)**. Besteht die Magenüberladung schon über längere Zeit, wird sein Inhalt homogen weichteildicht und ist in vielen Fällen von einer zentralen Gasblase (»Spiegelei«), die sich als runder, scharf abgegrenzter Bezirk etwas geringerer Röntgendichte darstellt, überlagert **(Abb. 2-147B)**. Teilweise kann es bei Meerschweinchen mit großzystischen Ovarien in der latero-lateralen Projektion zu Verwechslungen mit Magen- oder Blinddarmüberladungen kommen. Die Aufnahme in der ventro-dorsalen Projektion sollte aber eine sichere Differenzierung ermöglichen. Bei Magenüberladungen (insbesondere wenn beim Kaninchen in der laterolateralen Ansicht kein Darm mehr hinter dem Magen sichtbar ist) empfiehlt es sich, vor Therapiebeginn (Zwangsfütterung, Eingabe von Öl-Wasser-Gemischen) durch eine Kontrastpassage **(Abb. 2-147C)** sicherzustellen, dass die Magenpassage auch möglich ist (s. Kap. 2.1.3.2).

Magentympanien werden zumeist durch Fehlgärungen im Magen hervorgerufen, die ihre Ursache bei Kaninchen, aber auch Meerschweinchen, Chinchilla und Degu, meist in Fütterungsfehlern und unphysiologischen Nüchternphasen haben. Sie können aber auch sekundär als Folge einer Obstipation weiter distal im Gastrointestinaltrakt vorkommen. Im Röntgenbild dominiert ein weit über das normale Maß erweiterter abgerundeter mit Gas gefüllter Magen **(Abb. 2-147D)**. Beim Meerschweinchen kann eine Unterscheidung von Magen und Zäkum teilweise erschwert sein, da sich diese auch im überfüllten Zustand auf der laterolateralen Aufnahme überlagern.

Magendrehungen kommen bei Kleinsäugern sehr selten vor, sind aber insbesondere beim Meerschweinchen möglich.

Gastritiden und **Ulzerationen** der Magenschleimhaut treten sekundär nach Magenüberladungen und bei Tieren mit Bezoaren relativ häufig auf. Ihr Nachweis ist aber bei Kaninchen und Nagern weder röntgenologisch noch sonographisch sicher möglich.

2.9.2 Dünndarm

Fremdkörper, die den Magen passiert haben, können im Dünndarm steckenbleiben und einen **Fremdkörperileus** hervorrufen. Bei Kleinsäugern wird dieses Krankheitsbild insbesondere bei Frettchen gesehen. Aber auch bei Kaninchen treten häufig Obstruktionen des Dünndarms auf, die entstehen, wenn Bezoare oder unverdaute Futterbrocken (z. B. Karottenstücke) in den Darm rutschen und dort hängenbleiben. Am häufigsten wird in der Kleinsäugermedizin ein Dünndarmileus beim Chinchilla gesehen. Bei dieser Spezies sind **Invaginationen** wahrscheinlich meist Folge einer Enteritis und/oder Hyperperistaltik. Prinzipiell können auch Umfangsvermehrungen anderer Organe, Strikturen, Verklebungen oder Tumoren den Dünndarm partiell einengen oder komplett verschließen. Proximal des Ileus kommt es zur Erweiterung des Darms durch Gas und/oder Flüssigkeitsansammlungen, die röntgenologisch ein Hinweis auf einen Obstruktionsileus sind. Eine ergänzende sonographische Untersuchung kann insbesondere in Fällen mit Invaginationen oder Tumoren helfen, die Ursache eines Ileus zu klären. Der definitive Nachweis eines Obstruktionsileus kann mit Hilfe der Kontrastpassage erfolgen, die den Sitz des Darmverschlusses sicher markiert. Partielle Einengungen lassen sich ebenfalls – allerdings nicht in allen Fällen – in der Kontrastpassage röntgenologisch darstellen. Voraussetzung ist, dass die eingegebene Kontrastmittelmenge ausreichend groß genug ist, um den Darm komplett auszukleiden.

Dünndarmverlagerungen werden gelegentlich bei Kaninchen beobachtet und können ein Hinweis auf einen **Volvolus** sein. Häufig kommt es hierbei zur Verlagerung einzelner Dünndarmschlingen über den Magen, die dann aufgasen und so röntgenologisch gut sichtbar sind. Diese Verlagerungen sind unter Fütterung zum Teil reversibel. Diese Tiere sollten unter Beobachtung bleiben und die Verlagerung sollte chirurgisch behoben werden, wenn innerhalb von 24 Stunden keine Veränderung eintritt.

Akute und chronische **Enteritiden** können bei Frettchen wie Kaninchen auftreten. Im sonographischen Bild ist bei einem Teil der chronischen Fälle eine diffuse Zunahme der Echogenität in der Darmschleimhaut nachweisbar. Mit dem Dünndarm assoziierte **Abszesse** treten insbesondere bei Kaninchen immer wieder auf. In der Sonographie zeigen sie sich als meist kreisrunde Strukturen geringer Echogenität mit z. T. angedeuteter konzentrischer Echotextur **(Abb. 2-148A)**, können sich aber auch inhomogen echogen darstellen **(Abb. 2-148B)**.

2.9.3 Blind- und Dickdarm

Obstipationen im Blind- und Dickdarm sind bei Kaninchen, Meerschweinchen, Chinchillas und Degus meist durch Mängel oder plötzliche Änderungen in der Fütterung verursacht (z. B. zu energiereiches faserarmes Futter, zu geringes Wasserangebot). Es kommen aber auch Probleme im Bereich der Zähne oder Platzmangel im Abdomen bei großen Zubildungen, z. B. ausgehend von der Gebärmutter oder einfach eine extreme Adipositas, als primäre Ursache in Frage. Im Röntgenbild sind die obstipierten, prall mit relativ röntgendichtem Futter gefüllten Abschnitte des Darmtraktes gut zu erkennen. Kranial der Obstipation kommt es sekundär zur Aufgasung des ruhenden Futterbreis und kaudal zur Entleerung und sekundären Aufgasung **(Abb. 2-149A)**. Während es im Magen nach ca. 24 Stunden allmählich zu einer Verflüssigung des Inhalts kommt (s. Kap. 2.9.1), gast das Zäkum eher sekundär auf und/oder der Inhalt trocknet bei einer Obstipation ein, was therapeutisch berücksichtigt werden muss.

Kaninchen, Meerschweinchen, Chinchillas und Degus reagieren auf eine Vielzahl von Ursachen wie Zahnerkrankungen, Fütterungsfehlern, Inappetenzen oder Infektionen des Darmtraktes mit Fehlgärungen und **Tympanien** des Darms. Zudem können Stress und Schmerzzustände eine Darmatonie hervorrufen, die ebenfalls mit dem Bild einer Tympanie einhergeht. Die Tympanien können insbesondere bei Chinchillas und Meerschweinchen erhebliche Ausmaße annehmen und die betroffenen Tiere schnell zu einem akut lebensbedrohlichen Notfall werden lassen **(Abb. 2-149B, C)**.

Bakterielle Enteritiden können mit einer starken Entzündung des Appendix vermiformis, einem wichtigen lymphatischen Abwehrorgan im Darmtrakt des Kaninchens, einhergehen. Der physiologischerweise nicht darstellbare Appendix kann dann sonographisch als stark verdickter Darmabschnitt mit augenfällig veränderter Echotextur der Darmwand dargestellt werden **(Abb. 2-149D, E)**.

Darmtumoren treten sporadisch bei allen Spezies auf, klinisch werden sie jedoch erst auffällig, wenn sie die Darmfunktion beeinträchtigen oder einen Ileus hervorrufen. Ihre röntgenologische Darstellbarkeit ist abhängig von der Größe und ihr sonographischer Nachweis gelingt nur, wenn der betroffene Darmabschnitt nicht von anderen Abschnitten des Gastrointestinaltraktes überdeckt wird **(Abb. 2-149F)**.

2.9.4 Leber

Das typische röntgenologische Merkmal einer **Hepatomegalie** ist gegeben, wenn die ventrale Leberkontur deutlich über den Rippenbogen hinausgeht **(Abb. 2-150A)**. Hierfür kommt eine ganze Reihe von Ursachen in Frage. Bei kardial bedingten Lebervergrößerungen sind als sonographisches Merkmal die Lebervenen aufgestaut. Gleichzeitig lässt sich in den meisten Fällen ein Aszites nachweisen. Typische Lokalisationen, an denen man auch geringgrade Formen eines Aszites diagnostizieren kann, sind in Rückenlage der Bereich der dorsalen Bauchwand an den Nierenpolen, zwischen den Leberlappen **(Abb. 2-144)** und kranio-dorsal am Blasenscheitel.

Sehr häufig liegt bei Kaninchen und Meerschweinchen eine **Leberverfettung** vor, die ebenfalls Ursache einer Lebervergrößerung sein kann. Sonographisches Merkmal ist eine diffuse Echogenitätserhöhung der Leber, die dann echogener als die Milz ist **(Abb. 2-150B)**. Beweisend für die Diagnose ist aber nur die zytologische Untersuchung eines Feinnadelaspirates, mit deren Hilfe eine Abgrenzung von der im sonographischen Bild sehr ähnlichen, aber wesentlich seltener auftretenden **Steroidhepatose** erfolgen kann **(Abb. 2-150C)**.

Die **Gallengangskokzidiose** ist ebenfalls eine häufiger auftretende Ursache einer Lebervergrößerung beim Kaninchen. Die Wände der normalerweise nicht sonographisch darstellbaren Gallengänge sind verdickt und erweitert und führen zur einer Veränderung der Echotextur der Leber **(Abb. 2-150D)**. Evtl. ist der verdickte Leberlymphknoten im Bereich der Leberpforte darstellbar **(Abb. 2-150E)**.

Neoplasien der Leber führen meistens nicht zu einer generellen Hepatomegalie **(Abb. 2-150F)**, sondern nur zu lokal beschränkten Vergrößerungen. Ist die Leber aber definitiv vergrößert, kann dies auch röntgenologisch dargestellt werden. Sie zieht dann in der latero-lateralen Aufnahme typischerweise ventral über den Rippenbogen hinaus und zeigt abgerundete Ränder. Partielle Vergrößerungen sind eher in der ventro-dorsalen oder dorso-ventralen Aufnahme zu sehen, da es hier zu einer meist einseitigen Verlagerung des Magens kommen kann. Sonographisch können sich Lebertumoren als echoreiche, echoarme oder auch isoechogene Knoten solitär oder multipel darstellen **(Abb. 2-150G)**. Die definitive Diagnose kann nur nach ultraschallgeführter Punktion oder Biopsie der Knoten gestellt werden. Differentialdiagnostisch ist beim Kaninchen, wenn echoreiche runde Bezirke in der Leber gefunden werden, die Pseudotuberkulose zu beachten. Bei Zwergkaninchen in Heimtierhaltung tritt die Pseudotuberkulose zwar selten auf, hat aber eine relativ hohe Bedeutung, da es sich um eine humanpathogene Zoonose handelt. Bei älteren Hamstern und Mongolischen Rennmäusen kann es zur hochgradigen zystischen Erweiterung der Gallengänge kommen, die die ganze Bauchhöhle ausfüllen können **(Abb. 2-150H)**. Die Ursache hierfür ist nicht endgültig geklärt, evtl. handelt es sich um ein Gallengangsadenom.

Die **Verkleinerung der Leber** als Folge chronischer degenerativer Umbauprozesse kann zu einem Rückstau der Vena portae hepatis führen **(Abb. 2-150I)** und ist dann häufig auch mit einem Aszites verbunden.

2.9.5 Pankreas

Krankheiten des Pankreas werden bei Kleinsäugern nur relativ selten diagnostiziert. Ein unspezifisches röntgenologisches Anzeichen einer **Pankreatits** ist eine diffus erhöhte Röntgendichte bei diffuser Zeichnung im rechten kranialen Abdomen. Sonographisch ist das Pankreas bei einer akuten Entzündung meist hypoechogen, diffus vergrößert und das umgebende Fett und Gekröse sind echoreicher. Eine sichere Diagnose erlaubt aber auch das sonographische Bild nicht. Die Verdachtsdiagnose eines **Pankreastumors** erfolgt sonographisch aus der topographischen Lage der Zubildungen. Die mit Abstand häufigste Neoplasie des Pankreas ist das **Insulinom** beim Frettchen **(Abb. 2-151)**. Insulinome sind hypoechogene Knoten im Pankreas mit wenigen Millimetern Durchmesser. Auch wenn die Diagnose Insulinom labordiagnostisch gesichert ist, gelingt ihr sonographischer Nachweis in vielen Fällen nicht.

2.9.6 Milz

Splenomegalien werden insbesondere beim Frettchen gesehen und lassen sich sowohl röntgenologisch als auch sonographisch sicher nachweisen **(Abb. 2-152A** und **2-152B)**. Bei Kaninchen und Kleinsäugern sind Milzvergrößerungen dagegen nicht mit spezifischen röntgenologischen Merkmalen verbunden. Bei diesen Spezies bleibt die Diagnose der sonographischen Untersuchung vorbehalten. Sehr viele Frettchen habe eine Milzvergrößerung, die nicht mit einer spezifischen Krankheit in Verbindung gebracht werden kann. So hat der Nachweis einer Milzvergrößerung diagnostisch meist keine Relevanz. Die wichtigste spezifische Krankheitsursache für eine Milzvergrößerung ist das **Lymphom.** In diesen Fällen kann die Milzvergrößerung auch mit einer Echotexurveränderung verbunden sein. Das charakteristische Bild eines Lymphoms ist der mottenfraßähnliche Durchsatz der Milz mit hypoechogenen Bezirken **(Abb. 2-152C)**. Neben der Milzvergrößerung sind beim Lymphom sonographisch zahlreiche vergrößerte Lymphknoten nachweisbar **(Abb. 2-152D)**, die von einem hyperechogenen Bezirk umgeben sein können. Diese hyperechogenen Areale sind ein typisches Merkmal des reaktiven Gekröses, welches infolge entzündlicher wie neoplastischer Prozesse in der Peritonealhöhle auftreten kann **(Abb. 2-152E)**.

2.9.7 Harntrakt

2.9.7.1 Nieren

Größenveränderungen der **Nieren** lassen sich, im Gegensatz zu Deformationen, bei Kleinsäugern röntgenologisch häufig nur schlecht erkennen. Die Sonographie ist hier deutlich überlegen. Vergrößerungen sind in der Mehrzahl der Fälle durch **Neoplasien** begründet **(Abb. 2-153A)**. Sie können aber auch durch große **Zysten**, wie sie insbesondere bei Frettchen regelmäßig gesehen werden **(Abb. 2-153B)**, verursacht sein. Verkleinerungen der Niere kommen meist infolge einer **chronischen interstitiellen Nephritis** vor. Sonographisch lassen sich bei diesen Nieren dann oft Einziehungen der Oberflächenkontur **(Abb. 2-153C)**, eine Verschmälerung der Nierenrinde **(Abb. 2-153D)** oder ein Verlust der Abgrenzung zwischen Rinde und Mark erkennen **(Abb. 2-153E)**. Eine typische Ursache chronischer interstitieller Nephritiden bei Kaninchen ist die Infektion mit *Encephalitozoon cuniculi*. **Pyelonephritiden** sind bei Kaninchen, Meerschweinchen und Chinchillas häufig Folge von Konkrementen im Nierenbecken (**Nephrolithiasis, Abb. 2-153F, G**) oder einer konkrementbedingten Hydronephrose. In schweren Fällen kann daraus eine fortschreitend eitrig-einschmelzende Pyelonephritis resultieren **(Abb. 2-153H)**. Pyelonephritiden können aber auch primär auftreten **(Abb. 2-153I)** und sekundär mit der Ausbildung einer Hydronephrose verbunden sein **(Abb. 2-153K)**. Sonographisch fällt bei der Pyelonephiritis meistens eine diffuse oder inhomoge Echogenitätszunahme im Nierenmark und in fortgeschrittenen Fällen eine Verkleinerung der Nierenpapille auf.

Kleine **Nierenzysten** treten sporadisch bei jeder Spezies auf, sind aber von geringer klinischer Bedeutung. Besondere Verhältnisse liegen beim Frettchen vor. Bei dieser Spezies lassen sich etwas in

50 % der Fälle Nierenzysten nachweisen. Die Zysten liegen fast immer an der Mark-Rinden-Grenze und pro Niere lassen sich maximal bis zu drei Zysten nachweisen **(Abb. 2-153L)**. **Polyzystische Nieren** sind dagegen bei Frettchen nur selten zu sehen.

2.9.7.2 Ureter

Setzen sich aus dem Nierenbecken abgeschwommene Konkremente im Ureter – vorzugsweise vor der Mündung in die Harnblase – fest, kommt es zum Rückstau des Harns und zur Bildung eines **Hydroureters (Abb. 2-154A)** und einer **Hydronephrose** (s. **Abb. 2-153H**). Bei Kaninchen, Meerschweinchen und Chinchillas wird dies häufiger gesehen. Die Uretersteine sind sowohl sonographisch als auch röntgenologisch sicher darstellbar (**Abb. 2-154A** bis **C**). Wichtig ist bei der röntgenologischen Untersuchung immer auch die Darstellung im ventro-dorsalen Strahlengang, um eine Verwechslung mit Harnblasensteinen auszuschließen. Bei männlichen Tieren ist zu beachten, dass im Röntgenbild deutlich lateral der Harnblase gelegene Konkremente auch in den Samenblasendrüsen lokalisiert sein können. Einen Hydroureter anderer, bisher unbekannter Genese findet man als Nebenbefund immer wieder bei Frettchen. Bei diesen Tieren kann der Ureter einseitig stark erweitert sein, ohne dass eine Engstelle als Ursache sonographisch nachgewiesen werden kann. Auffällig sind dabei die starken Kontraktionswellen, die durch den Ureter laufen **(Abb. 2-154D)**. Parallel besteht bei diesen Tieren meist eine mittelgradige Hydronephrose. In keinem der fünf Fälle, die bisher im eigenen Patientengut aufgetreten sind, bestanden klinisch oder labordiagnostisch Anzeichen einer Niereninsuffizienz.

2.9.7.3 Harnblase

Krankheiten der Harnblase treten bei Frettchen und Kleinnagern eher selten auf. Bei Kaninchen, Meerschweinchen und Chinchillas sind Harnblasenveränderungen dagegen sehr häufig zu beobachten. Dies steht im Zusammenhang mit der besonderen Stoffwechselphysiologie letztgenannter Spezies, die sämtliches mit dem Futter aufgenommenes Kalzium im Darm resorbieren und überschüssiges Kalzium über die Niere wieder ausscheiden müssen. Ist in der Futterration übermäßig viel Kalzium vorhanden, wie dies in der Heimtierhaltung häufig der Fall ist, kristallisiert das im Harn in hoher Konzentration vorhandene Kalziumoxalat aus und bildet in der Harnblase den sogenannten **Blasenschlamm** (*sludge*) **(Abb. 2-155A, B)**. Es kann sich aber auch zu festen Konkrementen verbinden, die dann im Nierenbecken, den Ureteren, der Harnblase oder der Urethra als mehr oder weniger große **Harnsteine** auftreten **(Abb. 2-155C, D)**. Im sonographischen Bild werfen die Steine, im Gegensatz zum Schlamm, einen Schallschatten. Eine chronische Reizung der Blasenschleimhaut durch die Konkremente führt in vielen Fällen zu heftigen **Zystitiden**, die mit Polyurie und Polydypsie sowie teilweise mit einer Hämaturie verbunden sind. Typisches sonographisches Merkmal dieser Zystitiden ist, neben der Verdickung der Blasenwand, die nur bei gefüllter Harnblase diagnostiziert werden darf, eine dopplersonographisch deutlich nachweisbare Hyperämisierung der Blasenwand **(Abb. 2-155E, F)**, die nach erfolgreicher Zystitistherapie nicht mehr nachgewiesen werden kann. In schweren (verschleppten) Fällen kann sich eine eitrig nekrotisierende Zystitis entwickeln, die zur Entwicklung einer Peritonitis führen kann. Die Umgebung der Harnblase weist dann eine Echogenitätszunahme auf **(Abb. 2-155G)**. Die Abgrenzung von ebenfalls gut vaskularisierten Blasenwandtumoren **(Abb. 2-155H)**, die insbesondere bei Meerschweinchen regelmäßig diagnostiziert werden, ist nicht in jedem Fall möglich. Dehnt sich ein neoplastischer Prozess in der Blasenwand bis in den Mündungsbereich der Ureteren aus, kann es zum Harnrückstau mit Ausbildung eines Hydroureters und einer Hydronephrose kommen (s. Kap. 2.9.7.2).

Schwimmt ein Blasenstein in die Urethra ab, bleibt er häufig vor der Mündung in die Vulva oder im Penis stecken und kann zu partieller oder sogar vollständiger Verlegung der Harnwege führen. Diese Tiere leiden meist unter heftigen Schmerzen, was wiederum zu Hypomotilität, Dysbiose und Tympanie des Gastrointestinaltraktes führen kann, die meist der Grund sind, warum das Tier in der Sprechstunde vorgestellt wird. Der Nachweis des Steines in der Urethra kann nur röntgenologisch erfolgen **(Abb. 2-155I)**. Jede Röntgenaufnahme des Abdomens sollte das komplette Becken mit dem Perineum einbeziehen, da sonst die Gefahr besteht, einen **Urethrastein**, z. B. als primäre Ursache einer Tympanie, zu übersehen. Stellen sich röntgenologisch Konkremente im Bereich der Penisspitze dar, sollte kontrolliert werden, ob es sich tatsächlich um Steine in der Urethra oder lediglich um röntgendichte Verschmutzungen in der Präputialtasche handelt. Gerade beim Meerschweinchenbock kommt es durch Ansammlung von verhärtetem Smegma in der Präputialtasche häufig zu ringartigen Einengungen des Penis, die wiederum die Ansammlung von Kristallen in der Urethra und ihre Verlegung begünstigen.

2.9.8 Weiblicher Geschlechtsapparat

Mit Ausnahme der Frettchenfähe, die in der Heimtierhaltung überwiegend nur nach Kastration gehalten wird, treten bei allen Kleinsäugerspezies relativ häufig pathologische Veränderungen an den weiblichen Geschlechtsorganen auf. Die Inzidenz von pathologischen Veränderungen an den männlichen Geschlechtsorganen ist dagegen deutlich geringer.

2.9.8.1 Vagina

Pathologische Veränderungen im Bereich der Vagina können bei Kleinsäugern röntgenologisch nicht nachgewiesen werden. Bei Kaninchen finden sich, sehr gut mit der Sonographie darstellbar, regelmäßig pathologische Flüssigkeitsansammlungen unterschiedlichen Umfangs in der Vagina (**Hydrovagina**). Die primäre Ursache kann zum Teil in einer durch chronische Zystitis mit Abfluss von Harn in die Vagina bedingten **Inkontinenz** liegen. In den meisten Fällen jedoch ist die Hydrovagina ursächlich mit pathologischen Veränderungen in der Gebärmutter verbunden **(Abb. 2-156)**.

2.9.8.2 Cervix uteri

Die Cervix uteri ist fast bei jedem weiblichen Tiere ohne Mühe, wenn ein sonographischer Transversalschnitt durch die Harnblase gelegt wird, seitlich zwischen Rektum und Harnblase zu erkennen (s. Kap. 2.4.3.6). Beim Meerschweinchen z. B. ist sie hypoechogen und queroval mit einer durchschnittlichen Breite von 6,1 mm (5,2–6,8 mm) und einer Höhe von 4,6 mm (3,7–5,9 mm). Unter übermäßigem Östradioleinfluss aus hormonell aktiven Ovarialzysten nimmt der Durchmesser der Cervix sichtbar zu (> 8 mm Durchmesser) **(Abb. 2-157)**. Die Größe der Cervix uteri ist beim Meerschweinchen somit ein relativ guter Indikator, ob Ovarialzysten hormonproduzierend sind oder nicht (s. Kap. 2.9.8.4), schon einige Zeit bevor andere Symptome eines Hyperöstrogenismus, wie eine bilateral symmetrische Alopezie oder eine Anämie, auftreten. Zur Bestätigung sollte der Uterus selbst auf Anzeichen einer endometrialen Hyperplasie untersucht werden.

2.9.8.3 Uterus

Pathologische Veränderungen der Gebärmutter sind bei fast allen unkastrierten Heimtier-Kaninchen nachzuweisen. Der Grund hierfür liegt in ihrem besonderen Reproduktionszyklus. Die Ovulation wird bei Kaninchen durch einen taktilen Reiz auf dem Rücken ausgelöst. Das besondere dabei ist, dass Kaninchen fast ständig ovulationsbereite Follikel auf den Ovarien ausgebildet haben. Ungefähr alle zwei Wochen kommt es zu einer Follikelatrophie, falls keine Ovulation ausgelöst wurde. Innerhalb der nächsten zwei bis vier Tage findet erneut eine Follikulogenese statt. Die neuen Follikel sind dann wieder für 14 Tage auf einen entsprechenden Reiz zur Ovulation bereit (induzierte Ovulation). Bei Tieren in Heimtierhaltung wird die Ovulation durch Streicheln über den Rücken ausgelöst. In der Folge kommt es zur Ausbildung einer Scheinträchtigkeit, die nach ungefähr 17 Tagen abgebrochen wird, und der Kreislauf beginnt erneut. Dies bedeutet, dass sich unkastrierte weibliche Kaninchen in Heimtierhaltung fast ständig in einer Scheinträchtigkeit befinden. Die damit verbundene chronische Stimulation des Endometriums und der Uterindrüsen führt zur Ausbildung **zystischer endometrialer Hyperplasien (Abb. 2-159A, B)**. Die hyperplastischen Veränderungen können bis zum Verschluss des Uteruslumens führen, wodurch proximal der Verschlussstelle eine **Hydrometra (Abb. 2-159C)** entstehen kann. Durch die Einblutung aus der veränderten Schleimhaut kann es auch zu einer **Hämometra** kommen **(Abb. 2-159D)**. Bei sekundärer bakterieller Infektion dieses stark veränderten Endometriums kommt es zur Ausbildung einer **Pyometra**, die aber bei anderen Spezies, wie dem Goldhamster **(Abb. 2-159E)**, deutlich häufiger gesehen wird als bei Kaninchen. Endometriale Hyperplasien treten bei anderen Spezies deutlich seltener auf als beim Kaninchen. Ihr sonographischer Nachweis beim Meerschweinchen ist ein deutlicher Hinweis auf zystisch veränderte Ovarien, die übermäßig Hormone produzieren. Eine Dickenzunahme der Uterushörner kann auch ein Hinweis auf eine **Endometritis** sein **(Abb. 2-159F)**, die in einer weiterführenden gynäkologischen Untersuchung abgeklärt werden muss. Gerade bei adipösen Kaninchen kann die Hyperplasie der Gebärmutter oft schon röntgenologisch sichtbar sein (s. **Abb. 2-154B** und **2-155A**). Teilweise kommt es in dem hyperplastischen Gewebe zu Kalkeinlagerungen, die sich röntgenologisch als röntgendichte, flockige Bezirke darstellen.

Bei älteren Kaninchen kommen parallel zu den hyperplastischen Veränderungen auch Neoplasien des Endometriums in hoher Inzidenz vor. Hierbei handelt es sich zumeist um **Adenokarzinome (Abb. 2-159G)** mit hoher Metastasierungstendenz in die Lunge und in selteneren Fällen um **Leiomyome** oder **Fibrosarkome (Abb. 2-159H)**. Die neoplastischen Veränderungen sind sonographisch und röntgenologisch nicht zweifelsfrei von den endometrialen Hyperplasien zu unterscheiden. Im Allgemeinen sind die Neoplasien aber runder, größer und solider. Es ist nicht sicher geklärt, ob sich Adenokarzinome des Uterus bei Kaninchen auf der Grundlage der endometrialen Hyperplasien oder der chronischen hormonellen Stimulation entwickeln oder ob es sich um einen völlig unabhängigen Krankheitsprozess handelt.

2.9.8.4 Ovar

Pathologische Veränderungen der Ovarien stellen sich überwiegend als **Ovarialzysten** dar, **Ovarialtumoren** sind dagegen deutlich seltener. Ovarialzysten können bei jeder Kleinsäugerspezies insbesondere im höheren Lebensalter auftreten **(Abb. 2-158A)**. Besonders häufig sind sie allerdings bei Meerschweinchen. Bei dieser Spezies entwickeln 70–80 % aller weiblichen adulten Tiere Ovarialzysten, unabhängig davon, ob sie zur Zucht eingesetzt werden oder nicht. Die Zysten sind meist beidseitig ausgebildet, mehrkammerig und können erhebliche Umfänge bis zu 10 cm erreichen **(Abb. 2-158B)**. Während sich große Zysten auch röntgenologisch darstellen lassen, was durch Verdrängung anderer Bauchhöhlenorgane deutlich wird, sind kleinere Zysten nur sonographisch nachzuweisen **(Abb. 2-158C)**. Es lassen sich histogenetisch drei verschiedene Zystenarten unterscheiden:

- Entwicklung aus dem Rete ovarii (häufigste Form)
- Entwicklung aus präovulatorischen Follikeln (10–20 %)
- Entwicklung aus dem Epoophoron (selten)

Mit bildgebenden Verfahren ist es nicht möglich, diese drei Formen zu unterscheiden. Klinisch bedeutsam ist aber, dass nur Zysten, die sich aus präovulatorischen Follikeln entwickelt haben, Steroidhormone bilden können. Bei nur ungefähr 5 % der Meerschweinchen sind die zystisch veränderten Ovarien hormonell aktiv und führen zu typischen Anzeichen eines Hyperöstrogenismus mit Ausbildung einer endometrialen Hyperplasie, ggf. bilateral symmetrischer Alopezie und Anämie. Erfahrungsgemäß handelt es sich in diesen Fällen fast immer um Ovarien mit relativ kleinen Zysten.

Bei der unkastrierten Frettchenfähe entstehen Ovarialzysten **(Abb. 2-158D)**, wenn sie in der Ranzzeit keinen Kontakt zu einem Rüden haben und somit die Ovulation nicht ausgelöst wird. Die zystisch veränderten Ovarien beginnen dann bereits nach relativ kurzer Zeit, autonom Hormone abzugeben. Klinisch zeigen sich eine **Dauerranz** und langfristig Symptome eines schweren **Hyperöstrogenismus**, mit oft letaler aregenerativer Anämie.

2.9.9 Männlicher Geschlechtsapparat

2.9.9.1 Hoden

Es werden hauptsächlich drei Arten pathologischer Veränderungen der Hoden gesehen: 1. **Hodentumoren**, die sich gut sonographisch darstellen lassen, 2. **Orchitiden** und 3. **Hodentorsionen**, bei denen die Minderperfusion und der venöse Rückstau gut doppler-sonographisch dargestellt werden können. Röntgenologisch sind Hodenveränderungen nur selten darstellbar.

2.9.9.2 Akzessorische Geschlechtsdrüsen

Pathologische Veränderungen der akzessorischen Geschlechtsdrüsen sind relativ selten. Bei kastrierten Frettchenrüden kann im Verlauf eines Hyperadrenokortizismus infolge eines Nebennierenadenoms eine **Prostatahyperplasie** entstehen. Ebenfalls beschrieben ist die Ausbildung von **Prostatazysten**, die im Einzelfall erhebliche Umfänge annehmen können **(Abb. 2-160)**.

Insbesondere bei Meerschweinchenböcken kommt es vor, dass bei bestehender Urolithiasis Konkremente in die Samenblasendrüsen rutschen. Diese Konkremente können die gleichen Krankeitssymptome wie bei einer Zystitis auslösen. Ihr Nachweis ist sonographisch einfacher als röntgenologisch. Beim Chinchilla kommt es teilweise zu röntgenologisch darstellbaren Verkalkungen im Bereich der akzessorischen Geschlechtsdrüsen, ohne dass eine Urolithiasis vorliegt.

2.9.10 Nebennieren

Bei der sonographischen Untersuchung der Nebennieren ist es das primäre Ziel, Größenveränderungen darzustellen. Verkleinerungen der Nebennieren sind bei Kleinsäugern sehr selten und werden primär im Rahmen einer Dauermedikation mit Kortikosteroiden, z. B. im Rahmen einer Chemotherapie bei Tumorpatienten, gesehen **(Abb. 2-161A)**.

Bei Vergrößerungen der Nebennieren werden **Nebennierenhyperplasien**, **Nebennierenadenome** und **Nebennierenkarzinome** unterschieden. Frettchen sind mit Abstand die Tierart, bei der Nebennierenhyperplasien **(Abb. 2-161B)** und -adenome **(Abb. 2-161C, D)** am häufigsten auftreten, während Karzinome seltener sind **(Abb. 2-161E)**. Die Ursache wird darin gesehen, dass nach einer Kastration das negative Feedback der Geschlechtshormone entfällt, so dass kontinuierlich GnRH ausgeschüttet wird und zur Abgabe von LH und FSH führt. Wahrscheinlich embryonal in der Nebenniere angelegte geschlechtshormonproduzierende Zellen reagieren beim Frettchen auf diese hormonelle Stimulation mit einer Hyperplasie und teilweiser Differenzierung zu Adenomen. Histologisch lassen sich diese nodulären Nebennierenrindenhyperplasien bei fast allen kastrierten Rüden und Fähen nachweisen. In der Sonographie sind Hyperplasien nur schwer von normalem Nebennierengewebe abzugrenzen. Die Adenome beginnen, im Gegensatz zu den kortisonausschüttenden Nebennierentumoren der Hunde (Morbus Cushing, Cushing-Syndrom), in unterschiedlichem Maße, Geschlechtshormone (Androstenedion, Östradiol, 17-Hydroxyprogesteron und Dehydroepiandrosteronsulfat) zu produzieren. Die Hormonausschüttung führt zu dem typischen Krankheitsbild des Hyperadrenokortizismus der Frettchen mit Alopezie, Vulvaschwellung, Prostatahyperplasien und zystischen endometrialen Hyperplasien selbst des Metrastumpfes bei hysterektomierten Fähen. Ist eines der im Überschuss produzierten Hormone Östrogen, kann es innerhalb relativ kurzer Zeit zu lebensbedrohlichen Anämien kommen.

Bei allen anderen Kleinsäugerspezies sind Neoplasien der Nebennieren dagegen deutlich seltener, die in seltenen Einzelfällen auch einen Hyperadrenokortizismus (z. B. beim Goldhamster) auslösen können.

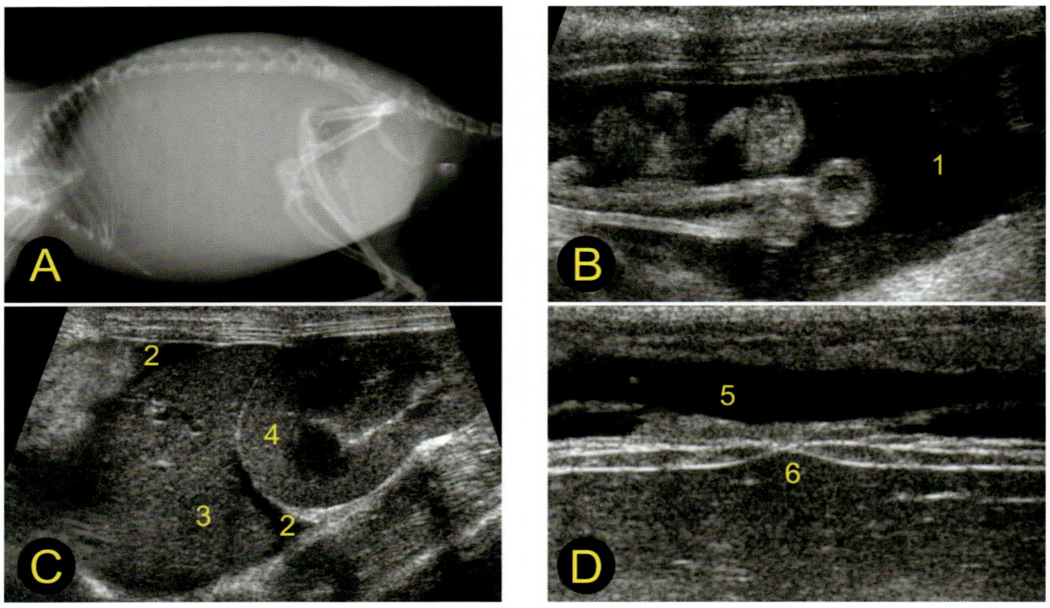

1: Aszites
2: Flüssigkeit in der Impressio renalis
3: Leber
4: rechte Niere
5: subkutane Flüssigkeit
6: Linea alba

Abb. 2-144:

A: Röntgenuntersuchung, Abdomen, latero-laterale Projektion, Mongolische Rennmaus. Hochgradiger Aszites (Aufnahme mit freundlicher Genehmigung: Tierklinik Oberhaching).

B: Ultraschalluntersuchung, Abdomen im Sagittalschnitt. 12 MHz, ET: 3 cm, Kaninchen. Dünndarmschlingen schwimmen in hochgradigem Aszites (1).

C: Ultraschalluntersuchung, rechter Leberlappen im Sagittalschnitt, 12 MHz, ET: 4 cm, Kaninchen. Flüssigkeitsansammlung in der Impressio renalis (2).

D: Ultraschalluntersuchung, Bauchwand im Transversalschnitt, 12 MHz, ET: 1,5 cm, Kaninchen. Subkutane Flüssigkeitsansammlung.

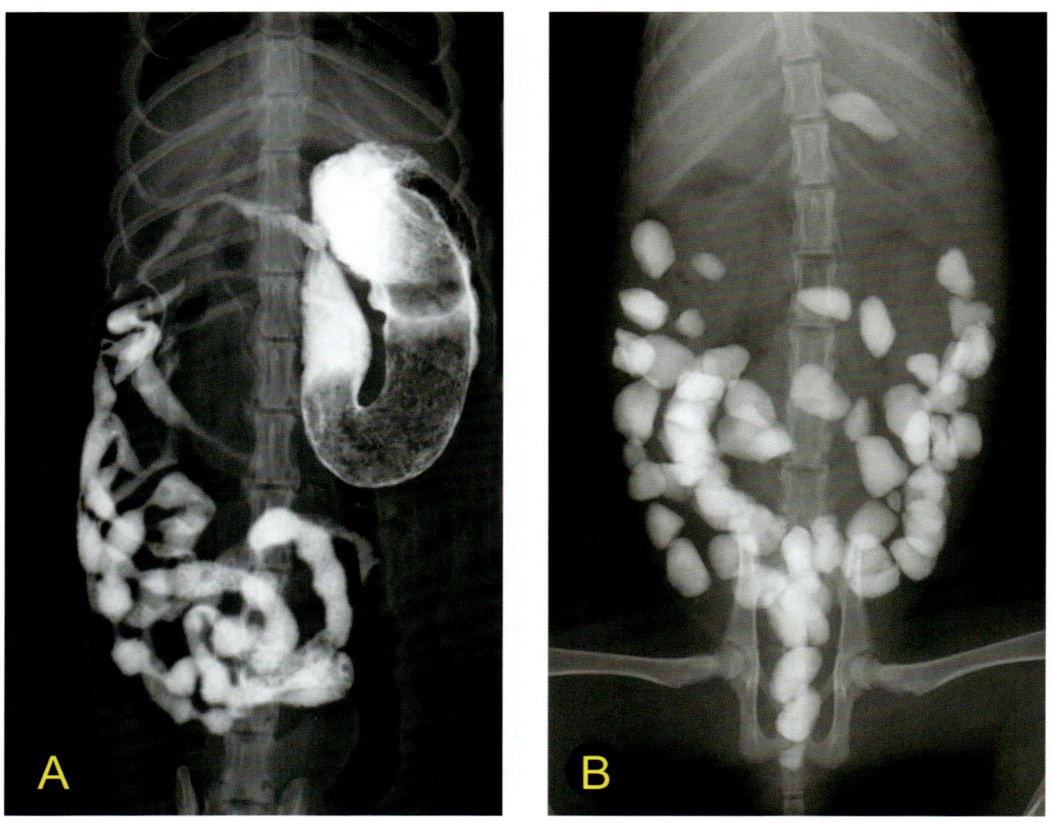

Abb. 2-145: Röntgenuntersuchung, Abdomen, ventro-dorsale Projektion, Frettchen: Fremdkörper.

A: 30 min nach Kontrastmittelgabe. Im Magen wird ein Fremdkörper (längliches Bezoar) vom Kontrastmittel umflossen.

B: Multiple röntgendichte Fremdkörper (Kieselsteine) distal im Dünndarm, Dickdarm und Rektum.

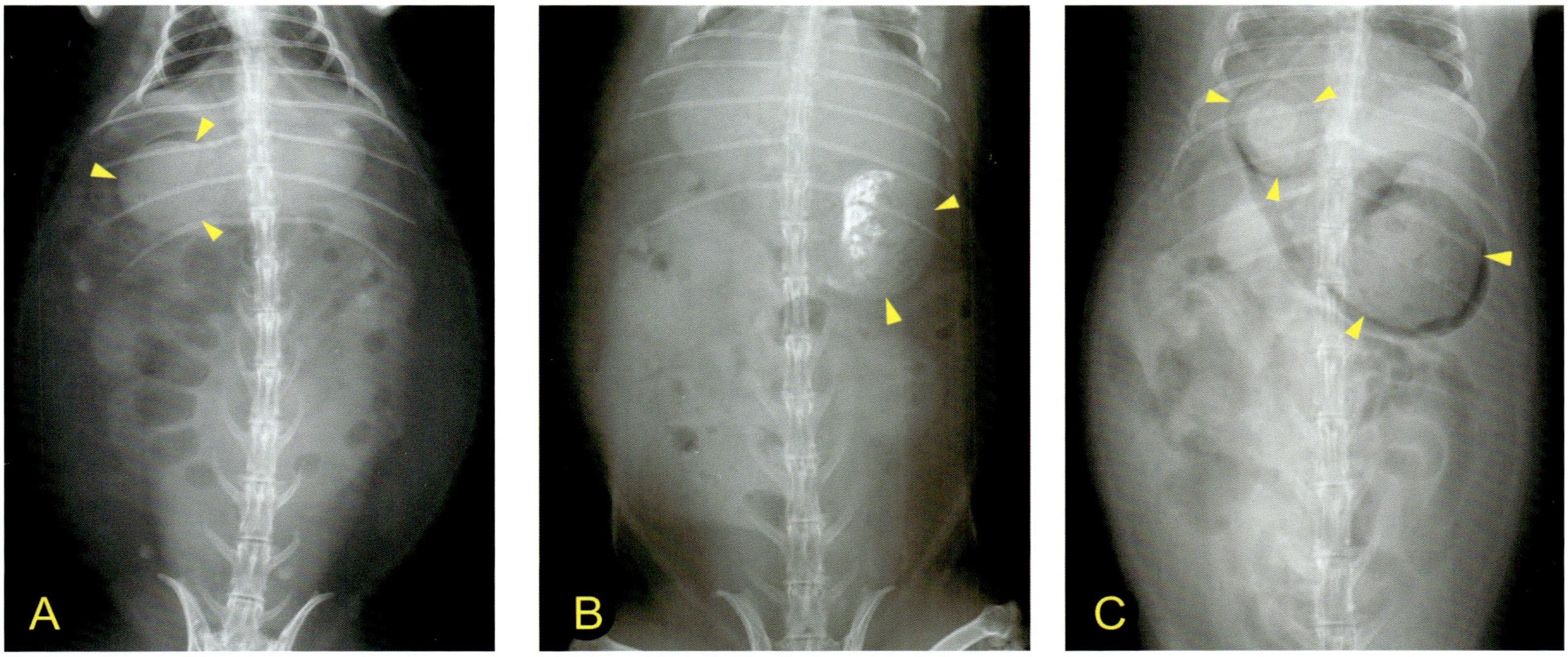

Abb. 2-146: Röntgenuntersuchung, Abdomen, ventro-dorsale Projektion, Kaninchen. Bezoardarstellung.

A: Native Abzeichnung eines Bezoars (Pfeilspitzen) vor dem Pylorus.

B: Kennzeichnung eines Bezoars (Pfeilspitzen) durch anheftende Positivkontrastmittel (Bariumsulfat).

C: Abzeichnung von zwei Bezoaren (Pfeilköpfe) nach Eingabe von Negativkontrastmittel (Luft).

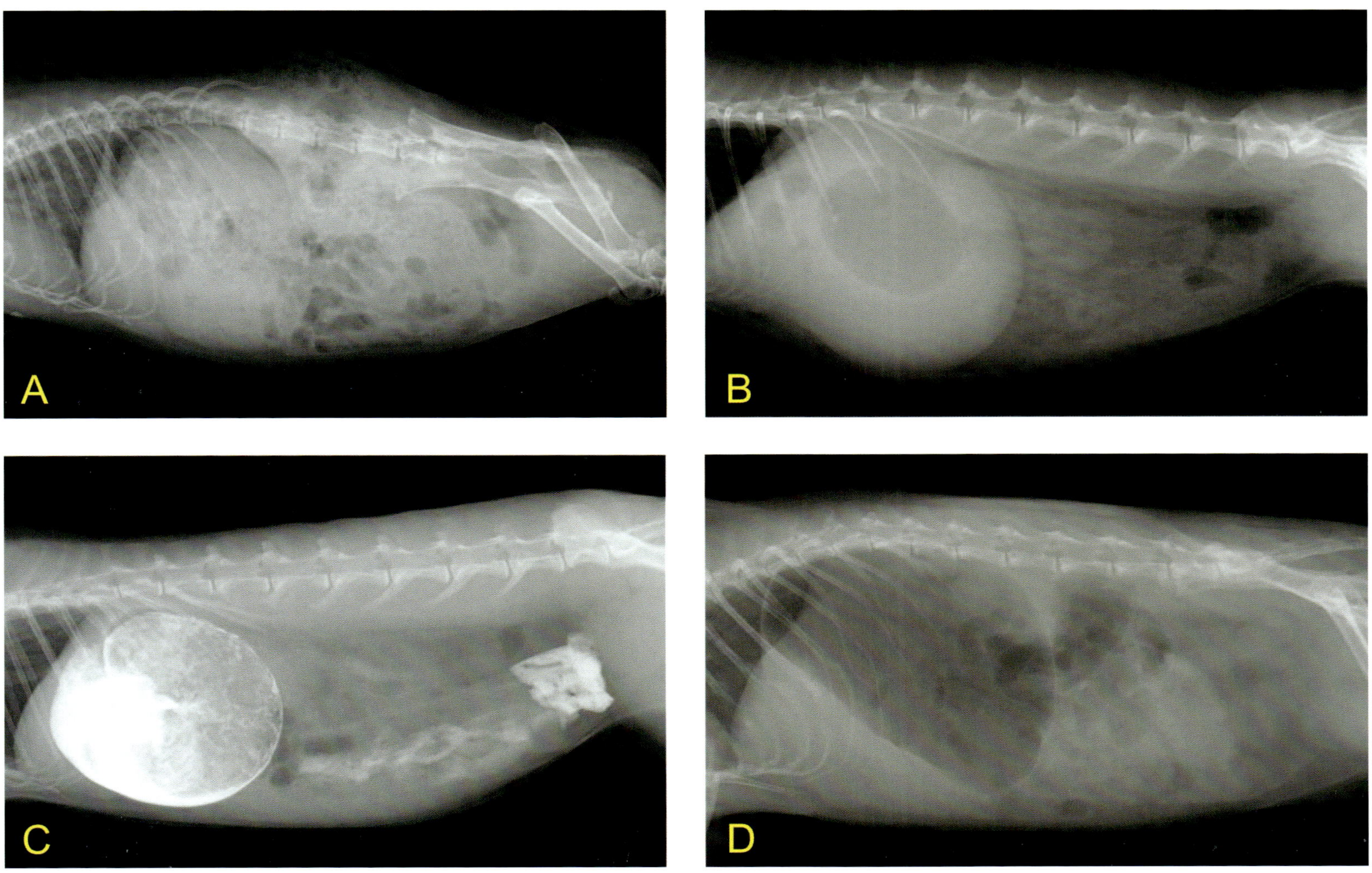

Abb. 2-147: Röntgenuntersuchung, Abdomen, latero-laterale Projektion.

A: Meerschweinchen mit akuter Magenüberladung.

B: Kaninchen mit chronischer Magenüberladung. Der Mageninhalt ist verflüssigt und wird von einer zentralen Gasblase überlagert (»Spiegelei«).

C: Kaninchen nach Eingabe einer geringen Menge Bariumsulfat zur Sicherstellung, dass trotz Magenüberladung eine Passage in den Darm möglich ist.

D: Meerschweinchen mit Magentympanie und Hepatomegalie.

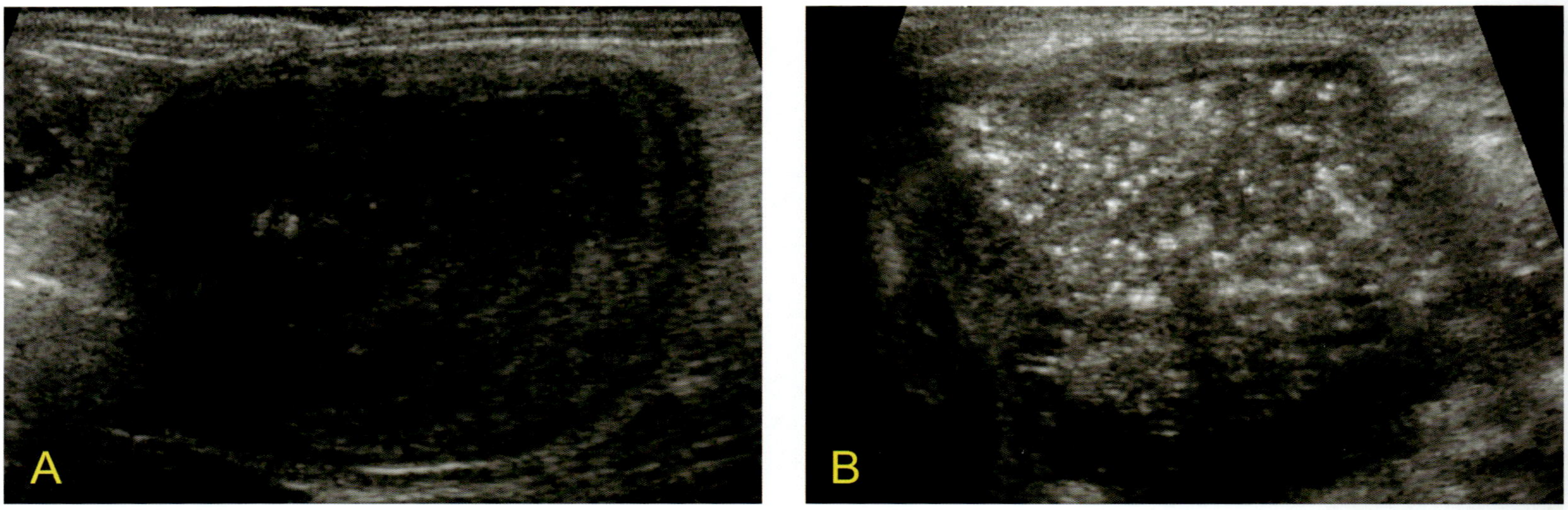

Abb. 2-148: Ultraschalluntersuchung, ventro-laterale Bauchwand, Ankopplung rechts, 12 MHz, ET: 3 cm, Kaninchen. Zwei Beispiele für intraabdominale Abszesse, die eine wichtige Differentialdiagnose für intraabdominale Umfangsvermehrungen beim Kaninchen sind.

A: Ovoide hypoechogene Zubildung im Abdomen mit angedeutet konzentrischer Echotextur im Randbereich.

B: Zubildung im Abdomen mit fleckig hyperechogener Echotexur begrenzt von einer dünnen mehrschichtigen Wandstruktur.

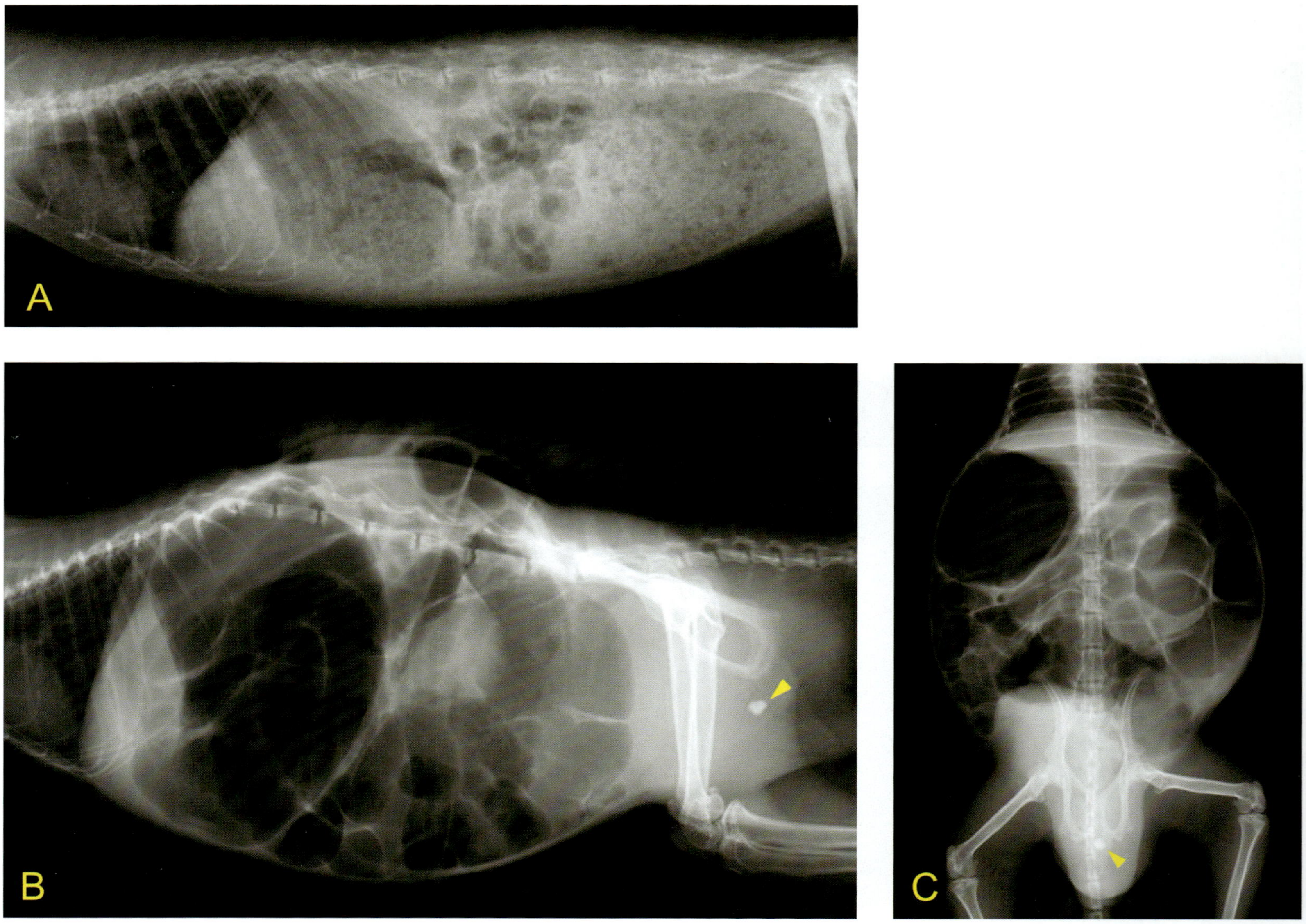

Abb. 2-149A bis C:

A: Röntgenuntersuchung, Abdomen, latero-laterale Projektion, Meerschweinchen. Blinddarmobstipation mit sekundärer Tympanie von Magen und Darm.

B, C: Röntgenuntersuchung, Abdomen, latero-laterale (B) und ventro-dorsale (C) Projektion, Chinchilla. Hochgradige Tympanie infolge der Schmerzen, verursacht durch einen Urethrastein (Pfeilkopf).

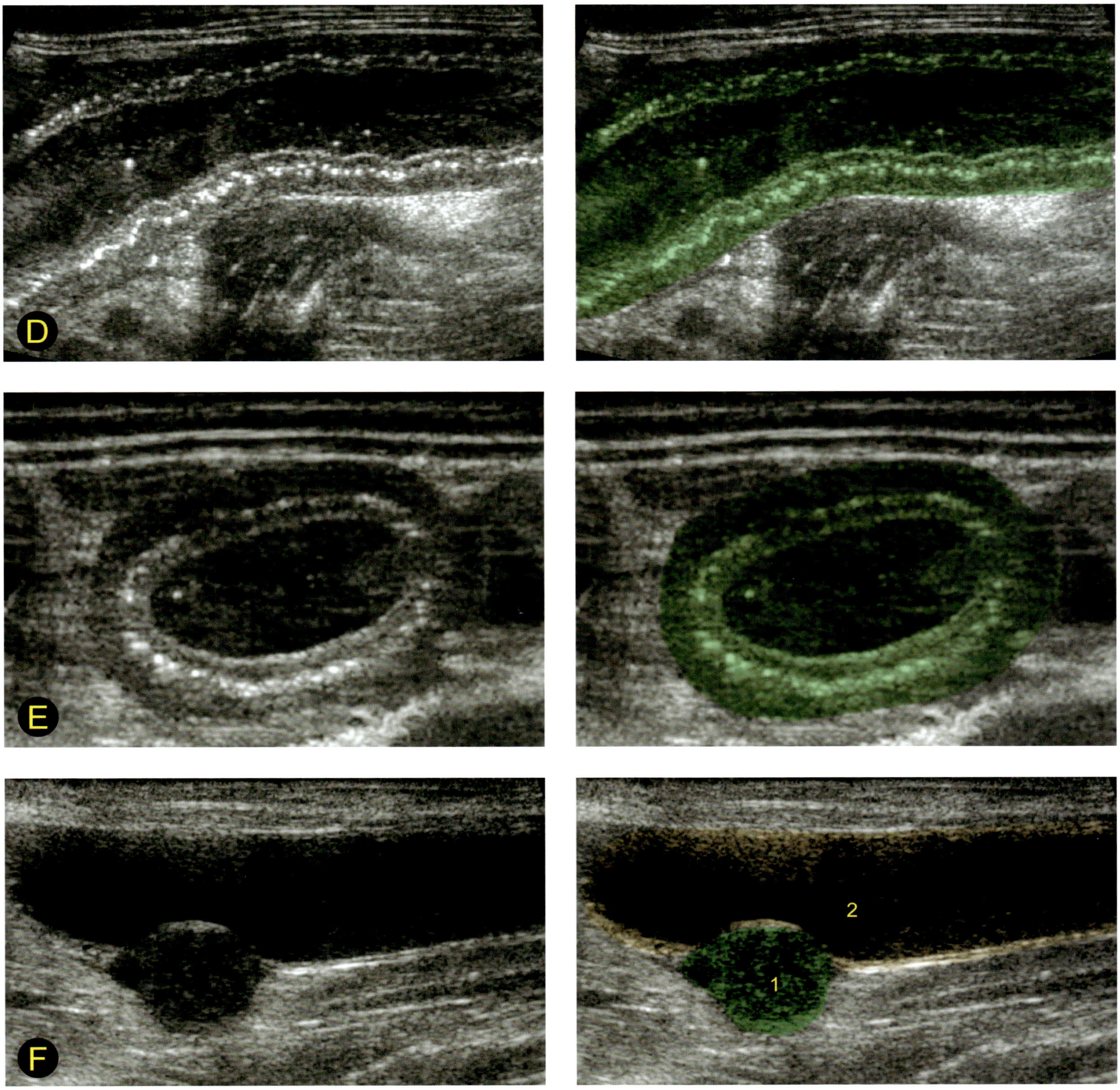

Abb. 2-149D bis F:

D, E: Ultraschalluntersuchung, Ankopplung ventrale Bauchwand, 12 MHz, ET: 2,5 cm, Kaninchen. Hochgradige Apendizitis im Longitudinalschnitt (D) und Transversalschnitt (E).

F: Ultraschalluntersuchung, kaudales Abdomen im Sagittalschnitt, 12 MHz, ET: 2,5 cm, Kaninchen. Zubildung (1) dorsal der Harnblase (2), die mit dem Rektum assoziiert war.

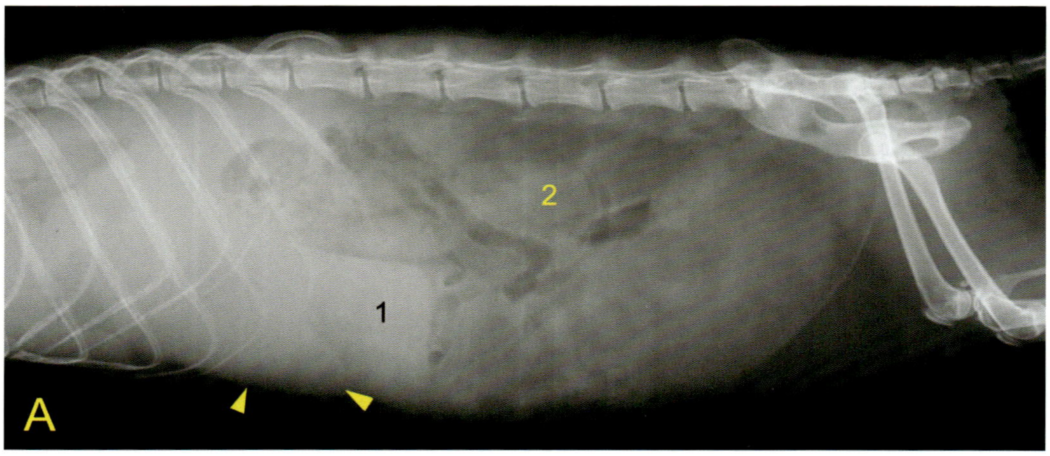

1: Milz
2: Niere

Abb. 2-150A: Röntgenuntersuchung, Abdomen, latero-laterale Projektion, Frettchen: Hepatomegalie. Die Leber ragt deutlich über den Rippenbogen hinaus (Pfeilköpfe).

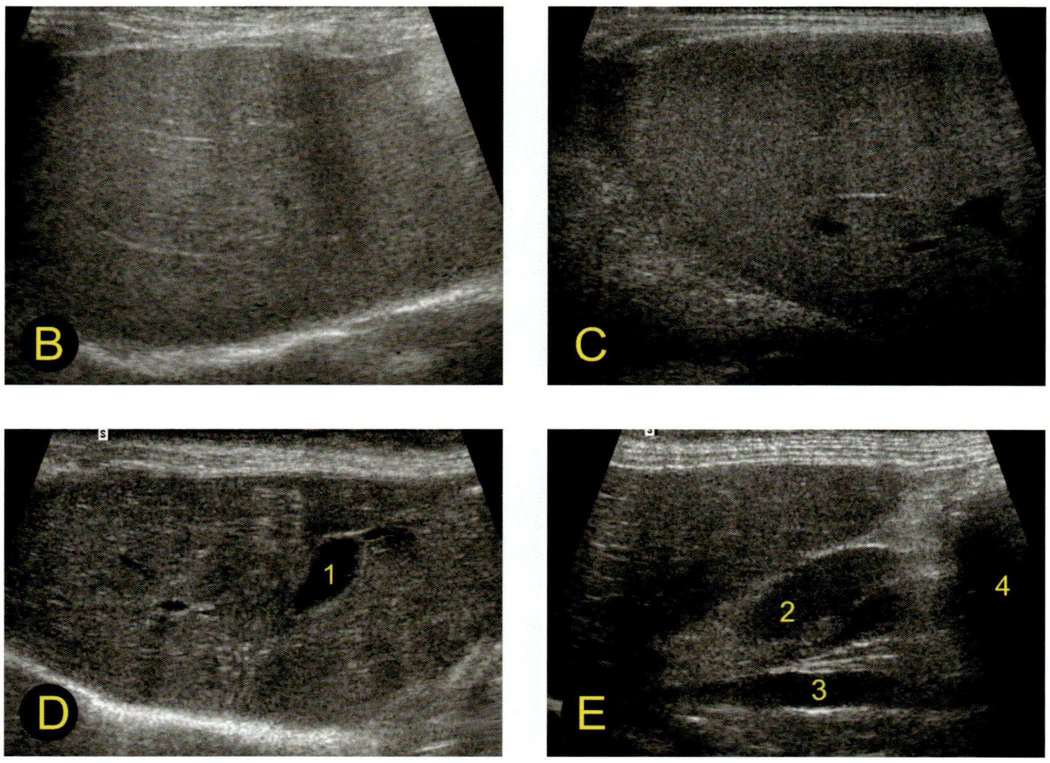

1: Gallenblase
2: Leberlymphknoten
3: V. portae hepatis
4: Magen

Abb. 2-150B–E: Ultraschalluntersuchung, Leber, 12 MHz, ET: 4 cm, Kaninchen.

B: Hochgradige Leberverfettung.

C: Steroidhepatose nach lokaler Behandlung mit Kortikosteroiden.

D: Gallengangskokzidiose.

E: Vergrößerung des Leberlymphknotens (2) bei Gallengangskokzidiose.

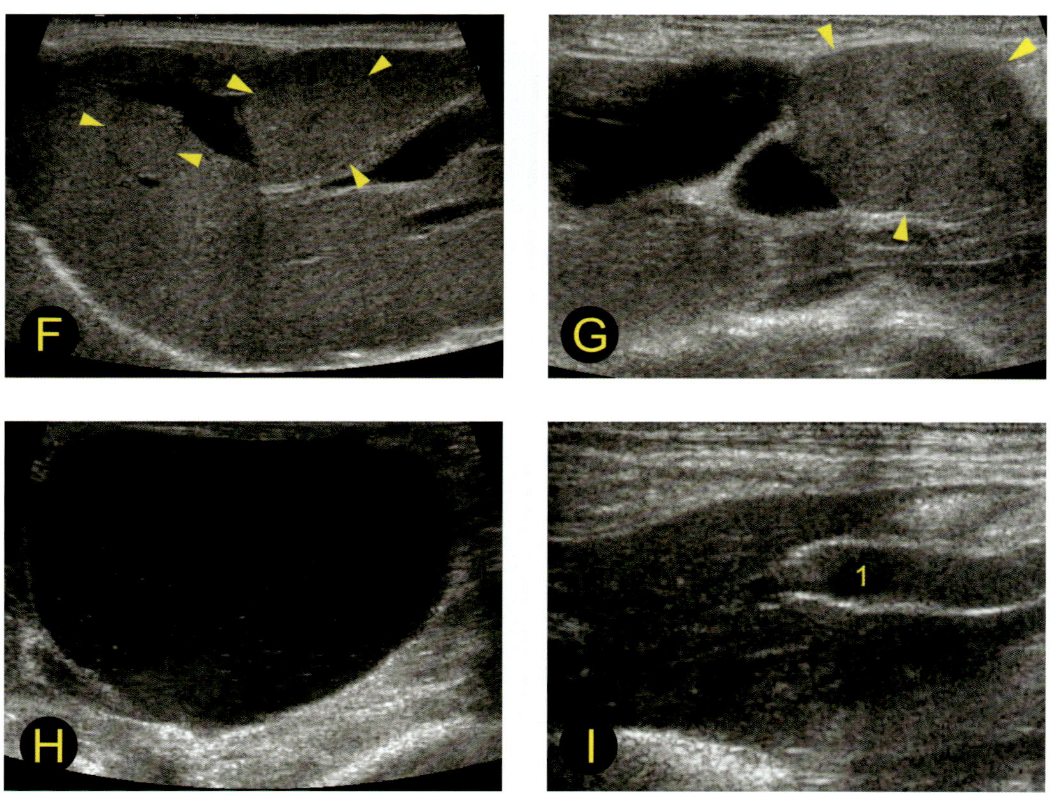

1: V. portae hepatis

Abb. 2-150F–I: Ultraschalluntersuchung, Leber, 12 MHz, ET: 3 cm.

F: Frettchen mit multizentrischem Lymphom und zahlreichen isoechogenen Knoten (Pfeilköpfe) in der Leber.

G: Meerschweinchen mit solitärem Lebertumor (Pfeilköpfe).

H: Goldhamster mit großzystischem Gallengangsadenom.

I: Meerschweinchen mit Leberzirrhose und Rückstau der V. portae hepatis (1).

Aufnahme F mit freundlicher Genehmigung aus: Reese, S., Frings, B. (2004): Die abdominale Ultraschalluntersuchung beim Frettchen. Tierärztl. Prax. **32**(K): 182–189.

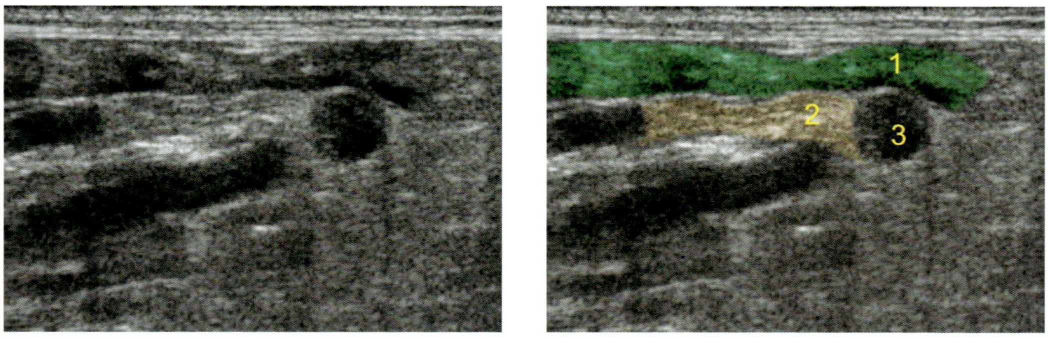

1: Duodenum descendens
2: Pankreas
3: hypoechogenes Insulinom

Abb. 2-151: Ultraschalluntersuchung, Pankreas, 12 MHz, ET: 1,5 cm, Frettchen. Insulinom. Das Tier wurde wegen Hypoglykämie vorgestellt.

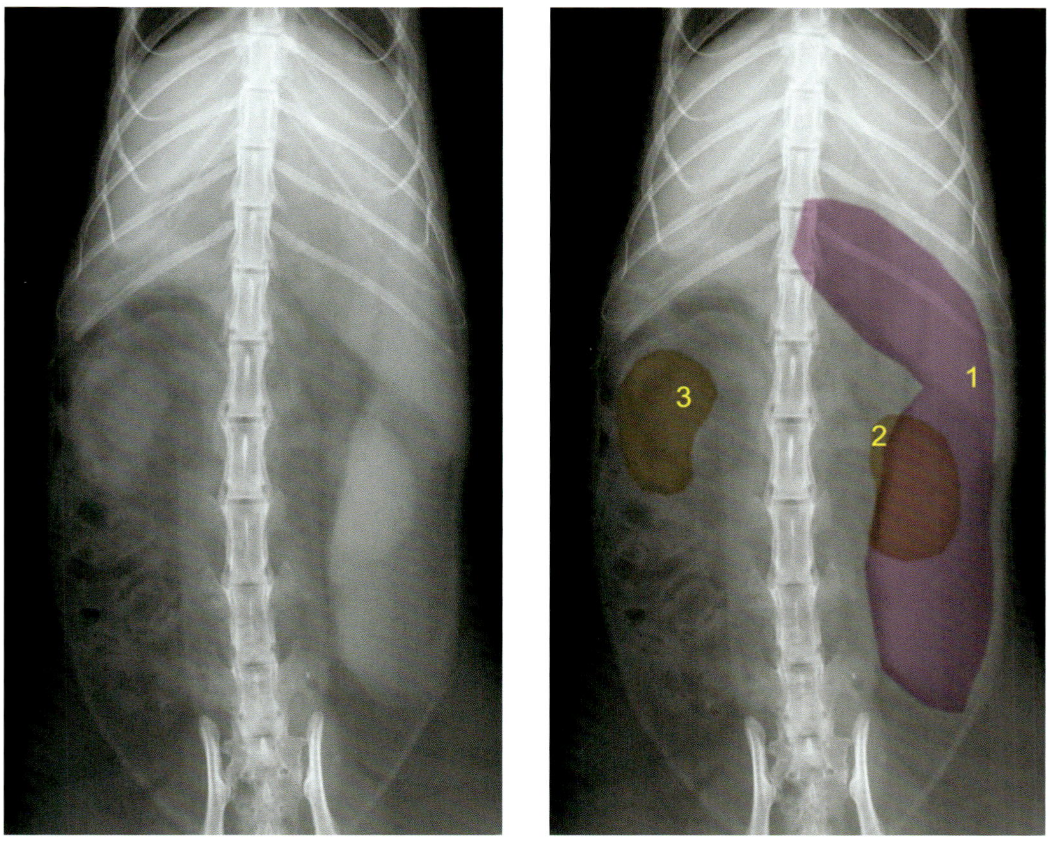

1: Milz
2: linke Niere
3: rechte Niere

Abb. 2-152A: Röntgenuntersuchung, Abdomen, ventro-dorsale Projektion, Frettchen. Hochgradige Splenomegalie (1).

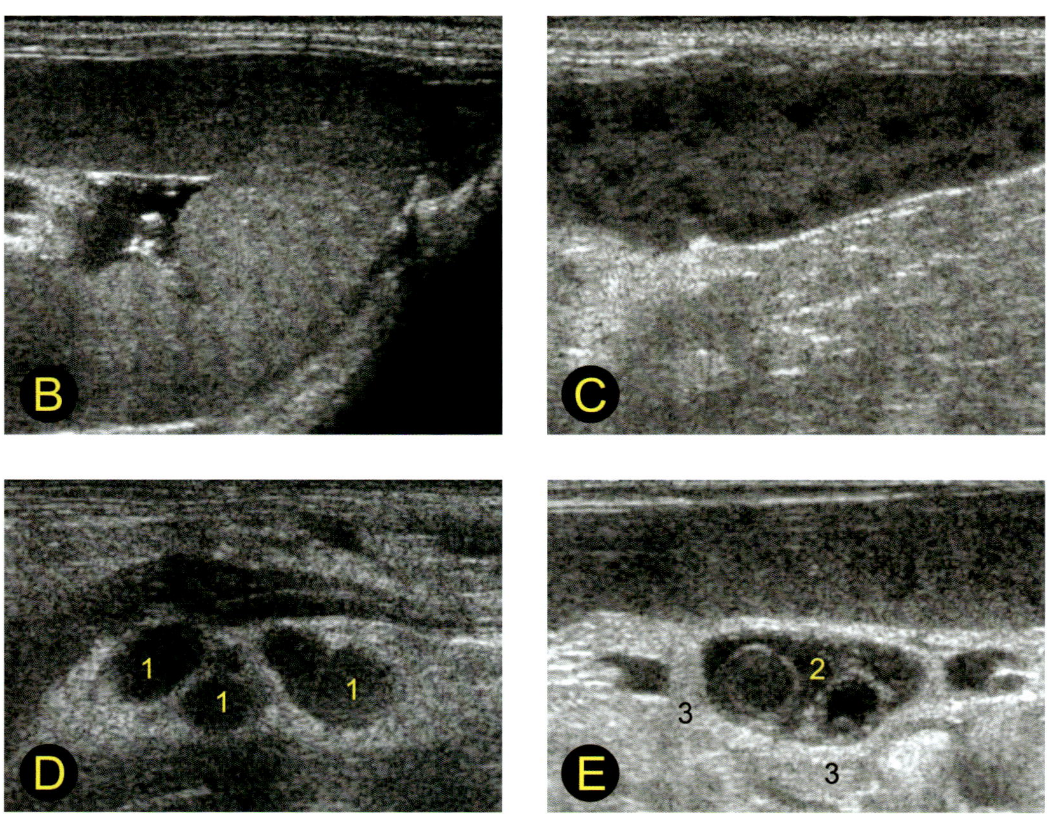

1: Lnn. iliaci
2: Lymphknoten
3: hyperechogenes (»reaktives«) Gekröse

Abb. 2-152B–E: Ultraschalluntersuchung, Milz und abdominale Lymphknoten, 12 MHz, ET: 2,5–3 cm.

B: Frettchen: hochgradig vergrößerte Milz im Transversalschnitt.

C: Frettchen: multiple hypoechogene Flecken in der Milz (Lymphosarkom).

D: Meerschweinchen: vergrößerte Lnn. iliaci (1) im Transversalschnitt (Lymphom).

E: Frettchen: hyperechogenes (»reaktives«) Gekröse um einen neoplastisch veränderten Lymphknoten (2).

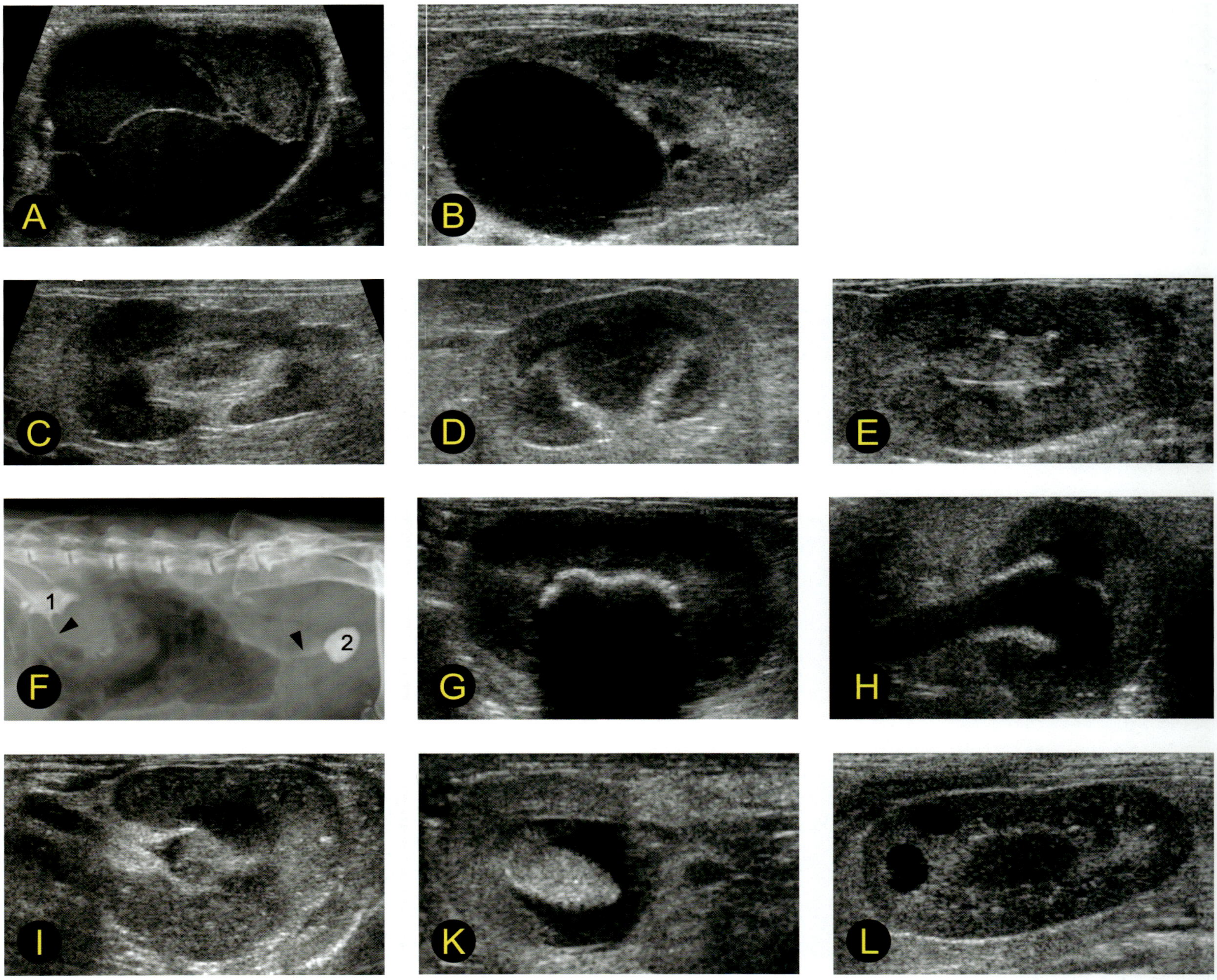

Abb. 2-153:

A–B: Ultraschalluntersuchung, Niere, 12 MHz, ET: 4 cm (A) und 2,5 cm (B). A: Ratte. Hämangiosarkom der linken Niere. B: Frettchen. Ausgedehnte Nierenzysten als Ursache für eine klinische Niereninsuffizienz.

C, D, E: Ultraschalluntersuchung, 12 MHz, ET: 2,5 cm, Kaninchen. Interstitielle Nephritis mit narbigen Einziehungen (C), Rückgang der Nierenrinde (D), Verlust der Mark-Rinden-Grenze (E).

F: Röntgenuntersuchung, Abdomen, latero-laterale Projektion, Meerschweinchen. Hochgradige Urolithiasis mit Nierenbeckenausguss (Nephrolithiasis) (1) und Blasenschlamm (2) sowie Konkrementen im Ureter (Pfeilköpfe).

G: Ultraschalluntersuchung, Niere, 12 MHz, ET: 2,5 cm, Meerschweinchen. Ausfüllung des Nierenbeckens mit einem Nierenstein.

H: Ultraschalluntersuchung, Niere, 12 MHz, ET: 3 cm, Meerschweinchen. Konkrementbedingte Pyelonephitis mit Hydronephrose und Einschmelzung der Nierenpapille.

I, K: Ultraschalluntersuchung, Niere, 12 MHz, ET: 2 cm, Kaninchen (I), Ratte (K). Pyelonephritis mit Echogenitätserhöhung der Nierenpapille und geringgradiger (I) bis hochgradiger (K) Hydronephrose.

L: Ultraschalluntersuchung, Niere, 12 MHz, ET: 2,5 cm, Frettchen. Zystenniere.

Aufnahme F mit freundlicher Genehmigung: Tierklinik Oberhaching.

Aufnahmen B und L aus: Reese, S., Frings, B. (2004): Die abdominale Ultraschalluntersuchung beim Frettchen. Tierärztl. Prax. **32**(K): 182–189.

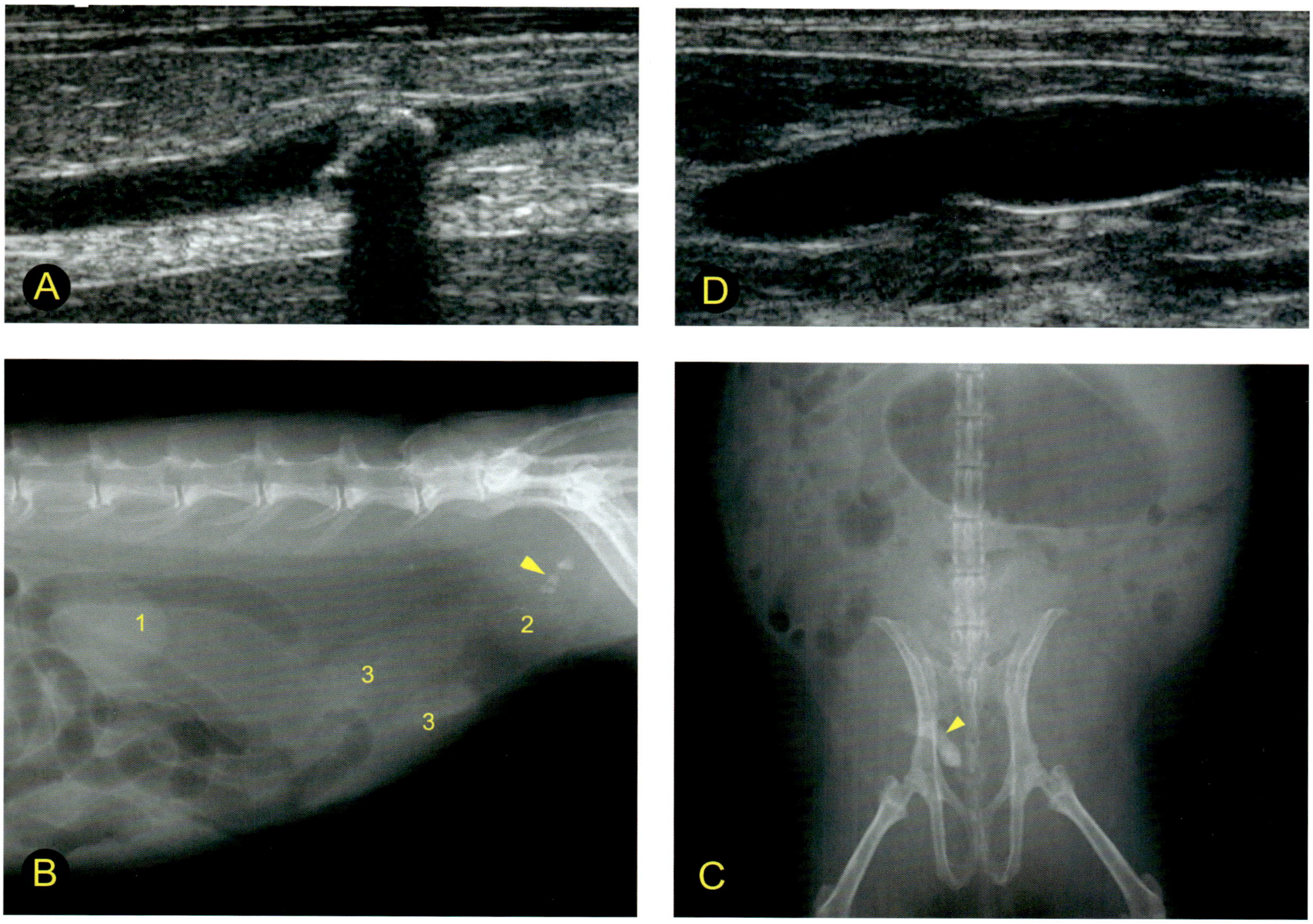

Abb. 2-154: Ultraschalluntersuchung (A und D), Röntgenuntersuchung (B und C) des Ureters.

A: Kaninchen: 12 MHz, ET: 1,5 cm, Ureterstein.

B: Kaninchen: latero-laterale Projektion, Konkremente im rechten Ureter (Pfeilköpfe) mit Rückstau in die Niere (1), die abgerundet und vergrößert ist.

C: Meerschweinchen: ventro-dorsale Projektion, Konkremente im rechten Ureter.

D: Frettchen: 12 MHz, ET: 2 cm, idiopathischer Hydroureter, von Kontraktionswellen durchlaufen.

1: Niere
2: Harnblase
3: hyperplastische Gebärmutter

Pfeilköpfe: Ureter (enthält röntgendichte Konkremente)

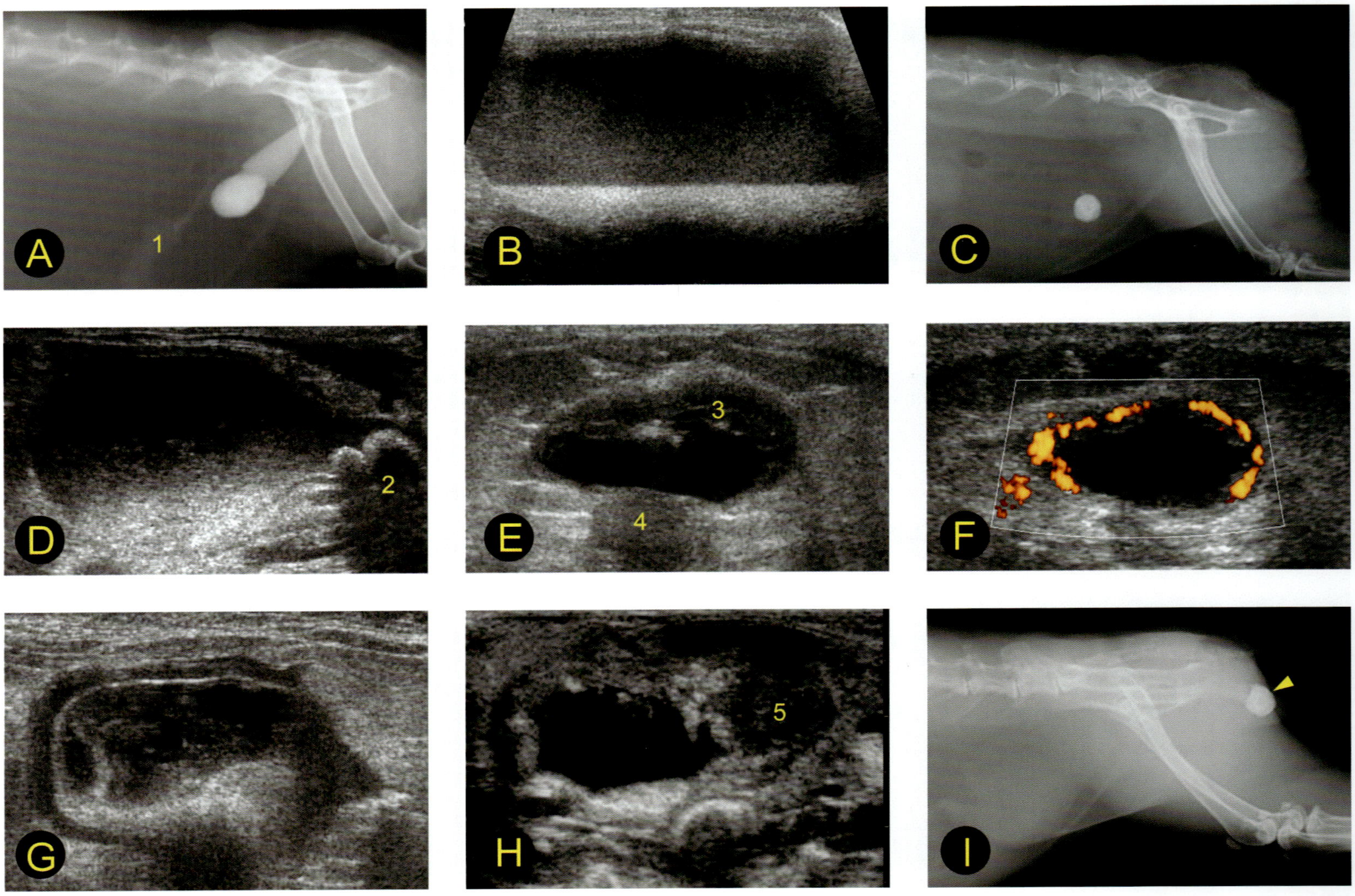

Abb. 2-155: Röntgenuntersuchung (A, C, I), Ultraschalluntersuchung (B, D, E, F, G, H) der Harnblase.

A: Kaninchen. Latero-laterale Projektion, Kombination aus Blasenschlamm und Blasenstein.

B: Kaninchen. Transversalschnitt, 12 MHz, ET: 4 cm, sedimentierter Harngries.

C: Kaninchen. Latero-laterale Projektion, solitärer Blasenstein.

D: Meerschweinchen. Sagittalschnitt, 12 MHz, ET: 3 cm, Blasensteine (2) vor dem Abrutschen in die Urethra.

E, F: Meerschweinchen. Transversalschnitt, 12 MHz, ET: 2,5 cm, hochgradige Zystitis, die ventral verdickte Harnblasenwand (3) ist hypervaskularisiert (F: Nachweis im Power-Doppler).

G: Kaninchen. Sagittalschnitt, 12 MHz, ET: 3 cm, eitrig nekrotisierende Zystitis mit Peritonitis.

H: Meerschweinchen. Transversalschnitt, 12 MHz, ET: 2,5 cm, Blasenwandtumor (5).

I: Kaninchen. Latero-laterale Projektion, stark gefüllte Harnblase infolge eines Urethrasteins (Pfeilkopf).

1: Uterus
2: Blasensteine
3: Harnblasenwand
4: Cervix uteri
5: Blasenwandtumor

Pfeilkopf: Urethrastrein

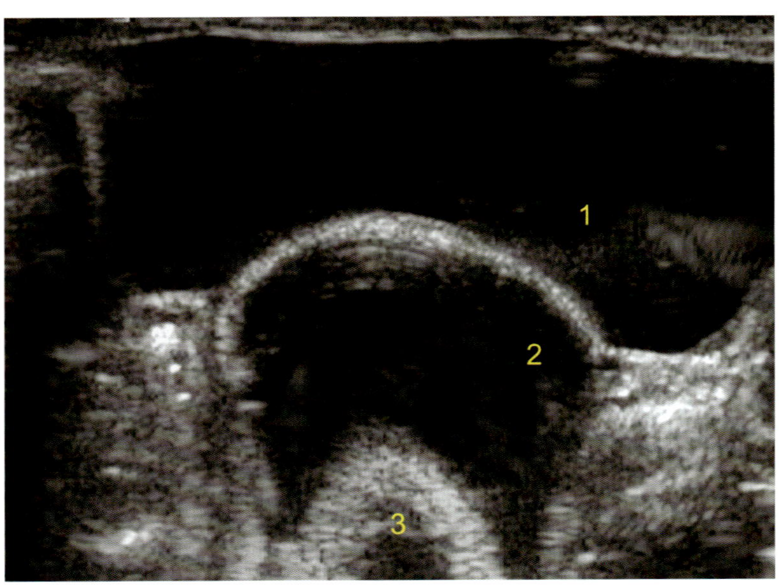

1: Harnblase
2: Hydrovagina
3: Rektum

Abb. 2-156: Ultraschalluntersuchung, kaudales Abdomen im Transversalschnitt, 12 MHz, ET: 2,5 cm, Kaninchen. Hochgradige Hydrovagina (2).

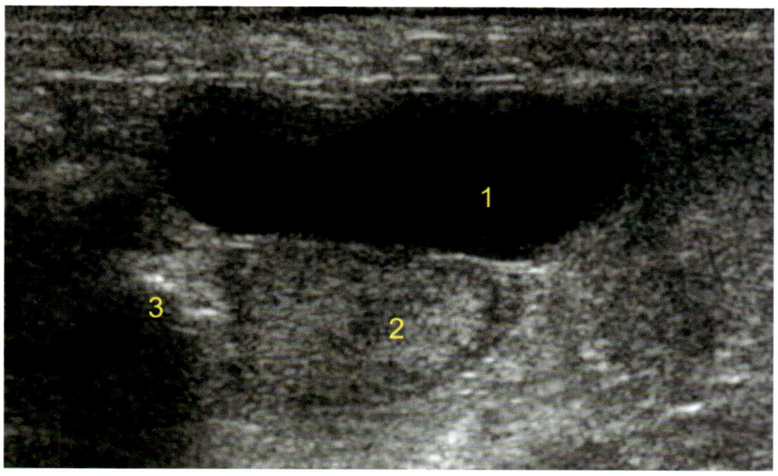

1: Harnblase
2: Cervix uteri
3: Rektum

Abb. 2-157: Ultraschalluntersuchung, kaudales Abdomen im Transversalschnitt, 12 MHz, ET: 2,5 cm, Meerschweinchen. Verdickung der Cervix uteri (2) infolge einer östradiolproduzierenden Ovarialzyste.

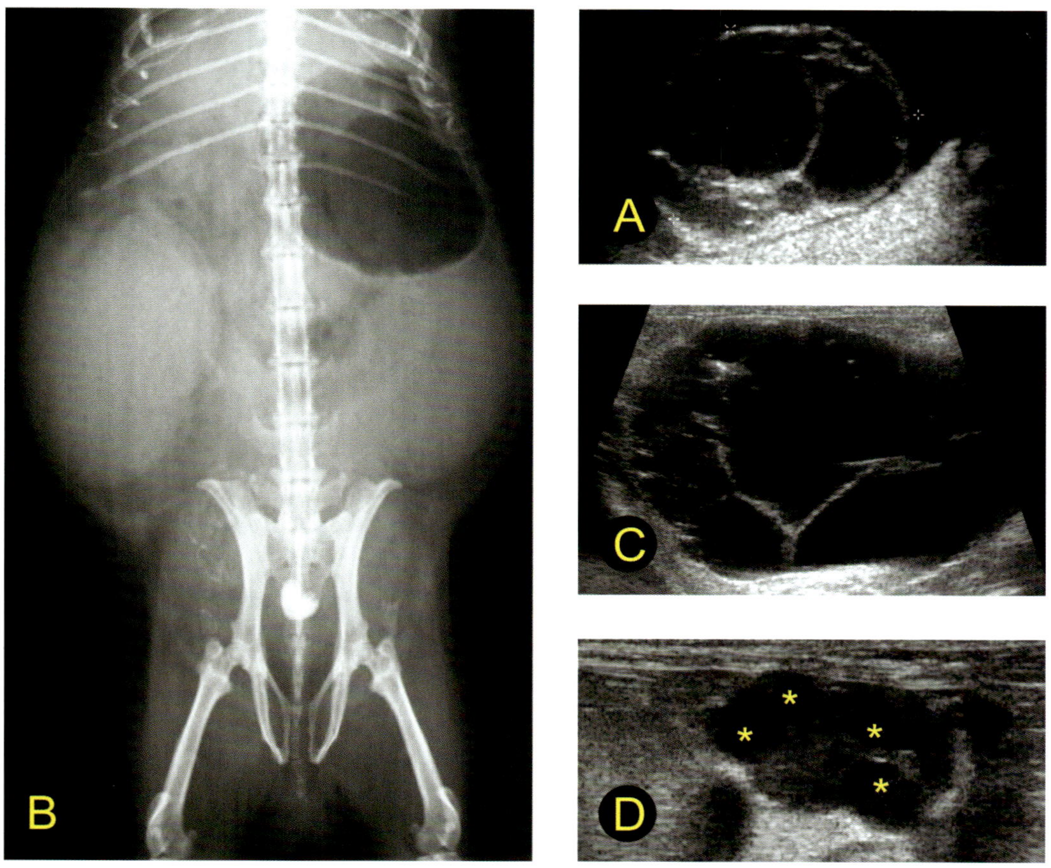

*: Zysten

Abb. 2-158: Röntgenuntersuchung (B), Ultraschalluntersuchung (A, C, D) der Ovarien.

A: Mongolische Rennmaus. 12 MHz, ET: 2,5 cm, zystisches linkes Ovar, größter Durchmesser: 18 mm.

B und C: Meerschweinchen. Röntgenologische (B) und sonographische (C) Darstellung zystischer Ovarien, ventro-dorsale Projektion (B), 12 MHz, ET: 5 cm.

D: Frettchen. 12 MHz, ET: 2 cm. Vorstellung wegen Dauerranz, sonographischer Nachweis zahlreicher Zysten (*) auf den Ovarien.

Aufnahme D mit freundlicher Genehmigung aus: Reese, S., Frings, B. (2004): Die abdominale Ultraschalluntersuchung beim Frettchen. Tierärztl. Prax. **32**(K): 182–189.

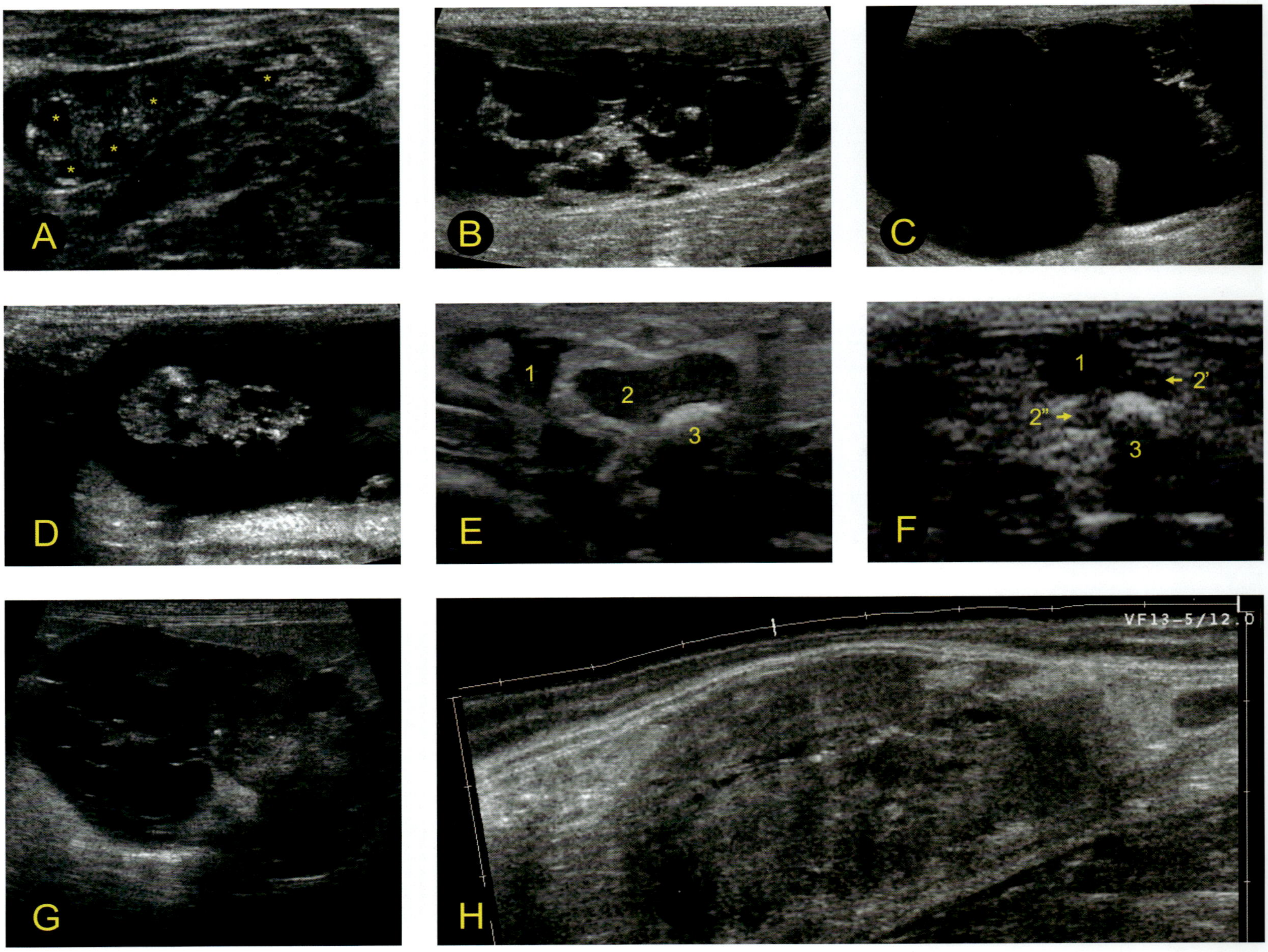

Abb. 2-159: Ultraschalluntersuchung, Gebärmutter, 12 MHz.

A: Kaninchen. ET: 2 cm. Kleinzystische (*) endometriale Hyperplasie.

B: Kaninchen. ET: 3 cm. Großzystische endometriale Hyperplasie.

C: Kaninchen. ET: 4,5 cm. Hydrometra.

D: Kaninchen. ET: 3 cm. Hämometra.

E: Goldhamster. Transversalschnitt, 15 MHz, ET: 2 cm. Pyometra (2).

F: Maus. Transversalschnitt, 15 MHz, ET: 1 cm. Endometritis.

G: Kaninchen. ET: 4,5 cm. Adenokarzinom der Gebärmutter.

H: Kaninchen. Panoramabildverfahren, ET: 4 cm. Fibrosarkom der Gebärmutter.

1: Harnblase
2: Harnblase (Pyometra)
2': linkes verdicktes Gebärmutterhorn
2": rechtes verdicktes Gebärmutterhorn
3: Rektum

*: Zysten

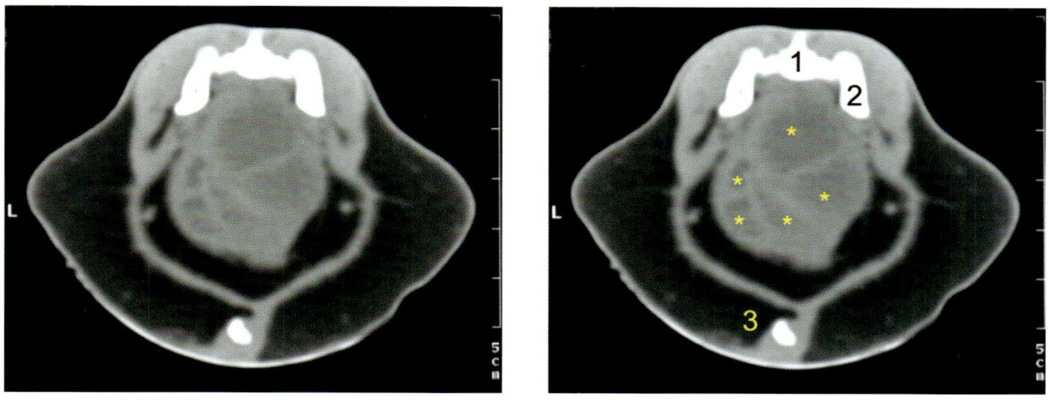

1: Kreuzbein
2: Darmbein
3: Penisknochen

*: Zysten

Abb. 2-160: CT-Untersuchung Weichteilfenster, Transversalschnitt Höhe Beckeneingang, Frettchen. Zystische (*) Umfangsvermehrung im Beckeneingang, bei der es sich um paraurethrale Zysten (»Prostatazysten«) handelt.

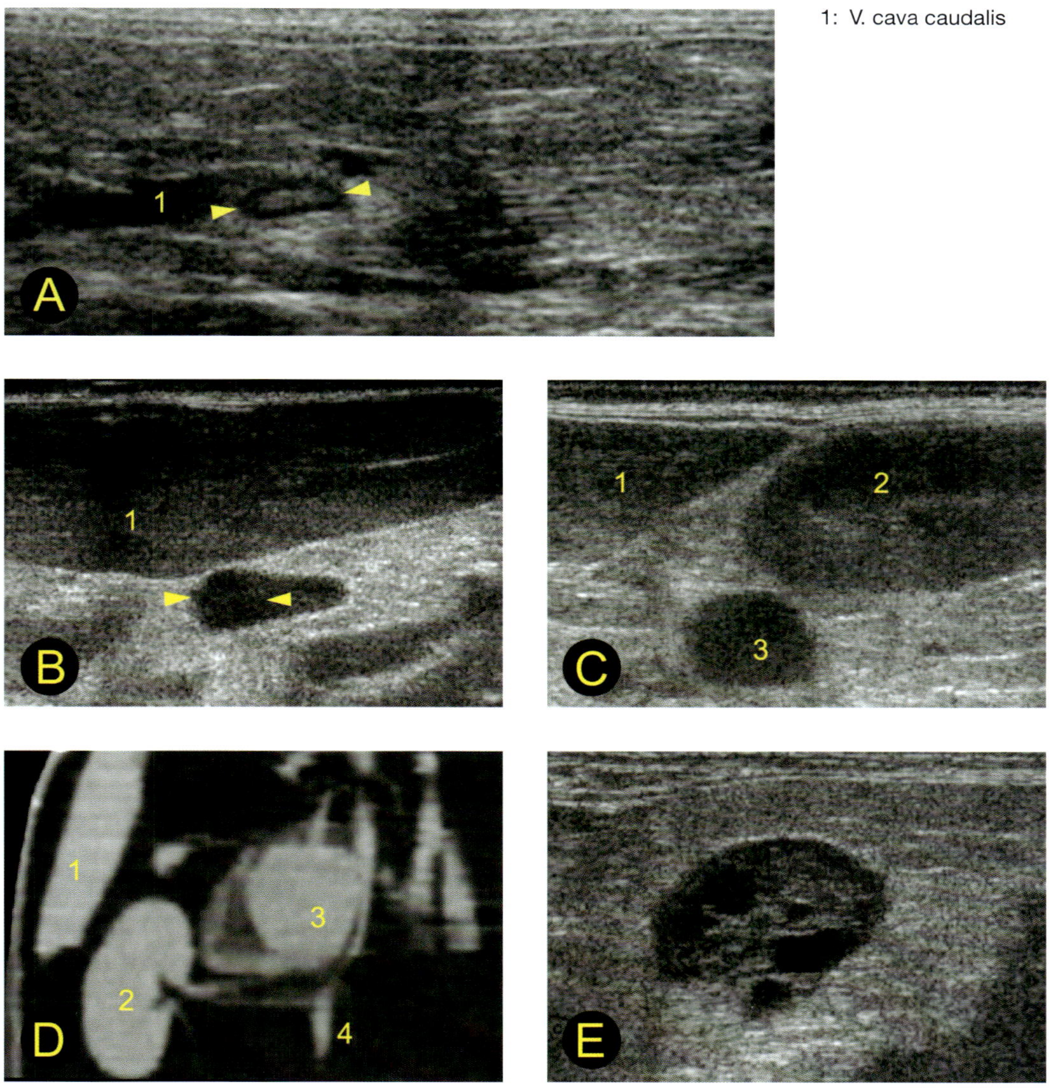

1: V. cava caudalis

1: Milz
2: linke Niere
3: Adenom der linken Nebenniere
4: Aorta abdominalis

Abb. 2-161:

A: Ultraschalluntersuchung, Nebenniere, 12 MHz, ET: 1,5 cm, Kaninchen. Rechte Nebenniere (Pfeilköpfe) dorsal der V. cava caudalis (1). Die Nebennierenrinde ist im Vergleich zum Nebennierenmark deutlich atrophiert. Das Tier steht seit mehreren Monaten unter Therapie mit Kortikosteroiden.

B–E: Ultraschalluntersuchung (B, C, E) und CT-Untersuchung (D) der Nebennieren, Frettchen.

B: 12 MHz, ET: 2 cm. Noduläre Hyperplasie (Pfeilköpfe) in der linken Nebenniere.

C und D: 12 MHz, ET: 2,5 cm, horizontale multiplanare Reformatierung des CT-Datensatzes. Adenom der linken Nebenniere (3).

E: 12 MHz, ET: 2,5 cm. Karzinom der linken Nebenniere

Aufnahmen E mit freundlicher Genehmigung aus: Reese, S., Frings, B. (2004): Die abdominale Ultraschalluntersuchung beim Frettchen. Tierärztl. Prax. **32**(K): 182–189.

2.10 Sonstiges

2.10.1 Auge

Ingo Hoffmann

Zu den häufigsten Gründen zur Vorstellung ophthalmologisch auffälliger Kleinnager, bei denen bildgebende Verfahren sinnvoll sind, zählen unter anderem: Trübungen von Hornhaut und Linse, Schwellungen im Bereich des Auges und der Exophthalmus sowie auch Traumata durch Artgenossen, andere Haustiere (z. B. Katzen) oder auch Wildtiere. Selten werden auch kongenitale Veränderungen beobachtet. Tumoren im Auge werden meist erst in einem fortgeschrittenen Stadium vorgestellt.

2.10.1.1 Kornea

Trübungen der Kornea sind meist entzündlicher Natur. Bei einer **Keratitis** kommt es zu einer Gefäßeinsprossung sowie zu einem Hornhautödem. Die entstehende Trübung kann den weiteren Einblick ins Auge verhindern **(Abb. 2-162A)**, Mittels Ultraschall kann geklärt werden, ob weitere Veränderungen im Inneren des Auges vorliegen **(Abb. 2-162B, C)**.

Gelegentlich können durch eine Verletzung in die Kornea gelangte Keime einen **Hornhautabszess** hervorrufen **(Abb. 2-163A)**. Bevor eine konservative oder chirurgische Behandlung durchgeführt wird, sollten die Verhältnisse im Augeninneren abgeklärt werden. Oft kommt es sekundär zu einer **Uveitis** (s. **Abb. 2-167C**), welche mitbehandelt werden muss. In besonders schwerwiegenden Fällen kann der Abszess auch nach innen durchbrechen **(Abb. 2-163B)**.

2.10.1.2 Ziliarkörper

Oftmals stufen die Tierbesitzer Trübungen im Augeninneren fälschlicherweise als Hornhauttrübungen ein. Ein häufiger Augenbefund beim Meerschweinchen ist die ossäre Choristie (heterotope bzw. intraokulare Knochenbildung). Bei dieser ein- oder beidseitig auftretenden Veränderung wächst aus bisher unbekannten Ursachen progressiv ausdifferenziertes Knochengewebe aus dem Ziliarkörperstroma, welches sich auf Dauer in die vordere Augenkammer schieben kann **(Abb. 2-164A)**. Durch das raumfordernde Wachstum im Kammerwinkelbereich kann als Folge ein Sekundärglaukom mit den klinischen Symptomen Ausfluss, Exophthalmus und Expositionskeratitis entstehen. Da sich auf dem Knochengewebe ein feines Kapillargeflecht **(Abb. 2-164A)** bildet, kann es zu spontanen Blutungen kommen. Diese Blutungen sowie Druckerhöhungen der betroffenen Augen können schließlich zum Verlust derselben führen. Eindrucksvolle Beispiele für diese Erkrankung zeigen die Abbildungen **2-164B** und **2-165**.

2.10.1.3 Linse

Linsentrübungen sind sowohl bei Kaninchen **(Abb. 2-166A, B)** als auch beim Meerschweinchen **(Abb. 2-166C)** nicht selten. Beim Kaninchen werden diese vermutlich meist durch vertikale, intralentikuläre Infektionen mit *Encephalitozoon cuniculi* ausgelöst. Es kommt sowohl zur Trübung der Linse als auch zu Rissen in der Linsenkapsel **(Abb. 2-168A)** sowie häufig auch zur Granulombildung in der Iris **(Abb. 2-167A, B)**. Die dadurch resultierende linseninduzierte Uveitis **(Abb. 2-168B)** lässt sich zwar durch steroidhaltige Augentropfen mildern **(Abb. 2-167B)**, jedoch stellt die Entfernung der Linse mittels Phakoemulsifikation die einzig dauerhafte Behandlungsmethode dar. Dabei sollte bei maturen Katarakten (gleich welcher Ursache) präoperativ immer eine Ultraschalluntersuchung durchgeführt werden, um Veränderungen im hinteren Augenabschnitt abzuklären, welche eine Operation hinfällig machen können **(Abb. 2-169A)**.

Differentialdiagnostisch muss beim Kaninchen mit Uveitis **(Abb. 2-167C)** immer eine systemische Infektion mit *Pasteurella multocida* in Betracht gezogen werden. Im Ultraschallbild ist die Linse aufgrund der fehlenden Linsenbeteiligung ungetrübt **(Abb. 2-168C)**.

Weitere Ursachen für eine Katarakt sowohl beim Meerschweinchen als auch beim Kaninchen sind der Diabetes mellitus und Erbfehler. Beim Meerschweinchen wird außerdem eine verminderte Zufuhr von Vitamin C mit der Nahrung als kataraktauslösendes Agens vermutet.

Luxationen getrübter Linsen durch chronische, subklinische Uveitiden als auch deren sekundäre Eintrübung nach der Luxation können sowohl beim Kaninchen als auch beim Meerschweinchen beobachtet werden. Die Linse kann sowohl nach anterior **(Abb. 2-169B)** als auch nach posterior **(Abb. 2-169C)** luxieren.

2.10.1.4 Peribulbäre Schwellungen

Die bei Kaninchen und Meerschweinchen auftretenden Schwellungen im Augenbereich sind meist infektiöser Natur. Bei beiden Tierarten können außerdem akut Vorfälle von orbitalem Fettgewebe auftreten **(Abb. 2-170A)**. Vorfälle der Tränendrüse (*pea eye*) sind beim Meerschweinchen beschrieben. Beim Kaninchen werden zusätzlich Prolapse der Harder'schen sowie der orbitalen Drüsen beobachtet. Dieses recht eindrucksvolle Krankheitsbild **(Abb. 2-170B** und **2-173B)** kann sowohl durch Tumoren als auch Traumen hervorgerufen werden. Auch spontane Vorfälle sind möglich. Eine Entfernung sollte nur nach Tumorabklärung **(Abb. 2-170C)** sowie nach erfolglosen Repositionsversuchen vorgenommen werden. Dabei ist zu beachten, dass sich gerade in diesem Bereich ein ausgedehntes Gefäßnetz befindet, welches bei Durchtrennung (auch bei nicht sachgemäßer Enukleation) tödliche Blutungen hervorrufen kann. Das Staphylom ist eine sehr seltene Vorlagerung von Anteilen des Inneren des Auges aufgrund der durch chronische Entzündungen ausgedünnten Augenhäute. Klinisch können Augenausfluss sowie Probleme beim Lidschluss beobachtet **(Abb. 2-171A)** werden. Der Augeninnendruck kann die geschwächten Gewebeschichten nach vorn wölben. Im Gegensatz zu einem Tumor ist die von außen sichtbare Zubildung im Sonogramm nicht solide **(Abb. 2-171B)**.

2.10.1.5 Exophthalmus

Der **Exophthalmus** als Folge einer retrobulbären Raumforderung ist sowohl beim Kaninchen als auch beim Meerschweinchen ein häufiges Symptom. Er wird sowohl einseitig **(Abb. 2-172A)** als auch beidseitig **(Abb. 2-172B)** beobachtet. Bei fortgeschrittenen Fällen ist der Lidschluss nicht mehr möglich, die Korneaoberfläche trocknet aus **(Abb. 2-173A)** und es kommt zu sekundären Ulzera **(Abb. 2-173B)**.

Vor allem bei Kaninchen größerer Rassen sollte der grüne Star mit seiner Folgeerscheinung Buphthalmus in die Differentialdiagnose mit einbezogen werden **(Abb. 2-174A)**, ebenso beim Meerschweinchen das durch die intraokulare Knochenbildung hervorgerufene Sekundärglaukom (s. **Abb. 2-165A**). Das weiße Neuseeland-Kaninchen kann das Glaukom auf autosomal-rezessivem Wege vererben, wobei schon in den ersten Lebensmonaten pathologische intraokulare Drücke gemessen werden konnten.

Die häufigste Ursache für den Exophthalmus ist der retrobulbäre Abszess **(Abb. 2-175A)**, meist als Folge einer oder mehrerer vereiterter Zahnwurzeln im Oberkiefer **(Abb. 2-175B)**. Im Ultraschall **(Abb. 2-175B)** und mittels CT **(Abb. 2-175C)** bzw. MRT können Ausdehnung und Ursache des Abszesses bestimmt werden. Sonographisch stellen sich Abszesse meist hypo- oder gemischtechogen dar.

Vor allem bei beidseitigem Exophthalmus sollte auch an tumoröse Erkrankungen gedacht werden **(Abb. 2-176A)**. Bei Kaninchen werden vor allem Lymphosarkome beobachtet **(Abb. 2-173B** und **2-176B)**. Eine Besonderheit bei dieser Tierart ist der temporäre Exophthalmus, der vor allem beobachtet wird, wenn sich die Tiere in Stresssituationen befinden. Es kommt zu einem Verschluss der abführenden Venen im retrobulbären Bereich. Durch die sich ansammelnde Blutmenge werden die Augen nach anterior verlagert **(Abb. 2-172B)**. Es wird vermutet, dass dieser Verschluss bei manchen Tieren durch Blockade der Jugularvenen im Zusammenhang mit thorakalen Raumforderungen steht **(Abb. 2-176C)**. Sowohl beim Kaninchen, als auch beim Meerschweinchen stellen sich retrobulbäre Zubildungen gemischt- bis hyperechogen dar **(Abb. 2-176A, B)**. In diesen Fällen sollte immer der Zahnwurzelbereich radiologisch mit abgeklärt werden, um von den Zahnwurzeln ausgehende Abszesse auszuschließen.

Weitere Ursachen, die mit bildgebenden Verfahren abgeklärt werden können, sind retrobulbäre Blutungen sowie Myositiden der Konusmuskulatur.

2.10.1.6 Traumata

Verletzungen am Auge werden meist entweder durch Artgenossen oder durch Katzen und Wildtiere verursacht. Das betroffene Auge ist gerötet, zeigt Ausfluss, die Bindehäute sind geschwollen und bei Beteiligung der Hornhaut ist diese getrübt **(Abb. 2-177A)**. Mit einer Ultraschalluntersuchung kann auch bei starken Schwellungen von Lid und Bindehaut geklärt werden, ob eine Perforation vorliegt **(Abb. 2-177B)**. Dabei muss sichergestellt werden, dass beim Aufsetzen des Schallkopfes keinerlei Druck auf die verletzten Gewebe ausgeübt wird. Sofern es zu Einblutungen im Auge gekommen ist, kann das Ausmaß der Verletzung sichtbar gemacht werden **(Abb. 2-177C)**. Diese Informationen können als Entscheidungshilfe dienen, um zu klären, ob das betroffene Auge erhalten werden kann oder besser enukleiert werden sollte.

2.10.1.7 Kongenitale Augenveränderungen

Die Anzahl der beschriebenen kongenitalen Augenveränderungen bei Kaninchen und Meerschweinchen ist gering und beschränkt sich hauptsächlich auf Lidveränderungen.

Analog zu Hund und Katze können multiple okulare Veränderungen vorliegen, die das Sehvermögen gering bis stark beeinträchtigen können. So kann eine Mikrophakie mit einem grauen Star vergesellschaftet sein **(Abb. 2-178A)**.

2.10.1.8 Tumoren des Bulbus oculi

Tumoren des inneren Auges sind in der Literatur selten beschrieben. Meist handelt es sich nicht um primär intraokulare Veränderungen, sondern um die okulare Manifestation einer Systemblastomatose. Die durch sie möglichen Entzündungssymptome können als Uveitis fehlgedeutet werden. Bei unklaren Entzündungsursachen sowie Zubildungen im Auge sollte mit Hilfe der bildgebenden Diagnostik abgeklärt werden, ob eine Geschwulst im Auge vorliegt **(Abb. 2-178B)**.

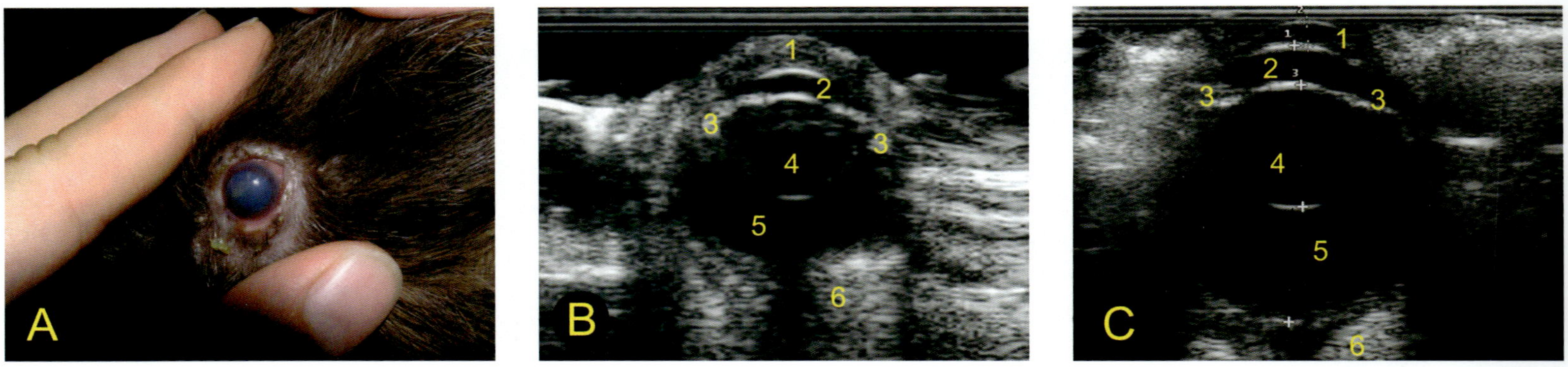

Abb. 2-162:

A: Eitrige Keratokonjunktivitis bei einem Glatthaarmeerschweinchen.

B: Ultraschalluntersuchung zu A, korneale Ankopplung, 15 MHz, ET: 3 cm. Die hyperechogene Kornea ist stark verdickt, das restliche Auge sonographisch o. b. B.

C: Ultraschalluntersuchung, korneale Ankopplung, 15 MHz, ET: 3 cm, Löwenkopfkaninchen. Die Hornhaut weist eine zum Zentrum zunehmende Verdickung auf.

1: Kornea
2: vordere Augenkammer
3: Iris und Ziliarkörper
4: Linse
5: Glaskörper
6: Orbita

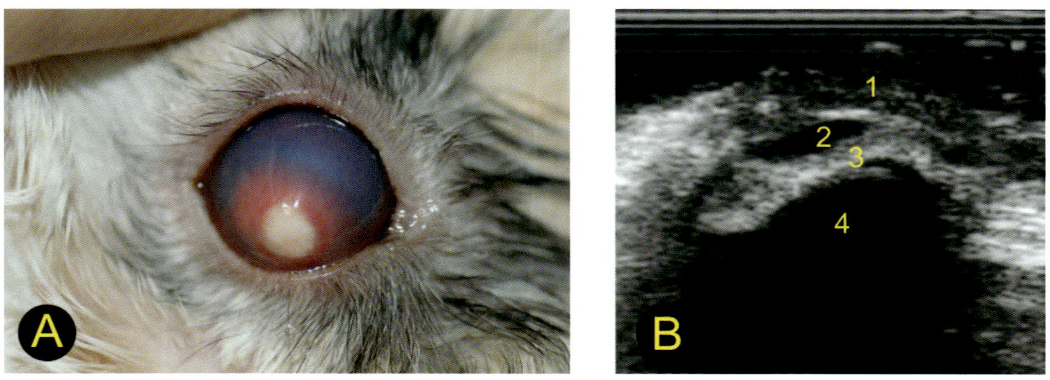

Abb. 2-163:

A: Korneaabszess bei einem Löwenkopfkaninchen.

B: Ultraschalluntersuchung zu A, korneale Ankopplung, 15 MHz, ET: 1,5 cm.

Die verdickte Iris liegt der getrübten und verdickten Kornearückfläche (vordere Synechie) an, der Verdacht eines Abszessdurchbruches in das Auge konnte intraoperativ bestätigt werden.

1: Kornea mit Abszess
2: vordere Augenkammer
3: Iris
4: Linse

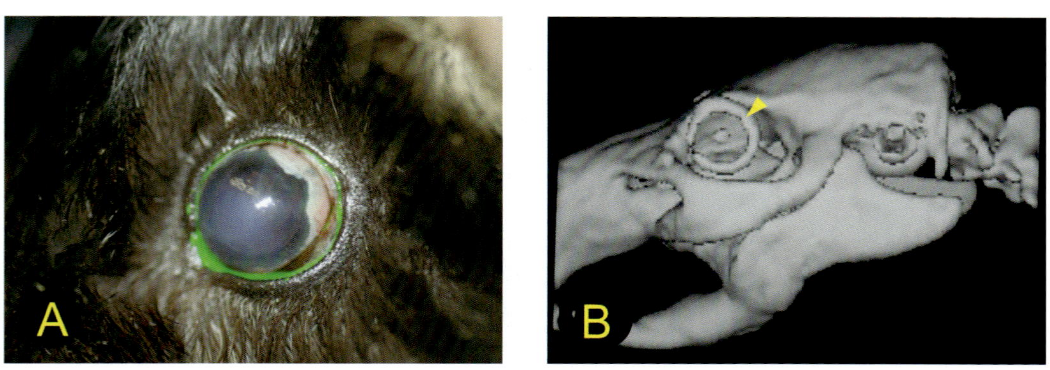

Abb. 2-164:

A: Ossäre Choristie bei einem Meerschweinchen.

B: CT-Untersuchung, 3D-Rekonstruktion des Schädels mit Darstellung der ringförmigen knöchernen Zubildung an der Irisbasis (Pfeilkopf).

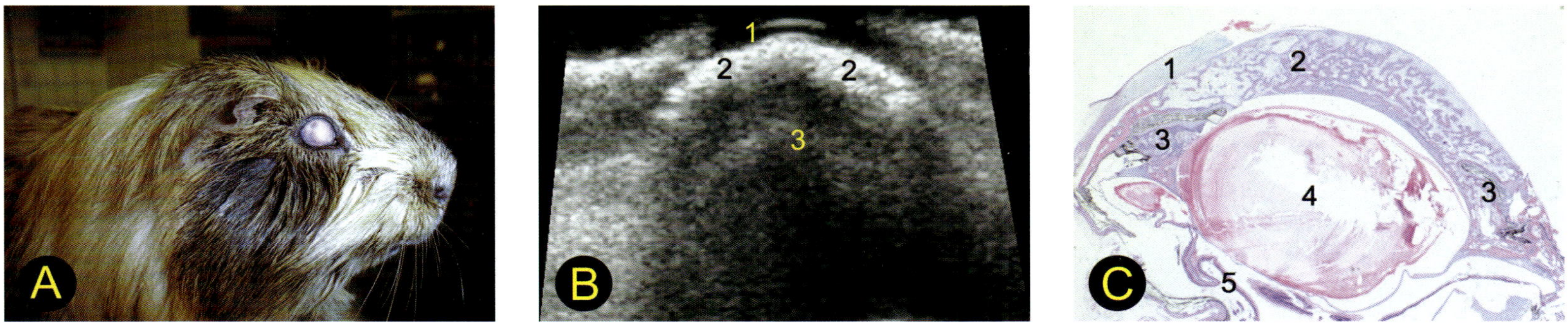

Abb. 2-165:

A: Weißlich-rosafarbene Zubildung im rechten Auge eines Glatthaarmeerschweinchens, der Augeninnendruck betrug 40 mmHg.

B: Ultraschalluntersuchung zu A, korneale Ankopplung, 12 MHz, ET: 1,5 cm. Hinter der Kornea findet sich in der vorderen Augenkammer eine hyperechogene Veränderung, die eine komplette Schallauslöschung hervorruft.

C: Histopathologisches Bild. Die vordere Augenkammer ist komplett mit trabekulärem Knochengewebe ausgekleidet. Zusätzlich umgibt die aus dem Kammerwinkel aussprossende Veränderung Iris und Ziliarkörper bereits vollständig. Diagnose: ossäre Choristie mit Sekundärglaukom.

Aufnahmen mit freundlicher Genehmigung aus: Hoffmann, I., Schäfer, E., Reese, S. (2004): Die sonographische Untersuchung des vorderen Augenabschnittes beim Kleintier. Tierärztl Prax 32(K): 241.

B:
1: Kornea
2: ossäre Choristie
3: Schallauslöschung

C:
1: Kornea
2: ossäre Choristie
3: Iris
4: Linse
5: kollabierter (Schnittartefakt) hinterer Augenabschnitt

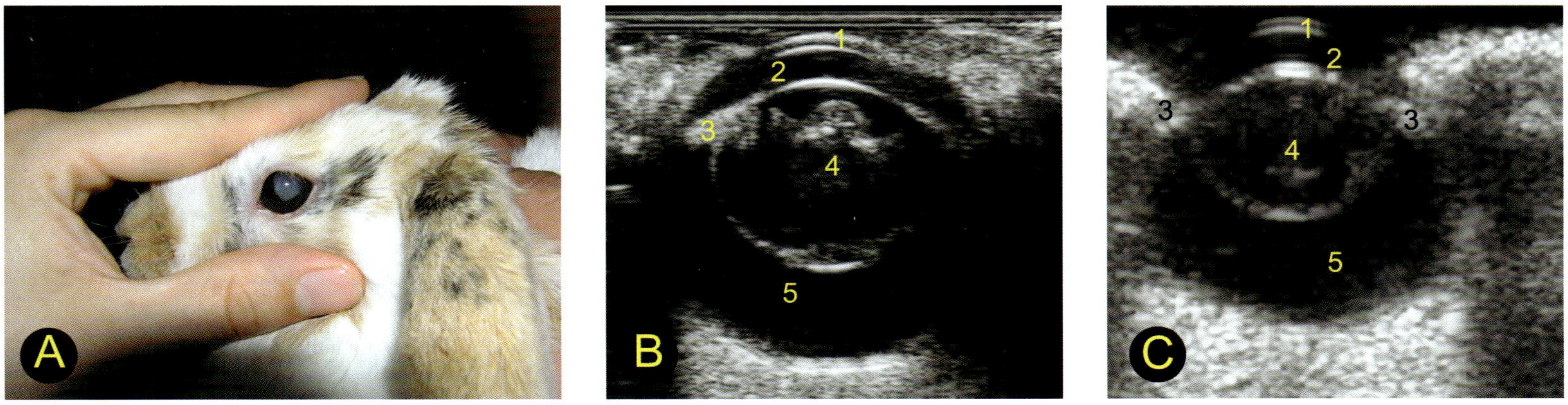

Abb. 2-166:

A: Mature Katarakt bei einem Widderkaninchen.

B: Ultraschalluntersuchung, korneale Ankopplung, 15 MHz, ET: 3 cm. Die Linse ist hyperechogen und verdickt.

C: Ultraschalluntersuchung, korneale Ankopplung, 12 MHz, ET: 1,5 cm. Mature Katarakt bei einem Texelmeerschweinchen. Die Linse ist hyperechogen und verdickt.

1: Kornea
2: vordere Augenkammer
3: Iris und Ziliarkörper
4: Linse
5: Glaskörper

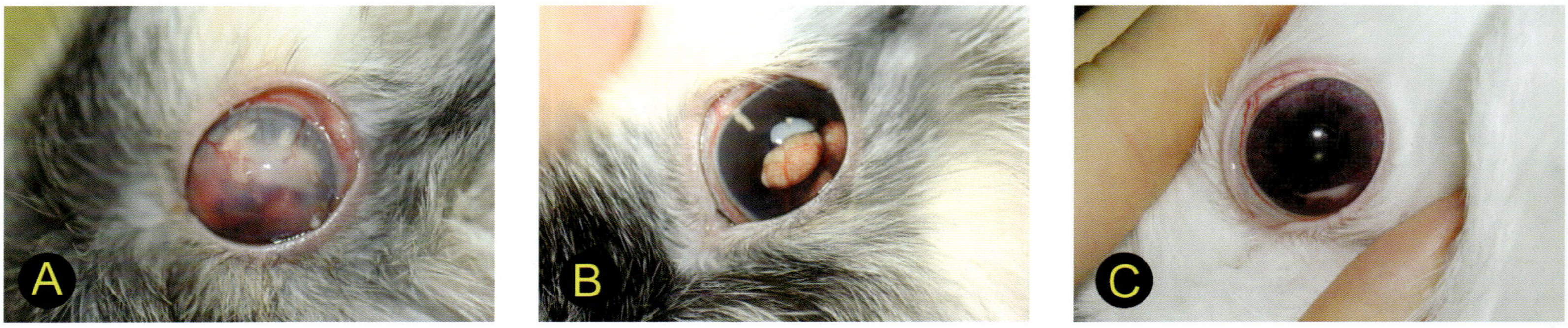

Abb. 2-167:

A: Keratokonjunktivitis und Uveitis bei einem Widderkaninchen. Die vordere Augenkammer ist nicht einsehbar.

B: Korrespondierendes Bild zu A, zwei Wochen nach Behandlung mit Prednisolonacetat-Augentropfen. Deutliche Reduktion der Entzündungssymptomatik, die iridialen Granulome sowie ein grauer Star sind jetzt deutlich sichtbar. Verdacht auf Encephalitozoonose mit okularer Manifestation.

C: Uveitis mit Hypopyon bei einem Angorakaninchen.

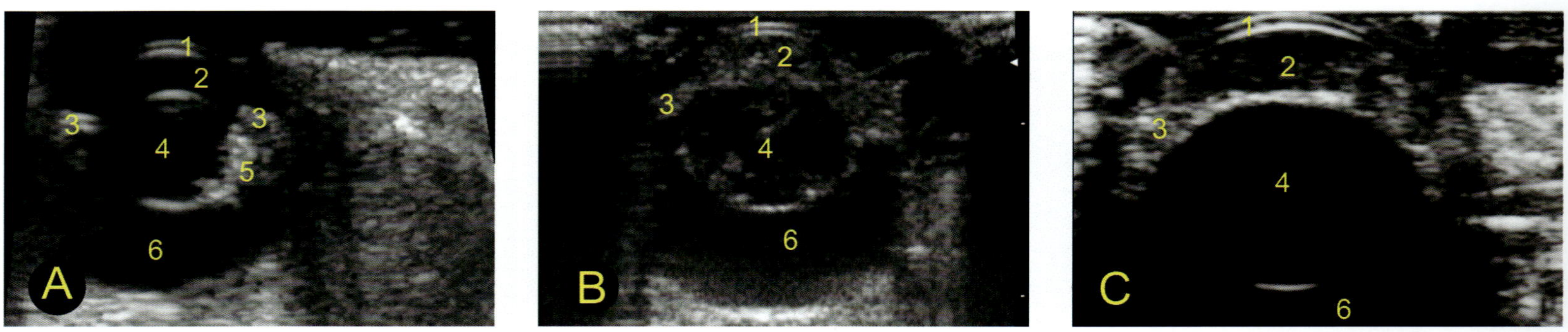

Abb. 2-168:

A: Ultraschalluntersuchung, korneale Ankopplung, 12 MHz, ET: 1,5 cm, Zwergkaninchen. Partielle, hyperechogene Trübung der Linse, die über die hyperechogene Kapsellinie hinausreicht. Diagnose: Linsenkapselruptur mit konsekutiver, phakoklastischer Uveitis.

B: Ultraschalluntersuchung zu Abb. 2-167A, korneale Ankopplung, 11 MHz, ET: 2 cm. Vordere Augenkammer sowie Linse sind hyperechogen verschattet. Verdachtsdiagnose: linseninduzierte Uveitis.

C: Ultraschalluntersuchung, korneale Ankopplung, 15 MHz, ET: 1 cm. Lohkaninchen. Die vordere Augenkammer ist hyperechogen verschattet, daher ist die Iris kaum abgrenzbar, die Linse ist sonographisch unauffällig. Diagnose: Uveitis mit Hypopyon ohne Linsenbeteiligung.

1: Kornea
2: vordere Augenkammer
3: Iris
4: Linse
5: Bereich von Katarakt und Kapselruptur
6: Glaskörper

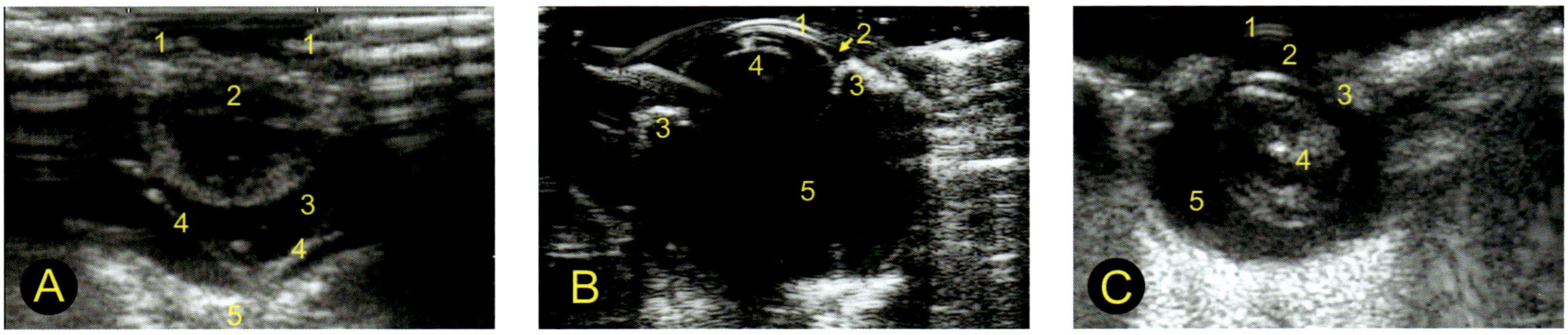

Abb. 2-169:

A: Ultraschalluntersuchung, korneale Ankopplung, 11 MHz, ET: 3 cm. Widderkaninchen mit maturem grauem Star und negativem Blendreflex. Im Ultraschallbild ist eine lilienblütenförmige, hyperechogene Linie sichtbar, deren Ursprung im Bereich des Sehnervenkopfes liegt. Diagnose: Ablatio retinae.

B: Ultraschalluntersuchung, korneale Ankopplung, 15 MHz, ET: 3 cm. Widderkaninchen mit eingetrübtem Auge. Die hyperechogene Linse (4) liegt direkt der Kornea (1) an, es besteht praktisch fast keine vordere Augenkammer (2) mehr. Die Iris (3) wird durch die luxierte Linse lateral gedrückt und ist aufgebogen. Der Glaskörper ist echofrei (5). Diagnose: Luxatio lentis anterior.

C: Ultraschalluntersuchung, korneale Ankopplung, 12 MHz, ET: 2 cm, Glatthaarmeerschweinchen. Die hyperechogene Linse ist in den Glaskörper abgetaucht. Diagnose: Luxatio lentis posterior, mature Katarakt.

A:
1: Iris
2: hyperechogene Linse
3: Glaskörper
4: abgelöste Netzhaut
5: Orbita

B, C:
1: Kornea
2: vordere Augenkammer
3: Iris
4: Linse
5: Glaskörper

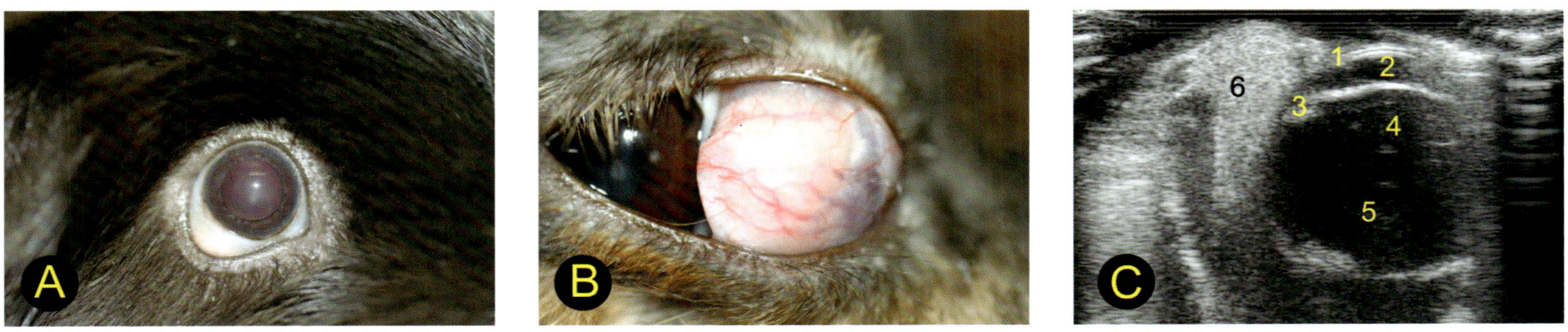

Abb. 2-170:

A: Vorfall von orbitalem Fettgewebe bei einem Texelmeerschweinchen.

B: Prolaps von Nickhaut und Drüsengewebe bei einem Kaninchen.

C: Ultraschalluntersuchung zu B, korneale Ankopplung, 15 MHz, ET: 3 cm. Massiver Prolaps von Nickhaut und Drüsengewebe (6) mit orbitaler Gefäßstauung. Die restlichen okularen Strukturen sind unauffällig, kein Hinweis auf einen Tumor.

1: Kornea
2: vordere Augenkammer
3: Iris und Ziliarkörper
4: Linse
5: Glaskörper
6: Prolaps

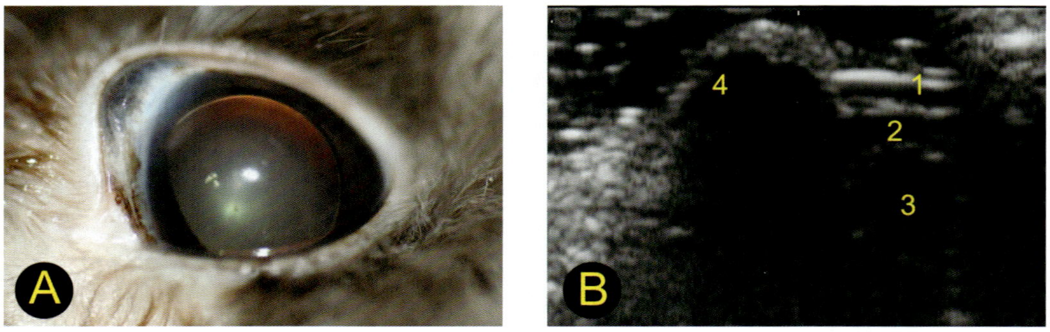

1: Kornea
2: vordere Augenkammer
3: Linse
4: anechogene Vorwölbung im Limbusbereich.

Abb. 2-171:

A: Zubildung bei einem 8 Jahre alten Kaninchen. Die Veränderung war schon lange bekannt, hatte aber innerhalb der letzten Wochen zugenommen.

B: Ultraschalluntersuchung, korneale Ankopplung, 11 MHz, ET: 1 cm. Verdacht auf sklerales Staphylom.

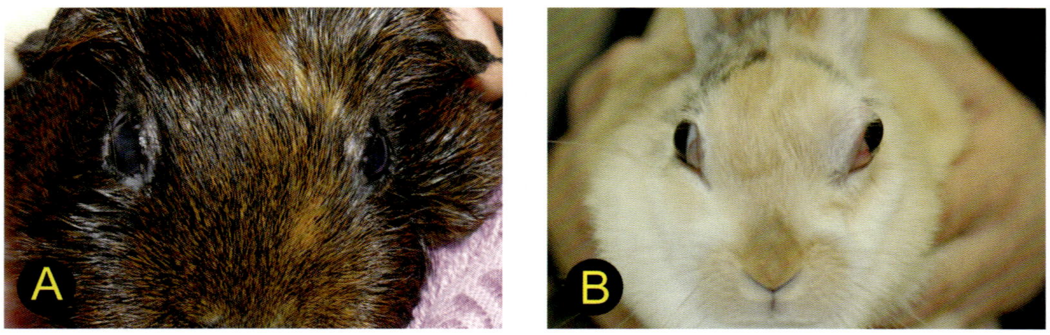

Abb. 2-172:

A: Einseitiger Exophthalmus bei einem Texelmeerschweinchen.

B: Beidseitiger Exophthalmus bei einem Zwergkaninchen (siehe auch **Abb. 2-176C**).

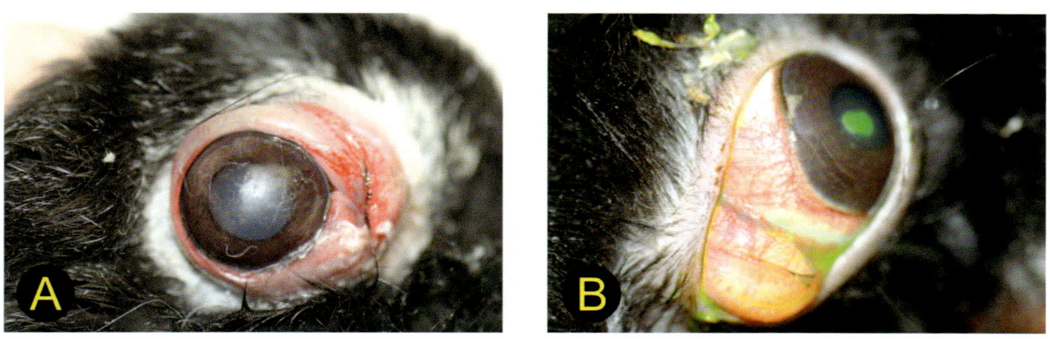

Abb. 2-173:

A: Einseitiger Exophthalmus bei einem Zwergkaninchen mit Xerosis corneae, eitrigem Ausfluss und hochgradiger Bindehautschwellung.

B: Einseitiger Exophthalmus bei einem Zwergkaninchen mit Fluorescein positivem Korneadefekt sowie Prolaps von Nickhaut und Drüsengewebe (siehe auch **Abb. 2-176B**).

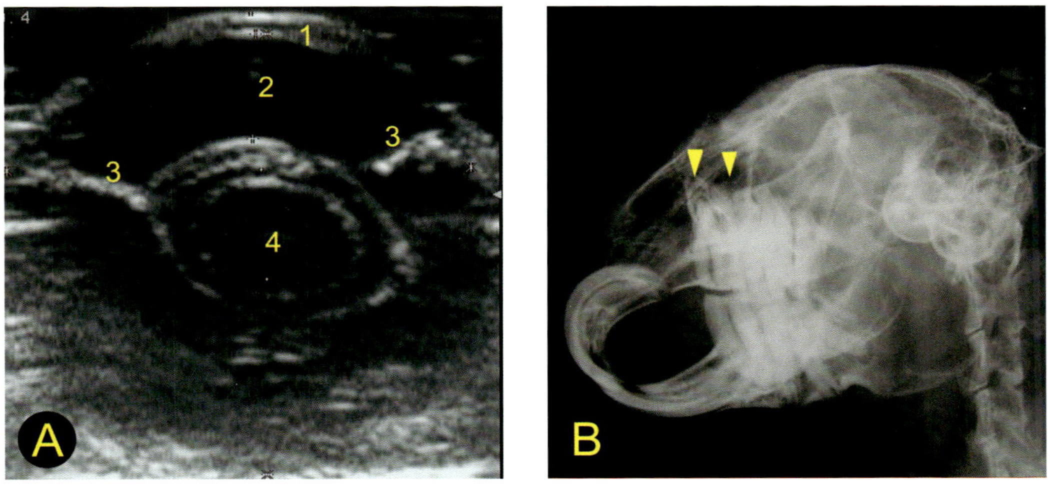

1: Kornea
2: vordere Augenkammer
3: Iris
4: Linse

Abb. 2-174:

A: Ultraschalluntersuchung, korneale Ankopplung, 11 MHz, ET: 3 cm. Widderkaninchen (Alter: 10 Jahre) mit einseitigem Buphthalmus und einem intraokularen Druck von 40 mmHg. Der Abstand zwischen Kornea (1) und Linse (4) ist mit 4,3 mm deutlich größer als normal, die vordere Augenkammer (2) ist entsprechend tief, die luxierte, im anterioren Kortexbereich hyperechogene Linse (4) liegt schräg zur Iris (3). Der Bulbus erscheint klobig und ist mit 17,9 mm Durchmesser im Vergleich zum kontralateralen Auge mit 16,4 mm vergrößert. Bei dem hyperechogenen Ring im Kernbereich der Linse handelt es sich um eine altersbedingte Nukleosklerose.

B: Röntgenuntersuchung, schräg-lateraler Strahlengang. Kaninchen: multiple lytische Prozesse im Zahnwurzelbereich.

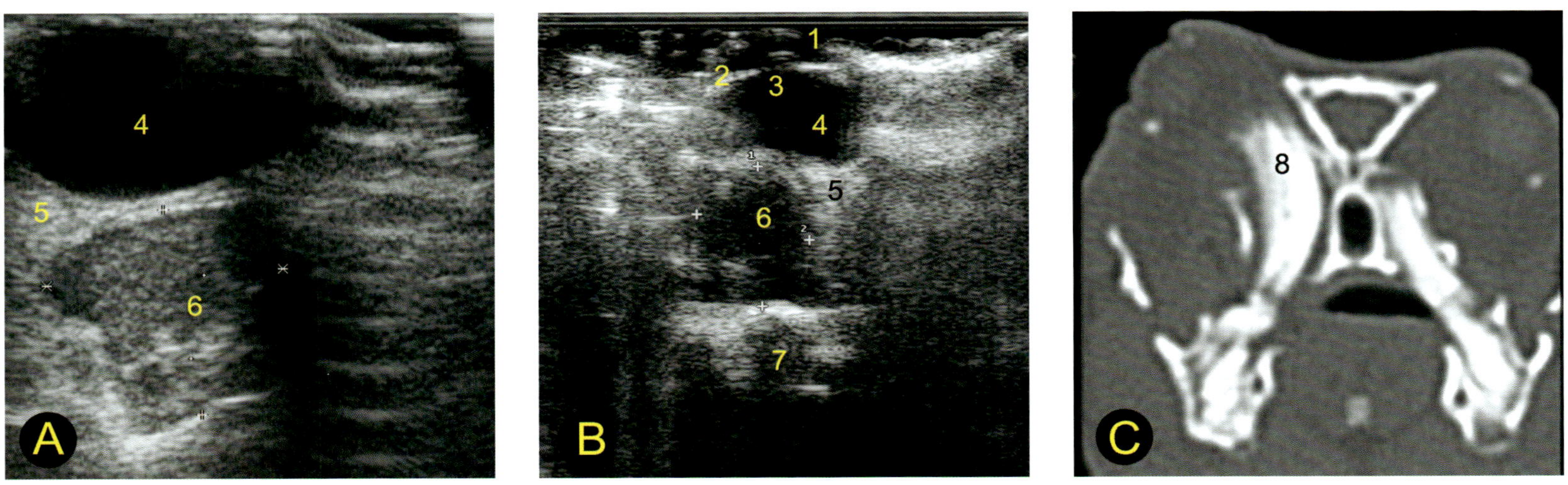

Abb. 2-175:

A: Ultraschalluntersuchung, korneale Ankopplung, 11 MHz, ET: 3 cm. Widderkaninchen mit einseitigem Exophthalmus und röntgenologisch ähnlichem Befund wie in Abb. 2-173A. Diagnose: retrobulbärer Abszess, dental bedingt.

B: Ultraschalluntersuchung, korneale Ankopplung, 15 MHz, ET: 3 cm, Meerschweinchen. Hypoechogene Zubildung im Retrobulbärraum, welche anterior den Bulbus eindrückt und posterior an den Zahnwurzelbereich mit Schallschatten (7) anschließt.

C: CT-Untersuchung, Meerschweinchen: klinisch waren am linken Auge ein Exophthalmus mit Lagophthalmus sowie eine dadurch bedingte Expositionskeratitis auffällig. In der CT-Untersuchung war als Ursache des retrobulbären Abszesses eine Zahnfehlstellung (8) sichtbar.

1: Kornea
2: Iris
3: Linse
4: Glaskörper
5: Orbita
6: hypoechogene Veränderung
7: Schallschatten im Zahnwurzelbereich
8: Zahn, retrograd in die Orbita gewachsen

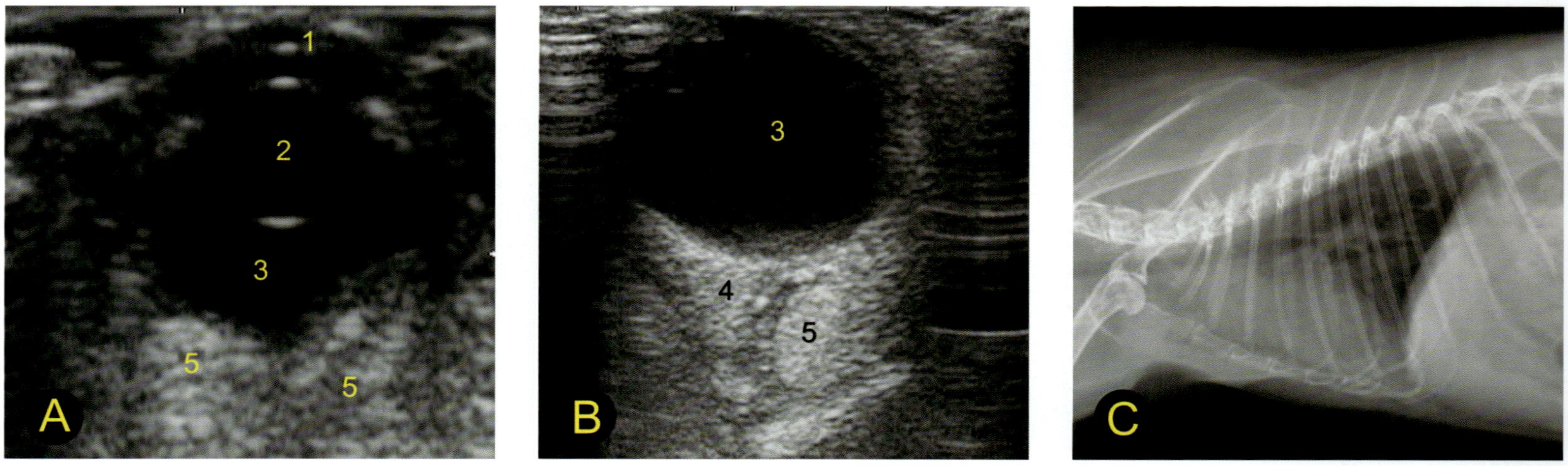

Abb. 2-176:

A: Ultraschalluntersuchung, korneale Ankopplung, 11 MHz, ET: 2 cm, Meerschweinchen. Zahnwurzeln im Röntgenbild o. b. B., Kachexie, Exophthalmus rechts. Im Orbitabereich ist eine hyperechogene Zubildung (4) zu sehen, die den Augapfel eindrückt. Diagnose: retrobulbärer Tumor.

B: Ultraschalluntersuchung zu Abb. 2-173B, korneale Ankopplung, 11 MHz, ET: 3 cm. Zwergkaninchen. Metastase eines Lymphosarkoms.

C: Röntgenuntersuchung zu Abb. 2-172B, latero-laterale Projektion, Zwergkaninchen. Präkardiale Weichteilverschattung (Verdachtsdiagnose).

1: Kornea
2: Linse
3: Glaskörper
4: Orbita
5: hyperechogene Zubildung im Orbitabereich

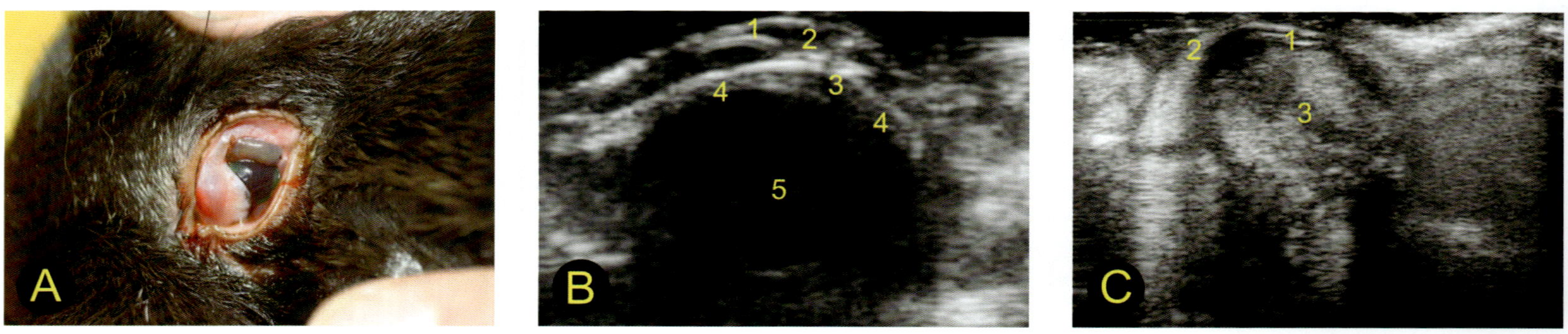

Abb. 2-177:

A: Einseitige Augenverletzung bei einem Zwergkaninchen nach Marderattacke. Massive Bindehautschwellung und Rötung, Nickhautvorfall und Enophthalmus, Kornea dorsal mit Fluorescein anfärbend, Augapfel nicht einsehbar, die vordere Augenkammer ist mit rötlichen Massen gefüllt.

B: Ultraschalluntersuchung, korneale Ankopplung, 15 MHz, ET: 1,5 cm. Löwenkopfkaninchen nach Kampf mit einer anderen Zibbe. Deutlich hebt sich der verletzte Bereich (2) von der gesunden Kornea (1) ab, auch die Linsenkapsel ist betroffen (3), der anteriore Linsenbereich (4) zeigt sich im Gegensatz zur übrigen Linse (5) hyperechogen. Diagnose: perforierende Hornhautverletzung mit Linsenbeteiligung.

C: Ultraschallbild zu A, korneale Ankopplung, 15 MHz, ET: 3 cm. Die Nickhaut (2) hat sich vor die Kornea geschoben (1), das restliche Auge ist mit hyperechogenen Massen angefüllt. Diagnose: perforierende Hornhautverletzung mit hochgradiger intraokularer Blutung (3). Das Auge wurde aufgrund der schlechten Prognose enukleiert.

B:
1: Kornea
2: Korneaverletzung
3: Linsenkapsel
4: anteriorer Linsenbereich
5. Linse

C:
1: Kornea
2: Nickhaut
3: intrakuläre hyperechogene Masse (Einblutung)

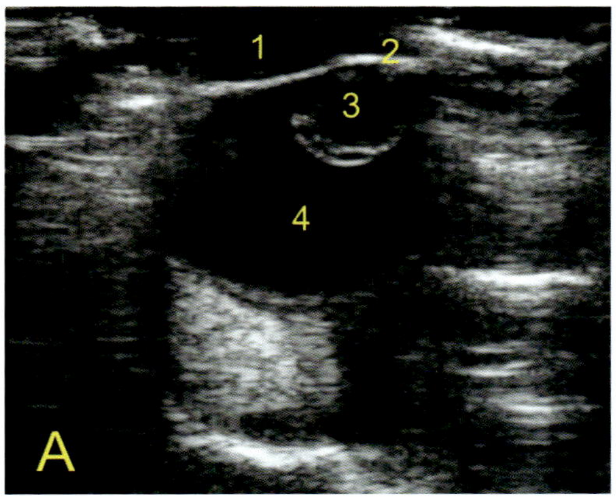

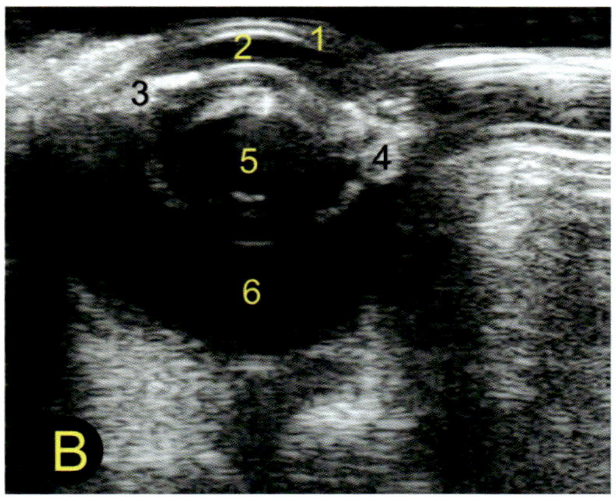

A:
1: vordere Augenkammer
2: Iris
3: verkleinerte und getrübte Linse
4: Glaskörper

B:
1: Kornea
2: vordere Augenkammer
3: Iris
4: verdickter Ziliarkörper
5: hyperechogene Linse
6: Glaskörper

Abb. 2-178:

A: Ultraschalluntersuchung, korneale Ankopplung, 15 MHz, ET: 3 cm. Zwergkaninchen mit Verdacht auf Linsenluxation. Diagnose: Mikrophakie mit kongenitaler Katarakt.

B: Ultraschalluntersuchung, korneale Ankopplung, 15 MHz, ET: 3 cm. Löwenkopfkaninchen mit Linsentrübung. Verdacht auf Ziliarkörpertumor.

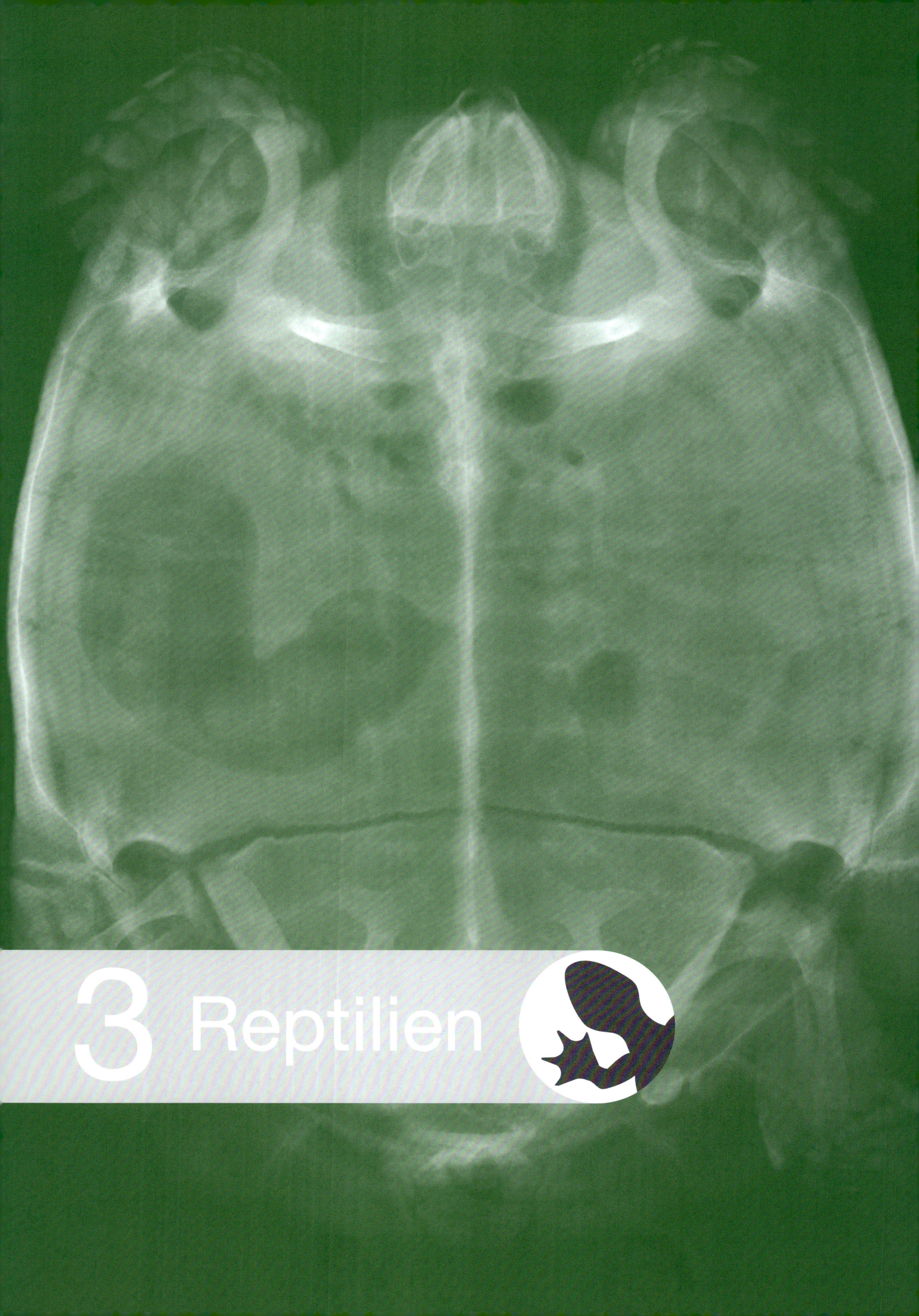

3 Reptilien

Einleitung

Michael Pees

Reptilien spielen als Patienten seit Jahren eine zunehmende Rolle in Tierarztpraxen. Auch die Reptilienmedizin hat sich erheblich weiterentwickelt. Heute stehen diagnostische und therapeutische Maßnahmen zur Verfügung, die noch vor kurzer Zeit undenkbar waren. Dieser Fortschritt führt aber auch dazu, dass von Seiten der Halter eine gezielte und kompetente Diagnostik zunehmend gefordert wird. Da Reptilien im Vergleich zu Säugern durch ihre anatomischen Besonderheiten der klinischen Untersuchung weniger zugänglich sind, sind neben der Infektionsdiagnostik bildgebende Verfahren von besonderer Bedeutung.

Die Röntgenuntersuchung ist aufgrund der einfachen Durchführung das am häufigsten eingesetzte Verfahren, aber auch die Ultraschalluntersuchung findet immer stärker Verwendung in der Diagnostik. Sie kann mit den üblichen Ultraschallgeräten bis auf wenige Einschränkungen auch bei Reptilien eingesetzt werden und liefert insbesondere bei nicht röntgendichten Veränderungen wertvolle Zusatzinformationen. Die neueren bildgebenden Diagnostika, die Computertomographie (CT) und die Magnetresonanztomographie (MRT), sind bedingt durch den technischen Fortschritt und die zunehmend gehobene Ausstattung vieler Praxen und Kliniken heute häufig verfügbar und werden auch zunehmend vom Kunden nachgefragt. Sie stellen ausgezeichnete Hilfsmittel dar, welche ein großes Potential haben und bei unklaren Fällen in spezialisierten Einrichtungen angewendet werden können. Neuere Studien tragen hier dazu bei, Reptilien mit diesen Techniken standardisiert untersuchen und pathologische Zustände diagnostizieren zu können.

Allgemeiner Teil

3.1 Röntgenuntersuchung

Michael Pees

3.1.1 Technische Voraussetzungen

Die Anforderungen an die Technik entsprechen für Röntgenuntersuchungen bei Reptilien weitgehend denen bei Kleintieren. Unschärfen durch »Veratmen«, wie sie bei Vögeln durch die hohen Atemfrequenzen auftreten, stellen kaum ein Problem dar. Um kurze Belichtungszeiten zu ermöglichen, sind aber Röntgengeräte mit einer Leistung von wenigstens 200 mA und einem Spannungsbereich zwischen 40 kV und 100 kV zu empfehlen. Die Größe der zu untersuchenden Reptilien kann zu Problemen führen, sowohl bei sehr kleinen als auch sehr schweren bzw. langen Tieren. Röntgenaufnahmen sind mit einer Standardausrüstung ab ca. 15 g bis zu 60 kg Körpermasse durchführbar. Größere Schildkröten mit entsprechend dicken knöchernen Panzern sind röntgenologisch kaum zu untersuchen.

Eine wichtige Anforderung an die Röntgeneinrichtung ist eine schwenkbare Röntgenröhre, mit der der meist senkrecht genutzte Strahlengang auch horizontal ausgerichtet werden kann. Dieser Strahlengang ist zur Röntgenuntersuchung von Schildkröten in der latero-lateralen und kranio-kaudalen Projektion unerlässlich (s. Kap. 3.1.2.3). Auch bei Schlangen und Echsen sind diese Projektionen empfehlenswert. Sind die technischen Möglichkeiten hierfür nicht gegeben, muss bei Schildkröten auf diese Lagerungsebene verzichtet werden. Echsen und Schlangen können dagegen auch in seitlicher Lagerung geröntgt werden, da hier die Organverlagerungen durch das Kippen der Tiere keine so großen Auswirkungen auf die Beurteilbarkeit der Aufnahmen hat. Der Film-Fokus-Abstand sollte ca. 80 cm betragen.

Hinsichtlich der zu verwendenden Röntgenfilme sind die bei Säugern verwendeten Folien bzw. Film-Folien-Kombinationen auch bei Reptilien einsetzbar. Bei Tieren unter 1000 g Körpermasse haben sich hochauflösende Mammographiefolien bewährt. Hier ist die Detailauflösung erheblich besser als bei den gängigen Film-Folien-Kombinationen. Auf ein Raster für die Untersuchung sollte bei Reptilien unter 10 kg Körpermasse verzichtet werden. Für Aufnahmen im horizontalen Strahlengang ist die Verwendung eines Kassettenhalters von Vorteil, um eine optimale Projektion zu erzielen. Eine entsprechende Positionierung lässt sich aber auch mit einfachen Hilfsmitteln, wie dem »Aufbocken« der Tiere auf einem Becher und der Abstützung der Kassette gegen die Wand oder einen größeren Gegenstand, erreichen.

Beim Einsatz digitaler Röntgensysteme gelten die gleichen Prinzipien wie beim Säuger. Die Möglichkeiten der nachträglichen Bildeinstellung können die Diagnosestellung erheblich erleichtern, aber auch zu Fehlinterpretationen der Aufnahmen führen.

Für Standardprojektionen ist eine Anästhesie meist nicht notwendig. Lediglich bei sehr wehrhaften Reptilien und solchen Tieren, die manuell kaum zu fixieren sind, sollte eine Sedation vorgenommen werden. Auch bei größeren Schlangen kann eine Sedation erforderlich sein, um eine korrekte Lagerung, insbesondere in der latero-lateralen Projektion, zu ermöglichen. Mittel der Wahl ist Isofluran, da hier die Steuerbarkeit und die kurze Wirkdauer das Risiko erheblich reduzieren. Lediglich bei aquatilen Spezies, wie Sumpfschildkröten, welche die Atemtätigkeit bei Isofluranzufuhr meist für längere Zeit unterbrechen, kann eine Injektionsnarkose notwendig werden.

3.1.2 Lagerung und Ebenen

Die Möglichkeiten der Lagerung unterscheiden sich zwischen Echsen, Schlangen und Schildkröten erheblich. Deshalb werden diese Gruppen hier auch getrennt besprochen. Prinzipiell ist dem Schutz vor Verletzungen besondere Bedeutung zuzuschreiben. Dies betrifft zum einen die zu untersuchenden Tiere, zum anderen natürlich auch die haltende Person. Meist werden Echsen und Schlangen manuell fixiert. Bei kleineren Tieren kann dies aber dazu führen, dass große Bereiche des Reptils aus Gründen des Strahlenschutzes ausgeblendet werden müssen. Hier kann eine Röntgenaufnahme in einer Box oder mittels Fixation sinnvoll sein. Grundsätzlich gilt aber, dass eine korrekte Lagerung und Projektion, wie beim Säuger auch, eine essentielle Voraussetzung für die Interpretation der Aufnahmen ist. Eine Übersicht über die empfohlenen Projektionen zur Untersuchung der entsprechenden Organsysteme ist in Tabelle 3-1 wiedergegeben.

3.1.2.1 Untersuchung von Echsen

Die beiden Standardebenen zur röntgenologischen Untersuchung von Echsen sind die dorso-ventrale und die latero-laterale Projektion. Echsen können zur Lagerung entweder manuell gehalten, mit Bindeseilen fixiert oder in Boxen geröntgt werden. Sehr schwache Tiere können auch ohne Fixation zur dorso-ventralen Durchleuchtung positioniert werden. Die Untersuchung in einer Box sollte eine Ausnahme bei sehr kleinen oder scheuen Tieren darstellen, da die Positionierung kaum beeinflusst werden kann und nur die dorso-ventrale Projektion möglich ist. Bei Echsen mit sehr empfindlicher Haut, wie Geckos, ist diese Art der Lagerung dagegen zu bevorzugen, da plötzliche Abwehrbewegungen zum Einreißen der Haut führen können.

Die manuelle Fixation zur dorso-ventralen Projektion bei der Untersuchung der Leibeshöhle erfolgt, indem die Hinterbeine des Tieres an die Schwanzwurzel angelegt und dort mit einer Hand fixiert werden. Die Vorderbeine sollten mit der zweiten Hand mit dem Hals zusammen gehalten werden **(Abb. 3-1)**. Auch hier ist es sinnvoll, die Beine fest am Körper zu fixieren. Bei Echsen mit sehr kurzen Gliedmaßen, wie Kaimanen, kann diese Fixation Probleme bereiten. Gegebenenfalls kann hier Verbandsmaterial zu Hilfe genommen werden. Gleiches empfiehlt sich bei größeren Echsen, die nur schwer manuell fixiert werden können. Soll der Schwanz geröntgt werden, ist meist eine Fixation im kranialen Bereich ausreichend. Keinesfalls sollte die Schwanzspitze festgehalten oder angebunden werden, da viele Echsen zur Autotomie (Abwerfen des Schwanzendes) fähig sind.

Zur latero-lateralen Projektion können Echsen auf der Seite liegend gelagert werden. Die Fixation entspricht der bei der dorsoventralen Projektion. Auch hier sollten die Gliedmaßen möglichst an den Körper angelegt werden **(Abb. 3-2)**.

Eine latero-laterale Durchleuchtung im horizontalen Strahlengang ist insbesondere dann sinnvoll, wenn die Lungen beurteilt werden sollen, da so eine Organverlagerung ins Lungenfeld verhindert wird. Allerdings ist hierbei die Fixation des Patienten schwierig. Meist werden Echsen hierzu in Boxen gelagert und wie Schildkröten durchleuchtet.

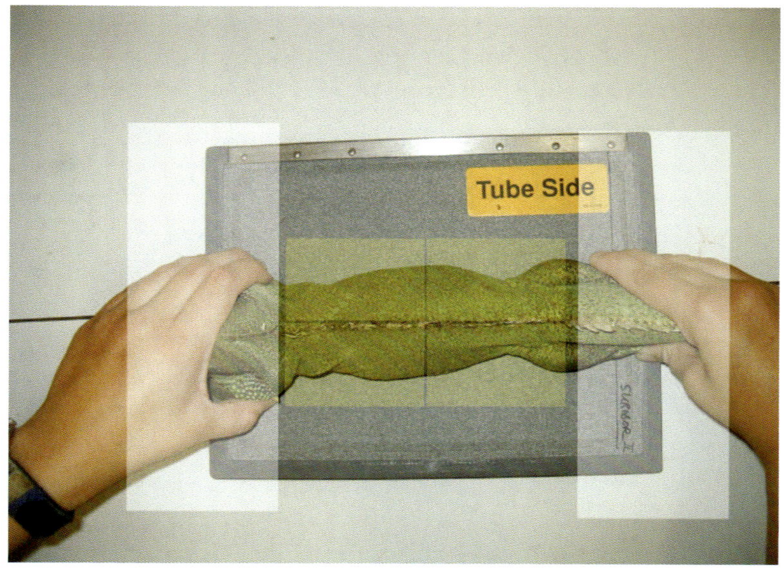

Abb. 3-1: Lagerung einer Wasseragame (*Physignathus cocincinus*) zur dorsoventralen Projektion. Die Gliedmaßen sollten soweit wie möglich nach vorne bzw. hinten gezogen werden. Bei manchen Echsen, wie Kaimanen, ist die Fixation der kurzen Beine schwierig. Die grauen Areale zeigen die notwendige Abdeckung mit Bleiplatten an (Strahlenschutz, auf den folgenden Abbildungen entsprechend).

Abb. 3-2: Lagerung einer Wasseragame (*Physignathus cocincinus*) zur laterolateralen Projektion. Die Hüfthöcker sollten senkrecht übereinanderliegen und der Rückenkamm möglichst parallel zur Röntgenplatte gelagert sein.

Tabelle 3-1: Sinnvolle Projektionen zur Untersuchung spezieller Organsysteme
(CrCa: kranio-kaudal, CaCr: kaudo-kranial, LL: latero-lateral, DV: dorso-ventral, DP: dorso-palmar)

	Respirations-trakt	**Gastrointestinal-trakt**	**Urogenital-trakt**	**Carapax, Plastron**	**Skelett**	**Gliedmaßen**	**Kopf**
Schildkröten	CrCa, LL	LL, DV	LL, DV	DV, CrCa, LL	LL, DV	DP, evt. hängend in LL	LL, DV, Schrägprojektion
Schlangen	LL	LL, DV	LL, DV	–	LL, DV	–	LL, DV, Schrägprojektion
Echsen	LL	LL, DV	LL, DV	–	LL, DV	DP, CaCr	LL, DV, Schrägprojektion

Zur Untersuchung der Gliedmaßen kann das betreffende Bein auf der Platte liegend gelagert oder mithilfe eines Bindeseils ausgezogen werden. Eine Projektion in zwei Ebenen ist nur bedingt möglich. Hierzu wird zur dorso-palmaren Projektion das Bein bei auf dem Bauch liegendem Patienten von Körperstamm abduziert. Zur kaudo-kranialen Projektion kann es am Körperstamm anliegend und nach kaudal fixiert durchleuchtet werden.

Für die Untersuchung des Kopfes sind neben den beiden oben genannten Projektionen gelegentlich auch Schrägaufnahmen nötig. Aufnahmen im 60°-Winkel zur Waagerechten zeigen die einzelnen Strukturen mit den geringsten Überlagerungen. Des Weiteren kann es sinnvoll sein, mit zwei Bindeseilen das Maul vorsichtig offenzuhalten, um die Überlagerung von Kopfstrukturen zu reduzieren. Diese Aufnahmen sollten gegebenenfalls in Sedation bzw. Narkose erfolgen, um eine adäquate Lagerung zu ermöglichen und das Verletzungsrisiko zu minimieren.

Als Anhaltspunkt für die Interpretation der Röntgenaufnahmen ist in **Abbildung 3-8** die Lage einiger innerer Organe schematisch dargestellt.

3.1.2.2 Untersuchung von Schlangen

Schlangen werden meist dorso-ventral und latero-lateral geröntgt. Problematisch kann hier die Länge der Tiere werden. Eine Möglichkeit ist es, die Schlange in einem Gefäß auf der Röntgenkassette zu röntgen **(Abb. 3-3)**. Allerdings ist so nur die meist weniger aussagekräftige dorso-ventrale Projektion möglich. Außerdem ist die Beurteilung der Aufnahme einer eingerollten Schlange durch mehrfache Überlagerungen und Organverschiebungen schwieriger und weniger ergiebig. Deshalb ist diese Art der Aufnahme nicht zu empfehlen. Wesentlich sinnvoller ist die segmentale Untersuchung der relevanten Strukturen. Wichtig ist es hierbei, die einzelnen Abschnitte auf der Schlange mit röntgendichten Markern bzw. Klammern kenntlich zu machen **(Abb. 3-4)**. So lassen sich Veränderungen auf dem Röntgenbild leicht der entsprechenden Körperregion zuordnen. In der Praxis hat sich hierfür das Aufkleben von Büroklammern bewährt, die individuell gebogen werden können, um eine Zuordnung zu ermöglichen.

Häufig ist eine ausreichende Positionierung bei Schlangen durch die Abwehrbewegungen schwierig oder sogar unmöglich. In diesen Fällen ist eine kurze Anästhesie zur Immobilisierung empfehlenswert. Alternativ können auch Kunststoffröhren aus Acryl entsprechender Größe verwendet werden, in die der zu untersuchende Teil verbracht wird. Hier ist im Vorfeld aber die Röntgendichte dieser Röhren zu überprüfen, um einen negativen Einfluss auf die Qualität der Aufnahme auszuschließen.

Die in Tabelle 3-2 genannten Anhaltspunkte für die Lokalisierung der einzelnen Organe sollen die Durchführung und die Interpretation von Röntgenaufnahmen erleichtern. Allerdings ist die Lage der einzelnen Organe sowohl von der Spezies als auch vom Individuum abhängig und auch fütterungsabhängig und deshalb sehr variabel:

Grundsätzlich sollte der Kopf der Schlange während der Aufnahme von einer Person gehalten werden. Hierbei ist darauf zu achten, dass das Gewicht der Schlange oder die Abwehrbewegungen nicht zu starken Zugkräften im Bereich der ersten Halswirbel führen, da die Wirbelsäule hier sehr empfindlich ist. Die Schlange sollte nicht am direkt am Kopf, sondern etwas weiter kaudal am Hals fixiert werde, wobei die zweite Hand zusätzlich für eine Entlastung im kranialen Halsbereich sorgen kann. Eine zweite Person hält die Schlange in dem Bereich, der durchleuchtet werden soll, beidseitig möglichst gestreckt. Je nach Größe des Tieres können weitere Personen nötig sein, um eine korrekte Lagerung zu erreichen.

Die dorso-ventrale Aufnahme ist meist einfacher, da die Schlange hierbei in ihrer natürlichen Position bleibt. Es ist aber immer auch eine latero-laterale Aufnahme zu empfehlen, da diese weniger Überlagerungen der Organe zeigt und dadurch diagnostisch ergiebiger ist. Diese Projektion kann entweder im horizontalen oder im vertikalen Strahlengang durchgeführt werden. Da die Möglichkeiten der Fixation bei horizontaler Durchleuchtung aus Gründen des Strahlenschutzes begrenzt sind, ist hier meist eine Sedation bzw. Narkose erforderlich.

Im Bereich des Kopfes werden Schrägprojektionen durchgeführt in Analogie zu dem Vorgehen bei Echsen. Hier ist in der Regel eine Sedation bzw. Narkose erforderlich.

Tabelle 3-2: Lokalisation der einzelnen Organe bei Schlangen

Angaben für Boiden, in % der Körperlänge (Nase-Kloake)	
Herz	bei ca. 25 %
Lunge	ca. 25–45 %
Luftsack	an die Lunge anschließend, bis ca. 65 %, sehr variabel
Leber	ca. 35–60 %
Magen	ca. 50–70 %
Dünndarm	ca. 60–80 %
Dickdarm	ca. 80 % bis Kloake
Nieren	linke Niere kranial, rechte kaudal, ca. 65–80 %

Abb. 3-3: Lagerung einer Mandarinennatter (*Elaphe mandarina*) in einem Plastikgefäß zur dorso-ventralen Projektion. Solche Röntgenaufnahmen können bestenfalls als Übersichtsaufnahmen dienen, eine Organbeurteilung ist kaum möglich.

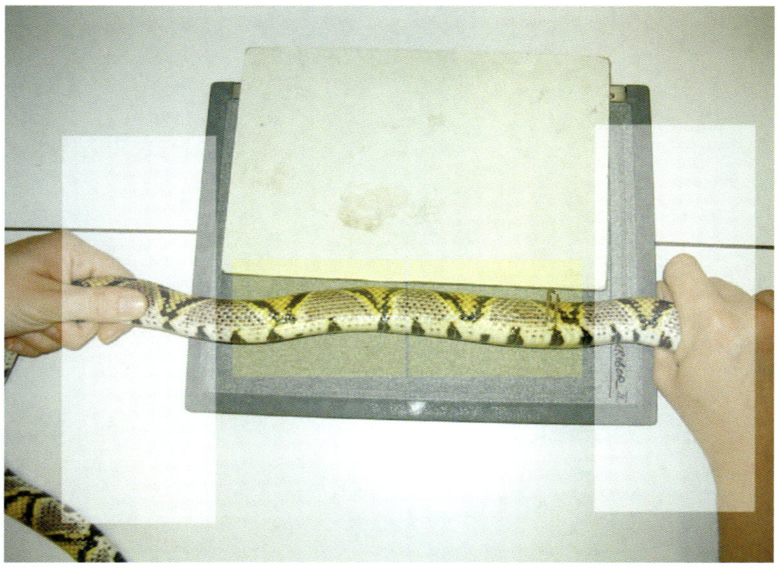

Abb. 3-4: Lagerung einer Mandarinennatter (*Elaphe mandarina*) zur latero-lateralen Projektion. In dieser Projektion können die dargestellten Segmente am besten beurteilt werden. Bei einer entsprechenden Unterteilung der Röntgenplatte können mehrere Aufnahmen untereinander angefertigt werden. Röntgendichte Marker (hier eine Büroklammer) dienen der Markierung des entsprechenden Abschnitts.

3.1.2.3 Untersuchung von Schildkröten

Die drei Standardebenen bei Schildkröten sind die dorso-ventrale, die latero-laterale und die kranio-kaudale Projektion. Bei Schildkröten ist eine manuelle Fixation nicht zu empfehlen, da es schwierig ist, den Panzer zu halten und gleichzeitig das Röntgenfenster auf die Leibeshöhle einzustellen. Ebenfalls nicht empfohlen werden kann das Einbinden der Gliedmaßen in den Panzer. Durch diese Maßnahme kommt es zu Überlagerungen im Röntgenbild und die Interpretation wird erheblich erschwert. Schildkröten können in Boxen geröntgt werden oder für die dorso-ventrale Projektion auf der Platte mit Klebeband fixiert werden **(Abb. 3-5)**. Für die latero-laterale und die kranio-kaudale Projektion empfiehlt es sich, die Tiere durch »Aufbocken« auf einem umgedrehten Gefäß oder einem Holzklotz zu immobilisieren **(Abb. 3-6** und **3-7)**. Dieses Vorgehen ist nicht nur zum Ruhigstellen erfolgreich, sondern bewirkt außerdem, dass die meisten Schildkröten ihre Beine aus dem Panzer herabhängen lassen. Hierdurch können sowohl Veränderungen in der Leibeshöhle als auch an den Beinen beurteilt werden.

Das Kippen der Schildkröten zum Röntgen im latero-lateralen bzw. kranio-kaudalen Strahlengang ist nicht sinnvoll. Da die Größe der Leibeshöhle bei Schildkröten durch den knöchernen Panzer vorgegeben ist, haben die Tiere eine erhebliche Raumreserve. Diese ermöglicht beispielsweise die Anbildung von Eiern in der Leibeshöhle oder die Füllung des Gastrointestinaltraktes. Da die inneren Organe einschließlich der Lungen bei Schildkröten beweglich in der Leibeshöhle aufgehängt sind, führt ein Kippen des Tieres dazu, dass sich die Organe stark verlagern und überlagern. Dadurch ist eine Interpretation der Aufnahme kaum mehr möglich.

Aufnahmen des Kopfes erfordern stets und Aufnahmen der Gliedmaßen oft eine Sedation bzw. Narkose des Tieres.

Als Anhaltspunkt für die Interpretation der Röntgenaufnahmen ist in **Abbildung 3-9** die Lage einiger innerer Organe schematisch dargestellt.

Abb. 3-5: Fixation einer Griechischen Landschildkröte (*Testudo hermanni*) mit einem Klebeband an der Röntgenkassette zur dorso-ventralen Projektion. Ruhige Tiere können auch ohne Fixation untersucht werden.

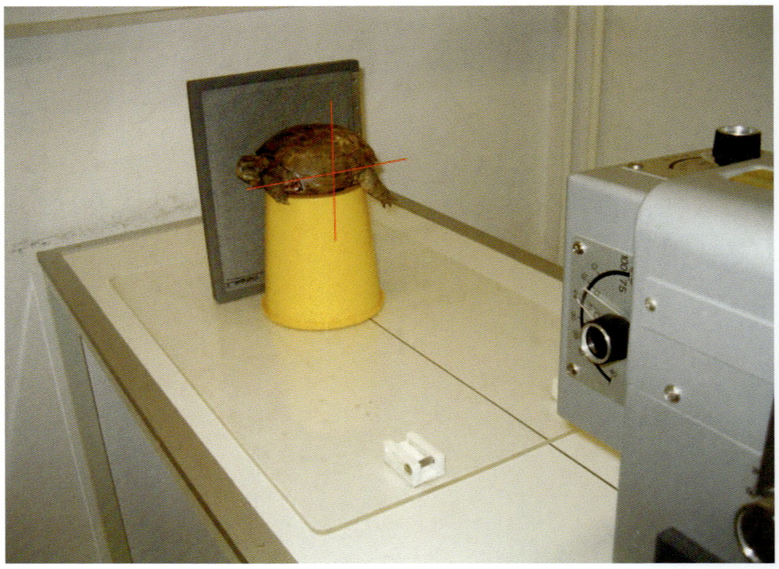

Abb. 3-6: Lagerung einer Vierzehenlandschildkröte (*Testudo horsfieldii*) auf einem Gefäß zur latero-lateralen Projektion, horizontaler Strahlengang. Die Schildkröte muss hierbei möglichst dicht an der exakt senkrecht fixierten Röntgenkassette gelagert werden. Der Zentralstrahl sollte auf die Lateralschuppen in der Mitte des Tieres gerichtet werden (rote Linien).

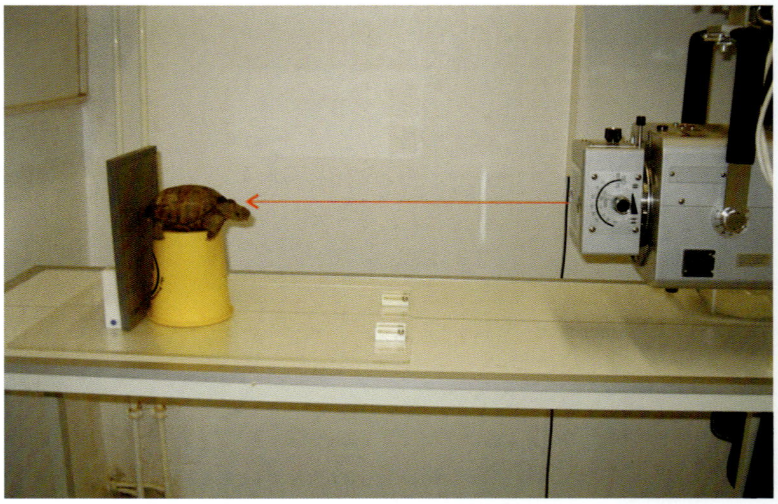

Abb. 3-7: Lagerung einer Vierzehenlandschildkröte (*Testudo horsfieldii*) auf einem Gefäß zur kranio-kaudalen Projektion, horizontaler Strahlengang. Wichtig bei der Lagerung ist eine möglichst korrekte Ausrichtung, damit beide Lungenhälften verglichen werden können. Der Zentralstrahl sollte auf das mittlere Nackenschild des Tieres gerichtet werden (roter Pfeil).

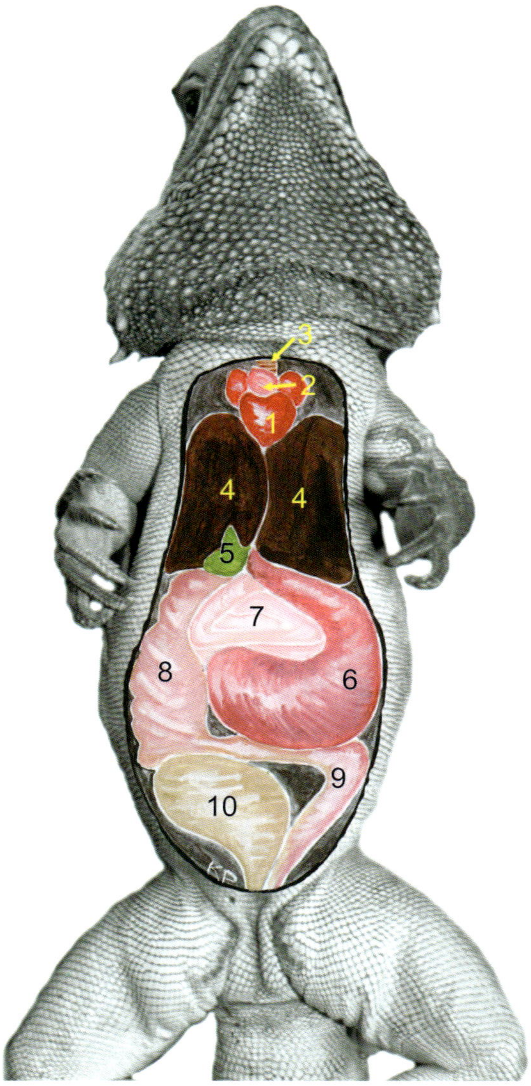

1: Herz
2: Schilddrüse
3: Trachea
4: Leber
5: Gallenblase
6: Magen
7: Jejunum
8: Colon ascendens
9: Colon descendens
10: Harnsack

Abb. 3-8: Schematische Darstellung von inneren Organen bei einer Echse zur Orientierung bei der Befundinterpretation, Ansicht von ventral. Bei Echsen variiert die Organausprägung stark zwischen den Spezies. Die ventral liegenden Fettkörper sind hier nicht dargestellt.

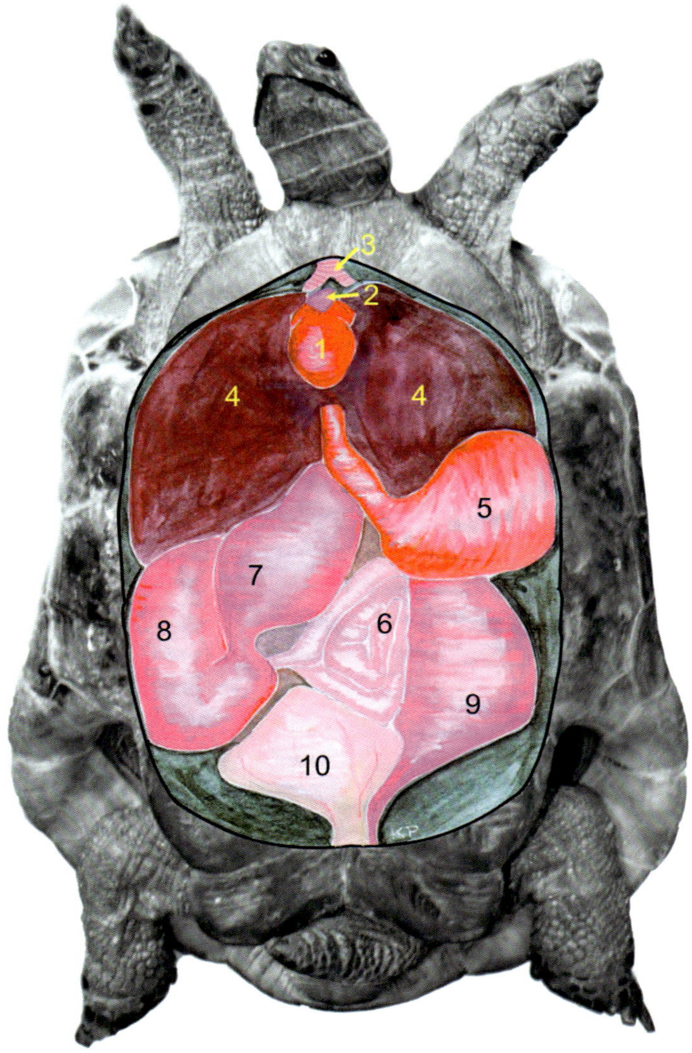

1: Herz
2: Schilddrüse
3: Trachea
4: Leber
5: Magen
6: Jejunum
7: Caecum
8: Colon ascendens
9: Colon descendens
10: Harnsack

Abb. 3-9: Schematische Darstellung von inneren Organen bei einer Landschildkröte zur Orientierung bei der Befundinterpretation, Ansicht von ventral. Es ist zu beachten, dass Lage, Größe und Form artspezifisch wie auch individuell stark variieren.

3.1.3 Kontrastmitteluntersuchungen

Kontrastmitteluntersuchungen haben bei Reptilien eine im Vergleich zum Vogel untergeordnete Bedeutung. Dies liegt insbesondere an den sehr variablen und teilweise sehr langen Passagezeiten. Diese sind unter anderem abhängig von der Fütterung, der Temperatur, der Jahreszeit und natürlich der Spezies. So kann die Darmpassage einer gesunden Landschildkröte durchaus mehr als drei Wochen betragen. Wasserschildkröten zeigen eine vergleichsweise schnellere, aber trotzdem sehr variable Passage (s. **Abb. 3-19**). Auch bei Echsen ist die Darmpassage bei herbivoren Spezies deutlich länger: Bei einem grünen Leguan liegt sie meist zwischen zwei und drei Wochen, wohingegen die Passage bei Waranen nur wenige Tage benötigt. Die Darmpassage ist besonders variabel nach Eingabe von Bariumsulfat. Durch die lange Passagezeit besteht auch die Gefahr, dass das Kontrastmittel eindickt und der Weitertransport zusätzlich verzögert wird. Eine deutlich raschere Passage des Kontrastmittels tritt nach oraler Eingabe nichtionischer jodhaltiger Lösungen ein. Hier sind auch bei Schildkröten nach kurzer Zeit diagnostische Aufnahmen möglich.

Die Hauptindikationen zur Applikation von Kontrastmitteln sind:

- Überprüfung der Durchgängigkeit des Gastrointestinaltraktes (Stenosen, Fremdkörper, Atonie)
- Darstellung der Größe des Gastrointestinaltraktes
- Überprüfung der Intaktheit der Darmwand (z. B. nach Trauma, postoperativ, nur jodhaltige Kontrastmittel)
- Darstellung der Größe und Lage anderer Organe und Strukturen (Leber, Harnsack, Nieren, Zubildungen, Abszesse)

Bei der Verwendung von Bariumsulfat wird im Allgemeinen eine Dosierung von 20 ml/kg KM einer ca. 3 %igen Lösung mittels Knopfsonde appliziert empfohlen. Zusätzlich sollte für die Zeit der Passage eine Sicherstellung der Flüssigkeitsaufnahme erfolgen und ggf. sollte Flüssigkeit parenteral substituiert werden.

Bei jodhaltigen Kontrastmitteln sind Dosierungen von 10 ml/kg KM einer Jodlösung mit einer Konzentration von 250 mg/ml Lösung zu empfehlen. Diese Lösung kann mittels Knopfsonde in den Magen, aber auch auf anderen Wegen appliziert werden. **Abbildung 3-168** zeigt eine Kontrastaufnahme nach intrakloakaler Applikation einer jodhaltigen Lösung.

Über den parenteralen Einsatz von Kontrastmitteln liegen bislang kaum Berichte vor. Die Prinzipien folgen hier denen beim Säuger. Allerdings ist ein intravenöser Zugang deutlich schwieriger zu erreichen. **Abbildung 3-227** zeigt ein Beispiel der intravenösen Applikation eines jodhaltigen Kontrastmittels zur Tumordarstellung.

Doppelkontraststudien können im oberen und unteren Verdauungstrakt durchgeführt werden, indem das positive Kontrastmittel in Kombination mit Luft eingegeben wird. Die Applikation erfolgt möglichst direkt in den zu untersuchenden Bereich, also in den Ösophagus, den Magen oder retrograd in Kloake und Darm. Bei der retrograden Instillation besteht die Möglichkeit, dass das Kontrastmittel versehentlich in den Harnsack oder selten in einen Ureter oder den Legedarm appliziert wird. Die Dosis des Kontrastmittels kann für Doppelkontraststudien in der Regel halbiert werden. Durch die Instillation der gleichen Menge Luft ist die Darstellung der Schleimhaut im Vergleich zu einfachen Kontraststudien erheblich verbessert. Die Verwendung jodhaltiger Kontrastmittel wird auch hier empfohlen, zum einen weil sich das Kontrastmittel schneller verteilt, zum anderen weil eine Fehlapplikation ein geringeres Risiko einer Gewebeschädigung verursacht

3.1.4 Beurteilung von Röntgenbildern

Die Beurteilung von Röntgenaufnahmen folgt bei Reptilien den gleichen Kriterien wie bei Säugetieren, allerdings sind reptilientypische Erkrankungen (beispielsweise Knochenveränderungen infolge inadäquater Haltung und Fütterung) mit zu berücksichtigen. Auch bei Reptilien ist die Kenntnis der entsprechenden anatomischen Gegebenheiten Voraussetzung. Im Rahmen dieses Buches und bei der Erklärung der entsprechenden Abbildungen kann nur auf die funktionell bedeutenden Strukturen eingegangen werden, für anatomische Details wird auf die entsprechende Fachliteratur verwiesen.

Die Interpretation einer Röntgenaufnahme folgt sicher der persönlichen Erfahrung und eigenen Angewohnheiten. Dazu kommen je nach klinischem Befund natürlich entsprechende Indikationen. Insofern soll die hier wiedergegebene Reihenfolge und Wichtung lediglich die bei Reptilien bedeutsamen Punkte aufführen:

3.1.4.1 Qualität der Aufnahme (Belichtung, Kontrast, Lagerung)

Der Kontrast von Röntgenaufnahmen ist bei Reptilien oft vergleichsweise schwach. Dies hat verschiedene Gründe: So kommt es durch die dicke Haut oder den Panzer zu Überlagerungen, die zu Problemen bei der Interpretation führen können. Des Weiteren fehlt die Einteilung der Leibeshöhle in Brust- und Bauchhöhle bei den meisten Spezies. Fett ist in Fettlappen angebildet, diese liegen dergestalt zwischen den Organen, dass die Abgrenzung erschwert wird. Die Detailerkennbarkeit kann zusätzlich reduziert sein, wenn die Tiere aufgrund ihrer Lagerung oder Anatomie nicht in direkten Kontakt zur Röntgenkassette gebracht werden können. In diesem Fall wirkt sich die Streuung der Röntgenstrahlen beim Durchgang durch den Körper negativ aus. Schließlich kann es – insbesondere im Bereich der Gliedmaßen – durch die anatomischen Gegebenheiten zu erheblichen Überlagerungen kommen, wodurch die Schwärzung der Aufnahme in diesen Bereichen nicht ausreichend sein kann.

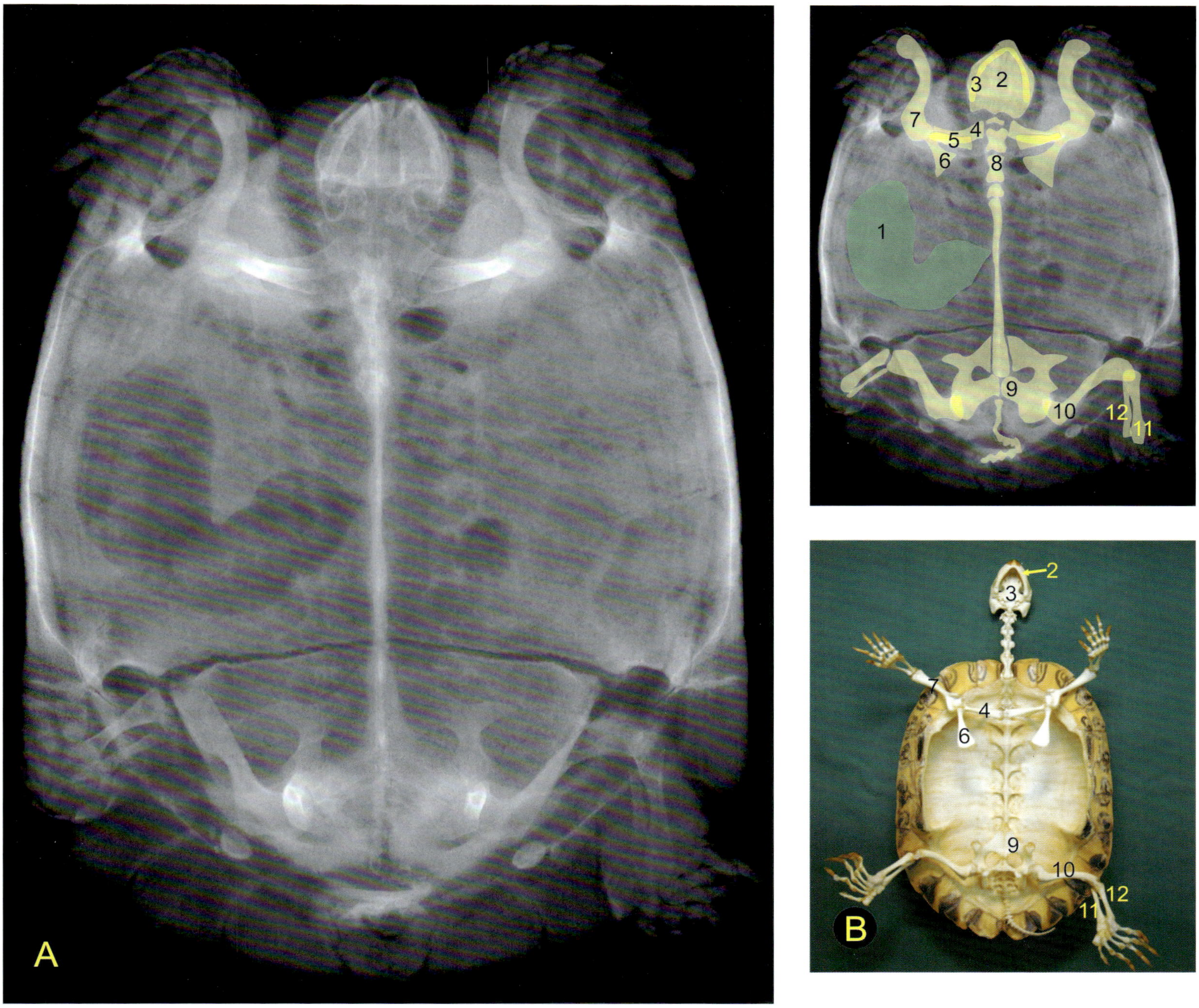

Abb. 3-10:

A: Röntgenuntersuchung, Körper, dorso-ventrale Projektion, Maurische Landschildkröte (*Testudo graeca*): kein auffälliger Befund.

B: Skelettmodell einer Wasserschildkröte zum Vergleich.

1: Magen
2: Schädel
3: Mandibula
4: Acromion
5: Scapula
6: Coracoid
7: Humerus
8: Halswirbelsäule (mehrfach projiziert, da Kopf eingezogen)
9: Becken
10: Femur
11: Tibia
12: Fibula

3.1.4.2 Beurteilung des Skelettsystems und Bewegungsapparates

Das Skelettsystem sollte grundsätzlich besonders aufmerksam beurteilt werden. Veränderungen durch Haltungs- und Fütterungsfehler gehören zu den häufigsten Erkrankungen bei Reptilien (*Metabolic Bone Disease*). Die Knochendichte sollte beurteilt werden. Dies erfolgt bei Schlangen am günstigsten anhand der Rippen und bei Echsen an den Gliedmaßen. Bei Schildkröten ist die Beurteilung anhand des Panzers und des Pektoralgürtels bzw. an den Beckenknochen möglich. Die Röhrenknochen sollten deutlich erkennbar sein, mit einer klar definierten Kortikalis und einem Markbereich. Durch Kalziummangel verursachte Knochenstoffwechselstörungen resultieren bei jungen Tieren in Auftreibungen der Kortikalis, bei adulten bewirken sie eher eine deutliche Verdünnung und Dekalzifizierung. Im Bereich des Panzers entsteht durch den Bindegewebeüberschuss ein Lochfraßmuster. Häufig ist die konvexe Linie des Carapax (Rückenpanzers) nicht mehr erhalten, der Bereich der Wirbelsäule knickt ein und es entstehen zwei Höcker an den Stellen, wo die Wirbelsäule durch den Schultergürtel bzw. die Beckenknochen gestützt wird. Die Rippen und die langen Röhrenknochen können abknicken. Weiterhin ist auf Kalzifizierungen zu achten, die auch im Gewebe auftreten können, und auf osteolytische Prozesse. Letztere sind meist durch Infektionen ausgelöst und können auch die Gelenke betreffen. Im Bereich der Wirbelsäule kommt es bei Echsen und Schlangen häufig zu Verwachsungen. Auch hier sind ursprünglich häufig Infektionen die Ursache.

Die Beurteilung des Alters einer Fraktur kann schwierig sein, da die Ausheilung sehr lange dauert, und häufig bindegewebige Reaktionen beteiligt sind, die erst sehr spät, manchmal überhaupt nicht, kalzifizieren. Die vollständige Knochenheilung nimmt bei Reptilien meist mindestens ein halbes Jahr in Anspruch.

3.1.4.3 Beurteilung der inneren Organe insgesamt

Die Lage und Größe der inneren Organe ist in hohem Maße abhängig von der Größe der umliegenden Organe und dem Ernährungszustand. Erhebliche Unterschiede ergeben sich auch aus dem Aktivitätszustand der Geschlechtsorgane bei weiblichen Tieren. Dazu kommt bei Echsen, dass sich viele Spezies als Drohverhalten »aufblähen«, wodurch sich der Respirationstrakt stark vergrößert darstellen kann. Bei Schildkröten in inaktivem Zustand sollte das Lungenfeld ca. 30–50 % der Höhe der Leibeshöhle in der latero-lateralen Projektion ausmachen **(Abb. 3-14** und **3-15)**. Die Fettkörper reichen bei Echsen von kaudal in die Leibeshöhle. Bei adipösen Tieren können die Verdauungsorgane nach kranial verlagert sein. Beispiele zur typischen Lage der Organe bei klinisch unauffälligen Tieren sind in Kapitel 3.1.4.5 abgebildet.

3.1.4.4 Beurteilung der einzelnen Organsysteme

Die folgenden Faktoren sollten bei der Beurteilung der Organe berücksichtigt werden: die Größe, die Homogenität, der Umriss, die Lage sowie gegebenenfalls der Inhalt.

Bei der Beurteilung des **Gastrointestinaltraktes** muss bei Reptilien berücksichtigt werden, dass die Passagezeit insbesondere bei herbivoren Spezies sehr lange ist und dass bei Schlangen die Fütterungsintervalle deutlich größer sind als bei den meisten anderen Tieren. Dementsprechend kann der Füllungszustand erheblich variieren. Ein geringer Gasgehalt im Magen und Darm ist als normal anzusehen. Der Magen kann aufgrund des Gas- bzw. Flüssigkeitsgehaltes bei Schildkröten meist auf der linken Körperseite identifiziert werden **(Abb. 3-10** und **3-18)**. Bei Grünen Leguanen stellt sich neben dem Magen häufig auch die distale Gärkammer deutlich dar, eine Abgrenzung zum Magen kann schwierig sein. Das Darmkonvolut selbst ist im Vergleich zum Säuger bei Reptilien deutlich kürzer. Hier wird insbesondere auf Fremdkörper (Sand, Steine) geachtet, die zwar bei Schildkröten und Echsen in geringer Menge als normal anzusehen sind **(Abb. 3-15)**, aber je nach Größe und Anzahl ein häufiges Problem darstellen (Obstipation). Das Pankreas ist in der Regel nicht darstellbar und auch die Abgrenzung der Leber kann Schwierigkeiten bereiten. Verlagerungen des Gastrointestinaltraktes nach kaudal oder kaudo-dorsal sind ein erster Hinweis auf eine Lebervergrößerung. Die genauen Lebergrenzen lassen sich röntgenologisch oft nur nach Eingabe eines Kontrastmittels darstellen.

Der inaktive **Genitaltrakt** ist in der Regel nicht abgrenzbar. Auch aktive Hoden und unveränderte aktive Eierstöcke sind meist nicht zu differenzieren. Eier im Legedarm können als rundliche bzw. ovale weichteildichte Strukturen erkannt werden **(Abb. 3-16, 3-22** und **3-26)**. Insbesondere im frühen Stadium vor der vollständigen Kalzifizierung kann die Abgrenzung schwierig sein. Dies gilt besonders für Spezies mit weichschaligen Eiern (Tabelle 3-3). Eier können physiologischerweise einen großen Teil der Leibeshöhle einnehmen und den Darmtrakt weitgehend verdrängen. Bei Echsen können sie bis in den Bereich des Herzens reichen. Nicht oder nur wenig kalzifizierte Eier lassen sich nur bedingt von Follikelzysten unterscheiden, welche die sogenannte »präovulatorische Legenot« bedingen. Diese Follikel können in ihrer Größe allerdings den normalen Eidurchmesser erheblich überschreiten **(Abb. 3-23)**. Auch sie füllen den größten Teil der Leibeshöhle aus. Im Zweifelsfall ist eine Ultraschalluntersuchung zur Differenzierung dringend angeraten, da sich die therapeutischen Möglichkeiten entsprechend unterscheiden.

Tabelle 3-3: Hart- bzw. weichschalige Eier bei Reptilien

Schlangen	weichschalig
Echsen	meist weichschalig Ausnahmen: Krokodile, einige Geckoarten
Schildkröten	Landschildkröten, einige Sumpfschildkröten: hartschalig andere: weichschalig

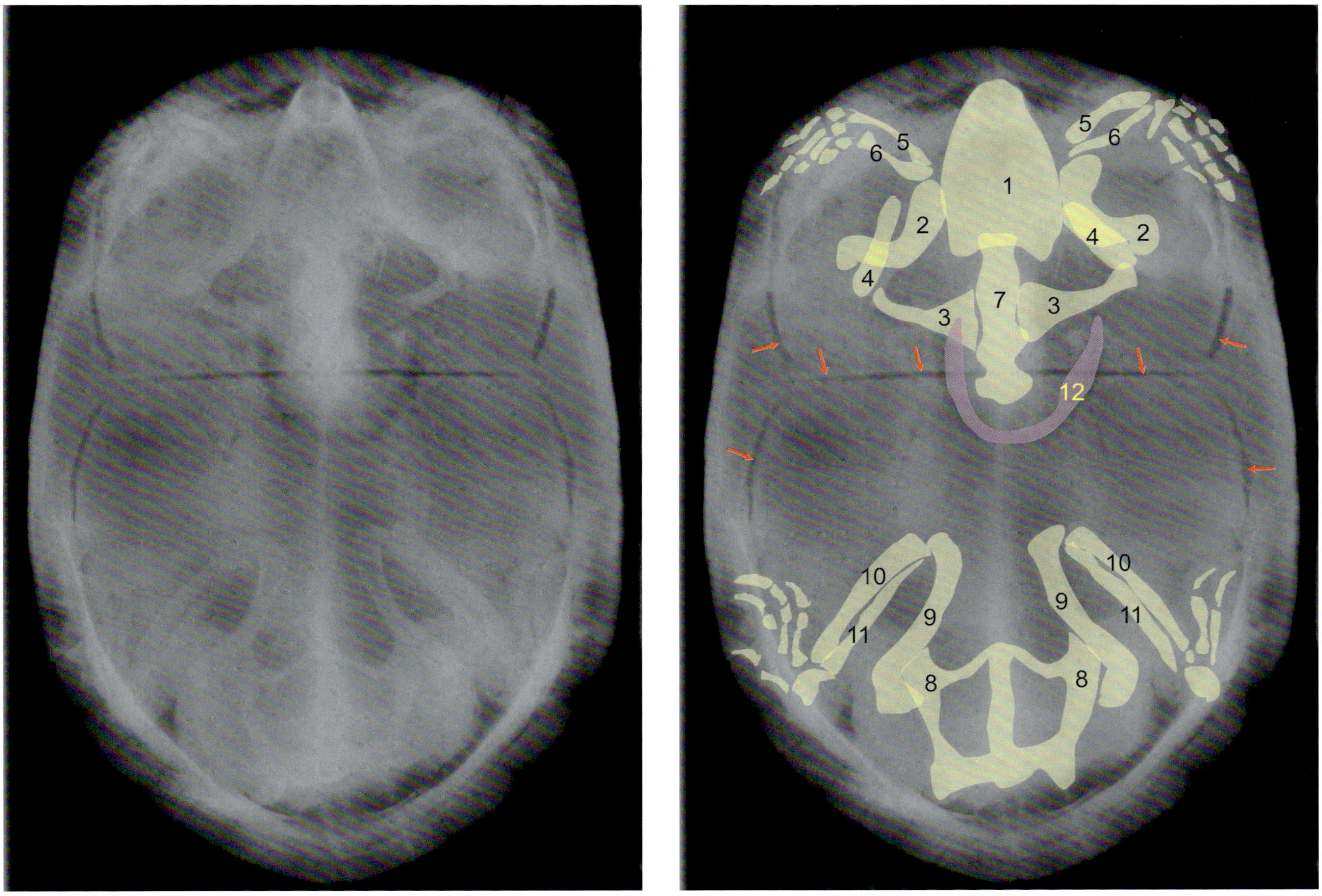

Abb. 3-11: Röntgenuntersuchung, Körper, dorso-ventrale Projektion, Dosenschildkröte (*Terrapene* sp.): kein auffälliger Befund. Durch ein bewegliches Scharnier können die kraniale und kaudale Panzerplatte eingeklappt werden (rote Pfeile).

1: Schädel
2: Humerus
3: Coracoid
4: Scapula
5: Radius
6: Ulna
7: Halswirbelsäule (mehrfach projiziert)
8: Becken
9: Femur
10: Tibia
11: Fibula
12: Luftbereich um den eingezogenen Hals

Im Bereich des **Harntraktes** fallen radiologisch insbesondere Harnsteine auf. Diese Harnsteine kommen vorwiegend bei Schildkröten und Echsen vor. Da der Harnsack bei Schildkröten ein erhebliches Ausmaß annehmen kann, sind Harnsteine hier auch häufiger im mittleren Bereich der Leibeshöhle zu finden. Harnsacklähmungen sind dagegen radiologisch schwierig abzugrenzen, sie zeigen sich meist in einer Verschiebung des Darmkonvolutes nach kranio-dorsal. Die Nieren sind bei Echsen im dorso-kaudalen Bereich sichtbar, sofern sie deutlich vergrößert sind. Bei Schlangen und Schildkröten ist eine sichere Abgrenzung kaum möglich.

Die Beurteilung des **Respirationstraktes** schließt die luftleitenden Wege mit ein **(Abb. 3-12** bis **3-14)**. Von diagnostischer Bedeutung sind Einengungen sowie fokale oder diffuse Verdichtungen und selten Fremdkörper. Zur Beurteilung ist bei allen Reptilien die latero-laterale Projektion im horizontalen Strahlengang zu empfehlen. In einigen Studien wird bei Echsen und Schlangen zur Beurteilung der Lungen eine Druckbeatmung unter Narkose empfohlen. Die Trachea teilt sich bei Schildkröten bereits sehr weit kranial. Hier hängt die Beurteilbarkeit von der Position des Kopfes und des Halses ab. Das Lungenfeld sollte bei Schildkröten in der latero-lateralen Projektion ca. 30–50 % der Höhe der Leibeshöhle ausmachen. In der kranio-kaudalen Projektion ist insbesondere auf die Symmetrie der Lungenhälften zu achten **(Abb. 3-12)**. Überlagerungen durch den kranialen und kaudalen Carapax sind von anderen Verdichtungen abzugrenzen. Bei der Beurteilung der Lungenstrukturen ist zu beachten, dass Reptilien keinen Lungenaufbau wie die Säuger haben. Bei Schlangen und den meisten Echsen sind sie eher sackartig aufgebaut, bei Schildkröten sind sie von Muskeltrabekeln durchzogen und zeigen sich daher septiert. Bei Schlangen zeigt sich das Lungenfeld in der latero-lateralen bzw. dorso-ventralen Aufnahme als langgezogener Schlauch, bei dem das respiratorische Epithel im Randbereich zu erkennen ist **(Abb. 3-24; 3-25)**. Dieses nimmt von kranial nach kaudal kontinuierlich in seiner Dicke ab. Im kranialen Bereich durchzieht ein großes Gefäß das Lungenfeld von ventral nach dorsal. Einige Spezies, wie Pythons, haben zwei Lungen, wobei die linke Lunge deutlich kleiner ist. Die Luftsäcke schließen sich kaudal nahtlos an die Lungen an, variieren in ihrer Ausdehnung aber stark abhängig von den umgebenden Organen. Auch bei Echsen kann das Lungenfeld radiologisch dargestellt werden. Einige Spezies haben ebenfalls Luftsäcke. Die Größe der Lungen kann abhängig von Drohgebärden stark variieren. Die röntgenologische Diagnose von Veränderungen im Lungengewebe ist meist schwierig und auf hochgradige Verdichtungen beschränkt. Die Computertomographie bietet hier ein deutlich höheres diagnostisches Potential.

Bei der Beurteilung des **Herz-Kreislauf-Systems** findet sich das Herz als meist nicht klar abgrenzbare Struktur bei Schildkröten und Echsen im kranialen Bereich der Leibeshöhle. Bei Schlangen liegt es bei ungefähr 25 % der Körperlänge, es ist durch die Herzaktionen meist von außen sichtbar. Bei den meisten Echsen ist das Herz vergleichsweise klein und liegt weit kranial **(Abb. 3-20, 3-21, 3-30)**, bei Waranen liegt es etwas weiter kaudal und ist deutlich größer. Vergrößerungen des Herzschattens können durch Ergüsse, Kardiomegalie und Zubildungen bedingt sein. Bei Schlangen sind die Herzgröße und die Durchblutung stark abhängig vom Fütterungszeitpunkt. Insgesamt bietet die Röntgenuntersuchung nur bedingt Möglichkeiten zur Krankheitsdiagnostik am Herz, es sollte bei Verdacht stets eine Ultraschalluntersuchung durchgeführt werden. An den Gefäßen können vor allem bei Echsen regelmäßig Kalzifizierungen der Gefäße auftreten.

Eine Besonderheit bei vielen Geckos sind die sogenannten »**Kalksäckchen**«, welche sich im Rachen befinden und dort als röntgendichte Bereiche dargestellt werden können **(Abb. 3-32)**. Diese Speicher sind nicht geschlechtsspezifisch. Ihre Ausprägung kann abhängig von der Kalziumversorgung sein, wobei das Vorhandensein einen Kalziummangel nicht ausschließt.

3.1.4.5 Röntgenanatomie

Die **Abbildungen 3-10** bis **3-32** zeigen röntgenologische Projektionen bei klinisch gesunden Reptilien. Es ist zu beachten, dass durch Spezies, Alter und Haltung erhebliche Abweichungen von diesen Befunden physiologisch sein können.

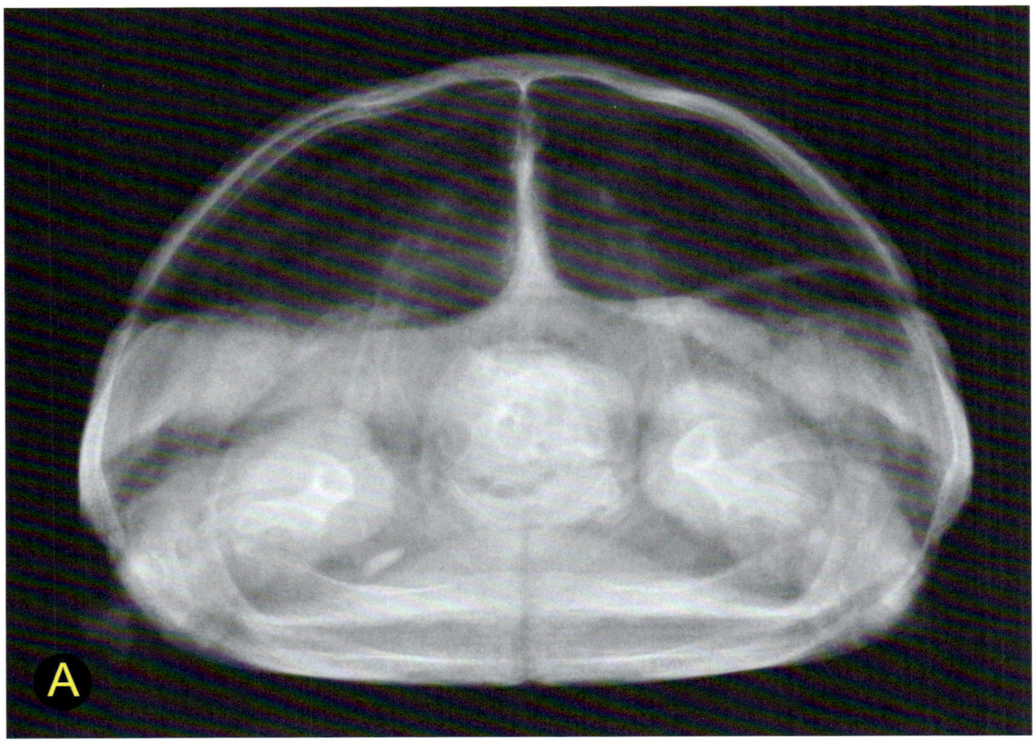

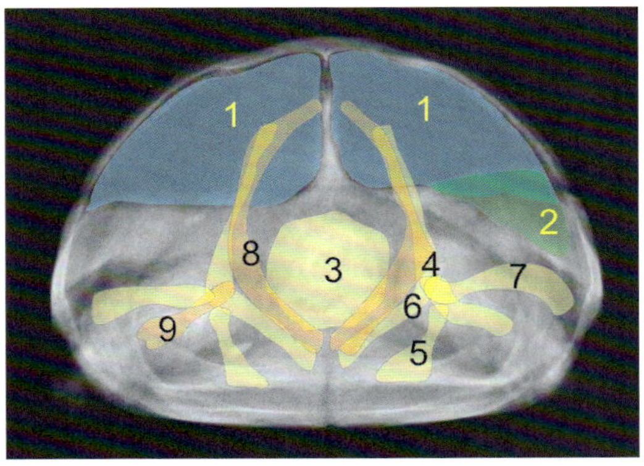

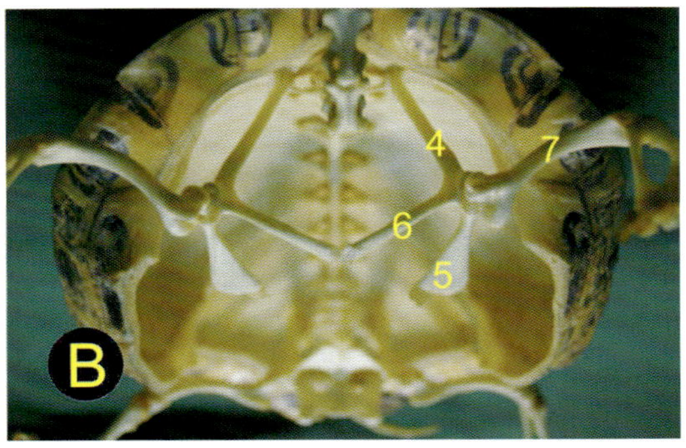

1: Lungenfeld
2: Magen
3: Schädel
4: Scapula
5: Coracoid
6: zur Scapula gehöriges Acromion
7: Humerus
8: Becken (orange)
9: Femur (orange)

orange: Beckenknochen

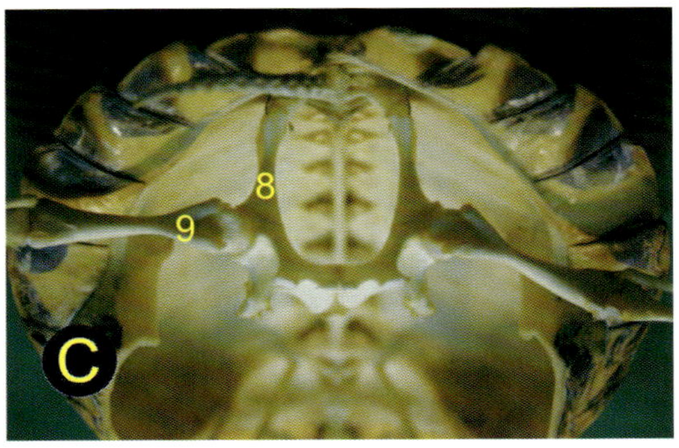

Abb. 3-12:

A: Röntgenuntersuchung, Körper, kranio-kaudale Projektion, Vierzehenlandschildkröte (*Testudo horsfieldii*): kein auffälliger Befund. In dieser Projektion kommt es zu erheblichen Überlagerungen der Knochen des Schultergürtels, der Vordergliedmaßen, des Beckens und der Hintergliedmaßen.

B, C: Skelettmodell einer Wasserschildkröte zum Vergleich, Schultergürtel (B) und Beckenknochen (C).

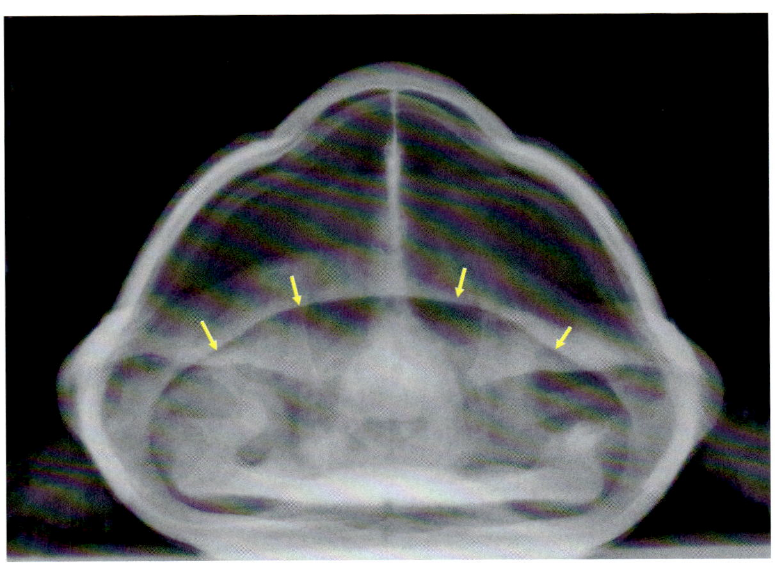

Abb. 3-13: Röntgenuntersuchung, Körper, kranio-kaudale Projektion, Maurische Landschildkröte (*Testudo graeca*): kein auffälliger Befund. Die Höhe des Lungenfeldes sollte etwa ein Drittel bis die Hälfte der Höhe der Leibeshöhle ausmachen. Die kraniale Panzeröffnung (Pfeile) ist meist in das Lungenfeld hineinprojiziert.

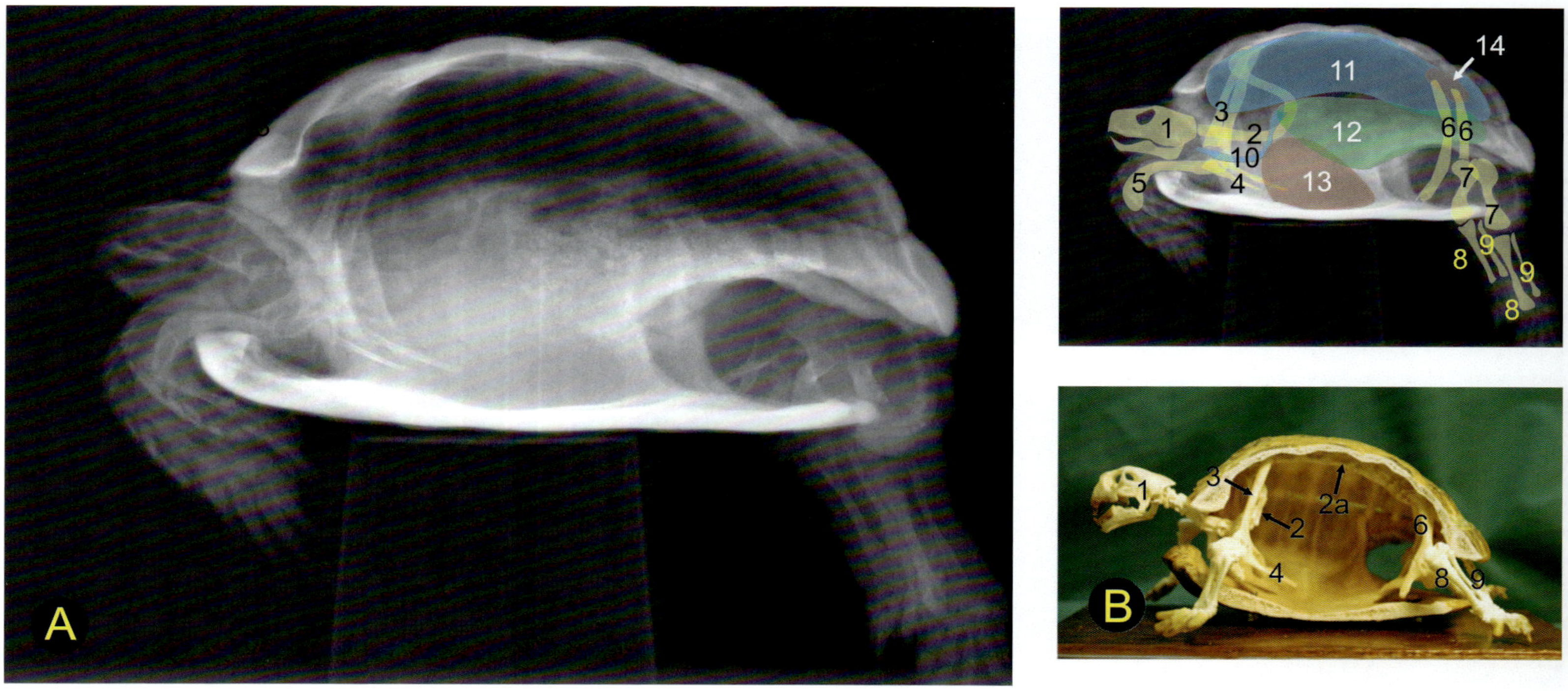

Abb. 3-14:

A: Röntgenuntersuchung, Körper, latero-laterale Projektion, Vierzehenlandschildkröte (*Testudo horsfieldii*): kein auffälliger Befund. Durch das »Aufbocken« (hier auf einen Plastikbecher) werden meist die Gliedmaßen aus dem Panzer vorgelagert und die Interpretation der Aufnahme wird erleichtert.

B: Skelettmodell einer Landschildkröte im Vergleich.

1: Schädel und Mandibula
2: Halswirbelsäule
2a: Wirbelsäule
3: Scapula
4: Coracoid
5: Humerus
6: Becken
7: Femur
8: Tibia
9: Fibula
10: Trachea
11: Lungen
12: Leber
13: Gastrointestinaltrakt
14: Nieren

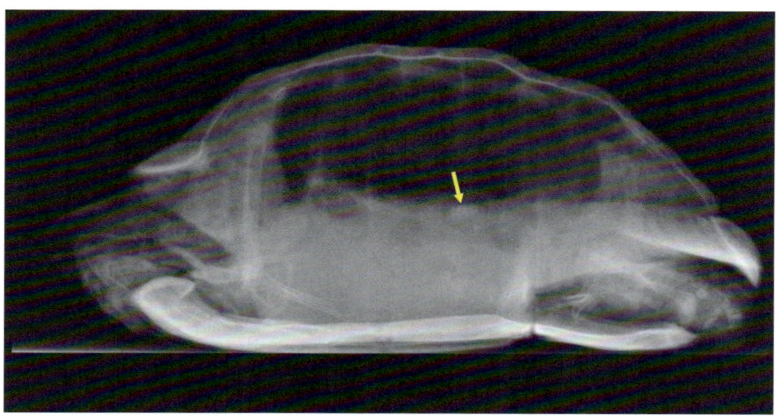

Abb. 3-15: Röntgenuntersuchung, Körper, latero-laterale Projektion, Griechische Landschildkröte (*Testudo hermanni*): kein auffälliger Befund. Ein geringer Gehalt kleinerer Steine (Pfeil) im Gastrointestinaltrakt ist als normal anzusehen. Größere Mengen deuten auf einen Ernährungsmangel (Kalzium) hin.

(zu Abb. 3-17:) ▶
1: Schädel
2: Halswirbelsäule
3: Scapula
4: Coracoid
5: Acromion
6: Humerus
7: Radius und Ulna
8: Plastron
9: Becken
10: Femur
11: Tibia und Fibula

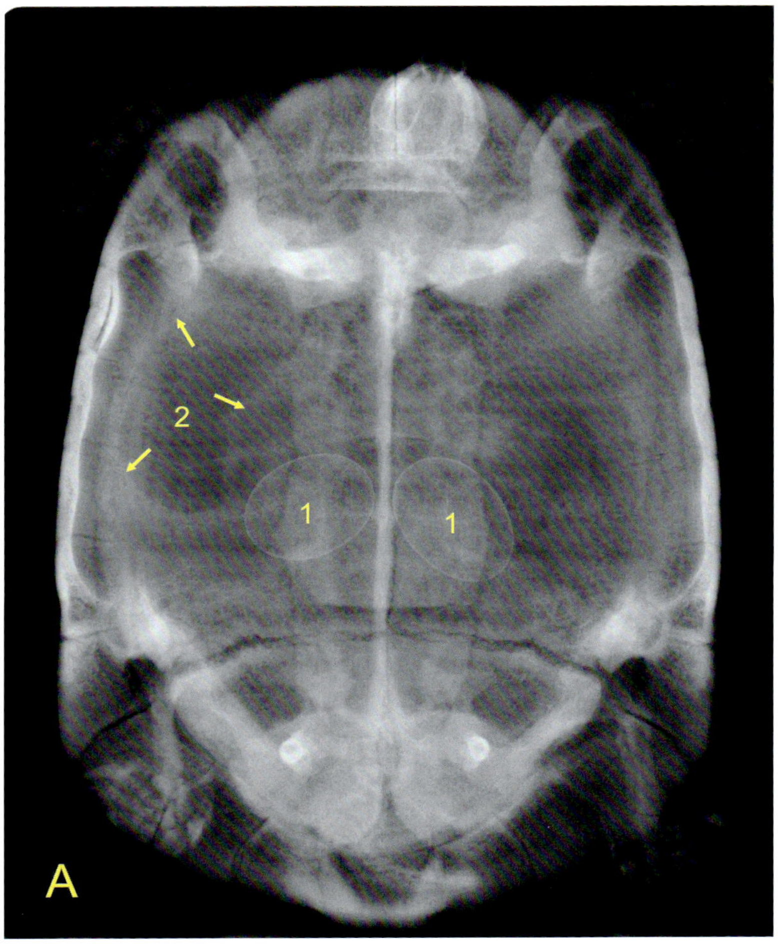

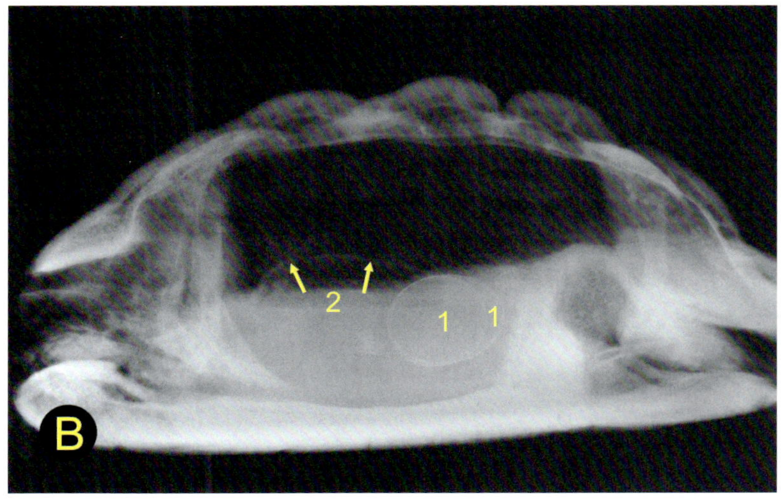

1: Ei
2: Magen

Abb. 3-16: Röntgenuntersuchung, Körper, dorso-ventrale (A) und latero-laterale (B) Projektion, Griechische Landschildkröte (*Testudo hermanni*): unauffällige Eianbildung (1).

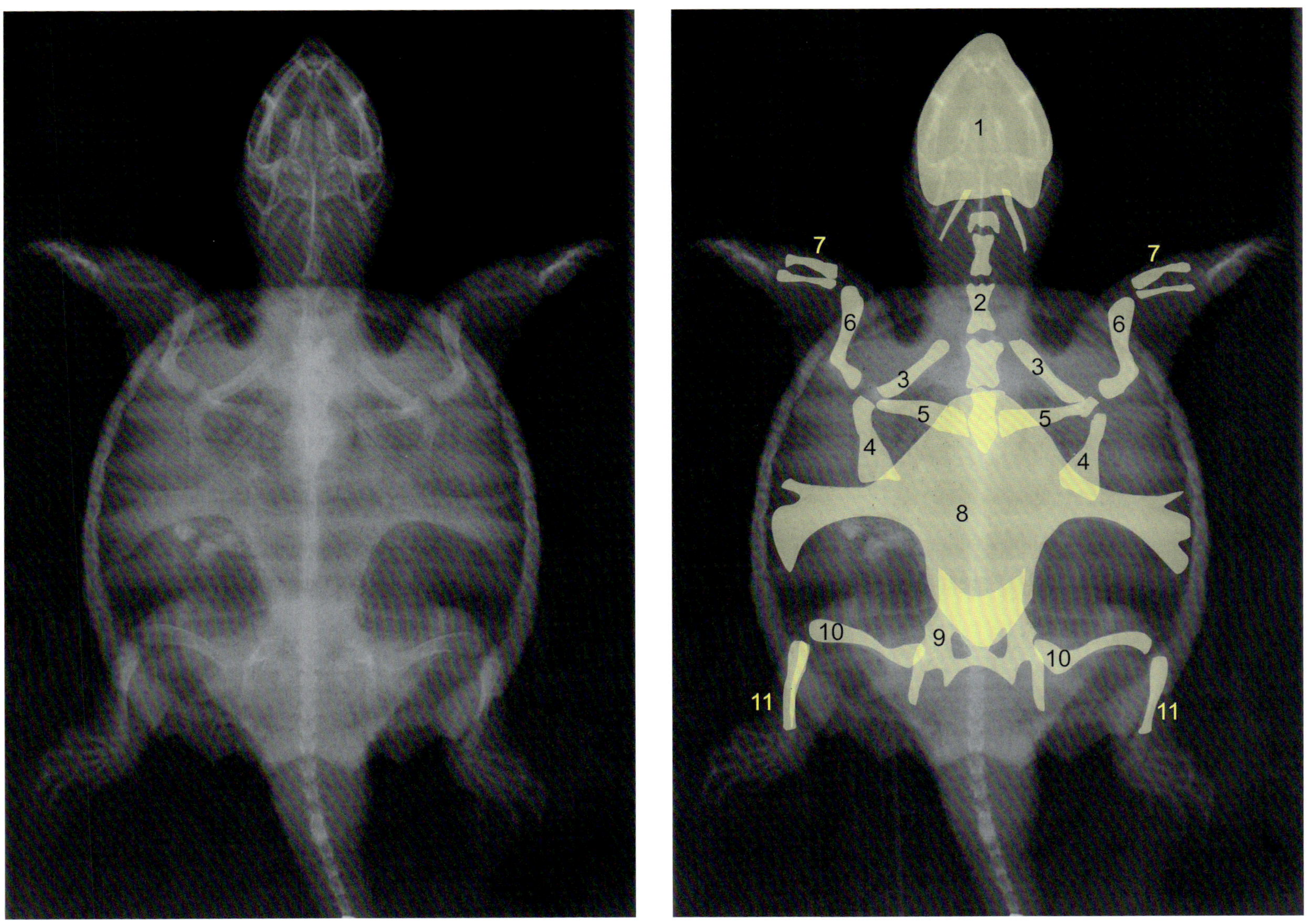

Abb. 3-17: Röntgenuntersuchung, Körper, dorso-ventrale Projektion, Schnappschildkröte (*Chelydra serpentina*): kein auffälliger Befund. Die Knochenausprägung unterscheidet sich grundsätzlich von der bei Landschildkröten.

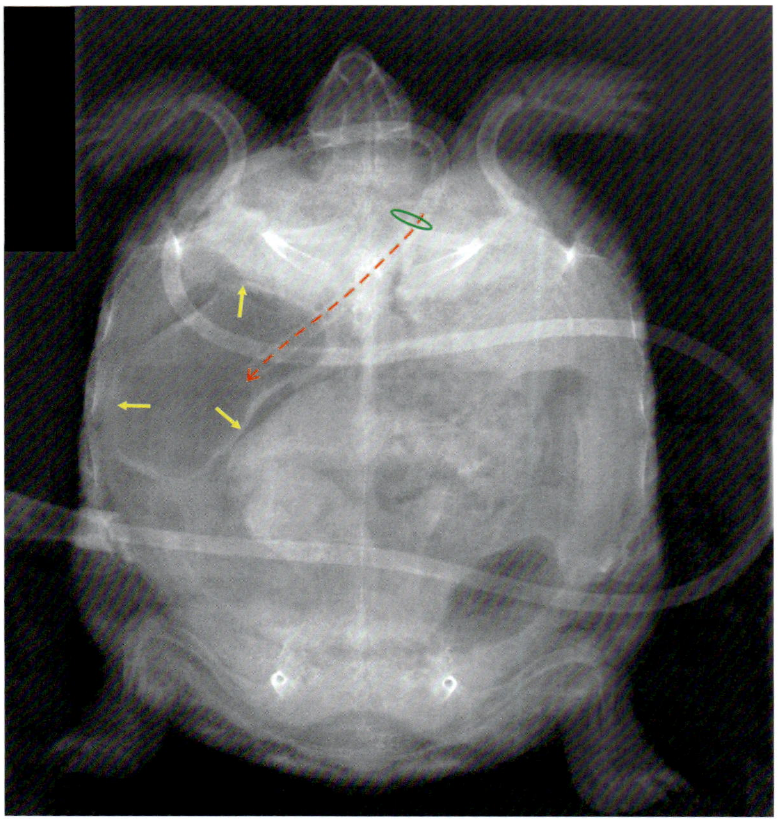

Abb. 3-18: Röntgenuntersuchung, Körper, dorso-ventrale Projektion, Vierzehenlandschildkröte (*Testudo horsfieldii*): Kontrolle der Lage der permanenten Magensonde. Die Magensonde wurde durch die rechte Halsseite (grüner Kreis) in den Ösophagus und den Magen vorgeschoben und anschließend auf dem Carapax fixiert. Die korrekte Lage im Magen (gelbe Pfeile) kann röntgenologisch kontrolliert werden.

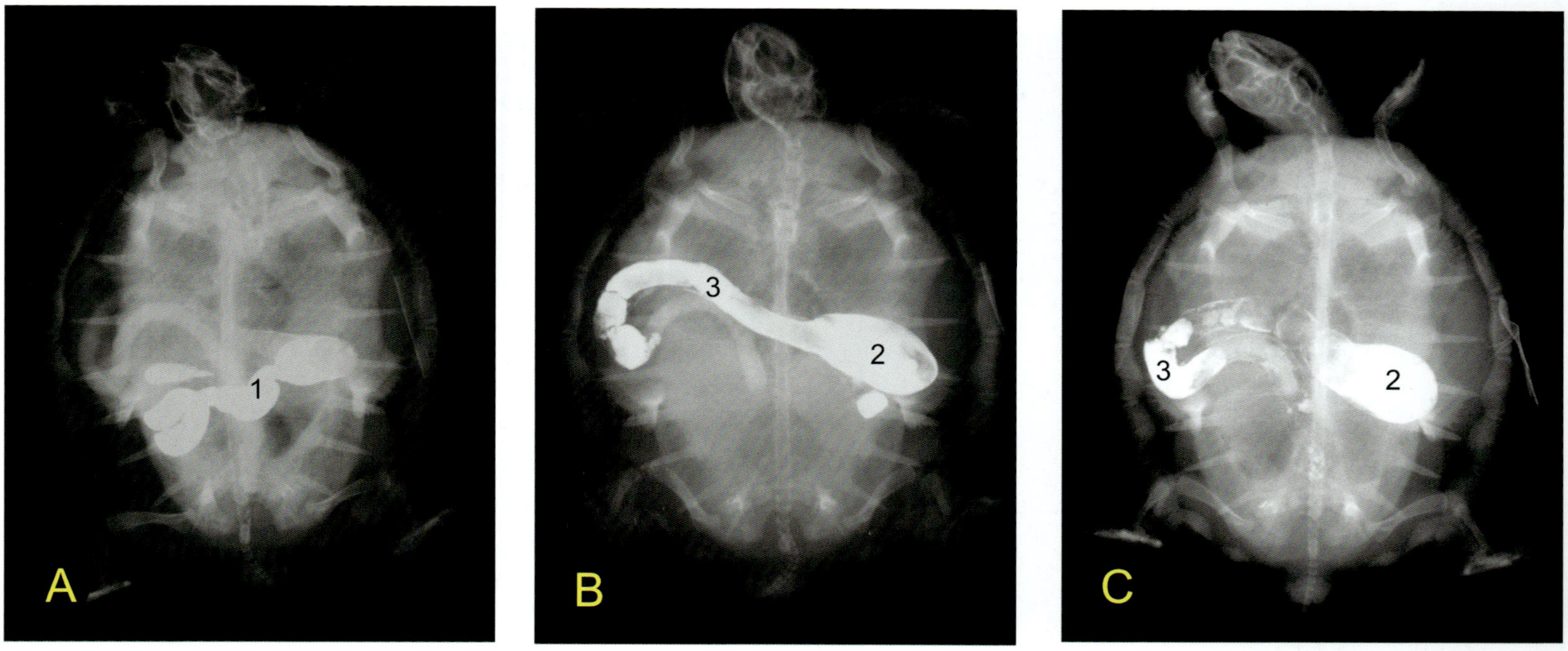

Abb. 3-19: Röntgenuntersuchung, Körper, dorso-ventrale Projektion, nach Applikation von Bariumsulfat (350 mg/ml, 20 ml/kg KM in den Magen), Rotwangenschmuckschildkröte (*Trachemys scripta elegans*):

A: nach 2 Tagen

B: nach 10 Tagen

C: nach 21 Tagen

Nach der Passage des Jejunums (1) tritt das Futter ins proximale Kolon (2) und anschließend ins distale Kolon (3) ein. Die Erweiterung des proximalen Kolons ist der Ort, an dem sich Fremdkörper häufig ansammeln.

1: Jejunum
2: proximales Kolon
3: distales Kolon

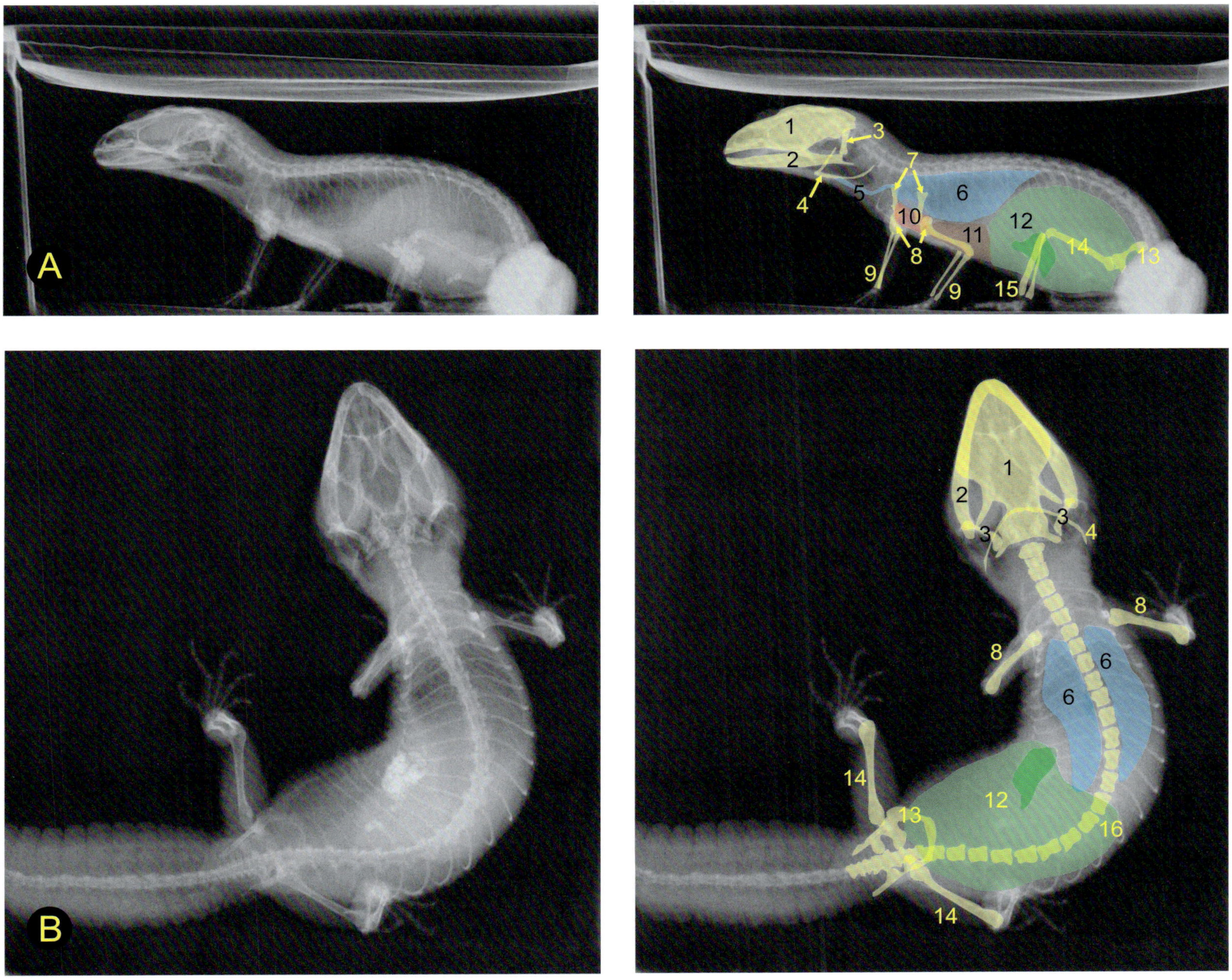

Abb. 3-20: Röntgenuntersuchung, Körper, latero-laterale (A) und dorso-ventrale (B) Projektion, Fixation mittels Plastikbox, Leopardgecko (*Eublepharis macularius*): kein auffälliger Befund. Auch wenn diese Art der Fixation keine optimale Lagerung erlaubt, ist sie bei sehr stressanfälligen Tieren oder Tieren mit sehr empfindlicher Haut (wie Geckos) eine vertretbare Methodik.

1: Schädel
2: Mandibula
3: Os quadratum
4: Zungenbein
5: Trachea
6: Lunge
7: Scapula
8: Humerus
9: Radius und Ulna
10: Herz
11: Leber
12: Magen (Steinchen) bzw. Darmtrakt
13: Becken
14: Femur
15: Tibia, Fibula
16: Wirbelsäule

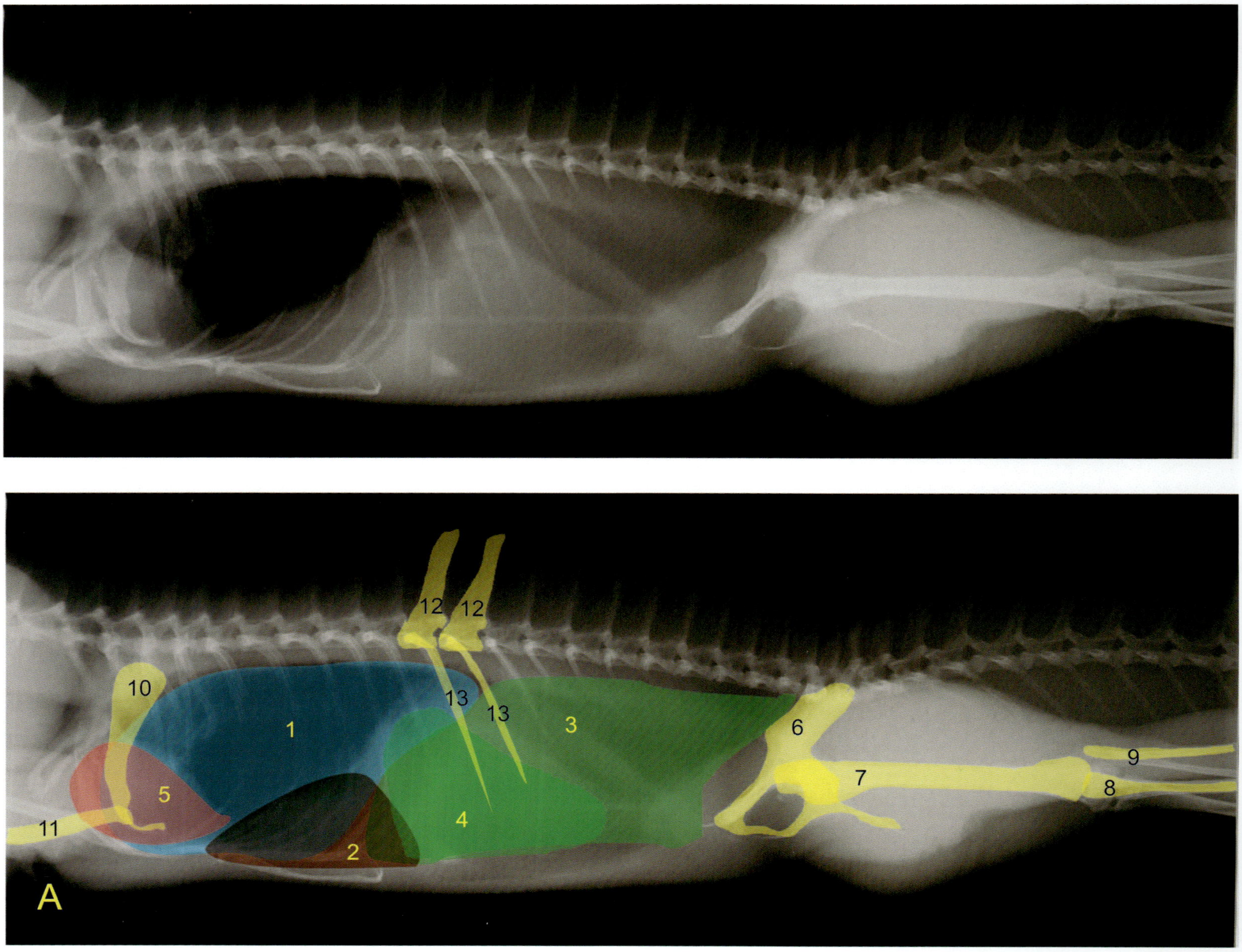

Abb. 3-21: Röntgenuntersuchung, Körper, latero-laterale (A) und dorso-ventrale (B) Projektion, Wasseragame (*Physignathus cocincinus*): kein auffälliger Befund.

1: Lunge
2: Leber
3: Darm
4: Magen
5: Herz
6: Becken
7: Femur
8: Tibia
9: Fibula
10: Scapula
11: Humerus
12: Wirbel
13: Rippe

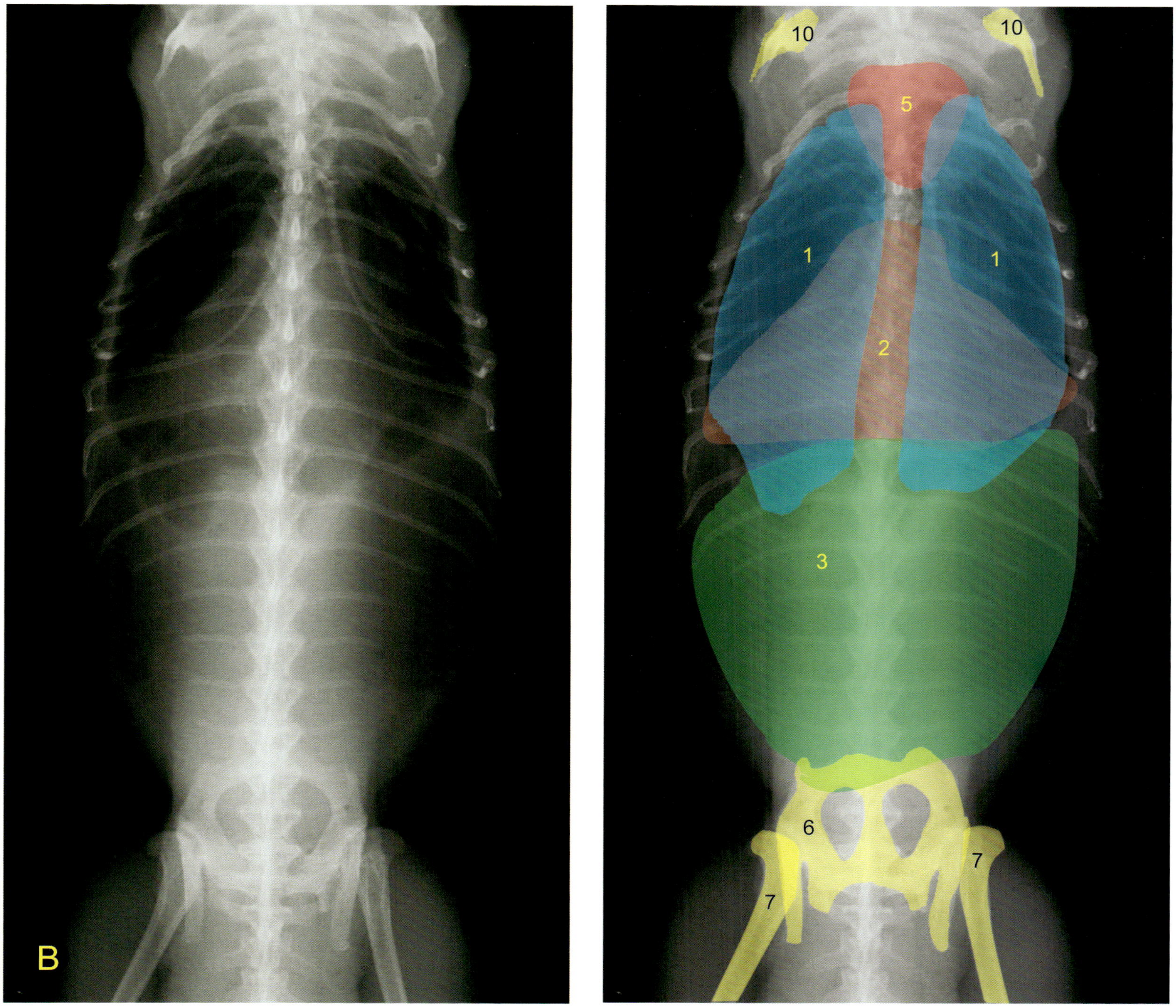
B
10
10
5
1
1
2
3
6
7
7

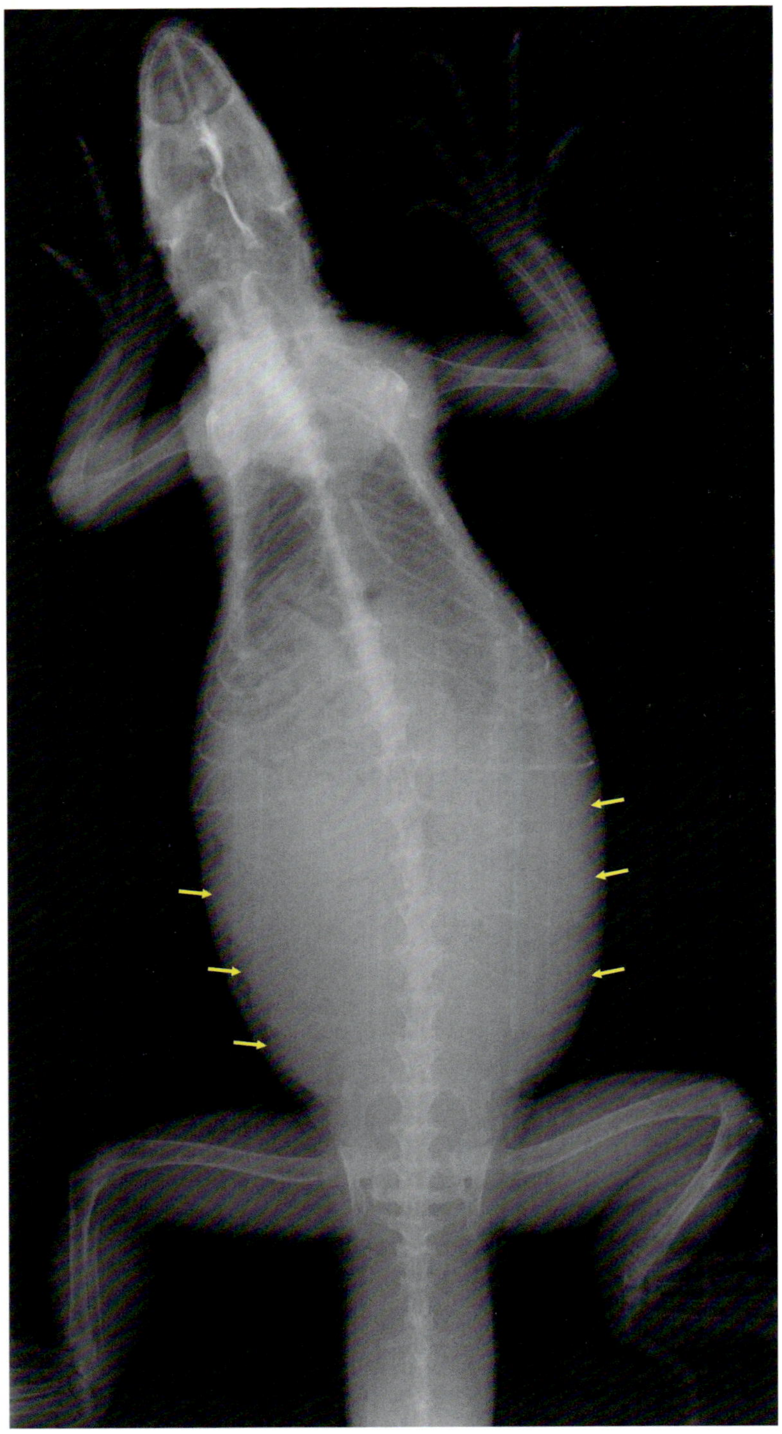

Abb. 3-22: Röntgenuntersuchung, Körper, dorso-ventrale Projektion, Grüner Leguan (*Iguana iguana*): unauffällige Eianbildung. Die Eier (Pfeile) können einen großen Teil der Leibeshöhle ausfüllen. Ist eine Kalzifizierung nicht sichtbar, ist die Differenzierung zu Follikeln bzw. Zysten am Ovar oft schwierig und es sollte eine Ultraschalluntersuchung angeschlossen werden.

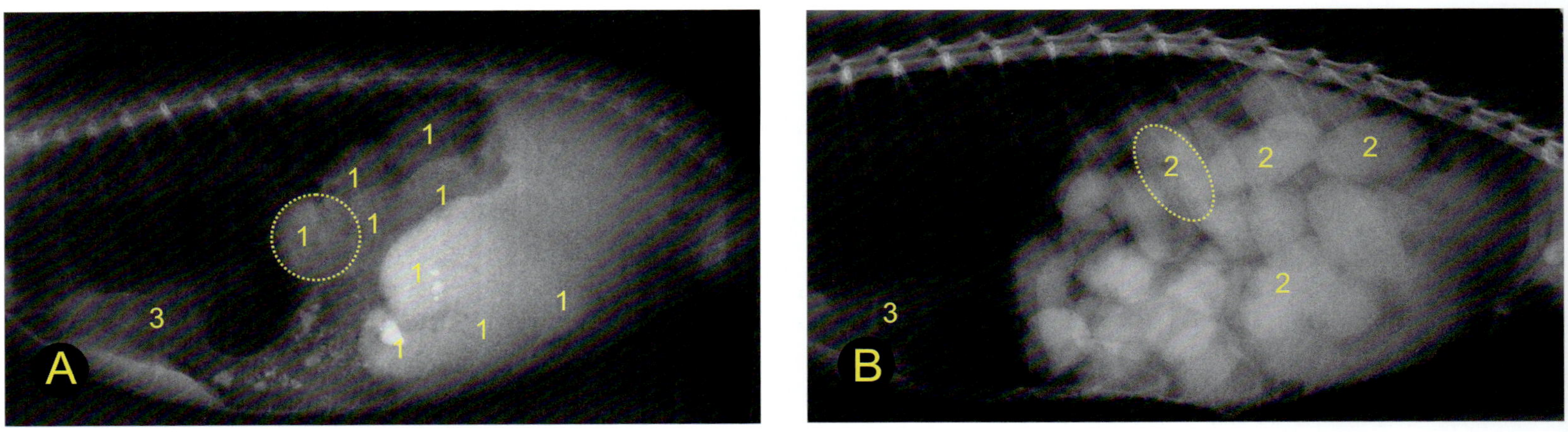

Abb. 3-23: Röntgenuntersuchung, Körper, latero-laterale Projektion, Jemenchamäleon (*Chamaeleo calyptratus*).

A: Darstellung von Follikeln auf dem Eierstock, auffälliger Befund.

B: Darstellung von unauffälligen Eiern in der Leibeshöhle. Hier lassen sich die Follikel aufgrund der Form von den Eiern abgrenzen.

Während sich die Eier in ihrer Größe und Form unauffällig darstellen, sind die Follikel durch ihre Größe als auffällig zu bezeichnen. Es ist zu befürchten, dass sich eine präovulatorische Legenot entwickelt.

1: Follikel
2: Eier
3: Leber

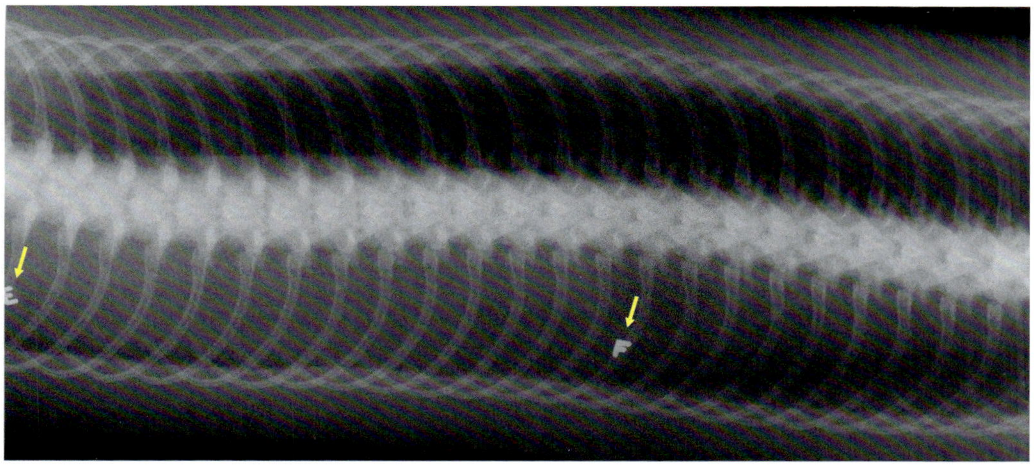

Abb. 3-24: Röntgenuntersuchung, Körper, dorso-ventrale Projektion, Tigerpython (*Python molurus*): unauffällige Darstellung der Lungenfelder. Hier wurden röntgendichte Buchstaben (Pfeile) verwendet, um die Röntgenaufnahme dem entsprechenden Abschnitt auf dem Tier zuordnen zu können.

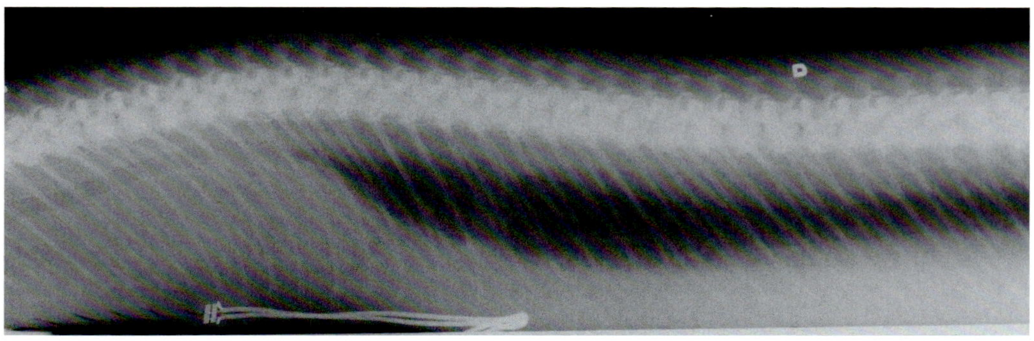

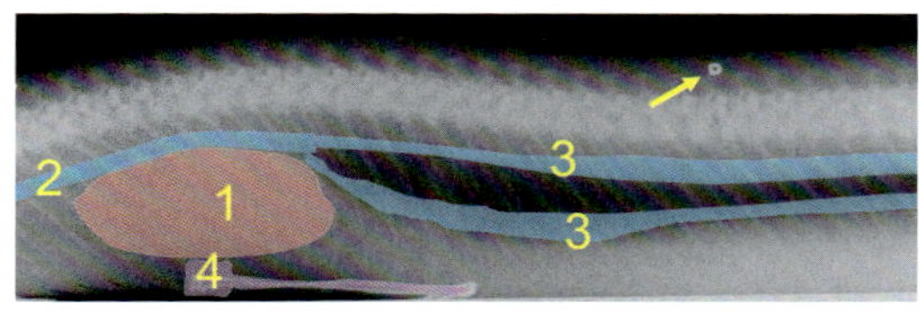

1: Herz
2: Trachea
3: Lunge
4: Ultraschallsonde

Abb. 3-25: Röntgenuntersuchung, Körper, latero-laterale Projektion, Tigerpython (*Python molurus*): unauffällige Darstellung der Lunge und des Herzens. Im Bereich des Herzens (1) ist eine Doppler-Ultraschallsonde (4) platziert, welche die Herzfunktion in der Narkose akustisch kontrolliert. Die Trachea (2) geht in die Lunge (3) über, welche aus einem zentralen Lumen und einem peripher angeordneten respiratorischen Epithel besteht. Das Epithel wird nach kaudal kontinuierlich flacher und dient im Bereich des Luftsacks nicht mehr dem Gasaustausch.

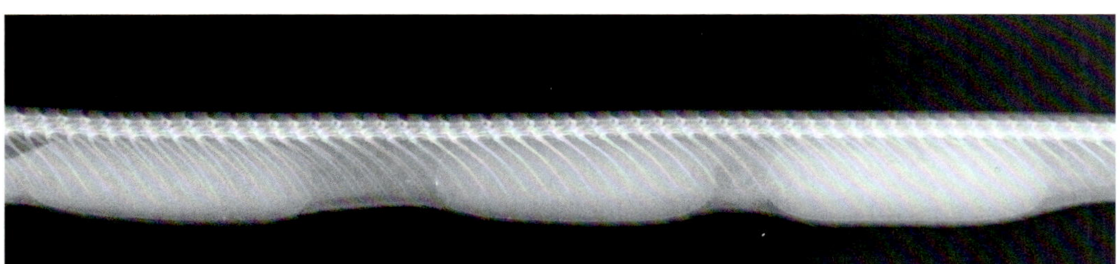

Abb. 3-26: Röntgenuntersuchung, Körper, latero-laterale Projektion, Kornnatter (*Pantherophis guttatus*): unauffällige Darstellung von drei Eiern.

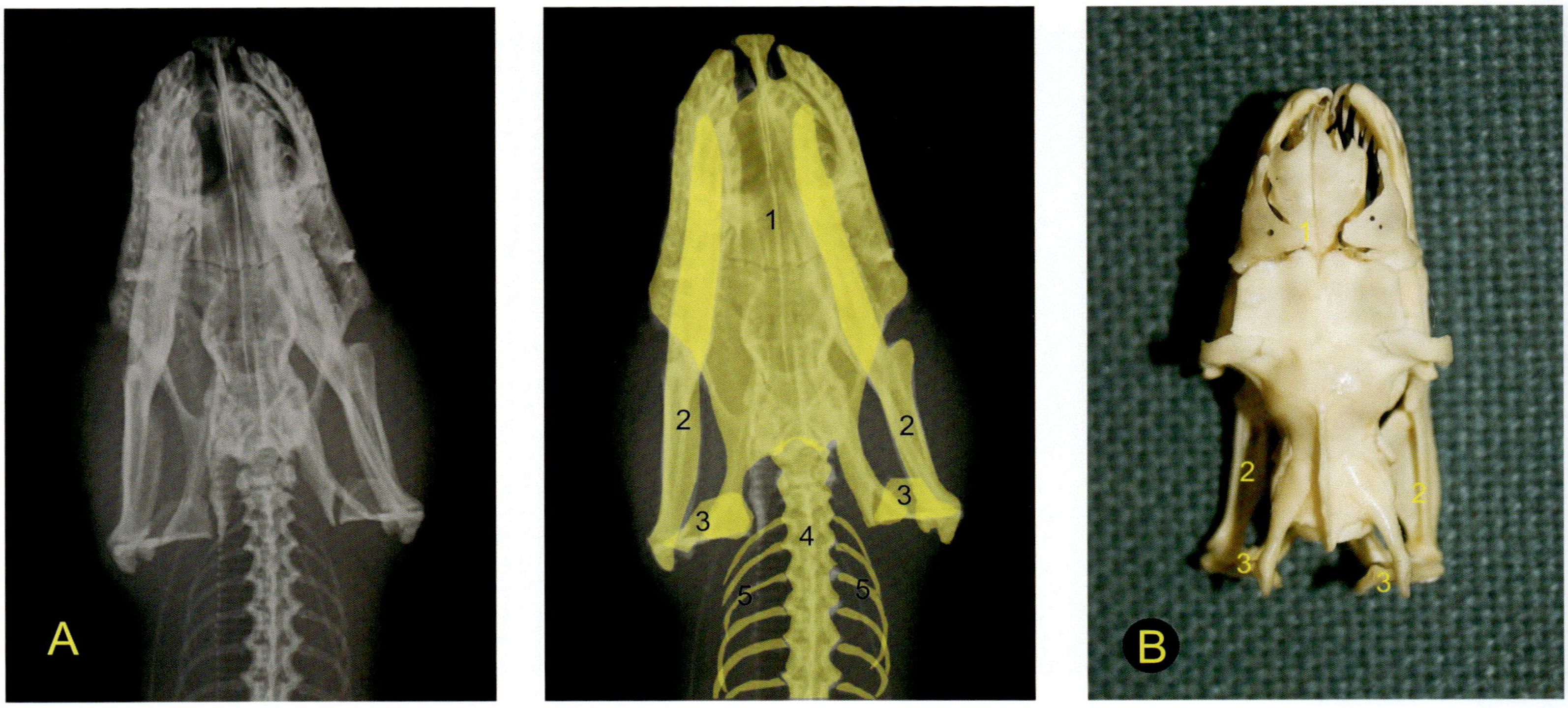

Abb. 3-27:

A: Röntgenuntersuchung, Kopf, dorso-ventrale Projektion, Abgottschlange (*Boa constrictor*): kein auffälliger Befund.

B: Vergleichspräparat eines Kopfes einer *Boa constrictor*.

1: Schädel
2: Mandibula
3: Os quadratum
4: Wirbelsäule
5: Rippen

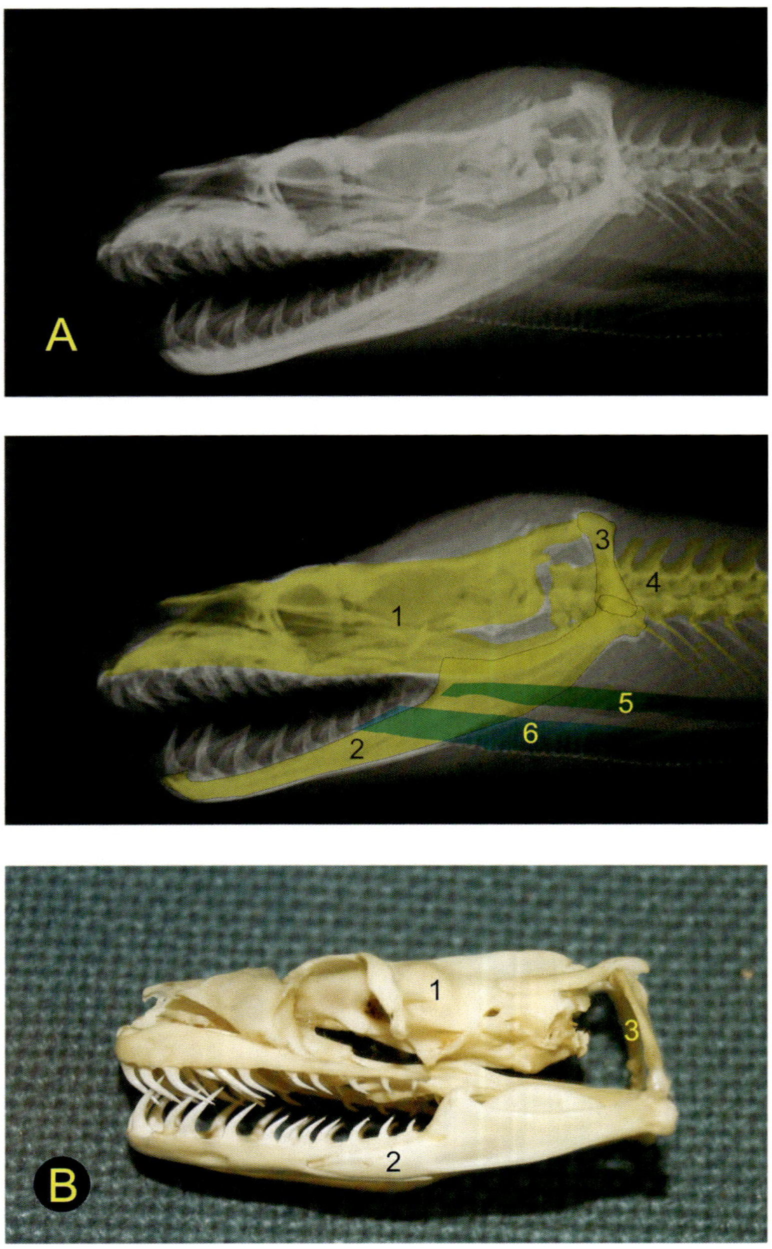

1: Schädel
2: Mandibula
3: Os quadratum
4: Wirbelsäule
5: Ösophagus
6: Trachea

Abb. 3-28:

A: Röntgenuntersuchung, Kopf, latero-laterale Projektion, Abgottschlange (*Boa constrictor*): kein auffälliger Befund.

B: Vergleichspräparat eines Kopfes einer *Boa constrictor*.

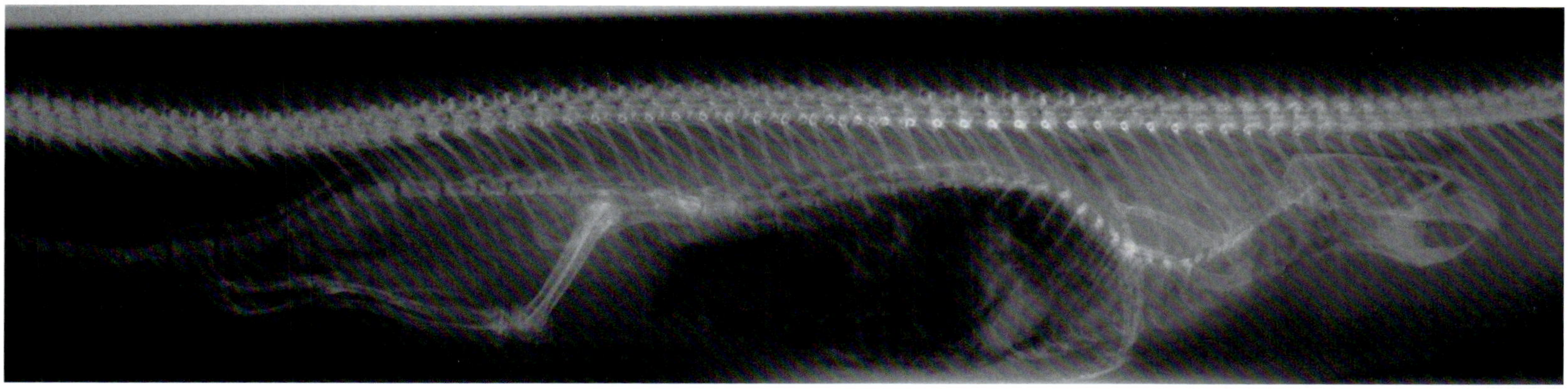

Abb. 3-29: Röntgenuntersuchung, Körper, latero-laterale Projektion, Tigerpython (*Python molurus*): Beutetier (Ratte) im Magen, kein auffälliger Befund.

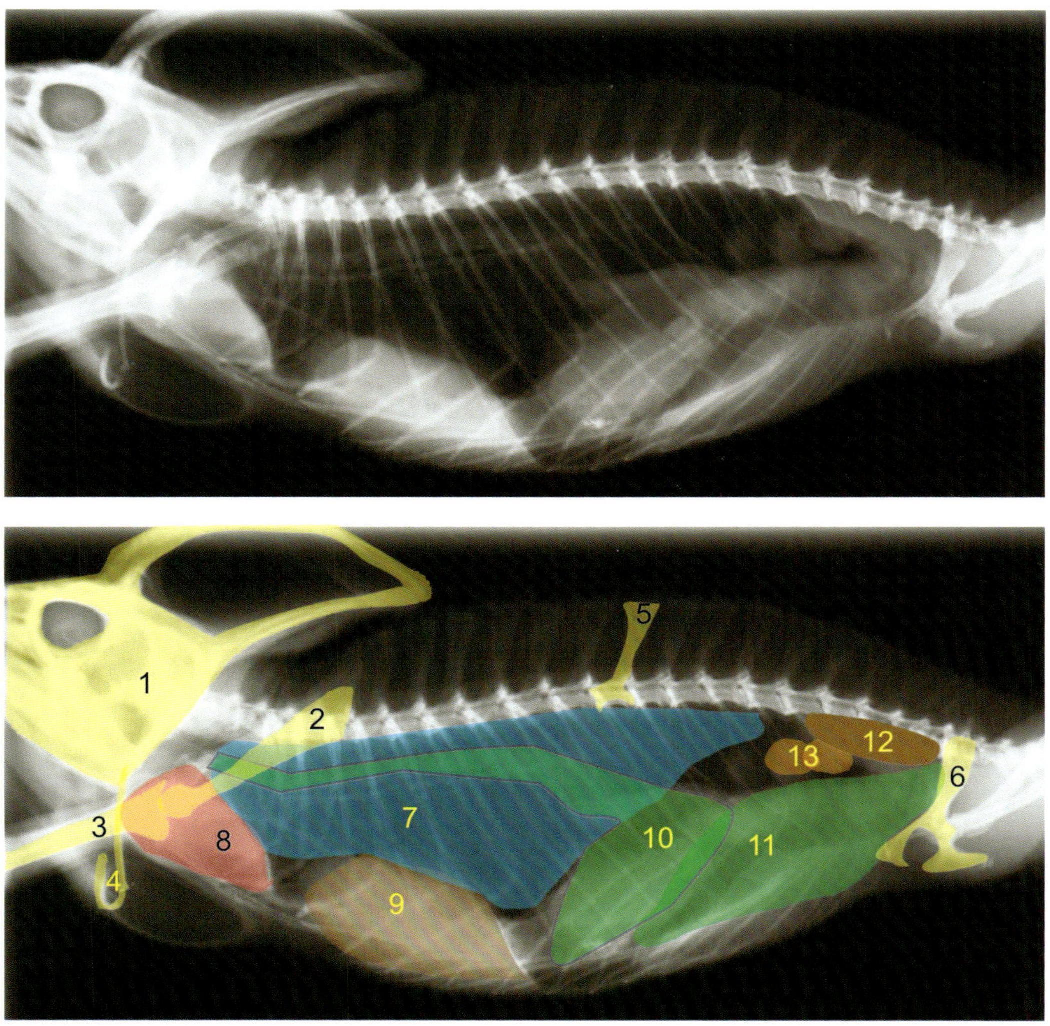

1: Schädel mit Helm
2: Scapula
3: Coracoid
4: Zungenbein
5: Wirbel
6: Becken
7: Lunge
8: Herz
9: Leber
10: Magen
11: Darmtrakt
12: Nieren
13: Gonaden

Abb. 3-30: Röntgenuntersuchung, Körper, latero-laterale Projektion, Jemenchamäleon (*Chamaeleo calyptratus*): kein auffälliger Befund.

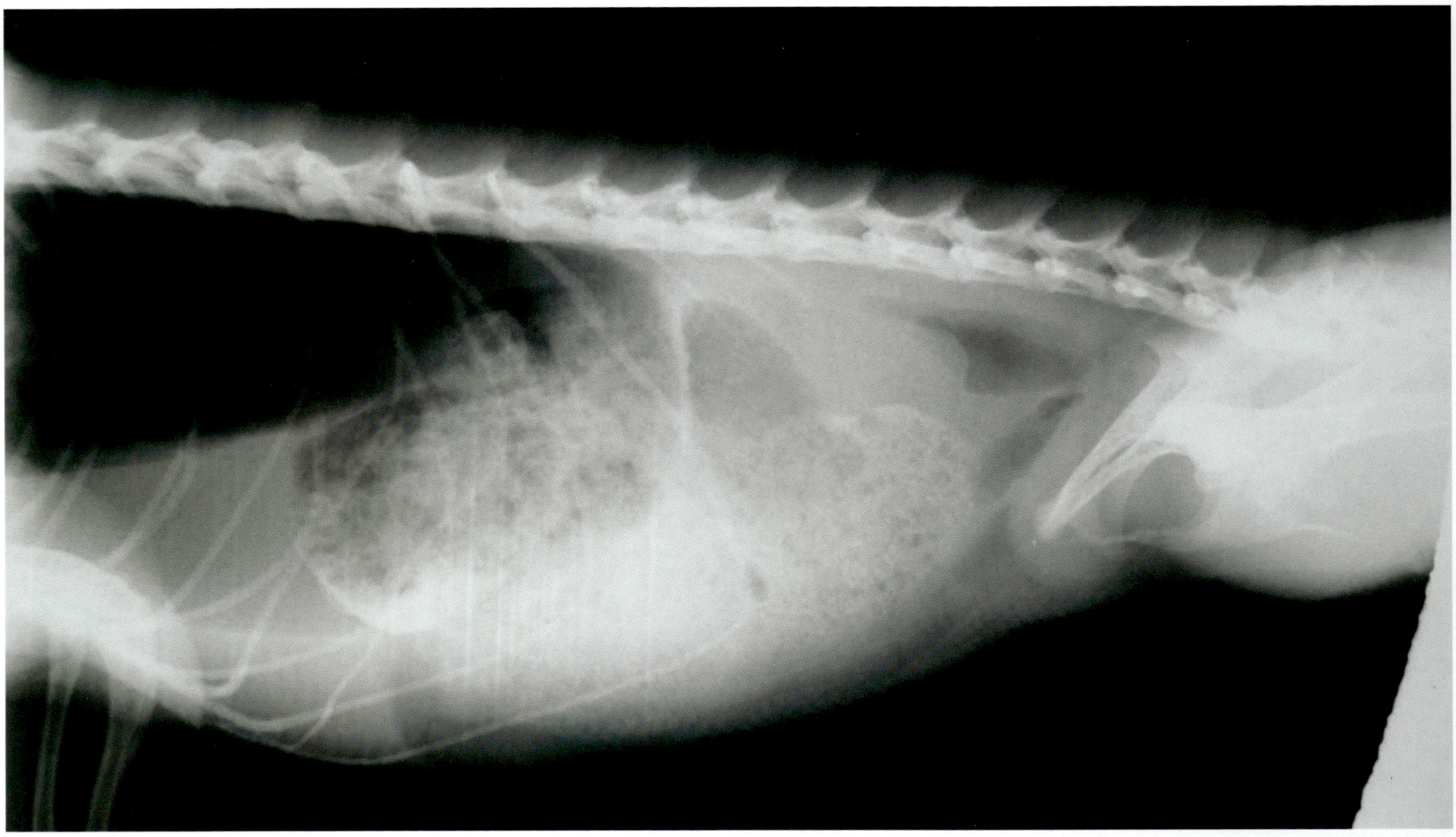

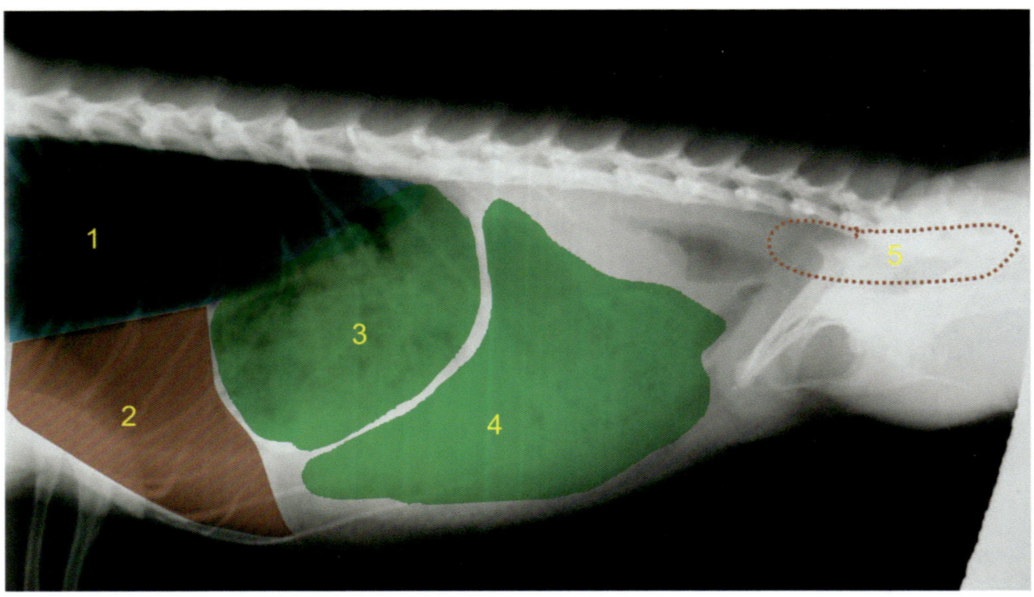

1: Lunge
2: Leber
3: Magen
4: Darm
5: Nierenbereich (hier nicht sichtbar)

Abb. 3-31: Röntgenuntersuchung, Körper, latero-laterale Projektion, Grüner Leguan (*Iguana iguana*): kein auffälliger Befund.

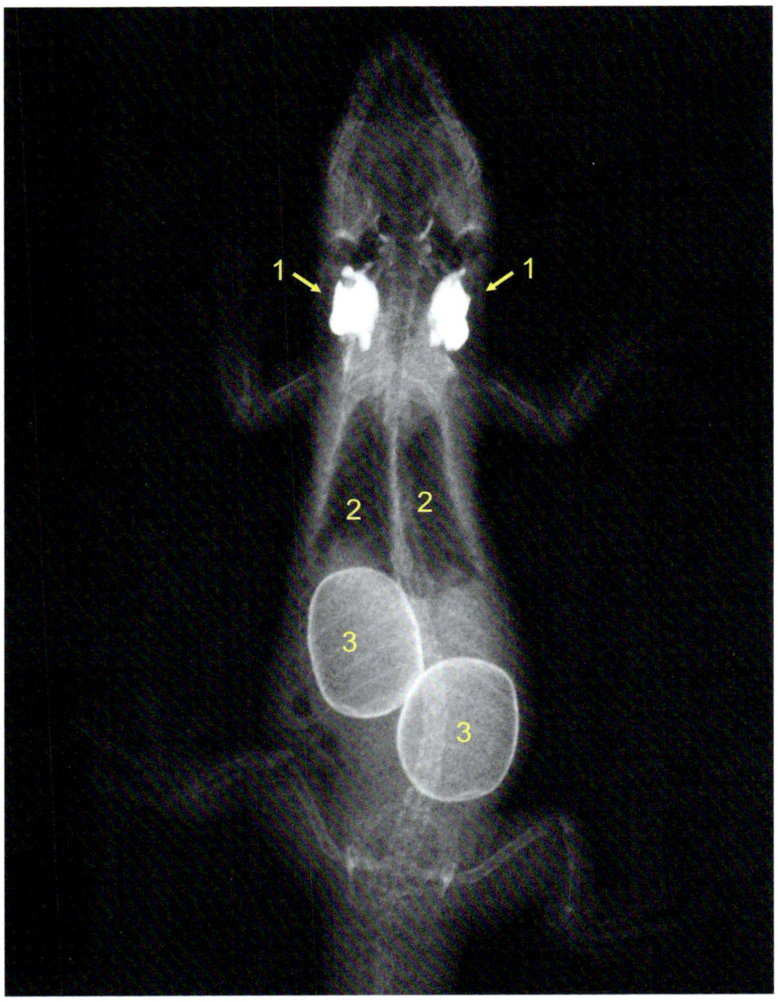

1: »Kalksäckchen«
2: Lunge
3: Eier, in für diese Spezies typischer Ausprägung

Abb. 3-32: Röntgenuntersuchung, Körper, dorso-ventrale Projektion, Großer Madagaskar-Taggecko (*Phelsuma madagascariensis grandis*): Darstellung der »Kalksäckchen« (1), kein auffälliger Befund.

3.2 Ultraschalluntersuchung

Michael Pees

3.2.1 Technische Voraussetzungen

Die technische Entwicklung von Ultraschallgeräten in den letzten Jahren hat einen Stand erreicht, bei dem auch der Einsatz preisgünstiger Geräte zu sehr guten diagnostischen Möglichkeiten führt. Im Gegensatz zu der Ultraschalluntersuchung am Vogel sind Leistungsparameter wie die Frame rate bei Reptilien von untergeordneter Bedeutung. Auch die Wahl des Schallkopfes ist zumindest bei größeren Echsen und Schlangen weniger problematisch. Es können sowohl Linearscanner als auch Konvexscanner eingesetzt werden. Bei Schildkröten sind die Zugänge auf die Öffnungen des Panzers beschränkt. Hier kommen meist nur Micro-curved-Schallköpfe mit einer kompakten Bauweise in Betracht. Eine weitere Möglichkeiten, um bei Schildkröten die Ankopplungsfläche maximal auszunutzen, sind sogenannte Hockey-Sticks, die bei minimaler Größe ein hervorragendes Sichtfenster bieten **(Abb. 3-33)**. Diese vergleichsweise teuren Schallköpfe bleiben aber spezialisierten Einrichtungen vorbehalten.

Die meisten Ultraschalluntersuchungen bei Reptilien können mit Frequenzen zwischen 7 MHz und 12 MHz durchgeführt werden. In diesem Bereich ist eine ausreichende Eindringtiefe und Penetration der Ultraschallwellen durch die Reptilienhaut gewährleistet und gleichzeitig ist die Auflösung diagnostisch ausreichend. Bei größeren Reptilien, wie großen Schildkröten und Krokodilen, und den damit erforderlichen hohen Eindringtiefen können auch Frequenzen von 5 MHz oder 3 MHz nötig sein.

Als Standardausrüstung eines Ultraschallgerätes zur Untersuchung von Reptilien empfiehlt der Autor folgende Parameter:

- einen Linearscanner, mit einer Frequenz wählbar zwischen 7 MHz und 10 MHz (ideal: 7–12 MHz); dieser Schallkopf ist für Echsen und Schlangen geeignet und liefert ein breites Bild mit ausreichender Darstellung im schallkopfnahen Bereich;
- einen Sektorscanner, mit einer Frequenz von 7,5 MHz (ideal: 7–12 MHz); neben dem Zugang bei Schildkröten kann dieser Schallkopf auch bei anderen Reptilien als Ergänzung genutzt werden;
- die Möglichkeit der digitalen Bild- und Sequenzspeicherung; die Bildspeicherung ist nicht nur wichtig für spätere (vergleichende) Untersuchungen, sondern bietet auch die Möglichkeit, Bilder zur Beurteilung an andere Kollegen mit Erfahrung im Bereich der Reptilienultraschalldiagnostik zu mailen;
- eine Farb-Doppler-Funktion am Gerät; die Farb-Doppler-Beurteilung ist nicht nur am Herz wichtig, sie liefert auch bei Veränderungen im Organparenchym wichtige Zusatzinformationen zur Durchblutung; bei Tumoren ist die präoperative Einschätzung der Erfolgsaussichten eines Eingriffes möglich.

Empfehlenswert gerade für die Untersuchung großer Reptilien, die sich schlecht transportieren und positionieren lassen, sind auch portable Geräte, die bei gleicher Leistung allerdings deutlich teurer sind.

3.2.2 Ankopplung

Die Positionierung von Reptilien auf dem Untersuchungstisch ist meist unproblematisch. Lediglich bei Schlangen sind häufig mehrere Helfer zur Fixation nötig. Eine Anästhesie ist außer bei sehr großen und kräftigen Tieren in der Regel nicht erforderlich. Bei Reptilien mit dicken, manchmal sogar kalzifizierten Schuppen kann die Ankopplung Probleme bereiten und die Darstellung des Ultraschallbildes ist durch Artefakte gestört. Häufig befinden sich Reste von Luft zwischen den Schuppen, wodurch die Bildqualität gemindert wird. Hier kann es hilfreich sein, die Tiere für etwa 20 bis 30 Minuten vor der Untersuchung in einem warmen Wasserbad zu baden. Hierdurch quillt die Haut etwas, Lufträume werden geschlossen bzw. von Wasser gefüllt und die Darstellungsqualität verbessert sich deutlich. Auch der Auftrag wässriger Sprays vor der Applikation von Ultraschallgel ist hilfreich. Grundsätzlich sollte reichlich Gel aufgetragen werden. Da es sich um poikilotherme Tiere handelt, kann die Verflüssigung des Ultraschallgels, welche bei Säugern durch die Körperwärme stattfindet, erschwert sein. Deshalb ist es sinnvoll, angewärmtes Gel zu verwenden. Eine einfache und kostengünstige Möglichkeit ist die Verwendung eines Babyflaschenwärmers, mit dem das Gel auf etwa 35 °C erwärmt wird.

Bei Schlangen kurz vor der Häutung ist die Darstellungsqualität meist sehr schlecht, da sich bereits Luftkammern zwischen alter und neuer Haut gebildet haben und damit die Penetration der Ultraschallwellen verhindert wird. Hier muss die Ultraschalldiagnostik gegebenenfalls auf die Zeit nach der Häutung verschoben werden. Ist in den Schuppen Knochenmaterial (Osteoderme) eingelagert, muss die Ankopplung zwischen den Schuppen gewählt werden. Bei diesen Spezies eignen sich Sektorschallköpfe oft besser. Kleine Reptilien und Schildkröten mit einem sehr engen Zugang können auch im Wasserbad untersucht werden, um die Ankopplung zu erleichtern oder mit dem Wasser eine Vorlaufstrecke zu erzeugen. Die meisten Schallköpfe sind für die Verwendung im Wasserbad geeignet, gegebenenfalls sollte der Hersteller hierzu befragt werden. Auch andere Vorlaufstrecken können genutzt werden. Eine einfache Methode, um beispielsweise den Zugang zur Kniebucht bei kleineren Schildkröten zu ermöglichen ist es, einen Finger eines Latexhandschuhs mit Gel möglichst luftblasenfrei zu füllen, ihn außen ebenfalls mit Gel zu bestreichen und dann in die Kniebucht einzulegen **(Abb. 3-34)**.

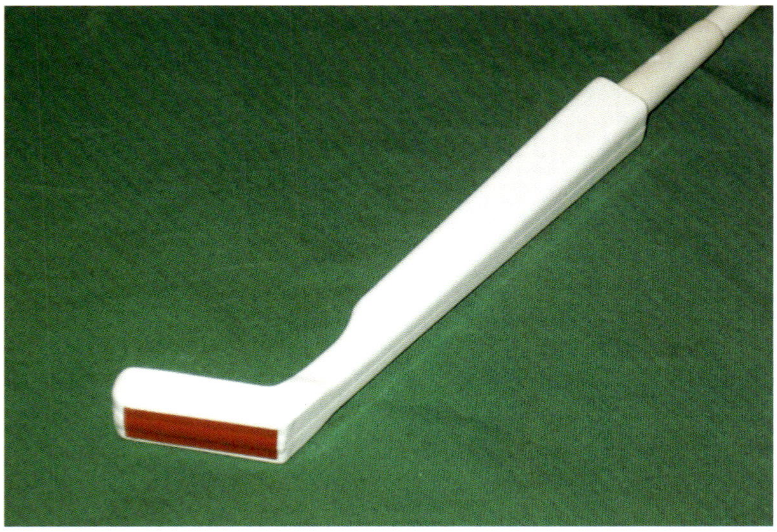

Abb. 3-33: Spezialschallköpfe wie dieser Hockey-Stick bieten Zugang an Stellen, an denen eine Ankopplung mit einem Standardschallkopf nicht möglich ist. Dieser Schallkopf lässt sich problemlos in der Kniebucht auch kleinerer Schildkröten ankoppeln.

Abb. 3-34: Vorlaufstrecken lassen sich mit einfachen Mitteln verwirklichen und ermöglichen auch den Zugang in die Kniebucht bei Verwendung größerer Schallköpfe. Alternativ kann auch die Untersuchung im Wasserbad versucht werden.

3.2.3 Zugänge

3.2.3.1 Zugänge bei Echsen

Zur schematischen Darstellung der Organe siehe **Abbildung 3-8** im Kapitel 3.1.2.1.

Hier gibt es drei Hauptzugänge: den ventralen Zugang, den Nierenzugang von dorsal sowie den Herzzugang von kranial bzw. im Axillarbereich. Der ventrale Zugang ist der Hauptzugang, mit dem die meisten Organe in der Leibeshöhle untersucht werden können. Die Echse wird entweder in Rückenlage fixiert oder die Untersuchung erfolgt in Bauchlage durch eine Aussparung im Untersuchungstisch. Der Schallkopf wird längs oder quer angesetzt und zur Darstellung der Organe entsprechend verschoben **(Abb. 3-35)**. Die Untersuchung der Nieren ist bei vielen Spezies, insbesondere bei Grünen Leguanen, von dorsal möglich. Hierbei wird der Schallkopf kranial oder kaudal der Beckenknochen neben der Wirbelsäule angesetzt und justiert **(Abb. 3-36)**. Der kraniale Zugang ist zur Darstellung des Herzens häufig hilfreich. Hier kann alternativ entweder der Zugang zwischen den Schultergürtelknochen oder der Zugang in der Achselhöhle versucht werden **(Abb. 3-37)**. Die Darstellungsqualität hängt unter anderem davon ab, wie stark das Reptil zur Abwehr die Lungen gedehnt, also sich »aufgepumpt« hat.

3.2.3.2 Zugänge bei Schlangen

Bei Schlangen erfolgt der Zugang meist von ventral im Bereich der Ventralschuppen. Zur Lage der Organe wird auf Tabelle 3-2 verwiesen. Eine Möglichkeit ist die Fixation der Schlange in Rückenlage **(Abb. 3-38)**. Dies kann bei wachen Schlangen allerdings Probleme bereiten und zu heftigen Abwehrbewegungen führen, die die Untersuchung erschweren. Deshalb ist auch eine Untersuchung durch eine Aussparung im Tisch oder zwischen zwei zusammengeschobenen Tischen empfehlenswert. Soll das Tier auf dem Rücken liegend untersucht werden, ist es vorteilhaft, nur den entsprechenden Bereich von einem Helfer in Rückenlage fixieren zu lassen, wobei der Kopf und der restliche Körper in der physiologischen Position bleiben. Bei Schlangen können die Fixation des Tieres wie auch der Anpressdruck des Schallkopfes zu deutlichen Organverlagerungen führen. Auch während der Untersuchung können sich die Organe so weit nach kranial oder kaudal verschieben, dass der Schallkopf neu positioniert werden muss. Bei der Lagerung in der physiologischen Bauchlage sind diese Verschiebungen weniger problematisch. Außerdem ist insbesondere bei der Untersuchung des Kreislaufsystems und bei der Durchführung von Biopsien darauf zu achten, dass die Ankopplung nicht zu kraftvoll und möglichst gleichmäßig erfolgt.

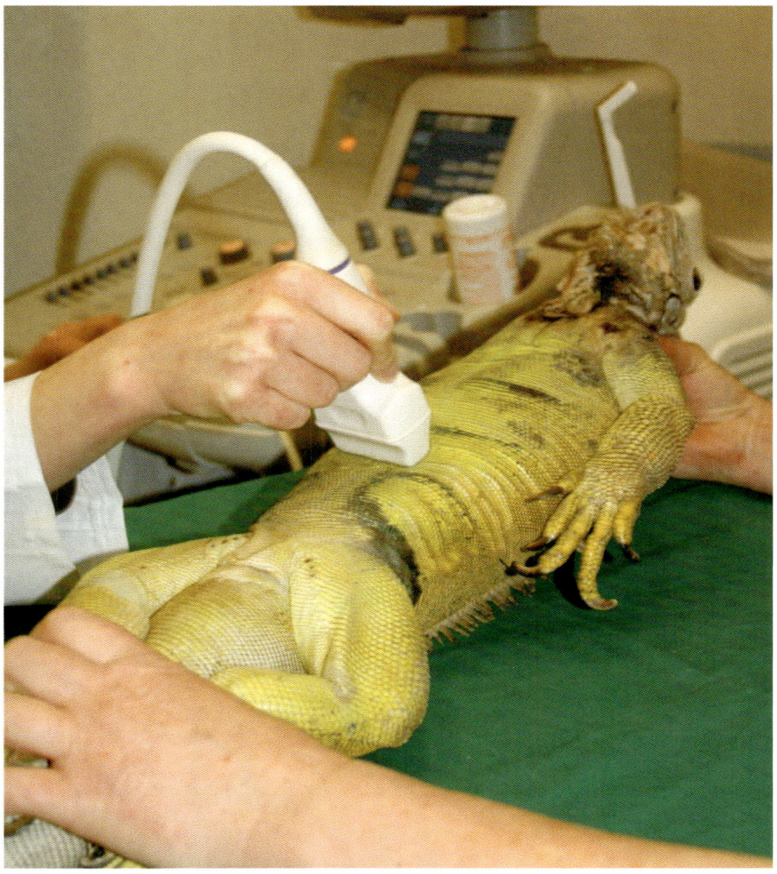

Abb. 3-35: Ventrale Ankopplung eines Linearschallkopfes bei einem Grünen Leguan (*Iguana iguana*). Echsen können sowohl in normaler Position als auch in Rückenlage untersucht werden.

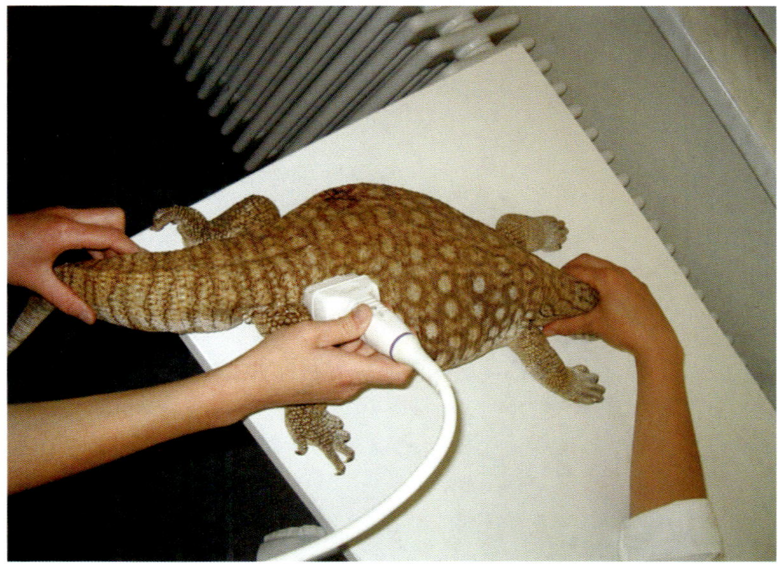

Abb. 3-36: Dorsale Ankopplung im Nierenbereich bei einem Steppenwaran (*Varanus exanthematicus*). Der Schallkopf wird leicht seitlich der Wirbelsäule angesetzt. Neben der Niere können teilweise auch die Eierstöcke dargestellt werden.

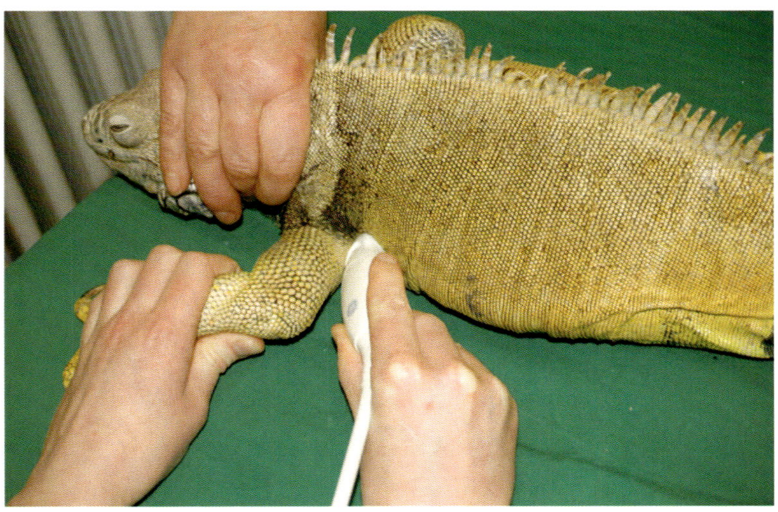

Abb. 3-37: Axillare Ankopplung zur Darstellung des Herzens bei einem Grünen Leguan (*Iguana iguana*). Für diese Ankopplung sind Sektorschallköpfe besser geeignet. Die Darstellungsqualität hängt unter anderem von der Füllung der Lungen ab, es kann ratsam sein, nach Ankopplung etwas zu warten, wenn sich die Tiere »aufgepumpt« haben.

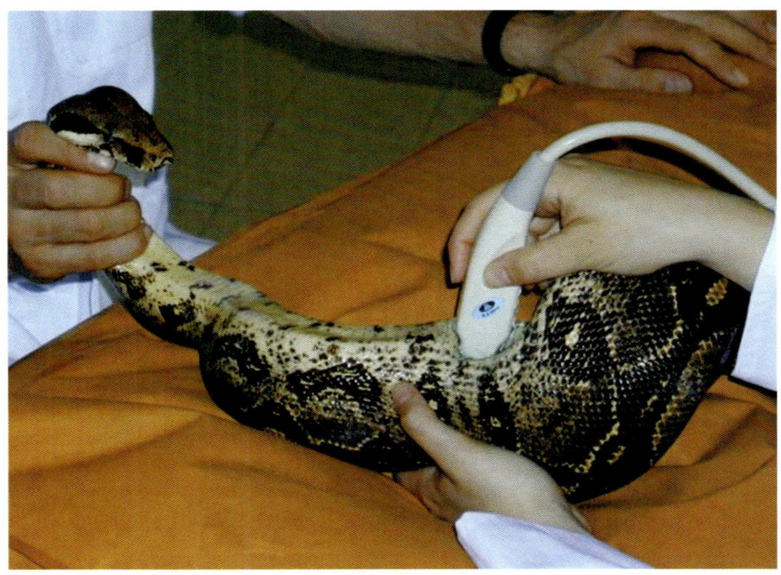

Abb. 3-38: Ventrale Ankopplung im Herzbereich bei einer Abgottschlange (*Boa constrictor*). Hier wird ein Micro-curved-Schallkopf genutzt. Diese Schallköpfe können durch starkes Andrücken zu einer Verlagerung der inneren Organe führen. Schlangen sind meist etwas ruhiger, wenn nur der Bereich, der untersucht wird, in Rückenlage gedreht wird.

3.2.3.3 Zugänge bei Schildkröten

Zur schematischen Darstellung siehe **Abbildung 3-9** im Kapitel 3.1.2.3.

Bei Schildkröten eignen sich meist nur die Bereiche der Kniebuchten (präfemoral, **Abb. 3-39**) und seitlich des Halses (zervikobrachial, **Abb. 3-40**) zur Ankopplung, dementsprechend müssen oft kleine Schallköpfe verwendet werden. Nur bei Weichschildkröten können die Organe auch direkt durch den Panzer angeschallt werden. Die Buchten sollten ebenfalls reichlich mit Ultraschallgel gefüllt werden. Die Fixation bereitet meist keine Probleme. Größere Tiere können auf einem Gefäß gelagert werden, so dass die Beine in der Luft hängen. Das Vorlagern des Beines kann dennoch schwierig oder sogar unmöglich sein. Hier ist eine Anästhesie zur Untersuchung angezeigt. Wichtig ist es insbesondere bei Landschildkröten, diese nicht in gekippter oder gar Rückenlage zu untersuchen: Die Organe liegen hier alle ventral in der Leibeshöhle, während der obere Bereich mit Luft gefüllt ist. Ein Kippen kann durch eine Verlagerung dazu führen, dass Luft zwischen Schallkopf und Organe gelangt. Lediglich ein leichtes Abkippen in Richtung Schallkopf kann sinnvoll sein, um die Organe in Schallkopfnähe zu verlagern. Die meisten Organe lassen sich durch die beiden Kniebuchten darstellen **(Abb. 3-39)**. Die Zugänge seitlich des Halses können zusätzlich zur Darstellung kranial gelegener Strukturen genutzt werden. Die Indikationen sind in Tabelle 3-4 aufgelistet.

Tabelle 3-4: Zugänge zur Organdarstellung zur Ultraschalldiagnostik bei Schildkröten

präfemoral	**Nieren**	nur die Niere der jeweiligen Seite, Abwinkeln der Schallebene nach hochdorsal
	Harnsack	von beiden Seiten, nur gefüllt darstellbar, Konkremente werden durch Kippbewegungen des Tieres während der Untersuchung aufgewirbelt und damit sichtbar
	Leber	von beiden Seiten, bei Ausrichtung der Schallebene nach kranio-medial. Die Gallenblase ist meist besser durch den Zugang über die rechte Kniebucht darstellbar.
	Darm	von beiden Seiten, abhängig von Inhalt und Lage; Darmkontraktionen verlaufen eher langsam.
	Herz	nur teilweise, hinter der Leber liegend
	Hoden	nur teilweise, wenn aktiv; kranial der Nieren, schwierig abzugrenzen
	Eierstöcke	von beiden Seiten, wenn aktiv, bei Ovarialzysten
	Legedarm	von beiden Seiten, wenn aktiv
	Zubildungen	im Bereich der kaudalen und mittleren Leibeshöhle
zervikobrachial	**Herz**	von beiden Seiten
	Leber	von beiden Seiten
	Thyreoidea	teilweise, bei Vergrößerungen
	Zubildungen	im Bereich des Halses und der kranialen Leibeshöhle

Abb. 3-39: Präfemorale Ankopplung mit einem Micro-curved-Schallkopf bei einer Moschusschildkröte (*Sternotherus odoratus*). Die Hinterbeine werden vollständig nach hinten ausgezogen und fixiert. Der Schallkopf kann bei Tieren unter 1 kg KM meist nur in horizontaler Schallebene eingesetzt werden.

Abb. 3-40: Zervikobrachiale Ankopplung mit einem Micro-curved-Schallkopf bei einer Spornschildkröte (*Geochelone sulcata*). Bei Schildkröten dieser Größe ist zur Vorlagerung von Kopf oder Gliedmaßen meist eine Sedation erforderlich. Hier werden auch niedrigere Frequenzen (3,5–5 MHz) benötigt.

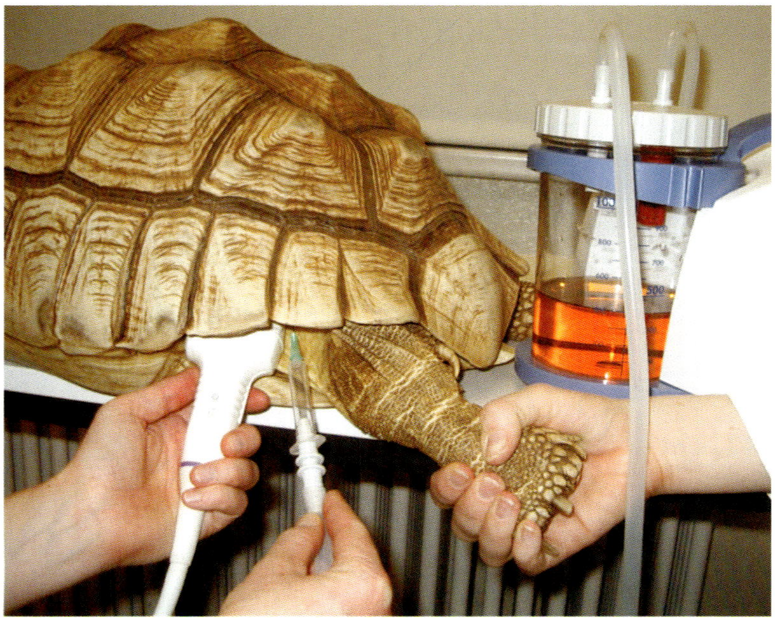

Abb. 3-41: Darstellung der ultraschallgeführten Punktion des Harnsacks bei einer Spornschildkröte (*Geochelone sulcata*). Eine Unterdruckpumpe kann bei größeren Tieren die Arbeit erheblich erleichtern.

3.2.4 Ultraschallgeführte Punktionen und Probenentnahmen

Die Darstellung veränderter Bereiche im Ultraschallbild ist die Voraussetzung für die gezielte und sichere Beprobung. Neben der diagnostischen Probenentnahme spielt auch die therapeutische Absaugung von Flüssigkeiten eine wichtige Rolle. Letzteres betrifft sowohl freie Flüssigkeit in der Leibeshöhle als auch Flüssigkeit aus dem angestauten Harnsack. Zusätzlich können über den Zugang auch Spülungen durchgeführt und Therapeutika deponiert werden.

Von besonderer Bedeutung ist die Punktion des vergrößerten Harnsacks unter Ultraschallkontrolle bei Schildkröten und Echsen. Bei entsprechender Ausdehnung dieses Organs stellt die Punktion keine besondere Schwierigkeit dar. Bei Schildkröten sollte der jeweils günstigere Zugang (rechts oder links präfemoral) zunächst überprüft werden, da der Harnsack in der Leibeshöhle sehr flexibel liegen kann. Bei Echsen ist meist eine Punktion leicht paramedian erfolgreich. Von einer Punktion in der Mittellinie ist wegen der dort verlaufenden Abdominalvene abzuraten. Da sich das Gefäß kaudal in zwei Äste aufteilt, ist hier die Darstellung im Doppler-Bild vor Punktion sinnvoll. Zum Absaugen größerer Mengen an Flüssigkeit, welche einen häufigen Spritzenwechsel erfordern würden, ist eine Unterdruckabsauganlage empfehlenswert. Die Punktion kann nach Desinfektion der Haut mit einer einfachen Kanüle entsprechender Größe erfolgen **(Abb. 3-41)**.

Eine Leberbiopsie ist aus unterschiedlichen Indikationen sinnvoll. Neben der Abklärung der Ätiologie von Leberveränderungen spielt sie eine Rolle bei der Diagnostik der *Inclusion Body Disease* der Boiden. Grundsätzlich sollte der Bereich für eine Biopsie ausgewählt werden, der im Ultraschallbild als verändert interpretiert wird und gleichzeitig in ausreichender Entfernung zu größeren Gefäßen liegt. Dies ist von besonderer Bedeutung bei Schlangen, wo zwei große Venen die Leber längs durchziehen. Die Punktion der Leber wie auch anderer Organe sollte nur unter Allgemeinnarkose stattfinden, um das Risiko der Organverletzung durch Bewegungen des Tieres zu minimieren **(Abb. 3-42)**. Die Entnahme von Zellen ist einerseits möglich durch eine Feinnadelaspiration, andererseits durch entsprechende Biopsiebestecke aus der Säugermedizin **(Abb. 3-43)**. Auch die Entnahme von Biopsien aus den Nieren ist beschrieben. Aufgrund des Blutungsrisikos sollte hier aber nur eine Feinnadelaspiration unter Ultraschallkontrolle vorgenommen werden.

3.2.4.1 Durchführung der Leberbiopsie bei Schlangen (Abb. 3-43 und 3-44)

Aufgrund der großen Verschieblichkeit der Leber bei Schlangen ist die Bioptatentnahme auch grundsätzlich nicht risikofrei und bedarf einiger Übung bei der Durchführung. Als sinnvoll hat es sich erwiesen, zunächst die Leber quer mit den Gefäßen darzustellen. Anschließend kann der Schallkopf längs gedreht werden, so dass das seitliche Leberparenchym in der Schallebene liegt. Anschließend wird die Biopsiekanüle längs zur Leber im 45°-Winkel zwischen zwei Ventralschuppen eingestochen und langsam vorgeschoben. Die Lage der Leber und der Kanüle ist ständig zu kontrollieren. Die Penetration der Leberkapsel ist nicht einfach, da sie sehr spröde sein kann. Nach Entnahme des Gewebestückes ist der Stichkanal mit dem Doppler-Verfahren auf mögliche Einblutungen zu kontrollieren. Im Falle der Verletzung einer der beiden großen Lebervenen ist die Bioptatentnahme abzubrechen und die Schlange ist möglichst ruhig zu lagern und ausreichend mit Flüssigkeit zu infundieren. Die chirurgische Versorgung der Wunde ist schwierig, da sie zum einen schwer aufzufinden ist und zum anderen die Eröffnung der Leibeshöhle die natürliche Kompression der Bauchwand an der Punktionsstelle verhindert.

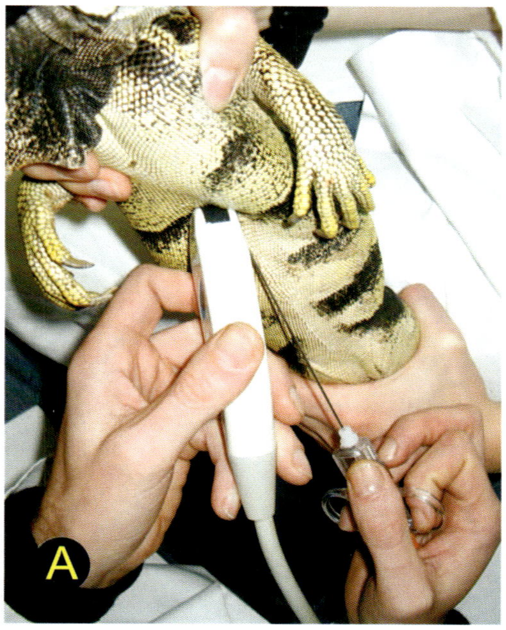

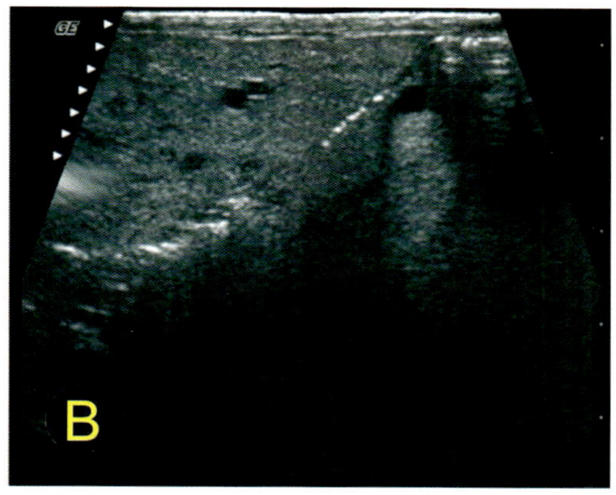

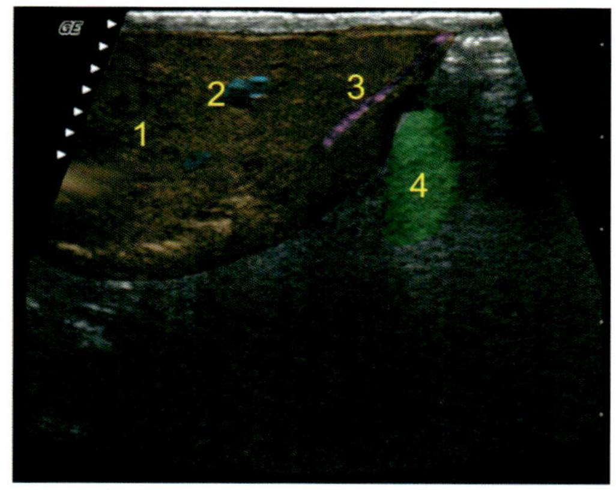

1: Leber
2: Gefäße
3: Biospienadel
4: Gastrointestinaltrakt

Abb. 3-42: Leberbiopsie bei einem Grünen Leguan (*Iguana iguana*).

A: Darstellung der Durchführung.

B: Ultraschallkontrolle, 12 MHz, 5 cm ET

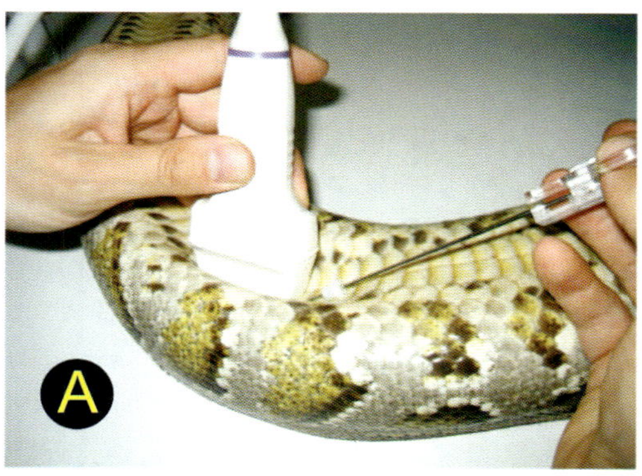

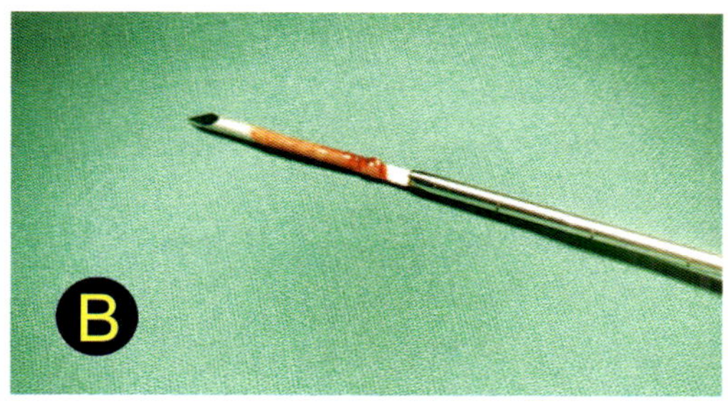

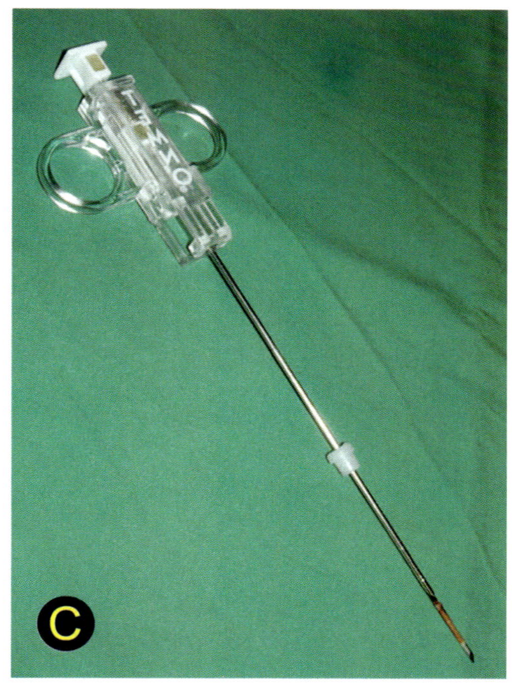

Abb. 3-43: Durchführung einer Leberbiopsie bei einem Tigerpython (*Python molurus*) (A). Zur Anwendung kommt ein handelsübliches Biopsiebesteck (B). Das Besteck (C) sollte auf jeden Fall neu und ungebraucht sein, da sonst die Punktion der Haut und der Leberkapsel erhebliche Schwierigkeiten bereitet. Das entnommene Bioptat ist unter anderem zur histologischen Diagnostik der *Inclusion Body Disease* geeignet.

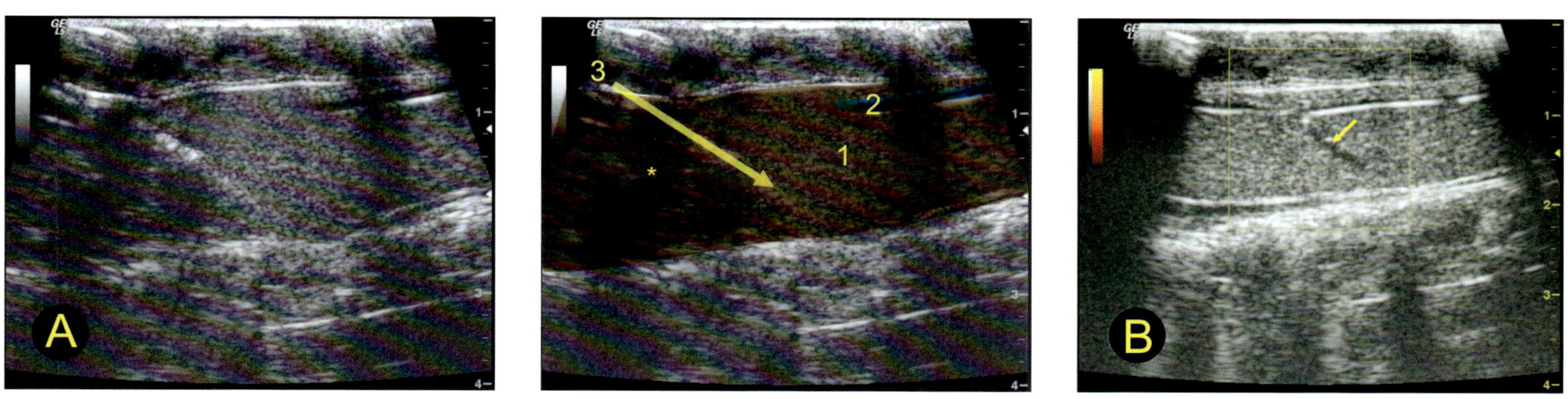

Abb. 3-44: Ultraschalluntersuchung, ventrale Ankopplung längs, 12 MHz, 4 cm ET, Tigerpython (*Python molurus*): Leberbiopsie, Darstellung der Biopsienadel in der Leber (A) und Kontrolle des Stichkanals auf Blutungen mit dem Power-Doppler (B).

1: Leber
2: Gefäß
3: Pfeil: Biopsienadel

*: akustischer Schatten durch Totalreflexion auf der Nadeloberfläche

3.2.5 Beurteilung der Organe

Die Hauptindikationen für eine Ultraschalluntersuchung liegen in der Beurteilung der Leber, des Herzens, des Urogenitaltraktes und des Gastrointestinaltraktes sowie bei Umfangsvermehrungen. Häufig liefert in der Röntgenuntersuchung ein vergrößerter Weichteilschatten die Indikation für eine Ultraschalluntersuchung. Es ist ratsam, die Untersuchung der Leibeshöhle systematisch durchzuführen. Hierbei sollten die nachfolgend genannten Organe in einer festgelegten Reihenfolge dargestellt werden.

3.2.5.1 Leber

Die Leber ist aufgrund ihrer feingranulierten Echotextur leicht zu identifizieren. Als Vergleichsorgan für die Beurteilung können bei Echsen die deutlich echogeneren Fettlappen herangezogen werden, auch bei Schlangen dient das Fettgewebe als Vergleichsmöglichkeit. Neben der Größe und der Homogenität werden auch die Lebergefäße beurteilt **(Abb. 3-45** und **3-46)**. Diese sind als feine echoarme Bereiche durch das Parenchym verfolgbar. Nicht immer lässt sich die Gefäßwand abgrenzen. Bei Schlangen sind zwei große Lebergefäße ausgebildet, welche von kranial nach kaudal durch das gesamte Organ ziehen **(Abb. 3-47)**. Die Verwendung des Farb-Doppler-Verfahrens hilft bei der Beurteilung der Durchblutung der Leber **(Abb. 3-48)**. Die Gallenblase kann bei Schildkröten und Echsen im Lebergewebe im Bereich der rechten Körperseite gefunden werden **(Abb. 3-49)**. Bei der Schlange liegt sie außerhalb der Leber weiter kaudal **(Abb. 3-50)**.

In veränderten Bereichen können bei Echsen und Schlangen Feinnadelaspirationen oder Biopsien vorgenommen werden (s. Kap. 3.2.4).

Indikationen

- klinischer Verdacht auf eine Lebererkrankung
- röntgenologische Lebervergrößerungen
- Adipositas, Verdacht auf Fettleber
- palpatorisch erfassbare Zubildungen
- Bauchschwellung, Aszites
- zur Bioptatentnahme, z. B. *Inclusion Body Disease* – Diagnostik, Hepatitis, Neoplasien

3.2.5.2 Herz und Gefäße

Bei der Beurteilung des Herzens ist die entscheidend unterschiedliche Anatomie im Vergleich zum Säugerherz zu beachten. Reptilienherzen sind relativ klein und bestehen aus zwei Vorkammern und einem Ventrikel (Ausnahme Krokodile). Es sind zwei Aortenbögen ausgebildet **(Abb. 3-57)**. Der Ventrikel ist von einer dicken muskulären Wand begrenzt, welche sich nach innen septiert **(Abb. 3-51** bis **3-53)**. Die Wanddicke sollte nicht mit hypertrophischen Veränderungen verwechselt werden. Die funktionelle Trennung der Blutkreisläufe im Bereich der Kammer erfolgt durch die Muskelanordnung **(Abb. 3-54)**. Diese Trennung kann mit dem Farb-Doppler-Verfahren sichtbar gemacht werden **(Abb. 3-55** und **3-56)**. Eine geringe Menge Flüssigkeit im Herzbeutel ist als normal anzusehen.

Zubildungen, Herzvergrößerungen, Kontraktilitätsstörungen und Flüssigkeitsansammlungen im Herzbeutel können diagnostiziert werden. Zur Beurteilung der Flussmuster und Blutflussgeschwindigkeiten liegen bislang nur wenige Daten vor **(Abb. 3-58)**. Für einige Spezies ist aber ein postprandialer Shunt des Blutes zugunsten der Versorgung des Verdauungstraktes nachgewiesen. Die großen Gefäße können beurteilt werden, hierbei sind Gefäßverengungen und Wandveränderungen, beispielsweise durch Kalkeinlagerungen, feststellbar.

Die Darstellung des Herzens im Ultraschallbild wird auch genutzt zur Blutentnahme, für eine Flüssigkeits- bzw. Medikamentenapplikation im Notfall, für die Narkoseüberwachung und zur Euthanasie sowie zur Feststellung des Todes. Bei Letzterem ist darauf zu achten, dass Reptilienherzen auch postmortal noch längere Zeit, teilweise über mehrere Tage, schlagen können. Allerdings findet kein gerichteter Blutfluss mehr statt. Dies lässt sich mithilfe des Farb-Dopplers leicht überprüfen.

Indikationen

- klinischer oder röntgenologischer Hinweis auf eine Herzerkrankung
- Medikamentenapplikation (Notfall)
- Beurteilung der Kreislaufsituation
- Euthanasie, Todesfeststellung

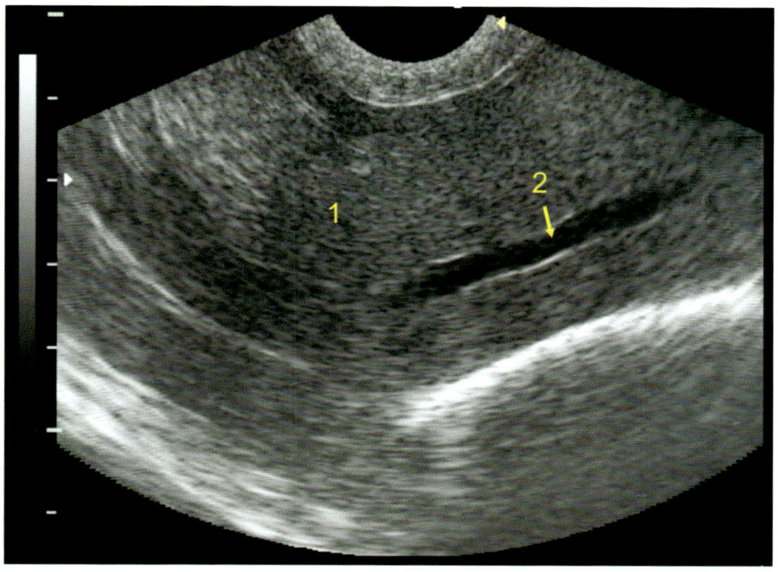

1: Leberparenchym
2: Lebergefäß

Abb. 3-45: Ultraschalluntersuchung, ventrale Ankopplung quer, 7,5 MHz, 6 cm ET, Grüner Leguan (*Iguana iguana*): Das Lebergewebe ist von wenigen großen Gefäßen (2) durchzogen.

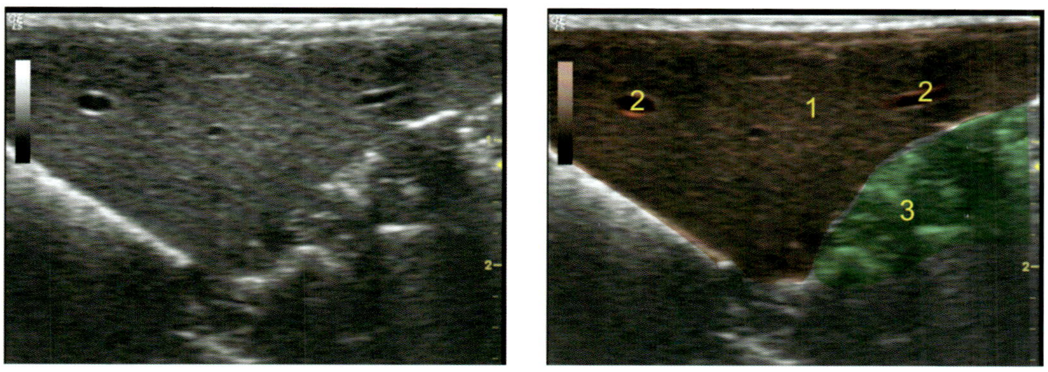

1: Leberparenchym
2: Lebergefäße
3: Gastrointestinaltrakt

Abb. 3-46: Ultraschalluntersuchung, ventrale Ankopplung längs, 12 MHz, 3 cm ET, Bartagame (*Pogona vitticeps*): Auch hier sind Gefäße (2) im Lebergewebe (1) sichtbar. Die Leber wird nach kranial durch die Totalreflexion der Lungen begrenzt, nach kaudal grenzt sie an den Gastrointestinaltrakt (3).

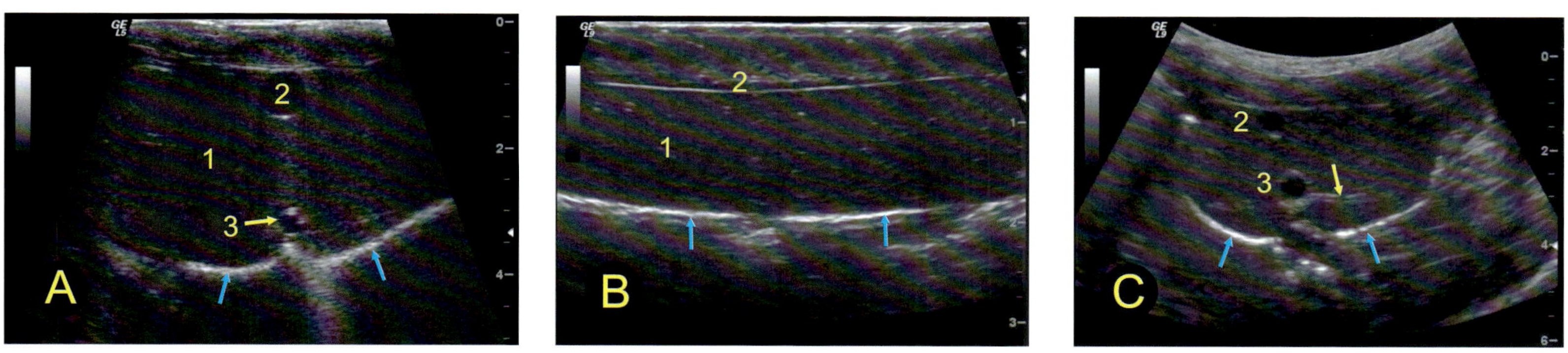

Abb. 3-47: Ultraschalluntersuchung.

A: Ventrale Ankopplung quer, 10 MHz, 6 cm ET, Tigerpython (*Python molurus*): Darstellung der normalen Leber.

B: Ventrale Ankopplung längs, 10 MHz, 3 cm ET, Abgottschlange (*Boa constrictor*): Darstellung der normalen Leber.

C: Ventrale Ankopplung quer, 4 MHz, 6 cm ET, Tigerpython (*Python molurus*): Darstellung der normalen Leber.

Alle Bilder ohne auffälligen Befund. Im Lebergewebe (1) stellen sich das ventrale (2) und das dorsale (3) Gefäß dar. Kleinere Gefäße (gelber Pfeil) sind teilweise mit Wand sichtbar. Die Leber wird nach dorsal von einer derben Kapsel (blaue Pfeile) begrenzt.

1: Leberparenchym
2: ventrales Lebergefäß (V. hepatica)
3: dorsales Lebergefäß (V. hepatica portalis)

gelber Pfeil: kleine Gefäße
blaue Pfeile: Leberkapsel

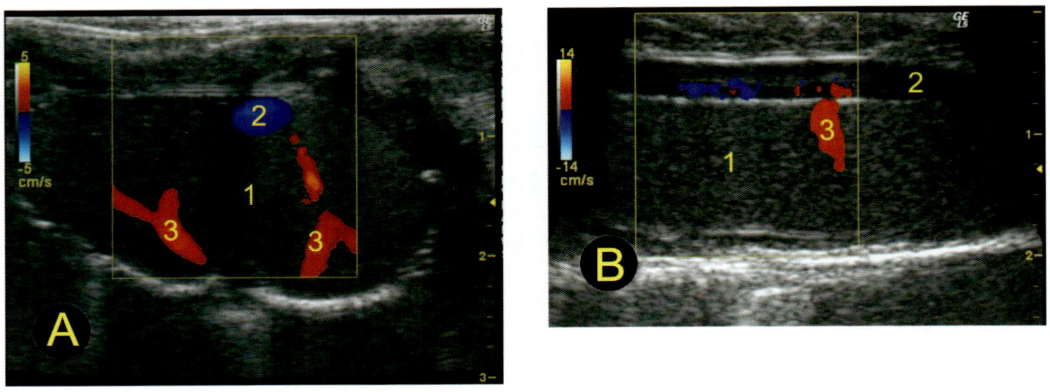

1: Leber
2: Leberpfortader (V. portae hepatis)
3: Blutfluss in Lebergefäßen

Abb. 3-48: Ultraschalluntersuchung, Farb-Doppler, ventrale Ankopplung quer (A) und längs (B), 12 MHz, 3 cm ET, Königspython (*Python regius*): Mit dem Doppler-Verfahren lassen sich auch kleinere Gefäße gut darstellen und der Blutfluss kann beurteilt werden.

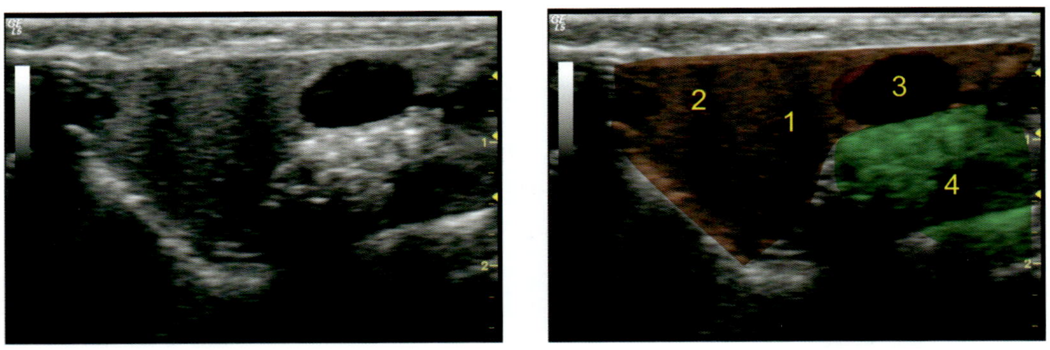

1: Leberparenchym
2: Intrahepatische Gefäße
3: Gallenblase
4: Gastrointestinaltrakt

Abb. 3-49: Ultraschalluntersuchung, ventrale Ankopplung längs, 12 MHz, 3 cm ET, Bartagame (*Pogona vitticeps*): Darstellung der Gallenblase (3) im Leberparenchym (1).

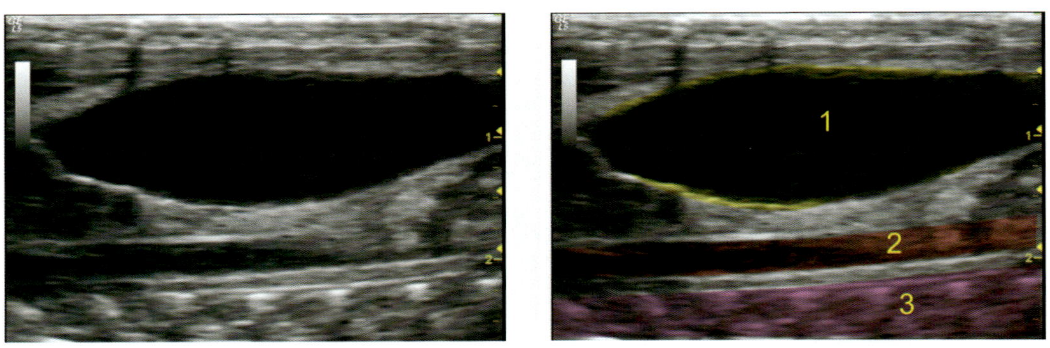

1: Gallenblase
2: Aorta
3: Rückenmuskulatur

Abb. 3-50: Ultraschalluntersuchung, ventrale Ankopplung längs, 12 MHz, 3 cm ET, Kornnatter (*Pantherophis guttatus*): Darstellung der Gallenblase.

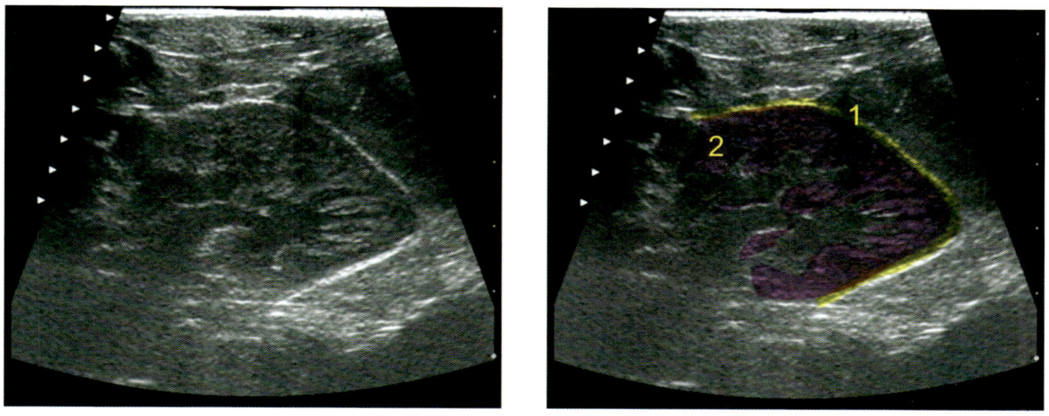

1: Herzmuskel
2: Herzbeutel

Abb. 3-51: Ultraschalluntersuchung, axillare Ankopplung längs, 8 MHz, 6 cm ET, Grüner Leguan (*Iguana iguana*): Darstellung des Herzens. Deutlich sind der schwammartige Aufbau der Muskulatur (1) und der Herzbeutel (2) zu sehen.

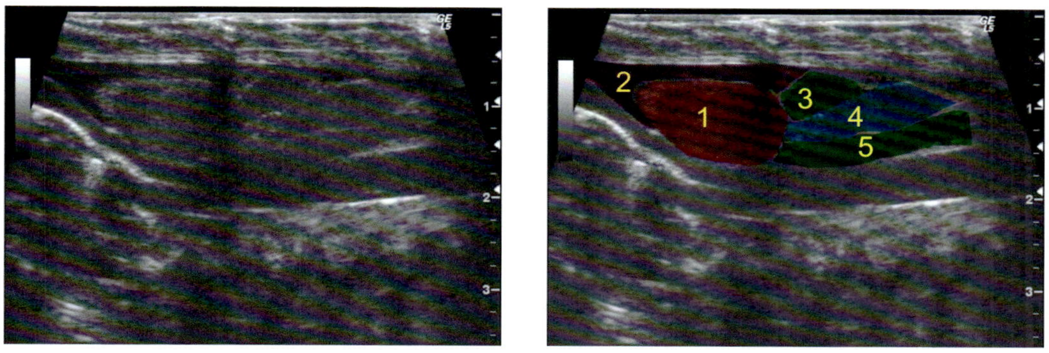

1: Ventrikel
2: Herzbeutel
3: rechter Vorhof
4: A. pulmonalis
5: rechter Aortenbogen

Abb. 3-52: Ultraschalluntersuchung, ventrale Ankopplung längs, 12 MHz, 4 cm ET, Abgottschlange (*Boa constrictor*): Darstellung des Herzens im Längsschnitt.

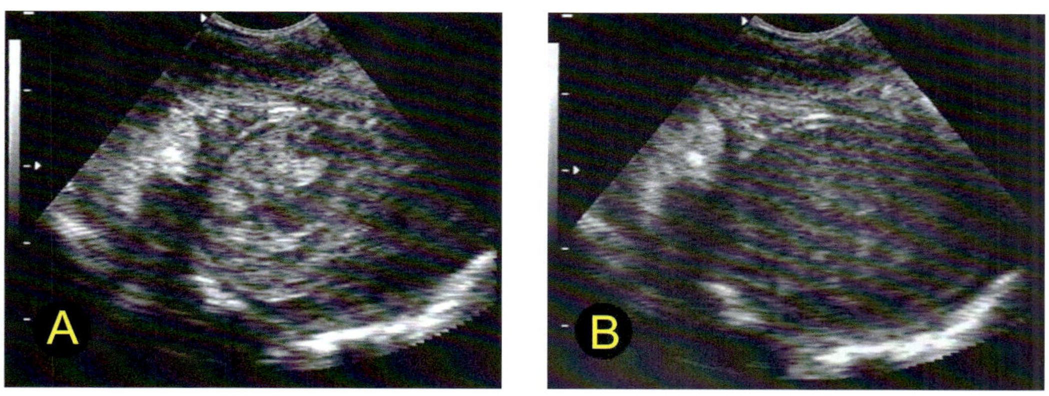

Abb. 3-53: Ultraschalluntersuchung, ventrale Ankopplung quer, 7,5 MHz, 4,5 cm ET, Abgottschlange (*Boa constrictor*): Darstellung des Ventrikels im Querschnitt. A: Systole. B: Diastole.

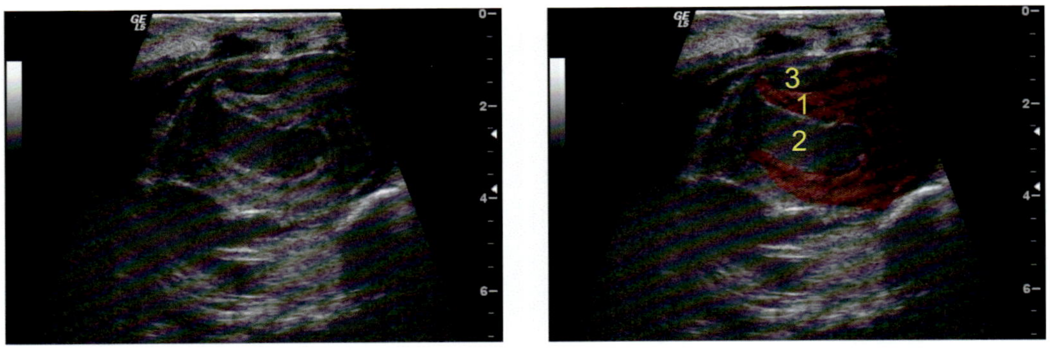

1: Muskelkamm
2: Cavum pulmonale
3: Cavum arteriosum / venosum

Abb. 3-54: Ultraschalluntersuchung, ventrale Ankopplung längs, 10 MHz, 7 cm ET, Tigerpython (*Python molurus*): Darstellung der Muskelkamms (1), welcher den Ventrikel funktionell in das Cavum pulmonale (2) und das Cavum arteriosum / venosum (3) trennt.

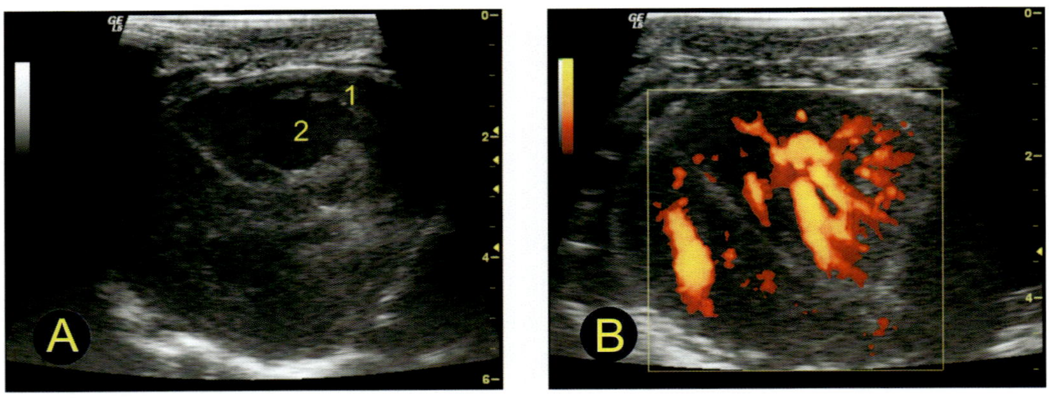

Abb. 3-55: Ultraschalluntersuchung, ventrale Ankopplung quer, 10 MHz, 6 cm ET (A) und 5 cm ET (B), Netzpython (*Python reticulatus*): Darstellung des Blutflusses im Ventrikel mit dem Power-Doppler-Verfahren (B).

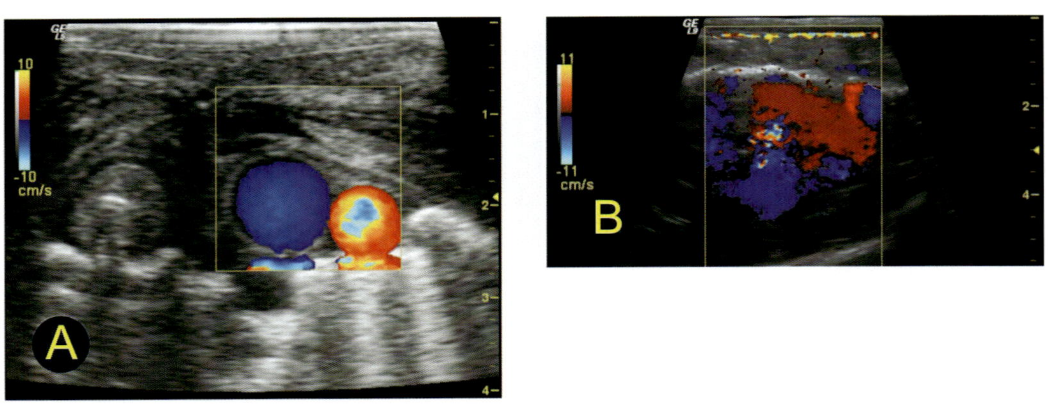

Abb. 3-56: Ultraschalluntersuchung, ventrale Ankopplung quer (A) und längs (B), 10 MHz, 4 cm ET (A) und 5 cm ET (B), Tigerpython (*Python molurus*): Darstellung des Blutflusses in den Gefäßen (A) und im Ventrikel (B) mit dem Farb-Doppler-Verfahren.

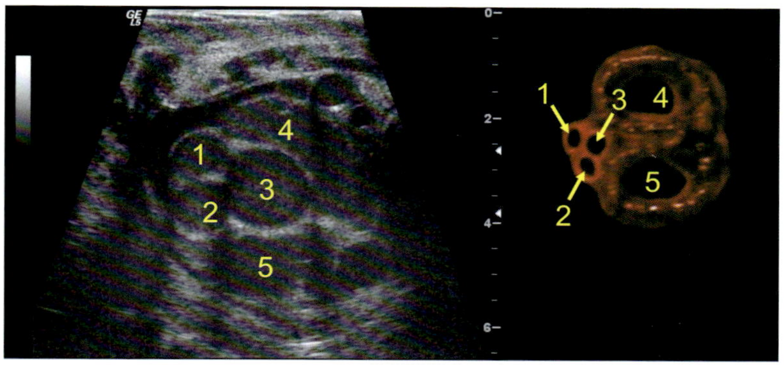

1: linker Aortenbogen
2: rechter Aortenbogen
3: A. pulmonalis
4: linker Vorhof
5: rechter Vorhof

Abb. 3-57: Ultraschalluntersuchung, ventrale Ankopplung quer, 10 MHz, 6 cm ET, Netzpython (*Python reticulatus*): Darstellung des Gefäßstammes.

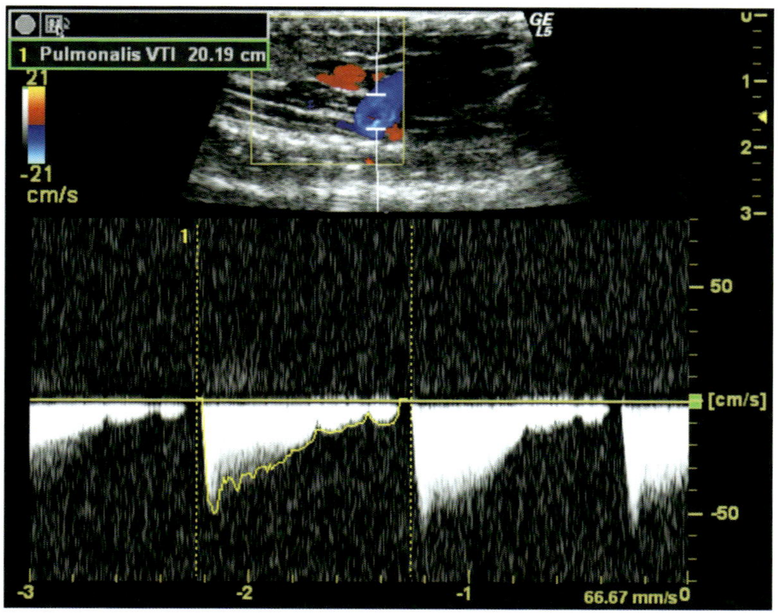

Abb. 3-58: Ultraschalluntersuchung, ventrale Ankopplung längs, 8 MHz, 3 cm ET, Königspython (*Python regius*): Einstellung des Doppler-Gates auf den Umschlagpunkt der A. pulmonalis. Darstellung der Blutstroms und Berechnung des Volume-Time-Integrals (VTI).

3.2.5.3 Harntrakt

Bei Echsen kann die Niere entweder von ventral oder von dorsal im Bereich der Schwanzwurzel dargestellt werden. Die Verwendung der Farb-Doppler-Funktion zur Darstellung der Nierendurchblutung ist sehr empfehlenswert, um das Organ sicher zu identifizieren **(Abb. 3-59** bis **3-61)**. Bei Schildkröten erfolgt die Untersuchung der Nieren nach präfemoraler Ankopplung, wobei die Schallebene nach dorsal ausgerichtet wird. Die Niere ist dann kranial der Totalreflexion des Beckenknochens und lateral der Aorta aufzufinden, sie stellt sich meist dreieckig-rund dar **(Abb. 3-62)**. Die Darstellung der Nieren bei Schlangen ist schwierig. Sie kann von der seitlichen Bauchwand aus versucht werden. Die Nieren der Schlangen sind relativ dünn, gelappt und langgezogen.

Nierenveränderungen betreffen sowohl die Größe als auch die Echogenität und Durchblutung. Im Falle von Harnsäureablagerungen oder Verkalkungen in der Niere stellt sich das Organ häufig deutlich echogener dar. Nierenbiopsien können vom dorsalen Zugang ausgeführt werden, es besteht aber ein gewisses Blutungsrisiko.

Der Harnsack stellt sich bei Schildkröten bei Ankopplung in der Kniebucht als echoloses Areal mit sehr dünner Wand dar. Bei Echsen liegt er meist eingerahmt von den beiden abdominalen Fettlappen im kaudalen Bereich der Leibeshöhle **(Abb. 3-63** und **3-64)**.

Häufige Veränderungen, welche am Harntrakt mittels Ultraschalls festgestellt werden können, sind die Harnsacklähmung und die Ansammlung von Konkrementen. Harnsacklähmungen kommen bei Schildkröten häufig vor. Der Sack kann dabei ein enormes Ausmaß annehmen. Konkremente sind leichter zu erkennen, wenn die Position des Tieres während der Ankopplung verändert wird, da sie sich dann in der Blase bewegen. Auch Harnsteine lassen sich leicht darstellen. Des Weiteren ist auf Veränderungen der Harnsackwand zu achten, die ein Hinweis auf eine Zystitis sein können. Eine ultraschallgeführte Punktion ist problemlos möglich (s. Kap. 3.2.4).

Indikationen

- Kontrolle der Nierenstruktur und -funktion im Rahmen septikämischer Erkrankungen und der *Metabolic Bone Disease*
- Kontrolle von Struktur und Funktion des Harnsackes
- klinischer / blutchemischer Verdacht auf Gicht
- Verdacht auf Harnsteine
- Verdacht auf Niereninfektion oder -insuffizienz

3.2.5.4 Genitaltrakt

Bei der Untersuchung des Genitaltraktes bei weiblichen Tieren ist die Ultraschalluntersuchung von großer Bedeutung. Auch der inaktive und juventile Eierstock kann oft dargestellt werden **(Abb. 3-66** und **3-68)**. Follikel werden hinsichtlich ihrer Größe und ihrer Echogenität beurteilt. Sie entwickeln sich zunächst als echoarme Strukturen von wenigen Millimetern Größe **(Abb. 3-65** und **3-66)**, und wachsen dann vor der Ovulation zu Dotterkugeln höherer Echogenität heran **(Abb. 3-70)**.

Neben der Beurteilung des Aktivitätsstatus und der Darstellung aktiver Follikel können auch Eier dargestellt werden. Diese bestehen aus einer je nach Entwicklungszustand echogenen Eischale und unterschiedlich stark strukturiertem Inhalt **(Abb. 3-71** bis **3-73)**. Die Darstellung des Eiinhaltes ist meist möglich, da die Kalkschale im Legedarm noch stark wasserhaltig und die Schallreflexion deshalb nicht vollständig ist. Vor Beginn der Kalzifizierung stellen sich Eier häufig mit einer echogeneren inneren Dotterkugel und einem echoärmeren Saum (Eiklar) dar.

Bei der häufig vorkommenden »präovulatorischen Legenot« ist eine große Anzahl an stark vergrößerten Follikeln zu finden. Beim Grünen Leguan sollten Follikel nicht wesentlich größer als 15 mm im Durchmesser sein. Auch die Homogenität und die Echogenität der Follikel ist zu beurteilen. Starke Unterschiede zwischen der Echogenität deuten auf einen pathologischen Prozess hin. Schließlich kommt es in Zusammenhang mit Störungen am Genitaltrakt auch oft zu Ergüssen in der Leibeshöhle, welche ebenfalls dargestellt werden können.

Die Darstellbarkeit der Hoden ist stark speziesabhängig bzw. nur bei aktiven Tieren möglich **(Abb. 3-69)**.

Indikationen

- Geschlechtsbestimmung
- Bestimmung der sexuellen Aktivität bzw. Reife
- Verdacht auf zystische Veränderungen am Ovar
- Verdacht auf eine Eibildungs- oder Legestörung
- Verdacht auf eine Infektion oder Zubildung
- Bauchschwellung

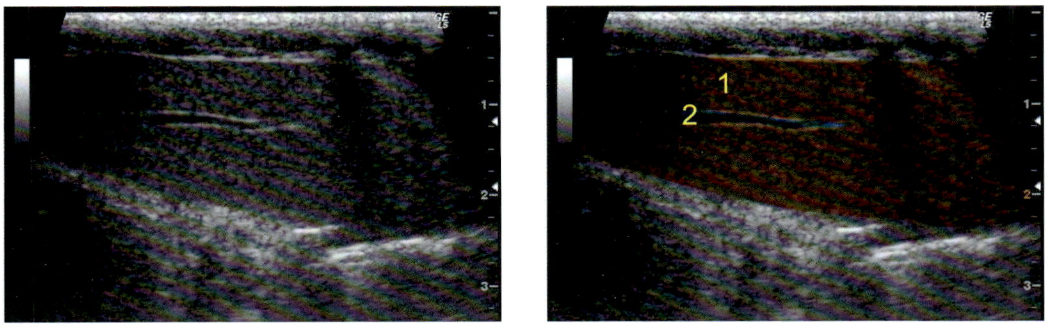

1: Nierenparenchym
2: V. renalis

Abb. 3-59: Ultraschalluntersuchung, dorsale Ankopplung längs, 7 MHz, 4 cm ET, Grüner Leguan (*Iguana iguana*): Darstellung der Niere (1) und des zentralen Nierengefäßes (2).

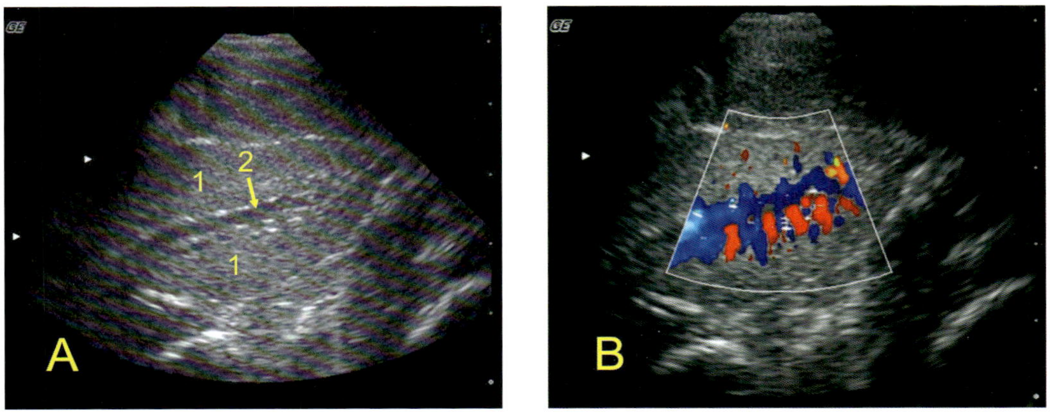

1: Nierenparenchym
2: V. renalis

Abb. 3-60: Ultraschalluntersuchung, dorsale Ankopplung längs, 8 MHz, 5 cm ET, Grüner Leguan (*Iguana iguana.*

A: Darstellung des Nierengewebes (1) und der zentralen Blutversorgung (2).

B: Farb-Doppler-Sonographie des typischen Blutflusses in der Niere.

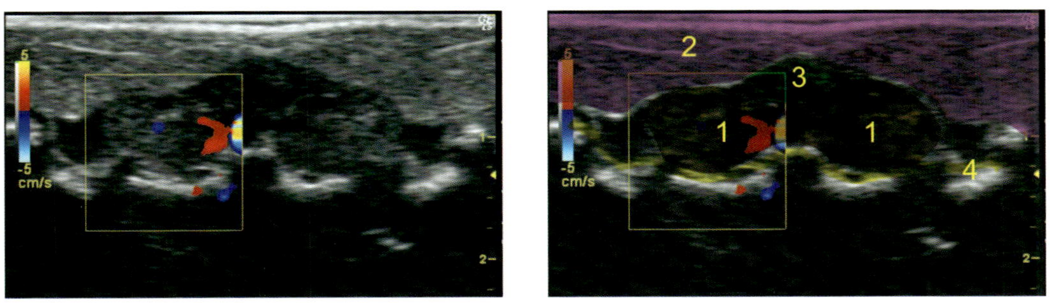

1: Niere
2: Fettkörper
3: Rektum
4: Wirbelsäule, Körperwand

Abb. 3-61: Ultraschalluntersuchung, Farb-Doppler, ventrale Ankopplung quer, 12 MHz, 3 cm ET, Bartagame (*Pogona vitticeps*): Darstellung der Nieren (1) unter der Bauchwand bzw. den Fettkörpern (2).

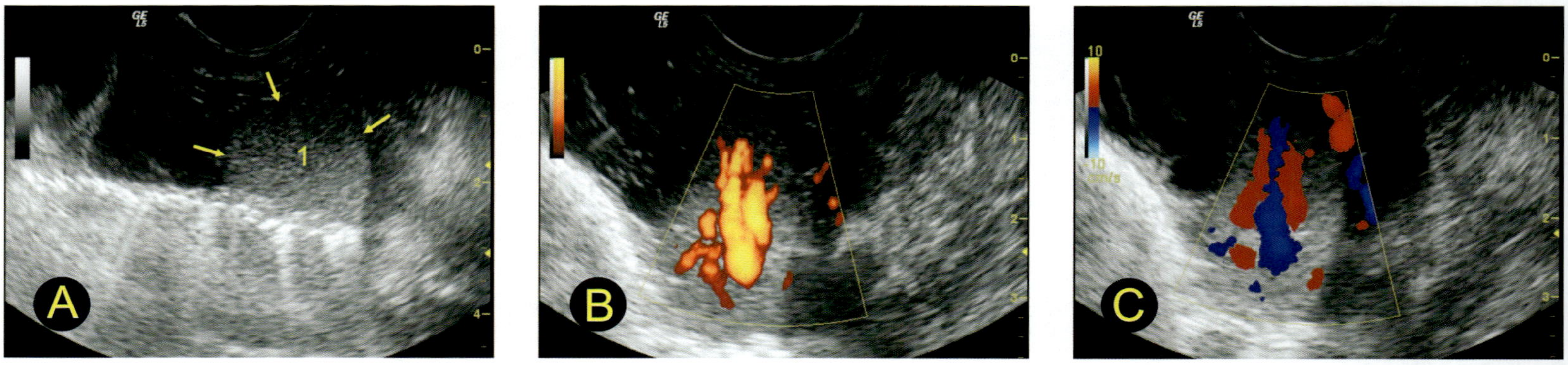

Abb. 3-62: Ultraschalluntersuchung, präfemorale Ankopplung längs, 8 MHz, 4 cm ET, Griechische Landschildkröte (*Testudo hermanni*): Darstellung der Niere nativ (A, 1), mit dem Power-Doppler (B) und mit dem Farb-Doppler (C).

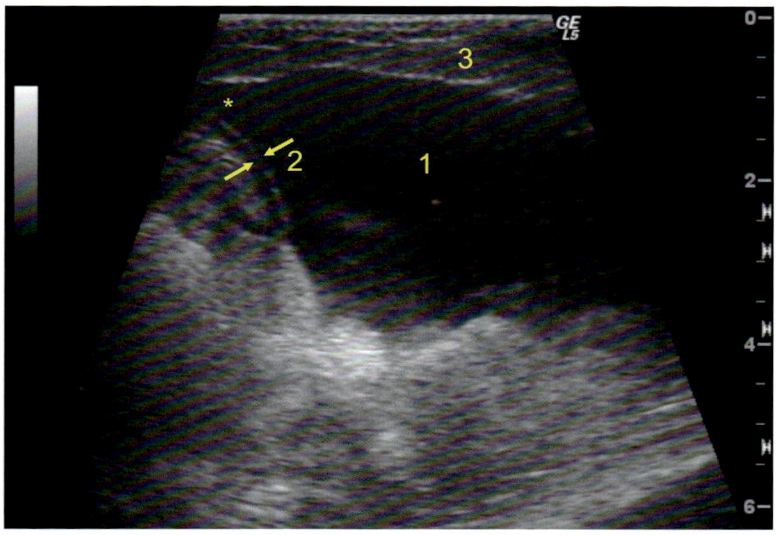

1: Harnsack
2: Harnsackwand
3: ventrale Körperwand

*: Harnsackausgang

Abb. 3-63: Ultraschalluntersuchung, ventrale Ankopplung längs, 10 MHz, 6 cm ET Grüner Leguan (*Iguana iguana*): Darstellung des Harnsacks (1) und des Ausganges (*).

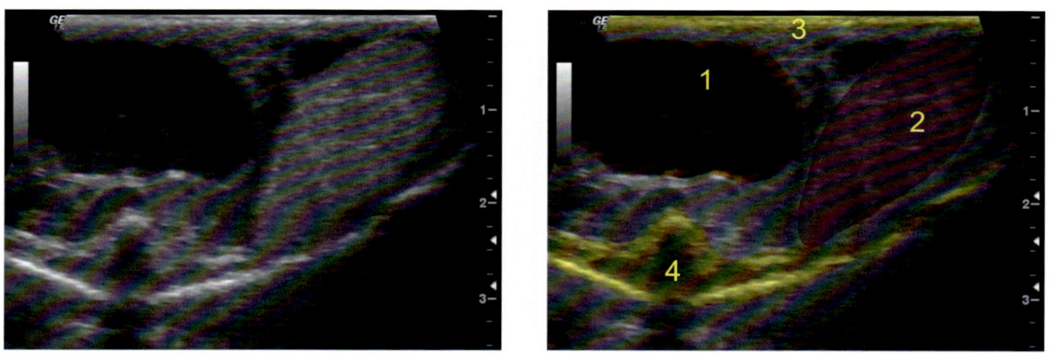

1: Harnsack
2: Fettkörper
3: ventrale Körperwand
4: dorsale Körperwand und Wirbelsäule

Abb. 3-64: Ultraschalluntersuchung, ventrale Ankopplung quer, 12 MHz, 4 cm ET, Bartagame (*Pogona vitticeps*): Darstellung des Harnsacks (1) und eines Fettkörpers (2).

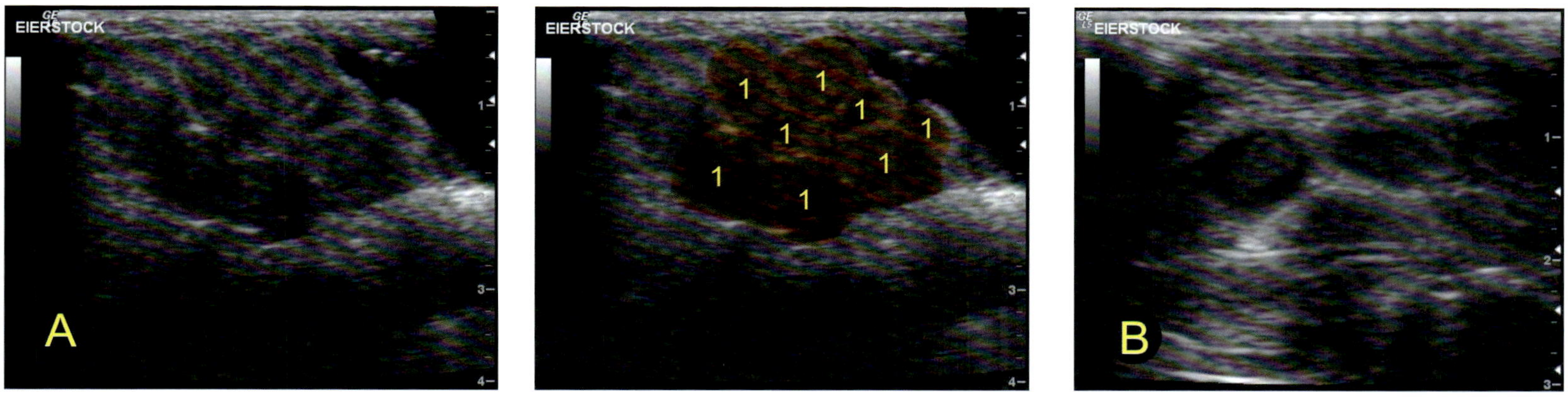

Abb. 3-65:

A: Ultraschalluntersuchung, ventrale Ankopplung längs, 7 MHz, 4 cm ET, Grüner Leguan (*Iguana iguana*): Darstellung des Ovars (1: Follikel).

B: Ultraschalluntersuchung, ventrale Ankopplung längs, 7 MHz, 3 cm ET, Netzpython (*Python reticulatus*): Darstellung des Ovars.

1: Follikel

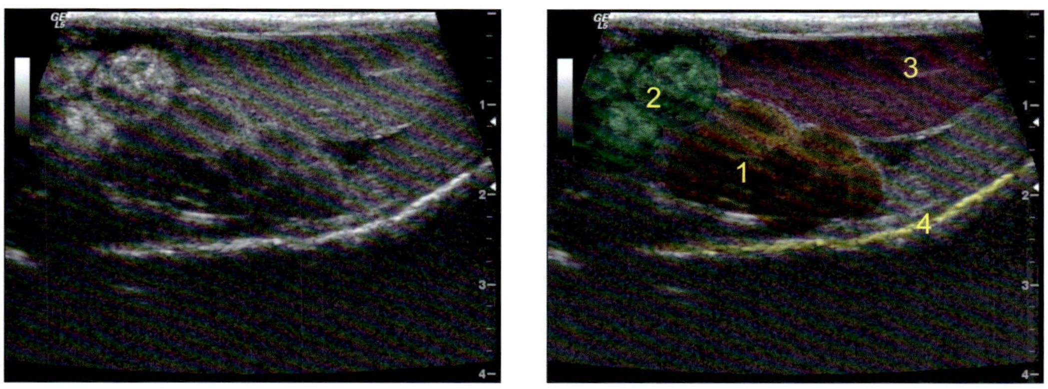

Abb. 3-66: Ultraschalluntersuchung, ventrale Ankopplung längs, 12 MHz, 4 cm ET, Bartagame (*Pogona vitticeps*): Darstellung des Ovars.

1: Follikel
2: Magen
3: Leber

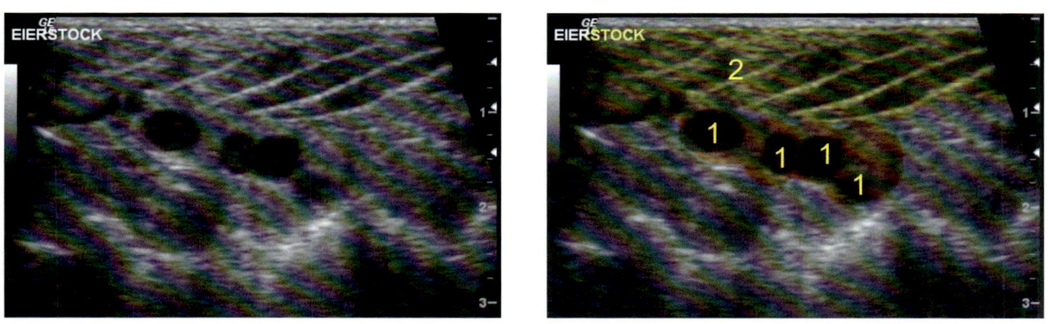

Abb. 3-67: Ultraschalluntersuchung, ventrale Ankopplung längs, 7 MHz, 4 cm ET, Grüner Leguan (*Iguana iguana*): Darstellung des Ovars.

1: Follikel
2: Rückenmuskulatur

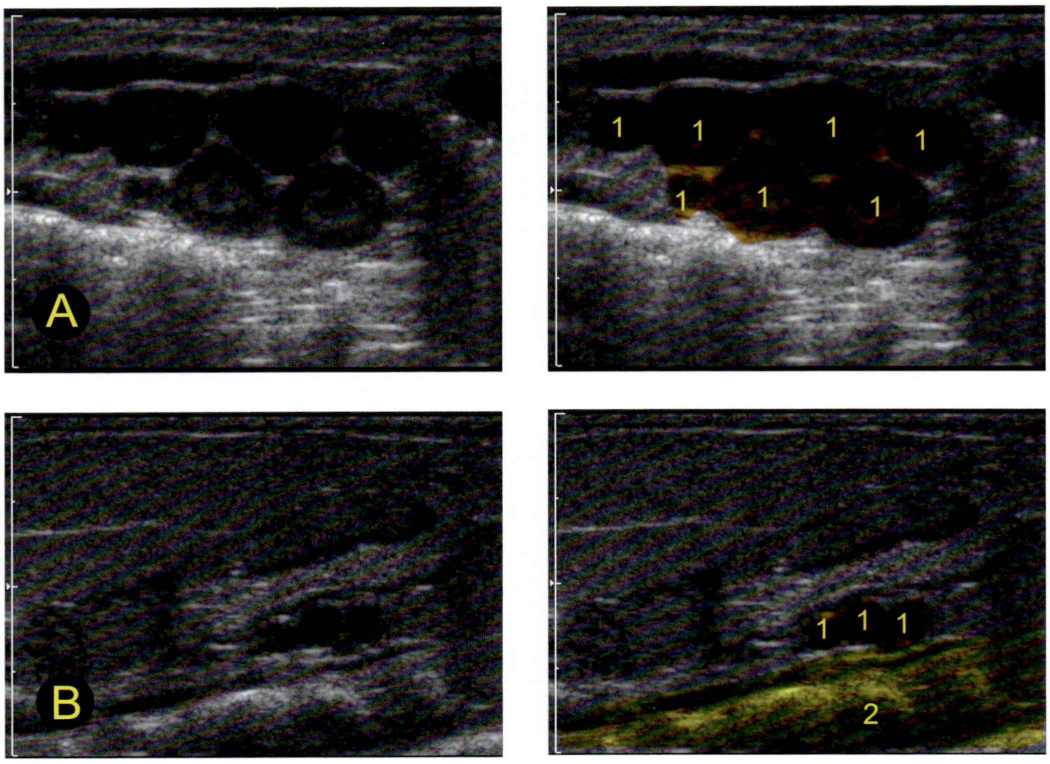

1: Follikel
2: Rückenmuskulatur und Wirbelsäule

Abb. 3-68:

A: Ultraschalluntersuchung, ventrale Ankopplung längs, 12 MHz, 2 cm ET, Quittenwaran (*Varanus melinus*): Darstellung des unauffälligen Ovars.

B: Ultraschalluntersuchung, ventrale Ankopplung längs, 12 MHz, 2 cm ET, Trauerwaran (*Varanus tristis orientalis*): Darstellung des juvenilen Ovars.

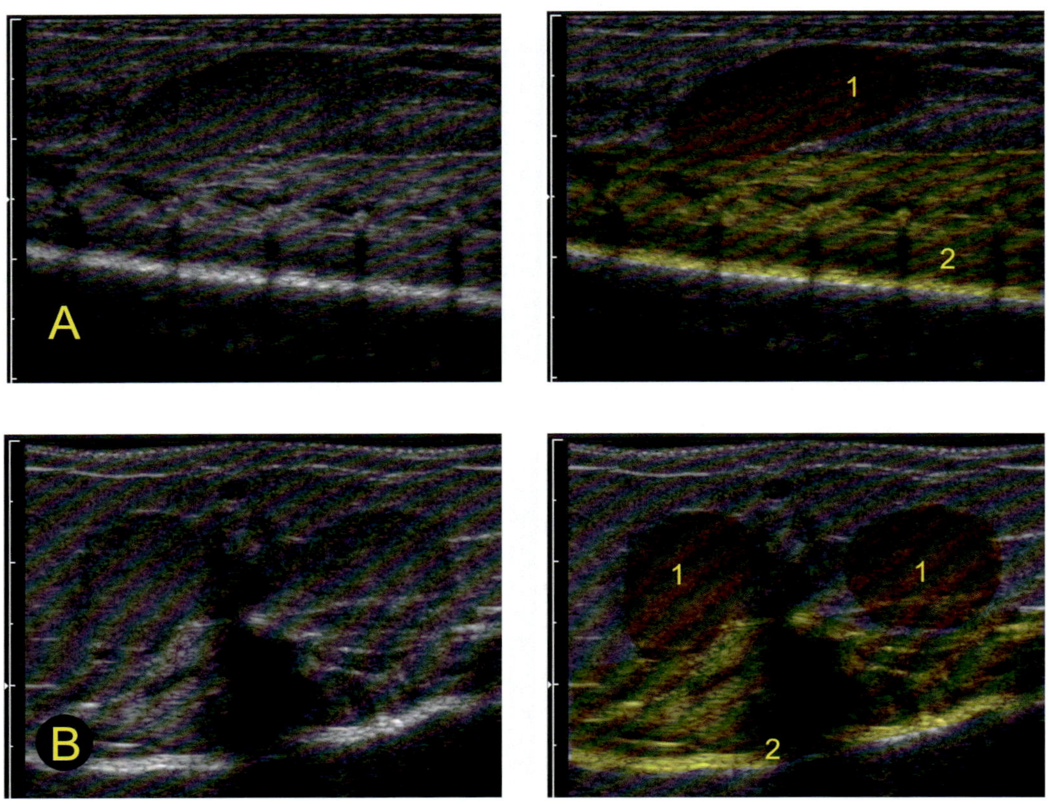

1: Hoden
2: Rückenmuskulatur und Wirbelsäule

Abb. 3-69: Ultraschalluntersuchung, ventrale Ankopplung längs (A) und quer (B), 12 MHz, 3 cm ET, Steppenwaran (*Varanus exanthematicus*): Darstellung der unauffälligen Hoden (1).

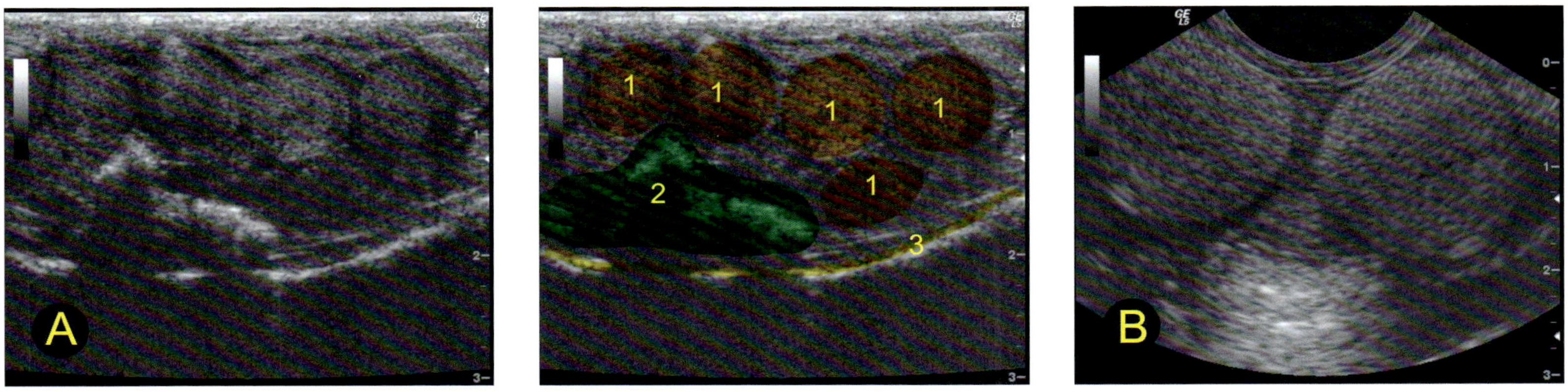

Abb. 3-70:

A: Ultraschalluntersuchung, ventrale Ankopplung quer, 12 MHz, 3 cm ET, Bartagame (*Pogona vitticeps*).

B: Ultraschalluntersuchung, präfemorale Ankopplung, 10 MHz, 3 cm ET, Griechische Landschildkröte (*Testudo hermanni*): Darstellung unauffälliger Follikel (1).

1: Follikel
2: Wirbelsäule
3: dorsale Körperwand

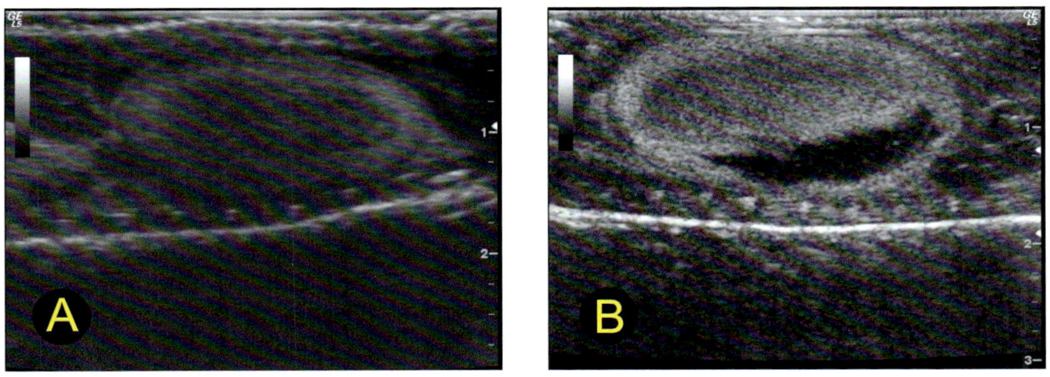

Abb. 3-71: Ultraschalluntersuchung, ventrale Ankopplung längs, 12 MHz, 3 cm ET, Leopardgecko (*Eublepharis macularius*): Darstellung der Eientwicklung zu Beginn (A) und 18 Tage später kurz vor Eiablage (B).

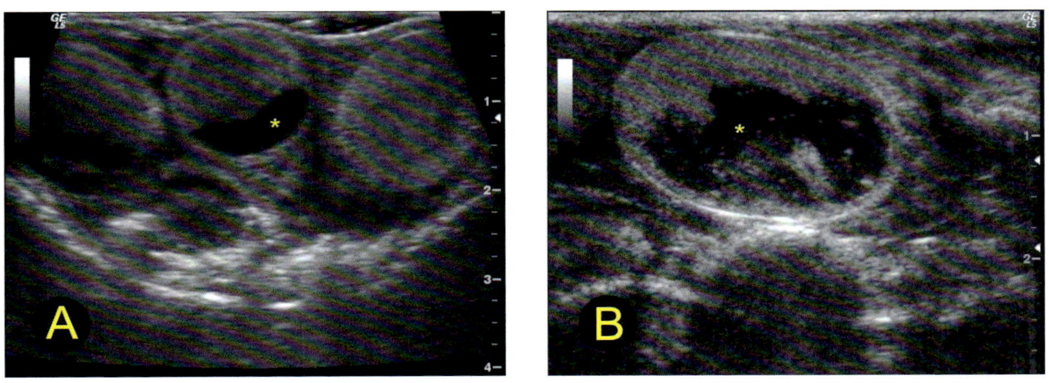

Abb. 3-72: Ultraschalluntersuchung. Bartagame (*Pogona vitticeps*): Darstellung unauffälliger Eier kurz vor Ablage. Die innere Struktur des Eies verändert sich mit der Entwicklung, es ist ein flüssiger, echoloser Bereich (*) abgrenzbar.

A: Ventrale Ankopplung quer, 12 MHz, 3 cm ET.

B: Ventrale Ankopplung längs, 10 MHz, 4 cm ET.

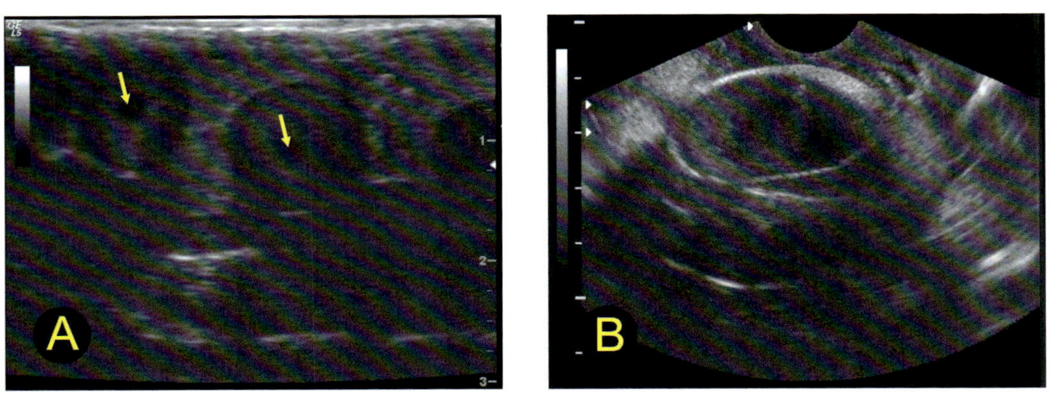

Abb. 3-73: Ultraschalluntersuchung.

A: Ventrale Ankopplung quer, 12 MHz, 3 cm ET, Bartagame (*Pogona vitticeps*): Darstellung von Dotterkugeln kurz nach der Ovulation. Die zentralen Bereiche sind meist als echoarmes Areal (Pfeil) darstellbar.

B: Präfemorale Ankopplung, 7,5 MHz, 6 cm ET, Gelbwangenschmuckschildkröte (*Trachemys scripta scripta*): Darstellung eines unauffälligen Eies mit Kalkschale kurz vor Ablage. Die scheinbare Schalenverdickung entsteht durch eine schräge Anschallung der Schale.

3.2.5.5 Gastrointestinaltrakt

Die Darstellbarkeit des Gastrointestinaltraktes ist in hohem Maße von der Füllung abhängig. Gasförmiger und steinig-sandiger Inhalt verhindern die Darstellung, flüssiger Inhalt erleichtert sie. Die Magen- wie auch die Darmwand können in ihrem Aufbau beurteilt werden **(Abb. 3-74** bis **3-76)**. Bei Echsen und Schildkröten ist der Magen dünnwandig aufgebaut. Er liegt vorwiegend im linken Teil der Leibeshöhle und kann bei Pflanzenfressern eine große Ausdehnung haben. Die Abgrenzung von den distalen Gärkammern des Kolons ist hier aber häufig schwierig. Bei Schlangen ist im ungefüllten Zustand häufig eine Fältelung der Magenwand darstellbar **(Abb. 3-74)**. Nach Fütterung ist dagegen nur noch die schallkopfnahe Wand zu beurteilen **(Abb. 3-75)**. Am Darm lassen sich ebenfalls die Wand sowie der Inhalt darstellen **(Abb. 3-77)**. Im Bereich des Kolons ist der Kot häufig bereits stärker geformt **(Abb. 3-78)**. Die Beurteilung der Peristaltik des Darms ist eingeschränkt möglich und kann Hinweise auf eine Obstipation liefern.

Indikationen

- Verdacht auf Obstruktionen, Obstipationen, Fremdkörper
- Darstellung der Peristaltik und der Darmfunktion
- Verdacht auf Infektionen

3.2.5.6 Fettkörper

Bei Echsen lassen sich die beiden Fettkörper, die von kaudal in die Leibeshöhle reichen, einfach darstellen **(Abb. 3-64** und **3-79)**. Ihre Echogenität ist deutlich höher als die der Leber und kann als Vergleich zur Beurteilung des Leberparenchyms herangezogen werden. Die Größe der Fettkörper ist auch als Maß für den Ernährungszustand – insbesondere bei adipösen Tieren – geeignet. Auch bei Schlangen lassen sich die Fettareale darstellen, sie sind aber nicht so definiert wie bei Echsen, sondern liegen langgezogen entlang der Organe **(Abb. 3-75)**.

Indikationen

- Bestimmung des Ernährungszustandes,
- Beurteilung der Echogenität der Leber bei der Fettleberdiagnostik (Vergleichsorgan)

3.2.5.7 Flüssigkeit

Flüssigkeit in der Leibeshöhle lässt sich mittels Ultraschalls leicht demonstrieren und meist auch aspirieren. Es ist wichtig, einen gefüllten Harnsack oder Flüssigkeitsansammlungen im Darm von freier Flüssigkeit in der Leibeshöhle zu differenzieren.

3.2.5.8 Umfangsvermehrungen

Umfangsvermehrungen sollten grundsätzlich von der nächstgelegenen Ankopplungsmöglichkeit aus untersucht werden. Vor einer möglichen Punktion sollte die Durchblutung mit einem Farb-Doppler dargestellt werden.

3.2.5.9 Augen (Abb. 3-80)

Ingo Hoffmann

Die Augen bei Reptilien können wie beim Säuger auch transkorneal bzw. im Falle von Reptilien mit Brille durch diese hindurch (transspektakulär) untersucht werden. Hierbei wird nach Auftragen eines blasenfreien Gels der Schallkopf direkt auf die Hornhaut bzw. Brille aufgesetzt. Bevorstehende Häutungen können bei Tieren mit Brille durch Luftansammlungen zwischen alter und neuer Hautschicht die Untersuchung stark erschweren oder unmöglich machen. Das Hauptproblem ist jedoch die geringe Größe der Augäpfel bei Reptilien. Um eine ausreichende Detaildarstellung zu erreichen, sollten Schallköpfe mit Mittenfrequenzen von mindestens 12 MHz und sehr guter Nahfeldauflösung verwendet werden. Es sollte immer das kontralaterale Auge mituntersucht und zum Vergleich herangezogen werden.

Die **Kornea** sowie die von ihr kaum differenzierbare Brille sind durch zwei hyperechogene Linien mit einem dazwischenliegenden, anechogenen Band gekennzeichnet. Vordere und hintere Augenkammer sind beim gesunden Auge echofrei.

Die **Iris** weist eine mittelreflektive, geringgradig inhomogene Struktur auf und kann bei kleinen Bulbi kaum vom ebenfalls mittelreflektiven Ziliarkörper getrennt werden.

Die sonographisch unauffällige **Linse** ist durch zwei scharf gezeichnete, hyperechogene und leicht gekrümmte Linien gekennzeichnet. Der **Glaskörper** sollte immer anechogen sein und der Übergang zur **Bulbusrückwand** eine runde Form haben. Manchmal ist es hilfreich, bei der Untersuchung des Vitreus die Leistung (Gain) zu erhöhen, um feinste Strukturen, wie Glaskörpertrübungen, besser darstellen zu können. Der von der Bulbusrückwand in den Glaskörper hineinragende, mittelreflektive **Conus papillaris**, ist nur bei Echsen und Vipern im Ultraschall sichtbar. Seine Form reicht von einer rudimentären, kaum erhabenen, kissenartigen Form bis zu schlanken, weit in den Vitreus hineinragenden Strukturen, die fast den hinteren Linsenpol berühren.

Die je nach Spezies unterschiedlich ausgeprägte **Orbita** stellt sich gemischtechogen dar.

Indikationen

- nicht physiologische Trübungen der Brille bzw. Kornea
- Trübungen in der vorderen Augenkammer, der Linse und des Glaskörpers
- intraokulare Umfangsvermehrungen
- Netzhautablösungen
- Buphthalmus
- bei Verdacht auf einen retrobulbären Prozess

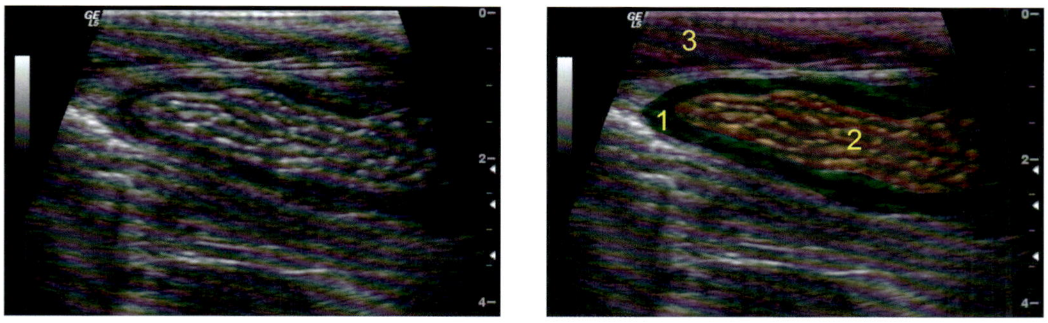

1: Magenwand
2: Magenschleimhaut, gefältet
3: ventrale Körperwand

Abb. 3-74: Ultraschalluntersuchung, ventrale Ankopplung quer, 7 MHz, 5 cm ET, Netzpython (*Python reticularis*): Darstellung des unauffälligen, leeren Magens.

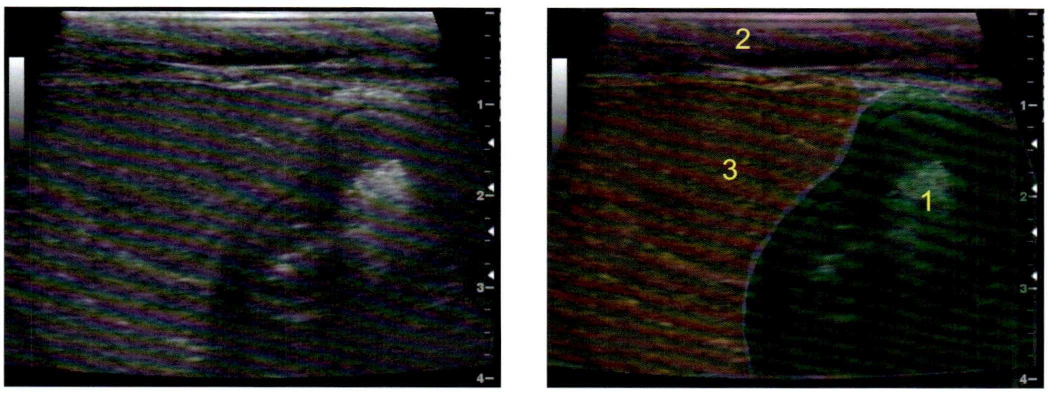

1: Darm mit Inhalt
2: ventrale Körperwand
3: Fettkörper

Abb. 3-75: Ultraschalluntersuchung, ventrale Ankopplung quer, 10 MHz, 4 cm ET, Netzpython (*Python reticularis*): Darstellung des unauffälligen, gefüllten Darms.

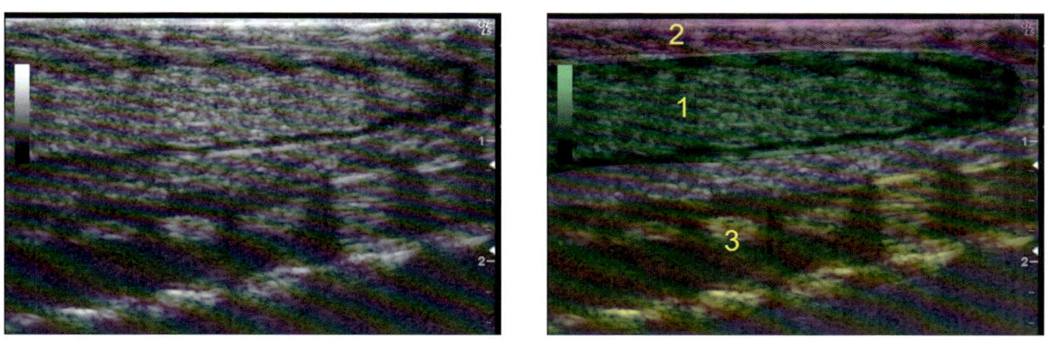

1: Magen
2: ventrale Körperwand
3: Rückenmuskulatur und Wirbelsäule

Abb. 3-76: Ultraschalluntersuchung, ventrale Ankopplung längs, 12 MHz, 3 cm ET, Kornnatter (*Pantherophis guttatus*): Darstellung des unauffälligen, weitgehend leeren Magens.

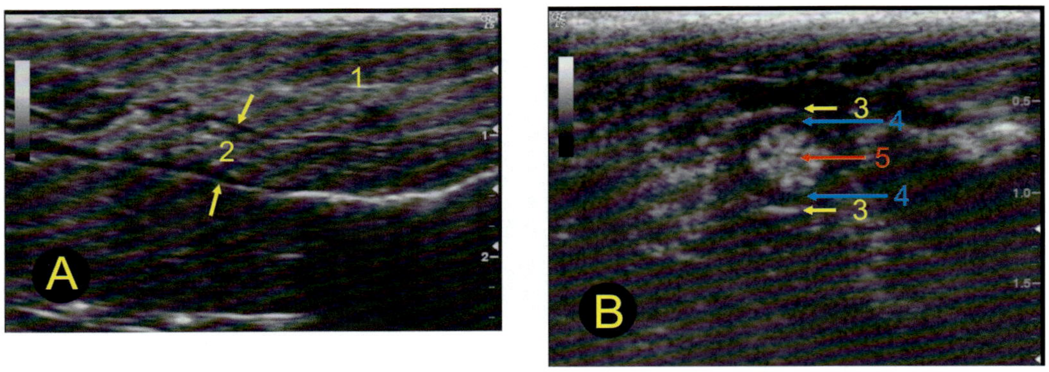

1: Fettkörper
2: Darm
3: Serosa
4: Tunica muscularis
5: Darminhalt

Abb. 3-77: Ultraschalluntersuchung.

A: Ventrale Ankopplung längs, 12 MHz, 3 cm ET, Smaragdwaran (*Varanus prasinus*): Darstellung des unauffälligen Darms (2) im Längsschnitt.

B: Ventrale Ankopplung quer, 12 MHz, 2 cm ET, Wasseragame (*Physignathus cocincinus*): Darstellung des unauffälligen Darms in Querschnitt. Die Darmwand und der Inhalt lassen sich klar differenzieren.

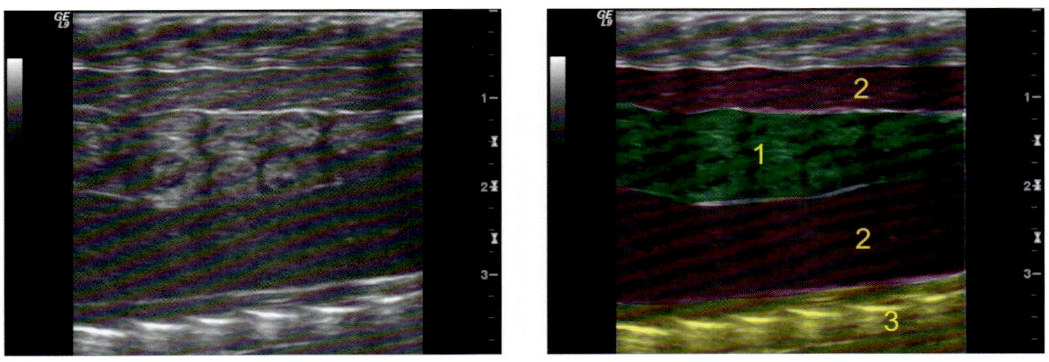

1: Darm mit Inhalt
2: Fett
3: Rückenmuskulatur und Wirbelsäule

Abb. 3-78: Ultraschalluntersuchung, ventrale Ankopplung längs, 8 MHz, 4 cm ET, Abgottschlange (*Boa constrictor*): Darstellung des unauffälligen, gefüllten Darms.

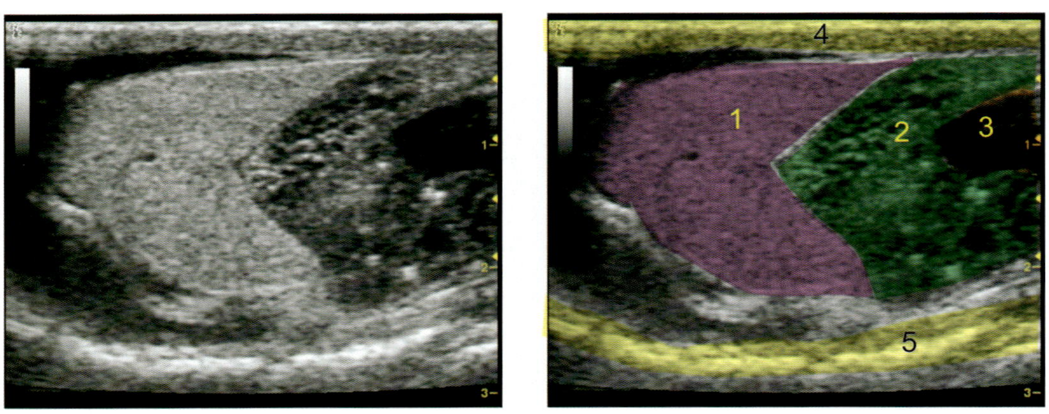

1: Fettkörper
2: Darm
3: Harnsack

Abb. 3-79: Ultraschalluntersuchung, ventrale Ankopplung quer, 12 MHz, 3 cm ET, Bartagame (*Pogona vitticeps*): Darstellung eines der beiden Fettkörper (1). Die Fettkörper haben im Querschnitt eine L-förmige Form und ziehen rechts und links kranial bis an die Leber.

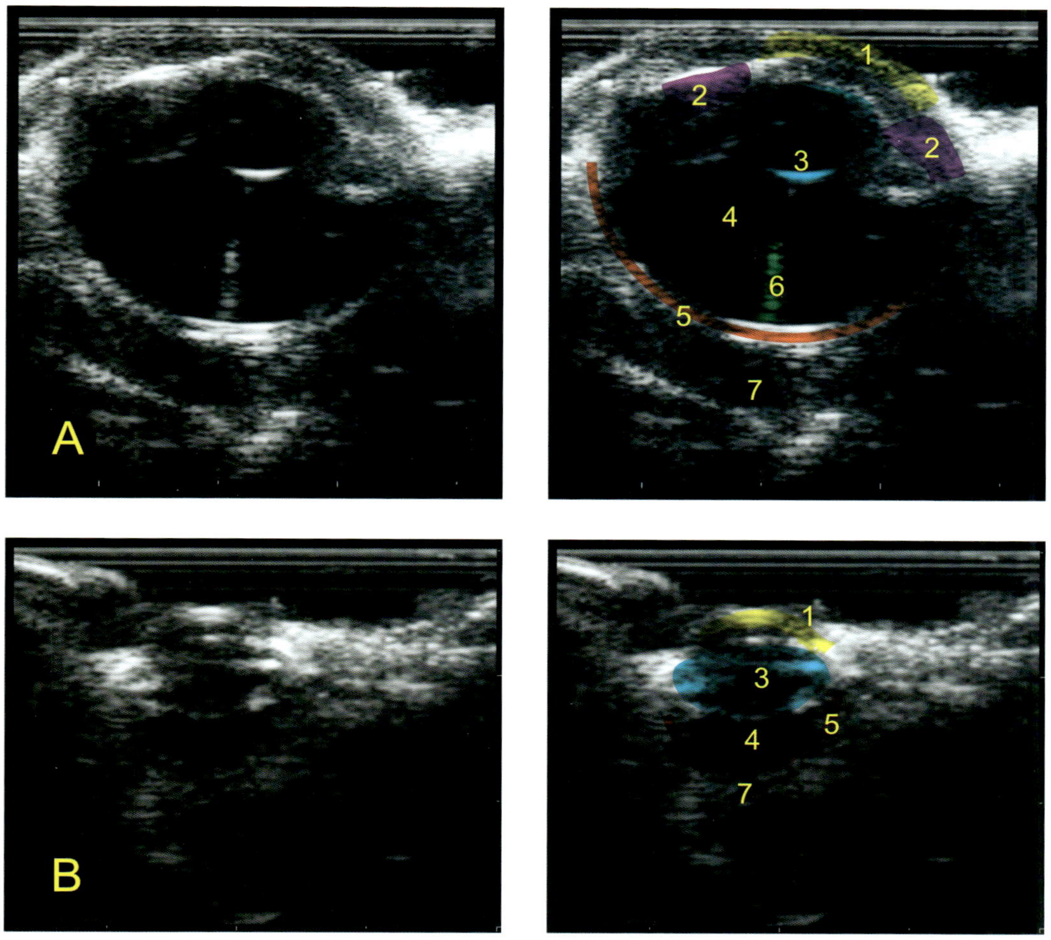

1: Kornea/Brille
2: Iris
3: Linse
4: Glaskörper
5: Augenhintergrund
6: Conus papillaris
7: Orbita

Abb. 3-80:

A: Ultraschalluntersuchung, korneale Ankopplung, 15 MHz, 2 cm ET, Bartagame (*Pogona vitticeps*). Darstellung des unauffälligen Auges.

B: Ultraschalluntersuchung, spektakuläre Ankopplung, 15 MHz, 3 cm ET, Abgottschlange (*Boa constrictor*). Darstellung des unauffälligen Auges.

3.3 Computertomographie (CT)

Ingmar Kiefer, Michael Pees

3.3.1 Technische Voraussetzungen

Bei der CT-Untersuchung werden in einem dreidimensionalen Untersuchungsverfahren Schnittbilder erzeugt. Über Reformationen und entsprechende Rekonstruktionen können verschiedene Ebenen und auch dreidimensionale Modelle erzeugt und beurteilt werden. Die Dauer der Untersuchung liegt in der Regel bei maximal 90 Sekunden und ist damit im Vergleich zu anderen Verfahren, wie der Magnetresonanztomographie, sehr kurz. Die verwendeten Geräte sind in der Regel für die Humanmedizin konzipiert, die Untersuchungsparameter müssen dem jeweiligen Tier angepasst werden. Für die Lagerung können sich Schwierigkeiten bei sehr langen Reptilien, insbesondere bei Schlangen ergeben. Zu technischen Details wird auf entsprechende Literatur zum Einsatz bei Säugern verwiesen. Folgende Grundeinstellungen haben sich zur Untersuchung von Reptilien bewährt:

Schichtdicke und Kollimation sollten der Fragestellung angepasst werden; meist ist eine Schichtdicke von 1–2 mm ausreichend. Je nach Fragestellung muss ein entsprechender Rekonstruktionsfilter angewendet werden, der die zu beurteilenden Strukturen (z. B. Knochen) hervorhebt.

Weitere diagnostische Möglichkeiten der CT sind die Durchführung einer virtuellen Endoskopie und von Kontrastmittelstudien zu Darstellung des Gefäßsystems. Hierzu liegen bei Reptilien aber bisher nur wenige Daten vor.

3.3.2 Vorbereitung, Lagerung und Ebenen

Um Bewegungsartefakte zu minimieren, ist eine Immobilisation des Reptils notwendig. Bei Schildkröten reicht häufig das Einbinden der Gliedmaßen in den Panzer. Bei sehr aktiven Schildkröten, bei Echsen und bei Schlangen ist eine Anästhesie erforderlich. Kleinere, stark geschwächte, apathische Echsen können auch ohne Sedation untersucht werden, indem sie auf einer Platte oder in einem Plexiglaskäfig fixiert werden.

Aus Gründen des Strahlenschutzes wie auch der Verarbeitung der erhaltenen Datenmengen ist eine Eingrenzung des Untersuchungsfeldes auf die entsprechende Lokalisation sinnvoll. Schildkröten werden bedingt durch ihre kompakte Form häufig komplett gescannt. Bei Schlangen dagegen ist eine Eingrenzung (ggf. auch durch vorherige Röntgen-, Ultraschalldiagnostik und Markierung) meist erforderlich. Die Untersuchung sollte bei allen Reptilien in Bauchlage erfolgen, um eine möglichst unveränderte Organanordnung zu gewährleisten. Die Positionierung erfolgt dergestalt, dass die Schnitte von kranial nach kaudal entlang der Längsachse des Tieres erstellt werden, es entstehen transversale Schnittbilder **(Abb. 3-81)**. Bei kleinen Echsen und Schildkröten werden auch sagittale Schnitte entlang der Querachse des Tieres empfohlen. Hierfür wird das Reptil quer im CT positioniert. Diese Untersuchungstechnik wird nur bei älteren Geräten angewendet, sie bringt bei Geräten neuerer Generation keinen Vorteil, weil diese Geräte in der Lage sind, isotrope Voxel zu erzeugen. Es empfiehlt sich, kleine Reptilien auf einer Schaumstoffplatte zu lagern, um das *field of view* besser einstellen zu können. Große Schlangen können oft nur so auf dem CT-Tisch positioniert werden, dass der Körper im hinteren Bereich umgeschlagen und doppelt gelagert wird **(Abb. 3-82)**. Für die Darstellung des kaudalen Bereichs muss dann gegebenenfalls eine Umlagerung erfolgen, so dass die Untersuchung von kaudal nach kranial erfolgt.

3.3.3 Beurteilung der Organe

Die inneren Organe lassen sich in den Schnittbildern exakt darstellen und beurteilen, ein großer Vorteil insbesondere bei Schildkröten, bei denen die Auswertung von Röntgenaufnahmen durch die Strahlenschwächung des Panzers und wegen der durch die kompakte Form starken Überlagerungen oft nicht möglich ist. Die Beurteilung der erhaltenen Daten erfolgt mit der für Säuger konzipierten Software. Die radiologischen Organdichten (Hounsfield-Einheiten, HE) entsprechen für Knochengewebe, Fett und auch für die parenchymatösen Organe weitgehend denen beim Säuger, so dass die Interpretation hier entsprechend erfolgen kann. Die vorgegebenen Beurteilungsfenster (Windows, W- und L-Werte) zur optimalen Darstellung bestimmter Organe lassen sich bei Reptilien nur eingeschränkt einsetzen, da die entsprechenden anatomischen Voraussetzungen teilweise stark abweichen.

3.3.3.1 Skelettsystem

Zur Untersuchung des Skelettsystems stellt die Computertomographie eine wertvolle Hilfe dar. Die Beurteilung sollte stets in allen Reformationen und gegebenenfalls auch in der dreidimensionalen Rekonstruktion erfolgen. Dabei können Knochenstoffwechselstörungen (*Metabolic Bone Disease*), bei denen die fehlende Mineralisierung und die überschießende Knochengewebebildung ebenso dargestellt werden wie pathologische Frakturen und Knochenverbiegungen. Durch die Messung der Knochendichte kann nicht nur der Grad der Erkrankung bestimmt, sondern auch die erfolgreiche Mineralisierung nach Therapie

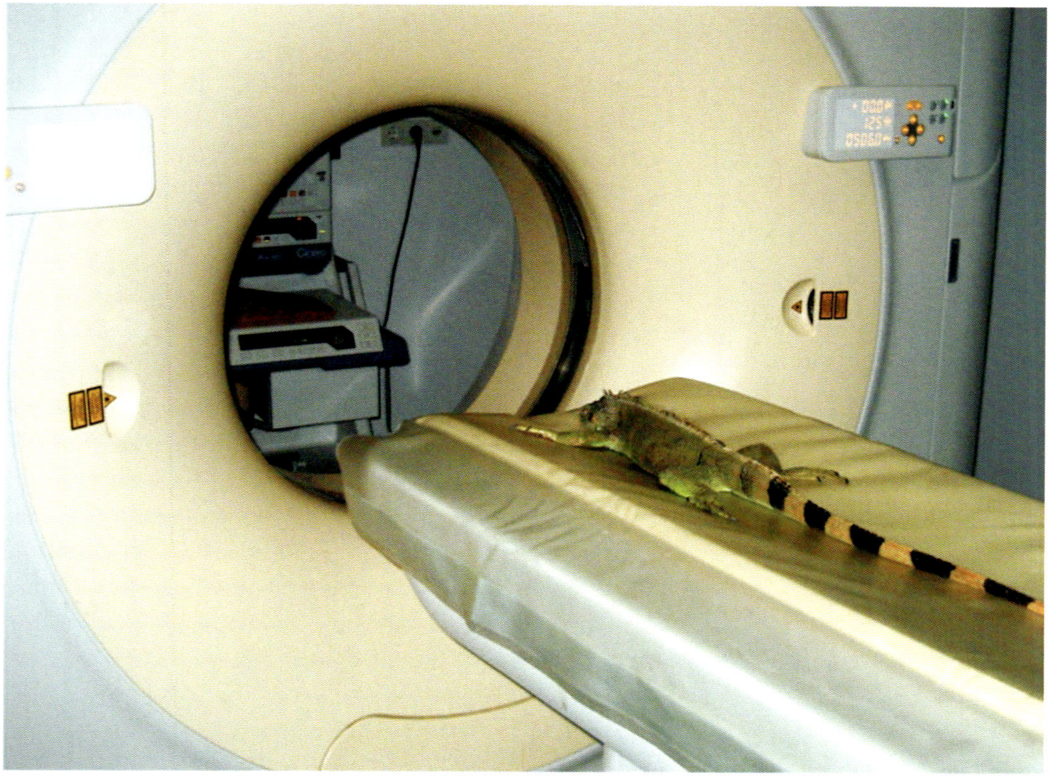

Abb. 3-81: Lagerung eines Grünen Leguans (*Iguana iguana*) für die CT-Untersuchung entlang der Längsachse des Tieres.

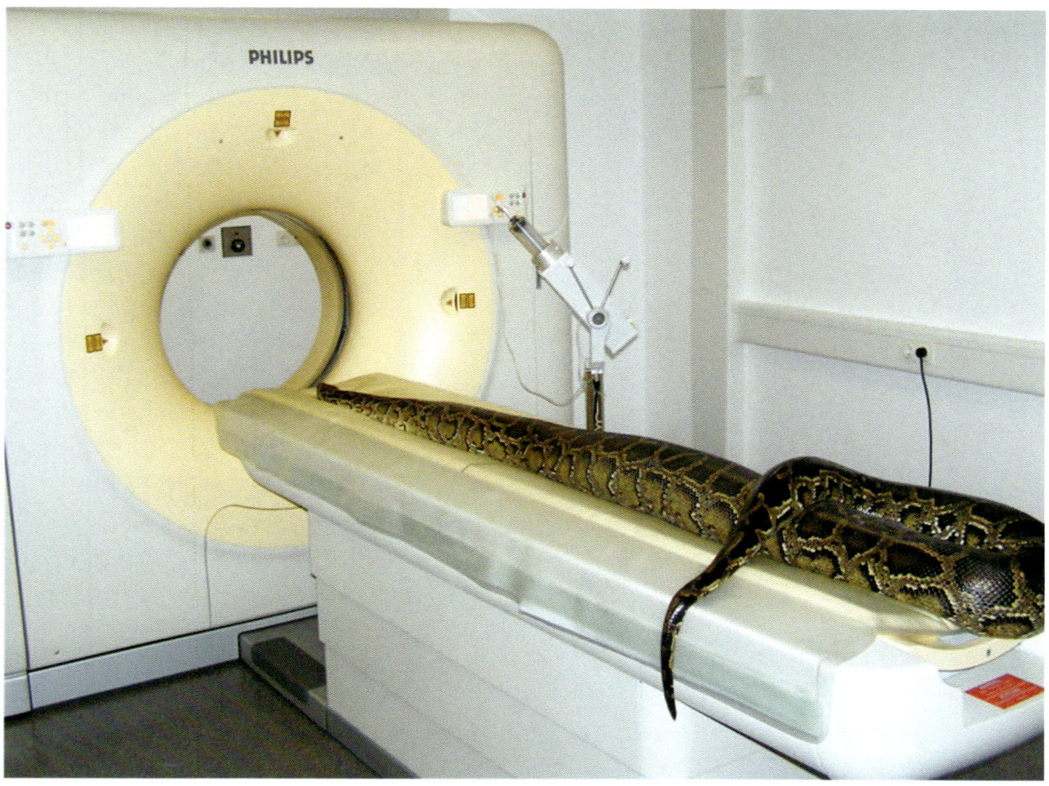

Abb. 3-82: Lagerung eines Tigerpythons (*Python molurus*) für die CT-Untersuchung entlang der Längsachse des Tieres. Aufgrund der Länge ist der kaudale Teil umgeschlagen. Eine möglichst geradlinige und symmetrische Lagerung ist für die Interpretation der Bilder von großer Bedeutung.

überprüft werden. Die Beurteilung des Knochenaufbaus sollte bei Schildkröten im Bereich des Schulter- oder Beckengürtels **(Abb. 3-83)**, bei Echsen im Bereich der langen Röhrenknochen und bei Schlangen anhand der Rippen erfolgen. Hier sind Knochendichten in der Kortikalis von etwa 1000 HE zu erwarten. Auch Dicke und Aufbau des Panzers sind zur Beurteilung von stoffwechselbedingten Wachstums- und Mineralisierungsstörungen nutzbar. Die dreidimensionale Darstellung eines Panzers bzw. Skelettsystems eines Reptils mit *Metabolic Bone Disease* im Vergleich zu einem gesunden Tier (**Abb. 3-84**, pathologische Aufnahme s. **Abb. 3-129**) zeigt dabei auch für die Tierhalter deutlich die Schwere der Erkrankung. Bei komplizierten Frakturen, insbesondere bei Panzerfrakturen von Schildkröten, können durch die dreidimensionale Rekonstruktion der Grad der Schädigung und die Dislokation der Knochenfragmente besser veranschaulicht werden. Im Bereich der Gelenke lassen sich Luxationen und Knochenveränderungen (Infektionen, Lysen) darstellen und hinsichtlich ihres Ausmaßes beurteilen. Bei der Beurteilung der Wirbelsäule ist auf Wirbelveränderungen zu achten, häufig können Knochenwucherungen infolge chronischer Entzündungsprozesse gesehen werden. Auch Luxationen der Wirbelkörper und Einengungen des Wirbelkanals können mittels CT dargestellt werden.

Indikationen

- stoffwechselbedingte Wachstums- und Mineralisationsstörungen (*Metabolic Bone Disease*)
- Gliedmaßen- bzw. Panzerfrakturen
- Luxationen
- Infektionen in Gelenken und Knochen
- Umfangsvermehrungen am Bewegungsapparat

3.3.3.2 Respirationstrakt

Die CT stellt das sicherste und sensitivste Verfahren zur Diagnostik von Lungenveränderungen bei Reptilien dar. Bedingt durch die geringe Atemfrequenz ist die Darstellung des Respirationstraktes weitgehend artefaktfrei möglich. Entsprechende Untersuchungen bei Schlangen und Schildkröten zeigen den großen Nutzen und die Überlegenheit insbesondere gegenüber der Röntgenuntersuchung. Veränderungen können in Ausbreitung und Ausmaß exakt lokalisiert werden. Die Schlangenlunge zeigt sich dabei als schlauchförmiges Organ mit zentralem Luftkanal und peripherem, sehr homogenem respiratorischem Austauschgewebe. Im Gewebe eingebettet liegt ein zirkulärer Gefäßplexus, welcher sich ebenfalls deutlich darstellt. Außer bei Pythons **(Abb. 3-85)** ist meist nur ein Lungenflügel **(Abb. 3-86)** ausgebildet. Pneumonien zeigen sich durch fokale und/oder diffuse Verdichtungen im Lungenparenchym, die aufgrund der Lage der Tiere meist den ventralen Bereich stärker betreffen. Häufig ist auch der kraniale Lungenabschnitt stärker betroffen, es kann zu massiven Sekretansammlungen im ventralen Lumen kommen. Bei Schildkröten und den meisten Echsen stellt sich die Lunge stärker septiert dar **(Abb. 3-87** bis **3-89)**. Hier können die zentralen Lungengefäße wie auch die luftleitenden Wege gut beurteilt werden. Verdichtungen zeigen sich fokal und können entsprechend ihrer Röntgendichte beurteilt werden. Bei Schildkröten ist die Größe der Lunge in hohem Maße von der Füllung der Leibeshöhle durch die übrigen Organe abhängig.

Im oberen Respirationstrakt liegt die Indikation vor allem bei der Feststellung obstruktiver Veränderungen (Fremdkörper, Umfangsvermehrungen). Bei der Beurteilung der Lunge empfiehlt sich neben der subjektiven Einschätzung auch die objektive Beurteilung in *regions of interest* (ROIs). Für die Untersuchung der Lungen bei Tigerpythons wird die Messung an je vier ROIs entlang der gesamten Länge der Lunge empfohlen (bei 0 %, 25 %, 50 %, 75 % der Länge des darstellbaren Lungengewebes), wobei die ROI an jeder dieser Lokalisation jeweils für den oberen, die seitlichen und den unteren Bereich des Lungengewebes festgelegt wird **(Abb. 3-90)**. Für gesunde Tigerpythons wurden keine signifikanten Dichteunterschiede an den verschiedenen Lokalisationen festgestellt. Als Referenzbereich für die Lunge dieser Spezies wurde eine Dichte von –744,4 ± 47,1 Hounsfield-Einheiten (HE) gefunden (PEES et al. 2007). Die CT-Untersuchung hat neben der Diagnostik von Pneumonien auch eine Bedeutung bei der Kontrolle des Therapieerfolges, bei erfolgreicher Therapie konnte auch eine deutliche Besserung in der objektiven CT-Beurteilung nachgewiesen werden (PEES et al. 2008).

Indikationen

- Fremdkörper
- obstruktive Veränderungen
- Pneumonien
- Zubildungen (Abszesse, Granulome, Neoplasien)
- Hämatome und Lungenfeldperforationen

3.3.3.3 Gastrointestinaltrakt und Leber

Der meist etwas luftgefüllte Magen bei Schildkröten und Echsen ist leicht darzustellen **(Abb. 3-91** und **3-93)**. Auch die einzelnen Darmschlingen können beurteilt werden **(Abb. 3-92)**. Hier ist die Lokalisation von Fremdkörpern und Zubildungen von Bedeutung. Der Einsatz von Bariumsulfat und jodhaltigen Kontrastmitteln bei Schildkröten ist beschrieben. Ein Vorteil gegenüber der konventionellen radiologischen Untersuchung besteht in der Möglichkeit, durch gezielte Rekonstruktionen bestimmte Bereiche (Grenzflächen, bestimmte Röntgendichten) hervorzuheben und damit deutlich sichtbar zu machen.

Auch die Leber lässt sich in ihrer Ausdehnung und Struktur bei Reptilien einfach darstellen **(Abb. 3-94** bis **3-96)**. Die Lebertextur wie auch die Gefäße können analog zum Säuger beurteilt werden. Bei Fetteinlagerungen kommt es zu einer Verringerung der Röntgendichte, welche bei gesunden Schildkröten bei etwa 50–70 HE liegt (GUMPENBERGER 2004). Bei Schlangen ist die Gallenblase kaudal der Leber lokalisiert.

Indikationen

- Obstipationen
- Fremdkörper
- Zubildungen
- Leber: Fettleber, Stauungserscheinungen, Infektionen, Abszesse, Neoplasien

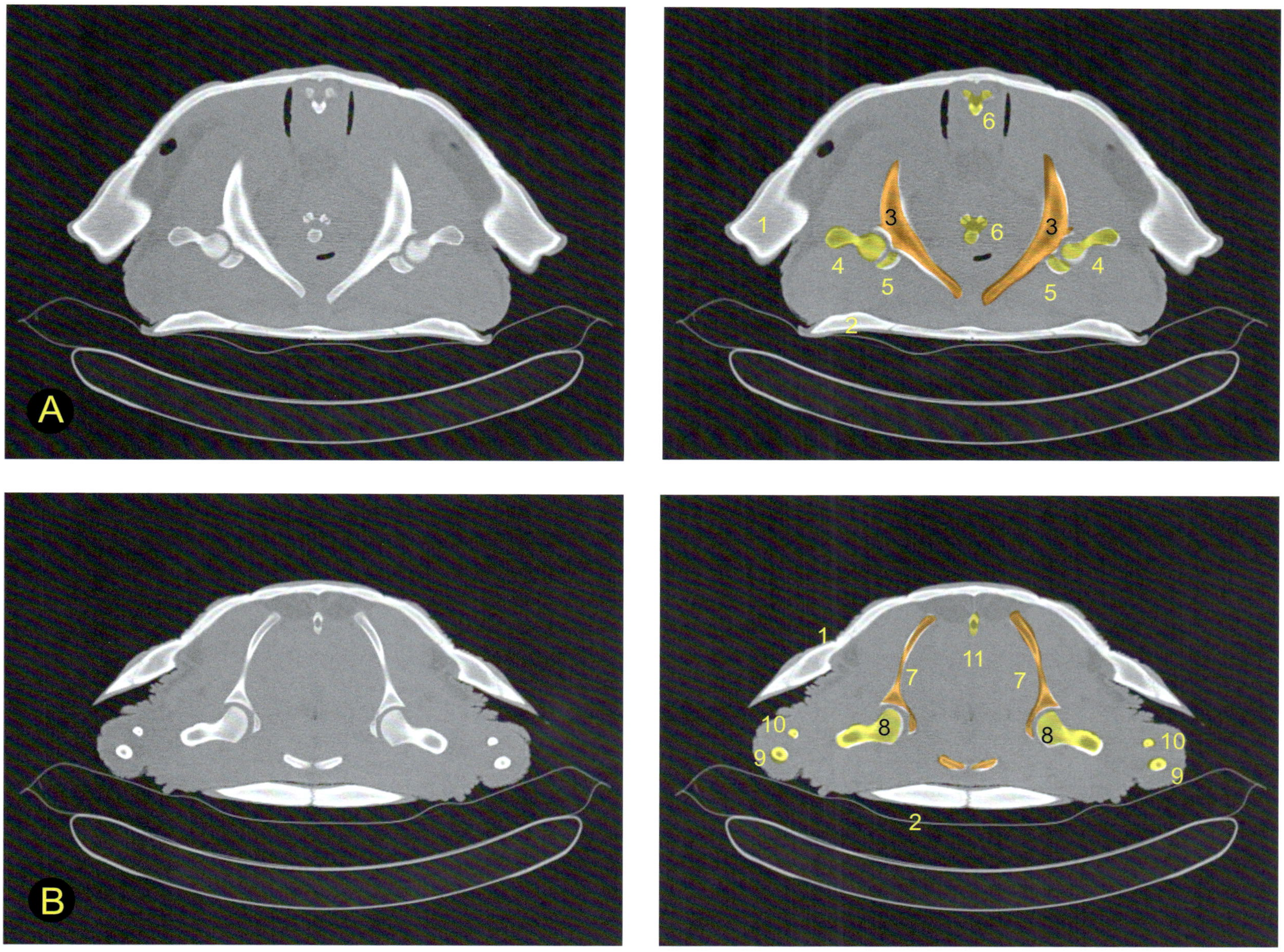

Abb. 3-83: CT-Untersuchung, Körper, transversale Ebene (140 kV, 165 mA, 2,0 mm SD, W: 2630, L: 21), Spornschildkröte (*Geochelone sulcata*): Darstellung des Schultergürtels (A) und des Beckengürtels (B). An diesen Knochen kann die Kalzifizierung gut beurteilt werden.

1: Carapax
2: Plastron
3: Scapula
4: Humerus
5: Coracoid
6: Halswirbelsäule
7: Becken
8: Femur
9: Tibia
10: Fibula
11: Wirbelsäule

Abb. 3-84: CT-Untersuchung, Körper, dreidimensionale Reformation, Spornschildkröte (*Geochelone sulcata*): Darstellung des gesunden und ausreichend kalzifizierten Panzers.

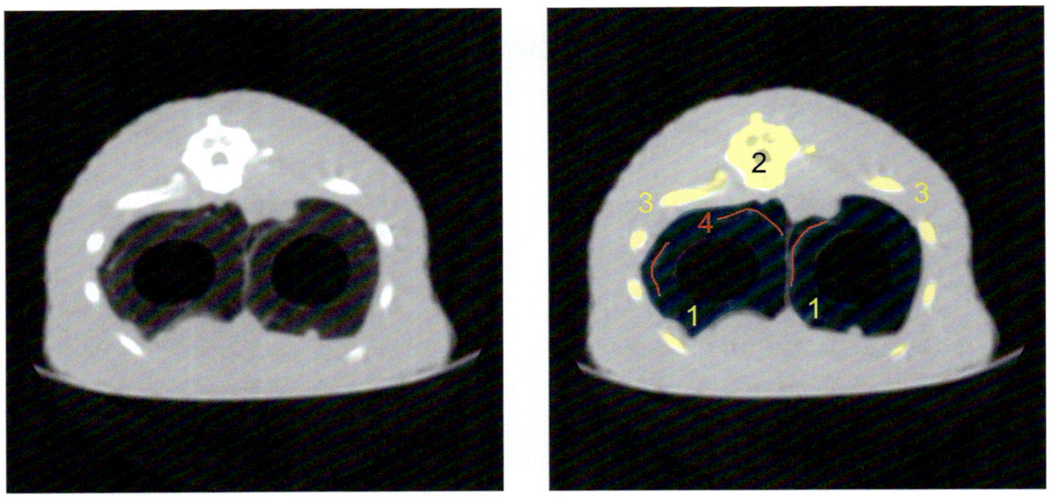

1: Lungengewebe
2: Wirbelkörper
3: Rippen
4: zirkulärer Gefäßplexus

Abb. 3-85: CT-Untersuchung, Lungen, transversale Ebene (120 kV, 204 mA, 2,0 mm SD, W: 1500, L: –600), Tigerpython (*Python molurus*): Darstellung des gesunden respiratorischen Epithels (1) um das zentrale luftleitende Lumen. Der zirkuläre Gefäßplexus ist im Anschnitt sichtbar (4).

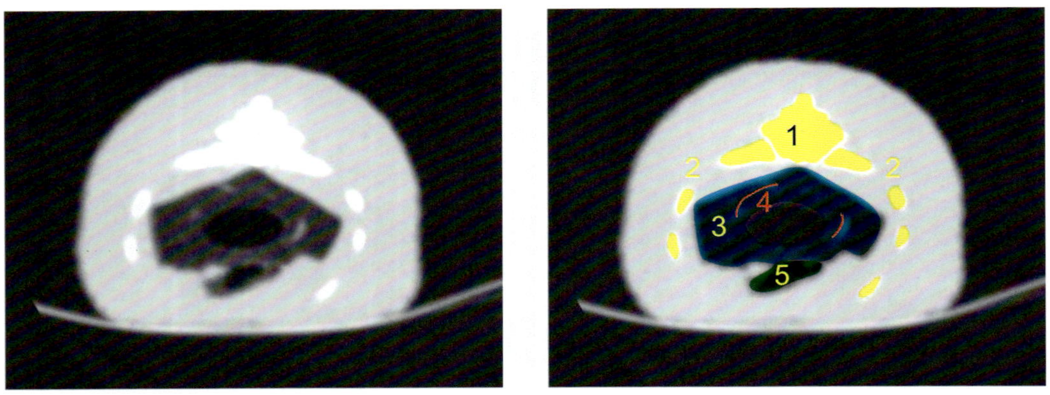

1: Wirbelkörper
2: Rippen
3: Lungengewebe
4: zirkulärer Gefäßplexus
5: Ösophagus

Abb. 3-86: CT-Untersuchung, Lungen, transversale Ebene (120 kV, 204 mA, 2,0 mm SD, W: 1500, L: –600), Abgottschlange (*Boa constrictor*): Darstellung des gesunden respiratorischen Epithels (3) und des zirkulären Gefäßplexus (4). Bei den meisten Schlangenspezies ist wie hier nur ein Lungenflügel ausgebildet.

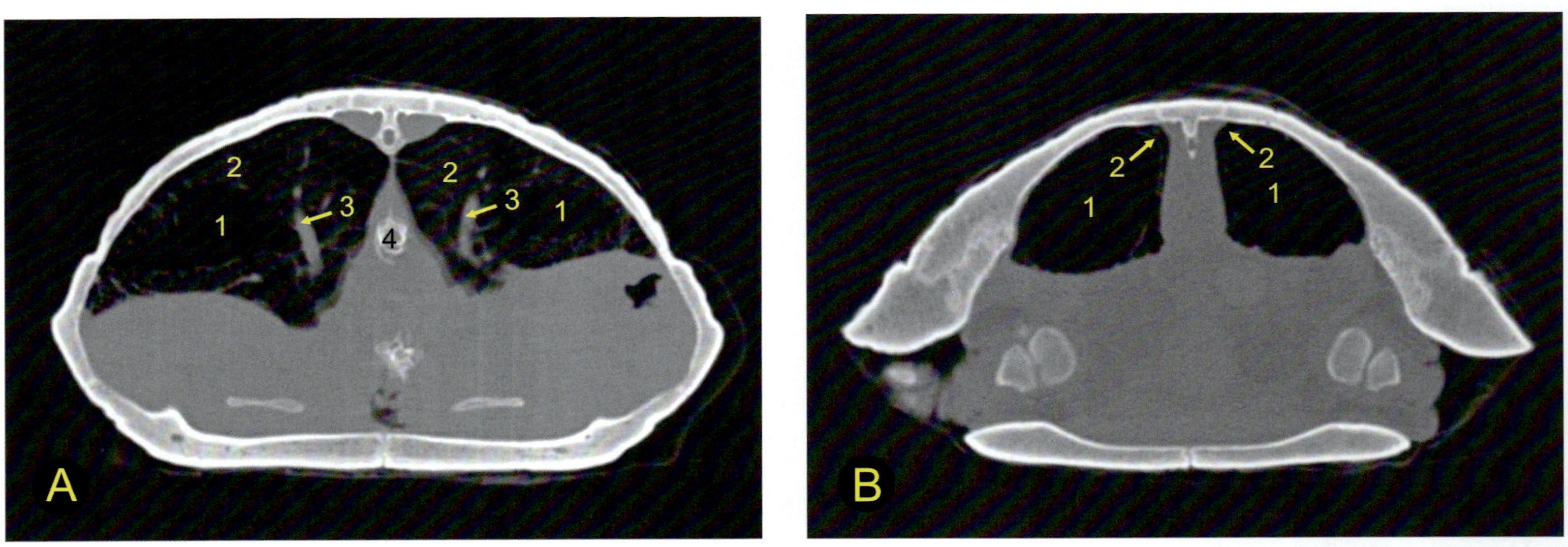

Abb. 3-87: CT-Untersuchung, Lungen, transversale Ebene (120 kV, 120 mA, 1,0 mm SD, W: 2642, L: 55), Rotwangenschmuckschildkröte (*Trachemys scripta elegans*): Darstellung des unauffälligen Lungengewebes (2) im kranialen (A) und kaudalen (B) Bereich. Die Lungen sind septiert und werden über ein zentrales Lumen (1) belüftet. Im kaudalen Bereich ist nur noch wenig respiratorisches Gewebe vorhanden. Die beiden großen Gefäßstämme (3) sind gut sichtbar.

1: Lungenlumen
2: Lungengewebe
3: Hautgefäßstämme der Lungen

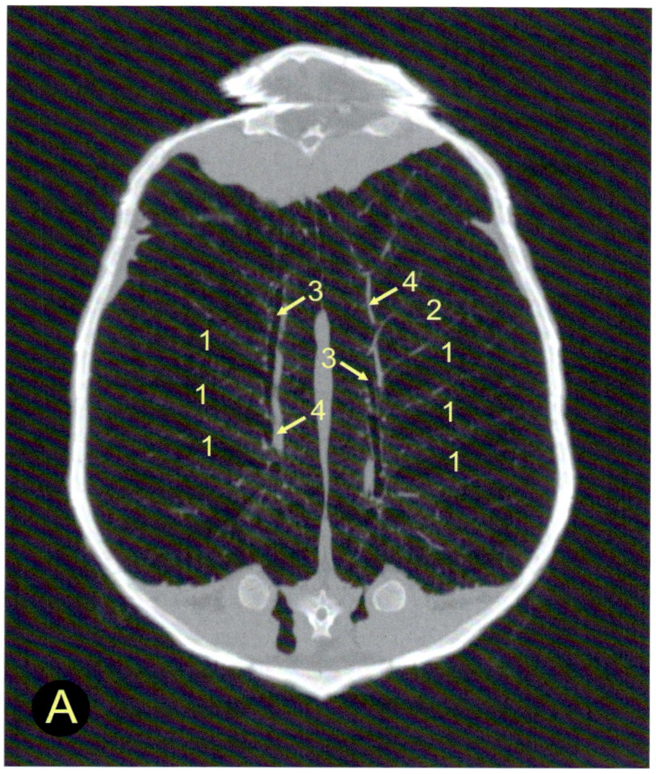

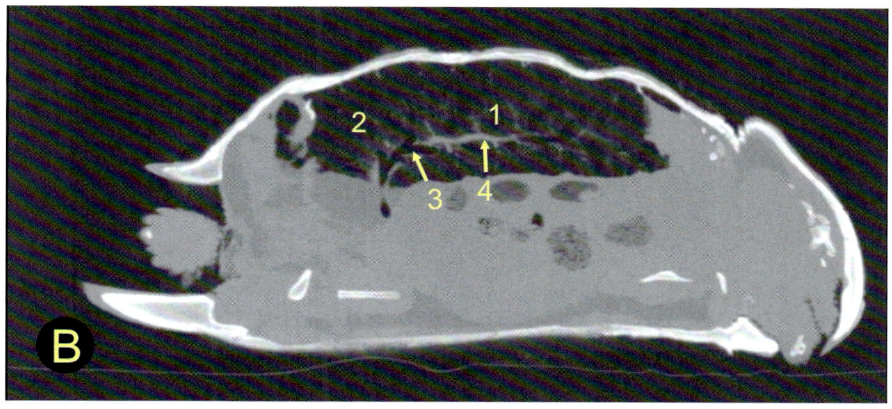

1: Lungenlumen
2: Lungengewebe
3: Trachea bzw. Bronchus
4: Gefäße

Abb. 3-88: CT-Untersuchung, Lungen, dorsale (A) und sagittale (B) Reformation (120 kV, 240 mA, 1,0 mm SD, W: 2549, L: –153), Spornschildkröte (*Geochelone sulcata*): Die Septierung der Lunge ist deutlich zu sehen, ebenso die luftleitenden Wege und die Gefäßversorgung. Bei dieser Spezies ist das Epithel auch kaudal noch gut entwickelt.

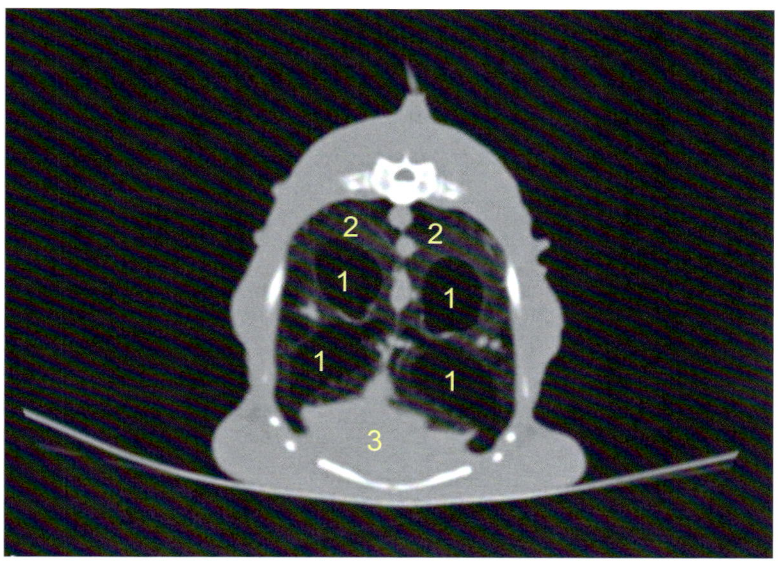

1: Lungenlumen
2: Lungengewebe
3: Leber

Abb. 3-89: CT-Untersuchung, Lungen, transversale Ebene (120 kV, 120 mA, 1,0 mm SD, W: 2297, L: –92), Grüner Leguan (*Iguana iguana*): Darstellung des gesunden respiratorischen Epithels (2) um das zentrale luftleitende Lumen (1). Leguane wie auch andere Echsen können die Lungen als Drohgebärde stark mit Luft füllen, wodurch sich der Eindruck einer Hyperinflation ergeben kann.

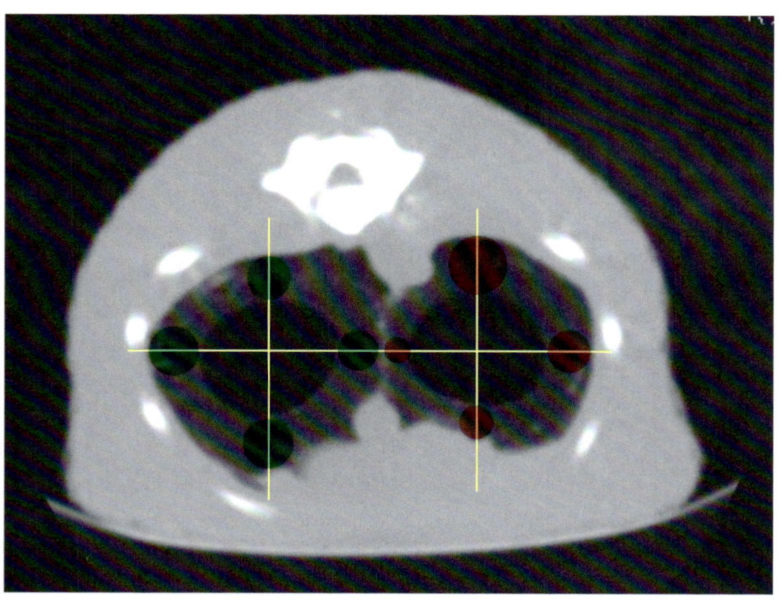

Abb. 3-90: Schematische Darstellung der Einstellung der ROIs zur Beurteilung der Lungendichte bei Schlangen. Bei gesunden Schlangen sollte sich kein deutlicher Unterschied zwischen den Messfeldern ergeben.

1: Lungen
2: Lungengefäße
3: Magen

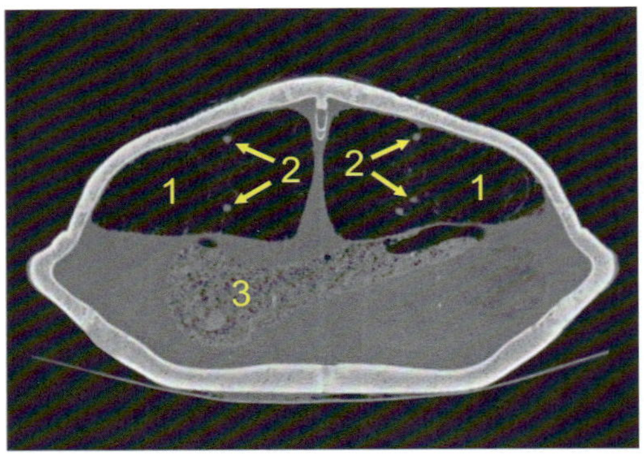

Abb. 3-91: CT-Untersuchung, Körper, transversale Ebene (140 kV, 155 mA, 0,8 mm SD, W: 3618, L: 379), Rotwangenschmuckschildkröte (*Trachemys scripta elegans*): Darstellung der Lungen (1) und des Magens (3). Ein mittelgradiger Luftgehalt im Magen ist als normal anzusehen.

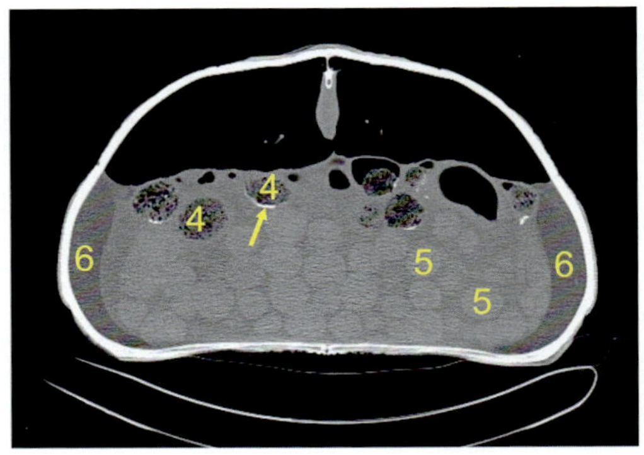

4: Darmschlingen im Anschnitt
5: Follikel
6: Fetteinlagerungen

Abb. 3-92: CT-Untersuchung, Körper, transversale Ebene (140 kV, 165 mA, 2,0 mm SD, W: 2600, L: 60), Spornschildkröte (*Geochelone sulcata*): Darstellung von Darmschlingen im Anschnitt (4) sowie von unauffälligen Follikeln (5). Die Follikel nehmen in der Regel den unteren Teil der Leibeshöhle ein, die Darmschlingen werden nach oben verlagert. Eine geringe Menge Sand (Pfeil), der sich ventral ablagert, ist als normal anzusehen.

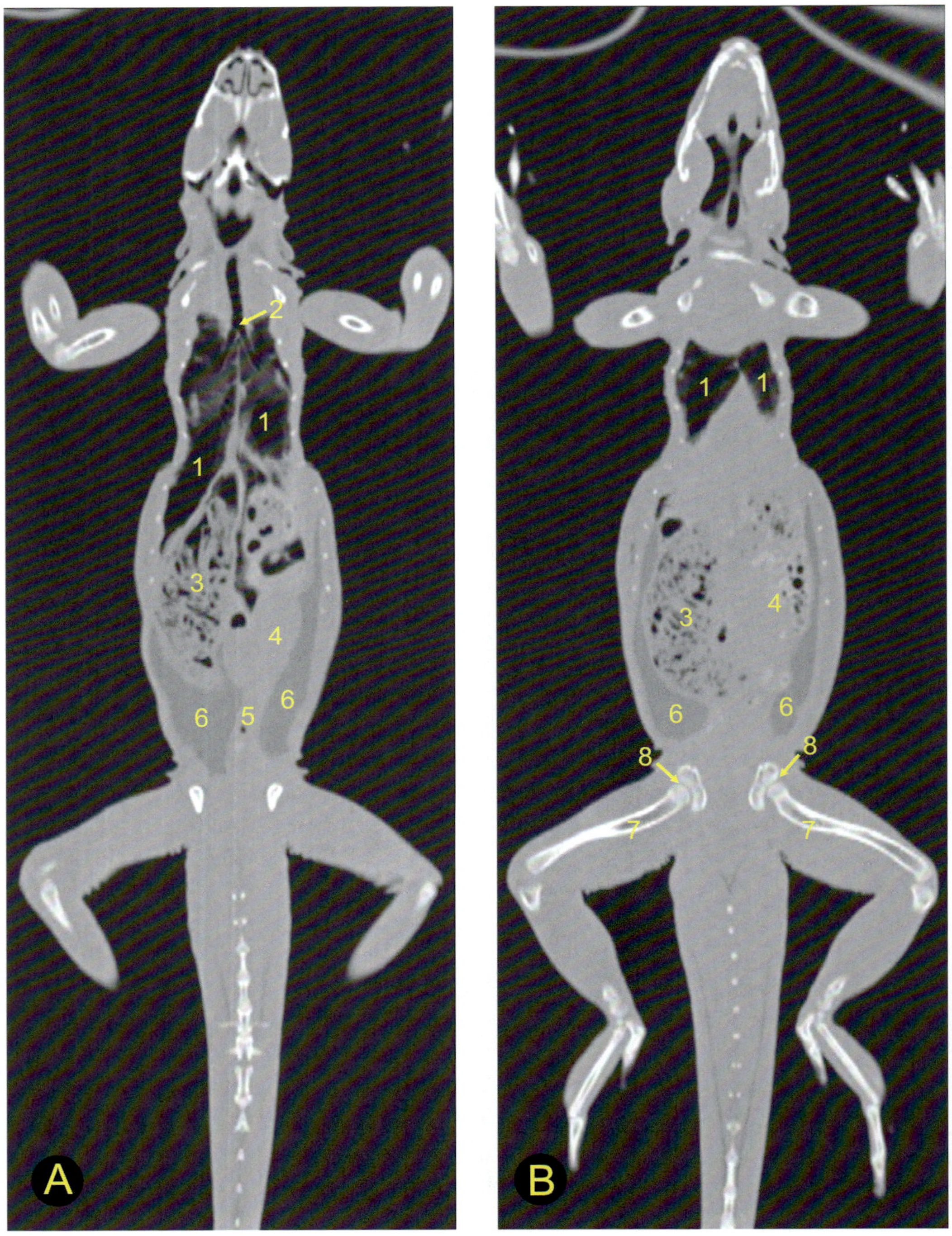

1: Lunge
2: Trachea
3: Magen
4: Darm
5: Rektum
6: Fettkörper
7: Femur
8: Hüftgelenk

Abb. 3-93: CT-Untersuchung, Körper, dorsale Reformation (120 kV, 120 mA, 1,0 mm SD, W: 2200, L: –100), Grüner Leguan (*Iguana iguana*): Darstellung der Trachea und der Lungen (A), des Gastrointestinaltraktes (A, B) und des Hüftgelenks (B).

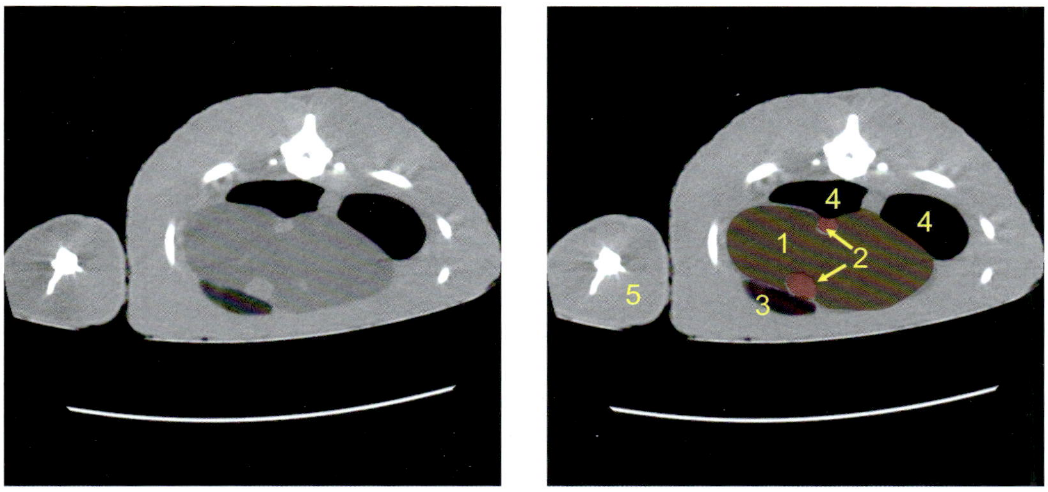

1: Leber
2: große Lebergefäße
3: Fettgewebe
4: Luftsäcke
5: umgeschlagener Schwanz

Abb. 3-94: CT-Untersuchung, Leber, transversale Ebene (120 kV, 204 mA, 2,0 mm SD, W: 400, L: 60), Tigerpython (*Python molurus*): Darstellung der Leber (1) im Querschnitt. Die beiden großen Gefäße (2) sind durch die Leber zu verfolgen.

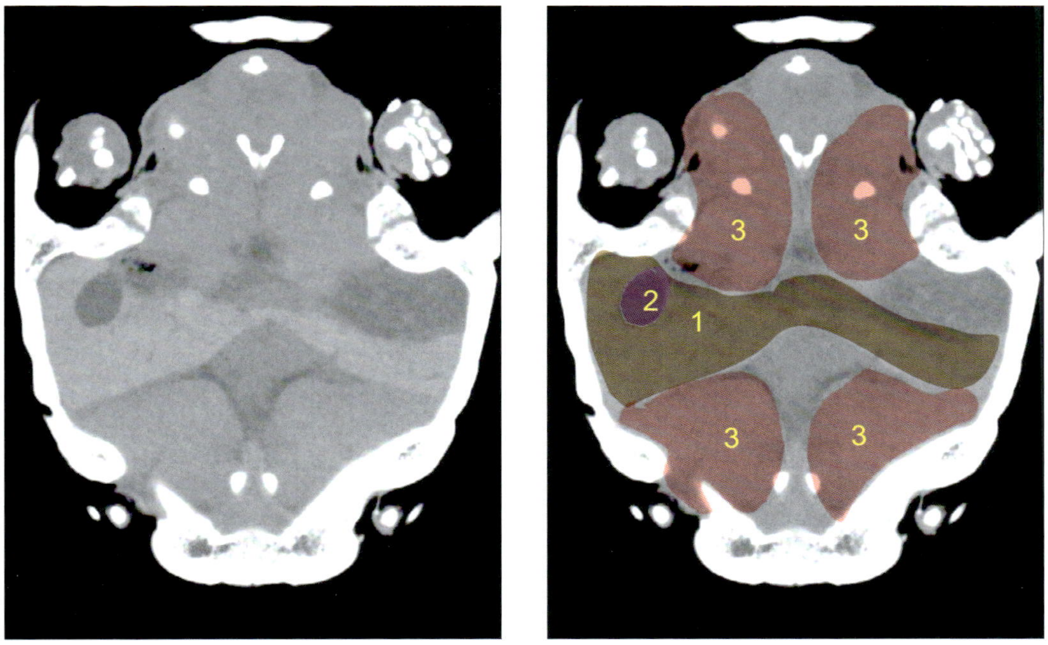

1: Leber
2: Gallenblase
3: Gliedmaßen

Abb. 3-95: CT-Untersuchung, Körper, dorsale Reformation (120 kV, 151 mA, 1,0 mm SD, W: 400, L: 60), Maurische Landschildkröte (*Testudo graeca*): Darstellung der Leber (1) und der Gallenblase (2). Das Tier hatte während der Untersuchung den Kopf und die Gliedmaßen (3) eingezogen, dadurch wurden die inneren Organe entsprechend komprimiert.

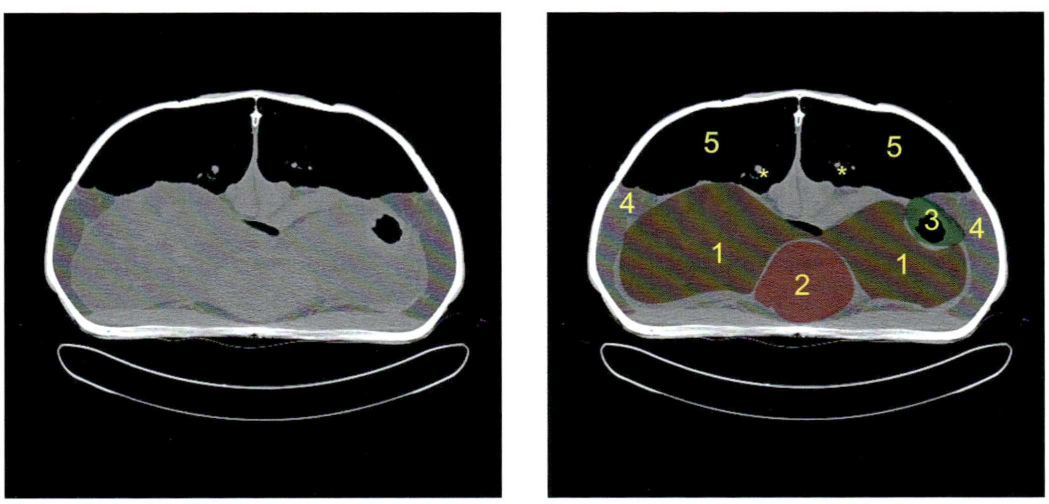

1: Leber
2: Herz
3: Magen
4: Fettgewebe
5: Lungenfeld

*: Gefäßstämme

Abb. 3-96: CT-Untersuchung, Körper, transversale Ebene (140 kV, 165 mA, 2,0 mm SD, W: 903, L: 146), Spornschildkröte (*Geochelone sulcata*): Darstellung der Leber (1).

3.3.3.4 Harntrakt und Genitaltrakt

Im Bereich des Urogenitaltraktes können röntgenologisch erhobene Befunde verifiziert und optimal lokalisiert werden. Dies betrifft insbesondere Eier **(Abb. 3-98)** (Veränderungen an Eischale und Eilokalisation – beispielsweise in den Harnsack verlegte Eier). Auch Blasensteine können dargestellt und in ihrem Ausmaß beurteilt werden. Des Weiteren sind die Beurteilung von Follikeln in der Leibeshöhle sowie die Beurteilung des Eiinhaltes (übertragene, abgestorbene Eier) möglich.

Zur Darstellung der Nieren ist die dorsale Reformation zu empfehlen, da hier beide Nieren vergleichend beurteilt werden können. Die Darstellung der Nieren ist bei gesunden Reptilien dennoch oft nicht eindeutig ohne venöse Kontrastmittelapplikation möglich **(Abb. 3-97)**. Dagegen können Vergrößerungen der Nieren meist diagnostiziert werden, ebenso Kalzifizierungen (durch die erhöhte Röntgendichte).

Im Bereich des Harnsacks lassen sich der Füllungszustand und Uratablagerungen bzw. Harnsteine darstellen. Der Vorteil gegenüber der Ultraschalluntersuchung besteht darin, dass die gesamte Blase beurteilt werden kann und das Blickfenster nicht durch die beschränkten Ankopplungsmöglichkeiten limitiert wird.

Indikationen

- □ Darstellung und Beurteilung von Follikeln und Eiern: Anzahl, Größe, Form, Inhalt, Röntgendichte
- □ Nierenvergrößerung und -kalzifizierung
- □ Harnsackkonkremente, -steine

3.3.3.5 Sonstige Organe

Verschiedene weitere Indikationen ergeben sich analog zum Säuger. Die bei Reptilien in der Leibeshöhle liegenden Fettkörper lassen sich einfach abgrenzen, da sie nur eine geringe Röntgendichte aufweisen **(Abb. 3-99)**. Von Bedeutung ist beispielsweise die Untersuchung des zentralen Nervensystems nach Traumata oder bei Verdacht auf Zubildungen. Auch andere Umfangsvermehrungen können nach ihrer Röntgendichte und der genauen Ausdehnung beurteilt werden. Insbesondere intramurale Abszesse lassen sich mit der CT sicher darstellen und beurteilen. Erste Erfahrungen liegen zur Untersuchung des Gefäßsystems bei Echsen vor, die Wertigkeit der Computertomographie ist hier aber noch nicht geklärt.

Weiterführende Literatur

PEES, M., KIEFER, I., LUDEWIG, E., SCHUMACHER, J., KRAUTWALD-JUNGHANNS, M.-E., OECHTERING, G. (2007): Computed tomography of the lungs of Indian pythons (*Python molurus*). Am. J. Vet. Res. **68**: 428–434.

PEES, M., KIEFER, I., OECHTERING, G., KRAUTWALD-JUNGHANNS, M.-E.: (2008) The use of computed tomography for the diagnosis and treatment monitoring of bacterial-induced pneumonia in Indian pythons (*Python molurus*). Vet. Rec. **163**: 152–156.

GUMPENBERGER, M. (2004): Computed tomography. In: MCARTHUR, S., WILKINSON, R., MEYER, J.: Medicine and Surgery of tortoises and turtles. Blackwell, Oxford, pp. 235–238.

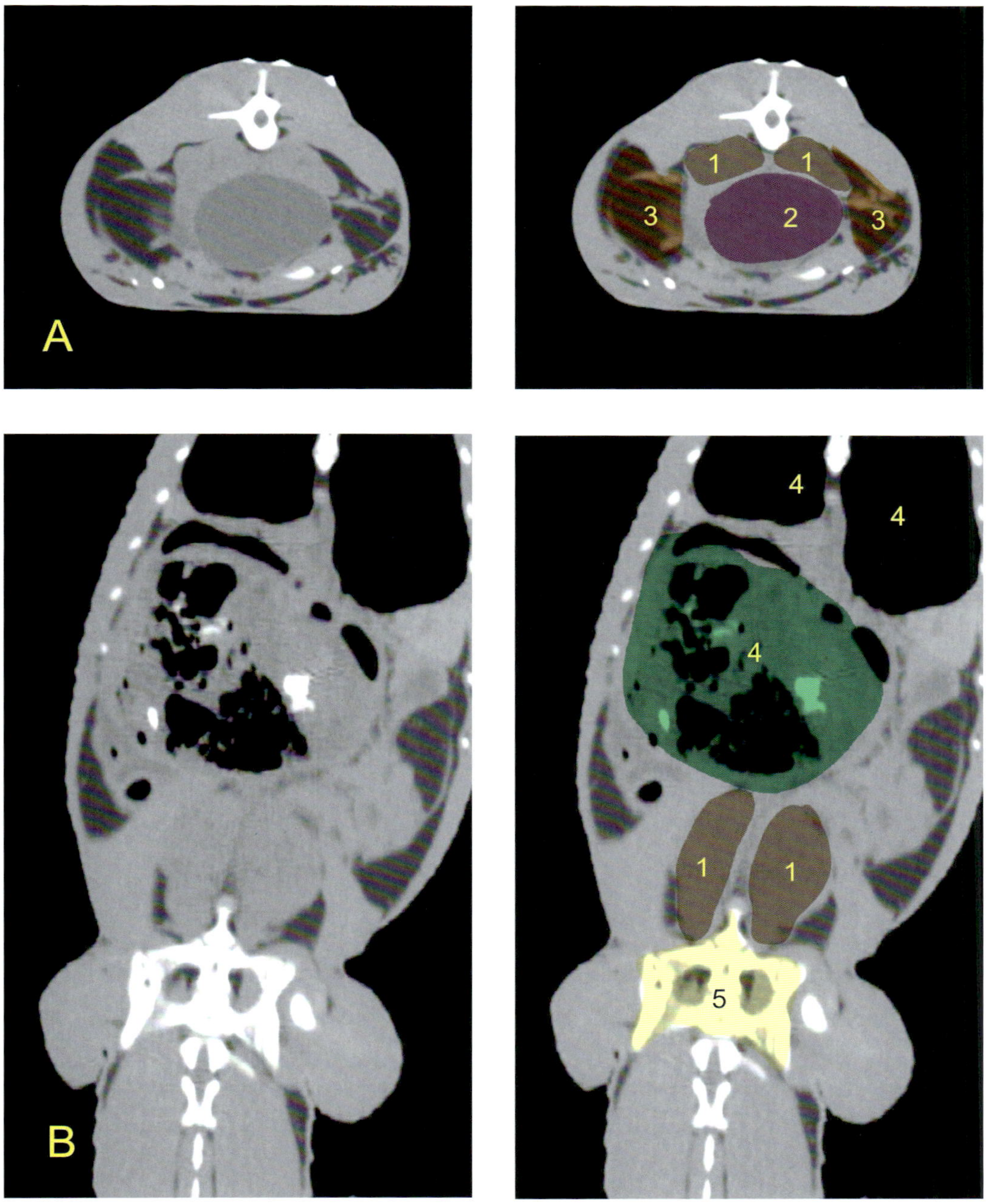

1: Nieren
2: Harnsack
3: Fettkörper
4: Magen
5: Becken

Abb. 3-97: CT-Untersuchung, Körper, transversale Ebene (A) und dorsale Reformation (B) (120 kV, 204 mA, 2,0 mm SD, W: 400, L: 60), Mississippi-Alligator (*Alligator mississippiensis*): Darstellung der Nieren (1) sowie des Harnsacks (2).

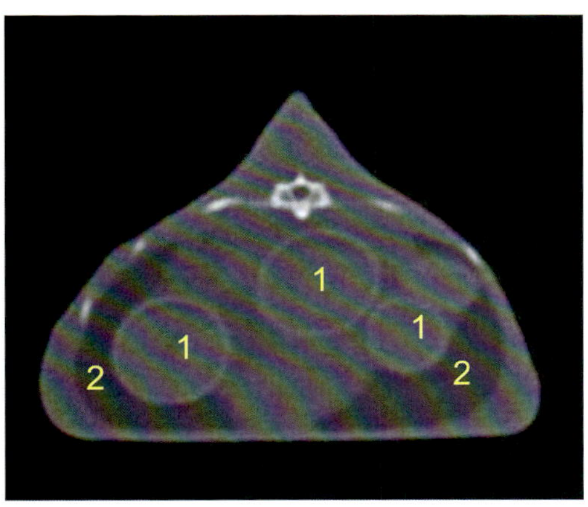

Abb. 3-98: CT-Untersuchung, Körper, transversale Ebene (120 kV, 120 mA, 1,0 mm SD, W: 1726, L: 570), Wasseragame (*Physignathus cocincinus*): Darstellung unauffälliger Eier (1) in der Leibeshöhle.

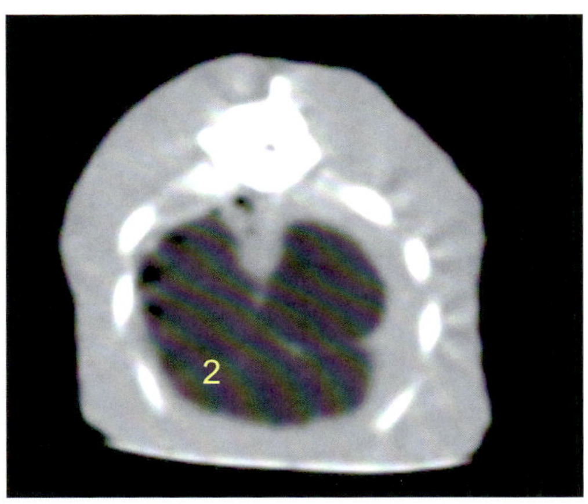

Abb. 3-99: CT-Untersuchung, Körper, transversale Ebene (120 kV, 204 mA, 2,0 mm SD, W: 350, L: 40), Teppichpython (*Morelia spilota*): Darstellung des intrazölomalen Fettkörpers (2).

1: Eier
2: Fettkörper

3.4 Magnetresonanztomographie (MRT)

Eberhart Ludewig, Michael Pees

3.4.1 Technische Voraussetzungen

Der Hauptvorteil der Magnetresonanztomographie liegt in der Darstellung von Weichteilgewebe und Flüssigkeiten. Hierbei wird die Reaktion von Protonen nach Anregung durch ein Magnetfeld gemessen. Unterschiedliche Messverfahren erlauben eine Differenzierung unterschiedlicher Gewebearten. Die wichtigsten Wichtungen sind die T1- und die T2-Wichtung. Die T1-Wichtung stellt dabei Fett sehr signalreich (hell) dar, Flüssigkeiten sind dagegen signalarm (dunkel). Diese Wichtung wird zur Beurteilung eher fetthaltiger Strukturen genutzt. Dagegen erscheint in der T2-Wichtung freie Flüssigkeit signalreich und Fett ist von mittlerer Intensität (grau). In dieser Wichtung können beispielsweise Flüssigkeitsansammlungen, wie Aszites, Ergüsse, entzündliche Veränderungen oder auch Harnsacklähmungen, beurteilt werden. Kernstück eines MRT-Gerätes ist die Spule, die das Magnetfeld erzeugt. Für Reptilien werden gewöhnlich geschlossene Systeme verwendet. Metallgegenstände (beispielsweise Fremdkörper im Gastrointestinaltrakt, aber auch Mikrochips) können das Magnetfeld stören und die Untersuchung nicht auswertbar machen. Erfahrungen zum Einsatz der MRT liegen vor bei Schildkröten bis zu einer Körpermasse von ca. 10 kg, bei Echsen sowie bei Boiden bis zu einer Länge von etwa drei Metern.

Die Möglichkeiten der Darstellung und die notwendigen Einstellungen hängen in großem Maße von der verwendeten Technik und der Erfahrung des bedienenden Personals ab. Für technische Details wird auf die entsprechende Fachliteratur verwiesen.

3.4.2 Vorbereitung, Lagerung und Ebenen

Die magnetresonanztomographische Untersuchung nimmt im Vergleich zu einer Röntgen- bzw. CT-Untersuchung eine erheblich längere Zeit in Anspruch. Deshalb und weil Bewegungsartefakte die Messung empfindlich stören, ist eine Anästhesie außer bei sehr apathischen Tieren grundsätzlich zu empfehlen. Hierdurch werden Artefakte deutlich reduziert und die Aussagekraft der Untersuchung wird erhöht. Bei kleinen Reptilien kann es sinnvoll sein, das Tier auf einem Phantom (beispielsweise einer Wasserflasche) zu untersuchen, damit die Spule für die Untersuchung möglichst ausgefüllt ist. Gute Erfahrungen haben die Autoren mit der Verwendung von Quadratur-Kniespulen gemacht, in die das Tier zur Untersuchung verbracht wird **(Abb. 3-100)**. Auch flexible Oberflächenspulen und Kopfspulen werden eingesetzt. Erstere haben den Vorteil der höheren Auflösung, bilden dabei aber nur einen kleinen Bereich (*field of view*) ab. Es ist hierbei zu empfehlen, Untersuchungen der Körperhöhlen je nach Größe des Tieres mit Kniespulen zu untersuchen und für einzelne oberflächlich gelegene Organe, wie beispielsweise die Nieren bei Echsen, im Anschluss Oberflächenspulen einzusetzen. Die Tiere werden in Bauchlage gelagert und fixiert. Hierbei ist auf eine möglichst symmetrische Lagerung zu achten, um die Einstellung der Ebenen zu erleichtern. Die drei Standardebenen entsprechen denen beim Säuger (dorsal, transversal, sagittal). Bei Schlangen ist es aufgrund der Länge der Tiere dringend zu empfehlen, den zu untersuchenden Bereich im Vorfeld mit anderen Untersuchungsmethoden einzugrenzen. Zur Markierung der Abschnitte von Interesse eignen sich beispielsweise wasser- oder fetthaltige Kapseln **(Abb. 3-100C)**, welche auf den Bildern dann ein entsprechendes Signal erzeugen und eine Identifizierung ermöglichen. Die Lagerung von Schlangen kann in aufgeschnittenen Plastikröhren entsprechender Größe erfolgen, um die Untersuchung in Segmenten zu erleichtern.

Die notwendigen Geräteeinstellungen hängen von der verwendeten Technik ab. Die Autoren haben gute Erfahrung mit Schichtdicken zwischen 2 mm und 6 mm, wobei das Messfeld (*field of view*) auf 150 mm bis 190 mm eingegrenzt wurde und die Rekonstruktion in einer Matrix von 512 Pixel × 512 Pixel erfolgte. Die Einstellung der Anzahl der Schichten und des Schichtabstandes erfolgt individuell nach den Gegebenheiten und der Indikation. Die Vorabdefinition von Untersuchungsprotokollen, welche sich an Spezies, Größe und Fragestellung orientieren, ist notwendig (s. weiterführende Literatur).

3.4.3 Beurteilung der Organe

Die Darstellbarkeit der einzelnen Organsysteme entspricht im Wesentlichen der der Säuger, Grenzen sind insbesondere durch die Größe der Tiere und die Ortsauflösung gegeben. Nach den bisherigen Erfahrungen eignet sich die MRT bei Reptilien vor allem zur Darstellung des Respirationstraktes, des Gastrointestinaltraktes, des Urogenitaltraktes, der Leber und der Nieren und von Umfangsvermehrungen generell.

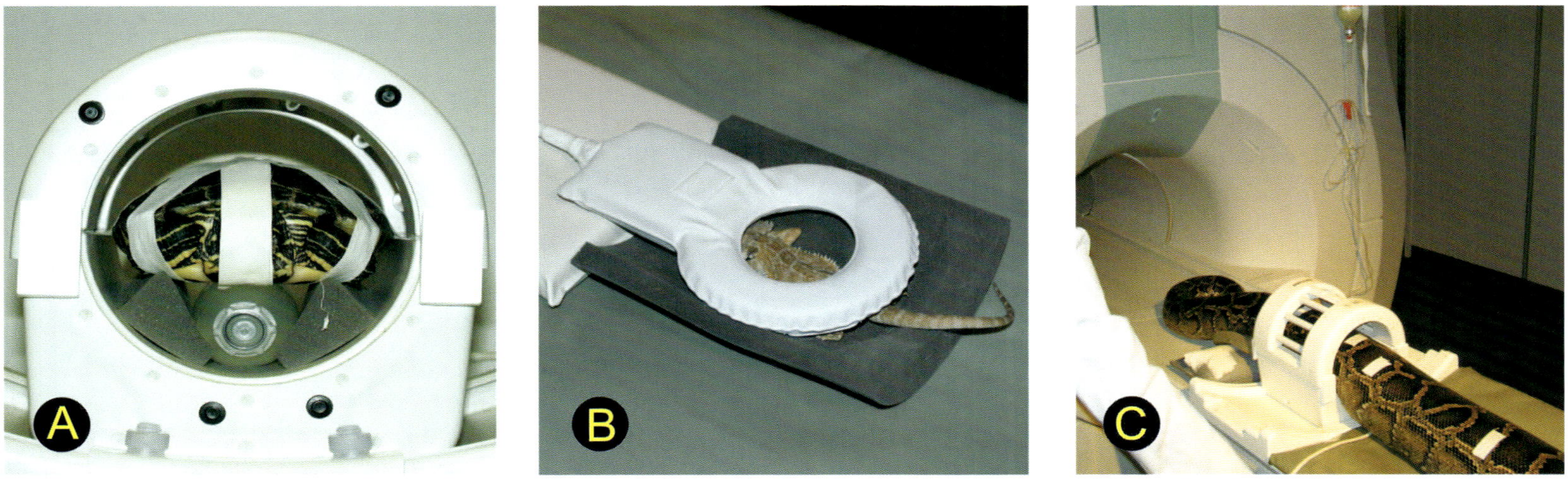

Abb. 3-100:

A: Untersuchung einer Landschildkröte in einer Quadratur-Kniespule. Zur Signalverbesserung wurde hier eine Wasserflasche als Phantom unter dem Tier positioniert.

B: Lagerung einer Bartagame (*Pogona vitticeps*) unter einer Oberflächenspule zur Darstellung des Rückenbereichs.

C: Vorbereitung eines Tigerpythons (*Python molurus*) zur MRT-Untersuchung in einer Quadratur-Kniespule. Auf die Haut wurden in regelmäßigem Abstand Kapseln mit fetthaltigem, signalgebenden Inhalt aufgeklebt, um die Zuordnung der Schnittebenen zu erleichtern.

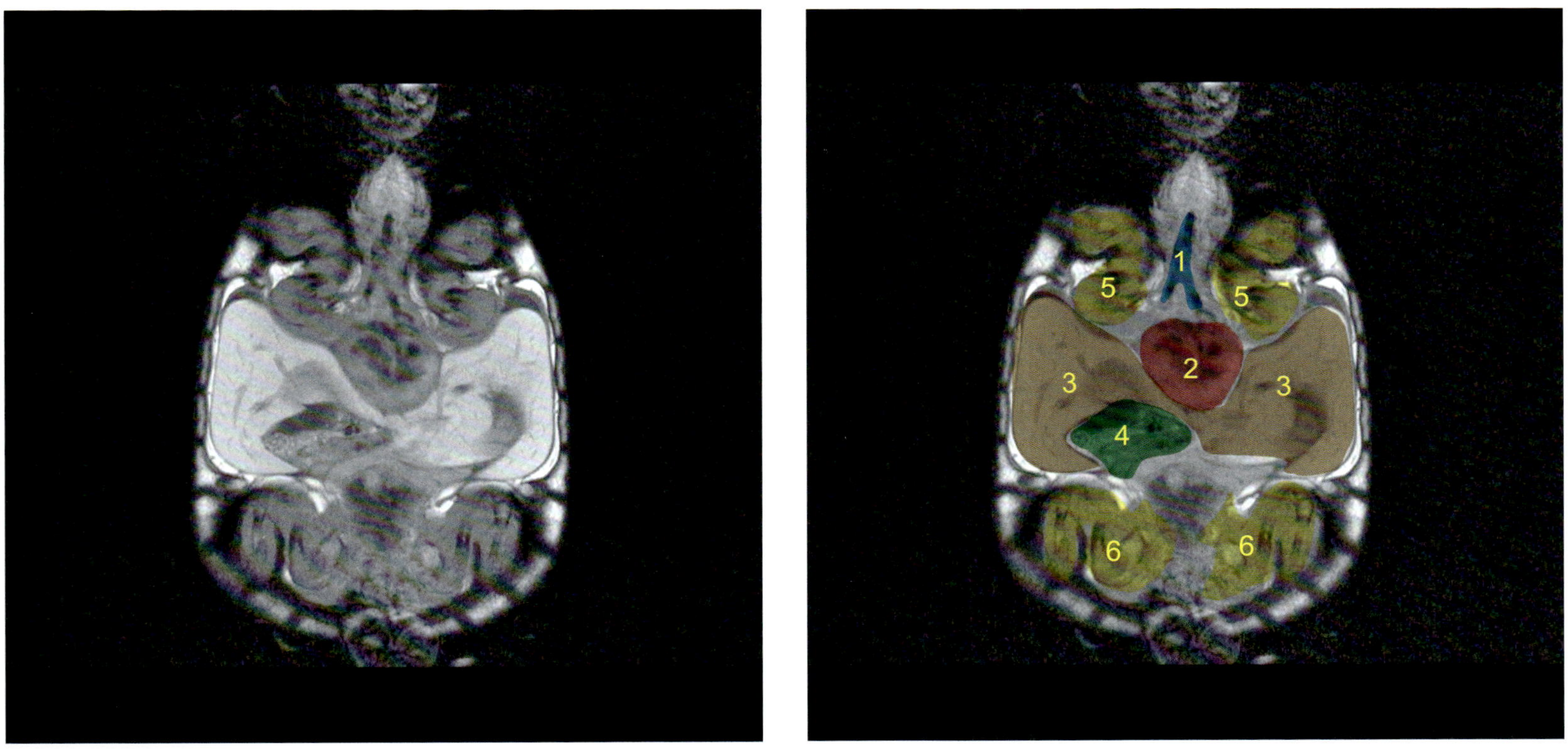

Abb. 3-101: MRT-Untersuchung, Körperstamm, dorsale Schnittebene, T1-Wichtung, Griechische Landschildkröte (*Testudo hermanni*): Darstellung der unauffälligen Organe. Typisch für viele Schildkrötenspezies ist die frühe Aufteilung der Trachea (1).

1: Trachea
2: Herz
3: Leber
4: Gastrointestinaltrakt
5: Vorderbeine, eingezogen
6: Hinterbeine, eingezogen

3.4.3.1 Fettkörper und Muskulatur

Der Fettkörper bzw. das Fettgewebe zeigt in beiden Wichtungen eine höhere Signalintensität als alle anderen Organe **(Abb. 3-110)**. Er lässt sich damit insbesondere als Vergleich zur Beurteilung des Lebergewebes in Hinblick auf dessen Fettgehalt nutzen **(Abb. 3-107A)**. Die innere Struktur spiegelt sich in einem gelappten Aufbau im Querschnitt wider. Die Muskulatur stellt sich in der T1-Wichtung etwas signalreicher dar, ist aber in beiden Wichtungen von mittlerer Intensität und damit als weiterer Vergleichspunkt für die Organbeurteilung von Bedeutung. Hier lässt sich die innere Struktur durch Bindegewebedarstellung sowie in der T2-Wichtung durch Darstellung der versorgenden Gefäße beurteilen **(Abb. 3-102** und **3-110)**.

Indikationen

- allgemeine Beurteilung und Vergleich anderer Organsysteme
- Traumata und Zubildungen (Muskulatur)
- Ernährungszustand (Muskulatur und Fettgewebe)

3.4.3.2 Respirationstrakt

Die Trachea kann in verschiedenen Ebenen in ihrem Verlauf beurteilt werden, ebenso der Verlauf der Primärbronchien in die Lungen **(Abb. 101** und **3-113)**. Hierbei ist insbesondere auf Stenosen, Obstruktionen sowie strukturelle Anomalien zu achten. Die Lungen können in ihrem Aufbau und ihrer Ausdehnung dargestellt und beurteilt werden. Sie stellen in beiden Wichtungen das signalärmste Organ dar. Der septenartig gekammerte Aufbau bei Echsen und Schildkröten lässt sich gut darstellen und entsprechende Verdichtungen können beurteilt werden **(Abb. 3-104)**. Hierzu ist die T2-Wichtung von besonderer Bedeutung. Grundsätzlich sollte versucht werden, Schildkröten für die Darstellung der Lungen mit ausgezogenen Beinen und Kopf zu lagern, da sonst das Lungenfeld durch die zusammengeschobenen Organe stark eingeengt und deshalb nicht mehr beurteilt werden kann **(Abb. 3-102B)**. Der Aufbau der Lungen und die Verteilung des respiratorischen Epithels variieren aber erheblich zwischen den Spezies, weshalb als Vergleich nur Aufnahmen der gleichen Spezies herangezogen werden sollten. Bei Schlangen ist das röhrenförmig angelegte respiratorische Epithel **(Abb. 3-110)** nahezu isointens im Vergleich zur Muskulatur. In der T2-Wichtung stellt sich häufig ein signalintenser Saum im Außenbereich dar. Das respiratorische Epithel lässt sich bis in den Übergang der Luftsäcke darstellen, wobei hierzu meist mehrere Aufnahmesegmente nötig sind.

Indikationen

- Verdacht auf Verengungen in den luftleitenden Wegen
- Traumata (Lungeneinblutungen)
- Verdacht auf Pneumonien

3.4.3.3 Leber

Die Leber ist in der T1-Wichtung im Vergleich zur T2-Wichtung deutlich signalintensiver darstellbar **(Abb. 3-101** bis **3-103, 3-107, 3-110)**. Neben der Größe können die Gewebehomogenität und im Vergleich mit den Fettlappen der Fettgehalt beurteilt werden. Die innere Struktur ist vorwiegend durch den Gefäßverlauf bestimmt. Eine Unterscheidung der einzelnen Leberlappen ist schwierig. In der T2-Wichtung stellen sich die intrahepatischen Blutgefäße und die Gallenblase **(Abb. 3-110)** signalintens dar und können entsprechend beurteilt werden.

Indikationen

- Lebervergrößerungen und Inhomogenitäten (klinisch, röntgenologisch, sonographisch)
- Verdacht auf Fettleber

3.4.3.4 Gastrointestinaltrakt

Die Darstellung des Gastrointestinaltraktes dient neben der Beurteilung der Wand auch der Beurteilung des Inhaltes **(Abb. 3-104** und **3-107)**. Die Magen- wie auch die Darmwand können in ihren Schichten beurteilt werden, wobei eine exakte Abgrenzung der einzelnen Schichten schwierig sein kann. Zur Identifizierung des Magens kann es nützlich sein, den Verlauf der Speiseröhre in den Magen hinein nachzuverfolgen. Nicht selten ist die Beurteilbarkeit bei Echsen und Schildkröten durch Steine, welche eine Signalauslöschung bewirken, reduziert. Durch die Eingabe ölhaltiger Substanzen, wie Paraffinöl, kann die Passagezeit beurteilt und Obstipationen können dargestellt werden.

Indikationen

- gestörte Peristaltik
- Verdacht auf Stenosen, Zubildungen oder Fremdkörper

3.4.3.5 Harntrakt

Die Nieren können in beiden Wichtungen in ihrer Größe und Struktur beurteilt werden. Hier ist die MRT sowohl der Röntgentechnik wie auch der CT-Untersuchung überlegen. Bei Echsen kann bei Tieren unter 1000 g Körpermasse die Verwendung einer Oberflächenspule zu besseren Resultaten führen. Die Nieren stellen sich bei Schildkröten dreieckig **(Abb. 3-102)**, bei Echsen längsgezogen **(Abb. 3-108)** und bei Schlangen eher geldrollenartig dar **(Abb. 3-111)**. Sie sind im Vergleich zur Muskulatur eher hyperintens. Der Harnsackinhalt ist insbesondere in der T2-Wichtung darstellbar und der Inhalt kann auf Konkremente oder Zubildungen hin untersucht werden. Die Wand ist im Vergleich zur Muskulatur isointens und sehr dünn, einzelne Schichten lassen sich nicht differenzieren.

Indikationen

- Verdacht auf Niereninsuffizienz (insbesondere Echsen und Schildkröten)
- Nierenvergrößerung (klinisch, radiologisch, sonographisch)
- vermehrte Füllung des Harnsacks, fehlender Harnabsatz

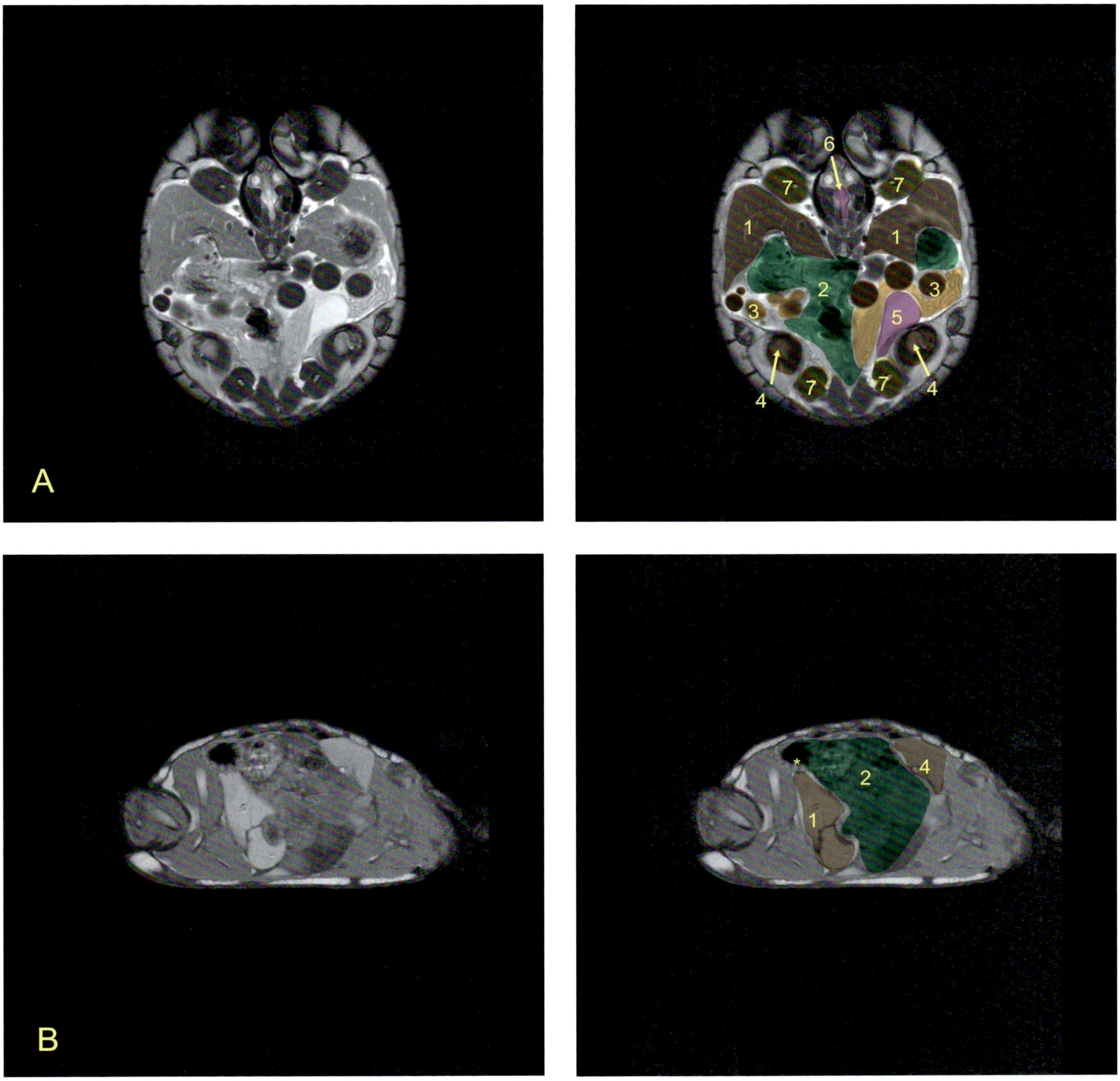

Abb. 3-102: MRT-Untersuchung, Körperstamm.

A: Dorsale Schnittebene, T2-Wichtung, Griechische Landschildkröte (*Testudo hermanni*): Darstellung der unauffälligen Organe. In dieser Wichtung lassen sich die Gefäße in der Leber (1) beurteilen und der Inhalt des Harnsacks (5) lässt sich darstellen.

B: Sagittale Schnittebene, T1-Wichtung, Russische Landschildkröte (*Testudo horsfieldii*): Da sich dieses Tier vollständig in den Panzer zurückgezogen hat, sind die inneren Organe zusammengeschoben und verlagert, das Lungenfeld ist eingeengt.

1: Leber
2: Gastrointestinaltrakt
3: Follikel / Legedarm
4: Knie im Anschnitt
5: Harnsack
6: Gehirn
7: Gliedmaßen

*: Magenblase im Anschnitt

3.4.3.6 Genitaltrakt

Die aktiven Genitale können leicht dargestellt werden. Eier und Follikel lassen sich hinsichtlich ihrer inneren Struktur beurteilen. Die Darstellung der Eier und Follikel kann dabei auch innerhalb eines Tieres variieren **(Abb. 3-105, 3-106, 3-109, 3-112)**. Sie können während ihrer Entwicklung sowohl konzentrisch als auch horizontal geschichtet sein, wobei die Signalintensität sehr stark variiert. Bei konzentrischer Schichtung stellen sich die Eier mit einem signalreichen Zentrum und einer Schichtung wechselnder Intensität dar. Die horizontale Schichtung ist in der T2-Wichtung dreischichtig, wobei auf eine signalreiche dorsale Schicht eine Schicht mittlerer Intensität und schließlich eine signalarme Schicht folgen. Größe und Form variieren artspezifisch. Bei ovoviviparen Spezies lassen sich auch die sich entwickelnden Föten darstellen, wobei hinsichtlich der Beurteilung bisher kaum Erfahrungswerte vorliegen. Ebenfalls gut beurteilt werden können Follikel, welche sich in beiden Wichtungen darstellen und hinsichtlich ihrer Größe und Homogenität begutachtet werden sollten. Auch hier kann eine horizontale und konzentrische Schichtung wie bei den Eiern gesehen werden. Die Hoden lassen sich als Organe mittlerer Signalintensität abgrenzen und vermessen. Die (Hemi-)Penes sind artunterschiedlich als teilweise gefältete Strukturen in beiden Wichtungen darstellbar.

Indikationen

- Verdacht auf Zubildungen am Ovar (Neoplasien, Zysten)
- Störungen der Legetätigkeit
- Zubildungen im Bereich der Hemipenistaschen

3.4.3.7 Sonstige Organe

Analog zum Säuger lassen sich das zentrale Nervensystem, die Augen **(Abb. 3-113)** und das Skelettsystem untersuchen. Im Bereich der Gelenke kommt der Beurteilung abnormer Füllungen (Abszesse, Gicht, Tumoren) eine diagnostische Bedeutung zu. Die Darstellung der Nebennieren gelingt bei Reptilien nicht regelmäßig. Das Herz lässt sich aufgrund der Bewegungsartefakte nur bedingt auswertbar darstellen, hier sind Verfahren wie die Ultraschalltechnik vorzuziehen. Die Milz ist in der T2-Wichtung meist signalstärker, der Thymus dagegen in der T1-Wichtung. Die Schilddrüse ist in der T1-Wichtung signalstärker darstellbar, die Abgrenzung zu anderen Organen ist aber insbesondere bei kleinen Reptilien schwierig. Die Beurteilung der Struktur der letztgenannten Organe ist durch die Größe meist nur bedingt möglich.

Weiterführende Literatur

EFFER, N. (2004): Zur Schnittbildanatomie der griechischen Landschildkröte (*Testudo hermanni boettgeri*) in der Magnetresonanztomographie: Physiologische und pathologische Befunde sowie transhibernale Veränderungen unter definierten Bedingungen. Diss. med. vet., Gießen.

PREUSS, S. (2009): Die Darstellung der inneren Organe des Grünen Leguans (*Iguana iguana*) mittels Magnetresonanztomographie im Vergleich zwischen juvenilen und adulten Tieren. Dissertation, Leipzig.

STIEF, H. (2007): Zur Schnittbildanatomie von Boiden in der Magnetresonanztomographie. Dissertation, Leipzig.

STRAUB, J., JURINA, C. (2001): Magnetic resonance imaging in chelonians. Sem. Avian Exot. Pet. Med. **10**: 181–186.

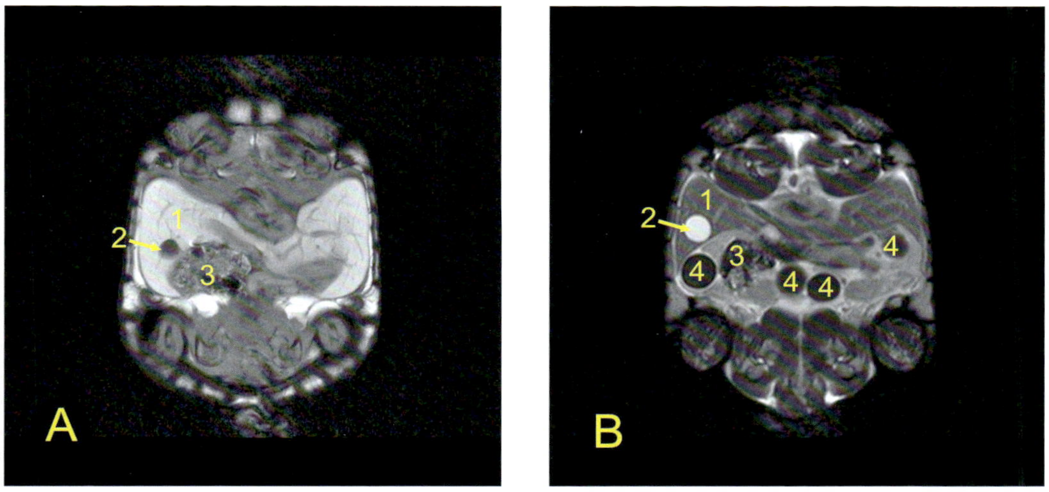

1: Leber
2: Gallenblase
3: Magen/Darm
4: Follikel

Abb. 3-103: MRT-Untersuchung, Körperstamm, dorsale Schnittebene, T1-Wichtung (A), T2-Wichtung (B), Griechische Landschildkröte (*Testudo hermanni*): In der T1-Wichtung kann das Lebergewebe (1) hinsichtlich des Fettgehaltes beurteilt werden, in der T2-Wichtung sind Blutgefäße und die Gallenblase (2) signalreich.

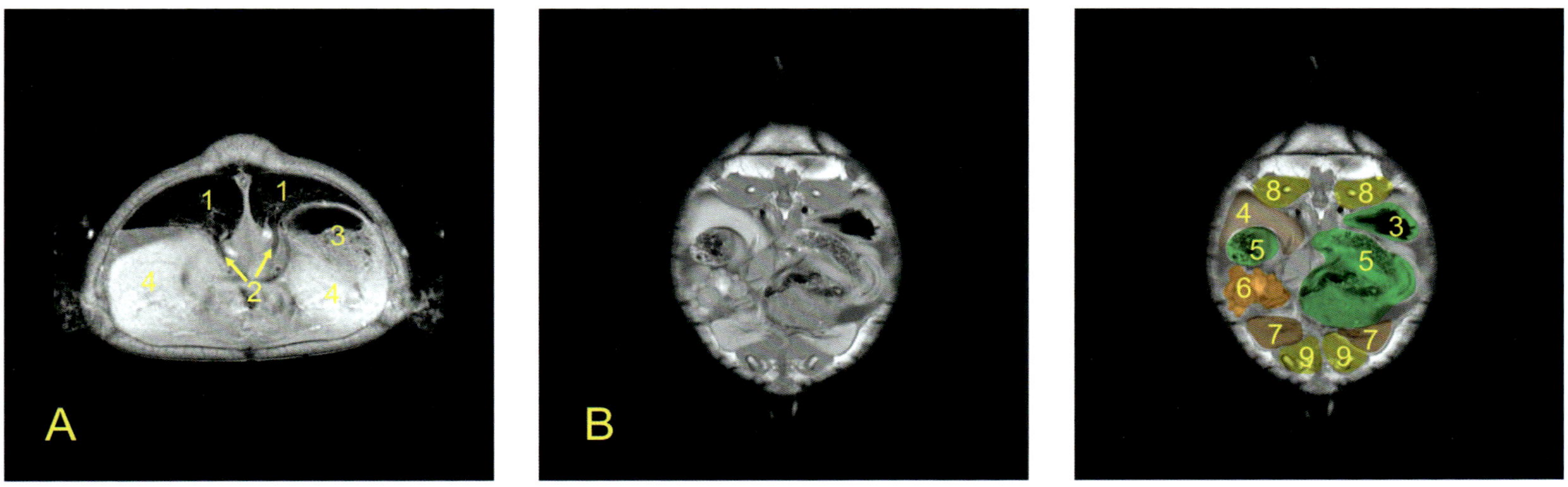

Abb. 3-104: MRT-Untersuchung, Körperstamm.

A: Sagittale Schnittebene, T1-Wichtung, Griechische Landschildkröte (*Testudo hermanni*): Darstellung des Eintritts der Hauptbronchien (2) in die Lungen (1). Das Lungengewebe ist signalarm. Der Magen (3) kann physiologischerweise etwas Luft enthalten.

B: Dorsale Schnittebene, T1-Wichtung, Griechische Landschildkröte (*Testudo hermanni*): Darstellung von Leber (4), Magen (3), Darm (5), Eierstock (6) und Nieren (7). Die Nieren liegen hochdorsal in der kaudalen Leibeshöhle.

1: Lungen
2: Hauptbronchien
3: Magen
4: Leber
5: Darm
6: Eierstock
7: Niere
8: Vordergliedmaßen
9: Hintergliedmaßen

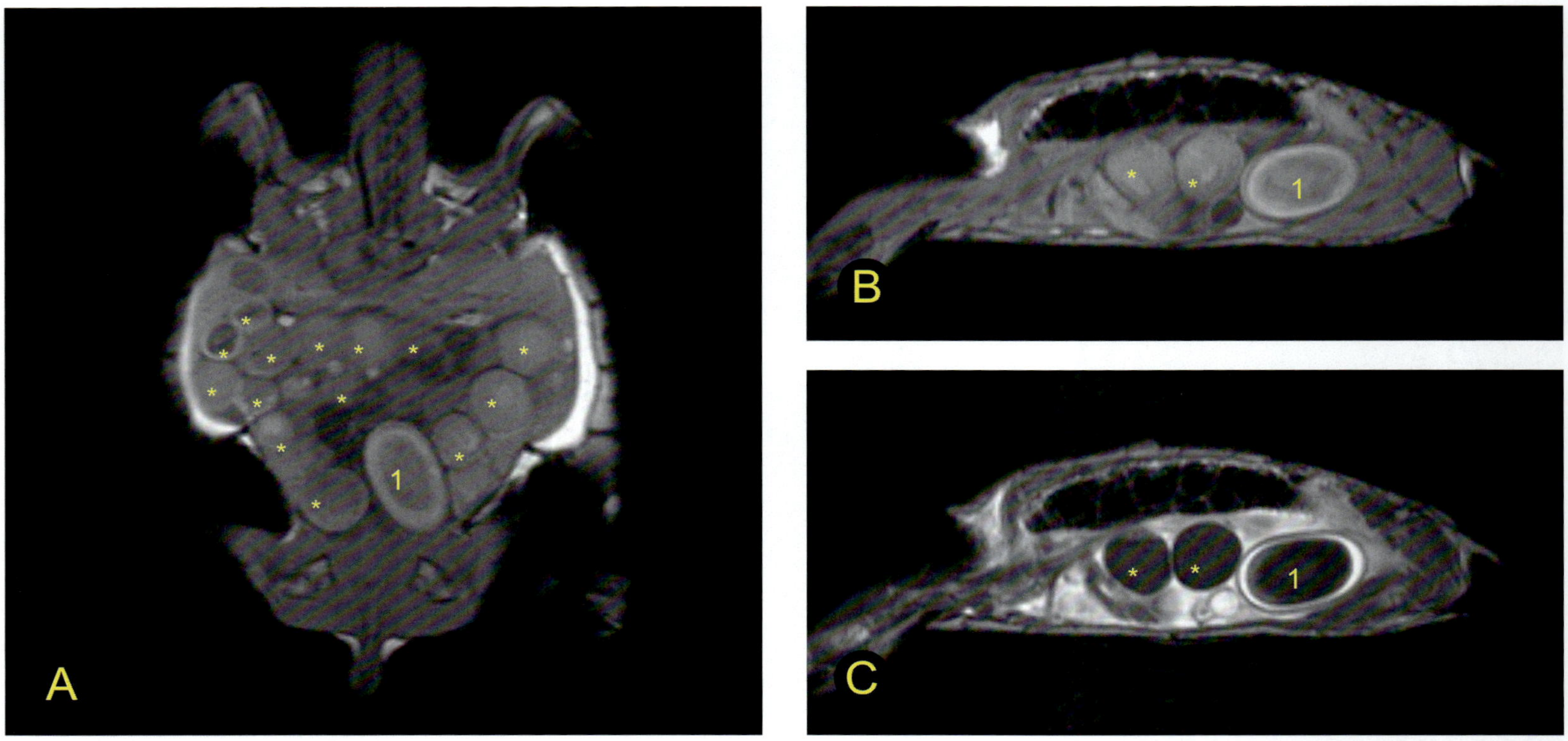

Abb. 3-105: MRT-Untersuchung, Körperstamm, dorsale Schnittebene (A) und sagittale Schnittebene (B, C), T1-Wichtung (A, B) und T2-Wichtung (C), Rotwangenschmuckschildkröte (*Trachemys scripta elegans*): Darstellung mehrerer Follikel (*) und eines Eies (1).

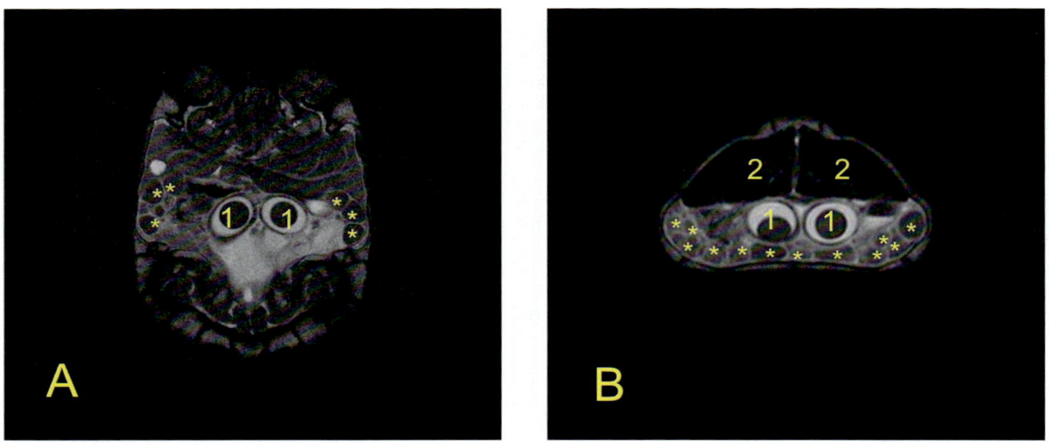

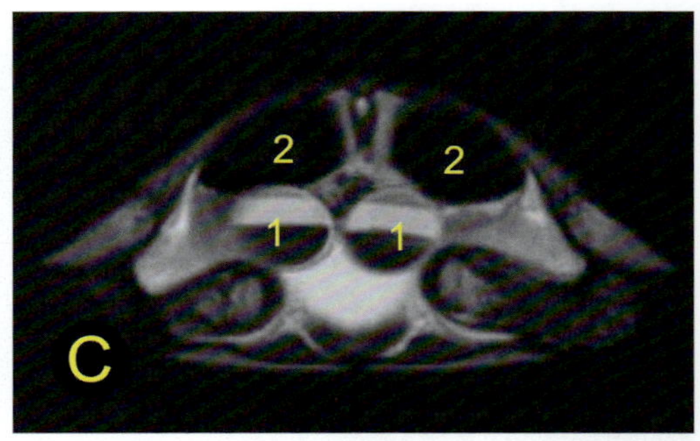

1: Eier, beschalt
2: Lungen

*: Follikel

Abb. 3-106: MRT-Untersuchung, Körperstamm.

A, B: Dorsale (A) und transversale (B) Schnittebene, T2-Wichtung, Griechische Landschildkröte (*Testudo hermanni*): Darstellung zweier beschalter Eier (1) und mehrerer Follikel (*). Die kalkhaltige Schale stellt sich in der MRT signalarm dar.

C: Transversale Schnittebene, T2-Wichtung, Gelbwangenschmuckschildkröte (*Trachemys scripta scripta*): Eier in Entwicklung können sich auch horizontal geschichtet darstellen, wobei in der T2-Wichtung eine dorsale (fetthaltige) Schicht mittlerer Signalintensität, eine mittlere signalreiche Schicht und eine ventrale signalarme Schicht unterscheiden lassen.

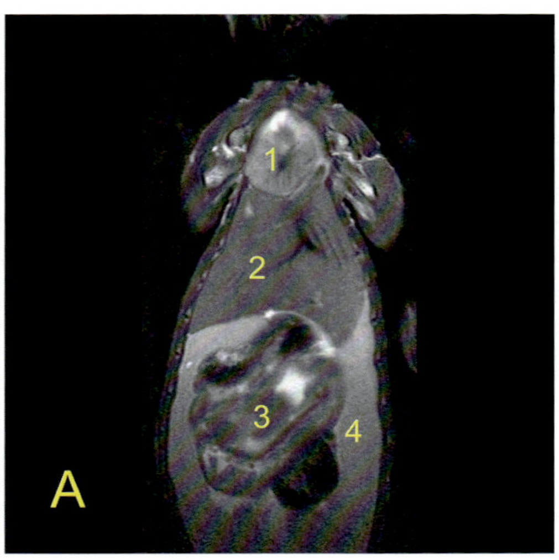

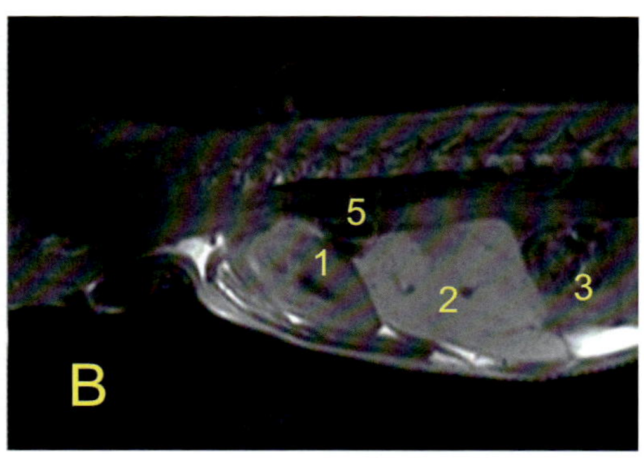

1: Herz
2: Leber
3: Gastrointestinaltrakt
4: Fettkörper
5: Lungen

Abb. 3-107: MRT-Untersuchung, Körperstamm, dorsale (A) und sagittale (B) Schnittebene, Oberflächenspule, T1-Wichtung (A), T2-Wichtung (B), Grüner Leguan (*Iguana iguana*): Darstellung von Herz (1), Leber (2) und Gastrointestinaltrakt (3).

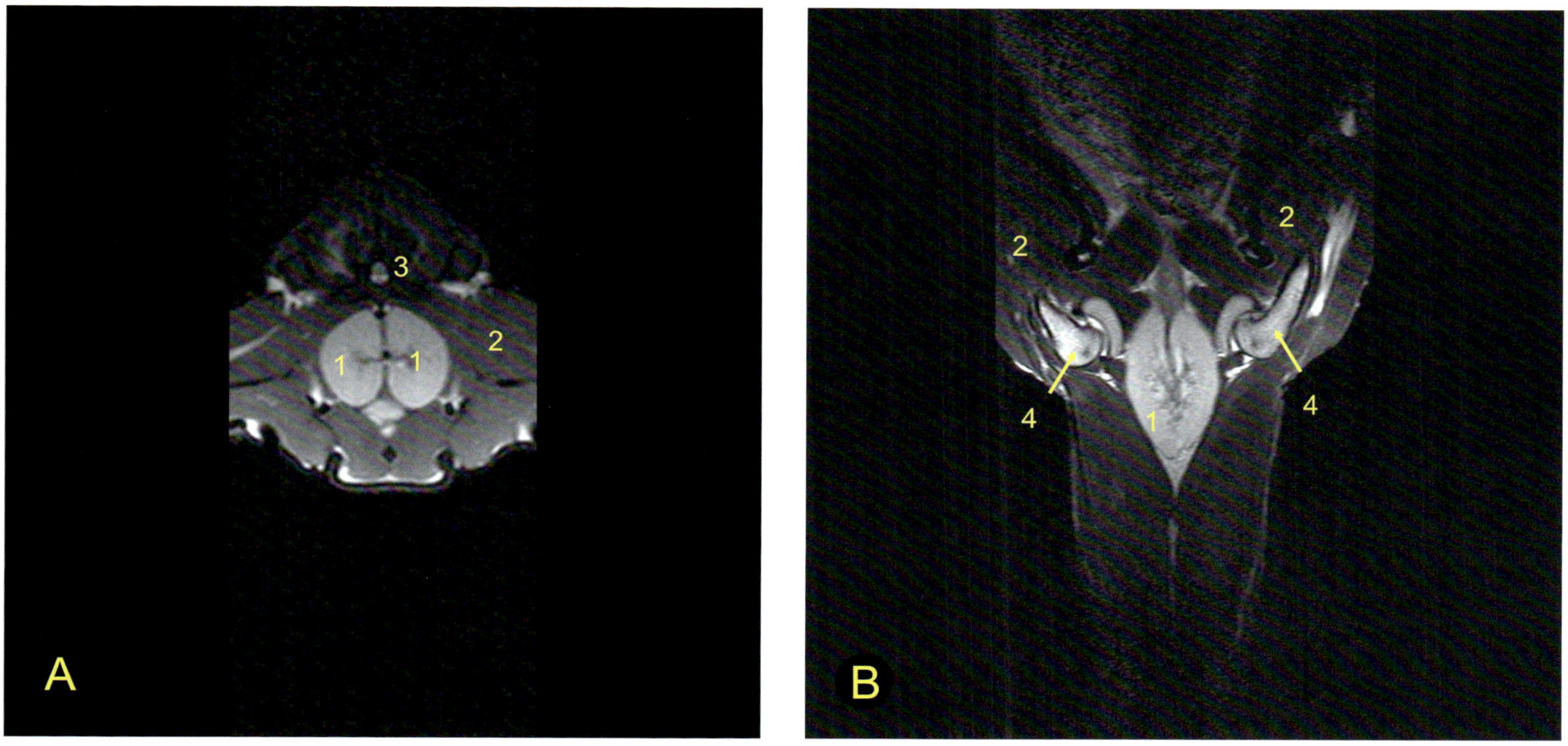

Abb. 3-108: MRT-Untersuchung, Beckenbereich, dorsale Schnittebene mit Oberflächenspule, T2-Wichtung, Grüner Leguan (*Iguana iguana*): Darstellung der unauffälligen Nieren (1). In der dorsalen Aufnahme ist die kaudale Verschmelzung beider Nieren zu sehen.

1: Niere
2: Beckenmuskulatur
3: Wirbelsäule und Rückenmark
4: Femur/Hüftgelenk

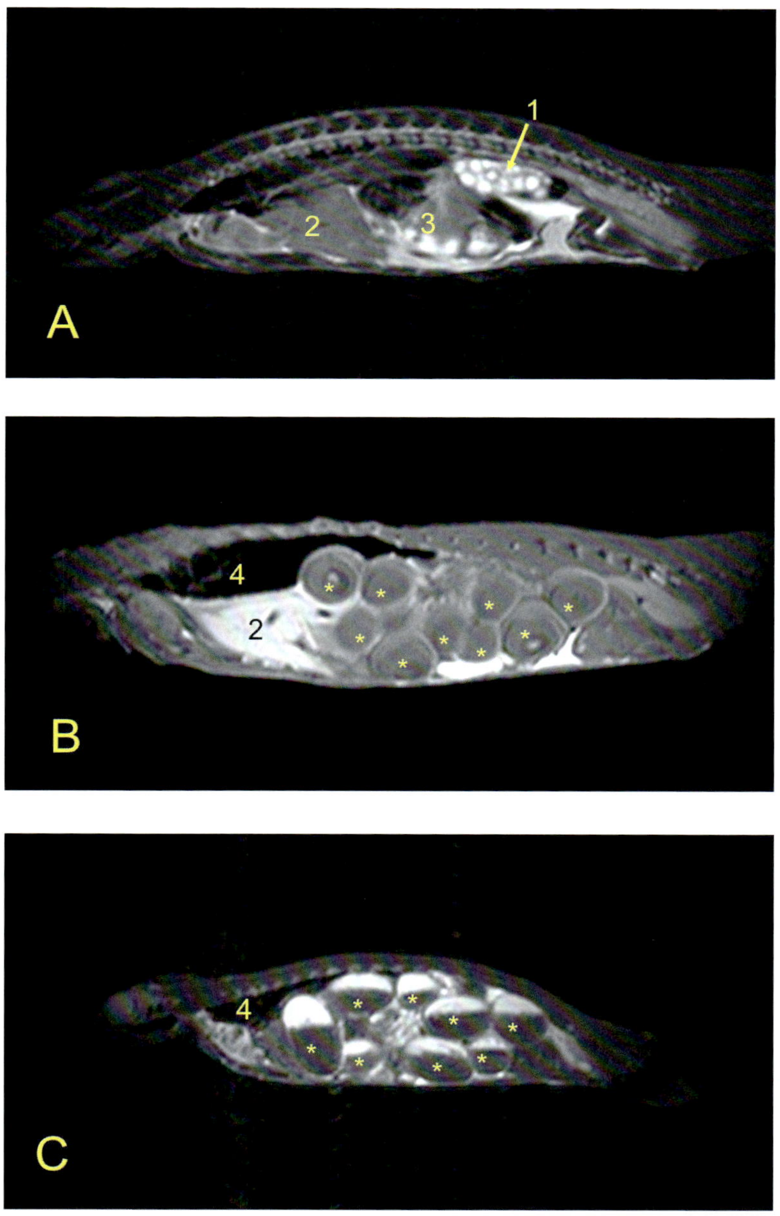

1: Ovar
2: Leber
3: Magen
4: Lunge

Abb. 3-109: MRT-Untersuchung, Körperstamm, sagittale Schnittebene, T1-Wichtung (B), T2-Wichtung (A, C), Grüner Leguan (*Iguana iguana*): Darstellung des Ovars (1) sowie von Eiern mit konzentrischer (B*) und horizontaler (C*) Schichtung.

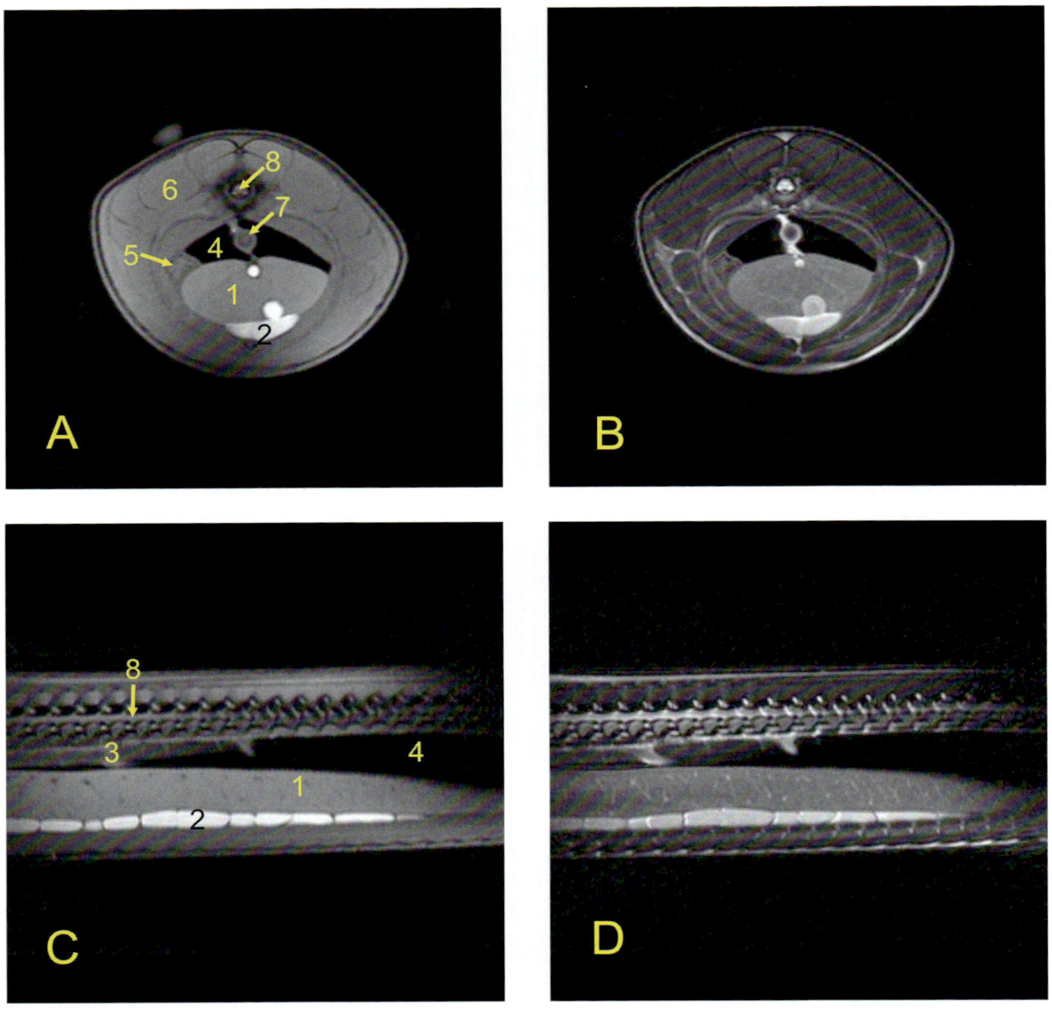

1: Leber
2: Fett
3: Lungengewebe
4: Luftsack
5: Speiseröhre
6: Rückenmuskulatur
7: Aorta
8: Rückenmark

Abb. 3-110: MRT-Untersuchung, Körperstamm, transversale (A, B) und sagittale (C, D) Schnittebene, T1-Wichtung (A, C), T2-Wichtung (B, D), Untersuchung bei ca. 40 % der Körperlänge, Tigerpython (*Python molurus*): Darstellung der unauffälligen Leber (1). Die Schlangenleber stellt sich von zwei großen Gefäßen längsdurchzogen dar. Die kleineren Gefäße können in der T2-Wichtung beurteilt werden.

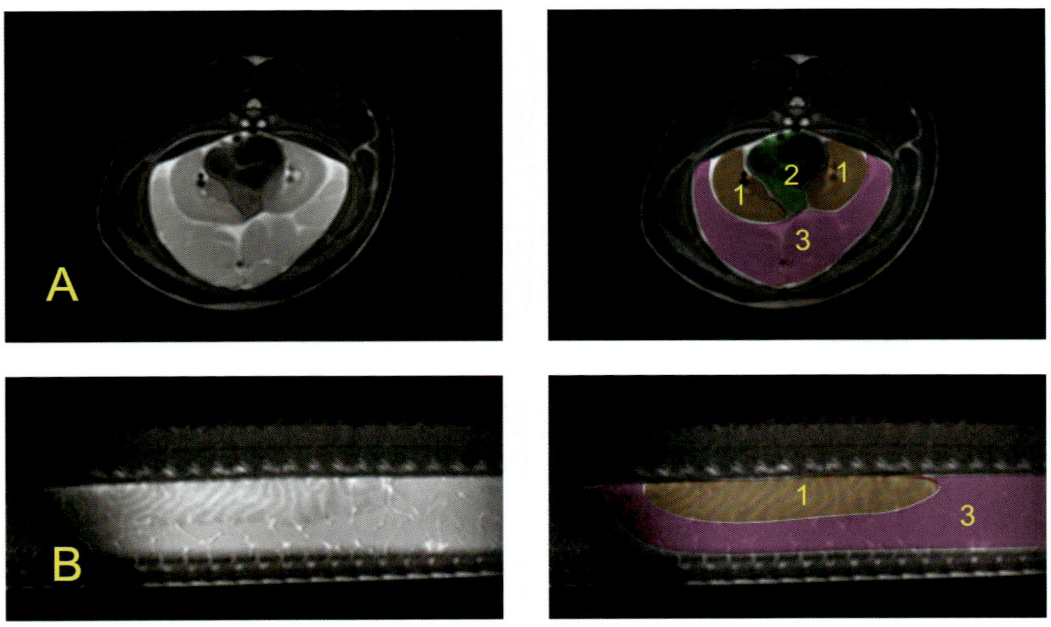

1: Niere
2: Darm
3: Fettgewebe

Abb. 3-111: MRT-Untersuchung, Körperstamm, transversale (A) und sagittale (B) Schnittebene, T2-Wichtung, Untersuchung bei ca. 75 % der Körperlänge, Tigerpython (*Python molurus*): Die Nieren (1) liegen weitgehend hintereinander und überlappen sich nur wenig. In der sagittalen Ebene ist die geldrollenartige Schichtung erkennbar.

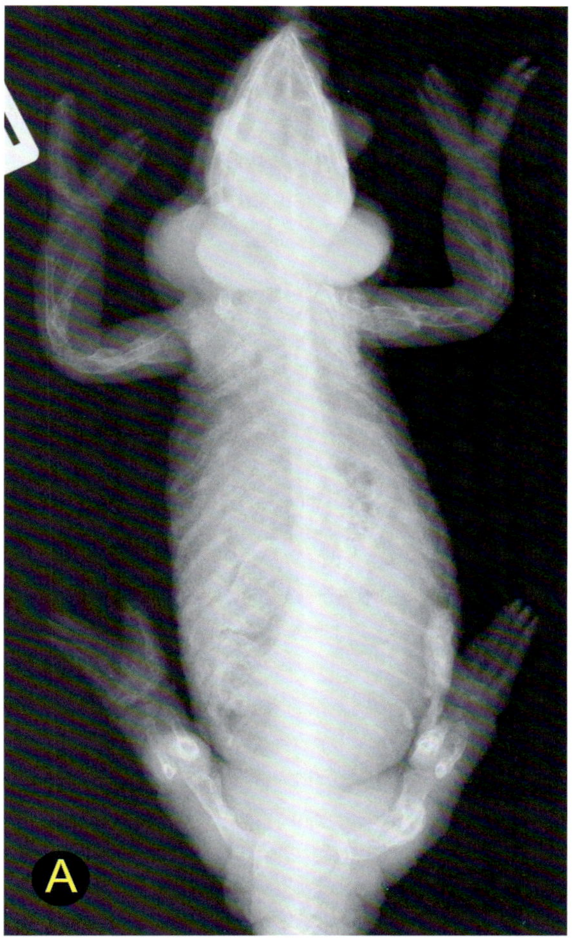

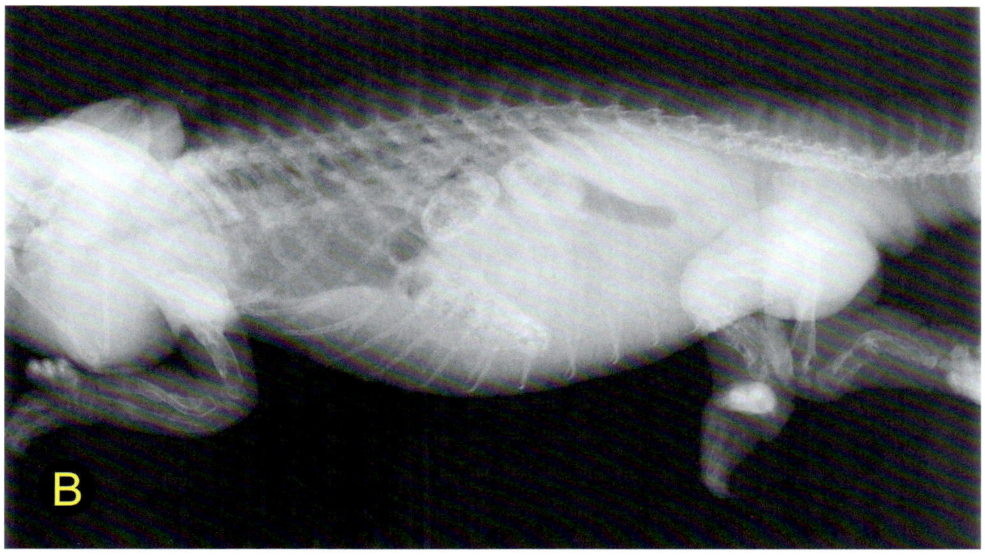

Abb. 3-124: Röntgenuntersuchung, Körper, dorso-ventrale (A) und latero-laterale (B) Projektion, Jemenchamäleon (*Chamaeleo calyptratus*): *Metabolic Bone Disease*. Hochgradige Knochendeformierungen und Verbiegungen sowie Fremdkörperaufnahme (Sand) im Gastrointestinaltrakt. Dies sind die typischen Zeichen einer *Metabolic Bone Disease*. Die Verschattung in der Leibeshöhle ist durch Follikelanbildung bedingt.

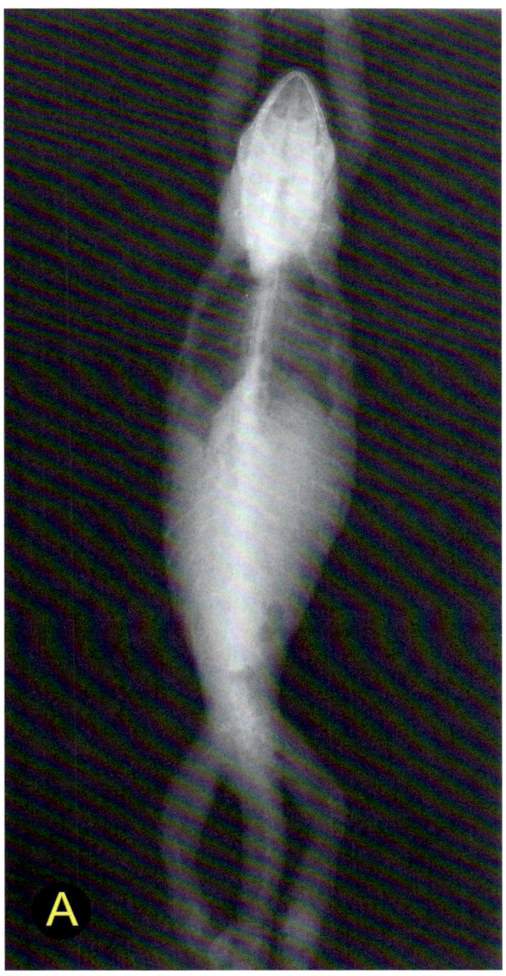

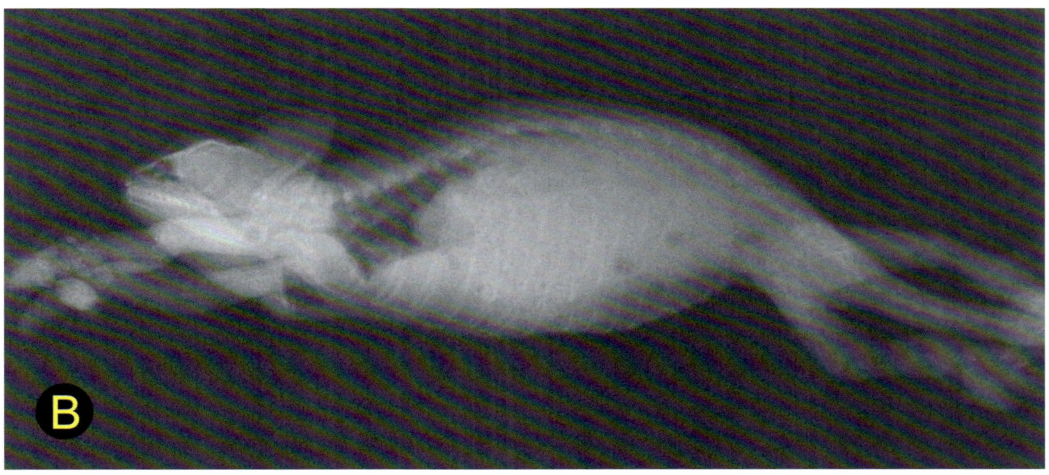

Abb. 3-125: Röntgenuntersuchung, Körper, dorso-ventrale (A) und latero-laterale (B) Projektion, Jemenchamäleon (*Chamaeleo calyptratus*): *Metabolic Bone Disease*. Die Knochen sind unzureichend mineralisiert und kaum röntgendicht. Dies ist insbesondere im Bereich der Hintergliedmaßen zu sehen. Hier ist es auch schon zu Deformierungen gekommen.

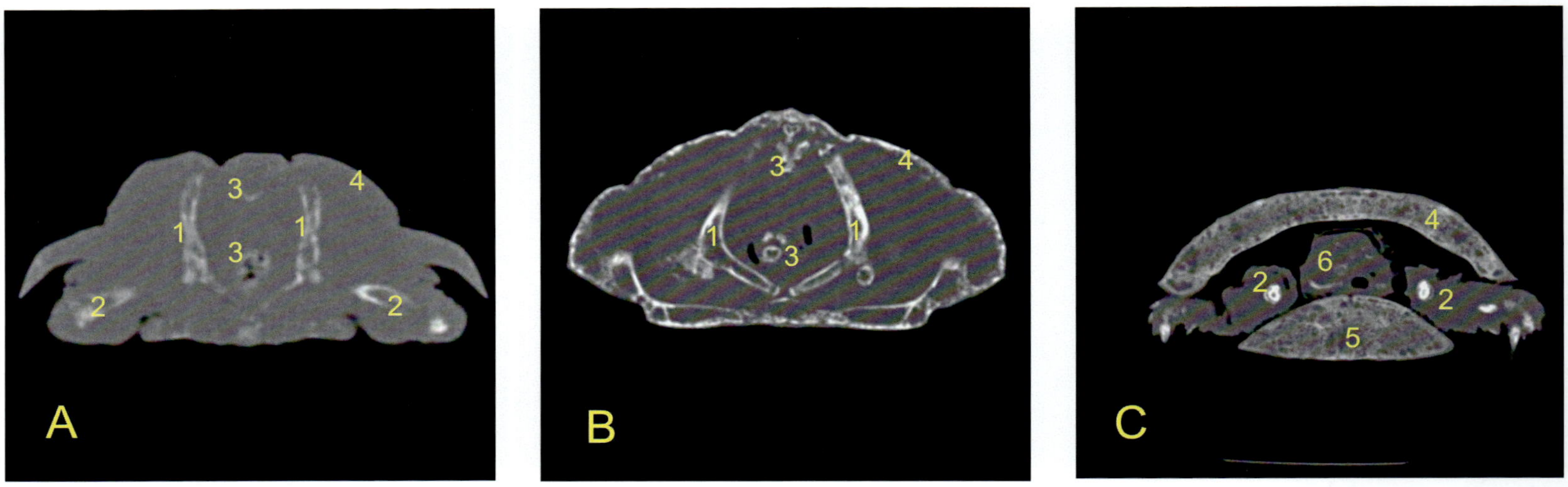

Abb. 3-126:

A: CT-Untersuchung, Schultergürtel, transversale Ebene (120 kV, 120 mA, 1,0 mm SD, W: 1514, L: 184), Griechische Landschildkröte (*Testudo hermanni*): *Metabolic Bone Disease*. Der Panzer (4) ist deformiert und kaum kalzifiziert, die Kortikalis der Schultergürtelknochen (1) ist unregelmäßig aufgetrieben und die Knochen sind deformiert.

B: CT-Untersuchung, Schultergürtel, transversale Ebene (120 kV, 120 mA, 1,0 mm SD, W: 1500, L: 350), Griechische Landschildkröte (*Testudo hermanni*): *Metabolic Bone Disease*. Auch hier ist der Panzer unzureichend kalzifiziert und die Kortikalis der Schultergürtelknochen (1) ist unregelmäßig. Der Schulter- bzw. der Beckengürtel eignen sich gut zur Beurteilung der Knochendichte.

C: CT-Untersuchung, Körper, transversale Ebene (120 kV, 140 mA, 1,0 mm SD, W: 1500, L: 350), Maurische Landschildkröte (*Testudo graeca*): *Metabolic Bone Disease*. Bei diesem Tier sind Plastron (5) und Carapax (4) hochgradig aufgetrieben, so dass der Kopf (6) kaum eingezogen werden kann

1: Scapula
2: Humerus
3: Halswirbelsäule
4: Carapax
5: Plastron
6: Kopf

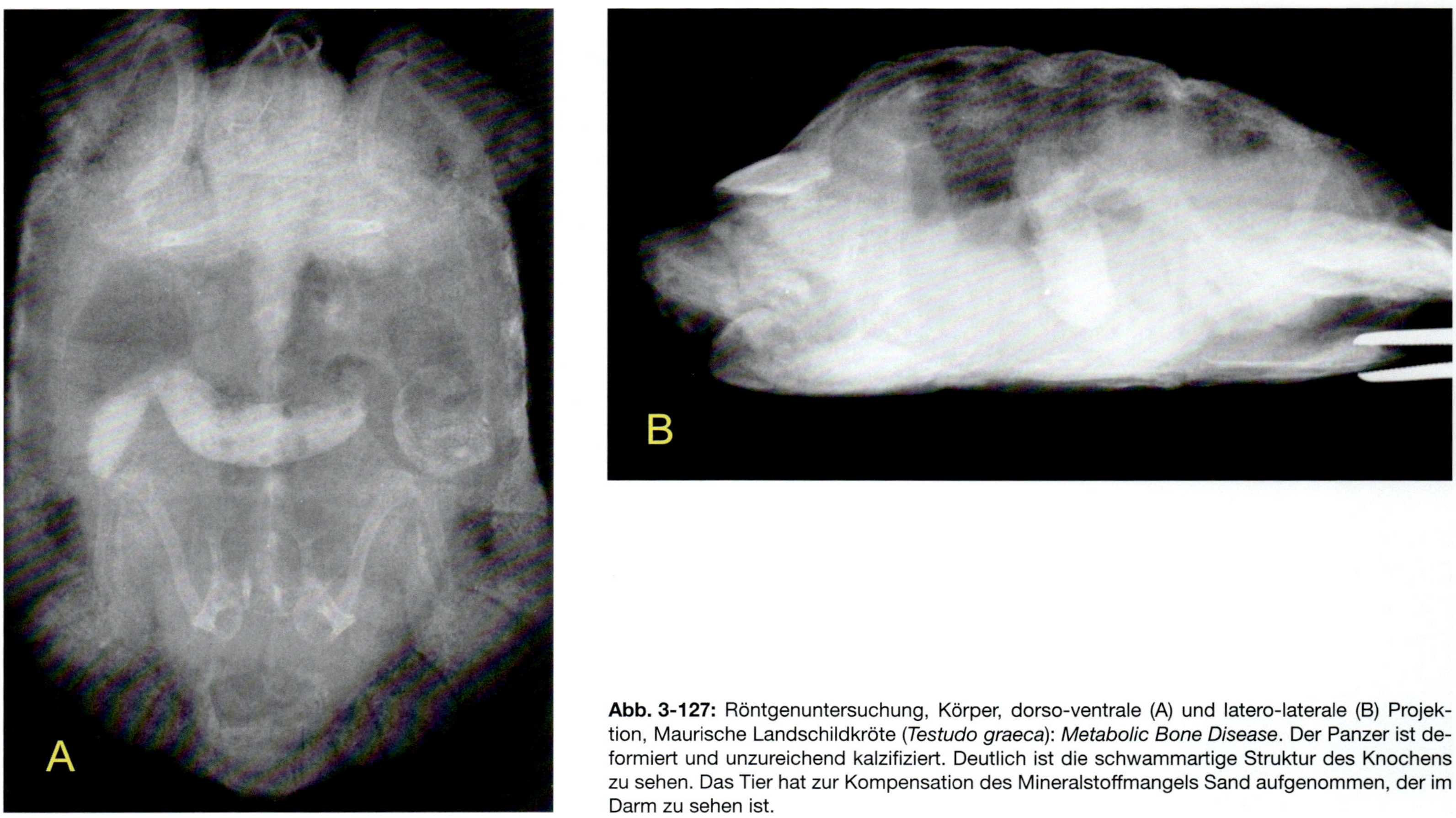

Abb. 3-127: Röntgenuntersuchung, Körper, dorso-ventrale (A) und latero-laterale (B) Projektion, Maurische Landschildkröte (*Testudo graeca*): *Metabolic Bone Disease*. Der Panzer ist deformiert und unzureichend kalzifiziert. Deutlich ist die schwammartige Struktur des Knochens zu sehen. Das Tier hat zur Kompensation des Mineralstoffmangels Sand aufgenommen, der im Darm zu sehen ist.

Abb. 3-128: Landschildkröte mit hochgradiger Knochendeformierung infolge *Metabolic Bone Disease*. Durch die Stützfunktion von Schulter- und Beckengürtel entstanden zwei Höcker, die Wirbelsäule dazwischen ist eingesackt.

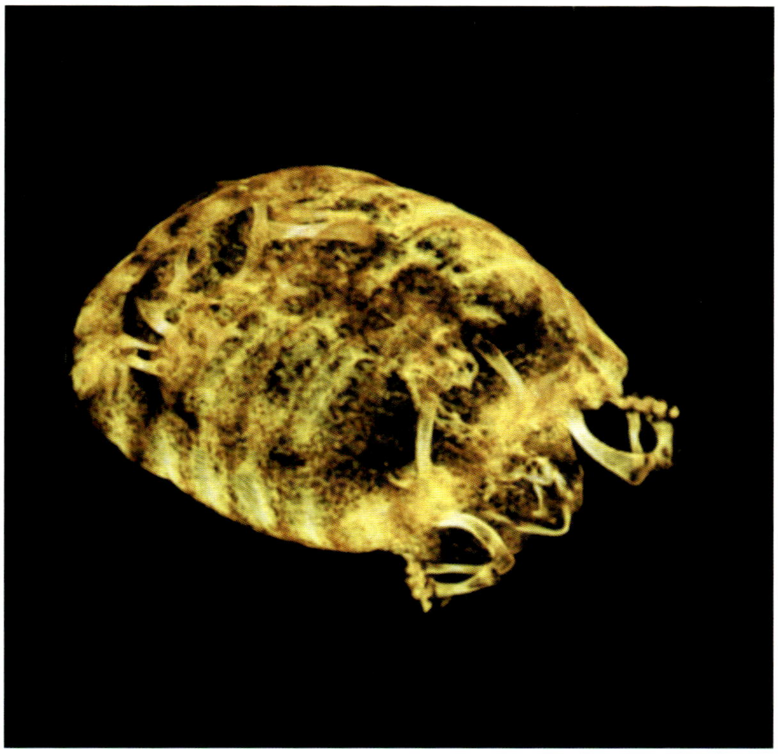

Abb. 3-129: CT-Untersuchung, Körper, dreidimensionale Rekonstruktion (120 kV, 83 mA, 1,0 mm SD, W: 255, L: 127), Maurische Landschildkröte (*Testudo graeca*): *Metabolic Bone Disease*. Darstellung des unzureichend kalzifizierten Panzers (Vergleichsbild gesunde Schildkröte s. auch Abb. 3-84).

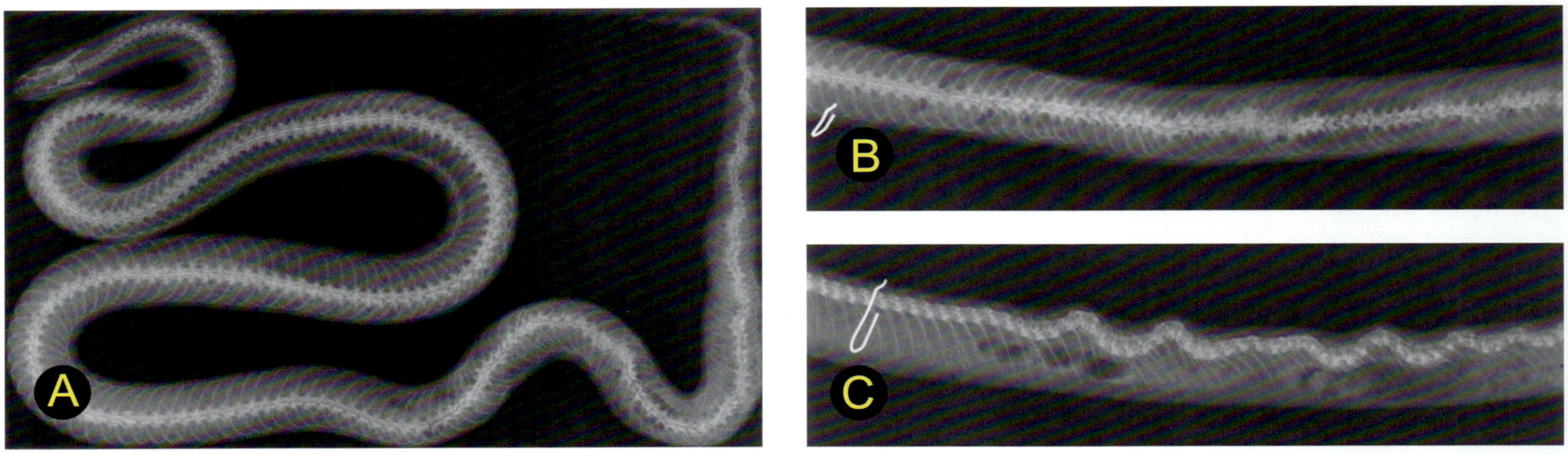

Abb. 3-130: Röntgenuntersuchung, Körper, Boxenaufnahme (A), dorso-ventrale (B) und latero-laterale (C) Projektion, gebänderte Wassernatter (*Nerodia fasciata*): hochgradige Wirbelsäulendeformierung. Häufige Ursachen sind hier Bebrütungsfehler und genetische Defekte.

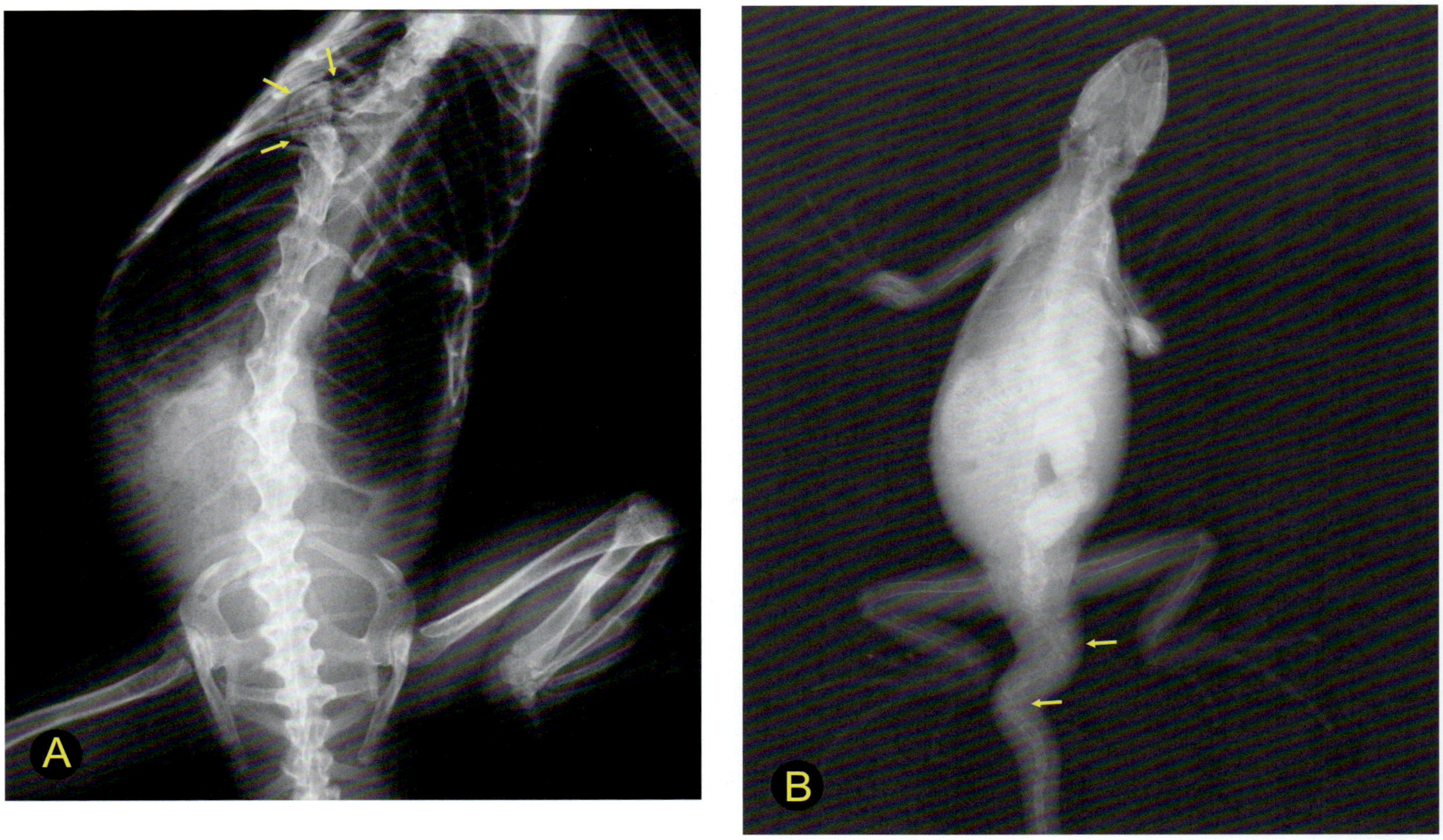

Abb. 3-131:

A: Röntgenuntersuchung, Körper, dorso-ventrale Projektion, Grüner Leguan (*Iguana iguana*): hochgradige Deformierung der Brustwirbelsäule. Hier handelte es sich um einen Zufallsbefund.

B: Röntgenuntersuchung, Körper, dorso-ventrale Projektion, Grüner Leguan (*Iguana iguana*): Deformierung der Schwanzwirbelsäule. Bei diesem Tier bestand noch keine klinische Problematik.

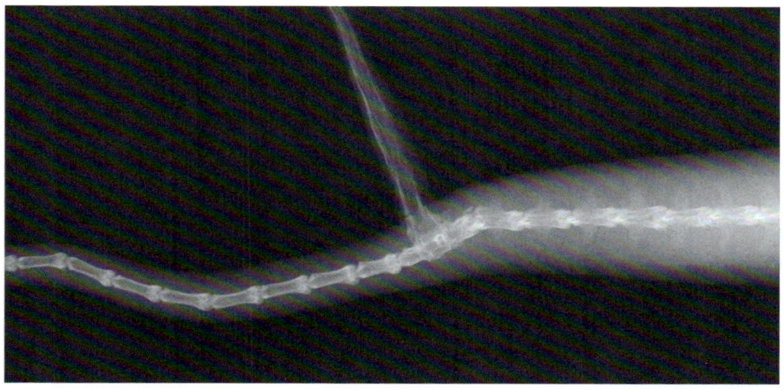

Abb. 3-132: Röntgenuntersuchung, Schwanz, dorso-ventrale Projektion, Grüner Leguan (*Iguana iguana*): Bildung eines Pseudoregenerats nach Trauma.

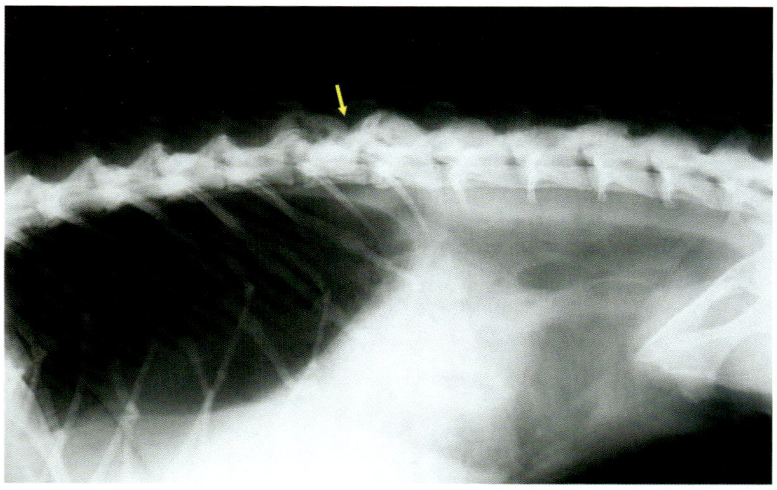

Abb. 3-133: Röntgenuntersuchung, Wirbelsäule, latero-laterale Projektion, Grüner Leguan (*Iguana iguana*): Brückenbildung zwischen Wirbelkörpern. Die Veränderung war bei diesem Tier noch ohne klinische Symptomatik. Bei Fortschreiten der Verknöcherungen kann ein Bild wie in Abb. 3-118 entstehen.

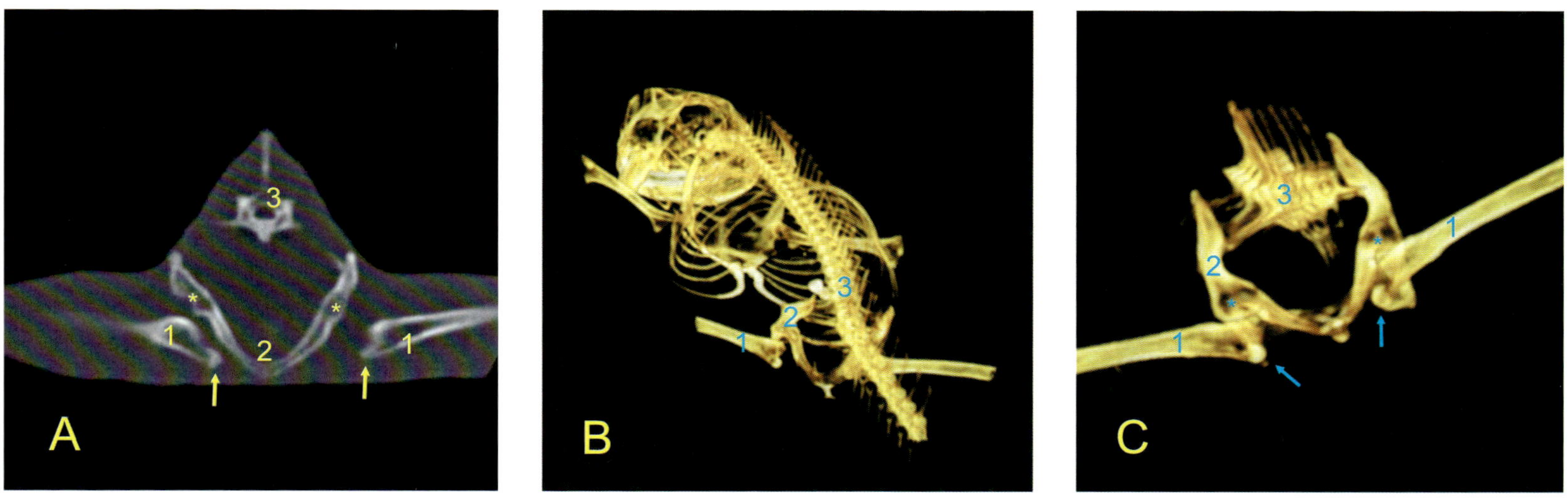

Abb. 3-134: CT-Untersuchung, Becken, transversale Ebene (A) (120 kV, 120 mA, 1,0 mm SD, W: 1726, L: 570) und dreidimensionale Reformation (B, C) (120 kV, 120 mA, 1,0 mm SD, W: 255, L: 127), Wasseragame (*Physignathus cocincinus*): beidseitige Luxation der Hüftgelenke. Die Luxation entstand nach Kopulation mit einem deutlich größeren Männchen.

1: Femur
2: Becken
3: Wirbelsäule

Pfeil: Femurkopf
*: Hüftgelenkspfanne

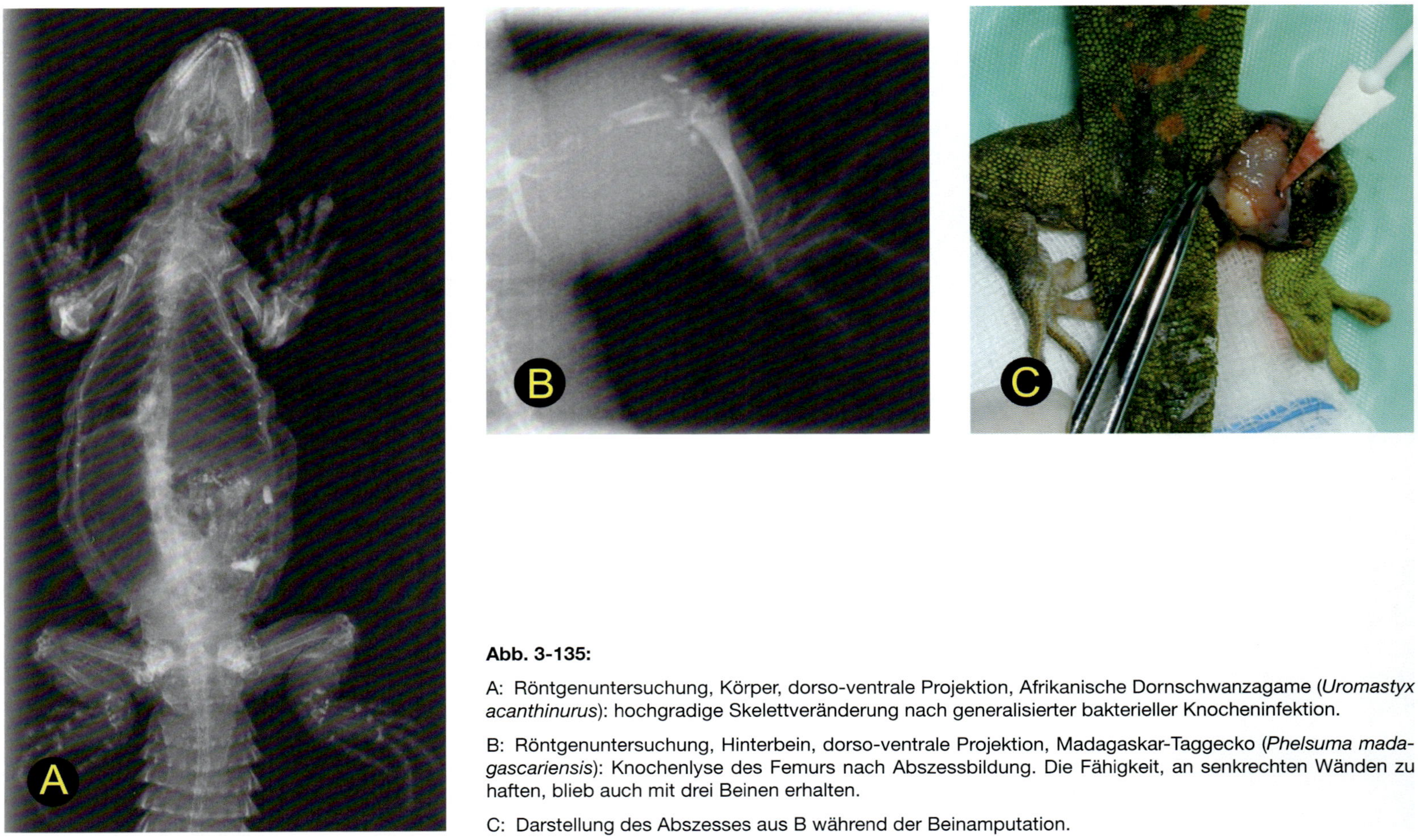

Abb. 3-135:

A: Röntgenuntersuchung, Körper, dorso-ventrale Projektion, Afrikanische Dornschwanzagame (*Uromastyx acanthinurus*): hochgradige Skelettveränderung nach generalisierter bakterieller Knocheninfektion.

B: Röntgenuntersuchung, Hinterbein, dorso-ventrale Projektion, Madagaskar-Taggecko (*Phelsuma madagascariensis*): Knochenlyse des Femurs nach Abszessbildung. Die Fähigkeit, an senkrechten Wänden zu haften, blieb auch mit drei Beinen erhalten.

C: Darstellung des Abszesses aus B während der Beinamputation.

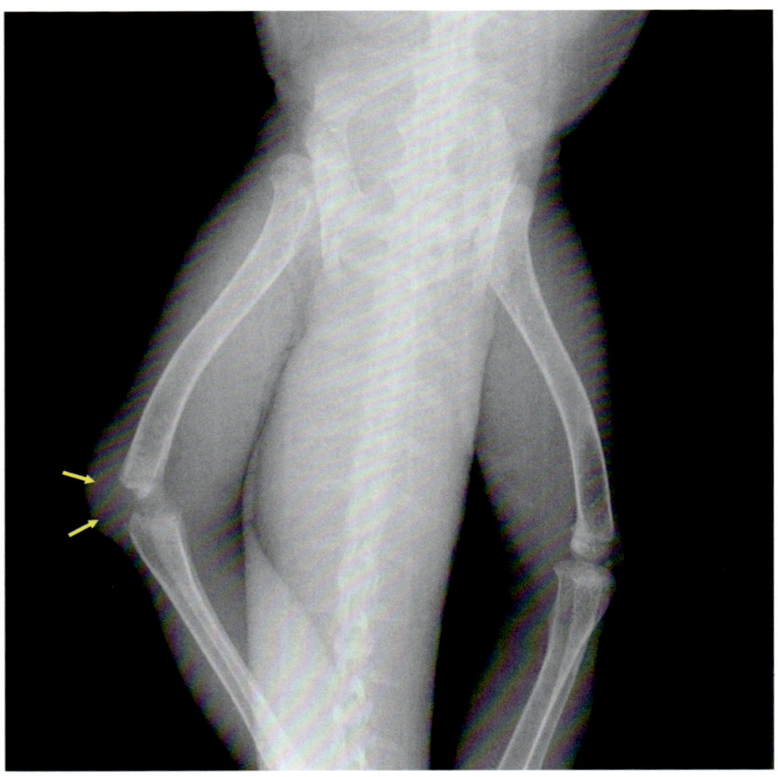

Abb. 3-136: Röntgenuntersuchung, Hintergliedmaße, dorso-palmare Projektion, Grüner Leguan (*Iguana iguana*), Knieschwellung, bakterielle Infektion. Es sind eine Weichteilschwellung und eine Lyse der Gelenkflächen zu sehen.

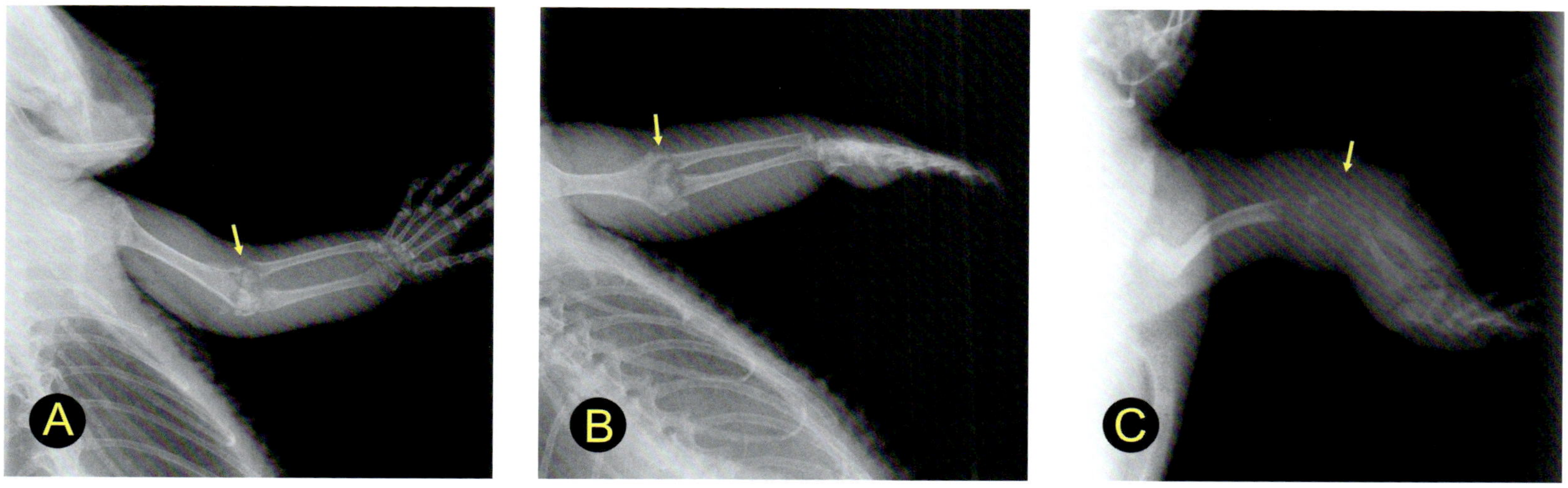

Abb. 3-137:

A, B: Röntgenuntersuchung, Vordergliedmaße, dorso-palmare (A) und kaudo-kraniale (B) Projektion, Bartagame (*Pogona vitticeps*): Lahmheit, bakterielle Infektion. Im Bereich des Ellenbogengelenks zeigen sich Knochenlysen.

C: Röntgenuntersuchung, Vordergliedmaße, dorso-palmare Projektion, Gelbwangenschmuckschildkröte (*Trachemys scripta scripta*): Lahmheit, bakterielle Infektion. Hier ist das Gelenk weitgehend zerstört, eine Amputation ist angezeigt.

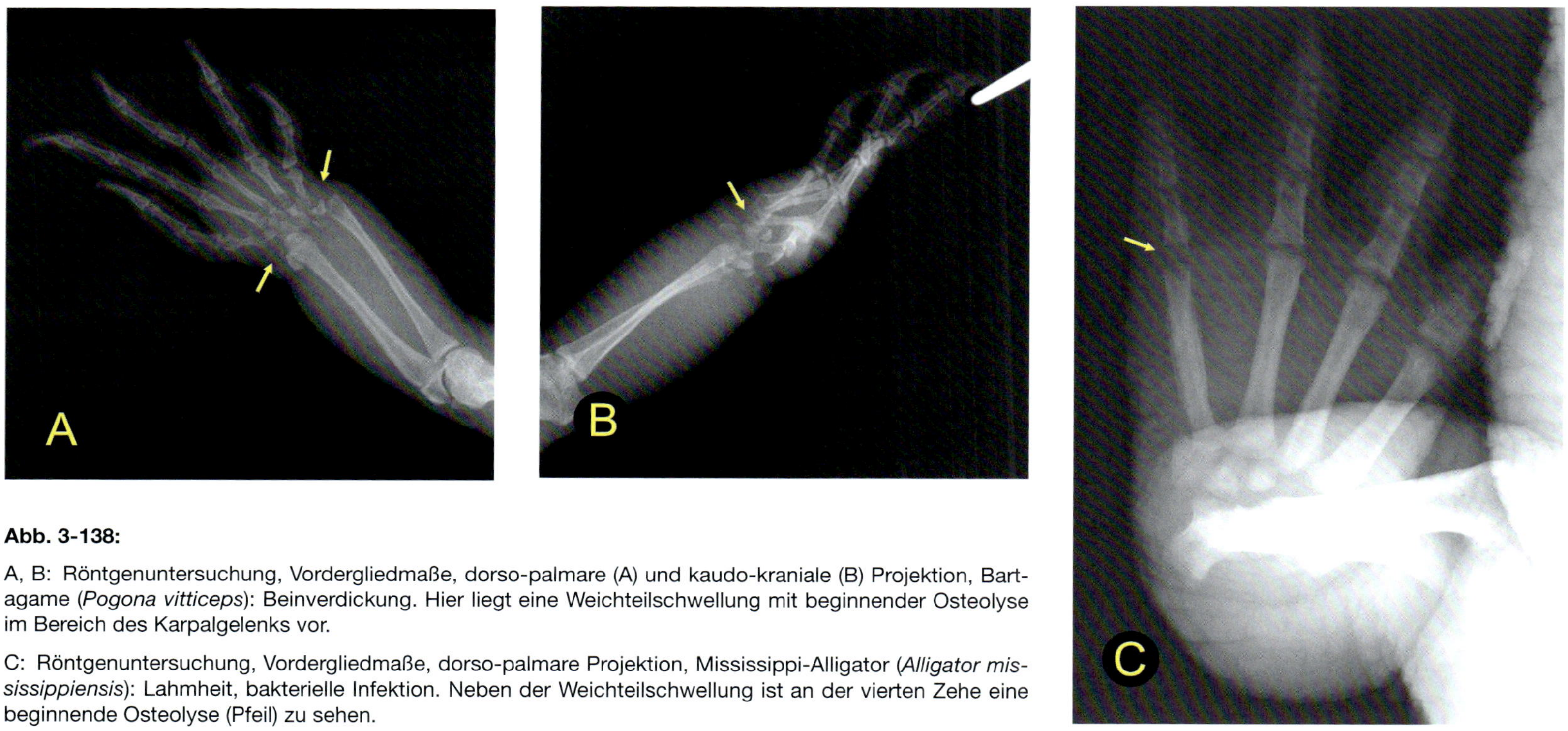

Abb. 3-138:

A, B: Röntgenuntersuchung, Vordergliedmaße, dorso-palmare (A) und kaudo-kraniale (B) Projektion, Bartagame (*Pogona vitticeps*): Beinverdickung. Hier liegt eine Weichteilschwellung mit beginnender Osteolyse im Bereich des Karpalgelenks vor.

C: Röntgenuntersuchung, Vordergliedmaße, dorso-palmare Projektion, Mississippi-Alligator (*Alligator mississippiensis*): Lahmheit, bakterielle Infektion. Neben der Weichteilschwellung ist an der vierten Zehe eine beginnende Osteolyse (Pfeil) zu sehen.

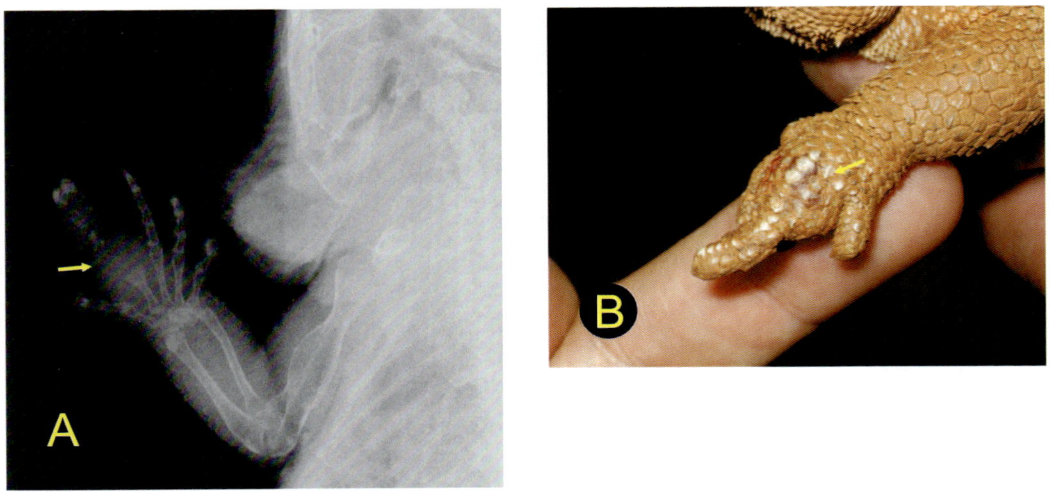

Abb. 3-139: Röntgenuntersuchung, Vordergliedmaße, dorso-palmare Projektion (A), Bartagame (*Pogona vitticeps*): Beinverdickung, bakterielle Infektion. Die Lyse eines Zehenknochens ist deutlich zu sehen. Bei diesem klinischen Bild (B) ist mit aufsteigenden Infektionen zu rechnen. Eine Amputation der veränderten Knochen ist meist anzuraten.

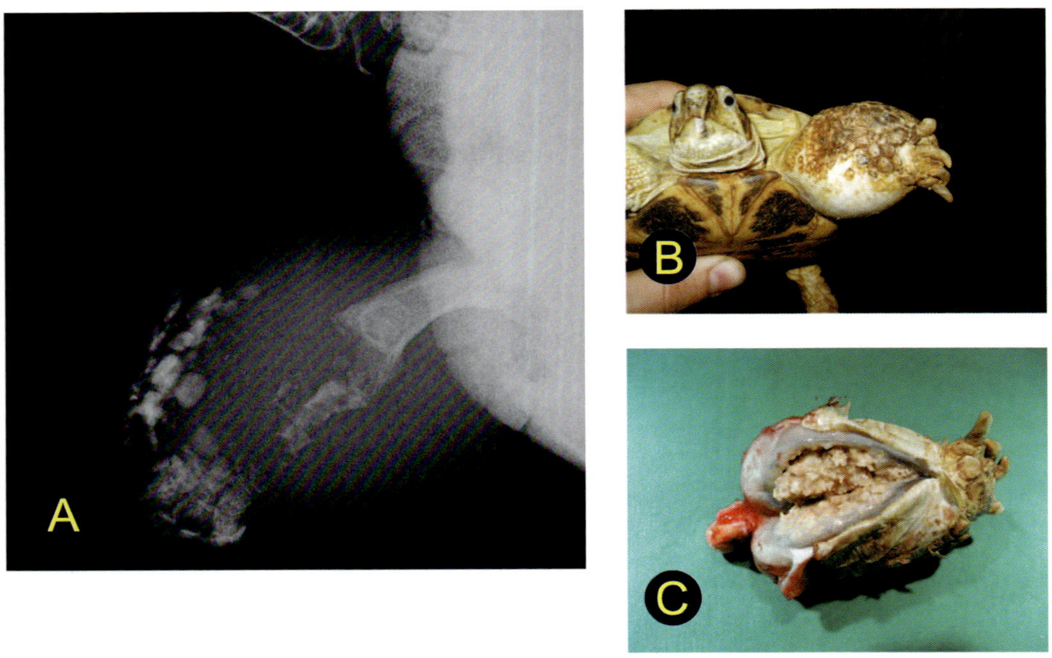

Abb. 3-140:

A: Röntgenuntersuchung, Vordergliedmaße, dorso-palmare Projektion, Griechische Landschildkröte (*Testudo hermanni*): Beinverdickung, Mykobakteriose. Der Knochen ist vollständig zerstört, die zytologische und mikrobiologische Untersuchung ergab als Ursache eine Mykobakteriose.

B: Klinisches Bild.

C: Amputierte Gliedmaße, Darstellung der Abkapselung und des Inhaltes des Granuloms.

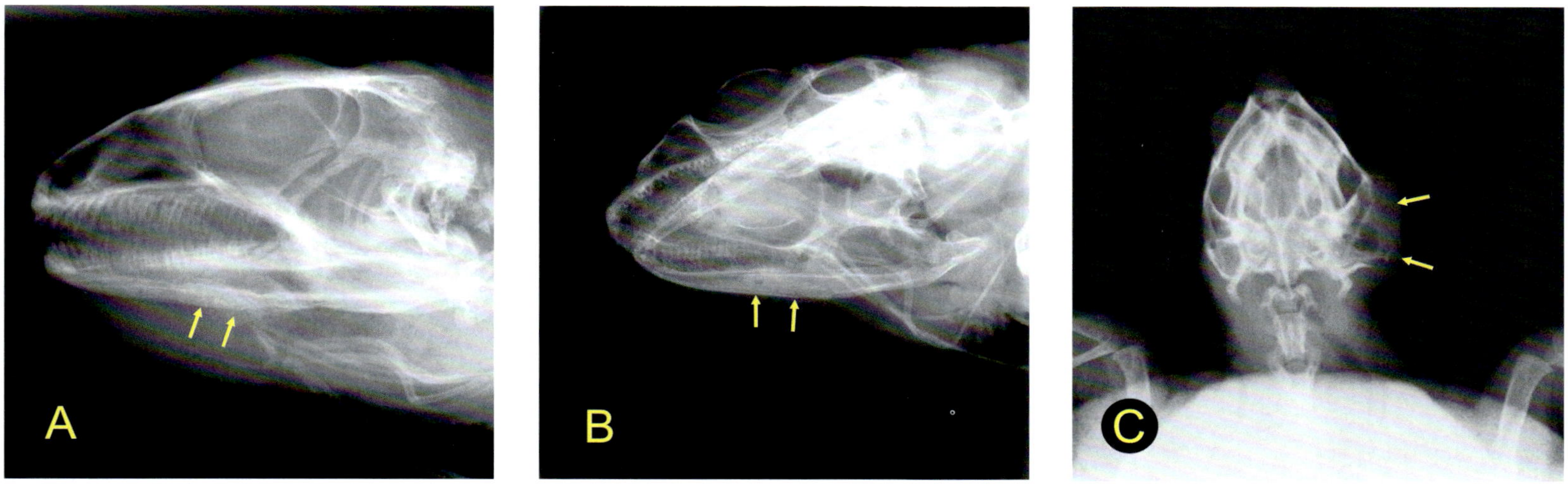

Abb. 3-141:

A, B: Röntgenuntersuchung, Kopf, latero-laterale (A) und Schrägprojektion (B), Grüner Leguan (*Iguana iguana*): Kieferschwellung, Osteomyelitis. Auftreibungen am Knochen als Hinweis auf eine Osteomyelitis sind in beiden Projektionen zu erkennen.

C: Röntgenuntersuchung, Kopf, dorso-ventrale Projektion, Rotwangenschmuckschildkröte (*Trachemys scripta elegans*): chronische Otitis. Die Schädelknochen im Ohrbereich sind aufgetrieben und teils lytisch.

3.6 Respirationstrakt

MICHAEL PEES

Innerhalb der Klasse der Reptilien sind Schlangen und Schildkröten anfälliger für respiratorische Erkrankungen als Echsen. Ursachen sind sowohl bakterielle, mykotische und virale Erreger als auch eine Prädisposition durch eine unhygienische und nicht artgerechte Haltung. Von Erkrankungen im unteren Respirationstrakt sind Boiden und Pythoniden besonders häufig betroffen. Bei Landschildkröten ist häufig der obere Respirationstrakt verändert, wobei hier die bildgebende Diagnostik eine geringere Rolle spielt. Respiratorische Symptome äußern sich bei Reptilien erst in einem fortgeschrittenen Stadium, daher muss bei klinischen Veränderungen wie Dyspnoe meist von chronischen und schwerwiegenden Veränderungen ausgegangen werden.

Obwohl die röntgenologische Darstellung der Lungen bei Reptilien bereits lange beschrieben ist, ist die Röntgentechnik zur Diagnostik von Lungeninfektionen ein vergleichsweise insensitives und unergiebiges Verfahren. Grund sind die starken Überlagerungen der Lungenfelder durch andere Strukturen. Insbesondere bei Schildkröten ist zur Durchleuchtung im kranio-kaudalen bzw. latero-lateralen Strahlengang eine erhebliche Strahlendosis erforderlich, um den Carapax zweimal zu durchdringen. Weichgewebeverdichtungen, wie sie bei Lungenveränderungen meist vorliegen, können dabei nur noch bedingt differenziert werden. Neuere Studien haben gezeigt, dass die CT für die Beurteilung der Lungen bei Reptilien das mit Abstand vielversprechendste Verfahren ist. Der Nutzen der MRT wird insbesondere bei Schlangen durch die langen Untersuchungszeiten eingeschränkt. Die Ultraschalluntersuchung spielt keine Rolle. Die Bedeutung der bildgebenden Verfahren bei der Diagnostik von Pneumonien liegt insbesondere in der Möglichkeit, neben der immer notwendigen ätiologischen Abklärung Informationen zur Prognose und auch zum Therapieverlauf zu erhalten.

Lungeninfektionen (Pneumonien) lassen sich radiologisch bei **Schildkröten** insbesondere in der kranio-kaudalen Projektion darstellen. Hier können einseitige Verdichtungen im Lungengewebe beurteilt werden. Da bei Schildkröten die Trachealaufteilung bereits sehr früh stattfindet, sind einseitige Infektionen häufiger als bei anderen Reptilien. Gleichzeitig kommt es häufig zu einer kompensatorischen Ausdehnung der gesunden Lunge. Diese Ausdehnung kann dann teilweise auch in der dorsoventralen Projektion gesehen werden **(Abb. 3-142, 3-146)**. In der latero-lateralen Projektion werden gelegentlich Verdichtungen des Lungengewebes erkannt, wobei diese entsprechend der Septierung der Lunge meist fokal konzentriert sind **(Abb. 3-143)**. Auch im CT stellen sich Verdichtungen meist fokal in gewebereicheren, septierten Teilen der Lungen dar **(Abb. 3-144)**.

Bei **Schlangen**, die an **Pneumonie** leiden, ist der ventrale Teil der Lungen meist deutlich stärker betroffen und es kommt zu erheblichen Verdichtungen und einer Inhomogenität des Gewebes. Die röntgenologisch darstellbaren Veränderungen sind meist im kranialen Teil der Lunge deutlicher zu sehen. Hier ist die laterolaterale Projektion in der Regel aussagekräftiger. Neben fokalen Verdichtungen **(Abb. 3-145)** kann auch eine diffuse Verdichtung des respiratorischen Epithels gesehen werden **(Abb. 3-147)**. Dies trifft allerdings nur auf die auf dem Boden in konstanter ventraler Lage ruhenden Schlangenspezies zu. Bei Baumpythons (*Morelia viridis*) beispielsweise ist durch die gewickelte Position des Schlangenkörpers um den Ast die Lunge eher gleichmäßig betroffen. Im CT kann die Verdichtung des Lungengewebes auch gemessen werden. So ist bei erkrankten Tigerpythons (*Python molurus*), einer besonders für Lungeninfektionen anfälligen Spezies, eine durchschnittliche Röntgendichte von –613,7 ± 176,4 HE gemessen worden (PEES et al. 2007) im Gegensatz zu einem Durchschnittswert von –744,4 ± 47,1 HE bei gesunden Tieren (s. Kap. 3.3.3.2). Die erhöhte Standardabweichung zeigt hierbei auch die zunehmende Inhomogenität des Gewebes infolge der Infektion an. In hochgradigen Fällen sammelt sich eitriges Sekret in großer Menge im zentralen Lumen der Lungen an. Dieses Sekret kann dann in der transversalen Ebene im Lumen dargestellt werden **(Abb. 3-144)**. Neben der Diagnostik von Pneumonien wurde auch der Nutzen der CT zur Darstellung des Behandlungserfolges untersucht (PEES et al. 2008). Die MRT zeigt Gewebeveränderungen infolge entzündlicher Prozesse durch eine Erhöhung der Signalintensität des Lungengewebes und einer verstärkten Gefäßdarstellung, was der veränderten Durchblutung zuzuschreiben ist **(Abb. 3-148)**. Detailliertere Erkenntnisse über den Nutzen der MRT zur Diagnostik von Pneumonien bei Schlangen liegen aber noch nicht vor.

Eine weitere Indikation zur Darstellung der Lunge ist die Überprüfung der Lungenschädigung infolge verschiedener **Traumata**. Insbesondere Schildkröten sind betroffen, wobei Sturztraumata und Bissverletzungen durch andere Tiere die häufigsten Ursachen sind. Bei Stürzen, meist von Balkonen, Terrassen oder aus dem Terrarium und danach erschwerter Atmung können mittels CT und MRT Gewebeschädigungen und Einblutungen dargestellt werden **(Abb. 3-149)**. Diese Veränderungen werden oft zusammen mit Schädigungen des Panzers (s. Kap. 3.5) diagnostiziert. Von größerer Relevanz auch für das weitere therapeutische Vorgehen ist die Darstellung der Intaktheit der Lunge nach perforierenden Bissverletzungen **(Abb. 3-150**, s. auch **Abb. 3-123)**. Hier ist nach diagnostizierter Perforation der Lunge eine entsprechende antiinfektive Metaphylaxe dringend zu empfehlen.

Weiterführende Literatur

PEES, M., KIEFER, I., LUDEWIG, E., SCHUMACHER, J., KRAUTWALD-JUNGHANNS, M.-E., OECHTERING, G. (2007): Computed tomography of the lungs of Indian pythons (*Python molurus*). Am. J. Vet. Res. **68**: 428–434.

PEES, M., KIEFER, I., OECHTERING, G., KRAUTWALD-JUNGHANNS, M.-E. (2008): Computed tomography for the diagnosis and treatment monitoring of bacterial pneumonia in Indian pythons (*Python molurus*). Vet. Rec. **163**: 152–156.

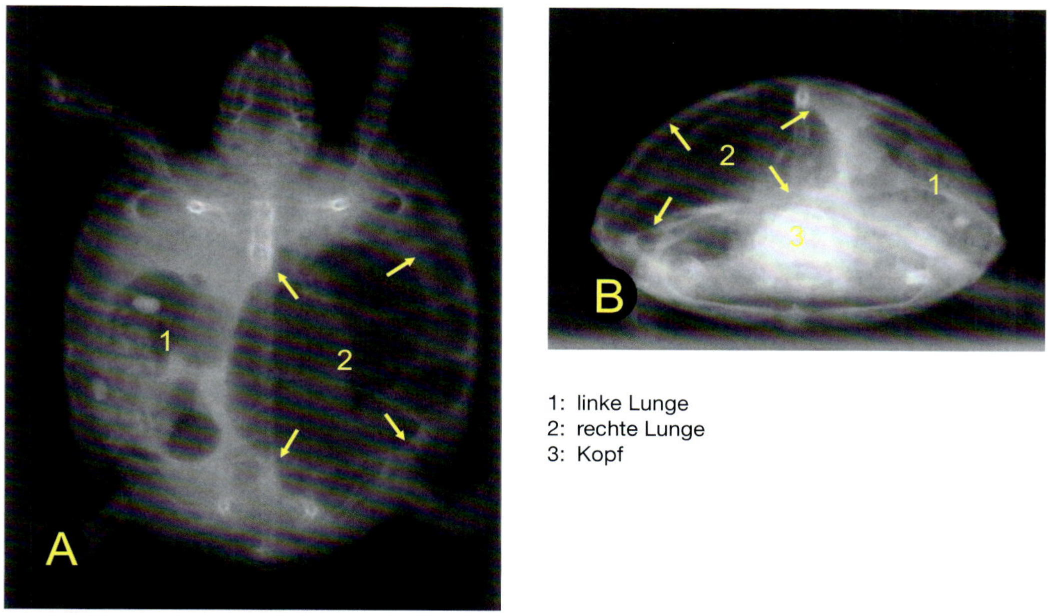

1: linke Lunge
2: rechte Lunge
3: Kopf

Abb. 3-142: Röntgenuntersuchung, Körper, dorso-ventrale (A) und kranio-kaudale (B) Projektion, Griechische Landschildkröte (*Testudo hermanni*): Pneumonie. Die linke Lunge (1, überlagert in der dorso-ventralen Projektion den Magen, der mit Steinen gefüllt ist) ist hochgradig verdichtet und verkleinert, die rechte Lunge (2) dagegen stark erweitert.

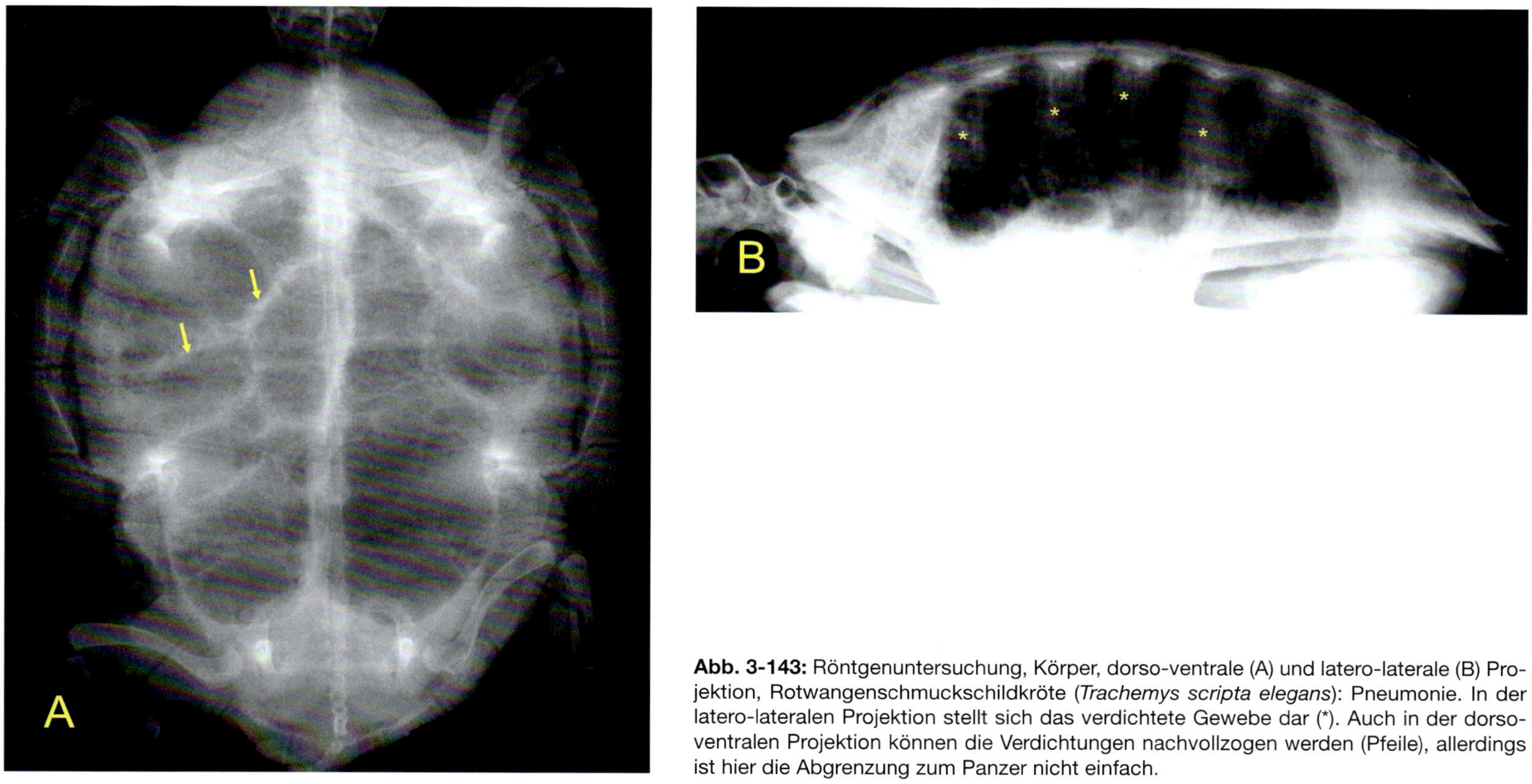

Abb. 3-143: Röntgenuntersuchung, Körper, dorso-ventrale (A) und latero-laterale (B) Projektion, Rotwangenschmuckschildkröte (*Trachemys scripta elegans*): Pneumonie. In der latero-lateralen Projektion stellt sich das verdichtete Gewebe dar (*). Auch in der dorso-ventralen Projektion können die Verdichtungen nachvollzogen werden (Pfeile), allerdings ist hier die Abgrenzung zum Panzer nicht einfach.

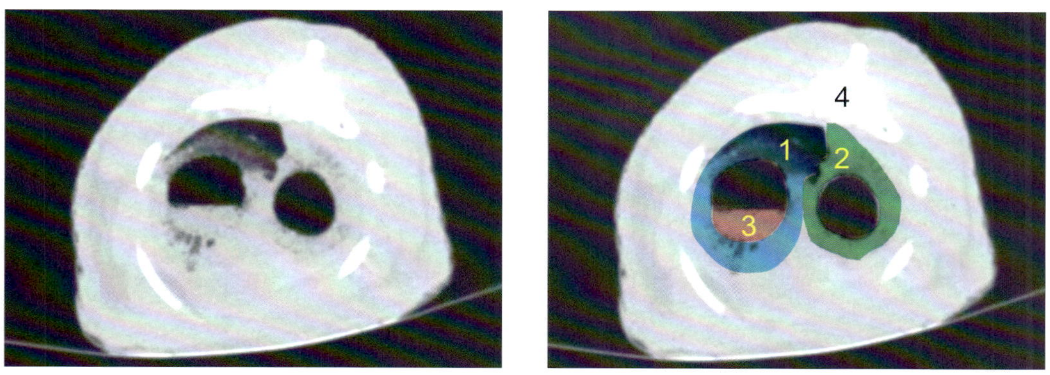

1: rechte Lunge
2: linke Lunge
3: eitriges Exsudat
4: Wirbelkörper

Abb. 3-144: CT-Untersuchung, Körper, transversale Ebene (120 kV, 204 mA, 2,0 mm SD, W: 1500, L: –600), Tigerpython (*Python molurus*): hochgradige Pneumonie. Die Röntgendichte des Epithels der linken Lunge (2) ist hochgradig erhöht. Auch die rechte Lunge (1) zeigt ein röntgendichtes und inhomogenes Epithel, im Lumen steht das eitrige Exsudat (3).

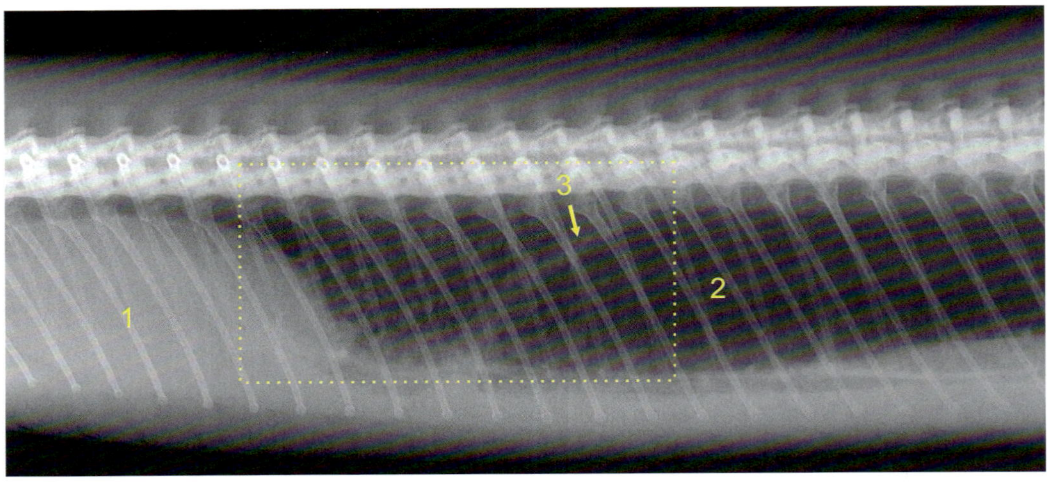

1: Herz
2: Lungenlumen
3: Gefäß

Abb. 3-145: Röntgenuntersuchung, Körper, latero-laterale Projektion, Tigerpython (*Python molurus*): Pneumonie. Der kraniale Teil des Lungenepithels (Viereck) ist multifokal verschattet.

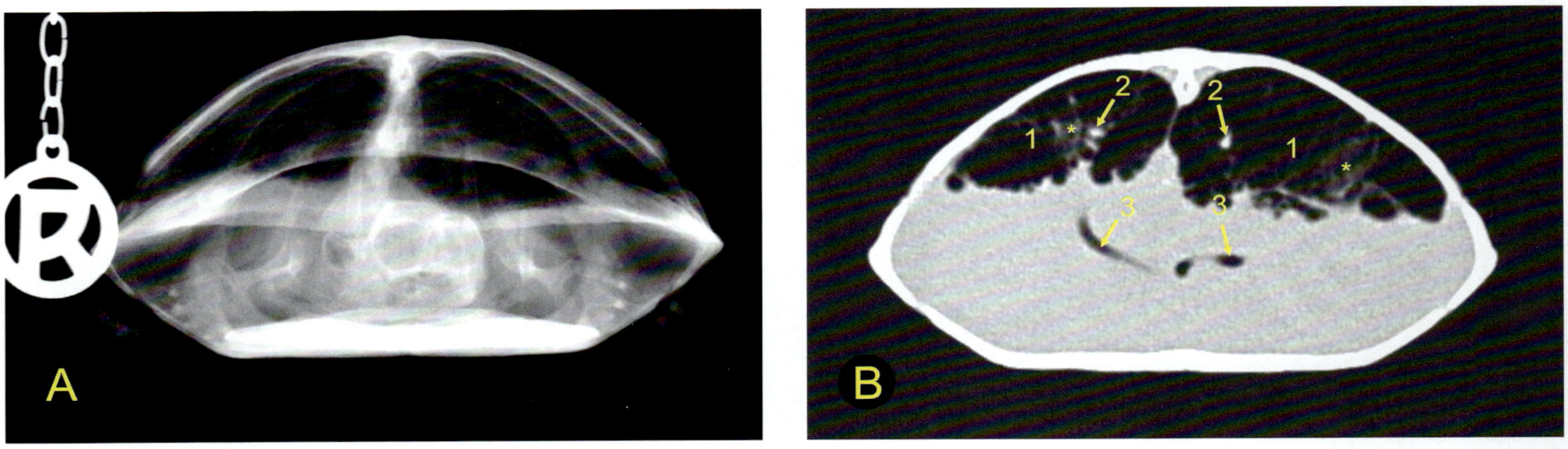

Abb. 3-146:

A: Röntgenuntersuchung, Körper, kranio-kaudale Projektion, Gelbwangenschmuckschildkröte (*Trachemys scripta scripta*): Pneumonie. Die Lungenfelder sind in dieser Projektion unauffällig.

B: CT-Untersuchung, transversale Ebene (120 kV, 83 mA, 0,8 mm SD, W: 1332, L: –361), gleiches Tier: Es sind Verdichtungen (*) in beiden Lungenfeldern (1) sichtbar.

1: Lungen
2: Lungengefäße
3: Trachea nach Aufzweigung

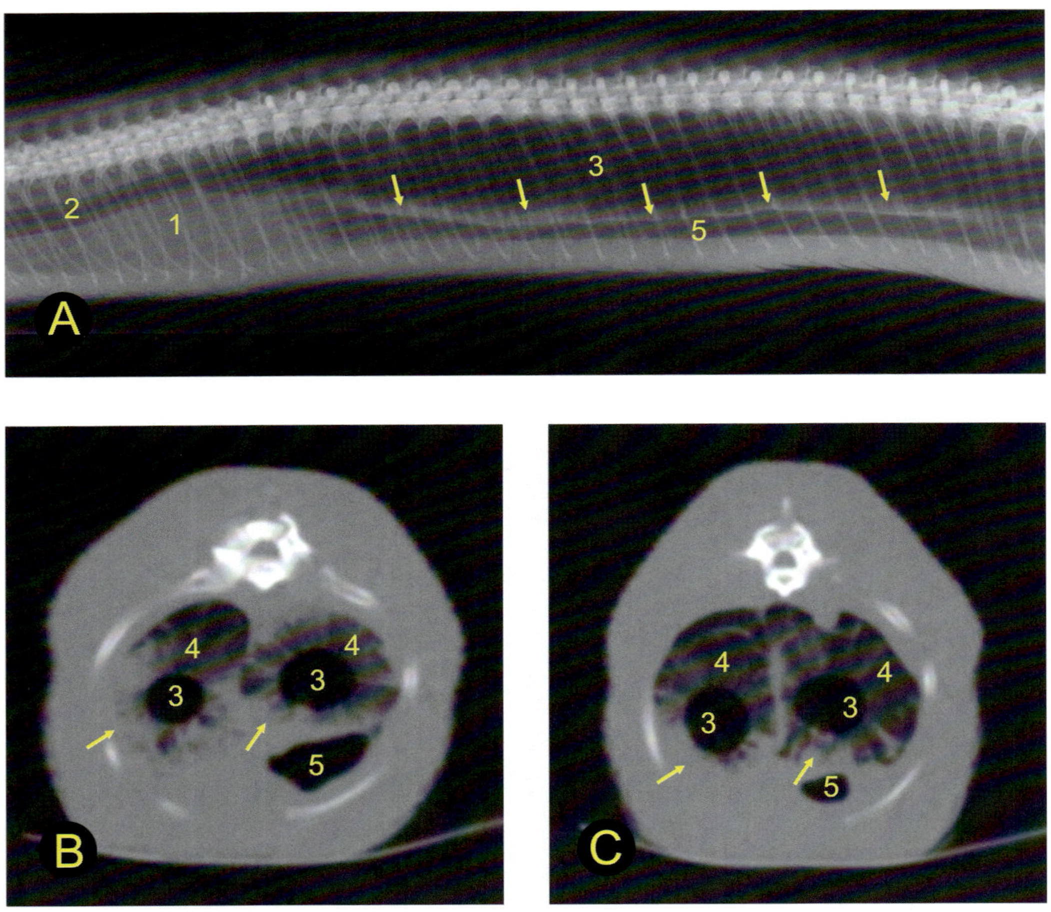

1: Herz
2: Trachea
3: Lungenlumen
4: Lungenepithel
5: Ösophagus

Abb. 3-147:

A: Röntgenuntersuchung, Körper, latero-laterale Projektion, Tigerpython (*Python molurus*): Pneumonie. Das ventrale respiratorische Epithel ist verdichtet und grenzt sich deutlich gegen das Lungenlumen (3) ab (Pfeile).

B, C: CT-Untersuchung, Körper, transversale Ebene (120 kV, 204 mA, 2,0 mm SD, W: 2605, L: 176), gleiches Tier: deutlich sind die ventralen Verdichtungen (Pfeile) und gesamte Inhomogenität des Lungenepithel (4) um das zentrale Lumen (3) herum zu sehen.

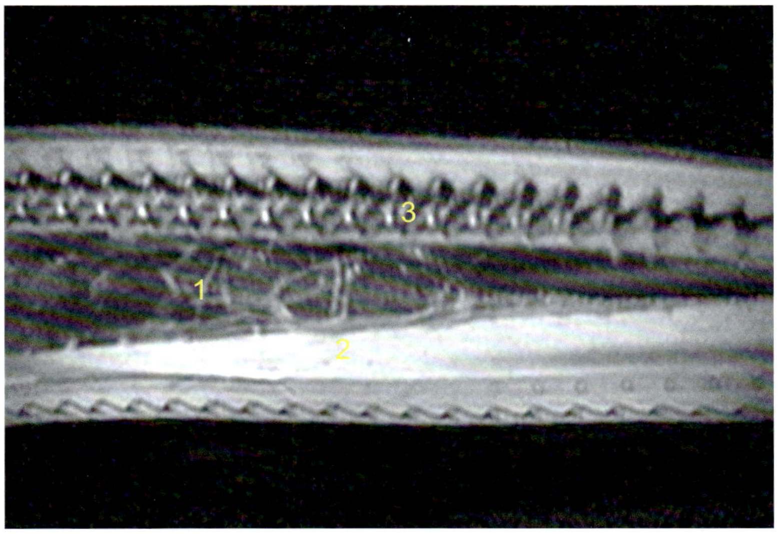

1: Lungengewebe
2: Fettgewebe
3: Wirbelsäule

Abb. 3-148: MRT-Untersuchung, Körper, sagittale Ebene, T1-Wichtung, Tigerpython (*Python molurus*): Pneumonie. Das Lungengewebe (1) ist hier im Bereich des respiratorischen Epithels angeschnitten und erscheint signalintensiver (im Vergleich: Lungengewebe in Abb. 3-110C).

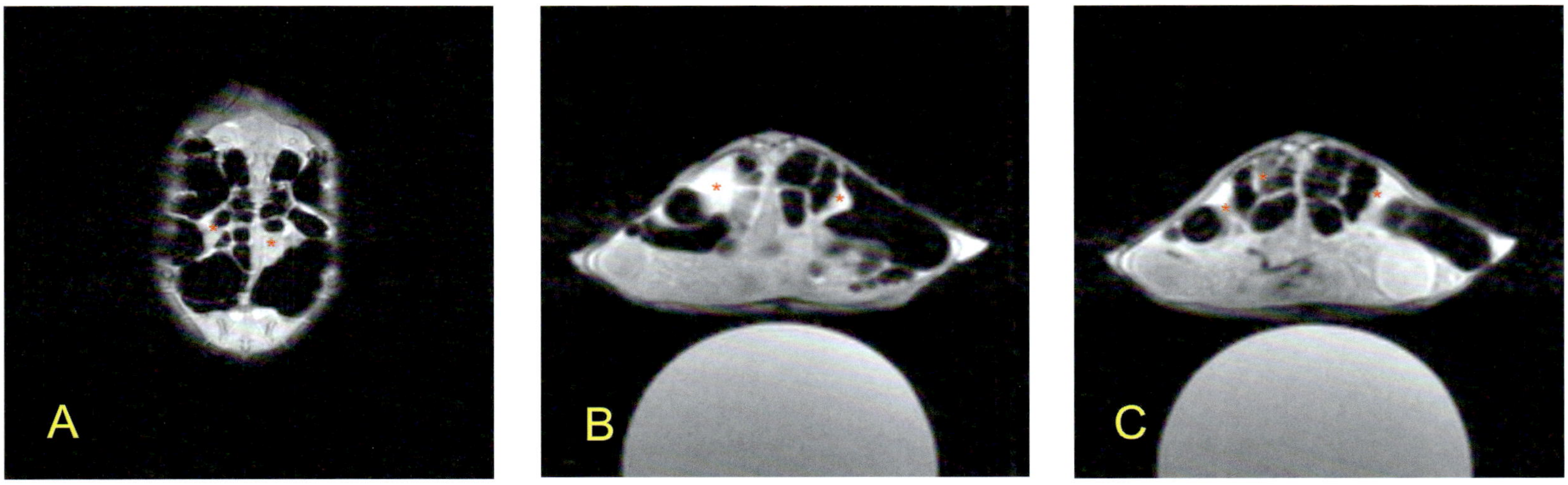

Abb. 3-149: MRT-Untersuchung, Körper, dorsale (A) und transversale (B, C) Ebene, T1-Wichtung, auf Phantom (B, C), Gelbwangenschmuckschildkröte (*Trachemys scripta scripta*): Sturztrauma. Deutlich sind die Einblutungen (*) in das Lungengewebe zu sehen.

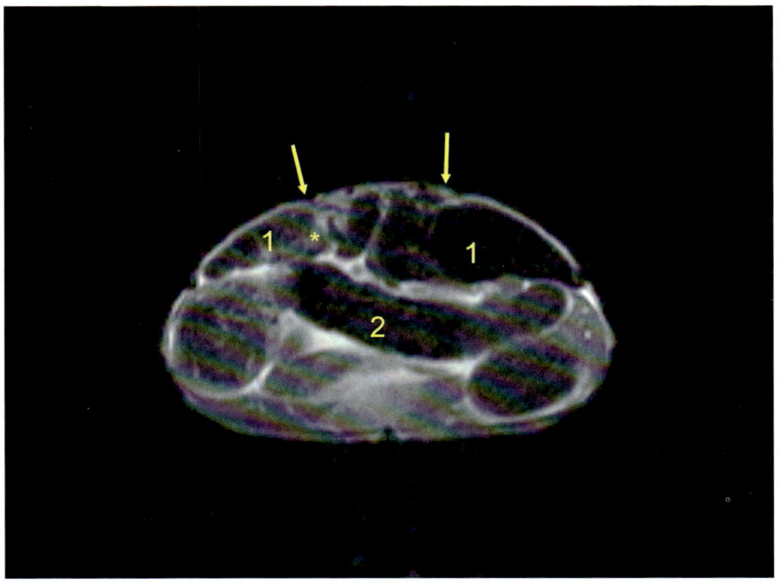

1: Lungen
2: Darm

*: Einblutung

Abb. 3-150: MRT-Untersuchung, Körper, transversale Ebene, T2-Wichtung, Griechische Landschildkröte (*Testudo hermanni*): Hundebiss. Beide Lungenhälften (1) sind dorsal eröffnet (Pfeile), es ist zu Einblutungen im Gewebe gekommen (*).

3.7 Gastrointestinaltrakt

Michael Pees

Störungen im Magen-Darm-Kanal stellen ein häufiges Problem bei Reptilien dar. Die Ursachen sind sowohl in Infektions- als auch in Mangelerkrankungen (s. *Metabolic Bone Disease*) sowie Haltungsfehlern zu suchen. Die Röntgenuntersuchung liefert die wichtigsten Hinweise auf Störungen der Entleerung sowie Fremdkörper, mithilfe der Ultraschalluntersuchung und gegebenenfalls der MRT und CT können Art und Ursache der Störung dann weiter eingegrenzt werden.

3.7.1 Übermäßige Entleerung

Während bei Schlangen eine weitgehende Entleerung des Gastrointestinaltraktes aufgrund der Fütterungsintervalle physiologisch und auch notwendig ist, sollte dieser bei pflanzenfressenden Echsen und Schildkröten stets mittelgradig gefüllt sein. Eine Ausnahme bildet die Winterruhe, bei die Nahrungskarenz in der Vorbereitungsphase der Entleerung dient. Ansonsten ist eine fehlende Füllung des Darms als Hinweis auf eine bereits länger bestehende Anorexie zu werten. Bei Schildkröten nimmt das Lungenfeld in solchen Fällen mehr als die Hälfte der Höhe der Leibeshöhle ein **(Abb. 3-151)**.

3.7.2 Fremdkörper

Fremdkörper im Gastrointestinaltrakt gehören zu den häufigsten röntgenologisch erhobenen Befunden bei Reptilien. Die Ursache dieser Allotriophagie ist zum Teil in Mangelerkrankungen begründet – die Tiere versuchen, durch die Aufnahme von beispielsweise Sand und Steinen ihren Mineralstoffbedarf zu decken. In gewissem Umfang ist die Aufnahme von Sand und kleinen Steinen bei Landschildkröten als physiologisch anzusehen. Auch bei einigen Echsen, wie beispielsweise Alligatoren **(Abb. 3-152)**, ist die Aufnahme von Steinen zum Zerkleinern der Nahrung im Muskelmagen physiologisch. Problematisch wird das Verhalten dann, wenn entweder zu große Mengen **(Abb. 3-153** und **3-154)** oder ungeeignete Fremdkörper **(Abb. 3-152, 3-155** bis **3-158)** aufgenommen werden. Die aufgenommenen Fremdkörper stammen in der Regel aus dem Terrarium bzw. der für das Reptil erreichbaren Umgebung. Regelmäßig gefunden werden bzw. Steine, Sand **(Abb. 3-153** und **3-154)**, metallene Gegenstände **(Abb. 3-157, 3-158)** sowie Spielzeug **(Abb. 3-152)**. Auch nicht röntgendichte Materialien, wie Holz, Ohrstöpsel oder Fasermaterial **(Abb. 3-156)**, können zu Obstipationen führen. Hier kann die Ursache nur durch weitere Diagnostika (Ultraschall, Endoskopie, Probelaparotomie) gefunden werden. Ein weiterer Grund ist das Zufüttern von Eierschalen zum Zwecke der Kalziumsubstitution. Abgesehen davon, dass hygienische Bedenken gegen das Verfüttern solcher Schalen sprechen, ist die Eierschale weitgehend unverdaulich **(Abb. 3-155)**. Es kann jedoch zu Obstipationen kommen, insbesondere, wenn die Schalenfragmente zu einem Brei zerrieben werden, welcher sich dann durch Flüssigkeitsresorption im Darm verfestigt.

Zur Diagnose von Fremdkörpern können auch Kontraststudien hilfreich sein, wobei auf jodhaltige Kontrastmittel zurückgegriffen werden sollte.

3.7.3 Entleerungsstörungen

Die wichtigste Ursache für Entleerungsstörungen besteht in **Obstipationen** nach Aufnahme von Fremdkörpern (s. o.). Daneben kommen jedoch auch weitere Ursachen in Betracht. So kann ein Flüssigkeitsmangel zu einer so starken Eindickung der Ingesta führen, dass ein Weitertransport und ein Absetzen unmöglich werden **(Abb. 3-159)**. Neben der röntgenologischen Darstellung des umfangsvermehrten Gastrointestinaltraktes lassen sich mittels Ultraschalls auch die fehlende Peristaltik sowie die vermehrte Füllung darstellen **(Abb. 3-160)**. Es sollte auch bedacht werden, dass in einigen Fällen die Röntgenuntersuchung keine Hinweise auf eine Obstipation liefert, insbesondere, wenn aufgrund einer fehlenden Futteraufnahme der Gastrointestinaltrakt nicht vermehrt gefüllt ist. Hier kann neben Kontraststudien auch die MRT Hinweise auf die Beschaffenheit des Darminhaltes geben **(Abb. 3-161)**.

Verengungen im Darmkanal können durch entzündliche Veränderungen, mechanische Verlagerungen **(Abb. 3-162)** sowie Umfangsvermehrungen in der Darmwand entstehen. Zu Letzteren zählen die regelmäßig bei Reptilien gefundenen intramuralen Abszesse **(Abb. 3-163)**. Diese Abszesse entstehen vermutlich durch Mikroläsionen und nehmen mit der Zeit eine solche Größe an, dass sie die Darmperistaltik behindern und das Lumen einengen. Sie stellen ein besonderes Problem bei Schlangen dar. Zur Diagnose ist die Ultraschalluntersuchung hilfreich, wobei die Eingabe von Wasser als Kontrastmittel **(Abb. 3-164)** nützlich sein kann, um den Inhalt von der Wand zu unterscheiden.

Atonien werden im Zusammenhang mit Septikämien und anderen mit hochgradiger Störung des Allgemeinbefindens einhergehenden Erkrankungen gesehen, sie äußern sich in fehlender Peristaltik und Darmentleerung, meist gefolgt von Aufgasungen im Darmlumen.

3.7.4 Infektionen

Hinweise auf eine Infektion im Gastrointestinaltrakt sind eher unspezifisch. Aufgasungen und Auftreibungen können in der röntgenologischen Untersuchung dargestellt werden **(Abb. 3-165** und **3-166)**. Hier sind Hefepilze oder Anaerobierinfektionen als mögliche Ursache abzuklären. Bei bakteriellen Infektionen sowie bei Parasitenbefall kommt es häufig zu Flüssigkeitsansammlungen, die sonographisch dargestellt werden können, die Peristaltik ist oft erhöht **(Abb. 3-167)**. Ein weiteres Problem insbesondere bei Parasiten-(Flagellaten-)Befall ist der Vorfall von Gewebe aus der Kloake. Hier dient die bildgebende Diagnostik vor allem der Kontrolle des Repositionserfolges **(Abb. 3-168)**.

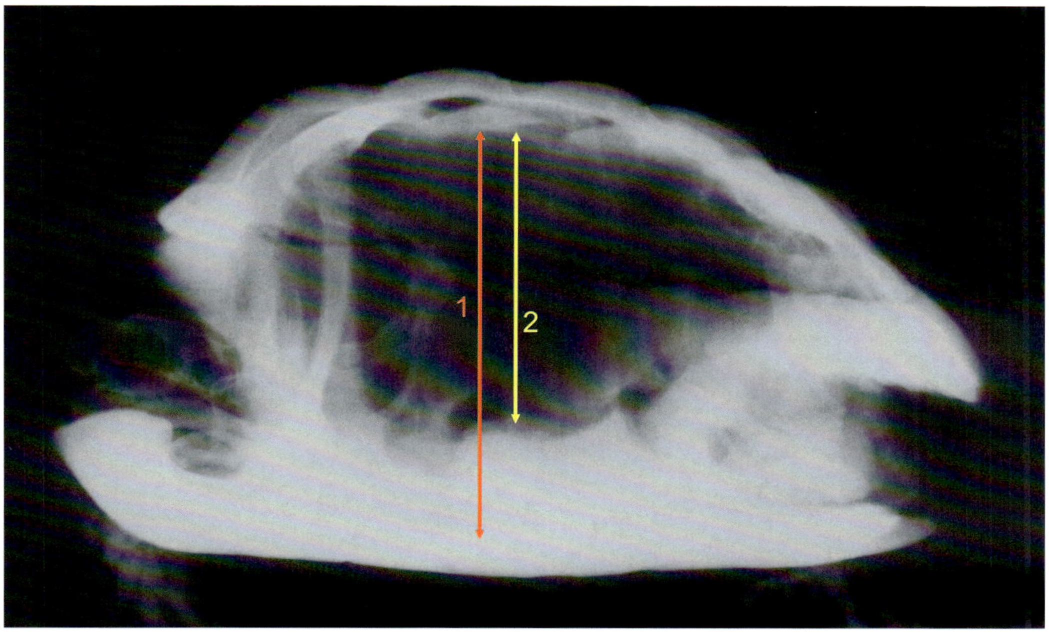

1: Gesamthöhe der Leibeshöhle
2: Höhe des Lungenfeldes

Abb. 3-151: Röntgenuntersuchung, Körper, latero-laterale Projektion, Griechische Landschildkröte (*Testudo hermanni*): mehrwöchige Inappetenz. Der Darm ist weitgehend entleert, das Verhältnis der Lungenhöhe (2) zur Höhe der Leibeshöhle (1) ist zugunsten der Lunge verschoben.

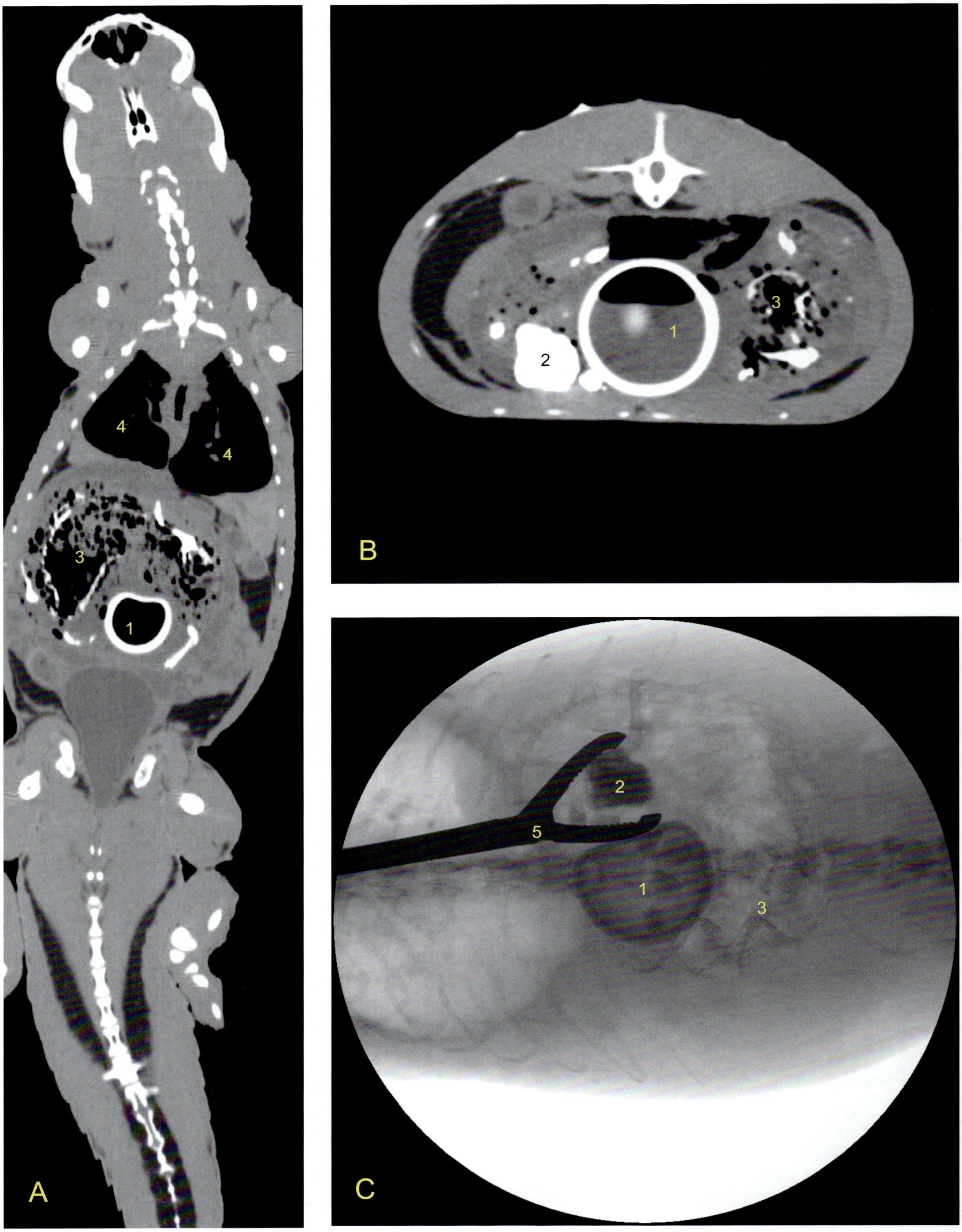

Abb. 3-152: CT-Untersuchung, Körper, dorsale Reformation (A) und transversale Ebene (B) (120 kV, 204 mA, 2,0 mm SD, W: 400, L: 60), Mississippi-Alligator (*Alligator mississippiensis*): Fremdkörper. Darstellung des Mageninhalts (3), eines Steines (2) sowie eines Gummiballs (1). Fremdkörper sind ein häufiges Problem bei Alligatoren, wobei kleinere Steine im Magen als physiologisch anzusehen sind. Der Ball wurde unter Röntgenkontrolle mit einer Fremdkörperzange (5, hier mit Stein) entfernt (C).

1: Fremdkörper (Gummiball)
2: Stein
3: Mageninhalt
4: Lungen
5: Fremdkörperzange

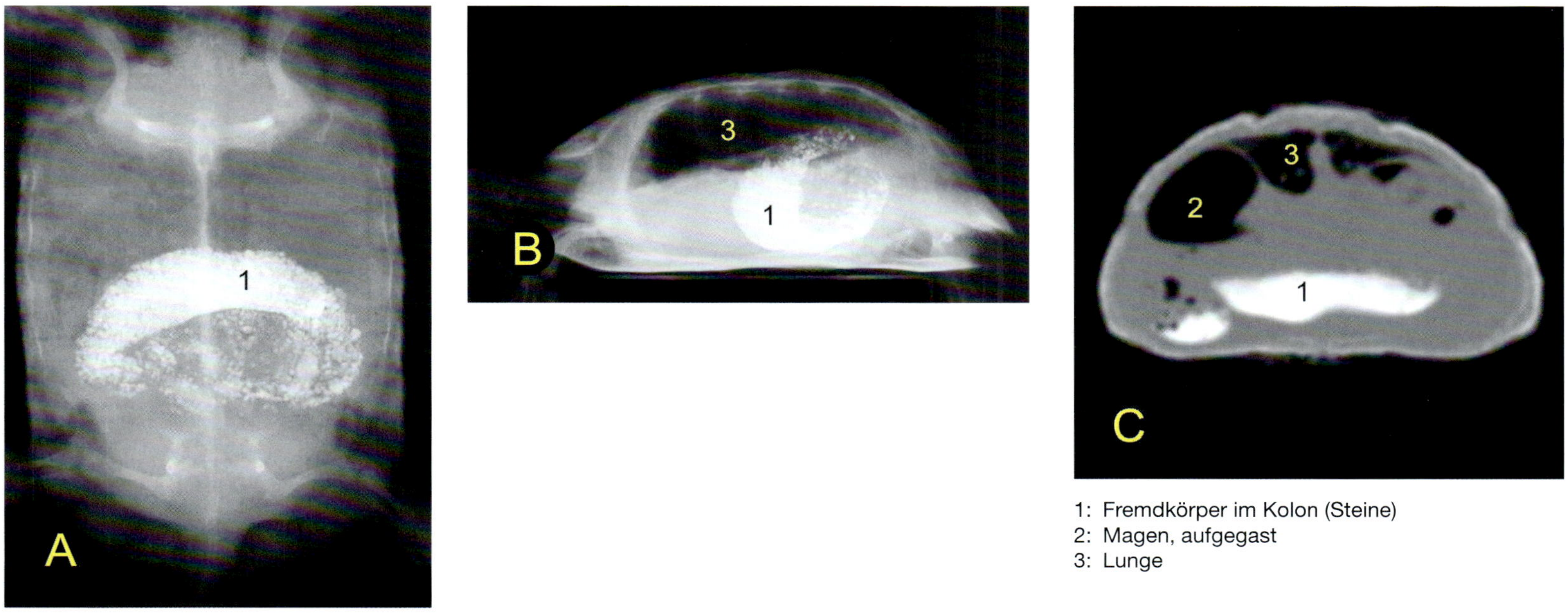

1: Fremdkörper im Kolon (Steine)
2: Magen, aufgegast
3: Lunge

Abb. 3-153:

A, B: Röntgenuntersuchung, Körper, dorso-ventrale (A) und latero-laterale (B) Projektion, Griechische Landschildkröte (*Testudo hermanni*): Steinobstipation. Das Kolon (1) ist mit röntgendichten Steinen hochgradig gefüllt.

C: CT-Untersuchung, Körper, transversale Ebene (140 kV, 200 mA, 1,0 mm SD, W: 2439, L: 369), Griechische Landschildkröte (*Testudo hermanni*): Steinobstipation. Füllung des Kolons (1) mit Steinen, die sich ventral abgesetzt haben.

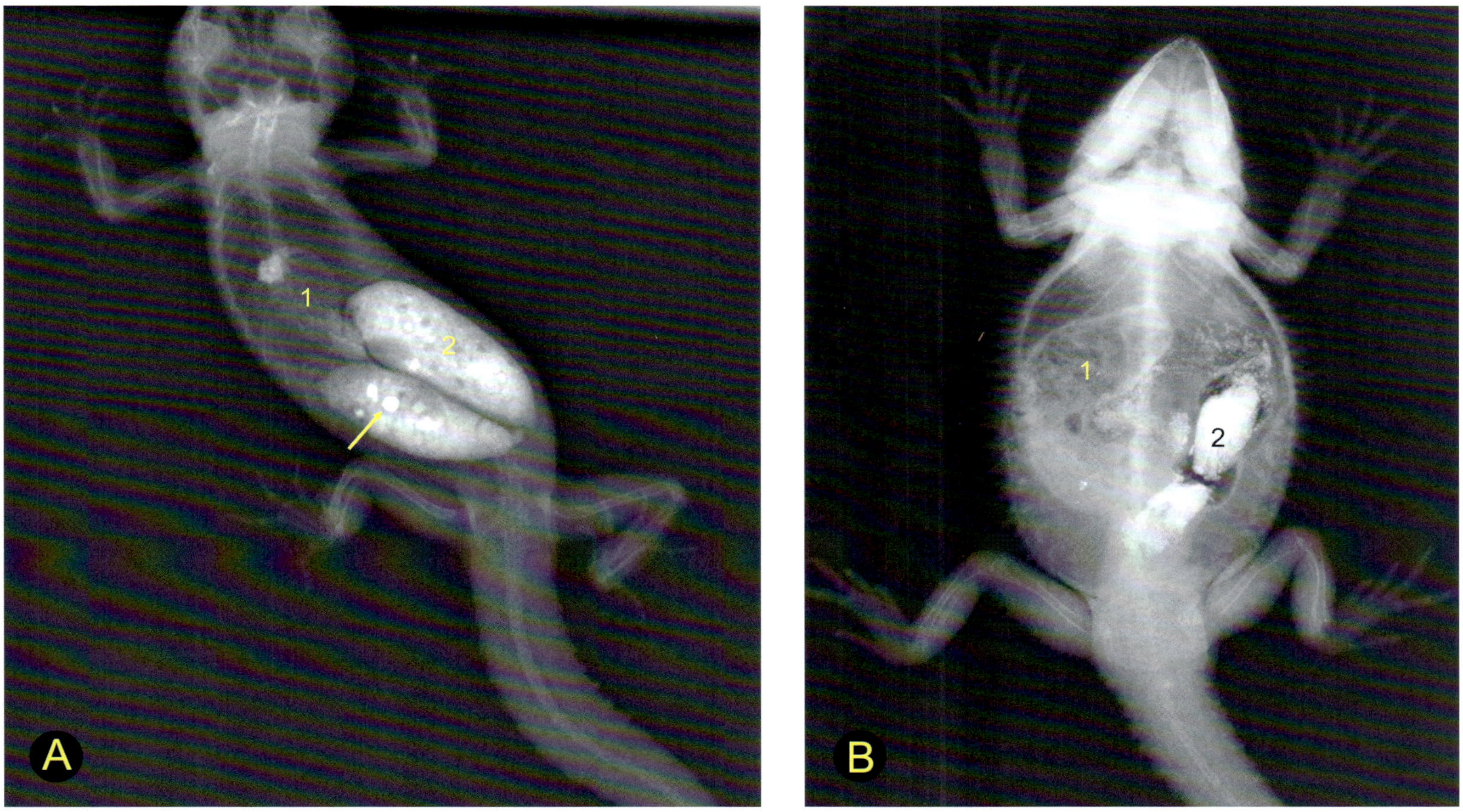

Abb. 3-154: Röntgenuntersuchung, Körper, dorso-ventrale Projektion.

A: Leopardgecko (*Eublepharis macularius*): Sandobstipation.

B: Bartagame (*Pogona vitticeps*): Sandobstipation.

Infolge kalziumarmer Ernährung haben beide Tiere große Mengen Sand aufgenommen, welcher im Kolon (2) angeschoppt ist. Der Leopardgecko hat auch röntgendichte Partikel (Pfeile) aufgenommen.

1: Magen (A: mit Sand im kranialen Bereich)
2: Kolon: Sandanschoppung

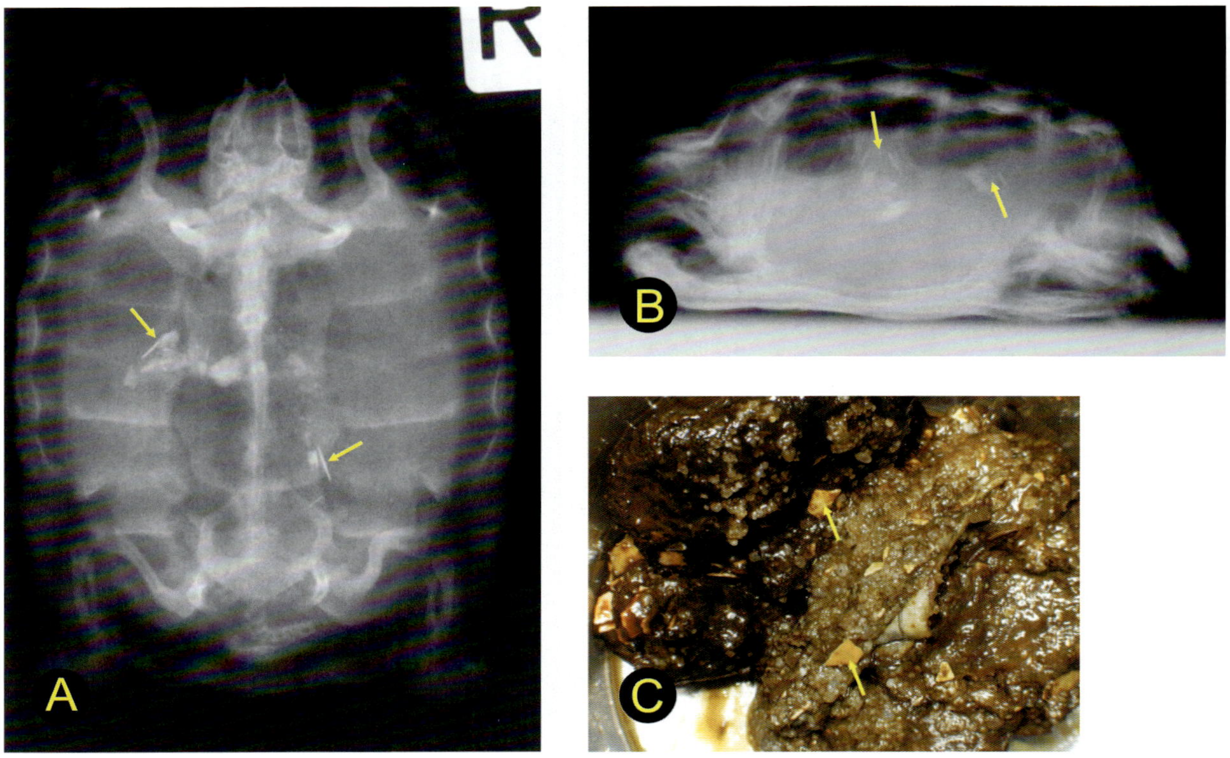

Abb. 3-155:

A, B: Röntgenuntersuchung, Körper, dorso-ventrale (A) und latero-laterale (B) Projektion, Griechische Landschildkröte (*Testudo hermanni*): Obstipation.

C: Darstellung von Eierschalenfragmenten im Darm (Pfeile) sowie im dazugehörigen Kot. Die Zufütterung von Eierschalen ist weder ernährungsphysiologisch noch aus hygienischer Sicht sinnvoll.

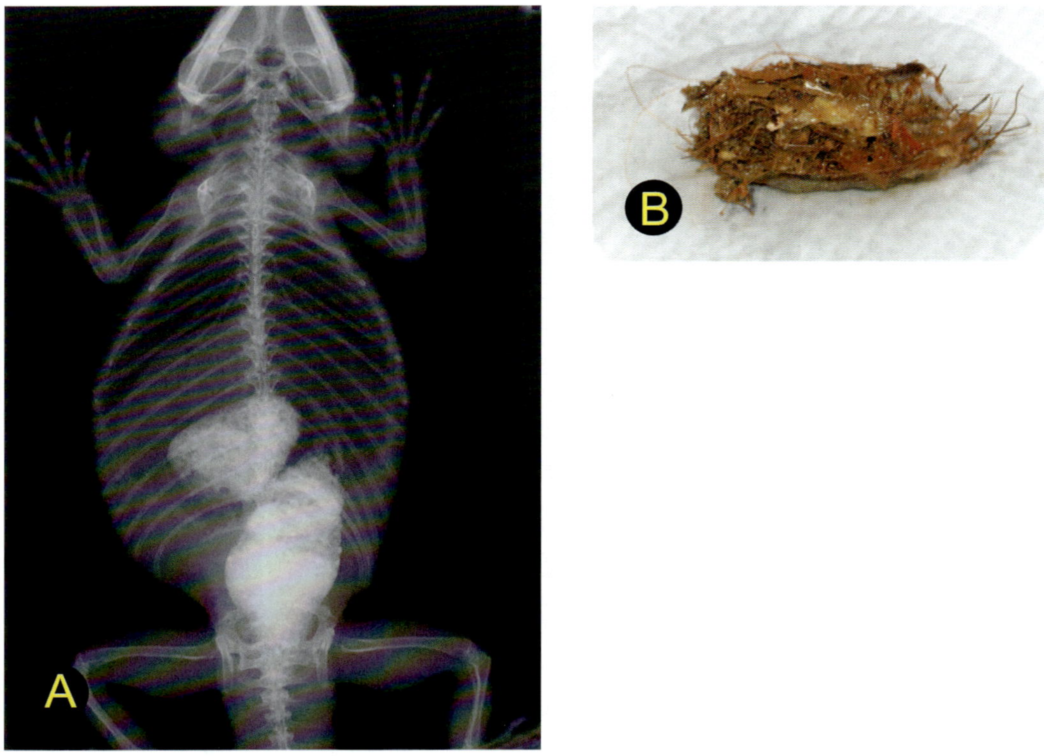

Abb. 3-156:

A: Röntgenuntersuchung, Körper, dorso-ventrale Projektion, Bartagame (*Pogona vitticeps*): Obstipation. Hochgradige Füllung des Kolons und der Kloake mit Sand, der sich auch durch Spülungen nicht entfernen ließ.

B: Endoskopisch wurde ein Sand-Kokosfaser-Gemisch entfernt, welches dicht verwoben war. Bartagamen neigen zur Aufnahme auch verhältnismäßig großer Fremdkörper.

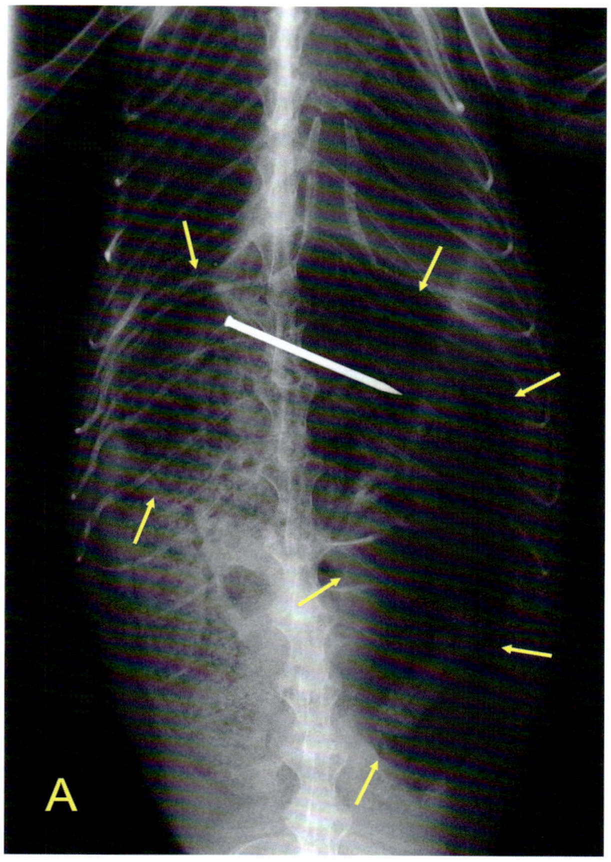

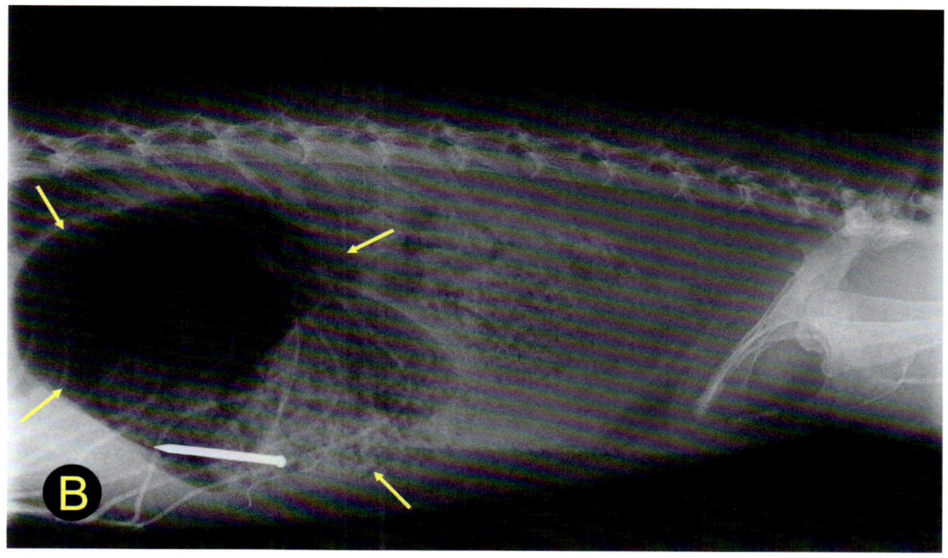

Abb. 3-157: Röntgenuntersuchung, Körperstamm, dorso-ventrale (A) und latero-laterale (B) Projektion, Grüner Leguan (*Iguana iguana*): Fremdkörper. Es handelt sich um einen Nagel im Kolon, eingespießt in die Darmwand (OP-Befund). Das Kolon (Pfeile) ist aufgegast, eine Darmpassage fand nicht mehr statt.

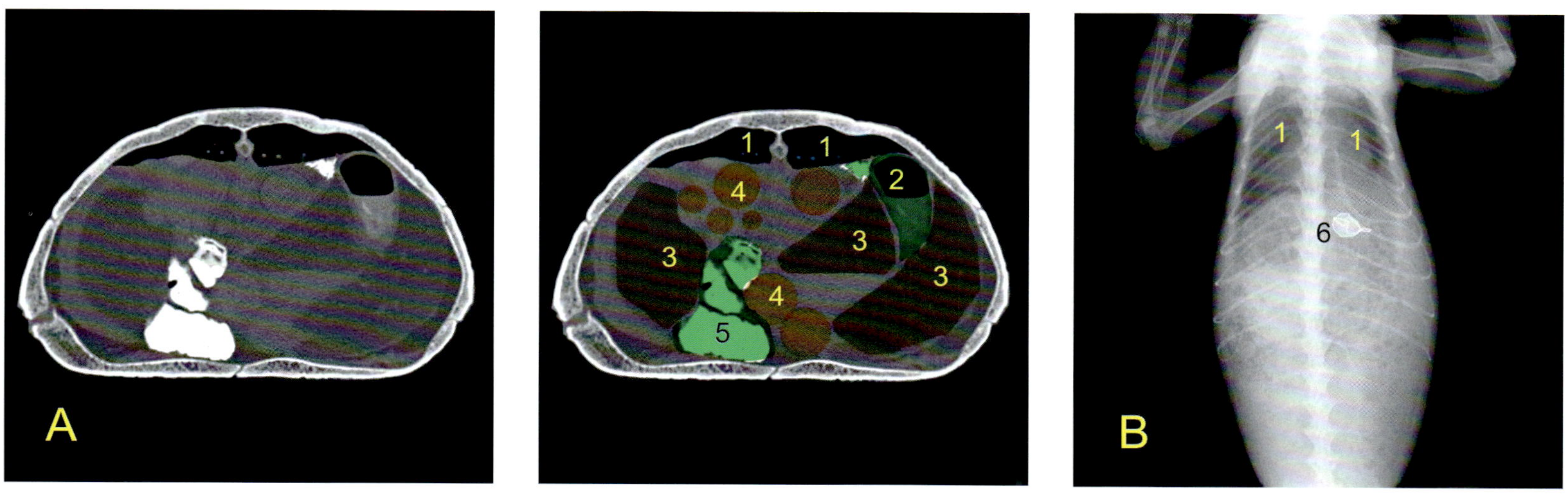

Abb. 3-158:

A: CT-Untersuchung, Körperstamm, transversale Ebene (120 kV, 120 mA, 1,0 mm SD, W: 1500, L: 350), Griechische Landschildkröte (*Testudo hermanni*): Fremdkörper. Darstellung eines röntgendichten Partikels (5: Bleistück) im Darm. Die Leber (3) ist hochgradig vergrößert und gestaut.

B: Röntgenuntersuchung, Körperstamm, dorso-ventrale Projektion, Grüner Leguan (*Iguana iguana*): Fremdkörper. Bei dem röntgendichten Fremdkörper (6) handelt es sich um einen Ohranhänger im Magen.

1: Lungen
2: Magen
3: Leber
4: Follikel
5: Bleistück
6: Fremdkörper

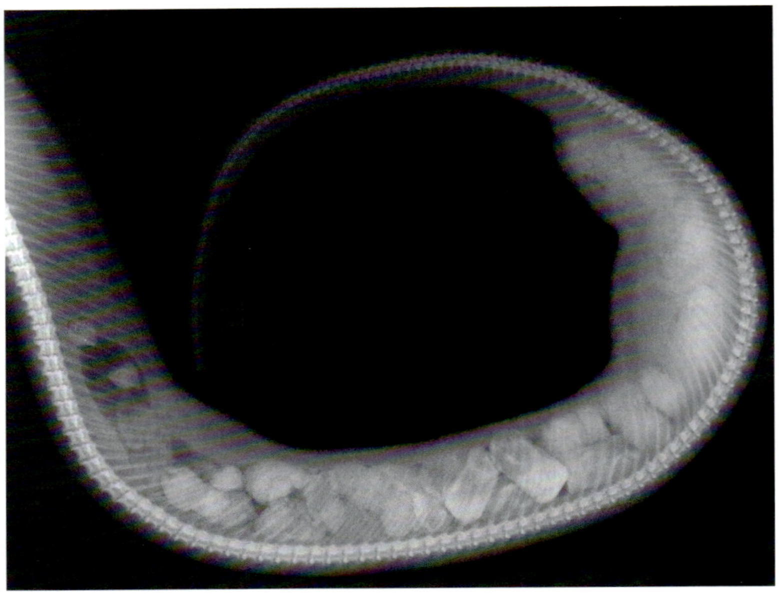

Abb. 3-159: Röntgenuntersuchung, Körper, Schrägprojektion, Tigerpython (*Python molurus*): Obstipation im Kolon. Die Ingesta sind eingedickt und verhärtet, vor der Kloake stauen sie sich an und stellen sich relativ röntgendicht dar.

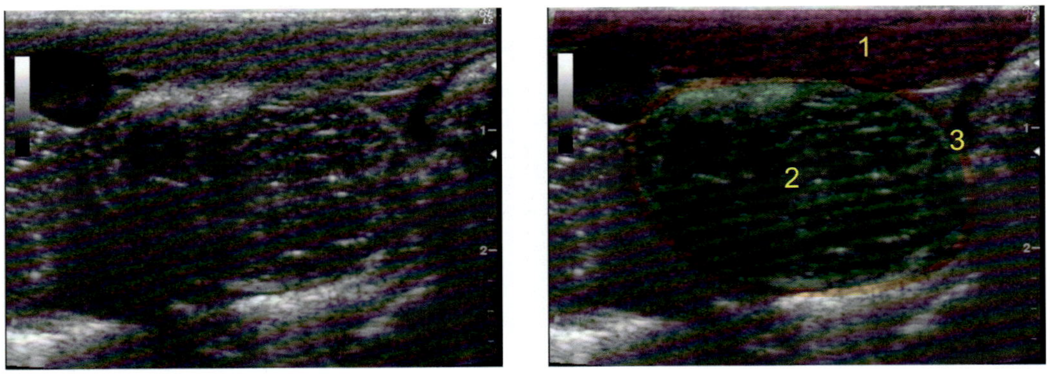

1: Bauchwand/Fettkörper
2: Ingesta
3: Darmwand

Abb. 3-160: Ultraschalluntersuchung, ventrale Ankopplung quer, 12 MHz, 3 cm ET, Bartagame (*Pogona vitticeps*): Obstipation. Anschoppung der Ingesta (2) im Darm, eine Peristaltik war nicht mehr nachweisbar.

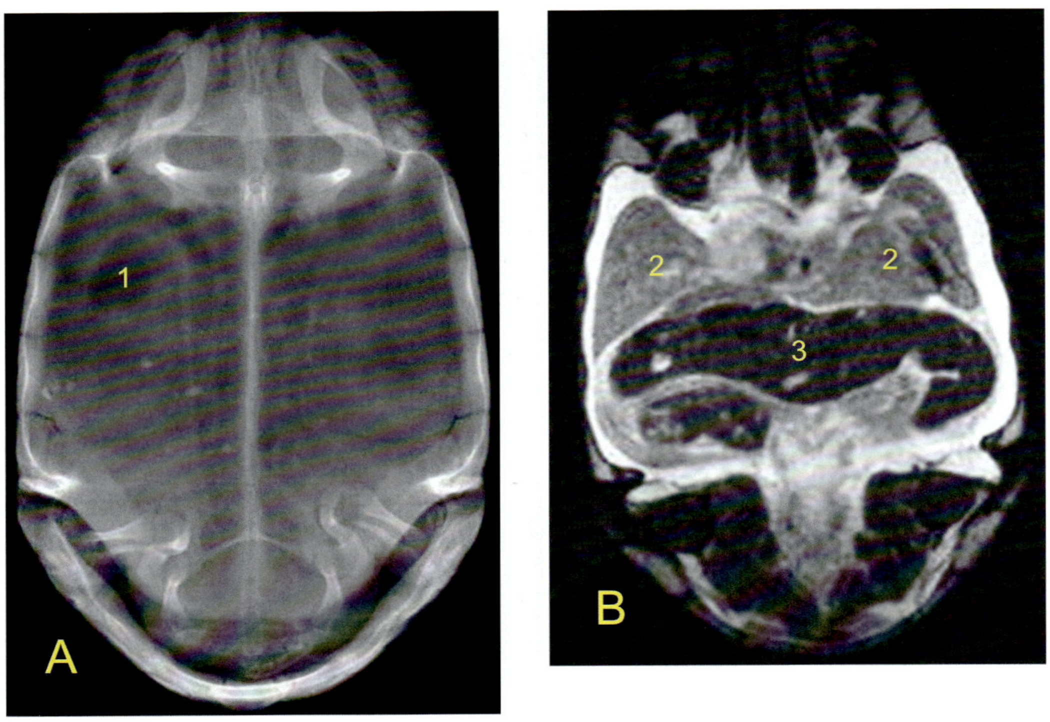

1: Magen
2: Leber
3: Darm

Abb. 3-161:

A: Röntgenuntersuchung, Körper, dorso-ventrale Projektion, Maurische Landschildkröte (*Testudo graeca*): Obstipation. Die Röntgenaufnahme ist bis auf einen geringen Steingehalt im Darm ohne besonderen Befund.

B: MRT-Untersuchung, Körper, dorsale Ebene, T1-Wichtung, gleiches Tier: Hier kann der Darm (3) und sein Inhalt beurteilt werden, es lag eine Obstipation ohne röntgendichte Partikel vor.

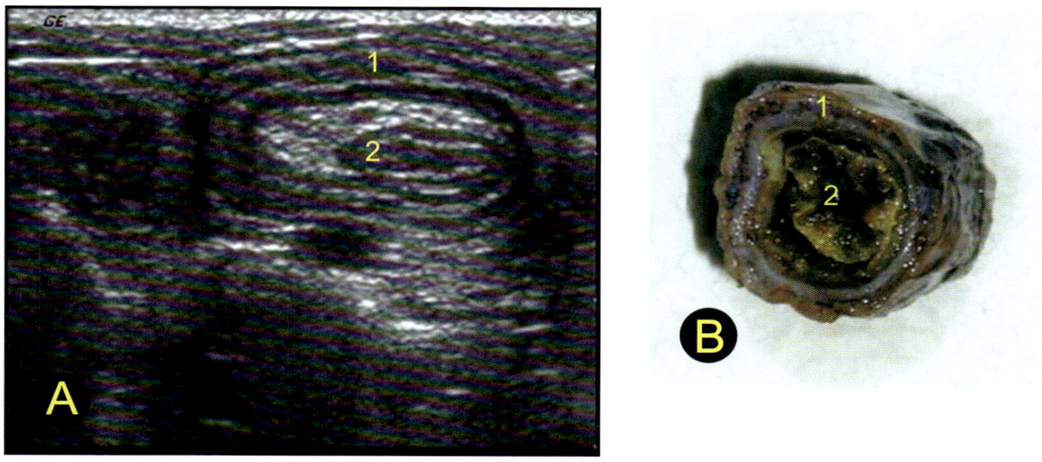

1: Invagination: äußerer Darmabschnitt
2: Invagination: innerer Darmabschnitt

Abb. 3-162:

A: Ultraschalluntersuchung, ventrale Ankopplung längs, 12 MHz, 3,0 cm ET, Grüner Leguan (*Iguana iguana*): Invagination eines Darmabschnittes (2 in 1). Der innere Abschnitt ist abgestorben und wurde chirurgisch entfernt.

B: Reseziertes Gewebe.

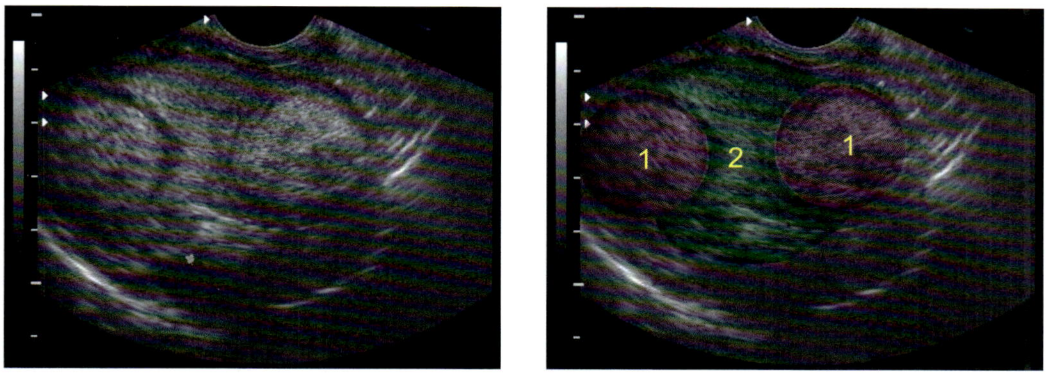

1: Abszess
2: Ingesta

Abb. 3-163: Ultraschalluntersuchung, ventrale Ankopplung quer, 7,5 MHz, 6,0 cm ET, im Darmbereich, Madagaskarboa (*Acrantophis madagascariensis*): Abszesse. Mehrere intramurale Abszesse (1) stellen sich entlang des Darmverlaufs dar und behindern die Passage der Ingesta (2).

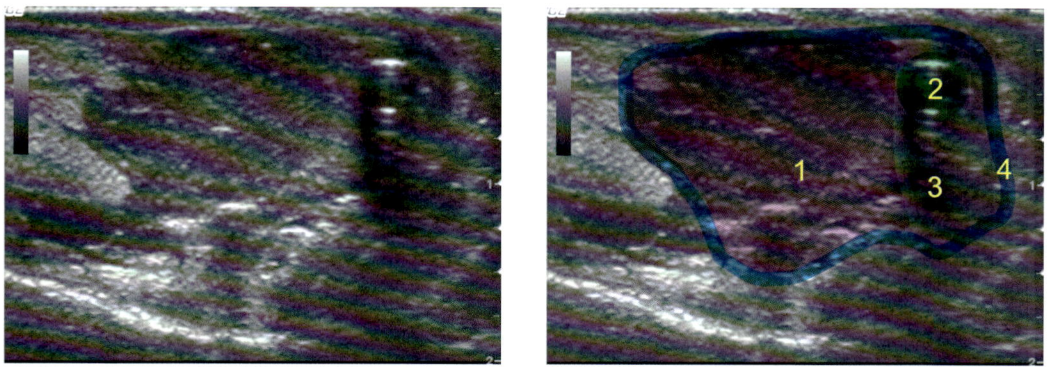

1: Umfangsvermehrung
2: Sonde
3: Flüssigkeit
4: Ösophaguswand

Abb. 3-164: Ultraschalluntersuchung, ventrale Ankopplung quer, 12 MHz, 2,0 cm ET, im Ösophagusbereich nach Instillation von Wasser durch eine Ernährungssonde, Kornnatter (*Pantherophis guttatus*): Abszess in der Ösophaguswand. Die Umfangsvermehrung (1) konnte nach Instillation von Flüssigkeit (3) als der Wand (4) zugehörig dargestellt werden. Die Sonde (2) stellt sich mit Reflexionen an den Grenzschichten im Querschnitt dar.

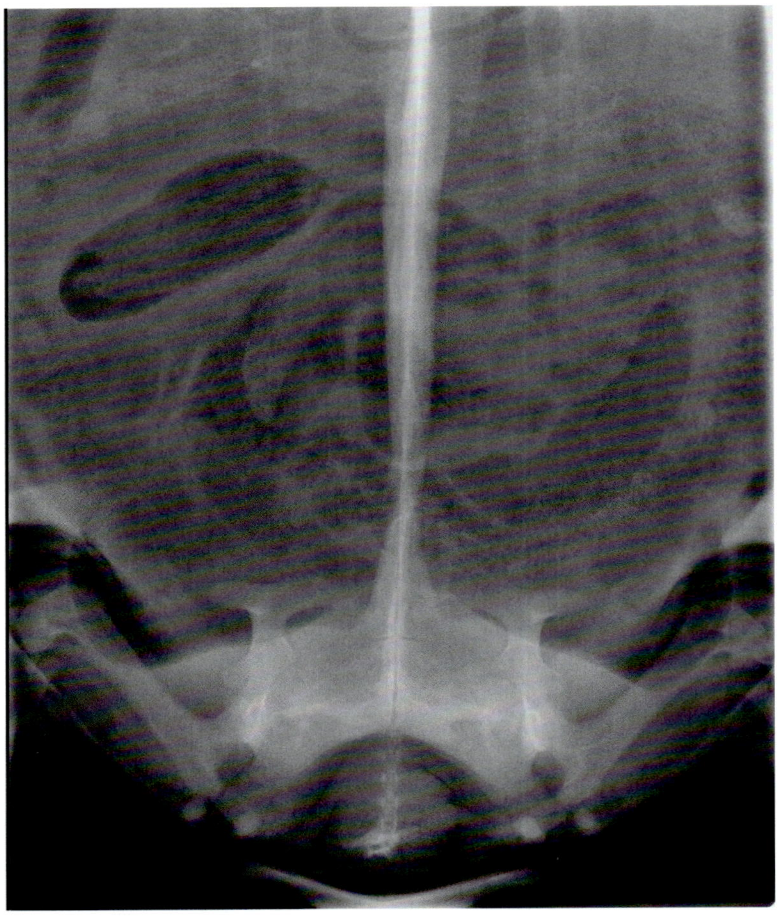

Abb. 3-165: Röntgenuntersuchung, kaudaler Körperstamm, dorso-ventrale Projektion, Spornschildkröte (*Geochelone sulcata*): Hefepilzinfektion. Deutlich ist die Aufgasung der Darmschlingen zu sehen, teilweise stellt sich in den Darmschlingen durch die negative Kontrastierung das Futter dar.

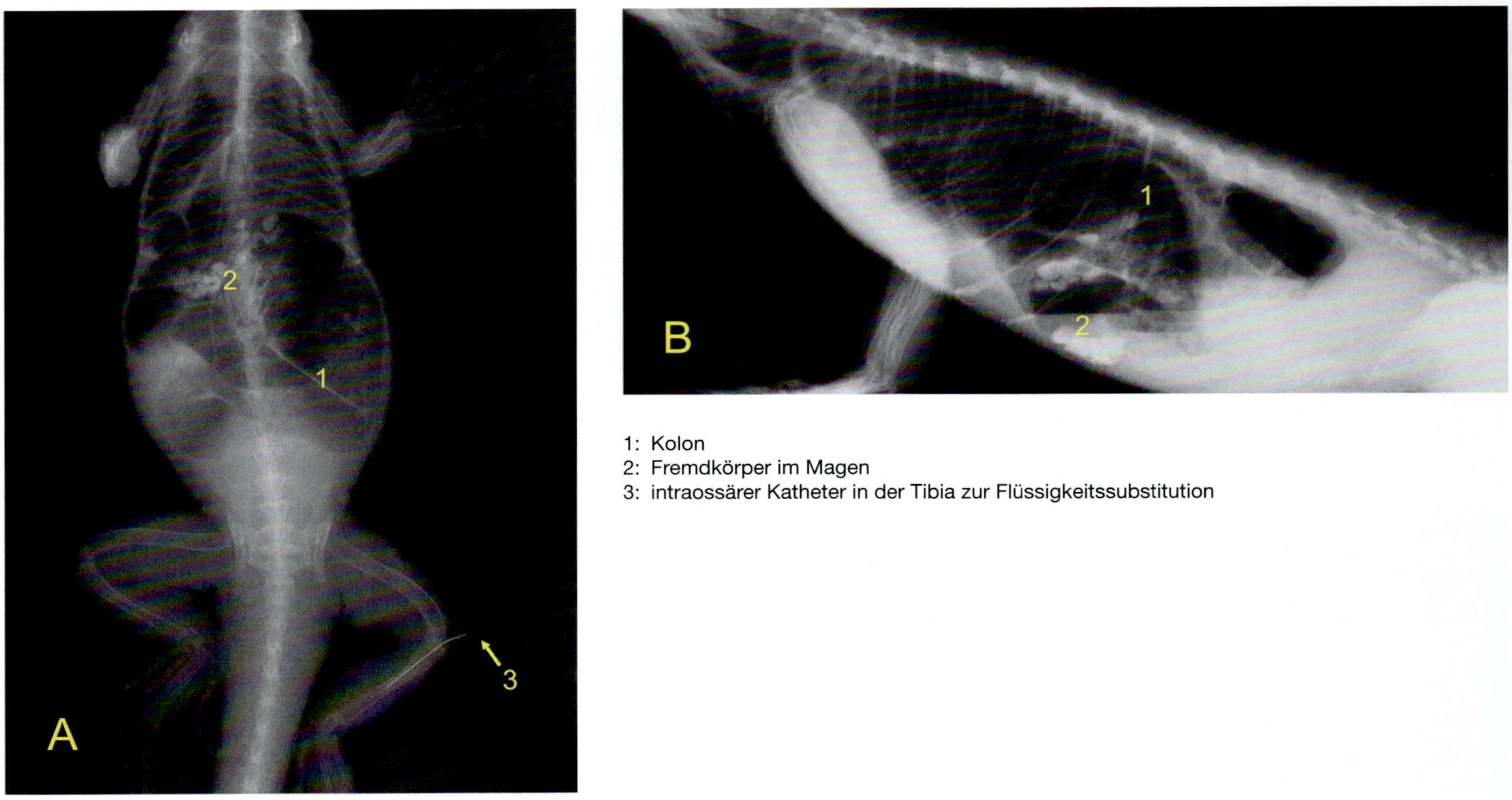

1: Kolon
2: Fremdkörper im Magen
3: intraossärer Katheter in der Tibia zur Flüssigkeitssubstitution

Abb. 3-166: Röntgenuntersuchung, Körper, dorso-ventrale (A) und latero-laterale (B) Projektion, Grüner Leguan (*Iguana iguana*): Enteritis. Hochgradige Aufgasung des Kolons (1) sowie Steine im Magen (2).

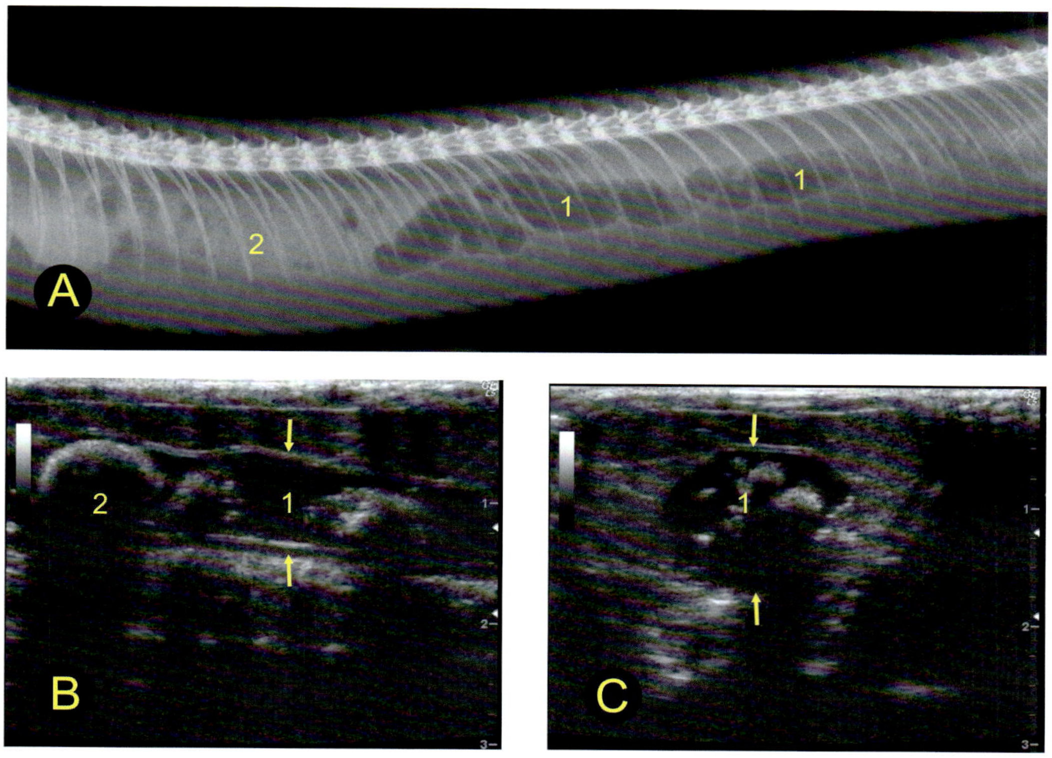

1: Aufgasungen im Darm
2: feste Ingesta

Pfeile: Darmgrenzen

Abb. 3-167:

A: Röntgenuntersuchung, kaudaler Körperabschnitt, latero-laterale Projektion, Grüner Baumpython (*Morelia viridis*): Enteritis. Darstellung von festen bzw. flüssigen (2) Anteilen mit Aufgasungen (1) im Darm.

B, C: Ultraschalluntersuchung, ventrale Ankopplung längs (B) und quer (C), 12 MHz, 3,0 cm ET, gleiches Tier: Eine vermehrte Flüssigkeitsfüllung und erhöhte Peristaltik (1) wurden als Folge einer Flagellateninfektion festgestellt.

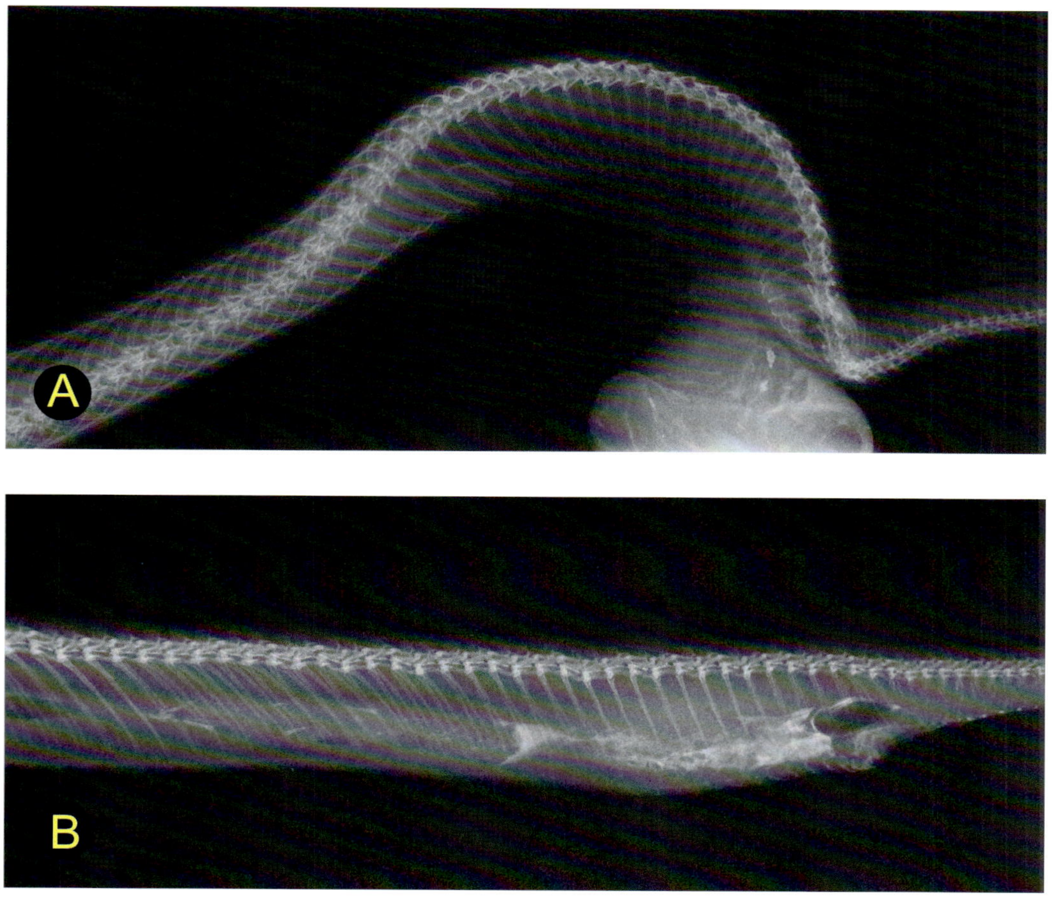

Abb. 3-168: Röntgenuntersuchung, kaudaler Körperabschnitt, Schrägprojektion (A) vor Reposition und latero-laterale Projektion (B) nach Reposition und Eingabe eines jodhaltigen Kontrastmittels (Iomeprol 300 mg/ml, 10 ml/kg KM) in die Kloake, Grüner Baumpython (*Morelia viridis*): Enteritis, Flagellateninfektion. Gewebeprolaps aus der Kloake (A). Nach der Reposition wurde das Kontrastmittel appliziert, um die Intaktheit und Lage des Darms zu überprüfen (B).

3.8 Leber

Michael Pees, Veit Kostka

Da die Leber bei vielen systemischen Erkrankungen mit betroffen ist, sind Leberveränderungen häufig und entsprechende klinische wie diagnostische Hinweise werden oft gesehen. Bei der Diagnostik kommt dem Zusammenspiel zwischen bildgebenden Verfahren und weiteren Diagnostika (Blutchemie, Biopsie) eine große Rolle zu, um entsprechende Informationen über den Funktionszustand des Organs zu erhalten. Im Gegensatz zu anderen Tierklassen ist dabei allerdings die Röntgenuntersuchung von untergeordneter Bedeutung, da bei den meisten Spezies eine Abgrenzung der Leber zu den benachbarten Organen unter anderem durch die Fettkörper, aber auch durch die Anatomie der Leber schwierig ist. Umfangsvermehrungen können röntgenologisch vergleichsweise selten der Leber zugeordnet werden **(Abb. 3-169)**, die Ultraschalldiagnostik ist hier wesentlich aussagekräftiger.

Einer der häufigsten sonographisch erhobenen Befunde ist die Ausprägung einer **Fettleber**. Hierbei ist die Echogenität des Lebergewebes diffus erhöht, nicht selten stellen sich einzelne Gefäße vergrößert dar. In extremen Fällen ist der Leberrand abgerundet und belegt damit die Größenzunahme des Organes **(Abb. 3-170)**. Zur Beurteilung der Echogenität kann bei Echsen die Echogenität des Fettkörpers herangezogen werden. Insbesondere bei Ankopplung des Schallkopfes quer zur Körperachse können Leber und Fettkörper nebeneinander dargestellt werden. Im Falle einer Fettleber ist dann häufig kaum eine Differenzierung zwischen beiden Organen möglich **(Abb. 3-171)**. Aufgrund der Vergrößerung beider Organe im Rahmen einer Adipositas kommen diese dann auch sehr dicht aneinander zu liegen. Auch bei Schildkröten spielt die Fettleber eine wichtige Rolle. Hier fehlt zwar die Möglichkeit des Vergleiches mit dem Fettkörper, eine erhöhte Echogenität ist trotzdem beurteilbar. Neben der Ultraschalltechnik kann auch die MRT zur Darstellung der Fetteinlagerungen im Lebergewebe genutzt werden **(Abb. 3-172)**.

Gelegentlich gesehen werden **Zubildungen** im Lebergewebe. Hier kommen neben Neoplasien **(Abb. 3-173B)** auch Granulome **(Abb. 3-174)** und Abszesse **(Abb. 3-175)** in Betracht. Eine Differenzierung ist meist nur nach Bioptatentnahme möglich. In der Ultraschalluntersuchung hilft die Farb-Doppler-Darstellung bei der Beurteilung und auch bei der Planung der sonographisch geführten Biopsie (s. Kap. 3.2.4).

Inhomogenitäten im Lebergewebe sind sonographisch am besten zu beurteilen **(Abb. 3-173A)**. Sie sind meist Ausdruck eines entzündlichen Geschehens und von fokalen Nekrosen. Diese stellen sich als hypoechogene Areale dar. Die Abgrenzung zu Gefäßen ist mit dem Farb-Doppler-Verfahren einfach möglich **(Abb. 3-176)**.

Insbesondere bei Schlangen werden im Zusammenhang mit Lebererkrankungen auch **Veränderungen der Gefäßwände** bzw. der Bereiche um die Gefäße gesehen. Hier kommt es zu hyperechogenen Bereichen vermutlich infolge fibrotischer und entzündlicher Prozesse **(Abb. 3-177** und **3-178)**. Allerdings können solche Veränderungen auch bei alten Tieren bzw. als chronische Folge einer Erkrankung gesehen werden.

Bei Schildkröten werden erhebliche Lebervergrößerungen infolge einer **Septikämie** gesehen. Die Vergrößerung lässt sich mittels Ultraschall darstellen, wobei aufgrund der beschränkten Ankopplungsmöglichkeiten nie das gesamte Lebergewebe dargestellt werden kann. Im Rahmen septikämischer Erkrankungen sind meist auch die Lebergefäße dilatiert **(Abb. 3-179)**. Diese Veränderungen sind auch gut mittels CT und MRT beurteilbar **(Abb. 3-180)**.

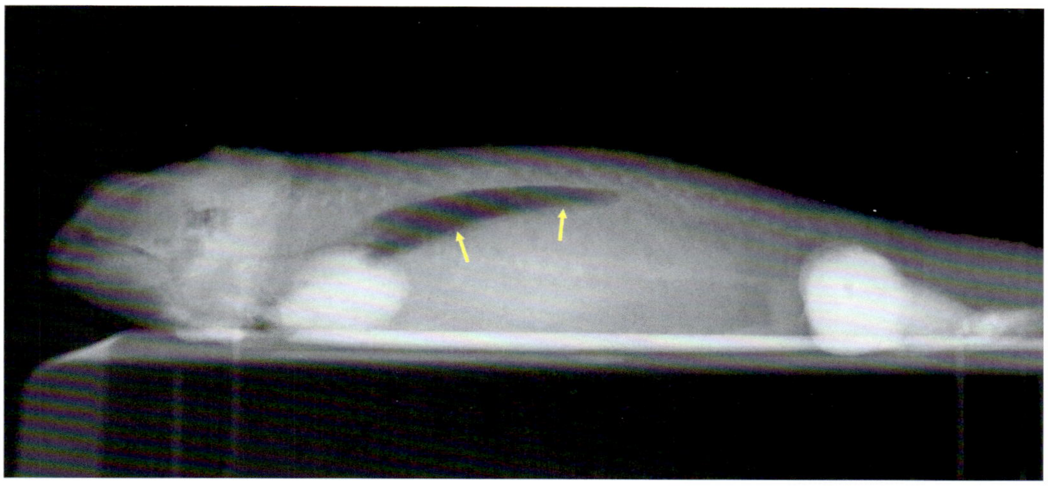

Abb. 3-169: Röntgenuntersuchung, Körper, latero-laterale Projektion, Bartagame (*Pogona vitticeps*): Leberschwellung. Das Lebergewebe ist bei den meisten Reptilien kaum vom umliegenden Gewebe abzugrenzen. Hier zeigt sich die Leververgrößerung (Pfeile) durch eine Einengung des Lungenfeldes. Im Zweifelsfall ist eine Kontrastmittel- oder Ultraschalluntersuchung anzuraten.

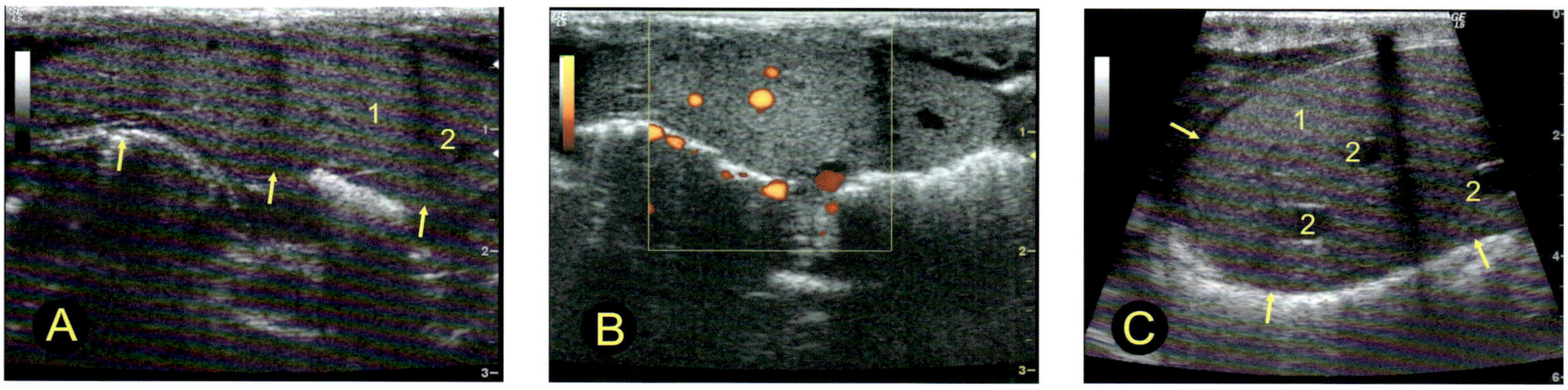

Abb. 3-170:

A, B: Ultraschalluntersuchung, ventrale Ankopplung längs, 12 MHz, 3 cm ET, Power-Doppler-Verfahren (B), Bartagame (*Pogona vitticeps*): Fettleber. Die Echogenität ist deutlich erhöht, die Gefäße (2) sind gut darstellbar, der Leberrand ist abgerundet (Pfeile).

C: Ultraschalluntersuchung, ventrale Ankopplung längs, 7 MHz, 6 cm ET, Steppenwaran (*Varanus exanthematicus*): Fettleber. Der Leberrand (Pfeile) ist hier deutlich darstellbar und abgerundet, die Echogenität ist erhöht und die Gefäße (2) sind vergrößert.

1: Lebergewebe
2: Gefäße

Pfeile: Lebergrenzen
B, Kasten: Doppler-Feld

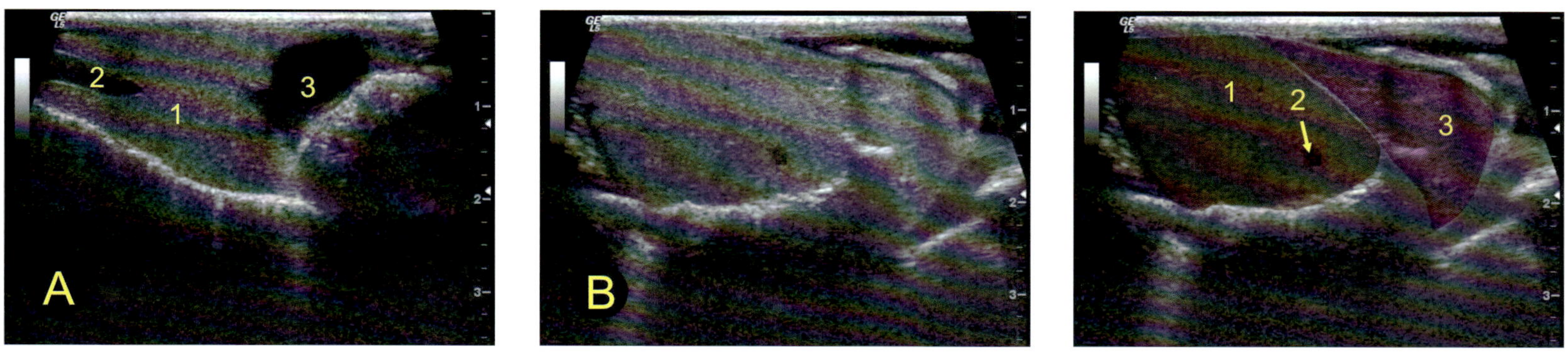

Abb. 3-171: Ultraschalluntersuchung, ventrale Ankopplung längs (A) bzw. quer (B), 12 MHz, 4 cm ET, Bartagame (*Pogona vitticeps*): Fettleber. Das Lebergewebe (1) ist hyperechogen und die Gefäße (2) sind vergrößert. In der Querankopplung lassen sich Lebergewebe und Fettkörper (3, in seinem bei Echsen typischen L-förmigen Querschnitt) nebeneinander darstellen. Dabei ist das Gewebe kaum von einander zu differenzieren, die Echogenität ist sehr ähnlich.

1: Lebergewebe
2: Gefäße
3: Fettkörper
4: Gallenblase

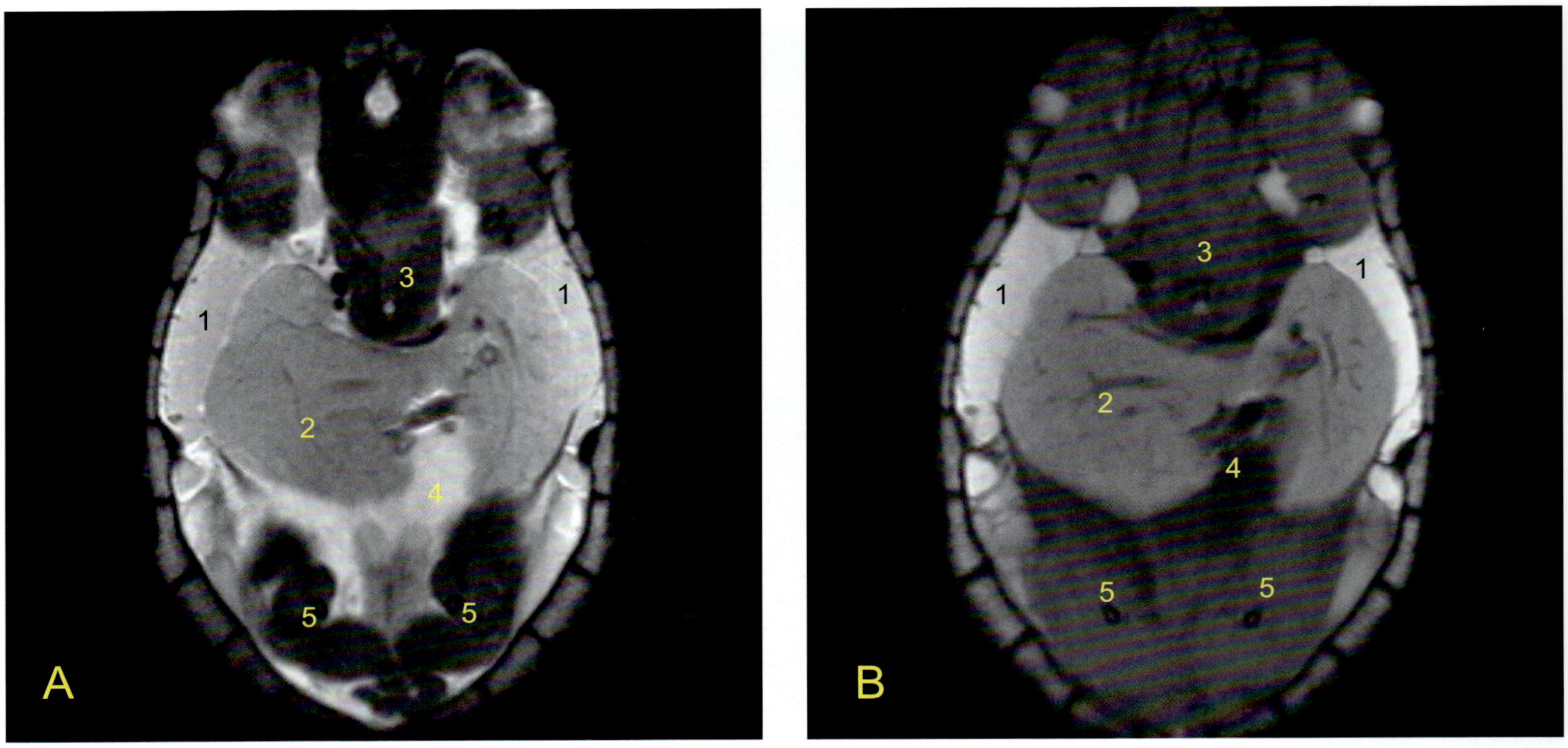

Abb. 3-172: MRT-Untersuchung, Körper, dorsale Ebene, T1-Wichtung (A) und T2-Wichtung (B), Indische Dornschildkröte (*Pyxidea mouhotii*): Verfettung und Leberverfettung. Die Leber (2) stellt sich insbesondere in der T1-Wichtung durch ihren Fettgehalt sehr signalreich dar. Auch in die Leibeshöhle (1) und um den Gastrointestinaltrakt (4) ist insgesamt viel Fett eingelagert.

1: Leibeshöhle
2: Leber
3: Halswirbelsäule
4: Gastrointestinaltrakt
5: Hinterbeine

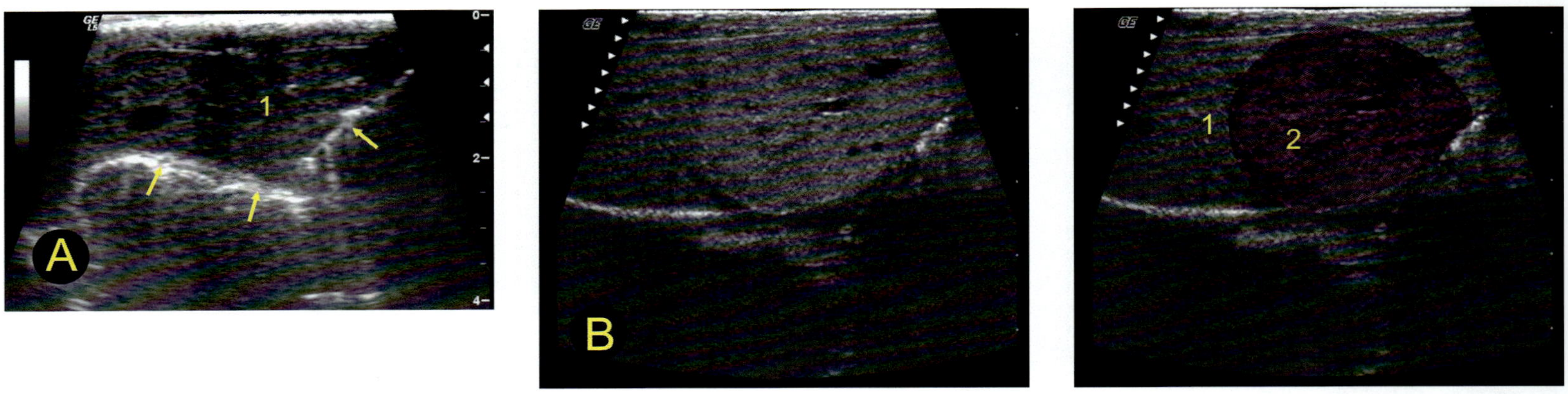

Abb. 3-173:

A: Ultraschalluntersuchung, ventrale Ankopplung längs, 7 MHz, 5 cm ET, Grüner Leguan (*Iguana iguana*): Lebernekrosen. Es liegt eine erhöhte Inhomogenität des Lebergewebes (1, Pfeile) vor.

B: Ultraschalluntersuchung, ventrale Ankopplung längs, 12 MHz, 5 cm ET, Steppenwaran (*Varanus exanthematicus*): Adenokarzinom in der Leber. Es ist eine Zubildung (2) im Lebergewebe (1) zu erkennen. Mittels Biopsie wurde ein Adenokarzinom diagnostiziert.

1: Lebergewebe
2: Zubildung

Pfeile: Inhomogenität des Leberwegebes

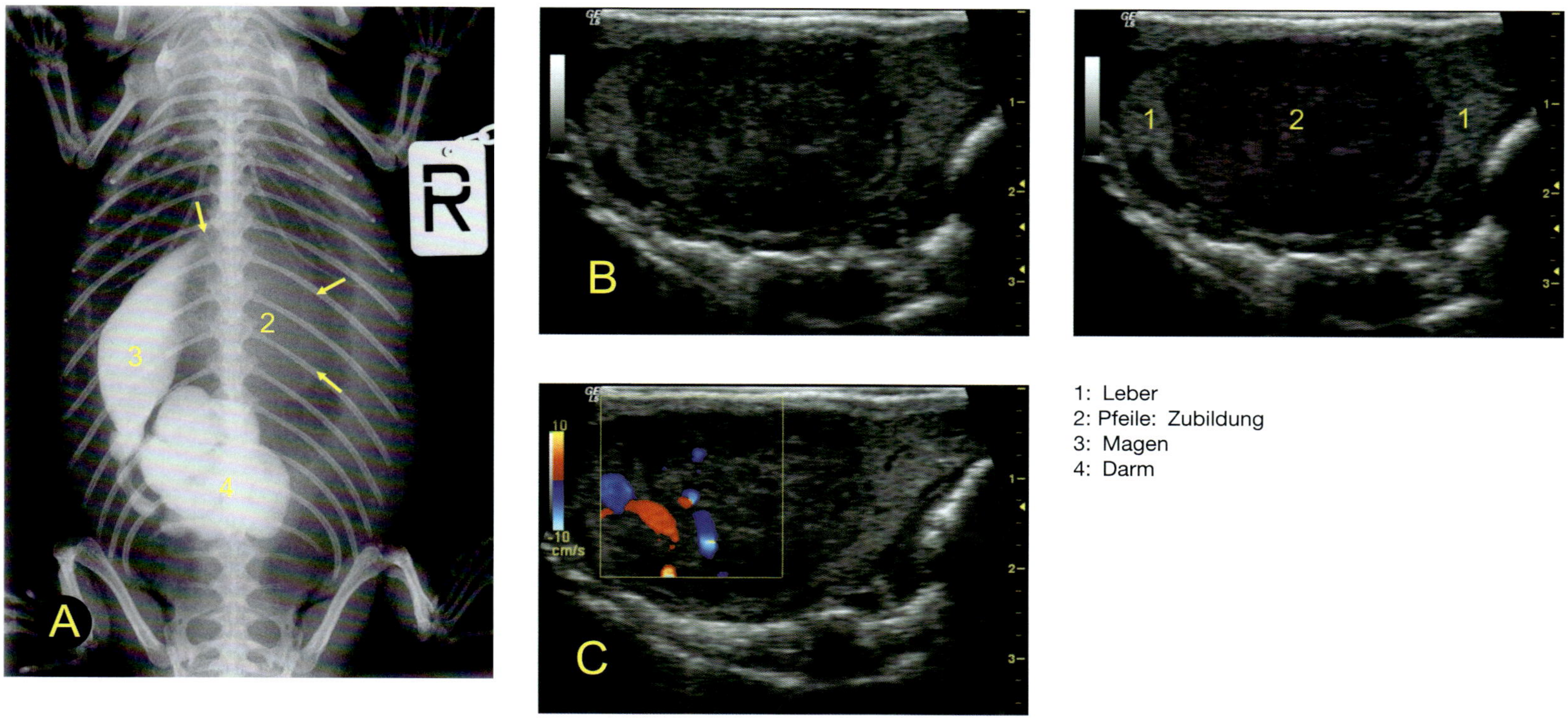

1: Leber
2: Pfeile: Zubildung
3: Magen
4: Darm

Abb. 3-174:

A: Röntgenuntersuchung, Körper, dorso-ventrale Projektion, 2 h nach oraler Eingabe eines jodhaltigen Kontrastmittels (Solutrast®), Bartagame (*Pogona vitticeps*): Zubildung in der Leber, Mykobakteriose. Die Zubildung (Pfeile) kann durch die Kontrastdarstellung vom Magen abgegrenzt werden, weitere Aussagen sind aber nicht möglich.

B, C: Ultraschalluntersuchung, ventrale Ankopplung längs, 12 MHz, 4 cm ET, Farb-Doppler-Verfahren (C), gleiches Tier: die Zubildung (2) ist eindeutig als innerhalb der Leber (1) liegend zu erkennen. Der Farb-Doppler zeigt eine teilweise Durchblutung der Zubildung. Die Biopsie ergab einen aktiven granulomatösen Prozess mit Nachweis von Mykobakterien.

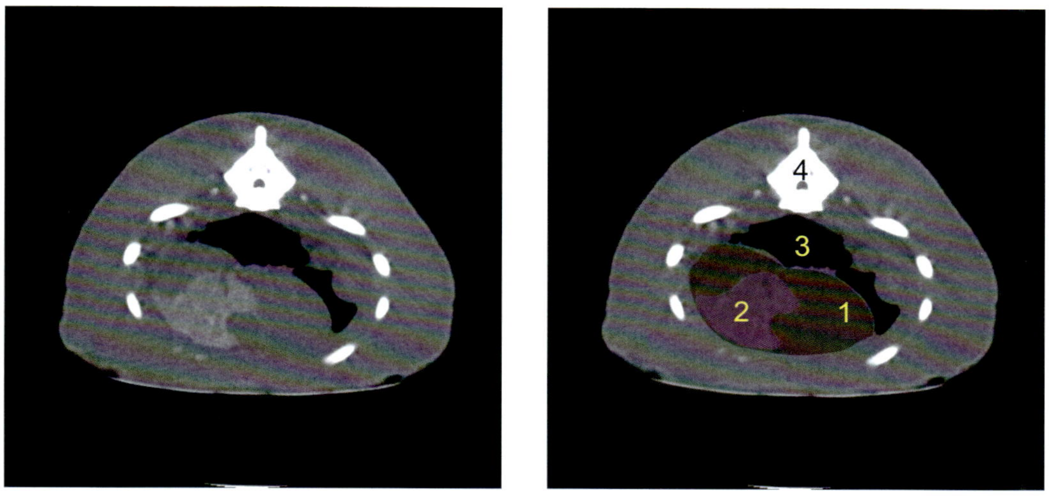

1: Leber
2: verändertes Lebergewebe (Abszess)
3: Luftsack
4: Wirbelsäule

Abb. 3-175: CT-Untersuchung, Körper, transversale Ebene (120 kV, 204 mA, 2,0 mm SD, W: 258 L: 75), Netzpython (*Python reticulatus*): Abszess in der Leber. Die Veränderung (2) stellt sich röntgendicht im Lebergewebe (1) dar.

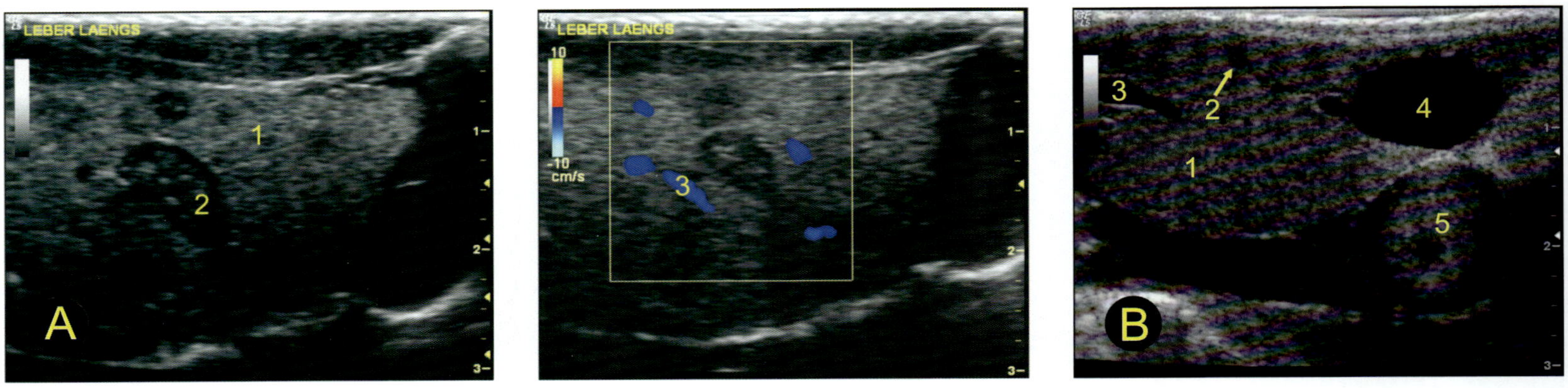

Abb. 3-176:

A: Ultraschalluntersuchung, ventrale Ankopplung quer, 12 MHz, 3 cm ET, Farb-Doppler-Verfahren (B), Smaragdwaran (*Varanus prasinus*): Lebernekrosen. Die hypoechogenen nekrotischen Areale (2) im Lebergewebe (1) lassen sich mit dem Farb-Doppler-Verfahren einfach von Gefäßen (3) unterscheiden.

B: Ultraschalluntersuchung, ventrale Ankopplung längs, 10 MHz, 3 cm ET, Bartagame (*Pogona vitticeps*): fokale Lebernekrose (2) unklarer Ätiologie.

1: Lebergewebe
2: Lebernekrose
3: Lebergefäß
4: Gallenblase
5: Follikel

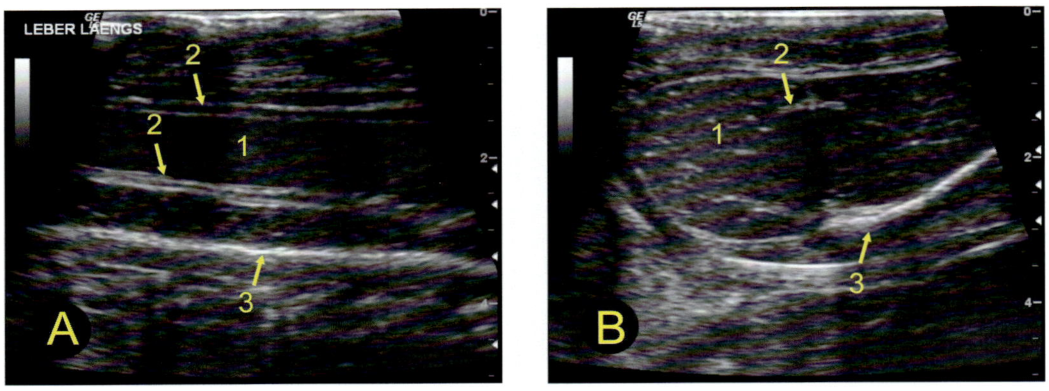

Abb. 3-177: Ultraschalluntersuchung, ventrale Ankopplung längs (A) und quer (B), 7 MHz, 5 cm ET, Netzpython (*Python reticulatus*): bakterielle Hepatitis. Das Lebergewebe (1) ist sehr inhomogen, die Gefäße zeigen eine deutlich hyperechogene Wandzone (2).

1: Lebergewebe
2: Lebergefäße
3: dorsale Leberkapsel

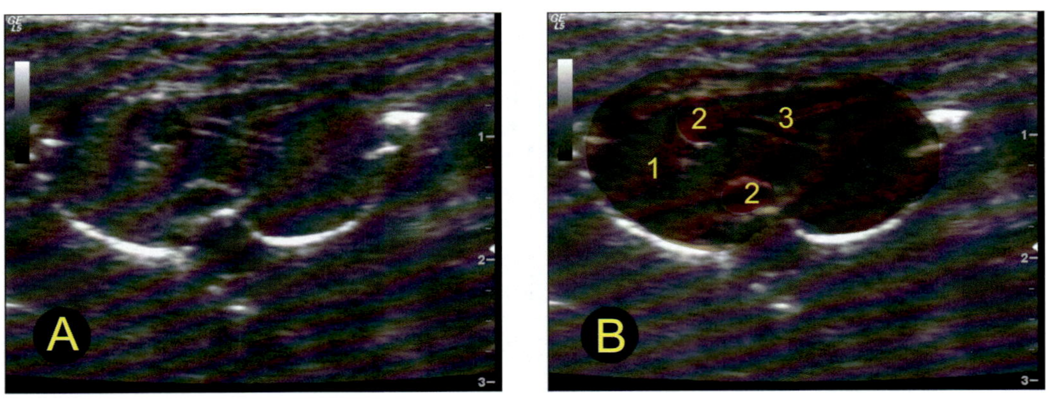

Abb. 3-178: Ultraschalluntersuchung, ventrale Ankopplung quer, 7 MHz, 3 cm ET, Tigerpython (*Python molurus*): *Inclusion Body Disease*, Hepatitis. Auch hier sind die Gefäße deutlich hyperechogen zu erkennen.

1: Lebergewebe
2: Vv. hepaticae
3: kleine Gefäße

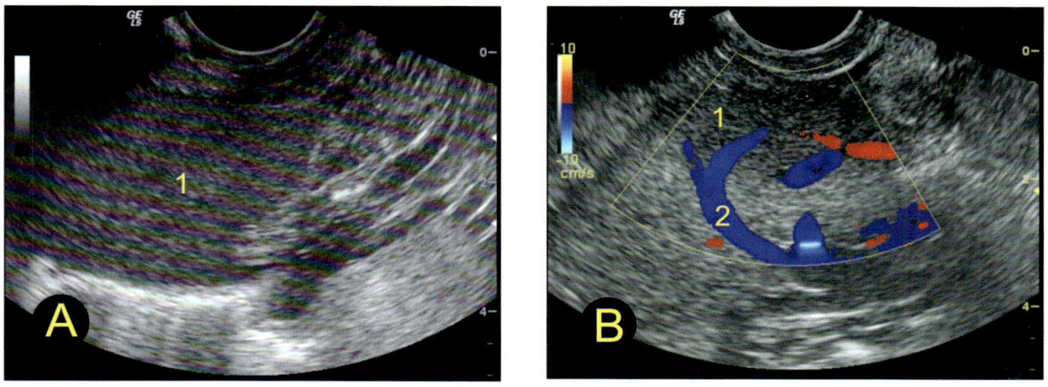

1: Lebergewebe
2: Lebergefäße

Abb. 3-179: A: Ultraschalluntersuchung, präfemorale Ankopplung, 10 MHz, 5 cm ET. B: Farb-Doppler-Verfahren, Gelbwangenschmuckschildkröte (*Trachemys scripta scripta*): Septikämie und Hepatitis. Die Leber (1) ist stark vergrößert und lässt sich kaum abgrenzen. Die Lebergefäße (2) sind erweitert und deutlich darstellbar.

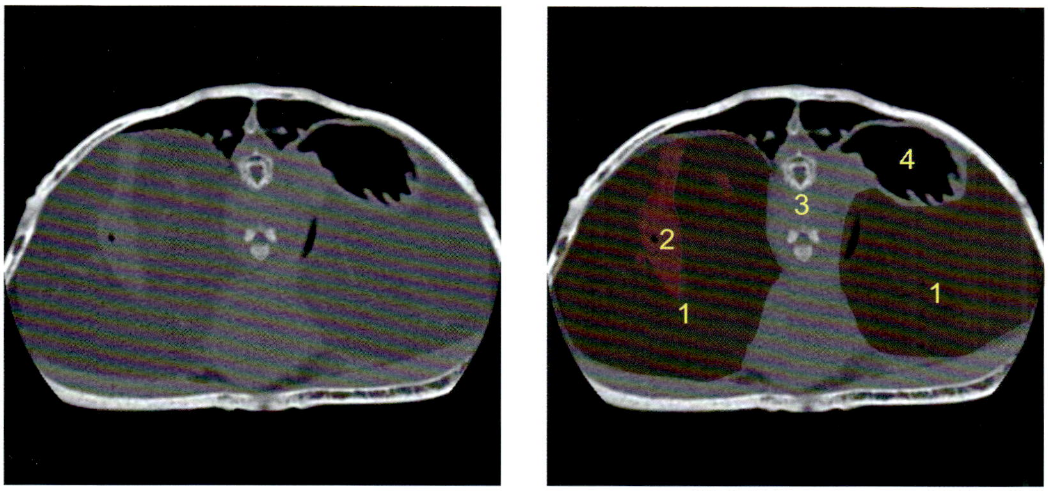

1: Leber
2: Lebergefäße
3: Halswirbelsäule
4: Magen

Abb. 3-180: CT-Untersuchung, Körper, transversale Ebene (120 kV, 120 mA, 1,0 mm SD, W: 1174, L: 329), Russische Landschildkröte (*Testudo horsfieldii*). Septikämie und Hepatitis. Die Leber (1) stellt sich hochgradig geschwollen dar, die intrahepatischen Gefäße (2) sind erweitert.

3.9 Harntrakt

Michael Pees, Maria-Elisabeth Krautwald-Junghanns

Auch für die Entstehung pathologischer Veränderungen der Nieren und des Harnsacks sind Haltungs- und Fütterungsfehler eine bedeutende Ursache. Daneben spielen auch Infektionen eine Rolle. Für die Diagnostik hat die Röntgenuntersuchung mit Ausnahme der Darstellung von Harnsteinen (sofern diese röntgendicht sind) eine eher untergeordnete Rolle, der Ultraschalluntersuchung kann hier die größte Bedeutung zugeschrieben werden. Auch die CT und insbesondere die MRT liefern wertvolle diagnostische Hinweise.

Bei der Beurteilung des Harnsacks ist zu bedenken, dass dieses Organ bei Schlangen, Krokodilen und einigen anderen Echsen nicht ausgebildet ist. Harnkonkremente und Harnsteine (Syn. Blasensteine) können aber trotzdem in den ableitenden Wegen entstehen und eine entsprechende Symptomatik verursachen.

3.9.1 Nieren

Die meisten Erkrankungen der Nieren gehen mit einer Vergrößerung des Organs einher, dieses kann dann teilweise bereits in der klinischen Untersuchung ertastet werden. Dennoch ist die Röntgenuntersuchung nur selten hilfreich, da sich die Nieren nur schlecht von den umliegenden Organen abgrenzen lassen. Eine Ausnahme sind Chamäleons, bei denen sich die Nieren aufgrund der seitlichen Abflachung des Körpers häufig in der kaudo-dorsalen Leibeshöhle darstellen, wenn sie vergrößert sind **(Abb. 3-181** und **3-182)**. Dies ist besonders einfach bei Tieren, bei denen der Gastrointestinaltrakt kaum gefüllt ist **(Abb. 3-182)**.

Generell kommt bei der Beurteilung der Nieren der Ultraschalluntersuchung eine besondere Bedeutung zu. Insbesondere bei Echsen und Schildkröten sind die **vergrößerten Nieren** gut darstellbar, bei Schlangen kann dies aufgrund der gelappten und langgezogenen Anatomie dieses Organs schwieriger sein. Grundsätzlich müssen beide Nieren untersucht und beurteilt werden. Dies ist insbesondere bei Schildkröten zu erwähnen, da hier der Zugang von einer in die andere Kniebucht gewechselt werden muss. Wichtige Hinweise im Ultraschallbild sind die Größe des Organs, die Echogenität sowie die Durchblutung **(Abb. 3-183** und **3-184)**. Je größer sich die Nieren darstellen, desto einfacher sind meist die Abgrenzung und die Vermessung. Die **Echogenität** ist im Falle von **Harnsäureablagerungen (Gicht)** entweder diffus **(Abb. 3-184)** oder fokal **(Abb. 3-183C)** erhöht, gleichzeitig lässt sich zwar noch der zentrale Blutzufluss darstellen, das Gewebe selbst erscheint aber kaum durchblutet **(Abb. 3-183** und **3-184)**. Da sich auch entzündliche Veränderungen der Nieren ähnlich darstellen können, ist zur Diagnose einer Gicht zusätzlich eine blutchemische Untersuchung erforderlich. Zur röntgenologischen Darstellung einer **Gelenkgicht** wird auf Kapitel 3.11.3, **Abbildung 3-222**, verwiesen.

Insbesondere in der MRT-Untersuchung lassen sich die Nieren und pathologische Veränderungen gut und sicher darstellen. In den verschiedenen Ebenen können die Größe und die innere Struktur beurteilt werden, diese Technik kann wie auch die CT in Ergänzung zur Ultraschalluntersuchung sehr nützlich sein **(Abb. 3-185)**.

3.9.2 Harnsack

Meist stehen Erkrankungen des Harnsacks in mehr oder weniger engem Zusammenhang mit Nierenveränderungen, so dass sich häufig an beiden Organen Auffälligkeiten finden. Eine häufige Erkrankung ist eine **Lähmung des Harnsacks**, der in seiner Ausdehnung dann den größten Teil der Leibeshöhle einnehmen kann. Auch hier ist die Röntgenuntersuchung nicht sehr aussagekräftig, meist wird nur eine diffuse Verschattung in der Leibeshöhle gesehen. Nach Kontrastmitteleingabe in den Gastrointestinaltrakt kann dieser dann häufig auf dem Harnsack »schwimmend« dargestellt werden **(Abb. 3-186**, s. auch »Aufschwimmen« der Darmschlingen, **Abb. 3-189** und **3-190)**. In der Ultraschalluntersuchung sollten die Größe und der Inhalt des Harnsacks beurteilt werden. Neben Größenzunahmen sind auch Konkremente häufig zu sehen. Diese **Konkremente** können gut beurteilt werden, wenn die Position des Patienten während der Untersuchung verändert wird, wodurch sich die Schwebeteilchen der Schwerkraft folgend verlagern **(Abb. 3-187)**. Solide Harnsteine (s. u.) lassen sich dagegen oft nicht mehr so eindeutig als in der Harnblase liegende identifizieren. Seltener stellen sich Harnsackentzündungen durch Wandverdickungen dar **(Abb. 3-188)**. Harnsackvergrößerungen lassen sich auch in der CT **(Abb. 3-189)** sowie in der MRT **(Abb. 3-185** und **3-190)** darstellen und beurteilen.

Harnsacksteine (Syn. **Blasensteine**) können röntgenologisch dargestellt werden, wenn sie verkalkt und damit röntgendicht sind **(Abb. 3-191)**. Sie treten mit einer Prädisposition bei Grünen Leguanen auf, werden aber auch bei anderen Spezies gefunden. Bei geringer Verkalkung kann die Identifizierung insbesondere bei Schildkröten durch den röntgendichten Panzer hindurch schwierig sein **(Abb. 3-192)**. Hier ist die CT-Untersuchung hilfreich. Diese zeigt auch die innere Struktur des Harnsteins **(Abb. 3-193)**, was für das therapeutische Vorgehen (chirurgische Entfernung vs. endoskopische Zertrümmerung und Ausspülung, **Abb. 3-192**) von Bedeutung ist.

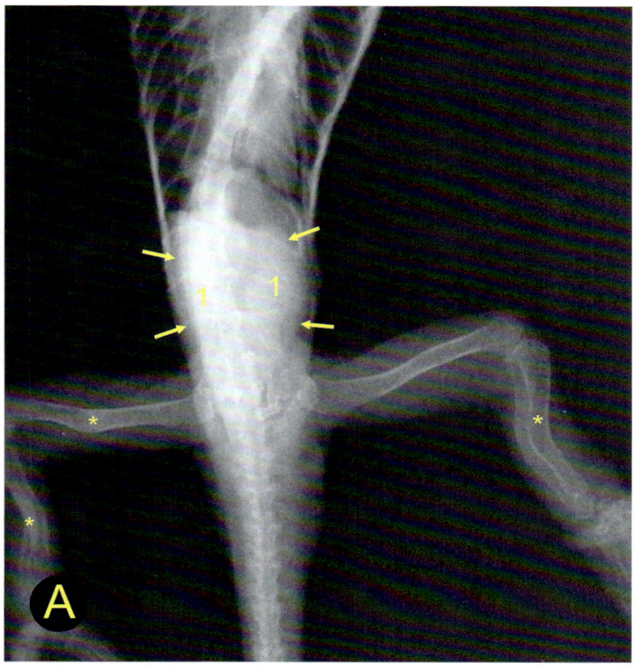

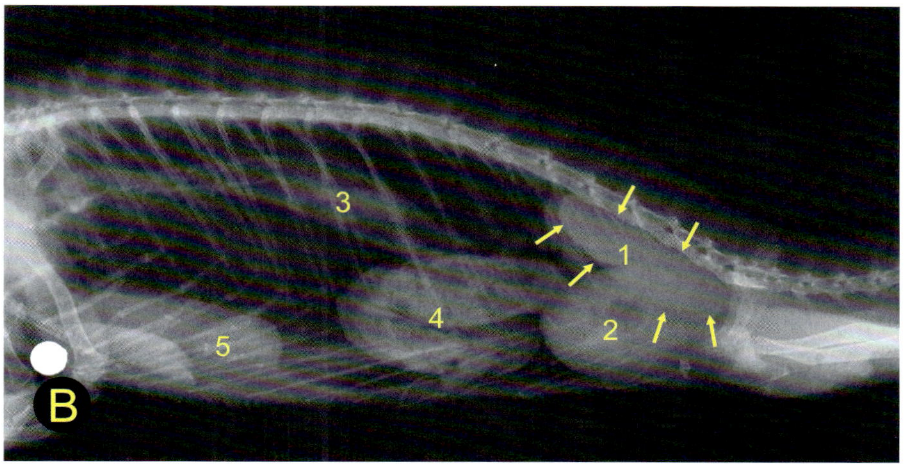

1: Nieren
2: Harnsack
3: Magen
4: Darm
5: Leber

Abb. 3-181: Röntgenuntersuchung, Körper, ventro-dorsale (A) und latero-laterale (B) Projektion, Jemenchamäleon (*Chamaeleo calyptratus*): Nierenschwellung. Die Nieren (1) stellen sich deutlich in der kaudo-dorsalen Leibeshöhle dar.

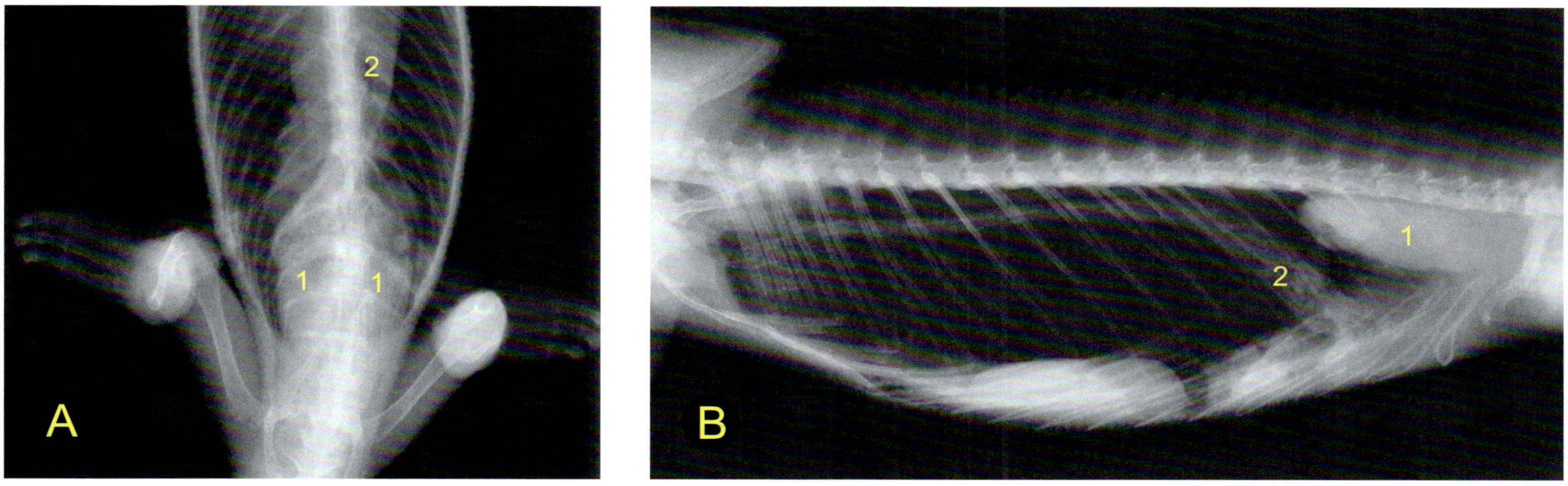

Abb. 3-182: Röntgenuntersuchung, Körper, ventro-dorsale (A) und latero-laterale (B) Projektion, Riesenchamäleon (*Furcifer oustaleti*): Gicht. Die Nieren (1) sind hochgradig geschwollen und waren bereits in der klinischen Untersuchung palpierbar. Der Gastrointestinaltrakt (2) ist infolge Inappetenz weitgehend entleert.

1: Nieren
2: Gastrointestinaltrakt

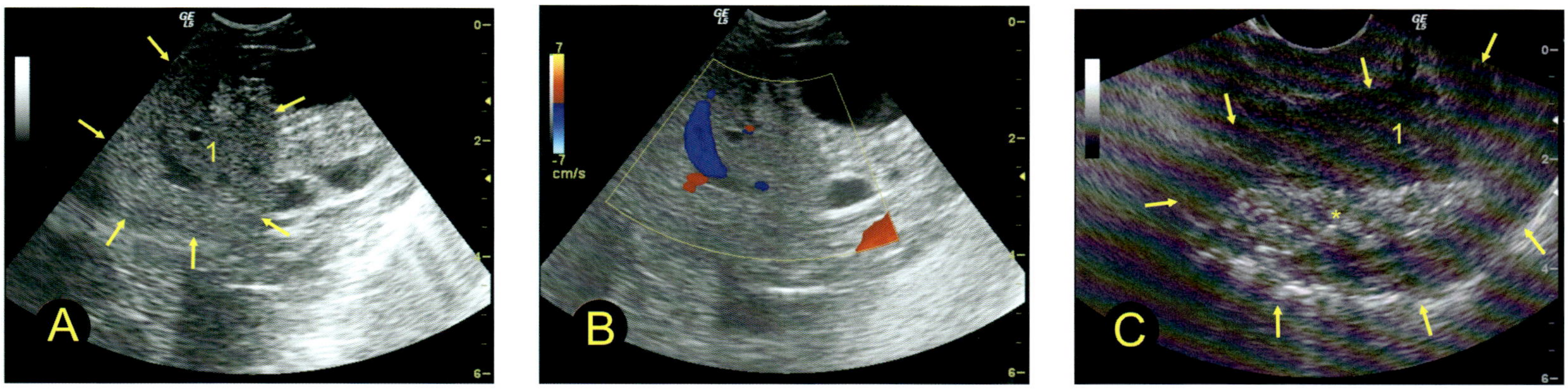

Abb. 3-183:

A, B: Ultraschalluntersuchung, präfemorale Ankopplung längs, 10 MHz, 6 cm ET, Farb-Doppler-Verfahren (B), Gelbwangenschmuckschildkröte (*Trachemys scripta scripta*): Nierenversagen. Die Nieren (1) sind hochgradig geschwollen, aber nur noch im Zentrum ist eine Durchblutung darstellbar.

C: Ultraschalluntersuchung, präfemorale Ankopplung längs, 10 MHz, 6 cm ET. Griechische Landschildkröte (*Testudo hermanni*): Gicht. Hier ist der zentrale Bereich (*) der Nieren (1) infolge von Uratablagerungen deutlich echogener, die Nieren sind stark vergrößert

1, Pfeile: Nieren

Pfeile: Nierenabgrenzung
*: stark echogener zentraler Bereich der Nieren

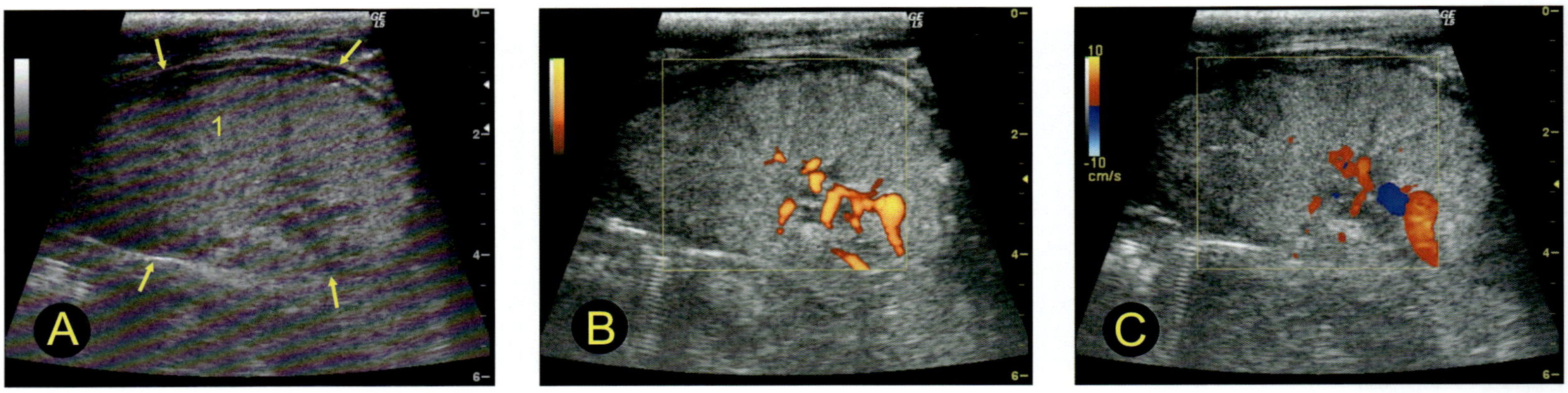

Abb. 3-184:

Ultraschalluntersuchung, präfemorale Ankopplung längs (A), 12 MHz, 3 cm ET, Power-Doppler-Verfahren (B), Farb-Doppler-Verfahren (C), Spornschildkröte (*Geochelone sulcata*): Gicht. Die Nieren (1, Pfeile) sind vergrößert und grenzen sich deutlich zur Umgebung ab. Die Echogenität ist erhöht. Ein Blutfluss ist auch im sensiblen Power-Doppler-Verfahren nur noch im Zentrum nachweisbar.

1, Pfeile: Nieren

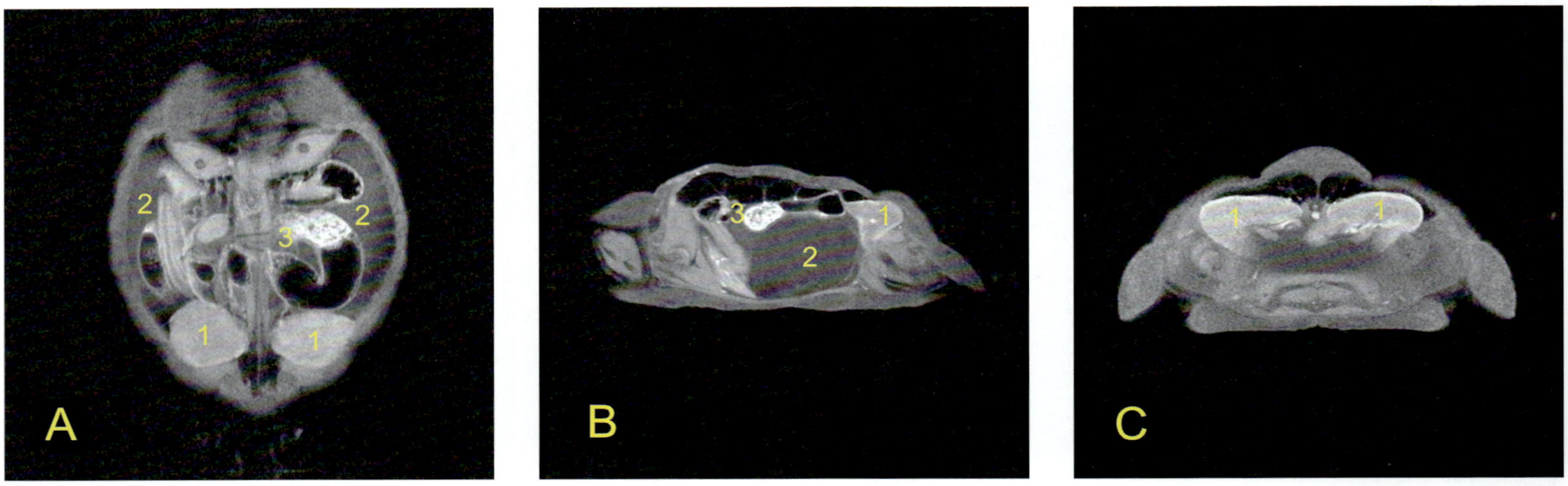

Abb. 3-185: MRT-Untersuchung, Körper, dorsale (A), sagittale (B) und transversale (C) Ebene, T1-Wichtung, Maurische Landschildkröte (*Testudo graeca*): Nierenversagen und Harnsacklähmung. Die Nieren (1) stellen sich signalreich und deutlich vergrößert dar, es lag eine toxische Verfettung vor. Der Harnsack (2) nimmt den größten Teil der Leibeshöhle ein.

1: Nieren
2: Harnsack
3: Darm

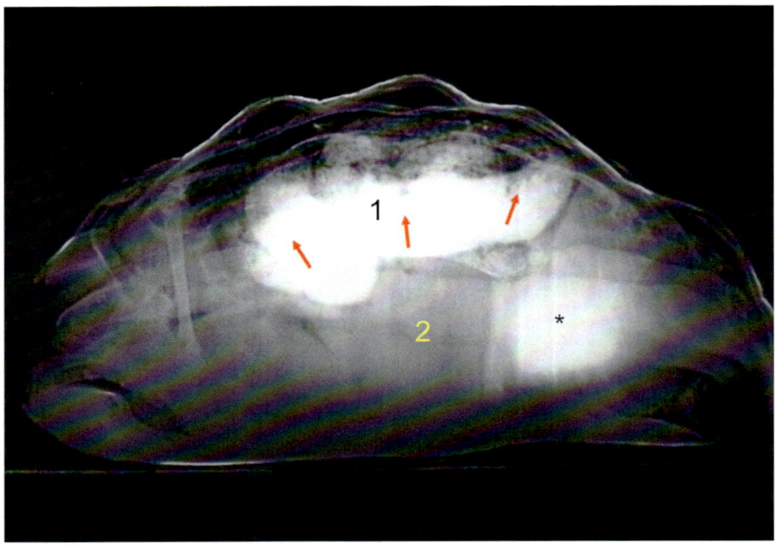

1: Gastrointestinaltrakt
2: Harnsack

Pfeile: Dorsalverlagerung des Gastrointestinaltrahlis
*: Strahlenschwächung durch Überlagerung von Harnsack und Hintergliedmaße

Abb. 3-186: Röntgenuntersuchung, Körper, latero-laterale Projektion, 24 h nach oraler Eingabe von Bariumsulfat (350 mg/ml, 20 ml/kg KM in den Magen), Griechische Landschildkröte (*Testudo hermanni*): Harnsacklähmung. Der Gastrointestinaltrakt (1) ist durch den stark gefüllten Harnsack (2) nach dorsal verdrängt.

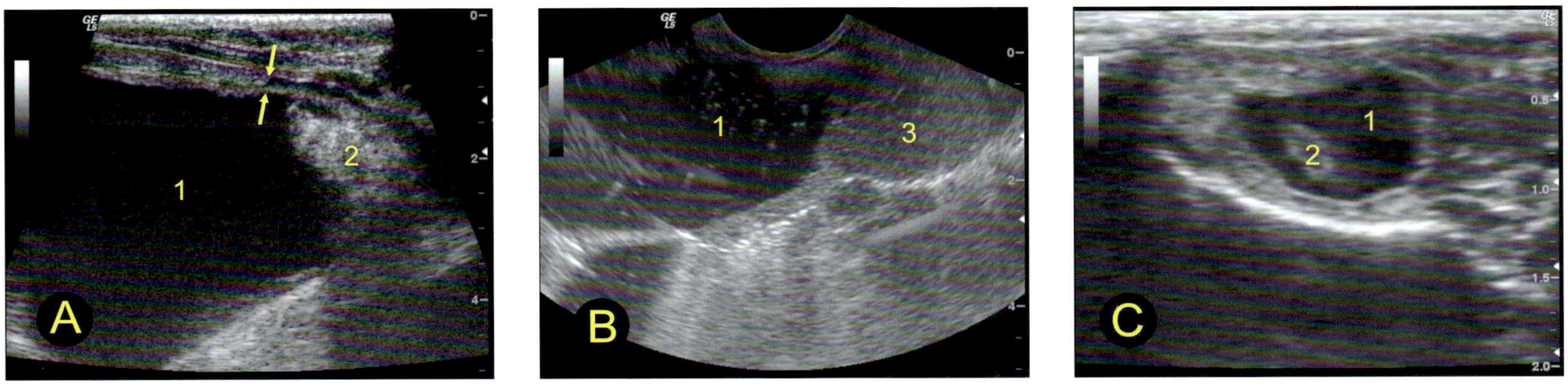

Abb. 3-187:

A: Ultraschalluntersuchung, ventrale Ankopplung längs, 7 MHz, 5 cm ET, Grüner Leguan (*Iguana iguana*): Harnsacklähmung und Konkrementbildung. Der Harnsack (1) stellt sich stark vergrößert sowie mit verdickter Wand (Pfeile) dar. Die echogenen Konkremente (2) sanken bei Lageveränderungen des Patienten stets an die tiefste Stelle und konnten dabei beurteilt werden.

B: Ultraschalluntersuchung, präfemorale Ankopplung längs, 10 MHz, 5 cm ET, Breitrandschildkröte (*Testudo marginata*): Harnsacklähmung und Nierenvergrößerung.

C: Ultraschalluntersuchung, ventrale Ankopplung längs, 12 MHz, 2 cm ET, Kragenechse (*Chlamydosaurus kingii*): Harnsacklähmung (1) und Konkrementbildung (2). Die Konkremente stellen sich hier relativ solide dar, sie könnten die Vorstufe bei der Entstehung eines Blasensteins sein.

1: Harnsack
2: echogene Konkremente
3: Niere

Pfeile: Harnsackwand, verdickt

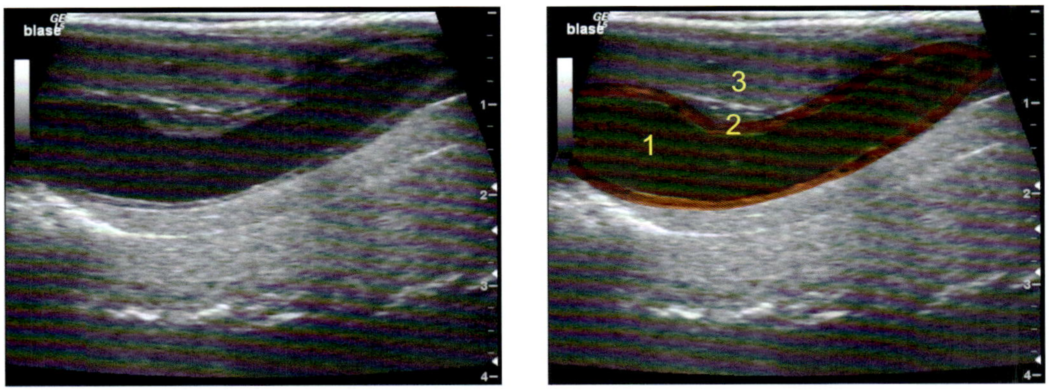

Abb. 3-188: Ultraschalluntersuchung, ventrale Ankopplung längs, 12 MHz, 4 cm ET, Bartagame (*Pogona vitticeps*): Harnsackentzündung. Die Wand (2) des Harnsacks (1) ist deutlich verdickt.

1: Harnsack
2: Harnsackwand
3: Fettkörper

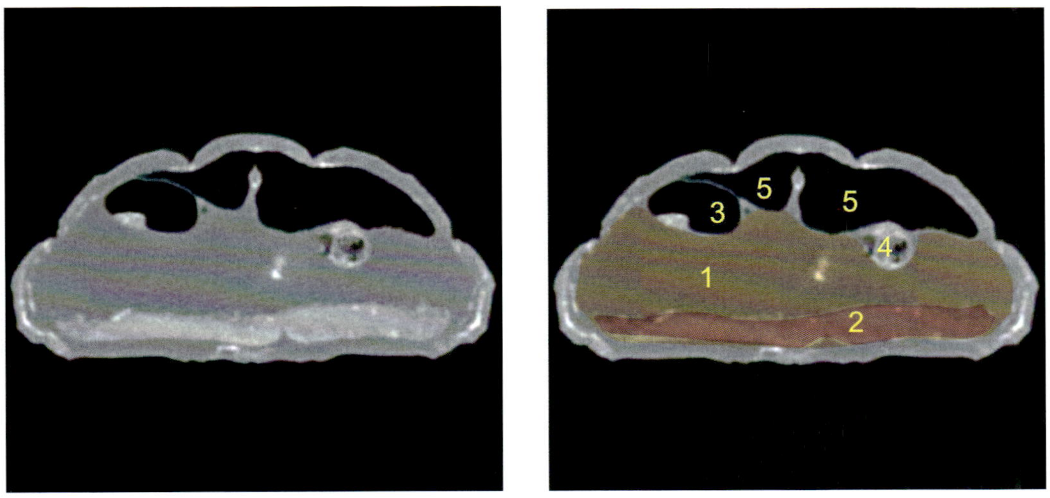

Abb. 3-189: CT-Untersuchung, Körper, transversale Ebene (120 kV, 120 mA, 1,0 mm SD, W: 1117, L: 30), Maurische Landschildkröte (*Testudo graeca*): Harnsacklähmung. Der Harnsack (1) füllt die ventrale Leibeshöhle und ist mit Konkrement (2) gefüllt. Der Magen (3) und der Darm (4) schwimmen oben auf. Dieses Tier zeigt eine deutliche Minderkalzifizierung des Panzers (*Metabolic Bone Disease*), ein häufiges mit der Harnsacklähmung assoziiertes Problem.

1: Harnsack
2: Konkremente
3: Magen
4: Darm
5: Lungen

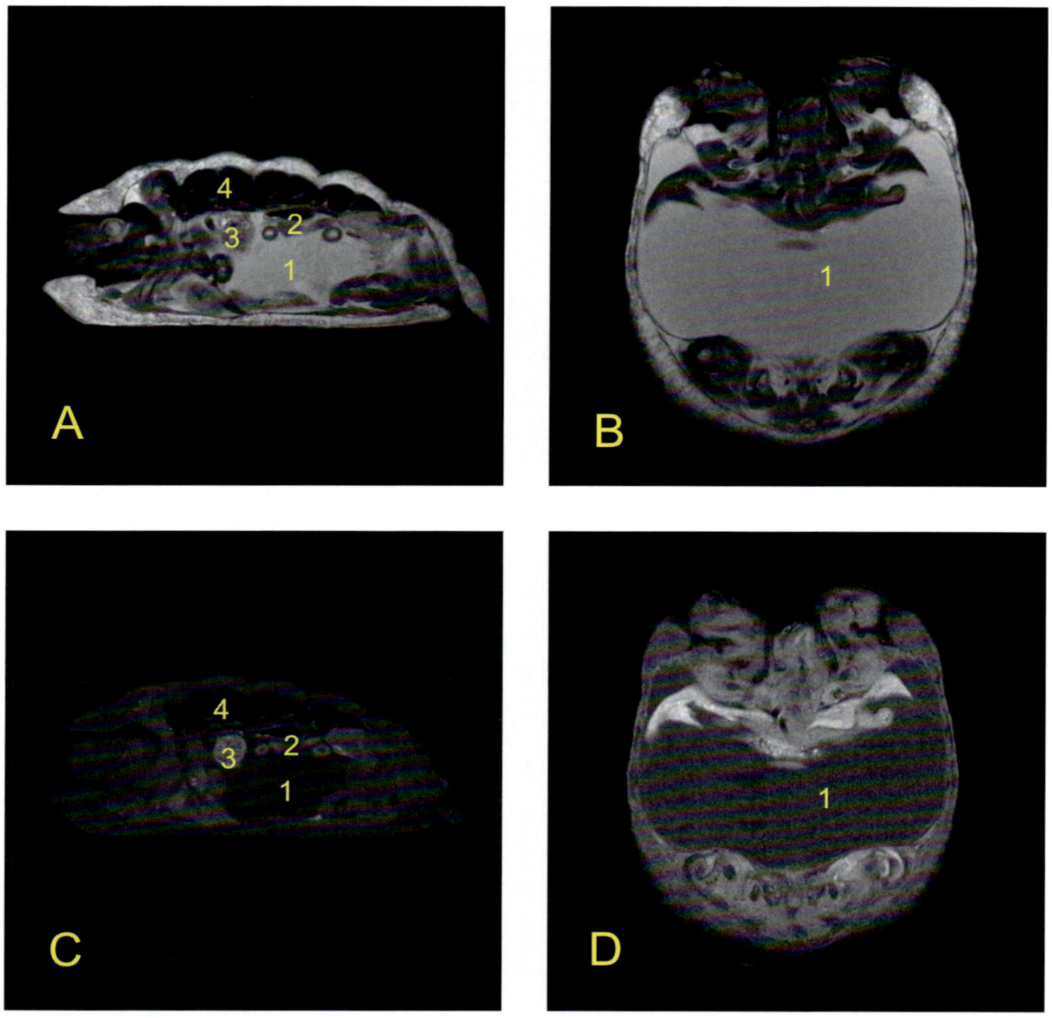

1: Harnsack
2: Magen
3: Darm
4: Lunge

Abb. 3-190: MRT-Untersuchung, Körper, sagittale (A, C) und dorsale (B, D) Ebene, T2-Wichtung (A, B), T1-Wichtung (C, D), Maurische Landschildkröte (*Testudo graeca*): Harnsacklähmung. Der Darm liegt dem Harnsack auf.

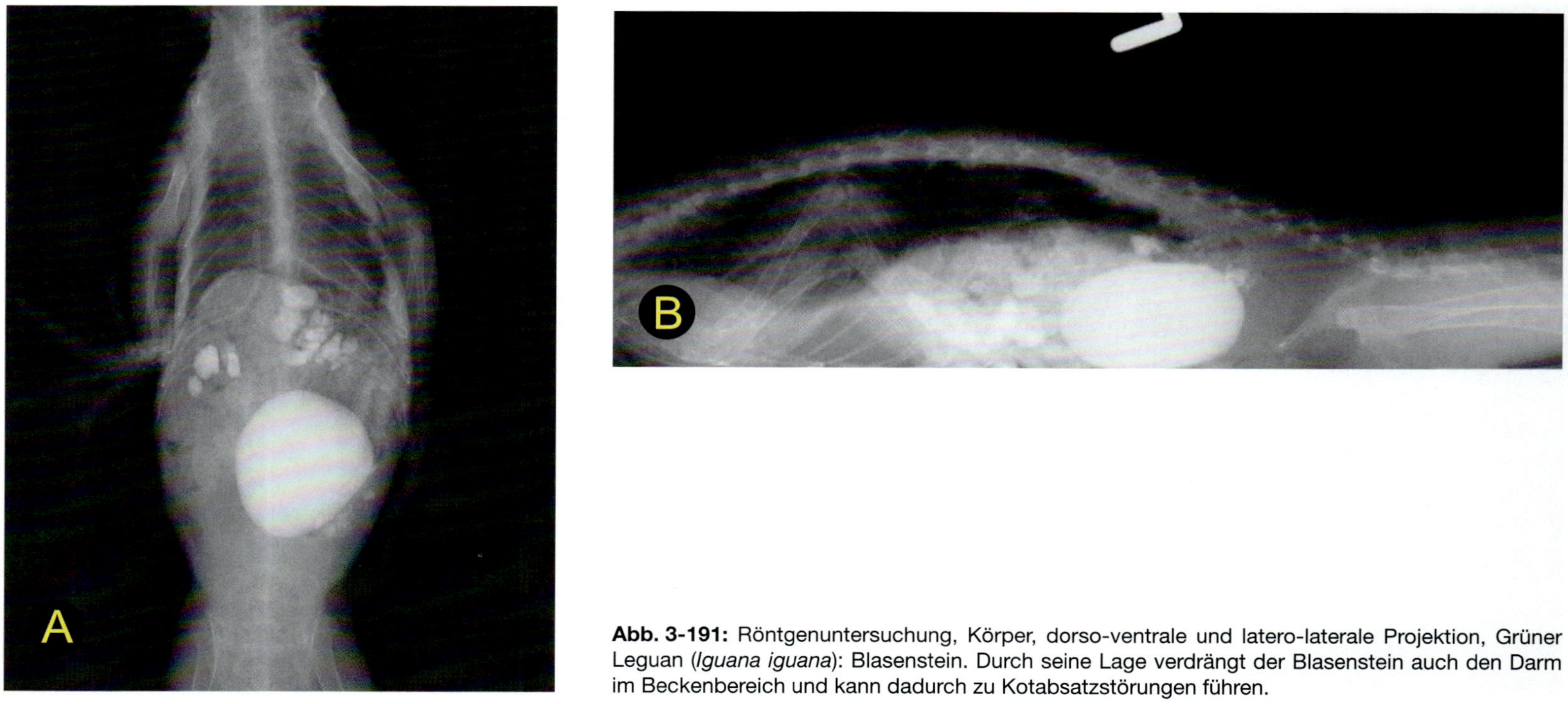

Abb. 3-191: Röntgenuntersuchung, Körper, dorso-ventrale und latero-laterale Projektion, Grüner Leguan (*Iguana iguana*): Blasenstein. Durch seine Lage verdrängt der Blasenstein auch den Darm im Beckenbereich und kann dadurch zu Kotabsatzstörungen führen.

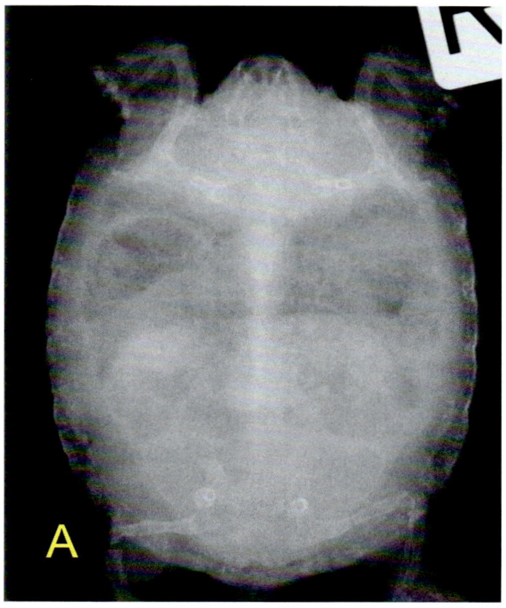

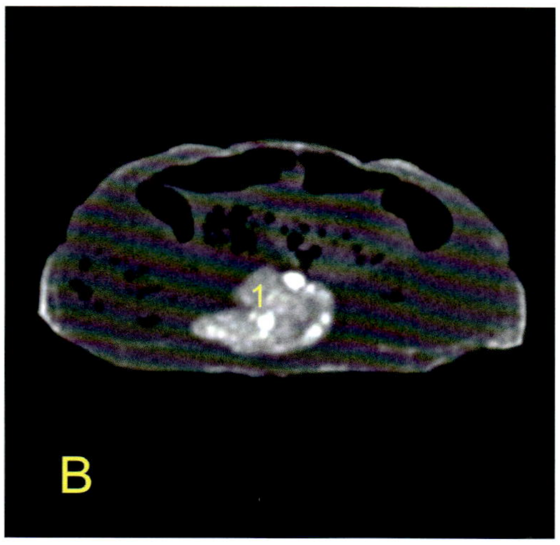

1: Blasenstein

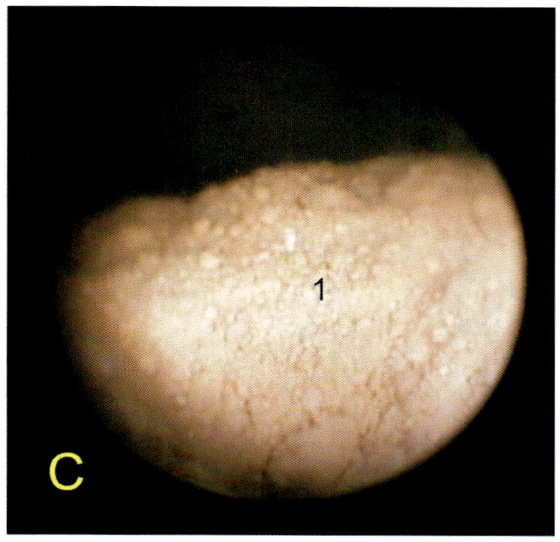

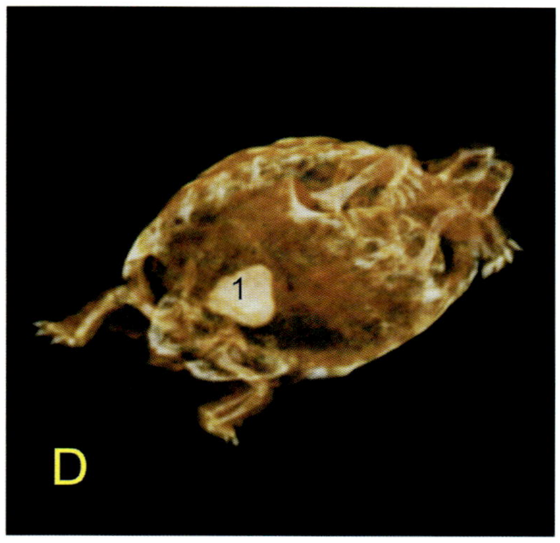

Abb. 3-192:

A: Röntgenuntersuchung, Körper, dorso-ventrale Projektion, Maurische Landschildkröte (*Testudo graeca*): Blasenstein. Außer einer unzureichenden Kalzifizierung des Panzers ist im Röntgenbild keine Abnormalität zu entdecken.

B, D: CT-Untersuchung, Körper, transversale Ebene (B) bzw. dreidimensionale Rekonstruktion (D) (120 kV, 1670 mA, 0,8 mm SD, W: 783, L: 263), gleiches Tier: hier stellt sich der Blasenstein (1) sehr inhomogen und brüchig dar.

C: Endoskopische Sicht auf den Stein vor Entfernung durch Zertrümmerung und Ausschwemmung.

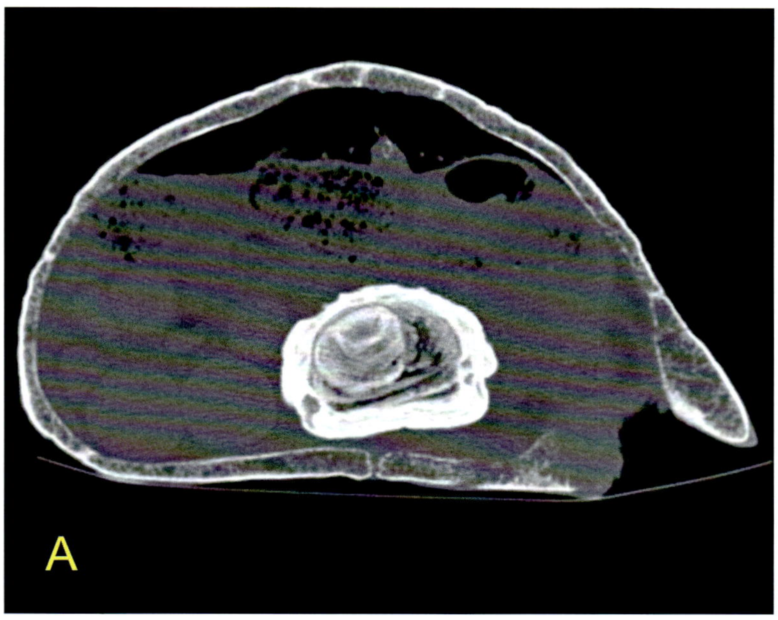

Abb. 3-193:

A: CT-Untersuchung, Körper, transversale Ebene (120 kV, 120 mA, 1,0 mm SD, W: 1359, L: 294), Griechische Landschildkröte (*Testudo hermanni*): Blasenstein. In der CT ist auch die innere Struktur des Blasensteins zu erkennen. Hier war ein in den Harnsack verlegtes Ei die Ursache.

B: Blasenstein dieses Patienten nach operativer Entfernung.

3.10 Genitaltrakt

INGMAR KIEFER, MICHAEL PEES

Pathologische Veränderungen am weiblichen Genitaltrakt sind bei Reptilien bedingt durch schwerwiegende Haltungs- und Ernährungsfehler ein häufiger Grund für die Vorstellung beim Tierarzt. Aufgrund anatomischer Gegebenheiten ist der Urogenitaltrakt der klinischen Untersuchung nur bedingt zugänglich. Hinweise auf Veränderungen können beispielsweise eine gespannte Bauchdecke oder bei Echsen und Schlangen palpierbare Umfangsvermehrungen in der Leibeshöhle sein. Auch Eier lassen sich zumindest bei Echsen und Schlangen sowie eingeschränkt auch bei Schildkröten fühlen. Rückschlüsse auf krankhafte Zustände sind allerdings schwierig, und weiterführende Untersuchungen für die Diagnosestellung meist erforderlich. Den bildgebenden Verfahren kommt deshalb zur Diagnostik pathologischer Veränderungen am Genitaltrakt eine besonders große Bedeutung zu. Während die Röntgenuntersuchung insbesondere der Darstellung der Eier bzw. der Beurteilung der Eischalen dient, kann die Ultraschalltechnik auch Informationen über den Eiinhalt und die Position der Eier (beispielsweise im Harnsack) liefern. Des Weiteren ist sie für die Differenzierung zwischen präovulatorischen und postovulatorischen Veränderungen das Diagnostikum der Wahl. Auch wenn die Hoden insbesondere im aktiven Zustand dargestellt werden können, werden pathologische Veränderungen hier selten diagnostiziert und sind kaum beschrieben.

3.10.1 Eierstock und Hoden

Bei der **präovulatorischen Legenot** verbleiben die Follikel am Ovar, es findet keine Eianbildung und -ablage statt. In der Folge nehmen die Follikel an Größe erheblich zu. Radiologisch lassen sie sich nur teilweise als weichteildichte Gebilde differenzieren **(Abb. 3-194)**. Die Unterscheidung von Eiern in Anbildung ist insbesondere bei Spezies mit weichschaligen Eiern schwierig (s. Kap. 3.1.4.4). Grundsätzlich stellen sich Follikel eher rund als oval dar **(Abb. 3-195)**. Allerdings kann es lagebedingt auch zu entsprechenden Verformungen kommen. Liegt bereits eine Peritonitis vor, ist eine röntgenologische Abgrenzung der Follikel oft nicht mehr möglich. Die Ultraschalluntersuchung stellt deshalb das Mittel der Wahl zur Diagnose einer präovulatorischen Legenot dar. Hier sind die Follikel als rundliche Gebilde mittlerer Echogenität deutlich voneinander abgrenzbar **(Abb. 3-194, 3-196, 3-197)**. Die Größe der einzelnen Follikel kann bei der präovulatorischen Legenot enorm sein. So werden beim Grünen Leguan (*Iguana iguana*) oft Durchmesser von 2,5–3 cm gefunden **(Abb. 3-197)**. Flüssigkeitsansammlungen im Bauchraum sind bei der präovulatorischen Legenot häufig **(Abb. 3-196** und **3-197)**, wobei korpuskuläre Bestandteile in der Flüssigkeit auf entzündliche Veränderungen und/oder geplatzte Follikel hindeuten. Im weiteren Verlauf der Erkrankung können sich die Follikel so verändern, dass sie sich in stark unterschiedlicher Echogenität und auch Größe darstellen **(Abb. 3-196** und **3-197)**. Sie verändern dabei ihre Struktur und ihren Aufbau, was auch in der CT gut darstellbar ist **(Abb. 3-196)**. Diese Veränderung ist prognostisch als ungünstiges Zeichen zu werten, da mit einem weit fortgeschrittenen Krankheitszustand gerechnet werden muss.

Umfangsvermehrungen an Hoden oder tumoröse Veränderungen an den Eierstöcken sind selten. Mittels Röntgenkontraststudien lassen sie sich vom umgebenden Darm abgrenzen. Eine sichere Identifizierung ist sonographisch schwierig, da die Echogenität variabel und eine Abgrenzung zum umliegenden Gewebe unsicher ist.

3.10.2 Legedarm und Eier

Während sich der inaktive Legedarm durch nichtinvasive bildgebende Verfahren nicht darstellen lässt, sind Veränderungen im aktiven Legedarm häufig deutlich sichtbar und gehen mit massiven Umfangsvermehrungen einher. Da die Wand des Legedarms bei Reptilien meist papierdünn ist, lässt sie sich auch am aktiven Organ sonographisch nur darstellen, wenn entzündliche Veränderungen zu Wandverdickungen geführt haben. Zur Darstellung physiologischer Reifungsstadien von Eiern im Legedarm s. Kapitel 3.2.5.4.

Als **Legenot** bezeichnet man das Unvermögen der Reptilien, die Eier bzw. bei viviparen Tieren den lebenden Nachwuchs aus dem Legedarm zu entwickeln. Im Gegensatz zum Vogel kann dieser Zustand auch ein chronisches Geschehen darstellen, welches sich über viele Monate hinziehen kann, bis die klinische Symptomatik auffällt. Die Röntgenuntersuchung liefert hier meist erste Hinweise, wobei der Beurteilung der Eier eine besondere Bedeutung zukommt. Zunächst ist hier auf die Eianzahl und auch die Größe zu achten. Besonders bei Echsen kommt es häufig zur Anbildung einer großen Anzahl Eier. Bei solchen angebildeten Gelegen kann es aufgrund der Größe bei jungen und geschwächten Tiere dann zu einem Energiemangel kommen, so dass eine physiologische Eiablage nicht mehr stattfindet **(Abb. 3-198)**. Auch die Position der Eier sollte beurteilt werden, eine Eiablage kann durch eine bestehende Obstipation behindert werden **(Abb. 3-199** und **3-200)**.

Typische pathologische Veränderungen sind in Tabelle 3-5 aufgelistet.

Die Kalzifizierung der Eier lässt sich mit Röntgen- **(Abb. 3-201A)** und CT-Technik am sichersten überprüfen. Ebenso sollte auch auf Veränderungen am Skelettsystem und am Panzer geachtet werden, um Hinweise auf einen generalisierten Kalziummangel zu erhalten (*Metabolic Bone Disease*, s. Kap. 3.5.2).

Die Ultraschalluntersuchung dient weniger der Beurteilung der Eischale selbst, wenngleich deutliche Mineralisierungsstörungen auch hier diagnostiziert werden können **(Abb. 3-201 B)**. Vielmehr kann der Inhalt der Eier beurteilt werden und es kann in einem gewissen Maße zwischen abgestorbenen Eiern und vitalen Eiern unterschieden werden. Abgestorbene Eier zeigen dabei entweder eine Verflüssigung des Inhalts **(Abb. 3-204)** oder aber mit zunehmender Zeit eine Verfestigung bis hin zur Entstehung sogenannter Wachseier **(Abb. 3-205** bis **3-207)**. Die Beurteilung des Inhaltes wird auch durch die die Verwendung der CT und der MRT erleichtert **(Abb. 3-206** und **3-207C, D)**.

Veränderungen der Legedarmwand sind meist Ausdruck eines infektiösen und meist chronischen Geschehens. Es kommt teilweise auch zur Ansammlung von Flüssigkeit im Legedarm **(Abb. 3-208)**, die Wand stellt sich verdickt dar. In extremen, chronischen Fällen entstehen Kalkablagerungen in der Wand, die dann entsprechend ihrer Röntgendichte erkannt werden können **(Abb. 3-207)**.

Ein bei Schildkröten und seltener bei Echsen auftretendes Problem ist das **Verlegen von Eiern in den Harnsack**. Hierbei gelangt das Ei nicht durch die Kloake nach außen, sondern wird vielmehr in den Harnsack gepresst, wo es dann dauerhaft liegenbleibt. Ursache ist eine Verlegung der Kloake beispielsweise durch ein anderes Ei oder die Applikation von Oxytocin zur Stimulierung der Legetätigkeit. Klinische Symptome treten oft erst nach einer erheblichen Verweildauer im Harnsack auf. Deshalb kann die Schale Auflösungserscheinungen in der Röntgenuntersuchung zeigen **(Abb. 3-209)**, mitunter löst sie sich sogar vollständig auf. Solche Eier sind dann nur noch sonographisch oder mittels MRT darstellbar **(Abb. 3-210)**. Generell sollte bei einer Legenot grundsätzlich sonographisch kontrolliert werden, ob Eier in den Harnsack verlegt wurden **(Abb. 3-209)**.

Tabelle 3-5: Häufige röntgenologisch erhobene pathologische Befunde an den Eiern

Veränderung	**Mögliche Ursachen**
unterschiedliche oder generell nicht ausreichende Kalzifizierung der Eier **(Abb. 3-201)**	stets ein Hinweis auf eine Störung des Kalziumhaushaltes (*Metabolic Bone Disease*) oder infektiöse Veränderungen des Legedarms
zu große Eier/zu viele Eier (insbesondere Chamäleon)	häufiger bei Jungtieren nach zu energiereicher Ernährung und dementsprechend vorgezogener Geschlechtsreife, bei Schildkröten mit *Metabolic Bone Disease* und daraus resultierenden Verengungen im Kloakenbereich
unterschiedliche Eigrößen **(Abb. 3-202A)**	Infektionen, zu lange Verweildauer der Eier im Legedarm, Ovulationen in die Leibeshöhle
asymmetrische Eiformen	Übertragene, nekrotische Eier (cave: physiologische Eiform bei einigen Spezies, z. B. bei einigen Geckos)
zerbrochene Eischalen **(Abb. 3-202B** und **3-203)**	Trauma, Manipulation, nicht ausreichende Kalzifizierung (s. o.)
Auflösungserscheinungen der Eischale **(Abb. 3-209A)**	Infektionen, zu lange Verweildauer der Eier im Legedarm, Ovulationen in die Leibeshöhle, Eiablage in den Harnsack

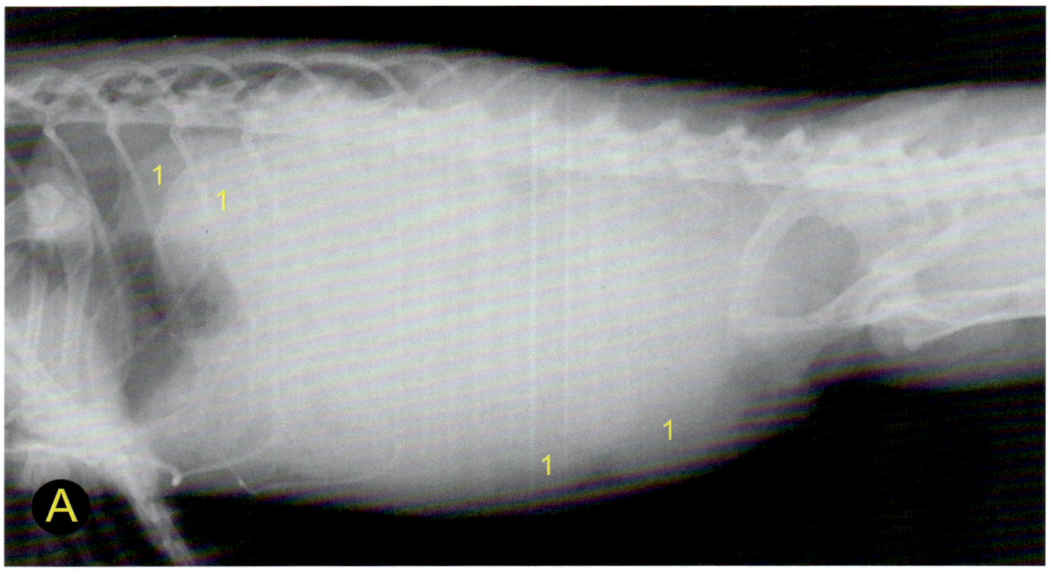

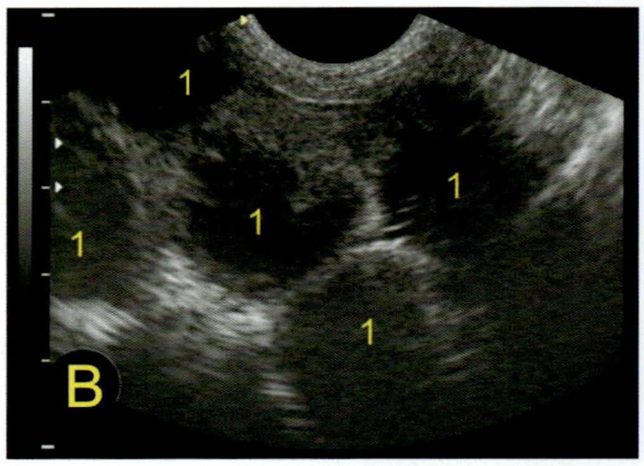

1: Follikel
2: Darm

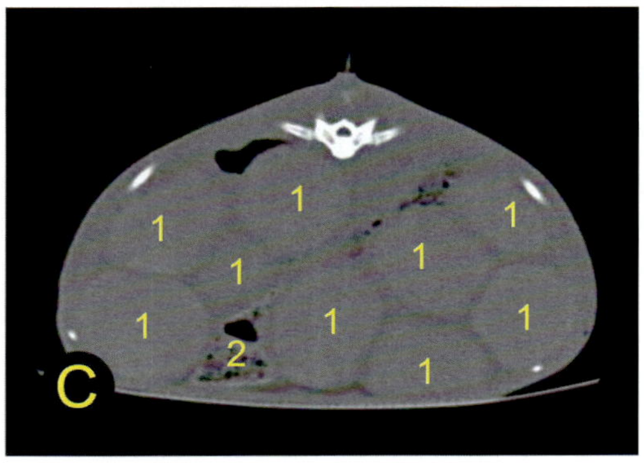

Abb. 3-194:

A: Röntgenuntersuchung, Körper, latero-laterale Projektion, Grüner Leguan (*Iguana iguana*): präovulatorische Legenot. Die Leibeshöhle ist hochgradig gefüllt, aber die Follikel (1) zeichnen sich kaum ab, eine Differenzierung zu Eiern ist schwierig.

B: Ultraschalluntersuchung, ventrale Ankopplung quer, 7,5 MHz, 6 cm ET, gleiches Tier: Darstellung mehrerer vergrößerter Follikel (1, Durchmesser ca. 2 cm) am Eierstock.

C: CT-Untersuchung, Körper, transversale Ebene (120 kV, 120 mA, 1,0 mm SD, W: 1423, L: 253), gleiches Tier: Darstellung der Follikel (1), die fast die gesamte Leibeshöhle einnehmen und den Darm (2) weitgehend verdrängen.

D: Die beiden entfernten Ovarien bei diesem Tier.

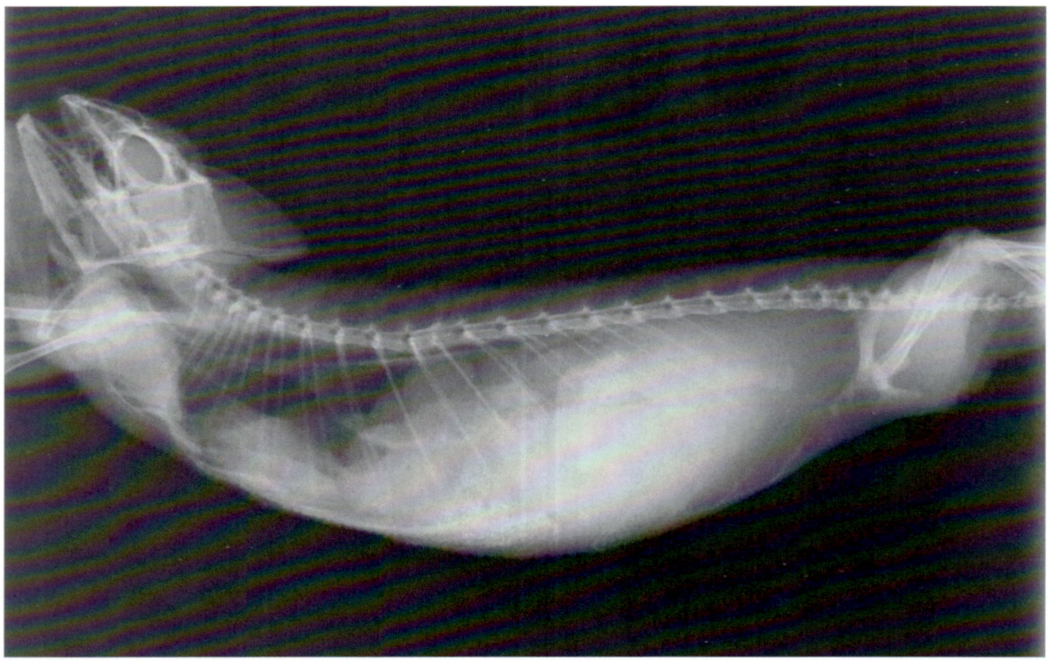

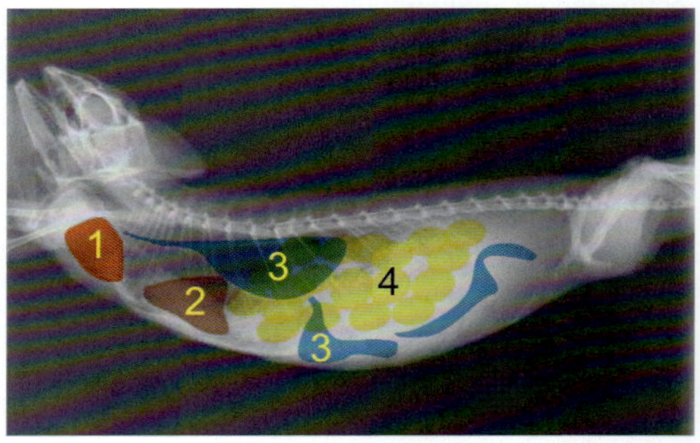

1: Herz
2: Leber
3: Gastrointestinaltrakt
4: Follikel

Abb. 3-195: Röntgenuntersuchung, Körper, latero-laterale Projektion, Jemenchamäleon (*Chamaeleo calyptratus*): präovulatorische Legenot. Die Follikel (4) nehmen einen großen Teil der Leibeshöhle ein und verdrängen den Gastrointestinaltrakt (3) nach kranial und ventral. Die Verdrängung kann noch erheblich stärker sein und dazu führen, dass sich die Tiere nicht mehr auf dem Ast halten können.

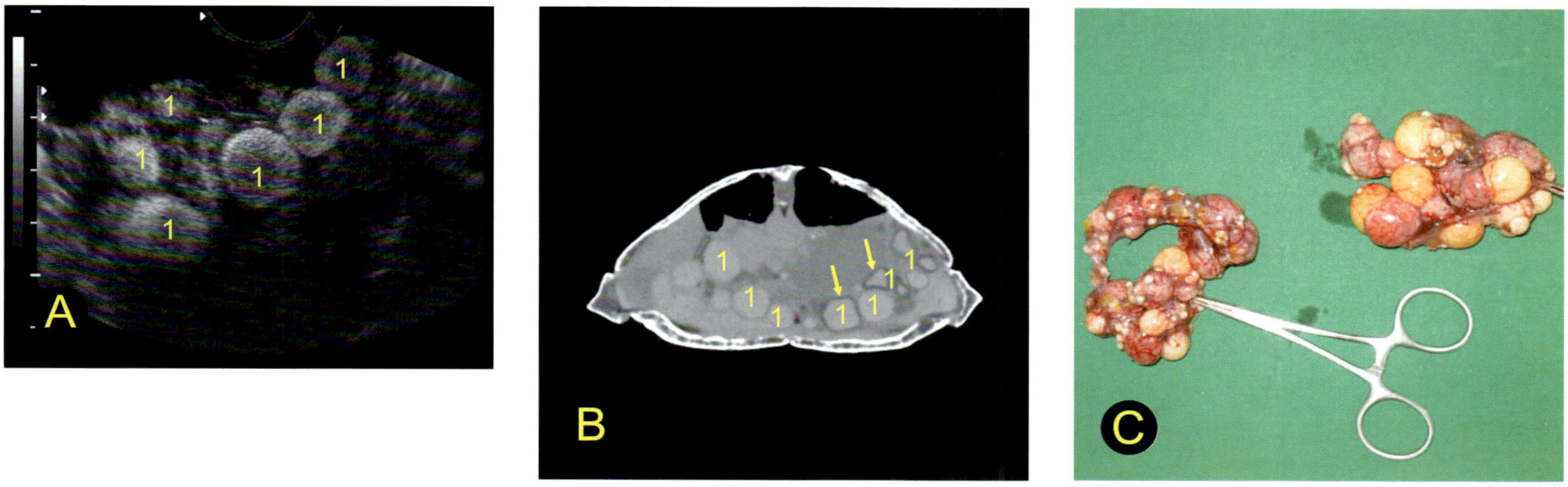

Abb. 3-196:

A: Ultraschalluntersuchung, präfemorale Ankopplung, Gelbwangenschmuckschildkröte (*Trachemys scripta scripta*): präovulatorische Legenot. Die Follikel (1) zeigen eine unterschiedliche Größe und Echogenität, es liegt vermehrt Flüssigkeit in der Leibeshöhle vor.

B: CT-Untersuchung, Körper, transversale Ebene (120 kV, 360 mA, 2,0 mm SD, W: 400, L: 60), gleiches Tier: die Follikel (1) stellen sich sehr heterogen dar und sind im Randbereich teilweise deutlich verändert (Pfeil).

C: Ovarien nach operativer Entfernung.

1, Pfeile: Follikel

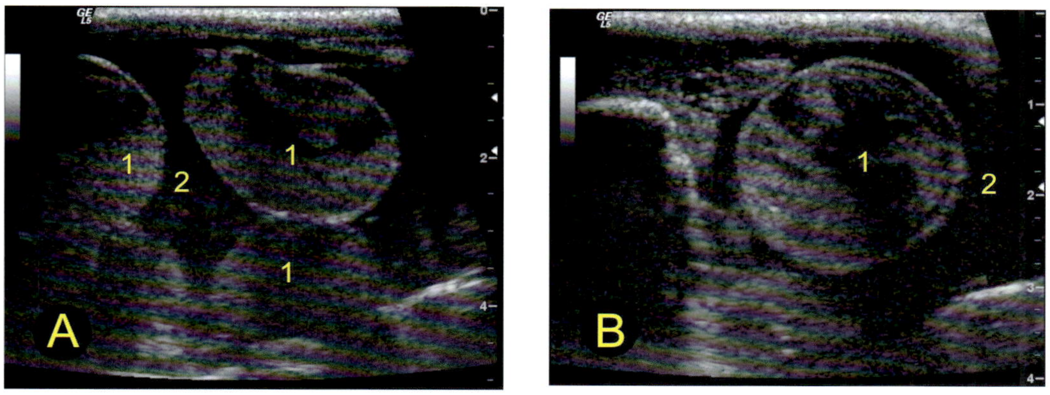

Abb. 3-197: Ultraschalluntersuchung, ventrale Ankopplung quer, 7 MHz, 5 cm ET (A) bzw. 4 cm ET (B), Grüner Leguan (*Iguana iguana*): präovulatorische Legenot. Die Follikel (1) sind vergrößert, inhomogen und stark verändert, es ist freie Flüssigkeit in der Bauchhöhle (2).

1: Follikel
2: Flüssigkeit

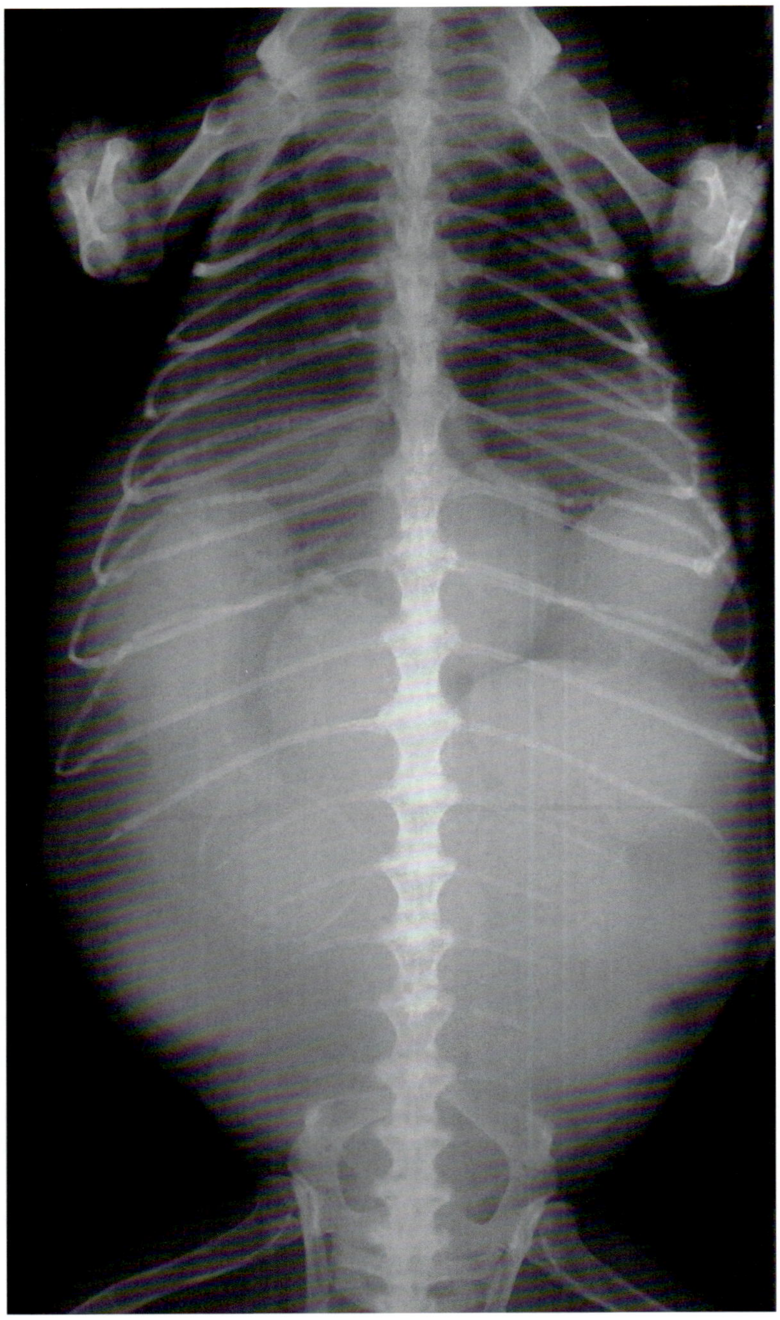

Abb. 3-198: Röntgenuntersuchung, Körper, dorso-ventrale Projektion, Grüner Leguan (*Iguana iguana*): hochgradig mit Eiern angefüllte Leibeshöhle. Obwohl sich die Eier unauffällig darstellen und auch die Füllung der Leibeshöhle als normal einzustufen ist, kommt es bei solchen Tieren häufig durch Erschöpfung zu einer Legenot.

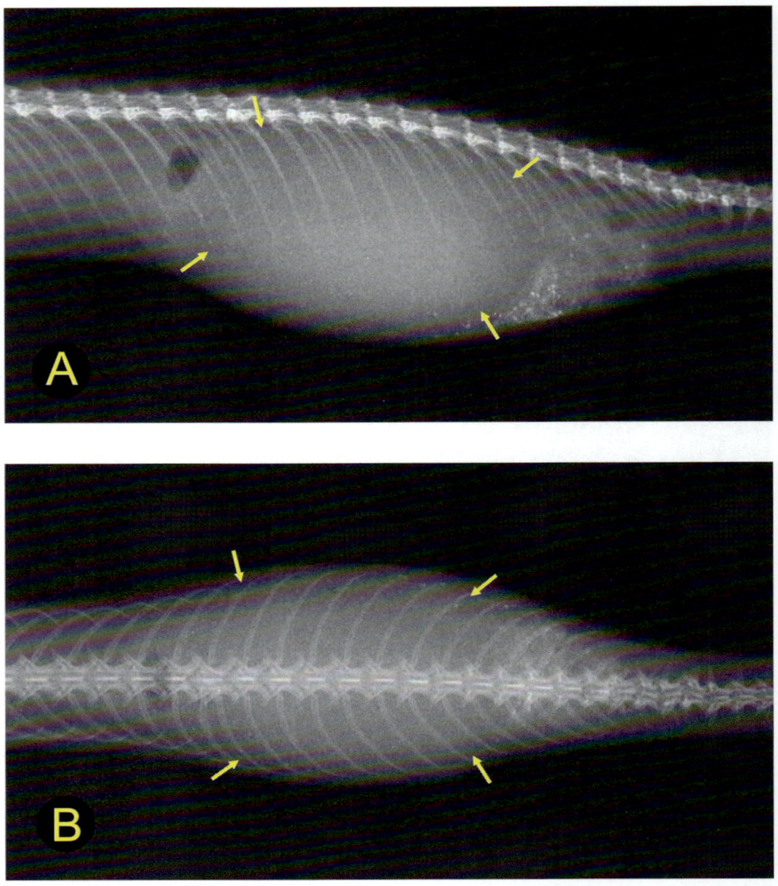

Abb. 3-200: Röntgenuntersuchung, Kloakenregion, latero-laterale (A) und dorso-ventrale (B) Projektion, Kornnatter (*Pantherophis guttatus*): Legenot nach Kotanschoppung in der Kloake. Verhärteter Kot verlegt die Kloake und behindert die Passage des Eies (Pfeile). Solche Anschoppungen werden auch nach dem Versuch der manuellen Eientwicklung durch Massage nach kaudal gesehen, da auf diese Weise auch der Kot sowie Darm- und Legedarmanteile nach kaudal geschoben werden.

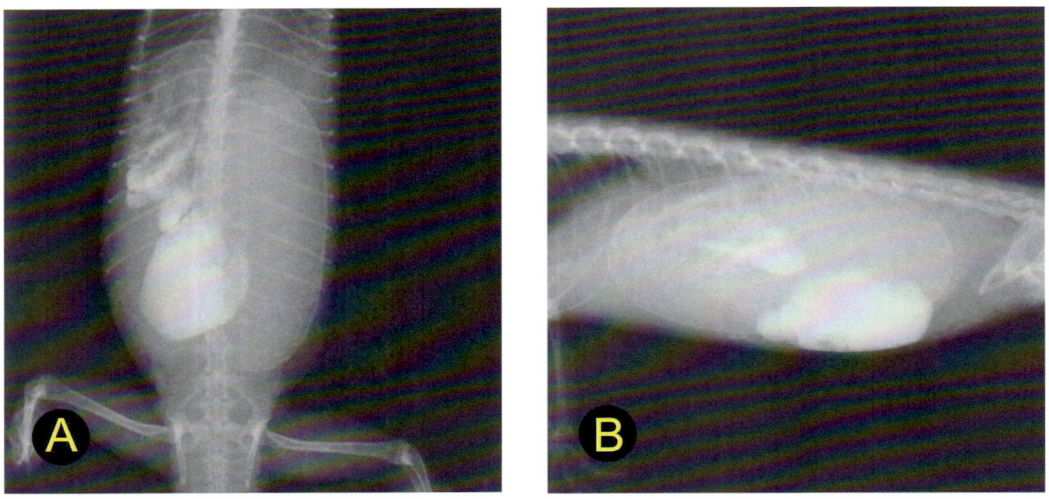

Abb. 3-199: Röntgenuntersuchung, Körper, dorso-ventrale (A) und latero-laterale (B) Projektion, Leopardgecko (*Eublepharis macularius*): Sandobstipation und Legenot. Häufig führt die Füllung des Gastrointestinaltraktes mit Fremdkörpern zu Störungen der Eiablage. Ein zugrundeliegender Kalziummangel kann das Problem noch verstärken. Hier ist nur ein Ei angebildet (normal sind zwei), das Ei ist außerdem absolut zu groß.

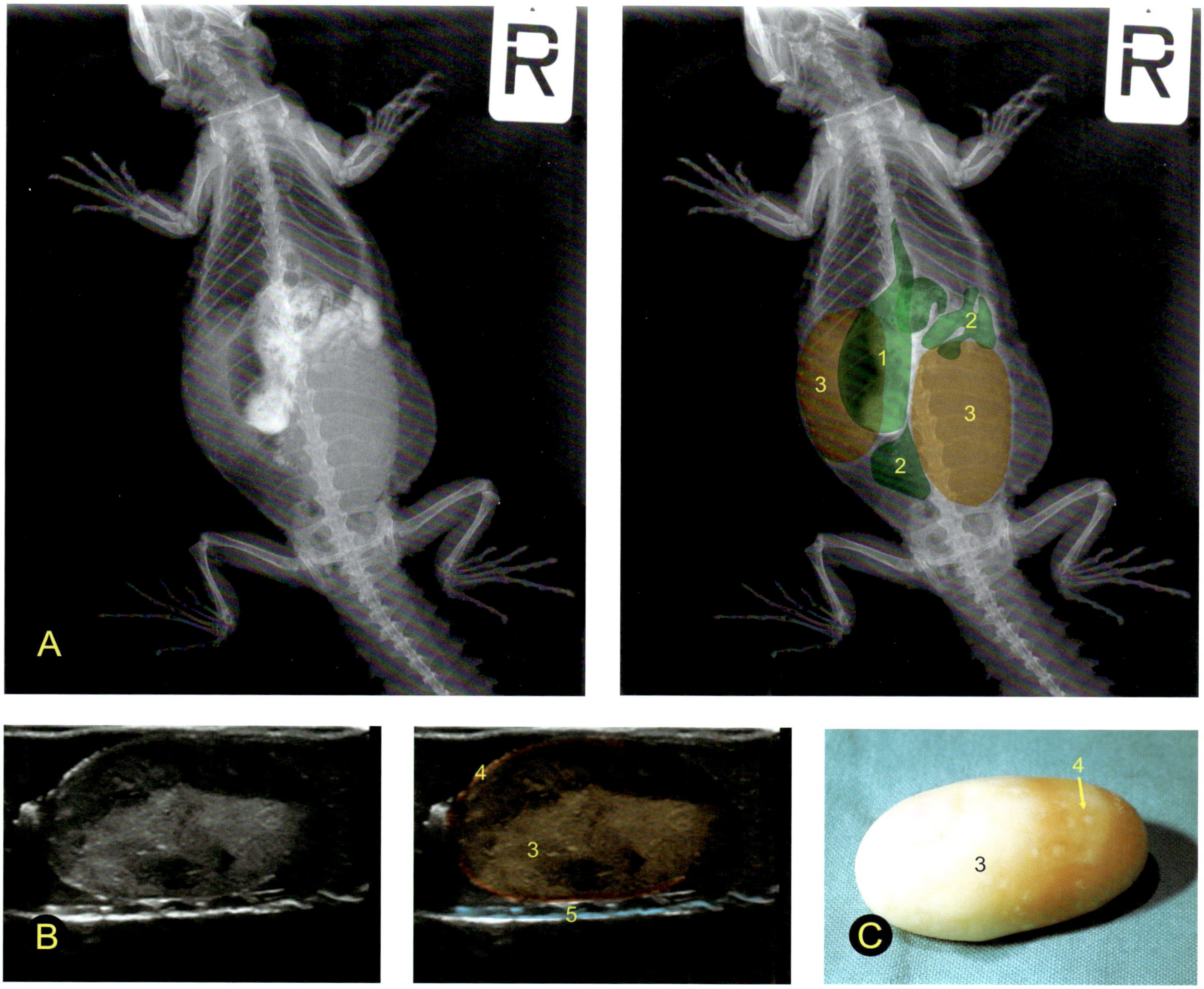

Abb. 3-201:

A: Röntgenuntersuchung, Körper, dorso-ventrale Projektion, 2 h nach oraler Applikation eines jodhaltigen Kontrastmittels (Iomeprol, 300 mg/ml, 10 ml/kg KM in den Magen), Dornenschwanzagame (*Uromastyx geyri*): Legenot. Der durch zwei nicht gleichmäßig kalzifizierte Eier (3) verdrängte Magen (1) bzw. Darm (2) stellt sich dar.

B: Ultraschalluntersuchung, ventrale Ankopplung längs, 14 MHz, 2,0 cm ET, gleiches Tier: auch sonographisch zeigt sich die nur stellenweise vorhandene Kalzifizierung der Schale (4).

C: Chirurgisch entferntes Ei. Auch hier ist die ungleichmäßige Kalzifizierung zu sehen (4).

1: Magen
2: Darm
3: Ei
4: Eischale
5: Rücken

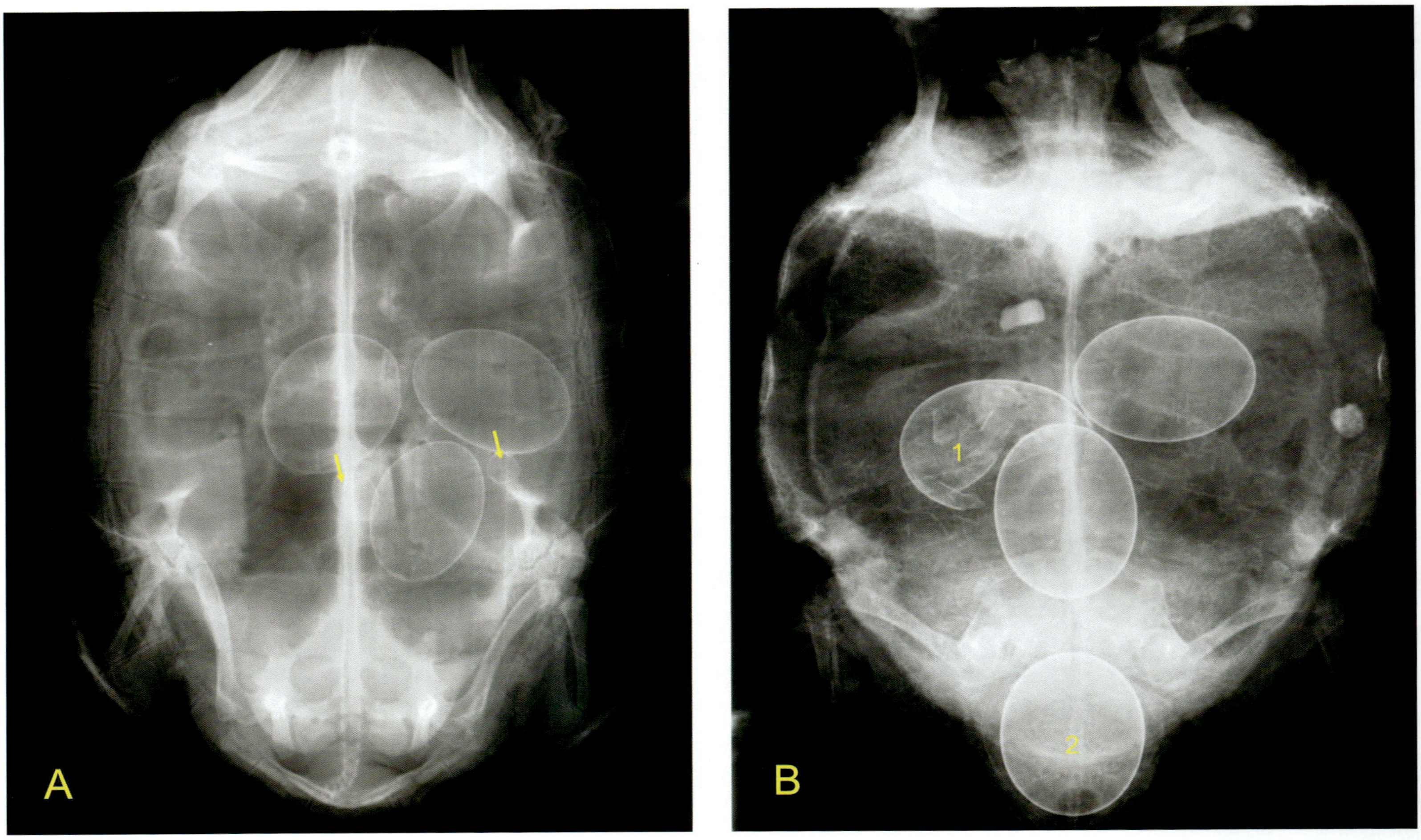

Abb. 3-202:

A: Röntgenuntersuchung, Körper, dorso-ventraler Strahlengang, Rotwangenschmuckschildkröte (*Trachemys scripta elegans*): Legenot. Neben drei unauffälligen Eiern sind zwei kleinere, kalzifizierte Eier (Pfeile) zu sehen. Solche Störungen in der Eianbildung haben häufig infektiöse Ursachen und können zu Problemen bei der Eiablage führen.

B: Röntgenuntersuchung, Körper, dorso-ventraler Strahlengang, Breitrandschildkröte (*Testudo marginata*): Sistieren der Eiablage. Ein defektes und kollabiertes Ei (1) liegt im Legedarm. Die übrigen Eier sind unauffällig, ein Ei (2) steckt in der Kloake. Da es durch auslaufenden Eiinhalt häufig zu Infektionen und Verklebungen des Legedarms kommt, ist eine natürliche Eiablage unwahrscheinlich.

1: kollabiertes Eis
2: Ei in der Kloake

Pfeil: kleine, kalzifizierte Eier

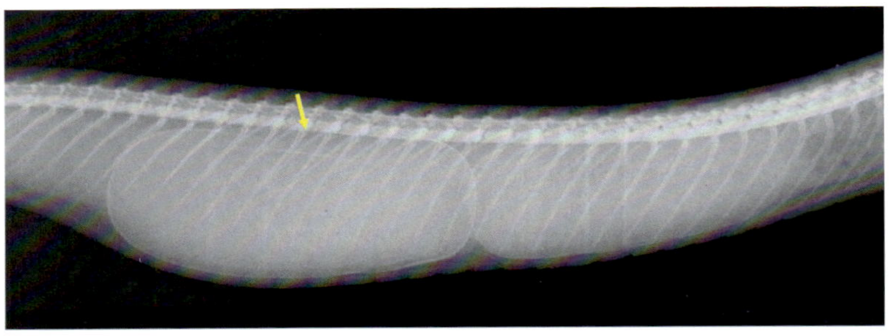

Abb. 3-203: Röntgenuntersuchung, Körper, latero-laterale Projektion, Inselnatter (*Elaphe climacophora*): Legenot infolge Eidefekt. Die Kalkschale des vorderen Eies ist nicht mehr vollständig intakt (Pfeil). In solchen Fällen ist meist eine operative Entfernung des Eies notwendig.

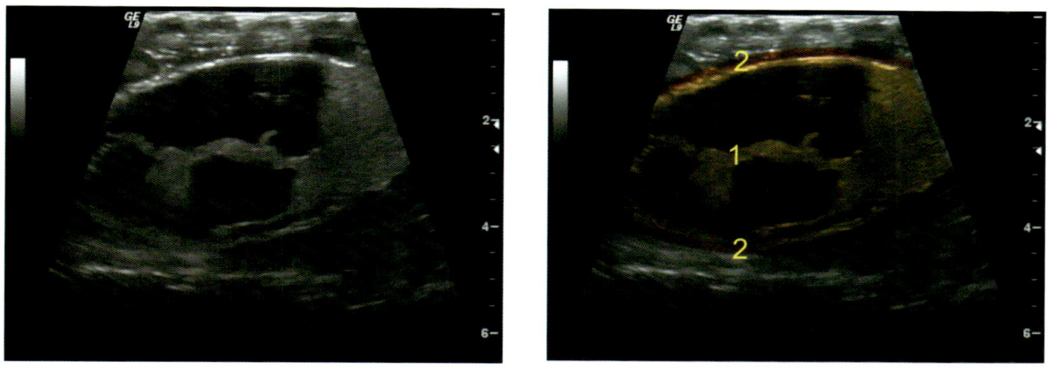

1: fester bzw. flüssiger Eiinhalt
2: Eischale

Abb. 3-204: Ultraschalluntersuchung, ventrale Ankopplung längs, 10 MHz, 6,0 cm ET, Tigerpython (*Python molurus*): abgestorbenes Ei. Der Inhalt des dargestellten Eies stellt sich inhomogen dar.

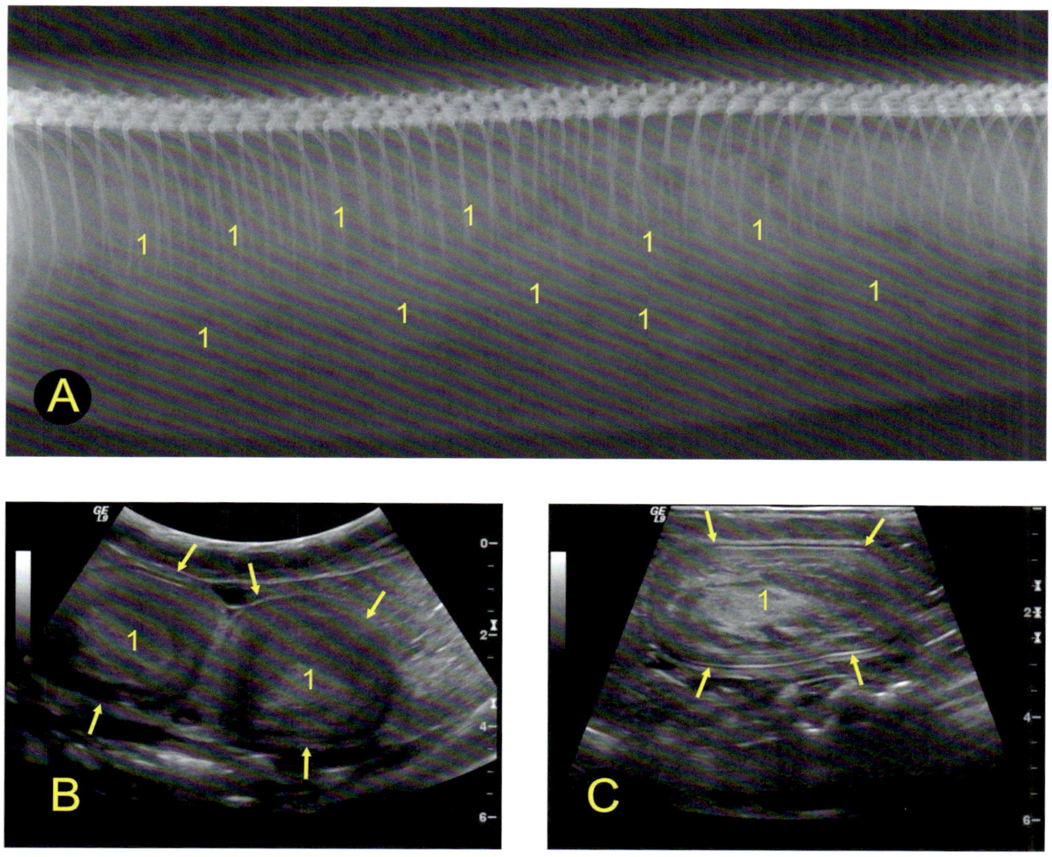

1: Eier

Pfeile: Eischale

Abb. 3-205:

A: Röntgenuntersuchung, Körper, latero-laterale Projektion, Tigerpython (*Python molurus*): Legenot, übertragene Eier. Die Eier (1) zeichnen sich nur unklar gegeneinander ab, stellen sich aber insgesamt homogen und gleichförmig dar.

B, C: Ultraschalluntersuchungen, 8 MHz, 6 cm ET, gleiches Tier: hier können die Eier und der Eiinhalt beurteilt werden. Die Eier (1) sind abgestorben, der Inhalt ist inhomogen verändert und zentral von starker Echogenität.

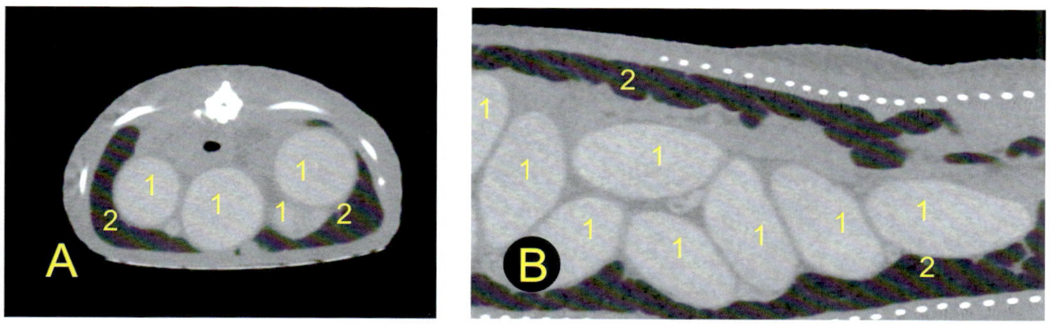

1: abgestorbene Eier
2: Fettgewebe

Abb. 3-206: CT-Untersuchung, Körper, transversale Ebene (A) und koronare Reformation (B) (140 kV, 120 mA, 2,0 mm SD, W: 350, L: 50), Tigerpython (*Python molurus*): Wachseier. Die abgestorbenen Eier (1) sind von einer erhöhten Röntgendichte und stellen sich in der inneren Struktur sehr homogen dar.

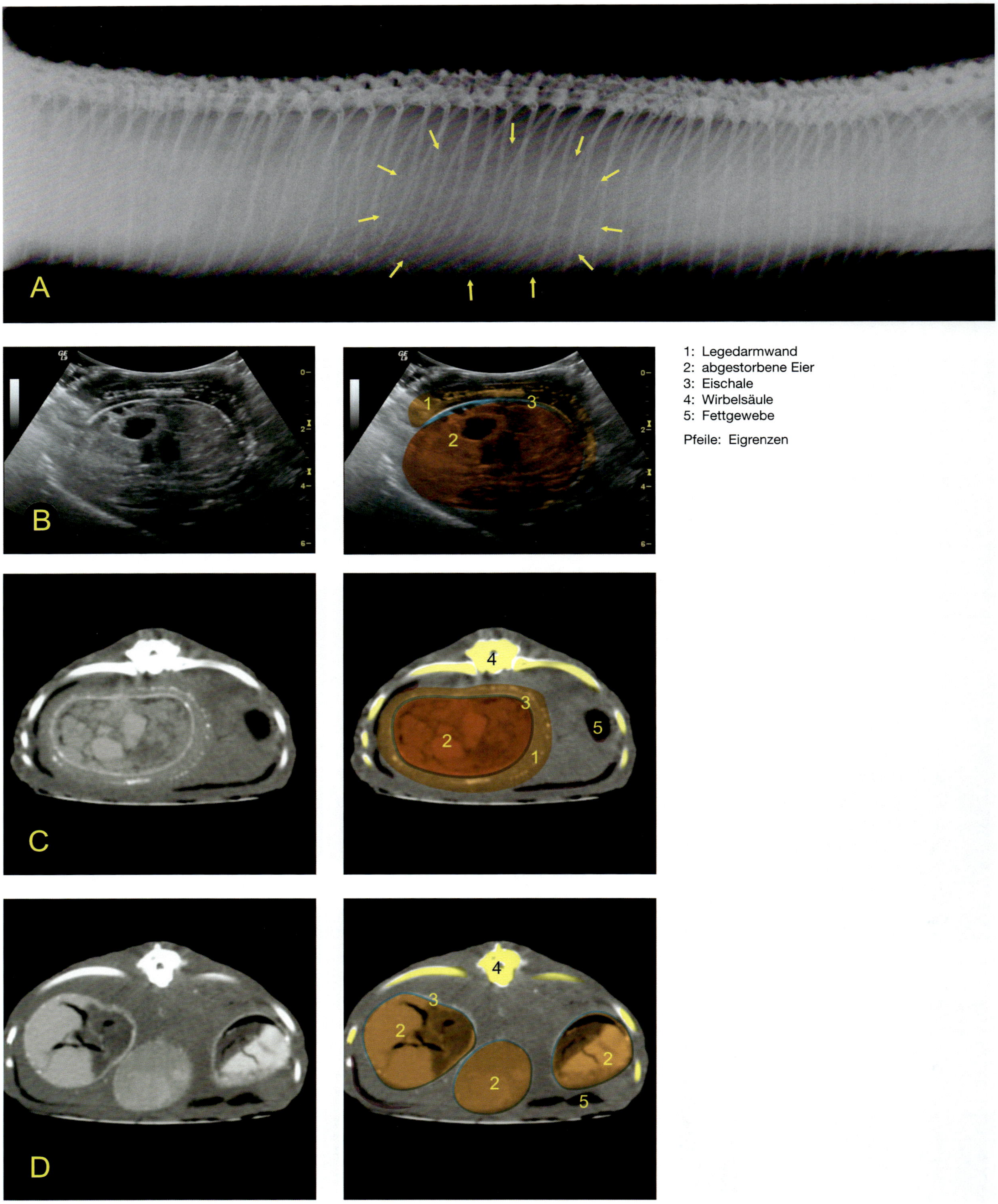

1: Legedarmwand
2: abgestorbene Eier
3: Eischale
4: Wirbelsäule
5: Fettgewebe

Pfeile: Eigrenzen

Abb. 3-207:

A: Röntgenuntersuchung, Körper, latero-lateraler Strahlengang, Tigerpython (*Python molurus*): abgestorbene Eier und Legedarminfektion. Röntgenologisch lassen sich die Eier kaum identifizieren (Pfeile).

B: Ultraschalluntersuchung, ventrale Ankopplung längs, 8 MHz, 6 cm ET, gleiches Tier: die abgestorbenen Eier (2) mit inhomogenem Inhalt stellen sich in einer stark verdickten und teilweise sehr echoreichen, kalzifizierten Legedarmwand (1) dar.

C, D: CT-Untersuchungen, Körper, transversale Ebene (120 kV, 204 mA, 2,0 mm SD, W: 359, L: 110): Deutlich sind die abgestorbenen Eier (2) mit Schale (3) zu sehen. Die Legedarmwand (1) ist hochgradig verdickt.

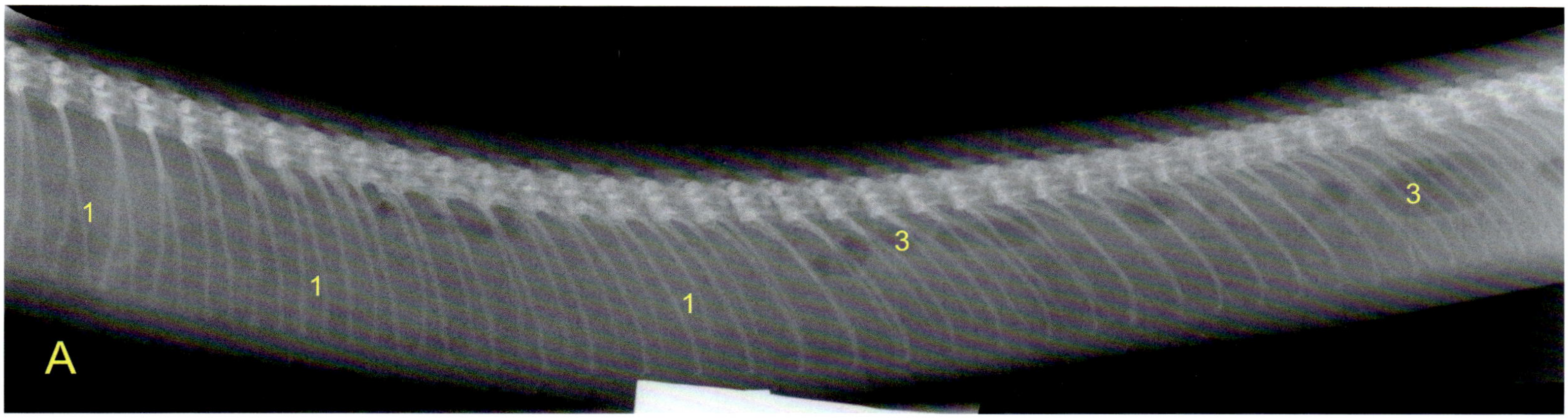

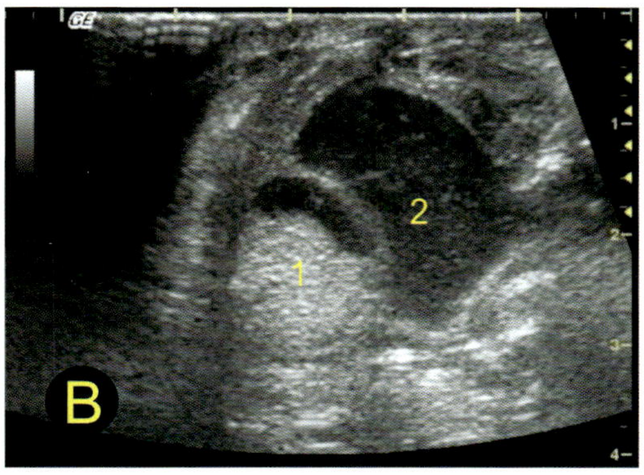

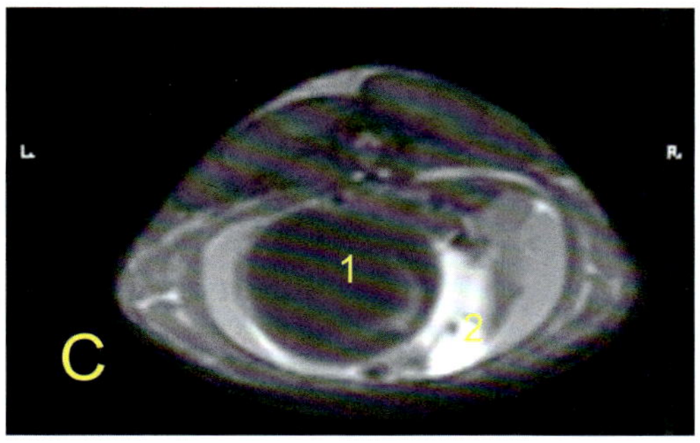

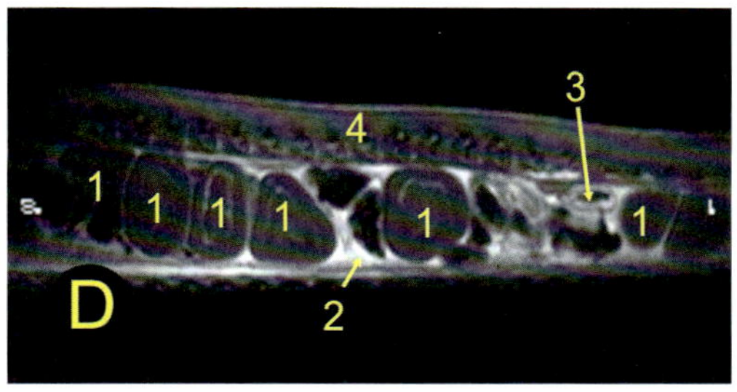

1: Eier
2: Flüssigkeit im Legedarm
3: Verdauungstrakt
4: Rückenmuskulatur

Abb. 3-208:

A: Röntgenuntersuchung, Körper, latero-lateraler Strahlengang, Regenbogenboa (*Epicrates cenchris*): abgestorbene und veränderte Eier nach bakterieller Infektion (vivipare Spezies). Der veränderte Eiinhalt (1) ist röntgenologisch als Verschattung sichtbar, die Darmschlingen (3) sind aufgegast.

B: Ultraschalluntersuchung, ventrale Ankopplung quer, 10 MHz, 4,0 cm ET, gleiches Tier: es kann Flüssigkeit (2) im Legedarm nachgewiesen werden, das Ei (1) ist unsymmetrisch und der Inhalt von hoher Echogenität.

C, D: MRT-Untersuchung, T2-Wichtung, transversale (C) und sagittale (D) Ebene, gleiches Tier: auch die magnetresonanztomographische Aufnahme zeigt den veränderten Legedarm mit Flüssigkeitsansammlungen (2) zwischen den veränderten Eiern.

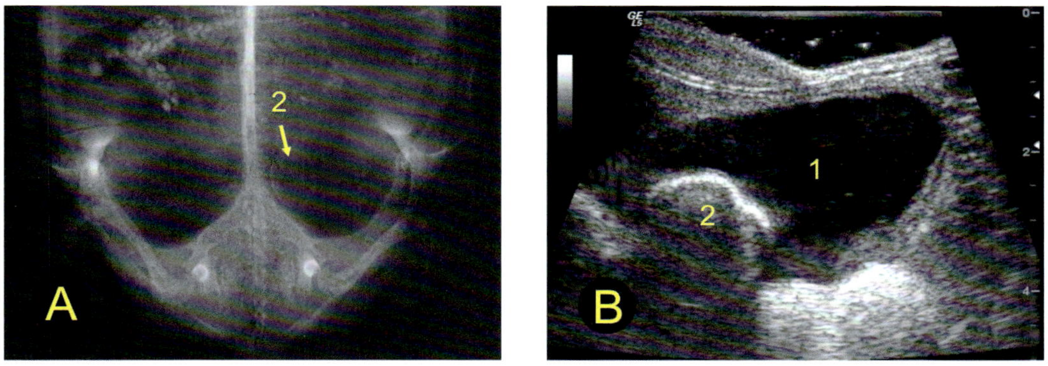

1: Harnsack
2: Ei

Abb. 3-209:

A: Röntgenuntersuchung, kaudaler Körper, dorsoventrale Projektion, Gelbwangenschmuckschildkröte (*Trachemys scripta scripta*): In den Harnsack verlegtes Ei. In der Röntgenuntersuchung ist nur ein relativ kleines Ei (2) zu sehen, bei dem die Kalkschale beginnende Auflösungserscheinungen zeigt.

B: Ultraschalluntersuchung, präfemorale Ankopplung längs, 7 MHz, 5 cm ET, gleiches Tier: Das Ei (2) stellt sich im Harnsack (1) liegend dar.

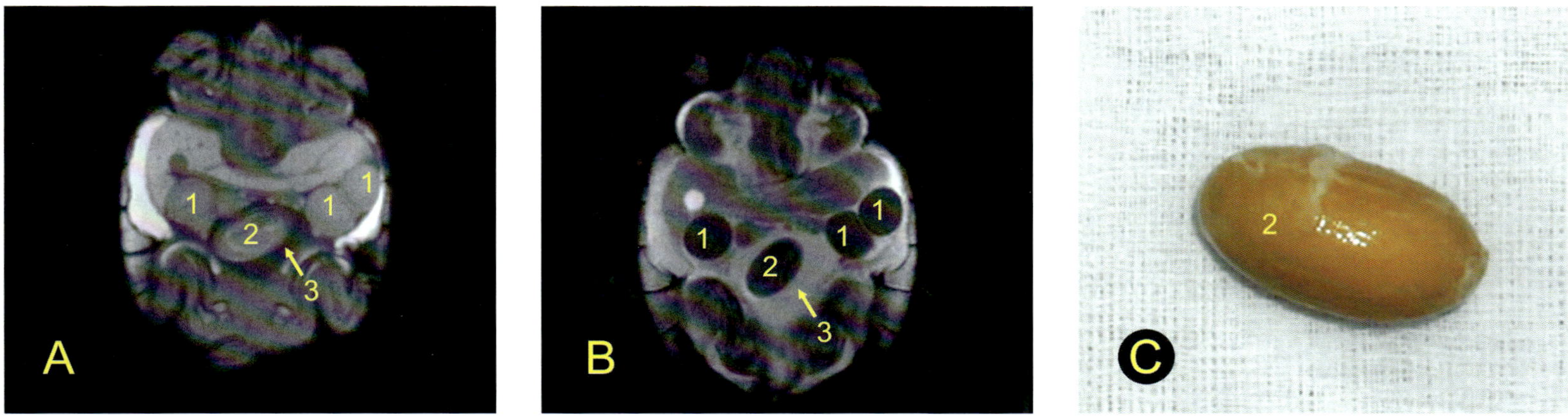

Abb. 3-210:

A, B: MRT-Untersuchung, Körper, dorsale Ebene, T1-Wichtung (A) bzw. T2-Wichtung (B), Rotwangenschmuckschildkröte (*Trachemys scripta elegans*): in den Harnsack verlegtes Ei. In beiden Wichtungen sind die Eier im Legedarm (1) sowie das sich im Harnsack (3) befindende Ei (2) zu sehen.

C: Aus dem Harnsack entferntes Ei (2).

1: Eier im Legedarm
2: Ei im Harnsack
3: Harnsack

3.11 Sonstige Organsysteme, Umfangsvermehrungen

Ingo Hoffmann, Michael Pees

3.11.1 Herz

Berichte über pathologische Veränderungen am Herz liegen bei Reptilien kaum vor, insbesondere nicht über die intravitale Diagnostik. Die Herzgröße kann abhängig von der Fütterung erheblich zunehmen. Gelegentlich werden **Flüssigkeitsansammlungen** im Perikard gefunden, die über die geringe physiologische Menge hinausgehen, und mit Anzeichen einer Kreislaufstörung in der Leber bzw. der Leibeshöhle verbunden sind **(Abb. 3-211)**. Deutliche **Herzvergrößerungen** werden auch adspektorisch und radiologisch gefunden, wobei die ätiologische Abklärung meist schwierig ist **(Abb. 3-212)**. Häufiger als Herzveränderungen werden bei Echsen andere Veränderungen, insbesondere **arteriosklerotische Verkalkungen der großen Gefäße**, röntgenologisch festgestellt. Hier sind Grüne Leguane häufiger betroffen, die Klinik äußert sich unter anderem in plötzlichen Krampfanfällen. Oft können auch die infolge der Verkalkungen hyperechogene Aortenwand dargestellt und der Blutfluss gemessen werden **(Abb. 3-213)**. Wenngleich noch keine Referenzen für die Beurteilung des Blutflusses vorliegen, kann doch der Behandlungserfolg durch die Ultraschalluntersuchung kontrolliert werden.

3.11.2 Auge

Die beste Darstellung des Reptilienauges gelingt mittels Ultraschall. Die Magnetresonanz- sowie die Computertomographie haben bei diesen Tieren bisher noch keine Bedeutung in der ophthalmologischen Diagnostik erlangt. Konventionelle Röntgentechniken führen aufgrund der geringen Unterschiede im Strahlenschwächungsvermögen zu diagnostisch nicht verwertbaren Aufnahmen. Eine Ausnahme stellen lytische Prozesse am Knochengewebe dar, jedoch kommt es häufig zu Überlagerungen durch benachbarte Knochenstrukturen.

Aufgrund der geringen Bulbusgröße vieler Reptilienaugen gestaltet sich der Einsatz des Ultraschalls schwieriger als bei Säugetieren.

Zu den häufigsten Ursachen pathologischer Veränderungen an Reptilienaugen zählen Missbildungen, Infektionen, Ernährungs- und Haltungsfehler, degenerative Prozesse, Neoplasien und Traumata.

Missbildungen am Auge werden häufig durch eine fehlerhafte, zu warme Bebrütung hervorgerufen. Es werden unter anderem Mikrophthalmie bzw. ein einseitiges Fehlen des Augapfels beobachtet **(Abb. 3-214A)**. Mit Hilfe der Sonographie lässt sich feststellen, ob es sich um einen An- oder Mikrophthalmos handelt **(Abb. 3-214B)**. Dies ist jedoch nur selten von klinischer Relevanz. Des Weiteren kann die Ultraschalluntersuchung in Kombination mit der klinisch-ophthalmologischen Untersuchung klären, ob außer den lichtoptisch sichtbaren Anomalien weitere Veränderungen vorliegen **(Abb. 3-215)**.

Infektionen können entweder primär durch das Einbringen von Keimen (z. B. Futtertierbiss oder Fremdkörper) oder sekundär über eine hämatogene Streuung in oder hinter das Auge gelangen. Bisse oder Fremdkörper äußern sich meist durch eine akuten Blepharospasmus sowie Enophthalmos **(Abb. 3-216B)**. Im Ultraschall zeigen sich meist hyperechogene Bezirke in den normalerweise anechogenen Augenkammern oder dem Glaskörper bzw. echogene Bereiche in der Orbita **(Abb. 3-216A** und **3-217B)**. Auch Parasiten können das Auge infizieren und teilweise okulare Barrieren überwinden **(Abb. 3-217A)**.

Ebenso wie beim Säuger werden **Abszesse** im Bereich des retrobulbären Raumes (Orbita) beobachtet. Hierbei handelt es sich meist um gemischt- oder anechogene Bereiche, wobei klinisch häufig ein Exophthalmos diagnostiziert wird. Sonographisch ist eine Abgrenzung zwischen gemischtechogenen Tumoren und anechogenen Zysten möglich **(Abb. 3-218A)**.

Die Ursachen für **Trübungen der Linse** (**Katarakt**) bei Reptilien sind vermutlich so unterschiedlich wie bei Säugetieren. Auch ernährungsbedingte oder traumatische Katarakte werden diskutiert. Bei Schildkröten werden nach Überwinterung bei zu niedrigen Temperaturen Katarakte und intraokulare Blutungen beobachtet. Der normalerweise innerhalb der scharf gekennzeichneten, hyperechogenen Linsenlinien liegende anechogene Linseninhalt ist bei Katarakten hyperechogen **(Abb. 3-218B)**. Da bei Reptilien mit sehr großen Augen die Entfernung der Linse möglich ist, empfiehlt sich auch bei diesen, präoperativ eine Ultraschalluntersuchung durchzuführen. Bei dieser können analog zum Säuger z. B. Netzhautablösungen dargestellt werden. Hierbei wölbt sich von der Bulbuswand eine hyperechogene Struktur in den Glaskörperraum vor. Bei einer totalen Ablatio wird auch eine lilienblütenartige Struktur sichtbar **(Abb. 3-219)**.

Neoplasien werden im Allgemeinen bei Reptilien deutlich seltener beobachtet als bei Säugern. Die Ultraschalluntersuchung kann dabei helfen, zwischen zystischen und soliden, tumorösen Gebilden zu differenzieren **(Abb. 3-220)**.

Verletzungen am Auge treten einerseits durch falsche Haltungsbedingungen (z. B. Überbelegung der Terrarien) oder häufig durch die noch regelmäßig praktizierte Lebendfütterung auf. Die durch diese hervorgerufenen Infektionen können zum Verlust des Auges führen **(Abb. 3-216)**. Stumpfe Traumata, die mit Blutungen im Auge einhergehen, sind ebenso wie lokale Entzündungsreaktion als hyperechogene Zubildungen im Auge sichtbar **(Abb. 3-221)**.

3.11.3 Umfangsvermehrungen

Umfangsvermehrungen sind bei Reptilien häufig, wobei die Zuordnung zu einem Organsystem oft Schwierigkeiten bereitet. In diesem Kapitel werden deshalb die Umfangsvermehrungen besprochen, die sich nicht direkt einem bestimmten bereits besprochenen Organ zuordnen lassen. Häufig sind die Umfangsvermehrungen der äußeren Untersuchung nicht sehr zugänglich oder treten multifokal in der Leibeshöhle auf. In diesen Fällen ist die Ultraschalluntersuchung zur Darstellung zu empfehlen. Auch die CT und die MRT bieten hier ausgezeichnete Möglichkeiten der Darstellung und der Beurteilung von Anzahl und Lokalisation. Hierzu gehören insbesondere Abszesse und Tumoren. Es wird zu diesem Thema auf die Kapitel 3.5 und 3.7 verwiesen.

Im Gelenkbereich entstehen Umfangsvermehrungen insbesondere bei Schildköten häufig infolge von **Harnsäureablagerungen** (**Gicht**). Die röntgenologische Abgrenzung zu Abszessen ist meist nicht möglich, beide Veränderungen können sich infolge von Kalziumeinlagerungen röntgendicht darstellen und einen erheblichen Umfang annehmen. Die Punktion oder operative Eröffnung ist zur Diagnosesicherung notwendig **(Abb. 3-222)**.

Abszesse sind bei Reptilien sehr häufig und können zu massiven Umfangsvermehrungen führen. Umfangsvermehrungen im Kloakenbereich sind zwar oft eine Folge prolabierten Gewebes (s. Kap. 3.7 und **Abb. 3-168**), es können aber auch hier Abszesse entstehen **(Abb. 3-223)**. Kontrastaufnahmen sind sinnvoll, um die Beteiligung des Darms an der Umfangsvermehrung abzuklären. Abszesse stellen sich in der CT häufig vergleichsweise röntgendicht dar **(Abb. 3-224)**. Solche Verdichtungen sind häufig die Folge chronischer Entzündungen, sie lassen sich auch teilweise röntgenologisch darstellen. Röntgendichte Veränderungen entzündlicher Prozesse sind nicht auf Abszesse beschränkt, sondern können auch beispielsweise als Folge einer chronischen **Pododermatitis** gesehen werden **(Abb. 3-225)**.

Tumoren (**Neoplasien**) sind bei Reptilien vergleichsweise selten. Neben den organassoziierten Neoplasien treten unter anderem auch Tumoren des Bindegewebes und des lymphatischen Systems auf. Diese lassen sich nicht einem bestimmten Organ zuordnen, können aber zu erheblichen Umfangsvermehrungen und der daraus resultierenden klinischen Symptomatik führen. Dies ist einerseits bedingt durch infiltratives Wachstum und Organschädigung **(Abb. 3-226, 3-227)**. Andererseits können durch die Raumforderung andere Organsysteme abgedrängt werden, dies ist insbesondere bei Schlangen aufgrund des geringen Körperquerschnitts problematisch.

Eine Besonderheit bei einigen Echsen, wie beispielsweise bei Anolis, sind die »Kalksäckchen«, welche sich im kaudalen Rachen befinden und teilweise von außen gesehen werden können. Die Kalksäckchen stellen sich röntgenologisch röntgendicht dar. Probleme können hier Anschwellungen und Entzündungen sein **(Abb. 3-228)**.

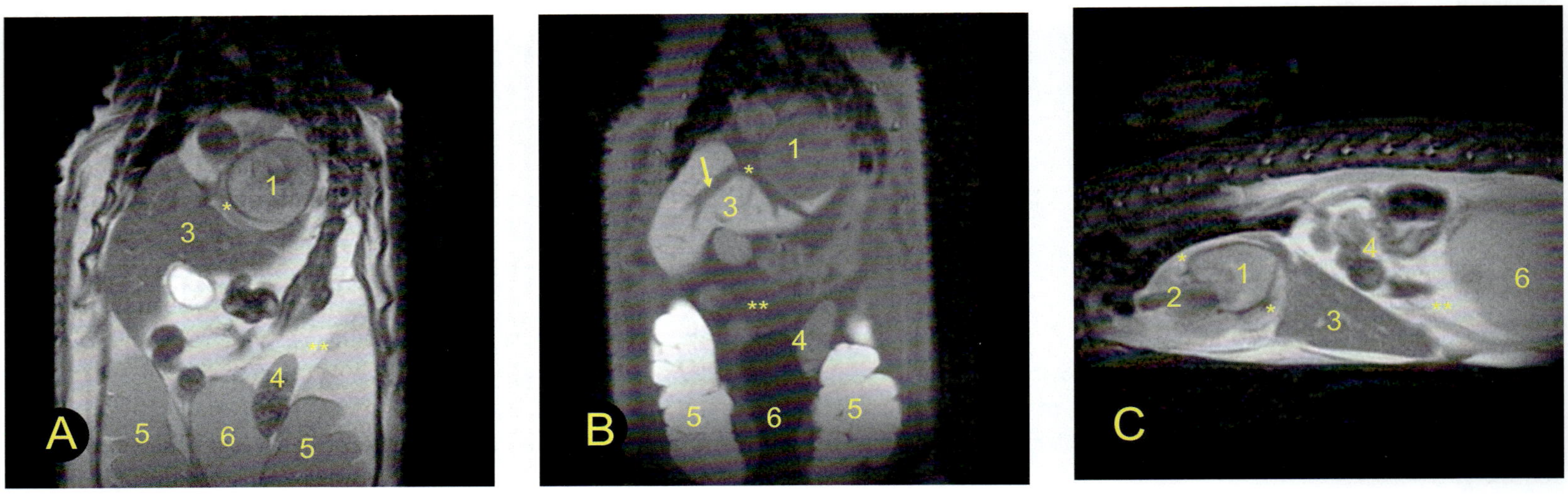

Abb. 3-211: MRT-Untersuchung, sagittale (A, B) und dorsale (C) Ebene, T2-Wichtung (A, C) und T1-Wichtung (B), Steppenwaran (*Varanus exanthematicus*): Herzbeutelerguss und Stauung der Lebergefäße. Die Herzkammer (1) ist von einem deutlichen Flüssigkeitssaum (*) umgeben. Die Leber (3) zeigt gestaute Gefäße (Pfeil), auch in der Leibeshöhle befindet sich freie Flüssigkeit (**). Der Harnsack (6) ist vermehrt gefüllt, die Fettlappen (5) sind deutlich ausgeprägt.

1: Herzkammer
2: Vorhöfe
3: Leber
4: Darm
5: Fettkörper
6: Harnsack

*: Flüssigkeitssaum um die Herzkammer
**: freie Flüssigkeit in der Leibeshöhle

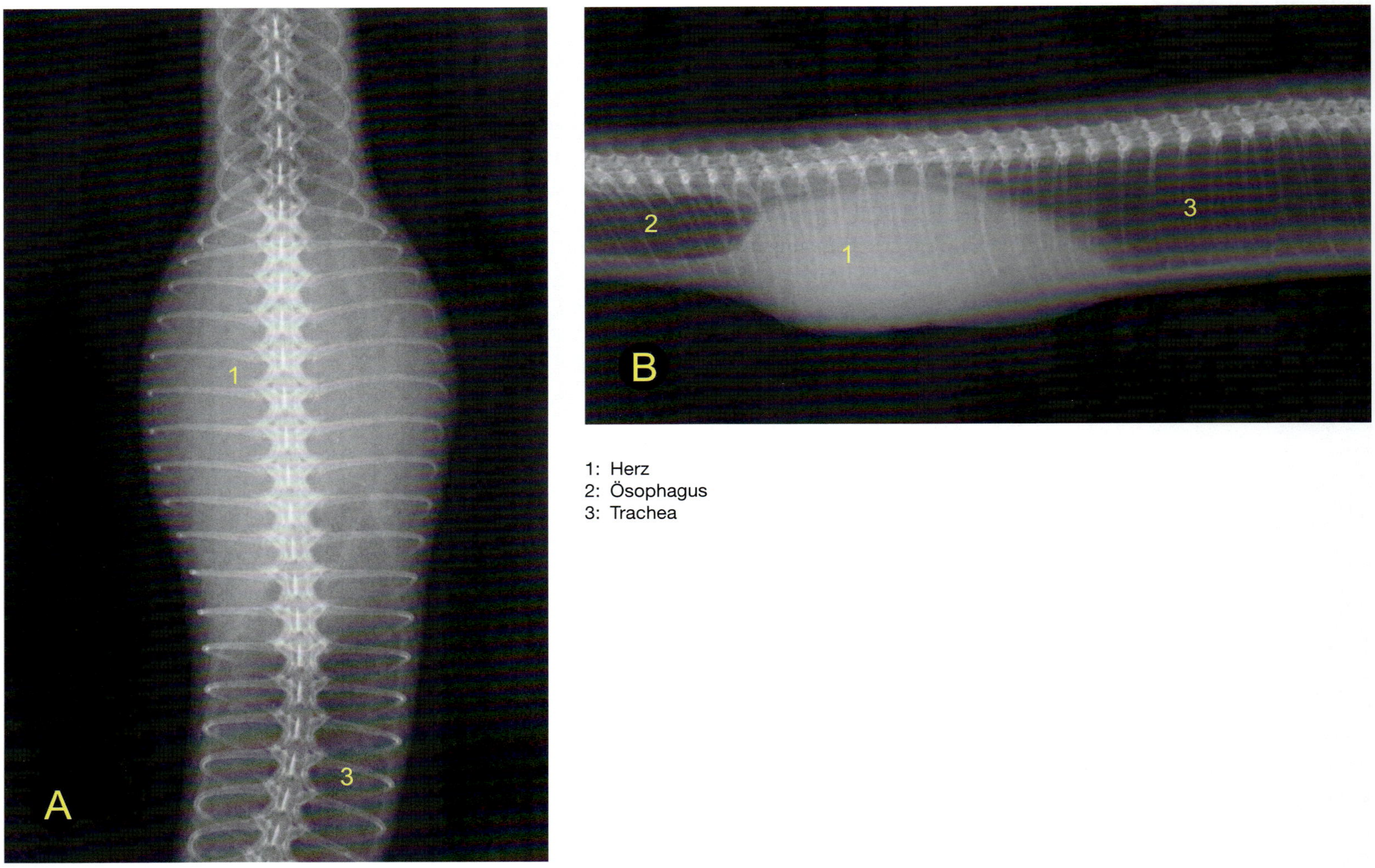

1: Herz
2: Ösophagus
3: Trachea

Abb. 3-212: Röntgenuntersuchung, Herzregion, dorso-ventrale (A) und latero-laterale (B) Projektion, Bullennatter (*Pituophis catenifer sayi*): Herzhypertrophie unklarer Ätiologie.

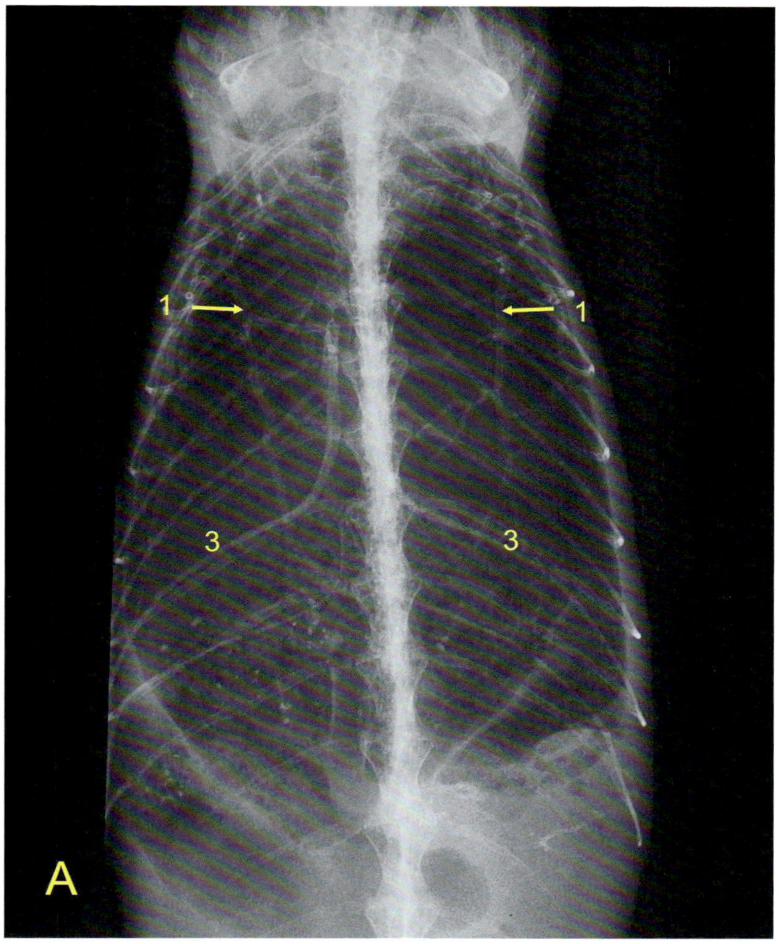

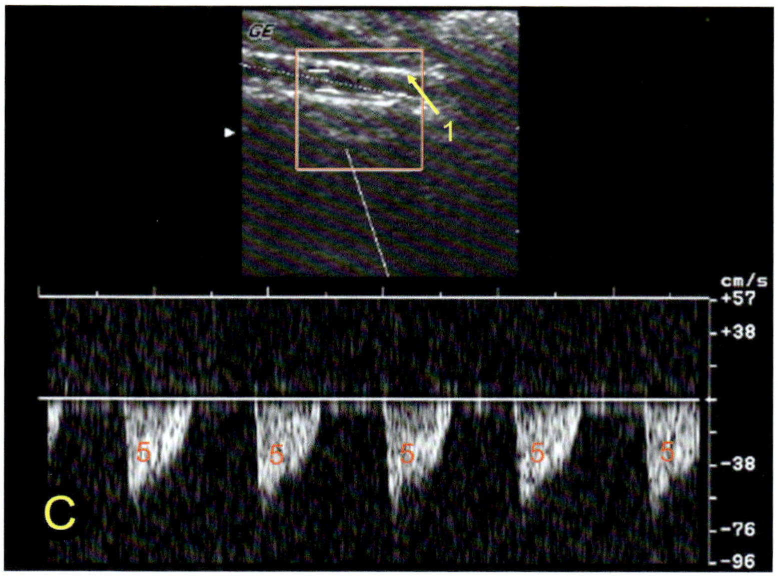

1: Gefäße
2: Primärbronchien
3: Lungen
4: Magen

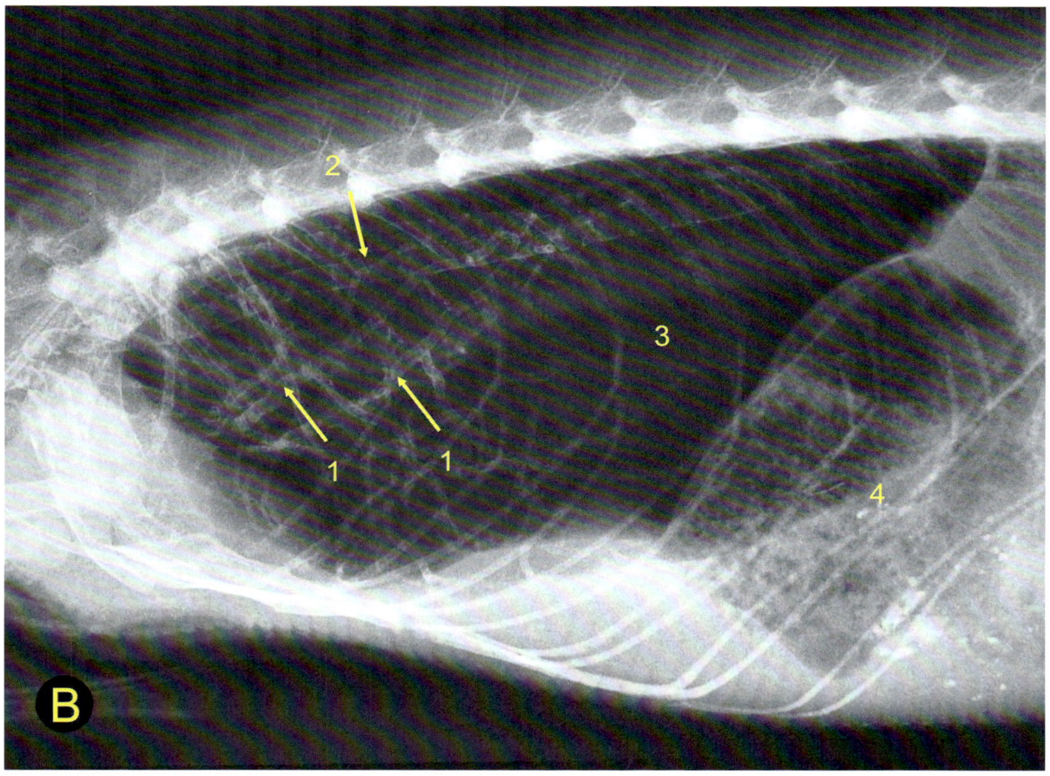

Abb. 3-213:

A, B: Röntgenuntersuchung, Körperstamm, dorso-ventrale (A) und latero-laterale (B), Projektion, Grüner Leguan (*Iguana iguana*): Arteriosklerose. Deutlich sind die röntgendichten Gefäße (1) in ihrem Verlauf zu verfolgen. Auch die Primärbronchien (2) sind verstärkt kalzifiziert und sichtbar. Klinisch äußerten sich die Veränderungen in plötzlich auftretenden Krampfanfällen.

C: Ultraschalluntersuchung, seitliche Ankopplung längs, 7 MHz, 2 cm ET, PW-Doppler-Verfahren, gleiches Tier: Die hyperechogene Gefäßwand (1) ist dargestellt, die Ableitung des Doppler-Signals stellt den Blutfluss im Gefäß dar.

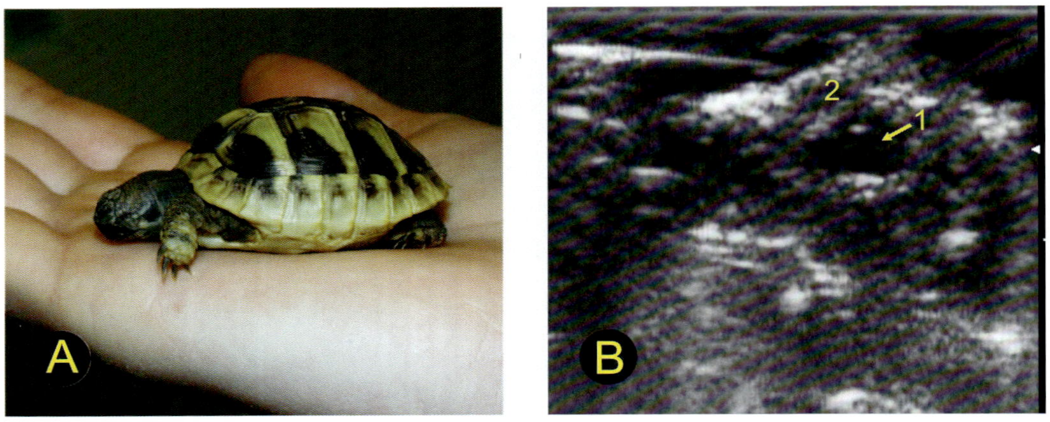

1: Auge
2: Lid

Abb. 3-214:

A: Anophthalmus bei einer juvenilen Griechischen Landschildkröte (*Testudo hermanni*).

B: Ultraschalluntersuchung, korneale Ankopplung, 11 MHz, 2 cm ET, Griechische Landschildkröte (*Testudo hermanni*): Mikrophthalmus. Das zu kleine und verformte Auge (1) liegt vom Lid (2) bedeckt tief in der Orbita.

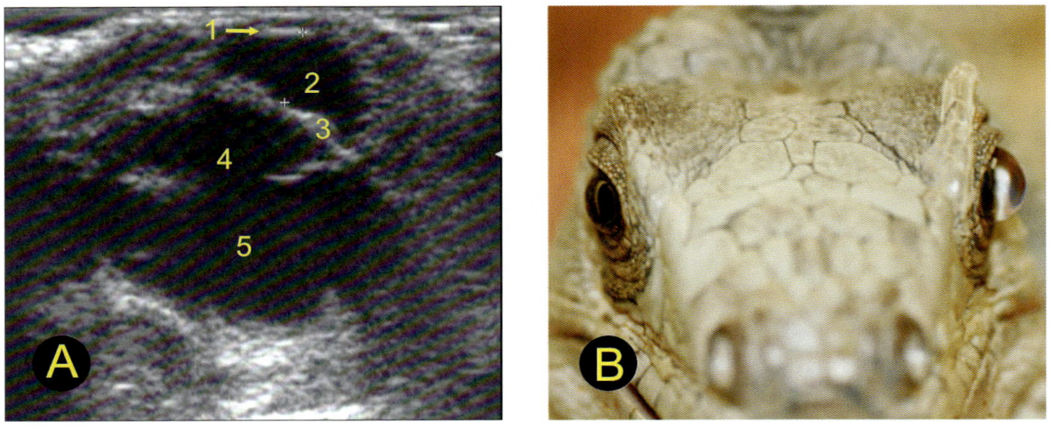

1: Kornea
2: vordere Augenkammer
3: Iris
4: Linse
5: Glaskörper

Abb. 3-215:

A: Ultraschalluntersuchung, korneale Ankopplung, 11 MHz, 2 cm ET, Grüner Leguan (*Iguana iguana*): Megalokornea. Die vordere Augenkammer (2) ist stark vergrößert.

B: Foto des klinischen Bildes bei diesem Tier.

Abb. 3-216:

A: Ultraschalluntersuchung, transpalpebrale Ankopplung, 11 MHz, 2 cm ET, Lappenchamäleon (*Chamaeleo dilepsis*): Blepharospasmus, Enophthalmos. Das Auge selbst ist lichtoptisch nicht mehr einsehbar.

B: Foto des klinischen Bildes bei diesem Tier.

C: Makroskopische Aufnahme des Auges dieses Tieres. Histologische Diagnose: Panophthalmitis nach perforierendem Futtertierbiss mit Irisprolaps (6).

1: Korneabereich
2: Linse
3: hyperechogene Linie im Glaskörper (Verdacht auf Ablatio retinae)
4: Glaskörper (im Ultraschallbild hyperechogen verschattet)
5: Bulbusrückwand
6: Irisprolaps
7: Netzhaut

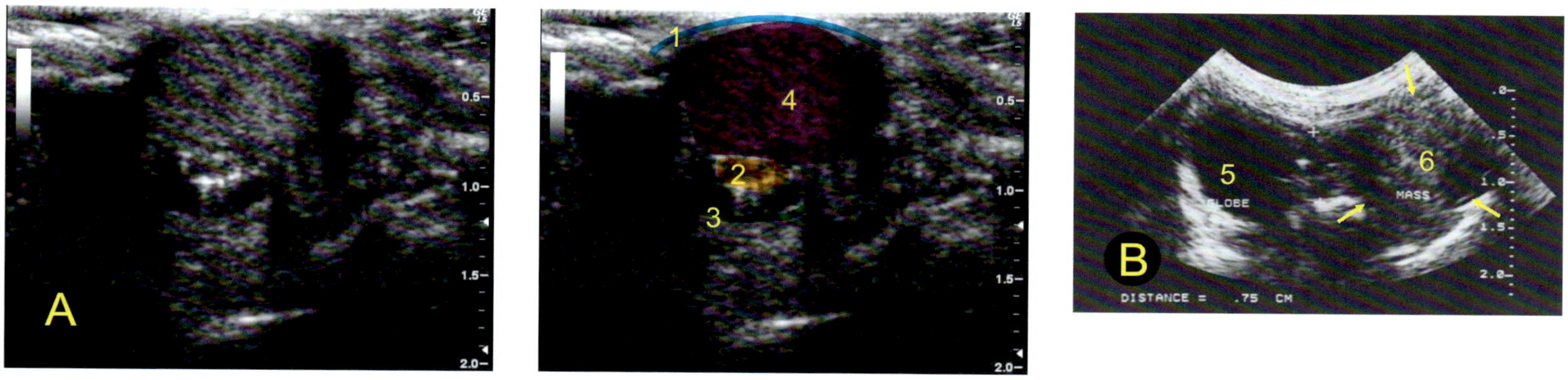

Abb. 3-217:

A: Ultraschalluntersuchung, spektakuläre Ankopplung, 12 MHz, 2 cm ET, Tigerpython (*Python molurus*): subspektakulärer Abszess. Es wurden Flagellaten zwischen Brille und Kornea gefunden. Das Auge selbst ist kaum mehr erkennbar.

B: Ultraschalluntersuchung, spektakuläre Ankopplung, 10 MHz, 2 cm ET, Grüner Leguan (*Iguana iguana*): Abszess in der Orbita. Die Umfangsvermehrung (6) stellt sich echogen neben dem Auge (5) dar.

1: Brille
2: Kornea/Linse
3: Augenhintergrund
4: Abszess
5: Auge
6: Umfangsvermehrung

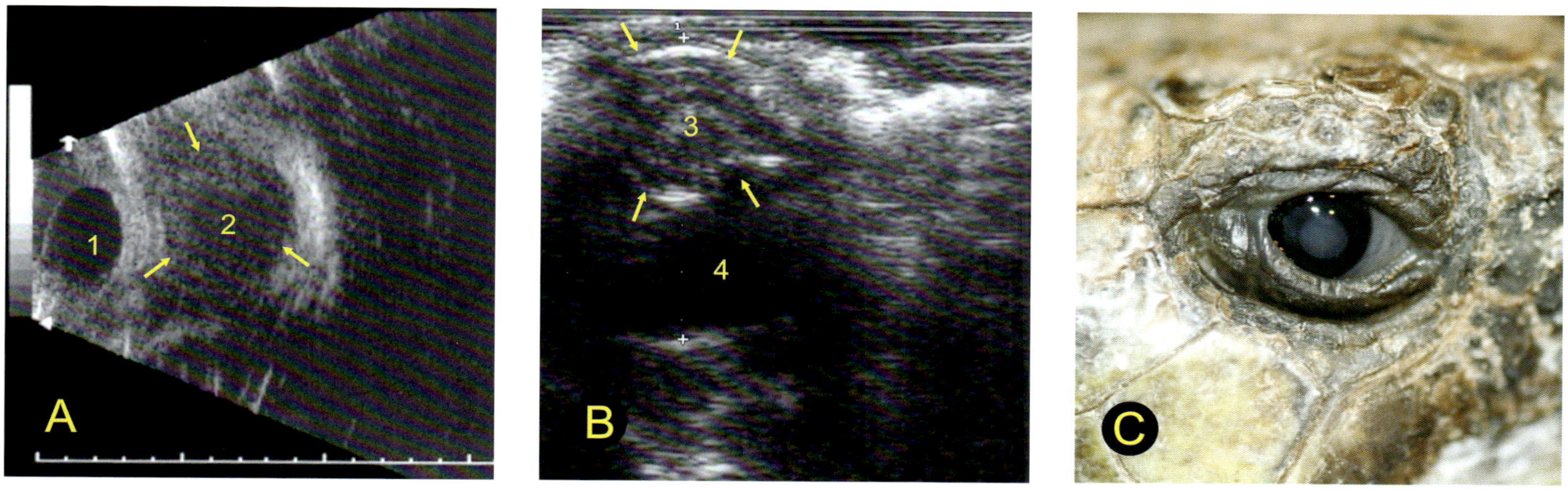

Abb. 3-218:

A: Ultraschalluntersuchung, korneale Ankopplung, 10 MHz, 2 cm ET, Rotwangenschmuckschildkröte (*Trachemys scripta elegans*): retrobulbäre Zyste. Hinter dem Auge (1) findet sich findet sich eine große, hypoechogene Struktur die mittels Feinnadelaspiration als Zyste (2) identifiziert werden konnte (Aufnahme mit freundlicher Genehmigung: J. Allgöwer, Berlin).

B: Ultraschalluntersuchung, korneale Ankopplung, 15 MHz, 3 cm ET, Bartagame (*Pogona vitticeps*): mature Katarakt. Die stark geschwollene Linse (3) ist hyperechogen.

C: Foto einer klinischen Bildes einer maturen Katarakt bei einer Griechischen Landschildkröte (*Testudo hermanni*), aufgefallen nach Überwinterung.

1: Auge
2: Zyste
3: Linse
4: Glaskörper

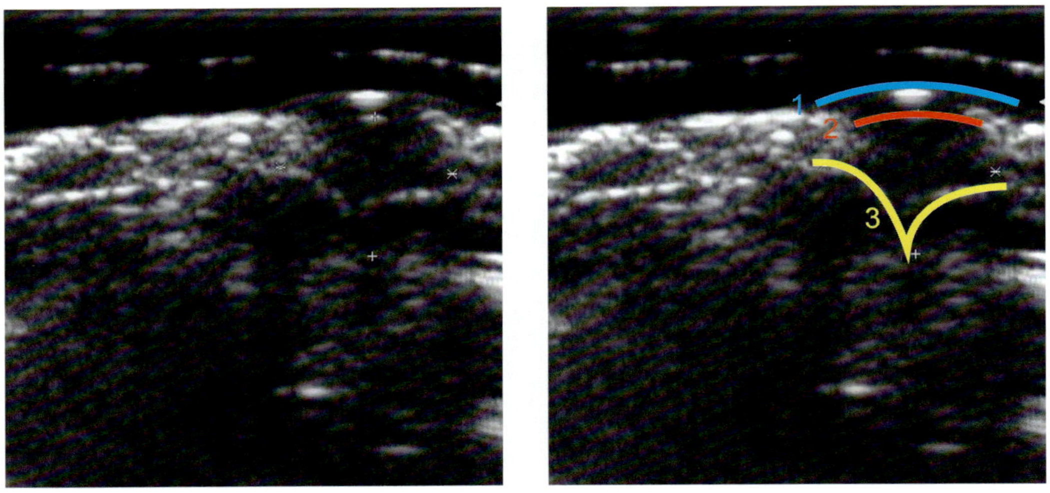

1: Brille
2: Kornea
3: Netzhautablösung

Abb. 3-219: Ultraschalluntersuchung, spektakuläre Ankopplung, 11 MHz, 2 cm ET, Abgottschlange (*Boa constrictor*): Netzhautablösung. Brille (1) und Kornea (2). In den Glaskörperraum wölbt sich in der typischen Lilienblütenform hyperechogen die abgelöste Netzhaut (3) vor.

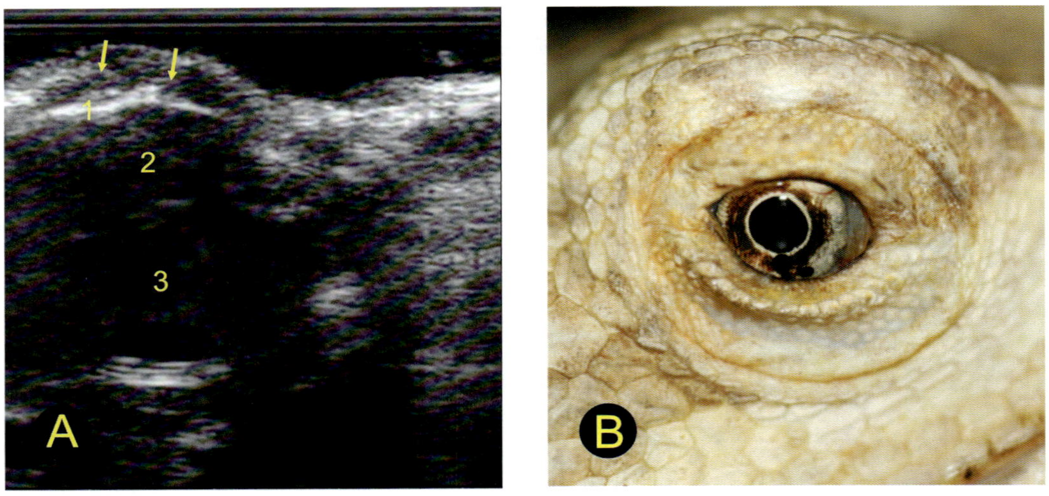

1: Iris
2: Linse
3: Glaskörper

Pfeile: Iriszysten

Abb. 3-220:

A: Ultraschalluntersuchung, korneale Ankopplung, 15 MHz, 3 cm ET, Bartagame (*Pogona vitticeps*): Iriszysten. In der vorderen Augenkammer finden sich Strukturen mit hyperechogenem Rand und anechogenem Inhalt (Pfeile – Iriszysten).

B: Foto des klinischen Bildes bei diesem Tier, Darstellung der braunen Zubildungen in der vorderen Augenkammer.

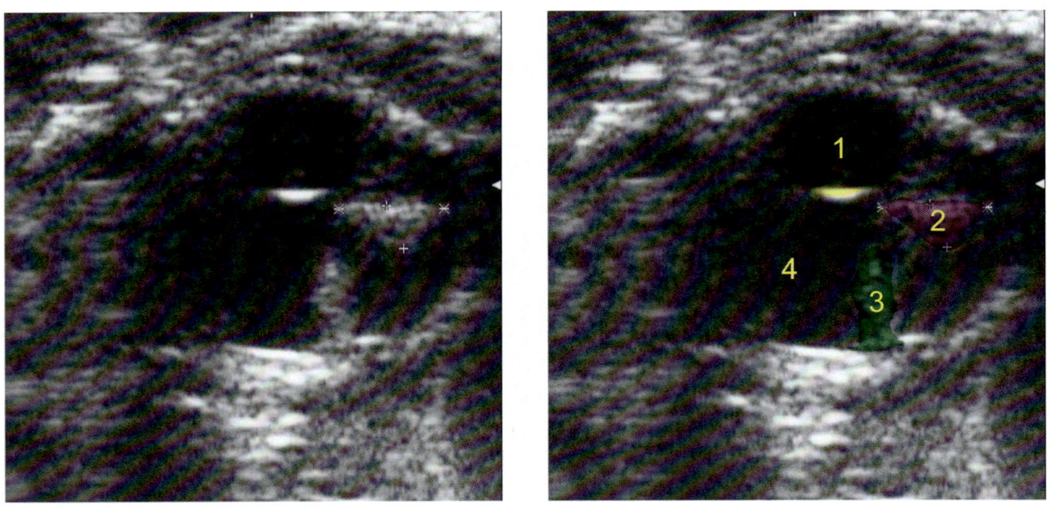

1: Linse
2: Blutung
3: Conus papillaris
4: Glaskörper

Abb. 3-221: Ultraschalluntersuchung, korneale Ankopplung, 11 MHz, 2 cm ET, Kragenechse (*Chlamydosaurus kingii*): Einblutung in den Glaskörper. Blutung (2) im Glaskörper (4), vermutlich ausgehend vom Conus papillaris (3) nach Trauma.

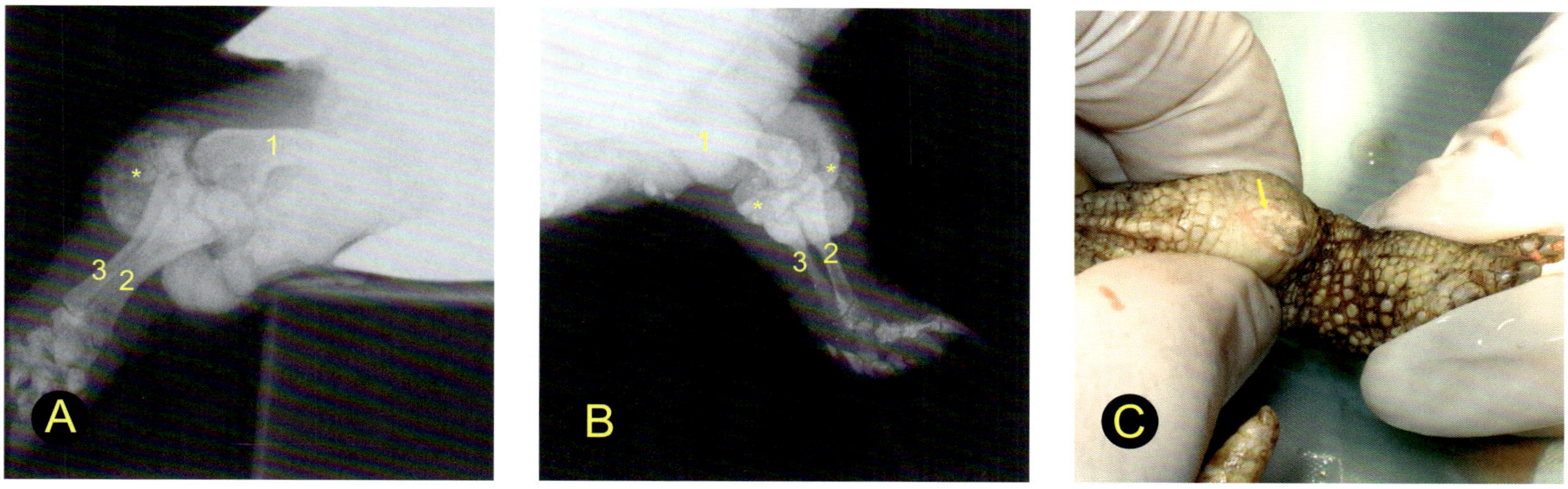

Abb. 3-222:

A, B: Röntgenuntersuchung, Hintergliedmaße, dorso-palmare (A) und latero-laterale (B) Projektion, Griechische Landschildkröte (*Testudo hermanni*): Gicht. Die Harnsäureablagerungen im Kniegelenk (*) sind aufgrund der großen Menge und sekundärer Kalkablagerungen hier auch als röntgendichte Konkremente darstellbar.

C: OP-Situs, gleiches Tier: Harnsäure stellt sich typisch als weiße, bröckelige Massen dar. Die mikroskopische Untersuchung erlaubt die einfache Differenzierung zu Abszessmaterial.

1: Femur
2: Tibia
3: Fibula

*: Harnsäureablagerungen im Gelenk

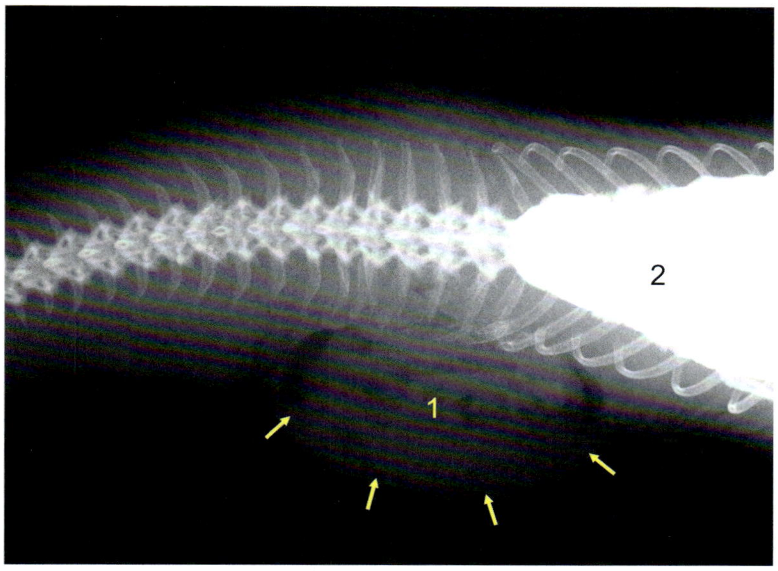

1: Umfangsvermehrung
2: Kontrastmittel

Abb. 3-223: Röntgenuntersuchung, Kloakenregion, dorso-ventrale Projektion, 1 h nach intrakloakaler Applikation von jodhaltigem Kontrastmittel, Abgottschlange (*Boa constrictor*): perikloakaler Abszess (1). Das Kontrastmittel (2) erlaubt die Abgrenzung der Umfangsvermehrung vom Gastrointestinaltrakt.

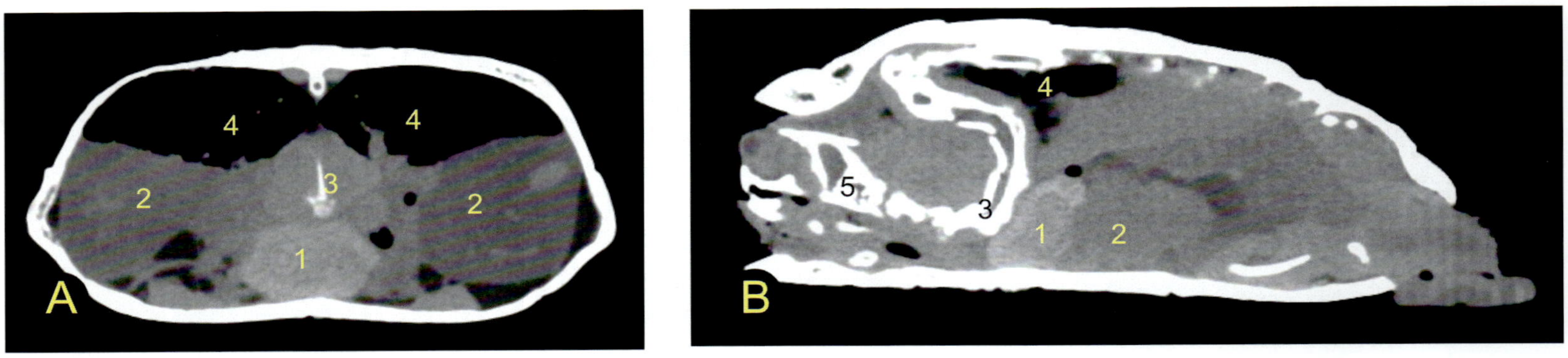

Abb. 3-224: CT-Untersuchung, transversale Ebene (A) und sagittale Rekonstruktion (B) (120 kV, 204 mA, 1,0 mm SD, W: 400, L: 60), Rotwangenschmuckschildkröte (*Trachemys scripta elegans*): Abszess. Die Umfangsvermehrung (1) am Hals stellt sich vergleichsweise röntgendicht dar. Es handelte sich um einen verkalkten Abszess. Die Leber (2) ist vergrößert, die Gefäße sind gestaut (Septikämie).

1: Umfangsvermehrung
2: Leber
3: Halswirbelsäule
4: Lungen
5: Schädel

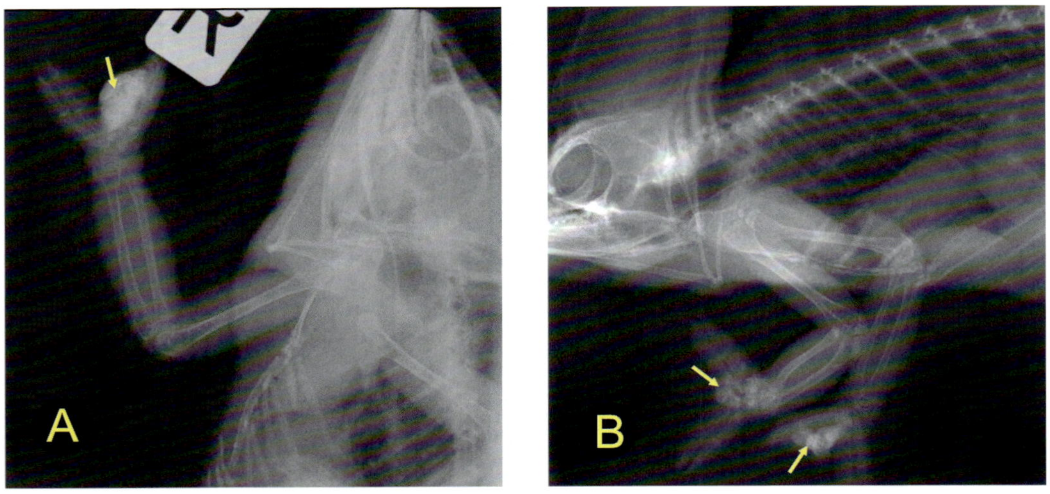

Abb. 3-225: Röntgenuntersuchung, Vordergliedmaßen, dorso-palmare (A) und latero-laterale (B) Projektion, Jemenchamäleon (*Chamaeleo calyptratus*): Pododermatitis. Nach chronischer Entzündung der Fußballen ist es zu röntgendichten Verkalkungsprozessen gekommen.

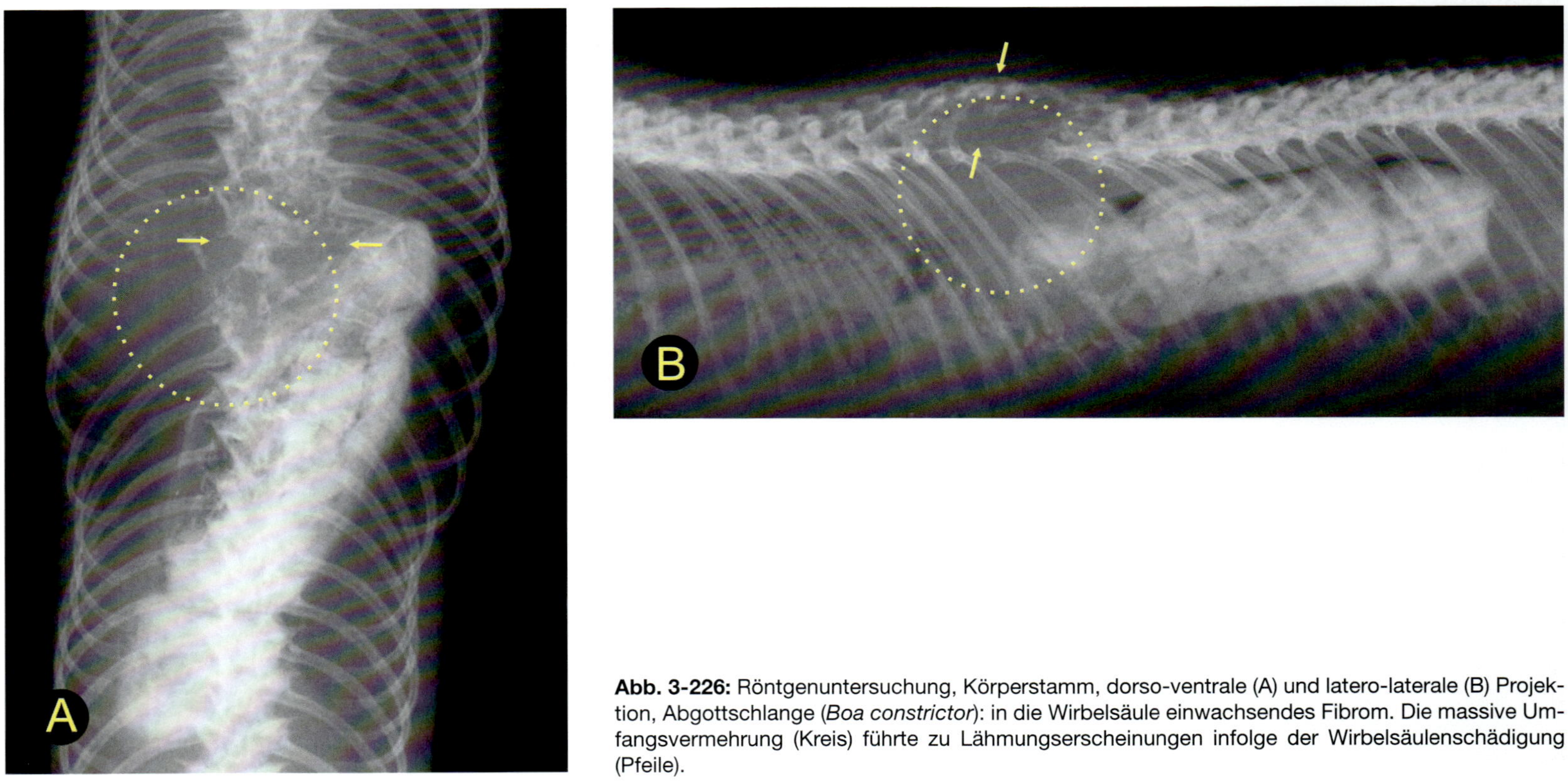

Abb. 3-226: Röntgenuntersuchung, Körperstamm, dorso-ventrale (A) und latero-laterale (B) Projektion, Abgottschlange (*Boa constrictor*): in die Wirbelsäule einwachsendes Fibrom. Die massive Umfangsvermehrung (Kreis) führte zu Lähmungserscheinungen infolge der Wirbelsäulenschädigung (Pfeile).

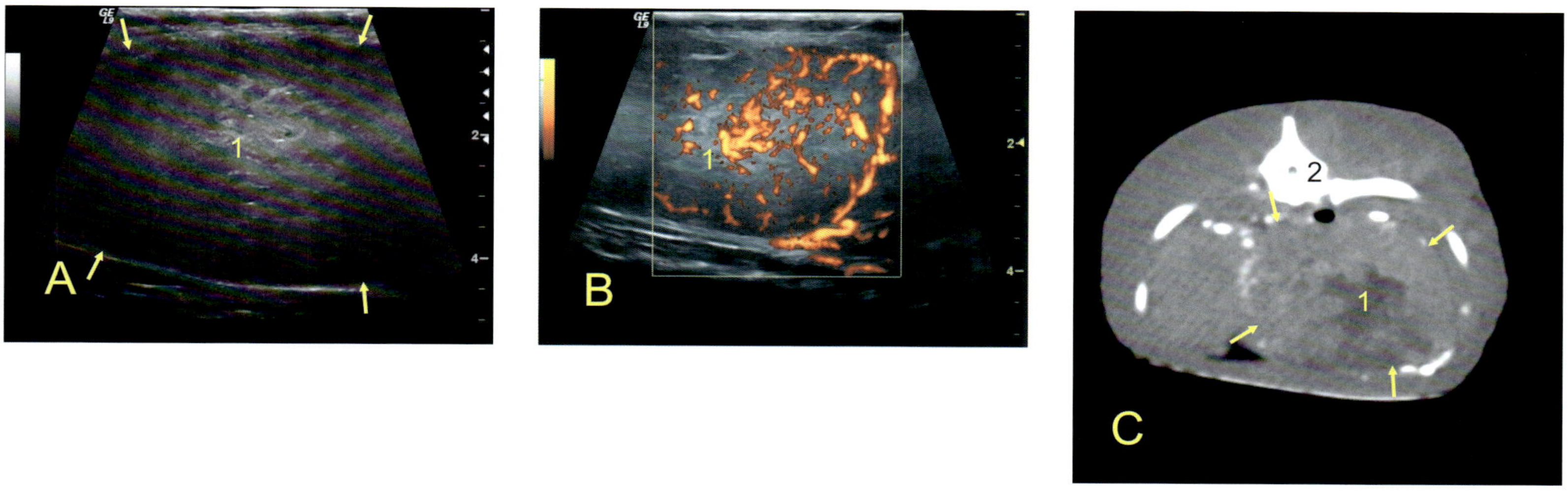

1: Umfangsvermehrung
2: Wirbelsäule

Abb. 3-227:

A, B: Ultraschalluntersuchung, ventrale Ankopplung quer, 14 MHz, 5 cm ET, Power-Doppler-Verfahren (B), Grüne Anakonda (*Eunectes murinus*): Lymphosarkom. Die Umfangsvermehrung (1) stellt sich deutlich abgegrenzt und regelmäßig durchblutet dar. Die Echotextur ist für die Tumorform charakteristisch.

C: CT-Untersuchung, transversale Ebene, nach intravenöser Applikation von Iomeprol (300 mg/ml, 5 ml/kg KM intravenös), (120 kV, 204 mA, 2,0 mm SD, W: 267, L: 115), gleiches Tier: Die Neoplasie (1) lässt sich gut abgrenzen, wobei die Durchblutung im Zentrum deutlich geringer ist als in der Peripherie.

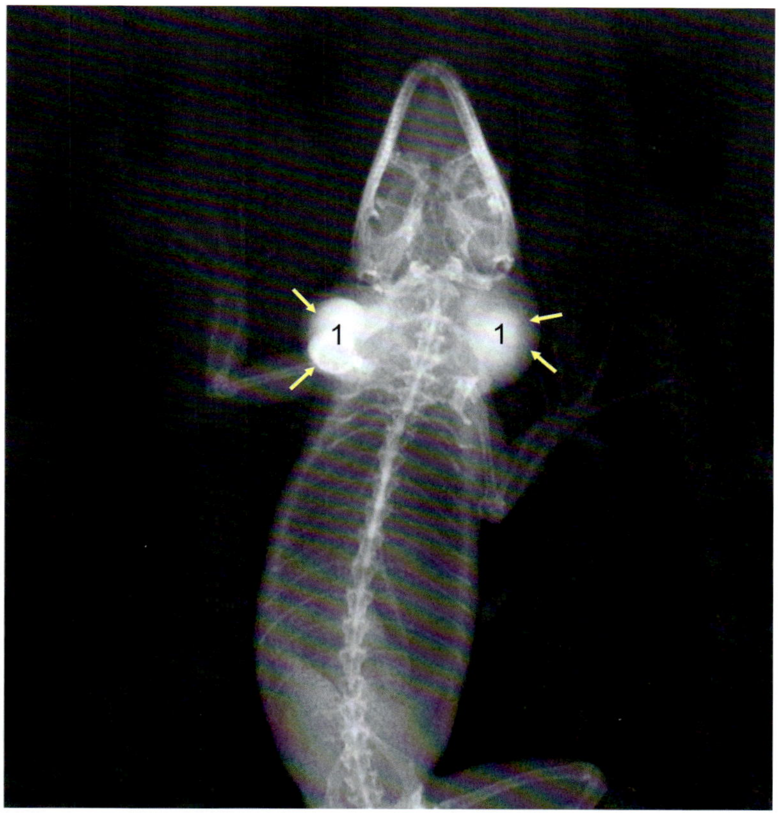

1: Kalksäckchen

Abb. 3-228: Röntgenuntersuchung, Körper, dorso-ventrale Projektion, Rotkehlanolis (*Anolis carolinensis*): Abszedierung der Kalksäckchen (1). Die Kalksäckchen auf beiden Seiten sind unscharf begrenzt und vergrößert (Pfeile).

Bildnachweise

Bildnachweis Kapitel 1

Klinik für Kleintiere, Universität Leipzig: 1-41, 1-56B, 1-63, 1-76, 1-82 bis 1-91, 1-114, 1-139, 1-140

Enders, Frank (Freiberg): 1–66, 1–67

Gumpenberger, Michaela (Wien): 1-206 bis 1-209

Hermann, Thomas (Schalbach-Elm): 1–95, 1–96

Tully, Thomas (Baton Rouge, USA): 1-17, 1-20, 1-30, 1-36, 1-94, 1-97, 1-102, 1-105, 1-111, 1-116, 1-152,1-153

Alle übrigen Bilder: Klinik für Vögel und Reptilien, Universität Leipzig.

Bildnachweis Kapitel 2

Boonyapakorn, Chavalit, Skrodzki, Marianne, Trautvetter, Eberhardt (Berlin): 2-29, 2-34, 2-35, 2-124, 2-125, 2-128, 2-130A, 2-130B

Fehr, Michael (Hannover): 2-14, 2-102A, 2-102B, 2-103, 2-105, 2-106A, 2-106B, 2-106C, 2-107, 2-108D, 2-109B, 2-110A, 2-110B, 2-112A, 2-112B, 2-113A, 2-114C, 2-114D, 2-114E, 2-114F, 2-114H, 2-114I, 2-160, 2-161D

Gneiser, Barbara (München): 2-84D, 2-91B

Grodtmann, Elina (München): 2-95B

Hein, Jutta (München): 2-1B

Hoffmann, Ingo (Nürnberg): 2-97, 2-98A, 2-98B, 2-99, 2-100A, 2-100B, 2-162A, 2-162B, 1-162C, 2-163A, 2-163B, 2-164A, 2-165A, 2-165B, 2-166A, 2-166B, 2-166C, 2-167A, 2-167B, 2-167C, 2-168A, 2-168B, 2-168C, 2-169A, 2-169B, 2-169C, 2-170A, 2-170B, 2-170C, 2-171A, 2-171B, 2-172A, 2-172B, 2-173A, 2-173B, 2-174A, 2-174B, 2-175A, 2-175B, 2-176A, 2-176B, 2-176C, 2-177A, 2-177B, 2-177C, 2-178A, 2-178B

Jopp, Ilka (Leipzig): 2-8, 2-118C

Kresken, Jan Gerd, Spennes, Jochen (Duisburg): 2-36, 2-126A, 2-126B

Lehmann, Julia (München): 2-76B, 2-90A, 2-96D

Medizinische Kleintierklinik München: 2-2, 2-9, 2-11A, 2-11B, 2-11C, 2-11D, 2-12, 2-19B, 2-19C, 2-20, 2-23B, 2-24B, 2-24C, 2-27, 2-30, 2-32, 2-33, 2-37, 2-38C, 2-39B, 2-40, 2-110C, 2-110D, 2-113C, 2-118A, 2-118B, 2-145A, 2-146B, 2-146C, 2-147A, 2-147B, 2-147C, 2-147D, 2-149A, 2-150A, 2-152A, 2-154B, 2-154C, 2-155A, 2-155C, 2-155I, 2-158B

Mörl, Jessica (München): 2-83C

Poulsen Nautrup, Cordula (München): 2-7, 2-13A, 2-13B, 2-47, 2-48A, 2-48B, 2-49A, 2-49B, 2-50A, 2-50B, 2-52, 2-53, 2-54, 2-55, 2-56, 2-57, 2,58, 2-59, 2-60A, 2-60B, 2-61, 2-62, 2-63, 2-64A, 2-64B, 2-64C, 2-65A, 2-65B, 2-66A, 2-66B, 2-67, 2-68A, 2-68B, 2-69A, 2-69B, 2-69C, 2-69D, 2-70A, 2-70B, 2-70C, 2-70D, 2-71A, 2-71B, 2-72A, 2-72B, 2-73A, 2-73B, 2-74A, 2-74B, 2-75A, 2-75B, 2-75C, 2-75D, 2-129, 2-132A, 2-132B, 2-133 (Zeichnungen), 2-134A, 2-134B, 2-136, 2-138, 2-142A, 2-142B, 2-143A, 2-143B

Reese, Sven (München): 2-1A, 2-3, 2-4A, 2-4B, 2-5A, 2-5B, 2-6A, 2-6B, 2-16A, 2-16B, 2-16C, 2-17B, 2-25A, 2-25B, 2-44A, 2-44B, 2-45, 2-46, 2-51A, 2-51B, 2-51C, 2-76A, 2-76C, 2-77, 2-78, 2-79, 2-80A, 2-80B, 2-80C, 2-80D, 2-80E, 2-81, 2-82, 2-83A, 2-83B, 2-84A, 2-84B, 2-84C, 2-85, 2-86A, 2-86B, 2-87A, 2-87B, 2-88, 2-89A, 2-89B, 2-90B, 2-90C, 2-91A, 2-92A, 2-92B, 2-93A, 2-93B, 2-94A, 2-94B, 2-95A, 2-96A, 2-96B, 2-96C, 2-115, 2-123, 2-144B, 2-144C, 2-144D, 2-148A, 2-148B, 2-149D, 2-149E, 2-149F, 2-150B, 2-150C, 2-150D, 2-150E, 2-150F, 2-150G, 2-150H, 2-150I, 2-151, 2-152B, 2-152C,2-152D, 2-252E, 2-153A, 2-153B, 2-153C, 2-153D, 2-153E, 2-153G, 2-153H, 2-153I, 2-153K, 2-153L, 2-154A, 2-154D, 2-155B, 2-155D, 2-155E, 2-155F, 2-155G, 2-155H, 2-156, 2-157, 2-158A, 2-158C, 2-158D, 2-159A, 2-159C, 2-159D, 2-159E, 2-159F, 2-159G, 2-159H, 2-161A, 2-161B, B. 2-161C, 2-161E, 2-165C

Schambach, Sebastian J., Brockmann, Marc. A. (Mannheim): 2-28, 2-31, 2-101A, 2-101B, 2-101C, 2-101D

Schlieter, Susanne (Freiburg im Breisgau): 2-127, 2-131A, 2-131B, 2-133A, 2-133B, 2-135A, 2-135B, 2-137, 2-139, 2-140A, 2-140B, 2-141A, 2-141B

Tully, Thomas (Baton Rouge, USA): 2-10, 2-15, 2-17A, 2-18, 2-21, 2-22, 2-23A, 2-26, 2-38A, 2-38B, 2-39A, 2-41, 2-42, 2-104, 2-113B, 2-113D, 2-114A, 2-114B, 2-114G, 2-116A, 2-116B, 2-117, 2-119A, 2-119B, 2-120, 2-121, 2-122, 2-145B, 2-146A, 2-149B, 2-149C

Tierklinik Oberhaching: 2-19A, 2-24A, 2-43A, 2-43B, 2-108A, 2-108B, 2-108C, 2-109A, 2-111A, 2-111B, 2-114K, 2-144A, 2-153F

Wagner, Felix (Hannover): 2-164B, 2-175C

Bildnachweis Kapitel 3

Allgöwer, Ingrid (Berlin): 3-218A

Hoffmann, Ingo (Nürnberg): 3-80, 3-214 bis 3-216, 3-217C, 3-218 bis 3-221

Klinik für Kleintiere, Universität Leipzig: 3-42B, 3-60, 3-83 bis 3-99, 3-105, 3-106C 3-120B, C, 3-122, 3-123, 3-126, 3-129, 3-134, 3-144, 3-146B, 3-147B, C, 3-148 bis 3-150, 3-152C, 3-153, 3-158A, 3-161B, 3-162A, 3-164, 3-172, 3-173B, 3-175, 3-180, 3-185, 3-189, 3-190, 3-192B, D, 3-193A, 3-194C, 3-196B, 3-204, 3-205B, C, 3-206, 3-207B, C, D, 3-208B, C, D, 3-210A, B, 3-211, 3-213C, 3-224, 3-227

Kostka, Veit (Hamburg): 3-18, 3-23A, 3-127, 3-128, 3-132, 3-143, 3-169, 3-181, 3-191, 3-199, 3-203, 3-212, 3-228

Pees, Kathrin (Leipzig): 3-3, 3-9

Reese, Sven (München): 3-68, 3-69

Tully, Thomas (Baton Rouge, USA): 3-17, 3-22, 3-24, 3-25, 3-114, 3-166

Alle übrigen Bilder: Klinik für Vögel und Reptilien, Universität Leipzig

Stichwortverzeichnis

Vögel

Kleinsäuger